CHIRURGIE

FÜR STUDIUM UND PRAXIS

Unter Berücksichtigung des Gegenstands-kataloges und der mündlichen Examina in den Ärztlichen Prüfungen

11. Auflage

2012/13

Markus Müller
und Mitarbeiter

Medizinische Verlags- und Informationsdienste • Breisach

Autor:

Dr. med. Markus Müller
Neutorplatz 4
D-79206 Breisach a. Rh.
E-Mail: med.verlag-dr.mueller@t-online.de

11. Auflage, Jahrgang 2012/2013

ISSN: 1437-6717
ISBN: 978-3-929851-10-6

Wichtige Hinweise: Medizin als Wissenschaft ist im ständigen Fluss. Hinsichtlich der in diesem Buch angegebenen Anwendungen von Therapien und Dosierungen von Medikamenten wurde die größtmögliche Sorgfalt beachtet. Dennoch ist der Leser aufgefordert, die entsprechenden Empfehlungen der Hersteller zu den verwendeten Präparaten zu prüfen, um in eigener Verantwortung festzustellen, ob die Indikation, Dosierungen und Hinweise auf Kontraindikationen gegenüber den Angaben in diesem Buch abweichen. Dies ist insbesondere wichtig bei selten verwendeten Präparaten oder solchen, die neu auf den Markt gebracht worden sind. Eine Garantie oder Gewähr für die Aktualität, Vollständigkeit und Richtigkeit der Inhalte dieses Buches übernehmen wir ausdrücklich nicht.
Aus der Bezeichnung einer Ware mit dem für sie eingetragenen Warenzeichen kann bei Fehlen des Vermerkes ® od. ™ nicht geschlossen werden, dass es sich um einen freien Warennamen handelt. Jegliche Haftung, die auf irgendeine Art aus der Benutzung der in diesem Buch enthaltenen Informationen oder Teilen davon entsteht, wird ausgeschlossen.
Für alle angegebenen Internet-Links in diesem Buch gilt, dass wir uns ausdrücklich von allen Inhalten der angegebenen Seiten distanzieren und uns diese Inhalte nicht zu eigen machen. Die Nutzung der Links erfolgt auf eigene Verantwortung und Risiko.

Bezug u. Vertrieb über:

Medizinische Verlags- und Informationsdienste
Neutorplatz 4
D-79206 Breisach/Rh.

und über den Buchhandel

Bestellungen im Direktversand vom Verlag sind in Deutschland zum Einzelpreis von **34,-- EUR** pro Expl. inkl. MwSt. und aller Porto- u. Versandkosten bei nebenstehender Adresse möglich. Die Lieferung erfolgt nach Zahlungseingang (Überweisung, bitte mit Ihrer Adresse, auf die Postbank Karlsruhe, Kto.: 3004 72-757, BLZ: 660 100 75) od. bei beigefügtem Verrechnungsscheck sofort.

Mengenpreise: ab 5 Exemplare 32,-- EUR pro Expl., ab 10 Exemplare 30,-- EUR pro Expl., Antiquariat u. Mängelexemplare auf Anfrage (E-Mail: med.verlag-dr.mueller@t-online.de).

Auslandspreise: 36,-- EUR (A), 65,-- SFr (CH) pro Exemplar.

Bibliografische Information der Deutschen Bibliothek

Die Deutsche Bibliothek verzeichnet diese Publikation in der Deutschen Nationalbibliografie; detaillierte bibliografische Daten sind im Internet über www.portal.dnb.de abrufbar.

Danksagung

Bedanken möchte ich mich bei allen meinen Freunden und Kollegen, die mir mit Anregung, Rat, Tat und Korrektur hilfreich zur Seite standen. Ein besonderer Dank geht an

Herrn **Dr. Achim Elsen**, Hannover (gesamte Traumatologie)

und den weiteren Mitarbeitern:

- M. Backes, Ingelheim (Mitarbeit am Kapitel Schilddrüse),
- Dr. N. Hanhart, Nürburg (Mitarbeit am Kapitel Nieren),
- Dr. Ch. Lörke, Ubstadt-Weiher (Mitarbeit am Kapitel Gefäßchirurgie und Hernien), Dr. B. Burkert, Bochum (Mitarbeit am Kapitel Gefäßchirurgie),
- Dr. M. Sander, Horkheim, Dr. H. A. Müller, Ludwigshafen, Dr. J. Zimmermann, Köln und Prof. Dr. M. Maier, Starnberg (Mitarbeit am Kapitel Traumatologie),
- Priv.-Doz. Dr. D. Schilling, Monsheim (Mitarbeit am Kapitel Ösophagus, Magen u. Darm),
- Dr. R. Volb, Mehlingen (Mitarbeit am Kapitel Herzchirurgie),
- Dr. S.-B. Wirth, Heidelberg (Anatomie),
- Prof. Dr. R. Wunsch, Villingen-Schwenningen, Dr. Th. Solbach, London und Dr. P. Fuck, Koblenz (Mitarbeit zur Röntgendiagnostik).

Weiterhin gilt unser gemeinsamer Dank den Professoren und Dozenten der Universität Mainz aus den Abteilungen Allgemeinchirurgie, Herz- und Thoraxchirurgie, Kinderchirurgie, Neurochirurgie und Unfallchirurgie sowie den Professoren und Dozenten an den Lehrkrankenhäusern der Universität Mainz in Ludwigshafen und Koblenz für die Anregungen, die wir aus ihren Vorlesungen und Unterrichten entnehmen konnten.

Vorwort

Berücksichtigt wurden alle wichtigen **chirurgische Lehrbücher**, die aktuellen **chirurgischen Fachzeitschriften**, der **Gegenstandskatalog** (ÄAppO 2002 IMPP-Gk 2) sowie die Leitlinien der AWMF (Arbeitsgemeinschaft der wissenschaftlichen medizinischen Fachgesellschaften). Für alle Tumoren werden neben den gebräuchlichen klinischen Einteilungen stets die aktuelle **TNM-Klassifikation** u. UICC-Stadiengruppierung (in der 7. Auflage v. 2010) angegeben. Die **klinischen Einteilungen** des Buches sind allgemein gebräuchliche (die Autoren sind dabei jeweils angegeben). An den verschiedenen Universitäten werden aber oft zusätzliche oder andere eigene Klassifizierungen benutzt, die der/die Leser/in selbst ergänzen möchte. Die internationale Klassifizierung der Krankheiten **ICD-10-GM** (German Modification, Version 2011) ist jeweils im Textteil und als alphabetische Hitliste im Appendix zu finden. Ergänzt wurden die bekannten **Selbsthilfegruppen** mit aktueller Anschrift und soweit vorhanden mit Internet-/E-Mail-Adresse sowie eine Sammlung aller wichtigen **Internet-Adressen** rund um die Medizin.

Zur Entstehung dieses Buches:

Am Anfang stand die Idee, den Studenten/innen ein Chirurgiebuch an die Hand zu geben, das es ermöglichen soll, den relevanten Stoff der Chirurgie in realistischer Zeit anzueignen. Dabei will und kann dieses Buch kein großes Lehrbuch der Chirurgie ersetzen, jedoch soll die klar strukturierte Gliederung des Stoffes eine wertvolle Hilfe vor allem in der Zeit der Prüfungen geben. Der konsequente didaktische Aufbau soll die Leser und Lernenden dabei besonders unterstützen.

Ein weiteres Anliegen war es, auf allen Gebieten den heutigen aktuellen Wissensstand zusammenzutragen und zusammenzufassen. Es blieb dabei nicht aus, dass einzelne Kapitel weit über das normale Wissen hinaus spezielle Aspekte beinhalten. Das soll dem/r interessierten Leser/in die Möglichkeit zur Vertiefung geben. Nach eigener Erfahrung muss dies kein Nachteil sein, da der/die Student/in zur Zeit der Prüfungen sich die wichtigsten Punkte jeweils erarbeitet, später als Student/in im Praktischen Jahr oder junge/r Assistent/in für weitergehende Hinweise dankbar ist. So möchte dies nicht nur ein Buch für die Zeit der Prüfungen, sondern auch darüber hinaus sein. Die häufigen Neuauflagen sollen der Aktualität und dem ständigen Fluss des medizinischen Wissens, gerade unter den Aspekten der rasanten Entwicklung in der endoskopischen Chirurgie und der evidenzbasierten Medizin Rechnung tragen.

Um künftig das Wissen sowohl aktuell zu halten als auch die Verbindung zum/r Lernenden nicht zu verlieren, hoffen wir nicht nur auf, sondern wünschen uns ausdrücklich Anregungen, Hinweise und Kritik aus dem Leserkreis, gerne auch per E-Mail (med.verlag-dr.mueller@t-online.de).

M. Müller und Mitarbeiter

ABKÜRZUNGSVERZEICHNIS

A., Aa.	= Arteria, Arteriae
a.p.	= anterior-posterior
Abb.	= Abbildung
Ag	= Antigen
AG	= Atemgeräusch
Ak	= Antikörper
allg.	= allgemein
Amp.	= Ampullen
Anm:	= Anmerkung
AO	= Arbeitsgemein. Osteosynthese
art.	= arteriell
asc.	= ascendens
ASS	= Acetylsalicylsäure
Ät:	= Ätiologie
aut.	= autosomal
AV	= arterio-venös
AVK	= arterielle Verschlusskrankheit
AZ	= Allgemeinzustand
B	= Billroth
bakt.	= bakteriell
BB	= Blutbild
Bev.	= Bevölkerung
bez.	= bezüglich
BGH	= Bundesgerichtshof
Bsp.	= Beispiel
BWK	= Brustwirbelkörper
BWS	= Brustwirbelsäule
Ca	= Karzinom
ca.	= circa
Cap.	= Capitulum
CCT	= craniales CT
Ch	= 1 Charrière = 1/3 mm
Chrom.	= Chromosom
chron.	= chronisch
CRP	= C-reaktives Protein
CT	= Computertomographie
d.	= der, die, das
d.F.	= der Fälle
d.h.	= das heißt
DC	= dynamische Kompression
DD:	= Differentialdiagnosen
Def:	= Definition
desc.	= descendens
Diag:	= Diagnostik
DIC	= Verbrauchskoagulopathie
Dig.	= Digitus
DIP	= distales Interphalangealgelenk
Disp.	= Disposition
dist.	= distal
DMS	= Durchbltg. Motorik Sensibilität
dom.	= dominant
DSA	= Digitale Subtraktionsangiogr.
Duct.	= Ductus
E	= Einheiten / Escherichia
ECV	= Extrazellularvolumen
EK	= Erythrozytenkonzentrat
ELISA	= Enzyme-linked imm. sorb. assay
EMG	= Elektromyographie
ERCP	= endoskopische retrograde Choledochopankreatikographie
Etlg:	= Einteilung
evtl.	= eventuell
ext.	= externus
Extr.	= Extremität
Fakt.	= Faktor
fktl.	= funktionell
Frakt.	= Fraktur
genet.	= genetisch
GI	= Gastrointestinal
gr./Gr.	= groß/Größe
Hb	= Hämoglobin
HEP	= Hemiendoprothese
histo.	= histologisch
Histo:	= Histologie
HWK	= Halswirbelkörper
HWS	= Halswirbelsäule
I.E.	= internat. Einheiten
i.m.	= intramuskulär
i.R.	= im Rahmen
i.S.	= im Serum
i.U.	= im Urin
i.v.	= intravenös
ICR	= Interkostalraum
ICV	= Intrazellulärvolumen
IfSG	= Infektionsschutzgesetz
Ind:	= Indikation
inkl.	= inklusive
insb.	= insbesondere
int.	= internus
ITN	= Intubationsnarkose
IVP	= intravenöse Pyelographie
J.	= Jahre
JÜR	= Jahres-Überlebens-Rate
Kap.	= Kapitel
KE	= Kontrasteinlauf
kg	= Kilogramm
KG	= Körpergewicht
KG.	= Krankengymnastik
KHK	= koronare Herzkrankheit
K-Ind:	= Kontraindikationen
kl.	= klein
Klin:	= Klinik, Symptome
KM	= Kontrastmittel
KOF	= Körperoberfläche
Kompl	= Komplikationen
kons.	= konservativ
körpl.	= körperlich
KS	= Klopfschall
l	= Liter
LA	= Lokalanästhesie
lat.	= lateral
li.	= links
Lig.	= Ligamentum
Lj.	= Lebensjahr
Lk	= Lymphknoten
Lok:	= Lokalisation
Lux.	= Luxation
LWK	= Lendenwirbelkörper
LWS	= Lendenwirbelsäule
m	= männlich
M., Mm.	= Musculus, Musculi
max.	= maximal
MCL	= Medioklavikularlinie
MCP	= Metacarpophalangealgelenk
MdE	= Minderung d. Erwerbsfähigkeit
MDP	= Magen-Darm-Passage
ME	= Metallentfernung
med.	= medial
Met.	= Metastasen
min.	= minimal
Min.	= Minute
mind.	= mindestens
Mio.	= Millionen
mögl.	= möglich
Mon.	= Monate
MRT	= Magnetresonanztomographie
n.	= nach
N., Nn.	= Nervus, Nervi
Nach:	= Nachsorge
NAS	= Nierenarterienstenose
neg.	= negativ
NLG	= Nervenleitgeschwindigkeit
Nll.	= Nodi lymphatici
NNH	= Nasennebenhöhlen
NSAR	= nicht steroidale Antirheumatika
NW:	= Nebenwirkungen
o.B.	= ohne pathologischen Befund
OA	= Oberarm
od.	= oder
ÖGD	= Ösophago-Gastro-Duodenoskopie
OÖS	= oberer Ösophagussphinkter
Op	= Operation
OS	= Oberschenkel
OSG	= oberes Sprunggelenk
p.a.	= posterior-anterior
Pat.	= Patient
Path:	= Pathogenese
PE	= Probeentnahme
phys.	= physiologisch
PIP	= prox. Interphalangealgelenk
postop.	= postoperativ
PPI	= Protonenpumpeninhibitoren
Prädisp.	= Prädisposition
präop.	= präoperativ
Präp.	= Präparate
prim.	= primär
Proc.	= Processus
prof.	= profundus
Prog:	= Prognose
Proph:	= Prophylaxe
prox.	= proximal
QF	= Querfinger
re.	= rechts
rel.	= relativ
rez.	= rezessiv
RF:	= Risikofaktoren
RG	= Rasselgeräusche
RIA	= Radio-Immunoassay
Rö	= Röntgen
RR	= Blutdruck
s.	= siehe
s.c.	= subkutan
s.o.	= siehe oben
s.u.	= siehe unten
seitl.	= seitlich
sek.	= sekundär
Sek.	= Sekunden
SH	= Schleimhaut
SHT	= Schädel-Hirn-Trauma
sog.	= sogenannt
Stad.	= Stadium
Stag:	= Staging
Std.	= Stunde
Str.	= Stratum
Supp.	= Suppositorium
symp.	= sympathisch
Sympt.	= Symptome
Syn:	= Synonyma
Syst.	= System
syst.	= systemisch
TBC	= Tuberkulose
TEA	= Thrombendarteriektomie
TEP	= Total-Endoprothese
Tg.	= Tage
tgl.	= täglich
Ther:	= Therapie
TNM	= Tumor, Nodi, Metastase
Tr.	= Truncus
Trac.	= Tractus
Tub.	= Tuberculum
Tx	= Transplantation
u.	= und
UA	= Unterarm
UÖS	= unterer Ösophagussphinkter
US	= Unterschenkel
USG	= unteres Sprunggelenk
V. a.	= Verdacht auf
v. a.	= vor allem
v.	= von
V., Vv.	= Vena, Venae
ven.	= venös
VW	= Verbandswechsel
w	= weiblich
w.o.	= wie oben
Wdh.	= Wiederholung
wg.	= wegen
WHO	= Weltgesundheitsorganisation
Wo.	= Wochen
WS	= Wirbelsäule
z.B.	= zum Beispiel
Z.n.	= Zustand nach
z.Zt.	= zur Zeit
zus.	= zusätzlich
ZVD	= zentraler Venendruck
ZVK	= zentraler Venenkatheter
zw.	= zwischen

Sonstige Zeichen:

®, ™	= eingetragene Warenzeichen
°C	= Grad Celsius
m	= milli
µ	= mikro
<	= kleiner
>	= größer
§	= Paragraph
⇨	= daraus folgt

Abkürzungen für Laborwerte, s. dort

INHALTSVERZEICHNIS

Anmerkung zum Thema Umweltschutz

- Dieses Buch ist auf **chlorfrei** gebleichtem und holzfreiem (= alterungsbeständigem) Papier gedruckt.
- Auf den Einsatz von **Kunststofffolien** zum Verkauf haben wir bewusst **verzichtet** (das akademische Wissen lässt sich durch die im Buchhandel üblichen „Frischhaltefolien“ für Bücher nicht konservieren, sondern bedarf der ständigen Überarbeitung und Aktualisierung).
- Der Versand erfolgt in **wiederverwertbaren Kartonagen**, hergestellt aus Recycling-Material, ohne Kunststoffeinsätze zur Polsterung und Verpackung.

ALLGEMEINE CHIRURGIE

WUNDE, WUNDHEILUNG UND -BEHANDLUNG

WUNDE ICD-10: T14.-

Def: **Defekt des schützenden Deckgewebes** (Haut, innere Oberflächen) und Gewebezerstörung durch äußere Einwirkung.

* Einfache Wunde = ohne Organbeteiligung
* Zusammengesetzte/komplizierte Wunde = mit Organbeteiligung
* Geschlossene Wunden: Prellung, Quetschung
* Offene Wunden

Ät: 1.) **Mechanisch:**

- **Schürfwunde** (Erosio u. Excoriatio): nur Epidermis verletzt, keine spezielle Behandlung
- **Schnittwunde:** glatte Wundränder (Sonderform: Operationswunde)
- **Stichwunde:** dünner Kanal in die Tiefe, Verletzung tiefer Strukturen prüfen, Röntgen: Fremdkörper?
  Bei tiefer Wunde Infektionsgefahr ⇨ keine Naht, damit Wundsekret ablaufen kann
- **Risswunde:** zerfetzte Wundränder
- **Bisswunde:** Stich-/Quetschwunde durch Tierzähne ⇨ Wundränder ausschneiden und je nach Befund offene Wundversorgung oder auch Naht, Infektionsgefahr der Weichteile ist hoch (20 % d.F.) und auch Osteomyelitis mögl., Tollwutverdacht klären!
- **Riss-Quetschwunde** (sog. Platzwunde): über Knochen mit Gewebebrücken
- **Ablederung (Décollement, Avulsion):** Schichtweise Ablösung der Haut, z.B. Skalpierungsverletzung
- **Abtrennungswunde:** inkomplette Amputation eines Körperteils
- **Schusswunde:** Durchschuss (Ein- u. Ausschuss) oder Steckschuss? Immer Röntgen-Diagnostik mit Weichteilen! ⇨ Projektil/Fragmente?, Schussfraktur?
- **Pfählungsverletzung:** im Anorektalbereich, Perineum oder Genitalbereich. Wichtig: Fremdkörper präklinisch belassen

2.) **Thermisch:** Wunde durch **Wärme**- oder **Kälteexposition**

3.) **Chemisch:**

- **Säuren** ⇨ Koagulationsnekrosen
- **Laugen** ⇨ Kolliquationsnekrosen (Verflüssigung des Gewebes ⇨ tiefere Schäden)

4.) **Strahlung:** Gewebeschaden durch radioaktive Strahlung ⇨ Hautnekrosen, Strahlenulkus

WUNDHEILUNG

Primäre Wundheilung: (sanatio per primam intentionem) Minimale Bindegewebsbildung, primäre Adaptation der Wundränder. Erosionen und Exkoriationen der Haut heilen ohne Narben ab. Knochen, Mukosa und Bindegewebe bilden wieder organtypisches Gewebe.

Sekundäre Wundheilung: (sanatio per secundam intentionem) Granulationsgewebebildung, sekundäre Wundrandadaptation durch Zusammenziehung der Wunde, Defektheilung mit Narbe.

Tertiäre Wundheilung: Kombination aus sekundärer Wundheilung = Bildung von Granulationsgewebe u. anschließender Hauttransplantation (mit primärer Wundheilung).

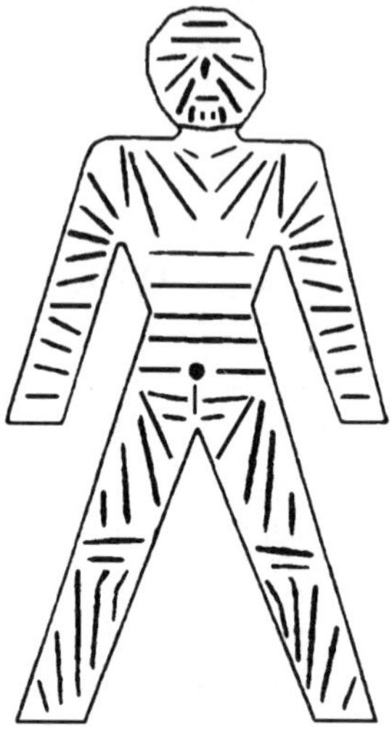

Wundheilungsphasen (physiologischer Wundheilungsprozess):

1. Tag: **Exsudative Phase** (Hämostase): Thrombozyteneinwanderung u. -aggregation, Fibrinfreisetzung u. -verklebung, Freisetzung von Zytokinen ⇨ Blutstillung, Schorfbildung

1.-3. Tag: **Inflammatorische Phase** (Entzündungs-, Resorptions- od. Latenzphase): katabole Autolyse, Fibrinabbau, Entzündungsreaktion und Entzündungszeichen, Infektabwehr

4.-7. Tag: **Proliferationsphase** (Kollagen- od. Granulationsphase): Fibroblasten- und Kapillareneinsprossung ⇨ Kollagenneusynthese

8.-12. Tag: **Reparationsphase** (Narbenphase): Ausbildung der kollagenen Fasern, Wundkontraktion ⇨ zunehmende Reißfestigkeit, Epithelialisierung

ab 2. -3. Wo. bis zu 1 Jahr: und im weiteren die Differenzierungsphase: Ausreifung des Kollagens ⇨ **Remodelling** von spezifischem Gewebe (intakte narbenfreie Haut) oder Ausbildung von belastungsstabilem Bindegewebe (Narbe)

Heilungsdauer: Haut: 8-10 Tage, vollständige Belastbarkeit nach ca. 3 Wochen, Entfernung der Hautfäden je nach Region (s.u.).

Wichtig für Operationen:
Durch Schnittführung im Verlauf der **Spaltlinien der Haut** (LANGER-Linien, s. Abb.) klaffen Wunden weniger und führen durch zusätzliche Wundkontraktion zu besserer Heilung mit geringerer Narbenbildung.

WUNDBEHANDLUNG

Angestrebt wird eine **primäre chirurgische Wundversorgung** (nach FRIEDRICH, 1916)
Was ist bei der Behandlung der Wunde zu beachten:

1.) Begleitverletzungen? ⇨ **Durchblutung, Motorik** und **Sensibilität** (DMS) **prüfen!**
⇨ Wichtig: Dokumentieren!

2.) Wie alt ist die Wunde? ⇨ Bis **6 Std.** kann primär genäht werden

3.) Was für eine Wundart? ⇨ Keine primäre Naht bei Biss-, Stich- und verschmutzten Wunden

4.) Wundrandbeschaffenheit? ⇨ glatt ⇨ Wahrscheinlich wird nur wenig nekrotisches Gewebe entstehen, nur geringe Angriffsfläche für Bakterien, gute Heilungstendenz, geringe Narbenbildung.
⇨ zerfetzt ⇨ Wundinfektionsgefahr

5.) Lokalisation der Wunde? ⇨ Wichtig für die Durchblutung u. Heilung: gut am Kopf, schlechter an den Extremitäten

Chirurgische Wundversorgung (nach FRIEDRICH):

1.) **Reinigung und Desinfektion** der umliegenden Haut (ca. 20 cm, mit alkoholischen Präparaten, z.B. Merfen® für 3 Min.), bei starker Behaarung Rasur des Op-Gebietes (Haarflaum u. Kurzhaar werden belassen, keine Rasur bei Wunden im Bereich der Augenbrauen)

2.) **Lokalanästhesie** oder Leitungsanästhesie (Finger, Zehen), dann sterile Abdeckung der Wunde

3.) **Inspektion** der Wunde (Fremdkörper, Blutungen, Verletzung tiefer Strukturen?)

4.) **Exzision des Wundrandes** (zurückhaltend in Gesicht und Finger, nicht bei Schürfwunden), evtl. Ausräumung von nekrotischem Gewebe (Débridement)
Wundtoilette: Bei verschmutzten Wunden **Spülung** mit H_2O_2 od. Biguanid-Antiseptikum (Lavasept®) und Nachspülen mit NaCl- od. Ringer-Lösung

5.) **Spannungsfreie Wundadaptation** mit Wundnaht; bei großen od. gekammerten Wunden oder Hohlräumen Einlage einer REDON-Drainage (über separate Inzision) und zusätzliche Subkutannähte

6.) Steriler Verband und Ruhigstellung (soweit möglich)

7.) Prüfung des **TETANUSSCHUTZES!** (im Zweifel [keine Vorimpfungen, kein Impfpass] bei tiefen und unsauberen Wunden immer simultan impfen: Tetanol® (bzw. heute Td-Impfstoff empfohlen) + Tetagam®N, genaueres s. Kap. Spezielle Infektionen in der Chirurgie, Tetanus)

Naht:
- Primärnaht: 6 Std. (bis max. 12 Std.) bei allen unkomplizierten Wunden
- Verzögerte/aufgeschobene Primärnaht: bei großer Weichteilbeteiligung/Polytrauma ⇨ Naht nach Stabilisierung des Zustandes des Pat.
- Sekundärnaht: nach Tagen (ca. 3-8) bei Vorliegen von sauberem Granulationsgewebe im Wundgebiet

Fadenentfernung: Richtwerte differieren je nach Alter, Allgemeinzustand, Wundausdehnung usw.:
Kopf / Hals: 4.-8. postoperativer Tag
Rumpf: 7.-10. postoperativer Tag
Extremitäten: 10.-15. postoperativer Tag

Offene Wundversorgung:
Bei **infizierten**, gekammerten, zerfetzten oder fremdkörperhaltigen Wunden sowie bei Biss- und Schusswunden durchzuführen:
- Mechanische Wundreinigung (Entfernen von Fremdkörpern) und Wundspülung (s.o.), **Débridement** von nekrotischem Gewebe und Exzision des Wundrandes
- Evtl. Einlage einer **Lasche** oder Gazestreifens (damit Wundsekret abfließen kann und sich die Wunde nicht vorzeitig verschließt), feuchter Verband, Ruhigstellung
- Nach Bildung von sauberem Granulationsgewebe (ca. 3-8 Tage) evtl. Sekundärnaht
- Ggf. Antibiose (nach Keimbestimmung u. Antibiogramm od. Breitspektrumantibiose, Doxycyclin)

Spezielle Wundbehandlungen

- Stichwunden im Abdomen: Immer eine **diagnostische Laparotomie** durchführen, falls das Peritoneum verletzt wurde. Ausschluss einer abdominellen Verletzung. Dann chirurgische Wundversorgung.
- Stichwunden im Thorax: Röntgen: Pneumothorax? ⇨ **Saugdrainage** (z.B. BÜLAU-Drainage, in Höhe 4. ICR) einlegen. Chirurgische Wundversorgung.
- Décollement (Ablederung, Avulsionsverletzung): Versuch der Replantation, sonst plastische Deckung, z.B. mit Maschentransplantaten oder Verschiebeplastiken.
- Chemische Wunden: Schädigendes Agens entfernen. Ausgiebiges Spülen mit Wasser!
- Bisswunden: Tier- und Menschenbisse ⇨ Wundausschneidung und je nach Befund offene Wundversorgung oder auch Primärnaht (insb. im Gesicht), ggf. stationäre Beobachtung und Ruhigstellung. Bei Tierbissen an **Tollwut**- und Tetanusschutz denken, ggf. zusätzlich Antibiose (Doxycyclin, Supracyclin® od. Clindamycin, Sobelin® od. Cefuroxim, Zinnat®). Bei Schlangenbissen an mögl. Antidotbehandlung denken.
- Pfählungsverletzungen: Präklinisch Fremdkörper (Syn: Corpus alienum) nicht entfernen. Laparotomie und operative Entfernung des Fremdkörpers (auf Blutung achten!). Kontinenzverlust durch Läsion der Beckenbodenmuskulatur mögl.

WUNDHEILUNGSSTÖRUNGEN

Faktoren, die die Wundheilung stören:

♦ **Allgemein:**
- Höheres Alter
- Eiweißmangel, Mangelernhährung, Kachexie
- Anämie, Leukopenie, Gerinnungsstörungen
- Immunsuppression, Glukokortikoide, Zytostatikatherapie, Radiatio, Polytrauma
- Vitamin-C-Mangel (Vit. C ist wichtig für die Kollagenbiosynthese)
- Begleiterkrankungen wie Diabetes mellitus, Arteriosklerose, konsumierende Prozesse (Tumoren, Tuberkulose, Sepsis etc.), Adipositas, Hyperurikämie
- aktiver Raucher

- **Lokal:**
  - Wundinfektion, Wundtaschen, Nekrosen
  - Minderdurchblutung, Wundödem, Hämatom, Serom
  - Spannung der Wundränder (Defekt od. ungünstige Körperstelle)
  - Mangelnde Ruhigstellung ⇨ Dehiszenz
  - Fremdkörper, Implantate, Piercings
  - Traumatisierende Operationstechnik, intraoperative Asepsis
  - Vorgeschädigtes Gewebe (Bestrahlung, Voroperation)

WUNDINFEKTION

Def: Infektion einer Wunde durch Mikroorganismen oder Parasiten

Formen:
1. Oberflächliche Infektionen: **Erysipel** (Streptokokken), Erysipeloid ("Schweine-Rotlauf", Erysipelothrix rhusiopathia), **Phlegmone**, **Lymphangitis** (Volksmund: "Blutvergiftung")
2. Einschmelzende Infektionen (sind abgegrenzt): Schweißdrüsenabszess, Follikulitis, Furunkel, Karbunkel (meist Staphylokokken)
3. Tiefe Weichteilinfektionen: **Abszess** mit Abszessmembran und Abszesshöhle, Pyodermia fistulans, Gasphlegmone
4. Infektionen in (präformierten) Körperhöhlen: **Empyeme** (z.B. Pleura, Gelenke), subphrenischer Abszess

Ät:
- Primär offene und verschmutzte Wunden, Bisswunden, Fremdkörper, Piercings
- Iatrogen: Zugänge (Venenkatheter, Blasenkatheter), chirurgische Wunden (Infektion im Operationsgebiet innerhalb von 30 Tagen postop.), Implantate

Path:
- Als Eintrittspforte traumatische oder iatrogene (chirurgische) Wunden ⇨ Infektion
- Ungenügende äußere Schutzmechanismen des Körpers: Immunsystem (IgA auf Schleimhäuten), Gewebedurchblutung, Flimmerepithel (Respirationstrakt), physiologische Bakterienflora, Bakterizide (z.B. Lysozym)
- Bevorzugte Keime: Staphylococcus aureus, E.coli, Pseudomonas aeroginosa, Enterokokken, Staphylococcus epidermidis, Proteus mirabilis, Bacteroides, Streptokokken Grp. A
  Hunde- od. Katzenbisse: Pasteurella canis, multocida od. septica

Epid:
- ◊ Geschlossene chirurgische Wundversorgung: 1-3%ige Infektionsrate
- ◊ Offene Wundversorgung: 5-10%ige Infektionsrate

Klin: Die 5 Kardinalsymptome der Entzündung: Rötung, Überwärmung, Schmerz, Schwellung und Schonhaltung. Merksatz:

Rubor, Calor, Dolor, Tumor (Ödem) und **Functio laesa**

Ther:
- Grundsatz: **Ubi pus, ibi evacua!** = Eiteransammlungen entfernen
- Fremdkörper entfernen, Wundreinigung, Wundrevision = Öffnen und Spreizen der Wunde, Spülung, Drainage ⇨ **offene Wundbehandlung** (s.o.)
- Ruhigstellung der entzündeten Wunde (insb. bei Lymphangitis)
- Evtl. antiseptische Salben und feuchte Verbände
- Möglichst keine lokalen Antibiotika (wegen Allergisierung, Resistenzentwicklung, Zerstörung der physiologischen Keimflora, Wundheilungsstörungen), wenn Antibiotika notwendig sind (z.B. bei Fieber und Leukozytose): **systemische Antibiose!** (z.B. Doxycyclin, Supracyclin® od. ein Cephalosporin)

Kompl:
- ∗ Chronische Entzündungen ⇨ Narben
- ∗ **Nekrotisierende Fasziitis** als Maximalform der Weichteilinfektion (lebensbedrohlich!)
- ∗ Septischer Schock

Proph:
- ♥ Strenge Asepsis bei jeglicher chirurgischer Wundbehandlung. Postoperativ darf mit einer versorgten Wunde bereits ab dem 2. Tag geduscht werden (ergibt keine erhöhte Infektionsgefahr gegenüber der früheren Empfehlung nicht zu duschen).
- ♥ Magen-/Darmoperationen, Implantat-Chirurgie: perioperative Antibiotikaprophylaxe
- ♥ Nikotinkarenz: das Risiko für Wundheilungsstörungen ist um ein vielfaches bei Rauchern erhöht! Vor elektiven Op mit hohem Risiko für Wundheilungsstörungen (z.B. Bauchreduktionsplastik) sollte mind. 4 Wo. vor Op mit dem Rauchen aufgehört werden.

WUNDDEHISZENZ / WUNDRUPTUR

Path:
- ♦ Mangelnde Ruhigstellung (Husten, Niesen, Erbrechen)
- ♦ Infektion des Wundgebietes
- ♦ Weitere begünstigende Faktoren: hohes Alter, Adipositas, konsumierende Prozesse, zytostatische Therapie, Malnutrition, Marasmus, Hypalbuminämie, Faktor-XIII-Mangel, Bindegewebeerkrankungen (z.B. Sklerodermie, MARFAN-Syndrom), gestörte Kollagensynthese mit fehlender Narbenbildung, Diabetes mellitus, AVK

Ther: Oberflächliche Wunddehiszenz: Wundrevision, Entfernung von Nekrosen, durchgreifende Nähte, bei Faktor-XIII-Mangel Substitution

Platzbauch

Syn: Bauchwandruptur, Eventeration, Eviszeration, ICD-10: T81.3

Epid: nach Laparotomie in ca. 1 % der Fälle

Path: nach Bauch-Op durch Husten, Niesen, Erbrechen ⇨ Bauchpresse = mechanische Belastung der Wunde
forcierter Bauchdeckenverschluss nach Bauch-Op mit intraabdomineller Druckerhöhung (z.B. durch Ödem der Darmwände) ⇨ abdominelles Kompartmentsyndrom
Marasmus, krankhafte Adipositas (permagna, BMI >40 kg/m²) ⇨ Wundheilungsstörungen

Formen: Inkomplett (ohne Peritoneum), komplett (alle Schichten)
Inapparent (noch geschlossene Hautnaht, subkutane Dehiszenz ⇨ leicht übersehbar!, Gefahr der Darmeinklemmung)
Apparent (freiliegende Darmschlingen = Eventeration)
Septischer Platzbauch: Infektion ⇨ **Peritonitis** ⇨ Platzbauch

Ther: Sofortige Operation mit durchgreifender Bauchdeckennaht, bei großer Dehiszenz Anlage von Stütznähten, die täglich nachgezogen werden können
Septischer Platzbauch: offene Wundbehandlung!, evtl. kontinuierliche Saug-Spül-Drainage oder mehrfache Etappenlavage, evtl. Implantation eines Polypropylen-Bauchnetzes (Marlex®) beim endgültigen Verschluss erforderlich

Prog: Hohe Letalität (25-35 %)

Proph: Bei Risiko-Patienten keine mediane Laparotomie, elastischer Leibeswickel (Tricodur®) für die postoperative Zeit, evtl. Fakt.-XIII-Substitution

Kompl: Später Narbenhernien

SEROM

Def: Hohlräume im Wundbereich mit Lymphe und Wundsekret gefüllt

Klin: Schwellung, die nicht druckdolent oder verfärbt ist (DD: Entzündung, Hämatom)

Diag: Sonographie

Ther:
- Abpunktieren und Kompression des Inhalts

- Bei Rezidiv und zur Prophylaxe bei allen größeren Wundhöhlen ⇨ Einlegen einer REDON-Drainage

HÄMATOM / NACHBLUTUNG

<u>Def:</u> Einblutung oder Nachblutung in einem Wundbereich

<u>Diag:</u> 1. Sonographie (DD: Abszess, Serom?)
2. Ausschluss systemischer Ursachen (Gerinnung)

<u>Ther:</u>
- Kleine Hämatome resorbieren sich von selbst.
- Große Hämatome ⇨ **Punktion oder Ausräumung** des Hämatoms nur unter strengen **aseptischen** Bedingungen, da Gefahr der bakteriellen Kontamination!
- Große Hämatome: operative Eröffnung u. Ausräumung, große REDON-Drainage (16er)
- Starke Nachblutungen und Hämatombildung: Operative Revision, gründliche Blutstillung mit Koagulation, Umstechung od. Ligatur blutender Gefäße

WUNDKELOID

<u>Syn:</u> Keloid, Narbenkeloid

<u>Path:</u>
- ♦ Überschießende Bindegewebeproliferation aufgrund **individueller Disposition** und ungünstiger Schnittführung bei Op (nicht in den LANGER-Linien, nicht spannungsfreie Wundverhältnisse) und insb. nach **Verbrennungen**.
- ♦ <u>Lok:</u> besonders gefährdete Stellen sind **Sternum** und Schulterregion

<u>Klin:</u>
⇒ <u>Frühstadium:</u> gerötete, juckende Wundfläche ⇨ Ther: Kompressionsverband
⇒ <u>Spätstadium:</u> 6-12 Monate postoperativ ⇨ bleibender geröteter "Tumor", evtl. auch funktionelle Störungen

<u>Ther:</u>
- Konservativ: Druckverband mit Silikonkissen, speziell angefertigte Kompressionskleidung,
  Med: lokale Kortikoideinspritzung, Vit.-A-Applikation, neu ist auch ein Silikon-Gel (Dermatix®), das die Elastizität der Narbe verbessert
- Operativ: Exzision der gesamten Narbe (auch subkutan)
  Es kann versucht werden, sofort nach der Op durch Radiatio die erneute Keloidbildung zu verringern. Insg. **<u>sehr zurückhaltende</u> Op-Indikationsstellung** zur Keloidentfernung!

<u>Prog:</u> Zu Narbenkeloid neigende Patienten bilden das Keloid meist auch nach dem Versuch der Keloidentfernung wieder aus **(häufig sogar noch stärker)**. Unbedingt den Patient darüber aufklären!

<u>Proph:</u>
- ♥ Op-Schnittführung im Verlauf der **Spaltlinien der Haut** (LANGER-Linien beachten)
- ♥ unnötiges Wundtrauma duch Pinzetten, Klemmen od. starken Zug vermeiden
- ♥ keine transkutane Nähte

<u>DD:</u> <u>Hypertrophe Narbe:</u> Im Unterschied zum Keloid wird die hypertrophe Narbe nach ca. 1 Jahr blass und hat keinen Juckreiz und die Hypertrophie bleibt auf die Narbe **begrenzt**
Problem: es entstehen Narbenkontrakturen ⇨ operative Korrektur (z.B. Z-Plastik zur Verlängerung) meist notwendig und indiziert (frühestens aber nach ca. 9 Monaten)

NAHTMATERIAL

<u>Arten:</u>

I. <u>Resorbierbares Nahtmaterial:</u>
Synthetisch: Polyglycolsäuren (Vicryl®, Monocryl®, Dexon™), Polydioxanon (PDS)
(Naturfäden: Catgut, chromiertes Catgut (verzögerte Resorption, 2-4 Wochen))

II. <u>Nicht resorbierbares Nahtmaterial:</u>
Kunststoff (Polypropylen, Polyester, Polyamid): Monofil (Prolene®, Miralene®, Marilon®, Ethilon®, Seralon®) oder gezwirnt (Mersilene®)
Seide, Zwirn (Flachs)
Draht: Monofil oder gezwirnt, Edelstahl

<u>Ind:</u> I. <u>Resorbierbares Nahtmaterial:</u>
- **Vicryl®**, **Monocryl®**, **Marlin®**, **Dexon®**: für alle Nähte, die nicht entfernt werden müssen ⇨ Ligaturen, Umstechungen, Magen-Darm-, Faszien-, Muskel-, Subkutannähte. Resorption in 6 Wochen, NW: selten Gewebereaktionen und Narbenbildung
- **<u>PDS:</u>** für Bandnähte (PDS-Banding in der Unfallchirurgie), Resorption nach ca. 12 Wochen
- Catgut: wurde zuletzt nur noch für Schleimhäute verwendet, sonst durch das synthetische resorbierbare Nahtmaterial ersetzt. Herstellung aus Tierdärmen, daher wegen der potentiellen BSE-Gefahr seit 2001 nicht mehr im Handel. NW waren auch vermehrt Fremdkörperreaktionen.

II. <u>Nicht resorbierbares Nahtmaterial:</u>
- **Prolene®**, **Miralene®**, **Marilon®**, **Ethilon®**, **Seralon®**, **Mersilene®**: für **Hautnähte**, Intrakutannähte. Vorteil: wenig Angriffsfläche für Bakterien, kaum Fremdkörperreaktion. Nachteil: Nahtmaterial muss nach der Wundheilung entfernt werden.
- <u>Seide:</u> für Hautnähte, Gore-Tex®-Implantate
- <u>Draht:</u> für Zerklagen, z.B. zum Verschluss einer Sternotomie

Fadenstärken:

Es gibt verschiedene Stärkebezeichnungen für chirurgisches Nahtmaterial. Im Op am gebräuchlichsten ist die amerikanische Pharmakopoe **<u>USP</u>**. Die europäische Pharmakopoe ist nach dem **metrischen System** ausgerichtet, die Angabe entspricht dabei in etwa 1/10 mm Fadenstärke (beide Angaben, USP und metric, sind auf allen Nahtmaterialpackungen zu finden). Die angegebenen USP gelten für alle Nahtmaterialien (außer Catgut ⇨ je 1 Einheit höher im USP bei gleicher Stärke)

<u>Folgende Fadenstärken sind am gebräuchlichsten:</u>

Hautnaht an Rumpf und Extremitäten 3-0
Hautnaht im Gesicht/Finger/Kinder 5-0
Subkutannaht 3-0
Gefäßligaturen 2-0
Muskelnaht 0 bis 2
Fasziennaht 1 bis 3
Gefäßnaht 5-0 bis 7-0
Nervennaht 8-0 bis 10-0

<u>Umrechnung der Größenangaben:</u>

USP	metric	in mm
12-0	0,01	0,001 - 0,009
11-0	0,1	0,010 - 0,019
10-0	0,2	0,020 - 0,029
9-0	0,3	0,030 - 0,039
8-0	0,4	0,040 - 0,049
7-0	0,5	0,050 - 0,069
6-0	0,7	0,070 - 0,099
5-0	1	0,100 - 0,149
4-0	1,5	0,150 - 0,199
3-0	2	0,200 - 0,249

USP	metric	in mm
2-0	2,5	0,250 - 0,299
2-0	3	0,300 - 0,349
0	3,5	0,350 - 0,399
1	4	0,400 - 0,499
2	5	0,500 - 0,599
3	6	0,600 - 0,699
4	7	0,700 - 0,799
5	8	0,800 - 0,899
6	9	0,900 - 0,999

Nadeln:

* Art: **Atraumatisch:** Nahtmaterial im Nadelschaft versenkt (öhrlose Nadel) ⇨ keine Kante am Fadenansatz
  Traumatisch: Nadel mit Nadelöhr durch das der Faden geführt wird
* Form (wird mit einem Buchstaben kodiert): Gerade (G) oder **gebogen** mit 1/4 Kreis (V), **3/8 Kreis (D), 1/2 Kreis (H),** 5/8 Kreis (F)
* Profil (wird mit einem Buchstaben kodiert): Rund (R), schneidend (S), trokar (T), Spatel (SP), Lanzette (L)
* Länge: Angabe in mm (bei gebogenen Nadeln wird die gestreckte Länge angegeben)

Andere Wundverschlussarten:

- **Hautklammern** mit Klammergerät (skin stapler), Entfernung der Klammern mit Hautklammer-Entferner. Vorteil zur Naht: Zeitersparnis, gleiches kosmetisches Ergebnis, Nachteil: teurer
- **Klebestreifen** (Steri Strip®) in verschiedenen Breiten zur zusätzlichen Wundrandadaptation
- **Fibrinkleber** (TISSUCOL®, Beriplast®) od. Cyanoacrylat-Kleber (Dermabond®) für kleine Wunden und spezielle Anwendungen
- **Metallclips** für Ligatur von Gefäßen und spezielle kombinierte Klammernaht- und Schneidegeräte für die endoskopischen Chirurgie
- Spezielle Schneide- und Klammernahtgeräte für die Darmchirurgie

Nahttechnik

- Allgemein: alle 1 bis 1,5 cm legen einer Naht, Ein- und Ausstich erfolgen etwa im Abstand von 0,5-1 cm vom Wundrand unter Mitfassen des oberflächlich angeschnittenen Unterhautfettgewebes.
- Einzelknopfnaht

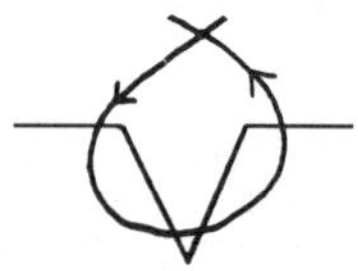

- Rückstichnaht n. DONATI

Rückstichnaht n. ALLGÖWER (Modifikation d. DONATI-Naht mit einseitig intrakutanem Verlauf)

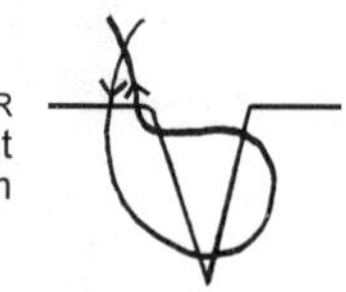

- Fortlaufende Naht: als überwendliche Naht = Kürschnernaht

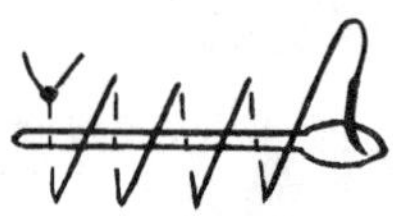

als durchschlungene Naht

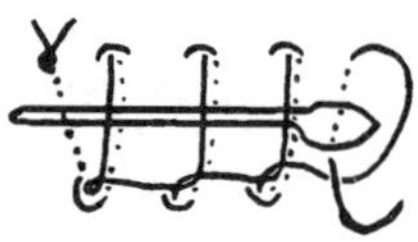

oder als U-Naht = Matratzennaht

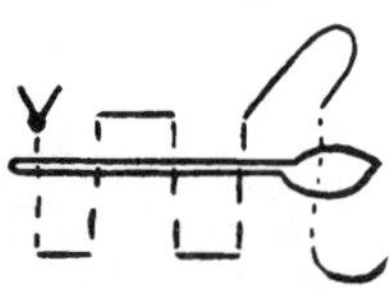

- Tabakbeutelnaht (z.B. bei Appendektomie)

- Intrakutannaht (als fortlaufende intrakutane U-Naht, Ein- und Ausstich nur am Anfang und Ende der Wunde)

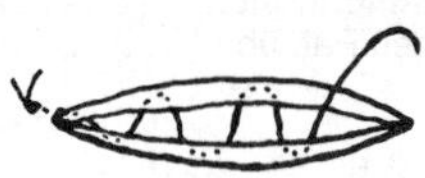

REGIONALANÄSTHESIE

Art: # **Oberflächenanästhesie**: Schleimhautanästhesie mit Sprays oder Gelen, z.B. Lidocain als Xylocain®-Spray für Nasen-Rachenraum, Xylocain®-Gel für Urethra oder Instillagel® für Prokto- u. Rektoskopien, Vereisungsspray (Ethylchlorid) für Stichinzisionen bei Abszessen

Infiltrationsanästhesie: **Lokalanästhesie**, sog. ***Field-Block,*** fächerförmige Injektion um den zu anästhesierenden Operationsbereich mit dünner Nadel, Mepivacain 1%ig 10-20 ml
Tumeszenz-Lokalanästhesie: großflächige Injektion großer Mengen (500-2.000 ml) verdünnter Lidocain-Lösung (0,05%ig mit Adrenalin) od. Prilocain-Lösung, Ind: wird vor allem bei der Liposuktion (Fettabsaugung) eingesetzt

Periphere Nervenblockade: OBERST-**Leitungsanästhesie** an Fingern und Zehen, perineurale Injektion am Finger-/Zehenursprung (ohne Vasokonstringentienzusatz), auch einzelne periphere Nerven mögl., z.B. N.tibialis post. für die Fußsohle

Plexusblockade: Infiltration im Bereich des Plexus brachialis mit 30 ml 0,5 % Bupivacain

Intravenöse Regionalanästhesie nach BIER: Intravenöse Applikation von Lokalanästhetikum in eine Vene bei proximaler Blutsperre

Periduralanästhesie (Syn: PDA, Epiduralanästhesie): extradurale Ausschaltung der Nervenwurzeln über einem Periduralkatheter ⇨ Vorteil: gute Steuerung durch Nachinjektionen möglich. Präparate: Bupivacain 0,75%ig 20 ml (Carbostesin®), in der Geburtshilfe wird Ropivacain (Naropin®) bevorzugt (geringere motorische Blockade)

Spinalanästhesie: Lokalanästhetikum im Subarachnoidalraum, Mepivacain (Scandicain®) 4%ig hyperbar 2 ml oder Bupivacain (Carbostesin®) 0,5%ig hyperbar 4 ml
Reihenfolge der Ausschaltung: Autonome Nerven, Schmerz und Temperatur, Druck und Berührung und zuletzt Motorik

Präp:
- Heute wegen geringerer Allergiequote meist Aminoamide gebräuchlich:
  - **Bupivacain** (Carbostesin®) 0,25-0,75%ig, 0,5%ig hyperbar, längste Wirkungsdauer mit 5-7 Std.
  - **Lidocain** (Xylocain®) 0,5-2%ig, Wirkungsdauer 1-2 Std.
  - **Mepivacain** (Scandicain®, Meavarin®) 0,5-2%ig, 4%ig hyperbar, Wirkungsdauer 1-2 Std.
  - **Prilocain** (Xylonest®) 0,5-2%ig, neutraler pH-Wert, Wirkungsdauer 1-2 Std.
  - **Ropivacain** (Naropin®) 0,2-1%ig, Wirkungsdauer 0,5-6 Std.
  - **Procain** (Procain®) 0,5-2%ig, Wirkungsdauer 0,5-1 Std., gehört zu den Ester-Typen
- Zusätze: Vasokonstringenzien = **Adrenalin** 1:200.000 (Epinephrin) zur Wirkungsverlängerung und Verminderung der Blutung, **nicht** für eine Anästhesie an den **Akren** (Fingern, Nase, Ohr oder Penis) verwenden ⇨ führt sonst zu Ischämie und Gangrän!
- **Cave: Vor Applikation von Lokalanästhetika immer nach Überempfindlichkeiten/ Allergien fragen!**

Kompl:
* Lokalanästhesie: Die **höchste Dosis** liegt zwischen 150 u. 300 mg (4 mg/kgKG bei Lidocain, 2,9 mg/kgKG bei Mepivacain, 2 mg/kgKG bei Bupivacain)
  Bei Zusatz von Adrenalin 2- bis 2,5fache Dosis mögl. (da verlängerte Resorptionszeit)
  Richtwerte: ⇨ bei Lidocain 1%ig 20 ml Höchstdosis (ohne Adrenalinzusatz)
  ⇨ bei Mepivacain 1%ig 30 ml Höchstdosis (ohne Adrenalinzusatz)
  ⇨ bei Bupivacain 0,5%ig 30 ml Höchstdosis (ohne Adrenalinzusatz)
* Zeichen der Überdosierung: Taubheitsgefühl der Mundregion, Sehstörungen, metallisches taubes Gefühl auf der Zunge ⇨ Ther: Benzodiazepine, venöser Zugang, O_2-Insufflation
* **Versehentliche intravasale Injektion** oder starke Überdosierung: epileptiforme Krämpfe, Brady-/Arrhythmien, Herz-Kreislauf-Versagen ⇨ Intubation, Beatmung, Reanimation
* **Überempfindlichkeitsreaktionen** bis anaphylaktischer Schock (anamnestisch erfragen und den Pat. über das Risiko aufklären)
* Störungen der Blutgerinnung
* In entzündlichem Gewebe (lokale Azidose) kann die Wirksamkeit der Lokalanästhetika vermindert bis aufgehoben sein
* Periduralanästhesie: epidurale Blutung

- * Spinalanästhesie: Postpunktionelles Syndrom (Kopfschmerzen durch Liquoraustritt aus der Punktionsstelle), Proph: dünne Nadel mit stumpfem Schliff verwenden
  Vorsicht bei Störungen der Blutgerinnung (Gefahr einer Blutung im Bereich des Rückenmarkkanals), daher immer vor einer Spinalanästhesie anamnestisch nach mögl. Gerinnungsstörungen fragen.
  Cave: Zeitabstand bei Gabe von Heparin (zur Thromboseprophylaxe) zur Spinalanästhesie/Periduralanästhesie sollte 12 Std. betragen
- * Schwangerschaft: Procain und Bupivacain bevorzugen, in der Stillzeit auch Lidocain. Der Zusatz von Vasokonstringenzien ist ebenfalls möglich.

OPERATIONSVORBEREITUNGEN

<u>Diag:</u>
1. **Anamnese**: aktuelle Krankheit, Vorerkrankungen, Voroperationen, Medikamentenanamnese, frühere z.B. perioperative Blutungsereignisse = **Blutungsanamnese** und **klinische Untersuchung** (Ganzkörperstatus) mit Größe, Gewicht, Blutdruck, Puls
2. <u>Routinelabor:</u> Blutbild, BSG, Elektrolyte, Blutgerinnung (Quick/INR, PTT), Leberwerte, Nierenretentionswerte, Gesamteiweiß, Blutzucker, HIV-Test (mit Einwilligung des Patienten), Urin-Status, Blutgruppe und ggf. Kreuzprobe für Konserven je nach Op.
3. <u>Röntgen:</u> Thorax in 2 Ebenen (bei Pat. >30. Lj. oder je nach Klinik)
4. <u>Ruhe-EKG</u> (bei Pat. >30. Lj. oder je nach Klinik)
5. Sonographie-Abdomen empfehlenswert

<u>Indikationseinteilung für operative Eingriffe:</u>

Notfalleingriff = absolute Op-Indikation (dringlicher Eingriff ohne Alternativen)
Elektiveingriff (Wahleingriff) = relative Op-Indikation (Alternativen mögl.)
Palliativeingriff = lebensverlängernde Maßnahme/Beseitigung bestimmter Symptome, ohne Beseitigung des Grundleidens
Kontraindikation = fehlende Op-Fähigkeit, Inoperabilität

Daneben gibt es noch eine diagnostische Indikation (Eingriff zur Diagnostik, z.B. Staging-Laparotomie bei malignen Tumoren), prophylaktische Operationen (z.B. Herdsanierung vor Chemotherapie) und kosmetische Eingriffe (z.B. Schönheitsoperationen).

<u>Allgemeine Maßnahmen</u> vor der Operation:

- **Aufklärung** und Einwilligung des Patienten in den operativen Eingriff (mind. einen Tag vor der geplanten Operation [BGH, 1992], Ausnahme bei einer Notoperation)
- Rasur des Operationsfeldes nur bei starker Behaarung (Haarflaum und Kurzhaar werden heute entgegen früherer Empfehlungen belassen!), Zeitpunkt: möglichst unmittelbar vor der Op.
- **Nahrungskarenz** ab Vorabend der Operation, kohlenhydratreiche Trinklösungen können bis 2 Std. prä-op. gegeben werden, ebenso können Medikamente noch am Morgen des Operationstages eingenommen werden
- Anlage eines Blasenkatheters bei größeren Eingriffen
- Diabetiker müssen je nach Stoffwechsellage präoperativ auf Insulin umgestellt werden (siehe Kap. Diabetes mellitus)
- **Thromboseprophylaxe** peri-/postoperativ (außer bei Thoraxeingriffen, dort erst postoperativ) und bei jeder Immobilisation mit **Low-dose-Heparinisierung** mit 3 x 5.000 I.E./Tag Heparin s.c. (oder auch 2 x 7.500 I.E.) oder **1 x tgl. mit niedermolekularen Heparinen** s.c. (3.000-5.000 I.E. anti-Xa /Tag, je nach Herstelleranweisung), z.B. Enoxaparin (Clexane®), Nadroparin (Fraxiparin®), Certoparin (Mono-Embolex®NM), Dalteparin (Fragmin®), Reviparin (Clivarin®1.750) od. mit dem vollsynthetischen Xa-Hemmstoff Fondaparinux (1 x tgl. 2,5 mg s.c., Arixtra®)
  Für elektive Hüft- und Kniegelenksersatzoperationen sind jetzt auch **orale** Antithrombotika zugelassen (1 x 10 mg/Tag Rivaroxaban, Xarelto® od. 2 x 2,5 mg/Tag Apixaban, Eliquis®).
  Antithrombosestrümpfe! (ab Tag der Operation).

Bei Patienten unter Antikoagulation: Absetzen des Phenprocoumon (Marcumar®) ca. 4 Tg. vor Op, bei Risikopatienten Heparinperfusor und Vollheparinisierung (200-600 I.E./Std. unter tgl. Laborkontrolle, Ziel: 2fache PTT), sonst Low-dose-Heparinisierung beginnen ab Quick >40 %. Bei Notfalleingriffen Anheben des Quick (Prothrombinzeit) mit Frischplasma (FFP) auf mind. 40 %.

Bei Pat. mit ASS- od. NSAR-Medikation oder v.-WILLEBRAND-JÜRGENS-Syndrom: Antagonisierung der Thrombozytendysfunktion mit Vasopressinanalogon Desmopressin i.v. (Minirin® parenteral, 0,3 µg/kgKG) ½ Std. vor Op oder falls erforderlich Thrombozyten- od. Faktor-VIII-/vWF-Konzentrat-Substitution. Bei einer niedrig dosierten ASS-Gabe (100 mg/Tag) ist ein Absetzen meist nicht erforderlich.

Kontrazeption und operative Eingriffe: 4 Wo. vor elektiven großen Operationen (mit erhöhtem Thromboserisiko) sollten östrogenhaltige Kontrazeptiva abgesetzt werden und erst nach vollständiger Mobilisation wieder verordnet werden.

Spezielle Maßnahmen bei einzelnen Eingriffen vor der Operation:

- Je nach Größe des Eingriffs kreuzen und anfordern von ausreichend **Blutkonserven**. Als Anhalt (je nach Symptomatik, Op-Technik und Krankenhaus verschieden) gilt bei folgenden Eingriffen:

Neck dissection	4 Konserven	Hiatushernie	2 Konserven
Lunge	4 Konserven	Kolon, Sigma, Rektum	4 Konserven
Pneumothorax	2 Konserven	Akutes Abdomen, Ileus	4 Konserven
Mediastinoskopie	2 Konserven	Gallenblase	2 Konserven
Herz	6 Konserven	Splenektomie	2 Konserven
Aortenaneurysma	10 Konserven	Nephrektomie	4 Konserven
Ösophagus	6 Konserven	Hüfte, TEP	4 Konserven
Magen	4 Konserven	Amputationen	4 Konserven
Sel.prox.Vagotomie	2 Konserven	Kraniotomie	6 Konserven

  Die Anzahl der **Erythrozytenkonzentrate** ist als Sicherheitsmaßnahme zu sehen, meist wird bei den operativen Eingriffen kein Fremdblut benötigt.

  Bei elektiven (= planbaren) Eingriffen wird die **Eigenblutspende** bevorzugt (max. 2 Liter = 4 Konserven mögl.).

  Vorgehen: 4 Wo., 3 Wo., 2 Wo. und 1 Wo. vor dem geplanten Eingriff jeweils 500 ml Blutspende. Die Konserven sind max. 7 Wo. lagerungsfähig, <5 Tage vor dem Eingriff keine Spende mehr, damit dem Körper Zeit zur Regeneration bleibt, ab 1. Spende oder besser 1 Woche zuvor sollte Eisen substituiert werden, 300 mg Eisen-(II)-Sulfat/Tag (z.B. 1x1 Tbl./Tag Eryfer®100 od. ferro sanol®duodenal 100), neuerdings wird auch rekombinantes humanes Erythropoetin gegeben.

  Über die Möglichkeit der Eigenblutspende muss jeder Pat. aufgeklärt werden!

  K-Ind. für eine Eigenblutspende sind: instabile Angina pectoris, koronare Hauptstammstenose, dekompensierte Herzinsuffizienz, kritisches Aortenklappenvitium (Druckgradient >70 mmHg), Anämie, Malnutrition, hochgradige Karotisstenose und kürzlich aufgetretene TIA

- Anlage eines **ZVK** bei allen großen Eingriffen im Magen-Darmtrakt ca. 2-3 Tage präoperativ und Vorbereitung mit hochkalorischer Infusion (z.B. 2 l Combiplasmal®/Tag) u. Humanalbumin (je nach Gesamteiweiß, 3 x 50 ml 20%ig/Tag)
- **Lungenfunktionsprüfung** (Vitalkapazität, Tiffeneau-Test) und Blutgasanalyse bei Thoraxeingriffen sowie Atemtraining prä- und postoperativ
- Darmreinigung (bei Kolon-, Sigma-, Rektum-Op.): Retrograd mit Klysma od. Einlauf (1,5-2 Liter) oder orthograd (= dem natürlichen Weg folgend = vom Mund zum Anus) mit 3 Liter hypertoner Golytely-Trinklösung od. mit stark wirksamem Laxans (Prepacol®) und 3 Liter zu trinken. Die früher routinemäßige Darmreinigung bei kolorektalen Eingriffen ist zwischenzeitlich umstritten, da in Studien Komplikationen sogar häufiger mit Darmreinigung gefunden wurden als ohne.
- **Perioperative Antibiotikaprophylaxe**:

  Allgemein: Der ideale Zeitpunkt der (einmaligen) prophylaktischen Antibiotikagabe ist **½-2 Std. präoperativ i.v.** (z.B. bei Einleitung der Narkose). Dauert der Eingriff länger als 3 Std. wird eine 2 Dosis gegeben.

  Ind: - Alle Darmoperationen, Darmverletzung (z.B. 2,0 g Cefotaxim [Claforan®] od. 2,0 g Ceftriaxon [Rocephin®] + 0,5 g Metronidazol [Clont®])
  - Ösophagus-, Magen-, Gallen-Op (z.B. 2,0 g Ceftriaxon [Rocephin®])
  - Herzoperationen (z.B. 2,0 g Cefotaxim [Claforan®])
  - Lungenoperationen (z.B. 2,0 g Cefotaxim [Claforan®] od. 4,0 g Mezlocillin [Baypen®])

- Neurochirurgie: alle Kraniotomien (z.B. 2,0 g Cefotaxim [Claforan®])
- Septische Wunden, offene Frakturen und Implantation von Fremdmaterial, z.B. endoprothetischer Gelenkersatz, prothetische Netze, Gefäßprothesen (z.B. 1,5 g Cefuroxim [Zinacef®] od. 1,0 g Oxacillin [Stapenor®])

Anästhesiologische Maßnahmen:

- Beurteilung des Risikos nach der ASA-Klassifikation (American Society of Anaesthesiology)

ASA I	Normaler, gesunder Patient
ASA II	Pat. mit leichter Allgemeinerkrankung
ASA III	Pat. mit schwerer Allgemeinerkrankung und Leistungsminderung
ASA IV	Pat. mit inaktivierender Allgemeinerkrankung, ständige Lebensbedrohung
ASA V	Moribunder Pat., kein Überleben ohne Operation
ASA VI	Hirntoter Pat., der für eine Organspende vorgesehen ist

- Prämedikation: meist am Abend vor dem Eingriff (z.B. Dikaliumclorazepat, Tranxilium® 50 mg) und am Morgen des Eingriffs (z.B. Promethazin, Atosil® 50 mg + Buprenorphin, Temgesic® 0,2 mg od. Piritramid, Dipidolor® i.m. 15-30 mg). Durch den Einsatz der Prämedikation lässt sich der Bedarf an Narkotika intraoperativ verringern.

Op. K-Ind:
- Herzinfarkt innerhalb der letzten 6 Monate
- Nicht rekompensierbare Herzinsuffizienz
- Lungenfunktion mit Vitalkapazität VK <2 l, Tiffeneau-Test (FEV_1) <1 l
- Bei Elektiveingriffen: Infektionen des Respirationstraktes
- Relativ: Adipositas permagna bei Elektiveingriffen ⇨ Gewichtsreduktion präop.

AUFKLÄRUNG

Je weniger dringlich der Eingriff (elektive Operation, s.o.), um so gründlicher und ausführlicher muss die ärztliche Aufklärung und deren Dokumentation sein! Bei Notfalleingriffen (vitale Indikation) kann die Aufklärung auf ein Minimum beschränkt werden. Bei bewusstlosen Patienten gilt eine 'Geschäftsführung ohne Auftrag' und eine Einwilligung des Patienten ist anzunehmen. Ein ärztlicher Eingriff ohne Einwilligung des Patienten ist eine strafbare Körperverletzung! Über die Einwilligung sollten schriftliche Unterlagen angefertigt werden (z.B. perimed®-Aufklärungsbögen).

Folgende Punkte muss die Aufklärung beinhalten:

- **Art des durchzuführenden Eingriffs** und Aufklärung über die **Diagnose** (Art und Bedeutung der Krankheit) des Patienten
- **Alternative Behandlungsmöglichkeiten** (z.B. konservative Therapieverfahren)
- **Eventuelle Erweiterung** des Eingriffs mit dem Patienten besprechen und dokumentieren (z.B. Erweiterung einer Knotenexstirpation auf eine Ablatio mammae bei intraoperativem Mammakarzinomnachweis von großer Größe)
- Hinweise zum normalen **postoperativen Verlauf** (z.B. Anlage von Drainagen, Kathetern, Intensivstation, Infusionstherapie, Nahrungskarenz, postoperative Medikamenteneinnahme), Aufklärung über notwendige postoperative **Verhaltensregeln** (z.B. kein Sport für eine bestimmte Zeit)
- Bei Elektiveingriffen Aufklärung über die Möglichkeit einer **Eigenblutspende** vor dem operativen Eingriff, bzw. Aufklärung über die Risiken der Fremdblutspende (Hepatitis C ⇨ 0,005 % Risiko, HIV ⇨ 0,0001 % Risiko), Urteil des BGH v. 17.12.1991
- Bei Elektiveingriffen muss dem Patienten genügend Zeit zwischen Aufklärung und der geplanten Operation verbleiben, um Nutzen und Risiken des Eingriffes abwägen zu können (mindestens ein Tag vor der geplanten Operation, Urteil des BGH v. 7.4.1992)
- **Allgemeine Operationskomplikationen**
  - Wundinfektion
  - Gefäßverletzungen, Blutung, Nachblutung, Hämatom, Durchblutungsstörungen
  - Narbenbildung, Keloid
  - Sensibilitätsstörungen im Wundgebiet

- Mögliche Reoperation bei akuten Komplikationen (z.B. Nachblutung)
- Rezidivrisiko
- Thrombose, Embolie

- **Typische spezielle Operationskomplikationen**, unabhängig davon ob diese häufig oder sehr selten vorkommen (es müssen nur für den Eingriff typische Komplikationen sein), z.B.:
  - N.laryngeus-recurrens-Verletzung oder Hypoparathyreoidismus bei Strumaresektion
  - Verletzung oder Einengung der Samenstranggebilde bei Leistenhernien-Op
  - Milzverletzung bei allen Oberbaucheingriffen
  - Andere spezielle Komplikationen ⇨ siehe in den jeweiligen einzelnen Kapiteln
- Außerdem muss eine Aufklärung durch den **Anästhesisten** bezüglich der **Narkose** am Vorabend der Operation (bei Elektiveingriffen) erfolgen.

Kinder: <14 J. müssen die Eltern einwilligen (bei schwerwiegenden Eingriffen beide Elternteile). Bei Jugendlichen zw. 14-18 J. sollten die Eltern mit aufgeklärt werden und zustimmen.

ALLGEMEINE TUMORKLASSIFIKATION

TNM-Klassifikation maligner Tumoren

Aktuell in der **7. Auflage der UICC** (Union Internationale Contre le Cancer) von **2010**; alle TNM-Klassifizierungen in diesem Buch entsprechen der aktuellen gültigen Nomenklatur. Diese sind aus der 7. Auflage des American Joint Committee on Cancer (AJCC) – Cancer Staging Manual von 2009 zitiert. Abweichungen zu anderen Lehrbüchern ergeben sich durch die dort eventuell noch älteren verwendeten Klassifikationen.

Einteilung anhand des klinischen Aspekts und klinischer Untersuchung (cTNM):

T = Primärtumor:	T_0 = Kein Anhalt für einen Primärtumor T_x = Primärtumor kann nicht beurteilt werden T_{is} = Carcinoma in situ T_{1-4} = Zunehmende Größe und/oder lokale Ausdehnung des Primärtumors
N = Nodi = regionäre Lymphknotenmetastasen:	N_0 = Keine regionären Lymphknotenmetastasen N_x = Lymphknotenmetastasen nicht beurteilbar N_{1-3} = Zunehmender Befall regionärer Lymphknoten (Anmerkung: Metastasen in entfernten Lymphknoten werden als Fernmetastasen klassifiziert)
M = Fernmetastasen:	M_0 = Keine Fernmetastasen (M_x = Fernmetastasen nicht beurteilbar, M_x wird in der 7. A. nicht mehr verwendet) M_1 = Fernmetastasen vorhanden, dazu zählen auch alle ***nicht lokoregionären Lk-Metastasen***

Fakultative Kategorien:

L = Lymphgefäßinvasion: L_0 = keine Lymphgefäßinvasion, L_1 = Lymphgefäßinvasion

Fest eingeführt ist auch der Begriff des **Sentinel-Lymphknoten** in der Tumorchirurgie (engl. sentinel = der Wachposten, Syn: Schildwächterlymphknoten) = erster Lymphknoten im Abflussgebiet eines Primärtumors. Dieser wird erkannt durch ^{99m}Tc-Humanalbuminkolloid-Injektion um das Tumorgewebe herum 3-18 Std. vor Op (zusätzlich Lymphabstrom-Szintigraphie präop. mögl.) und ggf. zusätzlich durch eine Farbstoffinjektion [Isosulfanblau, Patentblau V, Lymphazurin] um das Tumorgewebe herum während der Op. Der erste Lk wird dann mit einer Gamma-Handsonde für Radioaktivität aufgesucht (ggf. bestätigt anhand der Blaufärbung durch die Farbstoffmarkierung). Ist dieser dann tumorfrei (= $pN_{0(sn)}$), wird auf die sonst übliche weitere Lk-Entfernung verzichtet.

Etabliert ist das Verfahren für das Mammakarzinom und das maligne Melanom, in Erprobung auch für das Magen-, Zervix-, Prostata- u. Peniskarzinom.

Vorteil: viel geringeres Op-Trauma und der einzelne entnommene Lk kann besonders gründlich auf Mikrometastasen untersucht werden.

Anmerkung: die komplette Lymphadenektomie, die bei den soliden Tumoren seit Jahrzehnten Standard ist, wird seit kurzem hinterfragt. In Berechnungen aus den Krebsregistern wurde teilweise kein Vorteil hinsichtlich des Überlebens gefunden, wenn die Lymphknoten entfernt wurden (so z.B. beim Mammakarzinom od. Kolonkarzinom). Es wird daher in Zukunft neue Untersuchungen zu diesem Thema geben. Die früher angenommene Filterfunktion der Lymphknoten als Zwischenstation, von der aus dann eine generelle Metastasierung stattfindet, ist möglicherweise nicht so, sondern das Metastasierungsverhalten ist ggf. in der Gensignatur des jeweiligen Tumors begründet. Danach würden die regionären Lymphknoten und andere Organe zeitgleich mit Tumorzellen befallen werden. Die Ausbildung von (Makro-)Metastasen hängt möglicherweise von lokalen, systemischen und genetischen Faktoren ab, nicht aber davon, ob zuvor Lymphknoten befallen waren.

V = Veneninvasion: **V**0 = keine Veneninvasion, **V**1 = mikroskopische Veneninvasion, **V**2 = makroskopische Veneninvasion

Pn = Perineurale Invasion: **Pn**0 = keine perineurale Invasion, **Pn**1 = perineurale Invasion, **Pn**x = perineurale Invasion kann nicht beurteilt werden

C-Faktor = diagnostische Sicherheit (engl. certainty)

C1 = Diagnosesicherung durch Standardverfahren (Rö, Endoskopie)
C2 = Diagnosesicherung durch spezielle Verfahren (MRT, Nuklearmedizin, Biopsie)
C3 = Diagnosesicherung durch chirurgische Exploration mit Biopsie
C4 = Diagnosesicherung durch **definitive Chirurgie** und **pathologische Untersuchung**
C5 = Autopsie

Die **pTNM**-Klassifikation ist gleich wie die o.g. klinische TNM (cTNM), die Angabe wird postoperativ vom **Pathologen** anhand des histologischen Präparates erstellt (entspricht also dem C-Faktor C4).

y-Symbol: ein y wird vorangestellt (ypTNM), wenn die Klassifizierung während od. nach initialer multimodaler Therapie erfolgt.

Die **Stadiengruppierung** der UICC (wird bei allen Karzinomen in diesem Buch zusätzlich nach der TNM mit angegeben) wird meist als einfache Klassifizierung zur Vergleichbarkeit der Ergebnisse für wissenschaftliche Untersuchungen aber auch in der Klinik zur Prognoseabschätzung angewendet (es gibt immer ein **Stadium I** bis **IV**).

Residualtumor-(R)-Klassifikation (zusätzlich verwendete Klassifikation)

R0 = kein Residualtumor
Rx = Vorhandensein eines Residualtumors kann nicht beurteilt werden
R1 = mikroskopischer Residualtumor (Tumor an den Resektionsrändern im histologischen Präparat sichtbar)
R2 = makroskopischer Residualtumor an den Resektionsrändern am Operationspräparat sichtbar

Histopathologisches Grading

G1: gut differenzierter Tumor
G2: mäßig differenzierter Tumor
G3: schlecht differenzierter Tumor
G4: undifferenzierter = entdifferenzierter = anaplastischer Tumor
(Anm: bei manchen Einteilungen wird G3 und G4 zu G3 zusammengefasst)

KARNOFSKY-Index:

Dieser wird in der Onkologie zur Beschreibung des Allgemeinzustandes eines Tumorpatienten verwendet (100 % bis 10 %), sog. **Aktivitätsindex** des Pat.:

100 % = volle Aktivität ohne Beschwerden
80 % = gewohnte Lebensweise unter Anstrengung möglich, einige Beschwerden
70 % = Arbeitsunfähigkeit, Patient kann sich aber noch selbst versorgen
50 % = Patient benötigt regelmäßig Hilfe und häufige medizinische Betreuung
<40 % = Pflegefall, meist Hospitalisierung erforderlich
10 % = moribund (0 % = Tod)

ALLGEMEINE TUMORNACHSORGE

Nach allen Eingriffen, die einen malignen Prozess in der histopathologischen Untersuchung ergeben, muss ein Staging (Suche nach Metastasen, Zuordnung in die TNM-Klassifikation) durchgeführt werden (falls dies nicht schon präoperativ erfolgt ist) sowie künftig die Tumornachsorge betrieben werden. ICD-10: Z08.-

Epid:
- ◊ Jährlich erkranken in Deutschland ca. 400.000 Personen an Krebs. Aufgrund des zunehmenden Durchschnittsalters der Bevölkerung ist mit einer weiteren Zunahme der Inzidenz zu rechnen.
- ◊ Das mittlere Erkrankungsalter aller Krebspatienten beträgt statistisch 66 Jahre.
- ◊ Die statistische 5-JÜR (Jahres-Überlebensrate) aller Krebsarten beträgt heute 55 %.
- ◊ Etwa 5 % aller Krebserkrankungen sind erblich bedingt (meist aut.-dom. erblich und die Keimbahnmutation führt zu einer Erkrankung bereits in jüngeren Jahren) ⇨ bei bekannter Disposition ist eine besondere Vor- und Nachsorge und ggf. prophylaktische Therapie erforderlich (s. z.B. FAP, HNPCC – Kap. Kolonkarzinom od. BRCA-Gen-Mutation bei Mammakarzinom). Ebenso sind ggf. Familienangehörige in die Vorsorge und Beratung einzubeziehen (humangenetische Beratungsstellen im Internet: http://www.bvdh.de).

Staging:
- ♦ Röntgen des Thorax, ggf. CT-Thorax
- ♦ Sonographie des Abdomens, ggf. CT-Abdomen/Becken
- ♦ Skelettszintigraphie, ggf. PET-CT
- ♦ Bei verdächtigen Lk ⇨ Biopsie/Exstirpation und histologische Untersuchung
- ♦ Tumormarker (möglichst schon präop. um einen Verlaufsparameter zu haben)

Ther:
- Allgemeiner zeitlicher Ablauf der Nachsorgeuntersuchungen: 1. Kontrolle nach 1 Monat, dann für 1-2 Jahre in 3-monatigem Abstand, dann für 2-3 Jahre in 6-monatigem Abstand, danach nur noch jährliche Nachuntersuchung (dies gilt nur für komplikationslose = rezidivfreie Verläufe, bei Auftreten von Rezidiven müssen die Zeitintervalle verkürzt werden)
- **Zwischenanamnese** (Leistungsfähigkeit, Gewichtsabnahme, Fieber, Nachtschweiß, Knochenschmerzen, Stuhl- od. Miktionsbeschwerden, Husten oder Atemnot) und klinische Untersuchung (allg. körperlicher Status, Lokalbefund, Lymphknoten-Status)
- **Routinelabor** (BB, BSG, Leberwerte, Nierenwerte), okkultes Blut im Stuhl, präoperativ tumorspezifische **Tumormarker** (nur falls diese präoperativ erhöht waren, sind sie als Verlaufs- und Rezidivkontrollparameter geeignet)
- Röntgen: Thorax (2 Ebenen)
- Sonographie: Abdominalorgane (insb. Leber wichtig)
- Spezielle Untersuchungen (nicht bei jeder Tumornachsorge notwendig):
  - CT-Abdomen bei V.a. intraabdominelle Metastasen
  - Tumoren im oberen GI-Trakt: Ösophagogastroduodenoskopie, im unteren: Koloskopie
  - Mamma-Tumoren: Mammographie, Skelettszintigraphie
  - Lungen-Tumoren: Bronchoskopie, Skelettszintigraphie
  - CT-/MRT-Schädel bei V.a. zerebrale Metastasen

Proph: **Allgemeine Empfehlungen für Tumorpatienten:**
- ♥ Stress vermeiden, ausreichend Schlaf und Erholung, ausgewogene Ernährung, ausreichend Spurenelemente und Vitamine (A, E, C)
- ♥ Kein Nikotin und weniger (kein) Alkohol
- ♥ Schmerztherapie bei Tumorschmerzen nach einem festen Stufen- und Zeitplan (s.u.)
- ♥ Ggf. Versuch einer Immunstimulationstherapie mit Mistelextrakten (Viscum album, zytotoxisch wirksam sind die Mistellektine hieraus, z.B. Helixor®, Iscador®), die Wirksamkeit ist in Studien aber bisher nicht belegt.
- ♥ Selbsthilfegruppen: Deutsche Krebshilfe e.V., Buschstr. 32, 53113 Bonn, Tel.: (02 28) 7 29 90-0, Fax: -11, Internet: http://www.krebshilfe.de
  Deutsche Krebsgesellschaft e.V., Hanauer Landstr. 194, 60314 Frankfurt, Tel.: (0 69) 63 00 96-0, Fax: -66, Internet: http://www.krebsgesellschaft.de
  Regionale Adressen über NAKOS (Nationale Kontakt- und Informationsstelle der Deutschen Selbsthilfegruppen), Wilmersdorfer Str. 39, 10627 Berlin, Tel.: (0 30) 31 01 89-60, Fax: -70, Internet: http://www.nakos.de, E-Mail: selbsthilfe@nakos.de

- Onkologisch tätige Kliniken: eine Liste findet sich bei der Arbeitsgemeinschaft Deutscher Tumorzentren im Internet: http://www.tumorzentren.de
- Aktuelle Informationen zu allen Tumorarten im Internet: http://www.cancer.net
  Deutsches Krebsforschungszentrum - Krebsinformationsdienst (KID) Heidelberg, Im Neuenheimer Feld 280, 69120 Heidelberg, Tel.: (08 00) 4 20 30 40, Internet: http://www.krebsinformation.de

Prog: Statistisch verliert ein Pat. mit der Diagnose „Krebs" 8 Jahre seiner ferneren Lebenserwartung (dies ist von Krebsart zu Krebsart natürlich sehr unterschiedlich, Extreme sind z.B. das Hodenkarzinom mit einer 5-JÜR von 98 % oder das Pankreaskarzinom mit 5 %).

Schmerztherapie

Ind:
- **Palliative** Schmerztherapie bei **finaler Tumorerkrankung**, Tumorrezidiv, **Knochenmetastasen**, pathologischer Fraktur, Tumornekrose an den Schleimhäuten (Ulzeration)
- **Nervenkompression** durch den Tumor
- Viszerale Tumorinfiltration/Metastasen (⇨ intestinale Obstruktion) oder Weichteilinfiltration
- Leberkapselschmerz, Aszites, Hirnödem, Lymphödem, venöse Ödeme
- Phantomschmerz nach Extremitätenamputation
- SUDECK-Syndrom
- Iatrogen: Op-Narben, Nervenläsionen, Postthorakotomiesyndrom, postoperative Kontrakturen, Strahlenfibrose (Plexusfibrose, Osteoradionekrose, Mukositis, Neuropathie), Tumorembolisation, Chemotherapie

Diag:
1. Anamnese (Grunderkrankung, Krankheitsstadium, Begleiterkrankungen), **Schmerztagebuch** führen lassen (Schmerzdauer, Intensität [Skala von 1-10], Lokalisation und Ausstrahlung, beeinflussende Faktoren, Begleitbeschwerden)
2. Klinische und neurologische Untersuchung: neurologische Ausfälle, DMS
3. Je nach Form und Lokalisation der Schmerzen erforderliche spezifische Diagnostik durchführen (z.B. zur Klärung Rezidiv, Metastasierung, kausale Behandlungsmöglichkeit durch Bestrahlung od. Op mögl.?)

Allgemein:
- Mit der Schmerztherapie frühzeitig beginnen. Chronische Schmerzen führen zur Ausbildung eines sog. „Schmerzgedächtnisses", das dazu führt, dass die Schmerzen dann therapeutisch schwerer zu beeinflussen sind.
- Behandlung gem. dem Stufenschema (s.u., Tab.)
- Bei Dauerschmerzen **regelmäßige Medikation** (Einnahmeplan für den Pat. erstellen), keine Einnahmepause oder Verordnung „nur bei Bedarf" (außer für Zusatzmedikation zum Abfangen von extremen Schmerzspitzen)
- **Langwirksame** Präparate (Retardpräparate) und orale, rektale od. transdermale Applikation bevorzugen
- Ausreichend **hohe Dosierung** (keine Scheu vor hohen Dosen, Maximaldosis ausschöpfen bevor eine Kombinationstherapie begonnen wird), keine Kombination von Medikamenten aus der selben Wirkstoffgruppe
- Psychoonkologische Betreuung des Pat. (Krisenintervention, Gesprächstherapie, menschliche Zuwendung)

Stufenschema gem. WHO zur Behandlung von chronischen Tumorschmerzen

Stufe 1	normale Analgetika			
Stufe 2	normale Analgetika	schwache Opioide		
Stufe 3	(±)		starke Opioide	
Stufe 4	(±)	(±)	(±)	invasive Schmerztherapie

Stufe:
1. **Normale Analgetika** (Nichtopioidanalgetika): oral od. rektal appliziert
2. Stufe 1 **+ schwache Opioide**: oral od. rektal appliziert

3. **Starke Opioide** ± Stufe 1: oral, rektal od. transdermal appliziert
4. Invasive Schmerztherapie: **intravenös, intramuskulär, subkutan, epidural, intrathekal** appliziert oder regionale Schmerzblockade

Präp:
- Normale Analgetika (in Klammern Handelsname und übliche Dosierung/Tag für Erwachsene [in eckiger Klammer max. Tagesdosis]): **Acetylsalicylsäure** (Aspirin®, 3 x 500-1.000 mg [6.000 mg]), **Paracetamol** (Benuron®, 3 x 500-1.000 mg [4.000 mg]), **Metamizol** (Novalgin®, 3 x 625-1.000 mg = 25-40 Trpf. [5.000 mg]), nichtsteroidalen Antirheumatika (NSAR) wie Diclofenac (Voltaren®, 3 x 25-50 mg [300 mg]), Ibuprofen (Imbun®, 2-3 x 400 mg [2.400 mg]), Indometacin (Indomet®, 1-3 x 50 mg [200 mg]), Flupirtin (Trancopal®Dolo, 3 x 100 mg [600 mg]), Naproxen (Proxen®, 2-3 x 250 mg [1.250 mg]), Piroxicam (2 x 10 mg [40 mg])
- Schwache Opioide: **Tramadol** (Tramal®, 4 x 50-100 mg = 20-40 Trpf. [600 mg]), **Tilidin + Naloxon** (Valoron®, 4 x 50-100 mg [600 mg]), Nalbuphin (Nubain®, i.v. od. i.m., 4 x 0,15-0,30 mg/kgKG [2,4 mg/kgKG]), Meptazinol (Meptid®, i.v. od. i.m., 50-100 mg alle 2-4 Std.), Dihydrocodein (Remedacen®, 2 x 30 mg [360 mg])
- Starke Opioide (unterliegen der BtMVV und erfordern ein BtM-Rezept): **Morphin** (MST® Retardtabletten od. Granulat, 2 x 10-200 mg [900 mg oral]), **Buprenorphin** (Temgesic® sublingual Tabletten, 3 x 0,4 mg [1,8 mg], Transtec®-Pflaster, 35-140 µg/h alle 72 Std.), **Fentanyl** (Durogesic®-Membranpflaster, 50-100 µg/h alle 72 Std. [700 µg/h alle 72 Std., frühestens alle 48 Std. Pflasterwechsel], für kurzfristige Schmerzspitzen Fentanyl-Lutschtabletten 200-1.600 µg, Actiq® od. Nasenspray, PecFent®), Pethidin (Dolantin® Tropfen od. Supp., 1-3 x 50-100 mg [500 mg]), Kombination von Oxycodon + Naloxon (2 x 10/5 mg oral, [40/20 mg], Targin®, Vorteil: weniger opiatbedingte NW)
- Zusätzliche Medikamente (Adjuvantien): Antiemetika (Metoclopramid, Paspertin®) bei Übelkeit/Erbrechen (bei Chemotherapie stark wirksame, wie Ondansetron [Zofran®] od. Granisetron [Kevatril®], ggf. + Dexamethason und Aprepitant [Emend®], bei therapierefraktärer Übelkeit u. Erbrechen auch Cannabis-haltige Med. [Dronabinol, Marinol®])

  Quellstoffe od. Laxanzien (Bisacodyl, Dulcolax®) bei Obstipation, Spasmolytika (Butylscopolamin, Buscopan®, Metamizol wirkt auch spasmolytisch) bei kolikartigen Schmerzen,

  Antidepressiva: insb. **Amitriptylin** (Saroten® retard Kapseln, mit 25 mg zur Nacht beginnen, steigerbar bis 25-25-50-50 mg, NW: sedierend, Gewichtszunahme ⇨ die NW sind z.B. bei Tumorpat. aber eher positiv zu sehen), Nortriptylin (Nortrilen®, NW: antriebssteigernd) od. Duloxetin (1 x 60 mg/Tag, Cymbalta®) ⇨ modulieren das Schmerzempfinden und bessern die oft gleichzeitig vorhandene depressive Symptomatik; od. Neuroleptika, z.B. Levomepromazin (Neurocil®, einschleichend bis max. 300 mg/Tag)

  Antikonvulsiva: Pregabalin (Lyrica®), Gabapentin (Neurontin®) od. Carbamazepin (Tegretal®) bei neuropathischen Schmerzen/Phantomschmerzen,

  Tetrazepam (Musaril®) bei Myogelosen,

  Glukokortikoide bei entzündlichem Prozess/Hirnödem/Rückenmarkkompression/Subileus,

  Calcitonin (Karil® s.c., i.m. od. i.v.) od. Bisphosphonate (Zoledronat, Zometa® od. Clodronat, Ostac®) bei Knochenmetastasenschmerzen,

  H_2-Blocker (Ranitidin, Sostril®) od. Sucralfat (Ulcogant®) als Magenschutz
- Invasive Schmerztherapie (wird meist vom Anästhesist/**Schmerztherapeut** durchgeführt):
  - i.v., i.m. od. s.c. Opiate: Morphin (MSI®-Ampullen, max. 50 mg alle 4 Std.), Piritramid (Dipidolor®, max. 22,5 mg alle 6 Std.), Pethidin (Dolantin®, max. 100 mg alle 4 Std.) zur Behandlung von Schmerzspitzen. Längere Applikation auch mittels s.c. Katheter und Pumpe (z.B. Pegasus light) mögl.
  - epidurale Opiatanalgesie (Morphin, MSI®-Ampullen) über subkutan getunnelten Katheter oder subkutan implantierten Port (evtl. auch mit subkutan implantierter Pumpe, z.B. Medtronic): 1-4 mg verdünnt mit physiolog. Kochsalzlösung
  - intrathekale Opiatanalgesie mit Morphin (MSI®-Ampullen): 0,5-1 mg verdünnt mit 1-4 ml physiologischer Kochsalzlösung über Katheter mit implantiertem Port od. Pumpe. Bei opiatrefraktären Pat. ist auch der neue Wirkstoff Ziconotid (Prialt®) intrathekal mögl.
  - regionale Schmerzblockaden: Plexus coeliacus und Interkostalblockade als chemische

Neurolyse (5%iges Phenol), Intrapleuralblockade mit Bupivacain (Carbostesin® 0,5%ig)
- epidurale elektrische Hinterstrangstimulation mit implantierten Elektroden und einem externen od. implantierten Generator (Ind: fehlendes Ansprechen auf andere Verfahren)

- Unterstützende Maßnahmen: Krankengymnastik, physikalische Therapie, Lymphdrainage, TENS (transkutane elektrische Nervenstimulation), Neuraltherapie mit Hautinfiltration eines Lokalanästhetikums ("quaddeln" z.B. mit Lidocain, Xyloneural®) im Bereich von Myogelosen, Aufkleben eines großflächigen Lidocain-/PrilocainHautpflasters (EMLA®) über dem betroffenen Dermatom, Akupunktur
- Operativ: Ind: finale Erkrankung und Versagen aller anderen analgetischen Methoden
  - DREZ-Läsion (dorsal root entry zone): Koagulation od. Chemoneurolyse (mit Phenol-Glyzerin) der afferenten Schmerzbahn im Bereich der Hinterwurzel am Rückenmark od. auch operative Durchtrennung der Hinterwurzelnerven (Rhizotomie, FOERSTER-Operation) mögl.
  - Chordotomie: offene operative Durchtrennung od. perkutane Thermoläsion/Radiofrequenzablation des Tractus spinothalamicus im Rückenmark in Höhe C1/C2
  - Intrathekale Neurolysen, Thermokoagulation des Ganglion trigeminale GASSERI
- Radiatio: punktuelle Bestrahlung bei Knochenmetastasen
- Weitere Informationen für Ärzte und Patienten: Informationsdienst Krebsschmerz beim KID, Im Neuenheimer Feld 280, 69120 Heidelberg, Tel.: (08 00) 4 20 30 40, Internet: http://www.ksid.de und http://www.schmerzliga.de

Kompl:
* Nichtopioidanalgetika: Magenschmerzen, Gastritis, Ulcus ventriculi, Ulkusperforation
* Metamizol: selten Agranulozytose, Anaphylaxie
* Opioide: limitierend in der Dosissteigerung ist die **Obstipation**, daneben Miktionsstörungen mit Harnverhalt, Übelkeit, Erbrechen, Sedation, Verminderung des Reaktionsvermögens (Aufklärung: kein Autofahren!), Schwindel, Miosis, Atemdepression (Antidot bei Intoxikation: Naloxon). Das Abhängigkeitspotential spielt bei der Behandlung chronischer Tumorschmerzen keine Rolle.

ORGANTRANSPLANTATIONEN

Organe die heute routinemäßig transplantiert werden:

Herz, Herzklappen, Lunge, Leber, Niere, Pankreas, Dünndarm (an wenigen Zentren), Cornea, Haut, Knorpel, Knochen, Gehörknöchelchen, Knochenmark.

Im Versuchsstadium: Inselzellen des Pankreas (bei Diabetes mellitus), Dopamin-produzierende Gehirnzellen (bei PARKINSON-Syndrom), Larynx (bei Trauma), Hand, Arm, Gesicht

Transplantationsarten (Übereinstimmung von Spender und Empfänger)

Autogene (autologe) Transplantation = Empfänger und Spender identisch (z.B. Gefäßtransplantation der V.saphena mag. für einen aorto-koronaren Bypass)
Syngene (isologe) Transplantation = genetisch identische Individuen (Lebendspende zwischen eineiigen Zwillingen)
Allogene (homologe) Transplantation = genetisch differente Individuen derselben Spezies (typische Transplantation von Hirntoten = Kadaver-Transplantation oder Lebendspende, s.u.)
Xenogene (heterologe) Transplantation = Individuen verschiedener Spezies (z.B. Implantation von Schweineherzklappen)

Epid: ◊ In Deutschland wurden im Jahr 2010 insg. 4.326 Organtransplantationen (Herz, Lunge,

Leber, Niere, Pankreas, Dünndarm und kombinierte) sowie zusätzlich ca. 750 **Lebendspenden** von Familienangehörigen (meist Niere, seltener auch Teilleber) vorgenommen. Seit 1963 wurden über 103.000 Transplantationen in Deutschland durchgeführt.

◊ Der Jahresbedarf beträgt ca. 7.500 Spenderorgane, 12.000 Pat. standen 2011 in Deutschland auf der **Warteliste** für ein Organ! (2/3 davon entfallen auf die Niere). Die Anzahl an Kadaver-Transplantationen stagniert seit Jahren in Deutschland (durch den Mangel an Spenderorganen). Europaweit stehen 56.000 Bürger auf der Warteliste.

Transplantation (Abkürzung: Tx) von Organen hirntoter Patienten

Def: **Hirntod:** Zustand der irreversibel erloschenen Gesamtfunktion des Großhirns, des Kleinhirns und des Hirnstamms. Dabei wird durch kontrollierte Beatmung die Herz- und Kreislauffunktion noch künstlich aufrechterhalten (Angaben nach der 3. Fortschreibung des Wissenschaftlichen Beirates der Bundesärztekammer v. 1997).

Voraussetzungen für eine Organentnahme beim "Spender":

- **Hirntod** durch akute, schwere **primäre Hirnverletzung** (meist intrakranielle Blutung, schweres SHT od. Hirninfarkt, selten akuter Okklusionshydrozephalus od. maligne Hirntumoren) oder **sekundäre Hirnverletzung** (Hypoxie, kardial bedingter Kreislaufstillstand, langandauernder Schock)
- **Ausschluss** anderer Ursachen: Intoxikationen, neuromuskuläre Blockade, Unterkühlung, endokrines oder metabolisches Koma, zentral dämpfende Medikamente
- Kein Vorliegen einer absoluten **medizinischen Kontraindikationen** gegen eine Organentnahme, wie Sepsis, Malignome (Ausnahme: primäre Hirntumoren), i.v.-Drogenabhängigkeit, HIV-Infektion, immunologisch aktive Systemerkrankung
- Relative Kontraindikationen (individuelle Entscheidung): Beatmung >10 Tage (Lungen-Tx >5 Tage, Knochenmarkspende >2 Tage), Kreislaufschock, Hypoxie, unklare Grundkrankheit

Allg:
- ♦ Die **Irreversibilität des Hirntodes** muss durch klinische Beobachtung während angemessener Beobachtungszeit oder durch ergänzende diagnostische Maßnahmen nachgewiesen werden.
- ♦ Das Vorliegen der klinischen Symptome muss übereinstimmend von **zwei erfahrenen Untersuchern** festgestellt und dokumentiert werden. Bei geplanter Organentnahme müssen diese beiden Untersucher **unabhängig** von dem Transplantationsteam sein.
- ♦ Als Todeszeitpunkt wird der Zeitpunkt angenommen, an dem die endgültige Feststellung des Hirntodes von den beiden Ärzten getroffen wird.
- ♦ Rechtssituation: Es gilt in Deutschland gem. Transplantationsgesetz [TPG] vom 1.12.1997 die **erweiterte Zustimmungslösung** (= der hirntote Spender hat zu Lebzeiten [z.B. mit Organspenderausweis] seine Bereitschaft erklärt oder seine Angehörigen müssen einer Explantation zustimmen). Als Vorlage für ein Transplantationsgesetz wurden zuvor auch die strenge Zustimmungslösung (der Spender muss zu Lebzeiten zugestimmt haben), die Informationslösung (Angehörige werden informiert; die Explantation ist möglich, wenn die Angehörigen sich nicht dagegen aussprechen) sowie die erweiterte Widerspruchslösung (Explantation immer möglich, wenn kein ausdrücklich bekannter Widerspruch des hirntoten Spenders vorliegt und die Angehörigen keine Einwände haben, gilt so z.B. in Spanien u. Österreich) diskutiert. Aktuell wird diskutiert, eine **Befragungslösung** einzuführen (jeder Deutsche soll, z.B. bei Ausstellung des Personalausweises einmal im Leben befragt werden). Der Organhandel ist in Deutschland gem. § 17 TPG verboten.

Klinische Symptome des Ausfalls der Hirnfunktion:

⇒ Bewusstlosigkeit (Koma)

⇒ Beide Pupillen lichtstarr und mindestens mittel weit, meistens maximal weit

⇒ Fehlen des okulozephalen Reflexes (Puppenkopfphänomen)

⇒ Fehlen des Kornealreflexes

⇒ Fehlende Reaktionen auf Schmerzreize im Trigeminusbereich

⇒ Fehlen des Pharyngeal-/Tracheal-Reflexes

⇒ Ausfall der Spontanatmung (obligatorischer ***Apnoe-Test*** mit Hypoventilationsphase und Diskonnektion vom Atemgerät ⇨ keine spontane Atemzüge)

Ergänzende diagnostische Maßnahmen:

Voraussetzung für den Einsatz der diagnostischen Maßnahmen ist das Vorliegen **aller** bisher genannten Punkte (insb. Apnoe-Test)!

1. Ein Hirntod ohne weitere Untersuchung kann angenommen werden, wenn alle bisher genannten Punkte während mind. 12 Std. bei primärer Hirnschädigung und mind. 72 Std. bei sekundärer Hirnschädigung mehrfach nachgewiesen wurden. (Bei Säuglingen und Kleinkindern bis 2 Jahren werden bei primärer Hirnschädigung 24 Std., bei Neugeborenen grundsätzlich 72 Std. gewartet und eine der drei u.g. Untersuchungen muss zusätzlich durchgeführt werden)

oder alternativ

2. EEG: **Null-Linien-EEG** über mind. 30 Min. (mit Elektrodenlage nach dem 10:20-System und mit mind. 8 EEG-Kanälen von einem entsprechend erfahrenen Arzt) ⇨ der Hirntod ist gesichert

oder alternativ

3. **Evozierte Potentiale:** Beidseitiges Erlöschen der frühen akustisch evozierten Potentiale (FAEP, Welle III-V) od. der somatosensibel evozierten Potentiale (Medianus-SEP, N13, N11/P11) zeigt Irreversibilität des Hirnstammfunktionsausfalles an ⇨ der Hirntod ist gesichert

oder alternativ

4. **Zerebraler Zirkulationsstillstand:** Mit Dopplersonographie (extrakraniell und transkraniell) oder zerebrale Perfusionsszintigraphie (^{99m}Tc-HMPAO) oder zerebrale intraarterielle Angiographie (bds. A.carotis + A.vertebralis) Nachweis des zerebralen Zirkulationsstillstandes ⇨ der Hirntod ist gesichert.

Transplantationsort (Übereinstimmung von Explantations- und Transplantationsort)

Isotope Transplantation = örtliche und gewebliche Übereinstimmung
Orthotope Transplantation = örtliche Übereinstimmung (z.B. bei Herztransplantation)
Heterotope Transplantation = keine örtliche Übereinstimmung (z.B. bei Nierentransplantation)

Transplantatfunktion

Allovitale Transplantation = volle Funktionstüchtigkeit und Vitalität
Allostatische Transplantation = zeitlich begrenzte Funktion des Transplantats
Auxiliäre Transplantation = Unterstützung eines kranken Organs
Substitutive Transplantation = Ersatz eines funktionslosen Organs

Technik der Organentnahme: heute in der Regel als **Mehrorganentnahme**

Vor Op: Laboruntersuchung auf Blutgruppe, HLA-Typisierung, HIV-, Hepatitis-, CMV-Serologie

Op-Vorgehen: Darstellung der wichtigsten anatomischen Strukturen und Freipräparation der Gefäße, Einbringen der Perfusionskanülen, Heparinisierung, venöse Entlastung ⇨ Perfusion simultan für alle Organe mit kalter Perfusionslösung (z.B. University-of-Wisconsin-Lösung), Entnahme der Organe (Reihenfolge: Herz/Lunge, Leber/Pankreas, Nieren) und Milz + Lymphknoten zur Typisierung, ggf. zusätzliche Organentnahmen (z.B. Cornea, Gehörknöchelchen). Die Feinpräparation (z.B. Cholezystektomie und Spülung der Gallenwege bei der Leber) erfolgt ex situ vor der Implantation.

Die mögliche **Ischämiezeit** (Zeit zwischen Explantation und Implantation) liegt zwischen 4-6 Std. bei Herz u. den Lungen, 12-16 Std. bei der Leber und 30-40 Std. bei den Nieren. Experimentell wird versucht diese Zeit zu verlängern durch ein Transportsystem (POPS), in dem die Organe durch Sauerstoff und ein Nährstoff-Elektrolyt-Gemisch einen minimalen Stoffwechsel aufrechterhalten können.

Immunreaktionen

Host versus graft = Immunreaktion des Empfängers gegen das Transplantat durch Unterschiede der Histokompatibilitätsantigene (HLA-System) vermittelt durch zytotoxische Lymphozyten und Antikörper.

Graft versus host bei Knochenmarktransplantation = Immunreaktion des Transplantats (Knochenmark mit immunkompetenten Zellen) gegen Gewebe des Empfängers

<u>Abstoßungsreaktionen (= Rejektion)</u>

* Hyperakute Abstoßungsreaktion = innerhalb v. 48 Std. durch zytotoxische Antikörper
* Akzelerierte Abstoßungsreaktion = zwischen 2. und 5. postop. Tag durch zelluläre Abstoßung
* Akute Abstoßungsreaktion = innerhalb der ersten 3 Monate durch zelluläre Abstoßungsreaktion (T-Lymphozyten [T-Zell-Rezeptor/CD3-Komplex] + Rezeptoren mit akzessorischen Signalen, z.B. CD2, CD25, CD28, IL2R), meist 10-20 Tg. postop.
* Chronische Abstoßungsreaktion = langsame progrediente Funktionseinbuße des Transplantats mit geringer Beeinflussbarkeit ⇨ oft Retransplantation notwendig

<u>Prinzipien der immunsuppressiven Therapie</u>

⇨ Ziel ist die Erzeugung einer **Transplantat-spezifischen Immuntoleranz**

⇨ Zur Verhinderung akuter u. chronischer Abstoßungsreaktionen werden heute Standardkombinationen aus Glukokortikoiden, Azathioprin (Imurek®) und Ciclosporin A (Sandimmun®) od. Analoga (z.B. Pilzprodukt Tacrolimus [FK 506], Prograf®) gegeben. In Erprobung sind monoklonale Antikörper, wie OKT3 od. Ak gegen CD25 und Substanzen, die die intrazelluläre Signalübertragung hemmen.

⇨ Vor Transplantation/Immunsuppression sollte eine Impfung gegen Pneumokokken (Pneumovax®23) erfolgen.

⇨ Bei neg. CMV-Serostatus des Empfängers sollte ggf. ein CMV-Prophylaxe für 3 Mon. gegeben werden (Ganciclovir, Cymeven®).

<u>Kompl:</u>
* allgemeine **Infektanfälligkeit**, Knochenmarkdepression, Sepsis (mit hoher Letalität durch Multiorganversagen)
* Magen-Darm-Ulzera
* Neuauftreten oder Reaktivierung einer entzündlichen Darmerkrankung
* Nephro-/Hepatotoxizität
* arterielle Hypertonie, Hypertrichose, Gingivahyperplasie, Tremor (Ciclosporin A)
* Osteoporose, Diabetes mellitus, aseptische Knochennekrosen, Akne (Glukokortikoide)
* Zunahme der Inzidenz **maligner Tumoren**, insb. posttransplantationslymphoproliferative Erkrankung (bis zu 100fach höheres Risiko für Lymphome), auch erhöhtes Risiko für Hauttumoren u. KAPOSI-Sarkom
* Hauterkrankungen: Infektionen (insb. virale, wie Herpes, Varizella zoster, Zytomegalie, EPSTEIN-BARR, HPV), aktinische Keratose, Plattenepithelkarzinome

<u>Lebendspende von Organen</u>

Aufgrund des Mangels an Spenderorganen (durch sog. Kadaverspende) werden zunehmend auch Lebendspenden durchgeführt. Bei der Niere sind dies heute bereits 25 % der Fälle (und ca. 10 % bei der Leber):

Als Verwandtenspende zw. **Eltern und Kind** oder **unter Geschwistern** (ideal sind eineiige Zwillinge). Aufgrund der besseren genetischen Übereinstimmung sind dabei die Transplantationsergebnisse auch <u>besser</u> als bei einer Fremdspende.

Gem. Transplantationsgesetz ist auch vom Ehegatten od. Verlobten eine Organspende mögl. (dann sind natürlich keine bessere Transplantationsergebnisse zu erwarten, da keine genetische Übereinstimmung). Eine Cross-over-Lebendspende (dabei spendet ein Partner des einen Paares ein Organ/-teil dem Empfänger eines anderen Paares und umgekehrt) wird in einigen Ländern ebenfalls durchgeführt (ist in Deutschland nicht zulässig). Finanzielle Aspekte müssen auf jeden Fall ausgeschlossen sein!

<u>Organe:</u> z.Zt. bei Knochenmark, Niere, Teil-Leber (split-liver), Lunge, Teil-Dünndarm u. Pankreassegment mögl.

<u>Kompl:</u> Risiko für den Organspender bei der Organentnahme, z.B. Blutung, Verletzung von Nachbarstrukturen usw. Auch Möglichkeit eines Organversagens des Restorgans (erhöhtes Risiko insb. bei der Teilleberspende).

Organisationen und Adressen:

- Auskunft und Transplantationen an fast allen Universitätskliniken in Deutschland mögl., Organisationszentrale für Organtransplantationen in Deutschland, Postfach 15 62, 63235 Neu Isenburg, Tel.: (0 61 02) 3 99 99, Internet: http://www.dso.de
- Infotelefon Organspende der Bundeszentrale für gesundheitliche Aufklärung (BZgA), Köln, Tel.: gebührenfrei (08 00) 9 04 04 00, Internet: http://www.bzga.de oder http://www.organspende-info.de
  E-Mail: infotelefon@dso.de
- **Eurotransplant** in 2312 BK Leiden, Rynsburgerweg 10, Niederlande, Tel.: +31 71 18 28 38, Internet: http://www.transplant.org mit vielen weitergehenden Informationen
- Knochenmark: Dt. Knochenmarkspenderdatei, Pf. 14 05, 72004 Tübingen, Tel: (0 70 71) 5 15 15
- Infomaterial und Organspenderausweise: Deutsche Lebenswacht e.V. (kostenlos gegen Rückumschlag), Postfach 17 02 62, 60076 Frankfurt, Tel.: (0 69) 72 76 45, Internet: http://www.deutsche-lebenswacht.de
- Selbsthilfegruppen: Verband Organtransplantierter Deutschlands e.V., Waldteichstr. 93, 46149 Oberhausen, Tel.: (02 08) 6 35-32 23, Fax: -48 68, Internet: http://www.vod-ev.de
  Bundesverband der Organtransplantierten e.V., Paul-Rücker-Str. 22, 47059 Duisburg, Tel.: (02 03) 44 20 10, Internet: http://www.bdo-ev.de
  Arbeitsgruppe Organspende e.V., Nonnengasse 4, 86720 Nördlingen, Tel.: (0 90 81) 8 63 99, Fax: (0 90 81) 27 17 40, Internet: http://www.a-g-o.de

ALLGEMEINE KOMPLIKATIONEN

POSTOPERATIVES FIEBER

Ät:
- **Wundinfektion**, Wunddehiszenz, Serom, nekrotisierende Wunde, Fremdkörper
- Septischer Herd, Abszess, Empyem, infiziertes Hämatom
- iatrogen: i.v.-Zugang-Infekt, zentraler Venenkatheter, Wunddrainagen
- **Harnweginfekt**, insb. bei Blasenkatheterismus
- Pulmo: Atelektase in der Lunge, **Pneumonie**, Lungenempyem, Lungenembolie, Infektion durch Intubation und Beatmung, Aspirationspneumonie
- Phlebitis, Phlebothrombose
- Peritonitis, Cholezystitis („Stressgallenblase"), Meningitis, Osteomyelitis
- Resorptionsfieber bedingt durch das Op-Trauma
- Unverträglichkeitsreaktionen: Bluttransfusion, Medikamente
- Hypothalamische Läsion in der Neurochirurgie od. durch SHT ⇨ gestörte Thermoregulation
- Maligne Hyperthermie

Path:
- ♦ **Pyrogene** (z.B. bakterielle Endotoxine, Interleukin-1)
- ♦ Bevorzugte Keime: **Staphylococcus** aureus u. epidermidis, E.coli, Enterokokken
  Opportunistische und nosokomiale (= im Krankenhaus erworbene) Infektionen: Pseudomonas aeruginosa, Serratia marcescens, Legionellen, Klebsiellen, Clostridien, Candida, Cytomegalie-Viren
- ♦ Risikofaktoren: besonders gefährdet für Infektionen sind Pat. mit septischer Op od. vorausgehende Sepsis, gastrointestinale Op, hohes Alter, Mangelernährung, parenterale Ernährung, Vorbehandlung mit Antibiotika, immunsupprimierte Patienten, Polytrauma

Häufige Ursachen anhand des postoperativen Zeitpunktes:

Intra- oder perioperatives Fieber: Septische Op, Atelektase in der Lunge, Bluttransfusion, neurochirurgische Op, maligne Hyperthermie
Fieber innerhalb der ersten 2 Tage postop.: Nekrotisierende Wunde, Atelektase in der Lunge, Bluttransfusion
Fieber am 2. - 4. Tag postop.: i.v.-Zugang-Infekt, Harnweginfekt, Pneumonie, Atelektase in der Lunge, Lungenembolie, Phlebitis
Fieber am 5. - 10. Tag postop.: Wundinfektion, Wunddehiszenz, Serom, Harnweginfekt, i.v.-Zugang-Infekt, Phlebitis Abdomen: Anastomoseninsuffizienz, intraabdomineller Abszess, Peritonitis Pulmo: Pneumonie, Empyem, Lungenembolie Primär verkannte oder übersehene Verletzungen, Fremdkörper

Klin:
⇒ Temperatur >38 °C
⇒ Zeichen einer Wundinfektion (s.o., Kap. Wundinfektion)

Diag:
1. Anamnese (chirurgische Grunderkrankung) und klinische Untersuchung: Rektale Temperaturmessung, Inspektion des Wundgebietes, Druckschmerzhaftigkeit
2. Labor: Blutbild (Leukozytenzahl), BSG, CRP, Harnsediment, Blutkulturen (während des

Fieberanstiegs und möglichst vor einer Antibiotikagabe abnehmen) ⇨ Suche nach Erreger und Bestimmung der Resistenz (Antibiogramm)
3. Röntgen: Thorax zum Ausschluss v. Pneumonie u. Atelektasen
4. Bronchoskopie bei V.a. Atelektasen
5. Chirurgische (diagnostische) Reoperation als ultima ratio bei unklarem Befund

Ther:
- **Beseitigung der Ursache!**
- Konservativ: Antibiose bei Infektionen (zuerst Breitband-Antibiotika und nach Antibiogramm gezielte Antibiose geben)
  Symptomatisch: Kühlen, Medikamente wie Acetylsalicylsäure, Paracetamol od. Metamizol (= Hemmung der Prostaglandinsynthese)
- Operativ: Chirurgische Revision bei unklaren Wundverhältnissen und Fieber

Kompl:
- * **Multiresistente Keime**, insb. MRSA (Methicillin-resistenter Staphylococcus aureus), Problem insb. in Intensivstationen. Ther: Isolierung des Pat. und stets Händedesinfektion nach Kontakt mit dem Pat., operative Infektsanierung der Wunde, Med: Vancomycin 500 mg i.v. alle 6 Std., bei Nachweis im Nasenabstrich zusätzlich Mupirocin-Nasensalbe (Turixin®) 3-mal tgl., seit 2009 sind MRSA-Infektionen in Deutschland meldepflichtig!
- * Weitere aktuelle multiresistente Keime: Extended-Spectrum-Beta-Lactamase bildende E.coli u. Klebsiella pneumoniae (ESBL), Vancomycin-resistente Enterokokken (VRE), Clostridium-difficile-assoziierte Diarrhoe (CDAD)

Proph:
- ♥ Operationsvorbereitung: Bei Darmeingriffen orthograde Spülung zur Keimreduktion, aseptisches Vorgehen / Op-Feld-Vorbereitungen (Reinigung, Rasur)
- ♥ Op: strenge Asepsis, atraumatisches Operieren, Vermeidung von Blutverlusten
- ♥ Perioperative Antibiotikaprophylaxe bei kontaminierten Wunden, offenen Frakturen, Dickdarm-, Lungen- od. Herzeingriffen, Kraniotomien od. Einbringen von Implantaten
- ♥ Postoperativ: Zugänge immer nur so lange wie nötig belassen, Händedesinfektion vor Wundbehandlung oder Pflege von Kathetern

POSTAGGRESSIONSSYNDROM

Syn: **Postoperative Krankheit**, ICD-10: R65.-!

Def: Allgemeine Reaktionen des Organismus auf Operationstrauma und Narkose mit transitorischen Funktionsstörungen des Herz-Kreislauf-Systems, des Energie- und Wasserhaushaltes und der Psyche (ähnliche Vorgänge auch bei der Verletzungskrankheit bei polytraumatisierten Patienten).

Abhängig von:
- Größe, Schwere und Dauer des Eingriffs
- Lokalisation der Operation (Bauchhöhle, Thorakotomie)
- Alter des Patienten
- Begleiterkrankungen: KHK, Herzinfarkt, Niereninsuffizienz, Leberzirrhose

Path:
- ♦ Erhöhte arterio-venöse O_2-Differenz durch erhöhten peripheren O_2-Verbrauch bei erhöhtem Grundumsatz (**Postaggressionsstoffwechsel** = Stresshormone erhöht) ⇨ HZV (Herz-Zeit-Volumen) steigt um >30 % an
- ♦ **Entzündungsmediatoren** (auch ohne Infekt und Sepsis) ⇨ Fieber, Müdigkeit, Pulszunahme, international auch SIRS (systemic inflammatory response syndrome) genannt
- ♦ **Glukoseverwertungsstörung** bei gleichzeitigem Protein- und Fett**katabolismus** (= Abbau von Eiweißen und Fetten, negative Stickstoffbilanz, Ketonkörper ↑, Ketoazidose)
- ♦ Aldosteron und ADH-Erhöhung ⇨ Wasser- und Na-Retention, Hypokaliämie ⇨ generalisierte Ödeme
- ♦ **Gerinnungsaktivierung**, Thrombozytenaggregationen, Blutverlust ⇨ thromboembolische Komplikationen

- **Gestörte Infektabwehr** durch Verminderung von Immunglobulinen und Komplementverbrauch durch Erhöhung von Katecholaminen und Kortikoiden
- Vasokonstriktion, Zentralisierung ⇨ **Schock** bis hin zum Tod

Epid: ◊ Beschwerdefreiheit meist am 1. postoperativen Tag
◊ Beschwerdemaximum meist 2.-4. postoperativer Tag
◊ Dauer: einige Tage bis wenige Wochen

Klin: ⇒ **Fieber** (Resorptionsfieber), Adynamie, Müdigkeit, Puls und Atmung beschleunigt
⇒ Appetitlosigkeit, Durst, Oligurie
⇒ Seelische Verstimmung
⇒ Mögliche Laborveränderungen: BSG u. CRP erhöht, Leukozytose, Anämie, Anstieg harnpflichtiger Substanzen, Na^+ erhöht, K^+ vermindert, Glukose erhöht, Hyperbilirubinämie

Ther: Bei Auftreten von Symptomen: **intensivmedizinische** Überwachung und Behandlung (genaues Bilanzieren, bedarfsorientierte Infusionstherapie)

Proph: ♥ **Schonende Anästhesie** und **wenig invasive Op-Technik!**, Vermeidung von Hypothermie während der Op (Warmluftdecken, vorgewärmte Infusionslösungen)
♥ Verbesserte postoperative Regeneration (sog. **Fast-Track-Chirurgie**): Verzicht od. kein unnötig langes Verweilen von Magensonden (frühe orale Ernährung!), Drainagen od. Urinkatheter, gute post.-op. Analgesie, forcierte Mobilisation (meist bereits am Op-Tag)
♥ Keine ungezielte antibiotische Prophylaxe, keine unnötigen Kortikoid-Applikationen

SCHOCK

Def: Missverhältnis zwischen Gefäßfüllung und Gefäßkapazität, Missverhältnis zwischen O_2-Angebot und O_2-Bedarf, Verminderung der Mikrozirkulation und daraus folgende metabolische, funktionelle und strukturelle Gewebeveränderungen. ICD-10: R57.9

Ät:
- **Volumenmangel** durch **Blutung** (nach außen oder nach innen durch Trauma, Tumor, Operation), Plasmaverlust/Eiweißverlust **(Verbrennungen),** H_2O- und Elektrolytverlust (Ileus, schwere Diarrhoe, Erbrechen)
- **Kardiogener Schock:** ⇨ Manifeste Herzinsuffizienz (Pumpversagen des Herzens) bei großem **Myokardinfarkt** (>20-40 % Myokard infarziert), **Lungenembolie**, Kardiomyopathie, Perikardtamponade (200-400 ml Einblutung in den Herzbeutel), konstriktive Perikarditis, Myokarditis, Arrhythmien, Kammerflimmern, elektromechanische Entkoppelung
  DD zum Volumen-Mangel: Halsvenenstauung, da ZVD erhöht!
- **Anaphylaktischer Schock:** Führt über Vasodilatation zu einem Volumenmangel (Toxine, Blutgruppenunverträglichkeitsreaktion, Medikamente, iodhaltige Kontrastmittel)
- **Septischer Schock:** Iatrogen!, nosokomial (Hospitalkeime, Problem insb. bei multiresistenten Keimen), v.a. gram-neg. Bakterien, toxic shock syndrome durch Staphylokokken, toxic shock-like syndrome durch Streptococcus pyogenes (Grp. A)
- **Neurogener Schock:** Dysregulation der Gefäßtonisierung durch extremen Schmerz, SHT, Hirnblutung, Intoxikation

Path:
- Circulus vitiosus des Schocks (MOON-Spirale):
  Hypovolämie ⇨ Verminderung des Herzzeitvolumens ⇨ Hypoxie und Gewebsazidose ⇨ Atonie der Gefäße ⇨ erhöhte Kapillarpermeabilität ⇨ führt zur weiteren Zunahme der **Hypovolämie** (= Schockspirale)
- Zentralisation: Gehirn- und Herzdurchblutung bleiben zunächst unverändert zu Ungunsten von: Niere, Splanchnicus-Gebiet: Leber, Pankreas, Darm und d. Extremitäten (durch unterschiedliche Verteilung der α- und ß-Rezeptoren = α ⇨ Vasokonstriktion, ß ⇨ Vasodilatation) ⇨ Verminderung der O_2-Versorgung der Organe ⇨ anaerober Stoffwechsel der

Zellen ⇨ Anfall von Laktat und Stoffwechselendprodukten ⇨ **Azidose** (Versuch der respiratorischen Kompensation der Azidose durch Mehratmung ⇨ aber: mehr O_2 wird für die verstärkte Atmung verbraucht und damit keine wesentliche Verbesserung der Gewebehypoxie) ⇨ metabolisch bedingte präkapillare Dilatation bei bestehender postkapillarer Konstriktion (präkapillar reagieren die Gefäße empfindlicher auf eine Azidose) ⇨ Blut „versackt" im Kapillarbett ⇨ Plasmaabfluss ins Interstitium ⇨ **Hypovolämie, Sludge-Phänomen** der Erythrozyten, Bildung von **Mikrothromben** (bis hin zur Verbrauchskoagulopathie = DIC)

- Anaphylaxie: Ag-Ak-Reaktion, Mediatorenfreisetzung (z.B. aus Mastzellen): Histaminausschüttung ⇨ Dilatation der Arteriolen, Konstriktion der Venolen ⇨ Blut versackt im Kapillarbett ⇨ Plasmaabfluss ins Interstitium ⇨ **Hypovolämie**
- Sepsis: Bakterien ⇨ Ektotoxine, Endotoxine führen zur Eröffnung der physiologischen AV-Fisteln ⇨ Hyperzirkulation des Blutes (O_2-Gehalt im venösen Blut hoch ⇨ rosige Farbe der Haut), aber Minderversorgung der Organe, zusätzlich wird O_2 in den Zellen nicht richtig verwertet (ursächlicher Mechanismus unklar) ⇨ Azidose und Folgen wie oben
- Schockorgane: Niere: Oligurie, akutes Nierenversagen
  Myokard: Koronare Perfusion sinkt, Herzmuskelinsuffizienz
  Leber: Hypoxidose ⇨ Nekrosen (histologisch: zentral um die Lebervenen beginnend), Leberversagen
  Lunge: ARDS (s.u.), respiratorische Insuffizienz, Infektanfälligkeit

Etlg: # Hypovolämie: bis 1000 ml Blutverlust gute Kompensation,
>1.000 ml Blutverlust Schockgefahr! (= ab **20% Volumendefizit**, Index ca.1)

Schockindex: Puls / systolischer Blutdruck = physiologisch ca. 0,5
Index >1 Schockgefahr!

Anaphylaktische Reaktion: Schweregrade

I:	Allgemeinsymptome (Schwindel,Kopfschmerz) + Hautreaktion (Juckreiz, Urtikaria)
II:	Zusätzlich: Blutdruckabfall + Tachykardie + Übelkeit, Erbrechen
III:	Zusätzlich: Bronchokonstriktion + Schock
IV:	Kreislaufversagen

Klin: ⇒ Volumen-Mangel-Schock: **Tachykardie, blasses Hautkolorit** (eine Zyanose ist meist durch den Hb-Abfall nicht direkt erkennbar), **Blutdruckabfall**, Kaltschweißigkeit
⇒ Sistieren der Urin-Ausscheidung
⇒ Tachypnoe (Volumenmangel- und respiratorische Azidosekompensation)
⇒ Anaphylaxie: Akute respiratorische Insuffizienz durch Bronchokonstriktion (Histaminwirkung), Urtikaria (Quaddeln), evtl. Lungenödem, Quincke-Ödem (Augenlider, Glottis + Larynx ⇨ inspiratorischer Stridor)
⇒ Sepsis: eher rosige Hautfarbe (Hyperzirkulation)

Diag:
1. Anamnese und klinische Untersuchung: Ansprechbarkeit, Atmung (und Pulsoxymetrie), Puls, Blutdruck, Pupillenreaktion, Hautfarbe, Rekapillarisationszeit (Druck auf den Fingernagel, dann loslassen ⇨ nach ca. 1 sec ist der Nagel beim Gesunden wieder rosig), Temperatur, Diurese (⇨ Blasenkatheter, Bilanzierung).
2. **ZVD** (zentraler Venendruck, gemessen in Höhe des rechten Vorhofes, physiologisch sind 3-10 cm H_2O) erniedrigt bei Volumenmangel, erhöht bei kardiogenem Schock (Stau des Blutes vor dem insuffizienten Herzen)
3. Labor: Blutbild mit Hb, Hkt (⇨ Blutverlust)
   Gerinnung! (auf AT-III-, Fibrinogen- od. Thrombozytenabfall, Nachweis von Fibrinspaltprodukten achten ⇨ Verbrauchskoagulopathie)
   Leukozyten (Leukozytose, bei Sepsis auch Leukozytensturz mögl.)
   Blutgasanalyse: O_2, CO_2, pH (Azidose), Base excess
4. EKG und EKG-Monitoring: Kardiale Funktionskontrolle, Infarktausschluss
5. Röntgen: Thorax (auf Infiltrate und ARDS achten, s.u.)

6. Rechtsherzkatheter (SWAN-GANZ-Einschwemmkatheter): Pulmonalarteriendruck, indirekte Messung des li.Vorhofdrucks durch pulmonalkapilläre Druckmessung, Bestimmung des Herzminutenvolumens

<u>Ther:</u>
- <u>Allgemeinmaßnahmen:</u> Flachlagerung mit 15° angehobenen Beinen bei Hypovolämie (nicht bei kardiogenem Schock ⇨ sitzende Haltung)

  O_2-Zufuhr über Nasensonde (8-12 l/min.) oder evtl. Intubation und Beatmung (100%ige O_2-Gabe, ggf. mit PEEP) ⇨ Klinikeinweisung, Intensivstation!
- <u>Durchbrechen des Circulus vitiosus:</u>

  Volumenersatz initial mit 500-1000 ml Plasmaexpander (***HAES*** oder Dextran) und mit isotonischer Kochsalzlösung/Ringerlaktat (in etwa gleicher Menge) i.v. (wenn bei Kinder kein i.v.-Zugang zu bekommen ist, auch als intraossäre Infusion über Tibiapunktion, Anmerkung: dies ist mit spezieller Kanüle auch bei Erwachsenen mögl.), diskutiert wird auch der Einsatz von hyperosmolarer Kochsalzlösung 7,5%ig 4 ml/kgKG als Bolusinfusion mit 6 % Dextran 70 als sog. small volume resuscitation, evtl. Acidoseausgleich mit Natriumbicarbonat,
  Bluttransfusion ab 1,5 l Blutverlust oder Hb <7-10 g/dl mit <u>E</u>rythrozyten<u>k</u>onzentrat (EK) oder Frischblut (in der Klinik).
- <u>Behandlung der Ursache:</u>
  - ***Septischer Schock:*** bei vorhandenem Eiterherd **operative Herdsanierung**, Fremdkörper entfernen, Wunddrainage, sofortige hochdosierte Antibiose i.v., auf akutes Nierenversagen, DIC und ARDS achten!
  - ***Kardiogener Schock:*** kausale Behandlung je nach Ursache (Kammerflimmern, Infarkt, Asystolie), Cave: bei Volumenmangel nur vorsichtiger Volumenersatz (wg. Belastung des Herzens), Dopamin-/Dobutamin-Perfusor, ggf. intraaortale Ballongegenpulsation bei dekompensierter linksventrikulärer Funktion
  - ***Bei Herz-/Kreislaufstillstand:*** Reanimation, Adrenalin (s.u., Kap. Herz-Kreislauf-Versagen)
  - ***Anaphylaxie:*** 1. Adrenalin (Suprarenin® als Spray und 1:10 verdünnt i.v.)
    2. Antihistaminika (H_1- und auch H_2-Blocker)
    3. Glukokortikoide (1.000 mg Prednisolon, Solu-Decortin®H)
    Bei Bronchokonstriktion zusätzlich Theophyllin (Euphyllin®)
  - ***Neurogener Schock:*** Zur Tonisierung der Gefäße Adrenalin, Dopamin, Dobutamin i.v., Schmerzbekämpfung
  - ***Verbrauchskoagulopathie (DIC):*** FFP (fresh-frozen-plasma = Frischplasma), AT-III-Substitution, (in der Frühphase: Heparin), Thrombozytenkonzentrat (bei Thrombozytensturz), Fibrinogensubstitution
  - ***Nierenversagen:*** Diurese ⇨ Furosemid, Dobutamin-Perfusor, Bilanzierung von Ein- und Ausfuhr, evtl. Hämofiltration oder Hämodialyse

<u>Prog:</u> Jeder Patient, der das Stadium des manifesten Schocks erreicht, hat eine sehr ernste Prognose mit hoher Letalität ⇨ **Frühdiagnose** ist für das Fortschreiten des Organversagens entscheidend

<u>Kompl:</u>
* Akutes Nierenversagen (das Risiko ist bei HAES-Gabe zusätzlich erhöht, daher wird in einigen Kliniken HAES nicht mehr eingesetzt)
* ARDS (akute respiratorische Insuffizienz, s.u.)
* DIC (Verbrauchskoagulopathie, s.u.)
* Weichgewebenekrosen, Myositis, nekrotisierende Fasziitis, Gangrän
* Multiorganversagen, Kreislaufversagen ⇨ Tod

<u>Proph:</u>
- ♥ Schonende Op- und Anästhesietechnik
- ♥ Bei intraoperativen Blutverlusten: rechtzeitige und ausreichende Substitution

ARDS

Syn: ARDS = adult respiratory distress syndrome, **akutes Lungenversagen**, akute respiratorische Insuffizienz, Schocklunge, ARF = acute respiratory failure, ICD-10: J80

Ät:
- **Protrahierter Schock, Thoraxtrauma, Polytrauma**, DIC, sehr belastende Op
- **Sepsis**, Pneumonie, Infektionen, insb. Pneumocystis jiroveci, Legionella pneumophila, HIV-Patienten
- Inhalation von **Reizgasen** (Rauchgase, NO_2, Ozon), hyperbarer Sauerstoff, Höhenkrankheit, großflächige Verbrennungen, Intoxikationen (Paraquat, Narkotika)
- Inokulation von Flüssigkeiten in die Lunge (z.B. Ertrinken, Aspiration von Magensaft)
- Lungenembolie (Thrombus, Fettembolie), Fruchtwasserembolie
- Transfusionsassoziiertes Lungenversagen (insb. nach Frischplasmatransfusion)
- Idiopathisches ARDS (Syn: akute interstitielle Pneumonie, HAMMAN-RICH-Syndrom)

Path:
- ♦ Hypoxie, Azidose (Schock) ⇨ **Permeabilitätsstörungen** ⇨ exsudative Phase ⇨ interstitielles Lungenödem
- ♦ Unzureichende Bildung von **Surfactant** durch Untergang der Pneumozyten II ⇨ alveoläres Lungenödem, Atelektasen, hyaline Membranen
- ♦ Entzündungsmediatoren, Endotoxine ⇨ Mikroembolien ⇨ **hyaline Membranen** infolge Extravasion von Fibrinmonomeren in die Alveolen

⇨ **Globale respiratorische Insuffizienz**, Fibrosierung der Alveolarwände (irreversibel) durch Endothelproliferation der Alveolarkapillaren = proliferative Phase

Klin: ⇒ Dyspnoe bis Orthopnoe (höchste Atemnot)
⇒ Bewusstseinsstörung ⇨ Koma

Etlg: v. STEPPLING (1987) nach Klinik, Blutgasen und Rö-Befund

Stad. I:	**Latenzphase**, Dyspnoe, geringe Hypoxie (Hyperventilation ⇨ respiratorische Alkalose), Röntgen: bds. unscharfe Hiluszeichnung
Stad. II:	Orthopnoe, starke Hypoxie, Zyanose, Tachykardie, Verwirrtheit, Röntgen: interstitielles Lungenödem, Transparenzminderung
Stad. III:	**Terminalphase,** respiratorische Globalinsuffizienz, extreme Hypoxie, Schock, Koma, Röntgen: konfluierende grobfleckige Verdichtungen

Diag:
1. Anamnese (Trauma, Op, Schock) und klinische Untersuchung (Auskultation)
   Das ARDS im Stad. I kann leicht verkannt/übersehen werden.
2. Röntgen-Thorax:
   Stad. I: Perihiläre streifige Verdichtung, beginnendes interstitielles Ödem
   Stad. II: Diffuse, mehr homogene Verdichtungen, evtl. Schmetterlingsfigur
   Stad. III: Verdichtungszunahme durch Bronchuswandödem, pos. Pneumobronchogramm
   Stad. IV: Zunehmend konfluierende grobfleckige Verschattungen
   Stad. V: Großflächige Infiltrationen
3. EKG-Monitoring und Herzechographie: kardiale Funktion
4. Ggf. Pulmonalarterienkatheter (Swan-Ganz-Einschwemmkatheter): pulmonalkap. Druck?

Ther:
- Kausal: Ursache bekämpfen, Grunderkrankung behandeln
- **Frühzeitige Beatmung** mit **PEEP** (positive endexpiratory pressure ⇨ verhindert das Kollabieren der Alveolen) und inflation hold (IRV = inversed ratio ventilation: inspiratorisches Plateau 2- bis 3x länger als die Exspiration); anfangs für 30 Min. 100 % O_2, dann kontinuierlich reduzieren (in Abhängigkeit von der Blutgasanalyse). Bei schwerer Gasaustauschstörung kann auch eine spezielle Hochfrequenzoszillationsventilation eingesetzt werden.
- Hochdosiert **Glukokortikoide**

- **Heparin** zur Prophylaxe einer Verbrauchskoagulopathie (unter PTT-Kontrolle, Ziel: 2fach)
- Antibiotikaprophylaxe (Pneumonie) und NSDD (= nicht selektive Darmdekontamination durch orthograde Darmspülung), evtl. Katecholamine, Surfactantgabe, Aprotinin (= Kallikrein-Inhibitor, Trasylol®, der Einsatz war umstritten, Präparat vom Markt genommen)
- Plasmaersatzmittel (niedermolekulare Dextrane), Albumin-Infusion (Ziel: Gesamteiweiß >60 g/l)
- Wechselnde Rücken/Bauchlagerung mit Rotationsbett (Pat. als "Sandwich")
- Bei Versagen der konventionellen Beatmung: künstlicher Oxygenator (ECMO = extracorporaler Membranoxygenator), wenn trotz 100 % O_2-Beatmung der arterielle pO_2 nicht über 50 mmHg ansteigt. Alternativ auch partielle Flüssigkeitsbeatmung mögl. (die Lungen werden dabei mit Perfluorkarbonen [sind schwerer als Wasser und erweitern dadurch die Alveolen] befüllt und darüber normal maschinell beatmet).

Prog: Sehr schlecht, Letalität zwischen **50-90 %!**

Kompl:
* Manifester Schock
* Akutes Nierenversagen, Multiorganversagen, Verbrauchskoagulopathie

DD:
- Lungenödem kardialer Genese
- Pneumonie, insb. interstitielle Pneumonie

VERBRAUCHSKOAGULOPATHIE

Syn: **DIC** = disseminated intravascular coagulation, disseminierte intravasale Gerinnung, Defibrinationssyndrom, ICD-10: D65.-

Ät:
- Jeder **Schock** jeglicher Genese kann zur DIC führen
- Operationen an thrombokinasereichen Organen: **Pulmo, Prostata, Pankreas, Plazenta**
- Sepsis: insb. **gram-neg. Bakterien**, Meningokokken (WATERHOUSE-FRIEDRICHSEN-Syndrom), Staphylokokken (toxic shock syndrome [TSS], insb. durch Enterotoxin F u. Exotoxin C von Staph. aureus, sog. Tamponkrankheit), septischer Abort, (SANARELLI-SCHWARTZMAN-Syndrom, experimentell beschrieben mit Bakterientoxininjektionen)
- Akute Pankreatitis
- Polytrauma, großflächige Gewebezerstörung (⇨ Aktivierung von Gewebsthromboplastin)
- Para-/postinfektiös: Purpura fulminans meist mit Entwicklung eines Schocks und Ausbildung schwerer ausgedehnter Weichteilnekrosen
- Hämolysen (Blutgruppenunverträglichkeit, Seifenlaugenabort, Schlangengifte)
- Geburtshilfliche Komplikationen: Fruchtwasserembolie, vorzeitige Plazentalösung, HELLP-Syndrom, Dead-fetus-Syndrom bei Missed abortion = verhaltener Abort über mehrere Wochen, septischer Abort, Puerperalsepsis im Wochenbett
- Herz-Lungen-Maschine = extrakorporaler Kreislauf (= Kontaktaktivierung des Gerinnungssystems)
- Crush-Syndrom durch Rhabdomyolyse, zirkulierende Immunkomplexe, zerfallende Tumoren
- Kortikoide, Leberinsuffizienz ⇨ Beeinträchtigung des RES/RHS
- Gefäßmissbildungen (Riesenhämangiome bei KASABACH-MERRITT-Syndrom)

Path:
♦ Schock, Hämostase, Hypoxie, Azidose, Endotoxine ⇨ intravasale Aktivierung des Gerinnungssystems (Prothrombin-Aktivierung) = Hyperkoagulabilität ⇨ **multiple Mikrothromben** ⇨ **Verbrauch von Thrombozyten und plasmatischen Gerinnungsfaktoren** (insb. Fibrinogen, AT III, Fakt. V + VIII) ⇨ **hämorrhagische Diathese** = Hypokoagulabilität mit multiplen Blutungen und **sekundärer Hyperfibrinolyse** (verstärkt zusätzlich den Fakto-

renverbrauch) ⇨ Schock (Circulus vitiosus)

- Das **RES / RHS** (retikulo endotheliales/histiozytäres System) hat eine Abbaufunktion für gerinnungsaktivierende Substanzen. Im Schock, bei Tumorkrankheit oder unter Immunsuppression (Kortikoide) ist diese Funktion nicht mehr ausreichend gewährleistet ⇨ Mikrothrombosierung begünstigt!

Etlg: Verlauf der DIC

I:	**Aktivierungsphase:** Gerinnungsaktivierung, beginnender Thrombozytenabfall
II:	**Frühe Verbrauchsphase:** Abfall v. Thrombozyten u. plasmatischen Gerinnungsfaktoren
III:	**Späte Verbrauchsphase + Hyperfibrinolyse:** manifeste hämorrhagische Diathese

Klin: ⇒ Die DIC wird oft erst im Stadium der Blutungen erkannt

⇒ Multiple Schleimhautblutungen (Nase, Rachen, Vagina, Anus), gastrointestinale Blutungen, petechiale oder großflächige Hautblutungen

Diag: 1. Anamnese (Op, Schock, Sepsis) und klinische Untersuchung (Haut-/ Schleimhautblutungen)

2. Labor: empfindlicher Parameter: **Thrombozytenzahl** (<30.000/µl ⇨ Blutungen) **Fibrinogen, AT III**, Quick, evtl. einzelne Gerinnungsfaktorenbestimmung (keine Routine), Fibrinspaltprodukte (FSP, **D-Dimere** >3 µg/ml ⇨ zeigen Hyperfibrinolyse an)

Ther:
- **Grundkrankheit behandeln**, Ursache beseitigen!
- In der Aktivierungsphase (Stad. I) und Übergang in II: **Heparin i.v.** 5.000-10.000 I.E./Tag (Ziel: PTT 2fach der Norm), Anmerkung: nicht bei geburtshilflichen Komplikationen
  Substitution von **AT III** (ab AT III <70 %) 3.000-5.000 I.E./Tag, Substitution von Gerinnungsfaktoren mit **FFP** (fresh-frozen-plasma) u. Thrombozytenkonzentraten nach Bedarf
  Im Stadium III: AT III, FFP, Frischblut, Thrombozytenkonzentrate
- Merke: Die Hyperfibrinolyse darf **nicht** gestoppt werden, um über diesen Weg die Mikrothromben wieder aufzulösen und die Mikrozirkulation sicherzustellen (lebenswichtig für die Funktionsfähigkeit der Organe, insb. Niere, Gehirn, Lunge, Leber) ⇨ **Antifibrinolytika** sind **kontraindiziert!**
- Bei Nierenversagen: Hämodialyse

Prog: Wird das Stadium II akut überschritten ist die Prognose sehr ernst.

Kompl:
* Jede DIC kann zum manifesten **Schock** führen! ⇨ Multiorganversagen
* Nierenrindennekrosen, akutes Nierenversagen, Anurie
* Akute respiratorische Insuffizienz, Lungenödem, ARDS
* Bleibende neurologische Defizite

Proph: ♥ Low-dose-Heparinisierung (3 x 5.000 I.E./Tag) bei allen Operationen und Erkrankungen mit dem Risiko einer DIC-Entwicklung (insb. Lungen-, Prostata- u. Pankreasoperationen)

DD:
- Eine chronische DIC ist bei Malignomen zu beobachten (Thrombosen od. Blutungen mögl.)
- Blutungen bei Thrombozytopenien: idiopathisch (Morbus WERLHOF), bei Tumoren, Knochenmarkprozessen, Hypersplenismus, thrombotisch-thrombozytopenische Purpura (Morbus MOSCHCOWITZ), hämolytisch-urämisches Syndrom (GASSER-Syndrom), medikamentös (Heparin-induzierte Thrombozytopenie)
- Hämophilie A, B, v.-WILLEBRAND-JÜRGENS-Syndrom
- Vasopathien: Purpura SCHOENLEIN-HENOCH (postinfektiöse/allergische Vaskulitis)

HERZ-KREISLAUF-VERSAGEN

Syn: Herz-Kreislauf-Stillstand, Kreislaufstillstand, Herzstillstand, ADAMS-STOKES-Syndrom, ICD-10: I46.-

Def: Bedingt durch Kammerflimmern/Kammerflattern oder Asystolie

Ät: 1. Kardial (>90 % d.F.)
- **Herzinfarkt**, Perikardtamponade, Contusio cordis
- **Kammerflimmern**, Asystolie, Hyposystolie (weak action = Herzaktion im EKG, aber geringe Pumpleistung des Herzens), Kardiomyopathie, Sick-Sinus-Syndrom, höhergradiger AV-Block

2. Extrakardial
- Zirkulatorisch: **Schock**, massive **Lungenembolie**
- Respiratorisch: Verlegung der Atemwege (Fremdkörper, Zurückfallen der Zunge bei Bewusstlosigkeit), Thoraxeinklemmung, Spannungspneumothorax, Aspiration, zentrale Atemlähmung, Ertrinken
- Reflektorisch: vasovagale Synkope, Herzmanipulation, Omentummanipulation, Elektrounfall, starke Unterkühlung, Karotissinusreflex
- Toxisch: Vergiftungen, Drogen, Medikamente (Digitalis, Narkotika, Atropin), starke Elektrolytverschiebungen (insb. K^+ und Ca^{++})

Path:
- Bewusstlosigkeit bei Kreislaufstillstand nach ca. 5-10 Sek.
- Atemstillstand tritt nach ca. 1 Min. ein
- Weite Pupillen nach ca. 2 Min., (Cave: bei Vergiftungen evtl. auch enge Pupillen)
- **Irreversible zerebrale Schädigung** nach ca. **5 Min**. (bei Kleinkindern, unter Hypothermie oder bei Schlafmittelintoxikation kann sich diese Zeit um ein vielfaches verlängern)

Klin:
⇒ **Bewusstlosigkeit**, fehlende Reaktion auf Ansprache und Schütteln, keine Atmung mehr hörbar/sichtbar/fühlbar (fehlende Thoraxexkursionen, evtl. Schnappatmung durch Zwerchfellkontraktionen nach ca. ½ Min.), grau-blasse zyanotische Hautfarbe, Puls fehlt

⇒ **Weite Pupillen** nach ca. 2 Min., völlig **reaktionslose** Pupillen nach ca. 5 Min.

Diag:
1. Fremdanamnese u. klinische Untersuchung (Atmung, Karotispuls, sichtbare große Verletzungen od. Blutungen, graulivide Hautfarbe?) ⇨ **KEIN ZEITVERLUST!** durch andere, unnötige Untersuchungen (z.B. Blutdruckmessung...), **sofort mit Reanimation beginnen!**
2. Nach der Reanimation muss in der Klinik ein kompletter Organstatus erhoben werden: Rö-Thorax, EKG, Ultraschall-Abdomen, Notfall-Labor

Ther:
- Sofortmaßnahmen: **Kardiopulmonale Reanimation** n. d. "**ABC-Regel**" (Stand v. 2006)
  Nach den geänderten Leitlinien steht heute die **Circulation** eindeutig im Vordergrund!, kein Zeitverlust, sofort mit Reanimation beginnen und sofort Notarzt anfordern.
  - Atemwege freimachen: Mund-/Rachenraum manuell **ausräumen** (ggf. absaugen und ggf. Oropharyngealtubus zum Freihalten einlegen, sog. Guedeltubus)
  - Beatmen: **Kopf überstrecken**, **Mund-zu-Mund-Beatmung** od. Mund-zu-Nase- od. Maskenbeatmung (Ambu®-Beutel, mit Anschluss eines Reservoirs für O_2-Gabe, 10-15 l/min), später Intubation zur Sicherung der Atemwege sobald wie mögl. Begonnen wird heute aber immer zuerst mit der Herzdruckmassage, dann erst beatmen ⇨
  - Circulation (= **Herzdruckmassage**, in der Mitte des Sternums): bei korrekter Durchführung (Pat. auf eine harte Unterlage/Boden legen) mit einer Drucktiefe von 4-5 cm sind 60-80 mmHg erreichbar ⇨ Femoralispuls dann tastbar

    1- od. 2-Helfer: Herzmassage/Beatmung immer im **Verhältnis 30 : 2**

    (Ausnahme: bei Kindern, dort 15:2 und mit 5 Beatmungen beginnen)

  Dauer einer Reanimation: mind. 30 Min. (Kinder, Schlafmittelintoxikation mind. 45 Min., bei Unterkühlung bis zur vollständigen Erwärmung), dies sind aber nur Anhaltswerte.
- Notarzt: **EKG-Monitoring** (über die Paddels des Defibrillators), **laufende kardiopulmonale Reanimation** ⇨ weitere Maßnahmen (sog. erweiterte Maßnahmen d. Reanimation):

- bei Kammerflimmern, -flattern, pulsloser ventrikulärer Tachykardie ⇨ frühzeitige **Defibrillation** (einmal biphasisch mit 150-200 Joule), **Adrenalin** (wenn mögl. **i.v.** 1 mg auf 10 ml verdünnt, sonst auch 3 mg auf 10 ml NaCl-Lösung verdünnt als endobronchiale Applikation über den Tubus, Epinephrin, Suprarenin®). Nach erster Defibrillation sofort weitere kardiopulmonale Reanimation für 2 Min. (keine unnötigen Kontrollen!), dann weitere Defibrillation alle 2 Min. mit 360 Joule, spätestens jetzt i.v.-Zugang legen und falls erforderlich Intubation, Adrenalin weiter alle 3-5 Min. i.v., bei weiterem Flimmern einmalige Bolusinjektion von **Amiodaron** i.v. (300 mg, Cordarex®)
- bei Asystolie ⇨ Intubation, **Adrenalin** (i.v. 1 mg auf 10 ml verdünnt), frühzeitiger Einsatz eines externen Schrittmachers, Adrenalin weiter alle 3-5 Min. i.v., ggf. auch Atropin 1 mg i.v. (max. 3 mal). Intrakardiale Injektionen sind obsolet!

Weitere Med: Magnesium 2 g in 50%iger Lösung über 2 Minuten, Natriumbicarbonat ($NaHCO_3$ initial 0,5 mmol/kgKG i.v.) erst dann einsetzen, wenn die anderen Maßnahmen über 20 Min. erfolglos waren (eine leichte Azidose ist für die Reanimation eher günstig).

Eine **milde Hypothermie** (32-34 °C) ist günstig (nach erfolgreicher Reanimation wird eine milde Hypothermie für 12-24 Std. empfohlen). Weiterhin sollte der Blutzucker nach erfolgreicher Reanimation kontrolliert werden (Hyperglykämie verschlechtert die Prog.).

Erfolgskontrolle: Pupillenreaktion (Miosis), tastbarer Puls, Wiedereinsetzen der Spontanatmung, Sinusrhythmus im EKG

- **Therapie der Ursache** (z.B. Druckverband bei äußerer Blutung, Entlastung bei Spannungspneumothorax, Erwärmung bei Unterkühlung)
- Giftnotruf: Information bei akuten Vergiftungen über die bundeseinheitliche Rufnummer: **19 240** (als Tel.-Vorwahl die Stadt mit der nächsten zuständigen Zentrale, Bonn [02 28], Berlin [0 30], Erfurt [03 61], Göttingen [05 51], Mainz [0 61 31], Homburg/Saar [0 68 41], Freiburg [07 61], München [0 89], Nürnberg [09 11])
  Österreich: Vergiftungsinformationszentrale, Wien, Tel.: 0 14 06 43 43
  Schweiz: Toxikologisches Informationszentrum, Zürich, Tel.: 0 12 51 51 51

Prog: Irreversible Gehirnschädigungen sind ab 3 Min. Kreislaufstillstand zu erwarten (längere Ischämietoleranz wird bei unterkühlten Pat. und Kleinkindern beobachtet). Jeder längere Kreislaufstillstand erhöht die Gefahr eines Komas mit der Entwicklung eines Apallischen-/Dekortikations-Syndroms nach dann evtl. "erfolgreicher" Reanimation.
Die Überlebenschance bei Kammerflimmern reduziert sich mit jeder Minute um 10 %!

Kompl: Reanimation: Rippen-/Sternumfraktur, Herzverletzung, Aortenruptur, Perikarderguss, Pneumothorax, Verletzung/Perforation von Magen (Fehlbeatmung), Leber oder Milz.

LUNGENEMBOLIE

Syn: "Akutes Cor pulmonale", Lungenarterienembolie, ICD-10: I26.-

Ät:
- Verschleppung von **venösen Thromben** = Embolie, zu 90 % aus der **unteren Extremität** mit den allgemeinen Ursachen der tiefen **Phlebothrombose** (siehe dort, insb. Immobilisation), der Rest stammt aus dem rechten Herz oder Zustromgebiet der V.cava sup.
- Fettembolie (**Frakturen** langer Röhrenknochen mit Abschwemmung des fettreichen Knochenmarkes, Fettaggregation der Blutlipide im Schock)
- Luftembolie (Verletzungen, versehentliche Injektion, Thorax- od. Herz-Op) ⇨ ca. **70 ml** Luft intravasal führen zur Kontraktion aller Pulmonalarterienäste
- Iatrogen: Fremdkörper (z.B. abgebrochene Katheterspitze, Tumorbestandteile), größere operative Eingriffe (insb. Hüft- od. Kniegelenksersatz, Immobilisation)

Prädisp:
- **Immobilität**, Adipositas, Varikosis, Schwangerschaft, hormonale Kontrazeptiva
- Langes Sitzen (Abknicken der V.poplitea, z.B. bei Langstreckenflügen, sog. "economy class syndrome")
- Exsikkose (z.B. forcierte Diurese), Malignome, Thrombozytose, Polyglobulie

- AT-III-, Protein-S-, Protein-C, Heparin-Kofaktor-II-Mangel (dies sind alles Gerinnungsinhibitoren)
- Plötzliche Anstrengung, Defäkation (Pressen), manifeste Herzinsuffizienz

Path:
- Verlegung einer Pulmonalarterie ⇨ **Rechtsherzbelastung** (akutes Cor pulmonale)
- Pulmonale Blutpassage wird vermehrt über AV-Shunts geführt ⇨ **Hypoxämie**
- HZV sinkt, da weniger Blut das linke Herz erreichen kann ⇨ **Kreislaufschock**
- Ein Lungeninfarkt bildet sich nicht immer aus, da die Vasa privata (Aa.bronchiales) der Lunge nicht betroffen sind und eine Nekrose des Gewebes verhindern. Bei vorbestehender Linksherzinsuffizienz kann sich ein hämorrhagischer Lungeninfarkt ausbilden (Hämoptoe als Symptom mögl.).

Etlg: nach der Europäischen Gesellschaft für Kardiologie in zwei Kategorien (2008)

Nicht-hochrisiko Lungenembolie: hämodynamisch stabiler Pat. - niedriges Risiko: keine rechtsventrikuläre Dysfunktion, keine Myokardschädigung - mittleres Risiko: rechtsventrikuläre Dysfunktion und/oder Myokardschädigung
Hochrisiko Lungenembolie: hämodynamisch instabiler Pat., kardiogener Schock, persistierender arterieller Hypotonus (syst. <100 mmHg, Puls >100/Min.)

Epid:
- ◊ Inzidenz: 150-200/100.000/Jahr (klinisch relevante Lungenembolien)
- ◊ Größtes Lungenembolierisiko besteht um den **7. postop.** Tag! (5.-12. postop.-Tag)
- ◊ Besonders gefährdet sind Pat. mit Operationen von Frakturen, Verletzungen an der unteren Extremität, Hüftgelenkchirurgie und Gefäß-Operationen

Klin:
- ⇒ Kleine Embolien sind klinisch stumm oder nur oligosymptomatisch und werden häufig verkannt
- ⇒ Plötzliche akute **Dyspnoe** und Tachypnoe, Husten, evtl. **Hämoptoe** = Bluthusten, Schmerz im Thorax, Tachykardie, subfebrile Temperaturen
- ⇒ **Beklemmungsgefühl** und Angst, Schweißausbruch, Übelkeit, Brechreiz
- ⇒ Rezidivierende kleine Embolien: Belastungsdyspnoe, Neigung zu Synkopen unter Belastung, Tachykardien
- ⇒ jede Pneumonie bei Bettlägerigen sollte auch an eine Lungenembolie denken lassen

Diag:
1. Anamnese (Prädispositionsfaktoren) und klinische Untersuchung
2. EKG: McGINN-WHITE-Syndrom = SI-QIII-Typ (tiefe S-Zacke in Einthoven I und Q-Zacke in III), Tachykardie, Rechtsschenkelblock, ST-Hebung in III u. terminal neg. T in III, P-dextrocardiale (überhöhtes P >3 mm)
3. Bildgebung: **Röntgen-Thorax**: Auftreten von "Gefäßlücken" bis zur "Hilusamputation" u. Transparenzzunahme, betroffen meist die Unterlappen (re > li), einseitiger Zwerchfellhochstand u. verminderte Exkursionen, evtl. kleine Plattenatelektasen, dilatiertes re. Herz
   Aber oft auch nur Normalbefund!
   Mehrschicht-Spiral-CT (auch MRT-Angiographie, DSA od. Pulmonalisangiographie mögl.): Nachweis od. Ausschluss des Verschlusses zuverlässig mögl.
4. Labor: **D-Dimere** (Abbauprodukt des Fibrins) erhöht
   Blutgasanalyse: Abnahme des CO_2 (Hypokapnie) wegen der Tachypnoe, Abnahme des O_2, normale Blutgase schließen eine Lungenembolie jedoch nicht aus.
5. Perfusionsszintigraphie und Ventilationsszintigraphie (auch Inhalationsszintigraphie genannt) der Lunge (sog. Kombilunge) zeigt beweisend die Verteilungsstörungen
6. ZVD: steigt durch Rückstau in das Venensystem an
7. **Echokardiographie** (evtl. auch transösophageal) zeigt Dilatation des rechten Herzens
8. Pulmonalisangiographie und Rechtsherzkatheter: beweisender angiographischer Nachweis einer Embolie mögl., Messung des Pulmonalarterienmitteldruckes (phys. 10-20 mmHg), steigt ab Schweregrad II an und erreicht 25-50 mmHg, kritisch: **PA-Druck >30 mmHg** (Katheter über die Armvene einführen!, über V.femoralis könnten zusätzliche Thromben verschleppt werden)

Ther:
- Notfallmaßnahmen: Sedierung und Schmerzbekämpfung (z.B. Dolantin, Diazepam i.v.), O_2-Nasensonde, halbsitzende Lagerung, 5.000 I.E. **Heparin** i.v. als Bolus, Schockbehandlung (falls erforderlich Intubation, Beatmung)
- Konservativ: Nicht-Hochrisiko Lungenembolie: niedermolekulares Heparin, z.B. 1 x tgl. 175 I.E./kgKG Tinzaparin [innohep®] s.c. od. Fondaparinux 1 x tgl. 7,5 mg/Tag [Arixtra®] für 1 Wo. und bereits am 2. Tag überlappender Beginn mit Cumarin für 3 Mon.
  Hochrisiko Lungenembolie: systemische **Lysetherapie** oder lokale Katheterlyse (gleichzeitig Pulmonalisangiographie) mit Strepto-, Urokinase, rt-PA (Actilyse®) oder APSAC (als Kurzzeitlyse über 6 Stunden od. Langzeitlyse für mehrere Tage entsprechend der Klinik des Patienten unter ständiger Kontrolle des Gerinnungsstatus), **Heparin-Perfusor** mit 30.000-50.000 I.E./24h i.v. für 7-10 Tage (PTT soll das 2fache der Norm betragen), gegen Ende überlappend Antikoagulation mit Vitamin-K-Antagonisten (**Cumarine** nach Quick/INR dosiert, Ziel: INR 2,0-3,0, Phenprocoumon, Marcumar® od. Warfarin, Coumadin®) beginnen und für 3-6 Monate fortführen.
- Operativ: Ind: Hochrisiko Lungenembolie wenn mit konservativer Therapie nicht innerhalb der ersten Stunde beherrschbar
  - Interventionell: Versuch der Embolusfragmentation und Embolektomie mit Pulmonalarterien-Saugkatheter von der V.femoralis aus
  - Mit Einsatz der Herz-Lungen-Maschine: Op n. SCHARF u. COOLEY, extrakorporaler Kreislauf zuerst über A.+V.femoralis oder V.jugularis, Sternotomie, extrakorporaler Kreislauf jetzt über V.cava inf. und A.femoralis, **Embolektomie** mittels Saugkatheter, Fogarty-Katheter oder Fasszange
  - Embolektomie nach Trendelenburg: wenn Einsatz einer Herz-Lungen-Maschine nicht möglich: kurzzeitiges Abklemmen des Tr.pulmonalis, Eröffnung der Arterie und Absaugung/Entfernung des Embolus
  - Bei rezidivierenden Embolien trotz Antikoagulation: Einsatz eines **Schirmchens** in die V.cava inf. (Schirm nach GÜNTHER, Spinne nach GREENFIELD ⇨ Einsetzen über einen spez. Katheter) oder V.cava Doppelkammklemme von außen (ADAMS-DEWEESE-Klipp) unterhalb der Nierenvenen ⇨ verhindert Durchstrom von Thromben aus der unteren Körperhälfte und den unteren Extremitäten (Blut kann aufgrund der Kammform noch durch die V.cava strömen)
- Postoperative Nachbehandlung wie oben (Heparin, Cumarine)

Prog: Stad. III + IV haben eine ernste Prognose. Gelingt die konservative Therapie nicht, ist die operative Therapie mit einer Letalität von 50-60 % behaftet.
Wichtig ist die **Rezidivprophylaxe** (Rezidive sonst in 30-70 % d.F.), mit einem V.cava-Schirm Rezidiv nur noch in 3 % d.F.

Kompl:
* Entwicklung eines Schocks, Rechtsherzversagen durch Gefügedilatation ⇨ Tod
  ARDS, irreversible respiratorische Insuffizienz, irreversible Schockniere
* Atelektase, hämorrhagischer Lungeninfarkt mit Hämoptoe
* Entwicklung eines chronischen Cor pulmonale/pulmonale Hypertonie

Proph:
♥ Jede Immobilisation erfordert konsequent eine **Thromboseprophylaxe** mit 3 x 5.000 I.E./Tag (alternativ 2 x 7.500 I.E.) Heparin s.c. od. 1 x tgl. mit niedermolekularem Heparin s.c. (3.000-5.000 I.E. anti-Xa/Tag, je nach Herstelleranweisung), z.B. Enoxaparin [Clexane®], Nadroparin [Fraxiparin®], Certoparin [Mono-Embolex®NM] sowie Antithrombosestrümpfe für der Beine. **Immobilisation immer nur solange wie nötig!**

♥ Nach einer Lungenembolie: Rezidivprophylaxe mit Cumarin-Derivaten für 3-6 Monate (Ziel: Quick 25-35 % oder Laborwert INR = international normalized ratio = 2,0-3,0), bei Risikopatienten (z.B. AT-III-Mangel) evtl. lebenslang.

DD:
- Akuter Myokardinfarkt, Angina pectoris, akute Aortendissektion, Perikarditis
- Pneumothorax, Lungenödem, Asthmaanfall, Pleuropneumonie
- Hämoptoe anderer Genese (Bronchialkarzinom, Tuberkulose, hämorrhagische Bronchitis, Lungenabszess, Goodpasture-Syndrom)
- Geburtshilfe: Fruchtwasserembolie = Übergang von Fruchtwasser in die Blutbahn der Mutter während od. kurz nach der Geburt über eröffnete uterine Venen im Bereich der Plazentahaftstelle ⇨ Aktivierung intravasaler Gerinnung, Vasokonstriktion, anaphylaktische Reaktion, Verlegung der Lungenmikrostrombahn
- Psychogene Hyperventilation

DIABETES MELLITUS IN DER CHIRURGIE

Syn: „Zuckerkrankheit", ICD-10: Typ I = E10.-, Typ II = E11.-

Ät: Einteilung nach WHO, American Diabetes Association (1997) und Expert Committee on the Diagnosis and Classification of Diabetes Mellitus (1999)

1. **Diabetes mellitus Typ I** (früher juveniler D.m. od. IDDM = insulin-dependent diabetes mellitus genannt), 10 % d.F., Destruktion der B-Zellen der LANGERHANS-Inseln
   - **autoimmunologisch**: z.B. Autoantikörper gegen Inselzellen, Insulin, Glutamatdecarboxylase, Tyrosinphosphatase od. genetische Faktoren (Assoziation mit HLA DR3, DR4, B5, B8 und anderen Autoimmunkrankheiten), selten auch **idiopathisch**
   - Sonderformen: LADA (latent autoimmune diabetes in adults = Typ I mit spätem Manifestationsalter), "Brittle-Diabetes" = extrem instabiler und schlecht einstellbarer Diab. Typ I
2. **Diabetes mellitus Typ II** (früher NIDDM = non-insulin-dependent diabetes mellitus genannt) meist **mit Adipositas** (häufigste Form, mit zusätzlichem Risiko durch die Adipositas, „Wohlstandskrankheit", metabolisches Syndrom), 90 % d.F.; auch ohne Adipositas mögl. = normalgewichtiger Pat. (dies sind oft aber auch LADA-Formen)
3. Andere spezifische Formen:
   - **Genetische Defekte**/immunologisch: auf Chrom. 7, 12, 20 (alle früher MODY = maturity onset diabetes of the young bezeichnet), der mitochondrialen DNA der B-Zellen, Insulinresistenz Typ A, anti-Insulin-Rezeptor-Antikörper, sekundäre Folge bei DOWN- (Trisomie 21), TURNER- (45 X0) od. KLINEFELTER-Syndrom (47 XXY), PRADER-WILLI-Syndrom (Chrom. 15), FRIEDREICH-Ataxie (Chrom. 9), dystrophische Myotonie (Chrom. 19), Stiff-man-Syndrom
   - **Endokrinopathien** (Ausschüttung kontrainsulinärer Hormone): CUSHING-Syndrom (Glukokortikoide), Phäochromozytom (Katecholamine), Akromegalie (STH), Hyperthyreose, Glukagonom, Somatostatinom, Aldosteronom, autoimmun-polyglanduläres Syndrom
   - Krankheiten des exokrinen Pankreas mit **Untergang von Pankreasgewebe** (chronische Pankreatitis, zystische Fibrose, Karzinom), fortgeschrittene Hämochromatose (Eisenspeicherkrankheit), iatrogen: operative Pankreatektomie (z.B. wegen Pankreaskarzinom)
   - **Infektiös**: Pankreatitis, konnatale Röteln, Zytomegalie, Parotitis epidemica (Mumps)
   - **Medikamentös**: Glukokortikoide, Katecholamine/β-Sympathomimetika, Thiazid-Diuretika, Schilddrüsenhormone, Diazoxid, Phenytoin, Pentamidin, α-Interferon
   - Malnutritiv-bedingter Diabetes (3. Welt, Proteinmangel)
4. **Schwangerschaftsdiabetes** (Syn: Gestationsdiabetes): 3 % aller Schwangeren betroffen, dieser sistiert jedoch i.d.R. nach der Schwangerschaft wieder

Tabelle: Übersicht über Diabetes mellitus Typ I und II

	Typ-I-Diabetiker	**Typ-II-Diabetiker**
Verteilung	10 % der Fälle	90 % der Fälle
Insulinmangel	absolut	relativ / Insulinresistenz
Manifestationsalter	15.-25. Lebensjahr	>40. Lebensjahr
Beginn	oft rasch	schleichend
Ätiologie	Autoimmunerkrankung, Ak gegen Inselzellen, Insulin usw., genetische Faktoren	Insulinrezeptordefekt, Insulinresistenz, Überernährung mit Adipositas
B-Zellen	auf <10 % vermindert	kaum vermindert
Körperbau	asthenisch	meist adipös / pyknisch
Plasmainsulin	niedrig bis fehlend	normal bis erhöht
Stoffwechsellage	labil	meist stabil
Ketoseneigung	hoch	gering, eher hyperosmolare Dehydratation
Komplikationen	autonome Neuropathie	Hypovolämie
Insulintherapie	insulinpflichtig	nur bei Erschöpfung der Insulinreserve und perioperativ

Epid: Geschätzt 4-7 % der Bevölkerung in Deutschland/Europa/USA haben einen Diabetes mellitus, in Deutschland sind etwa 4 Millionen betroffen.

Path: Die Gefährdung des Patienten ist im wesentlichen von der Ausbildung und Ausprägung sekundärer **vaskulärer** u. **neuropathischer Störungen** und ihren Komplikationen (s.u. Übersicht zum Risikopotential) und somit von der Güte der Diabeteseinstellung in der vergangenen Zeit abhängig. Weiterhin müssen akute Entgleisungen des Glukosestoffwechsels sowie des Wasser- u. Elektrolythaushaltes sicher ausgeschlossen sein.

Klin:
- ⇒ Ein (unbehandelter) Diabetes mellitus kann Polyurie (Glukosurie), vermehrter Durst (Polydipsie), Dehydratation, Gewichtsabnahme und Leistungsminderung verursachen
- ⇒ Ein behandelter (= gut eingestellter) Diabetes mellitus verursacht keine Symptome
- ⇒ Cave: **Hypoglykämie** (Blutglukose <50 mg/dl) bei zu hoher Insulindosierung ⇨ Symptome können Zittern, Hungergefühl, Kaltschweißigkeit, Blässe der Haut, Tachykardie, Koordinationsstörungen, Doppelbilder und Bewusstseinsstörungen bis zum hypoglykämischen Koma sein

Diag:
1. Anamnese: Diabetesdauer, Diabeteseinstellung, Diätführung, kardiale und andere Vorerkrankungen, **diabetische Komplikationen**, orthostatische Probleme, nächtliche Diarrhoen, Potenzstörungen, Ruhetachykardien, Hyp- oder Parästhesien (z.B. 'burning feet'), Medikamentenanamnese (Kortikosteroide, Diuretika, Schilddrüsenhormone, Östrogene)?
2. Klinische Untersuchung: **Gefäßstatus**, trophische und Heilungsstörungen, Herzauskultation (physiologische respiratorische Arrhythmie vorhanden? nein ⇨ vegetat. Nervensystem beeinträchtigt), distaler Vibrations- u. Lagesinn gestört (Polyneuropathie)
3. Labor: **Blutglukosewert** (Norm: nüchtern <125 mg/dl) und Uringlukose (qualitativ), **HbA_{1c}** (zeigt die Einstellung über die letzten Wochen an, Ziel: <6,5 %), Hämoglobin und Hämatokrit (Dehydratation?), Kreatinin, Harnstoff sowie Elektrolyte, Thrombozyten, PTT, Quick, Lipidstatus, Harnstatus (Glukose, Albumin, Ketonkörper, Bakterien, Leukozyten)
4. Bei Verdacht auf Stoffwechselentgleisung zusätzlich: Blutglukose (>300 mg/dl oder <50 mg/dl?), pH-Wert des Blutes (<7,25-7,36?), Ketonkörper (>7 mmol/l?), Osmolarität (>350 mosm/l?), Laktat (>8 mmol/l?)
5. EKG: Hypoxische Schäden, früherer Infarkt?, evtl. mit Rhythmusstreifen in tiefer In- und Exspiration (physiologischerweise vorhandene respiratorische Arrhythmie? ⇨ fehlt bei autonomer Neuropathie)
6. Röntgen-Thorax, Sonographie des Abdomens (insb. Leber, Pankreas u. Nieren)
7. Ophthalmoskopische Untersuchung (Fundoskopie) zur Beurteilung des Gefäßsystems

Ther:
- Ziel: Prophylaxe schwerer Entgleisungen des Glukosestoffwechsels (präoperativ, intraoperativ und in der Postaggressionsphase), **Stabilisierung des Blutzuckers etwas oberhalb des Normbereiches (Ziel: 150-250 mg/dl)**
- Präoperativ: Stationäre Aufnahme bei Elektiveingriffen 48 Stunden vor Op.
  - Insulintherapie notwendig bei bisher insulinunabhängigem Pat.?
    ⇨ Notwendig bei schlechter Voreinstellung = Nüchternglukosewerte >200 mg/dl, multiplen Verletzungen, Verbrennungs- oder Schockpatient, septischen Infektionen, besonders schwerem od. langdauerndem, geplantem operativen Eingriff, wenn keine baldige postoperative Umstellung auf normale orale Ernährung möglich ist.
  - Patienten mit insulinpflichtigem Diabetes mellitus und stabiler Stoffwechsellage und geplantem kleinem Eingriff: 5%ige Glukoseinfusion mit Zusatz von 20 mval/l KCl (125 ml/Std./70kgKG) am Morgen des Op-Tages + ½ übliche morgendliche Insulindosis als Altinsulin i.m., ¼ unmittelbar postop. und ¼ am Abend des Op-Tages.
  - Patienten mit insulinpflichtigem Diabetes mellitus und labiler Stoffwechsellage oder geplantem, sehr lang andauerndem, schwerem Eingriff: 5%ige Glukoseinfusion mit Zusatz von 20 mval/l KCl (125 ml/Std./70kgKG) + Altinsulin kontinuierlich per infusionem i.v. 0,5-2 E/Std. (je nach Bedarf, bei besonders schweren Fällen bis zu 2-6 E/Std.), möglichst schon einen Tag vor der Op beginnen.
- Intraoperativ:
  - Stündliche Blutzuckermessung intraoperativ
  - Strenges intra- u. postop. kardiales Monitoring (insb. bei autonomer Neuropathie)
  - Therapieregime: siehe präoperativ

- Postoperativ: 6-stündliche Blutzuckerkontrollen (in den ersten 24 Std. post operationem), auf mögl. Miktionsstörungen, Blasenatonie, EKG-Veränderungen, Verschlechterung bestehender arterieller Verschlusskrankheit und auf Wundheilungsstörungen achten.
- Behandlungsregime wie prä-/intraoperativ durchführen, bis der Patient wieder normal essen und trinken kann.
- Allgemein: Blutzuckerspitzen (>250-300 mg/dl) können mit 4-8 E Altinsulin i.m. abgefangen werden, Indikation zur Low-dose-Heparinisierung großzügig stellen.
- In der perioperativen Phase sind **hypoglykämische Zustände** besonders gefährlich ⇨ möglichst keine Werte <100 mg/dl, wegen Gefahr der schnellen Entgleisung. Bei Hypoglykämie sofortige Glukosegabe i.v. bzw. Glukoseinfusion erhöhen.
- K-Ind. für Operationen: schwere Ketoazidose, hyperosmolare Störung, Laktazidose od. diabetisches Koma (Op für mind. 3-6 Stunden hinausschieben und Stabilisierung des Pat. durch Rehydrierung, Insulinsubstitution, Kaliumsubstitution und Azidoseausgleich)

Kompl: Neben den dekompensierten Stoffwechsellagen (s.u. Übersicht) ist insb. bei und nach Operationen auf vermehrte Komplikationen zu achten durch:

* **Wundheilungsstörungen**, Wundinfektion, Druckläsionen, diabetisches Fußsyndrom
* **Harnweginfekte**, Blasenatonie, Überlaufblase, Niereninsuffizienz
* Kardiorespiratorische Insuffizienz, Gastroparese
* Mikrozirkulationsstörungen, thromboembolische Komplikationen, TIA – Apoplexie, Myokardinfarkt
* Ein verminderter Insulinbedarf (Cave: Hypoglykämien) besteht nach Extremitätenamputation, Entfernung septischer Organe, Adrenalektomie, Hypophysektomie, Sectio caesarea
* Schwangerschaft: Embryofetopathia diabetica, Herzfehler, Riesenkinder, Lungenreife ↓

Übersicht über diabetische Stoffwechselentgleisungen

	Diabetische Ketoazidose	Hyperosmolares Syndrom	Laktazidose
Bevorzugte Patienten	bekannter Diabetes, in 15 % Erstmanifestation Typ I-Diabetes, Brittle-Diabetes	häufig Erstmanifestation des Diabetes (40 % d.F.), **Typ-II-Diabetes**, Adipositas	Diabetiker mit zusätzlicher **Herz-, Kreislauf-, Lungen-, Leber-, Nierenerkrankung**
Manifestationsalter	jedes	>50. Lj.	jedes
Beginn	innerhalb von **24 Std.**	**1-14 Tage**	innerhalb von 24 Std.
Auslösende Ursachen	**Infekte, Diätfehler** **Insulindosisreduktion** Vaskuläre Erkrankungen (Infarkt,Apoplexie,Gangrän) Endokrine Faktoren (Hyperthyreose,Gravidität) Medikamente (Kortikoide, Diuretika), Alkohol	Exzess. Kohlenhydratzufuhr inadäquate Flüssigkeitszufuhr Infekte Diätfehler Insulindosisreduktion Thiaziddiuretika	Krankheiten mit verminderter Gewebeperfusion ⇨ **anaerobe Glykolyse** Schwere Lebererkrankungen Generalisierte Krampfanfälle, Alkoholintoxikation Malignome **Biguanide**
Symptome	Polyurie, Polydipsie, Hypovolämie, Hypotension Tachykardie, Hypokaliämie Später: **Oligurie, Bewusstseinsstörungen**, abdominelle Beschwerden (Pseudoperitonitis diabetica), **Apfel-** oder **Azetongeruch**	Langsame Entwicklung Polyurie und Polydipsie **Exsikkose** **Bewusstseinsstörungen** Zerebrale Krampfanfälle Blutdruck normoton	Gastrointestinale Beschwerden, Muskelschmerzen Zentralnervöse Störungen **Auffällige Unruhe** Hypotonie
Atmung	vertieft, **Kussmaul**	normal	verstärkt, Kussmaul
Blutzucker	400-800 mg/dl, selten mehr	**>600** bis über 1000 mg/dl	wechselnd hypo-/hyperglyk.
Glukosurie	++	+++	keine
Ketoseneigung	+++ (>7 mmol/l)	keine bis leicht +	keine
Blut-pH	**<7,30**	7,35-7,45	**<7,25**
Plasmabikarbonat	<15 mmol/l (erniedrigt)	>18 mmol/l (normal)	<10 mmol/l (sehr niedrig)
Laktat	erhöht	normal bis leicht erhöht	**stark erhöht** (>6-8 mmol/l)

	Diabetische Ketoazidose	Hyperosmolares Syndrom	Laktazidose
Serumosmolarität	erhöht	**stark erhöht** (>350 mosm/l)	normal
Komplikationen	Koma	Koma, Rhabdomyolyse	Koma

Übersicht zum Risikopotential des Diabetes mellitus

MAKROANGIOPATHIE

Arteriosklerose
Arterielle Hypertonie
Myokardinfarkt
Zerebrale Durchblutungsstörungen
Periphere arterielle Durchblutungsstörungen
Plazentaminderperfusion
Gangrän („diabetischer Fuß")

MIKROANGIOPATHIE

Allgemeine Gewebsischämie, Gangrän
Nephropathie
Glomerulosklerose KIMMELSTIEL-WILSON
Albuminurie, Hypoalbuminämie
Retinopathie

ELEKTROLYT- UND VOLUMENVERSCHIEBUNGEN

Hypokaliämie, Phosphatverlust
Polydipsie, Adynamie
Osmotische Diurese
Hypovolämie, Exsikkose
Hyperviskosität
Mikrozirkulationsstörungen

INTRAOPERATIVE HYPOGLYKÄMIE

HYPERGLYKÄMIE

Proteinglykosilierung
Gesteigerte Blutviskosität
Erhöhte Gerinnbarkeit
HbA1c erhöht die Sauerstoffaffinität ⇨ Gewebehypoxie

DIABETES MELLITUS

INFEKTIONEN

Verminderte Aktivität der Infektabwehr
Harnweginfektion, Pyelonephritiden
Wundheilungsstörungen

DIABETISCHE POLYNEUROPATHIE

Autonomes Nervensystem
Hypotonie, orthostatische Dysregulation
Kardioneuropathie mit Frequenzstarre, Ruhetachykardie
Kardiorespiratorische Insuffizienz
Ösophagusmotilitätsstörung
Gastroparese
Obstipation oder Diarrhoe
Blasenentleerungsstörungen
Blasenatonie, Überlaufblase
Potenzstörungen
Dyshidrosis, **trophische Störungen**

Sensomotorische Neuropathie
Hypästhesie u. Parästhesien (strumpfförmig)
Trophische Störungen des Integuments
Malum perforans pedis

KETOAZIDOTISCHE STÖRUNGEN

Metabolische Azidose, Ketonkörper
Hyperlipazidämie, Fettleber
Erhöhung der Blutviskosität
Polyurie, Hypovolämie, Oligurie
Abdominelle Beschwerden ('Pseudoperitonitis')
Bewusstseinsstörungen bis hin zum ketoazidotischen **Koma**

HYPEROSMOLARE STÖRUNGEN

Exzessive Hyperglykämie
Osmotische Diurese
Polyurie, Exsikkose
Bewusstseinsstörungen
Zerebrale Krampfanfälle

DIABETISCHE LAKTAZIDOSE

Auffällige Unruhe
Gastrointestinale Beschwerden
Gefahr bei der Ther. mit Biguaniden oder bei verminderter Gewebeperfusion

WASSER- UND ELEKTROLYTHAUSHALTSTÖRUNGEN

Störungen im Wasserhaushalt:

Klin: ⇒ Dehydratationen: verminderter Gewebeturgor, trockene Haut, ausgetrocknete Schleimhäute, Abnahme des Körpergewichtes, erniedrigter ZVD, Blutdruckabfall, Tachykardie, Hämokonzentration.

⇒ Hyperhydratationen: gesteigerter Gewebeturgor (Ödeme), ZVD erhöht, Blutdruckerhöhung, als Komplikation: alveoläres Lungenödem, Steigerung des Hirndruckes.

Tabelle: Übersicht über Ursachen und Therapie zu Störungen des Wasserhaushaltes

Dehydratation:

	Isotone Dehydratation	Hypertone Dehydratation	Hypotone Dehydratation
Auslösende Ursachen	Erbrechen, Durchfälle Magen-Darm-Drainagen Darmfisteln, Stomata Blutverlust Osmotische Diurese Nephropathie mit Salzverlust Saluretika Verbrennungen	Fehlendes Durstgefühl (mangelnde Wasserzufuhr) Fieber, Diabetes insipidus Diabetes mellitus (osmotische Diurese) Hyperkalzämie Polyurie bei Niereninsuffizienz	Gestörte Osmoregulation Natriumverluste bei Nebennierenrindeninsuff. Diuretika Unzureichende Na-Zufuhr
Natrium	normal Bestand vermindert	erhöht Bestand normal od. vermindert	erniedrigt Bestand vermindert
Osmolalität	normal	gesteigert	vermindert
ECV	vermindert	vermindert	vermindert
ICV	normal	vermindert	erhöht
Therapie	Ausgleich mit 0,9%iger NaCl- od. Vollelektrolytlösung	5%ige Glukoselösung od. Halbelektrolyt-Laevuloselösung	Hypertone Elektrolytlösung

Hyperhydratation:

	Isotone Hyperhydratation	Hypertone Hyperhydratation	Hypot. Hyperhydratation
Auslösende Ursachen	Überinfusion physiologischer Kochsalzlösung Niereninsuffizienz Hyperaldosteronismus Herzinsuffizienz Hepatopathie Hypoproteinämie	Exzessive Na-Zufuhr CONN-Syndrom CUSHING-Syndrom Chron. Steroidgabe	Überinfusion (z.B. Glukose-Lösung) Inadäquate ADH-Sekretion Nephropathie mit Oligurie Nephrotisches Syndrom Herz- od. Leberinsuffizienz mit Verdünnungssyndrom Hypothyreose NNR-Insuffizienz
Natrium	normal Bestand erhöht	erhöht Bestand gesteigert	erniedrigt Best. normal od. gesteigert
Osmolalität	normal	gesteigert	vermindert
ECV	erhöht	gesteigert	erhöht
ICV	normal	vermindert	erhöht
Therapie	Wasserzufuhr vermindern Diuretika, Herzglykoside ggf. Hämodialyse	Reduzierung der Na-Zufuhr Natriumfreie Lösungen + Saluretika ggf. Hämodialyse	Reduzierung der Zufuhr von freiem Wasser Diuretika, Herzglykoside ggf. Hämodialyse

Störungen im Elektrolythaushalt:

Etlg: # **Natrium-Haushalt** korreliert eng mit dem Wasserhaushalt (s.u.)

Kalium-Haushalt

Hyperkaliämie bei Niereninsuffizienz, ausgedehnten Weichteiltraumen, langer Ischämie von Extremitäten, Transfusion überlagerter Blutkonserven, Spironolacton-Medikation, kataboler Stoffwechsellage, Azidose, Insulin-Mangel

Klin: Herzrhythmusstörungen jeglicher Art, Kammerflimmern, Herzstillstand

Ther: Indiziert bei Werten >6 mmol/l ⇨ Kaliumrestriktion, langsame Infusion v. 500 ml einer 10%igen Glukoselösung + 10 E Normalinsulin (verschiebt Kalium in die Zellen), Ionenaustauschharze per os, als ultima ratio bei schweren Fällen Hämodialyse

Hypokaliämie bei perioperativen Verlusten gastrointestinaler Sekrete, Alkalose, postoperativem Hyperaldosteronismus, in der polyurischen Phase eines Nierenversagens, unzureichender Substitution im Rahmen einer Infusionstherapie

Klin: Adynamie, Hypomotilität des Gastrointestinaltraktes, Lähmungen der Blasen- und Darmmuskulatur, Herzrhythmusstörungen

Ther: 100-200 mmol Kaliumchlorid über 24 Stunden für 1 mmol Serumkaliumausgleich notwendig (Cave: Maximaldosis 20 mmol/Std!)

Kalzium-Haushalt

Hyperkalzämie bei Hyperparathyreoidismus, malignen Tumoren, Immobilisation

Klin. u. Kompl: Organkalzinose, hyperkalzämische Krisen mit Polyurie, Erbrechen, Exsikkose, psychotischen Erscheinungen, Niereninsuffizienz, Herzrhythmusstörungen, Somnolenz bis hin zum Koma

Ther: Forcierte Diurese mit Furosemid und bis 5 l/Tag 0,9%ige NaCl-Lösung, dazu Bisphosphonate

Bei Therapieresistenz: Calcitonin 4- bis 6x pro Tag 100 I.E., evtl. auch Zytostatikum Mithramycin

Cave beim Einsatz von Herzglykosiden und Thiaziddiuretika!

Bei Niereninsuffizienz Dialyse mit verstärkter Phosphateliminierung.

Hypokalzämie bei akuter Pankreatitis, Malabsorptionssyndrom, Hypoparathyreoidismus

Klin: Tetanie, psychische Störungen, Hautveränderungen

Ther: Kalzium und Vitamin D für einige Tage, schwere Fälle 1-2 g Kalziumglukonat i.v. entsprechend dem Bedarf und unter Laborkontrolle

Magnesium-Haushalt

Hypomagnesiämie bei postoperativem Malabsorptionssyndrom, polyurischen Störungen, parenteraler Ernährung

Klin: Muskelkrämpfe, Darmspasmen, Herzrhythmusstörungen

Ther: Magnesiumsubstitution

Hypermagnesiämie (selten) bei Niereninsuffizienz, Diabetes mellitus

Klin: Muskelschwäche, Atemstörungen, Erregungsleitungsstörungen des Herzens

Ther: wie bei Hyperkaliämie

DEKUBITUS

Syn: Druckgeschwür, Dekubitalulkus, ICD-10: L89.9-

Ät:
- **Schwere Grundkrankheit** (Paresen, Schock, Koma, Polytrauma)
- **Bettlägerige**, gelähmte (apoplektischer Insult, Querschnittlähmung) **immobile Patienten**
- Alte multimorbide Pat. (Demenzerkrankung)
- Mazeration der Haut durch **Feuchtigkeit** (Stuhl- u. Harninkontinenz)
- Langdauernde chirurgische Eingriffe

- <u>Prädisp.:</u> vorbestehende **Durchblutungsstörung**, **Diabetes mellitus**, **Polyneuropathie**, Exsikkose, **Kachexie**, Anämie, Eiweißverlust

<u>**Path:**</u>
- ♦ <u>Allgemein:</u> verminderte Schmerzempfindung und/oder verminderte Spontanbeweglichkeit
- ♦ Aufgrund einer längeren **Druckbelastung** (>2 Stunden) kommt es zur **ischämischen Nekrose** der Haut und/oder des darunterliegenden Gewebes ⇨ Grundlage jeglicher Therapie ist die **Druckentlastung** zur Wiedereröffnung der Arteriolen und Kapillaren (der art. Kapillardruck beträgt ca. 30 mmHg, die Druckbelastung darf nicht höher sein als dieser Wert, idealerweise sollte der Auflagedruck noch unter dem venösen Druck liegen = <12 mmHg)
- ♦ Flächenhafte Rötung, dann Ulzerationen mit schlechter Granulations- u. Heilungstendenz
- ♦ <u>Heilung:</u> verläuft über 3 Stadien: Reinigung, Granulation, Epithelialisierung
- ♦ <u>Lok:</u> insb. über Knochenvorsprüngen: **Os sacrum** u. Steißbein, **Fersen**, **Trochanter major** (insb. bei 90° Seitenlagerung), Schulterblätter, Dornfortsätze der Wirbelsäule, Malleolen, Epikondylen der Knie- und Ellenbogengelenke, Ellenbogen, Hinterkopf

<u>**Epid:**</u> 7 % aller hospitalisierten Patienten (z.B. in Pflegeheimen) entwickeln einen Dekubitus (je nach Patientengut und abhängig von der Grunderkrankung 1-11 %).

<u>**Klin:**</u> ⇒ Geröteter Hautbezirk (**nicht wegdrückbar**) als Alarmsignal, schmerzhaft
⇒ Ulzerationen, fötider Geruch

<u>**Etlg:**</u>

Stadium I:	Umschriebene **Hautrötung** bei intakter Haut
Stadium II:	Hautdefekt mit freiliegendem Subkutangewebe
Stadium III:	Defekt umfasst **alle Weichteilschichten** (Cutis, Subcutis, Fett- und Bindegewebe, Muskeln, Sehnen oder Bänder sichtbar)
Stadium IV:	Defekt umfasst zusätzlich auch den Knochen

<u>**Diag:**</u>
1. Anamnese (Grunderkrankungen) und typisches klinisches Bild
2. Röntgen: vor operativer plastischer Deckung Beckenübersicht zum Ausschluss einer Osteitis und Beurteilung von Skelettdeformitäten, periartikuläre Verkalkungen
3. Ultraschall-Doppler mit Verschlussdruckmessung der Knöchelarterien (bei systolischem Druck <50 mmHg nur geringe Heilungschance bei Fersendekubitus ⇨ ggf. gefäßchirurgischer Eingriff erforderlich)

<u>**Ther:**</u>
- <u>Konservativ:</u> **DRUCKENTLASTUNG!** (häufiges Umlagern **alle 2 Std.**, Polsterungen, zuschneidbare Schaumstoffe, Fersenringe/-kappen, Watteverband, Gelkissen, Spezialmatratzen, pneumatische Matratzen, Clinitron®-Mikroglaskugelbett), Bewegungsförderung soweit mögl.
  Patienten mit Sakralulzera sollten in **30° Schräglage** (nach SEILER) mit Schaumgummielementen gelagert werden (<u>nicht</u> komplett auf der Seite [= 90°], um die Trochanterregion nicht zu gefährden)
- Thromboseprophylaxe bei immobilen Patienten
- Tupfungen mit Povidon-Iod (Mercuchrom®) und trockene Verbände bei oberflächlichen Läsionen
- <u>Lokaltherapie:</u> Entfernung von Nekrosen
  - Eitrige und fibrinöse Beläge können mit proteolytischen Enzymen (Varidase®, Iruxol®N) entfernt werden
  - **Hydrokolloidplatten** (z.B. Varihesive®, Comfeel® ⇨ bilden eine feuchte Kammer) und keimreduzierende Maßnahmen durch Spülungen mit Ringer-Lösung oder mit Biguanid-Antiseptikum (Lavasept®) od. Polyvidon-iod (z.B. Betaisodona®) ⇨ Wunddesinfizienzen beeinträchtigen aber die Wundheilung u. sollten daher nur begrenzt eingesetzt werden
  - Granulationsförderung: z.B. mit Perubalsam (Decubitan®), neu ist ein PDGF-Gel (<u>P</u>latelet <u>D</u>erived <u>G</u>rowth <u>F</u>actor, Becaplermin, Regranex™ 0,01%, sehr teuer) od. auch mit Vakuumversiegelung des Wundgebietes mit einem Schwamm-Foliensystem mögl.

- Bei infizierten nicht heilenden Problemwunden auch sog. „Biochirurgie“ durch Einbringen von sterilen Fliegenlarven [Lucilia sericata] für jeweils 3 Tage mögl. Diese verflüssigen die Nekrosen durch ihre Verdauungssekrete und stimulieren die Wundheilung.

- Kohlensäurebäder als physikalische Lokaltherapie mögl.
- Operativ: Ind: Dekubitalulzera des Stadiums III und IV
  Nekrosektomie, Umschneidung und **plastische Defektdeckung** (Lappenplastik mit muskulokutanem Lappen, z.B. glutealer Rotationslappen), evtl. in mehreren Sitzungen nach Ausbildung von intaktem Granulationsgewebe. Perioperative Antibiotikaprophylaxe i.v. mit einem Cephalosporin (z.B. 2,0 g Cefotaxim, Claforan®) + Metronidazol (0,5 g Clont®)

Prog: Abhängig von der Sorgfalt der Pflege.

Kompl:
* Fortschreiten des Krankheitsprozesses bei mangelnder Pflege
* Im Stadium III und IV drohen septische Komplikationen
* Stadium IV: Entstehung einer Osteomyelitis
* Spätkomplikation: Entwicklung eines Narbenkarzinoms

Proph:
- ♥ Regelmäßiger **Lagerungswechsel** bei bettlägerigen Patienten (alle 2-4 Std.), sorgfältige Polsterung gefährdeter Stellen und Vermeidung von Falten der Unterlage usw., regelmäßige Kontrolle gefährdeter Hautstellen (auf nicht wegdrückbare Rötung achten)
- ♥ Regelmäßige Pflege der Haut mit spez. Hautpflegemitteln (z.B. PC 30 V®), insb. im Stadium I des Dekubitus wichtig
- ♥ Keine dauernde Nässe ⇨ sorgfältige Hygiene bei Kathetern und Defäkation
- ♥ Bei Risikopatienten (z.B. Querschnittsgelähmten) frühzeitig Spezialbetten: Stryker-Bett (Sandwich-Bett), Clinitron®-Bett oder Luftkissenbett (Wechseldrucksysteme)

DD:
- Ulcus cruris aufgrund einer chronischen AVK am Fuß/Ferse
- venöses Ulcus cruris
- Malum perforans bei Polyneuropathie (insb. bei Diabetes mellitus)

SPEZIELLE INFEKTIONEN IN DER CHIRURGIE

TETANUS

Syn: **Wundstarrkrampf**, ICD-10: A35

Ät: **Clostridium tetani**, sehr **widerstandsfähiger Anaerobier** (grampositives, sporenbildendes Stäbchen) mit ubiquitärem Vorkommen, bevorzugt in faulem Holz, feuchter Erde, Tierkot (auch im Darm des Menschen) od. an Pflanzen. Die Sporen können monatelang überleben.

Path:
- Der Erreger Clostridium tetani produziert **Neurotoxine** (Tetanospasmin, Tetanolysin), die von der primären Wunde über d. Axon/Nervenscheide retrograd zu den **Motoneuronen** im Rückenmark u. Medulla/Hirnnervenkerne (auch über Blut- und Lymphweg mögl.) gelangen u. dort zur Aufhebung der RENSHAW-Hemmung führen ⇨ **erhöhte motorische Aktivitätsbereitschaft**, Tetanie der Muskulatur bei kleinsten Reizen (z.B. Geräusche, Berührung)
- Übertragungsmodus: **Jede Wunde kann Eintrittspforte sein**, besonders gefährdet sind tiefe Wunden mit Fremdkörpereintritt, Kammer- und Taschenbildung, Gewebetrümmern und Nekrosen sowie Verbrennungen. Auch jahrelang inkorporierte Fremdkörper können Sporen beinhalten, die bei einer Fremdkörperentfernung dann freigesetzt werden können.
- Sonderformen: Nabelschnurtetanus (Tetanus neonatorum), Tetanus post abortum
- Iatrogen: Tetanus post operationem

Epid:
- ◊ Inzidenz: 15/1.000.000 Verletzte, durch die Schutzimpfung in **Deutschland extrem selten** (nur noch ca. 10 Erkrankungsfälle/Jahr), weltweit jedoch noch besonders häufig in den tropischen Entwicklungsländern vorkommend (ca. 1.000.000 Fälle/Jahr)
- ◊ Inkubationszeit: 4-14 Tage, im Durchschnitt 1 Wo. (je später der Krankheitsbeginn, desto besser die Prognose), auch Spättetanus mit einer Inkubationszeit von Monaten bis ein Jahr mögl.

Etlg: Nach EYRICH

Grad I:	**Muskelrigidität**, Trismus, Opisthotonus, Schluckbeschwerden
Grad II:	Erhebliche Muskelrigidität bis fast zur Ateminsuffizienz, leichte Krampfneigung
Grad III:	Starke Muskelrigidität, **Ateminsuffizienz**, generalisierte Krämpfe, Kreislauflabilität

Klin:
- ⇒ Prodromi: Kopfschmerzen, Schwitzen, motorische Unruhe, Müdigkeit, Parästhesien im Wundbereich
- ⇒ Schmerzhafte klonische Muskelkrämpfe: **Risus sardonicus** (unwillkürlich verkrampft grinsendes Gesicht), **Trismus** (Kieferklemme), **Opisthotonus** (Reklination des Kopfes und Überstreckung des Rumpfes, seltener auch Pleurothotonus = seitl., Emprosthotonus = nach vorne, Orthotonus = gerade gestreckter Rumpf mögl.), allgemein erfolgt die Krampfausbreitung in kranio-kaudaler Richtung, typische **Verstärkung durch äußere Reize** (sensible oder sensorische)
- ⇒ Krämpfe der Zwerchfellmuskulatur mit Singultus, Dyspnoe, Hypoxie, Azidose, Atemlähmung
- ⇒ Schwindel, Schlaflosigkeit, Myalgien und Myopathie, Hyperthermie bis 42 °C
- ⇒ Herzrhythmusstörungen, arterielle Hypertonie
- ⇒ Das Bewusstsein der Kranken bleibt bis zum Schluss klar

Diag:
1. Anamnese (Verletzung, offene Wunden, Fremdkörper?) und klinische Untersuchung: als Frühsymptom sind schnelle Wechselbewegungen mit dem Kiefer erschwert, es folgt später der Trismus
2. Evtl. Erregernachweis im Wundabstrich

3. Labor: Tetanus-Antitoxin-Nachweis im Serum (Impfschutz bei >0,1 I.E./ml)
4. EMG: ständige Aktivitätspotentiale (keine silent periods)

Ther:
- Bei Wundstarrkrampf (manifeste Erkrankung):
  - Korrekte Wundbehandlung, **großzügige Wundexzision** der Primärwunde (Débridement zur Keimreduktion, Entfernung von Fremdkörpern)
  - **Offene Wundbehandlung**
  - Immunbehandlung: Initial 4 x 0,5 ml **Tetanustoxoid** (Tetanol®) **und** 10.000 I.E. **Tetanus-Immunglobulin** (Tetagam®N) i.m. an kontralateralen Körperstellen, in den folgenden Tagen 3.000 I.E. Tetanus-Immunglobulin/Tag, Dauer in Abhängigkeit vom Krankheitsbild
  - Med: **Glukokortikoide** (Prednison 1 mg/kgKG/Tag i.v.) zur Dämpfung der Toxinwirkung auf die Nervenzellen
  - Muskelkrampfbehandlung durch **Sedierung**: Phenobarbital (Luminal®) + Diazepam (Valium®), bei schwerer Form Relaxation mit Succinylcholin und kontrollierte Beatmung
- Allgemeine Maßnahmen: **Intensivüberwachung**, Isolierung in abgedunkeltem und ruhigem Raum, Thromboseprophylaxe, allgemeine Infektionsprophylaxe mit **Breitbandantibiose**, Ausgleich der Azidose, Ein- u. Ausfuhrkontrolle, ggf. hochkalorische parenterale Ernährung, Intubation, Relaxation und kontrollierte Beatmung oder assistierte Beatmung, Hypothermie

Prog: **Schlecht**, Letalität bei Krankheitsausbruch auch bei Intensivtherapie bis 50 % ⇨ immer an die Impfprophylaxe bei jeder noch so kleinen Verletzung denken! Je kürzer die Inkubationszeit, desto schlechter die Prog. Letalitätsgipfel 1-5 Tage nach Krankheitsausbruch. Die Erholung dauert bei Überleben Monate. Auch nach Erkrankung keine zuverlässige Immunität.

Kompl:
* Bei Krämpfen Wirbelkörperfrakturen od. Frakturen der langen Röhrenknochen mögl.
* Aspirationspneumonie, Tod durch Dyspnoe, Kammerflimmern, Asystolie mögl.
* Impfung: Urtikaria, allergische Reaktionen, Übelkeit, Fieber, lokale Reaktionen (Rötung, Schwellung), Mono-, Polyneuropathien ⇨ insb. auch bei zu häufigem Impfen, der Abstand von 10 Jahren nach Grundimmunisierung (sofern keine schwere Verletzung zwischenzeitlich vorliegt) sollte nicht unterschritten werden.
  Cave: Versehentliche intravenöse Injektion von Impfstoff ⇨ allergische Reaktionen bis hin zum Schock mögl.!

Proph:
♥ **Tetanus-Schutzimpfung:** Aktive **Grundimmunisierung** (⇨ Vollschutz für 10 Jahre) durch 3-malige Injektion (intramuskulär in M.deltoideus, bei Antikoagulanzientherapie od. hämorrhagischer Diathese auch s.c.) von 0,5 ml Tetanustoxoid = Tetanusimpfstoff (hochgereinigtes, formaldehydbehandeltes Tetanustoxin an Aluminiumhydroxid adsorbiert, Tetanol®). Applikationszeiten: 1. Tag, dann nach 4-8 Wochen und nach 6-12 Monaten (bei längeren Abständen: **jede Impfung zählt!**, es braucht keine neue Grundimmunisierung von vorne begonnen zu werden).

Bei Säuglingen ab 3. Monat, insg. 4 Impfungen: 1. + 2. + 3. im Abstand von 4 Wo. und 4. Impfung im Alter von 11-14 Monaten mit **DT-Impfstoff** = Diphtherie- + Tetanus-Toxoid, bzw. heute zusätzlich + Pertussis + Poliomyelitis + Haemophilus influenzae Typ b + Hepatitis B als 6fach Impfstoff, Infanrix®Hexa) i.m. in den M.vastus lat.

Auffrischimpfung: Lebenslang in Abständen von 10 Jahren nach Grundimmunisierung mit 1 x 0,5 ml Tetanustoxoid, bzw. heute mit **Tdap-Impfstoff** (Tetanus- u. weniger Diphtherietoxoid = d und weniger Pertussiskomponente = ap, dieser wird ab einem Alter von 5-6 J. benutzt) empfohlen. Tetanus-Antikörper-Bestimmungen werden nicht empfohlen, im Zweifel immer Impfung durchführen.

Anmerkung: **Alle Impfungen immer in den Internationalen Impfausweis eintragen!**

♥ **Bei jeder Verletzung immer Impfstatus prüfen** (Impfpass) und entsprechend impfen (s. im Folgenden u. Übersicht)! **Jede Wunde sorgfältig reinigen** (Keimreduktion)!

♥ Impfung bei Verletzungen von Personen **ohne Impfschutz** oder mit **unbekanntem Impfstatus** gegen Tetanus (s.u. Übersicht):
- bei sauberen kleinen Wunden Gabe einer normalen Tetanol®-Dosis, bzw. Tdap-Impfung (dann normale Grundimmunisierung mit o.g. Abständen 4 Wo. u. 6 -12 Mon. anschließen)
- bei verschmutzten großen Wunden od. Eindringen von Fremdkörpern **Simultanprophylaxe** (⇨ gleichzeitige Gabe von **Tetanustoxoid** [0,5 ml Tetanol®, bzw. Tdap-

Impfung] und **TIG** [= Tetanusimmunglobulin vom Menschen, 250 I.E. Tetagam®N] i.m. an kontralateralen Körperstellen (bei chirurgisch nicht einwandfrei versorgbaren oder vernachlässigten Wunden oder schweren Verbrennungen 500 I.E. Tetagam®N, bei ausgedehnten Verbrennungen nach 36 Std. noch einmal 250 I.E. Tetagam®N), danach normale Grundimmunisierung mit o.g. Abständen anschließen.

Verletzungen bei Personen mit **unvollständigem Impfschutz** gegen Tetanus:

nach 1 Tetanusimpfung:
- bei sauberen kleinen Wunden 0,5 ml Tetanol®, bzw. Tdap-Impfstoff (dann nach 6-12 Mon. normale Grundimmunisierung abschließen)
- bei verschmutzten großen Wunden Simultanprophylaxe (dann nach 6- 12 Mon. normale Grundimmunisierung abschließen)

nach 2 Tetanusimpfungen:
- bei sauberen kleinen Wunden Gabe einer normalen Tetanol®-Impfung, bzw. Tdap-Impfstoff (= somit normale Grundimmunisierung abgeschlossen)
- bei verschmutzten großen Wunden und wenn die Verletzung >24 Std. zurückliegt ⇨ Simultanprophylaxe

♥ Verletzungen bei Personen mit **vollständigem Impfschutz** gegen Tetanus:
- bei sauberen kleinen Wunden und letzte Impfung <10 Jahre: keine sofortige Impfung erforderlich, wenn >10 Jahre: Tetanol®, bzw. Tdap-Impfstoff (= Auffrischimpfung)
- bei verschmutzten große Wunden und letzte Impfung >5 Jahre: 0,5 ml i.m. Tetanol®, bzw. Tdap-Impfstoff

♥ Verletzungen bei Personen mit bekannten Immundefekten/immunsuppressiver Therapie neben der entsprechenden Tetanol®-Impfung (je nach Impfstatus) immer + Tetagam®N

bisherige Anzahl an Impfungen	**saubere, geringfügige Wunden**		**tiefe, verschmutzte Wunden**	
	Tdap (<6 J. DTaP)	**TIG + Tdap**	**Tdap** (<6 J. DTaP)	**TIG + Tdap**
unbekannt	**ja**	nein	**ja**	**ja** (250-500 I.E.)
0-1	**ja**	nein	**ja**	**ja** (250-500 I.E.)
2	**ja**	nein	**ja**	nein (ja, bei Verletzung >24 Std. zurück)
3 od. mehr	nein (ja, bei >10 J. nach letzter Impfung)	nein	nein (ja, bei >5 J. nach letzter Impfung)	nein

DD:
- Zerebrale Krämpfe
- Tetanie (Hyperventilation), Hypokalzämie, hysterische Krämpfe
- Lyssa (Rabies, Tollwut)
- Strychninvergiftung (der Strychnintetanus bevorzugt die Extremitäten)
- Trismus: Reflektorisch bei Entzündungen im Bereich des Kiefergelenkes, Mundbodenphlegmone, Überempfindlichkeit gegen Depot-Neuroleptika
- Opisthotonus: zerebrale Blutung, Hirnstammeinklemmung, Dezerebration, Meningitis

GASBRAND

Syn: Gasödemerkrankung, Gasödem, malignes Ödem, ICD-10: A48.0

Path:
- ♦ Erreger: **Clostridium perfringens** (grampositiver, sporenbildender Anaerobier), selten auch: Clostridium septicum, histolyticum, novyi, gigas
  Ubiquitär vorkommende Keime und Sporen (auch im Darm gesunder Menschen)
- ♦ Krankheitssymptome durch Ektotoxin (enzymatisch, lytisch wirkend) ⇨ Verflüssigung und Zerfall von Gewebe mit Gasbildung
- ♦ Besonders gefährdet sind tiefe, erdverschmutzte Weichteilwunden mit Taschen, Kammern, schlechter Durchblutung und Nekrosen, oft Mischinfektionen
- ♦ Sonderformen: Darmbrand, traumatisches Uterus-Gasödem
- ♦ Bei oraler Aufnahme kontaminierter Nahrung ist auch das klinische Bild einer Gastroente-

ritis mit Bauchkrämpfen und Diarrhoe (meist nur für einen Tag) durch ein gebildetes Enterotoxin mögl.

Epid: ◊ Inzidenz: 0,1/100.000/Jahr in Deutschland (sehr selten, ca. 90 Fälle/Jahr in Deutschland)
◊ Inkubationszeit: wenige Stunden bis 5 Tage

Klin: ⇒ Plötzlich sich verstärkender Wundschmerz
⇒ Ausgedehnt ödematös geschwollene Wunde
⇒ **Knistern der Wunde**, süßlich faul riechend, auf Druck entweichen Gasblasen, kein bis wenig Eiter = relativ trockene Wunde, fleischwasserfarbenes Wundksekret
⇒ Allgemeinsymptome im fortgeschrittenen Stadium: **Rascher Verfall** des Kranken mit schwerem Krankheitsbild mit **Tachykardie**, Hypotonie, Zyanose, vertiefter Atmung, Unruhe oder Benommenheit, Anämie, Ikterus
⇒ im Verlauf: anurisches Nierenversagen, Sepsis, toxisches Herz-Kreislauf-Versagen mögl.

Diag:
1. Anamnese und klinische Untersuchung: Wenig eiternde Wunde, schwarze Verfärbung der Wunde, Knistern der Wunde, auf Druck entweichen Gasblasen, Muskulatur sieht wie gekochter Schinken aus, trotz schwerem Krankheitsbild kaum Temperaturerhöhung
2. Röntgen: Charakteristisch **gefiederte Muskulatur**
3. Erregernachweis aus der Wunde mögl. (anaerober Transport!), dauert aber einige Tage ⇨ **Therapie schon bei Verdacht** ohne Erregernachweis indiziert!

Ther:
- Operativ: Ind: Schon bei Verdacht Therapie einleiten!
  - Großzügige Revision der Wundverhältnisse, Ausräumung aller Nekrosen, Spaltung der Muskelfaszien, Spülung mit H_2O_2, offene Wundversorgung (⇨ **aerobe Wundverhältnisse** schaffen)
  - **Hyperbare Oxygenation** (3 bar) sofort postoperativ (Clostridium ist Anaerobier!)
- Antibiose: Penicillin G + Metronidazol (Clont®)
- Intensivmedizinische Überwachung, Schockbehandlung, Hämodialyse bei Nierenversagen
- Ultima ratio: Extremitätenamputation
- Gabe von polyvalentem Gasödem-Antitoxin ist umstritten und weitgehend verlassen

Prog: Bei Nichtbehandlung innerhalb von Tagen letal. Letalität hängt vom **frühzeitigen! Behandlungsbeginn** ab. Gesamtletalität bis 30 %.

Kompl: * Gangrän der benachbarten Muskulatur (Clostridienmyonekrose)
* Toxisches Herz-Kreislauf-Versagen, Schock

Proph: ♥ Tiefe, zerfetzte, stark verschmutzte Wunden sollten neben der chirurgischen Wundversorgung auch antibiotisch abgedeckt werden.

DD:
- Hautemphysem (z.B. bei Lungen-, Mediastinal-Eingriffe, Pneumothorax)
- Abszesse mit Gasbildung bei Mischinfektionen (⇨ eher viel Eiter), nekrotisierende Fasziitis durch Streptococcus pyogenes (Grp. A)
- Verletzungen mit Presslufteinwirkung

TOLLWUT

Syn: **Rabies, Lyssa**, Hundswut, Hydrophobie, ICD-10: A82.-

Ät: virale Zoonose durch das **Rabies-Virus** (RNA-Virus der Gattung Lyssa-Virus, gehört zur Familie der Rhabdoviren) mit weltweiter Verbreitung

Path: ♦ Übertragung: über den **Speichel**, z.B. durch **Biss** von Haustieren, wie **Hund**, Katze, Rind, Schaf (urbane Tollwut), Ziege, Pferd od. von Wildtieren, wie **Fuchs**, Wolf, Dachs, Marder, Reh, Waschbär, Skunk, Schakal, **Fledermaus**, Ratte, Maus (sylvatische Tollwut) ⇨ Ausbreitung aus der primären Wunde auf (vermutlich sensiblen) Nervenbahnen ⇨ Zielorgan:

Befall der Perikaryen des ZNS (**graue Substanz**) im Rückenmark und/oder Gehirn

- Allg: Infektiosität gering, nur ca. 20 % der Infizierten erkranken, größtes Risiko bei Bissverletzungen am Hals, Gesicht und Kopf
- Lok: enzephalitische Herde im Hippocampus, Limbischen System, Kleinhirn und Stammhirnbereich

Epid: ◊ Inkubationszeit: 10 Tage bis mehrere Monate (im Durchschnitt **3-8 Wochen**, selten sogar mehrere Jahre)

◊ Deutschland ist frei von Tollwut (der letzte infizierte Fuchs wurde 2006 festgestellt, ein geringes Risiko wird noch bei Fledermäusen und durch illegalen Import von Haustieren gesehen), Risikogebiete sind Asien (insb. Indien, Nepal) und Osteuropa.
90 % alles Tollwutexpositionen gehen von **Hunden** aus.
Weltweit ca. 60.000 Erkrankungen pro Jahr, in Deutschland zuletzt 0/Jahr (letzter Fall 2007 bei einem Mann, der bei einer Reise in Marokko von einem streunenden Hund gebissen worden war)

◊ **Meldepflichtig** gem. IfSG (schon bei **Krankheitsverdacht** und bei Erkrankung sowie Tod), auch die Berührung eines tollwutverdächtigen Tier ist meldepflichtig!

Klin: ⇒ Keine Warnsymptome. treten die ersten Krankheitssymptome auf, ist die Tollwut bereits manifest ⇨ **Therapie bei Verdacht** (abnormes Verhalten des beißenden Tieres)

⇒ Lokal: Rötung der Bissnarbe, **„Verspäteter" Wundschmerz** und Parästhesien an der Bissstelle

⇒ Prodromalphase: Kopfschmerz, Übelkeit, Erbrechen, Appetitlosigkeit, Lethargie, Reizbarkeit, Erregung, Depressionen, Angstzustände

⇒ Akute neurologische Symptome (Exzitationsstadium, „rasende Wut"): Überempfindlichkeit gegen Sinnesreize mit tonisch-klonischen Krämpfen, vermehrter Speichelfluss, Dysphagie und Schlundkrämpfe (pharyngealer Spasmus), Krämpfe der Kehlkopf- und Atemmuskulatur mit Erstickungsgefühl, **Hydrophobie** (Wasserscheu = qualvoller Durst, ohne aber schlucken zu können ⇨ Angst vor dem Trinken), Wesensänderung, Wutanfälle, Aggressivität

⇒ Endstadium („stille Wut"): Hirnnerven-Lähmungen und Paresen von Extremitäten- u. Stammmuskulatur, aufsteigende Lähmungen bis zur Ateminsuffizienz mit Koma

⇒ Atemstillstand, Herzlähmung und Tod bei bis zuletzt klarem Bewusstsein

Diag:

1. Anamnese (Umstände des Tierbisses und auffälliges Verhalten des Tieres) und klinische, neurologische Untersuchung
2. Labor: Serologischer Nachweis nur nach Krankheitsausbruch mögl. ⇨ kein direkter Nachweis/Ausschluss in der Inkubationszeit mögl. (nur über das Tier)
3. Liquorpunktion: leichte Pleozytose mit Lymphozyten
4. Abschuss und Sektion des verdächtigen Tieres: Histologie des Gehirnes zeigt mikroskopisch die typischen **Negri-Körperchen** (intrazytoplasmatische Einschlusskörperchen, insb. im Ammonshorn zu finden), Nachweis mit RT-PCR mögl.

Ther:

- Bei Verdacht auf Tollwutinfektion ⇨ Impfung! (s. Übersicht)
  - Lokalbehandlung: **großzügige Wundausschneidung**, Auswaschen der Wunde mit viruziden Detergentien (Seifenlösung, Äthanol 70%ig od. Jodpräparat), **offene Wundversorgung** (= keine Primärnaht)
  - Bei oberflächlichen Kratzern oder Belecken des Tieres von nicht intakter Haut: sofortige (postexpositionelle) **Schutzimpfung mit HDC-Vakzine** (= human diploid cell strain, Rabipur®) 1 ml i.m. = 2,5 I.E., weitere Impfung nach 3 Tagen, 1, 2, 4 Wochen (der Impfschutz wird innerhalb von 1 Wo. erreicht, also noch vor Ablauf der Inkubationszeit)
    Lok: M.deltoideus i.m. (auch tief s.c. mögl.)
  - Bei tiefen blutenden Kratzern oder jeglicher Bissverletzung (und natürlich bei Krankheitsmanifestation): **Simultanbehandlung** mit HDC-Vakzine + exakt 20 I.E./kgKG Rabiesimmunglobulin (Berirab®, keine Überdosierung wegen Blockade der aktiven Immunisierung), davon die Hälfte lokal um die Bisswunde herum und den Rest i.m. kontralateral gluteal od. am Oberarm, anschließend weiter mit der postexpositionellen HDC-Vakzination (nach obigem Schema).
  - Außerdem immer auch **Tetanusprophylaxe** denken und durchführen (s.o.)!
  - Intensivtherapie bei Krankheitsausbruch und Progredienz

Grad/Art der Exposition	durch tollwutverdächtiges oder tollwütiges Wild- oder Haustier	durch einen Tollwut-Impfstoffköder	**postexpositionelle Immunprophylaxe**
I	Berühren/Füttern von Tieren, Belecken der intakten Haut	Berühren von Impfstoffködern bei intakter Haut	keine
II	oberflächliche, nicht blutende Kratzer od. Hautabschürfungen durch ein Tier, Lecken od. Knabbern an der nicht intakten Haut	Kontakt mit der Impfflüssigkeit eines beschädigten Impfköders bei nicht intakter Haut	**HDC-Vakzine**
III	jegliche Bisswunde oder Kratzwunde, Kontamination von Schleimhäuten od. Wunden durch Speichel der Tiere (z.B. durch Lecken od. Spritzer) od. Fledermausverletzung	Kontamination von Schleimhäuten od. frischen Hautverletzungen mit der Impfflüssigkeit eines beschädigten Impfköders	**Simultanprophylaxe**

Prog: Sehr ernst, unbehandelt Tod innerhalb von wenigen Tagen nach Krankheitsausbruch.

Kompl:
* Ateminsuffizienz, Aspirationspneumonie
* Kardiale Arrhythmien, Herzlähmung

Proph:
- Schutzimpfung = präexpositionelle Grundimmunisierung bei Risikogruppen (**Tierärzte**, Forstpersonal, Jäger, Tierpfleger, Metzger, Landwirtschaft, Reisende in Risikogebiete): 3 Impfungen mit HDC-Vakzine je 1 ml = 2,5 I.E. i.m. im Abstand von jeweils 4 Wo. und eine Auffrischimpfung nach 1 Jahr (dann Auffrischimpfung alle 3-5 Jahre, nach Titerkontrolle ⇨ Auffrischung bei Titer <0,5 IE/ml Serum)
  Bei Exposition und Grundimmunisierung <5 Jahren ⇨ Impfung am Tag 0 und 3, liegt der Impfschutz >5 Jahren zurück, oder Verletzung am Kopf ⇨ vollständiger Impfzyklus wie bei ungeimpften Personen
- Impfung von Hunden (alle 3 J.) und Füchsen (mit Impfflüssigkeit enthaltenden Ködern, für Füchse wird dies in Deutschland seit 2008 nicht mehr durchgeführt, da Deutschland seit 2006 tollwutfrei ist)
- Auf auffällige Tiere achten, Abstand zu fremden Hunden! insb. im Ausland

DD:
- Virusenzephalitis
- Intoxikationen, Tetanus

HIV / AIDS

Syn: **AIDS = acquired immune deficiency syndrome**, erworbenes Immundefektsyndrom, ICD-10: B20 - B24, asymptomatische HIV-Infektion Z21

Ät: **HIV** = human immunodeficiency virus (frühere Bezeichnung HTLV III) Typ 1 (bisher 10 Subtypen bekannt: A - H u. 2x Typ O) und Typ 2 (4 Subtypen A - D) sind RNA-haltige **Retroviren** (= enthalten eine Reverse Transkriptase), direkt **lymphozytotrop** und auch **neurotrop.**
In Deutschland haben 85 % d. Pat. den Subtyp HIV-1B, weltweit am verbreitetsten ist der Subtyp HIV-1C (insb. Afrika) gefolgt von -1A und -1B. HIV-2 ist sehr selten.

Path:
- HIV befällt die **T_4-Helfer-Lymphozyten**, Makrophagen, Langerhans-Haut-Zellen (als Eintrittspforte dient der CD_4-Rezeptor) und auch Fettzellen (über den CCR5-Rezeptor)
- **Serokonversion** = Auftreten von HIV-Antikörpern im Blut im Durchschnitt nach 2 Monaten, nach 6 Mon. sind 95 % HIV-Ak pos., einzelne Fälle zeigen noch spätere oder selten auch keine Serokonversion (Menschen mit Mutation des CCR-5-Gens scheinen gegen eine Infektion resistent zu sein, ebenfalls verminderte Anfälligkeit haben Menschen mit dem Blutgruppenmerkmal Pk)
- Es vermindert sich der Quotient T-Helfer zu T-Suppressorzellen (T_4/T_8, Norm = 2) durch Abnahme der absoluten (Norm: ca. 1.000/µl) und relativen Zahl der T-Helferzellen und Anstieg der T-Suppressorzellen (auf T_4/T_8 <1,2) und es folgt die allg. Abwehrschwäche.
- Durch die heutige Ther. lässt sich die Anzahl der Viren meist unter die Nachweisgrenze vermindern. Die Viren verbleiben jedoch lebenslang in den Memory-Cells (funktionell ruhende, immunkompetente B- u. T-Lymphozyten) und vermehren sich z.B. bei einem Therapieabbruch sofort wieder (⇨ AIDS ist bisher nicht heilbar).

Epid: ◊ Erstbeschreibung 1976 im damaligen Zaire, 1982 in Deutschland

◊ **M** >> w, z.Zt. **3 : 1** bei den HIV-Infizierten und 7 : 1 bei den AIDS-Erkrankten in **Deutschland** (auf der Welt hingegen mittlerweile ausgeglichenes Verhältnis! m = w)

◊ Infektionsmodus: **ungeschützter Sexualkontakt**, **i.v.-Drogenmissbrauch**, Blut- bzw. Blutprodukteübertragung, Organtransplantation, in der 3. Welt rituelle Beschneidung der Frauen, (rituelle) Tätowierungen, Piercing, medizinisches Personal: **Nadelstichverletzungen** und Blutkontakt, Schwangerschaft ⇨ **Neugeborene** infizierter Mütter (sog. *vertikale Infektion*)

◊ Risikogruppen: Promiskuitive Bi-/**Homosexuelle** (meist **Männer**, aktuell 65 % d.F.), Personen aus Hochrisikoländern (12 % d.F.), **intravenös Drogenabhängige** (5 % d.F.), Hämophiliepatienten

Krankenhauspersonal durch den Umgang mit Körperflüssigkeiten von infizierten Patienten (das Risiko ist aber insg. gering, maximal 5 % bei einer Stichverletzung an einer Hohlnadel, bei Schleimhautexposition 0,1 %; weltweit sind derzeit einige hundert, in Deutschland ca. 50 berufsbedingte Fälle bekannt).

Die „Risikogruppe" **Heterosexuelle** hat in den letzten Jahren bei uns zugenommen und betrifft z.Zt. 17 % der Infizierten in Deutschland. Weltweit ist die heterosexuelle Infektion der häufigste Übertragungsweg! (Übertragungsrisiko bei HIV-pos. Sexualpartner und ungeschütztem Geschlechtsverkehr ca. 1 %). In Afrika besonderes Infektionsrisiko durch die dortige Sexualpraktik „dry sex" = vaginales Einführen von Aluminiumhydroxidsteinchen, die die Vaginalschleimhaut trocken macht (als „Lustgewinn für den Mann") und damit das Risiko für die Übertragung von Geschlechtskrankheiten erhöht.

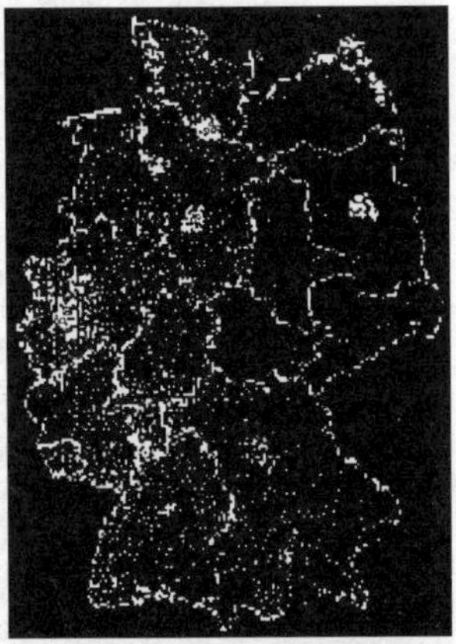

AIDS-Fälle in Deutschland

◊ Epizentren in Deutschland: Berlin, Frankfurt, München, Düsseldorf, Köln, Hamburg (allgemein Ballungszentren der alten Bundesländer, s. Abb. – die Pkt. entsprechen Krankheitsclustern)

◊ Alle epidemiologische Zahlen sind meist geschätzt bzw. hochgerechnet, da auch trotz der Meldepflicht (die aber nicht in allen Ländern der Welt besteht) immer auch eine unterschiedlich hohe Dunkelziffer od. Doppelmeldungen usw. zu berücksichtigen sind.

◊ Infektionsinzidenz: in Deutschland derzeit pro Jahr ca. **2.900 Neuinfektionen** (die Zahl der mit AIDS-Vollbild neu diagnostizierten Personen beträgt etwa 750/Jahr). Die zu Beginn der Pandemie hohe Inzidenz in den 80er Jahren ist in Deutschland durch den Aufklärungserfolg ab den 90er Jahren stark zurückgegangen und ist seit 2001 wieder leicht angestiegen und jetzt seit 2007 auf diesem Niveau weitgehend stabil.

Auf der **Welt** ist die Infektionsrate hingegen **extrem hoch**, es werden jährlich 2,7 Mio. Neuinfektionen (davon ca. 400.000 bei Kindern) geschätzt. In Europa 52.000/Jahr.

◊ Infektionsprävalenz (= Gesamtzahl gemeldeter lebender **HIV-Infizierter**) in Deutschland (Stand: 1/2011) **ca. 70.000 Personen** = 85/100.000 (davon ca. 200 Kinder), in Europa ca. 850.000 Infizierte geschätzt (3/4 davon in Osteuropa).

United Nation (UNAIDS) u. WHO schätzten die Zahl infizierter Personen **weltweit** auf **33,4 Mio.**, davon leben **95 %** in den **Entwicklungsländern!** (sog. Pattern-II-Länder, insb. Afrika südlich der Sahara und Südostasien), in mehreren Ländern Südafrikas sind bereits 20-25 % der erwachsenen Bevölkerung mit HIV infiziert! (es sind hier überwiegend junge Erwachsene und bereits mehr Frauen als Männer).

◊ In Deutschland (Stand: 1/2011) 34.200 gemeldete erkrankte Patienten seit 1982 (= kumulierte Inzidenz: 44/100.000 Einwohner), davon 29.000 bereits verstorben. Damit leben derzeit etwa 5.000 Pat. mit einem AIDS-Vollbild in Deutschland. In Europa 200.000 gemeldete Krankheitsfälle (Spitzenreiter ist **Spanien**! mit extrem vielen i.v.-Drogenabhängigen, gefolgt von Frankreich, Italien, Portugal, Schweiz sowie mit Abstand Deutschland und Großbritannien), weltweit geschätzt 2,5 Mio. Krankheitsfälle.

◊ Mortalität: bis heute sind auf der Welt geschätzt 25 Mio. Menschen an AIDS gestorben, weltweit sterben jährlich ca. 2,0 Mio. Menschen (davon alleine ca. 280.000 Kinder), in Westeuropa sind es 8.000/Jahr, in Deutschland ca. 550/Jahr

◊ Schwangerschaft: in Deutschland 1 HIV-Infizierte auf 3.000 Schwangere, die Gesamtzahl der HIV-infizierten Kinder in Deutschland liegt derzeit bei etwa 200

◊ **Meldepflichtig** gem. IfSG (nichtnamentliche Meldung durch das Labor)

◊ Neueste Infos zur Epidemiologie: Robert Koch-Institut, Nordufer 20, 13353 Berlin, im Internet: http://www.rki.de (Halbjahresberichte abrufbar)

Klin: ⇒ Allgemeinsymptome: Fieber, Nachtschweiß, Gewichtsverlust (HIV-Kachexie = Wasting-Syndrom), Diarrhoen, Kopfhaarverlust, Dysmenorrhoe, Lymphknotenschwellung, Gerinnungsstörungen ⇨ Hirnblutungen, Hirninfarkt, hypophysärer Infarkt mögl.

⇒ Opportunistische Infektionen:

Bakt.: **Tuberkulose** (insb. auch mit mehrfach resistenten Stämmen, sog. XDR-Tuberkulose = extensively drug resistant), atypische **Mykobakteriosen, Lues** (aggressiv), Nokardiose, Salmonellensepsis, Legionellenpneumonie, Listeriose, bazilläre Angiomatose

Viral: **Zytomegalie** (auf Sehstörungen achten ⇨ Retinitis), **Herpes simplex** in ulzerierender Form (HSV 2 und 1), **Varizella-Zoster**, Hepatitis-B- und/oder C-Infektion (insb. als Doppelinfektion zusammen mit HIV bei Drogenabhängigen mit rascherer Leberzirrhoseentwicklung), Papova-Virus, HPV-Infektionen (insb. bei Analverkehr)

Protozoen: **Toxoplasmose** (Enzephalitis), Isosporiasis (Kokzidiose des Dünndarms), Kryptosporidiose (wässrige Durchfälle), Lamblienruhr, Amöbiasis

Helminthen: Strongyloidiasis

Fungi: **Pneumocystis-jiroveci-**Pneumonie (früher P.-carinii genannt) = häufigste Infektion (60-80 % aller HIV-Pat. machen diese Infektion durch), **Kandidose** (Candida albicans und andere Candida-Sprosspilze, Infektion insb. im GI-Trakt, Soorösophagitis, **vulvovaginal** u. auch Hirnabszesse mögl.), **Kryptokokkose** (Cryptococcus neoformans), **Aspergillose** (pulmonale od. intrazerebrale Aspergillome), Histoplasmose, Coccidioides-Mykose

⇒ Neurologische Symptome (30-40 % d.F.): **Persönlichkeitsveränderungen** (HIV-Enzephalopathie) bis hin zur **Demenz** (AIDS-dementia complex), Meningoenzephalitis (zerebrale Toxoplasmose, Kryptokokken-Meningitis), pontine Myelinolyse, Myelopathie, distal symmetrische **Polyneuropathie** mit meist sensiblen (Parästhesien) aber auch motorischen (Paresen) od. vegetativen Störungen bis hin zum Guillain-Barré-Syndrom, N.oculomotorius- od. N.facialis-Parese, Myopathie (Myalgien, Muskelatrophien, Polymyositis), infektiöse progressive multifokale Leukenzephalopathie (Papova-Virus)

⇒ Dermatologische Symptome: Makulopapulöses rubeoliformes Exanthem, Dermatitis seborrhoides + Psoriasis vulgaris = "Seborrhiasis", orale Haarleukoplakie (EBV-Infektion), **Herpes zoster ulzerierend**, Molluscum contagiosum (Gruppe d. Pocken-Viren), **Condylomata acuminata** (HPV), ulzerierender Soor (Candida), Stomatitis, Pyodermien

⇒ Malignome: Generalisiertes (kutan, viszeral und im ZNS) **KAPOSI-Sarkom** bei AIDS (humanes Herpesvirus 8, HHV 8 als Kofaktor, m >> w), invasives Zervixkarzinom, Non-HODGKIN-Lymphome (mehr als 100faches Risiko für HIV-Pat. im Vergleich zur Normalbevölkerung, Simian Vacuolating Virus, SV 40 als Kofaktor), primäre **ZNS-Lymphome** (mehr als 1.000faches Risiko) oder intrazerebrale Metastasen von System-Lymphomen, **Analkarzinom** (30- bis 60fach erhöhtes Risiko), Hodgkin-Lymphome, Mycosis fungoides (T-Zell-Lymphom der Haut), Adenokarzinom der Lunge, hepatozelluläres Karzinom

Etlg: WHO-Stadien (v. 1991) und CDC-Einteilung v. 1993 [in Klammern], wobei in den USA bei Helferzellen (CD4-Zellen) <200/µl = immer Stadium 3 klassifiziert wird. Berücksichtigt werden 3 Laborkategorien (1-3) und 3 klinische Kategorien (A-C):

Kategorien	**A** = Pat. asympt. od. persistierende Lymphadenopathie	**B** = Kandidose, Fieber, Listeriose, Herpes zoster, Haarleukoplakie	**C** = typische AIDS-definierende Erkrankungen
1 = Helferzellen >500/µl	[A1] Stadium 1	[B1]	[C1] Stadium
2 = Helferzellen 200-499/µl	[A2]	[B2]	[C2] 3
3 = Helferzellen <200/µl	[A3] Stadium 2	[B3]	[C3] (AIDS)

Einteilung nach **CDC** (Centers for Disease Control, Atlanta USA, 1987) I-IV: mit positiver Serologie, bzw. dokumentierter Serokonversion. Eine Rückstufung (z.B. III ⇨ II) ist bei der Klassifikation eines Patienten nicht zulässig.

I:	Akute HIV-Infektion, **Mononukleose-ähnliches Krankheitsbild**
II:	A **Latenzstadium, asymptomatische** HIV-Infektion über Jahre möglich B Latenzstadium, asymptomatische HIV-Infektion mit pathol. Laborbefunden **Die asymptomatischen Virusträger sind INFEKTIÖS!**
III:	LAS = **Lymphadenopathie-Syndrom** ohne Allgemeinsymptome A mind. 2 extrainguinale Lymphknotenstationen vergrößert B wie A + pathol. Laborbefunde, wie Lymphozytopenie, T_4/T_8-Verminderung
IV:	**Manifestes Immunmangelsyndrom**, ARC (= AIDS related complex, Untergrp. A), AIDS (= Untergruppe B - E), mehrere Untergruppen können gleichzeitig vorliegen A Allgemeinsymptome wie Fieber, Nachtschweiß, Gewichtsverlust, persistierende Diarrhoe, etc. B Neurologische Symptome unterschiedlichster neurologischer Systeme, AIDS-dementia complex C1 Stadium der opportunistischen Infektionen: Protozoen, Viren, Pilze, Bakterien C2 zusätzliche Infektionen: generalisierter **Herpes zoster**, oral hairy-leukoplakia D AIDS-definierende Malignome: KAPOSI-Sarkom, **primäre Hirntumoren**, Non-HODGKIN-Lymphome, invasives Zervixkarzinom E Andere: interstitielle Pneumonie, Thrombozytopenie, andere Tumoren

CDC-Klassifikation für Kinder in P 0-2:
P0: Säuglinge/Kleinkinder bis 15 Monate HIV-Ak pos. ohne sicheren Nachweis der Infektion (HIV im PCR) bei perinataler Exposition, P1: ähnlich CDC II, P2 A-F: ähnlich CDC IV

Diag:
1. Anamnese (Infektion ist meist schon länger bekannt od. Risikogruppe, Infektionsmodus) oder **HIV-Ak-Nachweis** als Screening (mit ELISA), wenn positiv Immunoblot als Bestätigungstest unbedingt erforderlich wegen der geringen Spezifität des Screening-HIV-Tests + Bestätigung mit einer 2. Blutprobe, um auch Verwechslungen auszuschließen.
   Dann **PCR** (polymerase-chain-reaction = Amplifikation von Genfragmenten) ⇨ HIV-Gennachweis mögl. (jedoch auch falsch positive Befunde mögl.).
   Infizierte: ab Stad. II (bekannte Infektion) ⇨ **½-jährige Kontrolluntersuchungen** mit klinischer Untersuchung, Laborkontrolle von $CD4^+$-Zellzahl u. **Viruslast** (Virusload, HIV-RNA) = Virusäquivalente/ml Plasma ⇨ tatsächliche Menge an Virus im Plasma, somit Aktivität der Infektion und Wirksamkeitskontrolle der Therapie messbar.
   Anmerkung: beim ELISA bleibt ein diagnostisches Fenster von einigen Wochen, bis sich Ak im Blut des Pat. gebildet haben (Serokonversion). Diese scheinbar neg. Pat. haben aber in dieser Zeit eine besonders hohe Viruslast (⇨ 20fach höhere Infektiosität bei sexuellen Kontakten in dieser Zeit! und hier auch Risiko für infektiöse Blutkonserven, wenn die Pat. in dieser Zeit Blut spenden).
2. Sonstiges Labor: **verminderte T_4-Lymphozytenzahl** (CD_4-Zellzahl <500/µl), **T_4/T_8-Verhältnis vermindert** (<1,2), Anstieg der Zahl aktivierter T_8-Lymphozyten (CD 8/38-Antigen), Vermehrung von IgG durch B-Zell-Überproduktion ⇨ "nonsense"-Globuline, Thrombozytopenie, Anämie

Ther:
- **Allgemein:** gesunde Lebensführung, psychosoziale/psychotherapeutische Betreuung
- **Med:** Ind: die medikamentöse Ther. wird nach den Deutsch-Österreichischen Leitlinien bei verminderter Lymphozytenzahl ($CD4^+$-Helferzellen **<350/µl**), hoher Viruslast (>100.000 Kopien/ml Plasma) od. bei symptomatischem Pat. (klinische Kategorie B od. C unabhängig von der Immunsituation) begonnen.
  Derzeit stehen 6 Wirkstoffgruppen zur Verfügung: **Nukleosidanaloga, Proteaseninhibitoren, nicht nukleosidale reverse Transkriptase Inhibitoren** (NNRTI), **Fusionshemmer, CCR5-Antagonisten** und **Integrase-Inhibitoren** (aufgrund der zunehmenden Resistenzentwicklung erscheint es sinnvoll, vor Therapiebeginn und bei Therapieversagen die Resistenz zu testen sowie die Ther. dann anzupassen):

1. Nukleosidanaloga (wirken alle durch Einbau „falscher“ DNA-Basenbausteine):
   - **AZT** = 3-Acido-3'Desoxythymidin (Zidovudin, Retrovir®, 2 x 250 mg/Tag), NW: Myelotoxisch (Neutropenie, Anämie), toxische Myopathie, Kopfschmerzen
   - **ddI** = 2',3'-Dideoxyinosin (Didanosin, Videx®, 2 x 200 mg/Tag), wirkt wie AZT als falscher DNA-Basenbaustein, NW: insg. weniger als bei AZT, jedoch Pankreatitis u. Polyneuropathie mögl.
   - **ddC** = 2',3'-Didesoxycytidin (Zalcitabin, HIVID®, 3 x 0,75 mg/Tag)
   - Neuere Nukleosidanaloga: **3TC** (Lamivudin, Epivir™, 2 x 150 mg/Tag), wirkt wie ddI od. ddC als Nukleosidanalogon, hat aber **bessere Liquorgängigkeit**, NW: Kopfschmerzen, **d4T** (Stavudin, Zerit®, 2 x 40 mg/Tag), Guanosin-Analogon ABC (Abacavir, Ziagen®, 2 x 300 mg/Tag), Cytosin-Analogon Emtricitabin (Emtriva™, 1 x 200 mg/Tag), Nukleotidanalogon Tenofovir (Viread®, 1 x 245 mg/Tag)
2. Proteaseninhibitoren: **Indinavir** (Crixivan®, 3 x 800 mg/Tag), **Ritonavir** (Norvir®), **Saquinavir** (Invirase® od. Fortovase™), Nelfinavir (Viracept™), Amprenavir (Agenerase®), Lopinavir (Kaletra®), Atazanavir (Reyataz®), Tipranavir (noch nicht zugelassen) führen durch Hemmung der Polyproteinspaltung zum Bau von nicht infektionsfähigen Virionen, NW: Lipodystrophie-Syndrom (intraabdominelle Fettansammlung - dagegen ist in USA ein Med. zugelassen, 1 mg/Tag s.c. Tesamorelin, [Egrifta™], Fettabnahme im Gesicht u. an den Extremitäten, Triglyzeride u. Cholesterin ↑, Insulinresistenz) und Nephrolithiasis (Indinavir-Steine), insb. bei einer 3fach-Kombinationstherapie
3. NNRTI (hemmen direkt oder indirekt die Reverse Transkriptase bei HIV-1): **Efavirenz** (Sustiva™, 1 x 600 mg/Tag, K-Ind: Schwangerschaft od. aktiver Kinderwunsch), Delavirdin (Rescriptor™) od. Nevirapin (Viramune®), Etravirin (Intelence®), NW: Arzneimittelexantheme
4. Fusionshemmer (verhindert den Eintritt des HIV-1-Viruskapsids in die Zellen): Enfuvirtid (Fuzeon®, 2 x 90 mg/Tag s.c.), Reservemedikament bei Therapieresistenz
5. Neu: CCR5-Antagonisten (Maraviroc, Celsentri®; Vicriviroc) hemmen das Eindringen von HIV durch Blockade des CCR5-Moleküls an der Oberfläche der Zielzellen
6. Neu: Integrase-Inhibitor (Raltegravir, Isentress™) hemmt das Integrieren des HIV-Erbguts in die menschliche Erbinformation, Reservemedikament bei Therapieresistenz

➲ Die **aktuellen Therapiekonzepte** sind **Dreifach-Kombinationstherapien** o.g. Medikamente (2 Nukleosidanaloga + 1 Proteasen-Inhibitor od. 1 NNRTI), sog. **HAART** (= highly active antiretroviral therapy), gängige Kombinationen sind z.B. AZT + 3TC + Indinavir od. AZT + 3TC + Efavirenz. Problem: hohe Compliance der Pat. wegen der vielen Tbl. erforderlich (unregelmäßige Medikamenteneinnahme führt zur Resistenzentwicklung!). Daher sind auch schon fixe Kombinationen mit nur 1 Tbl./Tag zugelassen (z.B. Atripla®) bestehend aus Emtricitabin + Tenofovir + Efavirenz.
Ziel: die Viruslast sollte innerhalb von 6 Mon. unter die Nachweisgrenze (<50 Kopien/ml) sinken. Keine Therapiepausen machen (führen sonst zu größerer Resistenzentwicklung und schnellerem Krankheitsprogress).
Die HAART ist sehr teuer (ca. 20.000 EUR/Jahr), insb. Problem in der Dritten Welt.

- Opportunistische Infektionen: jeweils **erregerspezifische Therapie** durchführen
  - Prophylaxe einer Pneumocystis-Pneumonie (ab T_4 <250/µl): Pentamidin-Inhalation (Pentacarinat®, 1 x pro Monat) oder Co-Trimoxazol (Cotrim® 3 x pro Woche)
  - Prophylaxe, bzw. Ther. einer Zytomegalie-Infektion: Ganciclovir, Cymeven® (Nutzen der Prophylaxe ist umstritten)
  - Prophylaxe, bzw. Ther. einer Kryptokokkenmeningitis: Fluconazol (100 mg/Tag, bei Ther. 400 mg/Tag, Diflucan®)
  - Prophylaxe einer Pneumokokken-Infektion durch einmalige Impfung i.m. (Pneumovax®23), Auffrischung im Abstand von 3 -5 Jahren
  - Nicht empfohlen/kontraindiziert sind Lebendimpfungen gegen Varizellen, Masern, Mumps, Röteln, Tuberkulose und Gelbfieber (Masern, Mumps, Röteln u. Gelbfieber können im asymptomatischen Stadium noch geimpft werden, die Immunantwort kann aber reduziert sein). Für Männer mit HIV-Infektion (u. Analverkehr) wird eine regelmäßige Vorsorgeuntersuchung empfohlen, außerdem wird eine Impfung gegen HPV-Infektion diskutiert, da diese in über 50 % d.F. mit einem Analkarzinom nachgewiesen werden kann.
- Malignome:
  - für alle HIV-Pat. regelmäßige Krebsvorsorge empfohlen (das Gesamtrisiko für eine Kar-

zinomerkrankung ist 2- bis 3fach höher als in der Allgemeinbevölkerung)
- α**2A-Interferon** b. KAPOSI-Sarkom zur Stimulation des Immunsystems, in Erprobung auch Foscarnet (Foscavir® gegen die assoziierte Herpesvirus-8-Infektion)
- Primäre ZNS-Lymphome: fraktionierte Schädelbestrahlung bis 40 Gy, Glukokortikoide zur Ther. des perifokalen Ödems

- Infizierte: ab Stad. II (bekannte Infektion) ⇨ **½-jährige Kontrolluntersuchungen** (klinische Untersuchung, Laborkontrolle von T4/T8, Viruslast)
- Schwangerschaft: AZT-Ther v. Mutter und Neugeborenem, operative Entbindung (Sectio caesarea am wehenfreien Uterus), nicht stillen (in Deutschland ca. 150-200 Geburten/Jahr bei HIV-pos. Mutter). Nähere Einzelheiten s. Gynäkologie- und Urologiebuch.
- Selbsthilfegruppen: gibt es in jeder größeren Stadt, Adressen über Deutsche AIDS-Hilfe e.V., Dieffenbachstr. 33, 10967 Berlin, Tel.: (0 30) 69 00 87-0, Fax: -42, Internet: http://www.aidshilfe.de.
  Kostenloses Informationsmaterial über Bundeszentrale für gesundheitliche Aufklärung, Ostmerheimer Str. 200, 51109 Köln, Tel.: (02 21) 89 92-0, Fax: -3 00, Internet: http://www.bzga.de und Informationen bei http://www.unaids.org

Prog: 50-70 % der HIV-Positiven erreichen unbehandelt innerhalb von 10 Jahren das CDC-Stadium IV (Personen >40. Lj. haben dabei eine 4- bis 8fach höhere Wahrscheinlichkeit als die unter 20 J.). Durch die bei uns heute übliche HAART wird diese Progression sehr lange hinausgezögert. Wird eine HAART vor dem Auftreten von Symptomen begonnen und lebenslang fortgeführt, so ist die Lebenserwartung, wenn keine sonstigen Risiken vorliegen, heute praktisch kaum vermindert!

Im Stadium IV (= AIDS-Vollbild) schlechte 5-Jahresüberlebensrate, in den Industriestaaten mit Therapie mittlere Überlebensdauer 4 Jahre (die **Dreifach-Kombination** in der AIDS-Therapie senkt die Mortalität bis zu 75 %), schlechteste Prog. haben Pat. mit primären ZNS-Lymphomen (mittlere Überlebensdauer nur 3 Mon.).

Die ältesten bekannten LTNP (long-term non-progressors) haben seit fast 30 J. eine bekannte Infektion ohne jegliche Krankheitszeichen (Ursache: u.a. genetische Mutation des CCR5-Rezeptors der Pat.).

Neugeborene infizierter Mütter haben bei optimaler Therapie von Mutter u. Kind ein vertikales Infektionsrisiko von nur 1-2 %, HIV-infizierte Neugeborene haben eine schlechte Prognose (Letalität um 80 %, insb. ein Problem in der Dritten Welt = Pattern-II-Länder)

Proph:
- ♥ **Allgemein: Aufklärung der Bevölkerung, Kondome, Meidung von Promiskuität, Safer Sex** für Hetero- und insb. Homosexuelle
  Fixer: Einmalbestecke (kein "needle sharing"), Förderung von Beratungsstellen
- ♥ Blutbanken: **HIV-Screening** von Blutkonserven und Blutprodukten obligat. Trotzdem bleibt ein rechnerisches Restrisiko von 1:4.000.000 eine infizierte Blutkonserven zu bekommen (darüber und über die Möglichkeit einer Eigenblutspende muss aufgeklärt werden! Wesentlich höher ist in diesem Zusammenhang das Risiko einer Posttransfusionshepatitis mit einem Risiko von 1:250.000)
- ♥ Klinik: **Vorsicht beim Umgang mit Blut!** – es gelten die gleichen Schutzempfehlungen wie beim Umgang von Sekreten und sonstigen Körperflüssigkeiten von Hepatitis-B-Erkrankten (jedoch reichen normale Vinylhandschuhe nicht aus, **Latex-Handschuhe** benutzen!). Eine berufsbedingte HIV-Infektion ist eine Berufskrankheit (daher nach fraglichem Kontakt/Verletzungen immer Kontrollen durchführen und dokumentieren!).
  Operationen: Vor jedem elektiven Eingriff sollte obligat ein HIV-Test beim Pat. durchgeführt werden, bei Notfalleingriffen sollte er anschließend nachgeholt werden.
  Wichtig: Der Patient muss über die Durchführung des Tests **aufgeklärt** werden! Bei Op von HIV-positiven Patienten doppelte Handschuhe tragen.
- ♥ Patienten: sollten Ihren Arzt od. Zahnarzt über das Vorliegen einer Infektion informieren
- ♥ **Bei Verdacht auf Kontamination** = Verletzungen mit **hohem** Risiko (z.B. Hohlnadelstichverletzung oder tiefe Stich-/Schnittverletzung im Op) ⇨ Postexpositionsprophylaxe (PEP) gem. Robert-Koch-Institut u. den dt./österreichischen Empfehlungen:
  Wunde intensiv ausbluten lassen (Blutung anregen), großzügige Desinfektion (Alkoholpräparat 2-4 Min., sollte schmerzen, z.B. durch spreizen des Stichkanals ⇨ nur dann effektiv); Med: möglichst unmittelbar einnehmen (in den ersten 15-30 Min., max. innerhalb v. 2 Std.): 200 mg Nevirapin (Viramune®) + 500 mg Zidovudin (Retrovir®) + 150 mg La-

mivudin (Epivir™) + 400 mg Lopinavir (Kaletra®), eigener HIV-Test und beim Pat. sofort durchführen, D-Arzt-Bericht anfertigen! Dann Zidovudin 2 x 300 mg/Tag + 2 x 150 mg/Tag Lamivudin (Kombinationspräparat Combivir®) + 2 x 400 mg/Tag Lopinavir für 2, besser 4 Wochen einnehmen, wenn Patient tatsächlich HIV-positiv war. HIV-Test-Kontrollen nach 6 Wo., 3 u. 6 Mon. zur Dokumentation durchführen.

An gleichzeitig mögl. Hepatitis-B- und -C-Infektion denken und im Labor überprüfen (Kontagiosität ist 25fach höher als die des HI-Virus!) und Hepatitis-B-Impfschutz überprüfen, ggf. simultane aktive + passive Hep.-B-Impfung durchführen.

♥ Impfung: keiner der bisher entwickelten Impfstoffe konnte eine HIV-Infektion verhindern (bestes Ergebnis war bisher eine Verminderungsrate von ca. 30 %, dies ist aber keinesfalls ausreichend für einen Schutz). Weltweit sind derzeit über 10 verschiedene Impfstoffe und andere Prophylaktika (z.B. ein Vaginalgel für Frauen mit 1%igem Tenofovir) in Erprobung.

DD:
- Idiopathisches CD_4-T-Lymphozytopenie-Syndrom
- CVID (common variable immunodeficiency): fehlende Ausreifung von B-Lymphozyten zu Plasmazellen unklarer Genese ⇨ primäres Antikörpermangelsyndrom
- X-chrom. vererbte Hypogammaglobulinämie
- Immunschwäche anderer Genese (Tumorerkrankung, konsumierende Prozesse, medikamentöse Immunsuppression)

KLEINE CHIRURGIE

PANARITIUM

Syn: Fingereiterung, Nagelkrankheit, Nagelgeschwür, ICD-10: L03.0-

Ät:
- Kleine Hautverletzungen als Eintrittspforte (insb. im Nagelgebiet)
- Stichverletzungen, **Bisswunden** (Tier- od. Menschenbisse)
- Offene Phalangenfraktur

Path:
- Volarseitige Fingerinfektion mit Gewebeeinschmelzung, streckseitige Abszedierungen (Handrücken) sind seltener
- Keime: meist Staphylokokken, Streptokokken A oder Mischinfektion
  Menschenbisse: Eikenella corrodens, Staphylokokken
  Hunde- od. Katzenbisse: Pasteurella canis, multocida od. septica, Staphylokokken

Etlg:
Oberflächliche Panaritien der Finger
Panaritium cutaneum, Panaritium subcutaneum, Kragenknopfpanaritium (= kutaner Befall mit kleiner Verbindung zur subkutanen Schicht, die ausgedehnt befallen ist), Panaritium periunguale und subunguale (= Nagelpanaritium)

Tiefe Panaritien der Finger (als Komplikation der oberflächlichen Panaritien)
Panaritium periostale, Panaritium ossale (meist Endphalangen), Panaritium articulare, Panaritium tendinosum (= Sehnenscheidenphlegmone)

Panaritium der Hand: **Hohlhandphlegmone** (im Bereich der Palmaraponeurose oder der Beugesehnenfächer oder noch darunter), Interdigitalphlegmone (Zwischenfingerraum), Thenarphlegmone (Daumenballen) oder **V-Phlegmone** (Daumen- + Kleinfingerpanaritium in den Sehnenscheiden, Verbindung über den Karpaltunnel).
Cave: Ausbreitung auf Handwurzelgelenk und Unterarm mögl.

Klin:
⇒ Rötung, Überwärmung, Schwellung, Ödem, **pulsierender Schmerz**, Schonhaltung
⇒ Panaritium tendinosum: Druckempfindlichkeit der Sehnenscheide, **Schonhaltung** des betroffenen Fingers (Beugestellung), Bewegungsschmerz
⇒ Bei fortgeschrittenem Krankheitsbild (z.B. Hohlhandphlegmone): Fieber, Schüttelfrost, Leukozytose

Diag:
1. Anamnese und klinische Untersuchung: Auf Druck- und Klopfschmerzhaftigkeit der Beugesehnen achten (Entwicklung einer Phlegmone)
2. Röntgen: Hand, bei ossärer Beteiligung des Panaritiums subperiostale Einschmelzungen und Knochensequestrierung, bei Gelenkbeteiligung verbreiterter Gelenkspalt
3. Intraoperativer Abstrich: Keim- und Resistenzbestimmung

Ther:
- Operativ: Ind: immer gegeben, um eine Ausbreitung zu verhindern
  - ***Panaritium cutaneum:*** Inzision der oberflächlichen Eiterblase (Inspektion, ob ein Fistelgang nach subkutan besteht = Kragenknopfpanaritium?)
    offene Wundbehandlung mit Abszesssalbe (z.B. Furacin®) und Rivanol®-Verband
  - ***Panaritium subcutaneum:*** Seitliche Inzision (Schonung der Fingerbeere), Ausräumung, evtl. Gummilasche, Drainage, Ruhigstellung (Böhler-Schiene)
  - ***Panaritium subunguale:*** Nagelinzision
  - ***Interdigitalphlegmone:*** Palmare Inzision im Interdigitalraum (prox. der Interdigitalfalte ohne diese zu durchtrennen) und dorsale Gegeninzision, Drainage
  - ***Panaritium tendinosum:*** **sofortige/frühzeitige Operation!** Prox. u. distale Darstellung der Sehnenscheide und Spülung, Spüldrainage über kleine Katheter in den Sehnenfächern

- ***V-Phlegmone:*** **sofortige/frühzeitige Operation!** Spaltung d. Karpaltunnels zur Druckentlastung und weiteres Vorgehen wie bei Panaritium tendinosum
- ***Hohlhandphlegmone:*** **sofortige/frühzeitige Operation!** Inzision, evtl. Resektion der Palmaraponeurose, Spülung, Drainage
- ***Panaritium ossale:*** Curettage des Knochens, bei Knochennekrosen (Knochensequester) Entfernung des nekrotischen Teils, Drainage
- ***Panaritium articulare:*** Inzision und Spülung der Gelenkhöhle, Drainage, bei Therapieresistenz als ultima ratio Arthrodese (= Gelenkversteifung)

• Liegen schon Nekrosen vor, muss ein sorgfältiges Débridement vorgenommen werden
• Möglichst bei allen Panaritien einen Abstrich zur Keim- und Resistenzbestimmung (Antibiogramm) durchführen
• Bei allen tieferen Panaritien zusätzlich zur operativen Sanierung **systemische Antibiose** (z.B. mit einem Cephalosporin, bzw. gezielt nach Resistenzbestimmung) und konsequente Ruhigstellung der Hand für einige Tage

<u>Kompl:</u> * **Ausbreitung** und Entwicklung einer Hohlhandphlegmone, Unterarmphlegmone aus jedem Panaritium möglich!, Erysipel
* Panaritium tendinosum: Ischämische Sehnennekrose durch Ödem (⇨ Druck auf die versorgenden Gefäße), Spätfolgen durch die Entzündung können Verklebungen der Sehne mit der Sehnenscheide und damit Funktionsbeeinträchtigung sein
* V-Phlegmone: Kompression des N.medianus im Karpaltunnel
* Lymphangitis (Volksmund: "Blutvergiftung")

<u>DD:</u> – **Paronychie** (= Nagelumlauf, Nagelfalzentzündung, Panaritium periunguale), häufigste Infektion an der Hand:
Akute Paronychie durch Staphylokokken ⇨ Ther: Inzision, Salbenverband, EMMERT-Plastik bei Unguis incarnatus
Chronische Paronychie durch Candidabefall ⇨ Ther: Phenol, Antimykotika
– Gangränöse Veränderungen bei arterieller Durchblutungsstörung
– Schädigung des Halsmarks (z.B. Syringomyelie) ⇨ schmerzlose Fingereiterungen (Panaritium analgicum) = MORVAN-Syndrom

UNGUIS INCARNATUS

<u>Syn:</u> Eingewachsener Nagel, ICD-10: L60.0

<u>Path:</u> ♦ Nagelbett zu breit oder Nagel stark verformt ⇨ Nagel wächst in den Nagelfalz ein
♦ Seitlicher Druck auf den Nagel durch zu enges Schuhwerk
♦ **Chronische Entzündung** an dem durch den Nagelrand gedrückten Nagelfalz (= Paronychie) ⇨ **Granulationsgewebe, Taschenbildung**
♦ <u>Lok:</u> meist **Großzehe** (medialer Teil des Dig. I)

<u>Klin:</u> ⇒ Schwellung durch Entzündungsherd, Druckschmerz
⇒ Pochender Schmerz bei akuter Entzündung, Eiterbildung
⇒ Chronisch: Bildung von überschießendem Gewebe, Taschenbildung

<u>Ther:</u> • <u>Konservativ:</u> Fußpflege kann nur die Komplikationen (Entzündung) verhindern, versucht werden auch Nagelkorrekturspangen (diese müssen jedoch mehrere Monate getragen werden)
Akute Entzündung: Kamille- oder Polyvidon-Iod-Fußbäder (Betaisodona®), offenes Schuhwerk ⇨ im Intervall (nach Abklingen der akuten Entzündung) dann Op.
• <u>Operativ:</u> verschiedene Verfahren stehen zur Verfügung (in aufsteigender Radikalität)
– OBERST-Leitungsanästhesie (<u>ohne</u> Adrenalinzusatz!, z.B. mit Mepivacain 1%ig, Scandicain®) u. Blutsperre am Zehengrundgelenk (z.B. mit abgeschnittenem Fingerling)

- **Phenol-Verödung** des Nagelbetts für 3 Min. nach Nagelteilresektion
- Segmentale Matrixexzision: Inzision des Nagelwalls und sparsame Teilresektion der Nagelmatrix, Naht des Nagelwalls
- **EMMERT-Nagelplastik** (= Nagelkeilexzision, s. Abb.): partielle Nagelresektion und Keilexzision des Nagelfalzes und des dazugehörigen Nagelbettes (1/3 oder 1/4 des Nagels werden reseziert) mit der dazugehörigen Nagelwurzel. Ind: schwere Nagelwallinfektion, Rezidive
  Postoperativ: **offene Wundversorgung** (keine Naht, die ehemalige Nagelmatrix soll epithelisieren) mit Branolind®-Salbenkompressen und elastischen Binden, offenen Schuhen und Gehhilfen (Entlastung der Zehe) für einige Tage

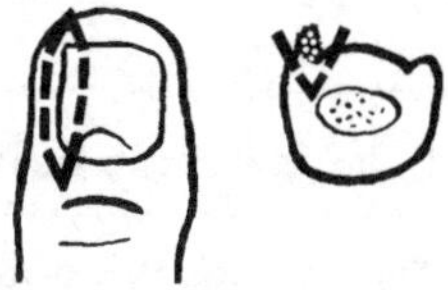

Kompl: * Akute Paronychie (= Nagelumlauf, Nagelfalzentzündung)
Op: * Wundheilungsstörungen, sekundäre Infektion
* Rezidiv durch neue Granulombildung (keine geschlossenen Schuhe postop.)

Proph: ♥ **Gerader Nagelschnitt an den Zehen, Überragenlassen der Nagelecken**

DD: – **Onychogryphosis** (= Verdickung, Verhärtung, Krümmung des Nagels), sog. Krallennagel
Vorkommen: insb. bei älteren Menschen
Ther: Nagelentfernung in Oberst-Leitungsanästhesie
– **Nagel-** und **Fußmykose** (sollte vor operativer Korrektur therapiert werden)

SUBUNGUALES HÄMATOM/FREMDKÖRPER

Syn: Nagelhämatom

Ät: – **Quetschverletzungen** durch Hammerschlag, Autotür
– Einspießung von Fremdkörpern

Path: ♦ Quetschung des Fingers ⇨ subunguale Blutungen durch Gefäßeinrisse
♦ Schmerz durch Druckanstieg im subungualen Raum (Selbsttamponade der Blutung im begrenzten subungualen Raum)

Klin: ⇒ Starke Schmerzhaftigkeit
⇒ Blaufärbung der Nagelmatrix
⇒ Fremdkörper: Rötung, Schwellung, Schmerzen

Diag: 1. Anamnese (Trauma?) und klinische Untersuchung
2. Röntgen: Finger/Hand, um Fraktur durch die Quetschverletzung auszuschließen, Fremdkörper sichtbar?

Ther: • Operativ:
- Nagelhämatom: **Nageltrepanation** mit einer glühenden Büronadel od. einer 1er-Kanüle ⇨ Perforation des Nagels und somit Entlastung des Hämatoms (der Nagel wird belassen!)
- Fremdkörper: oberflächliche Fremdkörper können direkt gezogen werden
- Tiefe Fremdkörper: OBERST-Leitungsanästhesie und Fremdkörperentfernung durch Nagelkeilexzision, offene Wundversorgung

• Tetanusprophylaxe!

Kompl: * Fraktur der Endphalanx bei der Quetschverletzung oder Fremdkörpereinspießung
* Fremdkörper: Wundinfektion, Tetanus

DD: – Subungualer Naevuszellnaevus, subunguales malignes Melanom!

- Glomustumor (Syn: MASSON-Tumoren, Glomangiome, Angiomyoneurome = arterio-venöse Anastomose)
- Chronische Onychomykose (Nagelpilz) mit Verfärbung des Nagels

GANGLION

Syn: "Überbein", ICD-10: M67.4-

Path:
- ♦ Zystische Veränderungen im Sehnengleitlager oder Gelenkkapsel durch **mukoide/myxoide Degeneration** (schleimiger Umbau) des umgebenden Bindegewebes
- ♦ Bei vorangegangenem Trauma ist der Inhalt des Ganglions auch manchmal blutig
- ♦ Lok: Handrücken, Streck- und Beugeseite der radialen Handwurzel, Fußrücken, Sprunggelenk, Kniekehle, lateraler Meniskus, selten auch intraossär (Femurkopf, Malleolus, Handwurzelknochen)

Epid: Vorwiegend bindegewebsschwache, junge Frauen

Klin:
- ⇒ **Prallelastischer**, gut abgrenzbarer, runder, glatter, nicht verschieblicher Tumor
- ⇒ Langsames Wachstum
- ⇒ Hervortreten meist nur bei bestimmten Gelenkstellungen / Bewegungsprovokation
- ⇒ Schmerzen, Bewegungseinschränkung ⇨ Ind. zur Op.

Diag:
1. Anamnese und klinische Untersuchung: typischer Inspektionsbefund (Provokation)
2. Sonographie: zystische Veränderung

Ther:
- Konservativ: Zertrümmerungs-/Verödungsbehandlungen führen meist zu Rezidiven ⇨ Op
- Operativ: Ind: Nur gegeben bei Beschwerden, z.B. Schmerzen, Bewegungseinschränkung (Anmerkung: Das Auffinden kann manchmal schwierig sein, wenn das Ganglion nicht immer sichtbar ist)
  - Plexusanästhesie, Blutsperre
  - **Vollständige** Exstirpation
  - Postoperativ: Ruhigstellung mit Gipsschiene für 10 Tage

Kompl: Op: Bei nicht vollständiger Exstirpation ⇨ Rezidive häufig! (bis 25 %)

DD:
- Tumoren im Bereich des Sehnengleitgewebes: Lipome, Atherome, Fibroblastom, Fibrosarkom, Hämangiom, Synovialom, Xanthom, Riesenzelltumoren, Granulome
- Sehnenscheidenhygrom: Sackartige Erweiterung der **Sehnenscheide** bei chron. Entzündung (Rheuma, TBC), Lok: Fingerbeuger, Sehne des M.fibularis (Peroneusgruppe)
  Klin: verdickte Sehnenscheide mit tastbaren Fibringranula ("Reiskörner")
  Ther: Exstirpation des Hygroms/Sehnenscheide

PARATENONITIS CREPITANS

Syn: Peritenonitis crepitans, Paratendinitis, ICD-10: M70.- (oft fälschlich Sehnenscheidenentzündung genannt)

Ät:
- Krankheiten des rheumatischen Formenkreises
- Überlastung
- Stumpfe Traumen, Kontusionen

Path:
- ♦ Entzündliche Veränderung (aseptisch) des Sehnengleitgewebes von sehnenscheiden**losen** Sehnen ⇨ Reizerguss, Fibrinausscheidung und anschließende Organisation

- Lok: Streckseite der Hand, Achillessehne, Mm.peronaei- und Mm.tibiales-Sehnen

Klin: ⇒ Bewegungsschmerzen, Druckschmerzhaftigkeit
⇒ Tastbares Bewegungsknirschen ("Schneeballknirschen", "Seidenpapierknirschen")
⇒ Schwellung, Überwärmung

Ther:
- Konservativ: **Ruhigstellung** im Gipsverband, Schonung der betroffenen Extremität, nichtsteroidale Antiphlogistika
- Lokale Injektion von Lokalanästhetika und/oder Kortikoiden (Cave: Sehnennekrose)

Kompl: Wiederholte Kortikoideinspritzungen können zu Sehnenrupturen und verstärkter Kalkeinlagerung führen

DD: Tendovaginitis crepitans: Entzündung d. Sehnengleitlagers bei Sehnen mit Sehnengleitlager

ATHEROM- / LIPOM-ENTFERNUNG

Syn: Atherom, umgangsprachlich "Grützbeutel", ICD-10: L72.1; Lipoma (Fettgewebsgeschwulst), ICD-10: D17.-

Path:
- **Echtes Atherom: Epidermoidzyste** aus embryonal verstreuten und abgekapselten Epidermis- oder Drüsenzellen (echte Atherome zeigen daher auch keine Öffnung)
  Falsches Atherom: Talgretentionszysten = Stauung von Drüsensekreten der Haartalgdrüsen (meist eine Öffnung sichtbar/Follikelgang), Neigung zur Abszessbildung
  Lok: echte Atherome: **Capillitium** (= behaarte Kopfhaut, oft multipel), Stirn, periokulär
  falsche Atherome: Gesicht, Brust, Rücken, Skrotum
- **Lipome: gutartige** Fettgewebsgeschwulst
  Lok: meist im Unterhautfettgewebe an OA, UA, OS, Bauch, Flanke
  Formen: L.fibrosum = Lipom mit zus. Fibrose
  L.pendulum = gestieltes Lipom
  L.arborescens = Lipom der Gelenkkapsel (insb. Kniegelenk, HOFFA-Krankh.)
  Lipomatose = zahlreiche Lipome, oft symmetrisch (z.B. Lipomatosis colli, Syn: MADELUNG-Fetthals)

Klin: ⇒ Atherom: gut verschiebliche, prallelastische, **relativ harte**, halbkugelige, tastbare Zyste
⇒ Lipom: langsames Wachstum, **weicher**, diffus tastbarer Knoten

Diag:
1. Anamnese und klinische Untersuchung (insb. bei Lipomen kann die von außen tastbare Größe täuschen und diese können sich intraoperativ tiefer und ausgedehnter darstellen)
2. Sonographie: Ausdehnung der Raumforderung
3. Röntgen: Schädelübersicht bei Lok. am Kopf zum Ausschluss von Schädel-Osteomen
4. Operativ gewonnenes Material **immer zur histologischen Untersuchung** geben (Malignität muss ausgeschlossen werden)!

Ther:
- Operativ:
  - Lokalanästhesie als **Field-Block** (z.B. mit Mepivacain, Scandicain® 1%ig)
  - Atherome: **Enukleation** (mit der gesamten Kapsel, möglichst ohne diese zu eröffnen) ⇨ kleine Atherome können digital ausgelöst werden, größere müssen stumpf/scharf präpariert werden
  - Bei infizierten Atheromen Mitentfernung des umliegenden Gewebes
  - Lipome: **Exzision** des Lipoms **mit seiner Kapsel** durch stumpfe/scharfe Präparation
  - Hautnaht als Einzelknopf- oder intrakutane Naht, steriler Verband
  - Bei sehr großen Exzidaten zusätzlich Subkutannaht und evtl. Einlage einer REDON-Drainage

Kompl: Op: Blutungen, Infektionen, Wundheilungsstörungen, Hautnarbe

DD:
- Andere benigne Weichteiltumoren: Fibrom, Epitheliom, Zylindrom (Syn: SPIEGLER-Tumor, Turbantumor), Desmoid, Hämangiom, Lymphangiom / Lymphozele / Lymphadenopathie, Myome (Rhabdomyom = quergestreifte Muskulatur; Leiomyom = glatte Muskulatur), Schwannom, Neurofibromatose (v.RECKLINGHAUSEN), Mesenchymom
- Ganglion, Sehnenscheidenhygrom
- Abszess, Furunkel, Phlegmone
- Fremdkörperzysten, Epithelzysten (traumatische Verschleppung von Epidermiszellen in die Subkutis, insb. an den Fingern), Hämatomzysten, parasitäre Zysten
- Maligne Weichteiltumoren: sind sehr selten (Verhältnis: 1 maligner Tumor auf 200 benigne, trotzdem immer Histologie vom Op-Präparat durchführen, auch wenn dieses benigne erscheint): Liposarkom, pleomorphes Sarkom, Fibrosarkom, Rhabdomyosarkom, Leiomyosarkom, Synovialsarkom, malignes Schwannom

MYOSITIS OSSIFICANS

Syn: Muskelverkalkungen, ICD-10: M61.-

Ät:
- **Trauma**, rezidivierende/chronische mechanische Läsion (z.B. sog. "Reiterknochen" in der Adduktorengruppe [M.sartorius] am OS), Muskelprellung, Muskelfaserrisse (insb. am OS und bei Rezidivrissen)
- Generalisiert mögl. bei polytraumatisierten Patienten, Paraplegie, Querschnittlähmungen od. apallischem Syndrom (Paraosteoarthropathie = nach einer Schädigung des ZNS auftretende Muskelverkalkungen im Bereich der gelähmten Körperregion)
- Selten angeboren / spontan entstehend
- Iatrogen: zu frühe Mobilisation nach Traumen od. Muskelfaserrissen durch passive Bewegungsübungen, posttraumatische Massagen, Wärmebehandlung

Path:
- Entstehung durch **Metaplasie** ⇨ Umwandlung von Muskelsepten zu Knochengewebe durch pathologische Einlagerung von Kalk
- Lok: M.brachialis, Adduktorengruppe (insb. bei Reitern), M.quadriceps femoris
  Allgemein: eher im Muskelbauch, als im Sehnenansatzbereich

Klin: Harte Stellen in der Muskulatur tastbar, druckempfindlich

Diag:
1. Anamnese (Trauma, mechanische Belastungen?) und klinische Untersuchung
2. Röntgen: kalkdichte Verschattungen in der Muskulatur

Ther:
- Konservativ: Kortikoid- und Hyaluronidaseeinspritzungen bei beginnendem Umbau
- Operativ: Exstirpation der verkalkten Areale (abgeschlossener Umbau)

Prog: Postop. häufig rezidivierend, daher Op-Indikation zurückhaltend stellen

DD:
- Para-/periartikuläre Ossifikationen (gelenknahe Verkalkungen, z.B. nach Luxationen, Luxationsfrakturen, Arthrose)
- THIBIÈRGE-WEISSENBACH-Syndrom (= subkutane Verkalkungen bei progressiver systemischer Sklerodermie)
- Fibrodysplasia/Myositis ossificans multiplex progressiva (MÜNCHMEYER-Syndrom, aut.-dom. erblich, Chrom. 4): seltene Erkrankung, meist mit zusätzlichen Fehlbildungen, insb. Mikrodaktylie von Dig. I an Hand und Fuß ⇨ Körperversteifung durch zunehmende Verknöcherung der quergestreiften Muskulatur, an der HWS u. Schulter/Rumpf beginnend
- Maligner Weichteiltumor mit Verkalkungen

GEFÄSSCHIRURGIE - ARTERIEN

ARTERIENVERLETZUNGEN

Ät: – **Direkte Arterienverletzung** (95 % d.F.): **scharfe**, meist offene, penetrierende Verletzung, z.B. Messerstich, scharfe Frakturkanten, **iatrogene** Manipulationen (z.B. Katheterisierung der A.femoralis, Tumoroperationen, orthopädische/unfallchirurgische Eingriffe)
stumpfe, meist geschlossene Unfallverletzungen: Anpralltrauma, Kontusion, Quetschung, Kompression

– **Indirekte Arterienverletzung:** Bei Überdehnung (sog. Distensionsverletzung) der Arterien (z.B. Gelenkluxationen, Biegungsfraktur, Repositionsmanöver) oder starken Beschleunigungs- oder Scherkräften (z.B. Auffahrunfall ⇨ Dezelerationstrauma der thorakalen Aorta bis hin zur kompletten Ruptur, insb. im Aortenisthmusbereich)

Path:
- Scharfe Gefäßverletzung: Führt zur **Diskontinuität** des Gefäßes mit starker arterieller **Blutung** nach außen.
- Stumpfe Gefäßverletzung: Führt durch Media- und/oder Intimaschädigung zur **Verlegung der Strombahn**, keine äußere Blutung. Gefahr der Arterienruptur und der Ausbildung eines Aneurysma dissecans.
- Indirekte Gefäßverletzung: **Überdehnung** oder **Dezelerationstrauma** führt zum Intima- und Mediaeinriss ⇨ intramurales Hämatom und Lappenbildung / Einrollung ⇨ Gefäßverlegung (oder komplette Ruptur möglich)

Etlg: Zusammengefasste Einteilung nach VOLLMAR (1975) der direkten Arterienverletzung durch scharfe oder stumpfe Gewalt (anatomisches Substrat und Klinik):

Schweregrad I:	Strombahn nicht verlegt, keine Blutung, **keine periphere Ischämie**
Schweregrad II:	Eröffnung des Lumens oder Intima- + Medialäsion, Blutung oder Thrombose, evtl. periphere Ischämie
Schweregrad III:	Durchtrennung oder Zerquetschung der Arterie, schwere Blutung oder kompletter Verschluss, **periphere Ischämie obligat**

Klin:
⇒ Sichtbare Wunde mit äußerer (spritzender, hellroter) Blutung, periphere Ischämie (**Pulslosigkeit, Blässe, Kälte**)
⇒ Großes Weichteilhämatom, Cave: **Blutverlust** in den Oberschenkel kann bis zu 3 Liter betragen ⇨ Schockgefahr!, ebenso ist eine innere Blutung durch Verletzung intraabdomineller Gefäße lebensgefährlich
⇒ Aorta thoracica bei Dezelerationstrauma: periphere Pulslosigkeit, Schock, Querschnittsymptomatik
⇒ Bei Gliedmaßenfrakturen immer den Fraktur-distalen Puls prüfen!
DMS-Regel bei Frakturen = immer Durchblutung, Motorik und Sensibilität prüfen!

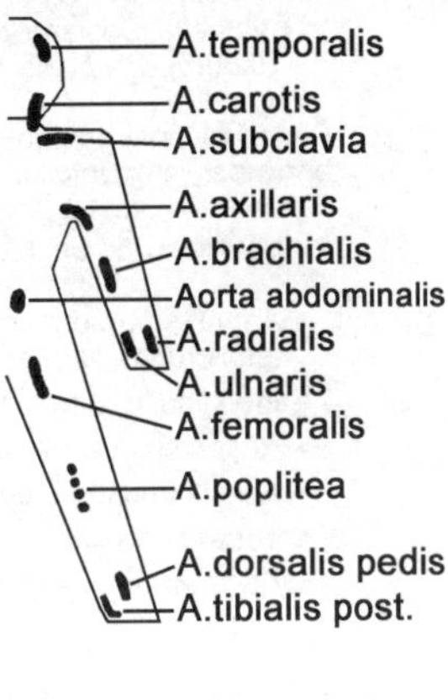

Diag:
1. Anamnese (Unfallhergang) und klinische Untersuchung: Pulsstatus der betroffenen Region (s. Abb.), neurologischer Status (Sensibilität, Parästhesien, motorische Ausfälle)
2. Röntgen: Thorax: verbreitertes Mediastinum bei Aortenverletzung

Angiographie mittels Katheter in SELDINGER-Technik (perkutane Punktion der Arterie mit Nadel + Hülse, meist A.femoralis oder auch A.brachialis, Entfernen der Nadel, Einführen und Vorschieben eines Drahtmandrins durch die Hülse, Entfernen der Hülse, Einführen eines Katheters über den liegenden Führungsdraht), heute meist als DSA

Ind: Bei geschlossenen Verletzungen, wenn nach Frakturreposition keine Pulse mehr tastbar sind ⇨ Darstellung des Gefäßschadens und genaue Lokalisation

3. Sonographie bei Bauchtrauma: Freie Flüssigkeit im Abdomen
4. Farbdopplersonographie zur orientierenden Untersuchung

<u>**Ther:**</u>
- <u>Akute Erstversorgung:</u> **Kompression** der Blutung durch Kompressionsverband oder Abdrücken. Abbinden (Tourniquet) oder blindes Fassen mit einer Klemme ist obsolet!
  Kein Hoch- oder Tieflagern, keine Wärme oder Kälte!
  Schockbekämpfung und unverzüglicher Transport in die Klinik.
- <u>Konservativ:</u> Gefäßverletzungen Grad I werden konservativ behandelt/beobachtet.
- <u>Operativ:</u> Ind: Starke oder unstillbare arterielle Blutung (Grad III), elektive Indikation bei Verletzungen Schweregrad II, Dezelerationstrauma, progrediente Dissektionsprozesse oder posttraumatisches Aneurysma der Aorta
  - Freilegung des verletzten Gefäßes, Gefäßrekonstruktion durch primäre Gefäßnaht: **End-zu-End-Nähte**, evtl. nach Anschrägen der Gefäßränder (größerer Querschnitt, damit besser zu nähen) mit 5-0 atraumatischem monofilen Faden als **evertierte Allschichtnaht** (dadurch legt sich Intima an Intima an ⇨ keine Gefahr der Intimaablederung) in Abständen von ca. 1-2 mm. Anschließend 5 Min. Mullkompression zur Stillung der obligaten Stichkanalblutung.
  - Größere Verletzung: Resektion der traumatisierten Gefäßstrecke, **Patchverschluss** oder **Interponat** (periphere Arterien mit autologer Vena saphena magna, zentrale Arterien mit PTFE-Prothese)
  - <u>Offene Frakturen III. (IV.) Grades</u> (inkomplette oder komplette traumatische Amputation einer Gliedmaße): 1. Versorgung der Fraktur (aus Zeitgründen zuerst nur stabilisierende Maßnahmen), 2. Rekonstruktion der Venen, 3. Rekonstruktion der Arterien, 4. Rekonstruktion der Nerven, 5. Weichteilversorgung: Muskeladaptation und Hautnaht
  - Thorakale Aorta: abwartende Haltung, um nicht im Schock operieren zu müssen (schlechte Prognose), nach 3-7 Tagen Op. mit extrakorporaler Zirkulation (Herz-Lungen-Maschine), Wiederherstellung der Aorta durch Resektion des verletzten Abschnittes und Interposition einer Kunststoffprothese. Alternativ wird heute zunehmend die interventionelle Einlage eines Stents in dem betroffenen Abschnitt durchgeführt (spart die aufwändige Op und ist sofort mögl.)
  - Fehlende Rekonstruktionsmöglichkeiten oder absolute Lebensgefahr: Extremitätenamputation ("life before limb")
  - <u>Postoperativ:</u> REDON-Drainagen, Antibiose, Überwachung, Vollheparinisierung (ca. 20-30.000 I.E. i.v. für 2-4 Tage über Perfusor [PTT soll 2fache der Norm betragen ⇨ individuelle Dosierung und tgl. PTT-Kontrolle]), danach Low-dose-Heparinisierung = 3 x 5.000 I.E. s.c. als Thromboseprophylaxe

<u>**Prog:**</u> Dezelerationstraumen mit Aortenruptur erreichen die Klinik selten lebend (80-90 % versterben noch am Unfallort). Abwartende Op.-Ind. bei der Dezelerations-Aortenverletzung hat bessere Prognose, bzw. heute Versuch der interventionellen Stenteinlage.

Amputationsrate bei Extremitätengefäßverletzungen heute bei 5-10 %

<u>**Kompl:**</u>
* Aneurysma spurium (falsum, posttraumatisch, iatrogen: insb. nach Punktion zur Katheterisierung), Nahtaneurysma
* Infektion im Bereich der Gefäßanastomose
* Reverschluss, Verschluss im Bereich der Anastomose
* Ausbildung einer posttraumatischen arterio-venösen Fistel
* Tourniquet-Syndrom (Reperfusionssyndrom) durch die Ischämie
* Kompartmentsyndrom

AKUTE ARTERIENVERSCHLÜSSE

Syn: Akute arterielle Verschlusskrankheit, akutes Ischämiesyndrom, LERICHE-Syndrom (akuter Verschluss in Bereich der Aortenbifurkation)

Ät:
- **Embolien** (= verschlepptes Material): aus dem **linken Vorhof** bei Vorhofflimmern/Vorhofflattern mit absoluter Arrhythmie, Mitralklappenfehler, dilatative Kardiomyopathie, Z.n. Herzinfarkt mit wandständigen Thromben, arterielles Aneurysma als Ursprung, paradoxe Embolie (= venöser Thrombus, der durch ein offenes Foramen ovale vom rechten in das linke Herzen kommt u. somit in den großen Kreislauf embolisieren kann), thromboulzeröse Endokarditis (bakt. Embolie), Vorhofmyxom (selten ⇨ Histologie zum Ausschluss bei jedem entfernten Embolus) ⇨ **insgesamt 90 % kardiale Ursache!**
- **Akute arterielle Thrombose:** bei **Arteriosklerose** (mit ihren Risikofaktoren) ⇨ p**AVK** (periphere arterielle Verschlusskrankheit, s.u.), Endarteriitis obliterans bei peripherem Aneurysma (z.B. A.poplitea-Aneurysma), Gefäßprothese, **traumatische** Gefäßwandschäden (lokale Intimaläsion, z.B. bei Knochenfrakturen), Polyglobulie, Thrombozytosen, schlechte kardiale Kreislaufsituation mit Stase (low-output-Syndrom), hormonale Kontrazeptiva, infolge kompletter Venenthrombose (Phlegmasia coerulea dolens): Stase des arteriellen Flusses
- Aneurysma dissecans, welches das Lumen verlegt
- Coarctatio der Aorta (angeborene od. entzündliche Stenose)
- Iatrogen: Katheterinterventionen (Dissektion, Embolien), Arteriospasmus durch Kontrastmittelinjektion, Cholesterinkristallembolie (nach Angiographie), Ergotismus (sehr selten)

Path:
- ♦ Akute Gefäßverschlüsse ⇨ kaum Kollateralkreislauf (insb. bei akuter Embolie) ⇨ mehr oder minder ausgeprägte Ischämie und Beschwerden abhängig von der Ischämietoleranz des betroffenen Gewebes ⇨ ohne schnelle Therapie: irreversible Strukturveränderungen = **Nekrosen**
- ♦ Lok: jedes Stromgebiet möglich, häufig betroffen ist die **A.carotis** communis od. interna (60 %), untere Extremität (insg. 28 %) durch Aorta u. Aortenbifurkation (LERICHE-Syndrom), A.iliaca, **A.femoralis** communis und A.poplitea, A.renalis und seltener Mesenterialarterien (6 %) und obere Extremität (6 %, A.brachialis, A.axillaris)

Etlg: Klassifikation der akuten Extremitätenischämie nach TASC (Transatlantic Inter-Society Consensus Working Group, v. 2000)

TASC I:	Extremität nicht vital bedroht, Sensibilität u. Motorik erhalten, peripherer Puls dopplersonographisch nachweisbar
TASC IIa:	**kompensierte Ischämie:** geringfügige Einschränkung von Sensibilität u. Motorik, peripherer Puls dopplersonographisch meist nachweisbar
TASC IIb:	**fortgeschrittene Ischämie:** Extremität vital bedroht, Sensibilitätsverlust, Ruheschmerz, peripherer Puls dopplersonographisch meist nicht nachweisbar
TASC III:	Irreversibler Gewebeuntergang od. schwerer peripherer Nervenschaden, schwerwiegende Sensibilitätsstörung, Paralyse der Extremität

Klin:
- ⇒ A.carotis-Stromgebiet: TIA, PRIND, Apoplexie, s.u.
- ⇒ LERICHE-Syndrom: plötzlicher Schmerz in beiden Beinen, fehlende beidseitige Leisten- und periphere Pulse an den Beinen, periphere neurologische Ausfälle innerhalb von Stunden
- ⇒ Mesenterialarterienverschluss: Sofortschmerz bis akutes Abdomen, s.u.
- ⇒ A.renalis ⇨ Nierenversagen
- ⇒ Extremitäten: die 6 "P" nach PRATT:

Pain (Schmerz)	**Paleness / Pallor** (Blässe)
Pulselessness (Pulslosigkeit)	**Paresthesia** (Sensibilitätsstörungen)
Paralysis (Bewegungsstörung)	**Prostration** (Erschöpfung, Schock)

⇒ Embolien: Beginnen absolut akut, anamnestisch Herzerkrankungen.
Arterielle Thrombosen: subakut, mäßiger bis starker Schmerz, anamnest. AVK

Diag: 1. Anamnese und klinische Untersuchung sind führend: **Pulsstatus**, **Hauttemperatur**, **Blässe**, Motorik, neurologische Ausfälle

2. Ultraschall-Doppler-Untersuchung, farbkodierte Duplexsonographie an den Extremitäten transösophageale Echokardiographie bei V.a. thorakales Aortensyndrom

3. Röntgen: **Angiographie** (präoperative u. intraoperative DSA, Spiral-CT-Angio od. Angio-MRT), präop. nicht notwendig bei eindeutiger arterieller Embolie, indiziert bei art. Thrombose um das gesamte betroffene Gefäßsystem zu beurteilen
⇨ Embolien: kurzstreckiger Verschluss, kuppelförmiger Abbruch
⇨ Thrombosen: häufig langstreckiger Verschluss

Ther:
- Akut: Heparin 5.000 I.E. i.v. im Bolus, Tieflagerung und Wattepolsterung der Extremität, Schockbekämpfung, sofortige Klinikeinweisung! (kein Zeitverlust), starke Analgetika
- Konservativ: Ind: TASC IIa
  Fibrinolyse-Therapie: mit Urokinase (od. Streptokinase) systemisch (für max. 4-5 Tage) oder besser über lokale Katheterlyse direkt in den Thrombus, insb. bei peripheren Embolien. Ggf. auch mit rt-PA (recombinant human tissue-type plasminogen activator = gentechnologischer Plasminogenaktivator, Actilyse®) als Kurzzeitlyse über 6 Std. (bis max. 4 Zyklen), kombiniert mit Heparininfusion.
  Zusätzlich kann nach erfolgreicher Lyse eine PTA (perkutane transluminale Angioplastie), evtl. mit Stent-Implantation zur Lumenerweiterung durchgeführt werden.
- Operativ: Ind: **Komplettes Ischämiesyndrom** (TASC IIb/III) = Aufhebung der Oberflächensensibilität u. Motorik der betroffenen Extremität, operiert wird an der oberen Extr. bei Verschlüssen von proximal bis zur A.cubitalis, an der unteren Extremität bis zur A.poplitea
  ebenfalls bei Verschluss der Abdominalgefäße, A.carotis-Thromboembolie, Aneurysma dissecans Typ III

  Chirurgische Zeitgrenze: **6 Std.!** (max. 10 Std.) nach komplettem Ischämiesyndrom
  - **Indirekte Fernembolektomie** mittels FOGARTY-**Katheter** (nach FOGARTY, 1963): in Lokalanästhesie Freilegung der Arterie (Femoralisgabel, Kubitalgabel, A.poplitea), Arteriotomie, **Ballonkatheter** wird endovaskulär über den Embolus hinausgeschoben, Ballon gefüllt und dann mit d. Embolus zurückgezogen (s. Abb.), evtl. mehrfach, Verschluss der Arteriotomie durch Naht

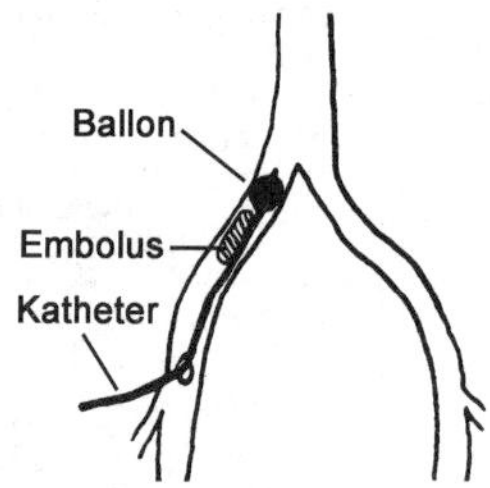

  - Direkte Freilegung der Arterie: Arteriotomie und **Thrombendarteriektomie** (TEA) mittels Dissektionsspatel od. Ringdesobliteration / Ringstripper (s. Abb.), evtl. Erweiterung der Arteriotomie/Stenose durch Einnähen eines Venenpatches
  - Weitere operative Eingriffe je nach Befund, z.B. Aneurysmaresektion, Gefäßprothese, Bypass, Amputationen (s.u., jeweiliges Kap.)
  - Postoperativ: Heparin i.v. (Ziel: PTT 2fach)

- Später: **Ausschalten der Emboliequelle!** zur Rezidivprophylaxe, z.B. Therapie der Rhythmusstörungen, evtl. Antikoagulation mit Cumarin-Derivaten (Phenprocoumon, Marcumar®)

Prog: Gute Prognose bei Embolektomie innerhalb v. 6 Std., schlechtere Prognose hat eine Spätembolektomie, schlechte Prognose haben die Viszeralgefäßverschlüsse (s.u.)

Kompl:
* Viszeralgefäße: paralytischer Ileus, Darmnekrose
* Extremitäten: **Kompartmentsyndrom** durch postischämisches Ödem ⇨ frühzeitige Fasziotomie
* Aneurysmaperforation ⇨ hypovolämischer Schock

∗ Kreislaufversagen ⇨ Schock

∗ **Tourniquet-Syndrom** (= Reperfusionssyndrom): tritt nach Revaskularisation insb. bei Verschlüssen >6-10 Std. od. ausgedehntem Verschluss (LERICHE-Syndrom) durch postischämisches Ödem und toxische Metabolite nach Reperfusion auf ⇨ Azidose u. Hyperkaliämie, Rhabdomyolyse, Myoglobinämie, Myoglobinurie, Hämokonzentration ⇨ hypovolämischer Schock, DIC, drohendes Nierenversagen (Crush-Niere), Multiorganversagen, vital bedrohter Patient (Letalität >30 %)

Proph: ♥ Rezidivprophylaxe wichtig ⇨ kardiale Grunderkrankungen therapieren

♥ Bei rezidivierenden Embolien, Vorhofflimmern: Antikoagulation mit Vit.-K-Antagonisten (Cumarine: Phenprocoumon, Marcumar® od. Warfarin, Coumadin®), anzustreben ist ein Quick von 15-25 % (bzw. Laborwert INR = international normalized ratio: 3,0-4,0)

DD: – Akute Venenthrombose, Phlegmasia coerulea dolens (gesamter Querschnitt d. Venensystems einer Extremität verschlossen ⇨ Abflussstörung und reflektorische Minderperfusion der Arterien ⇨ ebenfalls fehlender Puls)

– Akutes RAYNAUD-Phänomen an den Akren

ARTERIELLE ANEURYSMEN

Def: **Aussackung** der Gefäßwand, wobei mindestens eine Schicht der Gefäßwand defekt ist, ICD-10: I71.- bis I72.- (DD: Ektasie = Dehnung der Wand ohne Defekt)

Ät: – **Arteriosklerose** (insb. bei art. Hypertonie)

– Trauma: nach vorhergegangenen Gefäßverletzungen, Dezeleration (Beschleunigungsverletzung), iatrogen (Punktion)

– Entzündlich: Mykotische Aneurysmen (meist bakterielle Infektion), Lues, unspezifische Arteriitiden, zystische Medianekrose, KAWASAKI-Syndrom

– Funktionell: nach einer arteriellen Stenose ⇨ poststenotische Erweiterung

– Angeboren: MARFAN-Syndrom (Missbildungssyndrom des Mesenchyms, aut.-dom. erblich, Chrom. 15 od. 3), häufig in Verbindung mit Aortenklappeninsuffizienz, Ehlers-Danlos-Syndrom Typ IV (Kollagendysplasie)
Es wird auch eine allgemeine genetische Disposition (familiäre Häufung) für die Ausbildung eines Aneurysma diskutiert.

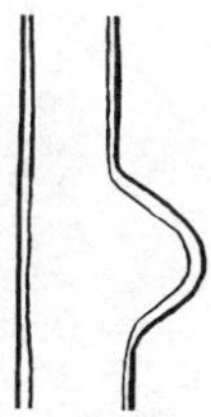

verum

Epid: ◊ Das infrarenale Aortenaneurysma hat den Altersgipfel zw. 65 u. **75 J.**

◊ **Überwiegend Männer** betroffen: m >> w (= 6:1)

◊ Prävalenz: 2-5 % in höherem Lebensalter, bei männlichen Hypertonikern bis 10 % betroffen

Etlg: # **Aneurysma verum** (echtes Aneurysma): Sack- oder spindelförmige Erweiterung **aller drei Wandschichten** (Intima, Media u. Adventitia).

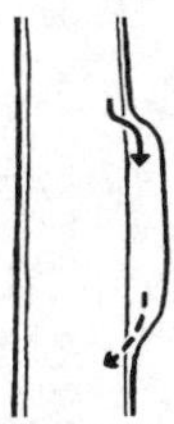

dissecans

Aneurysma dissecans: Durch Intimaeinriss wühlt sich Blut unter die Intima u. spaltet die **Intimaschicht** der Arterie nach distal hin auf (= Dissektion, Wühlblutung) ⇨ **Doppellumen**, das vom Aortenbogen bis hin zur Aortenbifurkation reichen kann. Dabei Überdehnung der äußeren Wand u. **Verschluss der abgehenden Seitenäste** (⇨ absteigendes Ischämiesyndrom). Wiedereintritt des Blutes aus d. Dissekat in das Gefäßlumen durch Intimafenster möglich (= re-entry, vorübergehende Selbstheilung, verhindert aber nicht eine spätere Ruptur)

Einteilung nach DEBAKEY:

Typ I: Entry in der Aorta ascendens (Segment 1, s.u.), Ausdehnung bis zur Femoralisgabel mögl. (Segment 5 und weiter)

Typ II: Entry in der Aorta ascendens, Beschränkt auf das Segment 1

Typ III: Entry in der Aorta descendens (Segment 3), Ausdehnung bis zur Femoralisgabel mögl. (5 % d.F.)

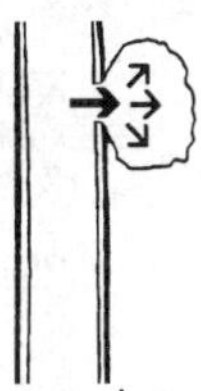

spurium

Einteilung nach STANFORD:

Typ A: Prox. Einriss betrifft die Aorta ascendens oder Aortenbogen ⇨ dringliche Op-Indikation

Typ B: Prox. Einriss betrifft die Aorta descendens distal des Abgangs der linken A.subclavia

Aneurysma spurium (oder falsum): durch ein Leck in der Arterienwand gelangt Blut nach extravasal, bildet ein **paravasales Hämatom**, wird organisiert und es bildet sich eine **Hämatommembran** (bindegewebige Kapsel = keine Gefäßwand ⇨ falsches Aneurysma). Diese entstehen traumatisch od. iatrogen (bei Gefäßpunktion, nach Gefäß-Op wegen zu weiter Naht oder zweizeitig nach Infektion der Anastomose und folgender Auflösung des abdichtenden Nahtthrombus = Aneurysma mycoticum). **Absolute Op-Indikation, da Penetrations- u. Blutungsgefahr!**

Aneurysmaformen beschreibend: Sacciforme (sackförmig), fusiforme (spindelförmig), saccifusiforme (gemischt), cuneiforme (kahnförmig), serpentinum (= schlangenförmig aus mehreren Aneurysmen bestehend = Aneurysmosis).

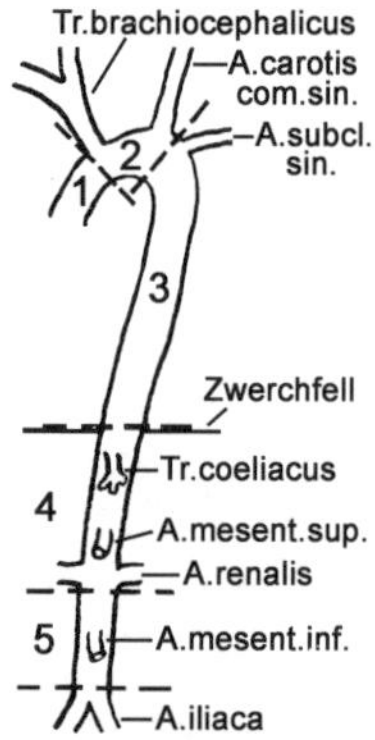

Lok:
- Aortenaneurysmen: 85 % **infrarenal** (Segment 5 [s. Abb.], meist arteriosklerotisch bedingt), 15 % thorakal (evtl. auch luetisch od. mykotisch bedingt, Segment 1 + 2), sehr selten thorakoabdominal oder suprarenal (Segment 3 + 4 ⇨ Rekonstruktion mit schrittweisem Anschluss der Viszeralarterien, zur Vermeidung von Durchblutungsstörungen in den Eingeweiden).
- Periphere Aneurysmen: Sehr selten als Aneurysma verum, evtl. gefährlich als Embolus-Streuherd ⇨ meist absolute Op Indikation (Lok: A.carotis, A.poplitea. A.iliaca)

Klin:
⇒ In 30 % d.F. **Zufallsbefund**, z.B. bei der Sonographie, ohne klinische Symptomatik

⇒ In 45 % symptomatisch: Rücken-, oder Flankenschmerz, Druckgefühl hinter dem Jugulum u. Sternum, Dyspnoe u. Heiserkeit (thorakale Aneurysmen), Verdrängung von Organen, Nierenkolik od. Lumbago mit Ausstrahlung in den Oberschenkel vortäuschend (abdominale Aneurysmen)

⇒ In 25 % **Ruptur** mit Blutverlust ⇨ Volumenmangel**schock**, dann hohe Letalität (bis 90%)!

⇒ Thorakale Aneurysmen: evtl. HORNER-Syndrom, Rekurrensparese ⇨ Heiserkeit, Thoraxschmerzen, bei Ruptur Hämoptoe mögl.

⇒ Gastrointestinale, häufig schubweise Blutung bei Perforation in Duodenum od. Jejunum

⇒ Arterielle periphere Embolie aus einem Aneurysma ⇨ chronisch rezidivierende AVK-Symptomatik

⇒ Typisch sind schwere Begleiterkrankungen: **KHK** (in 55 % d.F.), arterielle Hypertonie + periphere AVK (40 %), Herzinsuffizienz (30 %), Diabetes mellitus (10 %)

Diag:
1. Anamnese und klinische Untersuchung: Palpation: **pulsierender** Tumor im Bauchraum, Auskultation: systolisches Strömungsgeräusch, Schwirren
2. Sonographie und Duplex-Scan/Farbdoppler: Flüssigkeit im Abdomen, Aneurysmadarstellung (max. Querdurchmesser, Längenausdehnung), ggf. TEE (transösophageale Sonographie), Thromben, Normwert: Lumen der Aorta max. 2,5 cm, ein Lumen >2,5 bis 3 cm nennt man Aortenektasie, **>3 cm** = Aneurysma
3. Röntgen: Thorax, Abdomen: evtl. sichelförmige **Kalkschale** sichtbar, bei Ruptur: Pleura- oder Perikarderguss

   DSA/Angiographie: bei thrombosierten Aneurysmen unergiebig, wichtig aber für die Beurteilung des Abgangs der Nierenarterie (⇨ infra- oder suprarenales Aneurysma?) und der Zu- und Abflussverhältnisse

   CT des Abdomens (typisch: 'Spiegelei'): trotz Angiographie wegen der genauen Zuordnung zur Nierenarterie notwendig, heute meist mit Spiral-CT od. auch Angio-MRT (damit können auch Hämatome, Thromben u. falsche Aneurysmen abgegrenzt werden)

   CT od. MRT des Thorax: zur Abgrenzung mediastinaler Raumforderungen anderer Genese (insb. Lymphome, Sarkoidose)
4. Präoperativ: Rö-Thorax, Carotis-Doppler: Ausschluss einer hämodynamisch wirksamen Stenose, internistisches Konsil mit der Fragestellung der Operabilität: EKG + Echokardiographie (ggf. auch Koronarangiographie zur Beurteilung der Abgänge der Koronargefäße bei Aneurysmen des Segment 1) + Lungenfunktionsprüfung, i.v. Ausscheidungsurographie, nach Möglichkeit auch Eigenblutspende anstreben.

Ther:
- Konservativ: abwartendes Verhalten mit regelmäßigen Ultraschallkontrollen (jährliche Größenzunahme max. 0,4 cm), antihypertensive Therapie (ß-Blocker), Ind: bei Aneurysma dissecans Typ III, sehr kleine Aneurysmen
- Interventionell (radiologisch): transfemorales Einbringen eines/mehrerer Kunststoffbeschichteten **Stents** in den Aneurysmabereich mittels Katheter (hierzu müssen die Leistengefäße freigelegt werden). Ind: jüngere Pat. mit kleinem Aneurysma, Trauma der thorakalen Aorta descendens, Kompl.: fehlende Abdichtung (sog. Endoleak), Stentdislokation, Stents sehr teuer. Der große Vorteil des Verfahrens ist aber die Vermeidung der extrem aufwändigen Op., daher wird das Verfahren heute bereits in 50 % d.F. eingesetzt.
- Operativ: Ind: **symptomatisches Aneurysma**: Op innerhalb von Stunden
  Notfall-Op: gedeckte oder freie Ruptur, Typ-A-Aortendissektion
  Elektiv-Op (Aneurysmen ohne Symptome):
  <70 Jahre: jedes Aneurysma bei fehlenden Risikofaktoren für Op
  70-80 Jahre: bei ≥5-6 cm u. begrenztes, vertretbares Op-Risiko
  ≥80 Jahre: asymptomatische Aneurysmen werden nicht operiert
  MARFAN-Syndrom: Aortenwurzeldurchmesser >4,3 cm (Gefahr der Dissektion)

  - Allgemein: Darstellen des Aneurysmas, Injektion von Heparin in die distale Aorta vor dem Abklemmen.
    Die Versorgung mit Prothesen erfolgt heute in **Inklusionstechnik** (Inlay-Technik) mit lediglich partieller Resektion des Aneurysmas: Die Prothesen werden dabei in das Gefäß eingesetzt und anschließend wird das vorhandene Gefäß-/Aneurysmaendothel über der Prothese wieder vernäht (s. Abb.).

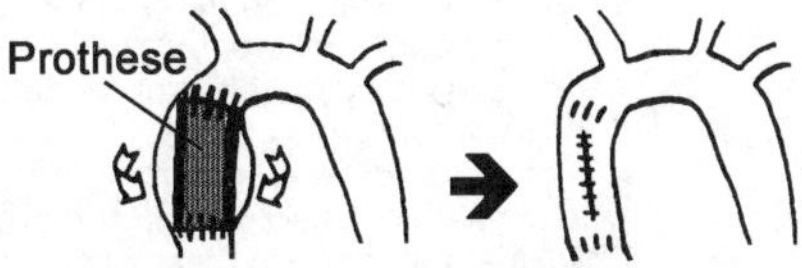

    Bei allen Prothesen-Implantationen immer perioperative Antibiotikaprophylaxe (mit einem Cephalosporin, z.B. 2,0 g Cefazolin, Gramaxin®),
    postop. intensivmedizinische Überwachung
  - Aorta ascendens und Aortenbogen: Zugang über mediane Sternotomie
    Aorta descendens: Zugang über laterale Thorakotomie (5. ICR li.)
    Die Operation erfordert meist Einsatz einer **Herz-Lungen-Maschine** mit kardiopulmonalem Bypass (auch atriofemoraler Bypass bei Aneurysmen der Aorta descendens möglich), sowie einen **Cellsaver** zur Einsparung von Fremdblut.
    Sackförmige Aneurysmen ⇨ Abtragung und Vernähung des Defektes
    Kurzstreckige Aneurysmen: evtl. Resektion und End-zu-End-Naht
    Aneurysma dissecans Typ I und II: Kunststoffprothese in Inklusionstechnik und je nach Ausdehnung mit Insertion der abgehenden Gefäße
    Typ III: Kurze Segmentprothese (proximaler Teil von Segment 3) in Inklusionstechnik
    Typ A: meistens gleichzeitiger Ersatz der Aortenklappe erforderlich
  - Thorakoabdominale Aneurysmen: Zugang über laterale Thorakotomie + mediane Laparotomie (Zweihöhleneingriff, auch zweizeitig mögl.). Prothesenversorgung in Inklusionstechnik.
    Die A.radicularis magna (ADAMKIEWICZ ⇨ sonst Gefahr der Querschnittlähmung) sowie beide Nierenarterien (falls betroffen) müssen in die Prothese reinseriert werden.
  - Abdominelle Aneurysmen: Zugang über medialen Längsschnitt (ein retroperitonealer Zugang ist auch mögl.), Mobilisation des Dünndarms (bei suprarenalem Aneurysma auch li. Hemikolon, Milz und Pankreasschwanz) und Darstellung der retroperitonealen Aorta, Versorgung mit Prothese in Inklusionstechnik. Rekonstruktion durch aorto-aortale Protheseninterposition (= **Rohrprothese**), seltener aorto-iliakale oder aorto-femorale Protheseninterposition (= Y-Prothese) erforderlich (ist auch aufwändiger und mit erhöhter Komplikationsrate verbunden).
    Die A.mesenterica inferior kann dabei fast immer abgesetzt werden (Ausnahme: fehlende Riolan-Anastomose von der A.mesenterica sup.).
    Bei Beteiligung der Nierengefäße ⇨ Reinsertion der Nierenarterie in die Prothese.
    Die Versorgung erfordert in aller Regel keine Herz-Lungen-Maschine oder Linksherz-Bypass (Extremitäten haben ca. 6 Std. Ischämietoleranz).

Prog: Ruptur aller Aneurysmen ohne Therapie 50 % innerhalb von 10 Jahren, bereits symptomatische Aortenaneurysmen rupturieren unbehandelt zu 90 % in 1-2 J.!

Letalität für die Elektivoperation beträgt 1-6 % (bei Zweihöhleneingriff bis 25 %), die Ruptur hat eine Letalität von 50-90 %!

Kompl:
* **Ruptur:** gedeckt (z.B. Pleura, Retroperitoneum) oder frei (z.B. Bauchhöhle)
* Perforation mit Fistelbildung, z.B. aorto-cavale oder aorto-duodenale Fistel
* Gefahr der **Embolie** aus einem Aneurysma
* Periphere kleine Aneurysmen (A.poplitea) neigen zur **arteriellen Thrombose**
* Kompression von Nachbarorganen durch große Aneurysmen: Harnleiter, N.ischiadicus, Lendenwirbelkörperarrosion
* Verlegung supraaortaler Gefäße (⇨ Apoplexie), **Koronararterien** (⇨ Myokardinfarkt), ADAMKIEWICZ-Arterie (= A.radicularis magna versorgt das Lumbalmark mit Blut, Ursprung: aus der Aorta abdominalis in Höhe Th_9 links (Abgang sehr variabel) ⇨ Klin: Paraplegie), Nierenarterienstenose (⇨ Niereninfarkt)
* Typ A: Gefahr der Herzbeuteltamponade

Op:
* Nahtinsuffizienzen an den Anastomosenstellen, Nachblutung
* Ischämische Kolitis bis zur Gangrän des linken Hemikolon (fehlende Revaskularisierung, Verschluss der Riolan-Anastomose zur A.mesenterica inf.) mit hoher Letalität (50 %), Diag: Laktaterhöhung im Serum bei intestinaler Ischämie nachweisbar, im Zweifel explorative Laparatomie
* Bei Op von Rupturen mit Schock: 2.-5. postop.-Tag sehr kritisch, wegen häufigem Multiorganversagen (Niere, Lunge, Leber)
* Protheseninfektion bis zur aortalen Fistel (z.B aorto-duodenale Fistel), insb. durch Staphylokokken
* Thorakale Aortenaneurysmen: Rekurrensparese li. (meist nur passager)
* Inkompletter Querschnitt/Paraparese/Paraplegie (durch spinale Ischämie), Blasen-, Mastdarmstörungen, Ejakulationsstörungen

Proph:
♥ Allgemein wird eine einmalige Ultraschalluntersuchung für alle >65-Jährige als Aortenaneurysma-Screening empfohlen (insb. bei Nikotinabusus)
♥ Bei Nachweis eines (asymptomatischen) Aortenaneurysmas bei älteren Pat. ohne Op.-Ind. 1/2-jährige sonographische Kontrollen
♥ MARFAN-Syndrom: genetische Untersuchung der Familienmitglieder, jährliche Echo-Kontrolle der Betroffenen, Betablocker zur Aortenprotektion, Endokarditisprophylaxe, prophylaktische Op der Aorta, bevor es zu einer Notfallsituation kommt (Ind. s.o.). Damit lässt sich die statistische Lebenserwartung von ca. 30 J. (ohne Ther.) verdoppeln.

DD:
- Akute Aortendissektion: Herzinfarkt
- Urologischer, gastroenterologischer, orthopädischer Bauchschmerz

ZEREBROVASKULÄRE INSUFFIZIENZ

Syn: **Ischämischer Insult**, zerebraler Gefäßinsult, **Schlaganfall**, **Apoplexie**, Apoplex, Apoplexia cerebri, apoplektischer Insult, engl. apoplexy, stroke, cerebrovascular accident, TIA, PRIND, Hirninfarkt, ICD-10: I63.- bis I67.-

Anatomie: Vorderes Stromgebiet = **A.carotis** (Durchfluss: 300-400 ml/Min.), hinteres Stromgebiet = **A.vertebralis** (100 ml/Min.). Verbindung zwischen den Stromgebieten über den **Circulus arteriosus cerebri** WILLISII über paarige A.communicans post. und auch zwischen den beiden Hemisphären (s. Abb.). Sehr viele anatomische **Variationen!**, nur 50 % haben einen vollständigen Circulus.

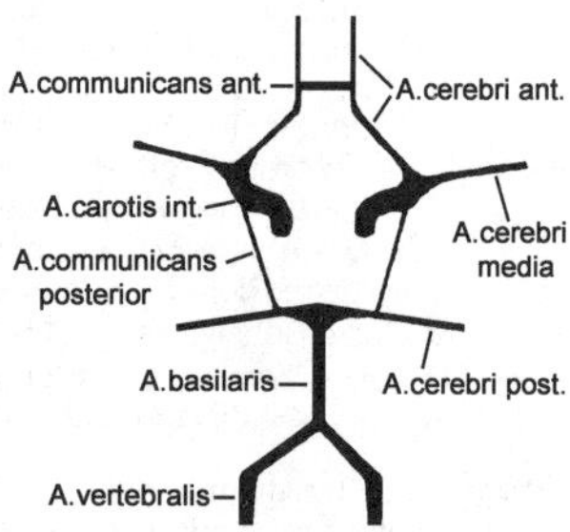

Physiologie: RR-Regulation im zerebralen Stromgebiet über BAYLISS-Effekt, dieser hält den zerebralen Blutdruck durch Dilatation oder Konstriktion der Gefäße konstant (**Autoregulation**) bei systemischen RR-Werten zwischen 70-180 mmHg.

Ät: – Generalisierte Veränderungen der Hirnarterien od. der extrakraniellen zuführenden Hirngefäße (insb. **A.carotis-Stenose**) durch **Arteriosklerose** bei **arterieller Hypertonie** (>140/90 mmHg, wichtigster Risikofaktor, bei 70 % d. Pat., 3- bis 4faches Risiko), **Diabetes mellitus** (2- bis 3faches Risiko), **Nikotinabusus** (2- bis 3,5faches Risiko), Hypercholesterin- und Hyperlipidämie, erhöhtes Lipoprotein a (Lp[a] >30 mg/dl), Adipositas (BMI >30 kg/m² 2faches Risiko), Hyperurikämie, Hyperhomocysteinämie (>15 µmol/l), hormonale Kontrazeptiva (insb. auch bei Kombination mit Nikotinabusus) od. Hormonersatztherapie im Klimakterium, hoher Alkoholkonsum, obstruktives Schlafapnoesyndrom, Bewegungsmangel, chronischer Disstress

- **Thromboembolien** (20-30 % d.F.), insb. bei Herzerkrankungen wie **Vorhofflimmern**/absolute Arrhythmie (bis 17faches Risiko), dilatative Kardiomyopathie, Herzinfarkt, Mitralvitien mit Vorhofthrombus, Klappenvegetationen (infektiöse Endokarditis), Vorhofmyxom od. **arterio-arterielle Embolien** (z.B. aus Plaques an der Karotisgabel od. Aortenbogen od. bei Dolichoektasie = Aufweitung und Elongation intrakranieller Arterien, z.B. Megadolichobasilaris)
- Aneurysma dissecans (z.B. spontane Dissektion bei fibromuskulärer Dysplasie, traumatisch nach SHT-Trauma, HWS-Distorsion, chiropraktischer Manipulation)
- Polyglobulie, Polyzythämie, Thrombophilie (venöse Thrombosen mit paradoxer venös-arterieller Thrombembolie bei offenem Foramen ovale od. Vorhofseptumdefekt = rechts-links Shunt), z.B. durch APC-Resistenz [Faktor-V-LEIDEN-Genmutation], AT-III-Mangel, Protein-S- od. -C-Mangel, Antiphospholipidantikörper-Syndrom, Methyltetrahydrofolatreduktase-Mutation, Prothrombin-Gen-Mutation, Hyperfibrinogenämie, Verbrauchskoagulopathie
- Vaskulopathien: Angiitis, Panarteriitis nodosa, systemischer Lupus erythematodes, SNEDDON-Syndrom (subintimale Arterienhyperplasie, Lumeneinengung und generalisierte Livedo racemosa), SUSAC-Syndrom (disseminierte Mikroinfarkte), HERNS-Syndrom (hereditäre Endotheliopathie mit Retinopathie, Nephropathie u. Schlaganfällen)
- Erhöhtes CRP (C-reaktives Protein als unspezifischer Entzündungsparameter, vermutet wird ein entzündlicher Prozess bei der Arteriosklerose) ⇨ 2faches Risiko
- CADASIL (Cerebrale aut.-dom. Arteriopathie mit subkortikalen Infarkten und Leukenzephalopathie, Defekt auf Chrom. 19, Mutation im Notch-3-Gen)
- Frauen im prämenopausalen Alter mit Migräne (3- bis 4faches Risiko und potenziertes Risiko bei Nikotinabusus od. Einnahme hormonaler Kontrazeptiva)
- Schwangerschaft: Gestose
- Moya-Moya-Syndrom (rezidivierende zerebrale Ischämien durch Stenosen im Bereich der der A.carotis int. mit Ausbildung von Kollateralen, familiäre Häufung, HLA DR/DQ od. B51-DR4 gehäuft, sehr selten, Kinder u. Erwachsene 30.-50. Lj. betroffen)
- FABRY-Syndrom (vererbte Lipidspeicherkrankheit ⇨ Ablagerung von Ceramid)
- Drogen: erhöhtes Risiko bei Kokain- od. Amphetaminmissbrauch
- Kinder (selten): Gefäßdefekte, Herzvitien, Gerinnungsstörungen, Vaskulitis bei Varizelleninfektion, MELAS-Syndrom (= mitochondriale Myopathie, Enzephalopathie, Laktatazidose, Schlaganfälle), Moya-Moya-Syndrom, fibromuskuläre Dysplasie der A.carotis int.
- In bis zu 1/3 d.F. bleibt die Ursache unklar

Etlg: Nach der Klinik

I:	Stenosen u. Verschlüsse **ohne Klinik** (gute Kollateralen über Circulus arteriosus WILLISII)
IIa:	**TIA** (transitorische ischämische Attacke) oft brachiofazial betonte, kontralaterale Hemisymptomatik, die innerhalb **von 24 Std. voll reversibel** ist
IIb:	**PRIND** (prolongiertes reversibles ischämisches neurologisches Defizit) Rückbildung innerhalb von 7 Tagen bis 3 Wochen
III:	**Großer ischämischer Schlaganfall**, fortschreitender Insult (progressive stroke / stroke in evolution, Crescendo-TIA), Symptome nur teilweise reversibel
IV:	**Komplette Apoplexie** (completed stroke) ⇨ Defektheilung ⇨ bleibendes (chronisches) neurologisches Defizit

Path:
- **85 % ischämisch** bedingt, 15 % intrakranielle Blutung
- Pathophysiologie:

1. **Territorialinfarkt** – **embolisch** bedingt (ein gesamtes Stromgebiet betroffen, z.B. A.lenticulostriata- oder A.cerebri-media-versorgtes-Gebiet) durch kardiale oder arterio-arterielle Embolie = atheromatöse Ulzerationen/Plaques (**Makroangiopathie**) der Hirngefäße oder im präzerebralen Gefäßbereich, insb. Alteration der Abgänge bzw. Gefäßgabeln (insb. der Karotisgabel) oder bei pathoanatomischen Veränderungen: Knickstenosen (meist kurzstreckige Veränderungen), Schlängelung (kinking), Schlingenbildung (coiling), s. Abb.
2. **Endstrom-/Grenzzoneninfarkt** – **hämodynamisch** bedingte Minderversorgung (**Makroangiopathie**) im Endstromgebiet od. hämodynamisches **Perfusionsdefizit** im Grenzgebiet zw. 2 Gefäßversorgungsgebieten („Wasserscheidengebiet", z.B. zwischen A.cerebri ant. und A.cerebri med.), z.B. durch Stenosen der zuführenden Gefäße
3. Lakunäre (kleine 2-10 mm, multiple) Läsionen - **Mikroangiopathie** (hypertensive Arteriosklerose, BINSWANGER-Krankheit, Status lacunaris, CADASIL)

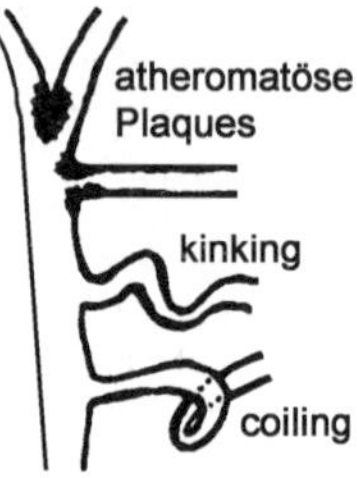

- Stenosen-Lok: makroangiopathische Stenosen finden sich in **90 % d.F.** im **vorderen Stromgebiet** (= A.carotis): Sinus caroticus (**Karotisgabel**), A.carotis com., Aortenbogensyndrom (= Abgänge der Gefäße vom Aortenbogen, Truncus brachiocephalicus)
  hinteres Stromgebiet in 10 % d.F. betroffen (A.basilaris, A.vertebralis, A.subclavia)
- Totale Ischämie: Nach 2-8 Sek. kein freies O_2 ⇨ 12 Sek. Bewusstlosigkeit, 30-40 Sek. Null-Linien-EEG, 3-4 Min. irreversible Nekrosen, 9 Min. Hirntod
- Histo: Kolliquationsnekrose der betroffenen ischämischen Hirnareale, Zystenbildung, Fasergliose

Epid:
◊ Inzidenz: 340/100.000/Jahr, in der Altersgruppe 65-74 J. 800/100.000/Jahr, 75-84 J. 1.900/100.000/Jahr, in Deutschland ca. 200.000 Schlaganfälle/Jahr, ca. 70.000 Tote/Jahr
◊ Prädisp.alter: 60.-70. Lj., m = w
◊ Bei >65 J. haben Männer in 9 %, Frauen in 7 % eine Karotisstenose
◊ **3.-häufigste Todesursache in Deutschland** (nach Herzerkrankungen und Krebs)

Klin:
⇒ A.cerebri-med.-Gebiet (am häufigsten betroffen sind die *lenticostriären Äste* der A.cerebri media, die u.a. die **Capsula interna** versorgen): **Kontralaterale** brachiofazial betonte Paresen (initial schlaffe dann **spastische** Mono- od. **Hemiparese** u./od. faziale Paresen je nach Ausdehnung des Infarktgebietes), Parästhesien, **Aphasie** (in 85 % d.F. wenn die dominante Hemisphäre [meist li.] betroffen ist), Babinski pos., Schluckstörungen, pathologisches Lachen u. Weinen, Hemianopsie kontralateral, Kopf u. Augen sind der Herdseite zugewandt, **zirkumduzierender Gang** (wenn Gang wieder mögl., sog. WERNICKE-MANN-Prädilektionstyp der Hemiplegie mit angewinkeltem Arm, adduzierter Hand und Fingern, durchgestrecktem Knie und plantarflektiertem Fuß, s. Abb.)

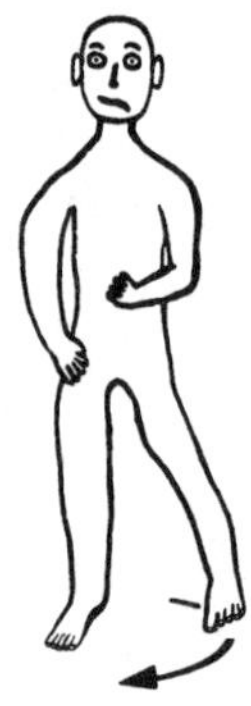

⇒ Amaurosis fugax (ipsilateral, bei rezidiv. Embolien der A.ophthalmica)
⇒ Hemianopsie bei A.cerebri post.-Infarkt
⇒ A.basilaris / A.vertebralis-Gebiet: **Hirnstammsyndrome** mit Schwindel, Gleichgewichtsstörungen, Tinnitus (Ohrgeräusche), Kopfschmerzen, Doppelbildern, Nystagmus, Dysphagie und zerebellarer Ataxie
Kleinhirninfarkte mit Kopfschmerzen, Schwindel, Übelkeit, Dysarthrie, Dysmetrie, Nystagmus, Rumpf-, Gang- und Extremitätenataxie, Bewusstseinsstörungen
⇒ Psychoorganische Veränderungen bei multiplen lakunären Infarkten = **subkortikale arteriosklerotische Enzephalopathie**, Leukenzephalopathie, CADASIL: Emotionale Verflachung, Aufmerksamkeitsstörung, Antriebsstörung bis hin zur schwerwiegenden Demenz (Multiinfarktdemenz) und organischen Psychosen
⇒ Einseitige Stenosen (evtl. sogar Verschlüsse) können durch die Kompensation über den Circulus arteriosus cerebri WILLISII auch **ohne Symptomatik** sein (umgekehrt können auch sehr früh Symptome auftreten, z.B. bei Fehlen der Aa.communicantes), Symptome meist erst bei Stenosen >50 %

Diag: 1. Anamnese (Beginn, Dauer der Symptome, frühere Ereignisse, sonstige Gefäßerkrankungen, kardiale Vorerkrankungen) und klinische Untersuchung: Halbseitensymptomatik,

Apraxie, gesteigerte Muskeleigenreflexe, positive Pyramidenbahnzeichen, Fingerperimetrie (Sehen), Sprache (Aphasie), Palpation (**Pulsstatus** komplett, Seitenvergleich) und **Auskultation**: bei 80 % d. Pat. ist bei einer Karotisgabelstenose ein Strömungsgeräusch zu hören.

2. **CCT** (nativ = ohne KM): heute die **Standarddiagnostik** akut zur DD zwischen Ischämie (akut isodens = Normalbefund, nach ca. 24 Std. hypodens) und Hirnblutung (hyperdens), Ausschluss von Hirnerweichungsherden oder sonstigen raumfordernden Prozessen
   MRT: gute Beurteilung des perivaskulären ischämischen Hirnödems (Penumbra) und Infarktabgrenzung im diffusionsgewichteten MRT schon 30 Min. nach Beginn der Symptomatik mögl. (großer Vorteil gegenüber dem nativ-CT)
3. Carotis-Doppler: Frequenzerhöhung über der Stenose (ab 50 % erkennbar); retrograder Fluss über der A.supratrochlearis
   Farbkodierte Duplexsonographie: zusätzlich morphologische Darstellung der Stenosen (auch schon unter 50 % sichtbar) und des Flusses
   Transkranieller Doppler: Flussverhältnisse intrazerebral
4. Internistische Untersuchung: EKG, Langzeit-EKG, Langzeit-RR-Messung, **Echokardiographie**, TEE (trans-esophageale Echokardiographie zum Ausschluss einer kardialer Emboliequelle od. eines offenen Foramen ovale/Vorhofseptumdefektes), Labordiagnostik (Gerinnungsanalyse), Fettstoffwechselstörung ausschließen)
5. **Angiographie** (als selektive **intraarterielle DSA**): exakte Vermessung der Stenosen, Ausschluss intrazerebraler Stenosen, Beurteilung des Aortenbogens und dessen Gefäßabgänge mögl. – dieser Zugang wird dann ggf. auch genutzt für eine selektive intraarterielle Thrombolyse (z.B. im hinteren Stromgebiet bei Verschluss der A.basilaris)
6. SPECT (Single-Photon-Emission-Computerized-Tomography): Beurteilung der Perfusion des Gehirnes im Seitenvergleich (keine Routineuntersuchung)
   PET (Positronen-Emissions-Tomographie): Präzise Auskunft über die Stoffwechselsituation des Gehirnes (O_2-Verbrauch), regionale Hirndurchblutung, Ischämien um das Insultgebiet (**Penumbra**), Glukosestoffwechsel od. Rezeptorstatus, nur in wenigen Zentren mögl.)
7. Präoperative Diagnostik: Neurologisches Konsil (Status vor der Operation), Rö-Thorax, Lungenfunktionsprüfung, Echokardiographie, internistisches Konsil, EEG (ggf. auch intraoperativ)

Ther:

- Akut: **sofortige Klinikeinweisung** (möglichst in eine **Stroke unit**, von diesen sind in Deutschland bereits viele etabliert und eine flächendeckende Versorgung ist fast erreicht), rheologische Maßnahmen zur Hämodilution werden nicht mehr empfohlen, **Blutdruck im oberen Bereich** belassen (nicht senken), systolisch: 150-200 / diastolisch: 90-110 mmHg
- Lysetherapie: Bei kleinem ischämischem Infarkt, insb. im hinteren Stromgebiet (wegen Blutungsrisiko bei großem Infarkt kontraindiziert) mit rt-PA (recombinant tissue plasminogen activator, 0,9 mg/kgKG i.v. über 1 Std., Alteplase, Actilyse®) od. Pro-Urokinase, auch als interventionelle intraarterielle Thrombolyse. Wichtig: schneller Therapiebeginn! (innerhalb von **3 Std.** (max. 6 Std.), „time is brain"), daher immer **schnelle** Klinikeinweisung
- Med: ggf. Vollheparinisierung (bei kardialen Embolien u. hochgradigen Stenosen ⇨ 20-30.000 I.E./24 Std. für 7-14 Tage, Ziel: 2fache PTT)
  Bei allen ischämischen Insulten auf Dauer: **Thrombozytenaggregationshemmer** ASS = **Acetylsalicylsäure** (Aspirin®) 300 mg/Tag. Bei ASS-Unverträglichkeit od. weiteren Gefäßerkrankungen ADP-Antagonist **Clopidogrel** 75 mg/Tag (Iscover®, Plavix®) od. Ticlopidin 2 x 250 mg/Tag (Tiklyd®) od. Dipyridamol (2 x 200 mg/Tag, Aggrenox®)
  Bei rezidivierenden kardialen Embolien (Vorhofflimmern) **Antikoagulation** mit Vit.-K-Antagonist (Cumarin-Derivat) Phenprocoumon (Marcumar®) od. Warfarin (Coumadin®) auf Dauer (Ziel: Quick 25-35 % bzw. INR = international normalized ratio = 2,0-3,0) und Behandlung des Vorhofflimmerns (medikamentös, Kardioversion od. Rhythmuschirurgie)
- Symptomatisch: optimale Lagerung, **frühzeitige mobilisierende Krankengymnastik**, orthopädische Hilfsmittel, psychosomatische Begleitung
- Interventionell: in zunehmendem Maße wird die **PTA** (perkutane transluminale Angioplastie) = **Ballondilatation** statt des operativen Eingriffs an der A.carotis eingesetzt, häufig in Kombination mit einer **Stenteinlage** (kleines Metallgerüst, das mit dem Ballon eingebracht wird und die dilatierte Arterie abstützt). Mit endovaskulären Protektionssystemen wird versucht das erhöhte Schlaganfallrisiko während der Stentapplikation zu minimieren.
  Die Studien hierzu sind jedoch noch nicht abgeschlossen, insb. kann der Langzeiterfolg

noch nicht beurteilt werden und es kommt tendenziell zu mehr Komplikationen als bei Op.
Ind: bei Stenosen im Bereich der A.carotis od. A.vertebralis, insb. auch bei Restenosen nach vorheriger Op

- <u>Operativ:</u> Ind: Stad. II (= symptomatische Stenosen, >50 % Stenose), Stad. I nur bei hochgradigen Stenosen (>60-70 %, n. NASCET-Kriterien) od. bei zusätzlichen kraniellen arteriellen Veränderungen ⇨ **Ziel ist die Schlaganfallprophylaxe** (spontane Häufigkeit im Stad. II: 6-7 %/Jahr)
  Stad. III: bei nicht bewusstlosen Patienten innerhalb der ersten 6 Stunden, bei akutem Verschluss keine Op >6 Std., wegen der Gefahr der sekundären Einblutung in entstandene Erweichungsherde nach Revaskularisation
  Stad. IV: nur bei gleichzeitiger kontralateraler hochgradiger Karotisstenose od. -verschluss ⇨ Prophylaxe eines weiteren Infarktes

  - Op: offene **Desobliteration mit Karotis-TEA** (<u>T</u>hromb<u>e</u>nd<u>a</u>rteriektomie), evtl. mit Patch-Plastik aus Dacron oder autologer V.saphena zum Verschluss der Arteriotomie (verbreitert das Lumen ⇨ Stenose-Prophylaxe)
    Bei Kinking oder Coiling (nur wenn mit Symptomatik) ⇨ segmentale Kürzung u. Reinsertion

  - Alternativ: Bei langstreckigem Verschluss der A.carotis interna (od. Moya-Moya-Syndrom): extra-intrakranieller Bypass zwischen A.temporalis superficialis und A.cerebri media nach Kraniotomie. Vorher ggf. zusätzlich Desobliteration des A.carotis-externa-Abgangs.
  - Intraoperativ evtl. intraluminaler Shunt zur Aufrechterhaltung der Zirkulation. In Kliniken, in denen dies nicht routinemäßig durchgeführt wird, erfolgt während der Abklemmphase zumindest ein SEP- (N.medianus der Gegenseite) od. EEG-Monitoring (Methode der Trendanalyse durch den Neurologen) zur Kontrolle der Hirnfunktion
  - Adjuvante anästhesiologische Maßnahmen perioperativ: Hämodilution, Heparinapplikation, konstanter Blutdruck, in der Abklemmphase eher Hypertension

- Selbsthilfegruppen: Stiftung Deutsche Schlaganfall-Hilfe, Carl-Bertelsmann-Straße 256, 33311 Gütersloh, Tel.: Tel.: (0 18 05) 09 30 93, Internet: http://www.schlaganfall-hilfe.de

<u>**Prog:**</u> Symptome nach einer Apoplexie können sich über einen langen Zeitraum (Monate - Jahre) bessern oder ganz zurückbilden. 50 % d. Pat. mit einem Insult bleiben aber **erwerbsunfähig,** von diesen haben die Hälfte eine schwere Behinderung und sind dauerhaft pflegebedürftig. 24 % d. Pat. sterben innerhalb v. 30 Tagen, ca. 40 % im ersten Jahr.
Bei extrakraniellen Stenosen ohne Op: 35 % d. Pat. (im Stadium II) entwickeln Schlaganfall innerhalb von 5 J., mit Op nur 5-7 % Schlaganfall innerhalb von 5 Jahren.

<u>**Proph:**</u>
- ♥ <u>Primärprävention:</u> Ausschaltung der Risikofaktoren (s. Ätiologie), insb. des **arteriellen Hypertonus**, **Nikotinkarenz**! (nach 5 J. kein erhöhtes Risiko mehr), mindestens 2 x 30 Min. **Ausdauersport**/Woche. Mäßiger Alkoholkonsum von 10 g bei Frauen und 20 g/Tag bei Männern (unabhängig vom Getränk, z.B. 1/8 bzw. 1/4 Liter Wein) hat nach dem Stand heutiger Studien bei Konsumenten >50. Lj. ohne weitere Risikofaktoren einen protektiven Effekt auf das Gefäßsystem.
  Eine postmenopausale Östrogengabe bei Frauen hat <u>keinen</u> protektiven Effekt auf die Schlaganfallentwicklung.
- ♥ <u>Tertiärprävention (nach einem Schlaganfall):</u> konsequente Ther. (s.o.), optimale Einstellung eines Hypertonus (Ziel: 135/85 mmHg) od. Diabetes mellitus, Gewichtsreduktion bei Adipositas, körperliches Ausdauertraining, Nikotinkarenz

<u>**Kompl:**</u>
- ∗ Risiko für **Schlaganfallrezidiv** im 1. Jahr 10-12 %
- ∗ Konservativ: Einblutung durch rheologische Maßnahmen und Vollheparinisierung 3 %
- ∗ Angioplastie/Stent: intraoperative Apoplexie 3-7 % (spezielle Protektionskatheter mit einem distalen Ballon/Schirm verringern dabei das Risiko für eine Plaqueembolisation)
- ∗ Gleichzeitiges Vorliegen einer koronaren Herzkrankheit od. AVK

<u>Op:</u> ∗ Intraoperative Apoplexie 2-3 %, Läsion des N.hypoglossus 4 %, Läsion des N.vagus, Blutung, Op-Letalität: 1-2 % (intraoperativer Herzinfarkt, Schlaganfall), postoperatives zerebrales Hyperperfusionssyndrom 2 % (Cave: Hirnödem, intrazerebrale Blutung)

<u>**DD:**</u> – **Hirnblutung** (15 % der Schlaganfälle sind intrazerebrale Blutungen ⇨ immer CCT zur DD durchführen)

- Andere neurologische Erkrankungen: Hirntumoren (mit Einblutung), Multiple Sklerose, Hirnabszesse, Enzephalitis, Migräne accompagnée, TODD-Paralyse nach Epilepsie
- Sinusvenenthrombose, Fettembolie, Luftembolie
- Internistisch: Synkopen, Hypoglykämie, Hypotonie

SUBCLAVIAN-STEAL-SYNDROM

Syn: **A.subclavia-Anzapfsyndrom**, Subklavia-Anzapf-Syndrom, A.subclavia-Entzugssyndrom, A.vertebralis-Anzapfsyndrom, ICD-10: G45.8-

Path: Proximaler Verschluss der A.subclavia (vor dem Abgang der A.vertebralis; in 70 % links) od. d. re. Truncus brachiocephalicus). Es kommt v. a. bei **Belastung des Armes** zu einem **Steal-Effekt** aus dem Stromgebiet der A.vertebralis zur A.axillaris hin (Flussumkehr) ⇨ Blutentzug aus dem vertebrobasilären Stromgebiet zugunsten der Armversorgung.

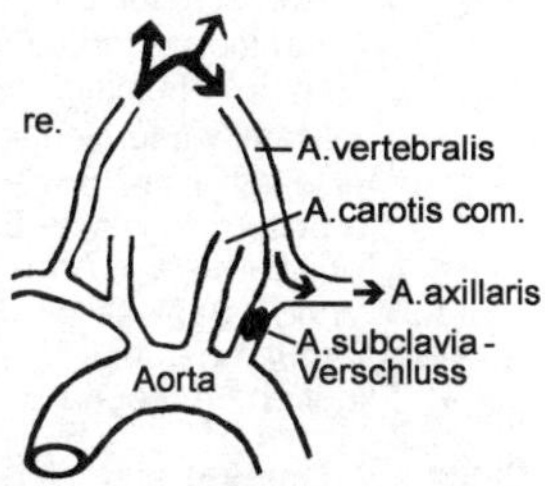

Klin: ⇒ Beschwerden entstehen bei Belastung des Armes durch den Steal-Effekt

⇒ Intermittierende **Hirnstammsymptomatik**: **Schwindel**, Ataxie, Drop Attacks (plötzliches Hinstürzen), zentrale Sehstörungen, Parästhesien, rezidivierende Nackenschmerzen

⇒ Brachialgie, Claudicatio des Armes bei Belastung, seltener in Ruhe, da gute Kollateralen und Steal-Blut den Arm versorgt

Diag:
1. Anamnese und klinische Untersuchung: Radialispuls abgeschwächt od. ausgefallen, **Blutdruckdifferenz** an den Armen (>30 mmHg), Faustschluss-Probe als Provokationstest, evtl. Stenosegeräusch über der A.subclavia auskultierbar
2. Carotis Doppler: **Strömungsumkehr** in der A.vertebralis nachweisbar
3. Röntgen: Nachweis der Stenose in der **Angiographie**; Überprüfung auf weitere Gefäßanomalien (bei >50 % der Fälle)

Ther:
- Interventionell: **Ballondilatation** (**PTA** = perkutane transluminale Angioplastie) der Stenose (ca. 10%ige Rezidivrate), ggf. mit Stenteinlage
- Operativ: Ind: Nur bei ausgeprägter Symptomatik gegeben
  - Extraanatomischer Bypass: Von der homolateralen A.carotis communis zur A.subclavia oder von der kontralateralen A.subclavia zur betroffenen A.subclavia mit Dacron-Prothese oder V.saphena-Transplantat
  - Anatomischer Bypass: Von der Aorta desc. zur A.subclavia

Prog: Operationsletalität: 0,5 %, die interventionelle Technik zeigt gute Ergebnisse, daher heute Therapie der ersten Wahl.

DD: Aortenbogensyndrom (= Stenosen an den Abgängen der Gefäße vom Aortenbogen)

THORACIC-OUTLET-SYNDROM

Syn: Thorax-Kompressionssyndrom, Schultergürtel-Kompressionssyndrom, ICD-10: G54.0

Def: Kompression von Plexus brachialis, A.subclavia oder V.subclavia im Bereich des Schultergürtels

Ät: - **Skalenussyndrom:** Skalenushypertrophie (M.scalenus anterior, Gewichtheber), Skalenusfibrose (nach einem Muskelriss), atypische fibrotische Bänder

- **Halsrippe** (Häufigkeit: 0,1-1 % d.Bev., nur in 10 % d.F. symptomatisch)
- Kostoklavikulasyndrom, Steilstand der 1. Rippe (bei asthenischer Konstitution), Exostosen der ersten Rippe, Kallusbildung nach Fraktur der 1. Rippe
- Überschießende Kallusbildung nach medialer Klavikulafraktur
- HWS-Distorsion
- Physiologisches Absinken des Schultergürtels im Alter

Etlg: # Kompression der Skalenuslücke: Halsrippensyndrom, Syndrom der 1. Rippe, Skalenussyndrom

Kompression d. Kostoklavikulaspaltes: Kostoklavikulasyndrom, Hyperabduktionssyndrom

Kompression des Korakopektoralraumes: Korakopektoralsyndrom

Klin: ⇒ Lokal: Schmerzen, mit Ausstrahlung in das Schulterblatt, zervikal oder in die Brust

⇒ Neurologisch: Irritation des Plexus brachialis mit Parästhesien und Taubheitsgefühl (entlang des N.ulnaris-Versorgungsgebietes)

⇒ Vegetativ neurologisch: RAYNAUD-Phänomen (Gefäßspasmen an den Akren)

⇒ Arteriell: insb. bei Provokation (Hyperabduktion oder Retroversion, z.B. bei Überkopfarbeiten) ⇨ leichte Ermüdbarkeit des betreffenden Armes, Absinken der Hauttemperatur, Pulsverlust der Arme (25 % d.F.) od. Stenosegeräusch

⇒ Venös: Schwellung, Schwere- und Spannungsgefühl, Schmerzen, livide zyanotische Verfärbung des betroffenen Armes, Druckgefühl in der Axilla, evtl. sichtbarer Kollateralkreislauf über V.cephalica, jugularis und laterale Thoraxvenen

Diag:

1. Anamnese und klinische Untersuchung mit Provokation: Hyperabduktion der Arme und Kopf nach hinten und zur Seite drehen (ADSON-Test)
   AER-Test (Abduktion, Elevation, Rotation): Arm 90° abduzieren, im Ellenbogen beugen und Hände pronieren ⇨ Schmerz oder Ischämie oder Blauverfärbung nach 3 Minuten
   Beidseitige Blutdruckmessung in Provokationsstellung
2. Röntgen: **Thorax** und **HWS** in 4 Ebenen (= mit Foramina intervertebralia) und ggf. Zielaufnahmen der oberen Thoraxapertur zum Ausschluss einer Halsrippe, Exostosen, abnorme Proc.transversi, ggf. CT
   Dynamische Armangiographie (= mit Provokation): Aufnahmen in unterschiedlichen Arm- und Kopfstellungen
   Phlebographie (mit Provokation) bei V.a. venöse Thrombose
3. Evtl. Prüfung der N.ulnaris-Nervenleitungsgeschwindigkeit (NLG)

Ther:

- Konservativ: Physiotherapie mit Massagen/Wärme zur Lockerung, KG zur Kräftigung insuffizienter Schultermuskulatur
- Operativ: Ind: bei ausgeprägten vaskulären u. neurologischen Symptomen
  - Operative Entfernung der Halsrippe bzw. der ersten Rippe oder komprimierender Muskel-/Bandstrukturen über supraklavikulären (laterales Halsdreieck) oder transaxillären Zugang. Durchtrennung des M.scalenus anterior ⇨ dadurch werden die Skalenuslücke u. der Kostoklavikularspalt erweitert
  - Evtl. gefäßchirurgisch: Resektion eines poststenotischen Aneurysmas u. Revaskularisation der A.subclavia
- Postoperativ: Rö-Kontrolle des Thorax ⇨ Pneumothorax?

Prog: In 90 % gute Ergebnisse mit Beschwerdefreiheit nach Op, ungünstiger bei präop. bereits vorhandenen neurologischen Komplikationen

Kompl: * Mikroembolien aus einem **poststenotischen Aneurysma** der A.subclavia

* Thrombotische Komplikationen bei Kompression der V.subclavia

DD:

- Venös: Thrombose der V.axillaris / V.subclavia (s. Kap. PAGET-V.-SCHROETTER-Syndrom)
- Arteriell: Verschlüsse der A.subclavia / Aortenabgang, TAKAYASU-Arteriitis
- Neurologisch: HWS-Syndrom, zervikales Wurzelsyndrom, Syringomyelie, unspezifische Neuritiden, Armplexuslähmung, neuralgische Schulteramyotrophie, PANCOAST-Tumor mit Nervenkompression, Brachialgia paraesthetica nocturna/Karpaltunnel-Syndrom (N.medianus), GUYON-Logensyndrom (N.ulnaris)

- RAYNAUD-Syndrom: I. primär ⇨ durch Ischämie (Kältereiz)
  II. sekundär ⇨ bei progressiver systemischer Sklerodermie, Lupus erythematodes, SUDECK-Dystrophie, paraneoplastisch (Plasmozytom), Vibrationstrauma (z.B. Pressluft-hammer)

VERSCHLÜSSE DER VISZERALGEFÄSSE

Syn: Akut: **Mesenterialinfarkt**, akute mesenteriale/intestinale Ischämie, ICD-10: K55.0
Chronisch: Angina abdominalis, Angina visceralis, Angina intestinalis, Claudicatio intermittens abdominalis (ORTNER-Syndrom II), ICD-10: K55.1

Anatomie: Die drei Viszeralarterien (**Truncus coeliacus, A.mesenterica sup., A.mesenterica inf.**) stehen durch zahlreiche Kollateralen/Anastomosen in Verbindung, sodass sich Abgangsstenosen od. Verschlüsse oft nur als Zufallsbefund in der Angiographie finden.

Anastomosen: zu den Rr.oesophagei, BÜHLER-Anastomose (pankreatikoduodenale Arkade), RIOLAN-Anastomose (A.mes.sup.-inf.-Arkade am Colon transversum) und Randarkade, sog. Marginalarterien nach DRUMMOND (ebenfalls A.mes.sup.-inf.) sowie zum Plexus rectalis superior.

Ät:
- **Arterielle Embolie:** Vorhofflimmern, Mitralfehler oder Z.n. Herzinfarkt mit Aneurysma ⇨ akuter Mesenterialinfarkt, hochakutes Ereignis
- **Arteriosklerose** (mit den Risikofaktoren arterielle Hypertonie, Diabetes mellitus, Adipositas, Hyperlipidämie u. Nikotinabusus), arterielle Thrombose, Arteriitis, dissezierendes Bauchaortenaneurysma, Viszeralarterienaneurysma, Kompression von außen: Tumoren, Morbus ORMOND (= retroperitoneale Fibrose) ⇨ eher chronische intestinale Durchblutungsinsuffizienz
- Funktionell: Neurovaskuläres Kompressionssyndrom des Truncus coeliacus ⇨ verursacht durch Kompression der Zwerchfellpfeiler am Hiatus aorticus
- Iatrogen: Bauchaortenanurysma-Op.
- **Non-occlusive mesenteriale Ischämie** (NOMI): Vasokonstriktion bei Hypovolämie, Hypotonie, Herzinsuffizienz, Aortenisthmusstenose, Steal-Syndrom, Lok: v.a. A.mesenterica-superior-Versorgungsgebiet
- **Venenthrombose**: Primär (idiopathisch, multifaktoriell)
- Sekundär bei Pfortaderthrombose, portaler Hypertonie, Polyzythämie, Leukämie, nach Splenektomie, Einnahme hormonaler Kontrazeptiva und als Komplikation eines arteriellen Verschlusses

Path:
- ♦ Chronische Verschlüsse der Viszeralarterien verursachen wenig Symptome, da gute Kollateralisierung und Querverbindungen (z.B. RIOLAN-Anastomose = A.mesenterica sup.[colica media] - inf.[colica sinistra]-Anastomose od. zum Plexus rectalis) ⇨ der Prozess ist progredient (fortschreitende Arteriosklerose)
- ♦ Durch die Kollateralisierung kommt es bei akuten Verschlüssen zur **hämorrhagischen Infarzierung** (Blut strömt noch in das Kapillargebiet ein, reicht aber zur Perfusion nicht mehr aus und bleibt liegen)

Epid: Inzindenz: 2-4/100.000/Jahr

Etlg:
Akuter Mesenterialinfarkt: in über 90 % ist die **A.mesenterica sup.** betroffen, doppelt so häufig durch Embolien wie durch Thrombosen verursacht ⇨ manifestiert sich klinisch unter dem Krankheitsbild des 'Akuten Abdomens'
Chronische Verschlussprozesse: meist proximaler Verschluss/Alteration der A.mesenterica sup., seltener des Truncus coeliacus oder Stenosen und Verschlüsse im Stammbereich der A.mesenterica inf.
NOMI in bis zu 50 % d.F.
Mesenterialvenenthrombose (relativ selten)

<u>Klin:</u> ⇒ <u>Akuter Verschluss:</u> **akute abdominelle Schmerzen** und Diarrhoe bis Schock (für ca. 6 Std.), danach **freies Intervall** für 6-12 Std. mit relativ blandem Lokalbefund, wenig Schmerzen in **Diskrepanz** zur zunehmenden Verschlechterung des AZ (Stadium der Wandnekrose, "fauler Friede")
Spätphase (>12 Std., Durchwanderungsperitonitis): Meteorismus, paralytischer Dünndarm-Ileus, **akutes Abdomen** (Nekrose), bretthart gespannte Bauchdecke, Erbrechen, blutige Durchfälle durch Einblutung in die nekrotische Darmwand und das Darmlumen

⇒ <u>Chronischer Verschluss:</u>

Stad. I: Keine Beschwerden (Angiozufallsbefund)

Stad. II: Postprandiale Angina abdominalis mit small meal syndrome (= Verringerung od. Verzicht auf Nahrungsaufnahme wegen der Angst vor den Schmerzen)

Stad. III: Abdominelle Dauerschmerzen, Meteorismus, chronische Malassimilation (Maldigestion + Malabsorption)

Stad. IV: Mesenterialinfarkt, Ileus, Durchwanderungsperitonitis, Darmgangrän, akutes Abdomen

⇒ **Bei Pat. mit Herzerkrankung + Bauchbeschwerden: <u>an Mesenterialinfarkt denken!</u>**

<u>Diag:</u>
1. Anamnese und klinische Untersuchung: Verdachtsdiagnose aufgrund klinischer Befunde! Evtl. Stenosegeräusch über dem Abdomen
2. Farbkodierte Duplexsonographie: Fluss in den Mesenterialgefäßstämmen (pathologisch ist ein Abbruch od. Pendelfluss im Arterienstamm), verdickte Darmwand (postischämisches Ödem ⇨ Spätzeichen), freie Flüssigkeit
3. <u>Röntgen:</u> Abdomenübersicht: geblähte Dünndarmschlingen, evtl. Spiegel bei Ileus
   Beweisend: **Angiographie** (wegen Aufwand im Akutstadium heute zunehmend seltener) od. **Spiral-CT** mit KM (i.v. gegeben reicht aus)
4. Labor: Ansteigende Leukozytose (15-20.000/µl oder auch Leukozytensturz bei Sepsis), Azidose (Laktat erhöht durch die Nekrosen)
5. **Probelaparotomie** bei V.a. akuten Mesenterialarterieninfarkt!
   Frühzeitige Diagnostik und Eingriff, um die Möglichkeit einer Revaskularisierung nicht zu verlieren.

<u>Ther:</u>
- <u>Konservativ:</u> keine Therapie bei chron. Verschluss im Stadium I (regelmäßige Kontrolle)
  Interventionell im Stadium II u. III: perkutane transluminale Angioplastie, ggf. kombiniert mit einer Stenteinlage
  Mesenterialvenenthrombose: Vollheparinisierung od. Fibrinolyse
  NOMI: Papaverin systemisch oder besser intraarteriell über den Angiographiekatheter
- <u>Operativ:</u> Ind: akut immer gegeben, chronisch bei vorhandener Klinik
  - <u>Akuter Mesenterialinfarkt:</u> **frühzeitig** (<6 Std.) Versuch der Revaskularisation durch Thrombendarteriektomie und Patch-Plastik, evtl. Anastomose mit der distal abgesetzten A.lienalis nach Splenektomie oder aortomesenterialer Bypass mit autologer V.saphena
  - Bereits infarzierter Darm: Resektion der nekrotischen Darmanteile als ultima ratio ⇨ Prognose schlecht, evtl. second-look-Op nach 24 Std.
  - <u>Neurovaskuläres Kompressionssyndrom:</u> Therapeutische Spaltung d. Zwerchfellzwinge
  - <u>Postoperativ:</u> Thrombozytenaggregationshemmer, bzw. Antikoagulation mit Cumarin-Derivaten (Phenprocoumon, Marcumar®) bei kardialen Rhythmusstörungen
- Eine Revaskularisation der A.mesenterica inf. im Rahmen der Versorgung eines Aortenaneurysmas ist indiziert, wenn die RIOLAN-Anastomose fehlt.

<u>Prog:</u> Akuter Mesenterialinfarkt: **hohe Letalität** 50-80 % bei über 12-stündigem Verlauf!, d.h. die **Diagnose wird meist zu spät** gestellt!
Chronische Verschlüsse: Im Stadium I und II relativ gute Prognose, geringe Op-Letalität.

<u>Kompl:</u>
* Aufpfropfen einer Mesenterialvenenthrombose auf einen arteriellen Verschluss
* Durchwanderungsperitonitis, Pankreatitis, abdominales Kompartmentsyndrom
* Bei Totalresektion des Dünndarms (weniger als 1 m Restdarmlänge = Kurzdarmsyndrom) ⇨ parenterale Ernährung auf Dauer notwendig, ggf. Dünndarmtransplantation

<u>DD:</u> Akutes Abdomen (s. dort), z.B. Ulkusperforation, Pankreatitis, Ileus, Bauchaortenaneurysma

AVK DER NIERENARTERIEN

Syn: Nierenarterienstenose (NAS), engl. renal artery stenosis, ICD-10: I70.1

Ät:
- **Arteriosklerose** (70 % d.F.)
- **Fibromuskuläre Prozesse** (Dysplasie) an der A.renalis, angeboren/idiopathisch
- Sonstige Veränderungen (Aneurysma der A.renalis, AV-Fisteln, externe Kompression, kongenitale Hypoplasie, Arteriitis)
- Verschluss durch Embolie (Aortenaneurysma, Herzfehler, bakterielle Endokarditis, beim Neugeborenen aus dem Duct.arteriosus BOTALLI)
- Nierenarterienthrombose (Intimaläsion durch Trauma, iatrogen durch vorübergehendes Abklemmen der A.renalis bei Op an der Niere)

Etlg: # Arteriosklerotische Nierenarterienstenose, Lok: proximales Drittel der A.renalis (1)
Fibromuskuläre Dysplasie, Lok: eher im mittleren Abschnitt der A.renalis und an den Segmentarterien der Niere (2)

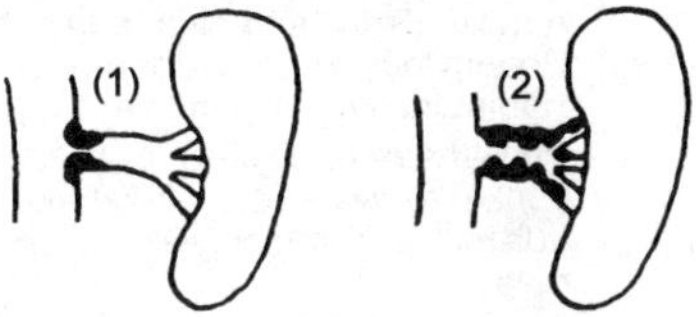

Path: Poststenotischer Druckabfall löst im juxtaglomerulären Apparat die Sekretion von Renin aus, das über den Angiotensin-Aldosteron-Mechanismus eine renovaskuläre Hypertonie erzeugt (**GOLDBLATT-Mechanismus** ⇨ sekundäre Hypertonie, insg. 1-5 % aller Hypertoniker)

Klin: ⇒ Arterielle Hypertonie (häufig Kopfschmerzen), insb. diastolische RR-Erhöhung
⇒ Hochdruckkrise: Gefahr des Schlaganfalls, Linksherzüberlastung
⇒ Nierenarterienembolie/Nierenarterienthrombose (Niereninfarkt): plötzlicher Flankenschmerz („Nieren:- Kolik"), Hämaturie, Fieber

Diag:
1. Anamnese und klinische Untersuchung: in 40 % ist ein **Stenosegeräusch** über der A.renalis/paraumbilikal auskultierbar, Spiegelung des Augenhintergrundes: Fundus hypertonicus unterschiedlichen Ausmaßes (verengte Arterien, AV-Kreuzungszeichen, Cotton-wool-Herde, Blutungen, Papillenödem)
2. Spiral-CT- od. MRT-Angiographie (oder DSA): Darstellung der Stenose u. intrarenaler Gefäße u. des übrigen Arterienstatus
3. Urographie mit Frühaufnahme während der ersten 5 Min.: verspätete Nierenbeckenkontrastierung, kleinerer Längsdurchmesser der betroffenen Niere (Drosselniere, >1,5 cm Unterschied), allerdings in 50 % d.F. beide Nieren betroffen!
4. Nierensequenzszintigraphie mit seitengetrennter Iod-Hippuran-Clearance: Minderperfusion der betroffenen Niere (K-Ind: Schrumpfniere!)
5. Farbkodierte Duplexsonographie: Fluss der A.renalis
6. Seitengetrennte Reninbestimmung aus den Nierenvenen mittels Katheter: Quotient >1.5 ist beweisend (der Unterschied wird mit Captoprilgabe noch deutlicher)
7. Captopril-Test: Gabe eines Angiotensin-Converting-Enzym-Hemmers führt zu deutlichem RR-Abfall und massivem Anstieg der Reninkonzentration im Serum bei NAS

Ther:
- Konservativ: **perkutane transluminale Angioplastie** (PTA) = Katheterdilatation mittels Ballon, geringes Risiko, daher heute Mittel der ersten Wahl
- Bei akuter Nierenarterienembolie/Nierenarterienthrombose Lysetherapie innerhalb v. 6 Std. mögl.
- Operativ: Ind: hängt von verschiedenen Faktoren ab: Versagen der Angioplastie, Gefahr des Nierenarterienverschlusses mit Organverlust, fehlende medikamentöse Einstellbarkeit der Hypertonie, akute Embolie, traumatische Läsion
  Bereits schwerwiegender Parenchymuntergang der poststenotischen Niere oder Befall der Segmentarterien gilt als Kontraindikation zur Op.
  - Desobliteration durch Thrombendarteriektomie (TEA) und Patch-Plastik zur Erweiterung des Gefäßdurchmessers

- Interposition der V.saphena magna oder einer Prothese als aorto-renaler Bypass (insb. bei fibromuskulärer NAS)
- bei vitaler Schädigung der Niere oder wiederholten vergeblichen Revaskularisationsversuchen: einseitige Nephrektomie

Prog: Funktionelles Langzeitergebnis (5 Jahre) ist bei 70-85 % d.F. mit Normalisierung des Bluthochdrucks gut bis sehr gut. Die fibromuskuläre NAS schneidet dabei insgesamt besser ab. Op-Letalität 1-5 %, bei bereits bestehender Funktionsstörung der Niere bis zu 50 %

Kompl: * Niereninfarkt, Nierennekrose ⇨ Niereninsuffizienz (bei beidseitigem Befall), eine einseitige aseptische Nekrose kann unbemerkt bleiben

Op: * Anastomosenaneurysma ⇨ Blutung, Restenosierung, Urämie, Wundinfektion

DD:
- Nephrosklerose (fibrinoide Vasopathie der afferenten Arteriolen): kann durch art. Hypertonie entstehen oder eine verursachen
- Gefäßanomalien (meist ohne Krankheitswert): akzessorische Arterien, retroaortaler Verlauf der li. V.renalis, „Nussknacker-Phänomen“ durch Einengung der V.renalis durch die A.mesenterica sup., intraparenchymatöse AV-Fisteln. Mögl. Kompl. sind Obstruktion eines Ureters od. einer Kelchgruppe, Stenosierung der Nierenvene mit Rückstau in die Niere, Hämaturie, art. Hypertonie
- **Nierenvenenthrombose** ⇨ Klin: „Nierenkolik“, durch den hämorrhagischen Niereninfarkt Funktionsverlust der betroffenen Niere, bei beidseitigem Prozess Niereninsuffizienz. Ther: frühzeitige Thrombolyse mit Urokinase od. Streptokinase und anschließende Heparinisierung
- Nierenrindennekrose durch Vasospasmus/Thrombose der interlobulären Arterien und Arteriolen (bei Gestose, vorzeitiger Plazentalösung, Pankreatitis od. Sepsis vorkommend) ⇨ sich schnelle entwickelnde Niereninsuffizienz
- DD der arteriellen Hypertonie: primäre **essentielle Hypertonie** (häufigste Form, 90 % d.F.), Glomerulopathie (renoparenchymatöse Hypertonie), Nierentumoren, Zystenniere, chronische Pyelonephritis, postrenale Harnabflussstörung, Nephrosklerose, Phäochromozytom, Cushing-Syndrom, Hyperaldosteronismus, reninproduzierender Tumor, Hyperparathyroidismus, Hyperthyreose, Akromegalie, Aortenisthmusstenose, hyperkinetisches Herzsyndrom, Gestose (Schwangerschaftshypertonie), Hirndrucksteigerung, Hirntumoren, Medikamente (Ovulationshemmer, Glukokortikoide, NSAR), Nikotin-, Alkohol od. Drogenkonsum
  maligne arterielle Hypertonie: schlecht einstellbarer Hypertonus mit ständig erhöhten diastolischen RR-Werten (>120 mmHg) ⇨ Proteinurie, rasch progredienten Niereninsuffizienz (innerhalb v. 2 J.), Retinopathie

CHRONISCHE AVK DER UNTEREN EXTREMITÄT

Syn: **pAVK** = periphere arterielle Verschlusskrankheit, ICD-10: I70.2

Anatomie: Einteilung in einen Beckentyp (Aorta, A.iliaca), Oberschenkeltyp (A.femoralis u. femoralis prof.) u. einen Unterschenkeltyp (A.poplitea teilt sich in die A.tibialis ant. + post. u. fibularis/peronaea), s. Abb.

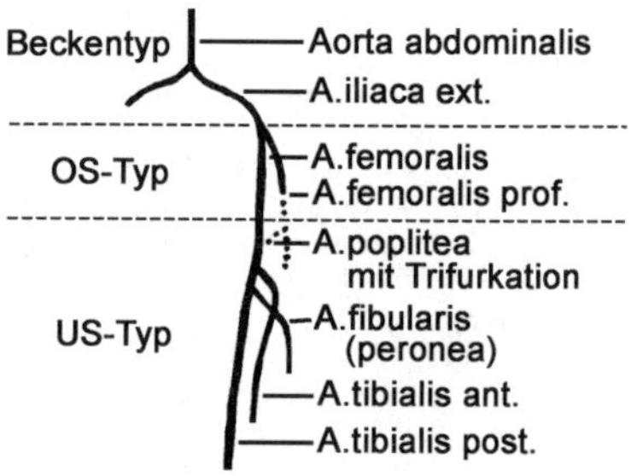

Ät:
- „Endogene“ Risikofaktoren: **Diabetes mellitus, arterielle Hypertonie, Hyperlipid- und Hypercholesterinämie** (erhöhtes LDL >160 mg/dl, vermindertes HDL <35 mg/dl), Hyperurikämie, Kollagenosen, Vaskulitiden, Angioneuropathien (Raynaud-Phänomen)
- Exogene Risikofaktoren: **Nikotinabusus**, Adipositas ab 30 % Übergewicht, mangelnde Bewegung, Ergotismus, hormonale Kontrazeptiva

Path: ♦ Die **Arteriosklerose** verläuft in folgenden Stadien:

1. **Gefäßendothelläsion** (Prädilektionsstellen sind die Gefäßgabeln) ⇨ **Intimaödem** (noch reversibler Schaden!)
2. **Einlagerung** von Lipiden, Lipoproteinen und Cholesterin in die Intima und beginnend auch in die Media ⇨ **Atherome** ⇨ Stenosen
3. Durch den Reiz **Proliferation von Fibroblasten** ⇨ führt zur **Sklerose** der Gefäßwand bis hin zur Verkalkung
4. An den in das Lumen vorspringenden **Skleroseplaques** können sich durch Thrombozytenaggregation und Flussminderung **Thromben bilden** ⇨ zunehmende Stenosierung ⇨ Verschluss des Gefäßes oder Emboliequelle

♦ Juvenile Form der Arteriosklerose: Es herrscht zelluläre Proliferation der Intima vor

♦ Mediaverkalkung vom Typ MÖNCKEBERG: Steinharte Kalkeinlagerungen, oft spangenartig (Gänsegurgelarterien) ohne Intimaverdickung mit offenem Lumen

♦ Entzündlich verursachte Verschlussprozesse: Fibromuskuläre Hyperplasie, Riesenzellarteriitis, Angioneuropathien (RAYNAUD-Phänomen)
Thrombangiitis obliterans (WINIWARTER-BUERGER-Krankheit): Degenerative und entzündliche Veränderungen v.a. an kleinen Gefäßen (distal von Knie und Ellenbogen)

♦ Diabetische Angiopathie: insb. kleine und mittlere, distale Gefäße betroffen (auch die peripheren Vasa nervorum ⇨ Polyneuropathie)

Epid: ◊ **M** > w (5:1)
◊ Prädisp.alter: >50. Lj., mit zunehmendem Alter steigende Inzidenz

Etlg: # **Typen:** Aorten- (LERICHE-Syndr.), Becken-, Oberschenkel-, Unterschenkeltyp = peripher
Stadieneinteilung der chronischen **AVK** nach FONTAINE

Stadium I:	Stenosen oder Verschlüsse **ohne Beschwerden**
Stadium IIa: Stadium IIb:	**Claudicatio intermittens** mit einer freien Gehstrecke >200 m* Claudicatio intermittens mit einer freien Gehstrecke <200 m*
Stadium III:	**Ruheschmerzen** und Nachtschmerzen
Stadium IV:	Ischämie: IVa: mit trophischen Störungen, **Nekrosen** IVb: sekundäre **Infektion** der Nekrosen

* In der Originaleinteilung v. 1967 wird statt 200 m als Gehstrecke 100 m angegeben.

Klin: ⇒ **Bis zu 50 % Stenose meist asymptomatisch!**
⇒ Schaufenstergang = **Claudicatio intermittens** (nach einer gewissen Gehstrecke muss schmerzbedingt eine Gehpause eingelegt werden)
Ruheschmerzen, v.a. in Horizontallage u. in der Nacht, Pat. lässt das betroffene Bein aus dem Bett heraushängen (DD: Venöser Schmerz: Hochlagerung)
⇒ Schmerzlokalisation ⇨ abhängig von der Verschlusslokalisation (allgemein gilt: Schmerzlokation distal der Stenose, sog. Etagenkrankheit):
- Gluteal und/oder gesamtes Bein und/oder Potenzstörungen ⇨ Aortentyp (LERICHE-Syndrom, Bifurkationssyndrom)
- Oberschenkel ⇨ Beckentyp
- Waden ⇨ Oberschenkeltyp
- Füße ⇨ Unterschenkeltyp

⇒ Steal-Effekt beim Gehen aus dem arteriellen Stromgebiet des Abdomens bei generalisierter Arteriosklerose ⇨ Bauchschmerzen (aortoiliakales Steal-Syndrom, mesenterisches Steal-Syndrom)
⇒ **Trophische Störungen** der Haut und Weichteile, Blässe der Haut, fehlende Venenfüllung
⇒ Mumifikation des betroffenen Areals (ohne bakt. Besiedlung) = Nekrose, **trockene Gangrän**, Beginn: meist Großzehe
⇒ Allgemein Neigung zu Weichteilinfektionen und **Wundheilungsstörungen**, feuchte Gangrän = bakterielle Infektion der Nekrose
⇒ Bei Diabetes mellitus: Häufig Kombination der Stadien II u. IV (schmerzlose trophische Störungen durch gleichzeitige periphere Polyneuropathie)

<u>**Diag:**</u> 1. Anamnese und klinische Untersuchung: Angabe der Schmerzlokalisation ⇨ Verschluss liegt i.d.R. eine Etage über der Schmerzlokalisation. **Inspektion** der Haut. Auf Wundheilungsstörungen achten.

Palpation: Pulsstatus aller Gefäßgebiete erheben! (A.femoralis, A.poplitea, A.tibialis post., A.dorsalis pedis, A.brachialis, A.radialis, A.carotis com., A.temporalis), Extremitäten-Hauttemperatur (mit Handrücken) prüfen

Bei Diabetes mellitus kann trotz tastbarem Puls eine pAVK vorliegen (Mikroangiopathie).

Auskultation: über dem Abdomen, A.femoralis und auch A.carotis ⇨ Geräusch ab ca. 40 % Stenose nachweisbar

Lagerungsprobe nach RATSCHOW: Beine 2 Min. nach oben halten, dann herunterhängen lassen ⇨ nach 5 Sek. muss Rötung erfolgen. Bestimmung des Knöchel-Arm-Index (Blutdruck von Bein/Arm normalerweise ≥1, pathologisch bei <0,9, Gefährdung der Extremität bei <0,5)

Gehstreckenmessung (mit einem standardisierten Verfahren)

2. Farbkodierte Duplexsonographie und Messung der Verschlussdrücke
3. <u>**Angiographie**</u> **(DSA)** obligat vor geplanter Op oder im Rahmen eines interventionellen radiologischen Eingriffs (Katheterdilatation oder perkutane Atherektomie) mit Darstellung aller Etagen: **Gefäßverhältnisse** vor dem Verschluss/Stenose und Zustand der folgenden **Ausflussbahn** ⇨ wichtig für die Prognose/Operabilität!

   <u>Wichtig:</u> **keine "Bilder" operieren, sondern immer die Klinik des Pat. beachten!**
4. Präop.: Klärung der Operabilität: Ausschluss koronarer, renaler, cerebraler Durchblutungsstörungen (Karotisstenose?), Karzinome, Lungenfunktion, Herz-Kreislauf-Zustand (EKG, Rö-Thorax), Urogramm zur Lokalisation der Ureteren.

   Im Stadium IV mit Nekrosen muss eine Osteomyelitis ausgeschlossen werden (Rö: Vorfuß).

<u>**Ther:**</u>

- <u>**Konservativ:**</u> Domäne der Inneren Medizin im Stadium I und IIa

  <u>Allg.:</u> **Ausschalten von Risikofaktoren** (**Nikotinverbot**, Hypertonie mit ACE-Hemmer behandeln, Diabetes einstellen, Adipositas, Fette und Cholesterin vermindern).

  Vermeidung von Verletzungen oder Infektionen an der betroffenen Extremität (z.B. unsachgemäße Manipulation an Zehennägeln, Hornhautschwielen etc.)

  Arteriosklerose ist nicht heilbar ⇨ wichtig ist die Prophylaxe!

  Gehtraining: tägliches Intervalltraining über insg. 60 Min., auch spezielle Belastungen wie Zehen- u. Hackengang üben. Immer bis knapp an die Schmerzgrenze gehen (dann Pause machen u. erneut beginnen) ⇨ die erzwungene Azidose führt zur Dilatation u. Reduktion des peripheren Widerstandes, Ausbildung von Kollateralgefäßen. Voraussetzung: palpabler Leistenpuls (freie A.profunda femoris u. poplitea, K-Ind: Stadium III + IV).

  <u>Med:</u> Basistherapie mit Thrombozytenaggregationshemmer (ASS) und Statin, im Stadium II verlängert Cilostazol (ein Phosphodiesterase-Hemmstoff, Pletal®) die Gehstrecke.

  Therapie mit vasoaktiven Substanzen (z.B. Prostaglandin E1 Prostavasin®, Pentoxifyllin Trental®, Naftidrofuryl Dusodril®)

  Rheologische Maßnahmen: Aderlass u. Ersatz des Volumens mit HAES (Hydroxyäthylstärke) = makromolekulare Infusionslösung, angestrebt wird ein **Hkt von 35-40 %** zur Verbesserung der Fließeigenschaften und der Mikrozirkulation (Hb sollte aber nicht <12 g/dl u. der HKT nicht <30 % fallen ⇨ zu schlechte Sauerstoffversorgung)

- <u>Interventionelle Radiologie:</u> **PTA = <u>p</u>erkutane <u>t</u>ransluminale <u>A</u>ngioplastie** (Ballonkatheterdilatation, sog. GRÜNTZIG-Verfahren) mit anschließender Marcumarisierung (OS) oder Therapie mit ASS (Becken), Ind: Kurzstreckige Stenose, z.B. der Becken- oder Femoralarterien bis max. 10 cm. Zusätzlich können über den Katheter eine oder mehrere **Stents** implantiert werden. Die Verfahren werden zunehmend insb. distal angewendet.

  PAT (<u>p</u>erkutane <u>A</u>spirations-<u>T</u>hrombembolektomie) + Lyse bei längeren Verschlüssen

  Versucht werden auch perkutane Laserangioplastie (Abtragung von Plaques mittels in einen Katheter integrierten Lasers) und die Rotablation (rotierender Schleifkopf an der Spitze des Katheters zum Abfräsen von Plaques).

- <u>Operativ:</u> Ind: Stadium II ⇨ relative Op-Ind: großzügiger für die Beckenetage (>200-300 m) zurückhaltender für die OS-Etage (ab <200 m = IIb) zu stellen. Absolute Op-Indikation: Stadium **III** u. **IV**

- Atheromatöses Ulkus der Aorta mit peripherer Mikroembolisation: offene TEA = **Thrombendarteriektomie** (Ausschälung von Intima mit Teil der Media) mittels Dissektionsspatel oder Ringdesobliteration mit Ringstripper oder einer Gefäßkürette ("Pilz"), evtl. Patcherweiterung, postoperativ für 2-3 Monate Marcumarisierung.

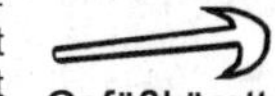

Gefäßkürette mit Pilzkopf

- Hoher Aortenverschluss: **"Y"-Prothese** als **aorto-bifemoraler** Kunststoff-**Bypass** oder seltener aorto-biiliakaler Bypass, seltenst aorto-biprofundaler Bypass
- Verschluss einer A.iliaca com.: Iliaco-iliacaler Crossover-Bypass oder Y-Prothese
- Verschluss der A.femoralis superficialis mit Abgangsstenose der A.profunda femoralis u. offener A.poplitea: Profundaplastik mit autologer Vene (V.saphena mag. mit zerstörten Venenklappen oder anterograde Implantation) oder Gefäßprothese
- Langstreckiger Verschluss der A.femoralis superficialis bis distal des Kniegelenkes (evtl. kombiniert mit einer Profundaabgangsstenose): Profundaplastik und Kniegelenküberschreitender femoropoplitealer Bypass
- Verschluss im Bereich der A.poplitea-Trifurkation (A.tibialis ant., A.tibialis post., A.fibularis): femoro-kruraler Bypass mit peripherem Anschluss an eine oder zwei Unterschenkel-Arterien
- Bei Risikopatienten und bei Patienten mit Infektionen nach vorausgegangener Gefäßoperation mit Stenosen im aorto-iliakalen Bereich: Extraanatomische Bypässe = (femoro-femoraler Cross-over-Bypass, axillo-bi-/femoraler-Bypass [subkutane Lage])
- Ultima ratio im Stad. IV: Amputation ca. 3 % d.F., versucht werden kann im Stad. **III** u. **IV** bei K-Ind. für Op und interventionelle Maßnahmen auch die Implantation eines epiduralen Rückenmarkstimulators (⇨ vermindert den Schmerz und verbessert die Hautdurchblutung)

• Selbsthilfegruppen: Deutsche Gefäßliga e.V., Postfach 40 38, 69254 Malsch, Tel.: (0 72 53) 2 62 28, Internet: http://www.deutsche-gefaessliga.de
AVK-Bundesverband e.V., An der Oberhecke 34, 55270 Sörgenloch/Mainz, Tel.: (0 61 31) 92 40 50, Internet: http://www.avk-bundesverband.de

Prog: Nach 5 Jahren liegt die Rate der offenen Gefäßprothesen zwischen 60 u. 85 %, nach 10 Jahren zwischen 40-60 % (Abhängig vom Zustand der Zustrom- und Ausflussbahn). Op-Letalität 1-2 % für das Stad. II und bis zu 10 % im Stadium IV.

Kompl: * Zweiterkrankung im Gefäßsystem, sog. “Kreuzrisiko“: 50-90 % d. Pat. haben zusätzlich eine **koronare Herzkrankheit** (4faches Risiko) oder/und **zerebrovaskuläre Durchblutungsstörungen** (2- bis 3faches Risiko) ⇨ prophylaktische Gabe von Thrombozytenaggregationshemmern (ASS-Medikation)
Merke: **Die Arteriosklerose ist eine Systemerkrankung!**

Op: * Nachblutung u. früher Rezidivverschluss (insb. bei extraanatomischem Bypass)
* Protheseninfektion: Häufigkeit 1 %
Klinisch: Phlegmone, Wundabszess, Sepsis, falsches Aneurysma, Blutung
Letalität: **40 %!** Je zentraler gelegen, desto schlechter die Prognose
Ther: extraanatomischer Bypass, Amputation
* Ischämische Kolitis, ischämische Glutealnekrose
* Impotenz bei Op im Bereich der infrarenalen Aorta, Ureterverletzung im Beckenbereich

DD: - **Venöse Thrombose:** geschwollene, bläulich gefärbte, leicht zyanotische, warme Beine, gestaute Hautvenen, Ödem, Linderung der Schmerzen bei Hochlagerung
- LWS-Syndrom, Ischialgie, Bandscheibenvorfall, spinale Ischämie, Osteoporose
- Zur Claudicatio intermittens: Polyarthritis hat Morgensteifigkeit, Arthrose hat Anlaufschmerz
- Polyneuropathie: häufig vorkommend, insb. bei Diabetes mellitus ⇨ Pat. haben trotz "faulender" Beine kaum Schmerzen

ARTERIOVENÖSE FISTELN

Syn: AV-Shunt, arteriovenöse Malformation, ICD-10: I77.0

Def: **Pathologische Kurzschlussverbindung** zwischen arteriellem und venösem Gefäßgebiet (extrakardial), das Shuntvolumen bedingt einen Anstieg der Blutumlaufgeschwindigkeit, eine Venenstauung und eine chronische Volumenbelastung des Herzens.

Ät:
- **Angeborene arteriovenöse Gefäßmissbildung** (kongenitale AV-Fisteln, ICD-10: Q27.3): Gehirn, Lunge, Extremitäten (bis zum Gigantismus der betroffenen Extremität), Ductus arteriosus BOTALLI persistens (zw. Aorta und A.pulmonalis, s. Kap. Herzchirurgie), OSLER-Krankheit (aut.-dom., angiomatöse Teleangiektasien v. Haut/Schleimhäuten/GI-Trakt u. Vorkommen von pulmonalen AV-Fisteln)
- Erworben/traumatisch: perforierende Verletzungen, Tumoren, zweizeitiger Einbruch/Perforation eines Aneurysmas in die begleitende Vene, Aktinomykose, Schistosomiasis
- Iatrogen: Probebiopsien, arterio-venöse Massenligaturen, Hämodialyseshunts

Etlg: # Kongenitale Fisteln (nach VOLLMAR):

Typ I: kurzstreckige direkte lokalisierte Verbindung, Duct.arteriosus BOTALLI

Typ II: Typ-F.P.WEBER-Syndrom: generalisierte Shuntform = ein ganzer Extremitätenabschnitt ist durch hämangiomatöse Bezirke betroffen

Typ III: lokalisierte tumoröse Form: kavernöse Hohlraumverbindungen, meist im Bereich des Kopfes und Gehirns (Aneurysma cirsoides/racemosum, Rankenangiom, sehr selten), häufig in Kombination mit anderen Missbildungen (KLIPPEL-TRÉNAUNAY-Syndrom, STURGE-WEBER-Syndrom, F.P.WEBER-Syndrom)

Lok: 50 % Extremitäten, 15 % Lungen, 15 % Bauchraum, 10 % Hals u. Kopf

Direkte AV-Fisteln: Arterie und Vene liegen direkt nebeneinander
Indirekte AV-Fisteln: aneurysmatischer Sack dazwischengeschaltet

Klin:
⇒ Einseitige ausgeprägte Varikosis, **pulsierende Varizen**, Stauungsödem
⇒ **Kardiale Insuffizienz** u. Herzvergrößerung (durch chronisch erhöhtes Blutvolumen), Polyglobulie, arterielle u. venöse Distension
⇒ Akute Hypovolämie: "Verblutung" in d. venöse Niederdrucksystem bei akutem Entstehen
⇒ Zeichen einer Mangeldurchblutung: Angina abdominalis

Diag:
1. Anamnese und klinische Untersuchung: Palpation ⇨ tastbarer Tumor
   Auskultation ⇨ Schwirren (Maschinengeräusch)
   NICOLADONI-BRANHAM-Test: bei Kompression der zuführenden Arterie oder der Fistel ⇨ Pulsverlangsamung durch abnehmendes Shuntvolumen
2. Röntgen: Thorax ⇨ Herzgröße?, Angiographie (DSA) bei unklarem Befund
3. Ultraschall-Doppler-Verfahren: Hyperzirkulation darstellbar
4. Bestimmung des HZV, des Gesamt-Blutvolumens, O_2-Sättigung im venösen Blut
5. Einmaliges MRT-Schädel zum Ausschluss zerebraler Gefäßmalformationen

Ther:
- Konservativ: transluminale **Katheterembolisation** in SELDINGER-Technik, Verödung bzw. Thrombosierung der Fistel, heute insb. mit kleinen **Metallspiralen**, die sich im Gefäß zusammenrollen und so zum Verschluss der Fistel führen.
  Therapie der Herzinsuffizienz (Diuretika, Digitalis)
- Operativ: Ind: alle größeren Fisteln, die zu einer Herzmuskelinsuffizienz führen, müssen operativ versorgt werden. Aneurysmaperforation
  - **Separationsmethode:** Isolierung und Trennung der Fistel, Naht der Stümpfe
  - **Kontinuitätsresektion:** Fistelbereich wird reseziert, Arterie und Vene jeweils mittels Naht wieder adaptiert
  - Wenn erhaltende Maßnahme nicht möglich ist: Vierpunkteligatur von Arterie und Vene proximal und distal der Fistel, in der Lunge Segmentresektion/Lobektomie
  - Angeborene Extremitätenfisteln: Skelettierungs-Op der großen Arterien, bei extremer angeborener Malformation ist die Gliedmaßenamputation ultima ratio.

Prog: Im allgemeinen funktionell zufriedenstellend

Kompl:
* Aorto-kavale und aorto-portale Fisteln können zu Pfortaderhochdruck führen
* Kongenitale Fisteln neigen zum **Rezidiv** proximal der ursprünglichen Fistel

GEFÄSSCHIRURGIE - VENEN

THROMBOPHLEBITIS

Def: **Oberflächliche** (epifasziale) **Venenentzündung** mit einem verschließenden Thrombus, ICD-10: I80.-

Ät: – Aseptische Form durch Intimareizung (z.B. **Trauma**, Varikosis, Medikamente, Infusionen)
– Infektiöse Form durch Keimverschleppung

Klin: ⇒ Geröteter, tastbarer, schmerzhafter Strang, Periphlebitis
⇒ Nur geringe Schwellung des perivasalen Gewebes (als DD zur tiefen Venenthrombose mit generalisierter Schwellung, da 9/10 des venösen Blutes über das tiefe Venensystem abfließen)

Diag: Anamnese und klinische Untersuchung

Ther:
- Konservativ: kühlender Heparin-Salbenverband mit Kompressen und **Kompression** mit elastischen Binden, **Mobilisation** (Pat. laufen lassen), evtl. Antiphlogistika, Enzympräparate (z.B. Wobenzym®, Traumanase®) u. Analgetika
- Bei der Thrombophlebitis keine Antikoagulanzien, ggf. ASS 500 mg/Tag (geringe Prophylaxe einer Thrombose)

Prog: Gut, als DD zur Phlebothrombose ⇨ keine Lungenembolie mögl. (Gefahr sehr gering), kein postthrombotisches Syndrom.

Kompl:
* Bei Immobilisation Übergriff auf tiefes Venensystem mögl.!
* Abszedierende Thrombophlebitis: lokale Einschmelzung (z.B. Infektion einer Punktionsstelle, meist Staphylokokken) ⇨ Abszesse durch Inzision spalten, Antibiose
* Varikophlebitis: Varixknoten-Thrombose und Entzündung ⇨ sehr schmerzhaft
  Ther: Inzision und Entfernung des Thrombus

DD: – **Erysipel** ⇨ Streptokokkeninfekt, Sympt: eher Fieber (Schüttelfrost bis zu septischen Temperaturen), als Erythema migrans der Haut (wandert innerhalb von Stunden), Eintrittspforte evtl. zu sehen (kleine Verletzungen), Prädisp.: Diabetes mellitus, höheres Alter, Abwehrschwäche, paraneoplastisch
– **Thrombophlebitis migrans** / saltans: Springende rezidivierende Thrombophlebitiden häufig mit Malignomen, Autoimmunerkrankungen, Appendizitis oder mit anderen Infektionen vergesellschaftet ⇨ Fokussuche und Sanierung des Fokus, evtl. NSAR, Kortikosteroide

PHLEBOTHROMBOSE

Syn: Tiefe Venenthrombose, Beinvenenthrombose, ICD-10: I80.2

Def: Kompletter oder teilweiser Verschluss des **tiefen Venensystems**

Ät: VIRCHOW-Trias: Veränderung der **Blutzusammensetzung** (Viskosität), der Strömungsgeschwindigkeit (= **Stase**) und **Endothelläsion**
– **Immobilisation!** (Bettlägerigkeit, Polytrauma, Schlaganfall, Frakturbehandlung, langes Verweilen in Zwangshaltung, z.B. im Flugzeug "economy class syndrome" genannt)
– Trauma (Quetschung, Frakturen, Stichverletzungen) ⇨ Gefäßinnenwandschädigung

- Perioperativ: lange Op, **Op am Bein**, insb. **Knie-** od. **Hüftgelenk** (TEP), Wadendruck auf dem Op-Tisch, Flüssigkeitsverlust, postop. Immobilisation (Thrombosegipfel um den 7. Tag)
- **Gerinnungsstörungen**: Thrombophilie durch APC-Resistenz (APC = aktiviertes Protein C ⇨ aut.-dom. erblich, hohes Risiko insb. bei homozygoter Faktor-V-Leiden-Genmutation), AT-III-Mangel, Protein-S-Mangel, Protein-C-Mangel, Faktor-II-Mutation, Lupusantikoagulanz, Polyzythämie, Thrombozytose, Heparin-induzierte Thrombozytopenie (HIT)
- Einnahme von **hormonalen Kontrazeptiva**, **Nikotin** (hormonalen Kontrazeptiva + Rauchen haben ein potenziertes Risiko, Risiko: 6fach!), während oder nach einer Schwangerschaft
- Exsikkose, Diabetes mellitus, Adipositas, Kokainabusus
- Lokale Kompression oder Wandinfiltration: bei den Beckenvenen durch linksseitigen Beckenvenensporn (pulsabhängige Einklemmung der V.iliaca com. sinistra zwischen LWK u. A.iliaca com. dextra, die sie überkreuzt, insb. bei jungen schlanken Frauen), maligne Prozesse, Lk-Metastasen, retroperitoneale Fibrose, Schwangerschaft, Kompression der V.femoralis durch Femoralhernie, frühere Thrombosen, Status varicosis
- **Paraneoplastisches Syndrom** (Trousseau-Syndrom, Viskositätsänderung ⇨ bei Karzinomen von Lunge, Pankreas, Verdauungstrakt, Ovar, Uterus und bei Leukosen)

Path:
- ♦ **9/10 des venösen Blutes** am Bein fließen über das **tiefe Venensystem** zum rechten Herz zurück. Wichtige Determinanten für den venösen Rückstrom sind die **Muskelpumpe** und Gelenkpumpe in Verbindung mit der Suffizienz der **Venenklappen**.
- ♦ Thrombusbildung:
  1. Bildung eines weißen Gerinnsels (aus Thrombozyten), Emboliegefahr
  2. Einlagerung von Fibrin und Erythrozyten
  3. Stadium der Schrumpfung des Thrombus ⇨ Emboliegefahr (ca. 8.-12. Tag)
  4. Thrombus-Organisation: Thrombus wird entweder gefäßwandständig oder es kommt zur Rekanalisation der Vene (die Venenklappen bleiben dabei aber in der Regel defekt ⇨ **postthrombotisches Syndrom**, das nach Jahren manifest werden kann)
- ♦ Lok: Meist Bein- (tiefe Unterschenkelvenen) oder Becken-/Beinvenenthrombose, auch V.iliaca / V.cava mögl., V.subclavia / V.axillaris (Paget-v.Schroetter-Syndrom), Phlegmasia coerulea dolens (gesamter venöser Querschnitt einer Extremität thrombosiert, s.u.)

Epid:
- ◊ Nach chirurgischen Operationen entstehen in ca. 0,5 % d.F. klinisch manifeste Thrombosen (wahrscheinlich insg. in ca. 2-5 % d.F., die aber meist klinisch stumm bleiben)
- ◊ Inzidenz: Phlebothrombose 20-100/100.000/Jahr

Klin:
- ⇒ Thrombosen verlaufen häufig symptomlos ⇨ Gefahr einer **Lungenembolie!**
- ⇒ Erhöhte Konsistenz d. Wadenmuskulatur, Druckschmerz der tiefen Venenstämme
- ⇒ Nächtliche Waden- u. Oberschenkelkrämpfe, Zerreißungsschmerz in der Wade beim Gehen, Fußsohlenschmerz beim Gehen oder spontan
- ⇒ Zyanotische Hautfarbe bei Verschluss mehrerer tiefen Venen, sichtbare prätibiale Venen = Pratt-Warnvenen
- ⇒ Tiefrote bis violette Verfärbung, starke Schwellung, Blasenbildung der Haut
- ⇒ Evtl. Fieberzacke und Tachykardie
- ⇒ Phlegmasia alba dolens = weiße Schwellung des Beines bei aufsteigender Beinvenenthrombose in das Becken (reflektorische art. Minderdurchblutung)

Diag:
1. Anamnese und **klinische Untersuchungen**:
   Umfangsmessung: **Seitendifferenz** >1 cm ist pathologisch
   Druckschmerzen in der Leiste (Rielander-Zeichen), über dem Adduktorenkanal, Kniekehle (Tschmarke-Zeichen) oder am Unterschenkel, beim Husten Schmerzen im Bein (Louvel-Zeichen)
   Lowenberg-Test: Manschettendruck zwischen 60 und 120 mmHg auf der betroffenen Seite schmerzhaft (bei Gesunden kommt es zum Schmerz erst bei über 180 mmHg)

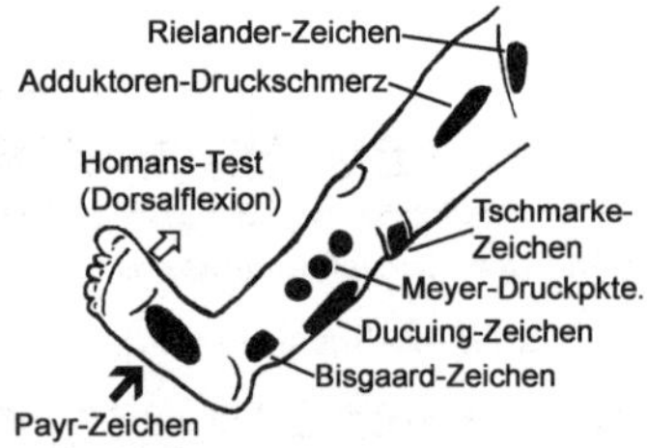

   Ducuing-Zeichen: Ballottement der Wadenmuskulatur schmerzhaft
   Meyer-Druckpunkte: Druckschmerz im Verlauf der V.saphena magna an den Perforansvenen-Austrittsstellen

HOMANS-Test: Wadenschmerz bei Dorsalflexion des Fußes ⇨ Unterschenkelvenenthrombose
PAYR-Zeichen: Druckschmerz der Plantarmuskulatur, auch spontan (DENECKE-Zeichen)
BISGAARD-Zeichen: Kulissendruckschmerz retromalleolär

Bei klinischem Verdacht auf eine Thrombose muss eine Diagnostik durchgeführt werden!
⇨ Farbkodierte Duplexsonographie od. Phlebographie bei Verdacht indiziert ⇦

2. Labor: Bestimmung der **D-Dimere** (Abbauprodukt des Fibrins) ⇨ erhöht bei Thrombose
   Ausschluss einer Gerinnungsstörung (AT-III-, Protein-S-, Protein-C-Mangel, APC-Resistenz), insb. bei jungen Pat. mit einer Thrombose (<45. Lj.)
3. Sonographie: a.) Doppler-Sonographie: Die Aussagekraft ist von der Erfahrung des Untersuchers abhängig, gut geeignet für Becken und Oberschenkel
   b) Bildgebender Ultraschall gut für die Diagnose von intraluminären Strukturen
   c) **Farbkodierte Duplexsonographie** ⇨ Kombination aus a.) u. b.) mit sehr guter Sensitivität und Spezifität (95 %)
4. Röntgen: Bein-Becken-Phlebographie zur genauen Bestimmung von Lokalisation und Ausdehnung der Thrombose, Kollateralisierung, heute seltener eingesetzt
5. Bei Versagen von Rö. u. Sono (z.B. komplette Thrombose ohne Fluss) auch MRT, Angio-MRT oder Phlebo-CT zur Beurteilung mögl.
6. Szintigraphie: Mit Radioiod-markiertem Fibrin, Technetium-markiertem Plasmin oder auch radioaktiv markierten Antifibrin-Antikörpern

Ther:
- Konservativ: **Kompression** anfangs mit Druckverband, später mit Kompressionsstrumpf (Kompressionsklasse II) bis zur Leiste. Ein Wadenkompressionsstrumpf sollte dann im Anschluss langfristig (für mind. 2 J.) getragen werden..
  Antikoagulation: bei allen Thrombosen **gewichtsadaptierte** Gabe (gem. Herstelleranweisung, ca. 200 I.E. anti-Xa/kgKG/Tag) eines **niedermolekularen Heparins**, z.B. 2 x tgl. Nadroparin [Fraxiparin®] od. 1 x tgl. Tinzaparin [innohep®] s.c. oder vollsynthetischer Xa-Hemmstoff Fondaparinux (1 x tgl. 7,5 mg s.c., Arixtra®) (sind thrombusbeseitigende Maßnahmen geplant, dann 20-30.000 I.E. Heparin/Tag über 5 Tage i.v., Zielwert: PTT 2fach). Am 2. Tag bereits überlappender, einschleichender Beginn der Antikoagulation mit **Cumarin-Derivaten** (= orale Vit.-K-Antagonisten, Phenprocoumon Marcumar®, Warfarin Coumadin®). Absetzen des Heparins bei Wirksamkeit des Cumarins (dazu Laborkontrolle, meist dauert es 3-5 Tage). Dauer der Behandlung: 3-6 Monate (Zielwert: Quick 25-35 %, INR 2,0-3,0), bei Rezidivthrombose od. Gerinnungsstörungen je nach Schwere für 12 Monate od. auch lebenslang.
  Bettruhe wird heute bei adäquater Antikoagulation nicht mehr empfohlen ⇨ **direkte Mobilisation**. Die Behandlung kann daher auch in 80-90 % d.F. **ambulant** erfolgen.
- Thrombolyse: Mit Strepto-, Urokinase, rt-PA oder APSAC (Anisoylderivat des Plasminogen-Streptokinase-Aktivatorkomplexes), wird heute zunehmend seltener durchgeführt. Ind: junger Pat., Mehretagenthrombose <8 Tage alt, aszendierende Unterschenkel-Oberschenkelvenenthrombose (chirurgisch ungünstig). Je früher eingesetzt um so bessere Ergebnisse!, K-Ind. für Lyse: hohes Alter, art. Hypertonie, GI-Ulzera, Nephrolithiasis, unmittelbar nach anderen Operationen, vorangegangene arterielle Punktionen. Durchführung: Langzeitlyse über 4-6 Tage (unter Gerinnungskontrollen), anschließend überlappend Vollheparinisierung und dann Cumarine (wie oben).
- Operativ: Ind: **Phlegmasia coerulea dolens**, segmentale Oberschenkel- oder Beckenvenenthrombose, Mehretagenthrombose, erfolglose Lyse
  - Intraoperative Oberkörperhochlagerung (Anti-Trendelenburg-Lagerung), Bauchpresse und Überdruckbeatmung zur Vermeidung einer intraoperativen Lungenembolie, bei Op-Beginn 5.000 I.E. Heparin i.v.
  - **Thrombektomie** (s. Abb.): Freilegung der beiden Vv.femorales in der Leiste. Von der gesunden Seite Vorschieben eines Ballonkatheters bis in die V.cava und Blockade (um Abstrom von thrombotischem Material zu verhindern), Entfernung der Thromben auf der erkrankten Seite mittels Fernembolektomie entsprechend dem FOGARTY-Katheter-Manöver und Auswickeln der Beine von distal nach proximal.

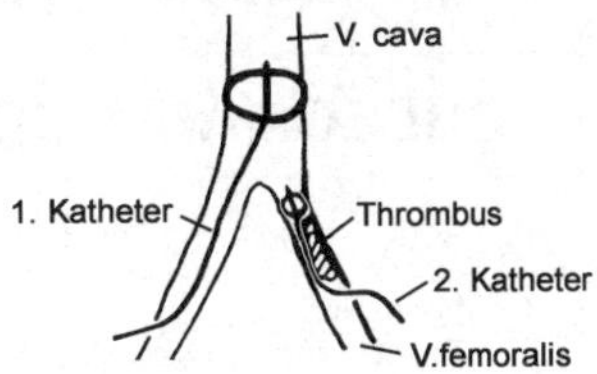

  Zur Rezidivprophylaxe bei weit prox. Verschlüssen: temporäre AV-Fistel für ca. 6 Mon.

- Postoperativ: Druckverband, Heparinisierung u. Frühmobilisation (Aktivierung der Muskelpumpe), anschließend überlappend für mind. 6 Monate Marcumarisierung (ohne Kompl. Absetzen nach spätestens 2 J.) wie oben
- Selbsthilfegruppen: Deutsche Gesellschaft Venen e.V., Postfach 18 10, 90007 Nürnberg, Tel.: (09 11) 5 98 86 00, Internet: http://www.dgvenen.de

<u>Prog:</u> Gute Resultate bei frühzeitiger Thrombektomie (innerhalb d. ersten 2-3 Tage)
Operationsletalität ca. 1 %, Letalität bei kons. Therapie <0,5 %
Unbehandelt entwickelt sich in 80 % d.F. ein postthrombotisches Syndrom.

<u>Kompl:</u> * **Lungenembolie**: Risiko insb. bei flottierenden Thromben in der femoro-iliakalen Region. Insgesamt entwickeln mind. 10 % der Pat. eine Lungenembolie (kleinere bleiben aber klinisch stumm), Ther: s.o. Kap. Lungenembolie.

* **Postthrombotisches Syndrom** (in 20-50 % d.F.): Durch bleibende chronische venöse Insuffizienz (Klappenschaden, Ektasie der tiefen Venen ⇨ Klappeninsuffizienz) erfolgt der Blutfluss vermehrt über die insuffizienten Perforansvenen in die oberflächlichen Venen ⇨ Varikosis, Stauung, Ödem, Unterschenkeldermatosen, trophische Störungen bis zum Ulcus cruris. Durch eine koonsequente Kompressionstherapie kann das Risiko vermindert werden.

* Heparinisierung: in 0,1-3 % d.F. (das Risiko ist bei den niedermolekularen Heparinen 10fach geringer) **<u>H</u>eparin-<u>i</u>nduzierte <u>T</u>hrombozytopenie** (HIT Typ II, „Heparinallergie“) = nach ca. 5 Tagen plötzlicher Thrombozytenabfall ⇨ Thrombosen, Lungenembolie, Extremitätenischämie, Myokardinfarkt, Apoplexie, Fieber durch Antikörper-bedingte Bildung von Thrombozytenaggregaten (white-clot syndrome), Letalität 6 bis 20 %.
Diag: HIPA-Test (<u>H</u>eparin-<u>i</u>nduzierter <u>P</u>lättchen-<u>A</u>ktivierungstest) od. Nachweis v. Heparin-Plättchenfaktor-4-Komplexen, ELISA-Test auf HIT-Immunglobuline.
Ther: Heparin sofort absetzen, Antikoagulation mit Thrombininhibitor Danaparoid (Orgaran®), bei Thrombose mit einem Hirudin, z.B. Lepirudin (Refludan®) od. Desirudin (Revasc®). <u>Proph:</u> bei Heparingabe regelmäßig **Thrombozytenzahl kontrollieren** (Tag 0, 5, 7, 9, 11, 14, dann 1x/Woche), aufklärungspflichtige Komplikation!

<u>Proph:</u> ♥ **Vermeidung jeglicher unnötiger Immobilisation!** Bei jeder Immobilisation (also insb. bei jedem operativen Eingriff!) die Beine mit elastischen Binden **wickeln** od. Antithrombosestrümpfe benutzen

♥ <u>Krankenhaus:</u> peri-/postoperativ und bei Immobilisation Thromboseprophylaxe mit **Low-dose-Heparinisierung** mit 3 x 5.000 I.E. tgl. Heparin s.c. (od. auch 2 x 7.500 I.E.) oder 1 x tgl. mit niedermolekularem Heparin s.c. (3.000-5.000 I.E.anti-Xa/Tag, je nach Herstelleranweisung) z.B. Enoxaparin (Clexane®), Nadroparin (Fraxiparin®), Certoparin (Mono-Embolex®NM), Dalteparin (Fragmin®), Reviparin (Clivarin®1.750)

<u>DD:</u>
- Arterieller Verschluss (fehlender Puls, kühle Haut, kein Ödem)
- Trauma mit Muskelfaserriss, Muskelhämatom, rupturierte BAKER-Zyste (Schmerz in d. Kniekehle), Leistenhernie
- Bei unerklärlichen rezidivierenden Thrombosen an Karzinome des Pankreas und des Verdauungstraktes denken!
- Ischiassyndrom mit Schmerzausstrahlung
- Schnell wachsendes Sarkom
- Erysipel (Fieber, Erythema migrans)
- Lymphödem (auf die Zehen übergreifend), hereditäres Angioödem, kardiale Ödeme

PHLEGMASIA COERULEA DOLENS

<u>Syn:</u> Pseudoembolische Phlebitis, venöse Gangrän, ICD-10: I80.2

<u>Def:</u> Maximalvariante einer **akuten** tiefen Venenthrombose ⇨ der **gesamte venöse Gefäßquerschnitt einer Extremität** ist verschlossen (zur Ät. s.o. bei Phlebothrombose)

<u>Path:</u> ♦ Durch das Sistieren des gesamten venösen Abflusses kommt es zur Aufhebung auch der

kapillaren Perfusion und somit zur Störung des arteriellen Zuflusses, evtl. sind zusätzlich auch venös-arterielle Reflexe für die arterielle Minderperfusion zuständig

♦ Häufig als Aufpfropfung auf eine bestehende Venenthrombose

<u>Klin:</u> ⇒ Trias: **Ödem, Zyanose** und **Schmerz**
⇒ Schwellung (venöse Stauung), aber kühle Haut (arterieller Zufluss gemindert)
⇒ Venenstauung, Blaufärbung, Hautblutungen
⇒ Nekrosen bis zur Gangrän
⇒ Hypovolämischer Schock (mehrere Liter Blut können in einer Extremität eingeschlossen werden)

<u>Diag:</u> 1. Anamnese und klinische Untersuchung: Pulsstatus
2. Ultraschall-Doppler-Untersuchung
3. Röntgen: Phlebographie

<u>Ther:</u> • <u>Operativ:</u> Ind: Die Phlegmasia coerulea dolens ist ein gefäßchirurgischer Notfall
– **Venöse Thrombektomie** (Mittel der ersten Wahl): Thrombektomie mit FOGARTY-Katheter-Manöver
– Als ultima ratio bleibt noch die Grenzzonenamputation bei bereits bestehenden ausgedehnten Nekrosen und Fehlschlagen der Rekanalisierung
– Postoperativ Antikoagulation (Marcumar) für mind. 6 Monate
• <u>Konservativ:</u> bei Versagen der operativen Therapie Versuch d. Fibrinolysetherapie mögl.

<u>Prog:</u> Ernstes Krankheitsbild mit hoher Mortalität (>50 %)

<u>Kompl:</u> * Nekrosen bis zur **Gangrän der Extremität** ⇨ Amputation
* **Lungenembolie**
* Kompartmentsyndrom, Myoglobinolyse Ther: Rechtzeitige Fasziotomie bei Verdacht auf ein sich entwickelndes Kompartmentsyndrom.
* Schock mit Verbrauchskoagulopathie
* Postthrombotisches Syndrom (s.o.)

<u>DD:</u> – Arterielle Embolie/Thrombose: Keine Schwellung der Extremität
– Cumarinnekrose

PAGET-v.SCHROETTER-SYNDROM

<u>Syn:</u> Arm-/Achselvenenthrombose, Achselvenenstau, ICD-10: I80.8

<u>Def:</u> Akute **Thrombose** der **V.axillaris** oder **V.subclavia** meist durch Endothelläsion
Lok: Prädilektionsstelle ist die Enge zwischen Schlüsselbein und erster Rippe

<u>Ät:</u> – **Trauma**, Überanstrengung (Tennis, Schwimmen, Kegeln, Gewichtheben, Holzhacken, sog. Thrombose par l'effort, Effort-Thrombose)
– Kompression des venösen Abflusses: **Thoracic-inlet-Syndrom** (Skalenussyndrom, Halsrippe usw.), Klavikula-Fraktur (Kallusbildung), Aneurysma der A.subclavia, mediastinale Tumoren, Lymphknotenvergrößerungen, längere ungünstige Zwangshaltung (z.B. im Schlaf, beim Autofahren) od. Partner schläft auf dem Arm des Anderen (sog. Thrombose des jeunes mariées)
– Junge Frauen: hormonale Kontrazeptiva (meist + Nikotinabusus)
– Gerinnungsstörungen: APC-Resistenz, AT-III-Mangel usw. (s. Kap. Phlebothrombose)
– Iatrogen: Thrombose entlang eines ZVK von der V.cephalica aus
Medikamente: Zytostatika, hypertone Lösungen

<u>Klin:</u> ⇒ **Schwellung**, livide zyanotische Verfärbung des betroffenen Armes
⇒ Schwere-, **Spannungsgefühl** u. Schmerzen im betroffenen Arm, Druckgefühl in der Axilla
⇒ Gefüllte oberflächliche Oberarmvenen, ggf. sichtbarer Kollateralkreislauf über V.cephalica, jugularis und laterale Thoraxvenen

Diag: 1. Anamnese (Trauma, Zwangshaltung?) und klinische Untersuchung
2. Doppler-Sonographie
3. Röntgen: **Phlebographie** des Armes, evtl. mit Belastungsstellung
4. Szintigraphie: mit Radioiod-markiertem Fibrin

Ther:
- Konservativ: Hochlagerung, Kompressionsverbände, Heparinisierung oder Fibrinolyse (Streptokinase, Urokinase, rt-PA, APSAC), anschließend für 3 Mon. Antikoagulation mit Cumarin-Derivaten (= orale Vit.-K-Antagonisten, Phenprocoumon, Marcumar®)
- Operativ: Ind: Versagen der kons. Therapie, persistierende Kompressionsursache, rezidivierende Thrombose (selten)
  - Trendelenburg-Lagerung, Darstellung der V.axillaris, Thrombektomie mittels FOGARTY-Katheter und Auswickeln des Armes, Op der Ursache (z.B. Entfernung einer Halsrippe, Skalenotomie)
  - Postoperative Röntgen-Kontrolle: Pneumothorax?
  - Überlappende Heparin-Marcumartherapie für mind. 3 Monate (s.o. Kap. Thrombose)

DD:
- Lymphödem des Armes, insb. nach axillärer Lymphonodektomie oder Radiatio bei Mammakarzinom
- MONDOR-Krankheit: Thrombophlebitis der Vv.thoracoepigastricae, insb. nach Mamma-Op.

VARIKOSIS

Syn: Krampfadern, altdt. Krummadern, Varizen, varix = der Knoten, ICD-10: I83.9

Def: Sack- oder knotenförmige Erweiterung oberflächlicher Venen, v.a. an der unteren Extremität

Anatomie: 3 Venensysteme am Bein:
1. Oberflächlich, subkutan: **V.saphena magna** (am Innenknöchel beginnend bis zum Venenstern = Krosse an der Leiste) und die V.saphena parva sowie alle davon ausgehenden Seitenäste
2. Tief, intermuskulär, zwischen Faszien: die tiefen Beinvenen übernehmen 90 % des venösen Rückstroms durch **Muskelpumpe** (Hauptwirkung) und Gelenkpumpe mit Hilfe der **Venenklappen** (Paternoster-Prinzip = Blut wird durch Kompression von Klappe zu Klappe nach oben transportiert), Pulswellen der perivenös gelegenen Arterien, Inspiration des Thorax und Herzvorhofsog (= negativer Druck)
   Intramuskulär: Soleussystem dient gleichzeitig als Blutspeicher und mündet in das tiefe Venensystem.
3. Perforansvenen (Venae perforantes): Verbindung zwischen oberflächlichem und tiefem System. Die physiologische Flussrichtung ist dabei von **außen nach innen**, durch Venenklappen gesichert, gerichtet.
   a.) DODD-Gruppe: Innenseite des mittleren Oberschenkels
   b.) BOYD-Gruppe: Innenseite des Unterschenkels direkt unterhalb des Knies
   c.) COCKETT-Gruppe: 3 Perforans-Venen an der Innenseite des Unterschenkels im unteren Drittel ca. 7, 14 und 18 cm von der Fußsohle entfernt.
   LINTON-Linie: Bildet eine Gerade vom Innenknöchel zum Knie auf dem die Perforans-Venen-Gruppen b. und c. liegen.

Ät:
- Bindegewebsschwäche / idiopathisch / **genetische Disposition** ⇨ primäre Varikosis
- **Klappeninsuffizienz** (erworben, s.u.) / fehlende Venenklappen (angeboren) oder dysplastische Venenklappen (= KLIPPEL-TRÉNAUNAY-Syndrom mit Gliedmaßenriesenwuchs und Naevus flammeus u. evtl. dysplast. Lymphsystem)
- **Postthrombotisches Syndrom:** Stau/Druckerhöhung bei Insuffizienz der Klappen im tiefen System ⇨ Rückfluss in das oberflächliche Venensystem ⇨ Varikosis (in mehr als 80 % d.F. nach einer nicht behandelten akuten tiefen Beinvenenthrombose mit einer Latenz von 1-2, manchmal 10 bis 30 Jahren auftretend) ⇨ Austritt von Flüssigkeit durch den erhöhten hydrostatischen Druck (STARLING-Hypothese) führt zum Ödem und sekundär zu trophischen Störungen durch Minderperfusion

- Prädisponierend: Gravidität (hormonelle Einflüsse und Stase des ven. Abflusses durch intraperitoneale "Raumforderung"), Adipositas, Kompression (z.B. durch Leibbänder), Kompression durch Tumoren im venösen Abstromgebiet
- Erhöhter hydrostatischer Druck (häufiges langes Stehen)
- Nicht ausreichende Muskel-/Gelenkpumpe (Bewegungsmangel)

Path: ♦ **Primäre Varikosis** (vom oberflächlichen Venensystem ausgehend): primäre Erweiterung der V.saphena magna o. parva mit konsekutiver Klappeninsuffizienz, meist nachweisbare genetische Disposition (angeborene Bindegewebeschwäche) u. unphysiologische Belastung: Berufe mit langem Stehen, wenig Laufen

♦ **Sekundäre Varikosis**: folgt anderen Venenerkrankungen (meist vom tiefen Venensystem ausgehend): posttraumatisch, **postthrombotisch**, Insuffizienz der Vv.perforantes, AV-Fisteln, Schwangerschaftsvarikosis, portale Hypertension

Epid: ◊ Fast jeder zweite >50 Lj. leidet an Varizen oder deren Folgen, w > m (3:2)

◊ ca. 10 % aller Berufstätigen haben eine Varikosis mit Krankheitswert, 25 % davon haben bereits Komplikationen

Etlg: # **Chronisch venöse Insuffizienz** (CVI), Einteilung nach WIDMER:

I: **Kölbchenvenen, Ödemneigung** perimalleolär (BISGAARD-Kulisse)
II: **Trophische Hautveränderungen** mit Hyper- u. Depigmentation
III: Florides oder abgeheiltes **Ulcus cruris**

Erscheinungsformen der Varikosis:

- Besenreiservarikosis, Kölbchenvenen (z.B. Corona paraplantaris phlebectatica)
- retikuläre Varikosis (netzartige Erweiterungen subkutaner Venen)
- **Stammvarikosis** (V.saphena magna oder parva oder Seitenäste), Etlg. n. HACH:
  Stad. I: Insuffizienz d. Mündungsklappe d. V.saphena mag. am Venenstern
  Stad. II: I + variköse Veränderung bis oberhalb des Kniegelenkspaltes
  Stad. III: I + II + variköse Veränderung bis ca. 5 cm unterhalb d. Knies
  Stad. IV: I - III + fingerdicke variköse Veränderung bis zum Knöchel
- Perforans-Varikose = "blow-out"-Varizen bei insuffizienten Vv.perforantes
- Varizenpolster / Rezidivvarizen
- Ulcus cruris venosum (in ca. 30 % d.F. bei Stad. IV vorhanden)
- Pudendale Varikosis bei pelviner Veneninsuffizienz (meist nach Schwangerschaft durch Klappeninsuffizienz der V.ovarica ⇨ Ther: Clipping der V.ovarica)

Klin: ⇒ Primäre Varizen machen nur selten Beschwerden: evtl. Schwere- u. Spannungsgefühl und Schmerzen bei langem Stehen

⇒ Sekundäre Varizen: Ausgeprägtes Schwere- u. Spannungsgefühl, Schmerzen, Schwellung des Beines (DD: keine Schwellung bei arteriellem Verschluss), Juckreiz, Ekzeme, Stauungsdermatitis, Hyperpigmentation, Ulkus cruris venosum (typische Stelle über dem Malleolus medialis), evtl. Atrophie blanche (Arteriolen reflektorisch verengt)

⇒ Klinische Einteilung der CEAP-Klassifikation

C0 = keine sichtbaren Zeichen einer Venenerkrankung
C1 = kleine Varizen (z.B. Besenreiser)
C2 = größere Varizen, ohne Zeichen einer chron. venösen Insuffizienz
C3 = Varizen mit Ödemen
C4 = mit Hautveränderungen (Hyperpigmentierungen, Ekzeme, Atrophie blanche)
C5 = mit abgeheiltem Ulcus cruris
C6 = mit floridem Ulcus cruris

Diag: 1. Inspektion: Sichtbare **Ausbuchtungen** und Erweiterungen im Stehen, gestörte Hauttrophik, geschwollene Knöchelregion = BISGAARD-Kulisse, Ulzera cruris etc.
Palpation von **Faszienlücken** an den Durchtrittsstellen der insuffizienten Perforansvenen, **"blow-out"**-Phänomen (hervortretende Perforans-Venen)

2. TRENDELENBURG-Test: Überprüft Suffizienz der Perforantes und der Klappen. Patient liegt, Beine hochgelagert ⇨ Ausstreichen der Varizen, Kompression der V.saphena mag. am Oberschenkel durch eine Staubinde
anschließend: Beobachtung der oberflächl. Venen im Stehen, normal sehr langsame od.

gar keine Füllung der Venen ⇨ Perforantes suffizient
nach Abnahme der Stauung keine retrograde Füllung der oberflächlichen Venen ⇨ Venenklappen intakt.

TRENDELENBURG I positiv: Schnelle Venenfüllung bei noch liegender Stauung (<15 Sek.) ⇨ Perforantes insuffizient

TRENDELENBURG II positiv: Retrograde Füllung nach Abnahme der Stauung ⇨ Klappeninsuffizienz (= Stammvarikosis)

Zur Abklärung der Lokalisation: Staubinde am Ober- und Unterschenkel

3. PERTHES-Test: Überprüft die Durchgängigkeit der tiefen Venen u. somit die Op-Fähigkeit: eine Staubinde am Oberschenkel im Stehen anlegen, Pat. umhergehen lassen:
   normal: Entleerung der Venen am US durch Muskelpumpe ⇨ tiefe Venen o.B.
   PERTHES-Test positiv: Varizen werden praller und schmerzen ⇨ Abflussbehinderung der tiefen Beinvenen (sekundäre Varikosis)
4. MAHORNER-OCHSNER-Test: Zur Prüfung der Perforans-Insuffizienz: Mittels 2 Staubinden wird ein Areal abgeschnürt ⇨ Pat. gehen lassen ⇨ sind die Perforans-Venen in diesem Areal defekt zeigt sich eine Venenfüllung (ähnlich funktioniert der PRATT-Test mit 2 elast. Binden und einem Stauschlauch oder der COOPER-Test mit 3 Staubinden)
5. Sonographie: Doppler-Sonographie und bildgebender Ultraschall, bzw. **farbkodierte Duplexsonographie**: pathologisch: Kaliberzunahme u. retrograder Flow d. Vv.saphenae, Strömungsumkehr der Vv.perforantes (blow out)
6. Aszendierende Phlebographie der Bein- u. Beckenvenen (vom Fußrücken aus): gibt Auskunft über die Durchgängigkeit der tiefen Venen, über die Insuffizienz der Perforantes und das Ausmaß der Varikosis

Ther:

- Konservativ: gut sitzende **Kompressionsstrümpfe + Bewegung** (Muskelpumpe!)
  In der Ödemphase Kompressionsverbände mit Kurzzugbinden, danach Strümpfe (Kompressionsklasse II = Druck 23-32 mmHg an der Fessel), Hochlagern der Beine.

  Merksatz für Patienten: S meiden, L tun (S = nicht sitzen, stehen ⇨ L = liegen, laufen)

  Med: Venentonika (z.B. Rosskastanienextrakte)
- Perkutane Verödungsbehandlung = **Sklerosierung** nach SIGG bei **Besenreiservarikosis** (Injektion von 1-2 ml Luft (air-block) u. anschließend das flüssige Verödungsmittel, z.B. Endoxisklerol®)
- Endovenöse Verödung der V.saphena mit **Laser** od. mit Radiowellen (Radiofrequenzobliteration od. bipolare Radiofrequenz-induzierte Thermoablation). Durchführung: Punktion der Vene kurz oberhalb des Knies, vorschieben des Katheters unter duplexsonographischer Kontrolle bis 1-2 cm vor den Venenstern. Verödung dann beim Zurückziehen. Vorteil: spart die Stripping-Op., allerdings auch häufiger Rezidive

  Schaumsklerosierung bei Nebenästen, kleinen Rest- oder Rezidiv-Varizen: Polidocanol (Aethoxysklerol®) 1:4 mit Luft gemischt direkt in die Varize, Cave! Keine Injektion in das tiefe Venensystem/Vv.perforantes!

  Nachbehandlung: Kompressionsverband ⇨ lokale Verklebung u. Thrombose führt zum Verschluss der Varizen
- Operativ: Ind: Varikosis mit ausgeprägtem Befund (Korkenzieher-Varikosis, Varizen >15 mm Durchmesser)
  - **Wichtig vor Op: Präoperativ** muss der Varizenstatus am **stehenden Patient detailliert angezeichnet** werden! (im Liegen auf dem Op-Tisch sind die Venen kollabiert und nicht mehr sichtbar), bzw. duplexsonographisch-kontrolliert angezeichnet werden.
  - Bei umschriebenem Befund Resektion der einzelnen Varizen (od. Laserverödung)
  - Bei Stammvarikosis **Venen-Stripping** d. **V.saphena magna**, modifizierte **BABCOCK-Op**:
    1. Schnitt in der Leiste und Aufsuchen des Venensternes (auch Krosse genannt = Einmündung der V.saphena magna in die V.femoralis)
    2. Sorgfältige Unterbindung der peripheren Äste am Venenstern, um ein Rezidiv zu vermeiden (= **Crossektomie**)
    3. Absetzen der V.saphena magna, Fasziennaht über der Krosse. Dann von proximal Einbringen der Stripping-Sonde ⇨ Vorschieben bis unterhalb des Knies

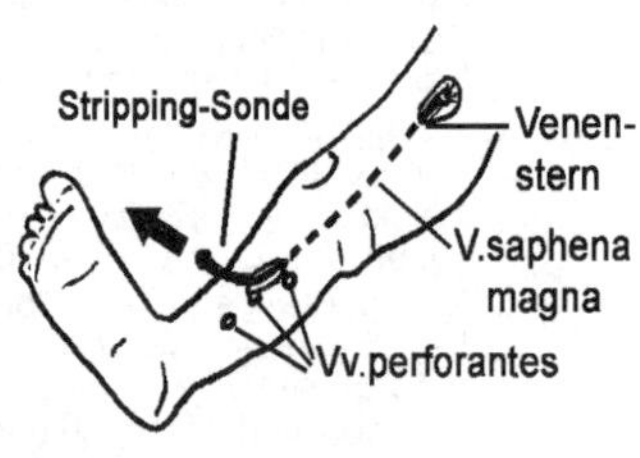

4. Schnitt am oberen Drittel des Unterschenkels über dem tastbaren Sondenende, Ausleitung der Sonde
5. Befestigung des Strippers an der Vene in der Leiste durch Naht und dann Ziehen der Vene von proximal nach distal (diese invertiert sich beim Ziehen dabei)

+ Insuffiziente **Perforans-Venen** am Bein sind über kleine Miniinzisionen in der LINTON-Linie aufzusuchen und mit großer Sorgfalt zu **ligieren**/umstechen (subfaszial) und unter anschließender Fasziennaht zu versenken
+ **Exhairese** (= Resektion)/Ligatur aller oberflächlichen (vorher eingezeichneten) **Venenkonvolute** über kleine Extrainzisionen

Wickeln des Beines mit elastischen Binden.

- Postoperativ: Fäden ex nach 8 Tagen, Kompressionsstrümpfe Klasse II bis zum Oberschenkel für 6-8 Wo., ausreichend Bewegung

• Selbsthilfegruppen: Deutsche Venen-Liga e.V., Sonnenstr. 6, 56864 Bad Bertrich, Tel.: (08 00) 4 44 33 35 (gebührenfrei), Internet: http://www.venenliga.de

Prog: Rezidivrate der Sklerosierungstherapie 20-50 % innerhalb von 5 Jahren, Rezidivrate bei der Op: 5-15 % (insb. durch unversorgte Vv.perforantes!), Letalität: 0,02 %

Kompl:
∗ Varizenruptur, Varikophlebitis, tiefe Venenthrombosen, Lungenembolie
∗ Sklerotherapie: paravenöse Injektion ⇨ lokale Reizung, Allergien

Op:
∗ **Verletzungen** der **V.femoralis** an der Einmündungsstelle der V.saphena magna od. der A.femoralis superficialis
∗ Blutungen, **Hämatome**, Serome, Ödeme (Ther: Kompressionsverband, abschwellende Maßnahmen mit Lymphdrainage, Enzympräparate, z.B. Wobenzym®N)
∗ Wundheilungsstörungen (insb. wenn eine ekzematöse Hautveränderung bereits präoperativ bestand, daher bei akutem Ekzem besser das Abklingen abwarten)
∗ Sensibilitätsstörungen über der Hautinzision (15 %, meist reversibel)
∗ Lymphfisteln (5 %)

ULCUS CRURIS

Syn: Ulcus cruris venosum, venöses Ulkus, ICD-10: 83.0

Ät: Ulzeröse Form der **chronisch venösen Insuffizienz** / Endstadium (häufigste Komplikation)

Epid: ca. 30 % der Pat. im Stad. IV der Stammvarikosis haben ein Ulcus venosum

Klin:
⇒ Tiefrotes Ulkus (häufig am medialen Unterschenkel/Knöchel), umgebende Haut meist hyperpigmentiert und trophische Störungen
⇒ Juckreiz, unbestimmtes Schmerzgefühl ("restless legs")

Ther:
• Konservativ: **Kompression!**, ohne Kompression keine Heilung (nur durch die Kompression kann das Ödem zurückgedrängt werden und über die somit verkürzte Diffusionsstrecke werden die Zellen wieder mit O_2 und Nährstoffen versorgt ⇨ Voraussetzung für eine Heilung) + Bewegung
Hydrokolloidplatten (Varihesive®, Comfeel®) zur Wundreinigung und Konditionierung des Wundgrundes (diese können mehrere Tage auf der Wunde belassen werden)
• Operativ: Ind: wenn das Ulcus unter konsequenter! (1-2 Mon.) Kompression nicht abheilt
- Wundtoilette: Säuberung des Ulkusgrundes, Abtragen von Nekrosen, unter Kompressionsverband oder Vakuumversiegelung **Granulationsgewebe** bilden lassen
Bei ausreichendem Granulationsgewebe ⇨ Hauttransplantation (Mesh-Graft, Spalthaut ⇨ muss perforiert sein, um Sekretverhaltung zu verhindern) + Kompressionsverband
- Bei extremer trophischer Störung: Fasziotomie der paratibialen Muskelfaszie (zur Druckentlastung) u. anschließende (ein- od. zweizeitige) plastische Deckung des Ulkus
- Biochirurgie: Einbringen von sterilen Fliegenlarven (*Lucilia sericata*, diese Maden sind reine Nekrophagen, sie verflüssigen die Nekrosen durch ihre sezernierten Verdauungssekrete) für 3 Tage zum „Abfressen“ der Nekrosen und Förderung der reparativen

Wundheilung (Ind: schlechter Gesamtzustand des Pat., z.B. wenn keine Narkose zur Nekrosenabtragung mögl. ist)

Prog: Die Therapie erfordert **viel Geduld**, bei konsequentem Therapieregime und guter Compliance des Patienten können sehr gute Ergebnisse erzielt werden.

Kompl: * Infektion des Wundgebietes
* Spätkomplikation: Entwicklung eines Narbenkarzinoms

DD: – Dekubitus (Druckgeschwür, bei bettlägerigen immobilen Patienten), meist zuerst über dem Os sacrum, an der Ferse od. über den Malleolen
– Arterielles Ulcus (Pulsstatus), meist über der Tibia lokalisiert
– Ulcus bei Diabetes mellitus, meist am lat. Unterschenkel lokalisiert
– Ulcus trophoneuroticum = Malum perforans (bei Polyneuropathie, insb. zusammen mit einem Diabetes mellitus), meist an der Fußsohle über dem II. Strahl lokalisiert
– Ulkus-Karzinom (Ulcus neoplasticum): daher bei nicht abheilendem Ulcus Biopsien von Rand u. Kraterboden entnehmen und ein Karzinom histologisch ausschließen
– Ulcus allergischer, toxischer oder infektiöser Genese

HÄMODIALYSE-SHUNTS

Def: Sicherer, hämodynamisch ausreichender und wiederholt gut punktabler venöser Gefäßzugang mit einem Shunt-Volumen von mind. 200 ml/Min. zwischen einer Extremitätenarterie und einer Vene.
Ind: Patienten, die eine chronische intermittierende Dialyse bei terminaler Niereninsuffizienz benötigen (z.Zt. ca. 60.000 Hämodialysepatienten in Deutschland)

Ther: • Akut wird eine Hämodialyse mit nur einem dicklumigem Zugang (sog. SHALDON-Katheter, doppellumig) im "Single-needle-Verfahren" (= Dialyse erfolgt mittels Pumpen über nur einen einzigen Zugang) über die V.jugularis int. od. V.subclavia durchgeführt
• Einfache arteriovenöse (= AV)-Fistel: subkutane (autologe) **BRESCIA-CIMINO-Fistel** (Syn: CIMINO-Shunt) zwischen **A.radialis** u. **V.cephalica** an d. radialen Innenseite d. **distalen Unterarmes**
Durchführung: in Lokalanästhesie Aufsuchen der Arterie und Vene, Mobilisation der Vene und **End-zu-Seit**-Naht auf die Arterie.
Weitere Möglichkeiten: A.cubitalis und V.cephalica in der Ellenbeuge (GRACZ-Shunt), A.femoralis/A.poplitea u. V.saphena magna am Bein (extrem selten)
• Alloplastische AV-Fistel: **SCRIBNER-Shunt** aus Kunststoff (PTFE, Ø 6 mm) als Schleifenshunt (Loop) am Unterarm, gestreckter Shunt am Oberarm od. Oberschenkel mit subkutaner Shuntanlage (Nachteil: kürzere Haltbarkeit, häufiger Infektionen u. Shuntthrombosen ⇨ werden erst eingesetzt, wenn keine autologe Shuntanlage mehr möglich ist)
• Selbsthilfegruppen: Bundesverband Niere e.V., Weberstr. 2, 55130 Mainz, Tel.: (0 61 31) 8 51 52, Internet: http://www.bundesverband-niere.de

Prog: Der Cimino-Shunt kann nach 4 Wochen benutzt werden (Dilatation der Vene), Shunttraining in dieser Zeit (wiederholtes proximales Abbinden zur Dilatation), ein Shunt kann bis zu 10 Jahren halten. Ein-Jahres-Offenheitsrate im Durchschnitt ca. 75 %.

Kompl: * Steal-Effekt distal des Shunts (z.B. kalte Hände, Parästhesien, Nekrosen)
* **Thrombosierung** od. Verschluss ⇨ Auskultation: fehlendes Strömungsgeräusch (ein auskultatorisches und sogar palpatorisches Schwirren ist bei einem durchgängigen Shunt sehr deutlich vorhanden)
* **Infektion** ⇨ Sepsis, Aneurysmabildung (⇨ Perforations- u. Emboliegefahr), Blutung
* Stenose im Anastomosenbereich
* Karpaltunnelsyndrom (Engpass durch venöse Dilatation)

GEFÄSSCHIRURGIE - LYMPHGEFÄẞE

Anatomie

Die Lymphe aus der unt. Extremität und dem Abdomen (Tr.intestinalis) trifft sich in der **Cisterna chyli** (liegt am Hiatus aorticus). Von dort wird die Lymphe weitergegeben an den **Duct.thoracicus** ("Milchbrustgang") der im linken Venenwinkel (Angulus venosus sin. zwischen V.subclavia und V.jugularis int.) endet. Der Lymphabfluss des li. Armes und der li. Kopf-/Halshälfte erfolgt ebenfalls in den li. Venenwinkel. Der rechte Arm und die re. Kopf-/Halshälfte endet am re. Venenwinkel.

Weitere mögliche lymphatische Einmündungsstellen (Varietäten) gibt es in die V.cava inf. und V.azygos. In der Peripherie gibt es Verbindungen zwischen Lymphgefäßen und benachbarten Venen.

Lymphknoten: Diese sind als Filterstationen in die Lymphbahnen zwischengeschaltet. Größere Stationen finden sich in der Leiste, Axilla, Abdomen, parahilär der Lunge und am Hals.

Funktion: Abwehrfunktion (Lymphozyten), Filterfunktion (Lymphknoten), Transportfunktion (Proteine, Fette) mit Drainage der interstitiellen Flüssigkeit (ca. 2 l/Tag).

LYMPHANGITIS

Syn: Volksmund: ***"Blutvergiftung",*** mit Befall der Lymphknoten = Lymphadenitis, ICD-10: I89.1

Ät: Bakterielle Lymphbahnenentzündung: meist Staphylokokken und Streptokokken mit Abszess, Furunkel, Phlegmone od. Panaritium als Quelle, in den Tropen oft Filariosen

Path:
- ♦ Die Infektion breitet sich über die Lymphbahnen aus (roter Streifen, Volksmund: *„Blutvergiftung"*) und mündet an den großen Lymphknotenstationen (Leiste oder Axilla) und gehen dort mit einer schmerzhaften Schwellung einher.
- ♦ Wird nicht rechtzeitig therapiert, geht die Infektion über die Mündung des Lymphsystems in das venöse Gefäßsystem über ⇨ Sepsis!

Klin:
- ⇒ **Roter Streifen,** als druckschmerzhafter Strang, lokale Überwärmung
- ⇒ Schmerzen an der Eintrittspforte (häufig nicht mehr sichtbar)
- ⇒ **Schmerzhafte Schwellung der regionären Lymphknotenstationen**
- ⇒ Evtl. Fieber, Leukozytose, Schüttelfrost ⇨ **Cave: Sepsis!**

Diag:
1. Anamnese und klinische Untersuchung (Eintrittspforte?)
2. Szintigraphie: Speicherfähigkeit der Lk herabgesetzt
3. Röntgen: Lymphangiographie (nur im chron. Stadium erforderlich)

Ther:
- Konservativ: Ruhigstellung der Extremität, Verbände mit Rivanol-Lösung, Antibiose, **Tetanusschutz!**
- Operativ: Ind: Bei sichtbarem Abszess, Furunkel, Phlegmone, etc.
  - Sanierung der Eintrittspforte (chirurgische Inzision)

Kompl:
- * Nicht rechtzeitiges Einschreiten ⇨ **Gefahr der Sepsis!**
- * Bei rezidivierenden Lymphangitiden ⇨ chronische Lymphangitis mit Lymphödem mögl.

DD:
- Oberflächliche Thrombophlebitis, Phlebitis migrans
- Lymphadenitis bei Systemerkrankungen, Tumoren

LYMPHÖDEM

Syn: Engl. lymphoedema, ICD-10: I89.0

Path: Ein Lymphödem entsteht, wenn die anfallende Lymphe einer Region (lymphatische Last) die Transportkapazität des Lymphgefäßsystems übersteigt. Physiologischerweise besteht eine hohe Reservekapazität des lymphatischen Systems, sodass einfache Verletzungen i.d.R. nicht zu einem Lymphödem führen.

Ät:
- Angeboren (hereditäres Lymphödem) oder sporadisch: Aplasie/Hypoplasie des Lymphgefäßsystems (NONNE-MILROY-Syndrom, MEIGE-Syndrom), Dysplasien der Lymphwege mit Lymphangiomen bei KLIPPEL-TRÉNAUNAY-Syndrom.
- **Iatrogen: Entfernung regionärer Lymphknoten** (Armlymphödem nach Ausräumung der tiefen Axilla-Lk beim **Mammakarzinom**, Beinlymphödem nach **gynäkologischen** oder **urologischen Operationen** od. Lymphbahnzerstörung am med. Kniegelenk), **Bestrahlungstherapie** regionärer Lymphknoten ⇨ Fibrose der Lymphbahnen, mögl. NW bei Paclitaxel-Medikation (Chemotherapeutikum)
- Entzündlich: rezidivierende Lymphangitis od. Erysipel, Lymphangitis durch Wurmbefall der Lymphgefäße: sog. Filariose (weltweit ca. 250 Mio. Pat.) mit Wuchereria bancrofti ⇨ Elephantiasis (= Maximalform eines Lymphödems)
- Neoplastisch = Lymphoedema tardum, Leukämien, Lk-Metastasen
- Posttraumatisch, Narben unterschiedlicher Genese

Epid:
◊ Prävalenz: ca. 1,5 ‰ ⇨ ca. 120.000 Pat. in Deutschland geschätzt
◊ Primäre Lymphödeme: <30. Lj. beginnend, bei späterem Beginn muss immer an einen malignen Prozess gedacht werden (sek. Form). In 90 % d.F. **Frauen** betroffen.
◊ Nach Mamma-Ca-Lymphonodektomie der Axilla in 10 % d.F., bei zusätzlicher Radiatio in bis zu 50 % d.F.!

Etlg:
Primäres Lymphödem: **angeborene** Insuffizienz des Lymphgefäßsystems (familiär bedingt, selten auch sporadisch)
Sekundäres Lymphödem: posttraumatisch, entzündlich, neoplastisch, **iatrogen**: postoperativ, post radiationem
Stadien:

I:	Latentes Lymphödem (Schwellungen nach banalen Traumen, z.B. Mückenstich)
II:	Reversibles Lymphödem, insb. abends auftretend, Haut unverändert
III:	Irreversibles Lymphödem: hart, blasses, nicht eindrückbares Ödem, Hauthypertrophie
IV:	**Elephantiasis** (= fibrosklerotisches Lymphödem), entstellende Deformation

Klin:
⇒ Lymphödem: harte, glatte, nicht eindrückbare Haut, Hauthypertrophie, eher kühle Haut
⇒ Primäres Lymphödem: meist an Zehen, Fußrücken und Knöchel
⇒ Sekundäre Lymphödeme: meist gesamtes Bein/Arm betroffen

Diag:
1. **Anamnese** (Operationen, Verletzungen, Radiatio?) und klinische Untersuchung
   STEMMER-Zeichen: trotz Ödem sind an den Zehen die queren Hautfalten sichtbar
2. **Weichteilsonographie**
3. Lymphsequenzszintigraphie: Speicherungsdefekte
4. Röntgen: Lymphographie ⇨ Nachweis pathologischer Gefäßveränderungen

Ther:
- Konservativ: komplexe physikalische Entstauungstherapie, bestehend aus **manueller Lymphdrainage** (2 x tgl.), Entstauungsgymnastik, Hochlagerung der betroffenen Extremität und konsequentes Tragen von Kompressionsbandagen (Klasse 4 = >49 mmHg) für ca. 4 Wo. Im Anschluss an die Akuttherapie wiederholte Lymphdrainagetherapie (1-2x/Wo.) und Kompressionsstrümpfe (Klasse 2) lebenslang
  Med: haben sich wenig bewährt, evtl. schonende Diurese, niedrigdosiert Kortikoide
  sofortige **Antibiose** bei bakteriellem Hautinfekt/Erysipel

- Operativ: Ind: Stad. (III) IV = invalidisierendes Lymphödem
  - Nach operativen Eingriffen an der Axilla ist eine Transplantation von Lymphgefäßen mögl. Hierzu werden Lymphbahnen vom ventro-medialen Bündel des Oberschenkels entnommen und frei End-zu-End zwischen Oberarm und Hals anastomosiert.
    Nach destruierenden Eingriffen in der Leistenregion können Lymphbahnen vom kontralateralen Oberschenkel gestielt an den gesunden Leistenlymphknoten oberhalb der Symphyse auf die Gegenseite kreuzend mit aufsteigenden Lymphbahnen am ödematösen Bein anastomosiert werden.
  - Innere Drainage-Op nach THOMPSON: Keilresektion von Subkutangewebe + Faszie, Einschlagen des epidermisbefreiten Hautstreifens in eine darunterliegende Muskelloge ⇨ Ableitung des oberflächlichen Lymphstroms in die tiefen Lymphbahnen

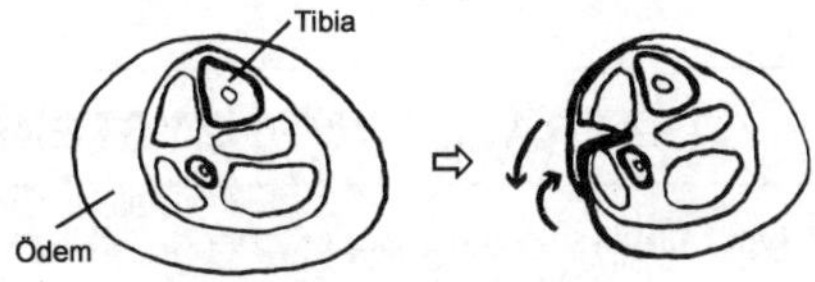

  - Op n. NIEBULOWICZ: Anschluss von Lymphknoten an Venen ⇨ Lymphabfluss
  - Op n. CHARLES: Abtragung des gesamten ödematösen Subkutangewebes
- Selbsthilfegruppen: Bundesverband Lymphselbsthilfe e.V., Wilhelmstr. 12, 35392 Gießen, Tel.: (06 41) 9 71 55 57, Internet: http://www.bundesverband-lymphselbsthilfe.de

Prog: Nach Lk-Entfernung (Tumorchirurgie) und Bestrahlung gute Ergebnisse mit kons. Ther. mögl., bei Versagen der kons. Therapie über mind. 6 Mon. ist eine Transplantation mögl. (die Lymphgefäße haben eine gut spontane Anastomosierungsfähigkeit und eine gute dauerhafte Offenheitsrate). Bei den angeborenen Formen lassen sich in 3/4 d.F. gute bis befriedigende Op-Ergebnisse erzielen.

Kompl: * Rezidivierendes Erysipel (⇨ sofortige Antibiose), Thrombophlebitiden
* STEWART-TREVES-Syndrom: angioplastisches Sarkom (selten) auf dem Boden eines chronischen Lymphödems mit einer Latenz von ca. 10 Jahren

Op: * Evtl. Verstärkung des distalen Lymphödems (Fuß)

Proph: ♥ Nach **Mammakarzinom-Lymphonodektomie** und/oder **Radiatio** der Axilla: am betroffenen Arm keine Injektionen od. Blutabnahmen (auch wenn noch kein Ödem vorhanden ist!), keine übermäßige Kälte/Wärme, keine starke Beanspruchung des Armes, keine mechanische Reize (z.B. Blutdruckmessen), vor Insektenstichen schützen, kein Sonnenbrand, BH mit breiten Trägern verwenden

DD:
- Schwellung und Ödem durch **chronisch venöse Insuffizienz**, bei Überschreitung der Transportkapazität des Lymphgefäßsystems, auch kombiniertes Ödem bei venöser Insuffizienz möglich (Phlebolymphödem)
- **Lipödem**: Fettverteilungsstörung (pathologisch vermehrtes Fettgewebe insb. konzentriert auf Hüfte und Oberschenkel, Hände u. Füße sind typischerweise ausgespart), Schmerzen und Spannungsgefühl, Ther: im fortgeschrittenen Stadium Liposuktion
- Traumatisch: SUDECK-Dystrophie
- Kardial bedingtes Ödem (Herzinsuffizienz) ⇨ Klin: bei Druck bleibende Dellen!
- Renal bedingtes Ödem (Albuminurie, Hypoproteinämie)
- Hepatisch bedingtes Ödem (Leberzirrhose)

LYMPHZYSTEN/FISTELN

Syn: Lymphozelen, variköse Lymphektasien

Ät: Nach Lymphgangdurchtrennung durch Trauma, iatrogen (Operationen, Probeexzisionen) ⇨ Retentionszysten, Fisteln

Klin: ⇒ Evtl. druckschmerzhafte Raumforderungen

Diag: 1. Anamnese (Op, Trauma?) und klinische Untersuchung
2. Röntgen: Lymphographie, Fisteldarstellung

Ther:
- Konservativ: bei kleinen Zysten/Fisteln ⇨ Kompressionsverbände
- Operativ: Ausschälen der Zyste und Unterbindung des Zuflusses

VISZERALE LYMPHZYSTEN/FISTELN

Syn: **Chylaszites** (Chyloperitoneum, Chylaskos), **Chylothorax**

Ät:
- Traumatisch oder iatrogen: Operationen/Punktionen (z.B. thorakale Aortenaneurysmen, Pneumektomie, Pleurapunktion, Subclavia-Katheter)
- Tumoren: Lymphosarkome, Lymphome, Pleuratumoren, HODGKIN-Lymphome
- Angeborene chylöse Zysten

Klin: ⇒ Raumforderung im Thorax ⇨ evtl. Dyspnoe, Chylusrefluxsyndrom in das Abdomen u. Beinperipherie
⇒ Abdomen: Freie Flüssigkeit

Diag: 1. Anamnese (Trauma, Op) und klinische Untersuchung
2. Röntgen: Thorax, Abdomen
3. Sonographie: Nachweis von Pleuraerguss oder freier Flüssigkeit im Abdomen
4. Pleura- od. Aszitespunktion zur DD (z.B. Flüssigkeit bei malignem Prozess)

Ther:
- Konservativ: Chylothorax: Drainagebehandlung und parenterale fettfreie Diät für ca. 2 Wochen versuchen (s. Kap. Chylothorax)
  Abdomen: Aszitespunktionen ⇨ wenn keine Abnahme des nachlaufenden Chylus ⇨ Op
- Operativ: Ind: Versagen der kons. Therapie
  - Fistelumstechung, Deckung der Leckage, Fibrinklebung
  - Abdomen: lymphogene Anastomose zu einer Vene, evtl. Darmresektion des fistelbetroffenen Darmabschnitts

Kompl: * Ausbildung von Lymphfisteln: Harnwege (⇨ Chylurie), Thorax, Abdomen

LYMPHADENOPATHIE

Syn: Lymphknotenschwellung, Lymphadenitis, ICD-10: I88.-/R59.9

Anatomie: Lymphknoten-Abwehrgebiete:
I. Kopfbereich: Nll.occipitales, mastoidei, retro- u. praeauriculares, submandibulares, submentales
II. Hals und Nacken: Nll.cervicales superficiales et profundi (sup. et inf.)
III. Obere Rumpfhälfte u. Extremität: Nll.pectorales, axillares, cubitales
IV. Untere Rumpfhälfte u. Extremität: Nll.inguinales, poplitei

Ät:
- **Entzündung/Infektion** im Zuflussgebiet der Lymphknoten (z.B. **Lymphangitis**, virale Infektionen im HNO-Bereich), meist Staphylokokken od. Streptokokken, aber auch an **HIV, Tuberkulose,** Toxoplasmose, Brucellose, Yersinien (⇨ mesenterial), Mononukleose (PFEIFFER-Drüsenfieber ⇨ Halslymphknotenschwellung), Röteln (⇨ nuchal/retroaurikulär), Sarkoidose (Morbus BOECK ⇨ Mediastinum/Lunge) denken

- **Maligne Lymphome** (Non-HODGKIN-Lymphome), maligne **Lymphogranulomatose** (HODGKIN-Lymphom), Lymphosarkom
- Primärer benigner Lymphknotentumor (CASTLEMAN-Tumor)
- **Metastase** eines Tumors vom Zuflussgebiet der Lymphknoten (z.B. HNO-Tumoren ⇨ Hals-Lk, Mamma-Ca ⇨ Axilla, Bronchial-Ca ⇨ Mediastinum, usw.), der erste betroffene Lk wird dabei als Sentinel-Lk (engl. sentinel = der Wachposten) bezeichnet
  Ist der Primärtumor unbekannt (CUP-Syndrom = carcinoma of unknown primary, ICD-10: C80.0) ist die Prog. dabei besonders schlecht, da eine Disseminierung bereits vorliegt (manchmal wird der Primärtumor auch gar nicht gefunden).

Klin: ⇒ Schmerzhafte oder nicht schmerzhafte Schwellung der Lymphknoten
⇒ Infektiös: Schmerz, Schonhaltung, Fieber, evtl. Schüttelfrost (Cave: Sepsis), lokale Überwärmung und Rötung

Diag:
1. Anamnese (Dauer?) und klinische Untersuchung
2. Sonographie (mit 7,5-MHz-Schallkopf): physiologisch sind länglich ovale, echoarme „Raumforderungen" (Länge : Breite = 2 : 1) mit echoreichem Hilus in der Mitte des Lk (Hilusfettzeichen), max. Länge <1,0 cm (inguinal <2,0 cm).
   V.a. Malignität bei runden Raumforderungen, fehlendem Hilusfettzeichen und diffuser, baumartiger Vaskularisation in der Farbdopplersonographie
   DD reaktive Vergrößerung bei Entzündungen im Zuflussgebiet
3. Labor: BSG, CRP, Differentialblutbild, HIV-Test
4. Jede länger bestehende Lymphadenopathie muss der **Histologie** zugeführt werden ⇨ Op: **Probebiopsie** oder **Exstirpation** (gesamter Lk), Histologie, ggf. Untersuchung auf TBC
5. Bei V.a. malignes Lymphom ⇨ Knochenmarkpunktion, Thorax- und Abdomen-CT
6. Im Röntgen verbreitertes Mediastinum ⇨ bei unklarem Befund Mediastinoskopie und Histologie
7. Bei V.a. Metastasen ⇨ Untersuchung des Zuflussgebiets (s.o.) der Lymphknoten

Kompl: Infektion ⇨ Lymphdrüseneinschmelzung ⇨ Abszess, Sepsis

THORAXCHIRURGIE

Anatomie

Orientierungslinien: von vorne Mitte nach hinten zur Wirbelsäule geordnet
Mediosternallinie - Parasternallinie - Medioklavikularlinie -- vordere Axillarlinie - mittlere Axillarlinie - hintere Axillarlinie -- Skapularlinie - Paravertebrallinie - Mediovertebrallinie.

Pleura: ***Pleura visceralis*** überzieht die Lunge, ***Pleura parietalis*** hat die Teile Pars mediastinalis, costalis und diaphragmatica. Im Pleuraspalt Exsudation und Resorption bis 1 Liter/Tag möglich. Ausgeprägte gute arterielle, venöse und lymphatische Versorgung.
Intrapleuraler Druck: -7 (Inspiration) bis -3 cm H_2O (Exspiration) bis +6 cm H_2O (Pressen)

Mediastinum: Begrenzung vorne durch das Sternum, hinten BWS, seitlich Pleurasäcke, unten Centrum tendineum des Diaphragma, oben Eintritt v. Ösophagus, Trachea und supraaortalen Gefäßen.

Pulmo: **Rechts 10 Lungensegmente:** 3 Ober-, 2 Mittel-, 5 Unterlappen)
Links 9 oder 10 Lungensegmente: 3 Ober-, 2 Lingula, 4 oder 5 Unterlappen (Oberlappen und Lingula (= Segment 4 und 5) haben gemeinsam einen Bronchus, Segment 7 fehlt).
Röntgenologisch: Lungenoberfeld = Lungenspitze bis Höhe 2. Rippe, Mittelfeld = 2.-4. Rippe, Unterfeld = 4. Rippe bis Zwerchfell.

Tracheobronchialbaum: Trachea - Trachealbifurkation (Carina) - Hauptbronchus - Lappenbronchus - Segmentbronchien, pro Segment je ein Versorgungsgefäß
Lage des Bronchus zu den Gefäßen:
Linke Lunge: Arterie Bronchus Vene (von kranial nach kaudal)
Rechte Lunge: Bronchus Arterie Vene (von kranial nach kaudal)

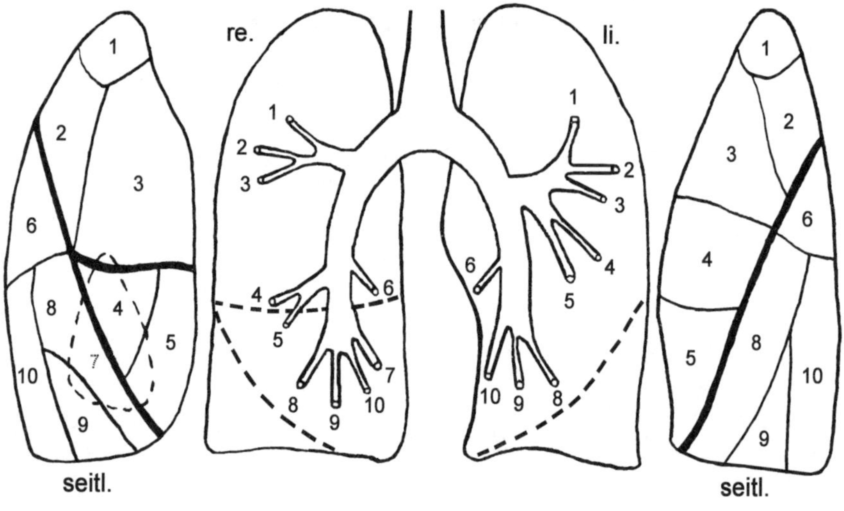

Lymphstationen der Lunge:
Peribronchial:
1. Nodi lymphatici pulmonales = intrapulmonal, an Bronchiengabelungen
2. Nodi lymphatici bronchopulmonales = Hilus-Lymphknoten

Mediastinal:
3. Nodi lymphatici tracheobronchales = direkt sup. und inf. der Tracheabifurkation
4. Nodi lymphatici paratracheales = Lymphknoten entlang der Trachea
   Nodi lymphatici paraaortales, paraösophageales oder am Lig. pulmonale

Extrathorakal:
5. Nodi lymphatici supraclaviculares (zählen noch als regionäre Lk im TNM-System)
6. Nodi lymphatici cervicales profundi (zählen als Fernmetastasen im TNM-System)

Fehlbildungen

Angeborene Deformitäten: Trichterbrust, Hühnerbrust, Sternumspalten, Kyphose, Skoliose
Pleurazysten: Hohlräume mit Epithelauskleidung (meist angeboren)
Lungensequestration: Fehlender bronchialer Anschluss eines Lungenanteils und vaskuläre Missbildung
Missbildungen des Tracheobronchialsystems: Bronchogene Zysten, lobäres Emphysem, zystische Adenomatose

THORAXTRAUMA

Syn: Engl. chest trauma, ICD-10: S20.- bis S29.-

Ät:
- **Stumpf** (Verkehrs- oder Arbeitsunfälle) durch Anprall (häufig)
- Penetrierend = offen (Stich-, Schuss- oder Pfählungsverletzungen, insg. seltener)
- Iatrogen: tracheobronchiale Rupturen bei Tracheotomie od. Intubation

Epid:
◊ 25 % aller tödlichen Unfallverletzten sterben an den Thoraxverletzungen
◊ 70 % haben keine alleinige Thoraxverletzung! ⇨ zusätzliche Diagnostik wichtig! Immer an ein **Polytrauma** denken!

Etlg:
Verletzung des Brustkorbes (Thoraxprellungen, Rippenserienfrakturen, Sternumfraktur)
Verletzung des Mediastinums (Herzkontusion, Aortenruptur)
Verletzung der Lungen: Lungenkontusion, Lungenriss, Bronchusruptur, Trachealruptur/-verletzung, Pneumo- und Hämatothorax

Diag:
1. Anamnese (Unfallhergang) und klinische Untersuchung:
   - Inspektion: Prellmarken, seitendifferente Atemexkursionen, Zyanose, Vorwölbungen am Thorax, Instabilität, atemabhängige Schmerzen, Einflussstauung, schlürfendes Geräusch (offener Thorax), blutiges Sputum
   - Palpation: Hautemphysem, Druck- od. Kompressionsschmerz, Krepitation
   - Perkussion: Dämpfung oder hypersonorer KS, Atembeweglichkeit
   - Auskultation: abgeschwächtes AG, seitendifferente AG
   - Immer gesamten Körper untersuchen (Ausschluss von Begleitverletzungen)
2. Röntgen: Thorax in 2 Ebenen, ggf. orientierendes CT, evtl. kurzfristige Wiederholungen notwendig! Knöchernes Skelett zum Ausschluss von Begleitverletzungen.
3. **Pulsoxymetrie** bereits präklinisch durch den Notarzt, Labor: Blutgasanalyse, ZVD; EKG
4. Sonographie: Abdomen ⇨ Begleitverletzungen ausschließen, Pulmo ⇨ Ergüsse?
5. Bei V.a. Gefäßverletzungen ⇨ Angiographie in Op-Bereitschaft
6. Bei V.a. Bronchusruptur ⇨ Bronchoskopie

Ther:
- Notfallmaßnahmen: Sicherstellung der Atmung (Atemwege freihalten), Sauerstoffgabe (6 l/Min.) bei Spontanatmung, bei insuffizienter Spontanatmung frühzeitige Intubation u. druckkontrollierte Beatmung mit 100 % O_2, bei V.a. Spannungspneumothorax sofortige Entlastung, Oberkörperhochlagerung oder Lagerung des Pat. auf der verletzten Thoraxseite, Schockbehandlung
- Konservativ: stumpfes Thoraxtrauma mit Hämatothorax, Pleuraerguss ⇨ **frühzeitige Pleuradrainage** (bei anhaltendem Blutverlust über die Drainage >200 ml/Std. ⇨ Op-Ind.)
- Operativ: Ind: stumpfes Thoraxtrauma mit persistierenden Blutungen bei Gefäßverletzungen, Herzbeuteltamponade, tracheobronchiale Rupturen, Ösophagusruptur, Zwerchfellruptur.

Offenes Thoraxtrauma mit penetrierender Verletzung von Herz, Gefäßen, Tracheobronchialsystem oder Ösophagus.
- Zugang: antero-laterale oder postero-laterale Thorakotomie, bei sicherer Herzbeteiligung Sternotomie
- Op der betroffenen Strukturen (siehe jeweiliges Kapitel)

Kompl:
* **Kreislaufinsuffizienz:** Durch Volumenmangel, Gefäßverletzungen (V.cava, Aorta, Koronargefäße), myogene Herzinsuffizienz, Herzkontusion mit Herzmuskelödem, Koronarthrombose mit Myokardinfarkt, Verletzung innerer Herzstrukturen (Papillarmuskelriss, Klappenein- od. -abriss) od. Herzbeuteltamponade
* **Respiratorische Insuffizienz:** z.B. durch schmerzbedingte Hypoventilation, Lungenparenchymkompression durch Spannungspneumothorax, Hämatothorax, Schocklunge, Verletzung des Tracheobronchialsystems, instabiler Thorax, Entwicklung eines ARDS od. einer Pneumonie
* **Rippen- / Rippenserienfraktur**, Sternumfraktur als Impressions- oder Stückfraktur ⇨ evtl. schmerzbedingte Hypoventilation, **instabiler Thorax**, paradoxe Atmung, Lungenkontusion, Pneumothorax, Spannungspneumothorax, Schocklunge, Herzkontusion
* **Pneumothorax / Spannungspneumothorax**, Bronchusruptur, Bronchialfistel
* **Hämatothorax** (Blutungen in die Pleurahöhle)
* Chylothorax (Verletzung des Duct.thoracicus)
* Mediastinal- / Hautemphysem
* Bronchopleurale Fisteln, Pleuraempyem, Pleuraschwarte (Spät-Kompl.)
* Ösophagusverletzung (evtl. mit anschließender Mediastinitis)
* Zwerchfellruptur (⇨ Herniation abdomineller Organe in den Thoraxraum mit Verdrängung der Lunge oder Mitverletzung von Leber, Milz, Magen, Colon, Dünndarm)
* Herzbeuteltamponade ⇨ Kreislaufinsuffizienz (Ther: Punktion)
* Aortenruptur (bei starkem Dezelerationstrauma, thorakale Aorta meist distal d. Isthmus)
* Offene Thoraxverletzung ⇨ offener Pneumothorax, evtl. Pleuritis, Mediastinitis
* **Immer an Mitverletzung anderer Organe denken!** = Polytrauma, Zweihöhlenverletzung

PNEUMOTHORAX

Syn: Umgangssprachlich in der Klinik oft nur "**Pneu**" genannt, ICD-10: J93.-

Ät:
- Spontan: Ruptur einer od. mehrerer subpleural gelegener **Emphysemblasen** (= Abhebung der Pleura visceralis vom Lungenparenchym durch Lungenstrukturveränderung, meist apikal = Pneumothorax **von innen**, geschlossener Pneu), insb. bei Rauchern, Asthmatikern, jugendlichen Sportlern oder auch bei TBC-Kavernen, durchgebrochenem Karzinom, abszedierender Pneumonie, zystischer Fibrose
- Penetrierendes Thoraxtrauma ⇨ Durchspießung der Brustwand **von außen** (offener Pneu) oder traumatische Bronchusruptur ⇨ es entsteht daraus fast immer ein Spannungspneumothorax (= Ventilpneumothorax). Meist auch Haemopneumothorax durch Einblutung.
- Iatrogen: Subklavia-Katheter, **Überdruckbeatmung**, Pleurapunktion und **jede Operation am eröffneten Thorax!**

Path:
- Durch eine Eröffnung des Pleuraraumes geht der vorhandene **Unterdruck** durch Druckausgleich zwischen innen und außen verloren ⇨ Luft im Pleuraraum, die Lunge kollabiert.
- Offener Pneumothorax: Die Lunge kollabiert, durch die Verbindung nach außen. Bei der In- und Exspiration kommt es zum Hin- und Herpendeln des Mediastinums in Richtung der gesunden Seite; ebenso wandert in den Bronchien Luft hin u. her = sog. **Pendelluft**
- Spannungspneumothorax: Durch den **Ventilmechanismus** gelangt bei jeder Inspiration Luft in den Pleuraraum, die aber bei Exspiration nicht mehr entweichen kann ⇨ zunehmende intrapleurale Drucksteigerung ⇨ **Verlagerung des Mediastinums** zur gesunden Seite, Kompression der noch gesunden Lunge, Kompression des Herzens mit Behinderung des venösen Rückstroms (Erhöhung des ZVD). Eine Beatmung des ateminsuffizienten Patienten, insb. mit Überdruck verschlimmert dabei den Zustand durch weitere Kompression.

Etlg: # Offener Pneumothorax führt zum Mediastinalflattern/-pendeln
Einfacher, geschlossener Pneumothorax = ohne Verlagerung des Mediastinums
- Primärer (idiopathischer) Spontanpneumothorax: durch minimale Veränderungen im Lungengewebe, v.a. Lungenspitze (sog. Blebs = kleine Blasen), meist Männer <30 J.
- Sekundärer Spontanpneumothorax: als Folge einer Lungengerüsterkrankung (z.B. Emphysem, Kavernen, Abszesse), Altersgipfel um 65 J.

Spannungspneumothorax/Ventilpneumothorax führt zur Mediastinalverlagerung
- Innerer: durch Verletzung der Lungenoberfläche
- Äußerer: durch Verletzung der Thoraxwand

Klin: ⇒ Plötzlich eintretende Atemnot (erst relativ spät!, dann v.a. bei Belastung), Schmerzen im Thorax, Husten (trocken)
⇒ Spannungspneu: zunehmende Atemnot, Zyanose, Schmerzen, Tachykardie, Einflussstauung (deutlich dilatierte Vv.jugulares u. Venen des Zungengrundes), Schockgefahr!
⇒ Evtl. Hautemphysem um die Verletzungsstelle
⇒ Fieber, wenn der Pneumothorax längere Zeit besteht

Diag:
1. Anamnese (Thoraxtrauma, spontan: jüngerer Patienten) und klinische Untersuchung: Perkussion ⇨ **hypersonorer Klopfschall**, Seitenvergleich!
   Auskultation ⇨ **abgeschwächtes Atemgeräusch** (selten ganz fehlend) auf der Seite des Pneumothorax
2. Röntgen: Thorax in **Exspiration**sstellung ⇨ Lungenkollaps mit "leerem Thorax" (im Bild reicht die Lungengefäßzeichnung nicht bis zur lat. Thoraxwand), Mediastinalverlagerung, die viszerale Pleura ist als Linie abgrenzbar. Nach wieder ausgedehnter Lunge noch CT-Thorax zum Nachweis von Bullae od. Klärung einer anderen Ursachen durchführen.

Ther:
- **Akute Behandlung**
  - Offener Pneumothorax: Verschluss der Eintrittspforte mit luftdichtem Verband
  - Spannungspneumothorax: **unverzügliche Entlastung** durch **Punktion** des Pleuraraumes, z.B. mit großlumiger Kanüle/Braunüle im 2. ICR medioklavikulär (am Rippenknochenoberrand eingehen) oder mit Pleurakanüle nach MATTHYS (mit einem eingebauten Ventil) / TIEGEL-Kanüle (= Kanüle mit eingeschnittenem Fingerling: Luft kann raus, aber nicht mehr rein). Vor jeglicher Beatmung muss beim Spannungspneumothorax eine Saugdrainage angelegt werden!
- **Bei allen Pneumothoraces Anlegen einer Pleurasaugdrainage:**
  Hautdesinfektion, Lokalanästhesie, Stichinzision der Haut (diese wird **1-2 ICR tiefer** durchgeführt als die Durchtrittstelle des Trokars in den Pleuraraum (s.u.), um eine Abdichtung zu gewährleisten), über einen Trokar den Katheter in den Pleuraraum einführen (Cave: Interkostalgefäße befinden sich an der Unterseite der Costae, daher Trokar immer an der Oberseite der Rippen entlangführen)
  Als Durchtrittsstellen sind gebräuchlich:
  - **4. ICR hintere Axillarlinie** (BÜLAU-Saugdrainage) und den Katheter intrapleural bis ca. in die Höhe des 1.-2. ICR hochschieben
  - 2. ICR Medioklavikularlinie (MONALDI-Lage)

  Exakter Wundverschluss u. Fixation der Drainage, Anschluss des Sogs (ca. -20 cmH_2O), Rö-Thorax zur Kontrolle der Katheterlage
- Spontaner Pneumothorax durch Emphysemblasenruptur: Saugdrainage od. HEIMLICH-Ventil (Luft kann raus, aber nicht hinein) für 3-4 Tage.
  Fibrinpleurodese (Verkleben der Pleurablätter) bei Versagen der Saugdrainagentherapie, bzw. bei rezidivierendem Spontanpneumothorax.
  Sehr kleine spontane Pneumothoraces (Mantelpneu) resorbieren sich von selbst und werden nur kontrolliert.
- **Operativ:** Ind: große bronchopleurale Fistel (Pneu mit Saugdrainage nicht zu beheben), Bronchusruptur, Rupturen von Aorta od. Ösophagus
  - Rupturen der Bronchen: Thorakotomie und Übernähen der Fistel/Ruptur oder Lungensegmentresektion, Versorgung von Mitverletzungen, z.B. einer Ösophagusruptur
  - Bei rezidivierendem Spontanpneumothorax oder fehlender Rückbildung trotz Saugdrainage innerhalb v. 3-4 Tagen offene parietale Pleuraresektion (führt zum Verkleben der Lungenoberfläche mit der Thoraxwand). Auch als ***thorakoskopische*** (minimal invasive Chirurgie) Op mit **endoskopischer Ausschneidung der Emphysemblasen** an der

Lungenspitze (mit spez. Klammergeräten = Endo-GIA) u. partieller (apikaler) Pleuraresektion oder Pleurodese (= Verklebung) durch Koagulation der apikalen Pleura mit dem Argon-Laser oder endoskopischer Fibrinklebung mit guten Ergebnissen möglich (zumindest für sog. Blebs = makroskopisch nicht sichtbare Blasen od. Bullae bis 1 cm ∅)

Kompl: * Respiratorische Insuffizienz, Spannungspneu: zusätzlich kardiale Insuffizienz ⇨ Entwicklung eines Schocks mit ernster Prognose
* Pleurainfiltrat: Seropneumothorax ⇨ Vernarbung, Fibrothorax
* Rezidive bei Emphysemblasen

Op: * Interkostal-Nerven/Gefäß-Verletzung durch den Kathetertrokar
* Infektion und Keimverschleppung
* Bronchusanschluss der Drainage (⇨ fehlende Sogwirkung)

Proph: ♥ Nach Spontanpneumothorax od. bei vorhandenen Bullae kein Tauchsport

DD: – Hämatothorax bei Rippenserienfrakturen ⇨ Ther: Pleurapunktion (8.ICR hintere Axillarlinie)
– Instabiler Thorax mit paradoxer Atmung bei Rippenserienfrakturen
– Katamenialer Pneumothorax: rezidivierend mit d. Menstruation (subpleurale Endometriose)

PLEURAERGUSS

Def: Flüssigkeit in der Pleurahöhle, ICD-10: J90

Ät: – Mitreaktion bei **Entzündungen:**
Intrathorakale Entzündungen, z.B. **Pneumonie**, Bronchopneumonie, Tuberkulose
Mediastinale Entzündungen, z.B. nach Traumata (Ösophagusperforation, BOERHAAVE-Syndrom)
Intraabdominelle Entzündungen, z.B. bei Peritonitis, Cholezystitis, Pankreatitis, Leberabszess, subphrenischem Abszess
– Nicht entzündlich: Mediastinum/Thorax: **Herzinsuffizienz** (dekompensiert), Atelektasen, Pneumothorax, Lungenembolie, Abdomen: **Leberzirrhose**
– **Tumoren**: Bronchialkarzinom, Pleuratumoren (primär, z.B. Mesotheliom oder metastatisch, z.B. Mammakarzinom), Lymphome, Ovarialfibrom (MEIGS-Syndrom), Ovarialkarzinom (Pseudo-MEIGS-Syndrom)
– Systemische/rheumatische Erkrankungen, Kollagenosen unter Einbeziehung der Pleura

Path: ♦ Formen: Serothorax, Hämatothorax, Pyothorax, Chylothorax
♦ **Transsudat** (spez. Gewicht <1,015 g/cm^3, <3 g/dl Eiweiß, LDH <200 U/l): bei kardiovaskulären Erkrankungen, Hypoproteinämie (Leberzirrhose, nephrotisches Syndrom), Urämie
♦ **Exsudat** (spez. Gewicht >1,015 g/cm^3, >3 g/dl Eiweiß, LDH >200 U/l): bei Infektion oder Malignomen

Klin: Atemnot, Dyspnoe, evtl. Schmerzen

Diag: 1. Anamnese und klinische Untersuchung: Perkussion ⇨ **Dämpfung** (erst ab ca. 500 ml Erguss, die obere Begrenzung der Dämpfung steigt dabei typischerweise nach lateral parabelförmigen an, der höchste Punkt ist ca. in der mittleren Axillarlinie = ELLIS-DAMOISEAU-Linie), dann auch Stimmfremitus aufgehoben, Auskultation: abgeschwächtes Atemgeräusch, oberhalb des Ergusses oft verschärftes Bronchialatmen
2. **Sonographie** (Nachweis schon ab 50 ml mögl.)
3. Röntgen: Thorax in 2 Ebenen ⇨ Erguss sichtbar ab 100 ml in Seitenlage (ab 300 ml im Stehen), CT-Thorax
4. **Klärung der Ursache durch Punktion** mit ROTANDA-Spritze: Punktion im geschlossenen System (3-Wege-Spritze)
Punktion im Sitzen von hinten, Patient sitzt nach vorne gebeugt: Lokalanästhesie, Stichrichtung: Horizontal in Höhe des 7. oder 8. ICR in der hinteren Axillarlinie bis Brustwand durchstochen ist, dann Stichrichtung etwas nach oben.
⇨ **Untersuchung des Punktates:**

- **Bakteriologisch** (auch auf TBC) und ggf. Antibiogramm
- Pathologie/**Zytologie** (Tumoren?)
- Erythrozyten-, Leukozytenzahl
- spezifisches Gewicht, Eiweißgehalt, LDH, Amylase/Lipase (Pankreatitis?)
- evtl. pH-Messung (z.B. zur Diagnose eines BOERHAAVE-Syndroms)

Ther:
- Punktion mit ROTANDA-Spritze: Entfernung von ca. 200 ml/Tag ⇨ Verbesserung der respiratorischen Funktion
- Bei rezidivierendem Erguss: **Thoraxdrainage**, ca. 5./6. ICR mittlere Axillarlinie
- **Behandlung des Grundleidens!** (z.B. Antibiose bei Pneumonie)
- Operativ: Ind: gekammertes Empyem (s.u.), Pleuraschwielen, Versagen der konservativen Therapie, rezidivierender maligner Erguss (s.u. Pleuratumoren)

Kompl:
* Ausbildung eines chronischen Pleuraergusses
* Ausbildung e. Pleuraschwarte (Granulationsgewebe) ⇨ Lungenfunktionseinschränkung

Pkt:
* Infektion!

CHYLOTHORAX

Syn: Intrapleurale Ansammlung von Lymphflüssigkeit, ICD-10: J94.0

Anatomie: Der **Ductus thoracicus** entspringt der Cisterna chyli (in Höhe des 2. LWK). Er verläuft durch den Hiatus aorticus hinter dem Ösophagus. Er mündet in den **li. Venenwinkel** (zwischen V.subclavia u. V.jugularis int.). Transport: 2,5-3 l/Tag durch muskuläre Kontraktionen, neg. transdiaphragmaler Druck und Klappen. Häufig anatomische Variationen (z.B. doppelte Anlage, Kollateralen).

Ät:
- **Trauma:** Wirbelkörperfrakturen, Rippenfrakturen, Schuss- oder Stichverletzungen
- **Iatrogen:** Verletzung bei Op im Thoraxraum/Mediastinum (insb. bei Ösophagusresektion od. Eingriffe an der Aorta, Herz, Lunge, Thoraxdrainage), Radiatio des Mediastinum
- Kongenital: Aplasien, Lymphangiome, Lymphangioleiomyomatose
- Symptomatisch: bei Entzündungen, malignen Lymphomen oder tumorösen Fisteln mit Abflussbehinderung
- idiopathisch (meist mit Chylaskos = Lymphe intraperitoneal)

Path:
- ♦ Einriss des Duct.thoracicus oder der Cisterna chyli
- ♦ Ein längeres Zeitintervall zwischen Trauma und Chylothorax ist möglich

Klin:
- ⇒ Dyspnoe, Husten
- ⇒ Störung des Lipidstoffwechsels, Hypovolämie, Avitaminose, Elektrolytstörungen
- ⇒ bei langer Dauer: Proteinmangel, Immunsuppression

Diag:
1. Punktion ergibt **sterile**, milchig trübe Flüssigkeit **mit Lymphozyten**
2. Labor: **hoher Lipidgehalt** des Punktates (Triglyceride >110 mg/dl)
3. Röntgen-Thorax: verbreitertes Mediastinum, einseitiger Erguss
4. Ggf. Szintigraphie mit ^{123}I-Pentadekansäure zur Lokalisation des Defektes, alternativ auch Lymphographie mit öligem Kontrastmittel (dies kann gleichzeitig therapeutisch zur Verklebung des Lecks führen)

Ther:
- Konservativ: Punktionen, besser BÜLAU-Drainage, Überdruckbeatmung mit PEEP, Versuch der totalen **parenteralen fettfreien Ernährung** bis zu 14 Tage und anschließende fettarme Diät (Ceres®-Diät), Med: Somatostatin zur Verminderung des Chylusfluss
- Operativ: Ind: Konservativ nicht sistierende Lymphsekretion (>6 Wo. od. >1.000 ml/Tag)
  - Verschluss der Lymphfistel durch Umstechung (prox. u. distal der Leckage)
  - Ligatur des Duct.thoracicus über transthorakalen oder subdiaphragmalen Zugang

Kompl: Zusätzlich Chylaskos (= Chylaszites, Chyloperitoneum, subdiaphragmaler Lymphaustritt)

HÄMATOTHORAX

Syn: Hämothorax, ICD-10: S27.1

Ät:
- Trauma: **Rippenserienfrakturen, Thoraxkompressionstrauma**
- Iatrogen: Postoperative Nachblutungen, Punktionen, Lungenbiopsien, Punktion für zentralen Venenkatheter
- Hämorrhagische Ergüsse: Pleuramesotheliom, Lungenembolie, Infarkt

Path: Lok. der Blutungsquelle: Interkostalarterien, A.mammaria interna, Mediastinalgefäße (Aorta, Lungenhilus), Lungengefäße (Blutungen aus dem Lungenparenchym sind aber selten)

Klin:
⇒ Behinderung der Atmung abhängig von der Größe des Ergusses ⇨ Dyspnoe, Hämoptoe
⇒ Evtl. Schocksymptomatik

Diag:
1. Anamnese (Trauma, iatrogene Eingriffe?) und klinische Untersuchung:
   Perkussion: Dämpfung der unteren Thoraxpartien
   Auskultation: Abgeschwächtes AG
2. Röntgen-Thorax in 2 Ebenen: Verschattung, evtl. Mediastinalverdrängung, ggf. CT
3. Pleurapunktion fördert Blut

Ther:
- Konservativ: Entlastung der Pleurahöhle durch Pleurapunktion (bei frischem noch flüssigem Blut), Thoraxsaugdrainage (dick, ca. 28 Ch)
- Operativ: Ind: Blutverlust >500 ml/Std. oder 800 ml/Tag (selten)
  - Thorakotomie, Aufsuchen der Blutungsstelle und Übernähung / Resektion
- Wichtig ist die vollständige Entfernung des Blutes aus dem Pleuraraum

Kompl:
* Lungenkompression, Herzinsuffizienz, Globalinsuffizienz, hämorrhagischer Schock
* Infektion
* Spätfolgen: Schwartenbildung

PLEURAEMPYEM

Syn: **Pyothorax**, ICD-10: J86.-

Def: Empyem = Eiter in präformierter Höhle, hier Pleura

Ät:
- Entzündung: Pneumonie (Pneumo- od. Staphylokokken, Infarktpneumonie), Bronchiektasen, Lungenabszess, peripherer Lungentumor, Ösophagusperforation, bronchopleurale Fistel, Mediastinitis, Tuberkulose (Kavernenruptur), ARDS
  Peritonitis, Leberabszess, Pankreatitis od. subphrenischer Abszess (als hämatogen gestreute Infektion oder per continuitatem)
- Trauma: Perforation, Penetration, offener Pneumothorax
- Iatrogen – postoperativ: Lungen-Op., Ösophagus-Op., Thoraxdrainagen

Etlg: # Stadien:

I:	Exsudationsphase mit diffuser Eiterung (2 Tage)
II:	Fibrinöse Phase, beginnende Septierung der Pleurahöhlen (ca. 1 Woche)
III:	Organisationsphase: Abgrenzung durch Granulationsgewebswall, Verschwielung mit Ausbildung einer Pleuraschwarte

Path:
- Erregerspektrum: Staphylococcus aureus, Pneumokokken, Streptokokken, E. coli, Klebsiellen, selten TBC od. Pilze

- Lok: meist basale Eiteransammlungen, seltener Mittel- od. Obergeschoss oder interlobär
- Durchbruch nach außen durch Thoraxwand = Empyema necessitatis (außen imponierend als Abszess) oder Anschluss ans Bronchialsystem ⇨ Abhusten von putridem Sekret

Klin: ⇒ Schwere Infektion: Hohes Fieber (bei TBC meist nur subfebrile Temp.), Kreislaufdepression, eingeschränkte Lungenfunktion, Dyspnoe, Sepsis
⇒ Evtl. Husten mit Eiter
⇒ Thorax- und Schulterschmerz
⇒ Lokale Überwärmung und Rötung, Vorwölbung und Schmerz bei Empyema necessitatis

Diag:
1. Anamnese und klinische Untersuchung: perkutorisch dumpfer Klopfschall, auskultatorisch: abgeschwächtes AG
2. Labor: Leukozytose, CRP- und BSG-Erhöhung
3. Röntgen: Thorax ⇨ Verschattungen, evtl. sichtbare **Spiegelbildung** durch Eiterhöhlen, ggf. CT-Thorax
4. Sonographie
5. **Pleurapunktion** ⇨ visueller Aspekt (z.B. trüb), pH <7,2, LDH >1.000 U/l, Bakteriennachweis und Antibiogramm, Untersuchung auf TBC

Ther:
- Konservativ: Stad. I: großlumige Thoraxsaugdrainage, systemische Antibiose für 4-6 Wo., im Stad. II zusätzlich Fibrinauflösung in den Empyemhöhlen durch Instillation von Urokinase (100.000 I.E./Tag in 100 ml NaCl-Lösung für 1 Std. für 1-10 Tage) zur Mobilisierung der Ergüsse ⇨ Frage: Ausheilung?, sonst operative Schwartenentfernung (spätestens nach 8 Wo.)
- Operativ: Ind: Stad. III - Pleuraschwartenbildung bei weiter entzündlichem Prozess, stark gekammerte Empyeme
  - Videoassistierte Thorakoskopie bei gekammerten Empyemen: Vereinigung und Drainage der Empyemhöhlen
  - Bronchopleurale Fisteln müssen zur Parenchymsanierung reseziert/übernäht werden
  - Selten offene Thorakotomie: Entfernung der Schwielen (**Dekortikation**) und Spülung der Pleurahöhle, ggf. auch mit Thorakoplastik (Resektion von Pleura + Rippen)
- Postoperativ: Thoraxsaugdrainage, weiter systemische Antibiose

Prog: Letalität 3 bis 20 %

Kompl:
* Entwicklung einer Sepsis
* Ausbildung gekammerter Empyeme (insb. nach Punktionen) = Stadium 2
* Ausbildung einer bronchopleuralen Fistel
* Durchbruch nach außen durch die Thoraxwand = Empyema necessitatis (außen imponierend als Abszess)
* **Pleuraschwartenbildung** (= Stadium 3), Zwerchfellhochstand, Thoraxhälftenschrumpfung, Mediastinalverlagerung, Skoliose, Cor pulmonale, Amyloidose

Op: * Thorakoplastik: Thoraxdeformierung, Skoliose, Ventilationseinbuße, Cor pulmonale

DD: Pleuratumoren, insb. bei Pleuraverschwartung

PLEURATUMOREN

Etlg: # **Primäre Pleuratumoren:**
70 % **benigne** (Lipome, Fibrome, Hämangiome) ⇨ Op.-Indikation gegeben, da Dignitätsänderung von benigne nach maligne möglich
maligne: werden alle **Pleuramesotheliome** genannt (ICD-10: C45.0)
Sekundäre maligne Pleuratumoren = **Metastasen**: Mamma-, Bronchial-, Magen-, Ovarial-Karzinom, Lymphangiosis carcinomatosa

<u>Ät:</u> – Pleuramesotheliom: **Asbestexposition** (1.000faches Risiko, anerkannte Berufskrankheit, BeKV-Nr. 4105), Erionitexposition (ein in der Türkei vorkommendes vulkanisches Zeolithmineral), Virusinfektion mit SV 40 (Simian Vacuolating Virus, gehört zu den Papovaviren)
– Pleurametastasen: Absiedlungen auf hämatogenem Weg, auch per continuitatem (Bronchial-, selten Mammakarzinom) mögl.

<u>Epid:</u> ◊ Inzidenz: in Deutschland ca. 600 Pleuramesotheliome/Jahr (Tendenz steigend)
◊ Prädisp.alter d. Pleuramesothelioms: 50.-70. Lj., lange **Latenzzeit** zwischen Asbestexposition und Manifestation des Tumors (**20-40 J.**, ein Erkrankungsgipfel wird daher für die Jahre 2010-2030 erwartet)

<u>Path:</u> ♦ <u>Formen:</u> Pleuramesotheliom breitbasig, gestielt (Solitärknoten, lokale Form mit günstigerer Prognose) oder flächenhaft (diffus, Prognose schlecht) wachsend
♦ <u>TNM des Pleuramesothelioms:</u>

T_1	Tumor befällt ipsilaterale parietale Pleura, mit od. ohne fokale Beteiligung der viszeralen Pleura
T_2	Tumor befällt ipsilaterale parietale Pleura und konfluierender Tumor der viszeralen Pleura und/oder Infiltration der ipsilateralen Lunge und/oder der Zwerchfellmuskulatur
T_3	Tumor befällt ipsilaterale parietale Pleura und Infiltration der endothorakalen Faszie und/oder mediastinales Fettgewebe und/oder Perikard und/oder Weichteilgewebe der Thoraxwand
T_4	Tumor befällt ipsilaterale parietale Pleura und diffuser Befall der Thoraxwand/Rippen/Wirbelsäule und/oder Peritoneum und/oder Befall kontralateraler Pleura und/oder Myokard und/oder des Plexus brachialis, maligner Pleuraerguss (positive Zytologie)
N_1	Metastasen in ipsilateralen peribronchialen oder hilären Lk
N_2	Metastasen in ipsilateralen mediastinalen, entlang der A.mammaria int. und/oder subcarinalen Lk
N_3	Metastasen in kontralateralen mediastinalen, entlang der kontralateralen A.mammaria int. od. kontralateralen hilären Lk, in ipsi-/kontralateralen Skalenus- od. supraklavikulären Lk
M_1	Fernmetastasen

<u>Stadiengruppierung:</u> I: $T_1N_0M_0$ II: $T_2N_0M_0$
III: $T_3N_0M_0$ und $T_{1\text{-}3}N_{1\text{-}2}$ IV: alle T_4, alle N_3, alle M_1

<u>Klin:</u> ⇒ Gutartige Tumoren werden meist asymptomatisch als Zufallsbefund entdeckt
⇒ Thorakale Schmerzen, Dyspnoe, trockener Reizhusten
⇒ Ergussbildung (Tumoren behalten meist die Eigenschaften der Pleurazellen bei), unklarer **Pleuraerguss**, wenn **hämorrhagisch** ⇨ Verdacht auf Pleuramesotheliom
⇒ Im fortgeschrittenen Stadium: Hämoptysen, Dysphagie, Heiserkeit, HORNER-Syndrom (Ptosis, Miosis, Enophthalmus)
⇒ Atemnot, kardiorespiratorische Insuffizienz bei massivem Erguss od. beidseitigem Befall

<u>Diag:</u>
1. Anamnese (Berufsanamnese) und klinische Untersuchung: **gedämpfter Klopfschall**, **abgeschwächtes Atemgeräusch**
2. <u>Röntgen:</u> Thorax in 2 Ebenen: Pleuraerguss, Rundherd, randständiger knolliger Tumor unter Durchleuchtung ⇨ **CT-Thorax** zur besseren Beurteilung durchführen
3. Sonographie: Pleuraerguss, Invasion von Zwerchfell od. Abdomen?
4. Echokardiographie: Infiltration von Perikard/Myokard?
5. <u>Pleurapunktion:</u> des Ergusses (aber: nur bei 1/3 der Mesotheliompatienten ist der zytologische Befund für maligne Zellen positiv)
6. Thorakoskopie mit PE unter Sicht

<u>Ther:</u> • <u>Operativ:</u> Ind: lokalisiertes Mesotheliom (max. T_3), benigne Pleuratumoren
Überprüfung der Operabilität und Op-Vorbereitung wie beim Bronchial-Ca. (s.u.)
– Pleuramesotheliom: **radikale Operation** (möglichst ohne Eröffnung der Pleurahöhle) durch Entfernung der Pleura und Lunge en bloc (= Pleuropneumektomie), ggf. mit Entfernung des ipsilateralen Herzbeutels, des Zwerchfells (Zwerchfellersatz durch Mersilenenetz u. Omentum majus) u. partielle Thoraxwandresektion + mediastinale Lk-Dissektion + adjuvante (postoperative) **Chemo-** (Carboplatin + Paclitaxel) u. **Strahlentherapie** (betroffener Hemithorax und Mediastinum)
– Palliativ im Spätstadium des Pleuramesothelioms: lediglich Pleurektomie und Radiatio

mögl., bei rez. Erguss ggf. auch Pleurodese durch Einbringen von Talkum-Puder
- Pleurametastasen: meist nur palliative resezierende Maßnahmen od. Radiatio mögl.

- Selbsthilfegruppen: Asbestose-Selbsthilfegruppe e.V., Dazendorfer Weg 19, 23774 Heiligenhafen, Tel.: (0 43 62) 50 61 00, Internet: http://www.asbesterkrankungen.de

Prog: Pleuramesotheliom: **sehr schlecht**, 5-Jahres-Überlebensrate nur 5-10 % (durchschnittliche Überlebenszeit nur 1 Jahr nach Diagnosestellung)

LUNGENABSZESS

Syn: Engl. lung abscess, ICD-10: J85.-

Def: Umschriebene Lungengewebeeinschmelzung mit Erweichungshöhlen und eitrigem Inhalt.

Ät:
- Pneumonie
- Fremdkörperaspiration, Aspiration von purulentem Sekret aus NNH od. Tonsillen
- Lungeninfarkt, Emphysemblasen, Bronchiektasen ⇨ Superinfektion
- Bronchialkarzinom mit Tumorzerfall oder retrostenotischer Pneumonie
- Nach penetrierenden Thoraxverletzungen
- Subphrenische Abszesse mit transdiaphragmaler Ausbreitung
- Hämatogene Streuung septischer Herde (z.B. Osteomyelitis, Prostatitis)
- Lymphogene Streuung bei Oberlippenfurunkel, Mundbodenphlegmonen
- Allg. Infektabwehrschwäche ⇨ konsumierende Prozesse, Kachexie, okkulte Karzinome, Alkoholismus, Drogenkonsum, HIV ausschließen

Path:
- ♦ Eiterung des Lungengewebes mit Parenchymeinschmelzung und Höhlenbildung (nicht tuberkulös)
- ♦ Erregerspektrum: **Staphylokokken, Pneumokokken**
- ♦ Verlauf: innere spontane Drainage in das Bronchialsystem ⇨ eitriges Sputum, Foetor ex ore, Luftspiegel über den Abszessen im Rö-Thorax
  oder Chronifizierung mit Kapselbildung

Klin:
- ⇒ Husten und Auswurf (eitrig, putride riechend, wenn der Abszess Anschluss an das Bronchialsystem hat, zweischichtiges Sputum)
- ⇒ Lokaler Atemschmerz, Thoraxschmerz (pleurale Mitbeteiligung)
- ⇒ Dyspnoe, schweres Krankheitsbild, Fieber

Diag:
1. Anamnese (vorangegangene Pneumonie od. Lungenembolie?) und klinische Untersuchung, Perkussion und Auskultation
2. Röntgen: Thorax und konventionelle Tomographie zeigen Abszesshöhlen, evtl. Spiegelbildung und Verdichtungsbezirke, ggf. CT mit KM
3. Labor: BSG stark erhöht, Leukozytose, Anämie
4. Bronchoskopie, Abszessdrainage ⇨ Erreger- und Resistenzbestimmung, TBC ausschließen

Ther:
- Konservativ: systemische Antibiose, Behandlung der Grunderkrankung
  Vibrationsmassage, wiederholte bronchoskopische Absaugungen
- Operativ: Ind: Versagen d. kons. Therapie, Resektion bei operativ beseitigbarer Ursache
  - Abszessdrainage
  - Segmentresektion od. Lobektomie bei Bronchiektasen oder Tumoren

Kompl:
- ∗ Durchbruch in den Pleuraraum ⇨ Pleuraempyem
- ∗ Abszedierende Lungengangrän bei Fäulniserreger
- ∗ Bronchialfistel

DD: – Tuberkulose: Tuberkulom, Kavernen, Kavernensystem (destroyed lung), Lymphknotentuberkulose. Ther: primär Tuberkulostatika, bei Therapieresistenz, Komplikationen, Restkavernen oder narbigen Veränderungen (Bronchusstenosen, Tracheakompression) unter tuberkulostatischer Behandlung resezierende Verfahren (Segmentresektion, Lobektomie, Pneumektomie)
- Candida-albicans-Granulome (Kandidose), Aspergillom, Aktinomykose- od. Nocardia-Granulome, Echinokokkose
- Sarkoidose
- Lungentumoren

BRONCHIEKTASEN

Syn: Engl. bronchiectases, ICD-10: erworbene J47, angeborene Q33.4

Ät: – Primär, **angeboren:** Schwäche der Bronchuswand u. Schleimhauthypertrophie, insb. bei **Mukoviszidose** (Syn: zystische Fibrose, Defekt auf Chrom. 7, 1:2.000 Kinder betroffen), KARTAGENER-Syndrom (aut.-rez.) od. WILLIAMS-CAMPBELL-Syndrom
- Sekundär**, erworben:** chronisch-**asthmatische** spastische Bronchitis (COLD = chronic obstructive lung disease) ⇨ rezidivierende Infektionen (führen zur Wandzerstörung und folgender Ektasie), postinfektiöse Bronchusstarre (nach Tuberkulose), Fremdkörperaspiration, benigne Tumoren, Keuchhusten

Path:
- ♦ Erweiterungen (zylindrisch od. sakkulär) der Segment-/Subsegementbronchien
- ♦ In Kombination mit einer chronischen, produktiven Infektion der Bronchuswand ⇨ führen zur weiteren Schleimhauthypertrophie
- ♦ Lok: Basaler Unterlappen, Lingula oder Mittellappen, re. > li.

Klin:
- ⇒ Morgendlicher **produktiver Husten** (mundvolle Expektorationen), Hämoptysen, sog. **dreigeschichtetes Sputum** (trüber Schleim, klarer Speichel, dichter Eiter)
- ⇒ Rezidivierende pulmonale Infekte, chronische Bronchitis, rezidivierendes Fieber
- ⇒ Chronische Hypoxie: Entwicklungsverzögerung u. Minderwuchs bei Kindern, Trommelschlegelfinger mit Uhrglasnägeln (sog. hippokratische Nägel)

Diag:
1. Anamnese und klinische Untersuchung: Auskultation: mittel- bis grobblasige RG
2. Röntgen-Thorax: streifige Verschattungen in den unteren Segmenten
3. CT-Thorax
4. Bronchographie: zeigt Ektasien deutlich, insb. der Unterlappenbronchien
5. Lungenventilationsszintigraphie: Messung der mukoziliären Clearance

Ther:
- Konservativ: Internistische Therapie der Grunderkrankung, Mukolytika (z.B. Mucosolvan®, ACC®), evtl. i.v.-Antibiose, krankengymnastische Therapie (Lagerungsdrainage, Vibrax, Atemgymnastik)
- Operativ: Ind: erhebliche Beeinträchtigung des Allgemeinzustandes und Versagen der konservativen Therapie (und lokalisierte Veränderungen = resezierbar), als Herdsanierung vor anderen Eingriffen (z.B. vor Transplantationen)
  - Segmentresektion oder Lobektomie (auch beidseitig mögl.)
  - Eingriff heute vermehrt als thorakoskopische Op

Prog: Rezidivneigung in den verbliebenen Lungenabschnitten ist je nach Grunderkrankung hoch.

Kompl:
- ∗ Rezidivierende Infektionen, Abszessbildung, Pneumonien
- ∗ Parenchymschrumpfung
- ∗ Lungenemphysem (ICD-10: J43.-), Ther: Lungenvolumenreduktions-Op bei schwerem Emphysem zur Verbesserung der Ventilation der verbleibenden Restlunge
- ∗ Amyloidose

TUMOREN DER THORAXWAND

Ät:
- Benigne: **Chondrome** (50 %), eosinophiles Granulom, fibröse Dysplasie, Hämangiome, Fibrome, Neurofibrome, Lymphangiome
- Maligne: Chondrosarkome, osteogene Sarkome, EWING-Sarkom, Myelome
- Metastasen oder direkte Infiltration: Mammakarzinom, maligne Pleuratumoren, Bronchialkarzinom, Nierenzellkarzinom (Hypernephrom), Prostatakarzinom

Klin: ⇒ Lokale Schwellung
⇒ Evtl. schmerzhaft und schmerzbedingte Schonatmung

Diag:
1. Anamnese und klinische Untersuchung
2. Röntgen: Thorax p.a u. seitl. sowie konventionelle Tomographie des Lokalbefundes, knöcherner Thorax zur Beurteilung von Rippendestruktionen, CT
3. Skelettszintigraphie
4. Biopsie des Lokalbefundes

Ther:
- Operativ:
  - Lokalexstirpation des Befundes (benigne Tumoren)
  - Thoraxwandresektion (maligne Tumoren)
- Radiatio als Palliativmaßnahme bei schlechtem Allgemeinzustand oder bei nicht möglicher radikaler Tumorentfernung (= keine Entfernung im Gesunden)

BRONCHIALKARZINOM

Syn: Lungenkarzinom, Lungenkrebs, bronchogenes Karzinom, engl. bronchial carcinoma, ICD-10: C34.-

Ät:
- **Nikotinabusus** (85-90 % d.F.) mit einer Expositionszeit und Latenz von ca. 15-30 Jahren (**männliche Raucher** haben ein **28faches Risiko**, Frauen ein 8faches Risiko gegenüber Nichtrauchern/innen), Pfeifen- od. Zigarrenraucher immerhin auch noch 8faches Risiko, **auch Passivrauchen** (mehr als 15 J.) verdoppelt das Risiko gegenüber "Nie-Rauchern"
  Zusätzliche Risikoerhöhung bei Mutation im CYP3A4-Gen (Gen im Cytochrom-P450-System) ⇨ Männer 3,5faches, Frauen 8faches Risiko
- **Radonstrahlung** ⇨ Alpha-Strahler (**natürlich** vorkommendes radioaktives Edelgas), der nur direkt auf der Schleimhaut wirkt. Durch rechnerische Extrapolation entstehen bis zu 9 % der Lungentumoren durch die (geringe) natürliche Strahlenbelastung (lineare Dosis-Wirkungsbeziehung ohne Schwellenwert). Vorkommen: in umbauten, schlecht gelüfteten Räumen, z.B. Kellern, insb. bei Rissen in den Fundamenten der Häuser (Radon wird aus dem Boden freigesetzt) u. im Trinkwasser. Berufliche Radonexposition bei Bergarbeitern in Uranminen ⇨ dann 4fach höheres Bronchialkarzinomrisiko.
- **Umweltgifte**, chemisch-toxisch (5-10 %), industrielle Substanzen (selten) ⇨ **Berufskrankheiten** (BeKV-Nr. in Klammern): z.B. bei ionisierender Strahlung (2402, z.B. Uran, Radon), Nickel- (4109), Arsen- (1108), Chrom- (1103), halogenierte Alkylaryloxid- (1310, z.B. Bischlormethylether), halogenierte Alkylarylsulfid- (1311, z.B. Senfgas, Lost), Asbestexposition (4104, in Zusammenhang mit Nikotinabusus potenziert sich dabei das Risiko!) oder Kokereirohgase (4110, Benzo[a]pyren und andere polyzyklische aromatische Kohlenwasserstoffe)
- Diskutiert werden auch Abgase von Dieselmotoren
- Narbenkarzinom (nach Lungennarben), Kavernenkarzinom (nach Tuberkulose)
- Mutationen im Epidermal-growth-Faktor-Rezeptor (EGFR) od. K-ras-Genmutation
- HIV-Infektion begünstigt nach epidemiologischen Untersuchungen die Entstehung von Adenokarzinomen

Path: ♦ Geht fast immer vom Epithel der Bronchien aus (98 % der Lungentumoren sind Bronchialkarzinome, nur 2-5 % sind alveolären Ursprunges)

♦ Karzinome werden von Bronchialarterien versorgt ⇨ Gefahr der Abszedierung, wenn der Tumor sehr groß wird und die versorgende Arterie nicht mehr ausreicht (führt zur zentralen Tumornekrose)

♦ Histologie: 95 % lassen sich in die zwei großen Gruppen einteilen

1. Nicht kleinzelliges Bronchialkarzinom (**NSCLC** = non small cell lung cancer, 75 %):
   - **Plattenepithel-Karzinom** (45 %): verhornend und nicht verhornend, 2/3 zentral wachsend ⇨ Lumenverschluss durch intraluminales Wachstum ⇨ Atelektase, kann auch peribronchial wachsen (Möglichkeit, dass die Schleimhaut bronchoskopisch o.B. ist) ⇨ führt zur Kompressionsstenose des betreffenden Bronchus
   - **Adeno-Karzinom** (20 %, besonders häufig bei Frauen): ¾ liegen peripher im Lungenparenchym, insg. langsames Wachstum, Gefäßinvasion ⇨ sehr frühe hämatogene Metastasen (selten lymphogen)
   - Sonderformen: Broncho-alveolär in den Alveolen (sehr differenziert, als solitärer Rundherd, peripher oder multilokulär), fetales Adenokarzinom (pulmonales Blastom)
   - **Großzelliges Bronchialkarzinom** (10 %): undifferenziert, sehr rasche hämatogene und lymphogene Metastasierung
2. Kleinzelliges Bronchialkarzinom (**SCLC** = small cell lung cancer, 20 %): insb. zentral liegend, sehr aggressiv (hochmaligne) und schnell wachsend, frühzeitige lymphogene und hämatogene Metastasen, paraneoplastische Symptome mögl. (neuroendokrines Karzinom = KULCHITZKY-Zell-Karzinom Typ 3 mit Hormonbildung, siehe auch Kapitel APUD/Karzinoid), sehr früher Knochenbefall (meist bei Diagnosestellung schon vorhanden) ⇨ selten operabel!

♦ Lok: rechts häufiger als links
Oberlappen > Unterlappen > Mittellappen
Zentral (hilusnah) 80 % > peripher 20 % (Stammbronchus > Lappenbronchien) > diffus

♦ Ausbreitungswege

I. Kontinuierlich:
1. Im Lungenparenchym: Segment- und Lappengrenzen überschreitend
2. Einwachsend in Gewebe außerhalb der Lunge:
   * Pleura (Schmerzen erst, wenn Pleura parietalis erreicht ist)
   * Perikard ⇨ Perikarderguss ⇨ keine Op.
   * Ösophagus ⇨ Stenose, Schluckbeschwerden
   * V.cava superior ⇨ obere Einflussstauung
   * N.laryngeus-recurrens-Alteration (insb. linksseitig) ⇨ Heiserkeit
   * N.phrenicus-Alteration ⇨ zunächst keine Symptomatik, evtl. Singultus
   * PANCOAST-Tumor ⇨ Plexus brachialis (insb. N.ulnaris = C8-Gebiet)
   * Ganglion stellatum ⇨ HORNER-Syndrom

II. Lymphogen (um den Lungenhilus herum = „Lymphsammelbecken"):
   * Paraaortal, paratracheal, araösophageal
   * Kontralaterale lymphogene Metastasierung möglich! (häufiger von links ⇨ rechts, als umgekehrt)

III. Hämatogen:
   * Leber (unabhängig von der Histologie)
   * Skelett (osteolytische Knochenmetastasen, insb. Wirbelsäule)
   * Nebennieren und Nieren
   * ZNS (v.a. beim kleinzelligen Bronchialkarzinom)

Epid: ◊ Inzidenz: 55/100.000/Jahr, bei Mann und Frau mittlerweile dritthäufigste Krebsart in Deutschland, weltweit **häufigste Tumormortalität beim Mann** (wegen der insg. schlechten Prog.; am häufigeren Prostatakarzinom versterben nicht so viele Männer), dritthäufigste bei der Frau (nach Mamma- u. Kolorektalkarzinom), weltweite Inzidenz ca. 1.300.000 Neuerkrankungen/J., in Deutschland ca. 55.000 Neuerkrankungen/J. (davon 13.000 Frauen)

◊ Altersgipfel: **55.-75. Lj.**

◊ **M** >> w (= **4 : 1**, Ausnahme: Adenokarzinom m << w = 1 : 6), mit Verdopplung des Frauenanteils in den letzten 10 Jahren (mehr rauchende Frauen!), die Inzidenz bei den Männern ist konstant. Statistisch erkrankt jeder **20. Mann** an einem Bronchialkarzinom!

◊ Sterblichkeit (Mortalität): liegt derzeit in Europa für Männer bei 50/100.000/Jahr, für Frauen bei 10/100.000/Jahr (Stand: 1999), in Deutschland ca. 42.000 Todesfälle/Jahr

◊ Historie: 1. Pneumektomie 1932 in den USA

◊ Epid. zum Rauchen: in Deutschland sind ca. **ein Drittel der Bevölkerung** Tabakraucher (39 % der Männer und 31 % der Frauen im Alter von 18-80 Jahren). In der Altersgruppe der 18- bis 25-Jährigen rauchen 41 % der Männer und 36 % der Frauen, bei den 12- bis 17-Jährigen rauchen 13 % (Tendenz in den letzten 10 Jahren erfreulicherweise fallend).
Durchschnittliches Einstiegsalter für das Zigarettenrauchen ist in Deutschland **14** J.!
Wird ab der Jugend durchgehend geraucht, so versterben 50 % im mittleren Lebensalter und büßen damit statistisch ca. **22 Jahre ihrer Lebenserwartung ein** (durch unterschiedliche Folgeerkrankungen).

Etlg: # **Klinische Einteilung nach** HOLOYE

A: ***"Limited disease"*** =	nur ipsilateraler Befall, keine größeren Obstruktionen, keine Beteiligung der V.cava, keine Rekurrensparese
B: ***"Extensive disease"*** =	beidseitiger Befall, Pleuraerguss, Atelektase, Infiltration der V.cava, Rekurrensparese
C: ***Extrathorakale Ausbreitung*** =	supraklavikulärer Lk-Befall, Fernmetastasen

TNM-Stadien der Lungenkarzinome

T_X	Positive Zytologie: maligne Zellen im Sputum ohne radiologisch oder bronchoskopisch sichtbarem Tumor
T_1	Tumor **<3 cm**, (**T_{1a}** <2 cm, **T_{1b}** 2-3 cm) viszerale Pleura und Hauptbronchus tumorfrei
T_2	Tumor **3-7 cm** (**T_{2a}** 3-5 cm, **T_{2b}** 5-7 cm) oder Befall des Hauptbronchus (aber >2 cm von der Carina entfernt) oder Tumor infiltriert die viszerale Pleura oder assoziierte partielle Atelektase
T_3	Tumor >7 cm od. mit **Infiltration** der Brustwand oder Zwerchfell, mediastinale Pleura, parietales Perikard oder Befall des Hauptbronchus (<2 cm von der Carina entfernt, aber Carina selbst tumorfrei) oder Tumor mit totaler Atelektase oder obstruktiver Pneumonie der ganzen Lunge
T_4	Tumor jeder Größe mit Infiltration des Mediastinums, Herz, große Gefäße (Aorta, V.cava, A./V.pulmonalis), Trachea, Ösophagus, Wirbelkörper oder Carina oder vom Primärtumor getrennter Tumor in einem anderen Lungenlappen der gleichen Seite
N_1	Metastasen in **ipsilateralen intrapulmonalen** peribronchialen oder hilären Lk
N_2	Metastasen in **ipsilateralen mediastinalen** oder subcarinalen Lk
N_3	Metastasen in **kontralateralen** hilären oder mediastinalen Lk oder in ipsi- od. kontralateralen Skalenus- oder **supraklavikulären Lk**
M_1	**Fernmetastasen** (**M_{1a}** vom Primärtumor getrennter Tumor in der kontralateralen Lunge, maligner Pleura- od. Perikarderguss, **M_{1b}** sonstige Fernmetastasen)

Stadiengruppierung: IA: $T_{1a-b}N_0M_0$ IB: $T_{2a}N_0M_0$ IIA: $T_{2b}N_0M_0$, $T_{1-2a}N_1M_0$
IIB: $T_3N_0M_0$, $T_{2b}N_1M_0$ IIIA: $T_{1-3}N_2M_0$, $T_4N_{0-1}M_0$ IIIB: $T_4N_2M_0$, alle N_3 IV: alle M_1

Histologisches Grading: **G**1 gut differenziert **G**2 mäßig differenziert **G**3 schlecht differenziert **G**4 undifferenziert

Klin: ⇒ 95 % haben erst deutliche Symptome, wenn der Tumor bereits fortgeschritten ist, da das **Bronchial-Karzinom lange Zeit bis zur Symptomentwicklung benötigt** ⇨ oft schon Metastasen bei Diagnosestellung vorhanden.
5 % sind asymptomatisch (Zufallsdiagnose, z.B. beim Rö-Thorax) ⇨ gute Prognose, da meist noch sehr klein

⇒ Allgemeine Symptome: **Husten** 79 %, **Auswurf** 64 % und Hämoptyse (blutiges Sputum) 37 %, Gewichtsverlust 48 %, Thoraxschmerzen 44 %, Nachtschweiß, Fieber

⇒ Spezielle Symptome (entstehen abhängig von der Lokalisation und Tumorausbreitung):
Pulmonal = Resultat eines Bronchusverschlusses:
- Husten (**jeder Reizhusten >3 Wo. bei Pat. >40 Jahren muss abgeklärt werden**)
- **Dyspnoe** (erschwerte Atmung, Atemnot)
- Sputum (evtl. blutig oder mit blutigen Fasern)

Symptome aufgrund lokaler Tumorausbreitung:
- **Thoraxschmerzen** beim Atmen (wenn der Tumor in die Pleura parietalis infiltriert)
- N.recurrens-Parese (Heiserkeit)

- Lähmung des Zwerchfells bei Arrosion des N.phrenicus
- HORNER-Syndrom (Ptosis, Miosis, Enophthalmus)
- Obere Einflussstauung (deutl. sichtbare V.jugularis), STOKES-Kragen (verdickter Hals)

Beschwerden aufgrund von Metastasen:
- Knochen: pathologische Fraktur (ohne Trauma od. mit Bagatelltrauma)
- Leber: Ikterus
- Gehirn: Persönlichkeitsveränderungen, Kopfschmerzen, Krampfanfälle, Lähmungen
- Peritoneum: Aszites

⇒ **Chronische Pneumonie**? ⇨ immer an ein Bronchial-Karzinom denken!

⇒ Symptome durch Hormonproduktion im Rahmen eines **paraneoplastischen Syndromes:**
- CUSHING-Syndrom I (ACTH erhöht durch den Tumor, aber meist mit reduziertem Allgemeinzustand im Gegensatz zum 'normalen' CUSHING-Patienten)
- ADH erhöht (Syndrom der inadäquaten ADH-Sekretion, Abk. SIADH) ⇨ H_2O-Intoxikation (hypotone Hyperhydratation, Natriurese)
- Karzinoid-Syndrom (Produktion vasoaktiver Amine): Diarrhoen, Flush-Syndrom, Hitzewallungen, Migräne-, Asthmaanfälle, Tachykardien, Tachypnoe, Kardiopathie, Bauchkoliken, Heißhungeranfälle, Teleangiektasien
- Parathormon-Produktion durch d. Tumor (Pseudohyperparathyreoidismus) ⇨ Hyperkalzämie-Syndrom mit folgenden klinischen Zeichen:
  * Durstige Patienten, da Kalzium osmotisch wirkt
  * Obstipation, Osteopathie, Hautveränderungen
  * Kardial: Rhythmusstörungen
  * Vaskuläre Symptome: Rezidivierende Thrombophlebitiden (⇨ DD: auch bei Pankreaskarzinom vorkommend)
- Myopathien, myasthenische Sympt. (LAMBERT-EATON-Syndrom), Neuropathien
- Thromboembolische Komplikationen, Phlebothrombosen
- Gynäkomastie
- Arthritische Beschwerden

Diag:
1. Anamnese (Berufsanamnese, Raucherstatus) und klinische Untersuchung
2. **Bildgebung: Thorax im Stehen** (p.a. und seitlich): in 98 % d.F. ist ein pathologischer Befund erhebbar

   Je älter der Patient und je größer der Rundherd, desto häufiger ist der Prozess maligne!

   Bessere Beurteilung unter Durchleuchtung oder durch Schichtung des suspekten Befundes (= konventionelle Tomographie, durch die CT heute zunehmend seltener)
   Röntgenzeichen neben dem soliden Rundherd: Atelektasen, Obstruktionsemphysem, Abszedierung, Ergussbildung, poststenotische Pneumonie, Karzinomkaverne
   CT-Thorax (mit KM) **heute Standard** oder auch **MRT** zur genauen Lokalisationsdiagnostik des Rundherdes und Suche nach (pathologischen) Lk >1 cm
3. Morphologischer Tumornachweis durch Sputumuntersuchung, v.a. zentral (90 % Treffer), peripher weniger geeignet, insg. mind. 3 x Wiederholung der **Zytologie**
4. **Bronchoskopie** (in Lokalanästhesie) mit beweglichem Bronchoskop und Versuch der Gewebegewinnung zur Histologie (Diagnosesicherung in 70 % d.F. mögl.)
5. Transthorakale Lungenfeinnadel-Punktion unter Röntgen-Kontrolle / CT-gesteuert (90 % Treffer), Kompl: Pneumothorax, Zellverschleppung im Stichkanal mögl. ⇨ Stichkanalmetastasierung od. Generalisierung
6. **Inhalations- und Perfusionsszintigraphie** und normale Lungenfunktion (Vitalkapazität, FEV_1): zur Feststellung der Verteilungsverhältnisse der beiden Lungen (wichtig für die Beurteilung der Operabilität und der vermutlichen postoperativen Ventilationssituation)
7. **Metastasensuche / Staging** (immer präoperativ erforderlich):
   Mindestprogramm: CT-Thorax (s.o.) ⇨ mediastinale Lk-Metastasierung?
   - **Sonographie des Abdomen:** Metastasen in Leber, Niere, Nebenniere?
   - **Skelettszintigraphie**: osteolytische Metastasen?
     od. ^{18}FDG-PET-CT zur allgemeinen Ganzkörper-Metastasensuche
   - Tumormarker: können als Verlaufsparameter eingesetzt werden: SCA u. CYFRA 21-1 (bei Plattenepithel-Ca), NSE und neuer Tumormarker NCAM (neuronales Zelladhäsionsmolekül) für den Kleinzeller, CEA (Adenokarzinom u. Großzeller), TPA (allgemein)

Zusätzlich ggf. erforderlich:
- HNO-Konsil bei Heiserkeit: N.recurrens-Parese?
- bei Pleuraerguss ⇨ Punktion und Zytologie
- Mediastinoskopie und Probeentnahme zur Beurteilung der Lk
- Lymphknoten-Biopsie (bei geschwollenen Halslymphknoten)
- Schädel-CT od. -MRT (bei kleinzelligem Bronchial-Karzinom immer durchführen)
- evtl. Knochenmarkbiopsie, v.a. beim kleinzelligen Karzinom

8. Mediastinoskopie (heute seltener, da CT u. insb. die MRT gute Aussagen über den Lymphknotenstatus erlauben): Vollnarkose, Querinzision in der Fossa jugularis, Einführen des Mediastinoskops. Kompl: Mediastinitis oder Blutung (1 %)
9. Evtl. diagnostische (+ ggf. therapeutische) Probethorakotomie als thorakoskopische od. offene Lungenbiopsie (bei unklaren Rundherden) und histologische Untersuchung

<u>**Ther:**</u>
- <u>Überprüfung der Operabilität:</u>
  1. ***Lungenfunktion:*** **Vitalkapazität:** <50 % ⇨ Kontraindikation gegen Thorakotomie
     TIFFENEAU-Test = Sekundenkapazität: FEV_1 >2,5 l ⇨ gut operabel, <1 l ⇨ keine Op. mögl., bei Werten dazwischen muss individuell entschieden werden (altersabhängig sollten 75% des Sollwertes präoperativ erreicht werden).
     Eine präoperative Vorbereitung mit Lungenatemtraining (Atemgymnastik, maschinelles Training, einfache Atemtrainer z.B. Voldyne®) kann die Situation verbessern und ist unerlässlich. Außerdem präoperativ Blutgasanalyse durchführen.
  2. ***Herzfunktion:*** Kontraindikationen sind: Myokardinfarkt in den letzten 6 Wo., pulmonale Hypertonie, manifeste nicht rekompensierbare, dekompensierte Herzinsuffizienz ⇨ keine Thorakotomie möglich.
  3. <u>Kontraindikationen der radikal-chirurgischen Op.:</u> (kurative Intention)
     - Nachgewiesene Fernmetastasen hämatogen od. lymphogen (M_1)
     - Kontralaterale Lymphknotenmetastasen (N_3) (ipsilaterale sind keine K-Ind.)
     - Befall nicht resezierbarer, mediastinaler Strukturen (T_4, V.cava, Oesophagus, Herz)
     - N.phrenicus-Parese (da Perikardbefall wahrscheinlich)
     - N.recurrens-Parese rechts (linker N.recurrens liegt so nahe am Bronchus, dass er schon bei kleinem Tumor gestört sein kann; rechter liegt weiter weg ⇨ größerer Tumor bei Befall)
     - Invasion in die Pleura od. Thoraxwand ist nur eine relative Kontraindikation (erweiterte Lob-/Pneumektomie notwendig)
     - Kleinzelliges Karzinom (außer im gesicherten Stadium N_0M_0)
- <u>Operativ:</u>
  - <u>Anästhesie:</u> **Seitengetrennte Intubation** mit speziellem Tubus ⇨ Ausschaltung der betroffenen Lunge möglich, Beatmung über die andere Lunge
  - <u>Zugang:</u> Postero- od. **anterolaterale Thorakotomie**
    - **Lobektomie** (= Standardverfahren): Absetzen des Lappenbronchus und der Gefäße mit dem Lungenlappen am Hauptbronchus (auch thorakoskopisch mögl.)
    - **Segmentresektion:** Bei eingeschränkter Lungenfunktion, heute zunehmend verdrängt von der extraanatomischen Lungenteilresektion.
    - **Extraanatomische Lungenteilresektion:** atypische Segmentresektion, nicht den Segmentgrenzen folgend = **Keilresektion** peripherer Herde (wedge resection)
      Ind: oberflächliche Lungenherde ($T_1N_0M_0$), heute meist **thorakoskopische Entfernung** mit endoskopischen Klammernahtgeräten (Endo-GIA, Autosuture) zur Lungenparenchymnaht, Zugang s. Abb.

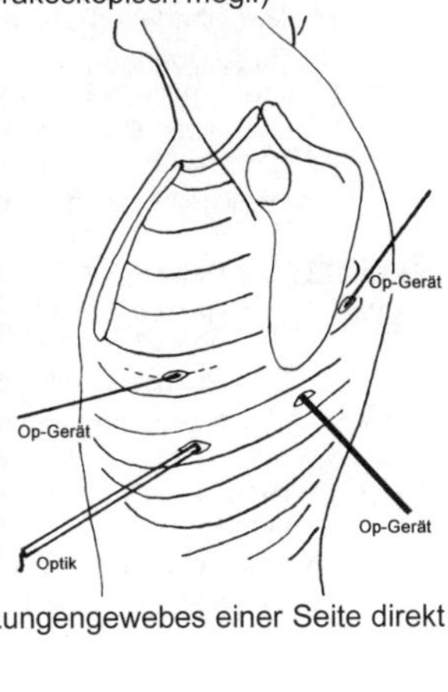

    - **Manschettenresektion** (= bronchoplastische/bronchoangioplastische Verfahren, parenchymschonend bei eingeschränkter Lungenfunktion): bei zentral sitzendem Tumor im Bereich des Lappenbronchus wird dieser Bereich reseziert und die/der Carina/Hauptbronchus mit dem peripheren Rest des betroffenen Lungenlappens wieder anastomosiert.
    - Totale **Pneumektomie:** Entfernung des gesamten Lungengewebes einer Seite direkt

am Hauptbronchus. Dies verbessert die Prognose nicht im Vergleich zur Lobektomie, ist aber notwendig, wenn der Tumor sehr zentral sitzt oder mehrere Herde vorhanden sind und die Pneumektomie unter funktionellen Gesichtspunkten auch möglich ist = ausreichende Atemverhältnisse der anderen Lunge.

- ▫ **Erweiterte** Lob-/**Pneumektomie:** Entfernung des gesamten Lungengewebes + benachbarter Gebilde, wie z.B. Perikard, parietale Pleura, Brustwand, Diaphragma oder komplette partielle Thoraxwandresektion ⇨ dann Defektdeckung mit Gore-Tex®-Material und gute Weichteilabdeckung des Implantates erforderlich.

- Zusätzlich: lokoregionäre (= intrapulmonale u. hiläre) **ipsilaterale Lymphknotendissektion** und mediastinale Lk-Entfernung bei kurativer Operation
- Immer: perioperative Antibiotikaprophylaxe (z.B. 4,0 g Mezlocillin i.v., Baypen®), Anlage einer **BÜLAU-Drainage**
- Postoperativ: Intensivmedizinische Überwachung und Infusionstherapie für ca. 2-3 Tage, BÜLAU-Drainage ex am 3.-5. postop. Tag (Entfernung, wenn tgl. <100 ml nachlaufen), dann intensives Atemtraining, Hautklammern ex am 10. Tag

• Postoperativer Heilungsverlauf der Lungen-Op:
Lobektomie: Restlunge erweitert sich ⇨ Defekt bald nicht mehr zu sehen
Pneumektomie: Zunächst Pleuraerguss (Serothorax) ⇨ Fibroblasteneinwanderung (Serofibrothorax) ⇨ Fibrothorax als Endzustand

• Konservativ (= palliativ): **Radiatio** (40-70 Gy über 6 Wo.) mit Megavolttechnik bei inoperablem Tumor, postoperativ bei inkompletter Resektion (R_1/R_2) od. N_2.
Polychemotherapie: insb. bei kleinzelligem Bronchialkarzinom mit 4-6 Zyklen nach dem CEV-Schema (= Carboplatin, Etoposid, Vincristin), in Verbindung mit Radiatio beim kleinzelligen Bronchialkarzinom ggf. auch in kurativer Absicht (eine zusätzliche Radiatio des Schädels bringt einen weiteren Vorteil)
Beim nicht kleinzelligen Bronchialkarzinom (NSCLC) im Stadium II u. III zytostatische Therapie mit Cisplatin + Vinorelbin od. Carboplatin + Paclitaxel (Taxol®) und fraktionierte Radiatio postoperativ. Im Stadium III wird neuerdings auch eine neoadjuvante (= präoperative) Radio- + Chemotherapie zum Down-Staging empfohlen. In weiter fortgeschrittenen Stadien ist eine Chemotherapie palliativ mögl. In neuen Studien wird bei EGFR-Mutation statt einer Chemotherapie ein Behandlung mit einem Tyrosinkinaseinhibitor (Gefitinib od. Erlotinib) versucht.

• Palliative Verbesserung der Ventilationsverhältnisse: Laser- oder Kryotherapie mittels Bronchoskopie zur Wiederherstellung der Atempassage bei Bronchusstenose

• Selbsthilfegruppen: Deutsche Lungenstiftung e.V., Herrenhäuser Kirchweg 5, 30167 Hannover, Tel.: (05 11) 2 15 51-10, Fax: -13, Internet: http://www.lungenstiftung.de

Prog: **Sehr schlecht**, nur 30 % sind resezierbar, 56 % bei Diagnosestellung bereits inoperabel!, 10 % stellen sich intraoperativ als inoperabel heraus (= nur Probethorakotomie).
Op-Risiko: Letalität bei Lobektomie ca. 2,5 %, Pneumektomie 7-15 %
Mittlere Überlebenszeit aller Patienten: **1 Jahr**
5-Jahres-Überlebensrate aller Bronchialkarzinome: nur **15 %** (Frauen etwas besser als Männer), mittlere 5-JÜR nach Resektion: 23 %, bei Inoperabilität: 1 %
Plattenepithel-Ca: $T_1N_0M_0$ 5-JÜR 65 %, $T_2N_0M_0$ 50 %, $T_{1-2}N_1M_0$ 40 %, $T_3N_1M_0$ 30 %, $T_3N_2M_0$ 10-20 %, $T_4N_{1-2}M_0$ 5-JÜR 5 %, M_1 5-JÜR 1 %
Kleinzelliges Bronchialkarzinom: Heilungsrate ca. 5 %, mittlere Überlebenszeit 5-8 Mon.

Op-Kompl:
* Akutes Lungenversagen postoperativ, kardiorespiratorische Insuffizienz
* Bronchusstumpfinsuffizienz, Bronchusfistelbildung (insb. bei Manschettenresektionen, auch Insuffizienz der Gefäßanastomose), Pneumothorax
* Pneumonie, Nachblutungen
* Narbenneurinome, Schultersteife mit Bewegungseinschränkung

Proph:
♥ **Nicht rauchen** (auch nicht passiv) bzw. aufhören! (verringert das Risiko in jedem Lebensalter)
♥ Eine hohe Zufuhr von Gemüse und Früchten hat einen protektiven Effekt
♥ Verbesserung der Prog. wäre durch eine frühere Diagnose mögl. (eine Vorsorge mit jährlichem CT wird in Studien erprobt, ein Nutzen ist aber bisher nicht belegt)

♥ Nachsorge: anfangs alle 6 Wo., danach in 3-monatigem Abstand mit klinischer Untersuchung, Kontrolle der präoperativ erhöhten Tumormarker, Röntgen-Thorax, Sono-Abdomen, evtl. Knochenszintigraphie, Bronchoskopie

DD:
- **Bei chronischer Pneumonie od. chronischem Husten immer an ein Bronchial-Karzinom denken und ausschließen!**
- Rundherd in der Lunge als **Metastase**: Nierenzellkarzinom (Hypernephrom), Mamma-, Schilddrüsen-, Prostata-, Magen-, Hodenkarzinom, tiefsitzendes Rektumkarzinom, ossäre Sarkome, Weichteilsarkome
- **Lungentuberkulose**, Echinokokkuszysten, Coccidioides-Mykose, Lungenabszess
- Gefäßmalformation
- Andere (meist gutartige) Lungentumoren (machen zusammen ca. 2 % aller Lungentumoren aus): **Hamartome, Chondrom**, Neurinome, Fibrom, Histoplasmom, Osteom, Granulom, Angiom, **Bronchialadenom**, Zylindrom, neuroendokrine Tumoren (Karzinoide), Sarkome
  Ther: operative Entfernung, da ein maligner Prozess ohne Op/Histologie letztlich nicht ausgeschlossen werden kann

PANCOAST-TUMOR

Syn: Sulkus-Tumor

Path:
- Sonderform d. peripheren Bronchialkarzinoms, ausgehend von der oberen Lungenfurche
- Lok: Lungenspitze, Pleurakuppe (apikaler Oberlappen) ⇨ Armplexusinfiltration mögl.
- Frühzeitige Infiltration/Metastasierung in Rippen, Wirbelkörper, Muskulatur u. Weichteile (sog. „Ausbrecherkrebs“)

Klin:
⇒ Im Frühstadium meist klinisch stumm
⇒ **Schmerzen**, wenn Pleura parietalis infiltriert (Interkostalneuralgie) oder Plexus alteriert (Arm- / Schulterschmerzen) ist
⇒ **HORNER-Syndrom** (Ptosis, Miosis, Enophthalmus) bei Infiltration des Ggl.stellatum
⇒ Schweißsekretionsstörung des betroffenen Körperviertels
⇒ **Parästhesien** / Dysästhesien im Unterarm bei Plexusinfiltration (insb. im Bereich des N.ulnaris, C8-Th1)
Muskelatrophien der kleinen Handmuskeln (untere Armplexusparese)
⇒ Evtl. **Knochendestruktion** im Bereich BWK 1 oder 1.-3. Rippe
⇒ **Armschwellung** bei Lymph- / Venenstauung
⇒ Evtl. paraneoplastische Symptome (s.o. bei Bronchialkarzinom)

Diag:
1. Anamnese und klinische Untersuchung
2. Röntgen: gezielte Schichtaufnahme (oft kleiner Tumor, der sich hinter Klavikula versteckt) Destruktion der 1.-3. Rippe mögl. ⇨ **CT-Thorax** zur genauen Lokalisation

Ther:
- Einziges Bronchial-Karzinom, das vorbestrahlt wird (selten Lk-Metastasen)
- Radikal-Op. (u.U. auch Amputation des Armes) in kurativer Absicht
- Bei Blutung aus dem Tumor od. abszedierendem Karzinom ⇨ chirurgisch palliative Op.
- Palliativ: bei poststenotische Komplikationen, Atelektasen, Schmerzen (Brustwandalterationen) ⇨ Radiatio

Prog: schlecht, auch bei Radikal-Op. nur 30 %ige 5-JÜR

DD:
- Tumoren des hinteren/oberen Mediastinum (s. Mediastinaltumoren)
- Thoraxwandtumoren: Rhabdomyosarkom, Hämangioperizytom, Osteosarkom, EWING-Sarkom, ASKIN-Tumor (kleinzelliger, primitiver neuroektodermaler Tumor bei Kindern)

LUNGENMETASTASEN

Ät: – Nierenzellkarzinom (Hypernephrom), Mamma-, Schilddrüsen-, Prostata-, Magen-, Hoden-, Ovarial-, Chorionkarzinom, malignes Melanom, Osteosarkom und Weichteilsarkome, Karzinome im HNO-Bereich
– Metastase eines kontralateralen Bronchialkarzinoms

Path: Metastasierung hämatogen oder lymphogen, sehr selten per continuitatem

Klin: ⇒ Keine Frühsymptome
⇒ Später: Dyspnoe, Hämoptyse (blutiges Sputum) bis Hämoptoe (>50 ml Blut, z.B. bei Gefäßarrosion)
⇒ Symptomatik des Primärtumors

Diag:
1. Anamnese (Primär-Tumor: bekannt?, kurabel?, Rezidiv?) und klinische Untersuchung
2. Staging: Noch weitere extrathorakale Tumoren vorhanden? Szintigramm ⇨ Knochen?, Sonographie ⇨ Abdomen?, CT-Schädel
3. Röntgen: Thorax in 2 Ebenen, konventionelle Schichtung, **CT** bzw. besser mit Spiral-CT
4. Evtl. Biopsie bei unklarem Befund zur histologischen Klärung
5. Präoperative Lungenfunktion: Vitalkapazität sollte >2.000 ml sein, evtl. Perfusionsszintigramm zur genauen Beurteilung der Verteilung

Ther:
- Voraussetzungen zur Op.:
  - Primär-Tumor muss kurabel oder bereits behandelt sein
  - Risiko muss vertretbar sein (Patientenfaktoren) = keine allgemeinen K-Ind. gegen Op.
  - Fehlen anderer Metastasen (extrathorakal)
  - Keine therapeutischen Alternativen (Chemotherapie, Radiatio)
- Operativ:
  - Parenchymschonende Entfernung der Metastasen im Gesunden = **extraanatomische Lungenteilresektion** = periphere Keilresektion (auch wedge resection genannt), heute insb. auch thorakoskopisch
  - Beidseits vorhandene Lungenmetastasen stellen keine Kontraindikation dar, sondern können in zwei Eingriffen oder auch gleichzeitig über eine transsternale Thorakotomie entfernt werden (wenn die jeweils einzelne Metastase resektabel ist).
  - Evtl. auch Segmentresektion, Lobektomie oder Pneumektomie
- Konservativ: Palliative Radiatio oder Chemotherapie (abhängig vom Primärtumor, z.B. bei Hoden-, Choriontumoren und Osteosarkomen)

Prog: 5-JÜR nach Metastasenresektion ca. 25 %, natürlich auch abhängig vom Primärtumorleiden

DD: Primäre Lungentumoren, Tuberkulose, Lungenabszess

LUNGENTRANSPLANTATION

Ind: – Allgemein: Vorliegen einer fortgeschrittenen, **finalen Lungenerkrankung** ohne therapeutische Alternativen
– **Bronchiektasen**, **Lungenemphysem** (= COLD, chronic obstructive lung disease)
– α_1-Antitrypsin-Mangel (homozygote Form)
– **Mukoviszidose** (zystische Fibrose) im fortgeschrittenen Stadium
– **Idiopathische Lungenfibrose**, Silikose, Asbestose
– Primäre **pulmonale Hypertonie** od. Lungengerüsterkrankungen mit sekundärer pulmonaler Hypertonie (chron. Cor pulmonale)

<u>**Transplantationszeitpunkt:**</u> Alter <55.-65. Lj., Lebenserwartung ohne Transplantation <1-2 Jahre, PO_2 <60 mmHg (meist um 45 mmHg), FEV_1 <30 %

<u>**K-Ind:**</u>
- Fortgeschrittene Zweiterkrankungen: insb. **nicht ausreichende kardiale Funktion**, nicht kurable Malignome, Systemerkrankungen wie z.B. Amyloidose, schwere Nieren- od. akute gastrointestinale Erkrankung
- **Akute Infekte, HIV-Infektion**
- Nicht kooperativer Pat. (**aktiver Raucher**), manifeste Drogen- od. Alkoholabhängigkeit, Alter (s.o.)
- Systemische Dauer-Glukokortikoidmedikation >10-20 mg/Tag

<u>**Epid:**</u>
- ◊ Die erste Lungentransplantation (Syn: LTx) erfolgte 1963, seit 1986 Routineverfahren (führend ist Toronto).
- ◊ Im Jahr 2010 wurden in Deutschland 298 Lungentransplantationen (davon 16 kombinierte Herz-/Lungentransplantationen) durchgeführt. Auf der Warteliste befinden sich ca. 500 Pat., Wartezeit: 1-2 Jahre.

<u>**Ther:**</u>
- Verfahren: **unilaterale Lungentransplantation** (SL = single lung, bei restriktiven Erkrankungen, wie Fibrosen), **bilaterale** Lungentransplantation (DL = double lung, bei obstruktiven Erkrankungen, wie Emphysem od. Mukoviszidose) od. kombinierte **Herz-/Lungentransplantation** (bei pulmonaler Hypertonie mit Herzschädigung)
- Explantation der Lungen (mit od. ohne Herz, ggf. mit Aufteilung des li. Vorhofes) am Spender (Voraussetzungen: allgemeine [s. Kap. Transplantationen] und zusätzliche beim Spender: <50. Lj., Beatmung <10 Tage, Rö-Thorax o.B.), Konservierung in kalter modifizierter Euro-Collins Lösung (max. Ischämiezeit 6 Std.)
- Implantation:
  - Zugang: anterolaterale Thorakotomie
  - Entnahme d. Lunge/Lungen durch Absetzen v. Lungenvenen, -arterie u. Hauptbronchus
  - Orthotope Implantation der Spenderlunge/n durch End-zu-End-Anastomose von Lungenvenen, Hauptbronchus und Lungenarterie
  - Bronchoskopische Kontrolle der Bronchusanastomose noch intraoperativ
- Postoperativ: Beatmung mit PEEP für einige Tage, BÜLAU-Drainage, Antibiose (Cephalosporin + Aminoglykosid) + selektive Darmdekontamination (präop.), CMV-Hyperimmunglobulingabe für 5 Tage + Kaninchen-Antilymphozytenglobulin
- Nachbehandlung: **Immunsuppression** (Ciclosporin A (oral u. ggf. zusätzlich inhalativ) + Azathioprin + orales Glukokortikoid), bei akuter Abstoßung Glukokortikoid-Stoßtherapie + Antilymphozytenglobulin
- Nachkontrollen: Rö-Thorax, Lungenfunktionsprüfung (FEV_1), Bronchoskopie, Kontrolle der T-Lymphozyten-Subpopulationen

<u>**Prog:**</u> 1-JÜR 70 %, 5-JÜR 45 %, postop. verdoppelt sich meist die FEV_1.

<u>**Kompl:**</u>
- * **Infektionen** (pulmonal od. systemisch), insb. Zytomegalie-Pneumonie
- * Akute **Abstoßung**, Transplantatversagen
- * BOS = Bronchiolitis-obliterans-Syndrom (Auslöser: unklar, viraler Infekt?)

<u>Op:</u>
- * Strikturen der Pulmonalarterie
- * Bronchusanastomoseninsuffizienz (ischämische Störungen, Nahtinsuffizienz)

MEDIASTINUM

Anatomie

Begrenzungen: Vorne: Sternum, hinten: BWS, seitlich: Pleurasäcke der beiden Lungenflügel, unten: Centrum tendineum des Diaphragma, oben: Eintritt v. Ösophagus, Trachea, N.vagus, N.laryngeus recurrens, N.phrenicus und Austritt der supraaortalen Gefäße.

Inhalt:

Vorderes Mediastinum: Thymus/Restkörper, A.thoracica (mammaria) int.
Mittleres Mediastinum: Herz, Aortenbogen, Aa. und Vv.pulmonales, V.cava sup. und inf., Trachea, Bifurkation und Hauptbronchien
Hinteres Mediastinum: Ösophagus, Aorta, N.vagus, Truncus sympathicus, Nn.splanchnici, Vv.azygos u. hemiazygos, Ductus thoracicus

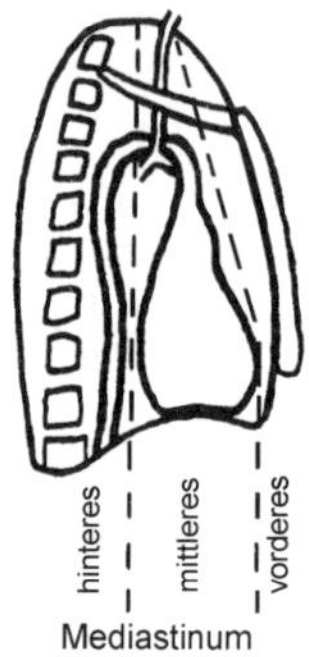

MEDIASTINALEMPHYSEM

Syn: Pneumomediastinum, engl. mediastinal emphysema, ICD-10: J98.2

Ät:
- Traumatisch: Thoraxtrauma, Bronchusruptur, Ösophagusruptur
- Iatrogen: Perforation bei Tracheotomie, Intubation, Endoskopie, Bougierung, Fremdkörperentfernung
- Spontan: Tumorarrosion von Bronchus oder Ösophagus, alveolar-interstitielles Lungenleck (bei lokalen Atelektasen, bronchialer Obstruktion, Beatmung), Pneumothorax
- Infektiös: Gasbildende Bakterien (Clostridium perfringens) im Bereich des Mediastinums

Klin: ⇒ Tastbares subkutanes **Hautemphysem** an Hals und Gesicht (Froschgesicht)
⇒ Schmerzen, Dyspnoe, Einflussstauung

Diag:
1. Anamnese und klinische Untersuchung: Schneeballknirschen des Hautemphysems
2. Röntgen: Thorax zeigt Pneumomediastinum, Doppelschatten entlang der linken Herzgrenze, evtl. Kontrastmittelpassage d. Ösophagus mit wasserlöslichem KM (kein Barium)
3. Endoskopie: Ösophagoskopie, Bronchoskopie
4. Mediastinoskopie

Ther:
- Operative Versorgung bei Vorliegen einer Organperforation, Antibiose
- Chirurgische Druckentlastung des Mediastinalemphysems durch Drainage

Kompl: Mediastinitis, Kavakompression, extraperikardiale Herzbeuteltamponade

MEDIASTINITIS

Syn: Entzündung des Bindegewebes im Mediastinum, ICD-10: J98.5

Ät:
- Mediastinalemphysem durch Ruptur von Ösophagus (Karzinomdurchbruch, Fremdkörper, Verätzung, BOERHAAVE-Syndrom) od. Tracheobronchialsystem ⇨ Infektion
- Iatrogen: Bronchusstumpfinsuffizienz nach Lungenresektion, Anastomoseninsuffizienz nach Ösophagus-Op., Mediastinoskopie, instrumentelle Perforation bei Endoskopie, Hals-Op.
- Übergriff von Pleuraempyem, Lungenabszessen oder Lymphknotenentzündung
- Fortgeleitete Infektion aus der Halsregion

Lok: Meist im oberen Mediastinum beginnend, dann früh auf gesamtes Mediastinum übergreifend

Klin: ⇒ **Schweres Krankheitsbild** mit septischen Temperaturen, Tachypnoe, Tachykardie, Schüttelfrost, Schock
⇒ Retrosternale Schmerzen, Halsschmerzen, paravertebrale Schmerzen
⇒ Husten, Dysphagie, Singultus
⇒ Evtl. Hautemphysem, Entzündung über dem Jugulum, obere Einflussstauung

Diag: 1. Anamnese und klinische Untersuchung
2. Röntgen: Thorax zeigt verbreitertes, unscharf begrenztes Mediastinum, parakardiale Doppelkontur, CT-Thorax
3. Evtl. Endoskopie: Ösophagoskopie, Bronchoskopie

Ther:
- Therapie der Grunderkrankung (große Perforationen müssen operativ beseitigt werden)
- Hochdosierte Antibiose
- Operativ: Juguläre oder posteriore paravertebrale oder parasternale Mediastinotomie, Drainage des Mediastinums

Prog: 10-40 % Letalität!, je nach Schwere des Prozesses

Kompl: * Pleuritis, Perikarditis, Thrombose der V.cava
* Sepsis mit Bakteriämie und Aussaat in Knochen, Gehirn, Leber usw.
* Chronische Entzündung ⇨ Mediastinalfibrose

DD: Chronische Mediastinitis nach Radiatio

MEDIASTINALTUMOREN

Ät:
- Benigne: Thymome, Neurinome, Lipome, Xanthome, Hämangiome, Zysten, Fibrome, Teratome, Morbus BOECK (Sarkoidose, Stad. I u. II mit hilärem Lymphknotenbefall)
- Maligne: maligne Lymphome, Ösophagus- od. Bronchialkarzinome, Retothelsarkom, Neurosarkom, HODGKIN-Lymphom (Lymphogranulomatose), Leukämien, Retikulosarkom

Path:
- ♦ Thymome und Teratome: benigne oder maligne mögl.
- ♦ Teratome: Tumoren aus allen 3 Keimblättern, können Epithelzysten, Haare, Zähne, Knochen, Knorpel usw. enthalten

Epid: Prädisp.alter der Thymome: 45. Lj., Teratome: 30.-50. Lj. (und fast nur Männer betroffen)

Klin: ⇒ Mind. 50 % der Tumoren sind **Zufallsbefunde** (= symptomlos) und meist gutartig
⇒ Im fortgeschrittenen Stadium: Thoraxschmerz, obere Einflussstauung, Stridor, Heiserkeit, Reizhusten, Dyspnoe, Dysphagie, Erbrechen, Singultus, Zwerchfellparese, HORNER-Syndrom (Ptosis, Miosis, Enophthalmus), Herzrhythmusstörungen
⇒ Myasthenie-Symptome bei Thymomen (Myasthenia gravis pseudoparalytica)

Diag: 1. Anamnese und klinische Untersuchung: Karotispuls, Halsvenenstauung
HNO-Spiegelbefund: Stimmbänder? (N.laryngeus recurrens)
Neurologischer Befund: HORNER-Syndrom, Schweißsekretionsstörungen
2. Röntgen-Thorax: **Mediastinalverbreiterung**, evtl. Ösophagusbreischluck, Tracheazielaufnahme, Durchleuchtung (Aneurysmapulsation?)
CT zur Lokalisationsdiagnostik, evtl. CT-gesteuerte parasternale Biopsie
Evtl. Schilddrüsenszintigraphie bei V.a. retrosternale Struma
3. Labor: Differentialblutbild (Lymphom?), Tumormarker (AFP (Teratome, embryonale Karzinome), CEA, NSE, SCA, TPA, HCG (Chorionkarzinome))
4. Sonographie: **Endosonographie** (wie bei der Herzechographie [TEE] über den Ösophagus), heute ist damit auch eine Biopsie transösophageal mögl. (spart d. Mediastinoskopie)
5. Mediastinoskopie (zervikaler oder parasternaler Zugang) und Biopsie (zur histologischen und bakteriologischen Untersuchung)

6. Diagnostische (und therapeutische) transthorakale Tumorexstirpation (offen oder thorakoskopisch, insb. für hinteres Mediastinum) ⇨ **Histologie!**

EINTEILUNG MEDIASTINALER RAUMFORDERNDER PROZESSE NACH IHRER LOKALISATION:

OBERES VORDERES MEDIASTINUM

Retrosternale Struma
Thymom
Lymphome
Lipome, Sarkome, Teratome
Embryonale Karzinome
Seminome, Chorionkarzinome

HINTERES MEDIASTINUM

Neurinome
Schwannome
Neurofibrome
Neurosarkome
Ganglioneurome
Paragangliome
Neuroblastome / Sympathoblastome
Meningeome / Zysten
Chondrome
Fibrosarkome
Aortenaneurysmen
Ösophagusdivertikel
Bronchialzysten
Gastrointestinale Gebilde

ZENTRALES MEDIASTINUM

Lymphome
Granulome
Teratome, Dermoidzysten
Ösophaguszysten
Bronchialzysten

UNTERES VORDERES MEDIASTINUM

Hiatushernien
Perikardzysten
Lipome

Ther: • Operativ: Ind: **Jeder mediastinale Tumor sollte entfernt werden** (aus diagnostischen Gründen und weil die benignen Tumoren maligne entarten können)
- Thymome: mediane Sternotomie (transsternaler Zugang), dann Tumorexstirpation. In Zentren wird der Eingfiff auch schon thorakoskopisch durchgeführt
- Retrosternale Strumen: können meist über den KOCHER-Kragenschnitt mitentfernt werden (s. Kap. Struma), sehr selten obere mediane Sternotomie notwendig
- Bronchogene Zysten und Ösophagusdivertikel: transpleuraler Zugang, Entfernung
- Neurogene Tumoren: transpleuraler Zugang, vollständige Exstirpation

• Maligne Thymome werden nachbestrahlt + Chemotherapie

Kompl:
* Bronchogene Zysten und Ösophagusdivertikel werden meist erst symptomatisch bei Entzündung ⇨ Abszedierung, Mediastinitis, Empyem mögl.
* Thymome: zentrale Nekrotisierung oder Einblutung, dorsale Ausbreitung ⇨ Verdrängungssymptomatik, paraneoplastische Symptome
  Gutartige Thymome ⇨ können maligne entarten (Kapseldurchbruch beweisend)
* Teratome: Maligne Entartung, Pleuraaussaat, Fernmetastasen, spontane Perforation
* Lymphome: Bronchuseinbruch
* Neurinome und Neurofibrome ⇨ intraspinale Ausbreitung, Entartung zum Neurosarkom mögl.

Op:
* Pneumothorax
* Verletzung v. N.vagus, N.laryngeus recurrens, N.phrenicus, Duct.thoracicus

Proph: ♥ Tumornachsorge bei malignen Prozessen nach 3, 6 u. 12 Monaten, dann jährlich

DD:
- Endothorakale (retrosternale) Struma, Mediastinalfibrose (meist mit retroperitonealer Fibrose = Morbus ORMOND), Thymushyperplasie, extramedulläre Blutbildungsherde, unspezifisch vergrößerte Lymphknoten ohne Krankheitswert
- Infektiöse Lymphome/Granulome: Tuberkulose, Histoplasmose, HIV, Coccidioides-Mykose, Mononukleose
- Pseudotumoren: Aortenaneurysma, Zwerchfellhernie, Meningozele

HERZCHIRURGIE

Anatomie

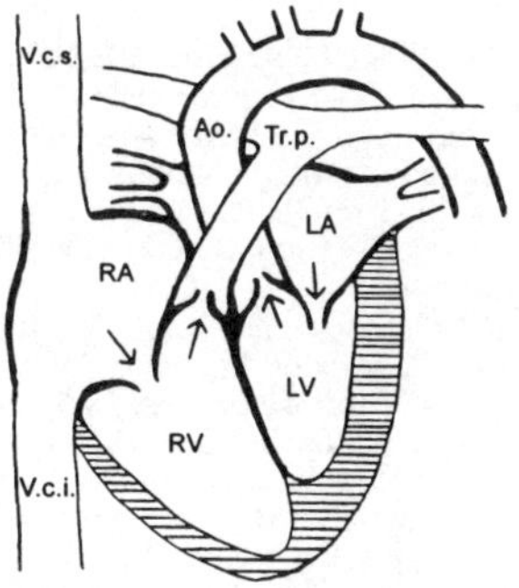

Das Herz ist im vorderen u. mittleren Mediastinum gelegen und vom Herzbeutel umgeben. Es hat die Form eines Kegels, dessen Basis (**Basis cordis**) nach rechts oben u. hinten und dessen Spitze (**Apex cordis**) nach links unten u. vorne weist.

Die Oberfläche ist von einer dünnen serösen Haut, der Lamina visceralis pericardii (**Epikard**) bekleidet. Sie setzt sich auf den Anfangsteil der großen Gefäße (Aorta, Truncus pulmonalis, Vena cava superior) fort u. geht hier in die Lamina parietalis pericardii (**Perikard**) über.

Die großen Gefäße lassen sich in einen arteriellen Pol, Porta arteriosa (Aorta und Truncus pulmonalis) sowie einen venösen Pol, Porta venosa (Vena cava sup. et inf. und Venae pulmonales) unterteilen.

Der Sulcus interventricularis anterior grenzt die rechte Kammer (Ventriculus dexter, engl. RV = right ventricle) gegen die linke (Ventriculus sinister, LV) ab und läuft in die Incisura apicis cordis aus. Die Vorhöfe, Atrium dextrum und Atrium sinistrum, werden durch die Kranzfurche (**Sulcus coronarius**) von den Kammern getrennt. Der linke Vorhof (LA) nimmt die Vv.pulmonales, der rechte Vorhof (RA) die V.cava sup. et inf. auf.

Koronararterien:

1. A.coronaria sinistra = **LCA** (left coronary artery), dieser Hauptstamm teilt sich in:
   - **RCX** (Ramus circumflexus)
   - **RIVA** (Ramus interventricularis anterior, engl. LAD, left anterior descending): ∅ 2,9-4,5 mm, läuft auf der Vorderfläche des Herzens im Sulcus interventricularis anterior zur Herzspitze und versorgt das linke Herz und die vorderen Anteile des Septum interventriculare.
2. A.coronaria dextra = **RCA** (right coronary artery) läuft im Sulcus interventricularis posterior auf der Herzrückfläche mit dem RIVP (Ramus interventricularis posterior) und versorgt das rechte Herz, die Hinterwand des li. Ventrikels und die hinteren Anteile des Septum interventriculare.

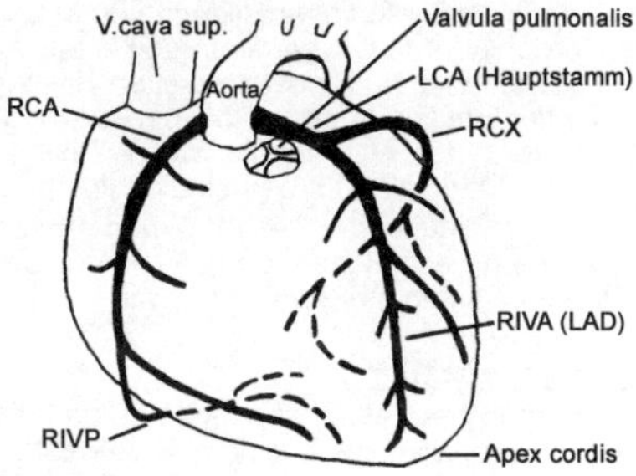

Hämodynamische Parameter:

– Schlagvolumen (SVI)	60 - 70 ml	
– Herzminutenvolumen (CO)	5 - 6 l/min	
– Herzindex (CI)	2.4 - 4,2 $l/min/m^2$	
– Rechter Vorhof-Druck (= ZVD, CVP)	2 - 8 mmHg	(= 3-12 cmH_2O)
– Rechter Ventrikel-Druck (RVP)	15 - 30 mmHg	
– Pulmonalarterien-Druck (PAP)	15 - 30 / 4-12 / 9-18 mmHg (syst./diast./Mitteldruck)	
– Pulmonalkapillärer-Druck (PCWP)	5 - 12 mmHg	
– Linker Vorhof-Druck (LAP)	2 - 12 mmHg	
– Linker Ventrikel-Druck (LVP)	100-140 / 3 -12 mmHg (systolisch/enddiastolisch)	
– Austreibungsfraktion (ejection = EF)	60 - 75 %	
– Aortendruck	100-140 / 60-90 / 70-105 mmHg (syst./diast./Mitteldruck)	
– Systemischer Strömungswiderstand (TSR)	700 - 1600 $dyn*sec*cm^{-5}$	
– Pulmonaler Strömungswiderstand (TPR)	100 - 240 $dyn*sec*cm^{-5}$	

Voraussetzungen für die Herzchirurgie:

Die Voraussetzung für eine längere Operation am offenen Herzen ist die Beendigung der rhythmischen Kontraktion und die Möglichkeit der externen Übernahme der Kreislaufarbeit.
Frühere kardiochirurgische Eingriffe wurden am schlagenden Herzen ausgeführt. Die Ära der Kardiochirurgie begann Mitte der 50er Jahre mit der Entwicklung einer zuverlässigen **Herz-Lungen-Maschine** und der Kardioprotektion.

Herz-Lungen-Maschine (HLM):

Die erste Operation mit Hilfe einer funktionierenden HLM wurde von dem amerikanischen Chirurg GIBBON (Verschluss eines Vorhofseptumdefektes bei einem kleinen Mädchen) im Jahr 1953 erfolgreich vorgenommen. In Deutschland werden derzeit jährlich ca. 95.000 Operationen mit einer HLM vorgenommen.

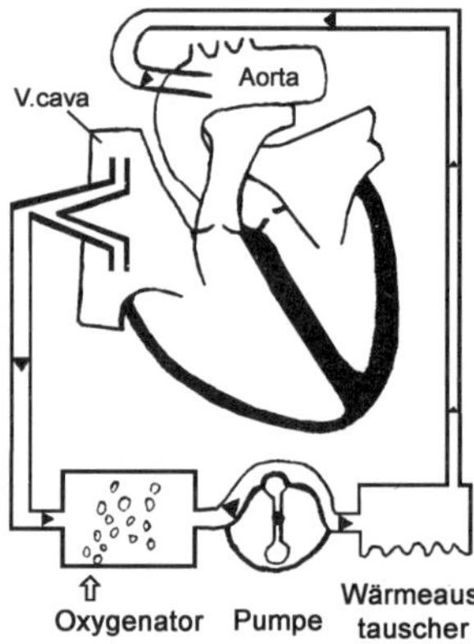

Der Anschluss der HLM an das Kreislaufsystem des Patienten erfolgt über einen Spezialkatheter, der über den **rechten Vorhof in die untere und obere Hohlvene** eingeführt wird. Über ein ableitendes Schlauchsystem, an das die **Pumpeneinheit** (früher Rollerpumpen, heute Zentrifugalpumpe) angeschlossen ist, gelangt das Patientenblut in das Herzstück der Maschine, den **Oxygenator** (übernimmt die Lungenfunktion und reichert das venöse Blut mit Sauerstoff an; früher Bubbleoxygenatoren heute Membranoxygenatoren). Vom Oxygenator gelangt das Blut über einen **Wärmeaustauscher**, der die Bluttemperatur absenkt, über eine Silikonkanüle in die **Aorta ascendens** in den Patientenkreislauf zurück (s. Abb.). Alternativer Zugang mit Port-Access-System über die V. und A.femoralis mit einem Ballonkatheter bis zur Aorta ascendens.

Wegen der erhebliche Thrombogenität der verwendeten Kunststoffleitungen muss die Gerinnungsfähigkeit des Patientenblutes abgesenkt werden ⇨ Heparin (2-3 mg/kgKG i.v.).

⇒ **Überwachung der Blutgerinnung** während und am Ende der Operation! Eine zu geringe Heparinmenge führt zur Bildung von Mikrothromben mit der Gefahr der Embolisation und der Verstopfung des Oxygenators sowie zur Aktivierung der Gerinnungskaskade. Eine zu hohe Dosis Heparin kann zu postoperativen Blutungskomplikationen durch Beeinträchtigung der Thrombozytenfunktion führen. Die Überwachung der Blutgerinnung erfolgt heute in den meisten Zentren mittels des sogenannten **ACT-Testes** (activated coagulation time, Norm: 80-100 Sek., erwünschter Wert für den kardiopulmonalen Bypass: 400-600 Sek.).

Bei Beendigung der Herz-Op und Entfernen der Kanülen wird die Blutgerinnung durch Neutralisierung des Heparins mit Protamin wieder hergestellt (etwa äquimolare Dosierung: 1-1,33 mg Protamin antagonisieren etwa 1 mg = 100 I.E. Heparin).

Kardioprotektion:

Um am Herzen arbeiten zu können und einen größeren Blutverlust sowie eine Luftembolisation zu vermeiden, wird nach einem **kardioplegischen Herzstillstand** in **Hypothermie** operiert. Nach Abtrennen des Herzens von der Zirkulation (Abklemmen der Aorta oberhalb der Koronarostien) wird 4 °C kalte Kardioplegielösung über die Aortenwurzel in die Koronararterien infundiert und eine Oberflächenspülung des Herzens mit Eiswasser vorgenommen (⇨ **Myokardtemperatur <10 °C**). Hierdurch wird die Ischämietoleranz des Herzens stark verlängert (bis 180 Min.).

Zusammensetzung der Kardioplegie-Lösung:

		NaCl	147 mmol/l
KCl	20 mmol/l	$CaCl_2$	2 mmol/l
$MgCl_2$	16 mmol/l	Procain-Hydrochlorid	1 mmol/l

Durch den Wärmeaustauscher der Herz-Lungen-Maschine wird die Patiententemperatur ebenfalls erniedrigt. Dies senkt den Stoffwechsel und erhöht die Ischämietoleranz der Organe. Es werden verschiedene Hypothermiegrade unterschieden (üblich ist bei Herz-Op. eine **mäßige bis tiefe Hypothermie**, ca. 25 °C):

Leichte Hypothermie	37 - 32 °C
Mäßige Hypothermie	32 - 28 °C
Tiefe Hypothermie	28 - 18 °C
Ausgeprägte Hypothermie	18 - 4 °C

Durch zunehmende Hypothermie des Organismus wird die Viskosität des Blutes erhöht (⇨ Verminderung der Organperfusion und Gefahr der Thrombenbildung). Deshalb ist eine Hämodilution erforderlich (bis 20-25 % Hämatokrit). Für die Hämodilution werden balancierte, annähernd plasmaisotone Elektrolytlösungen verwendet.

ANGEBORENE HERZ- UND THORAKALE GEFÄßFEHLER

Ät: Zumeist unbekannt, Wechselwirkungen zwischen Umwelt und Erbgut werden vermutet. Prädisponierende Faktoren für kongenitale Herzfehler sind:
- Angeborene numerische **Chromosomenaberrationen** (Trisomie 21, Trisomie 18, Trisomie 13, ULLRICH-TURNER-Syndrom = 45 X0) od. Genmutationen (NOONAN-Syndrom mit Mutation im PTPN11-Gen, HOLT-ORAM-Syndrom mit Mutation im TBX5-Gen, Mutation im MYH6-Gen)
- Infektionen während der Schwangerschaft: Röteln, Herpes simplex, Zytomegalie, Coxsackie
- Medikamente: Phenytoin, Cumarine, Lithium, Folsäureantagonisten, Thalidomid (Contergan)
- Embryofetopathia diabetica (unbehandelter Diabetes mellitus der Mutter)
- Alkoholabusus in der Schwangerschaft (Alkoholembryopathie)

Epid: ◊ **Angeborene Herzfehler** sind **eine der häufigsten angeborenen Missbildungen**.
◊ In Deutschland beträgt die Inzidenz kongenitaler Vitien ca. 0,8 % der Geburten ⇨ etwa 6.000 Fälle pro Jahr, etwa die Hälfte davon schwere Anomalien

Etlg: # **Etwa 85 % aller angeborenen Vitien werden von den 8 häufigsten gebildet:**

– Ventrikelseptumdefekt (VSD)	28 %, ICD-10: Q21.0
– Vorhofseptumdefekt (ASD)	12 %, ICD-10: Q21.1
– Pulmonalstenose (Pst)	10 %, ICD-10: Q22.1
– Persistierender Ductus arteriosus BOTALLI (PDA)	10 %, ICD-10: Q25.0
– FALLOT-Tetralogie (FT)	9 %, ICD-10: Q21.3
– Aortenstenose (Aost)	7 %
– Aortenisthmusstenose (CoA)	5 %
– Transposition der großen Arterien (TGA)	4 %, ICD-10: Q20.3

Eine einheitliche Einteilung der angeborenen Herzfehler existiert nicht. Eine Möglichkeit ist die Einteilung aufgrund des Leitsymptoms **Zyanose** in primär azyanotische und zyanotische Herzfehler. Das klinische Kriterium der **Lungendurchblutung** ermöglicht eine weitere Einteilung in Vitien mit verminderter, normaler oder vermehrter Lungendurchblutung.

Azyanotische Herzfehler

Azyanotische Herzfehler mit normaler Lungendurchblutung
- Pulmonalstenose
- Aortenstenose
- Aortenisthmusstenose (Coarctatio aortae)

Azyanotische Herzfehler mit vermehrter Lungendurchblutung
- Vorhofseptumdefekt Typ II (ASD II)
- LUTEMBACHER-Syndrom (Kombination ASD II mit Mitralstenose)
- Defekte des AV-Kanales (Endokardkissen-Defekte, ASD I)
- Ventrikelseptumdefekt
- Persistierender Ductus arteriosus BOTALLI

Zyanotische Herzfehler

Zyanotische Herzfehler mit verminderter Lungendurchblutung
- FALLOT-Tetralogie
- Trikuspidalklappenatresie, ICD-10: Q22.4
- EBSTEIN-Anomalie, ICD-10: Q22.5
- Truncus arteriosus communis (aus beiden Herzkammern geht nur ein Gefäß ab, die Pulmonalarterie geht vom Truncus ab)

Zyanotische Herzfehler mit vermehrter Lungendurchblutung
- Totale Lungenvenenfehlmündung
- Transposition der großen Arterien

Path: ♦ **Azyanotische Herzfehler mit normaler Lungendurchblutung:**
Lok: Stenosen an den Ausflussbahnen der beiden Ventrikel oder an den großen Gefäßen ⇨ operatives Ziel ist die Beseitigung der Engstelle durch örtliche oder extraanatomische Korrektur, um die Ventrikel vor einer chronischen Druckbelastung zu schützen.

♦ **Primär azyanotische Herzfehler mit vermehrter Lungendurchblutung:**
Shuntvitien mit Kurzschlussverbindung zwischen Nieder- und Hochdrucksystem
⇨ **Links-Rechts-Shunt** (arterialisiertes Blut rezirkuliert in die Lungenstrombahn)
⇨ Volumenbelastung des Lungenkreislaufes, evtl. mit gleichzeitiger Druckbelastung. Abhängig von der Dauer dieser Belastung kann es zu sekundären Veränderungen in den Pulmonalgefäßen (fibromuskuläre Umwandlung) und zu einer Pulmonalgefäßsklerose mit fixierter pulmonaler Hypertonie und dann verminderter Lungendurchblutung kommen.
⇨ **Umwandlung** des Links-Rechts-Shunts **in einen Rechts-Links-Shunt** mögl. (= sog. EISENMENGER-Reaktion) = späte Zyanose (Fixierung des Krankheitsbildes ⇨ wenn der pulmonale Druck 80 % des Systemdrucks erreicht hat, ist eine operative Korrektur nicht mehr sinnvoll! ⇨ Transplantation von Herz und Lunge als Ultima ratio, ab einem Druckverhältnis von 40 % ist das Op-Risiko signifikant erhöht).
Lok: Vorhofebene (Vorhofseptumdefekt), Ventrikelebene (Ventrikelseptumdefekt) oder Ebene der großen Gefäße (persistierender Ductus arteriosus, aortopulmonales Fenster, Truncus arteriosus communis) mögl.

♦ **Zyanotische Herzfehler: primärer Rechts-Links-Shunt** oder Rotationsanomalien
⇨ Einstrom von venösem Blut in den großen Kreislauf ⇨ zentrale Mischungszyanose (klinisch erkennbar an blaugefärbten Konjunktiven, Lippen, Schleimhäuten und Zunge). Kompensatorisch entwickelt sich meist eine Polyglobulie (liegt eine Anämie vor ist die klinische Symptomatik besonders schwer, jedoch ist die Zyanose durch Fehlen eines Mindestgehaltes von desoxygeniertem Hämoglobin kaschiert).
Kompl: körperliche Entwicklungsverzögerung, Leistungsminderung der Kinder, synkopale Anfälle durch Ischämie des Gehirnes, septischen Komplikationen und Abszessbildung (Hirnabszesse)
Kinder mit zyanotischen Herzfehlern versuchen, durch die sog. **Hockerstellung** (= engl. squatting, erhöht den peripheren Gefäßwiderstand ⇨ erhöht den enddiastolische Druck im linken Ventrikel und der Einstrom von rechtsventrikulärem venösem Blut in den Systemkreislauf sinkt) den Grad der Zyanose zu vermindern.

Diag:
1. Anamnese und klinische Untersuchung: Die meisten angeborenen Herzfehler werden bei Kindern in etwa 80 % d.F. bei der ersten Untersuchung direkt nach der Geburt (**U1**) oder in den **Früherkennungsuntersuchungen** (U2 - U8) festgestellt. Heute werden Herzfehler zunemend auch bereits **pränatal** durch die **Ultraschallfeindiagnostik** (sog. Organultraschall und Echokardiographie in der 20.-22. SSW) erfasst.
2. **Echokardiographie** mit Farbdoppler zur Darstellung der Flussverhältnisse (zusätzlich auch mit Ultraschallkontrastmittel mögl.), ggf. auch transösophageal (TEE), MRT zur Darstellung der anatomischen Verhältnisse
3. Röntgen: **Herzkatheteruntersuchung** mit Darstellung der Ventrikel, Vorhöfe, Ausflussbahn und Druckmessungen in den verschiedenen Abschnitten vor, im und nach dem Herzen.

Ther:
- Das primäre Ziel ist die kardiale Korrektur der angeborenen Anomalie bereits in der **Frühphase**. Ist diese primäre Korrektur technisch nicht möglich, so wird eine funktionelle Korrektur oder ein Palliativeingriff durchgeführt, um die Kinder in ein Alter zu bringen, in dem der Defekt korrigiert werden kann (dies ist heute nur noch selten erforderlich). Medikamentös kann die Herzinsuffizienz bis dahin mit Digoxin, Diuretika und Propranolol behandelt werden. Die vollständige Korrektur der angeborenen Herzfehler sollte bis zum Erreichen des Vorschulalters vorgenommen werden. Lediglich Operationen, die ein Einbringen von Klappen- oder Gefäßprothesen erfordern, sollten erst nach dem 6. Lj. erfolgen, da sonst das Wachstum der Kinder zu schnell in Relation zu den Prothesen fortschreitet (und erneute Operationen erforderlich werden).
- Die Operationen am Herzen erfordern meist den Einsatz der Herz-Lungen-Maschine
- Selbsthilfegruppen: Bundesverband Herzkranke Kinder e.V., Kasinostr. 84, 52066 Aachen, Tel.: (02 41) 91 23-32, Fax: -33, Internet: http://www.bvhk.de

Herzkind e.V., Husarenstr. 70, 38102 Braunschweig, Tel.: (05 31) 2 20 66-0, Fax: -22, http://www.herzkind.de
Bundesvereinigung JEMAH e.V., Gerrickstr. 21, 47137 Duisburg, Tel.: (02 03) 4 51-30 67, Fax: 33 10, Internet: http://www.jemah.de
Kinderherzstiftung in Deutsche Herzstiftung e.V., Vogtstr. 50, 60322 Frankfurt, Tel.: (0 69) 95 51 28-0, Fax: -313, Internet: http://www.herzstiftung.de

Prog: Allgemein: nur in wenigen Fällen heilt der angeborene Defekt spontan aus (einige Fälle des PDA und VSD). Das höchste Sterblichkeitsrisiko für die Kinder besteht unmittelbar nach der Geburt und nimmt danach ab (in den ersten 6 Lebensmonaten versterben genauso viele Kinder mit angeborenem Herzfehler wie in den folgenden 6 Jahren). Über 90 % der Kinder erreichen heute das Erwachsenenalter.

Kompl: * Erhöhte Fehl- und Totgeburtenrate bei Feten mit Herzfehlern

Op: * Herzrhythmusstörungen bis zum plötzlichen Herztod, pulmonale Hypertonie, Herzinsuffizienz, Endokarditis, Thromboembolien

* Frauen: bei späterer Schwangerschaft Risiko für Dekompensation u. mütterliche Sterblichkeit

Angeborene Pulmonalstenose

Path: In 90 % d.F. **valvuläre Stenose** (Klappen in den Kommissuren verschmolzen und an die Pulmonalarterienwand angelagert) ⇨ chronische **Druckbelastung** des **rechten Ventrikels**, die zu einer konzentrischen Hypertrophie führen kann.
Selten: subvalvuläre (10 % d.F.), supravalvuläre oder periphere Stenosen

Klin: Je nach Ausprägung der Stenose keine Beschwerden bis schwerstkranke Kinder, evtl. rechtsventrikuläre Pulsationen und sog. Herzbuckel

Diag: Auskultation: 4/6-6/6 holosystolisches Preßstrahlgeräusch im 2./3. ICR li mit Fortleitung nach lateral

Ther: **Valvuläre Stenosen:**

Konservativ: Sprengung der Pulmonalklappe (**Pulmonalvalvuloplastie**) durch die transkutane-transluminale Ballondilatation heute Methode der ersten Wahl.

Op.-Ind: Bei einem Ruhedruckgradienten über der Klappe von 50-60 mmHg oder bei Rechtsherzinsuffizienz.

Op: Ablösen und Inzision der an der Pulmonalarterienwand anhaftenden Kommissuren (= operative Valvulotomie)

Subvalvuläre, supravalvuläre oder periphere Stenose:

Resektion des Infundibulumbereichs oder Erweiterungsplastik der Ausflussbahn oder der peripheren Strombahn. Bei noch offenem Foramen ovale (häufig) gleichzeitiger Verschluss.

Prog: Sprengung der Pulmonalklappe sehr gut.
Operationssterblichkeit von 5 % bis zu 50 % (bei manifester Rechtsherzinsuffizienz).

Angeborene Aortenstenose

Lok: Meist (Verschmelzung einer oder mehrerer Kommissuren) bikuspid angelegte Klappe mit Neigung zu vorzeitiger Degeneration und Verkalkung.
Selten: subvalvulärer fibrotischer Ring (Endokardleiste) oder hypertropher muskulärer Kanal

Path: Folge der Obstruktion ⇨ hochgradige Druckbelastung des linken Ventrikels ⇨ konzentrische muskuläre Hypertrophie mögl.

Klin: Pektanginöse Symptomatik und synkopale Anfälle bei hochgradiger Stenose mit vermindertem Ejektionsvolumen

Ther: Op.-Ind: Druckgradienten über der Klappe >60 mmHg in Ruhe, Zeichen der beginnenden Linksherzinsuffizienz, Linksherzschädigungszeichen im EKG, Synkopen oder pektanginöse Anfälle.

Op: bei valvulärer Obstruktion offene Kommissurotomie, bei Fibrosierung oder Verkalkung der Klappe ⇨ Prothese od. ROSS-Op (dabei wird die eigene Pulmonalklappe in die Aortenposition transplantiert und die Pulmonalklappe durch ein Homograft ersetzt)

Bei subvalvulärer Aortenstenose Resektion des fibrotischen Ringes oder Kardiomyotomie (n. BIGELOW)

Prog: Op-Risiko bei komplikationslosen Fällen zwischen 1 und 10 %. Langzeitprognose gut. Bei Zeichen der Linksherzinsuffizienz ist die Prognose schlechter und die Letalität höher.

Aortenisthmusstenose

Lok: Einengung der Aorta, distal des Abgangs der linken A.subclavia, am Übergang vom Aortenbogen zur Aorta descendens

Etlg: Je nach Lagebeziehung zum Ductus arteriosus BOTALLI **präduktale** (infantile) u. **postduktale** (erwachsene) Form der Coarctatio aortae.

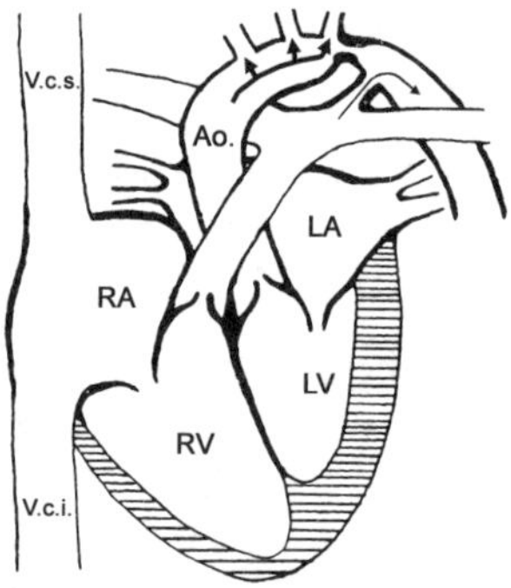

Path: Chronische Druckbelastung des linken Ventrikels.

Umgehungskreisläufe über die A.subclavia und die Interkostalarterien mögl. ⇨ dann keine Mangelversorgung der unteren Körperhälfte.

Klin: **Arterielle Hypertonie der oberen Körperhälfte**, mangelnde Durchblutung der unteren Körperpartien (Femoralispuls meist stark abgeschwächt oder nicht palpabel)

Kinder: Präduktale Form (s. Abb.) mit offenem Ductus BOTALLI ⇨ Blut strömt aus dem re. Herzen (A.pulmonalis) über den Duct. BOTALLI in die Aorta descendens ⇨ minderoxygeniertes Blut gelangt in der untere Körperpartie = Rechts-Links-Shunt mit Zyanose der unteren Körperhälfte

Häufig weitere kardiale (Septumdefekte) und auch andere Fehlbildungen (30 % d.F.)

Diag: Röntgen-Thorax: **Usuren der Rippen** (bei längerem Bestehen durch hypertrophierte Interkostalarterien)

Ther: Op-Ind: präduktale Form: Dekompensation des Leidens häufig schon in den ersten Lebensmonaten ⇨ fast immer (frühe) Op. notwendig

Postduktale Form: häufig lange klinisch stumm, Op od. Intervention indiziert bei Linksherzinsuffizienz oder übermäßiger Hypertonie in der oberen Körperhälfte

Interventionell: Ballondilatation der Engstelle und Einlage eines speziellen Stents

Op: kurzstreckige Stenosen ⇨ Resektion der Engstelle und End-zu-End Anastomose

langstreckige Stenosen ⇨ Einnähen eines Erweiterungspatches aus Dacron (nach VOßSCHULTE) oder Einsetzen der distal abgesetzten A.subclavia als Erweiterungspatch (Subclavian-Flap-Technik)

Prog: Mittlere Lebenserwartung ohne chirurgische Intervention 35 J.!

Op-Letalität: 2-3 %

Nach Patchplastik (insb. im Erwachsenenalter) Spätaneruysmen nach Jahren mögl.

Vorhofseptumdefekt Typ II

Syn: **ASD II**, Sekundum-Vorhofdefekt, Ostium-secundum-Defekt, Sinus-venosus-Defekt

Lok: **Hochsitzender Ostium-Defekt** = im zentralen Bereich des Vorhofseptums, in 10-20 % Kombination mit Fehlmündung der re. Lungenvenen in den re. Vorhof

Eigentlicher Fossa-ovalis-Defekt (in der Mitte des Septums) = **persisitierendes Foramen ovale**, dies haben 25 % der Bevölkerung, jedoch nur in 5 % d.F. hämodynamisch relevant (und nur dann ist dies bei entsprechender Klinik eine Ind. für eine Ther.)

Path: Häufigste Form der Vorhofseptumdefekte (80 % d.F.)

Kinder: Größe des Defektes von 2-17 mm

Erwachsene: Durchmesser des Defektes 1-4 cm

Ist der Defekt mehr als 2 x 2 cm groß, so sind beide Vorhöfe funktionell gleichgeschaltet (= "common atrium").

Bei lang bestehendem Defekt >20 J. Entwicklung einer EISENMENGER-Reaktion häufig

<u>Klin:</u> Dyspnoe, gehäufte Bronchitiden, Leistungsinsuffizienz,
paradoxe Embolie (venöse Thromben können durch den Septumdefekt vom re. in den li. Vorhof und somit in das arterielle Stromgebiet gelangen ⇨ Hirninfarkt)

<u>Ther:</u> Op-Ind: Shunt **>30 %** des Herzminutenvolumens. Der Eingriff ist meist elektiv und sollte vor dem 5. Lebensjahr stattfinden.
<u>Op:</u> Verschluss des Defektes durch direkte Naht oder Einnähen eines Kunststoffpatches
Zunehmend **interventionelles** Einbringen eines doppelten Schirmchens aus Kunststoff über einen Katheter, dieses spannt sich vor und hinter dem Defekt auf und okkludiert diesen (spart die aufwändige Op bei guter Erfolgsrate), neu auch mit resorbierbarem Implantat

<u>Prog:</u> Operationssterblichkeit bei unkompliziertem Vorhofseptumdefekt <1 %, bei stärkerer Drucksteigerung im kleinen Kreislauf (⇨ EISENMENGER-Reaktion) bis über 10 %

Lutembacher-Syndrom

<u>Path:</u> Kombination eines ASD II mit einer angeborenen oder erworbenen Mitralstenose
⇨ Obstruktion der linksventrikulären Einflussbahn ⇨ großer Links-Rechts-Shunt mit frühzeitig beginnender pulmonaler Hypertonie und Pulmonalgefäßsklerose

<u>Ther:</u> Offene Kommissurotomie od. prothetischer Ersatz der Mitralklappe + Verschluss des ASD II

<u>Prog:</u> Op-Letalität bei Erwachsenen <5 %, bei Kindern mit angeborener Stenose und pulmonaler Hypertonie sehr hoch

Defekte des AV-Kanales

<u>Syn:</u> **Atrioventrikular**-Kanaldefekte, AV-Septumdefekt, Endokardkissen-Defekte

<u>Lok:</u> Man unterscheidet einen totalen und einen partiellen AV-Kanal (mit einem Vorhofseptumdefekt vom Primum-Typ (ASD I):
ASD I (Ostium-primum-Defekt) und **partieller AV-Kanal** betreffen den **tiefsitzenden** Anteil des Vorhofseptums mit leichter Mißbildung der AV-Klappen (**Spalten** ["cleft"] im anterioren Mitral- oder im septalen Trikuspidalsegel). Der AV-Klappenring ist komplett angelegt.
Beim **totalen AV-Kanal** besteht ein tiefsitzender Vorhofseptumdefekt, ein hoher Ventrikelseptumdefekt und durch den Verlust des septalen Klappenansatzes ein AV-Klappendefekt.

<u>Path:</u> Die Defekte des AV-Kanals beruhen auf einer Hemmungsmissbildung der Endokardkissen an der Kontaktstelle von Septum primum, Ventrikelseptum und AV-Klappenanlage.
Pathophysiologisch kommt es zu **Kurzschlussverbindungen** auf Vorhof- und Ventrikelebene sowie zu Insuffizienzen der AV-Klappen
Die Defekte kommen gehäuft bei Trisonomie 21 (DOWN-Syndrom) vor.

<u>Klin:</u> Partieller AV-Kanal + ASD I wie bei ASD II (s.o.)
Totaler AV-Kanal ⇨ pulmonale Hypertonie, Pulmonalgefäßsklerose, progrediente Linksherzinsuffizienz, frühzeitige EISENMENGER-Reaktion mögl.

<u>Ther:</u> Op-Ind. bei Diagnosestellung gegeben.
Op-Zeitpunkt: partieller AV-Kanal und ASD I zw. 1. u. 3. Lj., totaler AV-Kanal Op oft schon im Säuglingsalter notwendig
<u>Op:</u> ASD I: Patchverschluss des Defektes
Partieller AV-Kanal: Rekonstruktion der AV-Klappen oder Prothesenersatz
Totaler AV-Kanal: Wie bei ASD I und part. AV-Kanal + Verschluss des Ventrikelseptums mit einem weiteren Patch (sog. 2-Patch-Technik)
Beim postoperativen Auftreten eines AV-Blocks III° ist die gleichzeitige Implantation eines Herzschrittmachers notwendig.

<u>Prog:</u> Op-Letalität für ASD I und partiellen AV-Kanal <2 %. Totaler AV-Kanal >20 %

Ventrikelseptumdefekt

<u>Syn:</u> **VSD**, ICD-10: Q21.0

<u>Lok:</u> An einer Stelle oder multilokulär
Membranöser VSD (70 %): Unterhalb der Crista supraventricularis im Bereich des membranösen Septums

Perimembranöser VSD: Reicht tiefer bis in die muskulären Septumanteile
Muskulärer VSD: Nur im muskulären Septumanteil, evtl. multipel

Path: Häufigster angeborener Herzfehler. Isoliert oder als Teil komplexer Vitien (ca. 50 %)

Klin: Kleine Defekte können klinisch stumm sein
Große Defekte: Linksherzinsuffizienz, Links-Rechts-Shunt, Pulmonalgefäßsklerose

Diag: Lautes auskultatorisches Geräusch (je größer der Defekt, um so leiser wird das Geräusch)

Ther: Op-Ind: stets wegen der Gefahr der bakteriellen Endokarditis gegeben. Kleinere Defekte sollten bis zum Erreichen des Vorschulalters, große Defekte sollten im ersten Lebensjahr korrigiert werden.
Bei Vorliegen einer EISENMENGER-Reaktion mit Shuntumkehr ist der Pat. inoperabel!
Op: Verschluss des Defektes durch direkte Naht oder durch Einnähen eines Dacronpatches

Prog: Selbständiger Verschluss in den ersten Lebensjahren mögl., Op-Letalität: <5 %, bei erhöhtem Pulmonalgefäßwiderstand bis >20 %

Persistierender Duct.arteriosus BOTALLI

Syn: PDA, Ductus arteriosus BOTALLI (persistens, apertus), ICD-10: Q25.0

Lok: Der Ductus arteriosus (BOTALLI) ist im **Fetalkreislauf physiologisch** und dient zur Umgehung der nicht ventilierten Lunge und verbindet den Pulmonalarterienstamm am Ursprung der A.pulmonalis sinistra mit der Aorta descendens distal des Abgangs der A.subclavia sinistra. Er schließt sich im Normalfall 10-15 Std. post partum funktionell und ist nach den ersten 3 Lebensmonaten dann auch strukturell obliteriert zum Lig.arteriosum.

Path: Kurzschlussverbindung zwischen System- und Lungenkreislauf ⇨ **Links-Rechts-Shunt** (s. Abb.)
⇨ Volumenbelastung des Lungenkreislaufes mit den Folgen der Widerstandserhöhung und der Rechtsherzbelastung

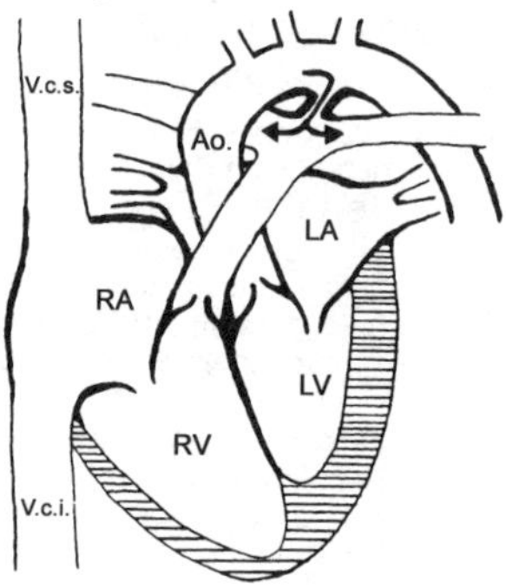

Diag: Auskultation: Maschinengeräusch

Ther: Op-Ind: immer gegeben wegen der Gefahr einer bakteriellen Endokarditis
Op: doppelte Ligatur des Ductus oder Durchtrennung mit Übernähung der Gefäßstümpfe

Prog: Op-Letalität <2 % (höher bei Drucksteigerungen im kleinen Kreislauf)

FALLOT-Tetralogie

Path: Herzfehlerkombination aus (s. Abb.):
1. **rechtsventrikulärer Ausflussbahnobstruktion** (= Pulmonalstenose)
2. **Ventrikelseptumdefekt** (VSD) u. einer über d. Defekt
3. **reitenden Aorta** (Aorta ist nach rechts verlagert) und
4. **rechtsventrikuläre Hypertrophie**.

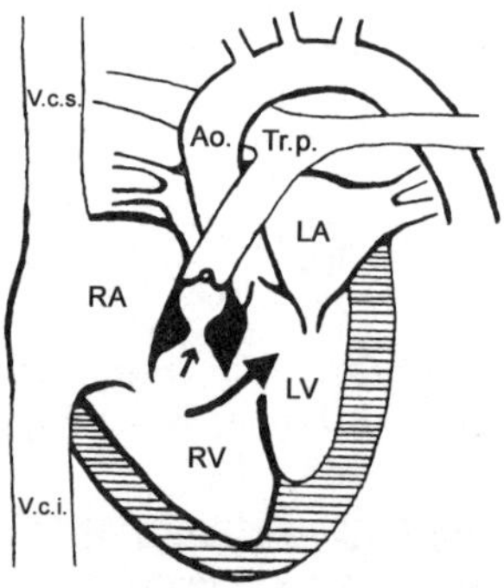

Bei zusätzlichem Vorhofseptumdefekt vom Sekundum-Typ spricht man von der FALLOT-Pentalogie.
Die Kombination aus Pulmonalstenose, Vorhofseptumdefekt u. Rechtsherzhypertrophie wird FALLOT-Trilogie genannt.
In etwa 50 % der Fälle kommt es durch die Hypertrophie der Crista supraventricularis zu einer infundibulären Pulmonalstenose, in der myokardiale Anteile enthalten sind. Der Grad der Stenose ist hier von der Kontraktilität des Herzens abhängig und kann durch Betablocker od. Sedativa günstig beeinflusst weden.
In ca. 25-40 % liegt zusätzlich eine valvuläre Pulmonalstenose vor. Die pulmonale Gefäßbahn kann durch den verminderten Blutdurchfluss hypoplastisch angelegt sein.

Durch die starke Obstruktion ist der Widerstand im Pulmonalkreislauf schon primär höher als der Systemwiderstand = **Rechts-Links-Shunt**. Der Ventrikelseptumdefekt hat meistens die Größe des Aortenringes, ist druckausgleichend und liegt unterhalb des rechten Segels der Aortenklappe.

Die Lagebeziehung von Aortenwurzel und VSD wird als Überreiten der Aorta beschrieben. Der Abgang der Aorta kommt hierbei über dem Defekt zu liegen. Der Grad des Reitens kann verschieden sein. Bei starkem Reiten kann der rechte Ventrikel sein Blut direkt durch den VSD in die Aorta auswerfen.

Der Grad der Obstruktion der rechtsventrikulären Ausflussbahn und des Überreitens der Aorta bestimmen wesentlich die hämodynamischen Verhältnisse.

Ther: Op-Ind: stets gegeben, da ohne Op. nur 10 % der Kinder das Erwachsenenalter erreichen.

Ist die Symptomatik im Säuglingsalter rasch progredient oder liegen hypoplastische Pulmonalarterien vor, wurde früher zunächst ein Palliativeingriff vorgenommen: Verbindung zwischen A.subclavia und ipsilateraler A.pulmonalis = BLALOCK-TAUSSIG-Shunt (aortopulmonales Fenster ⇨ Bluteinstrom in das Lungengefäßsystem wird erhöht ⇨ Oxygenierung des Blutes verbessert, das hypoplastische Pulmonalgefäßbett wird erweitert und der minderentwickelte linke Ventrikel trainiert).

Heute wird meist der erforderliche Korrektureingriff bereits primär und ohne vorherige Shunt-Op vor dem 1. Lj. durchgeführt: Patchverschluss des VSD, Resektion der obstruktiven Infundibulummuskulatur und gegebenenfalls pulmonale Valvulotomie.

Prog: Op-Letalität: 5-10 %. Die Spätergebnisse nach der Korrektur sind in über 80 % der Fälle gut, häufigste Spätfolge/Komplikation: Herzrhythmusstörungen

Ebstein-Anomalie

Path: Fehlgebildete und tiefer verlagerte Trikuspidalklappe ⇨ Atrialisierung von Teilen des rechten Ventrikels und Trikuspidalklappeninsuffizienz. Durch den kleinen rechten Ventrikel und die mangelnde Vorhofkontraktion entsteht über einen ASD oft ein Rechts-Links-Shunt mit zentraler Zyanose. Häufig Herzrhythmusstörungen durch akzessorische Leitungsbahnen.

Ther: Op-Ind: bei starker Zyanose, persistierenden Rhythmusstörungen, zunehmender Trikuspidalklappeninsuffizienz

Op: Patchverschluss des ASD und Rekonstruktion od. Ersatz der Trikuspidalklappe

Prog: Hohe neonatale Letalität bei symptomatischen Neugeborenen (od. bei bereits pränataler Diagnose), Op-Letalität 5-20 %, dann aber mit guten Langzeitergebnissen. Auch asymptomatische Varianten mögl.

Trikuspidalklappenatresie

Path: Trikuspidalklappe nicht angelegt oder von Geburt an verschlossen ⇨ rechter Ventrikel nur rudimentär entwickelt, Blutaustausch in den Systemkreislauf durch einen großen ASD. Über einen oder mehrere Ventrikelseptumdefekte oder über einen großen persistierenden Ductus BOTALLI gelangt das Blut wieder in den rechten Ventrikel und in die Pulmonalisstrombahn.

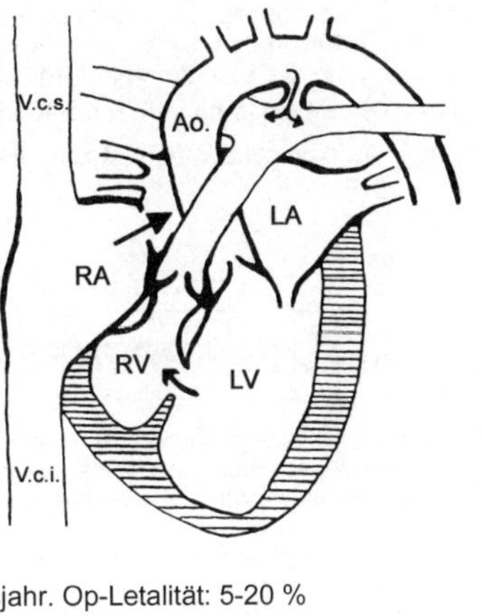

Klin: Zentrale Zyanose, Leistungsminderung, Infektanfälligkeit, Neigung zu synkopalen Anfällen

Ther: Op-Ind: immer gegeben

Op: funktionelle Korrektur (Operation nach FONTAN) ⇨ direkte Verbindung der oberen und der unteren Hohlvene mit der rechten Pulmonalarterie oder dem Truncus pulmonalis. Die Öffnungen im Ventrikelseptum und die Öffnung der Pulmonalarterie im rechten Ventrikel werden durch Kunststoffpatches verschlossen.

Prog: Ohne Op sterben 90 % der Kinder im ersten Lebensjahr. Op-Letalität: 5-20 %

Totale Lungenvenenfehlmündung

Path: Lungenvenen münden nicht in den linken Vorhof, sondern in den rechten Vorhof oder in eine der Hohlvenen. Bei diesem Herzfehler besteht nur Lebensfähigkeit bei vorhandenem Kurzschluss vom rechten zum linken Herzen.

Starke **Rechtsherzbelastung** durch vermehrte Lungendurchblutung und relative pulmonalvenöse Stauung schon in den ersten Lebenswochen.

Ther: Op-Ind: stets gegeben; ggf. Palliativeingriff: Ballon-Atrioseptostomie nach RASHKIND (s.o.)

Op: funktionelle Verbindung (direkte Anastomose od. mit einem Patch) der Lungenvenen im Bereich ihres Zusammenflusses mit dem linken Vorhof

Prog: Ohne Op versterben 75 % der Kinder im 1. Lj.

Op-Letalität hoch (ca. 30 %!), überlebende Kinder haben eine sehr gute Langzeitprognose

Transposition der großen Arterien

Syn: TGA

Path: Rotationsanomalie der großen Gefäße ⇨ Aorta entspringt dem rechten Ventrikel, die Pulmonalarterie dem linken Ventrikel ⇨ Rezirkulation des arteriellen Blutes in die Lungenstrombahn und des venösen Blutes in den Systemkreislauf ⇨ TGA-Patienten sind nur lebensfähig bei zusätzlichen Kurzschlüssen (z.B. ASD, VSD, PDA)

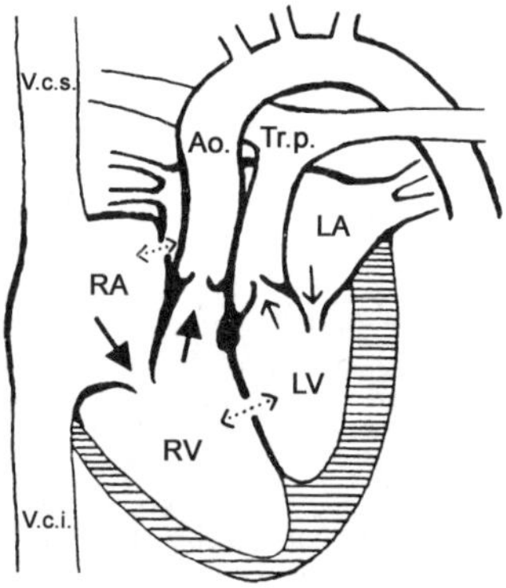

Klin: Starke zentrale Zyanose mit vermehrter Lungendurchblutung, bei guten Kurzschlussverbindungen kann die Zyanose fehlen.

Ther: Ggf. Palliativeingriff in den ersten Lebenstagen erforderlich:

Ballon-Atrioseptostomie (nach RASHKIND) während der ersten Herzkatheteruntersuchung oder chirurgische Septostomie (nach BLALOCK-HANLON) des Vorhofseptums.

Op: **frühzeitige Korrektur** des Herzfehlers in den ersten Lebenswochen; verschiedene Verfahren mögl. (sehr aufwändige und schwierige Op):

- Anatomische Korrektur (**Switch-Operation** n. JATENE)
  Versetzen der großen Gefäße entsprechend der anatomisch korrekten Position und Verlagerung der Koronarostien auf die neue Aortenwand
- Funktionelle Korrektur auf Vorhofebene (nach MUSTARD od. SENNING) ⇨ Kunststoffpatch (MUSTARD) oder eigenes Körpergewebe (SENNING) wird so eingenäht, dass eine Umleitung der Blutströme auf Vorhofebene stattfindet

Prog: Ohne Op sterben 90 % der Kinder im 1. Lj., Op-Letalität 10-20 %, 5-JÜR heute über 90 %

Kompl: Spätkomplikationen: Myokardischämie, Herzinsuffizienz, Stenosen, Herzrhythmusstörungen

HERZKLAPPENFEHLER

Def: Es wird unterschieden zwischen kongenitalen (= angeborenen) und erworbenen Erkrankungen der Herzklappen. Funktionell wird zwischen Stenose und Insuffizienz einer Klappe sowie kombinierte Vitien unterschieden. Es kann eine oder mehrere Klappen betroffen sein.

Ät:
- Angeboren = Schädigung des Embryo/Fetus in den ersten 3 Schwangerschaftsmonaten ⇨ Op im frühen Kindesalter
- Erworben: **rheumatische Endokarditis** (infektallergische Mitbeteiligung der Herzklappen nach Infektion mit Streptokokken Gruppe A [auch bei C u. G mögl.]), direkte **bakterielle En-**

dokarditis (Endocarditis septica [Staphylokokken, Streptokokken Gruppe D, Enterokokken od. Pilze: Candida], z.B. bei Abwehrschwäche, Fixer-Endokarditis [i.v.-Drogen, hier häufig auch die Trikuspidalklappe des rechten Herzens betroffen])

- Degenerativ: Fibrosierung und Verkalkung (**atherosklerotische Schädigung** = Erkrankung der alten Menschen)
- Nach Myokardinfarkt mit Beteiligung des Papillarmuskels
- LIBMAN-SACKS-Syndrom (Endstadium eines systemischen Lupus erythematodes mit verruköser Endokarditis)
- Endocarditis fibroplastica (Syn: LÖFFLER-Syndrom II, Endokardverdickung ungeklärter Ursache)
- Endomyokardfibrose (autoimmunologisch bedingte Verdickung des Endokards + Fibrosierung des Myokards, v.a. in Afrika u. Indien auftretend)
- Angeborene Bindegewebserkrankungen: MARFAN-Syndrom, EHLERS-DANLOS-Syndrom

Epid: ◊ Inzidenz: häufigster Klappenfehler ist in Deutschland die kalzifizierte Aortenstenose, bei den >75jährigen haben 4 % eine Aortenstenose

◊ In Deutschland werden pro Jahr ca. 22.000 Herzklappenoperationen durchgeführt (mit steigender Tendenz wegen der älterwerdenen Bevölkerung). Klappenoperationen sind die zweithäufigste Indikation für eine Herz-Op (nach der KHK).

◊ 98 % der Eingriffe betreffen die Aorten- und Mitralklappe.

Etlg: Bez. der Klinik als Zeichen der kardialen Insuffizienz bei Klappenvitien nach der **New York Heart Association (NYHA)**

NYHA I:	Keine subjektiven Beschwerden, körpl. Belastung nicht eingeschränkt
NYHA II:	Beschwerden bei schwerer körperlicher Belastung
NYHA III:	Beschwerden bei leichter körperlicher Belastung
NYHA IV:	**Ruhebeschwerden** = kardiale Dekompensation

Klin: s.u. bei dem jeweiligen Klappenfehler

Diag: 1. Anamnese und klinische Untersuchung:
Typischer Auskultationsbefund: (evtl. mit Phonokardiogramm dokumentieren)
Aortenvitien in leicht nach vorne gebeugtem Sitzen in Exspiration auskultieren
Aortenstenose: lautes, raues, tieffrequentes, spindelförmiges Systolikum
Aorteninsuffizienz: decrescendoförmiges Sofortdiastolikum
Mitralvitien in linksseitenlage in Exspiration auskultieren
Mitralstenose: diastolisches Decrescendogeräusch, Mitralöffnungston
Mitralinsuffizienz: systolisches Decrescendogeräusch, 3. Herzton

2. EKG: Aortenstenose: Linkstyp, Linkshypertrophiezeichen (pos. SOKOLOW-Index = S in V_1 + R in V_5 = >3,5 mV), evtl. in $V_{4\text{-}6}$ T-Negativierung (= ist kein Ischämiezeichen, sondern Hypertrophiezeichen)
Aorteninsuffizienz: Linkshypertrophiezeichen u. Rhythmusstörungen durch die linksventrikuläre Dilatation
Mitralstenose: Zweigipfliges P, Steil- bis Rechtstyp bei Rechtsherzbelastung und Rechtsherzhypertrophiezeichen
Mitralinsuffizienz: Zweigipfliges P, evtl. Linkshypertrophiezeichen
3. Röntgen: Thorax in zwei Ebenen zur Beurteilung der Herzgröße, Stauungszeichen der Lunge (KERLEY-Linien)
4. **Echokardiographie:** heute mit Farbdoppler, CW-Doppler und transösophagealer Technik (**TEE**) ⇨ Flussverhältnisse gut sichtbar, **Druckgradienten** (= Druckwerte vor und hinter der Klappe gemessen) und **Klappenöffnungsflächen** lassen sich berechnen
5. **Herzkatheteruntersuchung** (obligat): Messung der Drücke in allen Bereichen des Herzens, Darstellung der Flussverhältnisse, Ausmessen der Klappenöffnungsflächen
6. Präoperative Beurteilung von biologischem Alter, Lungenfunktion, sonstigen Erkrankungen (Malignome usw.) und Gefäßstatus des Patienten, Abwägen und Analyse des Operationsrisikos im Verhältnis zum Nutzen

Ther: • Herzklappenersatz: Op-Ind: meist ab Stadium NYHA III gegeben (s.u.)

1. Zugang: mediane Längssternotomie
2. Extrakorporaler Kreislauf für die Op notwendig: Kanülierung der V.cava und der Aorta ascendens und Übernahme der Pumpfunktion und Oxygenierung durch die Herz-Lungen-Maschine
3. Das Herz wird nach Abklemmen der großen Gefäße mittels kardiopleger Lösung stillgelegt
4. Eröffnung des Herzens, Entfernen oder Belassen der alten Klappe und Einnähen der neuen Klappe im Bereich des Klappenansatzes

Klappenarten:

Technische (mechanische) Klappen (Syn: Kunstklappen):
Kugelklappen (STARR-EDWARDS)
Flügelklappen (BJÖRK-SHILEY) ⇨ seitlicher Durchfluss
Zweiflügelklappen (St.JUDE) ⇨ zentraler Durchfluss, große Öffnungsfläche
Vorteil: lange Haltbarkeit (>25 J.)
Nachteil: Geräusch, **lebenslange strenge Antikoagulation** mit Cumarinen (Marcumar® nach Quick bzw. INR) erforderlich!

Biologische Klappen: verfügbar sind Schweineklappen (HANCOCK-Klappe), Rinder-/Pferdeperikardklappen od. menschliche Klappen (Homografts, z.B. von Herzen, die nicht transplantiert werden konnten). Zur besseren Haltbarkeit werden diese heute oft als gestentete Klappen eingesetzt (= auf einen Nahtring montierte Klappen).
Vorteil: gute (physiologische) Flussverhältnisse, keine Antikoagulation erforderlich
Nachteil: nach ca. 5 Jahren beschleunigte Degeneration, Perforation od. Segelabriss möglich ⇨ Haltbarkeit von Schweineklappen 5-10 Jahre, Rinder- u. Homografts halten länger. Ind: vor allem bei alten Patienten (>65. Lj.) oder bei jungen Frauen mit Kinderwunsch (da keine Antikoagulation notwendig ist). Eine neue Entwicklung sind dezellularisierte Klappen, die nach der Implantation von körpereigenen Endothelzellen besiedelt werden.

Nachteil aller Klappenarten: diese wachsen nicht mit, daher sind bei kongenitalen Klappenfehlern wiederholte Operationen der Kinder bis in das Erwachsenenalter erforderlich.

- Rekonstruktionsverfahren:
  - Offene Kommissurotomie: bei Stenosen Revision der Klappe am offenen Herzen
  - Klappensprengung: mittels Katheter (= geschlossene Kommissurotomie), hohe Rezidivrate
  - Klappenringeinpflanzung: bei Insuffizienzen, insb. der Mitral- und Trikuspidalklappe, Op-Verfahren: Raffung des muralen Anteils der Klappe durch einen Ring
  - bei Klappenprolaps kann eine Raffung des betroffenen Klappenrands durch Naht erfolgen
  - bei Defekten in einer Klappe kann Perikard als Flicken eingenäht werden
- Bei Aortenklappenstenose wird ein neues interventionelles Verfahren bereits an vielen Herzzentren durchgeführt: über einen Katheter (transfemoraler od. apikaler Zugang) wird an die Position der defekten Aortenklappe eine auf einem Stentgerüst montierte künstliche Klappe implantiert. Ind: Pat. die aufgrund hohen Alters od. sonstiger Risiken inoperabel sind. Die bisherigen Ergebnisse sind gut (weiteres s.u. Aortenklappenstenose).
- Bei Mitralklappen-Op kann bei ausgewählten Pat. auch minimalinvasiv operiert werden (Zugang dann über laterale Thorakotomie ⇨ Schnitt in der submammären Falte)
- Auch möglich: Anlage eines cardio-aortalen Conduits bei inoperabler Aortenstenose ⇨ verbindet den linken Ventrikel mit der Aorta unter Umgehung des normalen Weges
- Postoperativ: zur **Endokarditisprophylaxe** s.u.
- Selbsthilfegruppe: Arbeitskreis Gerinnungs- u. Herzklappen-Patienten, Hülsenbergweg 43, 40885 Ratingen, Fax: (0 21 02) 3 29 91, Internet: http://www.die-herzklappe.de

Prog: Durch moderne Op-Technik gut: perioperative Letalität ca. 3 %
5-JÜR nach Klappenersatz ca. 80-90 %, ca. 70%ige 10-JÜR.

Kompl:
* Nahtdehiszenz am Klappenring ⇨ paravalvuläre Lecks, Klappenausriss
* Mechanische Dysfunktion ⇨ Stenosen, Insuffizienzen
* Chronische Hämolyse

* Thrombose/Embolie an der Prothese (insb. Gefahr der Hirnembolie)
* Prothesenendokarditis
  - Staphylokokken: schlechte Prognose ⇨ sofort Op
  - Streptokokken: bessere Prognose, konservative Therapie mit konsequenter Antibiose kann versucht werden
* Antikoagulation mit Cumarinen: Blutung, embryotoxisch und hohe Abortrate bei Schwangerschaft
* Schwangerschaft: bei allen Klappenarten erhöhtes Risiko für Herzversagen, Arrhythmien od. Endokarditis der Mutter

Proph:
♥ Nachkontrollen! (Auskultation, EKG, Echokardiographie)

♥ **Endokarditisprophylaxe** wurde früher generell und lebenslang z.B. bei Operationen durchgeführt. In den Leitlinien der AHA (American Heart Association) von 2007 wird diese nur noch für Pat. mit einem hohen Risiko für einen schweren od. letalen Verlauf durch eine infektiöse Endokarditis empfohlen.

Eine Prophylaxe ist bei allen implantierten Klappenarten bei der Durchführung von instrumentellen/operativen Eingriffen (z.B. Zahnextraktion, Tonsillektomie) in den ersten 6 Monaten nach Klappen-Op notwendig. Ebenso bei Pat. mit einer früheren überstandenen Endokarditis und bei Patienten nach Herztransplantation, die einen Klappenfehler am Transplantat entwickelt haben. Weitere seltene Indikationen sind komplexe kongenitale Vitien od. Transposition (auch nach Korrektur-Op) und zyanotische Herzfehler.

- Bei Eingriffen an Zähnen od. im Respirationstrakt: Amoxicillin (Amoxypen®) 2 g (>70 kgKG 3 g) p.os 1 Std. vor dem Eingriff und 1 g 6 Std. nach dem Eingriff (bei Penicillinunverträglichkeit Vancomycin 1 g i.v. als Kurzinfusion für 60 Minuten 1 Std. vor und 6 Std. nach dem Eingriff).
  Generell wird die Einhaltung einer guten Mundhygiene empfohlen!
- Bei Eingriffen am MDT oder urogenital werden Antibiotika nur noch dann und gezielt gegeben, wenn an infiziertem Gewebe operiert wird.
- Eingriffe in Verbindung mit Infektionen der Haut: Clindamycin 600 mg p.os 1 Std. vor dem Eingriff und 300 mg 6 Std. nach dem Eingriff (ggf. parenteral mit Vancomycin, wie oben)

Frühere Indikationen für eine Endokarditisprophylaxe, wie z.B. Pat. mit bestehenden Herzklappenfehlern (die aber keiner Op bedürfen, NYHA I-II), erhalten heute keine Endokarditisprophylaxe mehr.

♥ Technische Klappen: **lebenslange Antikoagulation** mit Phenprocoumon (Marcumar®, Ziel: Quick 20-25 %, INR 2,5-3,5) erforderlich. Vor instrumentellen/operativen Eingriffen muss das Phenprocoumon dann abgesetzt (⇨ Quick >50 %) und durch i.v. Heparin ersetzt werden.

Aortenklappenstenose

Ät: Kongenital bikuspide Aortenklappe oder degenerativ verkalkend bei alten Menschen
ICD-10 rheum./nicht rheum.: I06.0/I35.0

Path: Kommissurenverklebung, Fibrosierung und sekundäre Verkalkung
⇨ Druckbelastung des li. Ventrikels, Linksherzhypertrophie ⇨ Rückstau nach rechts
⇨ Ruhedyspnoe zeigt Dekompensation an

Klin: **Synkopen** als Warnhinweise für die Schwere des Vitiums, niedriger Blutdruck, Schwindel, **Angina pectoris**, **Belastungsdyspnoe**, Schwirren über dem Herzen tastbar

Diag: Auskultation: raues, tieffrequentes, spindelförmiges Systolikum
Rö: li.-betontes Herz, gestaute Pulmonalgefäße, Herzechographie und Herzkatheter (systolischer Druckgradient, Klappenöffnungsfläche) entscheidend.
Eine schwere Aortenstenose liegt vor bei Gradient >50 mmHg und einer Klappenöffnungsfläche (KÖF) <0,75-1 cm² (Norm: 2,5-4,5 cm²)

Ther: Diuretika und Nachlastsenker sehr zurückhaltend (auch bei schwerer Dekompensation) einsetzen, da diese den ohnehin niedrigen Blutdruck kritisch verringern können ⇨ schnelle Op indiziert. Grundsatz: alle symptomatischen Pat. sollten operiert werden, je nach Alter wird eine technische od. eine biologische Prothese implantiert.
Bei sehr alten (>80 J.) od. aus anderen Gründen inoperablen Pat. wird die Implantation einer auf einem Stentgerüst montierten Aortenklappe (Medtronic-CoreValve™ od.

EDWARDS-SAPIEN-XT™-Klappe) über einen transfemoralen od. transapikalen Katheter mit guten Ergebnissen durchgeführt (sog. **TAVI**-Verfahren = transkatheter Aorten-Valve Implantation), bereits ¼ der Pat. erhalten diese Methode. Kompl: bis 40 % d. Pat. benötigen einen Schrittmacher, da der Klappenstent auf die Leitungsbahnen drücken kann, Verlegung der Abgänge der Koronararterien durch den Stent mögl., Schlaganfall, paravalvuläres Leck

Prog: Symptomatische Pat. haben ohne Ther. eine durchschnittliche Überlebenszeit von 2-3 J. Mit Op gut, 5-JÜR: 90 %. Perioperative Letalität ca. 2-4 %.

Aortenklappeninsuffizienz

Ät: Endokarditis, Bindegewebserkrankungen, bikuspide Aortenklappe, atherosklerotische Dilatation der Aortenwurzel od. Dissektion d. Aorta ascendens, Klappenprolaps („floppy valve")
ICD-10 rheum./nicht rheum.: I06.1/I35.1

Path: Volumenbelastung des li. Ventrikels, hohe Blutdruckamplitude ⇨ exzentrische Hypertrophie und Dilatation = großer enddiastolischer Durchmesser des li. Ventrikels

Klin: Sichtbarer Kapillarpuls (Fingernagel), Angina pectoris und Belastungsdyspnoe NYHA III zeigen die drohende Dekompensation an

Diag: Auskultation: decrescendoförmiges Sofortdiastolikum

Ther: Konservativ mit Diuretika u. Nachlastsenker (insb. ACE-Hemmer), bei Dekompensation Op

Mitralklappenstenose

Ät: Meist erworbener Klappenfehler rheumatischer Genese mit einem oft 10-20 Jahre dauerndem beschwerdefreien Intervall nach rheumatischem Fieber
ICD-10 rheum./nicht rheum.: I05.0/I34.2

Path: Verminderung des HZV, insb. bei hoher Herzfrequenz wegen verkürzter Diastole ⇨ medikamentöse Herzfrequenzsenkung (Digitalis, ß-Blocker, Sotalol)
Druckbelastung des li. Atriums ⇨ Lungenstauung bis zur Rechtsherzbelastung, Dilatation des li. Atriums ⇨ Thrombenbildung im Herzohr mögl. ⇨ arterielle Emboliegefahr

Klin: Die **Dyspnoe** korreliert sehr gut mit dem Schweregrad des Vitiums (zunächst nur bei Belastung, später auch in Ruhe)

Diag: Auskultation: diastolisches Decrescendogeräusch, Mitralöffnungston, paukender 1. Herzton

Ther: Op-Ind: NYHA (II) - III, pulmonale Hypertonie, Auftreten von Vorhofflimmern
Op: geschlossene oder offene Kommissurotomie, Klappenersatz

Mitralklappeninsuffizienz

Ät: Bakterielle Endokarditis, rheumatische Endokarditis, nach Herzinfarkt bei Papillarmuskelbeteiligung, linksventrikuläre Dilatation
ICD-10 rheum./nicht rheum.: I05.1/I34.0

Path: Druck- u. Volumenbelastung des li. Atriums ⇨ Dilatation des li. Atriums ⇨ Lungenstauung bis zur Rechtsherzbelastung, Vorhofflimmern, Thromboemboliegefahr

Klin: Die Dyspnoe zeigt sich erst bei höherem Schweregrad des Vitiums

Diag: Auskultation: systolisches Decrescendogeräusch, 3. Herzton

Ther: Op-Ind: NYHA II - III, pulmonale Hypertonie, Auftreten von Vorhofflimmern
Rekonstruktions-Op durch Raffung des Mitralklappenringansatzes (Anuloplastik), bei Mitralklappenprolaps kann der Papillarmuskel-Ansatz durch spezielle Fäden (Loops, Neo-chordae) mit dem Klappenrand fixiert werden ⇨ verhindert den Prolaps
Ist eine Rekonstruktion nicht mögl., dann Klappenersatz. Bei Vorhofflimmern kann die Op mit ablativer Rhythmuschirurgie kombiniert werden (s.u. Kap. Schrittmachertherapie)
In Erprobung ist ein interventionelles Verfahren, bei dem über einen transseptalen Katheter mit einem speziellen Clip beide Mitralsegel in der Mitte verbunden werden und somit die Insuffizienz vermindert wird (sehr schwierig zu applizieren, trotzdem bisher gute Ergebnisse, spart eine Op, Applikationskathetersystem u. Clip kosten aber 25.000 EUR, MitraClip™)

Trikuspidalklappenfehler

Path: Isoliert sehr selten, meist in Verbindung mit anderen Klappenfehlern

Mehrklappenfehler

Path: Häufig: Aorten- und Mitralklappe gleichzeitig betroffen ⇨ bei 30 % aller Klappenoperationen werden beide Klappen ersetzt.
Bei ca. 0,5 % gleichzeitige Aorten-, Mitral- und Trikuspidalklappen-Op erforderlich.

CHIRURGIE DER HERZKRANZGEFÄẞE

Syn: Koronarchirurgie bei koronarer Herzkrankheit (**KHK**), Koronarsklerose, Koronarstenose, Koronarinsuffizienz, Myokardinfarkt, ACS (akutes Coronar-Syndrom), ischämische Herzerkrankung, engl. ischaemic heart disease, ICD-10: I21.-

Ät: Die Entstehung der **Koronarsklerose** ist durch die degenerativen Veränderungen der Intima und teilweise der Media im Rahmen der allgemeinen **Atherosklerose** bedingt. Es sind mehrere Risikofaktoren für die Entstehung der Krankheit bekannt. Beim Zusammentreffen zweier oder **mehrere Risikofaktoren potenziert** sich dabei das Risiko der Krankheitsentstehung:

- **Nikotinabusus** (auch Passivrauchen erhöht das Risiko um ca. 25 %)
- **Arterielle Hypertonie**
- **Diabetes mellitus** (auch eine gestörte Glukosetoleranz erhöht bereits das Risiko)
- **Fettstoffwechselerkrankungen** (Hypercholesterinämie: Gesamtcholesterin >250 mg/dl [= >6,5 mmol/l], LDL >160 mg/dl, HDL <35 mg/dl; Hyperlipidämie)
- **Adipositas** (**metabolisches Syndrom**, engl. syndrome x = Adipositas + Diabetes mellitus [od. pathologischer oraler Glukose-Toleranztest, Insulinresistenz] + Hypertriglyzerid-/-cholesterinämie + arterielle Hypertonie)
- Erhöhte Lipoprotein-(a)-Werte (Lp(a) >30 mg/dl)
- Erhöhte Homocysteinwerte (>9 µmol/l)
- Bewegungsmangel, Disstress
- **Familiäre/genetische Disposition** (z.B. Genvariation der endothelialen Stickstoffmonoxid-Synthetase)
- Vaskulitiden
- Diskutiert wird immer wieder auch der Risikofaktor Infektion (z.B. durch Chlamydien, Influenza-Viren od. durch mehrere Keime = hohe Infektionslast) bei der Atherosklerose-Entstehung

Path: ♦ Lok: **LCA** / RIVA / R.diagonalis, **RCX** / R.marginalis sinister / R.posterolateralis sinister, **RCA** / RIVP/ R.marginalis dexter (s. Abb.). Je nach Befall einer oder mehrerer Gefäßstämme od. ihrer Äste wird von einer **Ein-**, **Zwei-** oder **Dreigefäßerkrankung** gesprochen)

♦ Stenosen werden meist erst ab einer Strömungseinschränkung von ca. **70-75 %** klinisch relevant, abhängig auch vom sog. Versorgungstyp (unterschieden wird ein ausgeglichener, ein Links- und ein Rechtsversorgungstyp) ⇨ ist ein Gefäß der überwiegenden Versorgung betroffen (z.B. RIVA beim Linksversorgungstyp), sind die Symptome stärker.

♦ Progredientes Leiden, dessen Endpunkt der Verschluss der zuführenden Kranzarterie und das Absterben des betroffenen versorgten Myokardareals ist.

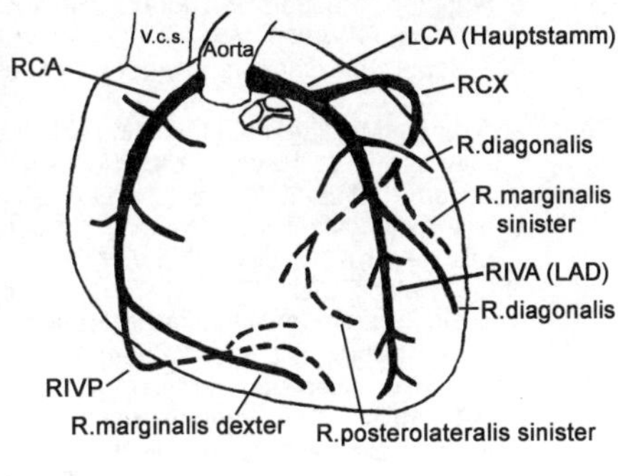

Etlg: Bez. der Klinik nach dem Schema der **Canadian Cardiovascular Society** (CCS)

CCS I:	Normale körperliche Belastbarkeit führt nicht zu einer myokardialen Ischämiereaktion. Ein Angina-Pectoris-Anfall ist nur durch starke Belastung provozierbar.
CCS II:	Die normale körperliche Belastbarkeit ist eingeschränkt. Beim raschen Gehen oder Treppensteigen tritt ein Angina-Pectoris-Anfall auf.
CCS III:	Die körperliche Belastbarkeit ist **erheblich eingeschränkt**. Schon bei geringen Anstrengungen kommt es zur Ischämiereaktion.
CCS IV:	**Ruheangina**

Epid: ◊ **M** >> w

◊ 3-4 % der Bevölkerung leidet an einer chronischen koronaren Herzkrankheit

◊ 90 % der Pat. werden heute interventionell od. konservativ behandelt, nur 10 % bedürfen einer Op, trotzdem entfallen 70 % aller Herzoperationen auf die Koronarchirurgie (jährlich über 60.000 Operationen in Deutschland, mit steigender Tendenz)

Klin: ⇒ **Angina pectoris** je nach Schwere der Erkrankung in Ruhe, bei leichter oder starker Belastung (der Patient kennt meist seine Belastungsgrenze sehr genau). **Ausstrahlung** der Schmerzen in den linken Arm/Hand, Hals, Schultergegend, Unterkiefer möglich.

⇒ Typisches Verschwinden der Beschwerden auf Nitratmedikation (z.B. Nitrolingual®-Spray)

Diag:
1. Anamnese und klinische Untersuchung. Die **gründliche Anamnese** kann bei der KHK die korrekte Diagnosestellung sehr erleichtern. Durch die Periodizität und die Belastungsgrenze der KHK kann der Patient meist selbst richtungweisende Angaben machen.
2. **Belastungs-EKG** (horizontale od. deszendierende **ST-Senkungen**), Langzeit-EKG (neu aufgetretene Rhythmusstörungen) und typische Veränderungen im normalen EKG geben entscheidende Hinweise ⇨ Domäne der Inneren Medizin, Echokardiographie (Hypokinesie od. Akinesie im Bereich von avitalem Myokard)
3. Radiologische/nuklearmedizinische Untersuchung: **Myokardszintigraphie** mit Belastungsergometrie gibt konkreten Hinweise auf Ausprägung und Lokalisation der Einschränkung der Myokardfunktion (Ischämienachweis). Auch PET (Positronen-Emissions-Tomographie) od. MRT zur Abgrenzung von vitalem u. nicht mehr revitalisierbarem Myokardgewebe mögl. (bisher nur in wenigen Zentren).

   Mit den neuen 64-Zeilen-CT-Geräten lassen sich die Koronargefäße und insb. Verkalkungen (**Koronarkalkquantifizierung**, AGATSTON-Score) in hoher Auflösung darstellen (heute fast gleich gut wie bei einer Koronarangiographie). Das Ausmaß der Kalzifizierung korreliert dabei mit dem Risiko für koronare Ereignisse.
4. **Koronarangiographie** (Links-**Herzkatheteruntersuchung**) durch den Kardiologen zur Feststellung der betroffenen Koronararterien und der genauen Lokalisation und Vermessung der Stenosen + Ventrikulographie zur Bestimmung der linksventrikulären Funktion. Dies ist nach wie vor der *Goldstandard* in der Diagnostik (Zugang meist re. A.femoralis) und der Zugang wird gleichzeitig dann auch therapeutisch (PTCA/Stent) genutzt.
5. Röntgen: präoperativ Thorax, ggf. auch CT-Thorax ⇨ allg. Herz- und Lungenfunktion, Herzvergrößerung, Verkalkungsgrad der Aorta ascendens
6. Präop. Duplexsonographie der Karotiden (Ausschluss einer A.carotis-Stenose)

Ther:
- Akut bei Myokardinfarkt: kontinuierliches Monitoring, Sedierung und Analgesie bei Bedarf mit Morphin (1-10 mg) + Metoclopramid (Paspertin®) i.v. bis zur Schmerzfreiheit [od. Diazepam (Valium®), Midazolam (Dormicum®), Tramadol (Tramal®)], ggf. auch Glyceroltrinitrat-Spray (Nitrolingual®N-Spray), **Acetylsalicylsäure 500 mg i.v.** (Aspirin®i.v.) + **5.000 I.E. Heparin** (Calciparin®) **i.v.** + 300 mg Clopidogrel (Iscover®, Plavix®) p.os, Metoprolol i.v. (Beloc®, Ziel: HF 60/Min.), O_2-Gabe über Nasensonde, **sofortige Klinikeinweisung** in ein Zentrum (mit **Herzkatheterplatz**)

  Thrombolyse mit Streptokinase od. humanem/gentechnologischem Plasminogenaktivator rt-PA (Alteplase, Actilyse®, Reteplase, Rapilysin®) ggf. noch im Rettungswagen (= prähospitale Lyse, wenn eine Akut-PTCA nicht innerhalb von 60 Min. mögl. ist)

  Intraaortale Ballongegenpulsation bei kardialem Pumpversagen (die Ballonpumpe wird über einen speziellen Katheter im Rahmen einer PTCA od. selten operativ implantiert)

- Interventionelle Verfahren: **PTCA** = perkutane transluminale coronare Angioplastie (**Ballonkatheterdilatation**), Ind: kurzstreckige relevante, gerade verlaufende, singuläre, zentrale Stenose (nicht bei einer Hauptstammstenose ⇨ eher Op. indiziert), auch als Akut-PTCA möglichst innerhalb der ersten Stunden nach Infarkt.
  Die PTCA wird heute meist mit einer **Stent-Implantation** (kleines Stahlgerüst als Gefäßstütze) über einen speziellen Katheter und einer einmaligen Thrombozyten-Glykoprotein-Blockade (Abciximab, Reopro®) kombiniert (höhere Offenheitsrate). Bei komplizierten Stenosen kommen Stents mit Medikamentenbeschichtung (DES = drug-eluting stents), z.B. Sirolimus-freisetzend (CYPHER®-Stent) zum Einsatz (diese vermindern die intimale Hyperplasie und somit die Restenosierungsrate).
  Zusätzliche mögl. Verfahren (keine Routine): Rotablation (Rotationsangioplastie): arteriosklerotische Plaques werden mit einem rotierenden Kopf abgefräst, Laserangioplastie: Plaques werden mit dem Excimer-Laser aufgelöst.
- Konservativ: Medikamente bei KHK: Nitrate (Isosorbiddinitrat, Isoket®), Molsidomin (Corvaton®), kardioselektive Betarezeptorenblocker (Metoprolol, Beloc-Zok®), Ivabradin (Procoralan®, bei Betablocker-Unverträglichkeit), Kalziumantagonisten (gegen Koronarspasmen) ⇨ s. Lehrbücher der Inneren Medizin
- Operativ: Ind: Hauptstammstenose, koronare Dreigefäßerkrankung mit Bypass-fähigen distalen Koronararterien, koronare Zweigefäßerkrankung mit Beteiligung des RIVA (beim Linksversorgungstyp)
  Notfall-Ind: Dilatations-Zwischenfall, kardiogener Schock
  - Zugang: mediane Längssternotomie
  - Zur Op notwendig: **extrakorporale Zirkulation** mit Herz-Lungen-Maschine, Anschluss an die Aorta ascendens u. V.cava (alternativ heute mit Port-Access-System über die Femoralgefäße mit einem Ballonkatheter bis zur Aorta ascendens), Kardioplegie des Herzens, Hypothermie (28-32 °C)
    Eine Eingefäß-Bypass-Op wird in vielen Zentren heute auch ohne Herz-Lungen-Maschine durchgeführt (sog. Off-Pump-Eingriffe, MIDCAB-Verfahren [minimally invasive direct coronary artery bypass], Zugang über li. anterolaterale Minithorakotomie), dabei wird das Herz bzw. das Koronargefäß lokal mit einer Saugglocke oder speziellen Haltevorrichtungen (Octopus) "stillgehalten" und der IMA-Bypass dann angelegt.
  - Aortokoronare Bypassoperation:
    1. **A.mammaria-interna-Bypass** (**IMA**) = internal mammary artery (anatomisch korrekte Bezeichnung ist eigentlich A.thoracica interna): Präparation der Arterie von peripher (ab Zwerchfell) mit (= pedicle-Technik) od. ohne dem anhängenden Bindegewebe bis zum proximalen Ursprung [A.subclavia] (beidseitige Präparation möglich – meist wird jedoch nur die linke verwendet = LIMA-Bypass)
       reicht dieses Gefäß zur Op nicht aus, wird zusätzlich ein
    2. **Aortocoronarer Venenbypass** (**ACVB**) mit autologer Beinvene (V.saphena magna, ein 2. Op-Team entnimmt diese Vene gleichzeitig) oder ACB = Bypass durch eine entnommene Arterie (A.radialis) durchgeführt

    Die Anastomosen werden End-zu-Seit oder Seit-zu-Seit mittels 7/0-Polypropylenefaden auf die längseröffnete Koronararterie einzeln oder sequentiell (= mehrere Anastomosen hintereinander) angelegt (LIMA und Venenbypass sind oft gleichzeitig notwendig, da meist Mehrgefäßerkrankungen vorliegen). Danach Anastomose des Venenbypass an der Aorta ascendens am wieder schlagenden Herzen (Einsparung von Ischämiezeit).
  - Die Sternotomie wird mit einer Drahtcerclage wieder verschlossen, die Drähte werden dauerhaft belassen
  - Ultima ratio: Herztransplantation bei diffuser KHK mit hochgradig eingeschränkter Ventrikelfunktion (= dekompensierte Herzinsuffizienz)
- 24 Std. intensivmedizinische Überwachung postoperativ/postinterventionell (⇨ Gefahr von Infarkt/Reverschluss und Herzrhythmusstörungen)
- Postoperative/postinterventionelle Medikation: **Acetylsalicylsäure** (Aspirin®) 100 mg/Tag lebenslang + **Clopidogrel** (Iscover®, Plavix®) 75 mg/Tag für 1 Jahr (neue $P2Y_{12}$-Rezeptorantagonisten an der Thrombozytenoberfläche sind Prasugrel [10 mg/Tag, Efient®] u. Ticagrelor [2 x 90 mg/Tag, Brilique®], die nach Infarkt od. komplizierten Stenosen statt Clopidogrel mit besserer Wirksamkeit eingesetzt werden können).
- Im experimentellen Stadium befindet sich die Zellersatztherapie mit Injektion von Stamm-

zellen od. autologen Skelettmuskelzellen in das Infarktareal zur Regeneration des Myokards.

- Selbsthilfegruppen: Deutsche Herzstiftung e.V., Vogtstr. 50, 60322 Frankfurt, Tel.: (0 69) 95 51 28-129, Fax: -313, Internet: http://www.herzstiftung.de

Prog: Durch Verbesserung der interventionellen Verfahren nimmt die Zahl der notwendigen Operationen insg. ab (ca. 20 % d.F.). Bei Op zeigt der **IMA-Bypass** die beste Offenheitsrate mit 80-95 % nach 5 Jahren (im Vergleich zum Venenbypass mit 60-80 % Offenheitsrate ⇨ Verschlüsse durch arteriosklerotische Bypassveränderungen), Reoperation nach 10 Jahren in 8-16 % d.F. notwendig (8 % bei IMA). Die interventionellen Verfahren haben insg. eine schlechtere Langzeitprognose (höhere Rate an Reinfarkten, doppelt so häufig erneuter Eingriff erforderlich).

Op-Letalität: 1-3 % (höher bei Notfalleingriffen, wie z.B. Dilatationszwischenfall od. kardiogener Schock).

Beschwerdefreiheit nach Op im ersten Jahr 80-90 %, nach 5 Jahren 70 % d. Pat.

Kompl:
* Herzrhythmusstörungen, Myokardinfarkt, plötzlicher Herztod
* DRESSLER-Syndrom = Postmyokardinfarktsyndrom (Fieber, Perikarditis, Herzinsuffizienz, Ther: Glukokortikoide)
* Gleichzeitiges Vorliegen einer Stenose der A.carotis od. AVK

Op:
* Perioperativer Schlaganfall
* Arteriosklerotische Bypassveränderungen ⇨ Bypassverschluss, Restenosen
* Thrombose des Bypass, Infektion des Bypass, Perikarditis, Perikarderguss
* Zugangskomplikationen: Wundheilungsstörungen am Sternum (2-5 %), Sternumosteomyelitis, Mediastinitis, Instabilität des Thorax
* Wundheilungsstörungen an der unteren Extremität nach Venenentnahme

Proph:
♥ Primärprophylaxe: Aufklärung/Ausschaltung/Meidung aller Risikofaktoren (s.o.)
Mäßiger Alkoholkonsum 3-4x/Woche von 10 g bei Frauen und 20 g/Tag bei Männern (unabhängig vom Getränk, z.B. 1/8 bzw. 1/4 Liter Wein) hat nach dem Stand heutiger Studien bei Konsumenten >50. Lj. ohne weitere Risikofaktoren einen protektiven Effekt auf die Entwicklung einer KHK.
Eine jährliche Influenza-Impfung vermindert das Risiko für eine KHK, insb. bei Pat. mit einem erhöhten kardiovaskulären Risiko.
Eine postmenopausale Östrogengabe bei Frauen hat keinen protektiven Effekt!

♥ Postoperativ/postinterventionell (Tertiärprophylaxe): **Lebensstiländerung** durch Beendigung des Rauchens, regelmäßige körperliche Aktivität, Abbau chronischer Stressbelastungen, Gewichtsreduktion bei Übergewicht, konsequente Fettstoffwechselsenkung (mit Statinen, Ziel: LDL <100 mg/dl, besser noch <70 mg/dl), Behandlung eines arteriellen Hypertonus (ß-Blocker, ACE-Hemmer, Ziel: <140/90 mmHg), genaue Einstellung eines Diabetes mellitus (Ziel: HbA_{1c} <6,5 %) und **lebenslang** ASS 100 mg/Tag

DD:
- Prinzmetal-Angina = Koronarspasmus (Ther: Kalziumantagonisten)
- Vertebragene Thoraxschmerzen, TIETZE-Syndrom (Schmerzen am Rippenansatz am Sternum), Pankreatitis, Refluxösophagitis, Lungenembolie
- Funktionelle Thoraxschmerzen (= psychosomatisch, DACOSTA-Syndrom, Herzangstneurose ⇨ Ausschlussdiagnose)

SCHRITTMACHERTHERAPIE

Syn: Herzschrittmacher, Pacer, Kardioverter (= AICD = automatischer implantierbarer Cardioverter / Defibrillator)

Anatomie: Das **Erregungsleitungssystem** des Herzens besteht aus Sinusknoten, AV-Knoten, HIS-Bündel und den beiden TAWARA-Schenkeln in die Ventrikel und den PURKINJE-Fasern in den Ventrikeln.

Ind: Die Indikation für einen Herzschrittmacher/Kardioverter stellt i.d.R. der Kardiologe und wählt hierzu das erforderliche Gerät aus.

- Herzschrittmacher: AV-Blockierungen (Typ II.°/MOBITZ, III.°) mit Frequenz <50/Min. oder Synkopen/synkopalen Anfällen, Bradyarrhythmia absoluta mit Vorhofflimmern, Sick-Sinus-Syndrom, Sinusknotenstillstand, Asystolien durch Karotissinussyndrom
- Kardioverter: Dilatative oder hypertrophische Kardiomyopathie mit rezidivierenden Kammertachykardien, maligne tachykarde Kammerarrhythmien und Kammerflimmern als Ursache für Herz-Kreislauf-Stillstände (überlebter "plötzlicher Herztod"), die medikamentös therapierefraktär sind und auch durch antiarrhythmische Operation oder Katheterablation nicht behandelt werden können. Ein atrialer Defibrillator kann bei therapierefraktärem paroxysmalem Vorhofflimmern eingesetzt werden.

Epid: ◊ Der erster Schrittmacher wurde 1958 in Stockholm (in einer Schuhcremedose) implantiert.

◊ In Deutschland werden pro Jahr ca. 65.000 Herzschrittmacher implantiert

◊ Erster Kardioverter 1980 in den USA implantiert. Hohe Kosten!, die Kardioverter der neuesten Generation (mit antitachykarder Schrittmacherfunktion sowie der Möglichkeit der programmierten Stimulation und einem Ereignisspeicher) kosten bis zu 25.000,-- EUR

Etlg: # Herzschrittmacher: alle bez. ihrer Funktion kodiert (sog. NBG-Code)

1. Buchstabe: Pacing = **Stimulationsort**: A = Vorhof, V = Ventrikel, D = A+V
2. Buchstabe: Sensing = **Wahrnehmungsort**: A=Vorhof, V=Ventrikel, D = A+V, 0 = keiner
3. Buchstabe: **Funktion**: I = inhibiert, der Schrittmacher stimuliert nur bei nicht genügender Eigenfrequenz, T = getriggert, Schrittmacher registriert die Vorhofaktion und stimuliert die Kammer, D = I+T, 0 = keine Steuerung

Evtl. zusätzliche Buchstaben:

4. Buchstabe: Programmierbarkeit: P = 1-2 Funktionen, M = multiprogrammierbar, R = frequenzvariabel, C = telemetrisch, 0 = nicht
5. Buchstabe: Antitachykarde Funktion: P = Stimulation, S = Schock, D = Stimulation + Schock, 0 = nicht

Häufig gebräuchliche Typen: Zweikammersysteme = **DDD** (nicht bei Vorhofflimmern) und Einkammersysteme = VVI od. AAI

Frequenzadaptive Herzschrittmacher: Diese passen sich dem Organismus an und heben die Herzfrequenz bei Belastung an (Typen: DDDR, VVIR).

Mögliche Steuerparameter: **Bewegung** (Piezokristall), Temperatur, Sauerstoffgehalt des Blutes, pH-Wert des Blutes, Atemfrequenz, QT-Zeit

Diag:
1. Anamnese und klinische Untersuchung, die Indikation stellt i.d.R. der Internist/**Kardiologe** anhand des EKG usw.
2. Röntgen: Thoraxübersicht zur Op-Planung und nach Schrittmacheranlage zur Kontrolle

Ther:
- Konservativ: Bei Arrhythmien Austestung verschiedener Antiarrhythmika mit apparativ induziertem Kammerflimmern (elektrophysiologische Untersuchung) mögl.
  Medikation: Antiarrhythmika (s. Innere-Lehrbücher)
- Operativ:
  - Perioperative Antibiotikaprophylaxe (z.B. 2,0 g Cefotaxim [Claforan®])
  - Herzschrittmacher: in Lokalanästhesie legen einer (bzw. zwei) transvenös-endokardialen Elektrode über die V.cephalica, vorschieben bis zum rechten Ventrikel (bei zwei Elektroden, wird die zweite im rechten Vorhof verhakt), Kontrolle der Elektrodenlage unter Durchleuchtung. Verbinden der Elektroden mit dem Schrittmacher-Generator, der subkutan über dem M.pectoralis (meist rechts) implantiert wird. Danach wird der Schrittmacher programmiert (vom Internisten).
  - Kardioverter: anteriore/laterale Thorakotomie oder mediane Sternotomie und anbringen der zwei epikardialen Defibrillationselektroden, das Steuergerät wird in der Bauchdecke im Oberbauch fixiert. Postoperative Antibiotikaprophylaxe. BÜLAU-Thoraxdrainage.

    Alternativ auch mit transvenös implantierbaren Elektroden (spart die Thorakotomie, Elektroden sitzen im re. Vorhof u. Ventrikel) und einer subkutanen Flächenelektrode (im Bereich über dem li. Ventrikel).
  - Rhythmuschirurgie: Ind: Vorhofflimmern und gleichzeitige Herz-Op aus anderem Grund (z.B. Klappenfehler) ⇨ MAZE-Op (multiple Inzisionen im Vorhof) od. Hochfrequenz-, Mi-

krowellen od. Kryoablation im Vorhof, ggf. postop. zusätzlich Schrittmacher erforderlich

Prog: Op-Risiko bei Herzschrittmacherimplantation nahe 0 %.
Bei der Kardioverter-Implantation mit Thorakotomie ist das Risiko wesentlich höher (perioperative Mortalität 1-9 %), der Nutzen des AICD ist jedoch groß.

Kompl: * Plötzlicher Herztod

Op: * Hämatom, Hämato-/Pneumothorax, Läsion des Plexus brachialis, arterielle Fehlpunktion
* Wundheilungsstörungen, Geräteinfektion
* Phlebothrombose der V.subclavia
* **Elektrodendislokation** im Herz
* Wandern des Aggregates, innerer Dekubitus bis zur Weichteilperforation, Twiddler-Syndrom = Rotation des Schrittmachers in der Aggregattasche ⇨ Elektrodendislokation
* Zuckungen des M.pectoralis oder des Diaphragmas
* Kardioverter: kurzer, starker Schmerz während einer Kardioversion/Defibrillation

techn.: * Elektrodenkabelbruch, Diskonnektion der Elektrode am Gerät
* **Frühzeitige Batterieerschöpfung**, normale Laufzeiten sind 7-10 J. ⇨ es wird immer der gesamte Schrittmacher-Generator gewechselt (die Elektroden bleiben)

Proph: ♥ Kontrolle der Schrittmacherfunktion in 6-monatigem Abstand durch den Kardiologen
♥ Op: bei implantierten Schrittmachern Vorsicht bei elektrischen Manipulationen (z.B. mit einem Elektrokauter), keine MRT-Untersuchungen am Patienten, Handy-Verbot

CARDIOMYOPLASTIE

Syn: Dynamische Kardiomyoplastik

Def: Verpflanzung des **M.latissimus dorsi** zirkulär um das Herz zur Unterstützung des insuffizienten Herzens.

Ind: Bei **dekompensierter Herzinsuffizienz** (dilatative Kardiomyopathie, hochgradig eingeschränkte LV-Funktion, NYHA III-IV), wenn eine Herztransplantation nicht möglich ist

Ther:
- Operativ: Ind: Alternative zur Herztransplantation bei dekompensierter Herzinsuffizienz, wenn kein Spenderorgan zur Verfügung steht.
  - Präparation des linken M.latissimus dorsi und Verlagerung des Muskels zirkulär um das Herz
  - Anlage eines Schrittmachers am Muskel zur herzschlagsynchronen Stimulation mit Serienimpulsen
- Alternativ kann auch ein Teil (das nicht mehr kontraktile Myokard/Narbe/Aneurysma) des linken Ventrikels reseziert werden (LV-Reduktion, sog. BATISTA-Op od. modifiziert als DOR-Ventrikelrekonstruktion)
- In Studien wird auch erprobt, die linksventrikuläre Dilatation durch ein über das Herz gestülptes elastisches Netz zu vermindern (passive Kardiomyoplastie)

Prog: Cardiomyoplastie hat hohes Op-Risiko, postop. kommt es zur Atrophie des Skelettmuskels ⇨ Funktionsverlust mögl., daher meist kein Langzeiterfolg.

PERIKARDERKRANKUNGEN

Etlg: # Akute infektiöse Perikarditis, ICD-10: I30.1
Herzbeuteltamponade, ICD-10: I31.9
Chronische Perikarditis ⇨ Constrictio pericardii, ICD-10: I31.1

Ät:
- Akut: bakterielle oder virale Perikarditis, urämischer Perikarderguss, nephrotisches Syndrom, **Herzbeuteltamponade** durch Herzwandruptur (Hämoperikard), Thoraxtrauma, Herzoperation, Antikoagulanzientherapie
- Chronisch: konstriktive Perikarditis häufig als Folge einer akuten Perikarditis (bakteriell, viral, urämisch, >3 Monate), idiopathisch, neoplastisch, rheumatisch oder tuberkulös bedingt bis hin zur Pericarditis calcarea (sog. Panzerherz)

Path: Herzbeuteltamponade (>200 ml) od. konstriktive Perikarditis ⇨ Erhöhung des Drucks im Herzbeutel ⇨ vermindert die diastolische Füllung der Kammern + Stau vor dem Herzen ⇨ **Minderung des Schlagvolumens** und zusätzlich Kompression der Koronararterien ⇨ Minderperfusion des Myokards, myokardiale Atrophie

Klin:
⇒ **Einflussstauung** (gestaute Jugularvenen), Kreislaufstörung mit Tachykardie und Hypotonie, Tachy- u. Dyspnoe, retrosternale Schmerzen mit Verstärkung im Liegen, Fieber
⇒ Hepatomegalie, Stauungszirrhose der Leber (Cirrhose cardiaque, Muskatnussleber), Aszites
⇒ Akut: Kardiogener Schock und Asystolie mögl., paradoxer Puls (bei Inspiration schwindender Puls)

Diag:
1. Anamnese und klinische Untersuchung: **leise Herztöne**, perikarditisches Reibegeräusch (Lokomotivgeräusch), Einflussstauung
2. Röntgen: Thorax ⇨ Verbreiterung des Herzens (Bocksbeutelform), bei Pericarditis calcarea Kalkschatten um das Herz erkennbar
3. Sonographie, Echokardiographie: Flüssigkeit im Perikardraum, eingeschränkte ventrikuläre Pumpfunktion (verminderte Wandbewegung)
4. EKG: Niedervoltage, je nach Schwere ST-Hebung, T-Abflachung, T-Negativierung
5. ZVD: erhöht
6. Herzkatheter: Dip-Plateau-Phänomen (frühdiastolischer Abfall) im Druckverlauf des re. Ventrikels

Ther:
- Konservativ: Akut: **Perikardpunktion**, sonographisch gesteuert vom Xiphoid aus und Behandlung der Grunderkrankung, Intensivüberwachung
- Operativ: Ind: Thoraxtrauma mit Verletzung des Herzens, chronische Perikarderkrankung bei eingeschränkter Herzfunktion
  - Trauma: Thorakotomie, Blutstillung und Übernähen des Defektes
  - Chronisch: bei rezidivierendem Erguss **Perikardfensterung** (auch thorakoskopisch mögl.), bei konstriktiver Perikarditis **Dekortikation** durch Perikardresektion über dem re. u. li. Ventrikel

Prog: Gut, durch Dekortikation od. Perikardfensterung in 80 % d.F. Besserung der Herzfunktion, Op-Letalität 2 %

DD:
- Traumatisch: Herzkontusion ohne Tamponade, Aortenruptur
- Perikardzyste, Perikardtumoren
- Perimyokarditis, Myokarditis, Herzinfarkt
- Aseptische Perikarditis als Postmyokardinfarktsyndrom (DRESSLER-Syndrom) nach Herzinfarkt od. Postkardiotomiesyndrom (Syn: Postkommissurotomiesyndrom) nach Herzeingriffen ⇨ wahrscheinlich autoimmunologisch bedingt, Ther: Glukokortikoide

HERZTUMOREN

Ät: – **Primäre Herztumoren** (vom Perikard, Myokard oder Endokard ausgehend):
Benigne: **kardiales (linksatriales) Myxom,** Lipom, papilläres Fibroelastom (an den Herzklappen), Rhabdomyom, Fibrom, Hämangiom, Teratom, Hamartom, Mesotheliom
Maligne: Rhabdomyosarkom, (Häm)angiosarkom, Fibrosarkom
– **Sekundäre Herztumoren:** Metastasen (insb. Mammakarzinom u. Lungentumoren)

Path:
- Inzidenz: sehr selten, machen nur 0,05 % aller Tumoren des Menschen aus
- 75 % **benigne** (davon 50 % Myxome), ca. 25 % maligne
- Im Kindesalter eher Rhabdomyome, beim Erwachsenen eher Myxome (Prädisp.alter: 50. Lj.)

Klin:
⇒ Allgemein: Herzrhythmusstörungen, Herzklappenstenosen bei Verlegung d. Herzklappen, Myokardischämie bei Verlegung der Koronararterienostien (Fibroelastom der Aortenklappe), Lungenödem, Synkopen (z.B. durch Verlegung der Mitralklappe), akutes Kreislaufversagen bis hin zum plötzlichen Herztod
⇒ Rechtsherzinsuffizienz, Einflussstauung bei Rechtsherzbeteiligung
⇒ Myxome: (zu 75 % im **linken Vorhof** (Fossa ovalis) lokalisiert) ⇨ Gefahr arterieller **Embolien** (insb. in die Hirnarterien u. Retinagefäße), Lungenstauung und Dyspnoe durch Vorhofverlegung
⇒ Familiärer Myxomkomplex (vermutlich aut.-dom. vererbt) mit kutanen Myxomen, Mamma-Fibroadenomen, Nebennierendysplasie, Hoden- u. Hypophysentumoren

Diag:
1. Anamnese (Embolie) und klinische Untersuchung: Bei Beeinträchtigung der Klappenfunktion ⇨ Herzgeräusche, "tumor-plop" nach dem 2. Herzton
2. **Echokardiographie**, insb. auch transösophageal (TEE)
3. Röntgen: CT oder **MRT** (eingeschränkte Gewebedifferenzierung mögl.), Koronarangiographie und Ventrikulographie (maligne Gefäßformationen, gleichzeitige Klappenfehler oder KHK?)

Ther:
- Operativ: Ind: nach Diagnosestellung unverzügliche Op., wegen meist progredientem Wachstum und Gefahr der Embolien
  – Mediane Sternotomie, Einsatz der Herz-Lungen-Maschine mit kardioplegischem Stillstand in Hypothermie, transseptaler oder linksatrialer Zugang in das Herz
  – Vorhofmyxom: Exstirpation des Tumors unter Mitentfernung des tumorbasisnahen Vorhofseptums ⇨ anschließend Naht oder Decken des Defektes mit einem Dacron-Patch. Bei Infiltration v. Herzklappen plastische Korrektur oder Klappenersatz

Prog: Op-Letalität 3 %, die malignen Herztumoren haben eine schlechte Prognose.

Kompl:
* Bei intrakavitären Tumoren Gefahr von Embolien durch Thrombusbildung an der Oberfläche der Tumoren
* Bei Myxomen liegt in 5-10 % d.F. ein CARNEY-Komplex vor (aut.-dom. erblich, mit Weichgewebsmyxomen, Schwannomen, endokriner Überfunktion, Schilddrüsenkarzinom)

Op:
* Schrittmacherpflichtige Herzrhythmusstörungen
* Tumorrezidiv (⇨ jährliche echokardiographische Kontrollen)

DD:
– Kardiomegalie, zystische Veränderungen, wandständige Thromben
– Bakterielle Endokarditis mit Vegetationen
– Herzbeuteltamponade: >200 ml ⇨ Klin: Einflussstauung, EKG-Niedervoltage, Dyspnoe, Herzinsuffizienz, Tachykardie; Ther: Punktion (s.o.)

HERZTRANSPLANTATION

<u>Syn:</u> HTx, engl. heart transplantation

<u>Ind:</u>
- <u>Allgemein:</u> **finale myogene Herzinsuffizienz** (= hochgradige linksventrikuläre Insuffizienz [Ejektionsfraktion <20 %], z.B. nach fulminantem Herzinfarkt, Ruhedyspnoe = NYHA-Stadium IV)
- Nicht mehr therapierbare **KHK** (Stad. CCS IV), dilatative **Kardiomyopathie**, nach **Myokarditis** mit größerem Myokarduntergang, komplexe ventrikuläre Arrhythmien
- Pulmonale Hypertonie (rechtsventrikuläre Auswurffraktion <30 %, dann kombinierte Transplantation von Herz und Lunge indiziert)
- Angeborene Herzfehler (bei Kindern, z.B. hypoplastisches Linksherzsyndrom, pulmonale Hypertonie, hypoplastische Lungenarterien)

<u>K-Ind:</u>
- **Fortgeschrittene Zweiterkrankung**, wie nicht kurable Malignome, Systemerkrankungen (z.B. Amyloidose), schwere Nierenerkrankungen, akute gastrointestinale Erkrankungen, schwere AVK od. schwere zerebrale Durchblutungsstörungen
- **Chronische Infekte** (K-Ind. wegen der postop. notwendigen immunsuppressiven Therapie), z.B. HIV-Infektion, **akute Infekte** mit Zytomegalie, Mononukleose, Varizellen, Herpes, Toxoplasmose od. Mykoplasmen
- **Nicht kooperativer Pat.**, z.B. bestehende Nikotin-, Alkohol- oder Drogenabhängigkeit
- Lungenembolie in den letzten 4 Wochen, fixierte pulmonale Hypertonie (pulmonaler Strömungswiderstand >240 dyn*sec*cm^{-5})

<u>Epid:</u>
- ◊ Erste Herztransplantation 1967 durch BARNARD in Kapstadt, weltweit wurden bisher über 60.000 Herztransplantationen durchgeführt, jährlich ca. 2.500 Transplantationen weltweit.
- ◊ Im Jahr 2010 wurden in Deutschland 393 Herzen an 24 Transplantationszentren transplantiert. Der Bedarf in Deutschland beträgt ca. 900 Herzen pro Jahr
  Warteliste: z.Zt. ca. 800 Patienten, Wartezeit: ca. 2 J., 1/3 der Pat. verstirbt während der Wartezeit auf ein Spenderorgan! Aufgrund des Spenderorganmangels werden auch kaum noch „elektive“ Transplantationen durchgeführt, sondern nur noch dringliche (HU-Fälle = <u>h</u>igh <u>u</u>rgency, 90 % d.F.). Die Einstufung als HU-Fall erfolgt durch Eurotransplant in Leiden/Niederlande.
- ◊ Alter: Häufigkeitsgipfel 50. – 65. Lj.
- ◊ Kosten: 45.-80.000 Euro für die Transplantation

<u>Diag:</u>
1. Indikation zur Transplantation bei Spender (s. Kap. Transplantation) und Empfänger, möglichst **ähnliche Größe** und Gewicht von Spender u. Empfänger
2. <u>Labor:</u> ABO-Blutgruppengleichheit zwischen Spender u. Empfänger
3. Umfangreiche Op-Vorbereitungen zum Ausschluss von Infektionen oder Zweiterkrankungen mit Röntgen: CT-Thorax/Abdomen/Schädel, Labor/Infektionsserologie, Kolon-KE, Lungenfunktionstest, Ausschluss eines Fokus im Zahn- und HNO-Bereich

<u>Ther:</u>
- Vorübergehende Notfallversorgung bei terminaler Herzinsuffizienz: Druckluftgesteuertes *extrakorporales Kunstherz* (nur an einigen Zentren mögl.) od. implantierte *Linksventrikelpumpe* (LVAD = <u>l</u>eft <u>v</u>entricular <u>a</u>ssist <u>d</u>evice) zur Überbrückung der Zeit bis zur Transplantation. Dies ist heute wegen des Spenderorganmangels zunehmend erforderlich.
- <u>Explantation am Spender:</u> Organentnahme, Kardioplegie mit 4 °C kalter Lösung und Konservierung (z.B. in Euro-Collins-Lösung) und Kühlung mit Eiswasser, unverzüglicher Transport, Ischämiezeit max. 6 Std.
- <u>Implantation:</u>
  - Zugang mediane Sternotomie, perioperative Antibiotikaprophylaxe (Cephalosporin)
  - Explantation des Herzens des Empfängers unter Einsatz der HLM. Hinterwand der Vorhöfe, Tr.pulmonalis und Aorta bleiben erhalten
  - **Orthotope Implantation** (= an der Stelle des alten Herzens) des Spenderherzens mit Anastomose der Vorhöfe (Naht auf die belassene Hinterwand der Vorhöfe des Empfängers) und End-zu-End-Anastomose v. Tr.pulmonalis u. Aorta, passagerer Schrittma-

cher für ca. 8-10 Tage

- Evtl. auch kombinierte Transplantation von Herz und Lunge, selten auch heterotope auxiliäre Herztransplantation (sog. Huckepack-Herz)

• Nachbehandlung:
Immunsuppression mit Ciclosporin A (Pilzderivat, 3-8 mg/kgKG/Tag, Sandimmun®) od. Tacrolimus (Prograf®) + Azathioprin (Imurek®) od. Mycophenolatmofetil (CellCept®) + Kortikosteroide (in den ersten 6 Mon. und bei drohender Abstoßungsreaktion). Zusätzlich Prophylaxe mit Statinen (beugt einem chronischen Transplantatversagen vor).
Bei akuter Abstoßungsreaktion: Antithymozytenglobulin (ATG = Immunglobuline gegen T-Lymphozyten) od. monoklonale Antikörper gegen T-Lymphozyten (OKT3)

• Nachkontrollen: Ciclosporinspiegel im Blut, Körpergewicht, Echokardiographie, EKG (auch intramyokardial), Kontrolle der T-Lymphozyten-Subpopulationen (CD_4/CD_8-Quotient), Antimyosin-Antikörper-Szintigraphie.
Neue Methode: Implantation eines telemetriefähigen Schrittmachers bei der Transplantation und damit Überwachung des intramyokardialen Elektromyogramms (IMEG) ⇨ Abfall der QRS-Amplitude über mehrere Tage zeigt beginnende Abstoßung an.
Transvenöse Endomyokard-Transplantatbiopsie (über re. V.jugularis) an der re. Herzspitze (⇨ mononukleäre Zellinfiltrationen?) bei jedem V.a. beginnende Abstoßung

• Psychosomatische Betreuung des Patienten (und seiner Angehörigen) in allen Phasen des Transplantationsprozesses.

• Selbsthilfegruppen: Herztransplantation Südwest e.V., Alte Eppelheimerstr. 38, 69114 Heidelberg, Internet: http://www.herztransplantation.de u. http://www.kinderherzliga.de

Prog: 1-Jahres-Transplantatfunktionsrate **80 %**, 5-JÜR 66 %, 10-JÜR 50 %, Op-Letalität 5-10 %. Die Letalität einer (zu spät entdeckten) Abstoßungsreaktion beträgt 8 % ⇨ regelmäßige Kontrollen als Prophylaxe wichtig.

Kompl: * Infektionen, postoperatives Multiorganversagen

* Akute Abstoßungsreaktion (Rejektion): typische QRS-Veränderungen im EKG, mononukleäre Zellinfiltrationen im interstitiellen Myokardbindegewebe, blastäre basophile Lymphozyten im Blut, Klin: Grippeähnliche Allgemeinsymptome, Dyspnoe, Tachykardie, Blutdruckabfall

* Chronische Abstoßungsreaktion (Rejektion): manifestiert sich insb. an den Koronargefäßen (ohne Schmerzen) als **Transplantat-Atherosklerose** (Synonyme: Graft-Atherosklerose, Transplantat-Vaskulopathie) ohne Angina-pectoris-Symptomatik (wegen der operativen Denervierung)

* Immunsuppression: Infektanfälligkeit, Knochenmarkdepression, Magen-Darm-Ulzera, Ciclosporin-Nephro-/Hepatotoxizität, arterielle Hypertonie, diabetische Stoffwechsellage, Hypercholesterinämie, Osteoporose
Zunahme der Inzidenz maligner Tumoren (10- bis 100fach höheres Risiko, insb. für Lymphome, Plattenepithelkarzinom der Haut u. KAPOSI-Sarkom)

MAMMACHIRURGIE

Anatomie

Lok: Die Mammae (Syn: Brust- oder Milchdrüsen) liegen jeweils von der 2.-3. bis 6.-7. Rippe und von der vorderen Axillar- bis zur Parasternallinie. Verschieblich verbunden sind sie mit der Faszie des M.pectoralis maj., evtl. auch mit der Faszie des M.serratus ant. (als Lobus axillaris bei sehr großer Brust). Die Entwicklung der Brustdrüse erfolgt vornehmlich in der Pubertät (Mammogenese) durch den Anstieg der ovariellen Hormone.

Gewicht (nach der Pubertät): 150-400 g, in der Schwangerschaft bis 600 g, beim Stillen bis 800 g.

Aufbau: aus 2 Teilen: Drüsenkörper und Fett-Bindegewebs-Körper

- **Drüsenkörper:** 15-20 bindegewebig getrennte, radiär angeordnete Lappen (Lobus) mit je einem Milchgang (Ductus lactiferus). 1 Lobus besteht wiederum aus 10-15 Lobuli mit 10-15 Ductuli. 1 Lobulus (Drüsenläppchen) besteht aus 20-40 Azini (beerenförmige Drüsenendstücke) mit den Alveolen (bilden die Milch). Alveolen und Azini haben Myoepithelzellen, die sich durch Oxytocin-Stimulation (v.a durch den Saugakt) kontrahieren können.
- **Fettkörper:** umhüllt die Drüsenlappen, fehlt unter dem Warzenhof und nimmt im Laufe des Lebens zu.
- **Bindegewebe:** um die Lappen u. Läppchen, von Nerven und Gefäßen durchzogen. Das Bindegewebe ist sehr hormonsensibel (⇨ prämenstruelles Syndrom mit Brustspannen bei nachlassender Gestagenwirkung). Die großen Septen um die einzelnen Drüsenlappen geben Stabilität (sog. COOPER-Ligamente).

Brustwarze (Syn: **Mamille**, Papilla mammae): vom pigmentierten Warzenhof (**Areola** mammae) umgeben, mit Duft- (Glandulae areolares, MONTGOMERY-Drüsen), Schweiß- und Talgdrüsen. Glatte Muskulatur zur Erektion der Brustwarze für den Saugakt.
Vor der Mamille erweitern sich die Milchgänge zu Milchsinus (Sinus lactiferus), verengen sich dann wieder und münden dann an der Spitze der Brustwarze (einige Lobi haben auch einen gemeinsamen Ausführungsgang) und sind als kleine Vertiefungen sichtbar.

Arterien:
- **Medial:** Rami mammarii mediales (hauptsächlich aus dem 2. u. 3. ICR) aus der A.thoracica interna (Syn: A.mammaria int., aus der A.subclavia)
- **Lateral:** Rami mammarii laterales der Thoraxarterien aus dem Stromgebiet der A.axillaris (v.a. A.thoracica lat. und A.thoracodorsalis)
- **Basis:** Interkostalarterien

Die med. u. lat. Arterien verlaufen konzentrisch im subkutanen Fettgewebe und anastomosieren um dem Warzenhof und unter dem Warzenhof.

Venen: Warzenhof mit Plexus venosus areolaris. Verbindung zwischen subkutanen und tiefen Venen. Abfluss zur V.thoracica interna, Vasa thoracica lateralia und evtl. zu Bauchwandvenen (V.thoracoepigastrica) und nach kranial zur V.jugularis externa.

Nerven: Rami cutanei laterales et anteriores aus den Interkostalnerven (hauptsächlich 2.-6.) und vom Hals aus die sensiblen Nn.supraclaviculares des Plexus cervicalis.

Lymphabfluss:

⇒ zur Axilla (Level I-III): Nll.pectorales, interpectorales, axillares centrales u. apicales (infraclaviculares) und weiter nach supraklavikulär, zervikal

⇒ entlang der A.mammaria int. zu parasternalen u. mediastinalen Lk (und weiter entlang den Rippen zum Duct.thoracicus vor der Wirbelsäule)

⇒ zur kontralateralen Brustseite (über die Nll.interpectorales)

Das **axilläre Gebiet** ist am wichtigsten für das Mamma-Ca ⇨ am häufigsten betroffen, bei der Op. leicht zugänglich. Es besteht aus ca. 30-60 Lk; wichtigste Gruppe = Level I (lat. des lateralen M.pectoralis-Randes), durchschnittl. 12 Lk ⇨ als erste u. häufigste Station von Metastasen befallen (erster Lk = *Sentinel-Lk*). Entfernung dieser Lk bei der Op. v.a. aus prognostischen Gründen und zur Festlegung der weiteren Therapie.

Physiologie

Laktation: Die Milchproduktion und -sekretion in den Zellen der Alveolen/Acini und den terminalen Gängen sowie die Exkretion durch die Myoepithelzellen ist hormonabhängig:
Durch den abrupten Abfall der Plazentahormone + Anstieg des Prolaktin kommt es zum Milcheinschuss. Für 2-3 Tage post partum wird die Vormilch = **Kolostrum** sezerniert.

- **Prolaktin** (aus Adenohypophyse): Vorbereitung (Laktogenese) und Aufrechterhaltung der Milchsekretion (Galaktogenese und Galaktopoese)
- **Oxytocin** (Sekretion aus der Neurohypophyse, Produziert in Hypothalamuskerngebieten): Ausschüttung v.a. auf taktilen Reiz an der Mamille ⇨ Kontraktion der Myoepithelzellen der Ausführungsgänge der Mamma ⇨ Entleerung der Milch (Galaktokinese)
- Östrogen, HPL (human placental lactogen): Stimuliert die Drüsenepithelproliferation
  Gestagen: Fördert die Sekretionsbereitschaft

Allgemeine Untersuchung der Brust

Allgemein: alle Befundangaben werden immer mit der Angabe des Quadranten versehen

Inspektion: Haltung ⇨ Arme locker hängen lassen, Arme über Kopf, Arme in die Hüfte gestemmt

Größe und Form: Ein Tumor kann sowohl eine Verkleinerung als auch eine Vergrößerung bewirken, wichtig ist der Seitenvergleich und anamnestische Angabe.

Oberflächenkontur: Einziehung, Abflachung, Hautverfärbung, Knötchenbildung, Apfelsinenhaut durch Ödematisierung, Vermehrte Venenzeichnung.

Mamille: Lageveränderung, Ekzem, Pro- oder Retraktion, Sekretion.

Palpation: Mit der flachen Hohlhand von außen nach innen palpieren. Normale Konsistenz nimmt von lateral nach medial ab. Verschieblichkeit der Haut über dem Drüsenkörper und der Lk in der Achselhöhle sowie supraklavikulär überprüfen.

KONGENITALE ANOMALIEN DER MAMMA

Bestehen schon von Geburt an oder mit der Pubertät auftretend.

Athelie: Fehlen einer oder beider Brustwarzen ⇨ Ther: ggf. kosmetischer Ersatz (von der Gegenseite, mit einer Schamlippe od. Tätowierung)

Amastie: Fehlen einer oder beider Mammae (= Aplasie) ⇨ Ther: Prothesen-Implantation bei psychischer Belastung

POLAND-Symptomenkomplex: einseitige Hypo- od. Aplasie der Mamille od. Mamma und des M.pectoralis, Hypo- od. Aplasie der gleichseitigen Niere, homolaterale Syndaktylien der Hand (pathogenetisch durch frühembryonalen Verschlusses einer A.subclavia bedingt)

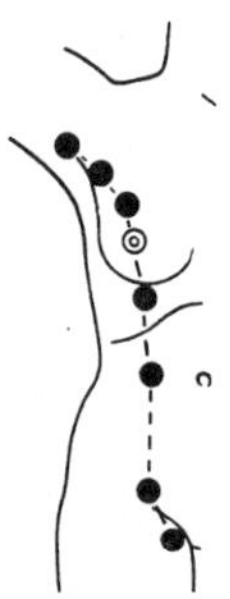

Anisomastie: unterschiedliche Größe beider Mammae ⇨ Ther: bei Beschwerden (v.a. psychische Beeinträchtigung) Mammareduktionsplastik einer Seite od. Brustaufbau der kleineren Seite

Hohl-, Spalt- u. Flachwarzen: stellen evtl. ein Stillhindernis dar

Polythelie: überzählige Brustwarzen (entlang der sog. Milchleiste, diese geht von der Axilla bis zur Vulva, beim Mensch ist normalerweise nur das 4. Drüsenpaar der Säugetiere ausgebildet, s. Abb.), Häufigkeit: 1-5 % der Frauen

Formen: Polythelia areolaris = zusätzlicher Warzenhof ohne Mamille und Drüsengewebe, Polythelia mamillaris = zusätzliche Mamille, Polythelia completa = zusätzliche Mamille und Areola (ohne Brustdrüsengewebe), Lok: meist Axilla od. ober-/unterhalb der Grenze der Mamma

Ther: Entfernung aus kosmetischen Gründen

Polymastie: meist an einer Stelle im Bereich der Milchleiste

Mamma aberrans (Polymastia glandularis): zusätzliches heterotopes Drüsengewebe (meist in Verlängerung des oberen äußeren Quadranten/Axilla od. Vulva) ohne Mamille

Polymastia completa: rudimentäre, komplette zusätzliche Mammae (Mamille, Areola + Drüsengewebe)

Klin/Kompl: während der Schwangerschaft/Stillperiode Anschwellung, Sekretverhaltung, Mastitis

Ther: Entfernung aus kosmetischen Gründen und wegen des erhöhten Entartungsrisikos

WACHSTUMSBEDINGTE FEHLBILDUNGEN

Mikromastie (= Mammahypoplasie): meist beide Mammae betroffen
Ät: konstitutionell bedingt, juvenile Hypoplasie, extremes Untergewicht (Anorexie), Adrenogenitales Syndrom, ULLRICH-TURNER-Syndrom, Pseudohermaphroditismus, involutionsbedingte Hypoplasie nach längerem Stillen
Ther: bei psychischer Belastung ggf. Augmentationsplastik mit Silikoneinlage (kosmetische Op.)
Kompl. der Op: fibröse Kapselschrumpfung, Silikonleckage

Makromastie (Gigantomastie): Größenzunahme einer oder beider Brüste über das dem Alter entsprechende Maß hinaus (Brustvolumen >800 ml).
Ät: Pubertätsmakromastie, Graviditätsmakromastie
Kompl: sekundäre gewichtsbedingte Wirbelsäulenbeschwerden, erosive Infektionen in der Submammarfalte
Ther: Mammareduktionsplastik; ist die Brust sehr groß, muss zusätzlich die Mamille nach oben transplantiert werden (als freie Mamillentransplantation, Schnittführung s. Abb.). Die Mamille wächst auch fast immer wieder an, jedoch immer mit Sensibilitätsverlust und auch später kein Stillen mehr möglich.

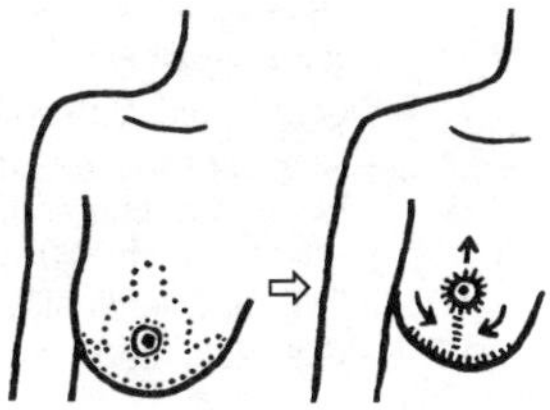
Mammareduktionsplastik

Mastoptose: "Hängebusen" (bei Adipositas, Bindegewebeschwäche und Drüsenatrophie im höheren Alter) ⇨ Mammareduktionsplastik

MASTITIS

Syn: Mastadenitis, Mammaentzündung, Entzündung der Brustdrüse, Mastitis nonpuerperalis, ICD-10: N61; Mastitis puerperalis (= im Wochenbett), ICD-10: O91.2
Thelitis (= Entzündung nur der Brustwarze), ICD-10: N61

Ät:
- Wochenbett oder beim Stillen (begünstigt durch Milchstau, Rhagaden der Mamille/Areola, ungenügende Stillhygiene, Übertragung von Keimen aus dem Nasen-Rachenraum des Neugeborenen) = **Mastitis puerperalis** (ca. 70 % der Mastitiden)
- Sekretstau bei Hyperprolaktinämie
- Verletzungen der Brust oder Mamille, Piercing der Brustwarze, Ekzem der Warze = Mastitis nonpuerperalis
- Prädisp.: Zigarettenrauchen

Path:
- ♦ **Aszendierende Infektion** über das Milchgangsystem oder über Risse an der Brustwarze (durch Saugakt ⇨ Entzündung der Brustwarze = **Thelitis**), dann ins Parenchym über die **Lymphbahnen** ausbreitend
- ♦ Keime: meist **Staph. aureus**, selten Proteus, Bacteroides, E.coli, Pyocyaneus od. Mischinfektion. Tuberkulose, Mykosen od. Parasiten sind in Deutschland extrem selten.

Epid:
- ◊ Prädisp.alter: 20.-30. Lj. und 50.-60. Lj.
- ◊ Eine Mastitis puerperalis entwickelt sich in ca. 1 % der Schwangerschaften und ist eine der häufigsten Komplikation des Wochenbettes, meist 1-2 Wo. nach der Geburt

Klin:
- ⇒ Derbe druckempfindliche Infiltration tastbar
- ⇒ Schmerz, Schwellung, Rötung, Überwärmung der Brust, schmerzhafter Stillvorgang
- ⇒ **Fieber**, Schüttelfrost, frühzeitige **axilläre Lk-Schwellung**
- ⇒ Später tastbare Fluktuation bei Gewebeeinschmelzung (= mastitischer Abszess), evtl. gelblich-eitrige Mamillensekretion

Diag:
1. Anamnese und klinische Untersuchung
2. Sonographie: Einschmelzungen, Abszesse

3. Labor: Blutbild, BSG, CRP
4. Mikrobiologische Untersuchung + Antibiogramm von Abszesspunktaten

Ther:
- Konservativ: bei Thelitis lokale Salbenbehandlung (z.B. Dexpanthenol, Bepanthen®) Mastitis puerperalis: Kühlung (z.B. mit Quark) und Ruhigstellung der Brust (Abpumpen der Milch, Hochbinden der Brust), mit der nicht betroffenen Brust weiterstillen
  Med: **Prolaktinhemmer** (niedrigdosiert Bromocriptin: 2 x 1,25 mg/Tag, Pravidel®), Antiphlogistika, **Antibiose** (penicillinasefestes Penicillin, z.B. Oxacillin [Stapenor®] oder Erythromycin, bei nonpuerperaler Form mit Cotrimoxazol od. einem Cephalosporin + Metronidazol)
- Kann mit den kons. Maßnahmen eine Abszessbildung nicht verhindert werden, dann im Spätstadium: Förderung der Einschmelzung durch Wärme (Rotlicht) ⇨ dann operative Abszessspaltung
- Operativ: Ind: Spätstadium (Abszessbildung)
  - Abszessspaltung durch **radiäre Inzision** (Schonung der Milchgänge)
    Bei retromammärer Lokalisation Zugang über BARDENHEUER-Bogenschnitt (in der submammären Falte)
  - Evtl. Spülung/Instillation mit antibiotischer Lösung, **Drainage** der Abszesshöhle
  - Ggf. Nekrosenabtragung

Kompl:
* Einschmelzung und **Abszessbildung**: intramammärer (glandulärer) Abszess, retromammärer Abszess, Subpektoralphlegmone, subkutaner (präglandulärer) Abszess, paramammärer Abszess, MONTGOMERY-Abszess (= Furunkel einer Talgdrüse der Areola mammae)
* Nekrotisierung von Drüsengewebe
* **Rezidive** od. chronische Mastitis mit **Fistelbildung** (insb. bei Raucherinnen) ⇨ Ther: operative Entfernung des Fistelganges, bei weiterem Rezidiv: Resektion des retroareolären Milchgangbündels
* Tuberkulose: Fistelbildung ⇨ Ther: Fistelspülungen, Antituberkulotika

Proph: ♥ Hygiene beim Stillen beachten, richtige Stilltechnik, ggf. Stillhütchen zur Schonung der Mamillen benutzen

DD:
- Mastopathie, granulomatöse Mastitis (autoimmunologisch)
- Thrombophlebitis der Brust
- Tuberkulöse Mastitis (mit Fisteln und livider Verfärbung, ausgehend von einer Lungen-TBC hämatogen gestreut oder per continuitatem von den Rippen übergreifend)
- Tumoren der Brustdrüse (insb. bei chron. Abszessen mit geringen Entzündungszeichen), Morbus PAGET (ekzematöse Veränderung der Brustwarze mit Carcinoma in situ in den Milchgängen), inflammatorisches Mammakarzinom

GYNÄKOMASTIE

Def: Abnorme Größenzunahme einer oder beider männlicher Mammae durch Drüsen- und/oder Fettgewebshypertrophie, ICD-10: N62

Ät:
- **Idiopathisch** (ca. 50 % d.F.)
- Hormonell (Östrogenüberschuss, Androgenmangel): KLINEFELTER-Syndrom (XXY), testikuläre Feminisierung (Organresistenz gegen Testosteron), REIFENSTEIN-Syndrom (Pseudohermaphroditismus), Hypothyreose, Kastration, Hodenatrophie, hormonbildende Hodentumoren (Chorionkarzinom, SERTOLI-Zell-Tumor, LEYDIG-Zell-Tumor), Hypophysentumoren (mit gesteigerter Sekretion von Prolaktin od. Gonadotropinen), Akromegalie, NNR-Tumoren, Androgenrezeptordefekt
- Leberzirrhose (vermehrte Östrogenkonversion aus Testosteron/Androstendion), Hungerdystrophie, chron. Hämodialyse

- Paraneoplastisch (Bronchial-Karzinom), bei BASEDOW-Krankheit, myotoner Dystrophie
- Medikamentös: Spironolacton, Herzglykoside (Digitalis), α-Methyldopa, Reserpin, Meprobamat, Phenothiazin
  Hormontherapie: Östrogene (Ther. bei Prostatakarzinom), Testosteron, HCG
  Anabolika bei Sportlern! (Bodybuilder, Leistungssportler)
- Physiologische Gynäkomastie: Neugeborenenperiode, **Pubertät**, Senium

Etlg: # Echte Gynäkomastie: hormonabhängige Vergrößerung des Brustdrüsenparenchyms
Falsche Gynäkomastie (Pseudogynäkomastie): Lipideinlagerung bei **Adipositas** (Lipomastie), Tumoren (z.B. Lipome)

Klin: ⇒ Größenzunahme (beidseits bei hormoneller oder medikamentöser Form, sonst häufig nur einseitig ein Knoten tastbar), meist nicht schmerzhaft
⇒ evtl. Galaktorrhoe (Mamillensekretion z.B. bei Hyperprolaktinämie)

Diag:
1. Anamnese (Medikamente, Hormonpräparate bei Sportlern) und klinische Untersuchung: Genitalien, Hoden und Behaarungstyp kontrollieren
2. Labor: Hormonbestimmung v. Östrogen, Testosteron, Prolaktin, LH, HCG, Schilddrüsenhormone; Leberwerte
3. Sonographie: DD: Zyste / Knoten
4. Evtl. Kerngeschlechtbestimmung
5. Tumorsuche: Rö-Hypophyse (Rö-Sella od. CCT/MRT), Lunge, Nebennieren (CT/MRT)

Ther:
- Eine Gynäkomastie von Neugeborenen, in der Pubertät und im Senium ist physiologisch und bedarf keiner Therapie
- Konservativ: Androgensubstitution bei nachgewiesenem Hypogonadismus mit Testosteronmangel
- Operativ: Ind: meist Wahleingriff (psychologischer od. kosmetischer Grund), daher Pat. gut aufklären, bei Karzinomverdacht immer
  - Lokalanästhesie (Tumeszenz), periareolärer Schnitt (= Schnittgrenze entlang der pigmentierten Warzenhofgrenze, somit später kaum eine Narbe sichtbar) od. submammäre Inzision
  - Bei lediglich einzelnem Knoten wird nur dieser exstirpiert, sonst scharfe Präparation und Entfernung des gesamten Drüsenkörpers, evtl. in Kombination mit einer Liposuktion (Fettabsaugung), Einlage einer Drainage
    Immer **Histologie** durchführen! (Ausschluss eines Karzinomes)
  - Postoperativ: REDON-Drainage ex am 2. postop. Tag, Fäden ex am 5.-8.Tag, elastischer Brustwickel zur Wundkompression direkt postop. für 1 Wo.

DD:
- Fibrome, Fibroadenome, Lipome, retromammäre Angiome
- **Mammakarzinom** des Mannes (insb. bei einseitiger Vergrößerung ⇨ Histo wichtig!)
- Adipositas (Lipomastie) = Pseudogynäkomastie

MASTOPATHIE

Syn: Mammadysplasie, Mastopathia cystica fibrosa SCHIMMELBUSCH, Mastopathia chronica fibrosa cystica, ICD-10: N60.-

Def: Verschiedene proliferativ-hyperplastische oder regressive Umbauvorgänge der Milchgänge, der Drüsenbestandteile und/oder des Bindegewebes der Brust.

Ät:
- Endokrine Dysregulationen, labile Zyklusfunktion (insb. im Klimakterium)
- Gestagenmangel (dadurch relativer Östrogenüberschuss)
- Gehäuftes familiäres Auftreten (genetische Disposition)

Path: ♦ Histo: vielgestaltiges Bild möglich: Verschmelzungszysten der Drüsenazini, adenomartige Strukturen, papilläre Zystenwandwucherungen, Milchgangektasien, intra- oder extraduktale Epithelproliferationen, Epithelmetaplasien, myoepitheliale Zellwucherungen
♦ Meist überwiegen **zystische** oder **fibrotische** Veränderungen
♦ Mastopathie mit atypischer Proliferationstendenz und Zellatypien bedingt ein erhöhtes Karzinomrisiko = komplizierte Mastopathie

Epid: ◊ **Häufigste gutartige Veränderung der Brust**, fast die **Hälfte aller Frauen** betroffen
◊ Meist im geschlechtsreifen Alter, Gipfel im 40.-50. Lj. (Beginn des Klimakteriums)

Etlg: Gradeinteilung der Mastopathie nach PRECHTEL (1972)

Grad I:	Einfache Mastopathie **ohne** Epithelproliferationen (70 % d.F.)
Grad II:	Mastopathie **mit Epithelproliferationen**, aber ohne Zellatypien (20 % d.F.)
Grad III:	Mastopathie **mit atypischer Epithelhyperplasie** (= Präkanzerose), aber ohne die als Carcinoma in situ definierten Zeichen (ca. 10 % d.F.)

Klin: ⇒ Kirschkerngroße gut abgrenzbare verschiebliche Verhärtungen (höckeriger Drüsenkörper, kleinzystisch-knotig, sog. "Schrotkugelbrust")
⇒ Evtl. prallelastische tastbare Zysten, evtl. milchartige Mamillensekretion
⇒ Prämenstruelles Schwere- und Spannungsgefühl (= Mastodynie), evtl. Ausstrahlung der Schmerzen in Axillarregion und Arm

Diag: 1. Anamnese (zyklusabhängige Beschwerden?) und klinische Untersuchung (Palpation): kleine verschiebliche Knötchen, ggf. Mamillensekretion auf Druck
2. Sonographie: solide und zystische Strukturen
3. Mammographie: kleinknotige dichte Veränderungen, im Stadium III ggf. Mikroverkalkungen zu sehen (DD: Mammakarzinom ⇨ histologische Untersuchung erforderlich)
4. Punktionszytologie (Jet-Biopsie)
5. Endgültige Diagnose: **Histologie** bei Exstirpation der Knoten

Ther: • Konservativ: bei Grad I Gestagengabe (z.B. Lynestrenol, Orgametril®) ab Mitte des Zyklus, gestagenhaltige Salben (Progesteron, Progestogel®), Prolaktinhemmer (Bromocriptin), antigonadotropes Steroid (z.B. Danazol, Winobanin®) od. gestagenbetonte Ovulationshemmer ⇨ beheben nur die Symptome, keine Heilung
• Operativ:
- Mastopathie Grad I-II: Exstirpation des Knoten und histologische Untersuchung
- Mastopathie Grad III: häufig Knotenrezidive und Therapieresistenz ⇨ einfache oder subkutane Mastektomie mit Erhalt der Mamille, evtl. Einlage eines Expanders, anschließend Silikonprothese
- Mikroverkalkungen können unter Röntgenkontrolle mittels Mammotom abgesaugt werden

Prog: Entartungsrisiko der Mastopathie Grad III ist 3- bis 4fach erhöht!, daher ist eine operative Entfernung des Brustdrüsengewebes gerechtfertigt.

Kompl: * Entzündung ⇨ Mastitis
* Zystenbildung ⇨ Punktion und zytologische Untersuchung
* Entartungstendenz (PRECHTEL II u. III) ⇨ Karzinomentstehung

Proph: ♥ Bei bekannter Mastopathie: Mammographische und sonographische Kontrollen in 12-monatigem Abstand, klinische Kontrollen in ½-jährigem Abstand

DD: – Diabetische Mastopathie (bei lange bestehendem Typ-I-Diabetes)
– Gutartige Tumoren der Brust, Carcinoma in situ der Brust
– **Mammakarzinom** (muss durch die Histologie letztlich immer ausgeschlossen werden)

GUTARTIGE TUMOREN DER BRUST

Epid: Gutartige Geschwülste machen ca. 20 % der Mamma-Tumoren aus

Fibroadenom

Syn: Mammaadenom, engl. fibroid adenoma, ICD-10: D24

Path:
- Ät: fetal versprengte Drüsen, diese bestehen meist aus Bindegewebeanteilen (mesenchymal, Fibrom) und drüsigen Anteilen (epithelial, Adenom), selten reine Fibrome oder Adenome (1-3 %)
- Meist solitär, in 10 % d.F. auch multipel auftretend, in 5-10 % d.F. beide Mammae betroffen, Größe meist 1-3 cm
- Lok: peri- od. intrakanalikulär mit Bindegewebskapsel
- Dignität: **gutartig**, deutliche Wachstumsprogredienz in der Schwangerschaft und Laktationsperiode, Stimulation des Wachstums durch Östrogenwirkung
- Postmenopausal: häufig regressive Veränderungen (Verkalkungen)

Epid:
◊ **Häufigster gutartiger Tumor der Brust** (ca. 75 % d.F.)
◊ Vor allem bei **jungen Frauen** 20.-35. Lj., etwa 1/3 der Frauen betroffen

Klin:
⇒ Deutlich abgrenzbarer, verschieblicher, harter Knoten, nicht schmerzhaft
⇒ langsames Wachstum, bzw. konstante Größe

Diag:
1. Anamnese und klinische Untersuchung: Palpation
2. Sonographie: solider, echoarmer, scharf begrenzter Knoten
3. Mammographie: homogene Verschattung
4. Bei kleinen Fibroadenomen (bis max. 3 cm) bei Frauen zw. 20-40 J. reicht eine ultraschallgesteuerte Stanzbiopsie mit **histologischer Untersuchung** zur Sicherung der Diagnose aus.

Ther:
- Histologisch gesicherte kleine Fibroadenome (<3 cm) bei jungen Frauen werden nur beobachtet. 1/3 der Fibroadenome bilden sich im Verlauf zurück.
- Operativ: Ind: >3 cm, schnelles Wachstum, >40 J., Unsicherheit/Wunsch der Patientin
  - **Exstirpation des Knotens** und histologische Untersuchung
  - Eine subkutane Mastektomie kann bei Befall der gesamten Brust notwendig sein.

Prog: Gut, keine Risikoerhöhung für ein Mammakarzinom.

DD:
- Lipom (aus dem Brustdrüsenfettgewebe entwickelnd), weiche Konsistenz, sehr langsames Wachstum ⇨ Ther: Exstirpation des Knotens u. Histologie (DD: Liposarkom ausschließen)
- Hamartom (gutartiger Tumor aus Brustdrüsengewebe, „Mamma in der Mamma", können bis 10 cm groß werden) ⇨ Ther: Exstirpation des Knotens (geht gut, da Hamartome von einer Kapsel umgeben sind)
- Adenom (selten, überwiegend aus azinären und tubulären Anteilen bestehend) ⇨ Ther: Exstirpation des Knotens
- Mastopathie, Solitärzysten, Fettgewebsnekrose ("Ölzyste")
- Phylloidestumor (Cystosarcoma phylloides) seltener, rasch und groß wachsender, mesenchymaler Tumor, ca. 20 % sind maligne (Sarkom) ⇨ Ther: immer komplette Exstirpation und Histologie, bei Malignitätsnachweis Mastektomie, neigt zu Rezidiven
- Mammasarkom (ausgehend vom Bindegewebe), **Mammakarzinom** (muss durch Biopsie oder Histologie des Op.-Präparates letztlich immer ausgeschlossen werden)

Papillom

Syn: Milchgangpapillom, engl. ductal breast papilloma, ICD-10: D24

Path:
- Histo: papillomatöse Milchgangepithelwucherung (gefäßführendes Bindegewebe, mit Epithel überzogen)
- Vorkommen: in den Milchgängen (**intraductal**) oder in Zysten
- Lok: meist mamillennah gelegen
- Dignität: meist gutartig, die Papillomatose (= multiple Milchgangspapillome) zeigt ein erhöhtes Entartungsrisiko

Epid: In der Menopause gehäuft (Altersgipfel: 40.-50. Lj.), insb. bei fibrös-zystischer Mastopathie

Klin: Blutende/**sezernierende Mamma** (pathologische Mamillensekretion)

Diag:
1. Anamnese und klinische Untersuchung
2. Sonographie: erweiterter Milchgang, solider kleiner Tumor (nur wenige mm groß)
3. Röntgen: Mammographie und **Galaktographie** ⇨ erweiterter Milchgang, stecknadelkopfgroße Kontrastmittelaussparungen
4. Exfoliativzytologie

Ther: Operativ: Papillom-/Milchgangexstirpation (Resektion des betroffenen Lappens)

DD:
- Galaktorrhoe (milchige Mamillensekretion) bei **Hyperprolaktinämie** (z.B. durch Hypophysenadenom, Medikamenten-NW, Hypothyreose)
- Mastopathie, aberrierendes Gangsystem ⇨ jede sezernierende Mamma muss abgeklärt werden!
- **Mammakarzinom** (muss durch die Histologie letztlich immer ausgeschlossen werden), insb. das duktale Karzinom (= von den Milchgängen ausgehend)

MAMMAKARZINOM

Syn: **Brustkrebs**, bösartige Neubildung der Mamma, engl. breast cancer, ICD-10: C50.9

Ät:
- **Prädisposition:** Nullipara („hoher sozioökonomischer Status", „Nonnen-Karzinom"), späte Erstparität (>30. Lj.), nicht stillende Frauen, frühes Menarchenalter (vor 12. Lj.) u. spätes Menopausenalter, Adipositas in der Postmenopause/Senium (vermehrte Konversion von Androstendion zu Östrogen im Fettgewebe), Diabetes mellitus, **Zigarettenrauchen** (besonders erhöhtes Risiko, wenn bereits in der Jugend geraucht wird), erhöhter Alkoholkonsum, vorangegangenes Mamma-Ca der Gegenseite (5- bis 10faches Risiko)
- **Familiäre Brustkrebsbelastung**/genetische Disposition in ca. 5 % d.F. (z.B. Schwester erkrankt: 8faches Risiko, Mutter vor dem Klimakterium erkrankt: 4faches Risiko) ⇨ Suche nach Gendefekten möglich: am häufigsten sind Mutationen im **BRCA-1-Gen** (breast-cancer-Gen, aut.-dom., Chromosom 17q21, in 80 % d.F. sind diese dann Hormonrezeptoren negativ und haben ein früheres Erkrankungsalter und eine Risikoerhöhung bei Schwangerschaft) od. BRCA-2-Gen (aut.-dom., Chrom. 13q12-13), RAD51C-Gen, seltener auch im TP53-Gen (LI-FRAUMENI-Syndrom, Chrom. 17p13.1), ATM-Gen (Ataxia teleangiectatica, Chrom. 11q23), PTEN-Gen (COWDEN-Syndrom mit multiplen Hamartomen, Chrom. 10q23)
  ⇨ bei Genmutationen ergibt sich ein hohes Erkrankungsrisiko (10faches Risiko), Life-time-risk für ein Mammakarzinom dann 70-90 % + gleichzeitig erhöhtes Risiko für die Entwicklung eines **Ovarialkarzinoms**, Hirntumoren (Astrozytome), Sarkome u. Leukämien
- Fibrozystische präkanzeröse **Mastopathie** (Stadium: **Prechtel III** der Mastopathie) mind. 10%iges Entartungsrisiko
- Carcinoma in situ: ductale, lobulare, Morbus PAGET der Mamille (ekzematöse Veränderung mit Rötung und nässenden krustenartigen Belägen auf der Brustwarze mit Carcinoma in situ in den großen Ausführungsgängen), in 30-50 % d.F. entwickelt sich später ein invasives Karzinom!
- 3 % aller Karzinome entstehen während einer Schwangerschaft (mit gleicher Prognose wie außerhalb der Schwangerschaft)
- Med: Hormonale Kontrazeptiva: Wirkung ist letztlich noch nicht abschließend beurteilt (widersprüchliche Studien), vermutlich aber kein signifikanter Effekt

Hormonsubstitution in den Wechseljahren: Risikoerhöhung insb. bei längerdauernder Einnahme **>5 J.** (relatives Risiko 1,35)

- Strahlung: Risikoerhöhung (3faches Risiko für damals 10- bis 20-jährige Frauen bei den Atombombenabwürfen in Japan im 2. Weltkrieg). Durch die regelmäßigen Mammographien (alle 2 J., je 4 Aufnahmen) extrem geringe, statistische Risikoerhöhung von 0,05 %
- Allgemein positiv: frühe erste Geburt (mehrere Geburten <30. Lj., längeres Stillen) sowie regelmäßige sportliche Aktivität in jungen Jahren **VERRINGERN** das Risiko!

Path:
- ♦ Diskutiert wird ein Östrogenübergewicht im Körper
- ♦ Wachstum: insb. bei alten Frauen sehr langsam, man geht von einer Zeitspanne von 10-20 Jahren aus, bis ein Tumor eine Größe von 1 cm erreicht hat
- ♦ Lok: Quadrant **außen, oben**

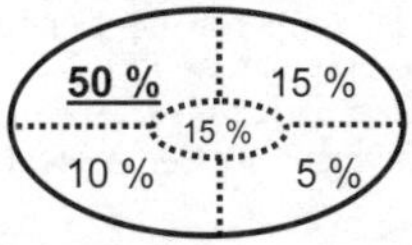

5-25 % multizentrisch in einer Mamma
1-3 % primär in beiden Mammae

- ♦ Histo: **duktal** (= von den Milchgängen ausgehend, ca. 75 % d.F., Unterformen: tubulär, papillär, medullär, adenoid-zystisch, mukoid, Gallert, Comedo, inflammatorisch), **lobulär** (= von den Lobuli od. Azini ausgehend, ca. 15 % d.F.) und Mischformen **nicht invasiv** und **invasiv** wachsend
- ♦ Metastasierung: insg. leider häufige und relativ **frühe** Metastasierung. Es wird geschätzt, dass bei der Primärbehandlung bereits mind. 50 % d. Pat. (klinisch oft noch nicht nachweisbare) Metastasen haben.
  Lymphogen: hauptsächlich **ipsilaterale Axilla** (insb. bei Tumoren in den äußeren Quadranten, aber auch bei den inneren Quadranten), parasternale Lk = A.mammaria-interna-Lk (bei Tumoren in den inneren Quadranten), seltener: supraklavikuläre Lk, retrosternale/mediastinale Lk, kontralaterale Mamma
  Hämatogen: Skelett (osteolytische Knochenmetastasen in Rippen, Becken, Wirbelkörper [LWS > BWS], Femur), Pleura, Lunge, Haut/Weichteile, Leber, ZNS, Ovarien, Uterus, Nebennieren

Etlg: # TNM-Klassifikation (gilt auch für Karzinome des Mannes, bei multiplen Tumoren wird das T nach dem größten bestimmt, intramammäre Lk werden wie axilläre klassifiziert)

T_{is}:	Carcinoma in situ = nicht infiltrierendes intraduktales Ca od. lobuläres Carcinoma in situ oder Morbus PAGET der Mamille ohne nachweisbarem Tumor
T_{1}:	Tumor <2 cm (T_{1mic}: <0,1 cm, T_{1a}: 0,1-0,5 cm, T_{1b}: 0,5-1 cm, T_{1c}: 1-2 cm)
T_{2}:	Tumor 2-5 cm
T_{3}:	Tumor >5 cm
T_{4}:	Tumor jeglicher Größe mit Infiltration in Brustwand (T_{4a}) oder Haut (T_{4b}), (T_{4c} = T_{4a} + T_{4b}), entzündliches (inflammatorisches) Karzinom (T_{4d})
N_{0}:	keine Lk befallen, isolierte Tumorzellen (ITC, <0,2 mm werden ebenfalls als N_{0} klassifiziert)
pN_{1mi}:	Lk-Mikrometastase (>0,2 mm und/oder mehr als 200 Tumorzellen bis max. 0,2 cm)
N_{1}:	Metastasen in beweglichen ipsilateralen axillären Lk Level I u. II (1-3 Lk pos. = pN_{1a}), ipsilaterale Mikrometastasen in Lk entlang der A.mammaria int. (pN_{1b}), (N_{1c} = N_{1a}+N_{1b})
N_{2}:	Metastasen in fixierten ipsilateralen axillären Lk (N_{2a}) oder ipsilaterale klinisch erkennbare Metastasen in Lk entlang der A.mammaria int. (N_{2b}) ohne gleichzeitige axilläre Lk-Metastasen
N_{3}:	Metastasen in ipsilateralen infraklavikuläre Lk (N_{3a}), Lk entlang der ipsilateralen A.mammaria interna + axilläre Lk (N_{3b}) oder ipsilaterale supraklavikuläre Lk (N_{3c})
M_{1}:	Nachgewiesene Fernmetastasen (auch kontralaterale Mamma, Lk ab zervikaler Lok., Lk entlang der kontralateralen A.mammaria int.)

Stadiengruppierung:

IA: $T_{1}N_{0}M_{0}$	IB: $T_{1}N_{1mi}M_{0}$
IIA: $T_{2}N_{0}M_{0}$ und $T_{1}N_{1}M_{0}$	IIB: $T_{3}N_{0}M_{0}$ und $T_{2}N_{1}M_{0}$
IIIA: $T_{1\text{-}2}N_{2}M_{0}$ und $T_{3}N_{1\text{-}2}M_{0}$	IIIB: $T_{4}N_{0\text{-}2}M_{0}$
IIIC: alle $N_{3}M_{0}$	IV: alle M_{1}

<u>Klinische Einteilung der axillären Lymphknoten:</u>

- Level I: untere axilläre Nodi (lat. des lat. Randes des M.pectoralis minor)
- Level II: mittlere Axilla u. interpektorale (ROTTER)-Lk
- Level III: apikale Axilla und Lk medial des medialen Randes des M.pectoralis minor), ausschließlich der als subklavikulär oder infraklavikulär bezeichneten Lk

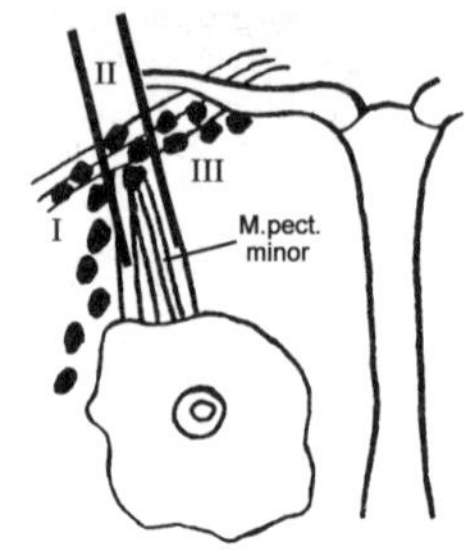

Zusätzliche Lk-Gebiete:
- subklavikuläre od. infraklavikuläre, supraklavikuläre, ipsilaterale Lk an der A.mammaria int. (gehören gem. neuer TNM-Klassifikation jetzt alle zu den regionären Lk)
- Kopf (zervikale, juguläre Lk ⇨ werden als Fernmetastasen klassifiziert = **M**1) und Streuung in das Blut über den Duct.thoracicus (⇨ Fernmetastasen in anderen Organen)

<u>St.Gallener-Risikoeinteilung (von 2007):</u>

➲ **Low-risk-Mammakarzinom**: Tumorgröße <2 cm Durchmesser, Lk-Befall negativ, Östrogenrezeptor (und/oder Progesteronrezeptor) positiv, niedriges histologisches und zytologisches Stadium (Grading 1), keine peritumorale vaskuläre Invasion, HER-2 neg. sowie Alter der Pat. >35 J. (es müssen *alle* Bedingungen erfüllt sein)
➲ **Medium-risk-Mammakarzinom**: Lk neg. und entweder Alter <35 J. od. Tumorgröße >2 cm od. Grading 2/3 od. HER-2 pos. od. Gefäßinvasion oder Lk-Befall positiv (**1-3 Lk** befallen) mit HER-2 neg.
➲ **High-risk-Mammakarzinom**: Lk-Befall **positiv** (4 od. mehr Lk befallen oder 1-3 Lk befallen mit HER-2 pos.), Fernmetastasierung

<u>**Epid:**</u>

◊ **Häufigstes Karzinom der Frau**, Life-time-risk: in Deutschland erkrankt statistisch **jede 10. Frau** im Laufe ihres Lebens!, macht 28 % aller Malignome bei der Frau aus.

◊ <u>Inzidenz:</u> 75/100.000/Jahr (145/100.000 Frauen/Jahr), in Deutschland ca. 47.000 Neuerkrankungen/Jahr (weltweit über 1 Mio.). In der Tendenz nimmt die Häufigkeit weiter zu und das mittlere Manifestationsalter sinkt. Die Mortalität nimmt insg. aber leicht ab (durch die Früherkennung und die besseren adjuvanten Therapiestrategien).
Geographische Faktoren: in Nordeuropa und USA deutlich höhere Inzidenz als z.B. in Ostasien od. Südamerika u. weiße Bevölkerung ist häufiger betroffen als schwarze.

◊ In Deutschland sterben jährlich ca. 19.000 Frauen, weltweit 370.000 am Mammakarzinom

◊ <u>Altersverteilung:</u> 45.-50. Lj. und **>60. Lj.** weiter zunehmend (bis zu einer Inzidenz von 500/100.000 Frauen/Jahr bei den >70-jährigen), vor dem 35. Lj. sehr selten.

◊ Männer machen ca. 1 % d.F. aus (meist hochmaligne, familiär mit Mutationen im BRCA-2-Gen), entspricht **w** >>> m (= 100:1), Ausnahme: bei Knaben und Mädchen vor der Pubertät etwa gleich häufig vorkommend (insg. aber extrem selten in dieser Altersstufe).

<u>**Klin:**</u>

⇒ **KEINE DIREKTEN FRÜHSYMPTOME!**, als erstes ist ein **tastbarer Knoten** zu finden (50 % d.F. befinden sich derzeit bei Diagnose bereits im Stadium T2 od. höher, mit der Einführung eines generellen Mammographie-Screenings sollte dies sinken)
Selten: zirkumskripter Schmerz, Parästhesien, Kribbeln, blutig-seröse Mamillensekretion, Ekzem der Brustwarze (Morbus PAGET)

⇒ <u>**Spätzeichen:**</u> **Einziehung der Haut** (Plateauphänomen, bei der Untersuchung auch das JACKSON-Phänomen = bei der Kompression der Brust Einziehung der Haut im Bereich des Tumors) und Adhärenz (Unverschieblichkeit), **Retraktion der Mamille** (evtl. auch ringförmige Furche um die Mamille), *peau d'orange* (Apfelsinenhaut = Grobporigkeit und feinhöckerige Vorwölbungen durch lokales Lymphödem über dem Tumor), Hautödeme, entzündlich infiltrierte Haut (inflammatorisches Karzinom), kleine Tumorknoten in der Haut, Größenveränderung der Brust (Vergrößerung aber auch Verkleinerung mögl.), **axilläre Lymphknotenschwellung**, Lymphödem des ipsilateralen Armes,
Fortgeschritten: **exulzerierender Tumor**, Fixation des Tumors auf dem M.pectoralis major oder sogar am Brustkorb (*Cancer en cuirasse* = Panzerkrebs)

⇒ Bei ossären Metastasen: persistierende Wirbelsäulen-, Extremitäten- oder Gelenkschmerzen, pathologische Fraktur

<u>Diag:</u> 1. **Anamnese** (Risikofaktoren, gynäkologische Anamnese, Veränderungen der Brustdrüse), **Familienanamnese** (familiäre Disposition)

2. **Klinische Untersuchung:** im Vergleich beide Mammae auf Konsistenz, Verhärtungen, Größe, Form, Abgrenzbarkeit, Verschieblichkeit, Schmerzhaftigkeit von Knoten beurteilen, axilläre, infra- + supraklavikuläre **Lk-Gebiete abtasten**, Klopfschmerzhaftigkeit von Wirbelsäule u. Extremitäten
   <u>Wichtig:</u> Die Palpation der Brust von der Patientin selbst ergibt einen positiven Befund meist erst bei einer Größe >2 cm mit harter, nicht druckschmerzhafter, höckeriger Konsistenz ⇨ stets die **ärztlichen Vorsorgeuntersuchungen** empfehlen! Erschwerend für eine Frühdiagnose ist eine allgemein knotige Brust (Mastopathiebrust)

3. **<u>Röntgen:</u> Mammographie** in 2 Ebenen (beide Mammae oblique Schrägaufnahme und kranio-kaudal, wenn mögl. kurz nach der Menstruation, Treffsicherheit: 85-95 %) ⇨ Tumoren ab 5 mm erkennbar: Herdschatten mit **sternförmigen Ausläufern** (sog. "Krebsfüßchen") und **gruppierte Mikroverkalkungen** (insb. bei intraduktalen Karzinomen, 95 %ige Treffsicherheit).
   Selten Galaktographie erforderlich: bei einseitiger Mamillensekretion indiziert ⇨ pathologische Milchgangabbrüche weisen auf ein Mammakarzinom hin.

4. **<u>Ultraschall:</u>** Schallabschwächung bei einem soliden Tumor (Tumorschatten), unscharfe Begrenzung, Inhomogenität, Komprimierbarkeit eingeschränkt bei malignen Tumoren (insg. geringe Spezifität). In der farbkodierten Duplexsonographie kann eine vermehrte Flussrate dargestellt werden (durch Gefäßneubildungen im Bereich von Karzinomen).

5. <u>MRT</u> mit KM (T1-gewichtet mit Gadolinium) mit guter Sensitivität u. Spezifität mögl., kann für spezielle Fragestellungen eingesetzt werden (z.B. Rezidivtumor, diskrepante Befunde zwischen Mammographie und Sonographie, kleine brustwandnahe Herde, Status hinter einem Silikonimplantat, Vorsorge für Hochrisikopat. mit BRCA-Gendefekt)

6. <u>Feinnadelpunktion</u> (evtl. ultraschallgesteuert, Ø 0,5 mm) od. besser Jet-Biopsie (Hochgeschwindigkeitsstanze, Ø 1 mm) od. Vakuumbiopsie mit dem Mammotom (Ø 3 mm), bzw. PE (<u>P</u>robe<u>e</u>ntnahme) des gesamten Knotens mit Sicherheitsabstand und **intraoperativer Schnellschnitt** (bei suspekten Bezirken auch aus beiden Mammae gleichzeitig)
   <u>Histologie</u> des Operationspräparates mit Bestimmung des histologischen Typs und Differenzierungsgrades (= tubuläre Differenzierung, Anzahl der Mitosen, Zellpolymorphie ⇨ G_1-G_3), des S-Phasen-Anteils der Zellen und Bestimmung des **Hormonrezeptorstatus** (insb. Östrogene: ER-/ER+ u. auch Gestagene: PR-/PR+) des Tumorgewebes (ca. 80 % aller Mammakarzinome sind Östrogen- oder Progesteron-Rezeptor-positiv)
   Zusätzlicher Prognoseparameter: Bestimmung des **HER-2-Proteins** (<u>h</u>uman <u>e</u>pidermal growth factor <u>r</u>eceptor <u>2</u>) durch immunhistochemische Bestimmung am Op-Präparat, (HercepTest™, in den USA ist auch bereits ein Serumtest zugelassen) ⇨ eine Überexpression (Score 3+) zeigt eine mögl. höhere Rezidiv- und Metastasierungsrate und somit schlechtere Prognose mit höherer Letalität an.
   Weitere Prognoseparameter (derzeit alle noch unter Studienbedingungen) sind die Bestimmung von Kathepsin-D, Protease (<u>P</u>lasminogen<u>a</u>ktivator u. -<u>i</u>nhibitor) uPA u. PAI-1, Cyclin, $p27^{kip1}$, koregulatorische Proteine $NCOR_1$ u. AIB_1, Genexpressionsanalyse (DNA-Mapping), Mikrometastasen im Knochenmark.

7. **<u>Staging:</u>** wurde ein Mamma-Ca operativ bestätigt ⇨ Mammographie der Gegenseite (wenn nicht schon präop. erfolgt), Rö-Thorax (ggf. auch CT-Thorax), Skelettszintigraphie (bei verdächtigen Bezirken Röntgenkontrolle bzw. konventionelle Rö-Tomographie), Sonographie des Abdomens (Leber!), gynäkologische Sonographie, ggf. CT-Schädel

8. <u>Labor:</u> Tumormarker CEA, MCA, CA 15-3, CA 19-9, CA 549 (als Verlaufskontrollparameter bei erhöhtem Ausgangswert) und Kontrolle auf erhöhtes Prolaktin. Bestimmung von LH, FSH u. Östrogen zur Klärung der Frage ob prä- oder postmenopausal.

<u>Ther:</u>
- **<u>Operativ:</u>** Ind: kurative Absicht oder palliativ zur Tumormassenreduktion bei Inoperabilität (Vorliegen von Fernmetastasen)
  Alle Verfahren sind Gegenstand vieler Studien. Das heutige operative Standardverfahren ist bei entsprechender Indikation die ***brusterhaltenden Operation*** (ca. 70 % d.F.).
  - **<u>Brusterhaltende Therapie:</u>** Ind: T_{is}, T_1 oder bis max. 2,5-3 cm Tumordurchmesser
    Quadrantenresektion (nach VERONESI), bzw. Wide excision (Lumpektomie) = **Tumor-**

entfernung mit 2 cm Sicherheitsabstand + Entfernung (bei T_1 u. T_2) des radioaktiv- u. farbmarkierte Sentinel-Lk (sog. „Wächter"-Lk). Es ist derzeit in der Diskussion ob die weitere axilläre Lk-Entfernung bei pos. Sentinel-Lk einen Vorteil bringt (bisher ist die axilläre Lk-Entfernung (mind. 10 Lk werden dabei entfernt = Level I-II bis zur V.axillaris) der Standard). Bei T_{is} keine Lk-Entfernung.

Nach brusterhaltender Op erhält die Restbrust immer eine **Bestrahlung** (50 Gy, vermindert die Rezidivrate).

Bei Tumoren <2 cm, keinen Lk-Metastasen, Grading 1 und Hormonrezeptoren pos. (= Low-risk-Mammakarzinom) kann auf eine weitere (adjuvante) Therapie verzichtet od. eine endokrine Therapie durchgeführt werden.

- **Eingeschränkt radikale Mastektomie** (Modifiziert nach PATEY) Ind: alle Tumoren >3 cm, Befall der Brustwarze, multizentrische Tumoren, Infiltration der Haut od. auch Wunsch der Patientin:

  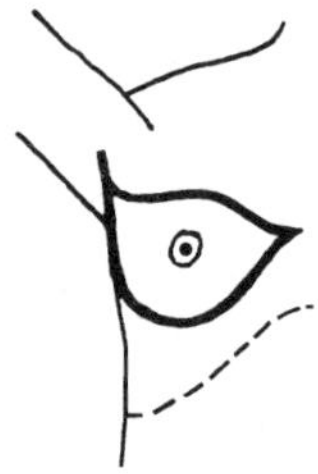

  Ablatio mammae (Resektion des Brustdrüsengewebes mit der Mamille und querovaläre Schnittführung im Hautniveau, s. Abb.) **+** Entfernung der regionären und axillären Nodi Level I + II (ca. 16-20 Lk vom Hautschnitt der Brust aus), Level III wird nur entfernt, wenn Level I u. II makroskopisch befallen aussehen.
- Die **ultraradikale Mastektomie** (nach ROTTER-HALSTED), die noch vor 20 Jahren als Standard angesehen wurde (dabei neben der Entfernung der gesamten Mamma, noch Resektion des M.pectoralis maj. et min., der axillären Lk und der parasternalen Lk entlang der A.mammaria interna) wird heute nur noch in wenigen Fällen angewendet (z.B. bei Durchbrechen des Tumors durch die Faszie des M.pectoralis maj.).
- Postoperativ: REDON-Drainage ex am 2. postop. Tag, Fäden ex. an der Brust am 8. Tag, in der Axilla am 10. Tag

- **Rekonstruktion:** An eine Mastektomie kann sich in gleicher Sitzung (wenn keine Radiatio erfolgen wird) od. sekundär eine subpektorale Expandereinlage anschließen. Die endgültige Prothese (kohäsives Silikongel) wird dann 3-6 Monate später unter den M.pectoralis eingesetzt.

  Alternativ ist ein Brustaufbau mit körpereigenem Gewebe durch Latissimus-dorsi-Schwenklappen (für kleine Brust, s. Abb.) oder TRAM-Flap (transversaler muskulokutaner Lappen, mit dem unteren Anteil des M.rectus abdominis getunnelt vom Bauch aus verschoben, s. Abb.) od. DIEP-Flap (deep inferior epigastric artery perforator, ist ein mikrochirurgisch frei transplantierter Lappen vom Bauch mit Anschluss an Mammaria-int.- und thorakodorsale Gefäße) mögl., sind aber alle sehr aufwändig.

  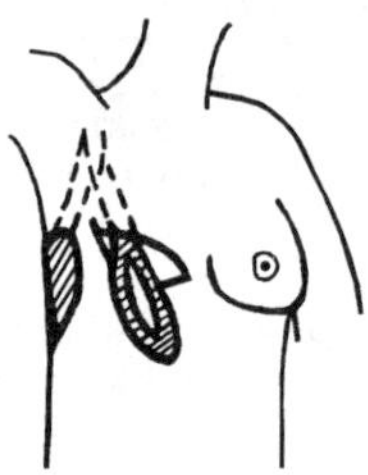

  Latissimus-Lappen

  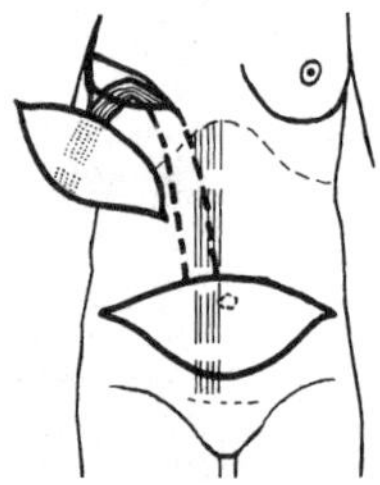

  TRAM-Flap

  Zeitpunkt: nach Strahlentherapie od. nach Mastektomie in gleicher Sitzung, wenn sicher keine Radiatio erforderlich ist. Später dann noch Mamillenrekonstruktion durch freie Transplantation einer halben Mamille von der Gegenseite (Nipple-Sharing) od. durch Tätowierung. Ggf. auch Reduktionsplastik der Gegenseite bei unterschiedlicher Brustgröße.

- **Adjuvante Maßnahmen** (= zusätzliche **postoperative** Polychemotherapie / Hormontherapie / Bestrahlung) heute obligat bei allen Mammakarzinomen. Die Therapieverfahren sind Gegenstand vieler Studien und werden laufend für die verschiedenen Risikogruppen weiterentwickelt und angepasst (St.Gallener-Konsensus u. San Antonio Symposium).
  1. Lk neg. Mammakarzinomen, aber mit **Hormonrezeptoren neg.** erhalten eine Polychemotherapie, bei Hormonrezeptoren pos. Hormontherapie
  2. Bei **Lk positiven** Mammakarzinomen:

     mit Hormonrezeptor-pos.: Polychemotherapie + anschließende Hormontherapie
bei nur Medium-risk-Mammakarzinom (max. 1-3 Lk befallen u. HER-2 neg.) auch nur Hormontherapie mögl.

     mit Hormonrezeptor-neg.: Polychemotherapie
  3. Bei **metastasiertem Mammakarzinom** (durch die Ther. kann aber keine Heilung erreicht werden): bei hormonabhängigen Tumoren Chemotherapie + endokrine Ther., sonst alleinige Chemotherapie

Durchführung:

Chemotherapie:

- Heute als Polychemotherapie mit meist 6 Zyklen (4 Wo. nach Op beginnen, Zyklus alle 3 Wo.) der Zytostatika **5-Fluoruracil** + ein **Anthracyclin** (gehören zu den „Antibiotika", Wirkstoffe: Epirubicin od. Adriamycin [Syn: Doxorubicin]) + **Cyclophosphamid** (sog. FEC-Schema). Bei Hormonrezeptor-neg.-Tumoren wird 5-FU heute meist gegen ein **Taxan** ausgetauscht (Paclitaxel, Taxol® od. Docetaxel, Taxotere®). In Studien wird auch eine dosisdichte Ther. versucht (weniger Pausen zwischen den Zyklen). Weiterhin wird erprobt, ob eine präop. gegebene Chemotherapie besser ist.

  Das bisher verwendete Chemotherapieschema CMF mit 6 Zyklen (1 Zyklus/Monat) Cyclophosphamid (Alkylans) + Methotrexat (Antimetabolit) + 5-Fluoruracil (Antimetabolit) wird nur noch selten eingesetzt (hat geringere Toxizität/Wirkung als das FEC-/FAC-Schema).
- Bei HER-2-Überexpression (3+, s.o.) wird der monoklonale Antikörper **Trastuzumab** (Herceptin®, bindet an den HER-2-Rezeptor, NW: kardiotoxisch) für 1 Jahr dazugegeben.
- Bei metastasiertem Mammakarzinom kann auch eine Kombination aus dem Angiogenesehemmer Bevacizumab (Avastin®) und Paclitaxel eingesetzt werden.
- Bei erfolgloser Chemotherapie kann eine zusätzliche, kontinuierliche orale Gabe des Zytostatikum Capecitabin (Xeloda®) versucht werden, ggf. zusätzlich kombiniert mit dem Tyrosinkinaseinhibitor Lapatinib (Tykerb®) od. Sunitinib (Sutent®). Neu zugelassen ist hier auch Eribulin (ein aus Meeresschwämmen gewonnener Stoff, der Mikrotubuli und damit die Zellteilung hemmt, Halaven®).

  In der weiteren Erprobung sind verschiedene Substanzen: mTOR-Inhibitor (RAD001, Everolimus®, hemmt das Zellwachstum), Flavonoid (ASA404, bewirkt eine Nekrose von Gefäßen im Tumorzentrum) u. verschiedene neue Angiogenesehemmer.

  Für eine Hochdosis-Chemotherapie mit autologer Stammzelltransplantation bei Hochrisikopatientinnen (>9 Lk befallen) ergab sich in neuen Studien ein geringer Vorteil in Bezug auf das rezidivfreie Überleben. Diese Therapieform ist aber noch in der Diskussion und hat natürlich extrem hohe Toxizität.

Bestrahlung:

Im Anschluss an die Chemotherapie (od. auch simultan) bei allen Tumoren >5 cm, >3 pos. Lk, R1/2-Resektion oder nach brusterhaltender Op ⇨ Radiatio mit 50 Gy + 10-16 Gy direkt auf das Tumorbett. Eine supraklavikuläre Axillabestrahlung (50 Gy) erfolgt ab p**N**2.

Hormonale Therapie:

Im Anschluss an die Op bzw. nach Chemotherapie bei allen Hormonrezeptor-pos.-Tumoren.

Als additive Hormontherapie mit:

- **Tamoxifen** (20 mg/Tag, Nolvadex®) = **Antiöstrogen** (mit Östrogen-Partialwirkung) ist das Mittel der Wahl bei Lk positiven, prämenopausalen Frauen mit pos. Hormonrezeptorstatus für 5 Jahre (bei jungen prämenopausalen Frauen in Kombination mit GnRH-Analoga, s.u.). Postmenopausale Frauen erhalten Tamoxifen für 2-3 J. gefolgt von einem Aromatasehemmern für weitere 2-3 J. (insg. 5 J. Hormontherapie).

  Toremifen (Fareston®) wirkt wie Tamoxifen, etwas weniger NW auf das Endometrium (s.u. bei Kompl.)
- Gestagene hochdosiert (Methoxyprogesteron 2 x 500 mg/Tag, Farlutal®, Clinovir® od. Megestrol 160 mg/Tag, Megestat®) = haben antiöstrogene Wirkung, Ind: bei Metastasierung
- evtl. Androgene (= funktionelle Antiöstrogene) od. Kortisolsubstitution

und/od. als ablative Therapie (= Entfernung eines Bestandteils des Hormonregelkreises):

- **Aromatasehemmer** (Anastrozol 1 mg/Tag [Arimidex®], Letrozol 2,5 mg/Tag [Femara®] od. Exemestan 25 mg/Tag [Aromasin®]): Hemmung der Umwandlung von Testosteron in Östradiol durch Katalyse der Aromatase. Diese waren bisher bei Tamoxifenversagen od. nicht tolerablen Tamoxifen-NW indiziert; die Aromatasehemmer zeigen aber teilweise bessere Wirksamkeit als Tamoxifen (und weniger NW, außer Osteoporose), sodass diese postmenopausal auch schon primär für 5 Jahre (bei HER-2 pos.) od. ergänzend eingesetzt werden (bzw. nach bereits laufender Tamoxifentherapie im Anschluss gegeben werden).
- GnRH-Analoga [Gonadotropin Releasing Hormon] (Goserelin, Zoladex®): anregende Funktion auf die Hypophyse ⇨ Überstimulation ⇨ verminderte Gonadotropinausschüt-

tung (FSH ↓, LH ↓) = funktionelle Ovarektomie (sog. Menolyse, Ind: jüngere prämenopausale Frauen, für 2-3 J. in Kombination mit Tamoxifen geben)
- Östrogenrezeptor-Down-Regulation: Fulvestrant (Faslodex™) kann bei Tamoxifen- od. Aromatasehemmerversagen und Metastasierung versucht werden
- evtl. Bromocriptin (Pravidel®) bei erhöhtem Prolaktinspiegel
- Operativ (heute nur noch selten durchgeführt, indiziert bei Versagen der medikamentösen Therapie): Ovarektomie bzw. Ovarialbestrahlung im Sinne einer Kastrationsbestrahlung (= Radiomenolyse) od. Adrenalektomie

- **Konservativ: Radiatio** als **palliative** Maßnahme (z.B. bei Inoperabilität), Applikation: großflächig auf die Thoraxwand und Axilla im tangentialen Strahlengang und/oder kleinvolumig gezielt auf Metastasen (z.B. Wirbelkörper, Gehirn). Zur Schmerzlinderung bei ossären Metastasen werden auch Radionuklide (radioaktives Bisphosphonat, ^{153}SM-EDTMP, Quadramet®) und/od. die Gabe von Bisphosphonaten (Clodronat, Ostac® od. Zoledronat, Zometa®) eingesetzt.
- **Schwangerschaft:** Diagnostik und operative Ther. gleich und ohne Einschränkung während der Schwangerschaft mögl., Polychemotherapie ab der zweiten Schwangerschaftshälfte mögl., besser jedoch erst im Wochenbett (und dann auch nicht stillen). Bestrahlung und Hormontherapie erst nach Ende der Schwangerschaft beginnen. Fetale Metastasen wurden bisher nicht beobachtet.

  Betroffene Pat. sollten in das Register der German Breast Group aufgenommen werden (Internet: http://www.germanbreastgroup.de).

  Schwangerschaftsplanung: bei (jungen) Pat. mit Z.n. einem Low-risk-Mammakarzinom, die 2 J. rezidivfrei sind, bestehen keine Einwände gegen eine Schwangerschaft.

  Zur Ovarprotektion kann bei jungen Pat. vor u. während einer notwendigen Chemotherapie mit GnRH-Analoga die Ovarialfunktion ruhiggestellt und damit die Chancen für eine spätere Schwangerschaft erhöht werden. Es kann auch vor Therapie Ovarialgewebe entnommen und kryokonserviert werden.

  Kontrazeption: hormonale Kontrazeptiva sollten nicht gegeben werden (⇨ Barrieremethoden, z.B. Kondome od. IUP anwenden od. bei abgeschlossener Familienplanung Sterilisation).
- Informationen für Ärzte u. Betroffene: Deutsches Krebsforschungszentrum - Krebsinformationsdienst (KID) Heidelberg, Im Neuenheimer Feld 280, 69120 Heidelberg, Brustkrebstelefon: (0 62 21) 42 43 43, Internet: http://www.krebsinformation.de

  Weitere Internetadressen: http://www.brustkrebsvorbeugen.de, http://www.brustkrebs.de, http://www.breastcancerprevention.org

Prog: Insgesamt versterben 50 % der Frauen, die an einem Mammakarzinom erkranken. Statistisch gehen jeder erkrankten Frau 6 Jahre ihrer ausstehenden Lebenserwartung verloren.

5-JÜR aller Mammakarzinome zusammen bei optimaler Ther.: **79 %** (10-JÜR: 50 %)

5-JÜR bei **T**1 85 %, **T**2 75 %, **T**3**N**1-2 55 %, **T**4**N**1-3 40 %, **M**1 15 % (mittlere Überlebenszeit bei einem Rezidiv mit Skelettmetastasen 2 J., bei Organmetastasen 6-12 Mon.)

Kompl: * Knochenmetastasen mit Spontanfrakturgefahr (pathologische Fraktur), bei Wirbelkörpermetastasen Gefahr der Querschnittsymptomatik ⇨ Radiatio durchführen, ggf. operative Stabilisierung

* Inflammatorisches Karzinom durch Ausbreitung in den Lymphspalten ⇨ schlechte Prog.

Op: * Verletzung des N.intercostobrachialis (sensible Innervation des med. Oberarms) bei der axillären Lk-Ausräumung (wird sehr häufig durchtrennt)

Verletzung des N.thoracodorsalis u. evtl. des N.thoracicus longus oder Anteile des Plexus brachialis, Thrombophlebitis der Vv.thoracoepigastricae

* Einschränkung der Schulterbeweglichkeit, chronische Schmerzen im Arm ⇨ Ther: Krankengymnastik

* **Lymphödem des Armes** (insg. bei ca. 20 % d.F., meist innerhalb der ersten 12 Mon. nach Op. beginnend, aber auch noch nach Jahren mögl.), insb. nach ausgedehnter axillärer Lk-Entfernung (Level III) und Bestrahlungstherapie

Ther: je nach Ausprägung manuelle Lymphdrainage, Entstauungsgymnastik und Kompressionsbandage für ca. 4 Wo., danach Lymphdrainage bei Bedarf 1-2/Wo. und Kompressionsarmstrumpf. Bei Versagen der kons. Therapie über mind. 6 Mon. ist eine

Lymphgefäß-Transplantation mögl. Hierzu werden Lymphbahnen vom ventro-medialen Bündel des Oberschenkels entnommen und frei End-zu-End zwischen aufsteigenden Lymphbahnen am Oberarm und zum Venenwinkel absteigenden Bahnen am Hals anastomosiert.
Sonderform: STEWART-TREVES-Syndrom (= sekundäres Lymphangiosarkom bei schwerem chronischem Armlymphödem) mit schlechter Prog.

* Loko-regionäres **Tumorrezidiv od. Fernmetastasen noch nach Jahren** möglich (bis zu 20 Jahre, bedingt durch das sehr langsame Wachstum), Risiko: 5-15 %
* Silikonprothesen: Implantatverschiebung, Kapselfibrose, Leckage, Verschlechterung von Autoimmunkrankheiten
* TRAM-/DIEP-Flap: aufwändige Op, sehr lange (schmerzhafte/hypästhetische) Narbe am Bauch, Lappennekrose (bis Lappentotalverlust), Bauchwandhernie mögl.
* Radiatio: Teleangiektasien, Induration der Haut, vermehrt Armlymphödeme
* Chemotherapie: Haarausfall (⇨ Perücke verschreiben), Übelkeit und Erbrechen (⇨ Antiemetika, z.B. Ondansetron [Zofran®] od. Granisetron [Kevatril®], + Glukokortikoide, z.B. 20 mg Dexamethason als Begleitmedikation), Knochenmarkdepression (⇨ Leukozytenzahlkontrolle 1x/Wo.), Amenorrhoe (+ Sterilität durch POF-Syndrom = premature ovarian failure) und Osteoporose (evtl. vorab DXA-Knochendichtemessung, um einen Ausgangswert zur Beurteilung einer therapiebedingten Osteoporose zu haben). Die NW sind bei anthracyclinhaltiger Chemotherapie insg. ausgeprägter.
* Tamoxifen-Langzeitmedikation: Stimulierung des Wachstums des Uterusendometriums (durch Östrogen-Partialwirkung) ⇨ vermehrt Endometriumhyperplasie, -polypen und Endometriumkarzinom (2- bis 4faches Risiko), Thrombozytopenie, Thromboembolien, klimakterische Beschwerden

Proph: ♥ Vorsorgeuntersuchung: ab 30. Lj. 1x /Jahr Tastuntersuchung durch den Arzt

Wichtigste Maßnahme: **jede Frau sollte 1x/Monat selbst die Brust abtasten!** (Zeitpunkt: möglichst kurz nach der Menstruation)

Im 40. Lj. einmalige **Mammographie** (als Vergleichsaufnahme für später, sog. Basis-Mammographie), dann vom 50.-69. Lj. in 2- bis 3-jährigem Abstand. Bei Risikopatientinnen (z.B. Brustkrebserkrankung der Mutter od. Schwester) jährliche Mammographie, mit den Untersuchungen 5 J. vor dem Erkrankungsalter der jüngsten betroffenen Verwandten beginnen, ggf. Sonographie der Mamma als Ergänzung zur Mammographie.

Seit 2004 ist in Deutschland das flächendeckende Mammographie-Screeningprogramm für Frauen von 50-69 J. eingeführt (zusammen mit qualitätssichernden Maßnahmen, z.B. Zweitbefundung) und wird von den Krankenkassen bezahlt.

Bei familiärer Brustkrebsbelastung (Mammakarzinom der Mutter od. Schwester <30. Lj. od. Ovarial- + Mammakarzinom): Gentest auf Mutationen im BRCA-1- od. -2-Gen (Test ist sehr aufwändig, teuer, dauert ca. ½ Jahr und ist nur in 12 universitären Zentren mögl.) nach vorheriger genetischer Beratung mögl. Bei defektem Gen ⇨ hohes Erkrankungsrisiko, daher häufigere (halbjährliche) und früher beginnende, klinische Kontrollen (mit Mammasono. ab 25. Lj., jährliche Mammographie + MRT ab 30. Lj.) durchführen. Eine prophylaktische beidseitige Mastektomie (mit der Pektoralisfaszie) und Ovarektomie kann nach Abschluss der Familienplanung erwogen werden.

Für das Ovarialkarzinom ist ein jährliches Vorsorgescreening mit CA-125-Bestimmung u. transvaginaler Sonographie mögl.

♥ Tumornachsorge: sorgfältige klinische und psychisch betreuende Nachkontrollen beim Mamma-Ca empfohlen, da ein erhöhtes Risiko für einen Zweittumor besteht und Rezidive bis 20 Jahre nach Behandlung des Primärtumors möglich sind.

Die häufigsten Rezidive treten in den ersten 3 Jahren auf, daher anfangs für 3 Jahre **vierteljährliche Kontrolle** mit **Anamnese, körperlicher Untersuchung** (eine Laborkontrolle mit Tumormarkern, Rö-Thorax, Sonographie der Leber, Knochenszintigraphie usw. werden nicht empfohlen [aber oft doch durchgeführt], Konsensusbeschluss in Deutschland. Weiterführende Untersuchungen nur bei klinischem Verdacht auf Rezidiv od. Metastasierung) + **Mammographie** bei erhaltener Brust halbjährlich und der kontralateralen Brust jährlich, ggf. + Mamma-Sonographie. Ab 4. Jahr postop. Kontrollen alle 6 Monate, ab dem 6. Jahr dann in jährlichem Abstand.

Sonstige gynäkologische Vorsorgeuntersuchung unabhängig davon immer einmal pro Jahr durchführen (bei Tamoxifen-Medikation alle ½ J. wegen mögl. Endometriumkarzinom).

♥ Lymphödemprophylaxe nach Lk-Entfernung und/oder Radiatio der Axilla: am betroffenen Arm keine Injektionen od. Blutabnahmen (auch wenn noch kein Ödem vorhanden ist!), keine übermäßige Kälte/Wärme, keine starke Beanspruchung des Armes, keine mechanische Reize (z.B. Blutdruckmessen), vor Insektenstichen schützen, kein Sonnenbrand, BH mit breiten Trägern verwenden. Normale Alltagstätigkeiten können und sollen durchgeführt werden.

DD:
- **Mastopathie**, **gutartige Tumoren** der Brust (s.o.)
- Abszesse, Zysten, TBC-Herde
- Phylloidestumor (Cystosarcoma phylloides) seltener, rasch und groß wachsender, mesenchymaler Tumor, ca. 20 % sind maligne (Sarkom) ⇨ Ther: immer komplette Exstirpation und Histologie, bei Malignitätsnachweis Mastektomie, neigt zu Rezidiven
- Mammasarkom: 3 % der Mammamalignome, sehr frühe hämatogene Metastasierung ⇨ Ther: Radikaloperation (nach ROTTER-HALSTED)
- Manifestation eines malignen Lymphoms in der Brust

BAUPRINZIP DES GI-TRAKTES UND TUMORKLASSIFIKATION

Die Wand des GI-Traktes besteht aus 4 Abschnitten: **Mucosa, Submucosa, Muscularis** und **Serosa**. Die Tunica mucosa zeigt mehrere Abschnitte (s. Abb., im Längsschnitt). Die Lamina propria mucosae (oft auch nur Lamina propria genannt) enthält dabei schon Blut- und Lymphgefäße (⇨ Wichtig: eine Metastasierung ist hier bereits möglich).

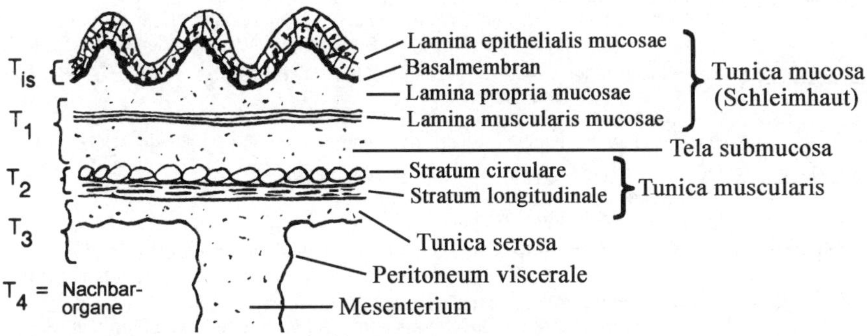

Innervation: Erfolgt über **autonome** Nervengeflechte, bzw. Ganglienzellen:

Der Plexus submucosus (MEISSNER-Plexus), in der Submucosa gelegen, wirkt auf die Darmdrüsen sekretionsanregend.

Der Plexus myentericus (AUERBACH-Plexus), zwischen den beiden Schichten der Tunica muscularis gelegen, steuert die peristaltischen Bewegungen im Darmtrakt.

Anregend wirkt dabei parasympathische Innervation, hemmend sympathische (als modulierende Effekte auf die autonome Funktion).

Allgemeine Tumorklassifikation der Primärtumoren im GI-Trakt:

- Für die Diagnose eines **Carcinoma in situ** (T_{is}) ist die Basalmembran von Bedeutung. Sie trennt die Lamina epithelialis mucosae von der Lamina propria mucosae. Nur wenn sie nicht überschritten ist, wird von einem Carcinoma in situ gesprochen = T_{is} (dieses präinvasive Karzinom kann noch nicht metastasieren!).
- Ist die **Mucosa** und/oder **Submucosa** durch den Primärtumor befallen, handelt es sich um ein T_1-Stadium (Cave! häufige Prüfungsfrage: das sog. Frühkarzinom des Magens ist ein T_1-Tumor und kann daher metastasieren, insb. bei Infiltration der Submukosa!).
- Ist die **Tunica muscularis** (auch Muscularis propria genannt), die aus einer inneren Ringschicht und einer äußeren Längsschicht besteht, befallen, so liegt ein T_2-Stadium vor.
- Befall der **Serosa und des Meso** (Meso = Verbindung des Darmes zur hinteren Bauchwand, enthält die versorgenden Gefäße und Lymphknoten) entspricht dem Stadium T_3. Der Ösophagus hat als einziges Organ des Rumpfdarmes keine Serosa, dafür hat er eine dünne Tunica adventitia mit den versorgenden Nerven und Gefäßen.
- Von einem Stadium T_4 spricht man bei einer Infiltration durch den Primärtumor von **Nachbarorganen**.

Diag: In der **Endosonographie** (mit speziellen Ultraschallköpfen mit bis zu 20 MHz integriert an einem Endoskop) lassen sich die Schichten der Wand im GI-Trakt heute sehr gut abbilden und abgrenzen (wichtig zur Darstellung der Infiltrationstiefe und Ausdehnung eines Tumors).

ÖSOPHAGUS

Anatomie

Länge beim Erwachsenen ca. 25 cm

Epithel: Plattenepithel, dieses ist nicht säureresistent!

Histolog. Aufbau: Mucosa, Muscularis mucosae – Submucosa – Muscularis propria
keine Serosa! ⇨ rasche Ausbreitung in die Umgebung möglich
nach außen grenzt eine dünne bindegewebigen Adventitia den Ösophagus ab

Abschnitte:
1. Proximales Drittel: oberer Ösophagussphinkter (OÖS) bis Höhe der Bifurcatio tracheae
2. Mittleres Drittel: in Höhe vom 4.-7. BWK
3. Distales Drittel: in Höhe vom 7. BWK – unterer Ösophagussphinkter (UÖS)

Engstellen:
1. OÖS (ca. 15 cm entfernt, ab der Zahnreihe gemessen)
2. In Höhe der Bifurkation, Aortenenge (25 cm)
3. UÖS, Zwerchfellenge (37-41 cm)

Sphinkteren: Oben (OÖS): **M.cricopharyngeus** (glatte Muskulatur und quergestreifte)
Funktion: Abschluss zum Rachen ⇨ Insuffizienz ⇨ Aspirationsgefahr

Unten (UÖS) = **Kardia** (Syn: Cardia): ausschließlich glatte Muskulatur + Diaphragma
Funktion: Trennt Ösophagus vom Magen ⇨ Insuffizienz führt zum Säurereflux aus dem Magen und damit zu Entzündungs- bzw. Verätzungsgefahr (Ösophagitis, Sodbrennen)

Muskulatur: Quergestreift (im oberen Drittel), glatt (im unteren Abschnitt). Innen Ringmuskulatur (überkreuzendes Schraubensystem = **scherengitterartig** oder "Mädchenfänger"-Prinzip, am Ende des Ösophagus nahezu ringförmig als Verschlusssegment = Kardia), außen Längsmuskulatur (bei Zug der Längsmuskulatur entspannt sich das Scherengitter der Ringmuskulatur ⇨ Kardia öffnet sich).

Muskellücken: ⇨ sind potentielle Schwachstellen!
- **KILLIAN-Dreieck:** proximal des M.cricopharyngeus
  ⇨ ZENKER-Divertikel
- **LAIMER-Dreieck:** distal des M.cricopharyngeus

Gefäßversorgung: Arteriell: Aus der Aorta, Interkostalarterien, A.gastrica sinistra und A.diaphragmatica
Venös: in das Pfortadersystem (unten), V.azygos/V.cava (oben)
⇨ portocavale Anastomose

Innervation: Proximal (quergestreifte Muskulatur): N.laryngeus recurrens Rr.oesophagei
Distal: Autonom, antagonistisch von N.vagus (fördert) und Sympathikus (hemmt Peristaltik)

Schluckakt:
1. M.constrictor pharyngis kontrahiert
2. OÖS erschlafft (M.cricopharyngeus)
3. Peristaltische Welle nach unten (primär)
4. UÖS (= Kardia) öffnet sich reflektorisch ⇨ Speisebrei gelangt in Magen
5. Sekundäre peristaltische Welle nach unten als Selbstreinigungsfunktion

Selten auch tertiäre peristaltische Welle = ungeordnete Kontraktionen (⇨ pathologisch, meist bei Systemerkrankungen, z.B. Sklerodermie, Diabetes mellitus).

Leitsymptome bei Erkrankungen des Ösophagus

1. Schluckbeschwerden (**Dysphagie**): V.a. maligne Erkrankung bei Zunahme der Beschwerden innerhalb kurzer Zeit (maximal bis auch keine Flüssigkeit mehr geschluckt werden kann)
2. Schmerzen beim Schlucken (**Odynophagie**) = Hinweis für mögl. Entzündungen
3. **Sodbrennen**: Reflux von Magensäure, Regurgitation ⇨ brennender Schmerz hinter d. Sternum

REFLUXÖSOPHAGITIS

Syn: Refluxkrankheit, engl. gastroesophageal reflux disease (GERD), ICD-10: K21.0

Def: Unphysiologisch langer Kontakt von gastrointestinalen Säften mit der Ösophagusschleimhaut, die hierdurch alteriert wird.

Ät:
- Primär: Inkompetenz der Kardia ⇨ **pathologischer Reflux**
  in 90 % ist eine **Hiatushernie** (s. auch Kap. Hiatushernien) ursächlich zu finden
- Sekundär: bei organischen Erkrankungen (Pylorusstenose, Duodenalstenose, Gastrektomie, Kardiakarzinom, Sklerodermie, Muskeldystrophie), iatrogen: nach Kardiomyotomie wegen Achalasie
- Begünstigend für einen Reflux ist außerdem eine Adipositas sowie eine postmenopausale Hormonsubstitution

Path:
- Pathologischer Reflux ⇨ Übersäuerung der Speiseröhre (pH <4) ⇨ Refluxösophagitis
  Ausmaß und Schweregrad abhängig von: Dauer der Kontaktzeit (ein Reflux in geringem Ausmaß kommt täglich auch beim gesunden Menschen vor), Regurgitatzusammensetzung, protektiven Schleimhautfaktoren, Selbstreinigungsfunktion, exogenen Noxen
- Nur 15 % der Pat. mit einem Reflux entwickeln auch eine Refluxösophagitis!

Epid: Prävalenz: einen gastroösophagealen Reflux mit Sodbrennen haben ca. **5-10 %** der Bevölkerung, ca. 1 % haben eine Refluxösophagitis

Etlg:
ERD: erosive Refluxkrankheit (40 % d.F.), NERD: nicht-erosive Refluxkrankheit (60 %)
Nach SAVARY und MILLER (1977)

Grad I	**Einzelne Erosionen**
Grad II	Longitudinal **konfluierende Erosionen**
Grad III	Gesamte **Zirkumferenz** einnehmende Erosionen
Grad IV	**Narbenstadium** = Ulzerationen, Endobrachyösophagus (sekundärer) = BARRETT-Ösophagus (Zylinderepithelmetaplasie), Vernarbung, Stenosen

Klin:
⇒ Insb. in Rückenlage oder beim Bücken ("Schuhbandphänomen") ⇨ Rückstrom von Säure und Speiseresten ⇨ **brennende** retrosternale Schmerzen durch Ösophagitis = "**Sodbrennen**", Aufstoßen von Säure, Halitosis (= „Mundgeruch“)
⇒ Dysphagie (der Übergang von Sodbrennen in Dysphagie = Schluckstörung ist ein Hinweis auf die Entstehung eines BARRETT-Ösophagus od. peptischer Strikturen)
⇒ Odynophagie (schmerzhaftes Schlucken), Globusgefühl, Erbrechen, epigastrischer Schmerz, evtl. auch chronischer Hustenreiz und Heiserkeit, rezidivierende Asthmaanfälle

Diag:
1. Anamnese (Nahrungsanamnese, Alkohol, Kaffee usw.) und klinische Untersuchung
2. **Endoskopie** ⇨ Klärung, ob Ösophagitis, PE mit Histologie zum Tumorausschluss (lassen sich in der Histo bei BARRETT-Ösophagus Mutationen im p53-Gen nachweisen, so ist dies ein Hinweis auf eine Dysplasie mit dem Risiko ein Adenokarzinom zu entwickeln)
3. 24-Std.-**pH-Metrie** des unteren Ösophagus zur Diagnostik und Therapiekontrolle (direkte, quantitative Methode über eine nasale Sonde), Norm: zu 95 % d. Zeit liegt der pH bei 4-7 und keine nächtlichen pH-Abfälle, ein pH <4 kommt nur für einige Min. postprandial vor.
4. 3-Punkt-**Manometrie** (Magenfundus, Ösophagus bei 35 cm und 40 cm) zur Überprüfung der Motilität des Ösophagus (wichtig vor Op, muss erhalten sein) und mit Abdomenkompression: wenn sich der Druck in den Ösophagus fortsetzt ⇨ Kardia inkompetent
5. Röntgen: KM-Darstellung unter Durchleuchtung (Beweis des Refluxes in Kopftieflage)

Ther:
- **Konservativ:** Allgemein: mehrere **kleine Mahlzeiten, kein Nikotin, kein Kaffee** und **kein Alkohol**, eiweißreiche Ernährung (scheint Sphinktertonus zu erhöhen), Verringerung des abdominellen Druckes durch Vermeidung von Obstipation, Gewicht reduzieren, zu enge Hosen meiden und Lagerung des Oberkörpers nachts halb erhöht.
  Akut: Antazida, insb. in Kombination mit Alginsäure (Gaviscon®)

Medikamente: Die medikamentöse Therapie sollte bis zur vollständigen Ausheilung der Läsionen durchgeführt werden, oft ist eine Dauertherapie erforderlich.

Protonenpumpeninhibitoren (PPI): Esomeprazol 20-40 mg (Nexium®mups), Omeprazol 20-40 mg (Antra®Mups), Lansoprazol (Agopton®), Pantoprazol (Pantozol®) od. Rabeprazol (Pariet®). Mögl. sind auch H_2-Blocker (z.B. Ranitidin, Sostril® od. Cimetidin, Tagamet®), sind aber nicht so wirksam.

Bei ganz leichten Refluxbeschwerden können auch Prokinetika (wirken durch Erhöhung des Sphinktertonus und sind Peristaltik-fördernd) versucht werden: Metoclopramid 3 x 10 mg (Paspertin®), Bromoprid (Cascapride®) od. Domperidon (Motilium®).

⇨ Rezidivprophylaxe: PPI, z.B. Omeprazol 10-20 mg/Tag (für bis zu 10 Jahre, Auslassversuche machen), ca. 80 % d. Pat. sind damit symptomfrei

- Endoskopische Verfahren (befinden sich noch im Versuchsstadium): Injektion biokompatibler Polymere od. Radiofrequenzablation (Stretta-Verfahren) im Bereich der Kardia, endoskopische Gastroplicatio (= subkardiale Raffnähte über ein spezielles Gastroskop)
- Operativ: Ind: Ösophagitis Grad (III +) IV, high-volume Reflux, Progredienz trotz konservativer Therapie, Patientenwunsch od. mangelnde Compliance
  - Verlagerung der Kardia nach intraabdominell u. Fixation mit Naht
  - **Hiatoplastik** (Verkleinerung des Hiatus oesophagei durch Naht)
  - Zusätzlich: Gastropexie, bzw. **Fundopexie** (Fixation des Magenfundus am Zwerchfell ⇨ Verhindert die Gleithernie und stellt den His-Winkel wieder her)

    oder/und: Fundoplicatio n. NISSEN-ROSETTI (= Plikatur des Fundus um die Kardia), bzw. **Semifundoplicatio** n. TOUPET (= Anheften des Fundus an rechten Zwerchfellschenkel u. li. Zwerchfellkuppel um die Kardia)

    oder: Silikonantirefluxprothese (n. ANGELCHIK = Implantation einer zirkulären Manschette um d. Kardia, Kompl: Ersosion, Wanderung)

    Zugang: Die Hiatoplastik u. Fundo-/Semifundoplicatio werden heute überwiegend **laparoskopisch** durchgeführt.

Hiatoplastik

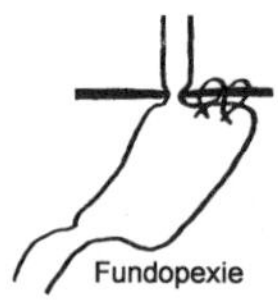
Fundopexie

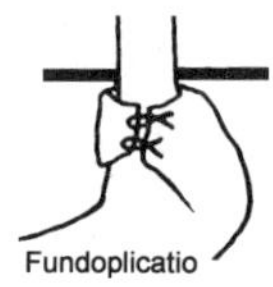
Fundoplicatio

- Endoskopische Ther. bei Grad IV (Strikturen): Bougierung (mit konischen Hartgummi-Bougies) im Abstand von 4-6 Wo. + PPI

Prog: In 85 % d.F. ist die operative Ther. erfolgreich, 2-5 % Rezidiv.

Kompl: ∗ **Endobrachyösophagus** (Syn: BARRETT-Ösophagus = zirkulärer Ersatz des distalen ösophagealen Plattenepithels durch Zylinderepithel = Zylinderepithelmetaplasie) durch jahrelangen, wiederholten Kontakt mit Magensäure (ICD-10: K22.7):
- Short-segment BARRETT-Ösophagus = max. 3 cm Zylinderepithelausläufer
- Long-segment BARRETT-Ösophagus = >3 cm Zylinderepithelausläufer

⇨ in 5-15 % d.F. **maligne Entartung** (Adenokarzinom) möglich! ⇨ jährliche Kontrolle durch Endoskopie u. Biopsie sowie Endosonographie bei Malignitätsverdacht und radikale chirurgische Resektion bei Malignitätsnachweis. Eine neue Ther. ist die photodynamische Therapie mit i.v. Gabe eines Photosensibilisators (z.B. 5-Aminolävulinsäure) und 6 Std. später Laser-Bestrahlung des betroffenen Gebietes (⇨ es bilden sich durch die Belichtung mit 635 nm Sauerstoffradikale in den Zellen, die zum Zelltod führen)

∗ **Peptische Strikturen** (zirkulär als sog. SCHATZKI-Ring) ⇨ Ther: bei Durchmesser <9 mm Bougierungsbehandlung (Bougies-Eichmaß: Charrière ⇨ 1 Ch. = 1/3 mm)

Op: ∗ Milzläsion, Perforation von Magen od. Ösophagus

∗ Postoperative Dysphagie (bildet sich innerhalb von 3-12 Monaten meist zurück)

∗ In 5-8 % d.F. Magenballonsyndrom (gas-bloat syndrome) = kein Erbrechen, kein Aufstoßen mehr möglich durch die Fundoplicatio oder Denervation ⇨ Blähungen (Luft geht nicht mehr über den Ösophagus ab und muss sich den Weg durch den Darm suchen)

∗ Teleskop-Phänomen (5 % d.F.): Herausgleiten der Kardia aus der Plikatur des Fundus

DD: – **Ösophaguskarzinom**

– Thorax/Oberbauchschmerz: Angina pectoris, KHK, Ösophagusdivertikel, Ulcus ventriculi et duodeni, Lungenembolie, Aortenaneurysma

ÖSOPHAGUSVERLETZUNGEN

Syn: Ösophagusperforation, Ösophagusruptur, ICD-10: K22.3

Ät: – **Iatrogen:** von innen **instrumentell** (Endoskopie, Bougierung von Stenosen), 80 % d.F.
- **Inokulierte Fremdkörper** (8 %) ⇨ Ösophagusperforation
- Unfälle (Thoraxtrauma, zervikales Trauma, Schuss-, Stichverletzung), 5 %
- **BOERHAAVE-Syndrom** = spontane Ösophagusruptur

Path: ♦ Verletzungen insb. in Höhe des OÖS
♦ BOERHAAVE-Syndrom: intraösophagealer Druckanstieg (bis 400 mmHg, z.B. durch heftiges Erbrechen, Barotrauma, Krampfanfall, Gewichtheben), Verletzung meist knapp oberhalb der Kardia linksseitig gelegen

Klin: ⇒ Mediastinalemphysem, Hautemphysem
⇒ Dysphagie, Dyspnoe, Zyanose, Hämatemesis, Fieber
⇒ Seropneumothorax ⇨ Infektion bis hin zur Sepsis
⇒ BOERHAAVE-Syndrom: typisch sind reichliches Essen und Alkoholabusus, **explosionsartiges Erbrechen**, starke **retrosternale Schmerzen** im Thorax u. Abdomen, zusätzlich: Hämatemesis (30 %), Dyspnoe, Zyanose, Mediastinal- und **Hautemphysem** (in *fett* gedruckt die 3 klassischen Symptome der sog. MACKLER-Trias)

Diag: 1. Anamnese und klinische Untersuchung
2. Röntgen: Thorax p.a., **Gastrografin!**-Schluck u. Rö in verschiedenen Ebenen (Cave: **kein Barium**)
3. Evtl. Endoskopie

Ther: • Konservativ: Ind: kleine Perforation im Halsabschnitt, bei inoperablem Ösophagus-Ca mit Arrosion des Ösophagus ⇨ Antibiotika (hochdosiert), parenterale Ernährung, Speichelsauger ggf. Ösophagusabsaugung, Mediastinaldrainage, ggf. Stenteinlage
• Operativ: Zugang: Thorakotomie, oder bei tiefer Verletzung Laparotomie
Übernähung des Defektes und Nahtsicherung mit umliegendem Gewebe (z.B. Pleura- oder Omentumplastik), ggf. Einlage von mehreren Drainagen

Prog: Bei Mediastinitis sehr ernst, Letalität bis 50 % (je später die Perforation versorgt wird, um so schlechter ist die Prognose)

Kompl: Ösophagusperforation ⇨ Halsphlegmone, Mediastinitis, Pleuritis, Sepsis

DD: – Ulkusperforation, Ösophagusvarizenblutung, Ösophaguskarzinom (Tumorperforation)
- MALLORY-WEISS-Syndrom (Schleimhauteinrisse bei vorgeschädigter Mukosa, bei heftigem Erbrechen) ⇨ Hämatemesis/obere GI-Blutung
- Spontanpneumothorax, Lungenembolie, Myokardinfarkt, Aneurysma dissecans der Aorta
- Strangulierte Hiatushernie, Zwerchfellhernien, akute Pankreatitis

ÖSOPHAGUSVERÄTZUNG

Ät: Inokulierte Flüssigkeiten (Säure, Lauge) ⇨ Verätzung, ICD-10: T28.6

Path: ♦ Laugenverätzung ⇨ **tiefgreifende Kolliquationsnekrose**
♦ Säureverätzung ⇨ epitheliale **Koagulationsnekrose**

Etlg: # Grad I: Ödem, Hyperämie der Schleimhaut ⇨ Prog. gut
Grad II: Zerstörung der Mukosa, Entzündung der Submukosa, Ödem
Grad III: Nekrosen, Gefäßthromben, Gewebeeinblutungen, Perforation

<u>Klin:</u> ⇒ Retrosternale Schmerzen, Mundschmerzen, Dysphagie
⇒ Septische Temperaturen, Schocksymptome, Glottisödem ⇨ akute Dyspnoe

<u>Diag:</u> 1. Anamnese und klinische Untersuchung, Inspektion der Mund- und Rachenregion. <u>Cave:</u> auf Glottisödem achten!
2. Röntgen: Thorax a.p., Kontrastdarstellung mit **Gastrografin**–Schluck (kein Barium!)
3. **Endoskopie** frühzeitig

<u>Ther:</u>
- <u>Konservativ:</u> **KEIN ERBRECHEN AUSLÖSEN!** (wegen Aspirationsgefahr). Spülung od. sofortige Endoskopie mit Spülung mit Wasser und Absaugung, Prednisolon 500 mg i.v. als Bolus (Solu-Decortin®H), Penicillin, Analgetika
- Operativ: Ind: bei Perforation ⇨ Versuch der Deckung
- Ausheilungsphase: Kontrolle auf Strikturen (frühzeitige und wiederholte Ösophagoskopie)

<u>Prog:</u> Akut sehr ernst, insb. bei Perforation

<u>Kompl:</u> * Glottisödem ⇨ Intubation, Nottracheotomie
* Perforation
* Spätkomplikation: **Strikturen, Vernarbungen** ⇨ **erhöhtes Karzinomrisiko**

ÖSOPHAGUSDIVERTIKEL

<u>Def:</u> Divertikel = pathologische Ausstülpung eines Hohlorgans, ICD-10: K22.5
⇒ Echte Divertikel: bestehen aus der gesamten Wand
⇒ Falsche Divertikel = Pseudodivertikel: nur Tunica mucosae und Submucosa stülpen sich durch eine Muskellücke aus

<u>Path:</u>
- <u>Pulsionsdivertikel:</u> oberhalb der Sphinkteren liegende Divertikel, die durch mangelnde Erschlaffung der Sphinkteren entstehen (Koordinationsstörung) ⇨ chronische undulierende **Druckerhöhung** (= Pulsation) führt zur Ausstülpung der **Mukosa und Submukosa** (= falsches Divertikel, Pseudodivertikel)
  - durch die **anatomische Muskellücke** (KILLIAN-Dreieck) zwischen M.constrictor pharyngis und M.cricopharyngeus im dorsalen Hypopharynx ⇨ zervikales Divertikel (ZENKER)
  - direkt durch die geschwächte Muskulatur (häufig mit **Achalasie** vergesellschaftet) ⇨ epiphrenales Divertikel im unteren Viertel des Ösophagus
- <u>Traktionsdivertikel:</u> Entstehen durch **kongenitale** Persistenz ösophago-bronchialer / trachealer Gewebebrücken (aus der **gesamten ösophagealen Wand** bestehend = echte) ⇨ bifurkale Divertikel (frühere Hypothese: Narbenzug (= Traktion) bei Lymphknotenveränderungen)

<u>Etlg:</u>

Zervikales Divertikel = **ZENKER-Divertikel** (häufigstes 70 %)
Bifurkales/parabronchiales Divertikel (in Höhe der Bifurcatio tracheae, 20 %)
Epiphrenales Divertikel (10 %)

<u>Epid:</u> ◊ Prädisp.alter: ZENKER-Divertikel 50.-70. Lj.

<u>Klin:</u> ⇒ **Dysphagie**, da Speisen zum Teil im Divertikel landen
Später: Entleerung und **Regurgitation** aus dem Divertikel in den Pharynx ("Erbrechen" unverdauter Nahrung), insb. nachts ⇨ Aspirationsgefahr (rezidivierende Pneumonien)
⇒ Foetor ex ore, da sich Nahrungsbestandteile zersetzen
⇒ Globusgefühl
⇒ Schmerz bei Entzündungen des Divertikels

<u>Diag:</u> 1. Anamnese und klinischer Befund

2. Röntgen: Kontrastdarstellung mit **Barium-Schluck**, bzw. mit **Gastrografin** (bei Verdacht auf mögl. Perforation oder Trachealfistel) ⇨ Kontrastfüllung des Divertikels. Immer den ganzen Ösophagus darstellen, da oft Zweitbefund, z.B. Kardiainsuffizienz
   Lok: ZENKER-Divertikel meist linksseitig; epiphrenale Divertikel meist von der rechten Seite ausgehend, sich nach links entwickelnd
3. Endoskopie: **Cave!** Perforationsgefahr, Übersehen des Divertikels

Ther:
- Konservativ: Traktionsdivertikel meist Zufallsbefund und ohne klinische Relevanz
  Achalasie ⇨ Divertikel wird primär nicht operiert, Behandlung der Achalasie
- Operativ: Ind: symptomatische Divertikel, ZENKER-Divertikel, Fistelbildung
  - Zugang: von li.-lateral am Hals od. auch endoskopisch beim ZENKER-Divertikel, li.-dorsale Thorakotomie oder Laparotomie beim epiphrenalen Divertikel, heute auch laparoskopisch od. thorakoskopisch
  - Offene Op: Abtragung des Divertikels, zweischichtige Naht (Schleimhaut und Muskel), zusätzlich extramuköse Myotomie des jeweiligen Ösophagussphinkters (zur Druckentlastung = Rezidivprophylaxe)
  - Endoskopische Op beim ZENKER-Duvertikel: Mukomyotomie, dabei wird der Divertikelsteg (dieser enthält den M.cricopharyngeus) zwischen Ösophagus und Divertikel mit einem Laser oder mit einem Staplergerät gefasst und durchtrennt (gleichzeitige Klammerung des Wundrandes, s. Abb.)

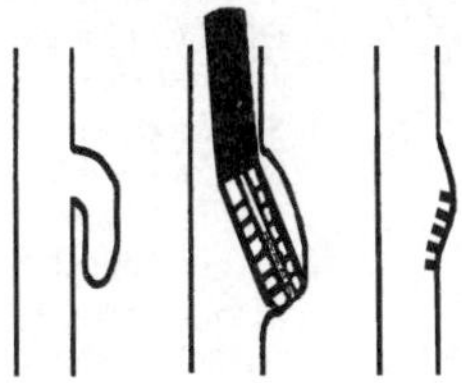

Kompl:
- ∗ Blutungen, Fistelbildung, Karzinomentstehung im Divertikel
- ∗ Aspiration ⇨ rezidivierende Pneumonien
- ∗ Gewichtsabnahme
- ∗ Perforation in das Mediastinum (Endoskopie!) ⇨ Mediastinitis!

Op:
- ∗ Insuffizienz der Naht ⇨ Mediastinitis
- ∗ Rekurrensparese
- ∗ Infektion des Wundgebietes (⇨ perioperative Antibiotikaprophylaxe)
- ∗ Rezidiv (insb. beim endoskopischen Eingriff)

DD: Dysphagie jeglicher Genese: Tumoren, Strikturen, Achalasie, Dysphagia lusoria (⇨ Einengung des Ösophagus durch eine Gefäßanomalie: doppelter Aortenbogen oder atypischer Abgang der A.subclavia dextra von links [= "A.lusoria"] ⇨ diese kreuzt dann retroösophageal od. interösophageotracheal nach rechts und komprimiert den Ösophagus)

ACHALASIE

Syn: Früher Kardiospasmus genannt, engl. oesophageal achalasia, ICD-10: K22.0

Def: **Neuromuskuläre Störung** des gesamten Ösophagus mit Fehlen einer regulären, propulsiven Peristaltik und **Öffnungslähmung des UÖS**

Ät:
- **Unbekannte** neuromuskuläre und/oder vegetative Störung
- CHAGAS-Krankheit (Trypanosoma cruzi) ⇨ symptomatische Achalasie mit nachweisbarem Ganglienzellverlust
- Auch das Varizellen-Zoster-Virus scheint pathogenetisch bedeutsam zu sein

Path: Degeneration des autonomen Plexus myentericus (AUERBACH) oder des N.vagus (präganglionäre Vagusfasern) ⇨ **Dysperistaltik**, gestörte Erschlaffung des UÖS (aber keine wesentliche Tonuserhöhung)

Epid:
◊ Prädisp.alter: 40.-60. Lj., M = w
◊ Inzidenz: 1/100.000/Jahr

<u>Etlg:</u> # Hypermotile Form ⇨ geringe Dilatation des gesamten Ösophagus
Hypomotile Form ⇨ deutliche Dilatation des gesamten Ösophagus
Amotile Form ⇨ extreme Dilatation des gesamten Ösophagus

<u>Klin:</u> ⇒ **Dysphagie** (oft mehr Beschwerden bei flüssiger als bei fester Nahrung = **paradoxe** Dysphagie), **Regurgitation** von Nahrung
⇒ **Odynophagie** (Schmerzen beim Schlucken), **retrosternale Schmerzen**, insb. postprandial, **Reflux** von Magensäure, Foetor ex ore
⇒ Kein nennenswerter Gewichtsverlust
⇒ Pulmonale Komplikationen durch Aspiration (nächtliche Regurgitationen)

<u>Diag:</u> 1. Anamnese und klinischer Befund
2. <u>Röntgen:</u> **Ösophagusbreischluck** ⇨ Megaösophagus mit trichterförmiger Verengung im Bereich der Kardia ("Sektglasform“ oder “Sanduhrform")
Unter Durchleuchtung: Dysperistaltik und fehlende Erschlaffung d. UÖS sichtbar
DD: Ösophaguskarzinom sehr schwierig! ⇨ evtl. Aussparungen von KM durch liegengebliebene Speisereste, fehlende Magenblase
3. **<u>Endoskopie</u>** evtl. mit Biopsie zum Tumorausschluss: Inspektion der Stenose, Beurteilung der Schleimhaut
DD: funktionelle Störung (Achalasie) ⇨ eher gute Passierbarkeit für Endoskop
organische Stenose (z.B. Neoplasie) ⇨ schlechte Passierbarkeit für Endoskop
4. Manometrie: Messung des unteren Sphinktertonus (phys. Ruhetonus: 18-24 mmHg), typisch ist die fehlende Peristaltik
5. Endosonographie nach pneumatischer Dilatation zum Tumorausschluss

<u>Ther:</u>
- Allgemein **keine kausale Therapie** möglich
- <u>Konservativ:</u> Versuch mit Kalziumantagonisten (Nifedipin, Adalat®), Ganglienblocker, Nitropräparate, Molsidomin, Ind: insb. bei der hypermotilen Form, im Anfangsstadium
  - **Pneumatische Kardiadilatation** (Dehnungsbehandlung, s. Abb.): heute Erstbehandlung bei der Achalasie, Durchführung: 5-6x in 2-tägigen Abständen für 3-5 Min.
  - **Botulinum-Toxin-Injektion**: endoskopische intrasphinktere Injektion von 80 Einheiten über eine Sklerosierungsnadel (Besserung der Symptome für ca. 6 Monate)

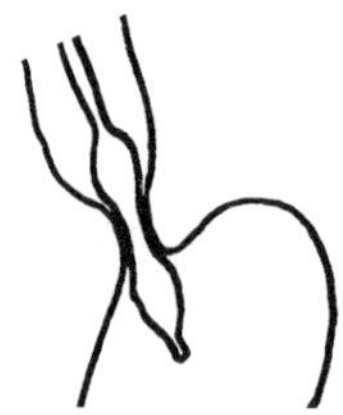

- <u>Operativ:</u> Ind: Versagen mehrerer Dilatationsbehandlungen, Rezidive, mangelnde Kooperation od. Wunsch des Patienten, bei Kindern
  - **Extramuköse Kardiomyotomie** (nach GOTTSTEIN-HELLER) = anteriore Spaltung der Muskulatur am Sphinkter auf einer Länge von 5-7 cm (ohne Eröffnung der Ösophagusschleimhaut) + Antireflux-Op (Fundoplicatio n. NISSEN-ROSETTI, da nach der Myotomie kein suffizienter Schluss mehr vorliegt)
  - Der gesamte Eingriff wird heute auch laparoskopisch durchgeführt. Eine alleinige Myotomie kann auch thorakoskopisch erfolgen (dann aber höhere Refluxrate).
  - Ultima ratio bei Therapieresistenz ist eine Ösophagusresektion u. Magenhochzug

<u>Prog:</u> Rezidivrate bei Dilatation 10-20 %

<u>Kompl:</u> * **Erhöhtes Karzinomrisiko!** (in 2-20 % der Achalasien entsteht ein Karzinom)
* Perforationsgefahr bei der Dilatationsbehandlung
<u>Op:</u> * Ösophagusfistel wenn bei der Op die Mukosa eröffnet wird
* Pneumothorax, Pleuraempyem
* Gastroösophagealer Reflux ⇨ Refluxösophagitis

<u>Proph:</u> ♥ Lebenslange Nachkontrolle (wegen Karzinomgefahr)

<u>DD:</u> – **Stenosierende Strikturen** (z.B. Ösophagitis u. peptische Stenosen, Narbenstenosen, Ver-

ätzungen, Ösophaguskarzinom), Kompression von außen, Ther: Bougierung oder Laser
- **Ösophaguskarzinom ⇨ Ausschluss muss obligat erfolgen!**
- Diffuser idiopathischer **Ösophagusspasmus** (⇨ tertiäre Peristaltik mit hohen Drucksteigerungen), sog. Pseudoachalasie
  Klin: intermittierende Dysphagie, heftige retrosternale Schmerzen
  Rö: enger Ösophagus mit **tiefen spastischen Einschnürungen** ("Korkenzieher-" od. "Nussknackerösophagus"), Diag: 24-Std.-Langzeitmanometrie
  Ther: Spasmolytika, Kalziumantagonisten, Nitropräparate
- Refluxösophagitis, Z.n. Vagotomie
- Progressive systemische Sklerodermie (insb. beim CREST-Syndrom = Calcinosis cutis, RAYNAUD-Phänomen, esophageale Dysfunktion, Sklerodaktylie und Teleangiektasien)

GUTARTIGE ÖSOPHAGUSTUMOREN

Etlg: # Intramural:
- Solide: **Leiomyom** (häufigstes, 50 %), Lipom, Fibrom, Hämangiom (mesenchymal), granuläres Neuroblastom od. Myoblastenmyom (ABRIKOSSOFF-Tumor)
- Zystisch: Angeboren oder erworben (Retentionszyste, epithelialer Ursprung)

Intraluminal:
- Wandständig: Papillome, Adenome (epithelial)
- Gestielt: Polyp (epithelial)

Klin: ⇒ 50 % der Patienten sind beschwerdefrei
⇒ Dysphagie, evtl. retrosternale Schmerzen

Diag: 1. Anamnese und klinische Untersuchung
2. Röntgen: Breischluck, CT-Thorax
3. Endoskopie: Bei intramuralem Prozess (⇨ Endosonographie) ⇨ Schleimhaut intakt KEINE Biopsie durchführen! ⇨ Schleimhautdefekt hinderlich für Op

Ther: • Operativ: Ind: prophylaktisch immer gegeben (auch bei Beschwerdefreiheit), da nur so die Dignität des gesamten Tumors bestimmt werden kann
- Ausschälung des Tumors ohne Mukosaeröffnung über einen transthorakalen Zugang, neuerdings auch als thorakoskopischer Eingriff

Kompl: * Blutung, V.cava-Kompression, maligne Entartung
Op: * Postoperative Stenosen

ÖSOPHAGUSKARZINOM

Syn: Karzinom der Speiseröhre, engl. oesophageal cancer; ICD-10: C15.-

RF:
- **Refluxösophagitis** od. deren Kompl. = Endobrachyösophagus, Syn: **BARRETT-Ösophagus** (Zylinderepithelmetaplasien und Dysplasien, Karzinomrisiko dann 30- bis 125fach erhöht, in 5-15 % d.F. maligne Entartung ⇨ Adenokarzinom)
- **Achalasie** (2-20%ige Entartungshäufigkeit)
- **Alkoholabusus** (insb. **hochprozentiger Alkohol**) ⇨ vermehrt Ösophagitis, Leberzirrhose
- Verätzungsstrikturen (Latenz von vielen Jahren, "Korrosions-Ca", 2-15%ige Entartungshäufigkeit)
- Unterernährte Patienten (Vitamin-A-, B-, C-, E-Mangel, Eisen-Mangel, insb. bei PLUMMER-VINSON-Syndrom = sideropenische Dysphagie), Sklerodermie-Ösophagus

- Schlechte Mundhygiene, Raucher, Aufnahme von Nitrosaminen mit der Nahrung
- Adipositas (BMI >30 kg/m²): erhöhtes Rsiko für Adeno-Ca
- Virale Infekte, z.B. Papillomaviren

Path:
- Histo: **Plattenepithel-Ca** in 70 % d.F., entdifferenziertes Ca 10 %, **Adeno-Ca** 20 % (meist bei Endobrachyösophagus am ösophagogastralen Übergang), Melanom 1%
- Lok: im **mittleren Drittel** am häufigsten (mittl. > unteres > oberes 1/3, die Tumoren des oberen Drittels haben dabei die schlechteste Prognose)
- **Metastasierung:** da der Ösophagus keine Serosa hat ⇨ rasche Tumorausbreitung
  Lymphogene Metastasen (= N_1) vor hämatogenen Metastasen (= Fernmetastasen, M_1)
  Lymphogen (**früh**): zervikaler Ösophagus ⇨ periösophageal, zervikal und supraklavikulär
  Thorakal oben ⇨ periösophageal, mediastinal (zervikal und supraklavikulär = M_1)
  Thorakal unten ⇨ periösophageal, mediastinal und perigastrisch (⇨ die Lk um den Truncus coeliacus werden bereits als M_1 klassifiziert)
  Hämatogen (spät): oben ⇨ V.azygos ⇨ V.cava sup. ⇨ eher Lungenmetastasen
  unten ⇨ V.gastrica sinistra ⇨ V.portae ⇨ eher Lebermetastasen

Epid:
◊ Inzidenz: 3-6/100.000/Jahr, geographisch unterschiedlich, v.a. in Japan u. England erhöht (scharfes Essen, Teekonsum), zunehmende Tendenz bei den Adenokarzinomen
◊ Prädisp.alter: 50.-60. Lj., **m** >> w (= 5:1)

Etlg:
\# TNM: T_1: Tumor infiltriert die Lamina propria (mucosae, T_{1a}) oder bis zur Submucosa (T_{1b}),
T_2: Muscularis propria infiltriert, T_3: Adventitia infiltriert, T_{4a}: Infiltration v. Pleura, Perikard od. Zwerchfell, T_{4b}: Infiltration v. Aorta, Wirbelkörper, Trachea od. andere
N_1: 1-2 regionäre Lk-Metastasen, N_2: 3-6, N_3: 7 od. mehr regionäre Lk-Metastasen
M_1: Fernmetastasen (od. zervikale/zöliakale Lk-Metastasen)

Stadiengruppierung: I: $T_1N_0M_0$ bis $T_2N_0M_0$ II: $T_3N_0M_0$ bis $T_2N_1M_0$
III: $T_3N_1M_0$ bis $T_4N_3M_0$ IV: alle M_1

Klin: Problem: in der Regel **KEINE FRÜHSYMPTOME!**
⇒ Schluckbeschwerden 87 % d.F. (aber erst bei >50 % Lumeneinengung)
⇨ **bei Schluckbeschwerden >40. Lj. immer ein Ösophaguskarzinom ausschließen!**
⇒ Gewichtsabnahme 71 %
⇒ Retrosternale Schmerzen 46 %
⇒ Regurgitation 30 %, Pseudohypersalivation (Unmöglichkeit, den Speichel zu schlucken)
⇒ Heiserkeit 7 %, Husten 3 %, Rückenschmerzen
⇒ Tastbarer Tumor od. tastbare zervikale Lymphknoten-Metastasen

Diag:
1. Anamnese und klinische Untersuchung
2. Röntgen: **Ösophagus-Breischluck**: Wandstarre, Füllungsdefekt, Kantenabbruch, Stenose, prästenotische Dilatation (Trichter), Abweichung der Ösophagusachse, "Säge"- od. "Spirale"-Form
3. **Ösophago-Gastroskopie + PE**
4. **Endosonographie**: zur Darstellung der Infiltrationstiefe und Ausdehnung des Tumors
5. Tumorstaging: intrathorakale Lk? ⇨ Rö-Thorax, Spiral-**CT-Thorax** u. -Abdomen
   ggf. Bronchoskopie, Mediastinoskopie, Laparoskopie, FDG-PET, CT-Hals (keine Routine)
6. Tumormarker: zur Verlaufskontrolle ggf. SCA bei Plattenepithel-Ca. (evtl. auch CEA)

Ther:
- Konservativ: **palliative** Ind. (bei nicht resektable Tumoren): kombinierte **Radio-Chemotherapie** (60-63 Gy, 5-FU + Cisplatin)
  Bei Stenosen: endoskopische Lasertherapie (für kurzstreckige Stenosen), Bougierungsbehandlung, ggf. auch Einlage eines Endotubus (ringverstärkter Tubus = HÄRING-Tubus) od. selbstexpandierende Metallstents erforderlich
  Magenfistel zur Ernährung bei nicht beseitigbarem Passagehindernis: **PEG** = perkutane endoskopische Gastrostomie oder WITZEL-Fistel = transkutan angelegte Magensonde (wenn endoskopische Anlage einer PEG nicht mögl. ist)

- Operativ: Ind: begrenzter Tumor (Stad. I u. II), keine Fernmetastasen ⇨ **kurative** Ind.
  - Ggf. präoperative (= neoadjuvante) Radio-Chemotherapie (36-40 Gy, 5-FU + Cisplatin, darunter bei 20 % sogar zeitweise komplette Remission) im Stad. II-III
  - Präoperativ: präop. Anlage eines ZVK und zusätzlich zur oralen Nahrung Infusionen, am Abend vor Op. nur noch Tee + Infusion, ggf. auch präop. schon Anlage einer PEJ (perkutane endoskopische Jejunostomie) zur vorübergehenden weiteren Ernährung
  - perioperative Antibiotikaprophylaxe i.v. (z.B. 2,0 g Ceftriaxon, Rocephin®)

  ⇒ Ziel: **Tumorentfernung im Gesunden**, wegen des hohen submukösen Längenwachstums mind. 6 cm Sicherheitsabstand (Problem insb. bei hochsitzenden Tumoren ⇨ Sicherheitsabstand nur bedingt einhaltbar, da der Larynx mitentfernt werden müsste ⇨ extreme Verschlechterung d. Lebensqualität, daher ist kaum eine kurative Op mögl.)
  - Transthorakale + abdominale Entfernung (= Zwei-Höhleneingriff) des Ösophagus und 2-Feld-Lymphadenektomie (= mediastinal + abdominell), Nachteil: sehr belastende, große Op, Op-Letalität 5-25 %!
  - Alternativ: stumpfe Dissektion des Ösophagus vom Bauch und Hals aus; Nachteil: die Lk können nicht so ausgiebig entfernt werden (heute wird daher zusätzlich eine endoskopische Lk-Entfernung entlang des Dissektionskanals durchgeführt)

  Nach Exstirpation ist die **Rekonstruktion** notwendig! ⇨ Rekonstruktionsmöglichkeiten:
  1. **Magenhochzug** unter Opferung der oberen Magengefäße (A.gastroepiploica sinistra, A.gastrica sinistra) heute Methode der Wahl, die verbleibende A.gastroepiploica dextra sichert hauptsächlich die Durchblutung
  2. Koloninterponat (transversum od. ascendens in isoperistaltischer Richtung eingeschwenkt), Gefäßdurchblutung bleibt, Nachteil: Interponat macht starken Foetor
  3. Dünndarminterponat ⇨ ultima ratio, hinderlich hier sind die Gefäßarkaden

  Rekonstruktionswege: a.) im ursprünglichen Bett des Ösophagus
  b.) retrosternal im vorderen Mediastinum
  c.) subkutan (heute nicht mehr üblich)

  Wichtig ist die **spannungsfreie** Adaptation der Anastomosen.
  - bei Karzinom mit gesicherter minimaler Ausdehnung ($T_1N_0M_0$ u. Mukosa nicht überschritten = T_{1a} od. Ösophagusfrühkarzinom vom Mukosatyp bezeichnet) ist eine endoskopische Resektion mögl. (dann 5-JÜR auch 100 %)
- Postoperativ: verzögerter Nahrungsaufbau nach ca. 5-10 Tagen mit Tee beginnend, dann flüssige Kost, dann passierte Kost. Symptomorientierte Tumornachsorge.

Prog: Insgesamt **sehr schlecht** ⇨ alle Ösophaguskarzinome zusammen nur **4-10%ige** 5-JÜR. 60 % sind insg. operabel, aber nur **25 % kurativ operabel** (R_0-Resektion), da wegen der fehlenden Frühsymptome die Diagnose meist erst im fortgeschrittenen Stadium erfolgt ⇨ dann ca. 20%ige 5-JÜR. Beste Chance hat ein $pT_{1a}N_0M_0$ mit 100%, bei pT_{1b} ca. 60%ige 5-JÜR, bei $pT_1N_1M_0$ nur noch 30 %.
Bei Inoperabilität ⇨ extrem schlecht, nur 9 Monate mittlere Überlebenszeit.
Op-Letalität in spezialisierten Zentren um 3 %.

Kompl:
- ∗ **Anastomoseninsuffizienz** (in ca. 10 % d.F., insb. an der zervikalen Anastomose bei Magenhochzug, da die Durchblutung schlecht ist und der Ösophagus keine Serosa hat), Interponatnekrose ⇨ Mediastinitis, Sepsis
- ∗ Anastomosenstenose ⇨ Ther: Bougierung mögl.
- ∗ Blutungen, Fisteln, **Pneumonie**, ARDS (adult respiratory distress syndrome)
- ∗ **Rekurrensparese** (häufig auch beidseitig), N.vagus-Läsion, HORNER-Syndrom, Brachialgien

Proph: ♥ Einnahme von Aspirin/COX-2-Hemmer hat statistisch einen protektiven Effekt (wird aber nicht empfohlen)

DD:
- Gutartige Ösophagustumoren (s.o.), HODGKIN-Lymphom, **Kardiakarzinom** (Magen)
- Dysphagie bei Narbenstenose, Achalasie, Ösophagusdivertikel, -polyp, Sklerodermie

MAGEN

Anatomie

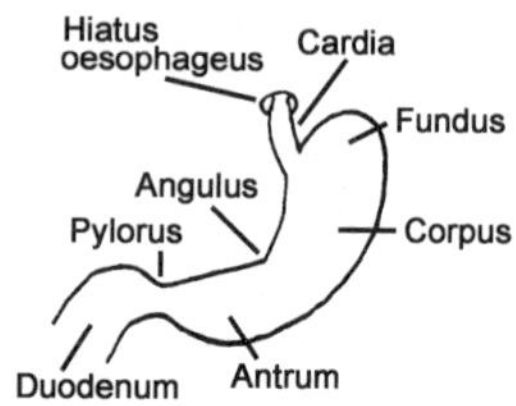

Der Magen = Gaster wird eingeteilt in den Eingang = **Cardia** (Syn: Kardia), den **Fundus**, den **Corpus**, das **Antrum** und den **Pylorus** = Ausgang.

Fixation:
1. Am Zwerchfell im Bereich Kardia = Lig.gastrophrenicum
2. Leber: Lig.hepatogastricum
3. Milz: Lig.gastrosplenicum
4. Querkolon: Lig.gastrocolicum

Arterien: A.gastrica dextra (aus A.hepatica propria – Truncus coeliacus) ⇨ versorgt kl. Kurvatur
A.gastrica sinistra (Tr.coeliacus) ⇨ kl. Kurvatur und Fundus
A.gastroepiploica dextra (aus A.gastroduodenalis – A.hepatica – Tr.coeliacus) ⇨ gr. Kurvatur
A.gastroepiploica sinistra (aus A.lienalis – Tr.coeliacus) ⇨ gr. Kurvatur
Aa.gastricae breves (A.lienalis – Tr.coeliacus) ⇨ Magenfundus

Venen: werden wie die Arterien bezeichnet. Ihr Abfluss erfolgt in die V.portae. Verbindung besteht außerdem über die Rami gastrici breves an der kleinen Kurvatur über die Milzvene zu den Ösophagusvenen (**portocavale Anastomose** ⇨ bei portaler Hypertonie können über diesen Weg Ösophagusvarizen entstehen).

Lymphbahnen: 4 Hauptgruppen (wichtig für Karzinomoperation): Kleine Kurvatur oben u. unten, große Kurvatur oben und unten. Sie haben Verbindung zu hepatischen, suprapankreatischen, lienalen, mesenterialen, mediastinalen, zöliakalen und paraaortalen Lk ⇨ Abfluss zum Ductus thoracicus (Mündung des Duct.thoracicus im linken Venenwinkel, supraklavikulärer Lymphknoten hat daran unmittelbar Anschluss und kann bei Karzinomen befallen sein = **VIRCHOW**-Lk).

Innervation: Ganglion coeliacum (symp.) ⇨ Dilatation, N.vagus (parasympathisch) ⇨ Kontraktion, li. N.vagus – Truncus vagalis anterior; re. N.vagus – Tr.vagalis post., Rami antrales des N.vagus (Nervi Latarjet).
Plexus myentericus (AUERBACH): zwischen Ring- u. Längsmuskulatur, Plexus submucosus (MEISSNER) in der Submucosa.

Drüsen:
- **Belegzellen:** HCl und Intrinsic-Faktor (zur intestinalen Resorption von Vit. B_{12}), im Fundus und Corpus (exokriner Magenteil)
- **Hauptzellen:** Pepsinogen u. Kathepsin, im Fundus und Corpus (exokriner Magenteil)
- **G-Zellen:** Gastrin, im Antrum, Freisetzung bei Dehnung des Antrum, Vagusreiz, chemische Reize im Antrum (endokriner Magenteil, Zellen gehören zum APUD-Zellsystem. = Amine precursor uptake and decarboxylation)
- **Nebenzellen:** Schleim, an der Kardia und Pylorus vermehrt vorhanden

Magenschleimhautbarriere: verhindert die Rückdiffusion von H^+-Ionen entlang des Konzentrationsgradienten.

Säuresekretion: BAO (basal acid output) = 2-5 mmol/Std. (60-80 ml/Std.)
MAO (maximal acid output) = nach max. Stimulation mit Pentagastrin ⇨ 20-25 mmol/Std. (100-200 ml/Std.), es wird insg. 4 x alle 15 Min. der Mageninhalt abgesaugt und bestimmt
Quotient BAO:MAO normal 0,1-0,2 ⇨ pathologisch ab >0,2
PAO (peak acid output) = errechneter Wert aus den beiden höchsten 15-Min.-Werten nach Stimulation mit Pentagastrin.

Fehlbildungen: Hypertrophe Pylorusstenose (s. Kinderchirurgie); Magenvolvulus (Längs- od. Querachse); Divertikel; Magenpolypen (mögl. Präkanzerose) ⇨ Ther: endoskopische Entfernung mit der Schlinge

Magenverletzungen: Magenruptur, MALLORY-WEISS-Syndrom, Verätzungen, Fremdkörper, Bezoar (faserhaltiger Fremdkörper, z.B. aus verschluckten Haaren)

GASTRITIS

Syn: Magenschleimhautentzündung, ICD-10: K29.-

Etlg: # Akute Gastritis: alimentärer, alkoholischer Exzess, NSAR, Kortikoide, Zytostatika, Lebensmittelvergiftung
Erosive Gastritis: bei Verbrennungen, Schock, Sepsis, **Polytrauma**, Stress (z.B. postoperativ, Patient auf der Intensivstation)
Chronische Gastritis:

Typ A:	Corpus, **autoimmun**, chronisch **atrophisch**, Achlorhydrie
Typ B:	Antrum + Corpus, **bakteriell**, Hypochlorhydrie
Typ C:	Antrum, **chemisch** toxisch induziert durch **Gallereflux**

Ät: – Typ A: **Autoantikörper** gegen Belegzellen und gegen Intrinsic-Faktor (⇨ dann perniziöse Anämie mögl.), evtl. autosomal-dominant erblich
– Typ B: Infektion der Magenschleimhaut mit **Helicobacter pylori**
– Typ C: Duodenogastraler alkalischer Gallereflux
– Sonderformen: erosive Gastritis (Stress, z.B. Polytrauma, große Op), phlegmonöse Gastritis (z.B. Streptokokkeninfektion), virale Gastritis (z.B. Zytomegalie-, Varizelleninfektion), eosinophile Gastritis, spezifische Gastritis (Tuberkulose, Syphilis, Sarkoidose, Morbus CROHN, Aktinomykose, Histoplasmose)

Path: ♦ **Erosive Gastritis** entsteht durch Mikrozirkulationsstörung der Magenschleimhaut (z.B. im Schock) ⇨ multiple, punktförmige und erosive Schleimhautdefekte ⇨ diffuse Magenblutung bis zur Massenblutung mögl.
♦ Phlegmonöse Gastritis: bakterielle Besiedlung aller Wandschichten bei resistenzgeschwächten Patienten
♦ Histo: **Chronische Gastritis** zeigt eine oberflächliche Leukozyteninfiltration (Lymphozyten und Plasmazellen). Je aktiver der Prozess um so mehr neutrophile Granulozyten sind vorhanden.
Eine **Atrophie** zeigt sich in einer Reduktion der Belegzellen und Hauptzellen im Corpus-Fundus-Bereich (Autoimmungeschehen).
♦ Intestinale Metaplasie: Nachweis nicht magenspezifischer Schleimhaut/Schleimhautelemente ⇨ es können sich Becherzellen finden, enterokolische Krypten oder auch eine komplette Dünndarmschleimhaut

Epid: ◊ Häufigste Form: chronische aktive Gastritis vom **Typ B** (80 % d.F.)
◊ Fast jeder 2. >50. Lj. hat eine chronische Gastritis (meist ohne Sympt.), Kompl: 20-30 % der Pat. mit einer Helicobacter-pylori-positiven Gastritis entwickeln dann im Laufe des Lebens ein Ulcus ventriculi

Klin: ⇒ Chronische Gastritis häufig symptomlos
⇒ Unspezifische Oberbauchbeschwerden mit **epigastrischem Schmerz**, Übelkeit, Blähungen, Völlegefühl, Druckgefühl im Oberbauch, Inappetenz
⇒ Fehlen des Intrinsic-Faktor ⇨ Vit.-B_{12}-Mangel ⇨ megaloblastäre = perniziöse Anämie, funikuläre Myelose (Hinterstrangdegeneration ⇨ Ataxie, Pyramidenbahnen ⇨ spastische Parese, Pyramidenbahnzeichen)
⇒ Erosive Gastritis: obere gastrointestinale Blutung, Kaffeesatzerbrechen, Meläna

Diag: 1. Anamnese und klinische Untersuchung
2. **Gastroskopie** + **Histologie** + Untersuchung auf **Helicobacter pylori** (Urease-Schnelltest: negativ/positiv)
3. Vit.-B_{12}-Bestimmung im Serum, Auto-Ak gegen Parietalzellen (= PCA)

Ther: • Symptomatische Typ B-Gastritis: **Eradikationstherapie** der Helicobacter pylori-Infektion mit einer **Triple-Therapie** über 7 Tage: **PPI**, z.B. Esomeprazol (Nexium®mups) od. Omeprazol (Antra®Mups) 2 x 20 mg/Tag **+** 2 Antibiotika: **Amoxicillin** 2 x 1.000 mg/Tag

(Amoxypen®) + **Clarithromycin** 2 x 500 mg/Tag (Biaxin®HP) ⇨ der Helicobacter-Befall lässt sich damit in 90 % d.F. eradizieren
- Autoimmun Typ A-Gastritis: Bei Vit.-B_{12}-Mangel ⇨ parenterale Vit.-B_{12}-Gabe
- Erosive Gastritis: (Stressulkus-)**Prophylaxe** mit Sucralfat (Ulcogant®) oder bei nur kurzfristiger Therapie mit H_2-Blockern (z.B. Ranitidin, Sostril®)
- Bei Blutung endoskopische Sklerotherapie oder Laserkoagulation

Kompl: * Autoimmungastritis u. chron. aktive Gastritis: erhöhte Inzidenz für das **Magenkarzinom** od. MALT-Lymphome ⇨ jährliche endoskopische Kontrollen!
* Koinzidenz der Autoimmungastritis mit anderen Autoimmunerkrankungen (Morbus ADDISON, HASHIMOTO-Thyreoiditis, Diabetes mellitus Typ I) gegeben
* Helicobacter-pylori-Gastritis ⇨ Ulcus ventriculi; erosive Gastritis ⇨ „Stressulkus"

DD: – Ulcus ventriculi, duodeni, Refluxösophagitis
– Cholelithiasis, Pankreaserkrankungen
– Koronare Herzkrankheit
– Funktionelle Dyspepsie

ULCUS VENTRICULI

Syn: Magenulkus, Magengeschwür, Ulkuskrankheit des Magens, peptisches Ulkus, ICD-10: K25.-

Def: **Erosion** = Defekt, der die Lam.muscularis mucosae nicht überschreitet
Ulkus = umschriebener Defekt der Magenwand über die Mukosa hinausgehend

Ät: – **Helicobacter pylori** (gram-neg. Stäbchen-Bakterium, mit fäkal-oralem od. oral/oralem Übertragungsmodus, die Infektion erfolgt meist bereits in d. Kindheit)
– **Medikamenteninduziert**: Prostaglandinhemmer (**ASS, NSAR**: Diclofenac, Phenylbutazon, Indometacin), Glukokortikoide, Zytostatika, Bestrahlung
– **Stressulkus** (Intensivstation, Operationen, Polytrauma, Verbrennungen, Beatmung) ⇨ Magenschleimhautdurchblutung sinkt ⇨ Zusammenbruch der Schleimhautbarriere
– ZOLLINGER-ELLISON-Syndrom (hormonaktiver G-Zell-Tumor)
– Hyperparathyreoidismus (Ca^{++} stimuliert die G-Zellen)
– Genetisch prädisponierend: Blutgruppe 0, Hyperpepsinogenämie

Path: ♦ **Infektionskrankheit** durch Helicobacter pylori (schüttet schleimhautaggressive Substanzen aus; Durchseuchung bei Erwachsenen in Deutschland ca. 40 %, 5-10 % der Infizierten erkranken dann an einem Ulkus)
♦ **Missverhältnis zwischen aggressiven und defensiven/protektiven Faktoren** (Schleimhautbarriere aus Schleim-Bikarbonat-Sekretion, Prostaglandine, regelrechte Mikrozirkulation, Epithelregeneration)
♦ **Ohne Säure kein Ulkus** (nie Ulkus bei perniziöser Anämie od. bei chronisch atrophischer Gastritis, da keine Säureproduktion im Magen)
Säureproduktionsregulation:
1. **Zephale, vagale Phase:** Speise sehen ⇨ Stimulation der HCl-Produktion über den N.vagus
2. **Gastrale Phase:** Magenwanddehnung ⇨ direkte HCl-Stimulation, chemische Reizung (Proteinabbauprodukte, Alkohol, Nikotin) ⇨ Gastrin-Freisetzung ⇨ indirekte Stimulation der HCl-Produktion
3. **Intestinale Phase:** Enterohormonfreisetzung ⇨ hemmt Gastrin-Freisetzung ⇨ Säureproduktion erlischt

Außerdem: Gastrinproduktion ist abhängig vom Magen-pH. Je niedriger der Magen-pH, desto weniger Gastrinproduktion ⇨ weniger HCl
♦ Lok: distaler Corpus und Antrum, an der kleinen Kurvatur bevorzugt (wegen der etwas schlechteren Durchblutung)

Epid: ◊ 6-10 % der Menschen entwickeln im Laufe ihres Lebens (= Lebenszeit-Prävalenz) ein

Ulcus ventriculi od. duodeni, Prävalenz: 0,3 %, Inzidenz 50/100.000/Jahr
◊ Prädisp.alter: 50.-70. Lj., m = w
◊ In den letzten Jahrzehnten in den westlichen Industriestaaten insg. abnehmende Tendenz

Etlg: Nach JOHNSON (1964) bezüglich der Lage des Ulkus, ergänzt um die Pathogenese

Typ I: An der kleinen Kurvatur proximal d. Angulus (häufigstes Magenulkus, 60 % d.F.), duodenogastraler Reflux von Gallensäuren durch Pylorusinsuffizienz ⇨ Gastritis ⇨ Ulkusbildung an der Grenze von entzündeter und gesunder Schleimhaut, eher Normazidität
Typ II: Kombiniertes Ulkus (Merke: **2-Lokalisationen!** Duodenum und distal des Angulus), Stase-Ulkus bei Stenose und Entleerungsbehinderung ⇨ Hypergastrinämie ⇨ eher Hyperazidität
Typ III: Präpylorisches Ulkus, Hypersekretion von Magensäure ⇨ eher Hyperazidität

Ulcus ventriculi: Je höher gelegen, desto weniger ist die Säure verantwortlich!

Klin: ⇒ Diffuser epigastrischer **Sofortschmerz** nach Nahrungsaufnahme oder postprandialer Schmerz (Spätschmerz 1-3 Std. nach Nahrungsaufnahme)
⇒ Druck, Völlegefühl, Übelkeit, Inappetenz

Diag:
1. Anamnese (Schmerzcharakter) und klinische Untersuchung
2. **Gastroskopie** ⇨ Biopsie an mehreren Stellen obligat für Histologie!, denn
   ⇨ hinter jedem Ulcus ventriculi kann auch ein Karzinom stecken ⇦
   und Untersuchung auf **Helicobacter pylori** (mit Urease-Schnelltest, 70 % der Patienten mit einem Ulkus sind positiv)
3. Röntgen: MDP ⇨ Ulkusnische, radiäre Schleimhautfalten (DD: Karzinom), Ulkusfinger (Ausziehung an der gegenüberliegenden Seite durch Spasmen), evtl. Pylorusstenose mit Magendilatation
4. Magensäureanalyse (keine Routine): BAO, PAO mit Pentagastrinstimulation

Ther:
- **Konservativ:** Allgemeine Maßnahmen: **kein Nikotin**, **Alkohol** und Kaffee!
  Absetzen ulzerogener Medikamente (insb. Analgetika, NSAR, Antiphlogistika), extrem heiße oder kalte Nahrung meiden, mehrere kleine Mahlzeiten.
- Medikamente: Mittel der Wahl zur Säurereduktion sind heute die **Protonenpumpeninhibitoren** (= PPI: Esomeprazol, Nexium®mups; Omeprazol, Antra®Mups; Lansoprazol, Agopton®). Daneben gibt es noch einfache Antazida (freiverkäuflich, z.B. Magaldrat, Riopan®), H_2-Blocker (ggf. zusätzlich zur Nacht gegeben: Ranitidin, Sostril®; Cimetidin, Tagamet®), Anticholinergika (Pirenzepin, Gastrozepin®), Schleimhautprotektiva (Sucralfat, Ulcogant®), Prostaglandinderivate (Misoprostol, Cytotec®) u. Wismut-Präparate (Reserve zur Helicobacter-Eradikation: Wismut, Telen®)
  Standardtherapie zur Eradikation der Helicobacter-pylori-Infektion mit einer **Triple-Therapie** (FRENCH- od. ITALIAN-Schema) für 7 Tage: **PPI**, z.B. Esomeprazol (Nexium®mups) od. Omeprazol (Antra®Mups) 2 x 20 mg/Tag **+** 2 Antibiotika: **Amoxicillin** 2 x 1.000 mg/Tag (Amoxypen®) + **Clarithromycin** 2 x 500 mg/Tag (Biaxin®HP) od. Metronidazol 2 x 400 mg/Tag (Clont®, bei ausbleibendem Erfolg auf Clarithromycin) ⇨ der Helicobacter-Befall lässt sich damit in 90-95 % d.F. heilen.
- Abheilung muss kontrolliert werden, da ein Karzinom nicht auszuschließen ist ⇨ 6 Wochen nach Diagnosestellung (Ulkus abgeheilt?) ⇨ weitere 6 Wochen später (Ulkus endgültig nicht mehr nachweisbar?)
- Heilt ein Ulkus innerhalb von 3 Monaten nicht ab = Versagen der konservativen Therapie ⇨ operative Therapie anstreben (Ulkus, das in 3 Monaten nicht heilbar ist, bessert sich auch in einem Jahr nicht!)
- Operativ: Ind: Op heute nur noch **sehr selten** notwendig (Op von Komplikationen).
  Absolut: **Perforation**, massive nicht stillbare Blutung, **Malignitätsverdacht**
  Relativ: Riesenulkus, kallöses Ulkus (alle Wandschichten betroffen), rezidivierendes Ulkus, persistierendes Ulkus (erfolglose konservative Therapie)
  - Resezierende Verfahren:
    - 2/3-Resektion (Antrum und Teile des Corpus) + Wiederherstellung der Magen/Darmpassage

- **BILLROTH I:** termino-terminale Gastroduodenostomie (mit End-zu-End oder End-zu-Seit-Anastomose)

  <u>Methode der Wahl:</u> **B I mit Interposition eines ausgeschalteten Jejunumstückes** (funktionell günstigste Op durch den physiologischen Speisetransport und Verhinderung des duodenogastralen Refluxes durch das Interponat ⇨ Vermeidung von Blind-loop- und Afferent-loop-Syndrom)

B I

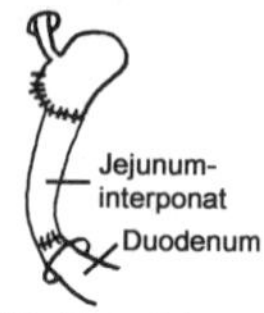

B I + Jejunuminterponat

- Billroth II: Gastrojejunostomie = Verbindung des Magenrestes mit Jejunum (dieses kann retrokolisch oder antekolisch zum Magen hochgezogen werden) mit Ausschaltung des blind verschlossenen Duodenums

  Früher: B II + Braun'sche Fußpunktanastomose

  <u>Heute besser:</u> **B II + Y-Anastomose nach ROUX:** Gastrojejunostomie und Anastomose des ausgeschalteten Duodenums 40 cm distal der Gastrojejunostomie, ebenfalls mit guten Langzeitergebnissen

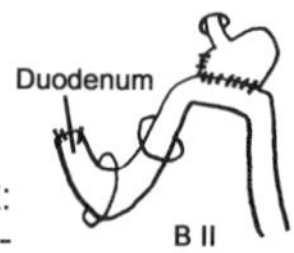

B II

B II + Braun´sche Fußpunktanastomose

– <u>Nicht resezierende Verfahren</u> (heute keine Bedeutung mehr): selektive proximale Vagotomie mit und ohne Pyloroplastik ⇨ zwar geringe operative Belastung, aber Rezidiv in 30-40 % (da die alleinige Säurereduktion oft nicht ausreichend ist).

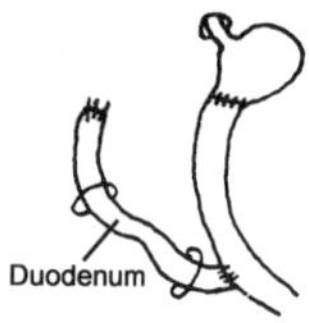

B II + Y-Roux

<u>Prog:</u> Bei optimaler konservativer und operativer Therapie sehr gut.

<u>Kompl:</u>
* **Blutung** (⇨ akut, s. Kap. obere gastrointestinale Blutung), chronische Blutung ⇨ Anämie
* **Stenosierung** (Sanduhrmagen, Magenektasie, Aspirationsgefahr), Endzustand eines chronisch rezidivierenden Ulcus ventriculi, Ther: 2/3-Resektion
* Kissing ulcer: Gegenüberliegende Ulzera, z.B. an kleiner und großer Kurvatur
* **Penetration** (in ein Nachbarorgan, z.B. Pankreas)
* **Perforation** Sympt: Bild eines Akuten Abdomens (siehe Perforation bei Ulcus duodeni), Ther: Laparotomie, Exzision d. Ulkus, dann Verschluss durch Geschwürübernähung mit Einzelknopfnaht (Exzision, wegen Ausschluss eines Ca), heute auch laparoskopisch mögl.
* **Maligne Entartung** in 1-3 % d.F.! Selbst bei Behandlung und Ausheilung eines Ulkus kann unter der Narbe ein Ca wachsen! Magenstumpfkarzinom nach Magenresektion mit einer Latenz von ca. 15-20 Jahren möglich (diese Koinzidenz zwischen Resektion und späterem Karzinom wird heute teilweise angezweifelt, evtl. Helicobacter-pylori-Infektion verantwortlich)
* Chronisches Ulkus = Ulcus callosum mit narbigem Ulkuswall und Motilitätsstörung
* Triple-Therapie: pseudomembranöse Kolitis

<u>Op:</u>
* Rezidivulkus: Mangelhafte Säuresuppression, belassener Antrumrest, Stase, extragastrale Ursachen
* Früh- und Spätdumping-Syndrom
* Billroth I ohne Interponat: ausgeprägter duodenogastraler Reflux, evtl. Induktion eines Karzinomes im Restmagen: Magenstumpfkarzinom
* Billroth II: Blind-loop-Syndrom und Afferent-loop-Syndrom

  Magenanastomosenulkus wegen fehlender duodenaler Neutralisation der verbliebenen Säure des Magenrestes.

  Ther: Umwandlung in B I oder Y-Roux mit Dünndarmschlinge <40 cm (aber: duodenogastraler Reflux darf nicht zu groß werden, wegen der Gefahr des Magenstumpf-Ca)
* Nahtinsuffizienz ⇨ Peritonitis, akutes Abdomen

<u>Proph:</u> ♥ **Stressulkusprophylaxe:** Gabe von H_2-Blockern (z.B. Ranitidin, Sostril® 3 x 50 mg i.v.) od. Sucralfat (Ulcogant®, 4-6 x 1 g/Tag) bei Intensivmedizin-pflichtigen Patienten, bei Langzeitbeatmung, schwerem Polytrauma od. Koagulopathie!

<u>DD:</u> – **Duodenalulkus:** Nüchternschmerz, Nachtschmerz, Nachlassen der Schmerzen nach Nahrungsaufnahme

- **Magenkarzinom**, MALT-Lymphome: zeigt ein "Magenulkus" keine Abheilungstendenz unter Therapie innerhalb von 4-6 Wo., so besteht dringend Karzinomverdacht ⇨ Biopsie!, ebenso sind atypische Ulzera verdächtig (z.B. an der großen Kurvatur)
- Ulcus DIEULAFOY (Exulceratio simplex): Ulkusbasis mit Fehlanlage einer submukösen Arterie, Gefahr der arteriellen Blutung bei Arrosion der Gefäßwand, Ther: operative Umstechung, endoskopische Blutstillung (mit Laser, Unterspitzung od. Ligatur)
- NUD (non-ulcer Dyspepsie) = Reizmagensymptomatik
- Gastritis, gastrointestinale Infekte
- Tuberkulose, Herpes simplex, Zytomegalie-Infektion
- Morbus-CROHN-Läsion

MÉNÉTRIER-FALTENHYPERPLASIE

Syn: Morbus MÉNÉTRIER, MÉNÉTRIER-Syndrom, Polyadenomatosis polyposa, Gastritis polyposa, Gastropathia hypertrophicans gigantea, engl. Ménétrier's disease, ICD-10: K29.6

Path:
- ♦ Foveoläre Hyperplasie mit vermehrter Schleimbildung (Mukoproteine) und Schleimhauthypertrophie (**Riesenfalten**) unbekannter Ursache, in 90 % d.F. Helicobacter pylori pos.
- ♦ Form der exsudativen hypertrophen Enteropathie ⇨ Eiweißverlust in d. GI-Trakt ⇨ Hypoproteinämie und resultierende hypoproteinämische Ödeme
- ♦ Hypo- bis Anazidität
- ♦ 10 % **maligne Entartung**!
- ♦ Lok: zystischen Erweiterungen der Drüsengänge im **Magenkorpus**

Epid: Prädisp.alter: 40.-60. Lj.

Klin:
⇒ Oberbauchbeschwerden, Übelkeit, Erbrechen
⇒ Durchfälle (eiweißreich), Ödeme

Diag:
1. Anamnese und klinische Untersuchung
2. Gastroskopie (Riesenfalten) + Biopsie, Untersuchung auf Helicobacter pylori
3. Röntgen: MDP zeigt gastrale Riesenfalten
4. Labor: Gesamteiweiß vermindert, ggf. GORDON-Test zum Nachweis einer exsudativen Enteropathie (Aktivitätsbestimmung von ^{131}Iod-Polyvinylpyrrolidon im Stuhl n. i.v.-Injektion)

Ther:
- Konservativ: Jährliche Kontrolle (Endoskopie)
  Med: Omeprazol od. H_2-Blocker, Eradikationstherapie bei Helicobacternachweis
- Operativ: Prophylaktische Gastrektomie bei Malignitätsverdacht

Kompl:
- Erhöhte Tendenz zur Ausbildung einer Polyadenomatose
- **Maligne Entartung!**

DD:
- Intramurales Magenkarzinom
- Polyadenomatose-Syndrom

MAGENKARZINOM

Syn: Karzinom des Magens, engl. gastric cancer, ICD-10: C16.-

Ät: - **Prädisponierende Faktoren:** chronisch atrophische **Gastritis** (Typ-A-Gastritis), insb. bei intestinaler Metaplasie, Helicobacter-pylori-Infektion (Typ-B-Gastritis), Perniziosa, Ulcus ventriculi, **Morbus MÉNÉTRIER** (10 % maligne Entartung), Polyposis des Magens (sehr selten) ⇨ bei allen Risikoerkrankungen **jährlich Gastroskopie** zur Kontrolle!

- Karzinogene in der Nahrung: **Nitrosamine** (entstehen durch geräucherte u. gebratene Speisen unter Einwirkung der Magensäure), Benzpyren- u. Nitrostilbenexposition, Aflatoxine, Acrylamid (in Pommes frites, Chips und insb. bei Rauchern 4fach erhöht)
- Rauchen, Vit.-A-, Vit.-E- u. Vit.-C-Mangel (zu wenig Obst und Gemüse)
- Familiäre Belastung, genetische Faktoren (Blutgruppe A bevorzugt, Nationalität: Japaner und Finnen haben ein erhöhtes Risiko), LYNCH-Syndrom (Mutation von Reparaturgenen auf Chrom. 2, 3 od. 7), E-Cadherin-Mutation (aut.-dom. vererbt, Lebenszeitrisiko für ein Magenkarzinom 70-80 %, hier ggf. prophylaktische Gastrektomie indiziert)
- Duodeno-gastraler Reflux nach Magenresektion (⇨ Magenstumpfkarzinom mit einer Latenz von ca. 15-20 Jahren, diese Genese ist heute umstritten)

<u>**Path:**</u> ♦ <u>**Häufigste Lok:**</u> **Antrum / präpylorisch** (50-80 % d.F.), kleine Kurvatur und Kardiakarzinom (Syn: Karzinom des ösophago-gastralen Übergangs, 10-25 % d.F.)
In 90 % d.F. solitäres Karzinom, in 10 % multizentrisch auftretend

♦ <u>**Metastasierung:**</u>
- <u>Hämatogen:</u> vorwiegend bei Vorliegen eines fortgeschrittenen Karzinomes.
  Stationen: über die V.coronaria ventriculi zur Pfortader ⇨ Leber ⇨ Lunge, Skelett, Gehirn (= M_1)
- <u>Lymphogen:</u> schon in der Mucosa (unterhalb der Basalmembran) befinden sich Lymphwege ⇨ **sehr frühe lymphogene Metastasierung** mögl. (schon beim Magenfrühkarzinom mögl.), die Lymphbahnen verlaufen mit den Arterien des Magens.
  Lymphknotenstationen regionär: **perigastrisch** (große und kleine Kurvatur), entlang der A.gastrica sin., A.hepatica com., A.lienalis, Tr.coeliacus und hepatoduodenale Lk
  Im weiteren: paraaortal, mesenterial, Duct.thoracicus (⇨ VIRCHOW-Drüse: links supraklavikulär tastbarer Lymphknoten), werden als Fernmetastasen klassifiziert (= M_1)
- <u>Per continuitatem:</u> Serosa (= viszerales Peritoneum, T_3); Mesenterium, großes Netz, Bauchwand, Colon transversum, Dünndarm, Retroperitoneum, Pankreas, Milz, Leber, Niere, Nebennieren, Zwerchfell (= T_4)
- <u>Per contiguitatem</u> (Berührung): parietales Peritoneum (= Bauchfellkarzinose, T_4) ⇨ Aszites! (Exsudat, evtl. hämorrhagisch)
- <u>Abtropfmetastasen:</u> DOUGLAS, Ovar (= KRUKENBERG-Tumor mit Siegelringzellen, M_1)

<u>**Epid:**</u> ◊ Sechsthäufigstes Karzinom (6 % aller Karzinome) in Deutschland, in den Industriestaaten insg. **rückläufige Tendenz** (Ursache: ausgewogene Ernährung?). In den westlichen Ländern hat sich die Inzidenz innerhalb der letzten 20-30 Jahren etwa halbiert, ein niedriger sozioökonomischer Status ergibt statistisch ein höheres Risiko.
◊ <u>Inzidenz:</u> 20/100.000/Jahr, ca. 17.000 Neuerkrankungen/Jahr in Deutschland. Weltweit ca. 750.000 Tote/Jahr durch Magenkarzinome, höchste Inzidenz haben asiatische Länder
◊ <u>Prädisp.alter:</u> **>60. Lj.**, m > w (= 1,5:1)

<u>**Etlg:**</u> # <u>**Frühkarzinom (early cancer):**</u>
Erhaben (Typ I), oberflächlich (II) oder exkaviert (III) wachsend, bleibt aber auf die Mucosa und Submucosa (IV) beschränkt (ist aber bereits ein T_1-Tumor!)

<u>**Fortgeschrittenes Karzinom**</u>, **Einteilung nach BORRMANN** (1926), der Tumor überschreitet die Submucosa in die Muscularis propria (= T_2-T_4):
Typ I: Polypöses Karzinom
Typ II: Exulzerierendes Karzinom
Typ III: Exulzerierendes Karzinom, infiltrierend wachsend
Typ IV: Diffus infiltrierendes Karzinom

<u>**Histologisch**</u> (nach der WHO):
Adenokarzinome 90 % d.F. (papilläres, tubuläres, muzinöses, Siegelringzellkarzinom), adenosquamöses Karzinom, squamöses Karzinom
Undifferenziertes Karzinom (Grading: G3-G4)

<u>**Etlg. nach LAURÉN**</u> (1965):
Karzinom vom <u>intestinalen Typ:</u> mit überwiegend Drüsen, meist **polypös** (klassisches Adenokarzinom) ⇨ gute Prognose
Karzinom vom <u>diffusen Typ:</u> mit **infiltrativem Wachstum** in der Magenschleimhaut ⇨ eher schlechte Prognose

TNM-Klassifikation:

Cave (häufige Prüfungsfrage): **Unterscheide Carcinoma in situ vom Frühkarzinom!** (Antwort: Tis überschreitet nicht die Basalmembran und metastasiert **nicht!**, das sog. Frühkarzinom [= T1] geht weiter bis in die Submukosa und kann daher bereits metastasieren)

T_{is} =	Carcinoma in situ, auf die Lam.epithelialis mucosae beschränkt (überschreitet nicht die Basalmembran!)
T_1 =	Tumor infiltriert die Lam.propria mucosae (**T_{1a}**) oder max. bis zur Submucosa (**T_{1b}**) (entspricht dem Frühkarzinom! ⇨ geht nicht bis in die Muscularis propria)
T_2 =	Tumor infiltriert die Muscularis propria
T_3 =	Tumor infiltriert die Subserosa
T_4 =	Tumor **perforiert die Serosa** (= viszerales Peritoneum, **T_{4a}**) od. infiltriert **benachbarte Strukturen** (**T_{4b}**)
N_1 =	Metastasen in 1-2 regionären Lk
N_2 =	Metastasen in 3-6 regionären Lk
N_3 =	Metastasen in >7 regionären Lk (**N_{3a}**), Metastasen in ≥16 regionären Lk (**N_{3b}**)
M_1 =	Fernmetastasen oder Befall **nicht regionärer Lk** (z.B. mesenteriale, paraaortale, retropankreatische Lk)

Stadiengruppierung: I: $T_1N_0M_0$ bis $T_2N_0M_0$ od. $T_1N_1M_0$ II: $T_3N_0M_0$ bis $T_2N_2M_0$
III: $T_2N_3M_0$ bis $T_{4b}N_0M_0$ bis $T_{4b}N_3M_0$ IV: alle M_1

Klin:
⇒ 50 % d. Pat. sind **asymptomatisch!**, keine Leitsymptomatik
⇒ Nahrungsabhängige Schmerzen im Oberbauch, Inappetenz, zunehmende **Abneigung gegen Fleisch** oder andere fette Speisen (späte Zeichen)
⇒ Anämie (durch Mikroblutungen) ⇨ evtl. Teerstuhl und Eisenmangelanämie, Abnahme der allg. körperliche Leistungsfähigkeit, Gewichtsabnahme bis zur Tumorkachexie
⇒ Dysphagie: bei kardianahem Karzinom
⇒ Magenausgangsstenose (= maligne Magenausgangsstenose): Bei Ca im Pylorus / präpylorisch ⇨ Völlegefühl, Übelkeit, Erbrechen, Essensvermeidung
⇒ Evtl. Aszites bei peritonealen Metastasen

Diag:
1. Anamnese und klinische Untersuchung meist unergiebig
2. **Gastroskopie:** Lokalisation, **Mehrfach-Biopsie** (ca. 7x ⇨ 95%ige Trefferquote)
3. Röntgen: MDP in Doppelkontrastverfahren: Oberflächenveränderungen an Mucosa ⇨ Füllungsdefekt (polypöse Form) od. Nischen (ulzeröse Form), verändertes Schleimhautrelief (Faltenabbruch), Faltenkonvergenz (radiär zulaufende Falten), Ringwallulkus, lokale Wandstarre, gestörte Peristaltik, evtl. Magenausgangsstenose. Das Magenfrühkarzinom zeigt meist nur wenig Veränderungen ⇨ endoskopische Diagnose!
4. Sonographie: Metastasen ⇨ v.a. Leber (präoperatives Staging, Treffsicherheit 80-90 %)
5. Endosonographie: zur Darstellung der Infiltrationstiefe und Ausdehnung des Tumors in der Magenschleimhaut (Norm: Magenwanddicke 5-7 mm)
6. Staging: Rö-Thorax zur Metastasensuche in Lunge u. Skelett (präoperatives Staging) und CT-Abdomen bei V.a. intraabdominelle Lymphknotenmetastasen
7. Labor: Tumor-Marker nur zur Verlaufskontrolle geeignet, keine Screening-Methode! (CA 19-9, CA 72-4, CEA)

Ther:
- Konservativ = **palliativ** (Wiederherstellung der Nahrungspassage): Tubus oder Metallgitter-Stent bei kardianahem Karzinom (Celestin, HÄRING-Tubus), **PEG-Sonde** (perkutane endoskopische Gastrostomie) od. WITZEL-Fistel (gastrokutane Ernährungssonde), Stenosenbeseitigung mittels Lasertherapie
  Chemotherapie: 5-FU + Cisplatin, evtl. auch präop. (neoadjuvant) zum Down-Staging
- Operativ: Ind: kurativ oder palliativ (alle Ca mit über den Tr.coeliacus hinausgehenden Lk-Metastasen sind nicht mehr kurativ resezierbar)
  - Op-Vorbereitung: ZVK und Infusionstherapie 2 Tage vor dem Eingriff (zusätzlich zur oralen Kost), 1 Tag vor Op nur noch Tee, perioperative Antibiotikaprophylaxe i.v. (z.B. Ceftriaxon, Rocephin®)
  - **Kurative Op:** Zugang mediane Oberbauchlaparotomie
    Heute ist die **Gastrektomie** der Regeleingriff + Mitentfernung von **großem und kleinem Netz** (mit den perigastrischen Lk) + Entfernung der Lk am Tr.coeliacus bis zur Leber und zum Milzhilus (sog. D2-Kompartiment); die Entfernung v. Milz u. Pankreas-

schwanz zusätzlich zur D2-Lk-Entfernung wird wegen Kompl. nicht mehr empfohlen, Resektion v. li. Leberlappen od. Querkolon bei Tumorinfiltration.

Auch subtotale Magenresektion (4/5) mögl. + Netzentfernung (bei distalen Tumoren vom intestinalen Typ mögl., wenn 5 cm Sicherheitsabstand eingehalten werden kann, beim diffusen Typ 8 cm Sicherheitsabstand nötig, weder Pylorus noch Kardia sind eine Barriere für das Tumor-Wachstum!), Vorteil: physiologischer, weniger Gewichtsverlust

Bei proximalen Tumoren (Kardia-nah) muss ein Teil d. Ösophagus mitentfernt werden.

⇨ <u>dann wird nach allen Resektionen die Magen-Darmpassage wiederhergestellt:</u>

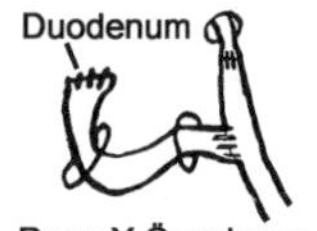

Roux-Y-Ösophago-jejunostomie

- **<u>Magenersatz:</u>** ohne Wiederherstellung der Duodenalpassage: **Y-Anastomose nach ROUX** ⇨ Verbindung des Magenrestes/Ösophagus mit Y-förmig ausgeschalteter Jejunalschlinge mit Duodenum (ca. 40 cm), Anastomose ca. 10 cm unterhalb des TREITZ-Bandes an das Jejunum (die nach unten gerichtete Peristaltik verhindert dabei einen Reflux)
- Magenersatz **mit Wiederherstellung der Duodenalpassage**: Mit einem Jejunuminterponat ⇨ Reihenfolge Ösophagus – Jejunum (ca. 40 cm lang) – Duodenum – Jejunum, zeigt funktionell die günstigsten Ergebnisse

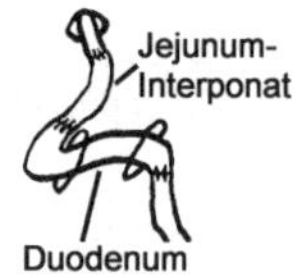

- Bei kleinen T_{is} und T_1 wird neuerdings auch eine endoskopische Mukosektomie durchgeführt (ob dies ausreicht wird derzeit noch untersucht)
- <u>Palliativ-Op:</u> **<u>Gastroenterostomie</u>** (= GE) bei Magenausgangsstenose (Verbindung von Jejunum Seit-zu-Seit an den Magenfundus, mit ante- oder retrokolisch hochgezogener Jejunumschlinge) + BRAUN-Fußpunktanastomose

antekolische GE + Braun-Fußpunktanastomose

- <u>Postoperativ:</u> Bis 5. Tag Infusionstherapie, danach Tee (6. Tag), langsamer Kostaufbau mit flüssiger Kost, passierter Kost ab 8. Tag, Schonkost ab 10. Tag
  Wunddrainage nach ca. 3 Tagen in den Verband ableiten, dann täglich etwas kürzen, Drainage ex nach ca. 1 Woche, Fäden/Klammern ex am 10. Tag
- Bei Gastrektomie fehlt: Intrinsic-Faktor, HCl, Pepsin (⇨ keine Exkretion von Pankreasenzymen, fehlende Vit.-B_{12}-Aufnahme) ⇨ **Substitution** v. Vitamin B_{12} (parenteral) und Pankreasenzymen (oral) erforderlich.

<u>Prog:</u> Resektabel (kurative Zielsetzung) sind nur 45 % der Magen-Ca, Op-Letalität 5-10 %.
5-JÜR aller Magenkarzinome **27 %**, Stadienabhängig: Magenfrühkarzinom mit Beschränkung auf die Mukosa (= T_1, N_0) 95%ige 5-JÜR, fortgeschrittenes Magen-Karzinom: 25-40%ige 5-JÜR bei Radikaloperation (Serosabeteiligung = T_3 <4 cm 40 %, >6 cm bei intestinalem Typ 15 %, bei diffusem Typ schon bei >2 cm nur noch 15%ige 5-JÜR)
Bei lediglich palliativer Resektion mittlere Überlebenszeit 7-11 Mon.

<u>Kompl:</u> * Magenausgangsstenose, Peritonealkarzinose, Aszites, akute Blutung bei Tumorarrosion

<u>Op:</u> * Anastomoseninsuffizienz = Nahtbruch zwischen Ösophagus und Jejunum heute durch zirkuläre Klammergeräte seltener (ca. 9 % d.F.), intraabdominelle Abszesse
* Gewichtsverlust postop. (fehlendes Reservoir, verkürzte Passagezeit, Malabsorption)
* **Rezidiv-Karzinom** ⇨ zur Prophylaxe **<u>Tumornachsorge</u>** mit sonographischen und endoskopischen Kontrollen in anfangs ¼-, dann ½-jährigen Abständen

<u>Proph:</u> ♥ Wichtig ist die **FRÜHDIAGNOSE!**, darum bei längeren Magenbeschwerden (>4 Wo.) unbedingt eine **Gastroskopie** durchführen!
♥ Bei allen Risikoerkrankungen für ein Magen-Ca **<u>jährliche Gastroskopiekontrollen!</u>** (evtl. mit Biopsien) zur Früherkennung

<u>DD:</u> – **Magenulkus**, Refluxkrankheit, Morbus MÉNÉTRIER, Reizmagen-Syndrom (funktionelle Beschwerden als Ausschlussdiagnose)
– <u>Andere Magentumoren</u> (alle **sehr selten**, eher an der großen Kurvatur gelegen):
· **GIST** = <u>g</u>astro<u>i</u>ntestinale <u>S</u>toma<u>t</u>umoren: seltene maligne Tumoren (Inzidenz: 1,5/100.000/Jahr) mesenchymalen Ursprungs im Magen od. Dünndarm mit typischem c-

kit-Protoonkogen [Tyrosinkinase-Rezeptor] auf der Zelloberfläche ⇨ eignet sich zum immunhistochemischen Nachweis am Op-Präparat.

Ther: Resektion mit 2 cm Sicherheitsabstand (keine Lymphknotenentfernung erforderlich, da so gut wie nie Lk-Metastasierung), postop. bei höherem Risiko (Tumor >5 cm od. hoher Mitoserate) Tyrosinkinase-Inhibitor Imatinib 400 mg/Tag (Glivec®) od. Sunitinib 50 mg/Tag (Sutent®) für ½-3 Jahre (vermindert das Rezidivrisiko erheblich). Auch ein präoperativer Einsatz (neoadjuvant) zur Tumorverkleinerung bei Inoperabilität ist mögl.

- **MALT-Lymphome** (= mucosa-associated lymphoid tissue; sind B- od. T-Zell-Non-HODGKIN-Lymphome des Magens, von niedrig- bis hochmaligne mögl.), Assoziation mit Helicobacter-pylori-Infektion, Inzidenz: 1/100.000/Jahr, Diag: endoskopische Biopsie, Ther: Helicobacter-pylori-Eradikation (im frühen Stadium ist dies bei 98 % d.F. erfolgreich), bei fortgeschrittenem Stadium Radiatio (insg. 40 Gy) u. Chemotherapie (CHOP-Schema), ggf. zusätzlich Rituximab (monoklonaler Ak gegen CD-20-Oberflächenantigen, das von den meisten B-Zell-Lymphomen exprimiert wird, Mabthera®), OP heute nur noch bei Komplikationen (z.B. Perforation od. Blutung), Prog: 5-JÜR ca. 80 %
- Sarkome, Leiomyome, Adenome (maligne Entartung in 20 % d.F. ⇨ Kontrolle notwendig), Polypen, Polypose (PEUTZ-JEGHERS-Syndrom), Myome, Neurofibrome, Neurinome, Magenteratom, neuroendokrine Tumoren des Magens (Karzinoide)

KRANKHEITEN DES OPERIERTEN MAGENS

Syn: Dumping-Syndrome: Früh- (postalimentäres Frühsyndrom) und Spät- (postalimentäres Spätsyndrom); Syndrom der zu- und abführenden Schlinge (engl. afferent loop syndrome, efferent loop syndrome); Syndrom der blinden Schlinge = Blindsacksyndrom (engl. blind loop syndrome), ICD-10: K91.1

Ät:
- Dumping-Syndrome und Schlingensyndrome: insb. nach **Billroth-II-Op**
- Blindsacksyndrom: Bei ausgeschalteten Darmschlingen, Umgehungs-Enteroanastomosen im Dünndarmbereich

Path:
- ♦ **Frühdumping-Syndrom:** Rasche unverdünnte **hyperosmolare** Nahrungspassage im Jejunum ⇨ osmotische Aktivität in Richtung Darmlumen (v.a. nach Verzehr von Süßigkeiten = nicht gespaltene Kohlenhydrate) ⇨ Verlust von Plasma (bis zu 20 % des Blutvolumens!), Kininfreisetzung (vasoaktive Substanzen wie Serotonin, auch Katecholamine) u. Vagusreizung, mechanisch bedingt durch Dehnung d. Darmschlingen ⇨ alles zusammen kann zum Volumenmangelschock führen
- ♦ **Spätdumping-Syndrom:** Hypoglykämie postprandial durch unkoordinierte überschießende Insulinfreisetzung, v.a. bei kohlenhydratreicher Nahrung ⇨ Katecholaminfreisetzung
- ♦ **Afferent-loop-Syndrom:** Stase u. Abflussbehinderung der zuführenden BII-Duodenalschlinge oder zu weite Ausflussöffnung (Mageninhalt gelangt in die Schlinge) ⇨ Keimbesiedlung, Gallen- und Pankreasenzymstau
- ♦ **Efferent-loop-Syndrom:** Magenentleerung wird behindert durch Abknickung oder Anastomosenenge / Invagination der abführenden Schlinge
- ♦ **Blind-loop-Syndrom:** Überwucherung der blinden Schlinge mit Darmbakterien ⇨ Dekonjugation von Gallensäuren und Konsumption v. Vit. B_{12} ⇨ Maldigestion und Vit.-B_{12}-Mangel, Ther: Langzeittherapie mit Tetrazyklinen

Klin:
- ⇒ Frühdumping-Syndrom: Bauchschmerzen, Übelkeit, Diarrhoe, Schocksymptomatik (Hypovolämie, da Nahrung sofort in den Dünndarm gelangt), Latenz: 10-30 Minuten nach Nahrungsaufnahme
- ⇒ Spätdumping-Syndrom: Hypoglykämie ⇨ Kaltschweißigkeit, Übelkeit, Schock, Latenz: 1-3 Std. nach Nahrungsaufnahme
- ⇒ Afferent-loop-Syndrom: Inappetenz, galliges Erbrechen, Völlegefühl, Diarrhoe, Besserung der Beschwerden nach Erbrechen
- ⇒ Efferent-loop-Syndrom: Völlegefühl, Erbrechen
- ⇒ Blind-loop-Syndrom: Steatorrhoe/Diarrhoe ⇨ Hypokalzämie und Gewichtsverlust, Vit.-B_{12}-Mangel ⇨ perniziöse Anämie bis zur funikulären Myelose

<u>Diag:</u> 1. Anamnese und klinische Untersuchung
2. Röntgen: Efferent-loop-Syndrom: Abknickung, prästenotische Ektasie des Magenrestes

<u>Ther:</u>
- <u>Konservativ:</u> Früh-Dumping-Syndrom: mehrere kleine Mahlzeiten, eiweiß- und fettreiche Speisen
  Blind-loop-Syndrom: Tetrazykline od. Gyrasehemmer, Cholestyramin (bindet Gallensäuren), Vit.-B_{12}-Substitution (parenteral)
- <u>Operativ:</u> Ind: Ausgeprägte Dumping-, Afferent- und Efferent-loop-Syndrome
  - Umwandlungsoperation nach HENLEY-SOUPAULT: B II ⇨ B I, die zuführende (ausgeschaltete) Schlinge wird wieder in die Kontinuität eingefügt (zwischen Magenrest und abführende Schlinge)
  - Blind-loop-Syndrom: Blindsackresektion und Umwandlung in eine physiologische End-zu-End-Anastomose

<u>Kompl:</u> Bei allen Magenresektionen kann es zum **<u>Stumpfkarzinom</u>** durch duodeno-gastralen Reflux kommen, Latenz ca. 15 Jahre postoperativ (insb. nach B II) ⇨ jährliche gastroskopische Kontrolle durchführen.

ADIPOSITAS-CHIRURGIE

<u>Syn:</u> **Bariatrische Chirurgie**, metabolische Chirurgie bei: Adipositas permagna, morbider Fettsucht, *krankhafter Adipositas*, ICD-10: E66.8- (die 5. Stelle wird v. Grad I-III kodiert mit 0-2)

<u>Ät:</u> Eine Adipositas permagna kann folgende Ursachen haben:
- **Exzessive Hyperalimentation** und zu **geringe körperliche Aktivität**
- **Genetische Disposition** (familiäre Häufung): polygene Erbanlagen, Leptinresistenz am Obesity-Rezeptor im Hypothalamus
- <u>Hormonell:</u> Hypothyreose, **CUSHING-Syndrom** I (Hyperkortisolismus), Hypothalamus-Affektion (FRÖHLICH-Syndrom), polyzystische Ovarien (STEIN-LEVENTHAL-Syndrom)
- PICKWICK-Syndrom (hochgradige Fettsucht mit alveolärer Hypoventilation, Schlafapnoesyndrom und anfallsweisen Schlafzuständen)
- PRADER-WILLI-Syndrom (Mikrodeletion an Chrom. 15) mit Adipositas, Diabetes mellitus, Muskelhypotonie, Hypogenitalismus, Minderwuchs und geistiger Behinderung
- BARDET-BIEDL-Syndrom (aut.-rez. erblich): dienzephaloretinale Degeneration mit Adipositas, Retinopathia pigmentosa, Polydaktylie, Nierenfunktionsstörungen, Hypogenitalismus, Minderwuchs u. geistiger Behinderung
- <u>Med:</u> Antidepressiva (Hunger ↑, insb. Amitriptylin, Saroten®), Neuroleptika (insb. Thioridazin, Melleril®), Lithium, Insulin, Kortikosteroide, ß-Blocker, Testosteron, Östrogen, Gestagen

<u>Diag:</u> 1. Anamnese (Essgewohnheiten, Diäten, körperliche Aktivitäten, familiäre Disposition), typischer klinischer Befund, Medikamentenanamnese: Appetitzüglergebrauch, Laxanzien, Diuretika, Schilddrüsenhormone, Alkohol od. Drogen, weitere Risikofaktoren (s.u. Kompl.)?
2. <u>Gewichtsberechnung:</u> **BMI** (<u>b</u>ody <u>m</u>ass <u>i</u>ndex, Syn: QUETELET-Index), zur schnellen Bestimmung s. Nomogramm

$$\text{BMI} = \frac{\text{Körpergewicht [kg]}}{\text{Körpergröße}^2\ [\text{m}^2]}$$

normal ist ein BMI von 20-25 kg/m²
Übergewicht: 25-30 kg/m²,
Adipositas Grad I: 30-35 kg/m², Grad II: 35-40 kg/m²,
Adipositas permagna (Grad III, morbid obesity) **>40 kg/m²**
in manchen Etlg. auch noch super obesity: >50 kg/m²
(s. Abb., Bsp.: 1,64 m groß, 120 kg = BMI 44,6)
Untergewicht <19 kg/m², Anorexie/ Bulimie <17,5 kg/m²

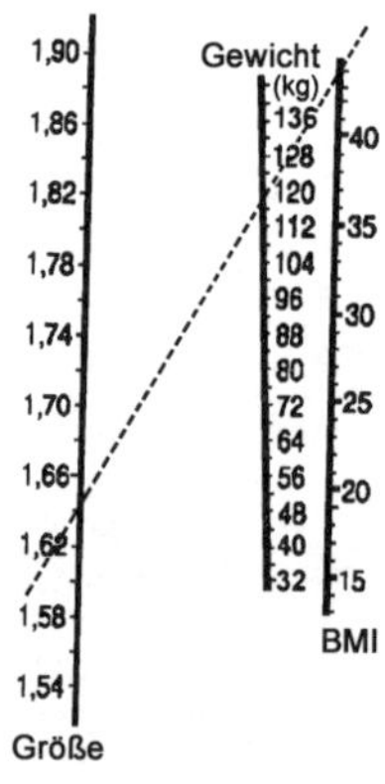

Ein deutlich erhöhtes Risiko für metabolische und kardiovaskuläre Komplikationen besteht bei einem **Taillenumfang** >102 cm bei Männern und >88 cm bei Frauen

3. Basislabor: Cholesterin, Triglyzeride, Glukose, T3, T4, TSH, Harnsäure + übliche Werte zur Op-Vorbereitung
4. Internistisches Konsil präop. zum Ausschluss begleitender kardialer Erkrankungen, Gefäßsklerose usw.

Epid: ◊ Prävalenz: In den Industriestaaten haben 45 % d. Bevölkerung ein Übergewicht (BMI >25 kg/m²), in Deutschland sogar 66 %. 23 % der Erwachsenen in Deutschland haben eine Adipositas und es werden 800.000 Menschen (1 % der Bevölkerung) mit einer Adipositas permagna geschätzt. Bei den Kindern (3.-17. Lj.) haben 6 % eine Adipositas (mit steigender Tendenz). Die Prävalenz der Adipositas hat sich in den letzten 20 Jahren verdoppelt und es wird bis zum Jahr 2030 mit einer weiteren Verdopplung gerechnet.

◊ Ab einem BMI von 32 kg/m² steigt die Mortalität, bei einem BMI von ≥40 kg/m² besteht ein 6- bis 12fach erhöhtes Mortalitätsrisiko. Die statistische Verminderung der Lebenserwartung beträgt 9 Jahre für Frauen und 12 J. für Männer.

Ther: • Konservativ: zur Gewichtsreduktion werden neben den verschiedensten **Diäten** (z.B. Formula-Diäten) auch medikamentöse **Appetitzügler**, z.B. das Antidepressivum Sibutramin (Reductil®) und **Fettresorptionshemmer** (Orlistat, Xenical®) versucht.
Wichtig ist ein **Essverhaltenstraining**, das Führen eines **Ernährungsprotokolles** zur Kontrolle und vor allem die Steigerung der **körperlichen Aktivität** (mit Ausdauersportarten!)

• Operativ: Ind: konservativ therapieresistente Adipositas permagna (Grad III, BMI >40 kg/m², erfolglose Versuche über 2 J. ärztlich überwacht an Gewicht abzunehmen)

- In Deutschland Kostenübernahme durch die Krankenkasse erforderlich (wird ab BMI >40 kg/m² meist genehmigt)
- Präop. bereits angepasste Antithrombosestrümpfe anfertigen lassen
- **Gastric banding** (Magenband, s. Abb.): Ein festes Band wird implantiert und erzeugt ein kleines prox. Magenreservoir (ca. 15 ml), das durch eine zusätzliche vertikale Klammernahtreihe entsteht (vertikale Gastroplastik nach MASON).
  Heute Op. meist modifizierte nach KUZMAK (und meist **laparoskopisch** durchgeführt) ⇨ dabei wird der gesamte Magen durch ein horizontal implantiertes Band in 2 Teile eingeengt, der prox. Anteil ist das künftige kleine Magenreservoir (Pouch). Es erfolgt dabei die Implantation eines **justierbaren Bandes** (mit integriertem Ballon im Band, der über einen im Subkutangewebe des Bauches verbundenen Port mehr oder weniger gefüllt werden kann, s. Abb.), das durch Übernähen mit kranialen Fundusanteilen fixiert wird.

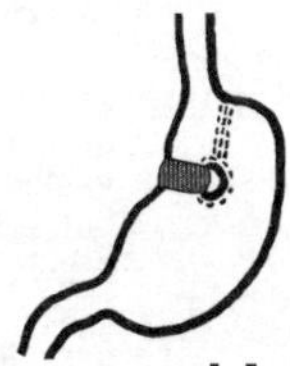

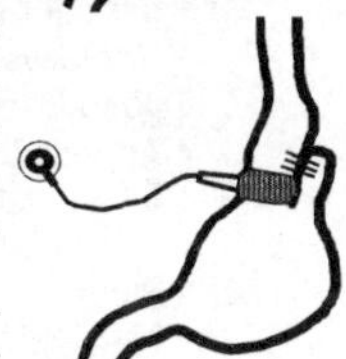

- **Magenbypass** n. TORRES u. OCA: Abtrennen eines Teil des Magens und den verbliebenen kleinen, prox. Rest mit einer Y-Roux-Gastrojejunostomie (Op s.o. Kap. Magenkarzinom) verbinden (ebenfalls laparoskopisch mögl.)
- **Biliopankreatische Diversion** n. SCOPINARO (ab BMI >50): der verkleinerte Magen wird ähnlich wie bei einer Y-Roux-Gastrojejunostomie verbunden, jedoch wird das Jejunum erst 50-100 cm vor dem terminalen Ileum wieder anastomosiert ⇨ nur noch kurze funktionelle Strecke zur Resorption vorhanden (Vorteil: auch bei weiterhin großer Nahrungszufuhr ist eine Gewichtsabnahme zwangsläufig, Nachteil: Malabsorption, Proteinmangel ⇨ eiweißreiche Ernährung u. Substitution von Vitaminen usw. erforderlich).
  Eine Variante ist der sog. **duodenale Switch** (s. Abb., hier wird der abführende Schenkel mit dem erhaltenen Pylorus anastomosiert, sodass das Dumping-Syndrom vermindert wird und die Lebensqualität höher ist).

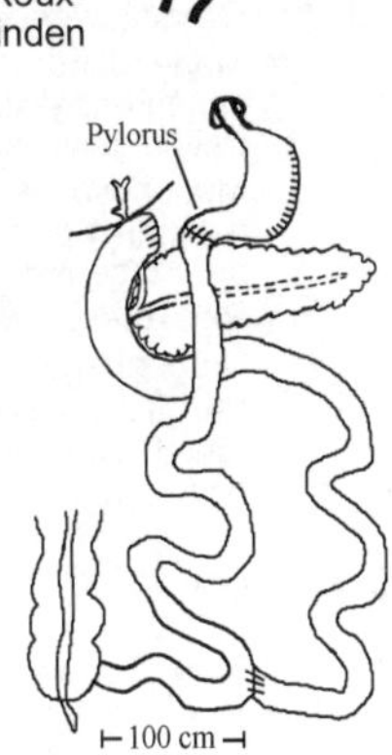

- Endoskopische Ballon-Implantation in den Magen (für 6 Mon. mögl., z.B. um durch die Abnahme in dieser Zeit eine Op-Fähigkeit für einen weiteren Eingriff zu erreichen)

- Neue Methode ist das Gastric pacing, hierbei wird eine Schrittmacherelektrode laparoskopisch in das Antrum implantiert (der Schrittmacher liegt subkutan im Oberbauch). Durch eine elektrische Dauerstimulation wird ein Sättigungsgefühl induziert u. die Magenpassage verzögert sich.
- Lipektomien, Pannikulektomien/Dermolipektomien (Haut-Fett-Lappenresektion), Abdominoplastik oder Fettabsaugungen (Liposuktion) sind letztlich nur kosmetische Operationen und haben <u>keinen</u> Einfluss auf die Kalorienaufnahme und Gewichtsreduktion.
  Nach massiver Gewichtsreduktion können kosmetische Operation zur Entfernung "überschüssiger" Haut und des Weichgewebes (z.B. der Bauchdecke) ggf. medizinisch indiziert sein (sog. Body-Contouring, z.B. Body-Lift-Op n. LOCKWOOD).
- Psychotherapeutische Unterstützung (Übergewicht kann Kompensation unbewältigter interpersonaler Konflikte sein, diese verschlechtern sich dann bei Gewichtsabnahme)

• Selbsthilfegruppen: Adipositaschirurgie-Selbsthilfe-Deutschland e.V., Wallauer Str. 3, 65719 Hofheim, Tel.: (0 61 92) 9 77 62 69, Internet: http://www.acsdev.de
  und weitere Informationen bei der Deutschen Adipositas-Gesellschaft e.V., Internet: http://www.adipositas-gesellschaft.de u. Arbeitsgemeinschaft Adipositas im Kindes- und Jugendalter, Internet: http://www.a-g-a.de

Prog: Eine dauerhafte Gewichtsreduktion ist mit konservativen Maßnahmen bei der Adipositas Grad III meist nicht zu erreichen.
Das laparoskopisch implantierte, justierbare Magenband (gastric banding) zeigt in 50 % d.F. gute Erfolge, ist jedoch nicht ohne Risiko (z.B. perioperative Mortalität 0,5 %, Kompl. s.u.).
Die Bypass- u. Diversions-Operation zeigen **längerfristig** die stabilste Gewichtsabnahme (auf eine Malabsorption muss aber geachtet werden).
Die Studien zeigen, dass Pat. nach bariatrischer Op eine Verringerung der Sterblichkeit um ca. 40 % in der Folgezeit haben. Weiterhin sinkt bei Frauen das allgemeine Krebsrisiko um fast die Hälfte.

Kompl:
* <u>Zusätzliche Risikofaktoren:</u> arterielle Hypertonie + Hyperlipidämie + gestörter Kohlenhydratstoffwechsel (= **metabolisches Syndrom**), Hyperurikämie, KHK, AVK, zerebrovaskuläre Insuffizienz, obstruktives Schlafapnoesyndrom, COPD, Nikotinabusus, Alkohol- u./od. Drogenkonsum
* Entwicklung eines **Diabetes mellitus** Typ II (Insulinresistenz). Bei Adipositas ist das Risiko 40fach! erhöht einen Diabetes mellitus zu entwickeln. Nach Op bessert sich dieser oder sistiert sogar ganz.
* Cholezystolithiasis (erhöhtes Risiko auch nach Op)
* JoJo-Effekt (erneute Gewichtszunahme) nach einer kons. Therapie
* Appetitzügler auf Amphetaminbasis sind seit 2001 wegen mögl. NW (pulmonale Hypertonie, Herzklappenschädigung, Herzrhythmusstörungen, Halluzinationen, Abhängigkeitspotential) in Deutschland nicht mehr zugelassen

<u>Op:</u>
* Magenperforation, Peritonitis
* MASON-Op: Klammernahtreihenöffnung ⇨ Umgehung des Pouches und damit fehlender Gewichtsverlust (Reoperation erforderlich)
* Magenband: Verrutschen des Bandes, Dilatation des prox. Magenabschnittes, Durchrutschen des dist. Magenanteils unter dem Band nach oben (Slippage), selten auch Penetration des Bandes in den Magen, Portinfektion
* Magenbypass u. Diversions-Op: Dumping-Syndrom (Übelkeit u. Blähungen bei zuckerhaltigen Speisen od. Getränken), Malabsorptionssyndrom mögl., dann Vitamin-, Kalzium-, Eisen- u. Jod-Substitution erforderlich
* Refluxbeschwerden, Erbrechen ⇨ Speisen müssen gut gekaut werden
* Narbenhernien (insb. bei offener Op)
* Bei Schwangerschaft besteht ein erhöhtes Risiko beim Kind für Neuralrohrdefekte (durch verminderte Aufnahme von Folsäure) ⇨ bei geplanter Schwangerschaft bereits davor, bzw. gleich zu Beginn einer Schwangerschaft Folsäure supplementieren.

Proph: ♥ Der statistisch optimale BMI (für ein langes Leben) beträgt 22-25 kg/m²

DD:
- Einfache Pubertätsfettsucht (ist keine Ind. für ein operative Maßnahme)
- Multiple symmetrische Lipomatose (Fettpolster z.B. an den Oberschenkeln od. MADELUNG-Fetthals), gehäuft in Verbindung mit Alkoholabusus

DUODENUM

Anatomie

Das Duodenum besteht aus Pars superior (= Bulbus duodeni, intraperitoneal), Flexura duodeni sup., Pars descendens (mit der Papilla duodeni maj. (VATERI) et min. = Duct.pancreaticus accessorius), Flexura inferior, Pars horizontalis, Pars ascendens. Es mündet am TREITZ-Band (Plica duodenojejunalis, Muskelbindegewebsband v. Zwerchfell zur Flexura duodenojejunalis) in das Jejunum. Ab Pars descendens liegt der Zwölffingerdarm retroperitoneal bis zum Beginn des Jejunums. Gesamtlänge ca. 30 cm.

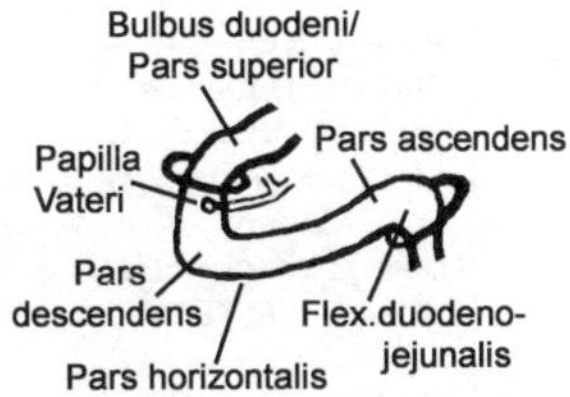

Gefäße: A.pancreaticoduodenalis sup. (aus A.gastroduodenalis aus Tr.coeliacus) und inf. (aus A.mesenterica sup.) bilden eine Anastomose (BÜHLER-Anastomose); A.gastroduodenalis und A.supraduodenalis (aus A.gastroduodenalis). Abfluss in die V.portae.

Vegetatives Nervensystem: Plexus coeliacus (sympathisch), N.vagus (parasympathisch)

Sekretion: BRUNNER-Drüsen: alkalischer Schleim (hauptsächlich in d. Pars sup. u. desc.)

Funktion: Resorption von Fe, Ca, Mg, Sacchariden, wasserlöslichen Vitaminen und Neutralisierung des sauren Magenbreies durch Gallensekret, Pankreassaft und Duodenalsekret.

Fehlbildungen

Duodenalatresie: s. Kap. Kinderchirurgie

Duodenaldivertikel: Häufigste Lok: Parapapillär (Innenseite des duodenalen 'C')
- Sympt: Meist klinisch stumm, fallen nur bei Komplikationen od. als Zufallsbefund auf
- Kompl: Entzündung, Blutung, Perforation, Stenose, Papillenstenose (⇨ Gallestau), Pankreatitis
- Diag: MDP, Endoskopie
- Ther: Nur bei KO, Resektion d. Divertikels und Nahtverschluss der Bruchlücke
- (DD: Ulcera duodeni immer im Bulbus duodeni, Divertikel nie im Bulbus)

ULCUS DUODENI

Syn: Zwölffingerdarmgeschwür, Duodenalulkus, engl. duodenal ulcer, ICD-10: K26.-

Ät:
- Infektion mit **Helicobacter pylori** (95 % der Pat. sind pos.)
- Medikation von nichtsteroidalen Antirheumatika (NSAR)
- Stressulkus bei intensivmedizinischer Behandlung
- ZOLLINGER-ELLISON-Syndrom, Hyperparathyreoidismus, duodenaler Morbus CROHN, systemische Mastozytose
- Begünstigend für Hyperazidität: Psychogen, Stress, Nikotin, Alkohol, Kaffee, Immunsuppression, Zytostatika, Morbus CUSHING, Cortisonmedikation

Path: Mögliche Ursachen sind: Übersäuerung im Bulbus duodeni durch Überproduktion von Säure im Magen (Helicobacter-pylori-Gastritis), heterotope Magenschleimhaut im Bulbus, fehlende Pufferung im Duodenum (Bikarbonat aus Pankreas u. Galle), zu rasche Entleerung von Mageninhalt in das Duodenum ⇨ Bulbitis (Duodenitis) ⇨ Ulkus im Bulbus duodeni (meist Vorderwand)

Epid:
- ◊ 6-10 % der Menschen entwickeln im Laufe ihres Lebens (= Lebenszeit-Prävalenz) ein Ulcus ventriculi od. duodeni, Prävalenz: 1,5 % pro Jahr, Inzidenz 150/100.000/Jahr
- ◊ **M** >> w (= 3:1), gehäuft bei Menschen mit der Blutgruppe 0

Klin: ⇒ **Nüchternschmerz**, Nachtschmerz (hyperazide interdigestive Sekretion des Magens = "regulation out of order"), Nachlassen der Schmerzen nach Nahrungsaufnahme und Spätschmerz, Lok: punktförmig, relativ genau lokalisierbar, meist im Epigastrium etwas lateral der Mittellinie liegend
⇒ Übelkeit, Erbrechen durch Duodenalschwellung
⇒ Periodisches Auftreten der Beschwerden, Gipfel im Frühjahr und Herbst (empirisch)

Diag:
1. Anamnese (Schmerzcharakter) und klinische Untersuchung
2. **Gastroduodenoskopie + Biopsie,** Nachweis von **Helicobacter pylori** (auch nicht invasiv mögl. über ELISA-Serumantikörperbestimmung oder ^{13}C-Harnstoff-Atemtest)
3. Magensäureanalyse (keine Routinediagnostik): BAO, MAO mit Pentagastrintest (s.o. Kap. Magen), ergibt bei Ulcus duodeni im Quotient BAO:MAO Werte von 0,2-0,4 beim Zollinger-Ellison-Syndrom bis zu 0,6
4. Röntgen: MDP ⇨ Ulkusnische: Füllung des Defektes mit KM

Ther:
- **Konservativ:** Wie bei Magenulkus ⇨ Eradikation der Helicobacter-pylori-Infektion mit einer **Triple-Therapie** für 7 Tage: PPI, z.B. Esomeprazol (Nexium®mups) od. Omeprazol (Antra®Mups) 2 x 20 mg/Tag **+** 2 Antibiotika: Amoxicillin 2 x 1.000 mg/Tag (Amoxypen®) + Clarithromycin 2 x 500 mg/Tag (Biaxin®HP) ⇨ der Helicobacter-Befall lässt sich damit in 90 % d.F. eradizieren
- Operativ: Ind: nur noch **sehr selten**, bei Versagen der konservativen Therapie (2-3 Rezidive in 2-3 Jahren), Rezidivulkus nach Ulkuskomplikationen, Perforation
  - **Selektive proximale Vagotomie** (**SPV**): Skelettierung der kleinen Kurvatur zur Denervierung der belegzellenhaltigen Fundus- u. Korpusareale (evtl. + Pyloroplastik bei Magenausgangsstenose) ⇨ Reduktion der Säureproduktion um 50 %, geringe Funktionsstörung
  - Kombiniertes Ulcus ventriculi et duodeni: **SPV mit Pyloroplastik** (nach HEINECKE-MIKULICZ: Myotomie des Pylorus in Längsrichtung, auseinanderziehen der Wunde und Naht in Querrichtung ⇨ Erweiterung des Pylorus) + Exzision des Magenulkus oder Antrumresektion oder 2/3-Resektion des Magens und Gastroduodenostomie
  - Postoperativ: Bis 5. postop. Tag Infusionstherapie, dann Kostaufbau mit Tee, flüssiger Kost, passierter Kost und Schonkost. Fäden ex am 10. Tag
  - Alle anderen Verfahren, wie selektive-gastrale Vagotomie, (trunkuläre) Vagotomie, 2/3-Resektion des Magens mit B I oder B II, "combined operation" mit Vagotomie + Resektion mit B I haben heute keine Bedeutung mehr.

Prog: **Keine maligne Entartung!** (im Gegensatz zum Magenulkus)
SPV: 6-10 % Rezidivrate, Op-Letalität 0,3 %

Kompl:
* **Perforation** ⇨ Bild des Akuten Abdomens mit akuten Bauchschmerzen, u.U. ohne vorherige Anamnese ⇨ Peritonitis mit Abwehrspannung, bretthharter Bauch (v.a. Oberbauch, reflektorisch), "Totenstille", Kreislaufreaktion mit Schocksymptomatik und Sepsiszeichen mögl., Prog: wenn Perforation >24 Std. zurück ⇨ Letalität 80 %, bei <6 Std. ca. 5-10 %
  Diag: Rö-Abdomenübersicht im Stehen (freie Luft in der Bauchhöhle, Cave: Nach jeder Laparotomie ist freie Luft im Abdomen zu finden!), Endoskopie u. evtl. nochmals Abdomenübersicht, da Insufflation von Luft bei der Endoskopie jetzt freie Luft induziert, evtl. diagnostische Laparotomie bei unklarer Lage
  Ther: Laparotomie, Verschluss durch Ulkusübernähung mit Einzelknopfnähten
* **Blutung** (besonders gefährlich dorsal, weil dort die A.gastroduodenalis arrodiert werden kann), Etlg: nach FORREST (s. gastrointestinale Blutungen) ⇨ Ther: konservative Behandlung (incl. max. 4 Blutkonserven über 24 Std., Sekretin, Somatostatin, Eiswasserspülung), endoskopische Sklerosierung oder Laserkoagulation. Bei Versagen der konservativen Therapie ⇨ Op: Ulkusumstechung mit Einzelknopfnaht entlang des Gefäßverlaufes.
* Narbige **Stenosierung** ⇨ Magenausgangsstenose: Völlegefühl nach dem Essen, Erbrechen von saurem Mageninhalt, da Abflussstörung für den Mageninhalt, Gewichtsabnahme (Essen wird vermieden), bei Ulkuskrankheit meist lange Anamnese
  Wichtige DD: Magen-Ca! ⇨ Gastroskopie mit Biopsie (meist kurze Anamnese)

Ther: endoskopische Ballondilatation (in mehreren Sitzungen), wenn diese nicht erfolgreich ist, dann Pyloroplastik nach HEINECKE-MIKULICZ (Längsinzision + Quervernähung)

* Kissing ulcer: Gegenüberliegende Ulzera im Bulbus duodeni
* **Penetration** in Nachbarorgane: z.B. Pankreas ⇨ Dauerschmerz, Pankreatitis
* Rezidivulkus: Selektive totale Vagotomie = Entfernung sämtlicher gastraler Vagusfasern + Pyloroplastik

DD:
- **Magenulkus:** Diffuser Sofortschmerz nach Nahrungsaufnahme oder postprandialer Schmerz (Spätschmerz 1-3 Std. nach Nahrungsaufnahme)
- Duodenaldivertikel (nie im Bulbus – im Gegensatz zum Ulcus duodeni)
- Gallenkoliken, Pankreatitis

DUODENALTUMOREN

Etlg:
Benigne: Brunneriom (Adenom von den BRUNNER-Zellen ausgehend), Hamartom, Myome, Lipome, Gastrinom (ZOLLINGER-ELLISON-Syndrom)
Maligne (sehr selten): Karzinome (Risiko erhöht bei familiärer, kolorektaler adenomatöser Polypose, TNM-Stadien wie bei Dünndarmtumoren, s.u.), Sarkome (mit Infiltration in das Pankreas mögl.), GIST = gastrointestinale Stromatumoren (s.o. Kap. Magenkarzinom)

Klin:
⇒ gastrointestinale Blutung, Stenose mit Übelkeit, Schmerz, Völlegefühl, evtl. galligem Erbrechen
⇒ Cholestasezeichen bei Obstruktion der Papilla duodeni VATERI (Ikterus, COURVOISIER-Zeichen, rezidivierende Pankreatitis)

Diag:
1. Anamnese und klinische Untersuchung
2. Röntgen: MDP, ggf. ERCP zur Abgrenzung von Papillenprozessen, CT
3. **Endoskopie** + Zangenbiopsie, ggf. Endosonographie

Ther:
- Operativ:
  - Endoskopische Schlingenabtragung benigner, gestielter Tumoren (Adenome) oder, wenn dies nicht möglich ist, chirurgische Segmentresektion des betroffenen Abschnittes
  - Maligne Tumoren: Laparotomie, bei lokalisiertem Prozess (insb. an d. Flexura duodenojejunalis) duodenale Teilresektion, sonst proximale Duodenopankreatektomie n. WHIPPLE (mit entsprechend hoher Op-Letalität, s. Kap. Pankreaskarzinom und schlechter Prognose, 5-JÜR <30 %)
  - Bei Inoperabilität und Passagehindernis: Gastroenterostomie + BRAUN-Fußpunktanastomose (s. Kap. Magenkarzinom)

Kompl:
* Stenosierung der Papille ⇨ Aufstau von Galle- und Pankreassekret
* Passagehindernis durch Verlegung des duodenalen Lumens
* Maligne Entartung benigner Tumoren

DD:
- Ulcus duodeni, Magenschleimhautheterotopien, antrale gestielte Polypen, Lipidinseln, heterotopes Pankreasgewebe, Karzinoide
- Papillenkarzinom (s. Kap. Tumoren Gallenblase und Gallenwege)
- Duodenalstenose: Pankreas anulare, Pankreaskopfkarzinom, Pankreatitis, Narbenstriktur, aortomesenteriales Kompressionssyndrom (Einklemmung des Duodenums zwischen Aorta und A.mesenterica sup.)

DÜNNDARM

Anatomie

Duodenum (wird *funktionell* zu den Oberbauchorganen gezählt, teils intra- und retroperitoneal gelegen) + **Jejunum** u. (40 % zu 60 %) **Ileum**. Jejunum und Ileum liegen komplett intraperitoneal.

Gesamtlänge beim Erwachsenen: **5-8 m**. Der Dünndarm ist an der hinteren Bauchwand durch das Mesenterium mit der Gefäßversorgung fixiert. Er endet mit der Papilla ilealis (Syn: Ostium ileale, wird auch Valvula ileocaecalis od. **Bauhin-Klappe** genannt, der Übergang hat aber keinen Klappen- sondern eher einen Ventilmechanismus) am Übergang des Ileums zum Caecum/Colon ascendens im re. Unterbauch.

Arterien: Aa.jejunales et ilei aus der A.mesenterica sup.

Venen: Vv.jejunales et ilei in die V.mesenterica sup. ⇨ V.portae

Lymphabfluss: Mesenterium ⇨ Cisterna chyli

Funktion: im Jejunum erfolgt die **Resorption** von fettlöslichen Vitaminen, Elektrolyten, Fetten, Cholesterin u. Eiweiß sowie von Wasser (6 l/Tag), Sekretion von Enzymen (Amylase, Proteinase)

Terminales Ileum: Resorption von Vit. B_{12} (mit Intrinsic-Faktor des Magens), Gallensalzen

Zusätzlich hat der Dünndarm noch eine **immunologische Funktion** (IgA-Synthese, Noduli lymphatici aggregati = Peyer-Plaques)

Histologie: Darmzotten mit Mikrovilli, dazwischen Lieberkühn-Krypten mit Becherzellen und Paneth-Körnerzellen (sezernieren Lysozym u. Peptidase), Ringfalten (Kerckring-Falten aus Mucosa u. Submucosa zur weiteren Oberflächenvergrößerung). Die gesamte Resorptionsfläche beträgt ca. 2 Mio. cm² (etwa Größe eines Tennisplatzes).

Anomalien und Missbildungen

Ductus omphaloentericus (Syn: Duct.vitellinus, Dottergang): Liegt zw. Nabel und Ileum. **Unvollständige Rückbildung** des Dottergangs ⇨ verschiedene Fehlbildungen (s. Abb.) mögl.:

(1) Persistierende (angeborene), vollständige Dünndarm-Nabel-Fistel = Ductus omphaloentericus persistens
(2) Inkomplette **Nabelfistel** = persistierender distaler Teil
(3) Inkomplette Dünndarmfistel = persistierender proximaler Teil = **Meckel-Divertikel** (s.u.)
(4) Dottergangzyste = persistierender intermediärer Anteil
(5) Intraabdomineller Bindegewebestrang = unvollständige narbige Atresie (Lig.terminale)

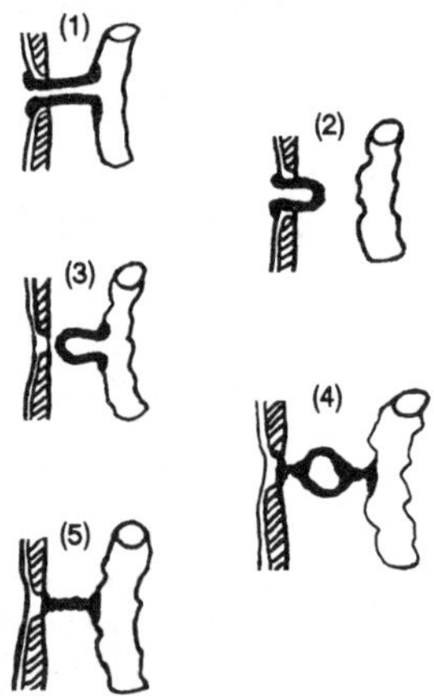

Dünndarmdivertikel: sind selten, meist an der Mesenterialseite im oberen Jejunum gelegen.
Kompl: Divertikulitis, Perforation, Blutung, Ileus, Fisteln- und Blindsackbildung, Malabsorptionssyndrom

Pneumatosis cystoides intestini: Gasblasen in Mucosa und Subserosa als Folge bakt. Besiedlung der Lymphwege. Meist Zufallsbefund ohne Therapienotwendigkeit.

Lageanomalien: Duodenum inversum, Malrotation, Duodenum mobile, arterio-mesenteriale Duodenalstenose

Dünndarmatresie, Dünndarmstenose, Dünndarmduplikaturen (s. Kap. Kinderchirurgie)

Sonstige Erkrankungen:
Morbus Crohn (siehe Kap. Abdomen), Ileus (siehe Kap. Abdomen), Mesenterialinfarkt (siehe Kap. Gefäßchirurgie)

DÜNNDARMVERLETZUNGEN

Syn: ICD-10: S36.4-

Ät:
- Stumpfe traumatische Darmwandschädigung (Quetschungsverletzung)
- Perforierende Verletzung (z.B. Stichverletzung)
- Iatrogen: Perforation bei Endoskopien, MDP, Biopsien
- Verschluckter Fremdkörper, Gallensteine, Bezoare (faserhaltiger Fremdkörper, z.B. aus verschluckten Haaren bei psychiatrischen Pat., die aus dem Magen in den Dünndarm ragen, sog. RAPUNZEL-Syndrom) ⇨ Hindernisse sind die Flexura duodenojejunalis und das Ostium ileale [= BAUHIN-Klappe] am Übergang vom Ileum zum Kolon mit einem Durchmesser von ca. 2 cm

Klin:
⇒ Lokaler Schmerz, gestörte Peristaltik, bei Quetschverletzungen evtl. zuerst freies Intervall
⇒ Bei Perforation ⇨ **Akutes Abdomen** (bretthater Bauch, paralytischer Ileus, reflektorisches Erbrechen)

Diag:
1. Anamnese und klinische Untersuchung
2. Röntgen: Abdomenübersicht ⇨ freie Luft bei Perforation + Erguss, evtl. MDP mit Gastrografin! (kein Barium!)
3. Sonographie

Ther:
- Konservativ: Bei verschlucktem Fremdkörpern i.d.R. abwartende Haltung (meist spontaner Abgang, Kontrolle mit Abdomenübersicht, evtl. MDP mit Gastrografin!)
- Operativ:
  - Laparotomie, Übernähung des Defektes; bei freier Perforation Spülung mit Taurolidin-Lösung (Taurolin®)
  - Evtl. Spüldrainage des Peritoneums (s. Kap. Peritonitis) u. Relaparotomien
  - Magensonde, Breitbandantibiose peri- und postoperativ
  - Bei Mesenterialabriss: Blutstillung, ggf. Resektion des betroffenen Darmabschnittes
  - Parenterale Ernährung für einige Tage

Kompl:
* Leckentstehung/Perforation ⇨ Peritonitis
* Mesenterialein-/-abriss ⇨ abdominelle Blutung, hämorrhagischer Schock, Minderperfusion des betroffenen Darmabschnittes mit Nekrose
* Fremdkörper: Penetration, Perforation, Ileus, Peritonitis, Blutung

Op: * Spätkomplikationen: Verwachsungsbauch

MECKEL-DIVERTIKEL

Syn: Diverticulum ilei, engl. MECKEL's diverticulum, ICD-10: Q43.0

Anatomie: Der Dottergang (Ductus omphaloentericus, Duct.vitellinus) bildet sich normalerweise in der 6.-7. Fetalwoche vollständig zurück. Reste findet man bei ca. 1 % der Menschen.

Path:
- **Persistierender** proximaler Teil (am Dünndarm) des embryonalen Ductus omphaloentericus (Dottergang)
- Neigt zu Magenschleimhautheterotopie mit Entwicklung von Ulzera, Blutungen, Entzündungen
- Lok: meist ca. 0,4-1 m proximal der Ileozökalklappe am Ileum zu finden, im Durchschnitt 2-10 cm lang (bis zu 30 cm mögl.)

Klin:
⇒ Bauchschmerzen, Übelkeit, Erbrechen, evtl. anorektale Blutung
⇒ **Symptomatik einer akuten Appendizitis** = Meckelitis ⇨ bei unklarem intraoperativem Befund bei einer Appendektomie immer Suche nach einem MECKEL-Divertikel

Diag: Anamnese und klinische Untersuchung wie bei akutem Abdomen/Appendizitis

Ther: Operativ: wird bei der Laparotomie ein MECKEL-Divertikel gefunden, wird dieses reseziert. Bei einer Appendizitis sollte das Ileum immer auf das Vorhandensein eines MECKEL-Divertikels überprüft werden (dazu wird das Ileum von der Ileozökalklappe aus auf einer Länge von ca. 1 m oralwärts überprüft)

Kompl:
* Magenschleimhautheterotopie, Ulkus, Blutung, Entzündung, Perforation
* Bei bindegewebigen Septen Gefahr der Strangulation ⇨ Ileus
* Invagination ⇨ Ileus

DD:
- Persistierender Dottergang im Erwachsenenalter = Dünndarm-Nabel-Fistel (Verbindung nach außen) Sympt: Evtl. sichtbare kleine Öffnung paraumbilikal (es kann auch nur eine diskrete entzündliche Effloreszenz ohne Lumen sichtbar sein), Absonderung von Darminhalt, Diag: Fisteldarstellung mit Röntgen-Kontrastdarstellung, Ther: Laparotomie, Exzision des Dottergangs in toto und Fistelverschluss
- Neugeborene: Ductus omphaloentericus persistens mit meist deutlicher Fistelöffnung nach außen und Schleim-/Darmabsonderungen; Ther: Fistelresektion
- Dottergangzysten
- Intraabdominelle rudimentäre Bindegewebsstränge (unvollständige Atresie) = Lig.terminale

DÜNNDARMTUMOREN

Path:
- **75 % der Dünndarmtumoren sind benigne**
  Maligne Tumoren des Dünndarmes sind selten wegen kurzer Passagezeit, ausgeglichenem chemischem Milieu (⇨ wenig Schleimhautreizung), fehlender, bzw. geringgradiger bakterieller Besiedelung und hoher Konzentration an Immunglobulinen. Daher relativ gesehen hoher Anteil an Sarkomen (1/4 d. malignen Dünndarmtumoren sind Sarkome, im übrigen Intestinaltrakt ist die Häufigkeit nur 1/100-1/200)
- Der Dünndarm ist für die Resorption unverzichtbar: **Einziges Organ des GI-Traktes, das nicht vollständig entfernt werden kann!** Resektionen >50 % erfordern bereits eine parenterale Substitution. Nur Resektionen <30 % werden ohne Probleme toleriert.
- Lok: Adenokarzinome häufiger im Jejunum, Sarkome häufiger im Ileum
- TNM-Klassifikation (gilt nur für die Dünndarmkarzinome):
  T1 = Tumor infiltriert bis Lam.propria od. Muscularis mucosae (**T1a**) oder Submucosa (**T1b**)
  T2 = Tumor infiltriert Muscularis propria
  T3 = Tumor infiltriert Subserosa oder nicht-peritonealisiertes perimuskuläres Gewebe (Mesenterium/Retroperitoneum) <2 cm
  T4 = Tumor infiltriert andere Organe od. Mesenterium/Retroperitoneum >2 cm
  N1 = Metastasen in 1-3 regionären Lk (mesenteriale + ileozäkale Lk), **N2** = ≥4 regionäre Lk
  M1 = Fernmetastasen (insb. Leber)
  Stadiengruppierung: I: **T1N0M0** bis **T2N0M0** II: **T3N0M0** bis **T4N0M0**
  III: alle **N1-2** IV:alle **M1**

Epid:
◊ Dünndarmtumoren sind **sehr selten** (nur ca. 1 % aller GI-Tumoren, 4 % d. Darmtumoren)
◊ Prädisp.alter: Altersgipfel bei Karzinomen 60.-70. Lj., Sarkome 30.-50. Lj.

Etlg:
Gutartig: Fibrome, Fibromyome, Leiomyome, Lipome, Polypen, Neurinome, Neurofibrome, Paragangliome, Ganglioneurome, Hämangiome, Lymphangiome, Adenome, Adenomyome, Endometriome, Hamartome
PEUTZ-JEGHERS-Syndrom = familiäre, nichtneoplastische intestinale Polyposis (Chrom. 19q, Polyposis insb. im Ileum, es handelt sich um Hamartome mit relativ geringem Entartungsrisiko) + Pigmentflecken perioral und an der Mundschleimhaut + in 5-10 % d.F. Ovarialkarzinome, klinische Manifestation meist zw. 20.-30. Lj.
CRONKHITE-CANADA-Syndrom: intestinale Polypose (insb. Jejunum, geringes Entartungsrisiko), Alopezie, Hautpigmentierung, Hypoproteinämie, Fingernagelatrophie
V.RECKLINGHAUSEN-Krankheit (intestinale neurofibromatöse Tumoren)
GARDNER-Syndrom: intestinale Polypose (insb. Kolon, Rektum), Weichteiltumoren (Dermoidzysten, Atherome, Fibrome, Leiomyome), Osteome (Schädel)

Bösartig: Adenokarzinome (v.a. im Jejunum, im Ileum bei Morbus CROHN), Sarkome (Fibro-, Leiomyosarkom, häufiger im Ileum), KAPOSI-Sarkom, maligne Lymphome, Plexosarkom (GAN-Tumor = gastrointestinal autonomic nerve), GIST = gastrointestinale Stromatumoren
Metastasen: Sekundäre Absiedelungen von Melanomen
Karzinoid (semimaligne, s. Kap. APUD)

Klin: ⇒ Alle Patienten haben eine lange Anamnese, da typische Symptome wie Ileus oder Blutung erst sehr spät auftreten oder es handelt sich um einen Zufallsbefund
⇒ Chronische Obstipation, krampfartige Schmerzen, Erbrechen, Gewichtsverlust
⇒ v.RECKLINGHAUSEN-Krankheit: Darmstenose od. Blutung der intestinalen Neurofibrome, auch Invagination, Ileus mögl., an der Haut: Café-au-lait-Flecken, multiple Neurofibrome
⇒ Endometriome: Menstruationssynchrone gastrointestinale Blutung
⇒ Bei Komplikationen (Invagination, Ileus): Zeichen eines Akuten Abdomens

Diag:
1. Anamnese und klinische Untersuchung: Hyperperistaltik, palpabler Tumor
2. Röntgen: MDP, Dünndarm-Rö. nach SELLINK, CT- od. MRT-Abdomen
3. Sonographie: kleine Tumoren sind schwer/nicht nachweisbar
4. Push-and-Pull-Endoskopie mit 2 m langem Endoskop (v. oral u. anal) oder Videokapsel-Endoskopie (eine 1x2 cm große Kapsel wird verschluckt, die Bilder per Funk überträgt)
5. Labor: Anämie, Haemoccult-Test, Tumormarker CEA zur Verlaufskontrolle
6. Ist die o.g. Diagnostik unzureichend ⇨ Indikation zur explorativen Laparotomie
7. Bei Pat. mit Dünndarmtumoren sollte nach einem mögl. Zweittumor gesucht werden

Ther:
- Konservativ: Bei Duodenalpolypen, insb. bei GARDNER-Syndrom (Prä-Neoplasie) Versuch der entzündungshemmenden Therapie mit Sulindac (Imbaral®)
- Operativ: Ind: Bei unklarem Befund immer gegeben
  - Kurativ: Resektion des betroffenen Abschnitts (= Segmentresektion, mit notwendigem Sicherheitsabstand) + regionäre Lymphadenektomie und Entero-Enterostomie möglichst als End-zu-End-Anastomose (zur Vermeidung von Blindsäcken, s.u.)
  - Palliativ: Seit-zu-Seit-Entero-Enterostomie oder doppelläufiges od. endständiges Ileostoma (evtl. mit KOCK-Reservoir = mehrere Dünndarmschlingen werden vor dem Ileostoma zu einem Sack vernäht)

Prog: Maligne Dünndarmtumoren insg. eher schlecht, bei kurativer Resektion 50%ige 5-JÜR, palliative Op nur 3-6 Monate Überlebenszeit.

Kompl:
* Blutung, Invagination ⇨ inkompletter – kompletter Ileus
* **Kurzdarmsyndrom:** entsteht nach ausgedehnter Dünndarmresektion ⇨ keine ausreichende enterale Ernährung mehr mögl., die kritische Grenze liegt bei Unterschreiten von 100 cm Restdünndarmlänge bei Erwachsenen und 50 cm bei Kindern
  Klin: Malabsorption, chologene Diarrhoen, Flüssigkeits- und Elektrolytverluste
  Ther: Konservativ: Cholestyramin (zur Gallensäurebindung), Antidiarrhoika (Verlängerung der intestinalen Transitzeit), häufige kleine Mahlzeiten (6-10/Tag), Vitamine, Kalzium, ausreichend Flüssigkeit, ggf. spezielle orale Sondennahrung
  bei Unterschreiten d. kritischen Länge totale parenterale Ernährung als Langzeittherapie
  Operativ: Eine Dünndarmtransplantation ist heute an einigen Zentren mögl. (10 Transplantationen wurden 2010 in Deutschland durchgeführt). Ind: nur bei benigner Ind. (die notwendige starke Immunsuppression führt bei Malignomen sonst zum Tumorrezidiv), z.B. nach Trauma od. Mesenterialinfarkt. Postop. Immunsuppression mit Tacrolimus + Rapamycin. Transplantatüberleben ca. 50 % in 5 Jahren.
* **Blindsacksyndrom:** entsteht nach Umgehungsenteroanastomosen, ausgeschalteten Darmschlingen, Seit-zu-Seit- od. Seit-zu-End-Anastomosen, Darmstümpfe, innere Fisteln, Divertikel) ⇨ im Blindsack Bakterienbesiedlung ⇨ Dekonjugation v. Gallensäuren
  Sympt: Steatorrhoe, Diarrhoe, Vit.-B_{12}-Mangel (perniziöse Anämie, funikuläre Myelose), Hypokalzämie, Meteorismus
  Ther: Konservativ: Tetrazykline + Cholestyramin, parenterale Vit.-B_{12} -Substitution
  Operativ: Resektion des Blindsackes und End-zu-End-Anastomose

DD:
- Alle DD des unklaren Bauchschmerzes und der Blutung
- Mesenterialtumoren (selten, ausgehend vom Mesenterium, mit Verwandtschaft zu retroperitonealen Tumoren), Angiodysplasien
- Entzündliche Darmerkrankungen (insb. Morbus CROHN)

KOLON UND REKTUM

Anatomie

Colon asc. u. desc. liegen sek. retroperitoneal, Colon transv. u. Sigma intraperitoneal
Caecum: Retroperitoneal (ein Caecum mobile kann intraperitoneal liegen)
Rectum: retroperitoneal bis zur retroperitonealen Umschlagsfalte (DOUGLAS) dann extraperitoneal

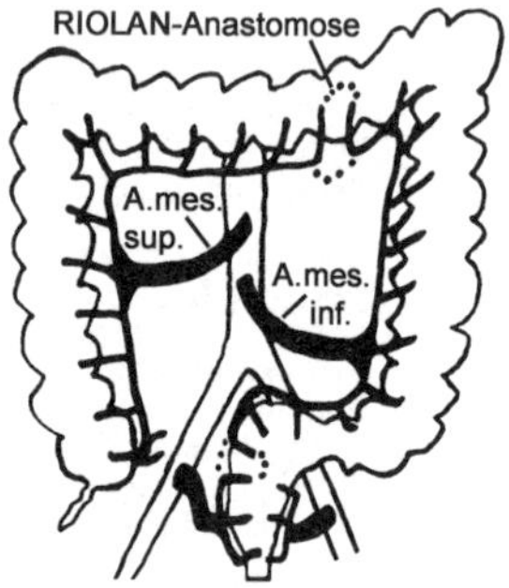

Arterien: A.mesenterica sup.: A.pancreaticoduodenalis inf., **A.colica dextra, A.ileocolica**, A.appendicularis, **A.colica media** und Aa.ilei u. jejunales
A.mes. inf.: **A.colica sin.** (anastomosiert über **RIOLAN-Anastomose** [Arkade] mit A.colica media), Aa.sigmoideae, **A.rectalis sup.** (anastomosiert mit A.rectalis inf.)
A.iliaca int.: A.pudenda int. ⇨ **A.rectalis media u. inf.**

Lymphknoten: Nodi lymphatici colici mit Abfluss in Lymphknotengruppen am Tr.coeliacus + A.mesenterica. sup. und an der A.mesenterica inf. ⇨ Abfluss in den Tr.intestinalis ⇨ Cisterna chyli ⇨ Ductus thoracicus
Rektum: Abfluss auch in parailiakale Lk, Anus auch in inguinale Lk

Innervation: N.vagus bis zum **CANNON-BÖHM-Punkt** (etwa nach 2/3 des Colon transversum), ab dort aus dem Plexus sacralis (Nn.pelvici).

APPENDIZITIS

Syn: Entzündung des Wurmfortsatzes, ICD-10: K35.-, Volksmund ***"Blinddarmentzündung"***, Typhlitis (Entzündung des Zäkum)

Anatomie: In Verlängerung der Tänien des Dickdarmes liegt am Ende des Caecum dorsomedial die ca. 2-15 cm lange (Ø 7 cm), blind endende **Appendix vermiformis**. Die Tunica mucosa der Appendix enthält sehr viele Lymphfollikel (deshalb auch "Darmtonsille" genannt). Wenn die Appendix in der Sonographie nachgewiesen werden kann, so ist ein Ø bis 6 mm und ein eher echoreiches Lumen (Stuhl) normal.

Ät:
- **Obstruktion** des Lumens des Wurmfortsatzes durch **Kotsteine, Abknickung** oder Narbenstränge und daraus folgende Entleerungsstörung
- **Intestinale Infekte** (lokale Resistenzminderung, Hyperplasie des lymphatischen Gewebes)
- Selten Fremdkörper (z.B. Kirschkern), Würmer (Askariden, Oxyuren), hämatogene Infekte
- Neurogene Appendikopathie (Nervenproliferationen od. Vermehrung endokriner Zellen, lässt sich insb. bei intraoperativ unauffälliger Appendix nachweisen)

Path: ♦ Es können mehrere Stadien durchlaufen werden

Nicht destruktive Stadien:
- **Katarrhalisches**, reversibles Stadium mit Rötung, Schwellung und Schmerz der Appendix, aber noch ohne Eiter (Appendizitis simplex)
- Seropurulentes Stadium (Übergang in die Appendizitis destructiva)

Destruktive Stadien:
- **Ulzero-phlegmonöse** Appendizitis

- Empyematöse Appendizitis
- **Gangränöse** Appendizitis (nekrotisierend)
- **Perityphlitis** = Appendizitis mit/ohne freie/r Perforation mit Abkapselung und Begrenzung des entzündlichen Geschehens durch Peritonealverklebungen
  mit Einschmelzung = perityphlitischer Abszess
- Appendizitis mit **freier Perforation** und folgender diffuser Peritonitis

♦ Lok: Appendixlage ist variabel ⇨ physiologisch am Ende des Zäkum
  Varietäten: retrozäkal, parazäkal, am Ileum fixiert, mit Zäkum-Hoch- / -Tiefstand (im kleinen Becken), Situs inversus

Epid: ◊ Häufigstes 'Akutes Abdomen' (in 20-25 % d.F.)
◊ Prädisp.alter: 10.-19. Lj., m > w (1,35:1)
◊ Inzidenz: 100/100.000/Jahr, die Appendektomierate liegt aber etwa doppelt so hoch
  In Deutschland werden pro Jahr ca. 130.000 Appendektomien durchgeführt
◊ Life-time-risk (= Risiko im Verlauf des Lebens eine Appendizitis zu bekommen) beträgt **7,5 %**, die Appendektomierate ist etwa doppelt so hoch (ca. 15 % d. Bevölkerung)

Etlg: # Akute Appendizitis
Chronische Appendizitis

Klin: ⇒ Obstruktionszeichen: Periumbilikale und epigastrische Schmerzen, später sich verlagernde rechtsseitige Unterbauchschmerzen (**Schmerzwanderung** in wenigen Stunden)
⇒ **Inappetenz**, Übelkeit, Erbrechen, Stuhlverhalten
⇒ Fieber (subfebril, bzw. bis ca. 39 °C), Tachykardie, trockene belegte Zunge
⇒ Reflektorische, lokalisierte **Abwehrspannung** (im rechten Unterbauch) ⇨ eine Ausweitung der Abwehrspannung signalisiert eine beginnende Peritonitis!
⇒ Bei Perforation: **Akutes Abdomen** mit Schmerzausbreitung in der gesamten Bauchhöhle
⇒ **Cave!** Atypische Schmerzlokalisation bei Schwangeren! (Kranialverlagerung des Zäkum, bis 5 cm über die Bauchnabelhorizontale)
  Wenig Schmerzen, diskrete Lokalbefunde, kaum Temperaturerhöhung, kaum Leukozytose bei alten Patienten!
  Untypische intermittierende Beschwerden im rechten Unterbauch bei chronischer (rezidivierender) Appendizitis

Diag: 1. Anamnese (Übelkeit, Erbrechen, Fieber, Schmerzlokalisation und -charakter) und klinische Untersuchung:
Klopfschmerz bei schon kleinsten Erschütterungen, **Druckschmerz im re. Unterbauch**
SHERREN-Dreieck: Spina iliaca anterior superior rechts (Darmbeinstachel), Symphyse u. Nabel bilden ein Dreieck mit den wichtigsten Punkten (s. Abb.): MCBURNEY, LANZ, KÜMMELL (2 cm v. Nabel, MORRIS 4 cm entfernt)

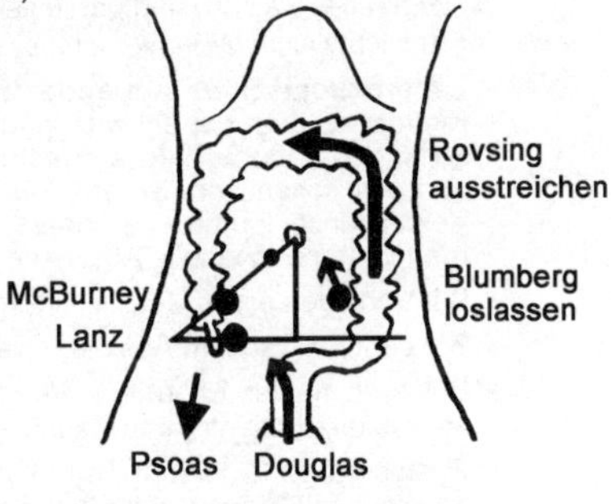

⇨ **MCBURNEY-Punkt** (etwa die Lage des Caecum): 5 cm von der Spina iliaca ant. sup. weg auf der Linie zum Nabel (= MONRO-Linie)
⇨ **LANZ-Punkt:** Zwischen äußerem und mittlerem Drittel auf der Linie zwischen beiden Spinae iliacae (etwa Lage der Appendix), LENZMANN-Punkt (5 cm v. re.)
⇨ **Loslassschmerz/BLUMBERG-Zeichen:** Schmerzempfindung im Bereich der Appendix beim Loslassen der kontralateral eingedrückten Bauchdecke
⇨ **ROVSING-Zeichen:** Dickdarm vom Sigma aus in Richtung Caecum ausstreichen ⇨ Füllung dort und damit Schmerz
⇨ **DOUGLAS-Schmerz:** peritoneale Reizung durch rektale Palpation, insb. bei Lage im kleinen Becken
⇨ **Psoaszeichen:** Schmerzen im rechten Unterbauch bei Anheben des rechten Beines in der Hüfte gegen Widerstand (Reizung der Psoasfaszie), insb. bei retrozäkaler Lage
⇨ **BALDWIN-Zeichen:** Schmerzen in der Flanke bei Beugen des rechten Beines

⇨ **COPE-Zeichen:** Schmerzen bei Überstreckung des rechten Beines in Linksseitenlage
⇨ **Obturator-Zeichen:** Schmerzen bei Innenrotation des rechten Beines
⇨ **SITKOWSKI-Zeichen:** Schmerzen bei Lagerung in Linksseitenlage
⇨ **CHAPMAN-Zeichen:** Schmerzen beim Aufrichten des Oberkörpers
⇨ **TEN-HORN-Zeichen:** Schmerz bei Zug am Samenstrang

2. Axillo-rektale Temperaturdifferenz: **>1 °C** (normal: 0,5 °C)
3. Labor: **Leukozytose** um 15.000/µl (Cave: Leukozytensturz bei Peritonitis), bei der Altersappendizitis meist fehlend
   Selten auch Leukozyten u. Erythrozyten im Harnsediment
4. **Sonographie** (mit 5-12 MHz Nahfeld-Schallkopf): mittlerweile bewährtes Diagnostikum mit guter Sensitivität und Spezifität, Zeichen einer Appendizitis: aufgehobene Peristaltik, eingeschränkte Komprimierbarkeit der Appendix, Durchmesser >6 mm, echoarme Wand >2 mm Dicke, echoarmes Lumen (Eiter), pericaecale Flüssigkeit, ggf. auch Nachweis eines Kotsteines (Appendikolith) mit dorsalem Schallschatten
5. Röntgen: bei akutem Abdomen Abdomenübersichtsaufnahme od. besser CT-Abdomen, bei chronischer Appendizitis MDP ⇨ fehlende Kontrastmittelfüllung der Appendix
   Bei Schwangeren od. Kindern und unklarem Befund auch MRT
6. Ggf. gynäkologisches Konsil bei Frauen und insb. bei Schwangerschaft

➲ **Diagnostische Schwierigkeiten** bereiten oft Kleinkinder, Greise u. Gravide (Schwangere: Appendixverlagerung in Richtung Oberbauch ⇨ häufigste DD: Pyelonephritis, Ther: bei Verdacht Op, da Narkoserisiko für Mutter und Kind geringer ist als die Appendizitis-Risiken ohne Op!)

Ther:
- Konservativ: bei Perityphlitis kann zuerst konservativ verfahren werden: Nahrungskarenz, Bettruhe, systemische Antibiose, Kontrolle!, es sollte aber eine Op im freien Intervall erfolgen
- Operativ: Ind: der Verdacht einer Appendizitis rechtfertigt eine Laparotomie. Appendektomie möglichst im Frühstadium (48 Std.) oder im freien Intervall (6-8 Wo. nach einer akuten Peritonitis/Perityphlitis)
  - **Wechselschnitt** (Hautschnitt und Schnitt entsprechend der Fasern der M.obliquus ext. u. int.). Bei unklarer Lage oder unklarer Diagnose Pararektal- oder Mittelschnitt (bessere Übersicht und Erweiterbarkeit)
  - Mobilisation der Appendix
  - **Skelettierung** der Appendix durch Ligaturen des Mesenteriolums
  - Ligatur an der Basis am Zäkum und Absetzen der Appendix
  - Verschluss des Zäkum durch Versenkung des Stumpfes unter
  - **Tabakbeutelnaht** (s. Abb.) und darüber **Z-Naht**
  - Aufsuchen eines mögl. MECKEL-Divertikels (ca. bis 1 m proximal des Zäkum) und ggf. Mitentfernung
  - Schichtweiser Wundverschluss, steriler Wundverband

- **Laparoskopischen Appendektomie** ebenfalls mögl. (nicht bei Perforation, nicht bei Kindern <5 J. u. bei Schwangeren), der Nutzen ist umstritten. Vorteil ist die damit gleichzeitig verbundene **diagnostische** Laparoskopie (z.B. bei präoperativ unklarem Befund und atypischen Schmerzen), kleinere Narben u. kürzere Verweildauer. Nachteil: höhere Kosten (insb. durch das lineare Klammernahtgerät zum Absetzen der Appendix), vermehrt intraabdominelle Abszesse
- Bei Vorliegen eines Morbus CROHN ⇨ Op-Ind. äußerst zurückhaltend (Fistelbildung!)
- Bei perityphlitischem Abszess Drainage
- Bei peritonealer Eiterung / Perforation: Antibiotikaprophylaxe (Ceftriaxon Rocephin® + Metronidazol Clont®) und Bauchhöhlenspülung intraoperativ mit Taurolidin (Taurolin®)
- Postoperativ: 1. postop. Tag Infusionstherapie (3 l/Tag mit Glc. 5%ig und Ringer-Laktat im Wechsel), dann Kostaufbau mit 1 Tag Tee, dann Zwieback, Haferschleim (Stuhlgang sollte bis dahin erfolgt sein, sonst Klysma etc.) ⇨ passierte Kost ab 4. Tag, Schonkost ab 6. Tag, Hautfäden ex am 10. Tag.

Prog: Appendizitis mit Perforation und Peritonitis haben heute eine Letalität um 1 %, sonst unter 0,001 %. In ca. 10-30 % d.F. findet sich trotz klinischer Symptome intraoperativ eine unauffällige Appendix, die dennoch dann entfernt und histologisch untersucht werden sollte.

Kompl: * **Perforation** (ca. 10 % d.F.) **und Peritonitis**, insb. bei Kleinkindern und Pat. >60 J.
* Perityphlitischer **Abszess**, DOUGLAS-Abszess, Leber-Abszesse
* Darmparalyse, Ileus

Op: * Frühileus nach 5-10 Tagen od. Spätileus (durch Verwachsungen = Briden, auch nach Jahren mögl.)
* Infektion, Fisteln (insb. bei Morbus CROHN)

DD: – 'Blinddarmreizung': Obstruktion beseitigt sich von selbst
– "***Pseudoappendizitis***" durch Lymphadenitis mesenterialis bei Infektion mit **Yersinia pseudotuberculosis** (Fieber bis 40 °C, BSG stark erhöht, klinisches Bild einer akuten Appendizitis mit Abwehrspannung usw., daher wird oft die Ind. für eine Op. gestellt. Es findet sich dann meist eine reizlose Appendix, dafür geschwollene mesenteriale Lymphknotenpakete und seröses Exsudat), Erregernachweis in Blut od. Stuhl mögl.
– Bronchiale Infekte und Pneumonien können bei Kindern infolge einer Schwellung retroperitonealer Lk ebenfalls zum Bild einer **Pseudoappendizitis** führen (BRENNEMAN-Syndrom)
– Nierenkolik, Ulkusperforation, Gallenkolik
– Mesenterialinfarkt
– Wurmerkrankungen
– **MECKEL-Divertikel**, Caecum-mobile-Syndrom, Morbus CROHN
– **Divertikulitis** (alte Patienten, meist linksseitig, sog. "Links-Appendizitis"), selten auch Divertikulitis der Appendix möglich
– Tumoren, insb. bei älteren Patienten (Zäkum-Ca), Karzinoide
– Mukozele (selten): chronische Obstruktion, die progredient verläuft, sich aber nicht entzündet (= nicht akut gewordene Appendizitis)
– Gynäkologisch: **Ovarialzysten**, Torsionsovar, Adnexitis, Menarche, Extrauteringravidität
– Schwangere: Pyelitis, Cholezystitis, Uterusschmerz
– Bei peritonitischen Zeichen: Alle Möglichkeiten des **Akuten Abdomens**

DIVERTIKULOSE / DIVERTIKULITIS

Def: Divertikel = pathologische Ausstülpungen eines Hohlorgans nach außen, ICD-10: K57.-
Bei den Divertikeln von Kolon, Sigma und Rektum handelt es sich meist um **Pseudodivertikel** = nur Schleimhaut (Mukosa und Submukosa). Sie stülpen sich durch eine Muskellücke (nicht gesamte Darmwand). Echte Divertikel (Ausstülpung der gesamten Darmwand) finden sich selten im Bereich des Zäkum.

Ät: – Zivilisationskrankheit durch ballaststoffarme Kost, Überernährung, Adipositas
– Chronische Obstipation (vermehrte Spastik)
– Zunehmende Bindegewebsschwäche im Alter
– Erhöhtes Risiko für die Entwicklung einer Divertikulitis: Kortison- od. Chemotherapie, Immunsuppression, Organtransplantationen, Malignome, Leberzirrhose

Path: ♦ Prädilektionsorte sind die Muskellücken, an denen Gefäße eintreten (Pseudodivertikel).
♦ Lok: im gesamten MDT möglich, nach aboral zunehmend, im **Sigma am häufigsten** (60-90 %), im Rektum finden sich fast nie Divertikel
♦ Zu geringe Ballaststoffbelastung ⇨ myostatische Muskelkontraktur (Spastik) ⇨ segmentale Innendruckerhöhung ⇨ durch die Muskellücken für den Gefäßdurchtritt erfolgt die Divertikelausstülpung (also meist auf der mesenterialen Seite)
♦ Die **Divertikulose allein macht noch keine Beschwerden** ⇨ Retention von Speiseresten im Divertikel ⇨ **Entzündung = Divertikulitis** mit Beschwerden

Epid: ◊ Prädisp.alter: 60.-80. Lj. (bei den 80-jährigen haben 60 % Kolon-/Sigmadivertikel und die Mehrheit der Pat. bleibt asymptomatisch)
◊ Divertikulitis = "Appendizitis der Greise"

Etlg: # Stadieneinteilung der Divertikulitis (modifiziert nach Hansen und Stock, 1999)

Stadium 0:	Divertikulose ohne Symptome
Stadium I:	unkomplizierte akute Divertikulitis, Unterbauchschmerz, ggf. Fieber
Stadium IIa:	Peridivertikulitis, phlegmonöse Divertikulitis ⇨ lokaler Druckschmerz od. Abwehrspannung, Fieber
Stadium IIb:	abszedierende Divertikulitis, gedeckte Perforation, Fistel ⇨ lokaler Peritonismus, Atonie, Fieber
Stadium IIc:	freie Perforation ⇨ akutes Abdomen
Stadium III:	chronisch rezidivierende Divertikulitis mit Stenosen od. Fisteln

Morphologisch: inkomplette Divertikel = Divertikel liegen noch im Wandniveau
komplette Divertikel = Divertikel sind nach außen gestülpt

Klin: ⇒ Divertikulose fast immer **symptomlos!** (Zufallsbefund)
⇒ Sigmadivertikulitis: **"Links-Appendizitis"** des alten Menschen (= Appendizitis-ähnliche Symptomatik im linken Unterbauch)
⇒ Caecumdivertikel: Appendizitis-Symptome auch bei appendektomiertem Pat.
⇒ Allg: Schmerzen, Fieber, Übelkeit, Inappetenz
⇒ Alle Komplikationen (s.u.) der Divertikulitis führen letztlich zum ➲ **Akuten Abdomen** ➲

Diag: 1. Anamnese und klinische Untersuchung (Druckdolenz), Labor (evtl. BSG, CRP u. Leukozytenzahl erhöht)
2. Röntgen: Abdomenübersicht (bei Perforation in 50 % freie Luft unter dem Zwerchfell zu sehen) od. **CT-Abdomen**
Kolon-KE in Doppelkontrasttechnik (KM + Luftinsufflation) od. CT mit rektaler KM-Gabe, Cave: bei V.a. Perforation mit wasserlöslichem KM durchführen (z.B. Peritrast)
3. Koloskopie + Biopsie zur Abklärung einer Stenose u. Tumorausschluss
4. Sonographie und CT-Abdomen bei Frage Peridivertikulitis od. Abszess
5. Bei Blutung evtl. Angiographie

Ther:
- Konservativ: im Stadium I Nahrungskarenz für 2-3 Tage und orale Antibiose (Ciprofloxacin + Metronidazol)
im Stadium IIa (und ggf. b) parenterale Ernährung und i.v.-Antibiose (Cephalosporin + Metronidazol) ⇨ Normalisierung der akuten Entzündung und dann Elektiv-Op
- Operativ: Ind: **Komplikationen** wie Perforation mit Peritonitis und Ileus ⇨ Notfall-Op.
Rezidivierende Schübe, Wandphlegmone, Stenose, gedeckte Perforation ⇨ funktionelle Darmausschaltung mit Ernährungstherapie für 3-4 Wo., dann Elektiv-Eingriff (Blutungen sistieren meist von selbst und bedürfen nur selten der Operation)
  - Perioperative Antibiotikaprophylaxe (z.B. Ceftriaxon, Rocephin® + Metronidazol, Clont®), evtl. präop. Darmreinigung
  - Elektiveingriff (bei rezidivierender Divertikulitis im freien Intervall, 3-4 Wo. nach der Symptomatik) und heute auch die meisten Notfall-Op (bei stabiler Kreislaufsituation des Pat.): Resektion des betroffenen Darmabschnittes und Reanastomosierung (in einer Sitzung). Die Elektiveingriffe werden heute auch laparoskopisch durchgeführt.
  - Op nach HARTMANN (zweizeitige Op bei Notfall-Indikation und z.B. ausgeprägter kotiger Peritonitis): Resektion des betroffenen Darmabschnittes, peritoneale Lavage, Kolostomie des proximalen Endes (= Anlage eines Anus praeternaturalis), Blindverschluss des Rektumstumpfs.
2. Op nach ca. ¼ Jahr: Entfernung der Kolostomie und Reanastomosierung des Kolonendes auf den wiedereröffneten Rektumstumpf (auch als laparoskopische Reanastomosierung)

Prog: Elektiveingriffe haben eine Letalität von 0-2 %, bei Notfall-Op. (Stadium IIc = Perforation mit ausgeprägter Peritonitis) bis 20 %

Kompl: * Die Divertikulose allein hat keinen Krankheitswert ⇨ erst die Entzündung (Divertikulitis) macht Beschwerden
* **Wandphlegmone** (1. Komplikationsstadium der Divertikulitis)
* schwerwiegenste Kompl: **freie Perforation** (40 % d.F.) ⇨ schwere (kotige) **Peritonitis** oder gedeckt nach retroperitoneal und nachfolgend Abszess
* **Stenose** 14 % (durch Narbenplatte bei chronischer Entzündung) ⇨ DD: zum Karzinom oft schwierig
* Untere gastrointestinale **Blutung** 8 % (meist geringe Intensität, hohe spontane Blutstillungsrate, im Sigma selten, im übrigen Kolon häufiger)
* Fisteln: zur Harnblase 3 % (Sympt: Pneumaturie, Abgang von Stuhl, Harnweginfekte), Scheide od. Dünndarm (selten)
* Die Divertikulose zeigt eine Syntropie mit Hiatushernie u. Gallensteinen (= Saint-Trias)

Op: * Anastomoseninsuffizienz

Proph: ♥ Ballaststoffreiche Kost
♥ Stuhlregulierung ⇨ regelmäßiger Stuhlgang
♥ Gewichtsreduktion und sportliche Aktivität

DD: – Reizkolon (Syn: Colon irritabile, Reizdarmsyndrom, engl. irritable bowel syndrome), Klin: abdominelle Schmerzen, abnorme Stuhlhäufigkeit und Stuhlform, Blähungen, Ther: ballaststoffreiche Kost, Med: Versuch mit Flohsamenpräparaten (Plantago ovata, Mucofalk®) od. Spasmolytika (z.B. Mebeverin, Duspatal®)
– Karzinom (DD schwierig, insb. bei Stenosen ⇨ zerstörtes Schleimhautrelief)

POLYPEN DES DICKDARMS

Syn: Kolonpolypen, **Kolonadenom**, Rektumadenom, Dickdarmpolypen, Polyposis coli (vererbt), ICD-10: D12.-

Def: Ein Polyp ist eine Vorwölbung der Mukosa in das Darmlumen.

Ät: – **Adenome** des Kolons od. Rektums
– **Polyposis coli** = **FAP** (= familiäre adenomatöse Polypose, Adenomatosis coli, >100 Polypen, aut.-dom. vererbt – Mutation des APC-Gens auf Chromosom 5q21, bzw. in ca. 25 % d.F. Neumutation)
Sonderformen: GARDNER-Syndrom = Adenomatosis coli + Bindegewebstumoren
TURCOT-Syndrom: Adenomatose mit Glio-/Medulloblastomen
ZANCA-Syndrom: Adenomatose + kartilaginöse Exostosen
– Juvenile Polyposis coli (familiär, Mutation im Smad4-, BMPRIA- od. PTEN-Gen)
– CRONKHITE-CANADA-Syndrom: juvenile Polypen (nicht familiär) + Alopezie, dystrophische Nagelveränderungen, bräunliche Hyperpigmentierung d. Haut
– PEUTZ-JEGHERS-Syndrom (Mutation des STK-11-Gens auf Chrom. 19p): Polypen in Dünn- u. Dickdarm, Melaninflecken der Lippen und bei Frauen Prädisp. zum Ovarial-Ca (5-10 % d.F.), allgemein 15fach erhöhtes Krebsrisiko für diverse Tumorentitäten
– COWDEN-Syndrom: multiple hamartöse Polyposis
– Entzündliche Polypen / Regeneratpolypen (Colitis ulcerosa, Morbus CROHN)

Path: ♦ Lok: 2/3 der Adenome sitzen im **Rektosigmoid**, bis zum Kolon descendens sind es 90 % (wird ein Adenom gefunden, sollte immer das gesamte Kolon auf evtl. weitere Adenome untersucht werden)
♦ **Karzinomatöse Entartungstendenz** ist abhängig vom **histologischen Typ:**
villöses Adenom (15-30 %) > Mischformen > tubuläres Adenom (5-10 %)
und von der **Größe des Adenoms:**

bis 1 cm:	0-5 %	>2 cm:	25-50 %
bis 2 cm:	10 %	>4 cm:	75 %

Juvenile Polyposis: Karzinomrisiko 20-60 %
FAP = **100%iges** Karzinomrisiko (= obligate Präkanzerose)

- Die Karzinome entwickeln sich in den Adenomen zuerst durch zunehmende Atypie (**intraepitheliale Neoplasie**) der Lam.epithelialis mucosae (⇨ **Carcinoma in situ**). Die Zellen durchbrechen dann die Lam.muscularis mucosae und infiltrieren dann entlang des Polypenstiels bis in die Submucosa (⇨ **invasives Karzinom**), schließlich zerfällt der Polyp.

Epid: ◊ In der westlichen Welt haben >60-jährige in 20-40 % Polypen im Kolon od. Rektum

◊ Familiäre adenomatöse Polypose (FAP): Häufigkeit der Erkrankung etwa 1:10.000. Ab der Pubertät Polypenbildung mit Blutungen und Schleimabgang. Das Risiko ein Kolonkarzinom zu entwickeln beträgt bis zum 45. Lj. fast 100 %, im Median um das **36. Lj.**! ⇨ Vorsorgeuntersuchung jährlich ab dem 10. Lj. indiziert. Die betroffenen Patienten sollten nach Diagnosestellung prophylaktisch um das 20. Lj. operiert werden (komplette Proktokolektomie mit ileoanalem Pouch).

Etlg: # Nicht-neoplastische Polypen: Polypknospe, hyperplastische, metaplastische, entzündliche

Neoplastische Polypen: **Adenome** (80 % aller Polypen)

- **Tubuläres Adenom** (häufigstes, gestielt)

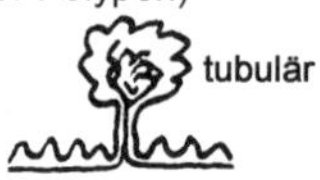

- **Tubulovillöses Adenom** (Mischform)

- **Villöses Adenom**, breitbasig aufsitzend, zottenförmig, höchste Entartungstendenz!

- Adenoma serratum (Syn: **serratiertes Adenom**, Sägezahnpolyp) ⇨ hat eine schnellere Entartungstendenz (sog. serratierter Krebsentstehungsweg)

Selten: Lipome, Fibrome, Leiomyome, Neurinome, Hämangiome

Hamartome = atypische Ausdifferenzierung von Keimmaterial (z.B. übermäßige Ausdifferenzierung der Mukosa), z.B. juvenile Polyposis coli, COWDEN-Syndrom

PEUTZ-JEGHERS-Polyp: normales Epithel über baumartig verzweigter Muscularis mucosae

Klin: ⇒ 2/3 d. Pat. haben keine Beschwerden ⇨ meist Zufallsbefund

⇒ **Schleimabsonderung** und Diarrhoen (v.a. villöse Adenome ⇨ kann selten bis zum Eiweiß- und Kaliumverlustsyndrom mit Dehydratation führen)

⇒ Schmerzen durch Obstruktion (Tenesmen)

⇒ Evtl. Blutungen

⇒ Können bei tiefem Sitz anal prolabieren (⇨ DD: Hämorrhoiden)

Diag:
1. Anamnese (familiäre Disposition) und klinische Untersuchung: rektale digitale Untersuchung (1/3 der pathologischen Fälle sind so bereits nachweisbar!) ⇨ bei pathologischem Befund immer gesamtes Kolon untersuchen!
2. **Rektosigmoidoskopie** (Syn: Sigmoidoskopie) mit starrem Rektoskop (Einsicht bis 30 cm) od. besser gleich eine **Koloskopie** durchführen (mit flexiblem Endoskop ⇨ Einsicht 120-160 cm, damit ist sicher das gesamte Kolon bis zum Zäkum beurteilbar)
   ⇨ bei nachgewiesenem Polyp **immer Abtragung** (bis 3 cm in gleicher Sitzung über das Endoskop, z.B. mit einer Schlinge; größer ⇨ Op) und **histologische Untersuchung**!
3. Röntgen: Kolon-KE in Doppelkontrast (Kontrastmittel und Luftinsufflation) ⇨ etwa gleich gute Aussagefähigkeit wie Koloskopie mögl., aber keine Entfernung mögl., daher heute zunehmend weniger eingesetzt, auch mögl. ist eine CT-Kolonographie
4. Endosonographie = endoluminaler Ultraschall zur Bestimmung der Infiltrationstiefe bei Adenomen (insb. bei breitbasigen) zur Abgrenzung eines Karzinomes
5. Humangenetik: bei familiärer adenomatöser Polypose Kinder (im 10. Lj.) u. Geschwister des betroffenen Pat. untersuchen ⇨ auf Mutation im APC-Gen prüfen, wenn positiv ⇨ hohes Polyposis-Risiko und somit Koloskopie-Kontrollen bis zur Proktokolektomie erforderlich (kein Nachweis ⇨ kein Risiko, keine gesonderte Vorsorge notwendig)
   Bei PEUTZ-JEGHERS-Syndrom u. familiärer juveniler Polyposis ebenfalls molekulargenetische Untersuchung mögl.

Ther: • Operativ: Ind: jeder nachgewiesene Polyp sollte vollständig! abgetragen und histologisch untersucht werden.

- Präoperativ: Nahrungskarenz und orthograde Darmspülung
- **Transanale endoskopische Abtragung** mittels Diathermieschlinge bei gestielten Polypen (bis zu einer Größe von 3 cm mögl.) ⇨ Histologie!
  Im Rektum (bis max. 20 cm ab ano) auch **transanale endoskopische Mikrochirurgie** mit spez. Rektoskop, Hochfrequenzmessern u. Nahtinstrumenten bei breitbasigen Adenomen mögl. (Sicherheitsabstand um das Adenom 5 mm im Niveau der Submukosa, bei Karzinomverdacht 15 mm mit gesamter Wand, s.u. Kap. Rektumkarzinom)
- Zeigt sich in der Histologie, dass der Polypenstiel von Tumor infiltriert ist (⇨ invasives Ca), muss sich eine Op anschließen (Resektion des betroffenen Abschnittes)
- Wenn eine endoskopische Abtragung nicht möglich ist: **Kolotomie** (= Eröffnung des Kolons, transabdomineller Zugang) und Abtragung oder Segmentresektion und End-zu-End-Anastomose in einer Sitzung.
  Im Rektum auch durch Rectotomia posterior (parasakraler Zugang) mögl.
- Familiäre adenomatöse Polypose: prophylaktische komplette Proktokolektomie + Ileoanastomie mit dem belassenen Sphinkterapparat des Anus und der Analhaut. Das Ileum wird dabei als Reservoir am Ende taschenförmig gedoppelt (= ileumpouchanale Anastomose (IAP) od. J-Pouch genannt, s. Abb.)

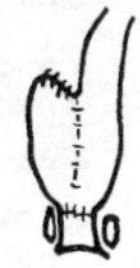

J-Pouch

• Selbsthilfegruppen: Familienhilfe Polyposis coli e.V., Im Torfgrund 96, 47475 Kamp-Lintfort, Tel.: (0 28 42) 63 16, Internet: http://www.familienhilfe-polyposis.de

Prog: Bei konsequenter Entfernung und Kontrollen sehr gut. Die endoskopischen Abtragungen haben eine Letalität von nahezu 0 % und eine sehr geringe Komplikationsrate.

Kompl:
- ∗ **Karzinomatöse Entartung** zum Kolonkarzinom (bei familiärer adenomatöser Polypose obligat), genetisch Disponierend sind Mutationen im APC-, K-ras, p53- u. DCC-Gen
- ∗ Blutung akut oder chronisch (⇨ Blutungsanämie)
- ∗ Obstruktion, Invagination
- ∗ FAP: Adenome im Duodenum (Risiko für Duodenalkarzinom) und Magen ⇨ Gastroduodenoskopie vorsorglich ab dem 30. Lj. alle 3 J. durchführen, Schilddrüsenkarzinom

Op:
- ∗ Blutung, Perforation ⇨ gedeckte oder freie
- ∗ Sehr selten: Gasexplosion (⇨ führt zur Darmzerreißung) Proph: als Vorbereitung gut abführen, Koloskopie mit Stickstoff-Insufflation durchführen
- ∗ FAP: als Spätfolge Desmoide (aggressive Fibromatose) im Mesenterium od. in der Bauchhaut mögl., Polypen im Pouch ⇨ vorsorglich jährliche Pouchoskopie durchführen

Proph:
- ♥ **Vorsorgeuntersuchungen:** Empfehlungen s.u., Kap. Kolonkarzinom. Da die Adenome/Polypen des Dickdarmes die Vorstufen zum Karzinom sind, kann durch Früherkennung (und Entfernung!) der Adenome das Karzinomrisiko deutlich gesenkt werden.
- ♥ **Nachsorge!** ⇨ alle 3 Jahre endoskopische oder radiologische Kontrollen bei entfernten adenomatösen Polypen (wegen Rezidiv- und Entartungsmöglichkeit), bei Polypen mit höhergradiger Atypie in der Histologie nach 6 Mon., danach alle 2 Jahre kontrollieren.

DD:
- **Kolonkarzinom**
- Intestinale Endometriose (tumorös, hyperplastisch, Klin: Menses-synchroner Blutabgang)
- Im Analkanal Hämorrhoiden

KOLONKARZINOM

Syn: Dickdarmkarzinom, ICD-10: C18.-

Ät: – **Adenome des Kolons** (Entartungswahrscheinlichkeit hängt ab von der Größe der Polypen (>1 cm) und von dem Typ: villös > tubulovillös > tubulär. Die Dauer von beginnendem Adenom bis zum Karzinom wird auf 10-35 J. geschätzt), insb. bei Mutationen des K-ras-Gens

FAP = Familiäre adenomatöse Polypose (s.o.) ⇨ Karzinomrisiko bis zum 45 Lj. fast 100 %, unbehandelt (ohne komplette Proktokolektomie) kommt es im Median um das 36 Lj. zum Karzinom! ⇨ Ind. zur prophylaktischen Op

- Hereditary non-polyposis colorectal Cancer (engl. **HNPCC**, Syn: LYNCH-Syndrom, familiäres Krebssyndrom), macht etwa 3 % der kolorektalen Karzinome aus, aut.-dom. vererbt (Mutation von DNA-Reparaturgenen [Mismatch-repair-System] auf Chromosom 2, 3 od. 7), Karzinomrisiko 80-90 %, Auftreten eines Kolonkarzinoms im Median um das 46. Lj., bevorzugt ist das Colon ascendens

  MUIR-TORRE-Syndrom (aut.-dom.): HNPCC + Hauttumoren
- Weitere Risikofaktoren: Entzündliche Darmerkrankungen (Colitis ulcerosa, Morbus CROHN), Familienanamnese mit kolorektalem Tumor (3fach höheres Risiko), Adipositas, zu fetthaltige Kost (zu wenig Gemüse und Vollkornprodukte), fehlende körperliche Aktivität, regelmäßiger Alkoholkonsum (>45 g/Tag 1,5faches Risiko), Ruhr, Lymphogranuloma inguinale, intestinale Schistosomiasis

Path:

- ♦ Zirkuläres Wachstum (linkes Kolon, Sigma, Rektum) ⇨ Stenose ⇨ Obstipation und paradoxe Diarrhoe (= Verstopfungsdurchfall)
- ♦ Wachstumsgeschwindigkeit eher langsam (Tumorverdoppelungszeit 4 Mon. - 3 J.)
- ♦ Lok: >16 cm v. d. Anokutanlinie entfernt (60 % der kolorektalen Tumoren liegen im Rektum <16 cm, s.u.), 15-20 % Sigma, 10 % Caecum u. Colon ascendens, der Rest ist verteilt auf das übrige Kolon

  ca. 2-3 % sind multipel! ⇨ stets Suche nach weiterem Tumor (komplette Koloskopie)
- ♦ Metastasierung: meist nur in einer Richtung = "unipolare Metastasenstraße" (Lymphabstromgebiet entlang der A.mesenterica sup. (Colon asc. u. trans.) oder inf. (Col. desc.), Ausnahme: Tumoren im mittleren Bereich des Colon transversum (RIOLAN-Anastomose, CANNON-BÖHM-Punkt) können zu beiden Seiten metastasieren. Die Wachstumsgeschwindigkeit der Metastasen ist dabei 5- bis 6fach höher als die des Primärtumors.

Etlg:

\# Histo: **Adenokarzinom** (70 % d.F.)

Verschleimendes Karzinom (20 %) = Siegelringkarzinom (intrazellulär verschleimend), Gallertkarzinom (extrazellulär verschleimend)

Undifferenziertes Karzinom (10 %)

Adenoakanthom, Plattenepithelkarzinom (selten)

\# UICC-Stadiengruppierung (Union internationale contre le cancer, 2009) für Kolon- und Rektumkarzinom und die ältere DUKES-Einteilung (von 1932) sind gleich: I-IV = A-D)

UICC 0:	Carcinoma in situ (= T_{is})
UICC I:	Infiltration von Mukosa, Submukosa (= T_1) und maximal bis in die Lam. muscularis propria (= T_2) [= DUKES A]
UICC II:	Infiltration von perikolischem/-rektalem Fettgewebe [= DUKES B] UICC IIA = T_3, UICC IIB = T_{4a}, UICC IIC = T_{4b}
UICC III:	Lymphknotenmetastasen [= DUKES C] UICC IIIA = $T_{1-2}N_{1a}$, UICC IIIB = $T_{3-4a}N_1$, UICC IIIC = $T_{4a}N_{2a}$, $T_{4b}N_{1-2}$
UICC IV:	Fernmetastasen (= alle M_1) [= DUKES D], UICC IVA = M_{1a}, UICC IVB = M_{1b}

\# TNM: T_{is}: Carcinoma in situ (nur Mukosa bis max. zur Muscularis mucosae, keine Metastasierung), T_1: Submukosa, T_2: Muscularis propria, T_3: Serosa + perikolisches Fettgewebe, T_4: über das viszerale Peritoneum hinaus (T_{4a}), anliegende Nachbarorgane infiltriert (T_{4b})

N_1: Metastasen in 1-3 regionären Lk (perikolisch u. entlang der Gefäße, N_{1a} 1 Lk, N_{1b} 2-3 Lk, N_{1c} Tumorknötchen od. Satelitten = komplett metastatisch durchsetzte Lk im perikolischen/perirektalen Fettgewebe)

N_2: ≥4 regionäre Lk (N_{2a} 4-6 Lk, N_{2b} ≥7 Lk)

M_1: Fernmetastasen (meist in der Leber, gefolgt von Peritoneum und Lunge, seltener in Skelett, Nebennieren, Ovar oder Gehirn), M_{1a} = ein Organ betroffen, M_{1b} = mehrere Organe befallen

Epid: ◊ Inzidenz: 50/100.000/Jahr für Kolon u. Rektum zusammen, bis Mitte der 80er Jahre insg. steigende Tendenz (durch Verlagerung, d.h. andere GI-Tumoren wie das Magenkarzinom sind rückläufig, Gesamtinzidenz von GI-Tumoren bleibt insg. aber etwa gleich; Ursache: zu "gute Ernährung" = zu wenig Ballaststoffe; immer mehr alte und sehr alte Menschen), jetzt kein weiterer Anstieg mehr in Deutschland.

◊ Die kolorektalen Tumoren zusammengefasst machen das **zweithäufigste Karzinom** des Menschen aus! (an erster Stelle steht in Deutschland beim Mann das Prostata- und bei der Frau das Mammakarzinom)

Life-time-risk (ohne Risikofaktoren = familiäre Belastung) beträgt **4-6 % für jeden Bundesbürger** = jeder 20. erkrankt im Laufe seines Lebens an Darmkrebs.

Es erkranken ca. 69.000 und sterben jährlich ca. 27.000 Pat. in Deutschland an Darmkrebs (Daten des RKI v. 2010).

◊ Prädisp.alter: **55.-80. Lj.**, Durchschnitt: 65. Lj. (familiäre Formen früher, s.o.), etwas mehr Männer betroffen, m>w (3:2)

Klin: ⇒ Bei über der Hälfte der Pat. bleibt der Tumor lange Zeit klinisch stumm (bei Diagnosestellung sind 60 % der Pat. bereits im Stadium III od. IV)

⇒ **Jede Änderung der Stuhlgewohnheiten nach dem 40. Lj. ist Ca-verdächtig!** (längere Diarrhoe oder Obstipation)

⇒ Blut- und Schleimabgang dem Stuhl aufgelagert (distales Kolon, Sigma) ⇨ **jede Blutung muss abgeklärt werden!**

⇒ Bauchschmerzen (nicht intensiv), Gewichtsabnahme (selten), evtl. Tumor im Abdomen tastbar

⇒ Hypochrome Anämie durch okkulte Blutung (proximales Kolon) ⇨ Leistungsabnahme, Müdigkeit

Diag:

1. Anamnese (betroffene Familienangehörige?) und klinische Untersuchung: Rektal-digitale Untersuchung (bis maximal 8 cm möglich, 30 % der kolorektalen Tumoren befinden sich in diesem Bereich), **Guajak-Test nach okkultem Blut im Stuhl** (z.B. Haemoccult®-Test, in drei aufeinanderfolgenden Stuhlproben) als erstes Screening
2. **Koloskopie** bis zum Caecum + Biopsie und Möglichkeit der endoskopischen Abtragung von Adenomen (sollte heute auch bei der Erstdiagnostik routinemäßig statt einer Sigmoidoskopie [Einsicht hier nur bis 30 cm mögl.] durchgeführt werden)
   Endosonographie (Tumorausdehnung in d. Darmwand ⇨ T-Klassifikation präop. mögl.)
3. Sonographie-Abdomen: zum Staging (**Lebermetastasen**, Aszites als Zeichen peritonealer Aussaat?)
4. Röntgen: Thorax in 2 Ebenen zum Staging (Lungenmetastasen?), evtl. Kolon-KE in Doppelkontrasttechnik (z.B. wenn Koloskopie wegen Stenose nicht mögl.)
   CT- od. MRT-Abdomen: zum Staging, Suche nach Lk-Metastasen
5. Labor: Tumor-Marker nur zur Verlaufskontrolle geeignet, keine Screening-Methode! ⇨ **CEA**, CA19-9, CA 50, CA 125, HL-6-Antigen, Thymidinkinase, Phosphohexoseisomerase
   Bei V.a. HNPCC molekulargenetische Untersuchung auf Mikrosatelliteninstabilität beim Pat. und bei den Kindern des Pat. im Alter von 18 J.
6. Immunszintigraphie mit markiertem CEA od. MAb B72.3 od. FDG-PET (^{18}Fluordeoxyglucose-Positronenemissionstomographie) ⇨ Suche nach Metastasen. Nachweis von Knochenmarkmikrometastasen durch Nachweis von Zytokreatinprotein CK18 im Knochenmarkpunktat (durch monoklonalen Ak) mögl.

Ther:

- Operativ: Ind: 90 % der Karzinome können operiert werden
  ⇒ Radikal-Op: **Tumor + Lymphabflussgebiet** (entlang der intestinalen Arterien bis zur Aorta) muss saniert werden
  – Op-Vorgehen allgemein: Darmvorbereitung mit orthograder Darmspülung (3-5 Liter hypertone Lösung, Golytely®). Perioperative Antibiotikaprophylaxe einmalig mit Ceftriaxon, Rocephin® + Metronidazol, Clont® i.v. bei Narkoseeinleitung.
  Op-Prinzip: mediane Laparotomie, zentrale Unterbindung der zum Tumorgebiet gehörenden Arterien und Venen, am Tumor selbst nicht schneiden um Zellverschleppung zu verhindern (**no touch** isolation technique)!, Resektion des Tumors durch Mobilisierung, Präparation und Durchtrennung des Mesokolons mit den Lk an der Mesenterialwurzel, dann proximales u. distales Absetzen des Kolons mit jeweiligem Sicherheitsabstand (=

En-bloc-Resektion) abhängig von der Tumorlokalisation, abschließend **Anastomose** der Restkolonenden:
- Tumor im Caecum od. Colon ascendens: rechtsseitige **Hemikolektomie** = Resektion des A.ileocolica-versorgtes Kolon + Mesokolon (= Mesenterialwurzel des Kolons). Anastomose des terminalen Ileum mit Colon transversum = Ileotransversostomie), somit Wegfall der Ileozökalklappe ⇨ Durchfallneigung
- Colon-transversum-Ca: komplette Transversumresektion mit Mitresektion der beiden Kolonflexuren (evtl. zusätzlich erweiterte Hemikolektomie nach links od. rechts je nach Lage des Tumors) wegen des möglichen Lymphabstroms in beide Richtungen! (RIOLAN-Anastomose = Überlappung der Gefäßgebiete ⇨ gesamtes Gefäß-/Lk-Stromgebiet muss entfernt werden)
- Tumoren im Sigma: Sigmaresektion, besser Sigma + Colon descendens entfernen (= Hemikolektomie links) ⇨ Colon transversum-Rektum-Anastomose (= Transversorektostomie)
- Bei Mehrfachkarzinomen im Kolon ⇨ Kolektomie und Anastomose als Ileorektostomie
- Bei FAP ist eine prophylaktische komplette Proktokolektomie + Ileoanastomie indiziert (s.o., Kap. Polypen des Kolons)
- In Studien werden diese Operationen auch laparoskopisch durchgeführt (der Nutzen ist aber gering, die Radikalität ist nur erschwert mögl., die Konversionsrate zur offenen Op ist mit 20 % sehr hoch, höhere Kosten)

– Solitäre u. multiple (soweit mögl.) Metastasen der Leber und Lunge sollten reseziert werden, auffällige Ovarien sollten oophorektomiert werden

– Postoperativ: Infusionstherapie für 5-6 Tage postop., dann nach 1. Stuhlgang Tee, dann flüssige Kost, dann passierte Kost, ab ca. 8.-10. Tag Schonkost. Drainage ab 3.-4. Tag in den Verband ableiten, dann tgl. kürzen. Fäden ex am 10. Tag.

• Chemotherapie: postoperativ als adjuvante Maßnahme bei Kolonkarzinomen im Stadium UICC III mit i.v. Fluoruracil (5-FU) + Folinsäure für 6 Monate (einmal/Monat, sog. MAYO-Clinic-Schema, eine kontinuierliche Gabe wirkt aber noch besser), heute zunehmend in Kombination mit Irinotecan (hemmt die Topoisomerase I ⇨ DNA-Strangbrüche, Campto®) oder Oxaliplatin (Eloxatin®) gegeben od. alternative Monotherapie mit dem oralen Chemotherapeutikum Capecitabin (Pro-drug von 5-FU, Xeloda®, Vorteil: weniger NW, Dauertherapie zu Hause mögl.).

Monoklonale Antikörper: diese können ergänzend zur Chemotherapie im Stadium UICC III als adjuvante (postoperative) Therapie gegeben werden.
Die bisher zugelassenen Ak richten sich gegen den vaskulo-endothelialen Wachstumsfaktor (Bevacizumab, Avastin®, 5 mg/kgKG i.v., frühestens 4 Wo. nach Op., dann alle 14 Tage, in Kombination mit 5-FU/Folinsäure ± Irinotecan gegeben) und gegen den epidermalen Wachstumsfaktor-Rezeptor (Ind: Tumoren, die den EGFR exprimieren, Cetuximab, Erbitux®, initial 400 mg/m²KOF i.v., dann alle 7 Tage 250 mg/m²KOF, in Kombination mit Irinotecan gegeben). Zur Berechnung als Anhalt: Körperoberfläche eines Erwachsenen, KOF = 1,73 m². Weitere Antikörper werden derzeit in Studien getestet.

• Palliativ: Op bei Ileus ⇨ Entlastungsoperation durch lokale Tumorexstirpation, evtl. Anlage einer Kolostomie (Anus praeternaturalis), Chemotherapie und evtl. Bestrahlung

Prog: 5-JÜR aller Kolonkarzinome **55 %**
T1-2 Tumoren (= UICC I) haben eine 5-JÜR von 80-90 %, T3-4 (= UICC II) 60-70 %, mit Lk-Metastasen (= UICC III) 40 %, mit Fernmetastasen (= UICC IV) 5-20%ige 5-JÜR (bei solitären, R0-entfernbaren Lebermetastasen 25-35%ige 5-JÜR).

Kompl:
* Obstruktion, Ileus, Invagination ⇨ Akutes Abdomen
* Perforation, Fisteln/Einbruch zu Nachbarorganen
* Kompression: Ureterstenose, Miktions-, Potenzstörungen
* HNPCC (LYNCH-Syndrom): erhöhtes Risiko auch für Endometrium-, Ovarialkarzinom, Magen-, Dünndarm-, Pankreaskarzinom, Gallenwege-, Ureter- od. Nierenbeckenkarzinome ⇨ ab 25. Lj. jährliche Krebs-Früherkennungsuntersuchung mit körperlicher Untersuchung, Sono-Abdomen, gynäkologischer Untersuchung und ab 35. Lj. jährliche Magenspiegelung

Op:
* Nahtinsuffizienz der Anastomose, Peritonitis, Ileus

* **Hohe Tumor-Rezidivrate** ca. 20-40 %, insb. in den ersten beiden Jahren postoperativ (Lokalrezidiv, Anastomosenrezidiv)

Proph: ♥ Vorsorge (in Deutschland gem. § 25 SGB V für alle gesetzlich krankenversicherte Erwachsene **ab dem 50. Lj.** jährlich mögl.): **Anamnese, digitale rektale Untersuchung** u. **fäkal-okkulter Bluttest** (3 x Haemoccult®-Test, und jederzeit durchführen bei V.a. okkulte Blutung, z.B. bei festgestellter Anämie). Allerdings nehmen in Deutschland nur ca. 20 % der Männer u. 50 % d. Frauen diese Vorsorgeuntersuchungen in Anspruch und der Haemoccult®-Test ist insg. nur wenig sensitiv.

Eine **Koloskopie** wird ab dem **55. Lj.** durchgeführt und bei unauffälligem Befund noch einmal nach 10 J. (seit 2002 wird dies in Deutschland auch von den Krankenkassen bezahlt, derzeit nehmen aber erst 3 % der Berechtigten pro Jahr daran teil). Jeder nachgewiesene Polyp muss dabei entfernt werden (Senkung des Risikos für kolorektale Karzinome um bis zu 90 % bei konsequenter Entfernung aller Polypen/Adenome, gem. einer Hochrechnung des Dt. Krebsforschungszentrums in Heidelberg v. 2010 ist eine Senkung der Inzidenz bereits zu erkennen). Werden adenomatösen Polypen entdeckt od. sind diese in der Vorgeschichte des Pat. bekannt, dann Koloskopie alle 3 Jahre.

Bei nachgewiesener Veranlagung für HNPCC jährliche Koloskopie ab dem 25. Lj.

Bei FAP jährliche Rektosigmoidoskopie ab dem 10. Lj. und prophylaktische Proktokolektomie im Alter von 18-22 J.

In Entwicklung befinden sich Tests zum Nachweis von tumorspezifischen DNA-Mutationen in Stuhlproben (es würden dann nur noch pos. Pat. eine Koloskopie benötigen), diese sind derzeit aber noch zu wenig sensitiv.

♥ Aufklärung: Vermeidung aller o.g. Risikofaktoren, regelmäßige körperliche Aktivität

♥ Derzeit erfolgen Studien über eine Prophylaxe von Kolontumoren durch langjährige Gabe von Acetylsalicylsäure (z.B. 75 mg/Tag), bisher wurde damit eine Risikoreduktion für das Auftreten von Kolonkarzinomen von bis zu 40 % gefunden (ob die Einnahme von ASS ausschließlich zur Risikominimierung eines kolorektalen Karzinoms indiziert ist, wird aber noch diskutiert). Ein geringeres Darmkrebsrisiko haben auch Frauen bei Einnahme einer Östrogen-/Gestagenkombination im Klimakterium (aber höheres Risiko für Mamma- u. Endometriumkarzinom, daher zur Prophylaxe von kolorektalen Karzinomen nicht indiziert).

♥ Postoperativ: **Tumornachsorge** mit Anamnese und körperlicher Untersuchung, Abdomen-Sonographie und Labor (Tumormarker) in den ersten 2 Jahren in 6-monatigem Abstand, danach jährlich. Rö-Thorax jährlich, ab dem 3. Jahr alle 2 Jahre. Koloskopie nach 2 Jahren, dann alle 3 Jahre (ggf. zusätzlich nach 3 Monaten, wenn präoperativ nicht das gesamte Kolon eingesehen werden konnte).

DD:
- Häufigste Fehldiagnosen: **Hämorrhoiden**, Appendizitis, Divertikulitis
- Adenome, Morbus CROHN, Colitis ulcerosa, intestinale Lymphome, Tuberkulose d. Darmes
- Pneumatosis coli (Pneumatosis cystoides intestini = Gaseinschlüsse in der Darmwand unbekannter Genese), Ther: bei Beschwerden hyperbare O_2-Ther. + Antibiose

REKTUMKARZINOM

Syn: engl. rectal carcinoma, ICD-10: C19

Ät. u. Epid: s.o. Kolonkarzinom

Path:
- Lok: **60 % der kolorektalen Tumoren liegen im Rektum** (4-16 cm von der Anokutanlinie entfernt), davon ist die Hälfte digital tastbar!
- Lymphabfluss:
  1.) erfolgt über die Lk im perirektalen Fettgewebe in kaudokranialer Richtung in Lk entlang der A.rectalis sup./A.mesenterica inferior
  2.) dies gilt auch für das distale Rektumdrittel, hier gibt es aber nur wenige Lk (kaum perirektales Fettgewebe). Erst Tumoren am Übergang zum Analkanal können in iliakale Lk metastasieren.

Metastasierung:
- Lk im perirektalen Fettgewebe, von da aus in Lk entlang der A.rectalis sup. - A.mesenterica inf.
- eine iliakale od. inguinale Lk-Metastasierung kommt beim Rektumkarzinom praktisch nie vor

♦ Venöser Abfluss: hochsitzende Karzinome ⇨ über den Plex.rectalis sup. in die Pfortader
tiefsitzende Karzinome ⇨ über den Plex.rectalis inf. in die V.cava inf.

Etlg: # Ursprüngliche Tumor-Klassifikation nach DUKES (1932, DUKES A-C), bzw. heute nach **UICC I-IV** (2002, s.o. bei Kolonkarzinom)

DUKES A: Infiltration von Mukosa, Submukosa und Lam. muscularis propria (= T_1 u. T_2)
DUKES B: Infiltration von perirektalem Fettgewebe (= ab T_3)
DUKES C: Lymphknotenmetastasen (= ab N_1)

TNM: s.o. Kolonkarzinom

Lokalisation des Rektumkarzinoms (Abstand von der Anokutanlinie)
- Karzinome des oberen Rektums: 12-16 cm (in manchen Einteilungen 15 cm)
- Karzinome des mittleren Rektums: 6-12 cm
- Karzinome des unteren Rektums: <6 cm

Klin: ⇒ **Blutabgang** (hellrote Blutauflagerungen), Schleimabgang
⇒ Häufiger Stuhlgang, evtl. Tenesmen ⇨ **Änderung der Stuhlgewohnheit!**
⇒ Evtl. Schmerzen am Kreuzbein
⇒ Evtl. Ileussymptomatik (Spätzeichen)

Diag:
1. Anamnese und klinische Untersuchung: **Rektal-digitale Untersuchung** (1/2 aller Rektumkarzinome liegen im tastbaren Bereich, diese können dann ggf. nicht mehr kontinenzerhaltend operiert werden ⇨ dann Rektumexstirpation erforderlich)
2. **Sigmoidoskopie**, bzw. bei der Erstdiagnostik Koloskopie durchführen
3. **Endosonographie** zur Bestimmung der Wandinfiltrationstiefe, Lymphknotenbefall und der Tumorinfiltration benachbarter Organe (Blase, Prostata, Vagina, Beckenboden, Os sacrum) ⇨ sehr guter Vorhersagewert insb. bei kleinen Tumoren u. daher obligat vor einer geplanten lokalen Exzision (T_1, N_0)
4. Urologische Untersuchung, Zystoskopie bei Infiltration in die Blase
5. Gynäkologische Untersuchung bei Infiltration von Uterus, Adnexe od. Vagina
6. Sonstige Untersuchungen wie bei Kolon-Ca zum Staging

Ther: • Operativ: Ind: kontinenzerhaltende Op bei hochsitzenden/mittleren Tumoren
nicht kontinenzerhaltende Op: i.d.R. wenn der Abstand des Tumors zur Anokutanlinie <5 cm beträgt

- Es gelten die beim Kolonkarzinom genannten Forderungen mit radikaler Chirurgie, **En-bloc-Resektion** und gleichen Op-Vorbereitungen
  - Bei sicherem Nichtbefall von Lk (N_0), T_1-Stadium <3 cm, ohne Gefäßinvasion u. differenzierter Tumor G1-G2 (sog. "low risk"-Karzinom) ist eine **lokale Ausschneidung** (heute als sog. **TEM** = transanal-endoskopische Mikrochirurgie) mit einem Operationsendoskop durch den Anus (alternativ konventionell mit posteriorem Zugang = peranaler od. parasakraler Zugang) mögl., Sicherheitsabstand 15 mm
  - Bei hochsitzenden Tumoren: **kontinenzerhaltende anteriore Rektumresektion** (n. DIXON), abdominaler Zugang, Resektion des Tumors mit dem zugehörigen Mesorektum mit 5 cm Sicherheitsabstand nach aboral unter Erhaltung des Schließmuskels (ca. 5 cm bis zur Anokutanlinie müssen tumorfrei erhalten bleiben können ⇨ intraoperative Schnellschnitte), Anastomose End-zu-End mit zirkulärem Klammernahtgerät.
  - Bei mittleren Rektumkarzinomen: abdominaler Zugang, komplette Entfernung des gesamten Mesorektums bis zur Puborektalisschlinge (**TME** = **totale mesorektale Resektion**, dadurch weniger Lokalrezidive, da praktisch alle drainierenden Lk im me-

sorektalen Bindegewebsfettkörper liegen), die Rektumwand wird ebenfalls nahe der Puborektalisschlinge abgesetzt (als aboraler intramuraler Sicherheitsabstand reichen hier 2 cm, sodass eine tiefe End-zu-End koloanale Anastomose mit Stapler-Gerät meist noch mögl. ist, wenn mögl. mit Ausbildung eines Kolon-J-Pouches)

An spezialisierten Zentren werden hochsitzende und mittlere Rektumkarzinome auch laparoskopisch operiert (hierzu gute Patientenselektion erforderlich, da bei Konversion zur offenen Op erhöhte Komplikationsrate). Das onkologische Ergebnis und die Prog. ist dabei gleich wie bei der offenen Op.

- Bei ausgedehnten, tiefsitzenden Karzinomen (<2 cm Abstand bis zur Anokutanlinie): Rektumamputation, sog. **abdominoperineale Rektumexstirpation** (n. MILLES) = Inkontinenzresektion ⇨ Anus praeternaturalis notwendig (= Kolostomie des Sigmas, einläufig), der aborale Schenkel (= verbleibender Afterrest) wird blind endend verschlossen.

– Postoperativ: kombinierte Radio-Chemotherapie bei T_3 u. T_4 (UICC II) und allen T-Stadien mit N_+ (UICC III) als adjuvante Maßnahme mit Fluoruracil [5-FU] für 6 Monate und 50 Gy Bestrahlung.

  Ggf. auch präoperative (= neoadjuvante) Radio-Chemotherapie (Ind: T_4, mit 45-50 Gy + 5-FU/Folinsäure) bis 4 Wo. vor Op zur Tumorverkleinerung und Erreichen der Operabilität (= Down-Staging) ⇨ Ziel ist eine vollständige Resektion (R_0) und Erhalt des Schließmuskels

• Palliativ: Ind: bei Vorliegen von Fernmetastasen
  Kryochirurgie: Verkleinerung des Tumors durch Vereisung, wenn eine Stenosierung vorliegt, evtl. auch mit Laser, Radiatio von innen mittels after-loading-Technik.
  Bei nicht beseitigbarer Stenose ⇨ Anlage eines Anus praeternaturalis.

Prog: Wie beim Kolonkarzinom, 5-JÜR aller Rektumkarzinome **50 %**
UICC I: 80-90%ige 5-JÜR ("low risk"-Karzinom 95 %), II: 70 %, III: 30-40 %
In 85 % d.F. ist heute eine Op mit Sphinktererhalt mögl., Op-Letalität: ca. 2-4 %

Kompl: * Ileus, Perforation, Einbruch in Blase, Uterus od. Plexus sacralis ⇨ Ther: zweizeitige Operation: 1. Anlage eines Anus praeternaturalis, 2. Entfernung des Tumors u. falls mögl. Wiederherstellung der Kontinuität und Verschluss des Anus praeternaturalis. Hohe Letalität (15-20 %) bei Vorliegen dieser Komplikationen.

Op: * Nahtinsuffizienz der Anastomose, Peritonitis, Ileus
* hohe Stuhlfrequenz, Stuhlschmieren od. -inkontinenz, imperativer Stuhldrang
* sexuelle Dysfunktion (Erektions-, Ejakulationsstörungen), Blasenlähmung durch Alteration des Plex.pelvinus, Belastungsinkontinenz
* **Rezidiv** (10-30 % d.F., meist innerhalb von 2 Jahren, aber auch als Spätrezidive bis 15 Jahre mögl.), insb. lokoregionär und Anastomosenrezidive ⇨ Nachsorge wichtig!

Proph: ♥ **Vorsorgeuntersuchungen** wie beim Kolonkarzinom (s.o.)
♥ Postoperativ: **Tumornachsorge** mit Anamnese und körperlicher Untersuchung, Abdomen-Sonographie und Labor (Tumormarker) in den ersten 2 Jahren in 6-monatigem Abstand, danach jährlich. Rö-Thorax jährlich, ab dem 3. Jahr alle 2 Jahre. Koloskopie nach 2 Jahren (davor alle 6 Monate eine Rektoskopie), dann alle 3 Jahre (ggf. zusätzlich einmalig 3 Monate postop., wenn präoperativ nicht das gesamte Kolon eingesehen werden konnte). Nach adjuvanter Strahlen-/Chemotherapie im 3. u. 4. Jahr zusätzliche Rektoskopie wegen möglichen, verzögert auftretenden Lokalrezidiven.

DD: – Jeder 6. Patient mit Kolon- oder Rektum-Ca hat auch Hämorrhoiden! ⇨ **nicht ohne Diagnostik mit der Diagnose Hämorrhoiden zufrieden geben!**
– Analfistel, Analabszesse, Analfissuren
– Morbus CROHN, Colitis ulcerosa

ANUS

Anatomie

Das **Kontinenzorgan** (n. STELZNER) besteht aus:

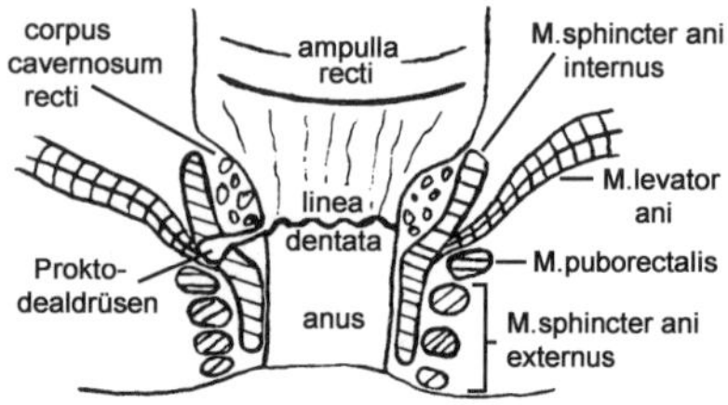

- **M.sphincter ani ext.** (willkürlich, N.pudendus) mit Pars subcutanea, superficialis u. Pars profunda, welche den wichtigsten Teil darstellt u. die von dem M.puborectalis umschlossen wird. Der M.sphincter ani ext. umfasst mit diesen drei Anteilen den M.sphincter ani internus.
- **M.sphincter ani internus** (unwillkürlich), der mit seinem Dauertonus den **3 cm** langen Analkanal elastisch abschließen kann.
- **M.puborectalis** (unwillkürlich), der von den Schambeinästen kommend den anorektalen Übergang umfasst ('Puborektalisschlinge') und nach ventral zieht ⇨ Abwinkelung des Anus gegen das Rektum um 90-100° (= anorektaler Winkel, Angulation) ⇨ Schlussverstärkung
- **M.levator ani** bildet einen muskulären anorektalen Ring zwischen Analkanal und Ampulla recti
- Sphinktertonus: In Ruhe 40-80 mmHg
- Reflexe: Defäkationsreflex u. Relaxationsreflex (parasympathisch), Kontinenzreflex = Verschluss durch Anspannung der Sphinkteren (sympathisch) bis max. 220 mmHg.
- Corpus cavernosum recti u. Plexus haemorrhoidalis: **arteriell-venöses Geflecht**, gespeist von drei (bis 5) Hämorrhoidalgefäßen bei **3, 7, 11 Uhr in Steinschnittlage** (SSL = Rückenlage ähnlich wie auf dem Gyn-Stuhl, die Lokalisation wird angegeben wie bei einer Uhr: oben = Richtung Os pubis 12 Uhr, unten = Richtung Os sacrum 6 Uhr, linke Seite des Pat. = 3 Uhr, usw.). Dieser trägt zum Verschluss der Analöffnung bei.
  Die Hämorrhoidalgefäße sind Äste der **A.rectalis superior** aus der A.mesenterica inferior, Abfluss über den Plexus rectalis in den Pfortaderkreislauf und in die V.iliaca int. (⇨ gleichzeitig portocavale Anastomose).

Canalis analis (von aboral nach oral geordnet):

(1) **Zona cutanea** (Analrand): von der normalen Haut bis zur Anokutanlinie findet sich eine stärker pigmentierte Epidermis (verhorntes Plattenepithel) mit Haaren, Talgdrüsen u. apokrinen Schweißdrüsen (Glandulae circumanales)

(2) Die **Zona anocutanea** (Syn: Anokutanlinie, Anoderm, Zona alba, HILTON-Linie) ist die pergamentfarbene Übergangszone (ca. 2 cm) aus unverhorntem, trockenem, ***sehr sensiblem*** Plattenepithel ohne Haare od. Drüsen, sie endet mit der **Linea dentata** (nach oralwärts Beginn der Zona haemorrhoidalis)

(3) Es schließt sich der Bereich der rosaroten Darmschleimhaut mit Schleimhautlängsfalten (**Columnae anales**, MORGAGNI-Falten) und Buchten (Sinus anales) an.
Die anschließende Plica transversalis recti (KOHLRAUSCH-Falte, ca. 6,5 cm tief gelegen) ist die ungefähre Grenze zur beginnenden Ampulla recti.

ANALABSZESSE UND ANALFISTELN

Def: Meist Erkrankung der **PROKTODEALDRÜSEN** (liegen kurz über der Linea dentata zwischen den Sphinkteren und sondern Schleim ab)., ICD-10: K61.-

Ät:
- **Abflussstörung und Infekt der Proktodealdrüsen**
- Intraabdominelle Organeiterungen mit Fortleitung (Appendizitis, Divertikulitis)
- Ulzerationen der Rektumschleimhaut (Morbus CROHN, Colitis ulcerosa)
- Geburtstrauma (anorektale-vaginale Fisteln), Strahlentherapie

Path:
- Abflussstörung der Proktodealdrüsen, z.B. bei Stuhlverstopfung. Es kommt dann zu einer Vergrößerung der Drüsen, Eiteransammlung, Durchbruch und schließlich zu einer Entleerung des Eiters
  ⇨ **Abszess** = akute Form der Eiteransammlung
  ⇨ **Fistel** = chronische Form des Proktodealdrüseninfekts

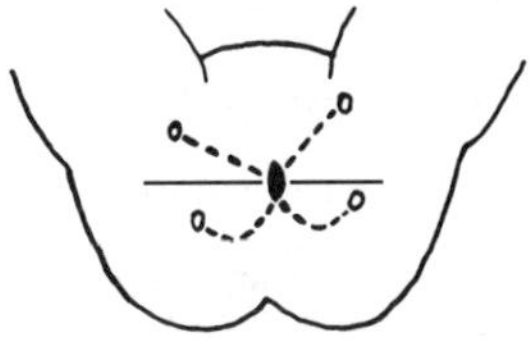

- GOODSALL-Regel: Fisteln deren äußere Öffnung oberhalb des Analhorizontes liegen (in Steinschnittlage) verlaufen meist geradlinig, Fisteln unterhalb des Analhorizontes verlaufen bogenförmig und münden meist bei 6 Uhr im Analkanal (s. Abb.).
- Lok: die Proktodealdrüsen befinden sich insb. an der hinteren Kommissur (= **dorsal**) ⇨ Fisteln meist bei 6 Uhr in SSL (= dorsal) gelegen (80 %)

Epid:
◊ **M** > w, Prädisp.alter: 30.-40. Lj.
◊ Life-time-risk: 2 % aller Menschen erkranken ein- od. mehrmals im Laufe des Lebens
◊ Intersphinktere u. transsphinktere Fisteln machen zusammen etwa 95 % aller Fisteln aus

Etlg:
Nach dem Fistelverlauf:
- Komplette Fistel: innere Fistel, die mit äußerer Fistel in Verbindung steht = **Verbindung** zw. Analkanal (Schleimhaut) u. Haut
- Inkomplette innere Fistel: vom Darm ausgehend, blind endend
- Inkomplette äußere Fistel: von der Haut ausgehend, blind endend

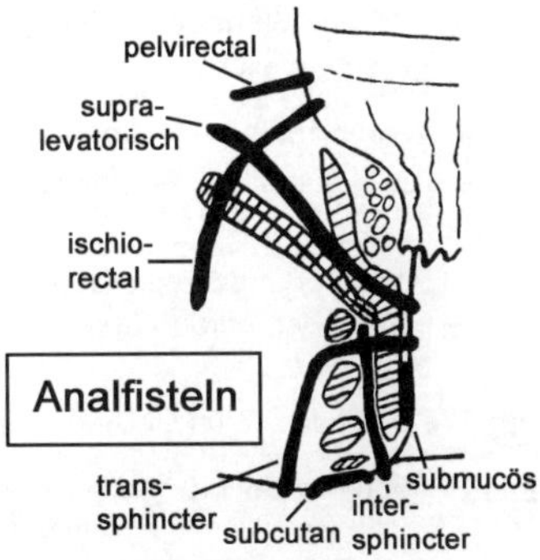

Heutige Modifikation (Etlg. nach PARKS, 1976):

Analfisteln
- Subkutane Fisteln
- Submuköse Fisteln
- Intersphinktere Fisteln
- Transsphinktere Fisteln (tiefliegend oder hochliegend)
- Suprasphinktere, supralevatorische Fisteln (über Puborektalschlinge hinaus)
- Extrasphinktere Fisteln: - pelvirektale Fisteln
  - ischiorektale Fisteln
- Rektoorganische Fisteln (Blase, Vagina, Harnröhre, Prostata)

Analabszesse
- Subkutaner Abszess / perianal
- Periproktitischer Abszess / perianal
- Submuköser Abszess
- Intermuskulärer Abszess
- Ischiorektaler Abszess
- Pelvirektaler/ileorektaler Abszess

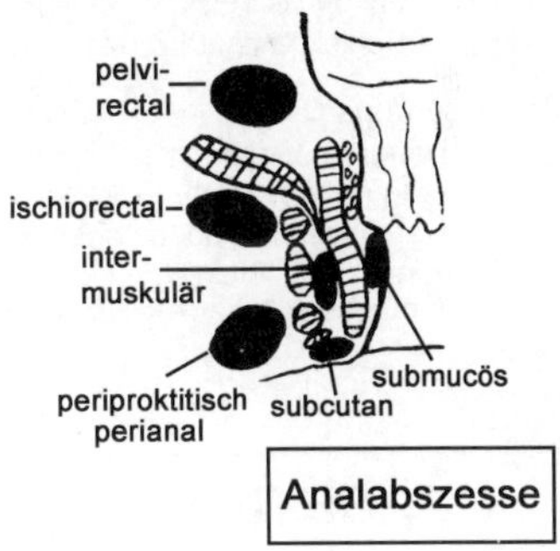

Klin:
⇒ **Schmerzen**, insb. Defäkationsschmerz, **Sitzbeschwerden**
⇒ Allgemeinreaktionen: Fieber, Leukozytose, Müdigkeit
⇒ **Nässende**, eitrige bis kotige **Sekretion** aus den Fistelöffnungen

Diag:
1. Anamnese und klinische Untersuchung: gerötete perianale Region, in der digital-rektalen Austastung evtl. tastbare Schwellung
2. **Proktoskopie**, **Rektosigmoidoskopie** (ca. 20-25 cm einsehbar) und **Koloskopie** zum Ausschluss von Begleiterkrankungen (Polypen, Malignomen, Divertikulitis)
3. **Endosonographie** transrektal (Darstellung v. Fistelverlauf u. Abszessen)
4. **Sondierung** evtl. mit Farbstoffinjektion (Methylenblau), insb. auch intraoperativ

5. Röntgen (nur noch selten): Fisteldarstellung mit KM (Fistulographie), ggf. Kolon-KE zum Ausschluss von Begleiterkrankungen od. MRT bei unklarem Befund
6. Sphinktermanometrie (anorektale Manometrie) präop. aus forensischen Gründen

<u>Ther:</u>
- <u>Operativ:</u> **<u>Fisteln:</u>** Beseitigung der Fistelquelle durch Entfernung der Proktodealdrüsen, Drainage des Fistelsystemes
  - evtl. präoperative orthograde Darmreinigung mit 3 l hypertoner Lösung, Golytely®
  - Inter- und transsphinktere Fisteln: Fistulektomie nach PARKS = Exzision d. inneren Fistelöffnung mit dem unterhalb der Fistel liegenden Sphinkter, Exzision der äußeren Fistelöffnung, **sekundäre Wundheilung** ⇨ also offen lassen!
  - Supra- und extrasphinktere Fisteln ⇨ Drainage durch Einlegen eines Fadens (Seton), evtl. Verschiebelappenplastik
  - Subkutane/submuköse Fisteln werden oval ausgeschnitten und primär verschlossen, bewährt hat sich das Einbringen eines Gentamicin-Schwammes (Sulmycin®Implant E)
- **<u>Abszesse:</u>**
  - Alleinige Inzision und Eiterentleerung reicht nicht aus, es sollte eine T-förmige od. **ovaläre Inzision** erfolgen
  - **Offene Wundbehandlung** und Einlage von Tamponadestreifen
- <u>Allgemein:</u> es können bis zu **4/5 des Sphinkterapparates** in die Tiefe gespalten werden, ohne dass die Gefahr einer Inkontinenz besteht. Für die Kontinenz ist vor allem die **Unversehrtheit der Puborektalisschlinge** wichtig.
- <u>Nachbehandlung bei Sekundärheilung:</u> 2x tgl. Sitzbäder (z.B. mit Kamille-Lösung) mit anschließender H_2O_2-Spülung + Nachspülung mit NaCl- od. Ringer-Laktatlösung u. VW mit Ethacridin (Rivanol®) bzw. Wundreinigung und -granulationsförderung (wenn Wunde relativ sauber) mit Streptokinase/-dornase (Varidase®-Gel), Stuhlregulation (weicher Stuhl)
- <u>CAVE!</u> Bei Morbus-CROHN-Fisteln keine Exzision sondern nur Fistelspaltung und Ausschabung.

<u>Prog:</u> Die sekundäre Wundheilung kann Monate! dauern, bildet dann aber eine gute Narbenplatte.

<u>Kompl:</u>
* **Fistelrezidiv** (10 % d.F.), insb. bei nicht ausreichender operativer Radikalität
* Schlecht heilende Fisteln u. Abszesse werden bei HIV-Infektion beobachtet
* FOURNIER-Gangrän (nekrotisierende Fasziitis der Genitalregion, Skrotalgangrän), Letalität: 30 %, Ther: frühzeitiges radikal-chirurgisches Débridement, Breitbandantibiose

<u>Op:</u>
* Sphinkterinsuffizienz ⇨ Inkontinenz

<u>DD:</u>
- **Morbus CROHN**, insb. bei atypischem Ursprung und multiplen Fisteln (sog. 'Fuchsbau')
- Tumoren, Lymphome, Divertikulitis, Pilonidalsinus
- Tailgut-Zyste (nicht rückgebildete Reste des embryonalen Schwanzdarmes)
- Traumatische Verletzungen (sehr selten), Pfählungsverletzungen, Fremdkörper
- Venerische Infekte (= Geschlechtskrankheiten), Parasitosen, Tuberkulose, Aktinomykose, Immunschwäche (AIDS), Diabetes mellitus

PROKTITIS

<u>Syn:</u> Engl. proctitis, ICD-10: K62.8

<u>Ät:</u>
- Venerische Infektionen (= **Geschlechtskrankheiten**)
  - Gonorrhoe ⇨ eitrige Proktitis
  - Lues I ⇨ Ulzera (Ulcus durum), Lues II ⇨ Condylomata lata, Lues III ⇨ ulzerierende Gummata
  - Ulcus molle ⇨ weiche, sehr schmerzhafte Ulzera
  - Lymphogranuloma inguinale ⇨ Strikturen, Fisteln
  - **AIDS** ⇨ fistelnde, nässende und nicht heilende Infekte
- Tropische u. weitere venerische Infektion, z.B. Granuloma venereum (Syn: Donovanosis) ⇨ perianale Papeln und foetide Sekretion

- Bei Morbus CROHN, Colitis ulcerosa
- Allergisches Ekzem
- Ergotismus gangraenosus cutaneus (anale Ulzerationen durch Ergotamin-Supp., bei Migräne-Pat.)

Etlg: # Proktitis: Entzündung im Analbereich mit analen Schmerzen
Sonderformen der Proktitis:
- Papillitis: Entzündung der Analpapillen (Ende der Columnae anales an der Linea dentata), häufig kombiniert mit einer Kryptitis
- Kryptitis: Entzündung der zwischen den Analpapillen liegenden Krypten (s.u.)

Klin: ⇒ Blutig-eitrige und/oder wässrige Sekretion, **Juckreiz**
⇒ **Anale Schmerzen**, Stuhldrang

Ther: Konservativ: Antiphlogistische Suppositorien

Kompl: Ausbildung von Analpolypen

KRYPTITIS

Ät: **Koteinpressung** in die MORGAGNI-Krypten (Ende der Sinus anales zwischen den Columnae anales, hier liegen die Ausführungsgänge der Proktodealdrüsen) am Übergang zur Linea dentata, meist **dorsal** gelegen.

Klin: Stechender Defäkationsschmerz

Diag: 1. Anamnese und klinische Untersuchung
Rektal-digitale Untersuchung: tastbar verdickte Krypten an der Linea dentata
2. Proktoskopie: gerötete Schleimhaut, evtl. eitriger Kryptengrund

Ther:
- Konservativ: Antiphlogistische Suppositorien
- Operativ: Kryptenspaltung mittels Hakensonde

Kompl: **Kryptenabszess**, Ausbildung von **Analfisteln**

PILONIDALSINUS

Syn: Sinus pilonidalis, **Steißbeinfistel**, Steißbeinsinus, Steißbeinzyste, "Jeep disease", Pilonidalfistel, Raphefistel, Sakraldermoid, Pilonidalzyste, ICD-10: L05.-

Anatomie: Epithelialisierter Hohlraum zwischen Steißbeinspitze und Analrand (im Bereich der Rima ani, auch "**Haarnestgrübchen**" genannt). Dieser kann abgekapselt sein = Pilonidalzyste oder eine Verbindung nach außen haben = Pilonidalfistel.

Path:
- ♦ Eindringen von Epidermis und **abgebrochenen Haaren** in die Tiefe ⇨ Fremdkörpergranulom, begünstigt durch schlechte Analhygiene, Adipositas und starke Behaarung
- ♦ Persistierender embryonaler Neuroporus zwischen Steißbeinspitze und Analrand

Epid: ◊ Junge (Altersgipfel um 20. Lj.), adipöse, **stark behaarte Männer** bevorzugt
◊ Inzidenz: 26/100.000/Jahr

Etlg: # Blande Verlaufsform (asymptomatisch)
Akut abszedierender Verlauf
Chronisch fistelnder Verlauf

<u>Klin:</u> ⇒ Akut: Schmerz, Rötung und Infiltration bei Infektion, sonst insg. wenig Beschwerden
⇒ Chron: evtl. Nässen oder blutige Sekretion aus den Fistelöffnungen

<u>Diag:</u> Anamnese und klinische Untersuchung ⇨ winzige Fistelöffnungen im Bereich der Rima ani

<u>Ther:</u>
- <u>Konservativ:</u> Im akut entzündlichen Stadium Wundsalben (z.B. Nitrofural, Furacin®-Sol) und Kamille-Sitzbäder (Kamillin-Extern-Robugen®), dann im Intervall (nach ca. 4 Wo.) operative Sanierung
- <u>Operativ:</u> Ind: alle Fisteln im Bereich des Sinus pilonidalis sollten operativ saniert werden.
  - Wichtig ist die **radikale En-bloc-Exzision** (zu Beginn der Op Anfärbung der Fisteln mit Methylenblau zur Kontrolle der Vollständigkeit der Exzision des Fistelsystems) des Pilonidalsinus und **sekundäre Heilung** der Wunde (= **offene** Wundversorgung, tgl. Reinigung, Sitzbäder od. Ausduschen)
    Evtl. Fixation der Hautränder an die Faszie über dem Os sacrum mit Einzelknopfnähten ⇨ Heilung mit haarfreier Narbenplatte oder bei großem Defekt ggf. auch Deckung mittels Schwenklappen erforderlich
  - Bei kleinen Steißbeinfisteln kann auch primär genäht werden, die Einlage von antibiotikahaltigem Kollagen (Gentamicin-Schwamm, Sulmycin®Implant E) hat sich dabei gut bewährt (ist aber sehr teuer), Fäden ex am 10-12.Tag, bis dahin keine Sitzbäder
- Nachbehandlung: Für mind. 1 Jahr sollte eine Enthaarung im Narbenbereich zur Rezidivprophylaxe (z.B. mit Pilca-Med-Enthaarungscreme) durchgeführt werden.

<u>Prog:</u> Ohne radikale Therapie hohe Rezidivrate!

<u>Proph:</u> ♥ Nach Op. Rezidivprophylaxe durch Enthaarungscremes

<u>DD:</u>
- Analfistel, Morbus-CROHN-Fistel
- Steißbeinteratom, Sakraldermoid
- Meningozele
- Acne inversa

PYODERMIA FISTULANS SINIFICA

<u>Syn:</u> **Hidradenitis suppurativa**, **Acne inversa**, Aknetriade, Aknetetrade, engl. follicular occlusion triad

<u>Def:</u> Multiple, abszedierende, fistelbildende Hautkrypten im Bereich der Analregion, des Perineums, des Skrotums, der Labien oder des Oberschenkels (auch inguinal u. in der Axilla vorkommend).

<u>Ät:</u>
- Verwerfungsanomalie der Haut (tiefe Epidermisfalten) ⇨ **Retentionstaschen**
- Begünstigend: **Zigarettenrauchen**!, Adipositas, mangelnde Hygiene, starke Behaarung, Akne, Stoffwechselerkrankungen

<u>Path:</u> Follikelhyperkeratose der Haarfollikel, Fistelbildung aus Mikroabszessen ausgehend von den **Talgdrüsen** mit Einbruch in das Subkutangewebe. Es besteht **keine Verbindung zum Anus**, sehr wohl aber eine Verbindung untereinander bei streng subkutanem Sitz.

<u>Klin:</u> Schmerzhafte subkutane Abszess- und Fistelbildung

<u>Diag:</u> Anamnese und klinische Untersuchung ⇨ viele Fistelöffnungen und Entzündungen zu sehen

<u>Ther:</u>
- <u>Operativ:</u> **Radikale Exzision!**
  - Einzelne Fistelgänge werden lokal ausgeschnitten (evtl. mehrere Sitzungen nötig)
  - Eine flächenhafte Exzision ist immer dann indiziert, wenn die Fisteln schon untereinander kommunizieren. Die entstandene Op-Wunde bleibt primär offen und sollte drei Wo-

chen schrumpfen (granulieren), dann ggf. Deckung mit Spalthaut bei größerem Hautdefekt.

- Konservativ: Verfahren mit 13-cis-Retinsäure (Isotretinoin, Roaccutan®), UV-Lichtbestrahlung, Röntgen-Bestrahlung, systemischer od. lokaler Antibiose bringen meist keinen Erfolg

Kompl: Rezidive!, auch nach Exzision mögl. (insb. im Randbereich)

DD: Akne conglobata (eher am Stamm gelegen), Dermoidfisteln

ANALFISSUR

Syn: Analulkus, "Darmriss, Afterriss", engl. anal fissure, ICD-10: K60.-

Def: Schmerzhafter, längsverlaufender Einriss der Analhaut (Anoderms), meist bei 6 Uhr in SSL (= Steinschnittlage) = posterior (hintere Kommissur) gelegen

Ät:
- **Chronischer erhöhter Tonus/Spasmus** des M.sphincter ani int. ⇨ chronische Fissur ⇨ Fibrose des Muskels und Einrisse der darüberliegenden Haut
- Einrisse durch Skybala (harte Kotballen), chronische Obstipation, anale sexuelle Praktiken
- Läsionen bei Infektionen, z.B. begünstigt durch Hämorrhoidalleiden, Kryptitis ⇨ Elastizitätsverlust des Anoderms
- Morbus CROHN

Path: Einriss der Analhaut vom Ende der Columnae/Sinus anales und der Linea dentata ausgehend (s. Abb.) ⇨ **schmerzreflektorischer Sphinkterspasmus** u. Fibrosierung des Schließmuskels ⇨ führt zu weiteren Fissuren (Circulus vitiosus)

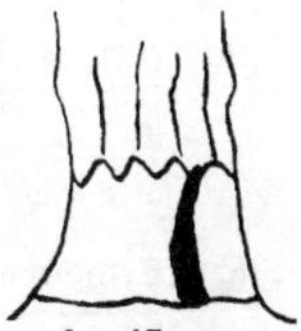
Analfissur

Klin:
⇒ **Defäkationsschmerz** und Nachschmerz durch Sphinkterkrampf
⇒ **Blutung**
⇒ Perianaler Juckreiz und Schleimsekretion
⇒ Chronische Obstipation (schmerzbedingt)

Diag:
1. Anamnese und klinische Untersuchung: Inspektion zeigt Läsion im unteren Analkanal
2. Die rektal-digitale Untersuchung ist oft nur in LA möglich (erhöhter Sphinktertonus)

Ther:
- Konservativ: Anästhesierende, antiphlogistische Salben (z.B. Policresulen + Cinchocain, Faktu® Salbe, insb. mit **Analdehner**) oder Suppositorien (Hamamelis, Posterine®), Sitzbäder (Kamillenblütenauszüge, Kamillin-Extern-Robugen®), Analgetika als Suppositorien (z.B. Diclofenac 2 x 100 mg/Tag, Voltaren®), ggf. Unterspritzung mit Lokalanästhetika
  Stuhlregulierung (weicher Stuhl) durch milde Laxanzien (z.B. pflanzlich: Senna + indischer Flohsamen, Agiolax® Granulat), ballaststoffreiche Ernährung
- ggf. lokale Applikation von Glyceroltrinitrat-Salbe (0,2%ig) od. Diltiazem-Gel (2%ig)
- ggf. Botulinumtoxin-A-Injektion (Botox®) in den M.sphincter ani int.
- Operativ: Ind: chronische Fissur
  - **Exzision von Fissur** und Narben (⇨ immer auch **histologische Untersuchung** des Exzisates zum Tumorausschluss!)
  - Heute nur noch selten wird bei ausgedehntem Befund auch eine Exzision von Fissur und Narben + laterale Sphinkterotomie durchgeführt ⇨ in Steinschnittlage wird bei 3 Uhr das distale Drittel (ca. 1 cm) des M.sphincter ani int. durchtrennt, primärer (Methode nach PARKS) oder sek. Wundverschluss (Methode nach EISENHAMMER) ⇨ Sphinktertonus wird herabgesetzt
  - auch mögl. ist eine Sphinkterdehnung in Vollnarkose (hat aber eine hohe Rate von bleibender Inkontinenz)

Prog: Die operativen Verfahren sind zu 90 % erfolgreich, jedoch mit der Gefahr der Inkontinenz verbunden ⇨ daher immer zuerst **konservative** Behandlungsversuche.

Kompl: * Ulzeration
* Chronischer Verlauf ⇨ Narben = sog. (fibröser) "Wachtposten", "Vorpostenfalte" = Pectenosis

Op: * Inkontinenz bei Sphinkterotomie in ca. 15 % d.F., daher nur noch selten durchgeführt

DD: – **Analkarzinom**
– **Analfisteln**, Analabszesse, Hämorrhoiden
– venerische Infekte (Geschlechtskrankheiten, z.B. Primäraffekt bei Lues)

HÄMORRHOIDEN

Def: Hämorrhoiden sind sog. innere Hämorrhoiden = Hyperplasien des **Corpus cavernosum recti** (arterio-venöses Gefäßpolster, Plexus rectalis internus), ICD-10: I84.-

Ät: – Chronische Obstipation, sitzende Tätigkeit
– Erhöhter Analsphinktertonus
– Konstitutionsbedingte und altersbedingte Bindegewebeschwäche, Schwangerschaft

Path: ♦ Hämorrhoiden entwickeln sich meist ab dem 30. Lj. durch die einsetzende Degeneration der elastischen Fasern im Corpus cavernosum recti
♦ Lok: im Analkanal kurz oberhalb der **Linea dentata** (Zona haemorrhoidalis) meist bei **3, 7** u. **11 Uhr** in SSL (Steinschnittlage) = an der Eintrittsstelle der Äste der A.rectalis superior

Epid: ◊ 70 % aller Erwachsenen über 30 J. haben proktoskopisch nachweisbare Hämorrhoiden. Sie erlangen aber nur Krankheitswert, wenn sie Symptome verursachen.
◊ Inzidenz: geschätzt 1.000/100.000/Jahr
◊ **M** > w (2:1), Durchschnittsalter: ca. 50. Lj.

Etlg: Symptome u. Stadieneinteilung der Hämorrhoiden:

Grad	Symptom	Befund
I	Oft anorektale Blutungen, evtl. Pruritus ani, keine Schmerzen	Knoten oberhalb der Linea dentata, sind von außen nicht sichtbar, reversibel
II	Selten Blutung, oft Brennen u. Nässen	Beim Pressen prolabieren die Knoten nach außen, reponieren aber von selbst, beginnende fibrotische Umwandlung
III	Keine Blutung, schleimige Sekretion, Pruritus, Schmerzen, evtl. Ulzeration der Schleimhaut	Prolaps nach Bauchpresse oder Defäkation, erhöhter Sphinktertonus, keine spontane Reposition (manuell noch reponierbar), Fibrose
IV	Stark schmerzhaft, Ulzerationen	Wie III aber auch manuell nicht mehr reponibel = fixierter Mukosaprolaps

Klin: ⇒ Anorektale **hellrote! Blutungen** (am Toilettenpapier) oder als streifige Blutauflagerungen auf dem Stuhl
⇒ **Pruritus** (Juckreiz), Brennen, **Nässen**, schleimige Sekretion, Fremdkörpergefühl
⇒ Weiche bis derbknotige, rosa-rote bis leicht bläuliche Vorwölbungen in der anorektalen Gefäßregion
⇒ Sehr starke Blutung bei arterieller Hypertonie oder portaler Hypertension mögl. (wegen portokavalem Umgehungskreislauf ⇨ venöse Überlastung)

Diag: 1. Anamnese (frisches Blut?, Zusammenhang mit Pressakt?) und klinische Untersuchung: Palpation und Anoskopie ⇨ erhöhter Sphinktertonus, tastbare/sichtbare fibröse Knoten
2. **Proktoskopie** und Rekto-/Koloskopie (zum Tumorausschluss!)

3. ggf. Röntgen: Kolon-KE zum Tumorausschluss

Ther: • Konservativ:
- Allgemein: Gewichtsreduktion, Vermeidung blähender Speisen, körperliche Bewegung
- **Stuhlregulierung** (ballaststoffreiche Ernährung, evtl. milde Laxanzien, z.B. Senna + indischer Flohsamen, Agiolax® Granulat od. Lactulose, Bifiteral®), Analhygiene (Sitzbäder mit Kamillenblüten-Auszügen, Kamillin-Extern-Robugen®)
- Med: Salben und Suppositorien (z.B. Policresulen [Faktu®-Salbe], Hamamelis [Posterine® Zäpfchen]), auch kortikoidhaltige oder lokalanästhetische Salben ⇨ keine Dauertherapie!, auch 5-ASA-Suppositorien wirksam.
- **Sklerosierung** (3-5 ml/Knoten 5%iges Phenolöl), Kryotherapie, Infrarotkoagulation od. Kauterisierung im Stadium I und II indiziert ⇨ narbige Gewebeschrumpfung
- **Gummibandligatur** n. BARRON (abschnürender Gummiring an der Basis führt zur Nekrose der Hämorrhoide) im Stadium II indiziert
- Hämorrhoidenarterienligatur n. MORINAGA mit Aufsuchen der zuführenden Gefäße durch Dopplersonographie (spezielle Ultraschallsonde im Proktoskop integriert)

• Operativ: Ind: Stad. III-IV
- Submuköse **Hämorrhoidektomie** nach MILLIGAN, MORGAN u. PARKS: Präparation der drei Hauptknoten (möglichst unter Erhaltung des Anoderms), Exzision des Hämorrhoidalknotens, Ligatur der drei zuführenden Arterien, Naht der Schleimhautnaht mit resorbierbarem Faden od. Offenlassen der Wunde, Tamponade des Wundgebietes
- bei sehr ausgeprägten Befunden auch Op mit einem speziellem Stapler (reseziert und vernäht zirkulär, sog. Stapler-Hämorrhoidopexie n. LONGO) mögl. od. analplastische Rekonstruktion mit Verschiebelappen erforderlich
- Postop: am 1. postop.-Tag Entfernung der Tamponade, dann 2 x tgl. (und nach jedem Stuhlgang) Sitzbäder mit Kamille, Stuhlerweichung (z.B. mit Senna + indischem Flohsamen, Agiolax®-Granulat)

Kompl: * Leichte bis massive Blutungen v.a. im Stadium I, chronische Blutung ⇨ Anämie
* Inkarzeration eines prolabierten Knotens ⇨ Ther: Hämorrhoidektomie
* Infektion u. Nekrosen

Op: * Postoperative Analstenosen, Verwachsungen bei großer Anodermresektion, Restprolaps, Pruritus, Stuhlinkontinenz, Rektumdivertikel

DD: – Maligne Erkrankungen: Kolon-Ca, **Analkarzinom**

➲ CAVE: Hinter jeder Hämorrhoidalblutung kann ein Tumor stecken! ➲

- **Perianale Thrombose** (s.u.), **Marisken** (s.u.), Analfissur (s.o.), Analekzem ⇨ häufig auch Kombination aus verschiedenen Befunden
- **Hypertrophe Analpapille** ("Analpolypen", "Katzenzähnchen"): vergrößerte embryonale Proktodealmembran ⇨ Prolaps wird durch Hämorrhoiden begünstigt, Ther: Abtragung
- Entzündliche Darmerkrankungen, Rektumpolypen, Analabszess, Analfissuren u. -fisteln
- Morbus BOWEN (Carcinoma in situ der Epidermis, z.B. Arsenexposition)
- Condylomata acuminata (HPV-Infektion) / Condylomata lata (Lues)
- Analprolaps (s.u.) = mit Vorfall der gesamten Hämorrhoidalzone ⇨ radiäre Falten
  Rektumprolaps (s.u.) ⇨ zirkuläre (kreisförmige) Falten, Ulcus recti

PERIANALE THROMBOSE

Syn: Analvenenthrombose, Perianalvenenthrombose, wird fälschlich auch als "äußere Hämorrhoide" bezeichnet (so auch im ICD-10), ICD-10: I84.3

Ät: – **Forcierter Pressakt** bei Defäkation, insb. bei Obstipation
– Schwangerschaft, peri-/postpartal

Path: Meist mehrkammerige Thrombose im perianalen Gefäßgeflecht durch Ruptur subkutaner Venen

Klin: ⇒ Plötzlicher einschießender perianaler Schmerz nach Defäkation
⇒ Tastbarer, schmerzhafter, bläulicher **Knoten** am äußeren Analrand

Diag: Anamnese (erschwerter Stuhlgang) und typischer Inspektionsbefund: vorgewölbter, blaulivider Knoten am Analrand, meist mit einem perifokalen Ödem. Schmerzbedingt ist im akuten Stadium eine rektal-digitale Untersuchung meist kaum möglich.

Ther:
- Konservativ: kleine od. ältere perianale Thrombosen (>1 Wo.)
  - Abschwellende, analgetische Salben (z.B. Diclofenac, Voltaren®), feuchte Umschläge
  - **Stuhlregulierung** (Quell- und Gleitmittel, ausreichende Flüssigkeitszufuhr, milde Laxanzien, z.B. Senna + indischer Flohsamen, Agiolax® Granulat)
- Operativ: Ind: frische perianale Thrombosen
  - **Stichinzision** in Lokalanästhesie (z.B. Vereisung mit Ethylchlorid-Spray) ⇨ spontane Entleerung oder Ausräumung des Hämatoms mit dem scharfen Löffel

Kompl: Es können bleibende Analmarisken entstehen

MARISKEN

Syn: Analfalten, engl. mariscae, ICD-10: I84.6

Ät:
- Oft nach **perianalen Thrombosen** entstehend
- Bei Frauen nach Schwangerschaft gehäuft
- Bei Morbus CROHN

Klin: ⇒ Perianale 0,5-2 cm lange **hypertrophe Hautfalten durch Überdehnung**
⇒ Pruritus ani

Diag: Anamnese und typischer Inspektionsbefund: nicht reponierbare Hautfalten, füllen sich nicht bei Bauchpresse

Ther: Operativ: Abtragung in Lokalanästhesie bei Beschwerden

Kompl: Erschwerte Reinigung des Anus ⇨ erhöhte Ekzemrate und Pruritus

ANAL- UND REKTUMPROLAPS

Ät:
- Analprolaps: Hämorrhoiden 3./4. Grades, Analsphinkterschwäche
- Rektumprolaps: Schwäche des Beckenbodens (Sphinkterapparat), v.a. bei **Frauen** (>50. Lj., **w** >> m = 6:1), insb. Multipara, Säuglinge: fehlende Angulation od. Fixation des Rektum

Path:
- Analprolaps: mangelnde Fixation der Analhaut auf dem Schließmuskel ⇨ Vorfall der Analschleimhaut
- Rektumprolaps: Kalibersprung zw. engem intraperitonealem Kolon pelvinum (Rectum mobile) und der weiten extraperitonealen Rektumampulle (Rectum fixum) als Schwachstelle für eine Invagination ⇨ Prolaps = Vorfall aller Wandschichten des Rektums

Epid: Prädisp.alter: Rektumprolaps bei Säuglingen in den ersten 2 Lj. und im Senium

Etlg: # **Analprolaps**, ICD-10: K62.2
Typ I = falscher (hypertrophe Schleimhaut, Hämorrhoiden)
Typ II = inkompletter
Typ III= kompletter (kongenital - Kinder, erworben - Erwachsene)

Analprolaps

Rektumprolaps (Procidentia recti), ICD-10: K62.3
I. Grades = Zufallsbefund (z.B. bei Rektoskopie), keine Beschwerden
II. Grades = Prolaps bis in den Analkanal reichend ⇨ Stuhlschmieren
III. Grades = sichtbarer Prolaps, Inkontinenz

Klin: ⇒ Analprolaps: Pruritus ani, Stuhlinkontinenz, **radiäre Fältelung** der Schleimhaut
⇒ Rektumprolaps: Stuhlinkontinenz, Nässen, Blut- u. Schleimabgang, **zirkuläre Anordnung** der Schleimhaut

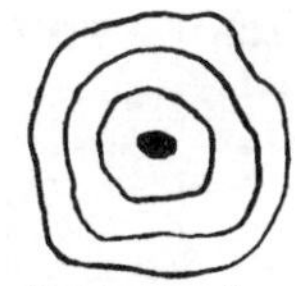

Rektumprolaps

Diag: 1. Anamnese u. klinische Untersuchung: Pressversuch in Hockstellung
Rektal-digitale Untersuchung: Analprolaps: weiches Gewebe
Rektumprolaps: harte Rektumschleimhaut tastbar
2. Prokto-/Rektoskopie: Gerötete Schleimhaut, Ulzerationen (Biopsie entnehmen, da DD: Rektumkarzinom)
3. Defäkographie od. dynamische Beckenboden-MRT

Ther:
- Konservativ: Allgemein: Stuhlregulation
  Analprolaps: Versuch der Sklerotherapie, Venenverödung
  Rektumprolaps: im akuten Stadium manuelle Reposition
  Säugling: redressierende Verbände
- Operativ:
  - **Analprolaps:** Op der Hämorrhoiden (s.o.)
  - **Rektumprolaps:**
    · Bei kleinem Prolaps Op n. REHN-DELORME: transanale Inzision der Mucosa, Doppelung der Muscularis (dadurch Verdickung im Sphinkterbereich) und darüber Wiedervernähen der Mucosa
    · Bei großem Prolaps Op n. ALTEMEIER: perinealer Zugang, Resektion von Rektum/Invaginat bis zum Sigma und Anastomosierung in Höhe der Linea dentata, ggf. + Levatorplastik
    · Op n. RIPSTEIN od. WELLS: Rektopexie von abdominal mit Fixierung des Rektosigmoids u. Bindegewebes am Kreuzbein mit einem nicht-resorbierbaren Polypropylen-Netz (Mesh, Marlex®, s. Abb.) + Raffung des Beckenbodens
    · Rektosigmoidresektion und Rektopexie (nach FRYKMAN u. GOLDBERG): kombiniert die Resektion und eine Nahtrektopexie mit abdominellem Zugang (od. auch laparoskopisch)
    · Bei Inkarzeration ist immer eine komplette Resektion des Invaginats und eine End-zu-End-Anastomose erforderlich
    · Op n. THIERSCH: bei alten Pat. in schlechtem AZ Einlage eines perianalen Teflonringes od. zirkuläre Einengung des Anus mit einem nicht-resorbierbaren Faden ⇨ nur teilweise Beseitigung der Inkontinenz und hohe Kompl.-Rate (Infekte, Fistel, Rezidiv), wird daher kaum noch angewendet.

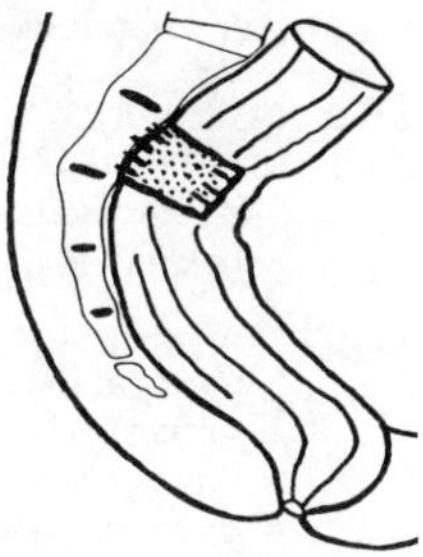

Prog: Rezidivrate 4-20 % je nach Verfahren

Kompl:
∗ Ulcus recti simplex ⇨ bevorzugt am Vorderrand gelegenes tiefes Ulkus mit schlechter Heilungstendenz (DD: Rektumkarzinom ⇨ daher Rektoskopie mit Biopsie und histologischer Untersuchung erforderlich)
∗ Ohne Therapie: Stuhlinkontinenz
∗ gleichzeitige Harninkontinenz

Op: ∗ Op-Trauma bei transanalem u. perinealem Vorgehen geringer, aber häufiger Rezidive
∗ Zunahme der Obstipation
∗ bei Rektopexie mit Mesh: intraabdominelle Fremdkörperreaktion mögl.

<u>DD:</u> – Perianale Thrombose, Analfissuren, Hämorrhoiden
- Beckenbodeninsuffizienz: Descensus genitalis, Vaginal-/Uterusprolaps
- Hernia perinealis
- Cul-de-sac-Syndrom (Beckenbodenschwäche, z.B. nach Hysterektomie, mit Auseinanderweichen der Levatorschenkel ⇨ Sigmoidozele III°), Ther: Sigmaresektion u. Rektopexie

STUHLINKONTINENZ

<u>Syn:</u> Incontinentia alvi, Defäkationsstörungen, ICD-10: R15

<u>Ät:</u> <u>Mechanisch:</u> Analprolaps, Rektumprolaps, Hämorrhoidalprolaps, Anal-/Rektumkarzinom, Fehlbildungen des Anorektalapparats, fehlende Angulation (Abknickung am anorektalen Übergang), rektale Fisteln, intraanale Kondylome, allgemeine Erschlaffung des gesamten Kontinenzorgans mit zunehmendem Lebensalter (Descensus perinei, Beckenbodeninsuffizienz) ⇨ **Altersinkontinenz**
- <u>Traumatisch:</u> Pfählungsverletzung oder Quetschtrauma des Gesäßes, anale Vernarbungen
<u>Schwangerschaft:</u> **Geburtstrauma** durch Dammriss (III. Grades) bei **vaginaler Entbindung** ⇨ Verletzung des Schließmuskels (häufig kommt eine Schließmuskelverletzung auch bei normaler Geburt vor und wird dann erst später im höheren Lebensalter symptomatisch)
- <u>Neurogen:</u> Querschnittlähmung, Bandscheibenvorfall, Conus-Cauda-Syndrom, (Dysrhaphiesyndrome (Spina bifida, Meningomyelozele), Plexus-pudendus-Schaden, N.pudendus-Läsion (Geburtstrauma), hirnorganische Syndrome (Apoplexie, Hirntumoren, **Demenz**, PARKINSON-Syndrom, multiple Sklerose)
- <u>Sensorisch:</u> fehlendes Anoderm (verminderte Sensibilität am Anus) ⇨ Überlaufinkontinenz
- <u>Entzündlich:</u> Morbus CROHN, Colitis ulcerosa, Proktitis
- <u>Stuhlregulationsstörung:</u> Colon irritabile, chronische Obstipation mit Pressen
- <u>Iatrogen:</u> **Operationen** am Kontinenzorgan, Vernarbungen, Radiatio, Laxanzien
- <u>Medikamente:</u> motilitätshemmende Med. (z.B. PARKINSON-Med.) ⇨ Überlaufinkontinenz

<u>Epid:</u> ◊ Prävalenz: 2-5 % der Bev. betroffen
◊ **W** > m (4-5:1), Prädisp.alter: >65. Lj.

<u>Etlg:</u> <u>Nach Anamnese und Klinik</u>
Schweregrad I: Kontrollverlust für **Winde** (Abgang von Darmgas)
Schweregrad II: Kontrollverlust für **flüssigen Stuhl**
Schweregrad III: **Komplette Inkontinenz**, d.h. auch für festen Stuhl

<u>Diag:</u>
1. Anamnese (Operationen, Verletzungen, Stuhlfrequenz, Frage nach zusätzlicher Inkontinenz der Blase), ggf. Stuhltagebuch führen lassen
2. Klinische Untersuchung: Inspektion, digitale Prüfung d. Sphinktertonus u. Analkanallänge
3. Prokto-/Rektoskopie: organische Erkrankungen (Narben, Fisteln, Prolaps, Tumor)?
4. **Endosonographie** (gute Darstellbarkeit von muskulären Defekten am Analsphinkter durch eine transanal eingeführte spezielle Ultraschallsonde, Externus-/Internusdefekt?)
5. Sphinktermanometrie (anorektale Manometrie: Kneifdruck, rektoanaler Inhibitionsreflex)
6. Elektromyographie des M.sphincter ani ext. ⇨ neurogene Schädigung?
7. Defäkographie und Videodefäkographie od. dynamische Beckenboden-MRT für spezielle Fragestellungen

<u>Ther:</u>
- <u>Konservativ:</u> Aktives Muskeltraining des Beckenbodens (**Beckenbodengymnastik**) und diätetische Therapie = diarrhoeinduzierende Speisen meiden (kein Kaffee, kein Alkohol, keine blähende Speisen, wie Kohl, Bohnen, Linsen), **Toilettentraining** (regelmäßige Zeiten, ggf. mit Klysmen), Versuch über mindestens ein halbes Jahr
Lokaltherapie: saugfähige Vorlagen, Zinkoxid-haltige Salbe bei Reizung der Haut
Biofeedback-Training (aktives Training der Schließmuskelkontraktion für 3-6 Mon.) und/od. Sphinkterelektrostimulation

Med: Loperamid (Verlangsamung der Darmpassage, Imodium®), Quellmittel (z.B. indischer Flohsamen, Mucofalk®), bei Frauen in der Postmenopause ggf. Hormonsubstitution

- Konservativ/palliative Therapieoption ist auch eine anale Irrigation: Defäkationsauslösung mittels Klysmen und anschließend wird der Anus mit speziellen Stöpseln verschlossen
- Sakrale Spinalnervenstimulation (hierzu Implantation von Elektroden bei S2/S3 notwendig und Impantation des Stimulators gluteal), der Pat. kann den Stimulator über einen Impulsgeber ein- (Kontinenz) und ausschalten (zur Defäkation), Methode nur an Zentren verfügbar und relativ teuer. Voraussetzung ist ein intakter Sphinkterapparat.
- Operativ:
  - Rektum-/Analprolaps: entsprechende kausale Therapie (s.o.)
  - Mechanisch/muskuläre Ursache:
    - Rekonstruktion der Sphinktermuskulatur durch Naht, wenn nicht mehr als 1/3 der Zirkumferenz zerstört ist (z.B. sofort nach Geburtstrauma)
    - **Anteriore Levator- u. Externusplastik**: Aneinandernähen der beiden M.levator-Schenkel und Raffung des M.sphincter ani ext. vor dem Rektum
    - **Sphinkterplastik:** Bildung von Muskel-/Sehnenschlingen um den Sphinkter
      - Extremitätenmuskeln, wie z.B. der M.gracilis od. M.sartorius, werden zirkulär um den Analkanal verpflanzt u. verschließen bei Kontraktion den Anus (mittels einer elektrischen Niederfrequenzstimulation, der Stimulator wird hierzu subkutan od. unter die Rektusfaszie in den li. Unterbauch implantiert)
      - An einem willkürlich innervierten Muskel werden Zügel aus der Fascia lata oder Kunststoff verankert, die den distalen Mastdarm umgreifen
    - Implantation eines künstlichen Sphinkters mit einem um den Analkanal implantierten aufblasbaren Ring, verbunden mit einem Ballon und einer Pumpe, die in das Skrotum bzw. in eine große Schamlippe implantiert werden (z.B. Acticon™ Neosphincter).
  - Sensorische Ursache: Verschiebelappenplastik aus der perinealen sensiblen Haut
- Palliative Maßnahme (Versagen aller anderen Therapieoptionen): Anlage eines Anus praeternaturalis (Kolostoma)
- Selbsthilfegruppen: Gesellschaft für Inkontinenzhilfe e.V., Friedrich-Ebert-Str. 124, 34119 Kassel, Tel.: (05 61) 78 06 04, Internet: http://www.kontinenz-gesellschaft.de

Kompl: * Hautmazeration der perianalen Haut
* Zusätzliche Harninkontinenz, Descensus/Prolaps uteri od. vaginae

Op: * Perineale Infektion, Analstenose
* Sphinkterplastik: Infektion, Nekrose des verpflanzten Muskels
* Künstliche Sphinkter: Nekros des Analkanals unter dem Ring, häufig technische Defekte

ANOREKTALE SCHMERZSYNDROME

Syn: **Proktalgie**, ICD-10: K59.4

Ät: – Proctalgia fugax: unklare Ursache
– Kokzygodynie (Coccygodynia): **langes Sitzen**, Beckenverletzung, Becken-Operation, Schwangerschaft, Entbindungen, Neuralgie

Etlg: # Proctalgia fugax: Starker, anfallartiger, krampfartiger Schmerz im Mastdarmbereich ohne organische Grundlage (Spasmus des M. levator ani?), häufig nachts, Schmerzen können Sekunden bis mehrere Min. anhalten
Kokzygodynie: Schmerzen in der Steißbeinregion durch Verkrampfung der Levatormuskulatur, w > m

Diag: 1. Anamnese und klinische Untersuchung, rektal-digitale Untersuchung
2. Prokto-/Rektoskopie ⇨ Ausschluss organischer Erkrankung

<u>Ther:</u>
- <u>Konservativ:</u>
  - Proctalgia fugax: Behandlung mit warmen Sitzbädern u. Spasmolytika, Diazepam, Nitrate, Beseitigung analer organischer Erkrankungen
  - Kokzygodynie: KG, natürliche Sitzhaltung, rektal digitale Massagen (6x/Tag), ggf. Infiltrationsanästhesie der Steißbeinumgebung
- <u>Operativ:</u> Bei Kokzygodynie als Ultima ratio: Steißbeinexstirpation mit zweifelhafter Prog.

<u>Prog:</u> Die gesamten anorektalen Schmerzzustände haben meist eine zweifelhafte Prog. und neigen zur Chronifizierung.

<u>Kompl:</u> Chronifizierung des Zustandes und psychogene Fixierung des Pat.

<u>DD:</u>
- Schmerzen bei gesichertem morphologischem Korrelat ⇨ Ausschluss organischer Erkrankungen (z.B. Tumorerkrankung)
- Analneurosen: Krankhafte Fixierung auf anale Missempfindungen ⇨ psychosomatische Therapie

PRURITUS ANI

<u>Ät:</u>
- **Hämorrhoidalleiden, anorektale Fisteln**
- **Ekzeme**, **Mykosen**, Dermatosen (z.B: Psoriasis), Rhagaden, Kontaktdermatitis, Oxyuriasis
- Diabetes mellitus, Morbus CROHN, chron. Diarrhoe, Alkohol, Nikotin, Ikterus, Medikamente

<u>Klin:</u> **Juckreiz** bei Anal-/Perianalekzem/Dermatitis

<u>Diag:</u>
1. Anamnese und klinische Untersuchung
2. Prokto-/Rektoskopie: Ausschluss von org. Erkrankungen, insb. des Analkarzinoms!

<u>Ther:</u> <u>Konservativ:</u> **Behandlung der Grundkrankheit**, Stuhlregulierung, kalte Umschläge, Waschen ohne Seife, antipruriginöse, anästhesierende und kortisonhaltige Salben (z.B. Prednisolon + Cinchocain, Scheriproct®)

<u>Kompl:</u>
* Durch Kratzen: Exkoriationen ⇨ Ulzerationen (Wichtigste DD: **Analkarzinom**)
* Lichenifikation der Haut (Vergröberung der Hautlinien)

<u>DD:</u> An ein **Analkarzinom denken!**

ANALKARZINOM

<u>Syn:</u> Engl. anal carcinoma, ICD-10: Analkanalkarzinome C21.1, Analrandkarzinome C44.5

<u>Ät:</u> Diskutiert werden Herpes- (HSV) und <u>h</u>umane <u>P</u>apilloma-<u>V</u>irosen (HPV, mit ähnlicher Promotor-Funktion wie beim Zervix-Karzinom der Frau, insb. HPV Typ 16, 18, 33 u. 45).
Erhöhte Inzidenz für Analkarzinome bei HIV-Infektion, insb. bei HIV-HPV-Koinfektion und bei Rauchern.

<u>Path:</u>
- <u>Histologisch:</u> meist **Plattenepithelkarzinome** (verhornend u. nicht verhornend), Basaloidzellkarzinome, verruköses Karzinom, Spinaliom, kloakogenes Karzinom (Übergangsepithel), Adenokarzinom (primär od. vom Rektum ausgehend), malignes Melanom, Lymphom
- <u>Metastasierung:</u> früh **lymphogen** (**perirektal, inguinal**, iliakal, präsakral, mesenterial), hämatogen und in das umliegende Gewebe

Epid: ◊ **Analkanalkarzinome** (3/4 d.F.) >> Analrandkarzinome
◊ Prädisp.alter: >50. Lj.
◊ Seltener Tumor (nur ca. 2 % aller kolorektalen Tumoren), Inzidenz: ca. 0,5/100.000/Jahr

Etlg: # Analkanal-Ca: **Zona anocutanea, Linea dentata, Columnae anales** bis zum Rektum (Analkanal insg. ca. 4-5 cm lang)
Analrand-Ca: äußere Haut, Zona cutanea = Plattenepithel (haartragende Haut)
TNM für Analkanalkarzinome (Analrandkarzinome werden wie Hauttumoren klassifiziert):
T_{is} Carcinoma in situ, anale intraepitheliale Neoplasie (AIN), Morbus Bowen
T_1 Tumor <2 cm, T_2 2-5 cm, T_3 >5 cm, T_4 Infiltration in Nachbarorgan(e)
N_1 perirektale Lk, N_2 unilaterale Lk an A.iliaca int. od. inguinal, N_3 bilateral
Stadiengruppierung: I: $T_1N_0M_0$ II: $T_{2-3}N_0M_0$ IIIA: $T_4N_0M_0$, $T_{1-3}N_1M_0$
IIIB: $T_4N_1M_0$, alle N_{2-3} IV: alle M_1

Klin: ⇒ Schmier- und Kontaktblutung, Ulzerationen, Schmerzen
⇒ Pruritus, anale Missempfindungen z.B. Fremdkörpergefühl, evtl. Inkontinenz
⇒ Änderung der Stuhlgewohnheiten
⇒ Gewichtsverlust, vergrößerte Leistenlymphknoten

Diag: 1. Anamnese und klinische Untersuchung, rektal-digitale Palpation!, Leistenregion palpieren (inguinale Lymphknoten?)
2. **Prokto-/Rektoskopie** mit Probebiopsie bzw. -exzision bei Befund <1 cm
3. Endosonographie (insb. zur Kontrolle des Therapieerfolges der Radio-Chemotherapie)
4. Röntgen: Abdomenübersicht, Kolon-KE (od. Koloskopie, Frage: Zweittumor?), CT- od. MRT-Abdomen/Becken und Rö-Thorax zum prätherapeutischen Staging

Ther: • Konservativ: Analkanal-Ca: kombinierte **Radio-Chemotherapie** (Bestrahlungsdosis: 50 Gy für das kleine Becken und Aufsättigung im Tumorgebiet auf 59 Gy; Chemotherapie: 5-FU + Mitomycin-C über 5 Wo.) mit kurativer Intention bei T_1 u. T_2, bei T_3- u. T_4-Tumoren zumindest zur Tumorverkleinerung. Bei Tumorgeneralisierung palliative Chemotherapie mit 5-FU + Cisplatin.
• Operativ: Ind: Analrandkarzinome, Adenokarzinome u. nicht auf eine Radio-Chemotherapie ansprechende Analkanalkarzinome od. lokoregionäres Rezidiv
– Analkanal-Ca: Abdominoperineale Rektumamputation, Anlage eines Anus praeternaturalis
– Analrand-Ca: Exzision des Tumors im Gesunden + Nachbestrahlung

Prog: 60 % d. Pat. mit einem Analkanal-Ca sprechen auf die konservative Ther. mit Radio-Chemotherapie an. 5-JÜR 30-80 %, insb. abhängig vom Grad der Metastasierung bei der Diagnosestellung.

Kompl: * **Frühe lymphogene Metastasierung**:
* Hochgradige Analstenose, vollständige Inkontinenz, rectovaginale Fistel
Op: * Inkontinenz

Proph: ♥ Für Männer mit HIV-Infektion (u. Analverkehr) wird eine regelmäßige Vorsorgeuntersuchung empfohlen, außerdem wird eine Impfung gegen HPV-Infektion diskutiert.
♥ Postoperativ: **Tumornachsorge** mit Anamnese und körperlicher Untersuchung, Abdomen-Sonographie und Rektoskopie im ersten Jahr alle 3 Monate, im 2. Jahr alle 6 Monate, danach jährlich. CT-Becken (od. MRT) alle 6 Monate in den ersten 2 Jahren. Rö-Thorax im 1., 3. u. 5. Jahr.

DD: – Perianale Thrombose, **Analfissuren**, Hämorrhoiden
– Analabszess, Fisteln, Ekzeme, Hidradenitis suppurativa
– Basaliom, Morbus BOWEN (beide semimaligne)
– Gutartige Tumoren: Condylomata acuminata ("Feigwarzen", Papilloma-Virus), Condylomata lata (Lues Stad. II), Dermoidzysten, hypertrophe Analpapillen

ABDOMEN

AKUTES ABDOMEN

Def: Akute Manifestation von Erkrankungen im Bauchraum, die einer sofortigen Diagnostik und Therapie bedürfen. Leitsymptome sind Schmerz, Abwehrspannung, Übelkeit, eingeschränkter Allgemeinzustand bis hin zum Schock. ICD-10: R10.0

Ät: **Intraperitoneale Erkrankungen**

- **Entzündungen** mit und ohne Perforation (Appendizitis, Divertikulitis, Pankreatitis, Gastritis, Magenulkus, Duodenalulkus, Morbus CROHN, Colitis ulcerosa, Adnexitis)
- **Perforation** ⇨ Peritonitis = Entzündung der Bauchhöhle
- **Obstruktion** eines Hohlorgans (von außen oder durch das Organ selbst) ⇨ Stase, Entzündung bis hin zum Ileus beim Darm, Koliken bei Ureter od. Gallengang
- **Ileus** = Störung der Darmpassage (mechanisch: Briden, Volvulus, Invagination, Tumorstenosen oder paralytisch)
- **Abdominelle Verletzungen**
- **Vaskuläre Erkrankungen:** Mesenterialinfarkt, Darmischämie, Aortenaneurysma, schwere Blutungen in den Bauchraum oder in den Gastrointestinaltrakt
- **Gynäkologisch:** Endometriose, Ovarialzysten, Torsionsovar, Extrauteringravidität

Extraperitoneale Erkrankungen

- Thorax: **Herzinfarkt** (insb. Hinterwand), Pneumonie (insb. basal), basale **Pleuritis**, Pneumothorax, Lungenembolie, **Ösophagitis,** Ösophagustumoren
- Retroperitoneum: **Nierenkolik,** Niereninfarkt
- Skelett: Frakturen (insb. Wirbelkörper), Nervenwurzelreizsyndrom (Wirbelsäule)
- Bauchwand: Hämatome (z.B. bei Antikoagulanzien-Therapie)
- Hämatologische Erkrankungen: Hämolytische Krisen, Porphyrie, Leukosen, Hämophilie
- Systemische Erkrankungen: Diabetes mellitus, Hyperlipidämie, Morbus ADDISON, Hyperparathyreoidismus, Urämie, Panarteriitis nodosa
- Kollagenosen: Lupus erythematodes diss., Dermatomyositis
- Neurologische Erkrankungen: Tabes dorsalis (Lues), Epilepsie, Psychosen, Neuralgien
- Infektionen: Herpes zoster, Malaria, Leptospirose, Meningitis, Mononukleose, Trichinose, Morbus BORNHOLM (Coxsackie-Virus-Infektion), AIDS-assoziierte Erkrankungen (Cytomegalie-Virus-Enteritis, Mycobacterium avium-intracellulare)
- Intoxikationen: **Blei,** Thallium, Arsen, alkoholische Hepatitis

NSAP (= non-specific abdominal pain): abdominelle Beschwerden ohne Nachweis einer Ursache, **in bis zu 30 % d.F.!**, diese klingen dann in der Regel innerhalb von 48 Std. vollständig ab

Path: ♦ **Formen abdominaler Schmerzen:**

1. Somatischer Schmerz: Peritoneum parietale affiziert: Starker, scharfer, stechender, brennender Schmerz, genau lokalisierbar!, kontinuierlich zunehmend, häufig mit Projektion in andere Körperregionen
2. Viszeraler Schmerz: Von parenchymatösen Organen ausgehend: Dumpf, weniger stark, kaum lokalisierbar. Von Hohlorganen ausgehend: Heftig, wellenförmig, rhythmisch, krampfartig, bei Obstruktion ⇨ Kolik
3. Schmerzprojektion (HEAD-Zonen): Darm- u. Hautafferenzen vereinigen sich im Rückenmark und werden dort konvergierend verschaltet, so dass sich für das Gehirn ein viszeraler Schmerz auf das entsprechende Hautareal projizieren kann. Beispiele: subphrenischer Prozess ⇨ Schulter (KEHR-Zeichen: Schmerz in die linke Schulter ausstrahlend bei Milzruptur bei Kindern od. Tubenruptur bei Tubargravidität bei Frauen); Appendix ⇨ Nabel; Uretersteine ⇨ Leiste, Genitale.

- Viszero-viszerale Reflexe (Starke Reizung des Peritoneums) führen zum reflektorischen Stillstand d. Peristaltik ⇨ Darmparalyse ⇨ Ileus (auskultatorisch: Totenstille im Abdomen)
- Lok: zur topischen Zuordnung von Symptomen zu möglichen Erkrankungen s. Übersicht

⇨ **GENERELLE PERITONITIS** ⇦

Ileus (mechanisch/Briden, zirkulatorisch, paralytisch)
Perforation (Magen, Duodenum, Appendix, Gallenblase, Tumoren)
Mesenterialarterieninfarkt, Mesenterialvenenthrombose
abdominelles Kompartmentsyndrom
Tumormetastasen, Peritonealkarzinose, Pankreasnekrose
Kollagenosen, Panarteriitis nodosa

RECHTER OBERBAUCH

Cholezystitis, Cholelithiasis
Choledocholithiasis
Papillenstenose
Stauungsleber, Pfortaderthrombose
Ulcus duodeni, Ulkusperforation
Nephrolithiasis, Niereninfarkt
akute Pyelitis / Pyelonephritis
atyp. Appendizitis, Divertikulitis
Pankreaskopftumor, Kolontumor
subphrenischer Abszess
basale Pleuritis, Pneumonie

EPIGASTRIUM

Hiatushernie
Ösophagitis
Ösophagusulkus
Ösophagustumor
Magenulkus
Magentumor
kardial: Infarkt, Angina pectoris

LINKER OBERBAUCH

Milzinfarkt, Milzruptur
Magenulkus
Pankreatitis
Pankreasnekrose
kardial: Infarkt, Angina pectoris
Aortenaneurysma
Nephrolithiasis, Niereninfarkt
akute Pyelitis / Pyelonephritis
subphrenischer Abszess
basale Pleuritis, Pneumonie

NABEL-REGION

Pankreatitis
Pankreasnekrose
Appendizitis
Nabelhernie
Aortenaneurysma
MECKEL-Divertikel

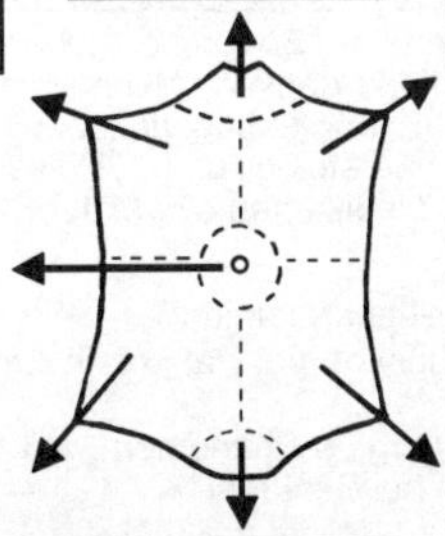

RECHTER UNTERBAUCH

Appendizitis,
perityphlitischer Abszess
Ileitis (Morbus CROHN)
Kolontumor
Divertikulitis
Torsion des großen Netzes
Adnexitis, Ovarialzysten
Torsionsovar
Extrauteringravidität
Uretersteine
Leistenhernien, Hodentorsion

SUPRAPUBISCH

Zystitis
Prostataerkrankungen
akuter Harnverhalt
neurologische Blasenstörungen
gynäkologische Erkrankungen
Gravidität
Appendizitis
Sigmatumor, Rektumkarzinom
Divertikulitis

LINKER UNTERBAUCH

Divertikulitis
Kolontumor
Torsion des großen Netzes
Colitis-Komplikationen
Adnexitis, Ovarialzysten
Torsionsovar
Extrauteringravidität
Uretersteine
Leistenhernien
Hodentorsion

⇨ **PSEUDOPERITONITIS** ⇦

Gastroenteritis (viral od. bakteriell)
Angina abdominalis (Angiopathie)
Diabetisches Koma (Ketoazidose)
Hyperlipidämien, Hyperkalzämie, ADDISON-Krise
Urämie, Porphyrie, hämolytische Krise, Leukosen
abdominelle Migräne, Herpes zoster, Psychosen
Intoxikationen (z.B. Blei, Thallium, Arsen)
Endometriose
Koxarthrose, Sakroiliitis, Lumbago, radikuläre Symptome (Bandscheibenvorfall), Tabes dorsalis (Lues)

NSAP (= non-specific abdominal pain): abdominelle Beschwerden ohne Nachweis einer Ursache

Epid: ◊ Alter und Geschlecht beachten, **Kind eher Appendizitis** (im Alter auch Appendizitis mögl., oft aber kein Fieber und sehr wenig Symptome), **höheres Alter eher Divertikulitis** und Tumoren, bei **jungen Frauen an eine Gravidität** oder **gynäkologische Erkrankungen** (Ovarialzysten, Adnexitis) denken.

◊ Häufigkeit: **Appendizitis** (55 %, je jünger der Pat. desto wahrscheinlicher), Cholezystitis (15 %), Ileus (10 %), Magen-, Duodenalulkusperforation (7 %), Akute Pankreatitis (5 %), Mesenterialinfarkt, Dünndarmaffektion (4 %), sonstige, inkl. gynäkologischer Erkrankungen (4 %)

Klin: ⇒ Akute **Bauchschmerzen**, umschrieben od. diffus (innerhalb von Stunden entstanden), Abwehrspannung des Abdomens

⇒ **Übelkeit und Erbrechen** (durch eingeschränkte Motilität werden die Sekrete nicht propulsiv sondern retropulsiv geleitet, bedingt durch zentrale Steuerungsmechanismen mit dem Schmerz als Trigger)

⇒ **Meteorismus** (geblähte Darmschlingen führen zum aufgetriebenen Bauch)

⇒ Störung des Allgemeinbefindens: Fieber, Exsikkose, Angst, oberflächliche Atmung (Schonatmung bei Peritonitis), Kaltschweißigkeit, Tachykardie bis hin zum Schock

⇒ Patienten mit Peritonitis vermeiden Bewegungen, da Erschütterungen zu Schmerzen durch Reizung des Peritoneums führen ⇨ **Schonhaltung**: angezogene Beine (= entspannte Bauchdecke)

⇒ Evtl. Foetor ex ore ⇨ V.a. endokrine, metabolische Erkrankungen

Diag: Ziel muss die **Entscheidung sein, ob eine Op akut notwendig ist!**

1. **Anamnese** Voroperationen? ⇨ Briden, bestehende Erkrankung von Seiten des Herzens? ⇨ an Mesenterialinfarkt denken, Alkoholismus? ⇨ Pankreatitis, Cholelithiasis bekannt?, Amenorrhoe? ⇨ Extrauteringravidität, systemische Erkrankungen? (Diabetes, Neoplasien, Leukosen, hämatologische), Reisen? ⇨ gastrointestinale Infektionen, Schmerzcharakter? (s.o.), Medikamente?, letzter Stuhlgang und Wasserlassen?
2. **Klinische Untersuchung:**
   Inspektion: Narben (⇨ Vor-Laparotomien!)
   Vorwölbungen, z.B. der Flanken bei Pankreatitis, retroperitonealen Prozessen (= GREY-TURNER-Zeichen)
   Blaufärbung um Nabel (= CULLEN-Phänomen), z.B. bei abdomineller Blutung, Extrauteringravidität, manchmal auch bei Pankreatitis
   Bläschen ⇨ Herpes zoster
   Bruchpforteninspektion (v.a. Nabel, Leiste)
   Facies abdominalis (halonierte Augen), Blässe, Ikterus?
   Palpation: Abwehrspannung meist bei Entzündung des Peritoneums (viszerosensible Leitungen werden mit somatosensiblen verschaltet ⇨ reflektorische Kontraktion der Bauchmuskulatur), Klopfschmerz, Loslassschmerz
   Resistenzen? (z.B. pulsierend ⇨ Bauchaortenaneurysma)
   Perkussion: tympanitisch (⇨ Luft), gedämpft (⇨ Flüssigkeit, z.B. Aszites)
   Auskultation: metallisch klingende, hochgestellte, plätschernde Darmgeräusche ⇨ V.a. mechanischen Ileus (Hyperperistaltik an umschriebener Stelle gegen ein Hindernis)
   "Totenstille" ⇨ Darmparalyse bei Peritonitis / paralytischem Ileus
   Gefäßgeräusche? ⇨ Aortenaneurysma, Nierenarterienstenose
   Rektale Untersuchung: DOUGLAS-Schmerz, DOUGLAS-Vvorwölbung (Eiter- oder Flüssigkeitsansammlung), Blutung, Tumor?
   RR, Puls, Temperatur: rektal und axillar messen (Differenz normal 0,5 °C, größer z.B. bei Appendizitis)
3. **Labor:** Nachstehende Werte zur Ausschlussdiagnostik bestimmen (evtl. mehrfach bestimmen, da Enzymverschiebungen zu Beginn fehlen können)
   - Allgemein: Kleines BB, Leukozytenzahl, Blutzucker, Gerinnung, Elektrolyte, Blutgase
   - Leber: GOT/AST, GPT/ALT, GGT, AP, Bilirubin
   - Pankreas: Lipase, Amylase (Pankreas-Amylase)
   - Niere: Harnpflichtige Substanzen (Kreatinin, Harnstoff, Harnsäure), Urin-Status
   - V.a. Myokardinfarkt: CK, CK-MB, LDH, Troponin T
   - Extrauteringravidität: Schwangerschaftstest

4. **Sonographie** des Abdomens: Appendizitis, freie Flüssigkeit, Gallenblase, Niere, Pankreas, Kokardenform von Darmschlingen (= 2 Kreise ⇨ Invagination)
5. **Röntgen:** 1.) **Abdomenübersicht** im Stehen oder Linksseitenlage: Flüssigkeitsspiegel ⇨ Ileus; Verkalkungen ⇨ Steine; freie Luft unter dem Zwerchfell, in den Gallengängen ⇨ Perforation eines Hohlorgans
   2.) **Thorax**: Pneumonie, Herzkontur, Pleuritis/Atelektasen?
   Zusätzlich ggf. **CT-Abdomen** (wird heute bei Verfügbarkeit bereits primär statt der Abdomenübersichtsaufnahme eingesetzt), i.v.-Urographie, Magen-Darm-KE (mit wasserlöslichem Kontrastmittel!, Gastrografin®), bei Invagination Kolon-KE (diagnostisch und ggf. therapeutisch), präoperative Angiographie (⇨ bei V.a. Mesenterialinfarkt)
6. EKG: zum Ausschluss eines Herzinfarktes (Infarktzeichen: ST-Hebung, R-Verlust)
7. Endoskopie = Ösophagogastroduodenoskopie (ÖGD) ⇨ Magen-/Duodenalulkus, Gastritis, Refluxösophagitis, Papilleninspektion
8. Diagnostische Peritoneallavage (Perforation, Blutung?), bei uns heute nur noch sehr selten durchgeführt
9. Diagnostische Laparoskopie, bzw. bei nicht sicheren Befunden ⇨ **explorative Laparotomie**

DD: Bauchschmerzen, **Übelkeit und Erbrechen** gehören zu den Hauptsymptomen des Akuten Abdomens, können aber auch viele andere Ursachen haben:

DD: Übelkeit u. Erbrechen

ZENTRAL
Commotio
Hirndruck (Enzephalitis, SHT, Blutung, Tumoren)
Migräne
Schwindel, Morbus MENIÈRE
Psychosomatisch: **Konversionsneurosen**, **Anorexie**, Bulimie
Multifaktoriell: **Schwangerschaft**, Extrauteringravidität

INOKULIERTE NOXEN
Verdorbene Speisen (Enterotoxine)
Pilzintoxikation
Alkoholgenuss
Medikamente: Laxanzien, Diuretika, Morphine, Vasopressin, hormonale Kontrazeptiva, **Zytostatika**

ÖSOPHAGEAL
Ösophagusdivertikel
Hiatushernie
Neoplasien
Kardiospasmus
Achalasie
Refluxkrankheit

PANKREATOGEN
Pankreatitis
Pankreasnekrose
Pankreaszysten
Neoplasie

GASTROGEN
Ulkuskrankheit
Gastritis
Neoplasma
Magen-Operation
Pylorospasmus
Sanduhrmagen
Neurogene Gastropathie (z.B. bei Diabetes mellitus)

HEPATOGEN / BILIÄR
Hepatitis, Leberzirrhose
Coma hepaticum
Dyskinesie der Gallenwege
Cholelithiasis
Choledocholithiasis
Cholezystitis, **Cholangitis**
Papillenstein, Papillenstenose
Neoplasie der Gallenwege
Postcholezystektomiesyndrom

RENAL
Nephrolithiasis (Kolik)
Niereninsuffizienz

ENTERAL
Ulcus duodeni
Enteritis/Ileitis
Ileus, Subileus
Appendizitis
Colitis
Divertikulitis
Polyposis
Neoplasien, Karzinoid
Narbenstenosen
Kotstein, Bezoar
Volvulus, Invagination
chronische Obstipation
Sprue, Askaridiasis
Hernien: Epigastrische-, Leisten-, Schenkel-, LITTRÉ-, Narbenhernie

PERITONITIS
Perforation (Magen, Duodenum, Appendix, Gallenblase, Tumoren, Tubenruptur, Uterusruptur, Milz-, Leberruptur)
Gynäkologisch/urologisch: Adnexitis, Parametritis, Pelveoperitonitis, DOUGLAS-Abszess, Perihepatitis, Hodentorsion
Metastasen von Tumoren, Peritonealkarzinose
Mesenterialarterieninfarkt, Mesenterialvenenthrombose
Systemerkrankungen: Panarteriitis nodosa, Lupus erythematodes
Primär bakteriell: Tuberkulose

PSEUDOPERITONITIS
Diabetisches Koma (Ketoazidose), Urämie, Hyperlipidämie
Hämolytische Krise, Porphyrie, Hyperkalzämie

Ther:
- Konservativ: Akut in der Prähospitalphase bei Schmerzen: 1 Amp. Butylscopolamin i.v. (Buscopan®), keine Morphine wegen der Gefahr von Sphinkterspasmen und wegen der Verschleierung der Symptomatik geben!

Bei Erbrechen: Metoclopramid 2 ml i.v. (Paspertin®)
Bei Bewusstseinsstörungen: Seitenlagerung, evtl. Intubation u. Magensonde als Aspirationsschutz
Bei Schock: Volumensubstitution (Ringer-Laktat, Volumen-Expander)

- Operativ: Ind: Akute Appendizitis, Ileus, Magen- oder Duodenal-Perforation, Mesenterialgefäßverschluss (spezifische Ther. siehe einzelne Kapitel)

Prog: Jedes Akute Abdomen ist ein **Notfall** und muss unbedingt diagnostisch abgeklärt werden! 90 % der Fälle mit einem manifestem Akutem Abdomen müssen einer operativen Therapie zugeführt werden.

BAUCHTRAUMA

Syn: Abdominaltrauma, ICD-10: S36.-

Ät:
- **Stumpfes Bauchtrauma:** z.B. Auffahrunfall, Lenkradanprall, Stoß, Explosion, Einklemmung, Überrolltrauma, Sturz aus großer Höhe
- **Perforierendes Bauchtrauma:** z.B. Messerstich-, Schuss-, Pfählungsverletzung
- Iatrogen: Laparoskopie, Laparotomie, Punktionen

Path:
- ♦ **Einriss/Perforation/Zerreißung eines Bauchorgans**: Milz, Leber, Mesenterium, Niere, Zwerchfell, Magen, Duodenum (meist die retroperitoneale Wand), Dünndarm, Dickdarm, Blase, Pankreas, Gallenblase
- ♦ Gefäßverletzung oder Ein-/Abriss des Mesenteriums ⇨ **intraabdominelle Blutung**
- ♦ Bei Perforation von Darmschlingen, Gallenblasen-/Gallenwegeruptur ⇨ **Peritonitis**

Epid: In 20-40 % d.F. liegt bei polytraumatisierten Pat. ein Bauchtrauma vor.

Klin:
- ⇒ Symptomatik sehr unterschiedlich von wenig bis stärkste Schmerzen
- ⇒ Prellmarken, Hämatome, Vorwölbungen, Einstichstellen
- ⇒ Bild des **Akuten Abdomens**, Schockzeichen

Diag:
1. Anamnese (Unfallhergang, Ausmaß der Unfallgewalt) und klinische Untersuchung: Inspektion des Bauches: Prellmarken / perforierende Bauchwunde (keine Sondierungen!), Hämatome, Flankendämpfung, Abwehrspannung, Darmgeräusche
   Bei primär unauffälligem Befund kurzfristige Kontrollen + Sonographie durchführen.
2. **Sonographie-Abdomen: freie Flüssigkeit** (= Blutung), **Organverletzungen**/-rupturen (Milz, Leber, Pankreas)
3. Röntgen: Abdomenübersicht im Stehen oder Linksseitenlage (Fremdkörper, Organverlagerungen, freie Luft im Abdomen)
   Thorax (Begleitverletzungen, wie Pneumothorax, Zwerchfellruptur, Bronchus-, Ösophagusverletzungen)
   Heute wird bei polytraumatisierten Patienten und Verfügbarkeit meist gleich ein **Spiral-CT** von Abdomen, Thorax u. Schädel in einem Durchgang durchgeführt.
   Zusätzlich Rö. der Extremitäten entsprechend der Klinik des Patienten.
4. Labor: Notfall-Labor für Op-Vorbereitung (BB, Gerinnung, Elektrolyte, Leber-, Niere-, Pankreaswerte, Blutgruppe, Kreuzblut), Blutkonserven anfordern, Urinstatus (Blut?)
5. Peritoneallavage (bei stumpfem Bauchtrauma indiziert, heute bei uns nur noch sehr selten durchgeführt): Punktion 2 QF unterhalb des Nabels, Vorschieben des Katheters in das kleine Becken, ca. 1 Liter Ringerlösung einbringen u. wieder ablassen ⇨ Beurteilung auf Blut-, Galle- od. Stuhlbeimengungen, evtl. Bakteriologie, Lipase-, Amylase-, Hkt-Bestimmung. Keine Lavage bei Ileus od. Verwachsungsbäuchen, wegen der Perforationsgefahr!, bei Verwachsungen auch falsch neg. Ergebnisse durch Abkammerung mögl.
6. Perforierende Bauchverletzung oder unsicherer Befund ⇨ **immer diagnostische Laparotomie**

Ther:
- Akut: Stabilisierung der Vitalfunktionen, sterile Abdeckung evtl. prolabierter Darmschlingen, Fremdkörper präklinisch **nicht** entfernen, Transport in die Klinik

- Operativ: Ind: Jedes perforierende Bauchtrauma sollte laparotomiert werden!
  Stumpfes Bauchtrauma bei intraabdomineller Blutung, Organverletzung
  - Perforierendes Bauchtrauma: Inspektion der Wunde, Laparotomie (nicht im Gebiet der primären Wunde), Inspektion der Bauchorgane und der Eintrittsstelle der Perforation, Tetanusprophylaxe!
  - Übernähung von Darmperforationen, lokale Blutstillung, Spülung mit Taurolidin-Lösung = bakterizid wirkendes Antibiotikum (Taurolin® 0,5 %ig), Drainage
  - Darmzerreißung: Resektion des betreffenden Darmabschnittes
  - Milz-, Leber-, Pankreas-, Nieren-, Aortenverletzungen ⇨ siehe jeweiliges Kapitel

Prog: Abhängig vom Schockzustand des Pat. und Ausmaß der Organverletzungen

Kompl:
* Intraabdominelle Blutung / **Massenblutung** ⇨ **Schock**, vitale Gefährdung
* Darmvorfall bei Eröffnung der Peritonealhöhle
* **Ileus** (auch noch nach Tagen, z.B. durch gedecktes Mesenterialhämatom und folgender Darmnekrotisierung)
* Posttraumatische Cholezystitis, posttraumatische Pankreatitis ⇨ Sepsisherd
* **Abdominelles Kompartmentsyndrom** durch intraabdominelle Druckerhöhung (>20 mmHg) ⇨ intestinale Minderperfusion, Kompression der V.cava inf. (Abnahme des Herzzeitvolumens), Oligo- bis Anurie, pulmonale Atelektasen, Steigerung des Beatmungsdruckes; Diag: spez. Drucksonde in einem Harnblasenkatheter; Ther: druckentlastende Laparatomie, temporäre Abdeckung mit einer Folie od. Einnähen eines großen Netzes (mit Anlage eines Vakuums) und später endgültiger Verschluss des Abdomens (nach 1 Wo. bis 6 Mon.), Prog: sehr ernst, Letalität: 20-40 %
* **Begleitverletzungen bei Polytrauma:** Rippenserienfrakturen, Pneumothorax, Zwerchfellkontusion/-ruptur, Wirbelfrakturen, HWS-Verletzungen, Beckenfrakturen, retroperitoneale Hämatome, Schädelfrakturen, Hirnblutungen, Extremitätenverletzungen

DD:
- Zusätzliche Begleitverletzungen (Polytrauma) mit Schmerzausstrahlung
- Bauchdeckenprellung, Bauchdeckenhämatom
- Wirbelfrakturen, Thoraxverletzungen (basale Rippenfrakturen), Beckenfrakturen
- Retroperitoneales Hämatom
- Zwerchfellkontusion/-ruptur
- Verletzung der Urogenitalorgane

GASTROINTESTINALE BLUTUNGEN

Path:
- Lok: Zu den oberen gastrointestinalen Blutungen zählen alle Blutungen mit einer Ursache proximal des TREITZ-Bandes (= Ösophagus bis zum Ende des Duodenums). Sie machen 90 % der GI-Blutungen aus.
  Die unteren gastrointestinalen Blutungen sind aboral des TREITZ-Bandes (Plica duodenojejunalis) lokalisiert (= ab Jejunum bis zum Anus), sie machen 10 % der GI-Blutungen aus.
- Häufigkeit:
  1.) Oberer GI-Blutung **90 %** ⇨ 50 % Ulkusblutungen, 5 % Erosionen
  [ICD-10: K92.2] 20 % Varizen, 5 % MALLORY-WEISS-Syndrom
  5 % Ösophagitis, 5 % Karzinome
  2.) Dünndarmblutungen 1 %
  3.) Untere GI-Blutung **9 %** ⇨ davon 80 % Hämorrhoidalblutung, der Rest sind meist
  [ICD-10: K62.5] Divertikelblutungen u. Blutungen durch Angiodysplasien
- Beachte: in 30 % d.F. **Mehrfachblutungen**!
  Die Hälfte aller Patienten hat Hämorrhoiden als Zweitbefund!
- Altersverteilung: insb. zu beachten bei der unteren GI-Blutung
  Kindesalter: Invagination, Ileus, MECKEL-Divertikel
  Junges Erwachsenenalter: Hämorrhoiden, Colitis ulcerosa/Morbus CROHN
  Ab 60. Lj.: **Angiodysplasien** (Hämangiome, arteriovenöse Missbildungen, Teleangiektasien), **Hämorrhoiden, Divertikulose**, Karzinome, Polypen

<u>Ät:</u> Zur topischen Zuordnung der intestinalen Blutungsursachen siehe folgende Übersicht. Die extraintestinalen und systemischen Ursachen sind dabei Ausschlussdiagnosen:

OBERE GASTROINTESTINALE BLUTUNG

Ulkus: **Bulbus duodeni, Magen,** unterer Ösophagus, Jejunum
Erosionen: **Gastritis,** Bulbus-duodeni-Erosionen, Refluxösophagitis
Varizen: **Ösophagus,** Magenfundus
Mallory-Weiss-Syndrom (**Kardiaschleimhauteinriss**)
Traumata, Fremdkörper, Hämobilie
Magenkarzinom, Papillenkarzinom, Leber- od. Pankreastumoren
Chronische Pankreatitis mit Pseudozyste od. Pseudoaneurysma
Angiodysplasien (Osler-Krankheit), aortoduodenale Fistel
Iatrogen: Endoskopie, Operation, Anastomosenulkus

EXTRA-INTESTINALE URSACHEN

Lungenembolie, Bronchialkarzinom
Bronchiektasen, Pneumonie, TBC
Lungenhämosiderosen
Goodpasture-Syndrom
HNO: Nasenbluten (z.B. bei Osler-Krankheit)

Gynäkologische Blutungen

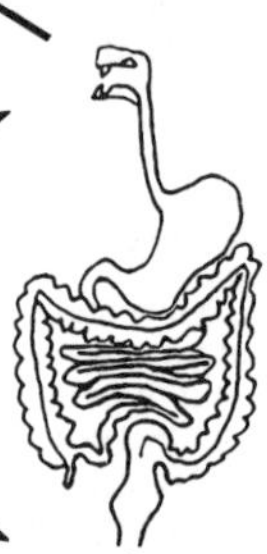

SYSTEMERKRANKUNGEN

Hämorrhagische Diathese
Thrombozytopenie
Vaskuläre Purpura
Hämophilie
Leukosen, Urämie
Leberzirrhose
Sepsis, DIC

Iatrogen: NSAR, Zytostatika, Antikoagulation

UNTERE GASTROINTESTINALE BLUTUNG UND DÜNNDARMBLUTUNG

Hämorrhoiden, Angiodysplasien, Hämangiom
Divertikulose, Polyposis, Adenome
Ileus, Hernie, Invagination, Meckel-Divertikel
Mesenterialgefäßverschluss, aortointestinale Fistel, ischämische Kolitis
Colitis ulcerosa / Morbus Crohn
Kolon-, Sigma-, Rektum-, Anal-**Tumoren**, Karzinoid-Syndrom
Analfissuren, Proktitis, Ulcus recti, Rektumprolaps
Intestinale Endometriose
Infektiös: Enteritis, Salmonellen, Ruhr, Cholera, Tuberkulose
Iatrogen: Postoperative Nachblutungen, nach Endoskopie

<u>Epid:</u> ◊ Inzidenz: 50-150/100.000 Einwohner/Jahr, mit dem Alter zunehmend

<u>Klin:</u> ⇒ <u>Orale Blutung:</u>
Hellrote Blutung = **Hämatemesis** (Bluterbrechen), Hämoptoe = Bluthusten
Kaffeesatzerbrechen = Blutung mit Hämatinbildung (Kontakt d. Blutes mit Magensäure)

⇒ <u>Analer Blutabgang:</u>
Hellrote Blutung = **Hämatochezie**
Melaena = **Teerstuhl,** Schwarzfärbung des Stuhls durch Hämatinbildung (meist bei oberer GI-Blutung, auch bei unterer GI-Blutung, wenn die Darmpassage verlängert ist)
Okkulte Blutung = die Blutung wird nicht sichtbar, meist chronische hypochrome Anämie, Ursache häufig Neoplasien

⇒ Bei schweren Blutungen Zeichen des Schocks

<u>Diag:</u> 1. **Anamnese** (Alkohol, Leberzirrhose, Pankreaserkrankung, Ulkuskrankheit, Gastritis, heftiges Erbrechen, Gewichtsabnahme, Dysphagie, Antikoagulanzien?) und klinische Untersuchung: Inspektion, Palpation und Auskultation des Abdomens
digitale rektale Untersuchung (Teerstuhl oder Blutauflagerungen?)

2. Obere GI-Blutung ⇨ **endoskopische Abklärung!** (Ösophagogastroduodenoskopie = ÖGD), meist mit therapeutischer Blutstillung in gleicher Sitzung kombiniert
   Untere GI-Blutung ⇨ **Proktoskopie** und **Rekto-/Koloskopie**, bei starker Blutung auch zusätzlich ÖGD, Ultima ratio: explorative Laparotomie
3. Labor: Blutbild, Gerinnungsstatus, Leberenzyme und **Kreuzblutabnahme** für die Blutbank bei größerer Blutung!
4. Röntgen: Angiographie bei unklarem Befund oder anhaltender Blutung (eine Blutung wird in der Angio sichtbar, wenn mehr als 1 ml/min verloren gehen), noch bessere Auflösung hat eine CT-Mesenterikographie. Über den Katheter ist auch eine Embolisation mögl.
   Bei V.a. Hämobilie (Gallengangsblutung) ⇨ ERCP

Etlg: Endoskopische Beurteilung der oberen GI-Blutung, Modifiziert n. FORREST

Typ I:	Zeichen der **akuten Blutung** Ia **spritzende** arterielle Blutung Ib aktive Sickerblutung
Typ II:	Zeichen einer vor kurzem **stattgehabten Blutung** IIa Gefäßstumpf sichtbar (visible vessel, hohes akutes Rezidivrisiko) IIb haftendes Koagel IIc Hämatinauflagerung, dunkler Ulkusgrund
Typ III:	Sichtbare Läsion ohne o.g. Kriterien = keine Blutung, aber Blutungsanamnese (Hämatemesis, Teerstuhl)

Ther:
- 70-80 % der Blutungen sistieren spontan
- Konservativ: akut: bei schwerer Blutung (oberer GI-Trakt) ⇨ venöser Zugang, Blut anfordern (Blutbank), evtl. Intubation
  Med: **Terlipressin** i.a. (über den Angiographiekatheter) od. i.v. (Vasopressin mit Glycyl, Glycylpressin®) und i.v.-Antibiose
  Magensonde und Magenspülung (mit kaltem Wasser) und **Endoskopie** (**ÖGD**) ⇨ **endoskopische Ligatur** od. Clip-Applikation der Ulkus- oder Varizenblutung, ggf. auch perivasale Adrenalin- (1:20.000) od. intravasale Cyanacrylat-Sklerosierung (Histoacryl®) oder submuköse Fibrinklebung, Argonplasmalaser- oder Elektrokoagulation

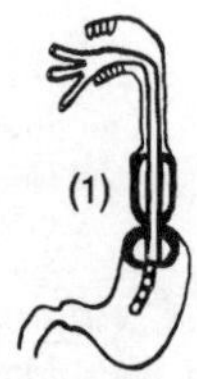
(1)

- Extreme Varizenblutung: Kompression mit Sonden (s. Abb.) für 12 bis max. 48 Std., heute nur noch selten erforderlich:
  Ösophagusvarizen: SENGSTAKEN-BLAKEMORE-Sonde (1) mit Doppelballon
  Magenfundusvarizen: Kompression mit LINTON-NACHLAS-Sonde (2).
  Im blutungsfreien Intervall ⇨ Ligatur, selektive angiographische Embolisation od. Elektiv-Shunt-Op (s.u. Kap. Portale Hypertonie)

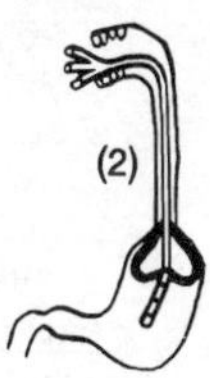
(2)

- Operativ: Ind: sofort: persistierender Schock (2 l Blutverlust in 4 Std.), spritzende, endoskopisch nicht stillbare Blutung
  Früh-Op: Blutverlust von 3 l in 24 Std. (⇨ 4-6 Konserven), Rezidivblutungen nach ausgeschöpfter konservativer Ther.
  - Durchgeführt werden Operationen mit lokaler Umstechung, Übernähung des Defektes, aber auch resezierende Verfahren (spezifische Ther. siehe jeweiliges Kapitel)

Prog: 80-90 % der Blutungen können konservativ beherrscht werden, ¾ davon sistieren spontan. Letalität: entscheidend ist die Intensität der Blutung (bei Notwendigkeit von 6 Konserven Erythrozytenkonzentrate statistisch enormer Anstieg der Letalität auf 10-50 %). Durchschnittliche Letalität insgesamt bei 5 %, bei Ösophagusvarizenblutung bis 30 %. Die Prog. für eine Notoperation im Stadium des hämorrhagischen Schocks ist sehr schlecht.

Kompl:
* **Blutverlust** >1.000 ml bedingt die Gefahr der **Schockentwicklung** mit Blutdruckabfall und Tachykardie (Schockindex >1)
* Schock ⇨ Nierenversagen, Verbrauchskoagulopathie
* **Aspirationspneumonie**
* **Rezidivblutung** (insb. bei noch sichtbarem Gefäßstumpf)

<u>**DD:**</u> Intraperitoneale Blutung: Milz-, Leberruptur, rupturiertes Aortenaneurysma, Mesenterialblutung, Tubarruptur/-abort bei Tubargravidität, Endometriose, gynäkologische Zysten

PERITONITIS

<u>**Syn:**</u> Bauchfellentzündung, Infektion der Bauchhöhle, ICD-10: K65.-

<u>**Anatomie:**</u> **Parietales Peritoneum** an der Bauchwand
Viszerales Peritoneum überzieht die intraperitonealen Organe
<u>Gesamtfläche:</u> 1,5-2,25 m^2
Ausgeprägtes arterielles, venöses und lymphatisches Kapillarnetz (insb. am Centrum tendineum ⇨ Ausbreitung peritonealer Infektionen in den Pleuraraum mögl.)
Sensible Versorgung des parietalen Peritoneums über spinale Nerven, des viszeralen Peritoneums über das vegetative Nervensystem
<u>Physiologie:</u> große Resorptionsfläche und -fähigkeit, ca. 20 ml Exsudat in der Bauchhöhle sind normal

<u>**Ät:**</u>
- <u>**Akute Peritonitis**</u> (5-30 % Letalität)
  - **Perforation** eines intraabdominellen Hohlorganes ⇨ sekundäre bakterielle Kontamination (Mischinfektion verschiedener Erreger): bei **Appendizitis**, Ulkuskrankheit, Tumoren, Gallenblasenruptur, Pankreatitis, Pankreasverletzung
  - Permigrationsperitonitis = Durchwanderung von Bakterien (lymphogen) bei Ileus, Appendizitis, Cholezystitis, Organgangrän, Keimaszension über den Eileiter bei Gonorrhoe
  - Fremdkörper
  - Penetration, z.B. bei Volvulus, Ileus-Strangulation, Invagination
  - Intestinale Ischämie, Mesenterialgefäßinfarkt
  - Messerstichverletzung ⇨ Keime von außen od. gleichzeitige Perforation des Darmes
  - Hämatogene (primäre) Peritonitis (z.B. bei Pneumonie, Angina tonsillaris), v.a. bei Kindern
  - Sterile Peritonitis: Gallenblasenruptur, Tumoren, Urin, Chylus
- <u>**Chronische Peritonitis**</u> (5 % Letalität)
  - Morbus CROHN, Colitis ulcerosa, Tuberkulose
  - Inkompletter mechanischer Ileus
  - Polyserositis (im Rahmen rheumatischer Erkrankungen)
  - Peritonealkarzinose
  - bei Peritonealdialyse
  - Liquordrainage (ventrikuloperitonealer Shunt)
  - Strahlungsbedingt (Radiatio)
  - Intraperitoneale Chemotherapie
- <u>**Iatrogene/postoperative Peritonitis**</u> (20-40 % Letalität)
  - Intraoperative **Infektion bei Abdominaleingriffen**
  - Nahtbruch (Anastomoseninsuffizienz, Duodenalstumpfleckage), T-Drain-Dislokation
  - Fremdkörper (Reaktion auf Nahtmaterial, vergessene Op-Instrumente, vergessene Tupfer od. vergessenes Bauchtuch, sog. Gossypibom)

<u>**Path:**</u>
- ♦ Keimbesiedlung ⇨ Entzündung mit Ödem und Fibrinausschwitzung ⇨ Flüssigkeitsverlust ⇨ Hypovolämie ⇨ Schockspirale
  Dünndarmläsionen sind weniger gefährlich, da kaum Bakterienfreisetzung
- ♦ Bei Kindern entwickelt sich sehr schnell eine diffuse Peritonitis, da das Netz als "Peritonitisbremse" erst mäßig ausgebildet ist
- ♦ <u>Keimspektrum:</u> typisch sind Keime der physiologischen Dickdarmflora
  Aerobier/fakultativ anaerob: **Escherichia coli**, **Enterokokken**, Enterobacter, Proteus, Klebsiellen, Streptokokken, Staphylokokken, Pseudomonas, Citrobacter
  Anaerobier: **Bacteroides fragilis**, Clostridien, Peptostreptokokken
  Pilze: Candida albicans

<u>**Epid:**</u> ◊ Für Deutschland werden 40.000 Fälle/Jahr geschätzt

◊ Häufigkeit: 70 % **Appendizitis**, 15 % **postoperativ**, 2,5 % traumatisch bedingt, der Rest auf Jejunum, Ileum, Dickdarm, Galle und Pankreas als Ursache verteilt

<u>**Etlg:**</u> # **Bakterielle Peritonitis** (95 % d.F.), chemisch toxisch (= steril, z.B. durch Galle, Urin oder Röntgenkontrastmittelaustritt [Barium] bei Perforation) oder strahlungsbedingt

<u>Lok:</u> lokale (circumscripte) und diffuse (generalisierte) Peritonitis

<u>Pathoanatomisch:</u> seröse, fibrinöse, hämorrhagische, eitrige (purulente), jauchige (putride) und kotige (sterkorale) Peritonitis

Stadieneinteilung nach FEIFEL (1983)

Stadium I:	Diffuse eitrige Peritonitis ohne Beteiligung weiterer Organsysteme
Stadium II:	Eitrige Peritonitis mit sekundärer Beteiligung eines weiteren Organs
Stadium III:	Peritonitis mit sekundärer Beteiligung von zwei od. mehreren Organsystemen (z.B. Nierenversagen, respiratorische Insuffizienz)

<u>**Klin:**</u> ⇒ Symptome eines <u>**Akuten Abdomens**</u> mit **Abwehrspannung der Bauchdecken**, heftigen **bewegungsabhängigen** Schmerzen, Brechreiz, Meteorismus, Schonhaltung, Kräfteverfall, ggf. Fieber

⇒ Ängstlich, verfallener Gesichtsausdruck (Facies abdominalis)

⇒ Schockzeichen: Pulsanstieg, Blutdruckabfall, Oligurie

<u>**Diag:**</u>
1. Anamnese und klinische Untersuchung des 'Akuten Abdomens' (s.o.)
2. <u>Labor:</u> v.a. postoperativ wichtig, da der Bauch schlecht palpabel ist
   erhöhtes Kreatinin ⇨ Zeichen eines beginnenden Nierenversagens
   erhöhtes Serum-Laktat ⇨ Hinweis auf beginnenden Schock bei Peritonitis
3. <u>Röntgen:</u> Abdomenübersichtsaufnahme ⇨ **freie Luft?, Darmspiegel?**
4. <u>Sonographie:</u> Nachweis von **freier Flüssigkeit**
5. <u>Aszites-Punktion:</u> mikrobiologische Untersuchung, Eiweißgehalt, Leukozytenzahl, LDH, Fibronectin, Cholesterin

<u>**Ther:**</u>
- <u>Erstes und wichtigstes Ziel:</u> **Beseitigung des Peritonitisherdes** (Op des Grundleidens), Vermeidung weiterer Infektionsquellen
- **Ausspülen** der Bauchhöhle z.B. mit antibiotikahaltiger Lösung (Taurolidin 0,5 %ig, Taurolin®) einzeitig und Einlage von mehreren **Drainagen**
  oder falls erforderlich kontinuierliche Spülung (Silikonwellendrainagen)
  oder **Etappenlavage** = mehrfache Revisionen bis Lungen-, Kreislauffunktion, Labor und Keimnachweis o.B. Der Bauch wird dabei intermittierend durch einen Schienengleitverband (eine Art Reißverschluss) zur Infektionsprophylaxe verschlossen
- **Intensivmedizinische Überwachung** und Behandlung (Flüssigkeitsbilanz, parenterale Ernährung, Ulkusprophylaxe)
  Magensonde, evtl. Dünndarmsonde (DENNIS-Sonde) zur Ileusprophylaxe
- <u>Medikamente:</u> **systemische Antibiotika**-Behandlung **i.v.** ⇨ breite Abdeckung: Cephalosporin [Ceftriaxon, Rocephin®] + Anaerobier-Antibiotikum [Metronidazol, Clont®], evtl. auch 3-er Kombination: + ein Aminoglykosid [Gentamicin, Refobacin®], bzw. nach intraoperativem Abstrich gezielte Antibiose gem. Antibiogramm, bei Pilzinfektion systemische Antimykotika-Therapie
  Konservativ therapiert werden mit systemischer Antibiose: Peritonitis bei Pneumokokken- (Cephalosporine), Gonokokken-Infektion (Penizillin) und Tuberkulose-Infektion (mind. 3fache Antituberkulotika für 6-9 Monate)

<u>**Prog:**</u> Gesamtletalität 5-30 %, Letalität hängt allgemein von dem Ausmaß der Nekrosen u. der Dauer des Geschehens ab (Faustregel: pro 1 Std. Ileus ca. 1 % Letalität), eine postoperative Peritonitis hat eine sehr ernste Prognose, 20-40 % Letalität!

<u>**Kompl:**</u> * Septischer Schock, renale und pulmonale Dekompensation

* **Intraabdominelle Abszesse:** Subphrenisch, subhepatisch, Schlingenabszess (Dünn-

darm), retrokolisch, parakolisch, perityphlitisch, perisigmoidal, DOUGLAS-Abszess und Abszesse intraabdomineller Organe: Leber-, Milz-, Pankreasabszess
* Längere Etappenlavage kann zusätzlich zur Pilzinfektion führen
* Spätkomplikationen: Mechanischer Ileus durch **Adhäsionen**, intraabdominelle Verwachsungen, Narbenhernien
* **Multiresistente Keime** (meist im Krankenhaus/Intensivstation erworben): ESBL-bildende (Extended-Spectrum-Beta-Lactamase) Enterobakterien (E.coli, Klebsiellen), Vancomycin-resistente Enterokokken (VRE), MRSA (Methicillin-resistenter Staphylococcus aureus) ⇨ Ther: mit speziellen i.v.-Reserveantibiotika, z.B. Tigecyclin (Tygacil®) od. Doripenem (Doribax®) für 10-14 Tage

DD: – Jeder möglicher Grund eines Akuten Abdomens
– Pseudoperitonitis (Porphyrie, Diabetes mellitus, Urämie, Meningitis)

ILEUS

Def: Störung der Darmpassage durch Darmverschluss oder Darmlähmung, ICD-10: K56.-

Etlg: # Formen:
– **Mechanisch**, ICD-10: K56.6: Obstruktion von außen (Okklusion, z.B. Briden, Tumor, Stenosen) oder von innen (Obturation, z.B. Kotballen, Fremdkörper) oder durch Strangulation (mit Beteiligung der Mesenterialgefäße, z.B. bei Hernien, Volvulus)
– **Paralytisch**, ICD-10: K56.0: entzündlich/toxisch (bei Peritonitis), reflektorisch (z.B. Koliken), vaskulär od. metabolisch (z.B. bei Hypokaliämie)
– Spastisch (keine Peristaltik wegen andauernder spastischer Darmwandkontraktion): Blei-Intoxikation, Porphyrie, Askariasis (= Spulwurmbefall)
– Gemischt (Kombinationsileus): paralytischer Ileus entsteht aus einem langandauernden mechanischen Ileus

Passagestörung: komplett / inkomplett
Verlauf: akuter / subakuter (Subileus) / chronischer / chronisch rezidivierender Ileus
Lok: hoher (= Dünndarm) / tiefer Ileus (= Kolon)

MECHANISCHER ILEUS

Ät: – **Obstruktion:** Adhäsionen und Verwachsungen (= **Brideileus**, ICD-10: K56.5), Tumoren, Divertikulitis, Darmatresien (v.a. Dünndarm bei Säuglingen <6 Monaten), Stenosen, Darmduplikaturen, Koprostase (Neugeborenen-, Mekoniumileus bei Mukoviszidose, Morbus HIRSCHSPRUNG), Bezoar (= Gastrolith aus im Magen verfilzten Haaren oder Fasern), verschluckte Fremdkörper (z.B. Drogenpäckchen bei Drogenkurieren, sog. „Bodypacking"), gastrointestinale Tuberkulose
– **Strangulation** (v.a. Dünndarm, mit Störung der Blutzirkulation ⇨ Mesenterialinfarkt mögl.) durch Hernien (**Inkarzeration**), Volvulus (Rotationsanomalien), Invagination
– Gallensteinileus (spontane cholecysto-intestinale Fistel, der Stein obturiert im Dünndarm oder am Ostium ileale [= BAUHIN-Klappe] am Übergang vom Ileum zum Kolon)

Path: ♦ **Stase** ⇨ Dehnung der Darmwand (= **Distension**) ⇨ Minderung der Durchblutung ⇨ lokale Hypoxie ⇨ **lokale Funktionseinschränkung**, Elektrolytverschiebungen
♦ Durch Stase ⇨ **Bakterienpenetration** in die Darmwand ⇨ **Toxikämie**
♦ Ödem der Darmwand ⇨ Verdickung der Darmwand ⇨ **Hypovolämie**
♦ Flüssigkeitsabgabe ins Darmlumen ⇨ **Hypovolämie, Schock**, Emesis
♦ Lokale neurovaskuläre Reaktionen ⇨ Postaggressionssyndrom

Etlg: # Dünndarm: 50 % **Briden** als Ursache (4 Wochen bis 10 Jahre postop. möglich), durch die

Strangulationsmöglichkeit schnellerer Verlauf
Dickdarm: 60 % **Kolonkarzinom** als Ursache

<u>Klin:</u> ⇒ Akuter Beginn od. langsam progrediente Symptomatik ("Subileus" od. inkompletter Ileus)
⇒ Heftige kolikartige **Schmerzen** (peristaltiksynchron)
⇒ **Übelkeit, Aufstoßen u. Erbrechen**
⇒ **Meteorismus** (aufgeblähter Bauch, Flatus), **Stuhl- und Windverhalt**
⇒ Fieber, Tachykardie, Leukozytose, Hämokonzentration
⇒ <u>Hoher Dünndarm-Ileus:</u> **frühes Erbrechen**, Stuhl noch möglich, wenig Meteorismus ("leerer Bauch")
⇒ <u>Tiefer Ileus</u> (z.B. Rektum-Ca): Frühzeitig Stuhl- und Windverhalt, **ausgeprägter Meteorismus** (= Gasansammlung im Darm), sehr spätes Erbrechen mit Miserere (Koterbrechen)

<u>Diag:</u> 1. Anamnese (abdominelle Voroperationen) und klinische Untersuchung:
Palpation (tastbare Raumforderung) und Perkussion (Meteorismus)
<u>Auskultation:</u> Stenoseperistaltik ⇨ **hochgestellte, pfeifend klingende Geräusche**, da der Inhalt durch die Stenose gedrückt wird; später beim Übergang in einen paralytischen Ileus verstummt die Peristaltik ("Totenstille")
Rektale Untersuchung: Schmerzen bei der Palpation des DOUGLAS-Raumes, Blutspur am tastenden Finger bei der Invagination
2. <u>Röntgen:</u> **Abdomenübersicht** (in Rücken- oder in Links-Seiten-Lage) ⇨ **Spiegel?**
Verteilung der Gas-/Flüssigkeitsspiegel macht Lokalisation möglich:
zentral lokalisiert ⇨ Dünndarmileus; außen verteilt = "Kolon-Rahmen" ⇨ Dickdarmileus
Luftgefüllter Choledochus ***(Aerobilie)*** ⇨ Gallensteinileus (Stein im Duodenum durch Fistel zwischen Gallenblase und Dünndarm)
Freie Luft im Abdomen ⇨ Hinweis für eine Perforation
Bei unklarem Befund zur weiteren Klärung heute meist **Spiral-CT**. Eine Kolon-KE mit Gastrografin (wasserlöslich) kann zur Lokalisation eines tiefen Dickdarm-Ileus durchgeführt werden. Die Gastrografinpassage zur Lokalisation eines Dünndarm-Ileus wird kaum noch durchgeführt. Ggf. auch Angiographie bei V.a. Mesenterialinfarkt-Ileus.
3. <u>Labor:</u> metabolische Alkalose u. Hypokaliämie bei Erbrechen, Elektrolyt- und Volumenverlust beurteilen (Hämokonzentration), Gerinnung!
4. **Sonographie** des Abdomens

<u>Ther:</u>
- <u>Konservativ:</u> sofort Magen-/Duodenalsonde legen, Volumenersatz über ZVK, ggf. Darmeinlauf zur Darmanregung (auch koloskopische Darmabsaugung und Stenteinlage mögl.), Dauerkatheter ⇨ Harnbilanzierung, Antibiose bei intraabdomineller Entzündung
- <u>Operativ:</u> Ind: Notfallindikation nur bei Mesenterialinfarkt, sonst abwarten bis Kreislaufsituation des Patienten stabil
  - **Darmdekompression** (Lösung von Briden und Adhäsionen, Entfernung von Fremdkörpern, Tumorresektion), Wiederherstellung der Passage – ist dies nicht mögl., dann Anlage eines Stomas (Anus praeternaturalis)
  - <u>Mesenterialinfarkt-Ileus:</u> Entfernen des nekrotischen Abschnitts und End-zu-End-Anastomose
  - <u>Gallenstein-Ileus:</u> Steinentfernung mittels Enterotomie, Darmabsaugung, die Fistel wird in einem 2. Eingriff geschlossen
  - Verhinderung eines Rezidivadhäsions-Ileus durch CHILDS-PHILLIPS-Op, s.u.
- <u>Postoperativ:</u> Bis 5. Tag postop. Infusionstherapie über ZVK, wenn der Patient dann den ersten Stuhlgang hatte, langsamer Kostaufbau zuerst mit Tee, dann flüssige Kost, dann passierte Kost, dann ab ca. 10. Tag Schonkost, Fäden ex am 10. Tag

<u>Prog:</u> Durch die pathogenetischen Vorgänge (s.o.) große Schockgefahr ⇨ hohe Letalität (5-25 %). Mit jeder Stunde Verzögerung steigt die Letalität um 1 %! Jeder mechanische Ileus geht, wenn er nur lange genug besteht, in einen **paralytischen Ileus** über.

<u>Kompl:</u> * Übergang in den paralytischen Ileus, Schock
* **Hohe Rezidivrate** bis zu 50 % in den ersten 4 Jahren

Proph:
- ♥ Op: Mesenterialplikaturen des Dünndarm-Meso nach CHILDS-PHILLIPS: die Dünndarmschlingen werden dabei am Meso durchgehend durch U-Nähte miteinander fixiert (od. modifiziert n. d´ANDREASSIAN mit 2-3 mesenterialen Paketen, s. Abb.)
- ♥ Dünndarmplikatur nach NOBLE: Dünndarmschlingen werden direkt serös-serös vernäht, geringes Rezidivrisiko, aber: Dünndarmfistelgefahr, daher nur bei chronisch rezidivierendem Ileus indiziert
- ♥ Postoperativ: lange Dünndarmsonde für 1 Woche ⇨ rechtwinkliges Abknicken des Darmes wird durch die Sonde verhindert

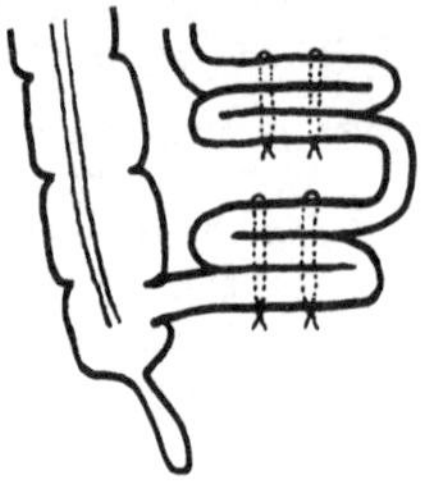

DD:
- Akutes Abdomen
- Strangulation ⇨ Mesenterialinfarkt

PARALYTISCHER ILEUS

Ät:
- **Intraabdominelle Entzündungen**: Peritonitis, Appendizitis, Cholezystitis, Pankreatitis
- **Vaskulär**: akuter Mesenterialinfarkt, Claudicatio abdominalis
- **Reflektorisch**: postoperativ nach Baucheingriffen (eine postoperative Darmatonie für 24-72 Std. ist normal), Koliken, Blutungen, Bauchtrauma, Wirbelkörperfrakturen, Beckenfrakturen, als Komplikation eines mechanischen Ileus
- Toxisches Megakolon (Morbus CROHN, Colitis ulcerosa), kongenitales Megakolon bei Morbus HIRSCHSPRUNG (= angeborene Aganglionose eines Darmsegmentes), sekundäres Megakolon bei CHAGAS-Krankheit (chron. Trypanosoma-Befall innerer Organe)
- Neurogen: Tabes dorsalis, Syringomyelie, Herpes zoster
- Metabolisch: Hypokaliämie, diabetische Ketoazidose, Urämie, Alkaloidvergiftung
- Hormonell (Schwangerschaft)
- Medikamentös: Opiate, Antidepressiva, PARKINSON-Medikamente

Path:
- ♦ **Hemmung der Peristaltik** durch α- und ß-Rezeptoraktivierung ("stressinduziert") ⇨ Funktionslosigkeit des Darmes durch zunehmende Distension
- ♦ Myogene Transportstörung

Klin:
- ⇒ Übelkeit, Singultus und Erbrechen (Überlauferbrechen)
- ⇒ Fehlen von Darmgeräuschen
- ⇒ Meteorismus
- ⇒ Harte Bauchdecke (peritonitische Reizung) oder weiche Bauchdecke

Diag:
1. Anamnese und klinische Untersuchung (s.o.), Auskultation: **Totenstille** des Abdomen!
2. Röntgen, Labor, Sonographie (s.o.)

Ther:
- Konservativ: Sympathikolyse mit α- und ß-Blockern oder Psychopharmaka mit α-blockierender Wirkung (z.B. Chlorpromazin, Dihydroergotamin, Triperidol) oder Sympathikolyse mittels Periduralkatheter

  Peristaltika (erst, wenn Darmgeräusche hörbar) z.B. Ceruletid (Takus®) i.v.

  Cholinesterasehemmer z.B. Pyridostigmin (Mestinon®), Pantothensäure (Bepanthen®)

  Rektaler Einlauf, Magen-/Dünndarmsonde (DENNIS-Sonde, wandert mit der Peristaltik im Dünndarm), Darmrohr ⇨ Ableitung von Darminhalt

  Flüssigkeits-/Elektrolytsubstitution und -Bilanz / intensivmedizinische Überwachung

  Nahrungskarenz, Antibiose bei intraabdomineller Entzündung
- Operativ: Ind: absolute Op-Ind. ist der paralytische Ileus, der aus einem mechanischen Ileus entstanden ist ⇨ Therapie der Ursache
- Ultima ratio: Anlegen mehrerer Darmfisteln

MORBUS CROHN

Syn: **Enteritis regionalis** CROHN, **Ileitis terminalis**, narbenbildende Enteritis, sklerosierende chronische Enteritis, engl. CROHN's disease, ICD-10: K50.-

Ät:
- Unbekannt, gehäuft **familiär** auftretend, erbliche Disposition (bisher wurden Genmutationen am Nod2/CARD15-Gen u. DLG5-Gen gefunden)
- Toxische Nahrungsbestandteile, Ernährungsfaktoren (hoher Zuckerkonsum)
- Immunologischer Defekt, Defensin-Mangel im Darm, lokaler Enzymdefekt
- Dysbiose (Missverhältnis von Darmflora-günstigen u. -ungünstigen Bakterien), Viren
- wahrscheinlich **multifaktorielle Genese** mit Kombination aus allen Punkten
- Prädisp.: **Nikotinabusus** (5fach höheres Risiko, insb. bei Frauen)

Path:
- ♦ **Transmurale Entzündung** (inkl. Serosa + Mesenterium = disproportioniert) ⇨ Fistelung, (Vagina, Vesica, Darm, kutan, anal), Abszesse
- ♦ Fibrosierung u. lederartige Verdickung der Darmwand ⇨ segmentale Strikturen mit intestinaler Obstruktion
- ♦ Aphthoide Läsionen im ganzen MDT möglich
- ♦ Entzündung von Mesenterium und Lymphknoten ⇨ verdichtet, vernarbt ⇨ Schrumpfung des Darmes ⇨ ausgeprägte segmentale Stenosen
- ♦ Histo: Disproportionierte Infiltration (von Mukosa zur Serosa zunehmend) von Lymphozyten und Plasmazellen mit **epitheloidzelligen Granulomen ohne Verkäsung und mit mehrkernigen Riesenzellen** (LANGHANS-Typ) = Bild einer chronischen Entzündung, Befall der gesamten Darmwand (transmural) + Meso + Lk
- ♦ Lok: **segmentale Entzündung** (diskontinuierlich), die den ganzen MDT von Mundhöhle bis Analkanal befallen kann. Klinisch relevant: **terminales Ileum** (30 %), **Ileokolitis** (40 %), Kolon u. Analkanal (25 %), andere (z.B. gastroduodenale Manifestationen) nur ca. 5 % d.F.

Merke: Morbus CROHN = disproportionierte und diskontinuierliche Entzündung

Epid:
- ◊ Inzidenz: 4/100.000/Jahr; Prävalenz: 40-150/100.000, w = m
- ◊ Prädisp.alter: Häufigkeitsanstieg zw. 20.-29. Lj. (jüngeres Erwachsenenalter) und um das 60. Lj., Nord-Süd-Gefälle, familiäre Häufung

Etlg:
- # Akutes Stadium: Ödematös-phlegmonöse Entzündung
- # Subakutes Stadium: Von der Submukosa ausgehende Geschwürbildung
- # Narbenstadium: Stenosierung
- # Stadium der Fistelbildung

Klin:
- ⇒ Intestinal: Krampfartige intermittierende **Schmerzen** im rechten Unterbauch (75 % d.F.) und **Diarrhoen** (flüssiger Stuhl, 70 %) als Leitsymptom (⇨ DD: Appendizitis)
- ⇒ **Fisteln** (30-50 % aller CROHN-Patienten), Abszessbildung (20 %) und Fissuren (5 %)
  Merke: Bei Fisteln stets an einen Morbus CROHN denken und ihn ausschließen.
- ⇒ Kot im Urin oder Vagina (innere Fisteln)
- ⇒ Blutungen u. Schleimbeimengungen selten (⇨ bei Colitis ulcerosa häufig)
- ⇒ Extraintestinal:
  - · **Gewichtsabnahme** 50 % d.F. (Malabsorption bis zur Kachexie), Müdigkeit, Abgeschlagenheit, Appetitlosigkeit durch Schmerzen bei der Nahrungsaufnahme
  - · Fieber 35 %
  - · Anämie 30 %
  - · Gelenke: Arthritis 15 %, ankylosierende Spondylitis (meist HLA-B27 pos.)
  - · Augensymptome 10 % (Iridozyklitis, Uveitis, Episkleritis)
  - · Leber: Pericholangitis, primär sklerosierende Cholangitis und daraus folgende biliäre Zirrhose, Granulome im Leberparenchym
  - · Haut: Erythema nodosum 7 %, Pyoderma gangraenosum, Acrodermatitis enteropathica (Zinkmangel)

· Langzeit-Komplikationen: Amyloidose der Leber, Niere u. Milz, Cholelithiasis, Oxalatsteine

⇒ Depressionen

⇒ _Kinder:_ Wachstumsstörungen

Diag: 1. Anamnese (psychosomatische Auslösefaktoren) und klinische Untersuchung: Evtl. tastbarer Konglomerattumor (entzündlich verbackene Dünn- u. Dickdarmschlingen)

2. _Röntgen:_ ⇨ KE/MDP nach SELLINK: über Magensonde/BILBAO-Sonde werden mehrere Liter verdünntes Barium/besser wasserlösliches Kontrastmittel geben ⇨ gute Faltenbeurteilung möglich; Kolon-KE in Doppelkontrastdarstellung, alternativ wird heute zunehmend ein Hydro-MRT durchgeführt

   Befunde: multiple **segmentäre Stenosen**, prästenotische Dilatation, Fissuren, Fisteln, **Wandverdickungen**, **Pflastersteinrelief**, ***"skip lesions"*** (= **diskontinuierlicher** Befall = segmentaler Befall mit Wandstarre und dazwischengeschalteten normalen Darmabschnitten), bogige Ausbuchtungen gegenüber den Mesenterialansätzen

3. _Endoskopie + Mehrfachbiopsien:_ Rektoskopie und Koloskopie zeigt längsgestellte **scharf begrenzte Ulzera**, aphthoide Läsionen, Fissuren, Strikturen

   PE nicht nur aus dem betroffenen Areal, sondern auch aus der Umgebung entnehmen!, tiefe Biopsien entnehmen (wg. transmuralem Befall, aber Cave: Perforation), ggf. auch ÖGD des oberen GI-Traktes mit PE´s durchführen (assoziierte Gastritis, Duodenalbefall)

4. **Histologie:** Epitheloidzellige Granulome mit mehrkernigen Riesenzellen beweisend (DD: TBC, Sarkoidose), die Histologie ist wichtig für die Diagnosesicherung

5. _Sonographie:_ Kokardenphänomen im Querschnittsbild (durch die ödematös verdickte Darmwand), Abszesse (insb. im DOUGLAS-Raum)

6. _Labor:_ BSG, CRP erhöht, Leukozyten vermehrt, leichte Anämie, Albumin vermindert, Cu- und Zinkmangel je nach Akuität der Krankheit, Gerinnungsstörungen

7. Bakteriologische Stuhluntersuchung zum Ausschluss infektiöser Darmerkrankungen

Ther: • **Konservativ:** Leicht resorbierbare, ballaststoffarme Diät, parenterale Zufuhr von Eisen und Vitaminen. Bei schwerem Schub ggf. parenterale Ernährung. **Nikotinkarenz!** (das Aufgeben des Rauchens vermindert die Rezidivrate deutlich)

Symptomatisch bei Durchfällen mit Antidiarrhoika (z.B. Loperamid, Imodium®)

Medikamente: vor allem im **akuten Stadium**

1.) **Glukokortikoide** systemisch (insb. bei Dünndarmbefall): Prednisolon 40-60 mg/Tag oral bis zur Remission, dann je nach klinischem Verlauf in 6-12 Wo. in 5- bis 10er Schritten reduzieren. Bei Langzeitmedikation NW (Osteoporose, Hautveränderungen, Gewichtszunahme, Wachstumshemmung bei Kindern) beachten! (ggf. Osteoporose-Prophylaxe mit Vit. D)

2.) **5-Aminosalicylsäure** (5-ASA, Mesalazin, Salofalk®, Claversal®, Pentasa®) 4 g/Tag, antientzündlich wirksam im Dünn- und Dickdarm als Tabl. / Supp. / Klysma

   od. Sulfasalazin 3 x 1 g/Tag (Azulfidine®) nur wirksam im Kolon, besteht aus Sulfapyridin als Träger und 5-ASA. Mehr NW durch Sulfonamidanteil (MetHb-Bildung, Fieber, Erbrechen, Exantheme, Kopfschmerzen, hämolytische Anämie, Agranulozytose, Thrombozytopenie), daher seltener eingesetzt.

3.) **Immunsuppressiva**: Azathioprin 1-2,5 mg/kgKG/Tag (Imurek®) bei therapierefraktärem CROHN (chronisch-aktiver Verlauf, mind. für 12 Monate geben, da langsames Ansprechen). Bei Azathioprin-Resistenz auch 6-Mercaptopurin (1-1,5 mg/kgKG/Tag, Puri-Nethol®) od. Methotrexat 25 mg i.m. 1x/Wo. od. FK 506 (Tacrolimus, Prograf®).

4.) **Antibiotika:** Metronidazol 2 x 0,4 g/Tag (Clont®), ggf. + Clarithromycin 2 x 250-500 mg/Tag (Klacid®): bei akutem CROHN, insb. bei Fistelbildung und Abszessen gut einsetzbar (für 2 Wo., max. 3 Monate wegen Metronidazol-NW: Polyneuropathie, Kopfschmerzen, Übelkeit, Hauterscheinungen)

5.) Bei Therapieversagen (Kortikoid-resistente akute Entzündung) kann eine einmalige Infusion des monoklonalen Antikörpers gegen Tumornekrosefaktor-α, **Infliximab** (5 mg/kgKG, Remicade®) versucht werden (ggf. Wiederholung nach 2 u. 6 Wo. und dann alle 8 Wo.), NW: Begünstigung od. Reaktivierung schwerer Infektionen (z.B. Virusinfekte, Tuberkulose), sehr teuer. In Erprobung ist auch Natalizumab.

Bei Remission: **5-ASA** als **Dauertherapie** (2-4 g/Tag) im Anschluss an die Therapie der akuten Phase zur Rezidivprophylaxe. Versucht werden außerdem auch (nicht systemi-

sche) **lokal wirksame Glukokortikoide** (Budesonid, Entocort® 2-3 x 3 mg/Tag) und Fischölpräparate mit Freisetzung im Dünndarm zur Rezidivprophylaxe.
Auf Vit.-B_{12}-, Eisen- und Folsäuremangel achten.

- Psychosomatische Betreuung, Psychotherapie
- Schwangerschaft: Bei Verschlechterungen während einer bestehenden Gravidität können Sulfasalazin und ggf. auch Steroide (Prednisolon) genommen werden. Cave: die Steroide können beim Fetus zu Wachstumsretardierung u. NNR-Insuffizienz führen. Während akuter Schübe Antikonzeption, z.B. mit einer Barrieremethode durchführen.
- **Operativ:** Ind: Akut: **Komplikationen** (Ileus, Perforation, Peritonitis, toxisches Megakolon, therapieresistente Blutungen, Ureterkompression mit Aufstauung)
  Relative Op-Indikationen: **Therapieresistenz** (völliges Versagen der konservativen Therapie), therapierefraktäre Fisteln und Abszesse ⇨ Op versuchen hinauszuschieben, da hohe Rezidiv- und Komplikationsrate

70-90 % d. Pat. müssen im Laufe ihres Lebens mindestens einmal operiert werden.

- Op-Vorbereitung bei Elektiv-Op: totale parenterale Ernährung (für 14 Tage) bringt Entzündung zur Ruhe (= funktionelle Darmausschaltung)
- **Sparsame Darmteilresektionen** ("minimal surgery"), **da keine Heilung möglich ist!** Häufigste Eingriffe: Ileozäkalresektion oder Hemikolektomie (nicht mehr als 2-5 cm Sicherheitsabstand zum Gesunden) mit End-zu-End-Ileokolostomie
- Keine prophylaktische Appendektomie bei Befall der Appendix oder des Zäkum (wegen Fistelgefahr)
- Mitentfernung mesenterialer Lk zur Diagnosesicherung
- Ggf. Anlage eines passageren Anus praeternaturalis bis zur Ausheilung von Fisteln etc.
- Nikotinkarenz (sonst 3fach höheres Rezidivrisiko!)

- Selbsthilfegruppen: DCCV e.V. (Deutsche Morbus Crohn/Colitis ulcerosa Vereinigung), Paracelsusstr. 15, 51375 Leverkusen, Tel.: (02 14) 8 76 08-0, Fax: -88, Internet: http://www.dccv.de und weitere Informationen bei http://www.kompetenznetz-ced.de

Prog: Operationspflichtige Rezidive nach Op in 25 % d.F. in 5 J. und 40 % in 10 J. (⇨ durch nicht erkannte und neu erkrankte Abschnitte), allgemeine Rezidivrate mind. 50 % in 10 J.

Kompl:
* Innere (z.B. zur Blase, Ureter, Vagina, entero-enteral) oder äußere **Fisteln** (alle meist relativ schmerzlos), nicht abheilend und rezidivierend, Analfissuren, Ureterstrikturen
* **Abszesse**, insb. perianal (20-25 %)
* **Stenosen** (Subileus, Ileus)
* Septische Prozesse (z.B. auch toxisches Megakolon, insb. bei "hot CROHN" = perakuter Verlauf)
* Konglomerattumor: Miteinander verklebte entzündete Darmschlingen ⇨ Subileus
* Perforation (freie Perforation seltener, da langsamer Verlauf; häufiger: gedeckte Perforation ⇨ Abszesse)
* Amyloidose verschiedener Organe (da chronische Entzündung)
* Nierensteine (Oxalatsteine), Osteoporose, erhöhtes Frakturrisiko
* Gallensteine, sklerosierende Cholangitis, Leberverfettung
* Blutungen (selten, eher Komplikation der Colitis ulcerosa)
* Karzinomatöse Entartung selten, beschrieben sind Dünndarmkarzinome und Fistelkarzinom der Analregion
* Allgemein: höhere Infektanfälligkeit ⇨ auf empfohlene Impfungen achten
* Kinder: anhaltendes Fieber, Gewichtsverlust, Wachstumsstörungen

Op:
* **Fisteln** und Fistelrezidive
* Anastomoseninsuffizienz

DD:
- Wichtigste DD ist die **Colitis ulcerosa** (in 10 % d.F. ist eine Differenzierung zwischen den beiden chronisch entzündlichen Darmerkrankungen jedoch nicht möglich), Tabelle s.u.
- Nicht-infektiöse Darmerkrankungen: **Appendizitis**, ischämische Colitis, Divertikulitis, Strahlenenteritis, Nahrungsmittelallergien
  BRENNEMAN-Syndrom (bei Kindern): Bauchschmerz und mesenteriale Lymphknotenreaktion bei Entzündungen der oberen Luftwege

- <u>Infektiöse Darmerkrankungen:</u> **Yersinien** (Lymphadenitis mesenterialis), **Salmonellosen** (Typhus abdominalis), Shigellen, Aktinomykose (bevorzugter Sitz in der Ileozökalregion!), Campylobacter, enteroinvasive E.coli, **Tuberkulose** (verkäsende Granulome), Amöben (insb. Afrika), Lamblien (Giardia lamblia, insb. Südamerika), Chlamydieninfektion (DD bei Proktitis, z.B. Homosexuelle, Analverkehr), abdominelle Lues, virale Magen-Darm-Infektionen
- **Kolonkarzinom**, Karzinoid, maligne Lymphome, Sarkome
- **Psychosomatische Darmbeschwerden** (Konfliktsituationen, Disstress), Colon irritabile = Reizkolon, Reizdarmsyndrom (Ausschlussdiagnose)

COLITIS ULCEROSA

<u>Syn:</u> Engl. ulcerative colitis, ICD-10: K51.-

<u>Ät:</u>
- Familiäre Häufung ⇨ genetische Disposition, wahrscheinlich **multifaktorielles** Geschehen
- Autoimmunologisch-infektiös (Hypothese)
- Diskutiert werden auch psychosomatische Faktoren

<u>Path:</u>
- ♦ <u>Lok:</u> Rektum immer befallen, **kontinuierlicher Befall** vom Rektum an aufsteigend bis zum gesamten Kolon möglich (⇨ <u>von distal nach proximal</u>), noch weiterer aufsteigender Befall (sog. backwash ileitis) ist selten.
  In der Hälfte der Fälle ist das gesamte Kolon befallen.
- ♦ <u>Histo:</u> nur Befall der oberen Schleimhautschichten = **Mukosa** und **Submukosa** (proportionierte Entzündung), **Kryptenabszesse** (Anhäufung von Leukozyten in den Krypten), 'Pseudopolypen' (normale Schleimhautinseln) zwischen den Ulzera
  im weiteren Verlauf **Epitheldysplasien** als Vorstufen zum Karzinom (maligne Transformation)

<u>Merke:</u> Colitis ulcerosa = proportionierte und kontinuierliche Entzündung

<u>Epid:</u>
- ◊ W > m (1,5:1), **weiße Bevölkerung** >> schwarze (4:1)
- ◊ Prädisp.alter: Häufigkeitsgipfel **20.-40. Lj.** und jenseits des 60. Lj.
- ◊ Inzidenz: 5-10/100.000/Jahr, Prävalenz: 80-150/100.000 Einwohner

<u>Etlg:</u>
- # Verlaufsformen: akut, subakut, **chronisch rezidivierend** (80 % d.F., häufigste Verlaufsform), chronisch kontinuierlich fortschreitend (ca. 10 %), chronisch akut intermittierend
- # Hämorrhagische Proktosigmoiditis (nur Sigma und Rektum befallen, gute Prog.)
- # Colitis gravis (schwere akute Verlaufsform)
  Toxisches Megakolon (5 %): schwerste, lebensbedrohliche Form (Letalität ca. 30 %!)

<u>Klin:</u>
- ⇒ **Häufige blutig-schleimige Diarrhoen** als Leitsymptom, Stuhlfrequenz und Krankheitsintensität korrelieren eng (bis zu 30 Stühle pro Tag möglich)
- ⇒ Peranale Blutabgänge ohne Stuhl
- ⇒ **Abdominalschmerzen, Tenesmen** (Schmerzen vor od. unmittelbar nach d. Stuhlgang)
- ⇒ Gewichtsabnahme (Malabsorption) bis zur Kachexie
- ⇒ Extraintestinale Symptome: **selten** (DD: Morbus CROHN häufig) ⇨ Fieber, Anämie, Arthritis, ankylosierende Spondylitis (meist HLA-B27 pos.), Augensymptome (Uveitis, Episkleritis), primär sklerosierende Cholangitis
- ⇒ Hautsymptome: Pyoderma gangraenosum (nekrotisierende Dermatose), Erythema nodosum, Stomatitis aphthosa
- ⇒ Depressionen
- ⇒ Sehr selten Fisteln (DD: Morbus CROHN häufig Fisteln)
- ⇒ <u>Toxisches Megakolon:</u> starker Durchfall, dann Sistieren des Stuhlabgangs, toxische Er-

scheinungen, septische Temperaturen, Schüttelfrost, Tachykardie, Meteorismus, nachlassende Peristaltik, Lebensgefahr!

⇒ *Kinder:* Wachstumsstörungen

Diag:
1. Anamnese und klinische Untersuchung
2. Röntgen: Kolon-KE: Pseudopolypen, fehlende Haustrierung ("**aufgeblasener Fahrradschlauch**")
   Kein Kolon-KE bei toxischem Megakolon wegen Gefahr der Perforation (auch nicht mit Gastrografin)!
3. Rekto-/Koloskopie mit Schleimhautbiopsien: diffuse Rötung, flächenhafte Ulzerationen und Vulnerabilität (**Kontaktblutungen** bei geringster Berührung), samtartige granulär veränderte Schleimhaut ⇨ keine Lichtreflexe, **Pseudopolypen** (Inseln gesunder, bzw. regenerierter SH inmitten der defekten SH)
   Vorsichtige Biopsien wegen Perforationsgefahr!, wegen Karzinom-Risiko der Erkrankung Biopsien aber wichtig.
4. Labor: Anämie, Leukozytose mit Linksverschiebung, Abfall von Prothrombin, Albumin u. Elektrolyten (insb. bei toxischem Megakolon), evtl. Thrombozytose mit Thrombosegefahr
5. Bakteriologische Stuhluntersuchung zum Ausschluss infektiöser Darmerkrankungen

Ther:
- **Konservativ:** primäre Ther. = symptomatisch und unspezifisch, leicht resorbierbare ballaststoffarme Diät (ohne Milch und Milchzucker, da häufig mit Laktoseintoleranz kombiniert, Test durchführen)
  Medikamente: **5-ASA** (2-4 g/Tag) oder Sulfasalazin und **Glukokortikoide** (Präparate und Dosierungen s.o. bei Morbus CROHN) systemisch oder lokal als Klysma od. Supp., insb. bei Proktitis, ggf. auch Mutaflor (E.coli Stamm Nissle)
  Akuter schwerer Schub: komplette parenterale Ernährung, 5-ASA, Glukokortikoide systemisch (60 mg/Tag Methylprednisolon) und evtl. Immunsuppression mit Ciclosporin A i.v. (2-4 mg/kgKG, Sandimmun®) od. Azathioprin (Imurek®), Antibiose, Flüssigkeits-, Elektrolyt- u. Humanalbumingabe
- Rezidivprophylaxe: 5-ASA (1,5-3 g/Tag oral od. bei Proktitis als Klysma) od. Sulfasalazin als **Dauertherapie** (zeitlich unbegrenzt), da ohne Prophylaxe Rezidivhäufigkeit von >80%
- Schwangerschaft: grundsätzlich mögl., 1/3 der Pat. verschlechtern, 1/3 bessern sich
- Operativ: Ind: Notfall-Op-Indikation: **Komplikationen** (Blutungen massiv oder fortgesetzt, akute Verschlechterung des Allgemeinzustandes, Sepsis, toxisches Megakolon, Perforation oder Verdacht auf Perforation)
  Elektiv-Op: **Therapieresistenz**, schwere rezidivierende Schübe (Colitis gravis), extraintestinale Manifestationen, langandauernde (>10 Jahre) fortschreitende Erkrankung, bei **Verdacht auf maligne Entartung** (Dysplasie)
  Kinder: Op bei Wachstumsretardierung

  - Methode der Wahl (bis 60. Lj.): **Kontinenzerhaltende Proktokolektomie mit J-Pouch** ⇨ Kolon und Rektum, auch die Rektumschleimhaut im Analbereich, werden entfernt (Analsphinkter bleibt erhalten). Dünndarmreservoir (Ileum-Pouch aus 2 aneinandergenähten Dünndarmschlingen) wird an den verbleibenden Anus anastomosiert (ileumpouchanale Anastomose), Anastomose an der Linea dentata (⇨ die meisten Patienten bleiben zumindest tagsüber kontinent).
    Bei schlechtem Allgemeinzustand mehrzeitiges operatives Vorgehen, Pat. >60 Jahre ⇨ kein Pouch, wegen schlechter Adaptation.

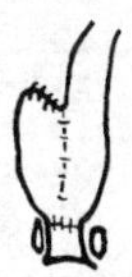

J-Pouch

  - Ist der Befall nicht so ausgeprägt, z.B. nur linkes Kolon oder aktuell kein Befall des Rektums ⇨ partielle Kolektomie möglich oder subtotale Kolonresektion mit Ileorektostomie (12 cm Kolon bleiben erhalten ⇨ Nachteil: Rezidiv / Ca möglich ⇨ dauernde Kontrolle notwendig)
  - Notfall-Op bei tox. Megakolon: Kolektomie mit HARTMANN-Stumpf (ein Rest des Rektums bleibt blind verschlossen erhalten und wird später entfernt), Nachteil: Anus praeternaturalis notwendig, aber 100%ige Heilung, da kein Kolon mehr verbleibt.
    TURNBULL-Op: mehrzeitige Op, akut wird das Megakolon durch mehrfache Fisteln entlastet, im Intervall dann Proktokolektomie (wird heute kaum noch durchgeführt):
  - KOCK-Reservoir aus Dünndarmschlingen (bei totaler Proktokolektomie), Entleerung durch Einführen eines Darmrohres, sehr komplikationsreich.

- Selbsthilfegruppen: DCCV e.V. (Deutsche Morbus Crohn/Colitis ulcerosa Vereinigung), Paracelsusstr. 15, 51375 Leverkusen, Tel.: (02 14) 8 76 08-29, Fax: -88, Internet: http://www.dccv.de und weitere Informationen bei http://www.kompetenznetz-ced.de
  CED-Hilfe e.V. (chronisch entzündliche Darmerkrankungen), Fuhlsbüttler Str. 401, 22309 Hamburg, Tel.: (0 40) 6 32 37 40, Internet: http://www.ced-hilfe.de

Prog: Op-Letalität bei Notfall-Op 10-30 %!, deshalb bei der Colitis ulcerosa frühzeitig operieren (im Gegensatz zum Morbus CROHN)

Kompl:
* **Blutung** (3 %)
* Kolondilatation, **toxisches Megakolon** (2-10 %) ⇨ Perforation, Peritonitis, Sepsis
* **Karzinom-Risikoerkrankung**, je länger der Krankheitsverlauf, desto höher das Risiko (10 % nach 10 Jahren), je ausgedehnter der Befall, desto höher das Risiko (40 % bei Befall des gesamten Kolons und 30 J. Krankheitsdauer)
* Colitis-assoziierte **primär sklerosierende Cholangitis** (PSC) unklarer Genese in ca. 5 % d.F. (Anstieg der alkalischen Phosphatase, Diag: ERCP), diese Pat. haben zugleich ein zusätzlich erhöhtes Karzinomrisiko.
  Ther: Ursodeoxycholsäure, bei schwerem Verlauf Lebertransplantation
* Thromboseneigung
* Amyloidose (Spätkomplikation des chronischen Entzündungsprozesses)
* Allgemein: höhere Infektanfälligkeit ⇨ auf empfohlene Impfungen achten

Op:
* Anastomoseninsuffizienz, Nachblutung, Verletzung v. Ureter, Harnblase
* Stenosen, Ileus, Sepsis, Mastdarm- u. Blasenstörungen
* Pouchitis (Entzündung im Reservoir) verbunden mit einem höheren Entartungsrisiko im Pouch

Proph: ♥ Ab 5.-10. Krankheitsjahr bei Befall des Kolons sollte eine **jährliche Koloskopie** zum Karzinomausschluss durchgeführt werden (bei nur Proktosigmoiditis nach 15 Krankheitsjahren), ebenso nach Pouchanlage

DD: – Wichtigste DD ist der **Morbus CROHN**, siehe Übersicht im Folgenden:

	Colitis ulcerosa	**Morbus CROHN**
Lok:	Rektum immer, Kolon oft, selten Ileum oder noch proximaler (sog. backwash ileitis)	gesamter MDT möglich, bevorzugt terminales Ileum
Ausbreitung:	kontinuierlich, von distal nach proximal	diskontinuierlich: Gesunde und befallene Abschnitte nebeneinander
Histologie:	nur Schleimhaut betroffen = Mukosa + Submukosa, Kryptenabszesse	transmurale Entzündung (disproportioniert von Mukosa zur Serosa zunehmend), epitheloidzellige Granulome mit mehrkernigen Riesenzellen, Befall mesenterialer Lymphknoten, Spätstadium: Fibrose
Klinik:	Blutig-schleimige, häufige Durchfälle, Tenesmen, extraintestinale Symptome selten	Abdominalschmerzen, Fisteln häufig extraintestinale Symptome
Röntgen:	Pseudopolypen Haustrenschwund (Fahrradschlauch)	Fissuren, Pflastersteinrelief, Stenosen Fisteln, Wandverdickungen
Endoskopie:	diffuse Ulzerationen, Kontaktblutungen, diffuse Rötung	aphthenartige Läsionen, scharfe Ulzerationen, Stenosen, Fisteln
Op:	Kontinenzerhaltende Proktokolektomie mit J-Pouch	äußerst zurückhaltend (minimal surgery), da keine Heilung möglich u. hohe Kompl.rate
Kompl:	Blutungen Toxisches Megakolon **Karzinomatöse Entartung**	innere und äußere Fisteln, Fissuren, Abszesse, Stenosen, Konglomerattumor

- Alle akuten **Darminfektionen** müssen ausgeschlossen werden: Yersiniosen, Shigellosen, Salmonellosen, Campylobacter, enteroinvasive E.coli, Amöbiasis od. Schistosomiasis (Tropenanamnese?)
- Divertikulitis
- Ischämische Kolitis (insb. bei alten Patienten)
- **Antibiotika** assoziierte Kolitis (Ampicillin, Lincosamide, Tetracyclin), pseudomembranöse Kolitis nach Clindamycin-Gabe (Clostridium difficile-assoziiert)
- Adenome
- **Kolonkarzinom**
- Diversionskolitis (bei ausgeschalteten Darmsegmenten, Anus praeternaturalis hämorrhagische Kolitis durch Mangel an Fettsäuren. Ther: Rückverlagerung d. Anus praeternaturalis)
- Strahlenkolitis
- Zystische Fibrose (Mukoviszidose), mikroskopische Kolitis (kollagene Kolitis)
- **Psychosomatische Darmbeschwerden** (Konfliktsituationen, Disstress, pathologische Bindung an Bezugspersonen)**, Colon irritabile** = Reizkolon, Reizdarmsyndrom (Ausschlussdiagnose, kein Blut im Stuhl!)

STOMA-VERSORGUNG

<u>Syn:</u> Stoma = (griechisch) Öffnung, **Anus praeternaturalis** (oft nur A.p. od. Anus praeter genannt), künstlicher Darmausgang, Kunstafter, Kotfistel, ICD-10: Z43.-

<u>Path:</u>
- ♦ Temporäre Stomaversorgung: z.B. bei Ileus ⇨ wird in einer späteren Op wieder zurückverlegt (meist nach 3-4 Monaten)
- ♦ Endgültige Stomaversorgung: Palliativmaßnahme, z.B. in der Tumorchirurgie

<u>Etlg:</u> # **Ileostomie** (künstlicher Dünndarmausgang)
Kolostomie (künstlicher Dickdarmausgang): Als Zökostomie, Transversostomie, Sigmoidostomie
<u>Formen (s. Abb.):</u> einläufig/**endständig** (oraler Schenkel im Stoma, aboraler Schenkel blind verschlossen oder entfernt)
doppelläufig (oraler und aboraler Schenkel im Stoma)
Darmfistel (seitliche Darmöffnung in die Bauchhaut eingenäht, Darmkontinuität nicht unterbrochen)

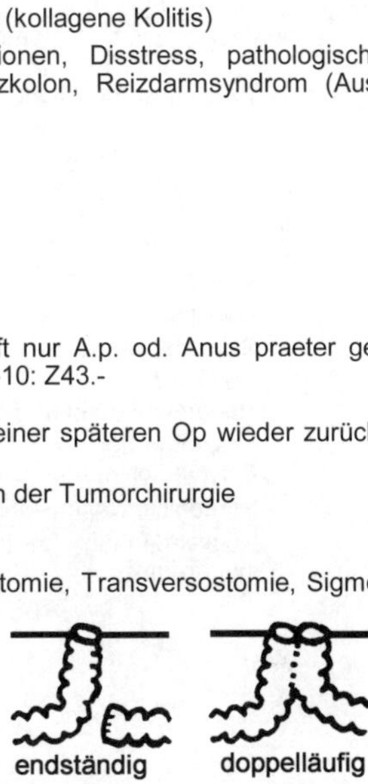

Urostomie (sog. Conduit, als kleines Nabelstoma mit Blasenersatz aus Darmschlingen = MAINZ-Pouch I), Nephrostomie (Urinableitung direkt aus dem Nierenbecken, z.B. bei akuter Harnstauungsniere)
Bei Fisteln, großen Wunden, Platzbauch, offener Peritonealkarzinose

<u>Ind:</u>
- <u>Ileostoma:</u> Kolonresektion, z.B. bei Colitis ulcerosa, Morbus CROHN, familiäre Polyposis coli, traumatische Verletzung des Darmes
- <u>Kolostoma:</u> nicht-kontinenzerhaltende Tumorchirurgie des Kolons, leus, Divertikelperforation, ausgedehntes Analfistelsystem, therapieresistente Pudendusneuropathie
- <u>Urostoma/Nephrostomie:</u> Blasenkarzinom (muskelinfiltrierend), neurogene Blasenlähmung, Harnstauungsniere

<u>Diag:</u> Anamnese und klinische Untersuchung sowie Diagnostik entsprechend der Grunderkrankung

<u>Ther:</u> • <u>Operativ:</u>
- Stomaanlage möglichst im Bereich des M.rectus abdominis in einem Gebiet **ohne Hautfalten** (ca. 10 x 10 cm großes glattes Gebiet, <u>wichtig:</u> **präoperativ markieren!**)

- Kolostoma meist im linken Unterbauch
- Ileostoma meist im rechten Unterbauch

- Stomaversorgung: heute mit Hautschutzplatten (z.B. Combihesive®, können 3-5 Tg. belassen werden) und wechselbaren Beuteln sowie ggf. zusätzlich abdichtende Pasten zum Ausgleich von Unebenheiten (z.B. Hautfalten)
  Hautpflege: 1x/Wo. Haare entfernen, Reinigung mit Wasser u. Seife (keine Reinigungsmittel wie Alkohol od. Benzin), Reinigung immer von außen nach innen zum Stoma hin
- Irrigieren: Kolostomieeinlauf (ca. 1 Liter, jeden 2. Tag) zur Stuhlentleerung ⇨ Stuhlfreiheit ca. 12-24 Std., verschließen des Stomas mit einer Stomaklappe (kein Beutel erforderlich)
- Stomasprechstunde, -therapeuten u. Stoma-Selbsthilfegruppen: Deutsche ILCO e.V., Thomas-Mann-Str. 40, 53111 Bonn, Tel.: (0228) 33 88 94-50, Fax: -75, Internet: http://www.ilco.de

Prog: Ein Stoma führt unabhängig von der Grunderkrankung zu keiner Lebenszeitverkürzung. Mit den neuen Stomasystemen ist die Lebensqualität insgesamt nur wenig eingeschränkt.

Kompl:
- * **Parastomale Hernien** (Bruchlücke in der Faszie, Vorwölbung der Bauchdecke im parastomalen Bereich), häufig (bei bis zu 30-50 % der Pat!). Ther: operative Korrektur mit Einlage eines Netzes in Sublay- od. intraperitonealer Onlay-Technik. Wegen dieser häufigen Kompl. wird die Netzeinlage von einigen Kliniken auch schon prophylaktisch bei der Stomaanlage eingesetzt.
- * Stomaretraktion (Stoma unter das Hautniveau abgesunken)
- * Prolaps des Darmsegmentes
- * Allergische Reaktion, toxisches Kontaktekzem
- * Stomablockade (z.B. durch faserhaltige Speisen), Siphonbildung des Darmes vor dem Stoma
- * Hautentzündungen, Follikulitis, Pilzinfektionen ⇨ Narben-, Stomastenose
- * Ileostoma bei zusätzlichem Dünndarmverlust: Kurzdarmsyndrom mit Wasser- und Elektrolytverschiebung, Urolithiasis

Op:
- * Peritonitis, Nahtinsuffizienz, Schleimhautblutung
- * Rückverlegung: Peritonitis, entero-kutane Fistel, postoperativer Ileus, Anastomoseninsuffizienz

LEBER

Anatomie

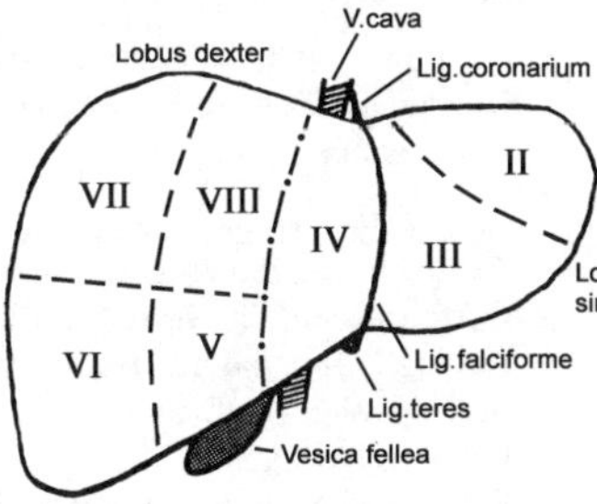

Die Leber liegt intraperitoneal mit der Pars libera, in der re. Zwerchfellkuppel ist sie fixiert an der bauchfellfreien Area nuda = Pars affixa; Lage: 2/3 unter der re. Zwerchfellkuppel, 1/3 unter dem li. Zwerchfell.
Größe beim Erwachsenen in der Sonographie: <13 cm kraniokaudal (gemessen wird in der re. MCL)
Gewicht: **1.500 g**, größtes parenchymatöses Organ.
Lobus dexter u. sinister sind getrennt durch die rechte Begrenzung des Segment IV (markiert mit -·-·-, parallel der V.cava), dorsal noch der Lobus caudatus (Segment I). Eingeteilt wird die Leber insg. in **8 Segmente** n. COUINAUD (s. Abb.)
Sulcus medialis: vom Gallenblasenbett zur V.cava (trennt das arterielle und portale Gefäßsystem).
Impressionen und damit Nachbarschaftsbeziehungen: Nach dorsal und kaudal Lobus dexter: Impressio renalis, suprarenalis, duodenalis und colica. Nach medial Lobus sinister: Impressio gastrica, oesophagea. Ventral und lateral Impressionen durch die Rippen.

Bänder: Lig.coronarium hepatis verbindet Leber mit dem Zwerchfell u. der hinteren Bauchwand.
Sulcus sinister trennt re. + li. Leberlappen und ist Ansatz für das Lig.falciforme hepatis (Mesohepaticum ventrale) und Lig.teres hepatis (obliterierter Strang der embryonal zur Leber ziehenden V.umbilicalis).
Lig.venosum: obliterierter Rest des Duct.venosus (ARANTII, embryonale Verbindung der V.umbilicalis (Nabelvenenblut) zur V.cava inf. unter Umgehung der Leber).
Lig.hepatoduodenale enthält Duct.choledochus, A.hepatica und V.porta.

Histologisch: A.hepatica propria-Ast + Pfortader-Ast + Gallengang = GLISSON-Trias

Arterien: **A.hepatica propria** (= Vasa privata der Leber aus der A.hepatica com. aus Truncus coeliacus = ein Ast des Tripus HALLERI) verzweigt sich in Ramus sin. u. dexter (dexter + A.cystica), dann in Aa.interlobulares. Die A.hepatica übernimmt 10-20 % der Blutversorgung der Leber

V.portae: Eintritt in die Leber hinter dem Pankreaskopf: Zusammenfluss des Blutes aus Vv.mesentericae sup., inf. u. lienalis (sog. Confluens). Die V.portae führt 80-90 % des Blutves der Leber zu. Durchmesser beim Erwachsenen in der Sonographie <13 mm.
Venöser Abfluss: in den Leberläppchen über die V.centralis ⇨ Sammelvenen ⇨ größere Lebervenen ⇨ 2-3 Vv.hepaticae ⇨ V.cava inferior.

Portocavale Anastomosen: V.coronaria ventriculi, Vv.oesophageae, Vv.parumbilicales (im Lig.teres hepatis ⇨ Caput medusae), Plexus rectalis.

Regenerationsfähigkeit: 60-80 % einer gesunden Leber können reseziert werden (als Anhalt: 0,5 % des KG muss erhalten bleiben), der Rest kompensiert die Funktion innerhalb weniger Wochen (funktionelle Leberreserve). Nach 1 J. erreicht die Restleber wieder mind. 75 % ihres Ausgangsvolumens, dies alles gilt aber nicht bei Leberzirrhose! (Regenerationsfähigkeit und Resezierbarkeit ist dann stark eingeschränkt)

LEBERVERLETZUNGEN

Syn: Lebertrauma, Leberruptur, ICD-10: S36.1-

Ät: – **Stumpfes** Lebertrauma: Lenkradanprall, Sicherheitsgurtkompression (Beckengurt), Auffahrunfall ⇨ Ausriss der Leber aus dem Halteapparat, Parenchymprellung, Parenchymzerreißung

- **Perforierendes** Lebertrauma: Stich-, Schusswunden, perforierende Rippenfrakturen, iatrogen (Leberblindpunktion)

Epid: ◊ 20 % der stumpfen Bauchtraumen haben eine Leberbeteiligung
◊ **Bei einem stumpfen Bauchtrauma mit Leberbeteiligung immer auch alle anderen intraabdominellen Organe kontrollieren, da oft ein Zweitbefund vorhanden ist!**

Klin: ⇒ ca. 1/3 verlaufen inapparent, spontanes Sistieren der Blutung
⇒ Druckschmerz im rechten Oberbauch (Ausstrahlung in die re. Schulter)
⇒ Volumenmangelschock!

Diag: 1. Anamnese (Trauma) und klinische Untersuchung: Prellmarken, DOUGLAS-Vorwölbung, Zunahme des Bauchumfangs, Flankendämpfung und Resistenz im re. Oberbauch
2. **Sonographie** (Flüssigkeit im Abdomen, Leberbefund)
3. Röntgen: Abdomenübersicht ⇨ Zwerchfellhochstand re., Zwerchfellruptur?
evtl. Spiral-CT nativ und mit KM
4. Labor: Blutbildabfall
5. Peritoneallavage (heute nur noch sehr selten)

Ther: • Konservativ: bei lediglich kleinem subkapsulärem Hämatom oder einem nicht blutenden kapsulären Riss kann unter engmaschiger sonographischer Kontrolle für 10 Tage beobachtet werden.
• Operativ: Ind: Leberparenchymruptur mit Blutung (Transfusionsbedarf >4 EK in 24 Std.)
- Mediane Laparotomie und Inspektion aller 4 Quadranten
- Lokale Blutstillung durch Gefäßumstechung, evtl. Teilresektion od. Tamponade
- Verschluss des Parenchyms mit Infrarot- od. Argonplasmakoagulation, lockere Kapselnaht, Fibrinkleber, evtl. zusätzlich sog. Netzplombe (Aufnähen eines Teils des Omentum majus)
- Intraoperativer Ausschluss einer Gallenwegverletzung durch Cholangiographie
- Einlegen einer Drainage
- Bei schwerer Blutung: zeitweise Unterbindung der Blutzufuhr durch Abklemmen des Lig.hepatoduodenale (mit V.portae, A.hepatica u. Duct.choledochus, sog. PRINGLE-Manöver) mögl. (ohne Schaden bis 1/2 Std. mögl.). Bei Verletzung einer großen V.hepatica evtl. PRINGLE-Manöver und zeitweises Abklemmen der V.cava ober- und unterhalb der Leber (bis 30 Min. mögl.). Lässt sich die Blutung auch damit nicht stillen, ggf. sog. Leber-Packing mit Bauchtücher-Tamponaden um die ganze Leber herum und temporärer Verschluss des Abdomens für 1-3 Tage, danach Revision.
- Ultima ratio bei vollständiger Leberzerstörung: Hepatektomie, Anlage eines portocavalen Shunts und (zweizeitige) Lebertransplantation innerhalb von 24 bis max. 48 Std. in einem Transplantationszentrum

Prog: Letalität 15 %, noch höher bei zusätzlichen schweren Begleitverletzungen.

Kompl: * Nicht beherrschbare **Nachblutungen** (durch Leberfunktionsstörung bedingt)
* Subkapsuläres Hämatom ⇨ verzögerte Ruptur möglich
* Extrahepatische Gallenwegverletzung
* Pankreas- und/oder Duodenalverletzung
* Einriss der V.cava, rechtsseitige Zwerchfellruptur, Milzruptur
* Hämobilie, Bilhämie (= bilio-vaskulärer Shunt, bei zentraler Leberkontusion/-ruptur) ⇨ Kompl: Abszesse, infizierte Lebernekrosen, Ikterus, gallige Peritonitis, Ther: selektive Embolisation oder Leberteilresektion
* Gallefistel: Austritt von Galle ins Abdomen ⇨ gallige Peritonitis, Ther: Entlastung des Gallesystem durch endoskopische Einlage eines Pigtail-Katheters, bei Persistenz Gallenwegrevision durch Naht u. T-Drain-Versorgung oder auch Leberteilresektion
* Posttraumatische Nekrose

LEBERABSZESSE

<u>**Syn:**</u> Intrahepatischer Abszess, engl. liver abscess, ICD-10: K75.0

<u>**Ät:**</u>
- Primär = **Keimaszension** über die Gallenwege (abszedierende Steincholangitis), **parasitär** (Entamoeba histolytica, Echinokokkose)
- Sekundär = infizierte Zysten, **posttraumatisch**, postoperativ od. **hämatogene Absiedlungen** (Tbc, Osteomyelitis, Tonsillitis, Furunkulose, Nabelvenensepsis, Endokarditis, Pneumonie), **pylephlebitische** Abszesse (= hämatogene Absiedlungen über die Pfortader, z.B. durch Divertikulitis, Appendizitis, Morbus CROHN, Colitis ulcerosa, zerfallendes Kolonkarzinom), subphrenischer Abszess (Fortleitung per continuitatem)

<u>**Path:**</u>
- ♦ Erregerspektrum: meist intestinale Bakterienflora (E. coli, Enterokokken, Klebsiellen, Bacteroides)
- ♦ <u>Lok:</u> **re. Leberlappen** >> li. Leberlappen, 60 % solitär, 40 % multiple Abszesse

<u>**Klin:**</u>
- ⇒ Septische Temperaturen
- ⇒ Druckschmerz im rechten Oberbauch, Übelkeit, Erbrechen, evtl. auch Diarrhoe
- ⇒ Ikterus, Anämie

<u>**Diag:**</u>
1. Anamnese (Gallensteine, **Tropenaufenthalt**, Trauma?) und klinische Untersuchung: Hepatomegalie, Klopfschmerzhaftigkeit der Leber (insb. bei Amöbenabszess)
2. **Sonographie:** inhomogene Herde, ggf. auch Feinnadelpunktion (für Bakteriologie und Antibiogramm) und Drainageanlage
3. <u>Röntgen:</u> Abdomenübersicht: Zwerchfellhochstand, evtl. Pleuraerguss
   CT, evtl. mit CT-gesteuerter Feinnadelbiopsie/Punktion/Drainage
4. Labor: Leukozytose, Anämie, bei Amöbiasis Antikörpernachweis

<u>**Ther:**</u>
- <u>Konservativ:</u> **Antibiose** mit Cephalosporin + Metronidazol (Clont®), perkutane Punktion (CT- oder sonographiegesteuert) und **Drainage** durch Spül-/Saugkathetereinlage
- <u>Operativ:</u> Ind: Multiple Abszesse, Versagen der kons. Therapie
  Chirurgische Ausräumung oder Segmentresektion, postoperative Drainage

<u>**Prog:**</u> Bei multiplen Abszessen Letalität bis 30 %

<u>**Kompl:**</u>
- ∗ Amöbenabszess ⇨ hämatogene Aussaat, Abszessperforation in Abdomen oder Lunge
- ∗ Septische Ausbreitung, Ruptur, Peritonitis, Pleuraempyem

<u>**DD:**</u> Leberzysten, Lebertumoren, Metastasen

LEBERZYSTEN

<u>**Syn:**</u> Engl. hepatic cysts, ICD-10: angeboren Q44.6, erworben K76.8, Echinococcus-Infektion B67.0

<u>**Ät:**</u>
- <u>Angeborene Leberzysten:</u> Missbildung bei Gallengangentwicklung (Retentionszysten, Gallenkanal findet keinen Anschluss), können multipel (dann auch andere Organe betroffen, insb. Niere) od. solitär vorkommen
- <u>Erworbene Leberzysten:</u> Echte nur bei Tumoren: muzinöses od. seröses Zystadenom (von den Gallengängen ausgehend = Proliferationszysten), Zystadenokarzinom
  sonstige erworbene Zysten sind fast immer Pseudozysten
- <u>Pseudozysten:</u> entzündlich (TBC), traumatisch (Blutungen), degenerativ (Zirrhose, Vernarbungen) oder tumorös (Tumornekrose)
  Parasitär: Echinococcus granulosus (Hundebandwurm, früher cysticus genannt), Echinococcus multilocularis (Fuchsbandwurm, früher alveolaris genannt)

Path: ♦ Echinococcus granulosus (cysticus): **Hunde** sind Hauptwirt (Wurm im Darm), Schaf, Schwein und Rind sind Zwischenwirt (Aufnahme von Eiern mit dem Kot der Hauptwirte), der Mensch ist Fehlzwischenwirt (aus dem Ei schlüpft im Darm eine kugelförmige **Larve** [Onkosphäre], die sich durch die Darmwand bohrt und mit dem Blut in die Leber gelangt)
Histo: chitinhaltige Membran (= Cuticula), proliferative oder germinative Membran ⇨ von hier Abgabe von Protoscolices (Vorstufe der Hundebandwürmer), **große** flüssigkeitsgefüllte Zysten mit Septen (das Larvenstadium wird auch Finne od. Hydatide genannt)
Echinococcus multilocularis (alveolaris): Wirte sind **Rotfuchs**, Maus, Katze, Hund, der Mensch ist Fehlzwischenwirt.
Histo: **kleine**, feinblasige Zysten (1-20 mm), Gewebeinfiltrationen

Epid: ◊ Solitäre Leberzysten sind häufig und bei 10 % d. Bevölkerung zu finden
◊ Echinokokkose-Vorkommen: E. granulosus: Mittelmeerländer, Afrika, Südamerika (weltweit häufig, in Deutschland sehr selten);
E. multilocularis: Alaska, Tirol, Schwäbische Alb, Schweizer Jura und Süddeutschland
Prävalenz: in Europa selten, ca. 0,2/100.000 Einwohnern, enger Kontakt zwischen Mensch und Tier fördert allgemein die Infektion

Etlg: # **Echte Zysten**: innere Epithelauskleidung, meist angeboren
Pseudozysten: keine Epithelauskleidung, erworben
Formen: solitär – multipel

Klin: ⇒ Kleine Zysten sind **meist klinisch stumm** und bedeutungslos (Zufallsbefund)
⇒ Echinokokkose: lange Zeit stumm, dann unklare Oberbauchschmerzen, Druckgefühl, Schwellung in Bereich der Leber, deutliche Symptomatik erst bei Komplikationen:
- Ikterus bei Kompression der Gallengänge
- Akutes Abdomen durch Ruptur in die Bauchhöhle (diffuse Aussaat im Peritonealraum)
- Ruptur in Nachbarorgane, z.B. Magen oder Pleura
- Allergische Reaktionen gegen Echinococcus nach Ruptur, die von Urtikaria bis zum allergischen Schock reichen kann
- Eitrige Infektion, Fieber, Abszessbildung

Diag:
1. Anamnese und klinische Untersuchung
2. **Sonographie:** flüssigkeitsgefüllte Zysten, Verkalkungen
3. Röntgen: Abdomenübersicht ⇨ evtl. Verkalkung der Zystenmembran sichtbar
CT (nativ und mit KM): wichtig insb. für die Planung einer Op
Echinococcus granulosus ⇨ große flüssigkeitsgefüllte, septierte Zysten
E. multilocularis ⇨ feinblasige Zysten, häufig infiltrative Struktur
4. Labor: evtl. Eosinophilie bei Echinokokkuszysten
Immunologie: Hämagglutinationstest, ELISA-Nachweis von Echinococcus-Ak
Keine Punktion von Echinokokkuszysten, da Gefahr der allergischen Reaktion und abdominellen Verschleppung!

Ther:
- Konservativ: kleine solitäre Zysten bedürfen keiner Ther., bei großen Zysten Punktion und Sklerosierung (nicht bei V.a. Echinokokkus-Zyste)
Palliativ bei nicht resezierbaren Echinokokkus-Zysten: Dauergabe von Mebendazol (Vermox®) 40-50 mg/kgKG/Tag auf 3 Dosen (nach dem Essen einnehmen) verteilt od. Albendazol (Eskazole®) 2 x 400 mg/Tag
- Operativ: Ind: Komplikationen, Größe >10-12 cm
  - Zysten-Entdachung: Abtragen des Daches der Zyste zum Peritoneum hin und offenlassen des Zystenbodens (Peritoneum resorbiert den Rest an Flüssigkeit, der noch produziert wird), der Rand wird eingesäumt
  - Echinokokkuszysten: evtl. präoperative Kortisongabe (Prophylaxe allergischer Reaktionen, wie anaphylaktischer Schock od. Bronchospasmus)
  Perizystektomie: Zyste und umgebendes Gewebe (Wirtskapsel) wird En-bloc entfernt (Sicherheitsabstand 2 cm), ggf. auch Leberteilresektion; Ind: nicht zu große Zysten mit peripherer Lokalisation (nicht bei intrahepatischer, hilusnaher oder pericavaler Lokalisation)
  Bei großen Zysten **Desinfektion + Omentumplastik**: Eröffnung der Zyste, Absaugen

des Inhaltes, Spülung mit hypertoner Kochsalzlösung (10-30%ig) oder PVD-Jod-Lösung. Cuticula bleibt erhalten, zur Vernarbung werden Anteile des Netzes in die Höhle eingebracht. (Ind: bei nicht resezierbarer Lokalisation in der Leber)

Alternativ: Marsupialisation (= vernähen der Zystenränder mit dem Peritoneum) mit Drainage nach außen

Vorbehandlung für 4 Wo. und **Nachbehandlung** mit Mebendazol (Vermox®) für 2 Jahre, bei nicht vollständig möglicher Resektion lebenslang

- Selten kann bei Befall der gesamten Leber mit multiplen Zysten (⇨ Leberinsuffizienz) eine Lebertransplantation erforderlich sein

Prog: Gut bei vollständiger Entfernung, nicht vollständig resezierbare Echinokokkuszysten haben heute mit der Dauermedikation eine 10-JÜR von 80 %

Kompl:
* Ruptur bei minimalen Traumen ⇨ evtl. **Akutes Abdomen** (Echinokokkuszysten ⇨ abdominelle Aussaat)
* Einblutung, Infektion, Abszessbildung
* Maligne Entartung ⇨ immer Histologie bei Op
* Echinokokkuszysten auch in der Lunge und anderen Organen mögl.

Op:
* Echinokokkuszysten: allergische Reaktionen bei Entfernung/Eröffnung der Zyste ⇨ präoperativ hochdosiert Glukokortikoide geben!
* Rezidivgefahr bei Echinokokkuszysten bei Kontamination des Abdomens, Befall von Lunge, Herz, Gehirn und selten Knochen mögl.
* Med: Mebendazol kann eine Leukozytopenie in den ersten 2-3 Mon. machen (⇨ Blutbildkontrollen) und ist potentiell embryotoxisch (⇨ strikte Kontrazeption)

DD: Lebertumoren, Abszesse, Leberhängangiome

PORTALE HYPERTONIE

Syn: Portale Hypertension, Pfortaderhochdruck, ICD-10: K76.6

Anatomie: Normaler portaler Druck: <10 mmHg, ca. ¾ des hepatischen Blutes stammen aus der Pfortader (V.portae zusammen mit A.hepatica ca. 1,5 l/min = 25 % des HZV)
portale Hypertension = Druck **>10-12 mmHg**

Ät:
- **Prähepatischer Block** (extrahepatischer präsinusoidaler Block): **Pfortader**- (Pylethrombose) od. **Milzvenenthrombose** (erhöhte Thromboseneigung oder als Folge septischer Prozesse z.B. Umbilikalvenensepsis bei Kleinkindern), angeborene Missbildungen der V.portae (z.B. Hypoplasie = CRUVEILHIER-BAUMGARTEN-Krankheit), vermehrter Blutzufluss zur Leber (AV-Fisteln, Splenomegalie), Kompression von außen, z.B. bei Neoplasien
- **Intrahepatischer Block (90 % d.F.):**
  Hepatozellulär (intrahepatischer postsinusoidaler Block): **Leberzirrhose**, davon 80 % **Alkoholgenese**, 15 % posthepatitisch ⇨ chronisch aktive Hepatitis, insb. bei **HCV-Infektion** (intrahepatischer sinusoidaler Block, besonders hohes Risiko bei Hepatitis-C-Infektion + Alkoholabusus), periportale Fibrose, Fettleber, Cholangitis (biliäre Zirrhose), Morbus WILSON (hepatolentiguläre Degeneration), chronische Arsenvergiftungen, Vinylchloridintoxikation, Sarkoidose, kongenitale Zysten
  Schistosomiasis (weltweit häufigste Ursache für die portale Hypertension!, intrahepatischer präsinusoidaler Block)
- **Posthepatischer Block** (extrahepatischer postsinusoidaler Block): Obstruktionen der Lebervenen, V.cava oder V.hepatica-Thrombose (**BUDD-CHIARI-Syndrom**) mit Rückstau in die Leber, längere dekompensierte Herzinsuffizienz ("Cirrhose cardiaque"), "Panzerherz"
- Bluterkrankungen (Gerinnungsstörungen)

Path: ♦ **Portale Hypertension** ⇨ **Kollateralkreislaufbildung** (Umgehungskreislauf)

1.) Magenvene (V.gastrica sinistra) - V.coronaria ventriculi ⇨ **Ösophagusvarizen** (⇨ V.azygos ⇨ V.cava superior) ⇨ **Blutungen** v.a. an der Cardia (massiv, im Schwall, "Schüssel voll')

2.) Nabelvene wird rekanalisiert ⇨ sichtbares **Caput medusae**

3.) V.mesenterica inferior ⇨ **Plexus rectalis**, Beckenvenen ⇨ V.cava inferior (sichtbare rektale Gefäßausbuchtungen, sind aber keine Hämorrhoiden!, diese werden definitionsgemäß von Arterien gebildet)

4.) Retroperitoneal: Über Magen ⇨ Milz ⇨ Nierenvene (insb. linksseitig) ⇨ V.cava inferior

♦ Portale Hypertension ⇨ **Splenomegalie** und beschleunigter Blutzellabbau ⇨ v.a. Thrombozytopenie mit hoher Letalität bei Blutung, Leukopenie und gering ausgeprägte Anämie, Hämosiderinablagerungen

♦ Aszites-Bildung: Durch verminderte Eiweißproduktion der Leber (Hypalbuminämie ⇨ geringer onkotischer Druck des Blutes), **erhöhten hydrostatischen Druck** durch portale Hypertension, Lymphaustritt aus der Leber (insb. bei posthepatischem Block) und sek. Hyperaldosteronismus (insuffiziente Leber baut kein Aldosteron und ADH mehr ab ⇨ Na^+ und H_2O-Retention) ⇨ Aszites

♦ Allgemeine **Blutungsneigung** durch verminderte Gerinnungsparameter (verminderte Syntheseleistung der Leber)

♦ Allgemeine Veränderungen der Hämodynamik: Der portale Anteil des Blutdurchflusses durch die Leber ist reduziert ⇨ der arterielle Anteil kann kompensatorisch auf das Doppelte der Norm ansteigen (bis 1 l/min)

Etlg: # CHILD-Klassifikation zur Beurteilung der Leberfunktion (1964)

Gruppe A:	Bilirubin <2 mg/dl, Albumin >3,5 g/dl, kein Aszites, keine neurologischen Symptome, guter Ernährungszustand
Gruppe B:	Bilirubin 2-3 mg/dl, Albumin 3-3,5 g/dl, einfach zu eliminierender Aszites, geringe neurologische Symptome, guter Ernährungszustand
Gruppe C:	Bilirubin >3 mg/dl, Albumin <3 g/dl, therapierefraktärer Aszites, schwere neurologische Symptome, evtl. Coma hepaticum, schlechter Ernährungszustand

Klassifikation nach PUGH (angelehnt an die Child-Klassifikation)

	1 Punkt	2 Punkte	3 Punkte
Albumin (g/dl)	>3,5	3-3,5	<3
Bilirubin (mg/dl)	<2	2-3	>3
Quick (%) bzw. INR	>60 <1,7	40-60 1,7-2,3	<40 >2,3
Enzephalopathie-Stadium, s.u.	0	1-2	3-4
Aszites	0	+	+++

Addition der Punkte: Pugh A: 5-6 Punkte, Pugh B: 7-9 Punkte, Pugh C: 10-15 Punkte

Ausdehnung des Pfortaderverschlusses modifiziert nach AUVERT

Typ I: V.portae offen, intrahepatische Äste verschlossen (5 % d.F.)
Typ II: Stamm der V.portae verschlossen (65 % d.F.)
Typ III: Verschluss des Konfluenz von V.mes.sup. und V.lienalis (1 % d.F.)
Typ IV: Verschlüsse u. Stenosen im gesamten Zuflussgebiet der V.portae (20 % d.F.)

Klin: ⇒ Splenomegalie, Oberbauchschmerzen

⇒ Leichter Ikterus, Palmarerythem, Spider naevi, Caput medusae

⇒ Aszites (Nabelhernien), Ödeme

⇒ Flapping tremor: bei ausgestreckten Armen, dorsalflektierten Händen mit gespreizten Fingern ⇨ grobschlägiger flatternder Tremor der Hände u. Finger (ca. 1/sec), verursacht durch einen jeweils plötzlich einsetzenden Tonusverlust ⇨ charakteristisch, aber nicht spezifisch (DD: Urämie, Herzinsuffizienz)

⇒ Ösophagusvarizenblutung (ICD-10: I85.0): insb. nach Druckerhöhung, z.B. Bauchpresse oder Gefäßarrosion ⇨ Hämatemesis (Bluterbrechen), Melaena (Teerstuhl)

⇒ Hepatische Enzephalopathie (West-Haven-Einteilung)

Latent:	keine neurologischen Ausfälle, Auffälligkeiten nur in psychomotorischen Tests
Stadium 1:	Schlafstörungen, Apathie, Stimmungsschwankungen, Konzentrationsstörungen, Ruhelosigkeit, leichter Fingertremor, Beeinträchtigung des Schreibvermögens
Stadium 2:	Inadäquates Verhalten, stärkere Schläfrigkeit, zeitliche Desorientierung, Gedächtnisstörungen, Nesteln, Ataxie, Flapping tremor
Stadium 3:	Patient schläft meist, ist noch erweckbar (Somnolenz bis Sopor), Desorientiertheit, Rigidität, Hyperreflexie
Stadium 4:	Bewusstlosigkeit und Koma, Foetor hepaticus, Reaktion auf Schmerzreize können noch erhalten od. verloren sein

Diag:
1. Anamnese und klinische Untersuchung: Splenomegalie, Ikterus, Aszites, Ödeme, Spider naevi, Caput medusae, Palmarerythem
2. Sonographie: Leber (Zirrhosezeichen: Leberoberfläche höckrig, periphere Gefäßrarefizierung, fehlende Kapsellinie, prominenter Lobus caudatus), dilatierte Pfortader (>15 mm), portokavale Anastomosen, Milzvergrößerung, Aszites?
   Farbkodierte Duplexsonographie: portale Strömungsverlangsamung, Pendelfluss od. Flussumkehr
3. Labor: Gamma-GT, Transaminasen, Bilirubin erhöht, Ges.-Eiweiß (Albumin) erniedrigt, Quick erniedrigt
4. Endoskopie (ÖGD): Oesophagus- od. Magenfundusvarizen. In 30-50 % d.F. trotz bekannter Ösophagusvarizen Blutung aus anderer Quelle! (z.B. Ulkus, Erosionen, Gastritis, Adenom, Karzinom, Mallory-Weiss-Syndrom)
5. Röntgen: direkte oder indirekt Splenoportographie mit DSA od. MRT-Angiographie
6. Direkte portale Druckmessung
7. **Leberbiopsie**

Ther:
- **Konservativ:** Ösophagusvarizenblutung: Volumenersatz über ZVK, Blutersatz, Dauerkatheter (Bilanzierung), Intensivüberwachung

  Med: akut Drucksenkung im Pfortadersystem mittels **Terlipressin** (ADH-Analogon, Glycylpressin®) od. Octreotid (Sandostatin®), ggf. auch Nitrate (Isosorbidmononitrat)
  Versuch der primären **endoskopischen Ligatur** der Varizen (Kontrolle nach 4 u. 11 Tagen u. ggf. Wiederholung od. zusätzliche Sklerosierung mit Polidocanol) od. auch endoskopische Sklerosierung der Varizen durch intravasale Injektion des Gewebeklebers N-Butyl(2)-Cyanacrylat (Histoacryl®, Kontrolle nach 4 Tagen u. ggf. Wiederholung). Damit kann in in 95 % d.F. eine Blutstillung erreicht werden.

  Sonden kommen nur noch bei unstillbarer Blutung zum Einsatz ⇨ mechanisches Abdrücken der Venen: SENGSTAKEN-BLAKEMORE-Sonde (1) = Doppelballon-Katheter für Speiseröhren- u. Kardiavarizen oder LINTON-NACHLAS-Sonde (2) = Einfachballon-Katheter für Magenfundusvarizen (s. auch Kap. GI-Blutungen). Nie länger als 12-24 Std. (max. 48) anlegen, da Nekrosegefahr der Schleimhaut!

  (1)

  Prophylaxe: Bei Leberzirrhose mit bekannten Ösophagusvarizen können (nicht-selektive) ß-Blocker (z.B. Propranolol) eingesetzt werden. Eine prophylaktische Sklerosierungs- od. Ligaturtherapie ist umstritten.

  Aszites: NaCl- (max. 3 g) und H_2O-Restriktion (max. 1,5 l/Tag), Diuretika (Aldosteronantagonist Spironolacton, evtl. + Furosemid od. Xipamid), Punktion (= Parazentese, es werden 4-6 l abgelassen) nur im Notfall (z.B. bei Ateminsuffizienz), evtl. mit gleichzeitiger Albuminsubstitution (6-8 g pro Liter abgelassenen Aszites)

  (2)

- Operativ: Ziel ist die **Senkung des portalen Hochdruckes** (außer bei der Transplantation sind dies aber alles nur palliative Maßnahmen, da keine Änderung des Grundleidens).

  Ind: Relativ **zurückhaltend**. Keine prophylaktische Op, da keine Prognoseverbesserung!, nie im Stadium der Blutung!, Op abhängig von der Allgemeinsituation (möglichst nur bei Child A, B)

- Dissektionsverfahren: Unterbindung der venösen Gefäßversorgung von Ösophagus und proximalem Magen (nur temporäre Besserung wegen Kollateralbildung)
- **Portocavale Anastomose** (V.portae ⇨ V.cava superior) = totaler Shunt, Nachteil: Leber wird ausgeschaltet ⇨ Entgiftungsfunktion eingeschränkt, evtl. zusätzlich Anlage einer arteriellen Verbindung zur V.portae in die Leber
- **Splenorenaler Shunt** (distaler, nach WARREN) selektiver Shunt: Absetzen der V.lienalis von der V.portae und Verbindung mit V.renalis (⇨ V.cava) ⇨ nur Entlastung der Ösophagusvarizen, die Leber wird nicht ausgeschaltet! ⇨ portaler Hochdruck bleibt, Thrombosegefahr (Milzvene ist relativ klein)
  Proximaler Splenorenaler Shunt (nach LINTON, z.B. bei Vorliegen von Verwachsungen nach Gallen-Op): Milzentfernung und Anastomose der V.lienalis auf die V.renalis, die V.portae bleibt erhalten
- **TIPSS** (transjugulärer intrahepatischer portosystemischer Stent-Shunt): über die V.jugularis wird mittels Katheter ein Stent von einer V.hepatica durch das Leberparenchym zur V.portae als Shunt vorgeschoben (großer Vorteil: interventioneller Eingriff = für die Anlage der Anastomose ist keine offene Op nötig)
- Mesenterikokavaler Shunt: V.mesenterica sup. auf V.cava
- Isolierte Milzvenenthrombose: Splenektomie
- Konservativ therapieresistenter Aszites: peritoneo-venöser Shunt (nach LE VEEN- oder als DENVER-Shunt mit zusätzlicher Pumpe) ⇨ Ableitung des Aszites über einen Katheter in die V.jugularis interna
- Evtl. Lebertransplantation (häufig aber wegen fortgeschrittener Enzephalopathie od. bestehendem Alkoholabusus ausgeschlossen)

• Selbsthilfegruppen: Deutsche Leberhilfe e.V., Luxemburger Str. 150, 50937 Köln, Tel.: (0221) 2 82 99-80, Fax: -81, Internet: http://www.leberhilfe.org u. http://www.bag-leber.de

Prog: Ösophagusvarizenblutung: Letalität: 25-30 % wegen Schock durch massive Blutung, Leberversagen, Aspiration, Lungenversagen

Rezidivblutungsgefahr: nach Sklerosierungstherapie 30-40 % durch neue Varizen oder Rekanalisation (insb. in den ersten 3 Monaten nach erfolgreicher Sklerosierung) und bei Ligatur 20-30 % ⇨ endoskopische Kontrolle im ersten Jahr alle 3 Monate.

Gesamtprognose der portalen Hypertension: nach 5 Jahren leben noch ca. 50 % (nach Shunt-Op gleiche Überlebensrate).

Budd-Chiari-Syndrom und maligne Tumoren ⇨ sehr ungünstige Prognose

Op-Letalität (portokavale Shunts): Child A 5 %; B 12 %; C 40 %

Kompl:
* Massive **Blutung aus Ösophagusvarizen** mit bis zu 30 % Letalität (meist am ösophago-kardialen Übergang, z.B. bei mechanischer Beanspruchung der Cardia durch Essen od. Erbrechen; starke Blutung wegen fehlender Gefäßkontraktion (da Venen) und Gerinnungsstörungen (meist verminderte Gerinnungsparameter durch die bereits eingeschränkte Syntheseleistung der Leber).
* Rezidivblutungen nach Ligatur-/Sklerosierungstherapie
* Leberkoma durch NH_3-Intoxikation (Ammoniak entsteht beim Proteinabbau und wird normalerweise in der in der Leber zu Harnstoff umgebaut), Proph: nicht-resorbierbares Antibiotikum (Neomycin) + Reinigung des Darmes (Laktulose), evtl. Darmspülung (verringert das durch bakteriellen Proteinabbau im Darm gebildete NH_4^+)

Op:
* Shunt-Op mit Ausschaltung der Leber (sind nur Palliativmaßnahmen) ⇨ hepatische **Enzephalopathie** in 30-50 % wegen der resultierenden schlechten Entgiftungsleistung (Prophylaxe durch kohlenhydratreiche, eiweißarme Diät ⇨ verringert zumindest das Ammoniak), Leberausfallskoma
* Sklerosierung der Ösophagusvarizen: Ösophagusstenose, Ausbildung von Varizen am Magenfundus
* Ballontamponade: Drucknekrose der Schleimhaut

DD: Aszites:
- Portale Hypertonie, Leberzirrhose (80 % d.F.)
- Malignome, Peritonealkarzinose (10 % d.F.)
- Pankreatogen, chylös, biliär

- Entzündlich (Peritonitis, bakteriell, Tuberkulose, Lupus erythematodes)
- Posttraumatisch
- Kardiale Insuffizienz

LEBERTUMOREN

Etlg: # Primäre oder sekundäre (= **Metastasen**) Lebertumoren

Benigne: **Hämangiom**, **Leberzelladenom** (ICD-10: D13.4), **FNH** = fokal noduläre Hyperplasie, Gallengangadenom, biliäres Zystadenom, Fibrom, Cholangiom, Lymphangiom, Lipom, Angiomyolipom, Myxom

Maligne: **Hepatozelluläres Karzinom** (Syn: Hepatom, Leberzellkarzinom, ICD-10: C22.0), cholangiozelluläres Karzinom (intrahepatische **Cholangiokarzinome**), Mischformen, malignes Hämangiom, embryonales Hepatoblastom, Sarkom, Cholangiosarkom, **Lebermetastasen**

Ät: – Hepatozelluläres Karzinom: Komplikation/Spätfolge einer **Leberzirrhose** durch Alkoholabusus, chronische Hepatitis-B- od. **Hepatitis-C-Infektion** (bei perinataler Infektion ist die Gefahr am größten), **Aflatoxine** (Pilztoxine), Thorotrast® (früheres Rö-Kontrastmittel), Alpha-1-Antitrypsin-Mangel, Hämochromatose, chemische Karzinogene (Aminobiphenyl, Benzpyren) weiterer Risikofaktor ist die Steatohepatose durch Übergewicht und Diabetes mellitus Typ 2

– Lebermetastasen: insb. bei **Kolon**- und **Rektumkarzinomen** (machen zusammen 90 % der Lebermetastasen aus), Mamma-, Magen-, Pankreas-, Nierenzellkarzinomen

Path:

- Hämangiome: meist angeboren, lange bestehend, können von selbst verschwinden, pathologische Bedeutung nur bei großen Hämangiomen, da Rupturgefahr allg. gering
- Adenome: **Können maligne entarten!** ⇨ operative Exstirpation indiziert, Zusammenhang mit **Ovulationshemmern**, Rezidivneigung (von Hepatozyten ausgehend)
- Fokal noduläre Hyperplasie (FNH): Regeneratknoten mit Septen (reaktive Folge von unbekannten Stoffwechselveränderungen od. Gefäßanomalien), ein Zusammenhang mit Ovulationshemmern wird vermutet (Vergrößerung unter Östrogeneinnahme), **keine** maligne Entartung
  Histo: zentrale Vernarbung mit sternförmigen Septen
  Op-Ind: Exstirpation nur bei großen FNH, wegen möglicher Rupturgefahr
  DD: Adenom ⇨ Feinnadelpunktion zur Diagnosefindung
- Chronische Hepatitis C: entwickelt sich bei 85 % der HCV-Infizierten (bei 25 % mit asymptomatischem Verlauf = HCV-RNA positiv, jedoch ohne erhöhte Transaminasen), bei 20% entsteht im weiteren Verlauf von 10-20 Jahren eine **Leberzirrhose**. Im Stadium der Leberzirrhose beträgt das Risiko für ein hepatozelluläres Karzinom dann 1-4 % pro Jahr!
  Ther: prophylaktisch versucht wird (möglichst bereits im akuten Stadium der Hepatitis C) α2a-Interferon [Roferon®] od. Peginterferon [Pegasys®] + Ribavirin [Rebetol®] für 6-12 Monate
- Karzinome: Verhältnis hepatozelluläres (Adenokarzinom) zu cholangiozelluläres (= intrahepatisches Gallengangkarzinom) Karzinom = 5:1
  Solitär, multizentrisch oder diffus infiltrierend wachsend, frühe Metastasierung
  Hepatozelluläre Karzinome auf dem Boden einer Zirrhose sind häufig multifokal und durch die Zirrhose in der "gesunden" Restleber auch schlecht operabel.

Epid:

◊ 90 % aller malignen Lebertumoren in Europa sind **Lebermetastasen**, die Leber ist nach den Lymphknoten das **häufigste "Metastasenorgan"**

◊ Inzidenz: hepatozelluläres Karzinom in Deutschand 4/100.000/Jahr, **m** >> w (3:1)
weltweit erkranken geschätzt 380.000 bis 1 Mio. Pat./Jahr an malignen Lebertumoren (insb. in Afrika u. Asein, dort 5- bis 20fach höhere Inzidenz als bei uns). Hauptrisikofaktoren sind die chronische Hepatitis-C-Infektion und die (alkoholtoxische) Leberzirrhose.

◊ FNH: Prävalenz 3 %, w >> m (2-10:1), Prädisp.alter: 30.-40. Lj.

Etlg: # **TNM-Stadien** für hepatozelluläre Karzinome (die intrahepatischen Cholangiokarzinome haben in der 7. Auflage der TNM eine eigene, ähnliche Einteilung erhalten)

T1:	solitärer Tumor ohne Gefäßinvasion
T2:	solitärer Tumor mit Gefäßinvasion oder mehrere Tumoren, keiner mehr als 5 cm in größter Ausdehnung
T3:	mehrere Tumoren >5 cm (**T**3a) oder Tumoren mit Befall eines größeren Astes der V.portae od. Vv.hepaticae (**T**3b)
T4:	Tumor(en) mit Invasion in Nachbarorgane (nicht der Gallenblase) oder Perforation des viszeralen Peritoneums
N1:	Regionäre Lk-Metastasen (Lk am Leberhilus und periportal entlang des Lig.hepatoduodenale sowie des der Leber anliegenden Bereichs der V.cava inf.)
M1:	Fernmetastasen oder nicht lokoregionäre Lk

Stadiengruppierung: I: **T**1**N**0**M**0 II: **T**2**N**0**M**0 IIIA: **T**3a**N**0**M**0
IIIB: **T**3b**N**0**M**0 IIIC: **T**4**N**0**M**0 IVA: alle **N**1 IVB: alle **M**1

Klin: ⇒ Hämangiome, Adenome, FNH: i.d.R. keine Beschwerden, meist Zufallsbefund in der Sonographie

⇒ Maligne Lebertumoren: **lange Zeit keine Klinik** (Zufallsbefund), später:
- Druckschmerzen im rechten Oberbauch (Kapseldehnungsschmerz), Völlegefühl
- evtl. tastbare Resistenz (Hepatomegalie)
- Gewichtsverlust, durch verminderten Stoffwechsel, evtl. dyspeptische Beschwerden
- Ikterus bei Kompression der Gallenwege
- Fieber bei Tumorzerfall, evtl. paraneoplastische Polyglobulie
- Tumorblutung ⇨ evtl. Hämobilie (GI-Blutung)
- Dekompensation einer vorbestehenden Leberzirrhose
- evtl. Aszites und Ödeme bei Leberfunktionseinbuße

Diag:
1. Anamnese und klinische Untersuchung
2. Sonographie (ggf. mit KM, Levovist®, SonoVue®): Tumoren können echogleich (FNH, Leberzelladenom), echoreicher (Hämangiom, kolorektale Metastasen) od. echoarm (Bronchial- od. Mammakarzinommetastasen) od. gemischt echoreich/-arm (hepatozelluläres Karzinom) sein. Typisch für Metastasen ist ein echoarmer Randsaum (Halo).
   In der farbkodierten Duplexsonographie bei Malignität Hypervaskularisationen.
3. Labor: Tumormarker: **Alpha-1-Fetoprotein** (AFP) rel. spezifisch, wichtig zur Verlaufskontrolle bei Leberzirrhose ⇨ Übergang zum Leber-Ca (Anstieg auf >100 ng/ml) und zur Tumor-Nachsorge (als Rezidivparameter) positiv in 80 % der Tumoren in Afrika, bei uns nur in 30 % d.F.
   CEA (carcinoembryonales Antigen) weniger spezifisch (kann bei Magen-, Kolon-, Bronchial-, Schilddrüsen- und Leber-Ca erhöht sein) und CA 19-9
   GGT, AP und Transaminasen evtl. erhöht, evtl. Anämie od. Polyglobulie
4. Röntgen: **CT** ⇨ Lokalisationsdiagnostik
   CT-Angiographie od. **Spiral-CT mit i.v.-Kontrastmittelbolus** mit Aufnahmen während der arteriellen und der portalvenösen Phase ⇨ Darstellung der Gefäßanatomie und Perfusionsdefekte (DD: Zysten, Hämangiome, Metastasen)
   MRT nativ, mit KM (Gadolinium) od. mit SPIO (superparamagnetic iron oxide particles, maligne Läsionen werden damit noch besser erkannt) od. auch MRC (Magnetresonanzcholangiographie)
   ggf. ERCP ⇨ Darstellung der Gallenwege
   Rö-Thorax od. CT-Thorax
5. Szintigraphie od. PET-CT ⇨ Differenzierung von Hämangiomen, FNH, Metastasen (z.B. Anti-CEA-Antikörper-Immunszintigraphie zum Nachweis kolorektaler Lebermetastasen)
6. **Feinnadelbiopsie** bei V.a. Adenom, FNH od. Karzinom; nicht bei Zysten! (s.o.)
7. IOUS = intraoperativer Ultraschall, ggf. um vorher nicht erkennbare Läsionen zu finden

Ther:
- Konservativ: Absetzen der Pille od. Östrogenpräparate bei FNH u. Adenomen. Wenn bei einem Adenom keine Rückbildung erfolgt ⇨ Op

- Multiple Lebertumoren (inoperabel) = palliative Situation: systemische oder lokale arterielle **Chemotherapie** mit Fluoruracil (**5-FU**) und Folinsäure, Ind: hepatozelluläres Karzinom od. Metastasen nur in der Leber, nicht mehr als 50 % befallen, keine Leberzirrhose (hauptsächlich für Kolorektale- und Mammakarzinom-Metastasen).

  Durchführung der lokalen arteriellen Chemotherapie: Cholezystektomie (zur Prophylaxe einer toxischen Cholezystitis), Sondierung der A.gastroduodenalis kurz vor der A.hepatica propria und Einlage eines Katheters und Verbinden mit einem subkutan implantierten Port-System, Ligatur von A.gastrica dextra u. A.gastroduodenalis (Prophylaxe einer tox. Gastritis), Chemotherapie für 14 Tage, Vorteil: wenig Nebenwirkungen, da Hauptwirkung in der Leber bei geringer systemischer Belastung.

  Zusätzlich auch Kombination von Chemotherapie und anschließende Embolisation (mit ethiodisiertem Öl) mögl. = transarterielle **Chemoembolisation**.

  Zugelasse ist nun auch die Gabe des oralen Tyrosinkinase-Inhibitor Sorafenib (2 x 400 mg/Tag, Nexavar®) mit guter Wirksamkeit.

  Weitere alternative (palliative) Verfahren mit punktueller Behandlung einzelner Tumoren/Metastasen: lokale **Alkoholinjektion** (perkutane 95%ige Ethanolinjektion od. 50%ige Essigsäure), **Kryotherapie** (flüssiger Stickstoff wird perkutan über eine Metallsonde eingebracht), perkutane lokale **Hyperthermie** durch MRT-gesteuerte Einlage einer Nd-YAG-Laser-Optik (LITT = Laser-induzierte interstitielle Thermotherapie), **Radiofrequenzablation** (Koagulation durch Hochfrequenz-Wechselstrom mittels perkutan eingeführten Elektroden), transarterielle Radiojod-Therapie (mit ^{131}I-Lipiodol) od. stereotaktische Strahlentherapie (3 x 10 Gy).

- Operativ: Ind: Benigne Lebertumoren: Adenome, blutende od. gr. Hämangiome (>5 cm);
  Maligne Lebertumoren: Op einzige Heilungsmöglichkeit, aber: **nur 20 %** sind bei Diagnosestellung kurativ operabel (wegen der späten Klinik)! Tumor muss auf einen Leberlappen beschränkt sein (T_1-T_2) ⇨ Wichtig: **Frühdiagnose!**
  Lebermetastasen ⇨ Op (periphere Resektion) ist möglich, wenn Metastase insgesamt entfernbar (Solitärmetastase od. bis max. 4 Metastasen in max. 4 Segmenten) und Metastasen nur in der Leber (= keine anderen Organsysteme betroffen) und der Primärtumor ebenfalls operabel ist
  - Zugang: quere und/oder mediane Oberbauchlaparotomie oder Rippenbogenrandschnitt oder transthorakaler + laparotomischer Zugang. Die erforderliche Schneidetechnik an der parenchymatösen Leber ist heute durch die Verwendung von Ultraschallmesser (UltraCision®) oder Wasserstrahldissektor (Jet-Cutter) wesentlich vereinfacht. Der Blutverlust lässt sich durch Senkung des ZVD auf <3 mmHg noch weiter verringern.
  - Periphere Resektionen: indiziert bei oberflächlichen, peripher liegenden Metastasen ⇨ Resektion im Gesunden als Keilexzision ohne Orientierung an den anatomischen Gegebenheiten mit 1 cm Sicherheitsabstand
  - Segmentresektionen: Tumor mit dem entsprechenden anatomischen Lebersegment (dadurch besserer Sicherheitsabstand als bei der peripheren Resektion)
  - Leberlappenresektion links: linker Leberlappen bis zum Lig.falciforme
  - Hemihepatektomie: orientiert sich an der V.cava-Gallenblasenlinie (links oder rechts von der rechten Linie des Segments IV, Abb. s.o. Anatomie Leber)
  - Erweiterte Hemihepatektomie rechts: orientiert sich am Lig.falciforme (mit Segment IV, es verbleiben also nur Segment II u. III, daher nur bei sonst gesunder Leber mögl.)
  - Mesohepatektomie: Resektion der mittleren Lebersegmente (IV, V, VIII), es verbleibt ein rechter und ein linker Leberlappen. Sehr aufwändige Op, diese kann bei zentralem Lebertumor aber erforderlich sein, wenn sonst bei einer erweiterten Hemihepatektomie eine zu geringe Restleber verbleiben würde.
  - Ultima ratio beim Leberzellkarzinom: **Lebertransplantation** bei Fehlen von Metastasen
  - Palliative Operationen: bei Verdrängung, z.B. Magenausgangsstenose, Duodenalkompression ⇨ Anlage einer **Gastroenterostomie** mit BRAUN-Fußpunktanastomose

Prog: Adenome u. FNH häufig harmlos, aber: Gefahr der malignen Entartung bei den Adenomen!
Maligne Tumoren: **Prognose sehr schlecht**, im Stadium I-II 5-JÜR bis 50 %, am besten bei Lebertransplantation (60-70 %), insg. ist das Op-Risiko hoch, ca. 5%ige Letalität.
In der palliativen Situation (überwiegende Zahl der Pat.) 6 Mon. mittlere Überlebenszeit, mit Op/interventionellen Maßahmen/Chemotherapie ca. 9-12 Monate mittlere Überlebenszeit.

Lebermetastasen: bei möglicher R_0-Resektion (= komplette Entfernung) je nach Primärtumor bis 35%ige 5-JÜR; ist keine R_0-Resektion mögl. (palliative Situation) ⇨ auch mit Chemotherapie od. lokalen Verfahren nur noch ca. 12-monatige mittlere Überlebenszeit (od. auch noch weniger, je nach Aggressivität des Primärtumors)

Kompl: * Hämangiome: Ruptur
* Leberkarzinome: frühe Metastasierung (Lunge, Gehirn, Knochen)

Op: * Blutung, Galleleck, Nahtinsuffizienz, subphrenischer Abszess
* Leberversagen, zu wenig verbleibendes funktionsfähiges Lebergewebe (bei oft gleichzeitig vorhandener Leberzirrhose)

Proph: ♥ Die **Hepatitis-B-Impfung** im Kindesalter senkt das Karzinomrisiko signifikant! Seit 1997 wird daher die Impfung bei Kindern in Deutschland von der STIKO empfohlen und von den Krankenkassen bezahlt.
♥ Vorsorge: bei Risikopatienten (Leberzirrhose) alle 6 Mon. Sonographie der Leber und AFP bestimmen
♥ Tumornachsorge bei malignen Lebertumoren: postoperative AFP-Kontrolle (Anstieg >50 ng/ml ⇨ Rezidivverdacht), Sonographie u. Rö-Thorax in 6-monatigem Abstand

DD: – **Leberzysten** (s.o.)
– Leberabszesse (s.o.)
– Fokale Verfettungen, Peliosis hepatis (Blut-gefüllte Kavitäten)
– Karzinom der zentralen Gallengänge (KLATSKIN-Tumor, s.u.)

LEBERTRANSPLANTATION

Ind: – Benigne Indikationen: **chronische Hepatitis** (meist Hepatitis B od. C), posthepatitische **Leberzirrhose**, primär und sekundär biliäre Zirrhose, primär sklerosierende Cholangitis, alkoholische Hepatitis (bei gesicherter Abstinenz für mind. 6 Monate)
akutes fulminantes Leberversagen (z.B. durch fulminante Hepatitis, schwangerschafts-assoziiert, Paracetamol-Intoxikation, Knollenblätterpilzvergiftung, Halothan-Hepatitis), destruierendes Trauma, polyzystische Leberdegeneration, BUDD-CHIARI-Syndrom (Verschluss der Vv.hepaticae), **Gallengangatresie** (Kleinkinder), CAROLI-Syndrom (zystische Erweiterungen der Gallenwege), familiäre amyloidotische Polyneuropathie, ALAGILLE-Syndrom (aut.-dom. erbliche arteriohepatische Dysplasie)
metabolische Lebererkrankungen: Morbus WILSON (hepatolentikuläre Degeneration), α_1-Antitrypsin-Mangel, Tyrosinämie, CRIGLER-NAJJAR-Syndrom, Hyperoxalurie, Hämochromatose, Glykogenosen, homozygote familiäre Hypercholesterinämie
– Maligne Indikation: **Leberzellkarzinom**, KLATSKIN-Tumor (Hepatikusgabeltumor)
➲ Indikationszeitpunkt: Allgemein: wenn das **Stadium der Dekompensation** erreicht ist und ohne Transplantation die Lebenserwartung <1 Jahr ist (ab PUGH B / >7 Punkte, s.o. Kap. portale Hypertonie, Bilirubin >7 mg/dl, verminderte Syntheseleistung der Leber (Quick <50 %), Zirrhosefolgen wie beginnende Enzephalopathie, nicht beherrschbarer Aszites, rezidivierende Ösophagusvarizenblutungen, Nierenfunktionsstörungen)
Transplantation sollte durchgeführt werden bevor Bilirubin dauerhaft >7 mg/dl, bevor Albumin <1,8 g/dl, vor Auftreten irreversibler Enzephalopathie, nicht mehr korrigierbaren Gerinnungsstörungen, ossären Destruktionen und exzessiver Katabolie

Epid: ◊ Altersgipfel: ½-3. Lj. und 45.-65. Lj. (keine generelle Altersbegrenzung für den Eingriff)
◊ Die erste Lebertransplantation erfolgte im Jahr 1963 von STARZL. Weltweit wurden bisher über 80.000 Lebertransplantationen durchgeführt.
◊ In Deutschland führen z.Zt. 26 Kliniken Lebertransplantationen durch. Im Jahr 2010 wurden in Deutschland 1.192 Lebertransplantationen vorgenommen (und zusätzlich 90 Teilleber-Lebendspenden, s.u.), auf der Warteliste befinden sich ca. 1.850 Pat.

◊ Kosten für eine Transplantation ca. 150.000,- EUR, dazu kommen in der Folge dann noch Kosten für Immunsuppression und Nachbehandlung.

K-Ind:
- Bestehender Alkoholismus od. Drogenkonsum
- Malignome/Metastasen außerhalb der Leber
- Fortgeschrittene renale (bei terminaler Niereninsuffizienz ggf. kombinierte Leber-/Nierentransplantation) oder kardiopulmonale Erkrankungen, Rechts-links-Shunts
- Sepsis

Ther:
- Op-Spender: sachgerechte Entnahme des Spenderorgans (meist als Multiorganentnahme):
  Leber mit anhängender V.cava, möglichst langer A.hepatica, V.portae und Duct.choledochus (s. Abb.)
  Druckperfusion des Spenderorgans mit kalter University-of-Wisconsin-Lösung ermöglicht heute eine Ischämiezeit von der Explantation bis zur Implantation v. 12-16 Std. (für Transport, Vorbereitung usw.).

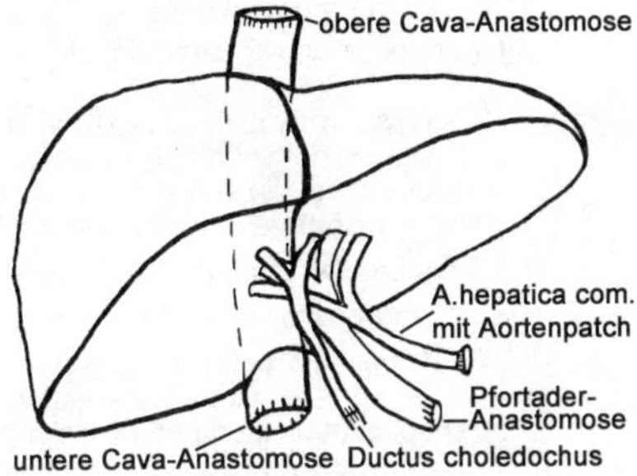

- Op-Empfänger: Explantation der kranken Leber mit entsprechendem V.cava-Segment (in der Größe, wie bei der Spenderleber vorhanden)
  - Implantation der Spenderleber mit V.cava-Segment an die Stelle der körpereigenen Leber = **orthotope Transplantation**
    Anastomosen: V.cava inferior kranial und kaudal, A.hepatica, V.portae (End-zu-End), Ductus choledochus (End-zu-Seit und Einlage eines T-Drains für 6 Wo.)
  - Heterotope Transplantation (selten) ⇨ Leber wird intraabdominell od. subhepatisch verpflanzt
- Leberteiltransplantation (**split-liver**): die Spenderleber wird in zwei unterschiedlich große Teile aufgeteilt und 2 Empfängern (z.B. 1 Kind + 1 Erwachsener) implantiert
- Leber-**Lebendspende**: Ind: Gallengangatresie (bei Kindern)
  Aufgrund des allgemeinen Organmangels wird auch die Lebendspende zunehmend durchgeführt. Dazu Entnahme des Lobus sinister bei einem Elternteil und Implantation in das Kleinkind (die Restleber bei Vater/Mutter wächst dann wieder fast zur Ursprungsgröße nach und die transplantierte Leber im Kleinkind wächst normal mit).
  Das Verfahren wird inzwischen auch für Erwachsenen durchgeführt. Hier muss jedoch der re. Leberlappen beim Spender entnommen werden (damit ausreichend Lebergewebe für den erwachsenen Empfänger zur Verfügung steht). Dies ist aber für den Spender mit einem erhöhten Risiko verbunden (eigenes Leberversagen, es muss ca. 30 % funktionelles Lebergewebe beim Spender verbleiben, Blutung, Galleleck, Strikturen, Letalitätsrisiko für den Spender: ca. 0,2 %).
- Ebenfalls mögl. ist eine temporäre Leberteiltransplantation, Ind: akutes fulminantes Leberversagen. Dabei wird eine Fremd-Teilleber vorübergehend heterotop transplantiert, nach Regeneration der eigenen Leber wird sie dann wieder entfernt.
- In Studien wird auch die Infusion einer Leberzellsuspension versucht. Hierzu werden funktionstüchtige Hepatozyten aus nicht transplantierten Lebern isoliert und übertragen.
- **Wichtig!** Nachbehandlung:
  - **Immunsuppression** mit **Ciclosporin A** (Pilzprodukt, Sandimmun®) **+ Methylprednisolon**, evtl. + Azathioprin (Imurek®)
    Bei Abstoßungsreaktionen zusätzlich: monoklonaler Antikörper OKT3 (Muromonab-Cd3, Orthoclone®) oder **FK 506** (Tacrolimus, Prograf® ein Pilzprodukt aus Streptomyces tsubaenses). Versucht werden bei Abstoßung auch Antilymphozytenkonzentrate (für 3-7 Tage), chimäre anti-CD_4-monoklonale Ak, Immunmodulator BT-563 (Interleukin-2-Rezeptor-Antikörper, Daclizumab, Zenapax®)
  - Antibiotikaprophylaxe und Antivirale-Prophylaxe (Aciclovir, Zovirax®) in der postoperativen Phase, evtl. + Pilzinfektionsprophylaxe

- Bei chronischer Hepatitis-B: Hyperimmunglobulin + Lamivudin für 6-12 Monate, ggf. lebenslang (bei Pat. die HBV-DNA pos. sind) zur Verhinderung einer Reinfektion des Transplantates

- Selbsthilfegruppen: Lebertransplantierte Deutschland e.V., Maiblumenstr. 12, 74626 Bretzfeld, Tel.: (0 62 02) 70 26-13, Fax: -14, Internet: http://www.lebertransplantation.de

Prog: Benigne Indikation: 1-JÜR 80-95 %, 5-JÜR ca. 50 % (am besten bei der Lebendspende mit bis zu 85 %). Bei metabolischen Lebererkrankungen durch Gendefekt wird durch die transplantierte Leber die vorbestehende Fehlfunktion gebessert oder sogar geheilt.

Maligne Indikation: 5-JÜR ca. 60 % (bei guter Patientenselektion, z.B. sorgfältiger Ausschluss von Fernmetastasen)

Die perioperative Letalität (bis 3 Monate postop.) beträgt 10 %

Kompl:

- Technische Probleme sind bei der Operation erheblich: durchschnittlich sind 10 Blutkonserven notwendig, trotz obligatem Cellsaver-Einsatz. Biopumpe für die Zeit der Operation notwendig (da die V.cava ausgeschaltet ist) ⇨ bringt das Blut aus dem unteren Teil des Körpers und aus dem portalen Kreislauf zum Herzen
- Anastomoseninsuffizienz (Gefäße oder Gallengang)
- Gerinnungsstörungen, Pfortaderthrombose, perioperative Lungenembolie
- **Postoperatives Transplantatversagen** häufig, z.B. durch Gallengangschaden (unklarer Genese) ⇨ Retransplantation in ca. 20 % d.F. notwendig. Die Prognose einer Retransplantation ist dann aber signifikant schlechter als nach primärer Transplantation.
- **Abstoßungsreaktionen:**
  - hyperakut und akut (4.-14.Tag) ⇨ immunsuppressive Ther. s.o.
  - chronisch (vanishing bile duct syndrome) ⇨ Retransplantation notwendig
- **Tumorrezidiv** (bei maligner Indikation)
- **Reinfektion** des Transplantats mit Hepatitisviren (HBV ohne Reinfektionsprophylaxe in 80 %, mit Immunglobulingabe immer noch in 30 % d.F., bei HCV fast immer) ⇨ Transplantatzirrhose
- Narbenbrüche (entstehen häufiger wegen der notwendigen großen queren Oberbauchlaparotomie + Mittelschnitt für die Implantation)
- Small-for-size-Syndrom: Transplantat ist für den Empfänger zu klein (bei split-liver od. Lebendspende) ⇨ nicht ausreichende Syntheseleistung (als Faustformel sollte die transplantierte Teilleber ein Gewicht >1 % des Empfängers haben)
- **Immunsuppression** ⇨ **Infektionen**, **Sepsis** (dann ca. 50 % letal durch Multiorganversagen), Neuauftreten oder Reaktivierung einer entzündlichen Darmerkrankung, Nierenversagen

GALLENBLASE UND GALLENWEGE

Anatomie

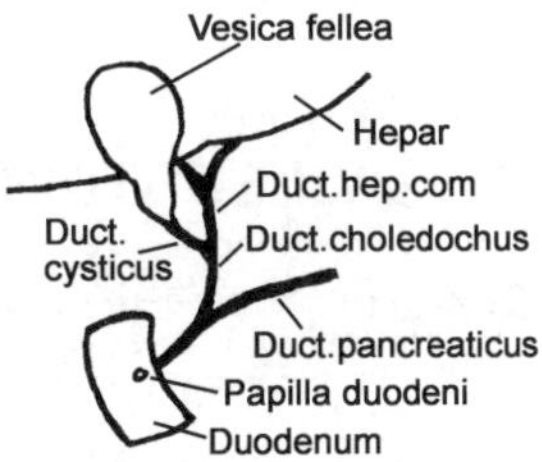

Gallenblase (**Vesica fellea**, Vesica biliaris, engl. gallbladder): besteht aus Fundus (dieser überragt etwas den Leberrand), Corpus, Infundibulum und Übergang vom Gallenblasenhals in den Duct.cysticus.

Topographische Lage: Die birnenförmige Gallenblase liegt an der Unterfläche des rechten Leberlappens (Segment V), Länge 10 cm, Breite 5 cm, Wanddicke 4 mm, Fassungsvermögen 30-75 ml.

Benachbart zu: Lobus quadratus hepatis, Pfortader, Duodenum und rechter Kolonflexur

Einmündung des **Duct.cysticus** in Duct.choledochus: lateral (Normalbefund) oder medial mit Überkreuzung oder mit Unterkreuzung des Duct.hepaticus oder langstreckige Verklebung

Gefäßversorgung: **A.cystica** reicht vom Infundibulum aus nur unvollständig bis zum Fundus (Ursprung meist aus A.hepatica propria, R.dexter, kann auch direkt aus A.hep. propria od. A.hep. communis od. R.sinister entspringen). Die arterielle Versorgung ist daher am Fundus am schlechtesten (⇨ hier ist die Perforationsgefahr bei krankhaften Prozessen am größten). Die A.cystica wird bei der Op im CALOT-Dreieck aufgesucht (wird gebildet vom Leberrand, Duct.hepaticus communis u. Duct.cysticus)

Die V.cystica fließt in die re. V.portae, die Gallenblasenbettvenen auch direkt in das V. Lebersegment (Metastasierungsmöglichkeit).

Varietäten: Gallenblasenagenesie, Doppelbildung, flottierende Gallenblase, Gallenblasensepten od. Abknickung (Phrygische Mütze), Sanduhrgallenblase, Gallenblasendivertikel (z.B. HARTMANN-Tasche am Infundibulum). Ther: nur bei Beschwerden (Entleerungsstörungen) ⇨ Cholezystektomie

Gallenwege: Intrahepatisches Gallengangsystem mit 2 Hauptgallengängen (Durchmesser: 5-9 mm) mündet am Leberhilus ⇨ Duct.hepaticus communis ⇨ nach 3-4 cm seitlich Abgang des Duct.cysticus (mit kleinen Schleimhautwülsten als Ventilfunktion = HEISTER-Klappen) zur Gallenblase, ab dann **Duct.choledochus** genannt (Länge: 7 cm, Durchmesser: 6 mm), verläuft im dist. Anteil retroduodenal durch das Pankreasgewebe und mündet in 70 % d.F. zusammen (common channel) mit Duct.pancreaticus (WIRSUNGI) mit einer Erweiterung (Ampulla hepatopancreatica) in die **Papilla duodeni major** (VATERI) der Pars descendens duodeni. Der M.sphincter Oddi der Papille verhindert einen Reflux aus dem Duodenum.

Das Lig.hepatoduodenale enthält Pfortader (dorsal), A.hepatica (Mitte) und den Duct.choledochus (ventral re.)

Varietäten von Duct.choledochus u. Duct.pancreaticus: 20 % haben eine gemeinsame Papille mit bis zuletzt getrennten Gängen; 10 % haben getrennte Gänge und zwei getrennte Papillen.

Physiologie

Produktion: tgl. **0,6-1,5 l Galle**. Lebergalle aus 82 % Wasser, 12 % Gallensäuren, 4 % Lezithin/Phospholipide, restliche 2 % Bilirubin/Biliverdin, Proteine, Elektrolyte und Cholesterin, pH: 7,8-8,5

Gallenblasengalle: **Eindickung** auf 10-20 % der Lebergalle durch Wasserentzug, pH: 7,0-7,4. Die Entleerung erfolgt durch Kontraktion der Gallenblasenmuskulatur, stimuliert durch das Cholezystokinin des Duodenums, ausgelöst durch Nahrungsreiz (Eigelb, Sahne, Fett, Röstprodukte, Kaffee, Alkohol).

Gallensäuren: fördern die intestinale **Fettverdauung** durch Emulsion u. Lipidmizellenbildung. 95 % der Gallensäuren werden intestinal wieder resorbiert (enterohepatischer Kreislauf).

Bilirubin: Abbauprodukt des Hämoglobins ohne Funktion (macht die goldgelbe Farbe d. Galle aus)

Missbildungen

Gallengangatresie: Klin: progressiver Ikterus nach Geburt. Ther: Biliodigestive Anastomose, evtl. Lebertransplantation

Gallengangzysten: (Manifestationsalter 1.-10. Lj., 80 % w) Klin: rezidivierender Ikterus, Schmerz unter re. Rippenbogen, Diag: Sono, ERCP od. PTC, MRCP, Ther: ROUX-Y-Hepatico-Jejunostomie

CAROLI-Syndrom: multiple kongenitale (vermutlich aut.-rez.) zystische Erweiterungen der intrahepatischen Gallenwege mit Stenosen, rezidivierende Cholangitis + Ausbildung von Gallengangkonkrementen, mögliche Ausbildung einer sekundären biliären Zirrhose (mit schlechter Prognose) Diag: ERCP od. PTC, MRCP, Kompl: hohes Entartungsrisiko, gleichzeitig Pankreaszysten od. Zystennieren mögl. mit Gefahr der polyzystischen Nierendegeneration
Ther: Leberteilresektion bei unilobärem Befall, Lasertherapie der Stenosen, Lithotripsie bei Gallengangsteinen, evtl. Lebertransplantation bei diffusem Typ.

Cholangioadenomatose: multiple Adenome des Gallengangsystems, obligate Präkanzerose.

GALLENSTEINE

Syn: Gallensteinleiden, **Cholelithiasis**, ICD-10: K80.-, **Cholezystolithiasis** (Gallenblase), **Choledocholithiasis** (Stein im Duct.choledochus, meist präpapillär liegend, durch Wanderung von Steinen aus der Gallenblase od. durch dort neugebildete Steine nach Cholezystektomie)

Ät:
- Disposition des Lösungsungleichgewichtes: Schwangerschaft, Ovulationshemmer, Dünndarm-Shunt-Operationen, Kurzdarmsyndrom, Ileostomie, Diabetes mellitus, Hypercholesterinämie, Morbus CROHN, Adipositas, hämolytischer Ikterus, Clofibrat-Medikation, fettreiche Ernährung, chronische Obstipation, mangelnde Bewegung
- Die 6 F: "**fat – female - fertile** (>2 Kinder) **- forty - fair – flatulent dyspepsia**"
- Prädisp.alter: >40. Lj., familiäre Disposition, Mutation des $ABCB_4$-Gens
- Selten (Kindesalter): hämolytische Anämien, angeborene Gallenweganomalien, 1/3 der Steine lösen sich bei Kindern spontan wieder auf

Path:
- **Lösungsungleichgewicht der Lebergalle**, von Entzündungen und Motilitätsstörungen der Gallenwege (Stase) begleitet ⇨ Steinbildung
  Theorie der Gallensteinbildung: fehlendes Gleichgewicht zwischen Gallensäuren und Lezithin (Stabilisatoren) und der Menge der gelösten Substanzen wie Kalziumkarbonat, Bilirubin und Cholesterin führt zur **Lithogenität**.
  Cholesterinsteine: **Cholesterin erhöht, Gallensäuren vermindert**
  Bilirubin- und Kalziumsteine: Überangebot der jeweiligen Substanz
- Lok: Hauptsitz: Vesica, Choledocholithiasis: präpapillär
- Steine sind Ursache nahezu aller Gallenleiden, da Disposition für Entzündungen durch die Stase gegeben ist!
- **Ikterus bei Cholestase** (= Stau in abführenden Gallenwegen) ⇨ Gelbfärbung der Haut und Skleren (ab Bilirubin >1,4 mg/dl), lehmfarbener acholischer Stuhl, bierbrauner Urin (Bilirubinausscheidung durch die Nieren), Hautjuckreiz durch Gallensäureeinlagerung, Steatorrhoe (mangelnde Gallensäureexkretion ⇨ Fettverdauungsstörung, Mangel an fettlöslichen Vitaminen, z.B. Vit. K-Mangel-Gerinnungsstörung ⇨ Ther: Konakion® i.v.)

Epid:
- ◊ **W** >> m (3:1), familiäre Disposition
- ◊ Prävalenz: >40 Jahre sind bei Frauen 32 %, bei Männern 16 % Steinträger (insg. ca. 15 Mio. Steinträger für Deutschland geschätzt)
- ◊ Unaufhaltsame Progredienz, die mit dem Alter parallel läuft
- ◊ Komplikationen (= klinisch symptomatische Steine) treten meist nach dem 6. Dezennium auf, Häufigkeitsgipfel: Männer 65-70. Lj., Frauen 50-60. Lj.

Etlg: Steintypen: weicher Cholesterin-Stein (80 % d.F.), Bilirubin-Stein (= Pigmentstein 10 %, hart), Calciumcarbonat-Stein (10 %, entsteht bei bakterieller Kontamination). Alle Steine können gemischt = verkalkt vorkommen.

Klin: 75 % „stumme" Gallensteine, nur 25 % aller Steinträger werden symptomatisch = steinkrank ⇨ **nur die symptomatischen Steinträger müssen therapiert werden!**, Symptome:
- ⇒ **Kolik** (ausgelöst durch fettes Essen oder nachts durch vagal induzierte Gallenblasenkontraktionen) anfallsartig sich steigernder Schmerz im rechten Oberbauch, evtl. mit Ausstrahlung in den Rücken od. rechte Schulter, evtl. Hyperalgesie der Head-Zone 6.-9. BWK
- ⇒ Druckschmerz im Abdomen (rechter Oberbauch)

⇒ Allgemeinsymptome: Völlegefühl, Blähungen, Nausea, Vomitus, Schweißausbrüche, dyspeptische Beschwerden, gelegentlich Schocksymptomatik

⇒ Bei Cholestase initial Kolik (Übertritt des Steins von der Gallenblase in den Duct.cysticus ⇨ Duct.choledochus), dann flüchtiger Ikterus (Stein im Duct.choledochus), evtl. Fieber durch bakterielle Infektion
Bleibende Cholestase (biliäre Symptome): **Ikterus**, Pruritus, heller Stuhl, dunkler Urin
Passagerer Ikterus bei Ventilstein im Choledochus

Diag:
1. Anamnese und klinische Untersuchung: **MURPHY-Zeichen:** Eindrücken der Bauchdecke + Einatmen des Patienten ⇨ Schmerz (⇨ schmerzbedingtes Stoppen der Inspiration)
2. **Sonographie** (Methode der Wahl, 95 % Treffsicherheit bei Cholezystolithiasis) dorsaler **Schallschatten** durch Steine, Lumen- und Wandveränderungen (Wanddicke wichtig zur Beurteilung von Entzündung, Norm: <4 mm), Choledochussteine: dilatierter Choledochus (>6 mm), DD: Polypen sind wandständig und haben keinen Schallschatten
3. Röntgen: **Abdomenübersicht/-leeraufnahme** ⇨ pos. bei verkalkten Steinen, nicht verkalkte Steine (ca. 75 %) sind nicht schattengebend, Sonderformen: Porzellangallenblase (verkalkte Gallenblasenwand), Aerobilie + Dünndarmspiegel (bei Gallensteinileus)
   ERCP (= endoskopische retrograde Cholangio-Pankreatikographie, s.u.) oder **PTC** (perkutane transhepatische Cholangiographie): insb. zum Ausschluss/Nachweis von Steinen im Gallengang nötig, Kompl: Cholangitis oder Pankreatitis mögl. (in ca. 1 % d.F.), alternativ: **MRCP** (= MRT-Cholangiopankreatographie, T2-gewichtet) des Oberbauches und Postcomputerprozessing zur Abbildung des Gangsystems mögl.
   Orale od. i.v.-Galle (Cholezysto-Cholangiographie) ⇨ negatives Cholezystogramm, Steinnachweis (indirekter Steinnachweis durch Kontrastmittelaussparung), Kontraktilität prüfbar durch Reizmahlzeit; wird heute seltener durchgeführt, z.B. wenn ERCP nicht gelingt
   Sequenzszintigraphie: Beurteilung d. Exkretion u. Abfluss mit ^{99}Tc (Ind: bei hohen Bilirubinwerten [>3 mg/dl], da Röntgenkontrastmitteluntersuchung dann nicht möglich)
4. Labor: **Cholestaseparameter** ⇨ AP, GGT, evtl. GOT/AST, GPT/ALT erhöht, Amylase, direktes Bilirubin erhöht. BSG, CRP u. BB kontrollieren als Entzündungsparameter.
5. Gastroskopie als DD: Ausschluss anderer Ursachen bei abdominellen Beschwerden

Ther: Ind: **Steinkranke** (= symptomatische Steinträger, ca. 25 % aller Steinträger) sollten therapiert werden, da die Mehrzahl dieser Patienten während ihres Lebens biliäre Symptome oder weitere Komplikationen zeigen. Asymptomatische Steinträger (= Zufallsbefund in der Sonographie) werden nicht prophylaktisch therapiert.

- Kolik: Bettruhe, feuchte Wärme, Nahrungskarenz, Analgetika, Spasmolytika (20 mg Butylscopolamin, Buscopan® i.v.). **Keine Morphine** wegen Sphinkterspasmus!
  Endgültige Therapie ⇨ Intervallcholezystektomie nach Abklingen der akuten Beschwerden
- Konservativ:
  - Medikamentöse Litholyse: Steinauflösung durch Zufuhr von Gallensäuren oral (nur noch selten angewandt) mit Chenodesoxycholsäure od. Ursodeoxycholsäure (5-8 mg/kgKG/Tag) für mind. 6 Monate (in 85 % Op vermeidbar, Häufigkeit der Koliken sinkt um 50 %, aber nur für reine Cholesterinsteine ohne Verkalkung geeignet (10 % d.F.) und Wiederauftreten der Steine nach Absetzen der Therapie in 50 % d.F. in 5 Jahren!). K-Ind: Steindurchmesser >1 cm, Gallenblasenwand >5 mm, akute od. chronische Cholezystits, Leberzirrhose, akute od. chronische Darmentzündung, Ulkus, Gravidität!, unkooperativer Patient (mangelnde Compliance). NW: Transaminasenerhöhung, Diarrhoen, Gallensteinkalzifikation
    MTBE-Lyse: Punktion der Gallenblase (von außen, percutan transhepatisch) oder via ERCP mit Anlage einer verbleibenden nasovesikulären Sonde ⇨ Einbringen v. MTBE (Methyl-tert-butyl-Ether), Spülung (= Kontaktlyse) für 1-3 Tage ⇨ löst Cholesterinsteine auf. Ind: Multiple Steine (keine verkalkten Steine) insb. bei alten Patienten, die wegen anderer Erkrankungen schlecht operabel sind. Kompl: Galleleck, Fistelbildung, gallige Peritonitis, Pankreatitis, Rezidivrate: 10-15 % pro Jahr
  - Cholelithotripsie (Steinzertrümmerung = ESWL = extrakorporale Stoßwellenlithotripsie): Ind. (nur 10-20 % der Patienten können so behandelt werden): kleine, kalkfreie Steine in der Gallenblase (insb. Solitärstein bis 2, max. 3 cm, oder max. 3 Steine bis zu diesem Gesamtvolumen), Kontraktionsfähigkeit der Gallenblase muss zum Ausschwemmen der Trümmer erhalten sein. Nach Lithotripsie medikamentöse Lysebehandlung (s.o.) zur Beseitigung d. Restkonkremente; Prog: 50-85 % sind nach 1 Jahr steinfrei, Rezidivrate: 10-15 % pro Jahr. K-Ind: Steine zu groß, zu grob, nicht kalkfrei, Gallenbla-

senwand funktionslos, akut od. chronisch entzündet, Gerinnung nicht intakt, Gravidität. Kompl: Biliäre Beschwerden, Koliken (20-30 %), fragmentbedingter Choledochusverschluss und biliäre Pankreatitis, Cholezystitis

- **Choledocholithiasis** ⇨ **ERCP** (Duodenoskop mit seitlichem Abgang, mit dem die Papille intubiert und Röntgenkontrastmittel darüber appliziert werden kann) und anschließende **Papillotomie** (= Sphinkterotomie, Teilspaltung der Papille mit einer Diathermieschlinge über den Arbeitskanal des Endoskops) sowie ggf. Extraktion der Steine (mit DORMIA-Fangkörbchen, Ballon oder evtl. mechanische Lithotripsie = Zerkleinerung oder Laser-induzierter Lithotripsie unter Sicht mit Mutter-Baby-Endoskop), Kompl: Dünndarm- od. Duct.choledochus-Perforation, Blutung, Pankreatitis, Cholangitis. Im Intervall ist dann zusätzlich eine Cholezystektomie wegen der Rezidivgefahr indiziert.

• Operativ: Ind: Steinkranke (= symptomatische Steinträger, nur ca. 25 % aller Steinträger), Op möglichst im Intervall. Stumme Steinträger sollten operiert werden bei multiplen Steinen (Wanderungsgefahr), großem Solitärstein (Wandnekrose), scharfkantigen Kalksteinen (Cholezystitis), Gallenblasenausgussstein, komplett steingefüllter Gallenblase oder Porzellangallenblase (Karzinomrisiko)

- Methode der Wahl: **Laparoskopische Cholezystektomie** (sog. "Lapgalle"), **90 %** d. Pat. können bei elektiver Ind. endoskopisch operiert werden (= minimal invasive Chirurgie). Patientenselektion wichtig, K-Ind. beachten!

  K-Ind: akute ausgeprägte, gangränöse Cholezystitis, V.a. Karzinom, Schrumpfgallenblase, große abdominelle Voroperationen (im Oberbauch), Leberzirrhose + port. Hypertonie, hämorrhagische Diathese, hohes kardiopulmonales Risiko, Gravidität (relativ)

  Vorteil: **minimaler Wundschmerz**, **Entlassung am 3.-4. postop. Tag!,** günstiges kosmetisches Ergebnis, kaum Komplikationen der "großen Bauchwunde" (wie Platzbauch, Verwachsungen)

  Op: **4 Inzisionen** (+ Trokare) für Optik, Instrumente, Haltezange, inkl. Gasinsufflation.

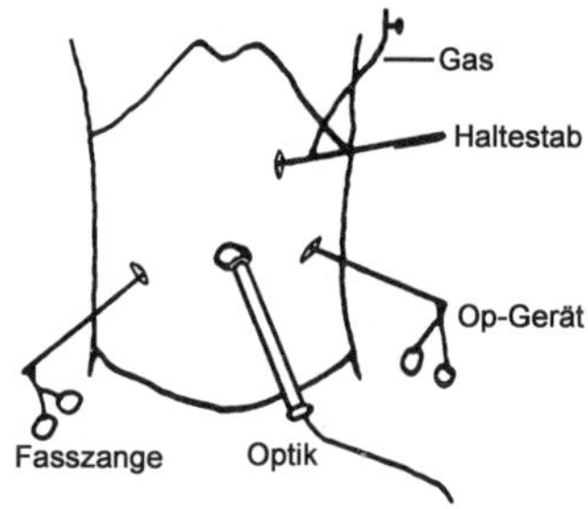

  Anspannen der Gallenblase, Präparation v. A.cystica und Duct.cysticus, Abklemmen mit Metallclips ⇨ durchtrennen. Abpräparation der Gallenblase vom Leberbett mittels Dissektor oder Elektrokoagulationspräparierzange.

  Entfernen der Gallenblase (passt sie nicht primär durch die Inzision in der Bauchdecke, so wird sie in einen Bergebeutel verbracht oder partiell herausgezogen, die Galle abgesaugt, Steine einzeln entfernt und dann entnommen), Verschluss der Inzisionen mit Naht.

  Postoperativ: 1.Tag postop. Sonographiekontrolle, dann voller Kostaufbau innerhalb von 2 Tagen (Tee, Zwieback, Haferschleim, Schonkost)

  Kompl: nicht beherrschbare Blutung (insb. aus A.cystica, Leberbett), Überraschungsbefund (z.B. unübersichtliche anatomische Verhältnisse, Anomalien, massive Verwachsungen, Karzinom) ⇨ **Umstieg** auf konventionelle Cholezystektomie (sog. Konversionsrate: in 3-7 % d.F. erforderlich)

- Ein neues Verfahren ist die „narbenlose" Cholezystektomie (bei Frauen, NOTES = natural orifice transluminal endoscopic surgery). Dabei werden die Arbeitstrokare über das hintere Scheidengewölbe eingeführt (nur die Optik und im Wechsel ein Arbeitstrokar wird über den Nabel eingeführt). Bisherige Ergebnisse sind gut.

  Ein weiteres Verfahren ist LESS (= laparo-endoscopic single-site, Single-port-Op), hierbei wird alles über einen einzigen Zugang/Inzision (Bauchnabel) mit speziellen gebogenen Instrumenten und Kamera operiert.

- **Cholezystektomie** mittels Laparotomie (**konventionelle Gallenblasen-Op** mit kleinem Schnitt, sog. Mini-Lap): Pararektalschnitt (od. Rippenbogenrandschnitt rechts oder selten Mittelschnitt), Darstellung des Gallenblasenhilus, Ligatur der A.cystica und des Duct.cysticus (+ ggf. intraoperative Cholangiographie = Darstellung der ableitenden Gallenwege mit KM + Röntgen, um Steine im Gallengangssystem nachzuweisen und dann ggf. zu entfernen = Choledochusrevision, s.u.) u. retrograde Abpräparation der Gallenblase aus dem Leberbett und Entfernung (auch anterogrades Vorgehen vom Fundus zum Hilus möglich).

  Postoperativ: Infusionstherapie mit 3 l Glc-5%ig und Ringer im Wechsel am 1. postop. Tag, dann Kostaufbau (2. Tag Tee, 3. Tag flüssig, 4. Tag passierte Kost, ab 6. Tag

Schonkost), Medikation: Hymecromon (Cholspasmin®) zur Anregung des Gallenflusses, Drainage am 3. Tag in den Verband ableiten, dann tgl. kürzen, Drainage ex am 6. Tag, Nahtmaterial ex am 10.Tag

- Finden sich intraoperativ Steine im Bereich d. Choledochus ⇨ Choledochusrevision: Fasszange od. FOGARTY-Katheter zur Steinentfernung, Papillensondierung mit HEGAR-Sonde und Einlegen einer T-Drainage in den Duct.choledochus, sowie einer Zieldrainage im Bereich des Wundgebiets des Choledochus. In Zentren wird auch diese Op-Erweiterung zusammen mit der Cholezystektomie laparoskopisch durchgeführt.
  Postoperativ: ab ca. 4. Tag zeitweises Abklemmen des T-Drain, Anregung des Gallenflusses mit Hymecromon (Cholspasmin®), nach 8 Tagen Rö-Kontrastdarstellung über den T-Drain ⇨ Abfluss frei, dann T-Drainage entfernen (die Gallenfistel durch die Drainage schließt sich meist nach 2 Tagen komplikationslos, dann kann auch die Zieldrainage entfernt werden). Der Kostaufbau erfolgt insg. verzögerter.

Prog: Cholezystektomie: Op-Letalität elektiv 0,2 %, akut 2,5 %, bei Risikopatienten (>60. Lj. mit Risiko-Zweiterkrankungen) ca. 6 %, Lapgalle 0,04 % (die niedrige Letalität bei der Lapgalle liegt aber u.a. daran, dass Pat. mit erhöhtem Risiko konservativ operiert werden)
Durchschnittliche Liegedauer: konventionelle Op. 10 Tage, laparoskopische Op. 6 Tage

Kompl:
* **Cholezystitis** in 90 % d.F. durch Steine in Verbindung mit bakterieller Infektion (E.coli, Enterokokken) bedingt, Rest: nach Traumen, Volumenmangelschock (⇨ Nekrosen, Hypoxie)
* Choledocholithiasis bei Steinabgang aus der Gallenblase ⇨ Cholestase, biliäre Symptome und mögl. folgende **Cholangitis**
* Gallenblasenhydrops (Gallenblasenstauung durch **Duct.cysticus-Verschluss**) + Superinfektion ⇨ Gallenblasenempyem (Peritonitis mit sept. Schock, Schüttelfrost, extremer Leukozytose), Ther: Cholezystektomie
  chronisch ⇨ narbige Veränderungen, Kalkeinlagerung in die Gallenblasenwand (Porzellangallenblase), Ther: Cholezystektomie
* Gallenblasenperforation (selten, am ehesten am Fundus, da hier die Gefäßversorgung am schlechtesten ist) ⇨ gallige Peritonitis (Cholaskos) mit sehr ernster Prognose (Letalität: 30-40 %) oder gedeckte Perforation mit subhepatischem Abszess.
  Meist Ausbildung einer cholezystoduodenalen Fistel ⇨ siehe Gallensteinileus
  Ursachen: Chronische Cholezystitis, Steindekubitus, Schocknekrose
* Biliäre Pankreatitis durch Rückstau von Pankreassekret im Duct.pancreaticus bei Stein im Duct.choledochus (common-chanel-Theorie)
* Gallensteinileus: ein großer Stein gelangt über eine Fistel ins Duodenum oder Intestinum (selten in die rechte Kolonflexur oder Magen), Steinabgang i.d.R. symptomlos; der Stein bleibt dann meist am Ostium ileale (= BAUHIN-Klappe) am Übergang vom Ileum zum Kolon stecken ⇨ mechanischer Dünndarmileus
  Diag: Rö-Abdomen: Luft in den Gallengängen (**Aerobilie**!) + Dünndarmspiegel + evtl. sichtbarer Steinschatten im rechten Unterbauch
  Ther: Akut Ileusbeseitigung, Gallensanierung später
* MIRIZZI-Syndrom: Gallenblasenhalsstein führt im benachbarten Duct.choledochus zur Kompression oder narbigen Stenosen (sehr selten) ⇨ Cholestase u. chron. Cholangitis
* **Maligne Entartung** (kaum ein Gallenblasenkarzinom ohne Steine), Häufigkeit ca. 1 %, Entartungsrisiko bei Gallenblasensteinen 0,01-0,05 % pro Jahr

Op:
* **Ligatur des Duct.choledochus** statt am Duct.cysticus bei unübersichtlichen anatomischen Verhältnissen ⇨ Gallenstauung in der Leber!, intraoperatives Röntgen des Duct.choledochus beugt dieser Komplikation vor
* Ligatur der A.hepatica bei atypischem Verlauf ⇨ Nekrosegefahr der Leber
* Choledochusläsion, Gallenfistel, eröffneter LUSCHKA-Gang (akzessorischer Gallengang aus der Leber direkt in die Gallenblase), Duct.cysticus-Stumpfinsuffizienz, Nachblutung
* Gallengangstriktur: durch Operationen an Gallenblase oder Magen oder bei primär sklerosierender Cholangitis, Steindekubitus. Sympt: intermittierender Ikterus, Ther: plastische Erweiterung oder biliodigestive Anastomose
* Darm- od. Gefäßverletzung beim Einbringen der Trokare für die laparoskopische Op
* Papillotomie bei ERCP: Papillenrestenose, Cholangitis, Gangstrikturen, Pankreatitis, Blutung, Perforation, Ther: Revision mit operativer transduodenaler Papillotomie oder biliodigestive Anastomose

* <u>"Postcholezystektomiesyndrom"</u> (ICD-10: K91.5) in 20-50 % d.F. ähnliche Beschwerden wie vor der Op ⇨ Ursache: belassene Konkremente od. Steine, Stenosen, chron. Cholangitis, Papillenstenose, chron. rezidivierende Pankreatitis, zu langer Zystikusstumpf mit Steinneubildung ⇨ ERCP zur Abklärung durchführen. Oder die **präop. Beschwerden waren anderer Genese!** (DD: Ulkuskrankheit, Pankreatitis, Darmerkrankungen, funktionell, Dyspepsie etc.)

<u>**DD:**</u> – <u>**Ikterus:**</u>

1. <u>Prähepatischer Ikterus:</u> Überangebot an Gallenfarbstoffen, z.B. bei **Hämolyse**
2. <u>Hepatischer Ikterus (= Parenchymikterus):</u> Leberstoffwechselstörung, z.B. bei **Hepatitis**, Alkoholfettleber, **primär biliäre Zirrhose**, vererbte Aufnahmestörungen (z.B. Morbus Meulengracht), vererbte Konjugationsstörungen (z.B. Crigler-Najjar-Syndrom), vererbte Exkretionsstörungen (z.B. Dubin-Johnson-Syndrom, Rotor-Syndrom)

   primär sklerosierende Cholangitis (PSC, seltene Erkrankung unbekannter Genese, zu 50 % kombiniert mit chronisch entzündlichen Darmerkrankungen oder Morbus Ormond, gehäuft HLA-B8 u. DRB3 pos., Histo: fibrosierende Wandveränderung der Gallengänge)

   Nach Auslandsreisen (Malaria, Parasitosen wie Echinokokkose, Askariden)

   Infiltration durch Systemerkrankungen, Amyloidose, Granulome, Adenome, primäres Leberzellkarzinom

   Drogeninduziert, Medikamente (Chlorpromazin, Kontrazeptiva, INH, Antiarrhythmika, Haldol, Aponal, Antiepileptika)

   Gravidität: Icterus gravidarum durch Hepatitis-B- od. -E-Infektion, idiopathischer Schwangerschaftsikterus (meist im letzten Trimenon, familiäre Disposition, benigne, ca. 1:5.000), Ikterus bei Hyperemesis (Histo: Verfettung der Leber mit azinozentralen Läppchennekrosen), EPH-Gestose, HELLP-Syndrom, akute Schwangerschaftsfettleber (rasch progredient, schlechte Prognose)

   Icterus neonatorum: **physiologischer** Ikterus beim **Neugeborenen** vom 3. Lebenstag bis zur 2. Wo., verstärkt bei Frühgeborenen und gestillten Kindern
3. <u>Post-/extrahepatischer/cholestatischer Ikterus:</u>

   Steinbedingt ⇨ flüchtig, meist kleine Gallenblase oder

   Tumorbedingt, Strikturen, Papillenspastik ⇨ konstant, meist große Gallenblase (Courvoisier-Zeichen = prall gefüllte, schmerzlose Gallenblase)

   Neugeborene: Gallengangatresie

– <u>**Kolik:**</u> **Akutes Abdomen**, z.B. Ulkusperforation, Nierenkolik, Myokardinfarkt, Pankreatitis, Appendizitis usw., siehe Übersicht:

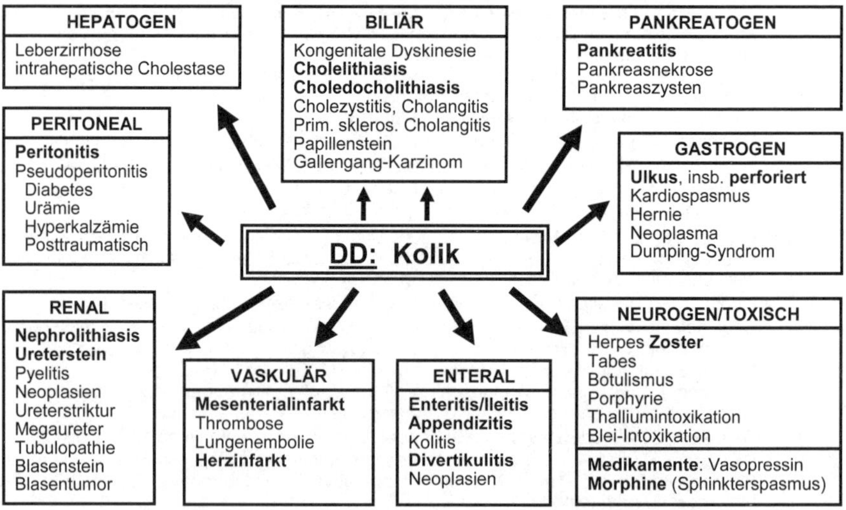

CHOLEZYSTITIS/CHOLANGITIS

Syn: Gallenblasenentzündung, ICD-10: K81.-; Entzündung der Gallenwege, ICD-10: K83.0

Ät:
- Cholezysto-/-docho**litihiasis** in 90 % als Ursache (häufig Zystikusverschlussstein). 20 % der Gallensteinträger entwickeln irgendwann eine Entzündung der Gallenblase/-wege
- Infektiös durch Bakterien, selten auch Parasiten (Askariden, Fasciola, Nematoden)
- Stenosen, MIRIZZI-Syndrom (chron. Cholezystitis u. Cholangitis durch Gallenblasenhalsstein)
- Primär sklerosierende Cholangitis (Autoimmunerkrankung)
- Vaskulär: Schockfolge, posttraumatische od. postoperative Minderdurchblutung („Stressgallenblase")

Path:
- ♦ Aszendierende Infektion bei **Abflusshindernis** (meist Zystikusverschlussgallenstein)
- ♦ Bevorzugte Keime: **E.coli, Enterokokken** (Streptococcus faecalis), Klebsiellen, Enterobacter, Clostridien, Salmonellen, Lamblien

Etlg:
Blande Cholezystitis/Cholangitis
Phlegmonöse oder **gangränöse** Cholezystits
Gallenblasen**empyem**

Klin:
⇒ Dauerschmerz (im Gegensatz zur Kolik beim Steinleiden!) im rechten Oberbauch, Abwehrspannung, Leukozytose, **Fieber**, evtl. Ikterus
⇒ CHARCOT-Trias: Schmerzen im rechten Oberbauch, Ikterus, intermittierendes Fieber
⇒ Primär sklerosierende Cholangitis: intermittierender Ikterus, Fieber, Symptome mit dem Krankheitsverlauf zunehmend

Diag:
1. Anamnese und klinische Untersuchung: MURPHY-Zeichen (Druckschmerzhaftigkeit der Gallenblasenregion bei Palpation und gleichzeitiger tiefer Inspiration)
2. Sonographie: Konkremente, **Wandverdickung** (>4 mm), Konturunschärfe, Dreischichtung der Wand, Vergrößerung der Gallenblase (Gallenblasenhydrops = Querdurchmesser >5 cm), Gasbildung in der Gallenblase od. der Wand durch gasbildende Bakterien (Cave: Perforationsgefahr)
3. Labor: mäßige **Leukozytose** bei blander Form, ausgeprägt (20.000/μl) beim Empyem

Ther:
- Konservativ: alter Pat. mit zusätzlichen Op-Risiken u. blande Cholezystitis: Antibiotikagabe, Bettruhe, Eisbeutel, Antiphlogistika und Spasmolytika ⇨ Op im symptomfreien Intervall (nach 4-8 Wo.)
- Akute Cholangitis: systemische Antibiose (Cephalosporin + Metronidazol), ERCP + Papillotomie, im Intervall dann operative Cholezystektomie
- Operativ: Ind: Blande Cholezystitis innerhalb der ersten 3 Tage ⇨ Früh-Op, in vielen Statistiken ist die Letalität hier geringer als bei Intervall-Op
  Bei gangränöser Cholezystitis oder Gallenblasenempyem ⇨ sofortige Op wegen Perforations- und Peritonitisgefahr
- Perioperative Antibiotikaprophylaxe mit Ceftriaxon (Rocephin®) ½ Std. präop.
- Bei blander Cholezystitis wird heute in 80 % d.F. eine laparoskopische Cholezystektomie (s.o.) durchgeführt, sonst konventionelle Cholezystektomie und Drainage

Prog: Letalität bei gangränöser Form oder Empyem 15 %!
Primär sklerosierende Cholangitis hat eine schlechte Prognose wegen der nicht aufhaltbaren Progredienz (⇨ frühzeitige Vorstellung des Pat. in einem Transplantationszentrum)

Kompl:
- ∗ Phlegmonöse/gangränöse Cholezystitis ⇨ absolute Op-Ind. wegen Perforationsgefahr
- ∗ Gallenblasenempyem: Peritonitis mit sept. Schock, Schüttelfrost, extremer Leukozytose ⇨ Op + Drainage, Letalität: 15 %!
- ∗ **Gallenblasenperforation**: nach rezidivierender Cholezystitis, Steindekubitus, Hydrops, Schocknekrose bei genereller Peritonitis, septischem Verlauf.
  Klinisch: 1) Perforationsschmerz
  2) Symptomfreies Intervall (8-12 Std.)
  3) Peritonitiszeichen ⇨ Ther: Cholezystektomie, Drainage, Spülung
- ∗ Chronisch rezidivierende Cholezystitis ⇨ Schrumpfgallenblase, **Porzellangallenblase** (verkalkte Gallenblasenwand), Spätfolge: Gallenblasenkarzinom

* Primär sklerosierende Cholangitis: Übergang in biliäre Zirrhose, zunehmende Gallengangstrikturen ⇨ Ther: biliodigestive Anastomose, Ultima ratio: Lebertransplantation

TUMOREN DER GALLENBLASE UND GALLENWEGE

Syn: Gallengangkarzinom, malignes Cholangiom, engl. carcinoma of the bile duct

Ät:
- **Cholelithiasis** in 70 % d.F. nachweisbar (Steinträger haben ein 4-5x höheres Risiko ein Gallenblasenkarzinom zu entwickeln, ein noch höheres Risiko besteht bei einer Porzellangallenblase)
- Chronische Entzündung (nekrotisierende Entzündungen mit Wandverkalkungen durch Einlagerung von Kalziumphosphat ⇨ Porzellangallenblase)
- Primär sklerosierende Cholangitis (PSC, Autoimmunerkrankung)
- LYNCH-Syndrom: aut.-dom. vererbt (Defekt von Reparaturgenen auf Chrom. 2, 3 od. 7) mit kolorektalen Karzinomen und Zweittumoren wie Magen-, Urothel-, Ovarial- od. Gallengangtumoren

Epid:
◊ Häufigkeit: Malignome der extrahepatischen Gallenwege sind selten, für Deutschland ca. 6.000 Erkrankungsfälle/Jahr geschätzt
◊ Prädisp.alter: 60.-70. Lj., Gallengangkarzinom m>w, Gallenblasenkarzinom w>m (3:1)

Etlg:
Gutartig: Adenome, Papillome, mesenchymale Neubildungen, Lipome
Bösartig: Cholangiozelluläres Karzinom, Rhabdomyosarkom (Kindesalter), **Gallenblasenkarzinom** (meist am Fundus, ICD-10: C23), **Gallengangkarzinom** (extrahepatische Gallengänge und Hepatikusgabel, ICD-10: C24.0), Karzinom an der **Ampulla hepatopancreatica VATERI** (**Papillenkarzinom**, ICD-10: C24.1)

KLATSKIN-Tumor: Karzinom der **zentralen** Gallengänge (Hepatikusgabeltumor)
Klassifikation nach der Lokalisation (nach BISMUTH und CORLETTE, 1988):
I. Duct.hepaticus com. befallen, Hepatikusgabel nicht mit einbezogen
II. Duct.hepaticus com. und Hepatikusgabel befallen
III. Infiltration des rechten od. linken Duct.hepaticus
IV. Befall beider Duct.hepatici
Histo: meist **hochdifferenzierte** Adenokarzinome (langsames Wachstum, späte Metastasierung), aber insg. chirurgisch schwierig, wegen der ungünstigen Lok. am Leberhilus

TNM-Klassifikation (gilt nur für Karzinome ⇨ histolog. Diagnosesicherung notwendig, in der 7. TNM-Auflage jetzt in vier Bereiche unterschieden)

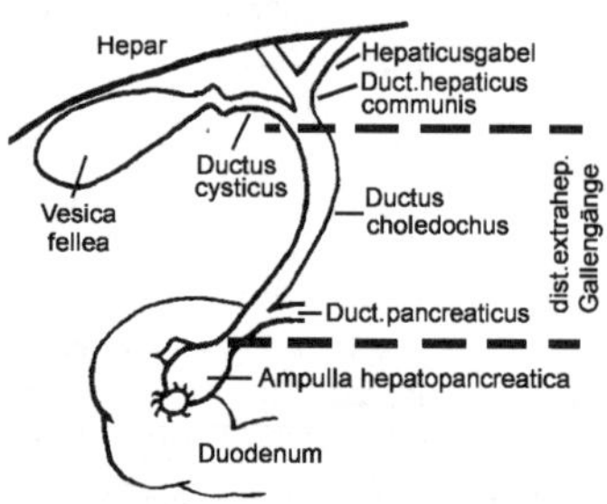

- Gallenblase (+ Duct.cysticus): **T1** Gallenblasenwand (**T1a** Schleimhaut, **T1b** Muskulatur), **T2** Infiltration von perimuskulärem Bindegewebe, **T3** Tumor infiltriert über die Serosa (viszerales Peritoneum) hinaus und/oder in ein Nachbarorgan (Leber, Magen, Duodenum, Kolon, Pankreas, Omentum, extrahepatische Gallengänge), **T4** Tumor infiltriert zwei oder mehrere Nachbarorgane od. den Stamm der V.portae/ A.hepatica com.
  N1 regionäre Lk (am Duct.cysticus, Choledochus und entlang der A.hepatica com./V.portae)
  M1 Fernmetastasen, dazu zählen auch alle periduodenale od. peripankreatische und Lk entlang des Tr.coeliacus u. der A.mesenterica sup.
- Perihiläre Gallengänge: **T1** Tumor auf Gallengang beschränkt, **T2a** Infiltration jenseits des Gallengangs (benachbartes Weichgewebe), **T2b** Tumor infiltriert die Leber, **T3** Tumor infiltriert unilaterale Äste der A.hepatica com./V.portae, **T4** Tumor infiltriert Hauptast der A.hepatica com./V.portae
  N1 regionäre Lk (Leberhilus, pericholedochale Lk im Lig.hepatoduodenale), **M1** Fernmetastasen
- Distale extrahepatische Gallengänge (s. Abb., innerhalb der gestrichelten Linie): **T1** Tumor auf Gallengang beschränkt, **T2** Infiltration jenseits des Gallengangs (perimuskuläres Bindegewebe),

T_3 Tumor infiltriert Leber, Gallenblase, Pankreas, Duodenum od. andere Organe, T_4 Tumor infiltriert Trunc.coeliacus od. A.mes.sup.
N_1 regionäre Lk (entlang des Duct.choledochus, A.hep.com., pankreatikoduodenale, V.mes.sup.)
- Ampulla hepatopancreatica (Syn: Ampulla VATERI, Papillenkarzinom): T_1 Tumor begrenzt auf die Ampulla, T_2 Infiltration in die Duodenalwand, T_3 Tumor infiltriert in Pankreas, T_4 Tumor infiltriert in peripankreatisches Weichgewebe und/oder in andere Nachbarorgane
N_1 regionäre Lk (pankreatikoduodenal, pylorisch, prox. mesenterial, am Duct.choledochus)
M_1 Fernmetastasen, auch Lk am Pankreasschwanz od. Milz

Stadiengruppierung (teilweise je nach Lok. kleine Unterschiede): I: $T_1N_0M_0$
II: $T_2N_0M_0$ IIIA: $T_3N_0M_0$ IIIB: $T_{1\text{-}3}N_1M_0$ IVA: alle T_4 IVB: alle M_1

Klin: ⇒ **COURVOISIER-Zeichen**: progredienter **schmerzloser Ikterus** + tastbar vergrößerte, schmerzlose Gallenblase
⇒ Cholestase: Ikterus, Stuhlentfärbung, Dunkelfärbung des Urins, Pruritus
⇒ ggf. Gewichtsverlust, epigastrische Schmerzen
⇒ Bei Gallenblasentumoren auch Koliken mögl., häufig auch nur Zufallsbefund bei der Sonographie oder bei einer Cholezystektomie wegen Gallensteinen

Diag:
1. Anamnese u. klinische Untersuchung: tastbare schmerzlose Resistenz im re. Oberbauch
2. **Sonographie** meist wegweisend
3. Röntgen: **MRCP** (= MRT-Cholangiopankreatographie) zur Klärung der Tumorausdehnung u. Gallengangverhältnisse, ggf. Angiographie (od. MRT-Angiographie)
   ERCP oder **PTC** präoperativ: Bestimmung der Entfernung des Verschlusses vom Leberhilus ⇨ Operabilität? PTC bes. geeignet bei zentralem Gallengangkarzinom (KLATSKIN-Tumoren) und für die Anlage einer Drainage (PTCD)
4. Labor entspricht der extrahepatischen Cholestase (AP, GGT, direktes Bilirubin erhöht), Tumormarker bei Gallenblasen-Ca: CA 19-9, CA 72-4, CA 50

Ther:
- Konservativ: Bei Inoperabilität interventionelle Anlage einer perkutanen transhepatischen Gallendrainage (**PTCD**) mit Abfluss nach außen oder **via ERCP mit Abfluss nach innen** durch Einlage einer Endoprothese in den Gallengang (Kunststoff- od. Metallgitter-Stent, z.B. Wallstent) zum Offenhalten der Gallenwege (die konservativ palliativen Maßnahmen zeigen die gleichen Überlebenszeiten, wie operativ palliative Verfahren), außerdem symptomatische Therapie gegen den Ikterus
- Operativ: Ind: leider meist nur palliative Op möglich (90 % d.F.)
  - Gallenblasen-Ca (kurative Op. bis max. T_2/T_3, N_1 mögl.): konventionelle (offene) Cholezystektomie, evtl. Leberteilresektion (Segment IVb u. V), Gallengangteilentfernung und Lymphknotendissektion (im Bereich des Lig.hepatoduodenale)
  - Gallengangkarzinom: Resektion und biliodigestive Anastomose = **Hepatikojejunostomie** mit einer nach **ROUX-Y**-ausgeschalteten Jejunumschlinge
  - KLATSKIN-Tumoren: Hepatikusgabelresektion, Leberteilresektion u. biliodigestive Anastomose oder perkutane transhepatische Drainage, evtl. Lebertransplantation
  - Palliativ bei nicht resektablem Gallengangkarzinom (Ind: Versagen der kons. Ther): Gallendrainage nach innen als biliodigestive Anastomose: Hepatikojejunostomie, Cholangiojejunostomie (kleine intrahep. Gallengänge) oder Hepatojejunostomie (Leberresektionsfläche)
  - Papillen-Ca: WHIPPLE-Op od. palliative Resektion im höheren Alter, Drainage via ERCP
  - Gutartige Tumoren bei Symptomatik: Exzision

Prog: Insgesamt **sehr ernst**. Mittlere Überlebenszeit nach radikaler Op nur 2-3 Jahre, bei palliativen Eingriffen od. Inoperabilität nur 6-9 Mon., Op-Letalität 15 %, mit Leberteilresektion 30 %. Die günstigste Prognose haben die papillären Tumoren, da sie leichter resektabel sind. Am ungünstigsten sind die KLATSKIN-Tumoren.

Kompl: * Leberinfiltration
Op: * Verletzung A.hepatica, Pfortader, Gallenfistel, Nahtbruch, chron. Cholangitis, Leberversagen

DD:
- Cholezystolithiasis, rezidivierende Cholezystitis, Gallenwegsstenosen
- Stippchengallenblase (Einlagerung von Cholesterin in die Wand)
- Pankreaskopfkarzinom , postoperative Narbenstrikturen

PANKREAS

Anatomie

Entwicklung: aus verschmelzender ventraler u. dorsaler Anlage, das Pankreas liegt komplett retroperitoneal, ca. 15 cm lang, 2,5 cm im Durchmesser (am Kopf bis 3 cm), Gewicht 40-120 g (∅ 80 g).

Anatomische Beziehung zu: Truncus coeliacus (kranial), A.mesenterica superior (kaudal), Pfortader (Konfluens der V.portae) und Aorta (dorsal), A.hepatica com. (⇨ bei Tumoren relativ frühe Inoperabilität, da bei Infiltration der Gefäße die Entfernung die Darmversorgung gefährden würde).

Der Pankreaskopf liegt hinter dem Duodenum (das Duodenum liegt dabei wie ein "C" um das Pankreas).

Der Pankreasschwanz reicht bis an die Milz heran. Ductus choledochus: Endstrecke verläuft durch den Pankreaskopf ⇨ Pankreaserkrankungen können zu einem Ikterus führen.

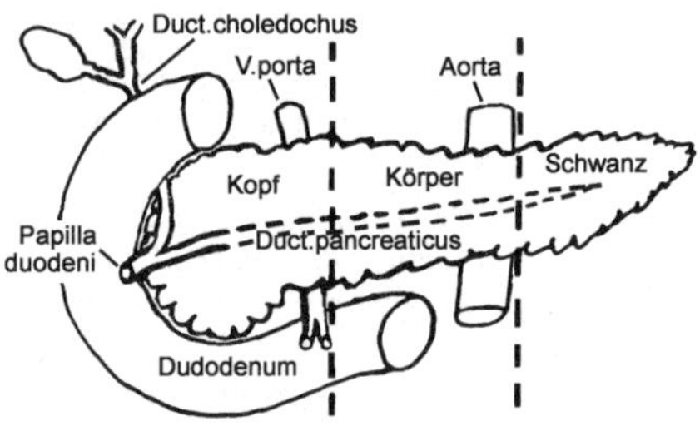

Arterien: Kopf: Aa.pancreaticoduodenalis sup. (aus A.gastroduodenalis) u. inf. (aus A.mesent.sup.)
Körper: A.colica dextra (aus A.mesenterica superior)
Schwanz: A.lienalis (aus Truncus coeliacus) u. A.colica sin. (aus A.mesenterica inferior)

Venen: Die V.pancreaticoduodenalis mündet über die V.mesenterica sup. in die V.portae

Ausführungsgänge: Ductus pancreaticus (major) WIRSUNGI endet an der Papilla duodeni mit einem Schließmuskel (Sphinkter ODDI) im Duodenum zusammen mit dem Gallengang,
evtl. zusätzlich ein Duct.pancreaticus minor (accessorius) SANTORINI
Der Druck im Pankreasgangsystem ist dabei höher als im Gallengangsystem ⇨ verhindert Reflux von Gallensäuren, der zu Autodigestion und Pankreatitis führen kann.

Lymphknoten: Peripankreatisch um Kopf und Korpus, Abfluss zu Lk an Leberpforte und am Duct. choledochus, Truncus coeliacus, Mesenterialwurzel, vom Pankreasschwanz ⇨ Hilus der Milz.

Zugang: Intraabdomineller Zugang erfolgt über die **eröffnete Bursa omentalis**:

1. Durchtrennung des **Lig.gastrocolicum** = Durchtrennung des großes Netzes (Omentum majus) zwischen Magen und Querkolon (= Zugang von vorne) oder
2. Durchtrennung Entlang des **Lig.hepatogastricum + Lig.hepatoduodenale** = Durchtrennung des kleinen Netzes (Omentum minus) (= Zugang von oben) oder
3. Durchtrennung des **Mesocolon transversum** (= Zugang von unten).
   Die Dorsalseite d. Kopfes ist erreichbar nach Mobilisation des Duodenums.

Physiologie

Exokrine Funktion: 1.000-2.000 ml Pankreassekret pro Tag, zuammengesetzt aus H_2O, **Bikarbonat** (Neutralisiert den sauren Magensaft), **Lipase, Amylase** und **Proteasen** (Trypsin, Chymotrypsin, Elastase, Phospholipase A, Carboxypeptidase, die erst im Duodenum aktiviert werden ⇨ Verhinderung der Autodigestion).
Erscheinen die Enzyme im Blut ⇨ Hinweis auf eine nicht koordinierte Abgabe der aktiven Enzyme durch pathologische Veränderung im Pankreas, v.a. Amylase u. Lipase.
Stimuliert wird das Pankreas durch den N.vagus und das duodenale Sekretin (stimuliert die Bikarbonatabgabe) und Pankreozymin-Cholezystokinin (stimuliert die Enzymabgabe).

Endokrine Funktion: A-Zellen ⇨ Glukagon, B-Zellen ⇨ **Insulin**, D-Zellen ⇨ Somatostatin, PP-Zellen ⇨ pankreatisches Polypeptid (Antagonist des Gastrins)

Kongenitale Veränderungen

Pancreas anulare: Pankreas umschließt die Pars descendens des Duodenums und führt dort zur Stenose. Manifestation im Neugeborenen oder Erwachsenenalter durch die Stenose (hoher Darmverschluss) oder durch rezidivierende Pankreatitiden. Diagnose durch MD-Passage, ÖGD, ERCP. Ther: Duodeno-Duodenostomie oder Duodeno-Jejunostomie, keine Durchtrennung des Pankreasringes wegen Fistelbildung

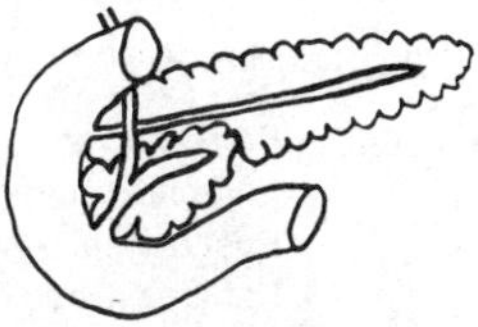

Pancreas divisum: fehlende Verschmelzung der beiden pankreatischen Ganganteile (Ductus WIRSUNGI, ventraler Anteil u. SANTORINI, dorsaler Anteil der Pankreasanlage) ⇨ Rückstau und Pankreatitis möglich (der Ductus SANTORINI kann keine großen Sekretmengen über die kleine Minorpapille drainieren), bei ca. 5 % d. Menschen

Pankreaszysten: isoliert oder in Kombination mit Leber- u. Nierenzysten oder Kleinhirnzysten auftretend.

Ektopisches Pankreas (Pancreas aberrans): tritt bei 2 % auf (in 90 % im Magen, Duodenum, Jejunum od. Meckel-Divertikel) ⇨ gelegentlich Ursache für epigastrische Beschwerden od. Blutungen

Mukoviszidose (zystische Fibrose): Aut.-rez. erblich (Defekt auf Chrom. 7, in Europa 1:2.000 Neugeborene betroffen) Fibrose des Pankreas ⇨ Maldigestion, Steatorrhoe, Sterkoralileus, Mekoniumileus (Neugeborene), rezidivierende Bronchitiden, Bronchiektasen u. Lungenfibrose (zäher Schleim), Rektumprolaps, Wachstumsverzögerung. Diag: NaCl im Schweiß ↑↑ (>50 mmol/l). Ther: keine kausale möglich, nur symptomatische, Lungentransplantation. Lebenserwartung 20-30 Jahre.

PANKREASVERLETZUNGEN

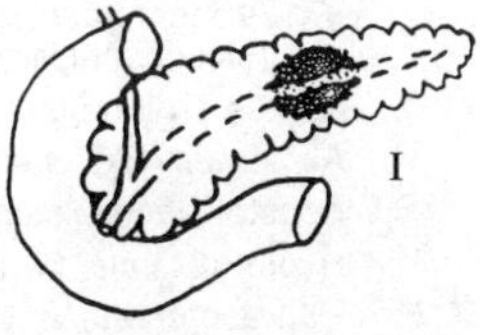

I

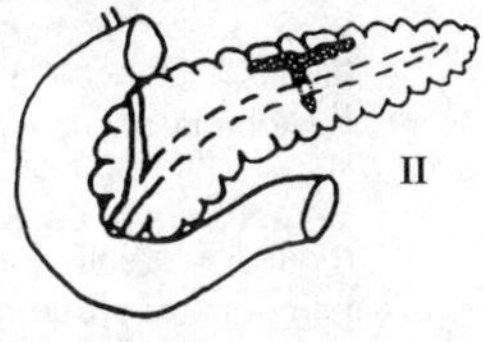

II

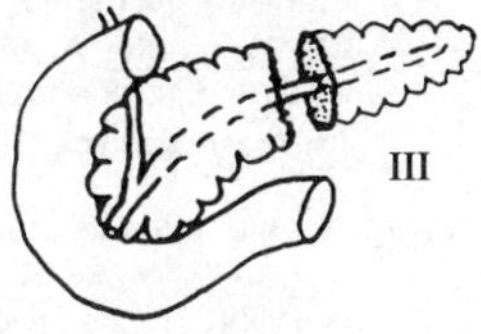

III

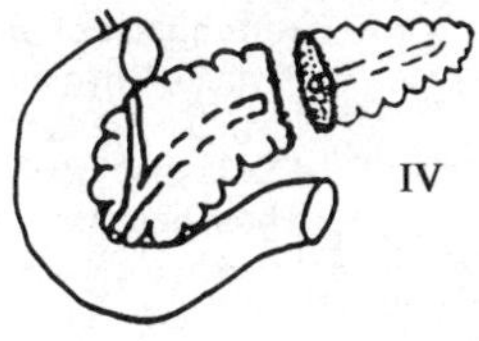

IV

Syn: Pankreastrauma, ICD-10: S36.2-

Ät: Stumpfes (Auffahrunfall/Lenkradanprall, Motorradunfall) oder penetrierendes (Schuss- oder Stichverletzung) **Oberbauchtrauma** ⇨ Kontusion (I) oder Zerreißung des Pankreas im **Korpusbereich** meist über der Wirbelsäule („Pankreasfraktur"), meist zusätzlich kombiniert mit anderen abdominellen Organverletzungen

Path: Lok: Wichtig ist, ob mit od. ohne Gangzerreißung und ob die Kapsel verletzt oder unverletzt (subkapsulärer Riss, II) ist
Perforation mit **Kapselzerreißung** (III) ⇨ Sekretaustritt (Pankreasfistel) ⇨ Peritonitis
Gangzerreißung (IV) ⇨ Pankreatitis, Nekrosen, Pseudozystenbildung, Peritonitis

Klin: Entspricht den Symptomen einer akuten Pankreatitis (s.u.) oder Peritonitis, häufig aber erst nach einem **symptomfreien Intervall**

Diag:
1. Anamnese (Unfallhergang) und klinische Untersuchung
2. Sonographie: Engmaschige Bauch- und DOUGLAS-Kontrolle
3. Evtl. **Peritoneallavage** (Amylase, Lipase-Bestimmung)
4. Röntgen: Abdomenübersicht, Thorax (Begleitverletzungen), CT-Abdomen, **ERCP** zum Ausschluss einer Gangverletzung
5. Bei penetrierender Verletzung ⇨ sofortige **explorative Laparotomie**

Ther:
- Konservativ: stumpfe Traumen ohne Gang- oder Kapselzerreißung ⇨ engmaschige Kontrolle, Intensivüberwachung, parenterale Ernährung und Breitbandantibiose
  Schmerzmittel (Pethidin, Dolantin® 50mg i.v.)

- Operativ: Ind: perforierende Verletzung (Kapselzerreißung)
  - Laparotomie
  - Wenn mögl. Parenchymnähte, sonst Resektion des verletzten Abschnittes (bei Schwanzverletzung = Linksresektion) oder Resektion und Blindverschluss des Kopfes und Pankreatikojejunostomie mit Y-Roux an den unverletzten Schwanz
    Ausgiebige Drainage der Pankreasloge

Prog: Letalität 10-30 % (abhängig von den Begleitverletzungen und frühzeitiger Diagnose)

Kompl: * Pankreasverletzungen haben in 50-98 % d.F. Begleitverletzungen
* Peritonitis, intraabdominelle Abszesse, retroperitoneale Nekrosen, paralytischer Ileus
* Posttraumatische, akut nekrotisierende Pankreatitis
* Pankreasfistel, Pankreaspseudozysten, Pankreasabszesse, Pankreasgangstenosen

AKUTE PANKREATITIS

Syn: Akute Bauchspeicheldrüsenentzündung, Entzündung des Pankreas, ICD-10: K85.9

Ät:
- **Alkoholabusus** (v.a. jüngere Männer, 20.-40. Lj., durchschnittlich nach mind. 10-jährigem Abusus, häufig auch chronische alkoholische Pankreatitis mit akuten Schüben), die Pankreatitishäufigkeit bei Alkoholikern liegt zwischen 1 u. 10 %!
- Biliäre Pankreatitis: **Gallensteinleiden** (v.a. Frauen 40.-60. Lj.), Stenose der Papilla duodeni VATERI, tumoröse Veränderungen der Papilla oder juxta- bzw. parapapilläre Tumoren oder durch Duodenaldivertikel (Aufstau durch Papillenmotorikbeeinflussung), Pankreas divisum
- Akutes Trauma und posttraumatisch
- Alimentäre Exzesse (prognostisch ungünstig ist auch ein starkes Übergewicht, BMI >30)
- Fettstoffwechselstörungen (Hyperlipoproteinämie Typ I u. V, Triglyceride >1.000 mg/dl)
- Hyperkalzämie, Hyperparathyreoidismus (evtl. Steine ⇨ Abflussstörungen)
- Hämochromatose, Urämie, Gravidität
- Infektiös: z.B. Mumps, infektiöse Mononukleose, Virushepatitis, HIV-Infektion, Coxsackie-Viren, Mykoplasmenpneumonie, Salmonelleninfektion, Brucellosen, Staphylokokken-, Streptokokkeninfektionen ⇨ v.a. bei Erwachsenen
- Systemerkrankungen: Lupus erythematodes diss., SJÖGREN-Syndrom, BEHÇET-Krankheit, Panarteriitis nodosa, ischämisch bei Arteriosklerose, maligne Hypertonie, Hypothermie
- Hereditär (aut.-dom. erblich, Chrom. 7q35): Trypsinogen-Inaktivierungsmutation ⇨ rezidivierende Pankreatitis od. Übergang in eine chron. Pankreatitis
- Iatrogen: **postoperativ** (z.B. großes Magen-Ca, das vom Pankreas abpräpariert werden muss), Endoskopie (insb. nach **ERCP**), Transplantatpankreatitis (Abstoßungsreaktion, postoperative Ischämie)
- Medikamente: Azathioprin, Glucocorticoide, Chlorothiazid, Furosemid, Sulfonamide, Tetrazykline, Östrogene, Valproinsäure, L- Asparaginase
- **Idiopathisch** (ca. 10-20 % ohne erkennbare Ursache ⇨ immunologisch?)

Path:
- Alkohol: toxische Zellzerstörung ⇨ Aktivierung der Enzymvorstufen schon in der Zelle ⇨ Parenchymzerstörung (Autodigestion, Autolyse)
- Biliär: Rückstau des Pankreassekretes im Ductus pancreaticus durch Stein oder Tumor im Duct.choledochus ⇨ Aktivierung des Pankreassekretes noch im Pankreas
- **Autodigestion durch intrapankreatische Aktivierung der proteolytischen Enzyme:**
  Trypsin, Chymotrypsin ⇨ Ödem, Nekrose u. Blutung
  Lipase in Verbindung mit Gallensäuren ⇨ Fettgewebsnekrosen
  Elastase ⇨ greift die Gefäßwände an und führt zu Blutungen
  Phospholipase A ⇨ bildet Lysolezithin aus Lezithin ⇨ zytotoxische Wirkung
  Kallikrein setzt Bradykinin frei ⇨ Vasodilatation mit Schock (evtl. Nierenversagen)
  Insgesamt führt die Aktivierung der digestiven Enzyme und die Bildung von Sauerstoff-

radikalen zum Zellschaden, die Freisetzung vasoaktiver Mediatoren führt zusätzlich zur gestörten Mikroperfusion des Pankreasgewebes.

- Nicht immer besteht eine Korrelation zwischen dem klinischem Befund und den nachweisbaren morphologischen Veränderungen.
- Bei leichtem Verlauf ist eine völlige Restitution möglich.

Epid:
- ◊ Inzidenz: ca. 10/100.000/Jahr in Deutschland
- ◊ Männer: meist Alkohol als Ursache (40 % d.F.), Frauen: meist Gallenwegserkrankungen als Ursache (50 % d.F.)
- ◊ Die Häufigkeit nimmt vom 30. bis zum 70. Lj. kontinuierlich zu

Etlg: Nach SCHÖNBORN und KÜMMERLE (MAINZER-Klassifikation)

Grad I:	**Ödematöse Pankreatitis**, Ansprechen auf konservative Therapie gut, Prog. gut
Grad II:	Komplizierte Pankreatitis mit **limitierten Nekrosen**, geringes Ansprechen auf konservative Therapie, beginnende Schocksymptomatik, Subileus, Leukozytose, Abfall des Serumkalziums
Grad III:	Subtotale bis totale Pankreasnekrose, diffus **hämorrhagisch nekrotisierend**, Schock, progrediente Verschlechterung trotz Intensivmedizin, Prog. schlecht

Klin:
- ⇒ Gehört zum Formenkreis des 'Akuten Abdomen' (intraabdominelle Ursache)
- ⇒ Schmerzcharakter: allmählich entwickelnd, innerhalb weniger Stunden sein Maximum erreichend, für Stunden bis Tage anhaltend, selten auch schmerzlos (5-10 % d.F.)
  Lok: im Oberbauch mit Ausstrahlung in den Rücken ⇨ **gürtelförmiger Schmerz**
- ⇒ Übelkeit, Erbrechen, Appetitlosigkeit, evtl. Fieber, Tachypnoe
- ⇒ Elastische Bauchdeckenspannung (Gummibauch), verminderte Darmgeräusche
- ⇒ Meteorismus bei Subileus, evtl. Aszites
- ⇒ Allgemeinreaktionen: Kreislaufreaktion durch Flüssigkeitsverlust, wenn Entzündung über Pankreas hinausgeht ⇨ Flüssigkeitsansammlung in Nekrosestraßen (Retroperitoneum, Magen, Dick-, Dünndarm) ⇨ Schock, Nierenversagen, Lungeninsuffizienz (ARDS), Koma (Ursache unbekannt, z.B. Toxine?, keine direkte Schockfolge)
- ⇒ Ikterus: bei Affektionen der Gallenwege

Diag:
1. Anamnese (Gallensteine, Alkoholabusus) und klinische Untersuchung: Druckschmerz im Abdomen, initial kein bretthart Bauch, sondern '**Gummibauch**' (50 % d.F.), aufgeblähter Bauch (reflektorische Paralyse, v.a. im Epigastrium), Schwellung des Retroperitoneums ⇨ Flankenschwellung, evtl. druckdolenter Tumor (Hämorrhagie, Pseudozysten)
   CULLEN-Phänomen: braunrote od. bräunliche Verfärbung im Nabelbereich (= ödematöse Durchtränkung der Bauchwand bei schwerster Form der Pankreatitis)
   GREY-TURNER-Zeichen: wie CULLEN, in den Flanken (prognostisch ungünstige Zeichen)
   BOAS-Punkt: Druckpunkt im li. Kostovertebralwinkel (Höhe Th_{12})
   Auskultatorisch: verminderte oder fehlende Darmgeräusche
2. Labor: Amylase u. **Lipase** erhöht (im Serum und etwas später auch im Urin (Amylase), aber: keine Korrelation zum Ausmaß, sogar normale Werte sind möglich!)
   Zur Frage Cholestase: AP, GGT u. Bilirubin (direktes) erhöht (⇨ dann ERCP)
   CRP (C-reaktives Protein): steigt mit dem Ausmaß der Nekrosen an (>120 mg/l gilt als Hinweis auf einen schweren Verlauf)
   Kalzium: fällt mir dem Ausmaß der Nekrosen ab (Ablagerungen in Nekrosen)
   ebenfalls Prognosefaktor: Erhöhung von Alpha-1-Antitrypsin und Erniedrigung von Alpha-2-Makroglobulin, Erhöhung des Hämatokrit (⇨ Volumendefizit, Hkt >44 % bei schwerer Pankreatitis), Leukozytenzahl erhöht mit reaktiver Linksverschiebung
   Blutzucker: Anstieg korreliert mit der Schwere der Pankreasnekrose (wenn Diabetes auftritt ⇨ massive Nekrose, da 10 % der Langhans-Inseln ausreichen, um den BZ zu regulieren)
   Prognosefaktoren: **RANSON-Kriterien**: Hyperglykämie >200 mg/dl, Leukozytose >16.000 /mm³, GOT/AST >250 U/l, LDH >350 U/l und Verlaufsindizes wie Absinken des Hämatokrits um >10 %, Base-Excess >4 mval, Hypokalzämie <2 mmol/l (<8 mg/dl) und pO_2 <60 mmHg sind prognostisch ungünstige Parameter. Mehr als drei dieser Befunde sowie blu-

tiger Aszites und Met-Hb >5 % i.S. weisen auf eine nekrotisierende Pankreatitis hin.

3. Sonographie: Größe (diffuse Vergrößerung, Norm: Durchmesser Kopf <3 cm, Korpus u. Schwanz <2,5 cm), Infiltration, Umgebungsreaktion (unscharf begrenzte Pankreasloge, Peritoneal- bzw. Pleuraerguss), Gallengänge, Stein vor der Papille (im Choledochus ⇨ biliäre Pankreatitis), Pseudozysten, Nekrosen (Änderung des Reflexionsmusters). Die Sonographie ist insb. gut zur **Verlaufsbeobachtung** geeignet.
   Evtl. zusätzlich Farbduplexsonographie zur Darstellung der Milzvene (Thrombose?)
4. Röntgen: Abdomenübersicht in Linksseitenlage: Pankreasverkalkungen, Gallensteinschatten, Zeichen eines paralyt. Ileus mit Spiegeln einzelner Darmschlingen
   Rö-Thorax : Plattenatelektasen, Pleuraerguss li., komplizierende basale Pneumonie
   CT-Abdomen: Schwellung, Vergrößerung des Pankreas, Verkalkung als Zeichen wiederholter Pankreatitisschübe + KM-Bolus (= Angio-CT): welche Organe, Organteile sind durchblutet ⇨ Nekrosen, Zysten, Retroperitoneum?
   Morphologische Stadieneinteilung (**Ultraschall** od. **CT**) n. KLOSE (MAINZER-Klassifikation)

Stadium A:	Organvergrößerung, peripankreatische Exsudationen (Bursa od. pararenal)
Stadium B:	**Lokalisierte Organnekrose**, Aszites, Nekrosestraßen, Abszesse, Blutung
Stadium C:	Wie Stadium B, aber **subtotale bis totale Pankreasnekrose**

5. ERCP: wenn Stein vorhanden (Cholestase im Labor, Sonographie) ⇨ Papillotomie. Der Einsatz der ERCP ist bei anderen Formen der Pankreatitis umstritten (wegen der möglichen Induktion einer iatrogener Pankreatitis) ⇨ ggf. MRCP durchführen

Ther:

- **Konservativ:** Akut (ödematös) ⇨ stationäre Aufnahme und **Intensivüberwachung**, orale **Nahrungskarenz** (Ausschaltung der Pankreasstimulation durch Ruhigstellung des Pankreas) durch postpylorische enterale Flüssigernährung über eine Sonde und/od. parenterale Ernährung für einige Tage, danach oraler Kostaufbau (bei Pankreatitis mit geringer Aktivität kann mit dem oralen Kostaufbau ggf. auch sofort begonnen werden)
  Volumensubstitution (ca. 4 l/Tag zur Durchblutungsverbesserung des intakten Restgewebes) anhand von RR, ZVD (Ziel: 8-10 cm H_2O), Urinbilanz u. Fieber dosieren
  Elektrolytsubstitution (K, Ca, Na, Cl) entsprechend dem Bedarf
  Analgesie: Pethidin (Dolantin®) 50 mg i.v., 50-100 mg s.c. oder i.m. alle 3-4 Std. od. Piritramid (Dipidolor®) 7,5-15 mg s.c. od. i.v. alle 3-4 Std. (keine normalen Opiate, da Druckerhöhung im Gangsystem durch Sphinkterspasmus mögl.), ggf. auch peridurale Gabe von Opiaten.
  Eine antibiotische Infektionsprophylaxe wird nicht generell empfohlen. Einige Kliniken führen bei Temperaturanstieg über Tage od. bei der nekrotisierenden Verlaufsform eine Antibiotikaprophylaxe (z.B. 2 x 0,4 g Ciprofloxacin, Ciprobay® und 2 x 0,5 g Metronidazol, Clont®) für 7-10 Tage durch.
  ggf. Stressulkus-Prophylaxe mit H_2-Blocker (z.B. 6 Amp. Ranitidin/Tag, Zantic®)
  Thromboseprophylaxe
  Hämodialyse oder Plasmaseparation: frühzeitig bei drohendem Nierenversagen od. zur Eliminierung toxischer Mediatoren bei der Entwicklung eines Multiorganversagens
  frühzeitige maschinelle **Beatmung** bei pO_2 <60 mmHg od. drohender Erschöpfung
  Insulin: nur indiziert, wenn Hyperglykämie >250 mg/dl persistiert
  Pankreasenzyme zur Ruhigstellung der Drüse später beim oralen Nahrungsaufbau
  Zusätzliche Medikamente (alle diese Med. zeigten in Studien aber insg. keine ausreichende Wirkung auf Verlauf und Letalität): Calcitonin, Somatostatin, Carboanhydrasehemmer, Glukagon zur hormonellen Sekretionshemmung, Aprotinin (⇨ Proteasenhemmer, ist bereits vom Markt genommen, Trasylol®)
- Biliäre Pankreatitis bei Steinleiden + Verschlussikterus: **ERCP** und endoskopische Papillotomie (EPT) mit Steinentfernung. Ist eine Op. wegen Kompl. notwendig, sollte auch die Gallenblase entfernt werden.
- Pankreaspseudozysten: 50 % bilden sich innerhalb von 6 Mon. zurück. Bei einer Größe von >10 cm kann nicht mehr mit einer Rückbildung gerechnet werden ⇨ wiederholte Ultraschall- od. CT-gesteuerte Punktionsdrainage oder operative Drainage (Zystojejunostomie, s.u.)
- Pankreasabszesse und superinfizierte Pankreaspseudozysten ⇨ sonographiegesteuerte Punktion und Erregerbestimmung ⇨ gezielte Antibiose

- <u>Operativ:</u> Ind: **akut nekrotisierende Pankreatitis** mit Andauung von Nachbarorganen (Gummibauch ⇨ Peritonitis, Arrosionsblutung), infizierte Nekrose mit Sepsis, Aszitesbildung durch Entleerung von Pankreassekret in das Abdomen bei nekrotischem Gangsystem od. wenn sich trotz maximaler Intensivtherapie der Zustand des Pat. innerhalb der ersten 2-3 Tage verschlechtert, Malignitätsverdacht
  - Zugangswege: quere Oberbauchlaparotomie, Eröffnung der Bursa omentalis (s.o.) eine neue Methode ist der endoskopische transmurale Zugang (über den Magen od. das Duodenum) zur Nekrosektomie
  - **Nekrosektomie** + wiederholte Spülung (Saugspüldrainage mit 12 l/Tag) des Pankreaslagers über Drainagen, Relaparotomien mittels Reißverschluss (temporärer Bauchdeckenverschluss ⇨ mehrfache programmierte Laparotomien möglich)
  - Ggf. auch Pankreasteilresektion bei ausgedehnten Nekrosen (hohe Letalität)
  - Wiederherstellungsphase: postpylorische und parenterale Ernährungstherapie über 1 Woche, dann oraler Nahrungsaufbau mit Tee, Zwieback, bei weiterer Beschwerdefreiheit: Schleim, Reduktion der Infusionsmenge, 8.-9. Tag: Kartoffelbrei, Milch, Nudeln, Magerquark, Infusionen absetzen, 10.-14. Tag: zusätzlich Fleisch, 4-8 Wo lang Vermeidung von schwer verdaulichen Speisen (hoher Fettgehalt, Gebratenes, Kohlgemüse, scharfe Gewürze)
- Orale Enzymsubstitution: zur schnelleren Schmerzfreiheit in der Akutphase und beim Nahrungsaufbau. Nach 8 Wochen nur noch dann indiziert, wenn Maldigestion auftritt (Steatorrhoe, Chymotrypsin im Stuhl erniedrigt, Pancreolauryl-Test pathologisch, s.u.)
- **Alkoholkarenz** bei ödematöser Pankreatitis für mind. 6 Mon., bei nekrotisierender Form **lebenslang**!

<u>Prog:</u> Gesamtletalität ca. **10-20 %!** Ödematöse Form: meist restitutio ad integrum (Letalität max. 5 %), Nekrosektomie mit programmierter Bursa-Lavage (Grad II, Letalität 10 %), bei hämorrhagisch-nekrotisierender Form (Grad III) 25- bis 50%ige Letalität.

<u>Kompl:</u> * **Pankreasnekrose** = akut nekrotisierende Pankreatitis mit schlechter Prognose, retroperitoneale Fettgewebsnekrosen

* **<u>Pankreaspseudozysten</u>** entstehen nach Narben (infektiös, traumatisch) oder bei **akuter / chronischer Pankreatitis** (werden bis zu 10 cm groß)

  <u>Klin:/Kompl:</u> Einblutung, Zysteninfektion, **Kompression** oder Thrombose der V.lienalis mit regionärem Pfortaderhochdruck, Choledochuskompression ⇨ Ikterus, Arrosion der A.gastroduodenalis ⇨ intestinale od. MDT-**Arrosionsblutung** (obere GI-Blutung), Verdrängung von Magen u. Duodenum ⇨ Magenausgangsstenose, Kolonverdrängung, **Ruptur** ⇨ Fistelbildung in Nachbarorgane, Blockade des Lymphabflusses ⇨ Aszites, Pleuraerguss

  <u>Diag:</u> Sonographie, CT, MDP, ERCP: Aufweitung des duodenalen-C, verkalkte Wand, Zystenwanddicke gering (meist <1 cm, als DD zum zystischen Malignom)
  Untersuchung der Zystenflüssigkeit (CEA-Wert), Biopsie bei den endoskopischen Verfahren, Histologie bei Op ⇨ Ausschluss eines Karzinoms

  <u>Ther:</u> Verlaufsbeobachtung über mindestens 6 Wochen bei Pankreaszysten <4 cm (50 % bilden sich spontan zurück und bedürfen keiner Behandlung)

  <u>Op-Ind:</u> persistierende Zyste >5 cm nach 6 Wochen (50 % dieser Größe machen weitere Komplikationen) oder Symptome durch Kompl. (z.B. Ikterus), Malignitätsverdacht

  <u>Op:</u> Pankreasfistel nach außen im akuten Notfall bei infizierter Zyste = Marsupialisation (z.B. Drainage über CT- od. Ultraschall-gesteuerte Punktion oder Einnähen der Zystenwand in die Bauchdecke).
  Bei Zysten mit Angrenzung zur Magenwand kann endoskopische eine Drainage in den Magen gelegt werden. Bei Zysten mit Anschluss an den Duct.pancreaticus kann endoskopisch transpapillärer ein Stent eingelegt werden + Antibiotikaprophylaxe. Sonst offene Op mit innerer Drainage = Fistel zum Dünndarm (**Zystojejunostomie**, s. Abb., Op auch laparoskopisch mögl.)

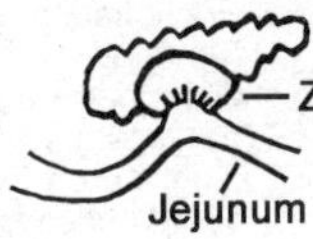

  <u>DD:</u> echte Zysten bei Mukoviszidose, Echinococcus, polyzystisches Pankreas (angeboren), muzinöse Zystadenome (potentiell maligne) od. zystisches Pankreaskarzinom

* Magen-Darm-Blutungen bei Arrosion von Gefäßen, Milzvenenthrombose, Milzruptur

* Abszessbildung, Sequestration, Candida-Infektion des Pankreas, Sepsis
* <u>**Schockgeschehen**</u> mit Nierenversagen, Verbrauchskoagulopathie, ARDS, Perikarderguss, **Multiorganversagen**, Subileus bis zum paralytischen Ileus
* PURTSCHER-Retinopahtie (Retinablutungen, plötzliche Erblindung)
* Übergang in eine **chronische Pankreatitis**

<u>MARSEILLE-Klassifikation</u> (1984): beurteilt den Pankreaszustand nach einem Schub

Akute Pankreatitis: nach Ablauf eines Schubes ist das Pankreas anatomisch und funktionell wieder voll intakt

Chronische Pankreatitis: anatomische und funktionelle Ausfälle feststellbar ⇨ fokale Nekrose, segmentale Fibrose, diffuse Fibrose, mit oder ohne Kalk

Obstruktive chronische Pankreatitis

<u>Op:</u>
* Fistelbildung, Infektion, Peritonitis, Schock, Einschränkung der Bauchdeckenfunktion durch die Laparotomien, Narbenhernien
* Exokrine Pankreasinsuffizienz, Ausbildung eines Diabetes mellitus (auch noch nach Jahren erhöhtes Risiko für einen Diabetes, 50 % nach 10 J.)

<u>Proph:</u> ♥ **Alkoholkarenz!** und Behandlung des Grundleidens

<u>DD:</u> Alle DD des **Akuten Abdomens** möglich
- Penetrierendes, perforiertes Ulkus, Appendizitis, Ileus, Volvulus
- Akute Cholezystitis, Gallenkolik, Nierenkolik, Stau bei Pankreaskarzinom
- Mesenterialinfarkt, Milzinfarkt, Aneurysma dissecans d. Aorta abdominalis, Lungenembolie
- Herzinfarkt, insb. Hinterwand (akute Pankreatitis macht in bis zu 50 % d.F. infarkttypische EKG-Veränderungen [ST-Hebung, neg. T in den Hinterwandableitungen]) ⇨ Labor: CK, CK-MB, Troponin T mitbestimmen!
- Labor: nicht pankreatikogene Amylase-Erhöhung: Hepatitis, Z.n. Abdominal-Op, Extrauteringravidität, Niereninsuffizienz, Makroamylasämie

CHRONISCHE PANKREATITIS

<u>Syn:</u> Chronische Bauchspeicheldrüsenentzündung, Entzündung des Pankreas, ICD-10: K86.-

<u>Ät:</u>
- <u>**Chronischer Alkoholabusus**</u> (80 % d.F.), z.B. 20 g/Tag ⇨ Risiko erhöht sich auf das 2- bis 3fache, typische Konstellation: >100 g Alkohol/Tag über mehr als 10 Jahre
- Biliär (mit zunehmendem Funktionsausfall), z.B. Postcholezystektomiesyndrom, Abflussstörungen bei pathologischen Veränderungen der Papille, Pankreastumoren
- Hyperparathyreoidismus, Hyperkalzämie, Hyperlipoproteinämie
- **Hereditär** (aut.-dom. vererbt, Chromosom 7_{q35}, Manifestationsalter: 5.-15. Lj., genetische Untersuchung auf Mutation im kationischen Trypsinogen-Gen mögl.)
- Autoimmunerkrankungen (primär sklerosierende Cholangitis, SJÖGREN-Syndrom I)
- Mukoviszidose (zystische Fibrose)
- Pancreas divisum ⇨ Pankreatitis durch zu geringe Drainagekapazität der Minorpapille
- „Tropische“ Pankreatitis durch eiweiß- und fettarme Ernährung in der 3. Welt
- Idiopathisch (10-20 % ohne erkennbare Ursache, juvenil 15.-30. Lj. und senil >60. Lj.)

<u>Path:</u>
- Präzipitation von eiweißhaltigem Material in Azini u. Endkanälchen ⇨ Kalziumeinbau ⇨ Konkremente, die Sekretfluss behindern. Stase und Autodigestion führen zum Verlust des exokrinen Parenchyms ⇨ **Fibrose**. In die fibrotischen Veränderungen können auch Nachbarschaftsstrukturen miteinbezogen werden: Stenosen und Dilatationen der Gänge (bedingt durch Steine, Strikturen und/oder Zugkräfte), regionale portale Hypertension, Duodenalstenosen.
- <u>Verlaufsformen:</u> chronisch rezidivierend (mit jeweils akuten **Schüben**) oder chronisch progredient (kalzifizierend)
- Die Bauchspeicheldrüse hat eine hohe funktionelle Reservekapazität ⇨ erst bei >90%igem Funktionsverlust kommt es zur exokrinen Insuffizienz.

Epid: ◊ Prävalenz: ca. 28/100.000 Einwohnern
◊ Prädisp.alter: 40.-50. Lj. bei Alkoholanamnese
◊ **M** > w (2:1) durch den höheren Alkoholkonsum bei Männern bedingt
◊ Intervall zwischen Alkoholkonsum und Beginn: bei 100 g/Alkohol/Tag etwa 10-17 Jahre

Etlg: Formen der chronischen Pankreatitis nach der **MARSEILLE-Klassifikation:**
Chronische Pankreatitis mit fokaler Nekrose
Chronische Pankreatitis mit segmentaler oder diffuser Fibrose
Chronische Pankreatitis mit oder ohne Konkremente, kalzifizierend
Obstruktive chronische Pankreatitis: Dilatation des Gangsystems proximal einer Stenose. Einengung bedingt durch Tumor od. Narbe ⇨ diffuse Atrophie, Fibrose (Besserung der Veränderungen, wenn die Ursache der Obstruktion beseitigt werden kann)

Klin: ⇒ **Rezidivierende heftige Schmerzattacken,** gürtelförmig im Oberbauch (Frühsymptom), abhängig oder unabhängig von Nahrungsaufnahme. **Gewichtsverlust** bei Schmerzabhängigkeit von der Nahrungsaufnahme (= Vermeidungsverhalten).
Lok: Epigastrium (75 %), re. Regio hypochondria (45 %), li. (30 %) u. evtl. Ausstrahlung bis in die Schulter
⇒ Exokrine Pankreasinsuffizienz (Spätsymptom, <10 % Lipasesynthese): führt zur **Nahrungsintoleranz für Fette** ⇨ **Steatorrhoe** ⇨ Gewichtsverlust, evtl. Meteorismus
⇒ Endokrine Pankreasinsuffizienz: Zeichen eines **Diabetes mellitus** (Spätsymptom)
⇒ Vernarbender "Tumor" ⇨ Einengung der Nachbarstrukturen, insb. des Ductus choledochus ⇨ rezidivierender Ikterus (30 % d.F.)
⇒ Stenosierung des Bulbus duodeni (Einengung durch die Prozesse im Pankreaskopfbereich) ⇨ klinisch Symptome einer Magenausgangsstenose, Ikterus bei Kompression des Duct.choledochus
⇒ Klinische Stadien: I: Relative Insuffizienz bei einzelnen entzündlichen Schüben
II: Sekretorische Insuffizienz + latenter Diabetes mellitus
III: Völlige digestive Insuffizienz + manifester Diabetes mellitus

Diag:
1. Anamnese (Alkoholkonsum lang u. regelmäßig, Steinleiden?) und klinische Untersuchung
2. **Sonographie** mit relativ hoher Treffsicherheit (80 %): unregelmäßige Organoberfläche, Seitenäste d. Duct.pancreaticus sichtbar und verplumpt, Hauptgang perlschnurartig aufgeweitet (Norm: Durchmesser max. 2 mm), Pseudozysten, Konkremente, Verkalkungen
3. Röntgen: Abdomenleeraufnahme ⇨ **Verkalkungen** im Pankreasbereich
Thorax: evtl. linksseitiger Pleuraerguss
CT: Verkalkungen, Vergrößerung, Aufhellungszonen, Gangunregelmäßigkeiten
ERCP: Ductus choledochus, Ductus pancreaticus: Abwechslung von erweiterten und verengten Abschnitten = *'perlschnurartig'*, evtl. distale Dilatation des Ductus pancreaticus
Während der ERCP kann außerdem auch bioptisch Material gewonnen werden, z.B. zur DD eines Papillenkarzinoms. Zur Verlaufskontrolle kann auf die ERCP verzichtet werden.
MRCP (= MRT-Cholangiopankreatographie, stark T_2-gewichtet) des Oberbauches und Postprozessing zur Abbildung des Gangsystems ebenfalls mögl.
4. Labor: Pankreatitis-Schub ⇨ Erhöhung von Lipase und Amylase im Serum, Pankreas-Elastase zeigt gute Treffsicherheit (diese Werte können bei 'ausgebrannter' Pankreatitis aber auch normal sein, wenn kaum noch gesundes Parenchym vorhanden ist)
Bei Autoimmun-Pankreatitis erhöhte Werte für IgG4, Autoantikörper bestimmen
5. Tests: klinische Bedeutung heute abnehmend
   - **Sekretin-Pankreozymin-Provokationstest** (Sekretin i.v., Gewinnung des Duodenalsaftes ⇨ Bestimmung der Bikarbonatkonzentration, dann Pankreozymin i.v. ⇨ führt zur Sekretion von Amylase, Lipase, Trypsin), pathologisch erniedrigte Werte beweisen die Funktionseinschränkung, Test ist sehr aufwändig
   - Pankreolauryltest (orale Gabe von Fluorescin-Dilaureat ⇨ bei intakten Pankreasenzymen tritt das fluoreszierende Spaltprodukt im Serum auf und kann photometrisch bestimmt werden)
   - Chymotrypsin- und Elastase-I-Bestimmung im Stuhl (semiquantitativ)
   - BZ-Bestimmung, oraler Glukosetoleranztest (Diabetes-mellitus-Entwicklung aber erst spät und selten) u. HbA_{1c}-Bestimmung

6. Endoskopie: ÖGD zeigt Impressionen des Magens, Kompressionen des Duodenums, peptische Ulzera ⇨ Ausschluss anderer Ursachen für die Oberbauchbeschwerden
7. Ggf. sonographie- oder CT-gesteuerte Biopsie zum Tumorausschluss

Ther:
- Konservativ: **strikte Alkoholkarenz**, häufige kleine Mahlzeiten, Pankreasenzym-Substitution (Pankreatin, Pankreon®) zum Ausgleich d. Insuffizienz (Eingriff in den Regelkreis: weniger Enzyme werden im Pankreas produziert ⇨ schmerzstillende Wirkung), ggf. zusätzlich Analgesie mit Morphinen
- Operativ: Ind: Pankreasgangsteine, Kompression v. Choledochus, Duodenum od. Kolon, Pseudozysten (s.o., Kompl. akute Pankreatitis), Malignitätsverdacht, therapieresistente Schmerzen, Pfortader- oder Milzvenenthrombose
  - Gallensteinleiden ⇨ evtl. Papillotomie od. Cholezystektomie + Choledochusrevision
  - **Pankreasteilresektion:** Pankreaslinksresektion, evtl. + Milzexstirpation (Kopf und Duodenum bleiben erhalten) bei Prozess im Schwanzbereich oder
    Duodenum-erhaltende Pankreaskopfresektion (Op. n. BEGER) bei Prozess im Pankreaskopf, evtl. auch WHIPPLE-Op bzw. Op n. TRAVERSO-LONGMIRE (partielle Duodenopankreatektomie ⇨ Schwanz bleibt erhalten, Ind: bei Malignitätsverdacht, s.u. oder wenn Stenosen durch die Drainage-Verfahren nicht beseitigt werden können)
  - Nicht resezierende Drainage-Verfahren
    1.) **Biliodigestive Anastomose**, z.B. bei Verschlussikterus (als Choledochojejunostomie mit ausgeschalteter Y-Schlinge nach ROUX)
    2.) **Pankreatojejunostomie** mit ausgeschalteter Y-Schlinge nach ROUX (wenn Duct.pancreaticus dilatiert ist, s. Abb. sog. 'big duct disease'
    bei 'small duct disease' partielle Duodenopankreatektomie od. Duodenum-erhaltende Pankreaskopfresektion ⇨ vorher durch ERCP abklären!)

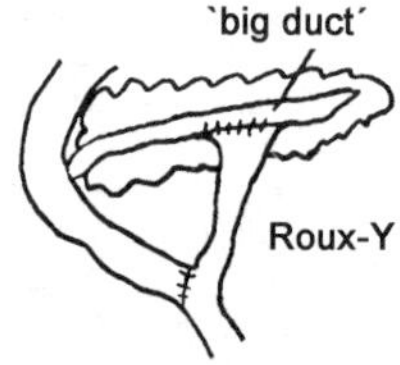

    3.) Gastroenterostomie, bei Kompression des Bulbus duodeni
    4.) Zystojejunostomie bei großen Pseudozysten
- Postop.: Diät mit reichlich KH, hoher Eiweißgehalt, Fett nur so viel wie ohne Steatorrhoe verträglich. Bei Maldigestion zusätzlich Gabe mittelkettiger TG, die ohne Lipase vollständig resorbiert werden können. Evtl. fettlösliche Vitamin- u. Ca^{++}-Substitution. **Alkoholkarenz!**
  - **Enzymsubstitution**: nur bei Maldigestion, z.B. Pankreatin (aus Schweinepankreas = Lipase + Amylase + Proteasen, Kreon®) 3 x 1-2 Kps. (nach WHIPPLE-Op oder BII keine Kps., sondern Granulat), bei schwerer Malabsorption Verbesserung der Enzymwirkung durch H_2-Blocker (Cimetidin, Tagamet®) 15 Min. vor jeder Mahlzeit
  - Bei Meteorismus: Simethicon (Lefax®)
  - Bei manifestem Diabetes mellitus: fast immer **insulinpflichtig**, insg. schlecht einstellbar, da auch Glukagon fehlt (Gefahr der Hypoglykämien)

Prog: Letalität nach 10 Jahren ca. 30 %, nach 20 Jahren 60 %!
Frühzeitige Alkoholkarenz verbessert die Prognose und kann den Prozess zum Stoppen bringen (in fortgeschrittenem Stadium aber Verselbstständigung und Eigendynamik). Besteht der Alkoholkonsum weiter, vermindert sich die Lebenserwartung statistisch um mehr als 8 J.

Kompl:
* **Maldigestion** durch Pankreasinsuffizienz u. Diabetes mellitus (bei >90 % Parenchymverlust) mit Steatorrhoe, Abmagerung, Eiweißmangelödemen, Aszites
* **Pankreaspseudozysten** (s.o. Kap. akute Pankreatitis, in 20-40 % d.F.)
* Duodenalstenose (Magenausgangsstenose) durch Kompression des duodenalen C
* Strikturen des Duct.choledochus
* Nekrose und Abszess ⇨ Sepsis mit Fieber
* Erhöhtes Risiko für ein **Pankreaskarzinom** (insb. bei der hereditären Pankreatitis)
* Assoziiert: peptisches **Ulcus duodeni**, Leber- u. Gallenwegserkrankungen, metastatische Fettgewebsnekrosen in der Subkutis, Gelenkentzündungen, herdförmige Osteolysen, Hautpigmentierungen

* ERCP: kann eine akute Pankreatitis verursachen (1-10 % d.F.) ⇨ Vorteil der MRCP (da nicht invasiv), daher wird diese zunehmend häufiger eingesetzt

Proph: ♥ Nach Pankreatitis lebenslange absolute **Alkoholkarenz!**, Kaffee, Tee und fetthaltige Kost meiden

♥ Meiden pankreastoxischer Medikamente

DD: – **Pankreaskarzinom**

– Angina abdominalis (mesenteriale Arteriosklerose, ORTNER-II-Syndrom)

– Chronische Cholezystitis, Cholangitis, Ulcus ventriculi od. duodeni

– Chronische entzündliche Prozesse

PANKREASKARZINOM

Syn: Karzinom der Bauchspeicheldrüse, engl. pancreas carcinoma, ICD-10: C25.-

Ät: – Potentielle Risikofaktoren: **Nikotinabusus** (2- bis 5faches Risiko), **Alkoholabusus**, Karzinogene in der Nahrung, zu wenig von Obst und Gemüse, Genuss größerer Kaffeemengen, schwere Dysplasie des Gangepithels, Diabetes mellitus Typ 2 (6faches Risiko)
chronische Pankreatitis (Risiko nach 20 J. 4 %), Gallenwegserkrankungen (Cholelithiasis mit rezidivierenden Choledochusstenosen),
chemische Noxen (DDT, Benzidine)
Prädisponierend: **genetische Mutationen** im K-ras-, p53-, p16-, INK4A- od. DPC4/ SMAD4-Gen, Überexpression des EGF-Rezeptor/Liganden-Systems

– Hereditär (vererbt, in ca. 5 % d.F.): familiäres Pankreaskarzinom (aut.-dom.), PRSS-1- (aut.-dom. hereditäre Pankreatitis), CDKN2A- (mit malignen Melanomen), STK-11- (PEUTZ-JEGHERS-Syndrom) od. BRCA-2-Gendefekt (mit Brustkrebs- u. Ovarialkarzinom), MEN I

Path: ♦ Histo: In der Reihenfolge der Häufigkeit: **Adeno-Ca** (95 % d.F., meist **duktales Ca** mit Ausgang von den kleinen Pankreasgängen, selten azinäres Ca mit Ausgang vom Azinusepithel) > Plattenepithel-Ca > kleinzellige > szirrhöse > anaplastische Formen

♦ Lok: **Kopf** (70 % d.F.) > Korpus > Schwanz u. selten auch Karzinome der Papille

♦ Metastasierung: **sehr frühe**, lymphogene und hämatogene Metastasierung

Epid: ◊ Inzidenz: 11/100.000/Jahr in Deutschland, in Deutschland versterben jährlich ca. 10.000, weltweit ca. 150.000 Pat. an einem Pankreaskarzinom

◊ Liegt an dritter Stelle nach dem Kolon- u. Magen-Ca unter den Karzinomen des MDT

◊ Häufigkeitsgipfel: liegt zw. 60. u. 80. Lj., **m** > w = 3:2

Etlg: **TNM-Stadien** für das Pankreaskarzinom

T1:	Tumor auf das Pankreas beschränkt, <2 cm in größter Ausdehnung
T2:	Tumor auf das Pankreas beschränkt, >2 cm in größter Ausdehnung
T3:	Ausbreitung jenseits des Pankreas, jedoch ohne Infiltration des Truncus coeliacus od. der A.mesenterica sup.
T4:	Tumor infiltriert Truncus coeliacus od. A.mesenterica sup.
N1:	Regionäre Lk-Metastasen (Lk peripankreatisch, pankreatikoduodenal, pylorisch, am Milzhilus, proximal mesenterial und zöliakal)
M1:	Fernmetastasen (Leber, Lunge, Knochen, Gehirn usw.)

Stadiengruppierung: I: **T1N0M0** bis **T2N0M0** IIA: **T3N0M0** IIB: **T1-3N1M0**
III: alle **T4** IV: alle **M1**

Klin: ⇒ Problem: **keine Frühsymptome** ⇨ bei Diagnosestellung meist schon metastasiert mit schlechter Prognose

⇒ Schmerzen im Oberbauch, initial postprandial, dann Dauerschmerz (mit gürtelförmiger Ausstrahlung in den Rücken)

⇒ Inappetenz, starker **Gewichtsverlust**, Schwäche und dyspeptische Beschwerden, Druckgefühl im Oberbauch, Erbrechen, Diarrhoe (Steatorrhoe)

⇒ In 1/3 Verschluss**ikterus** (durch Okklusion der ableitenden Gallenwege) mit in 50 % **COURVOISIER-Zeichen** (progredienter Ikterus mit prallelastisch palpabler, schmerzlos Gallenblase), evtl. acholischer Stuhl, generalisierter Pruritus

⇒ Thrombosen, Thrombophlebitiden, Thrombophlebitis migrans (Stauung im venösen Abfluss, Gerinnungsstörungen durch Enzymübertritt)

Merke: **Bei unerklärlichen, rezidivierenden Thrombosen an Karzinome des Pankreas und des GI-Traktes denken!**

⇒ Evtl. Diabetes mellitus oder pathologische Glukosetoleranz

⇒ Bei den extrem seltenen Pankreastumoren, die Pankreasenzyme (Amylase, Lipase) aus Metastasen sezernieren, können Fettgewebsnekrosen, Arthritiden und Eosinophilie vorkommen

Diag:
1. Anamnese und klinische Untersuchung: Leber kann durch Metastasen oder Cholestase vergrößert sein, vergrößerte Milz spricht für Milzvenenthrombose, tastbare Gallenblase + Ikterus = **COURVOISIER-Zeichen**, Aszites
2. Labor: Anämie, Cholestase (Bilirubin, AP, GGT)
3. **Sonographie:** echoarme Raumforderung, peripankreatische Lymphknoten, 85%ige diagnostische Genauigkeit mit ultraschallgesteuerter (od. CT-gesteuerter) Feinnadelpunktion
   Endosonographie (Beurteilung des Pankreas über die Magenhinterwand oder das Duodenum): auch kleine (echoarme) Raumforderungen werden sichtbar
4. Röntgen: **Spiral-CT-Abdomen** (90 % Treffsicherheit) od. **MRT**, bei Unsicherheit auch selektive Angiographie (pathologische Gefäße, A.-V.mesenterica-superior-/V.portae-Infiltration, Leber-/Fernmetastasen?) od. **MRT-Angiographie** (mit Gadolinium-DTPA)
   Magen-Darm-Passage oder hypotone Duodenographie (Erweiterung des duodenalen "C", Magenausgangs- od. Duodenalstenose ⇨ Spätzeichen, die Inoperabilität anzeigen) heute nur noch selten. Rö-Thorax zum Staging.
5. ERCP (= endoskopische retrograde Cholangio-Pankreatikographie, über ein Endoskop wird die Papille drainiert und mit Kontrastmittel gefüllt): in 92 % verlässliche Darstellung der Karzinome (Obstruktion, Stenosen oder Abbruch des Ductus pancreaticus, kavernöse Veränderungen), evtl. mit endoskopischer Biopsie verdächtiger Gangveränderungen; alternativ: PTC (perkutane transhepatische Cholangiographie)
   Heute als Alternative zur ERCP zunehmend **MRCP** (= MRT-Cholangiopankreatographie) des Oberbauches und Postprozessing der MRT-Daten zur Abbildung des Gangsystems (Vorteil: nicht-invasive Diagnostik)
6. Tumormarker: CA 19-9, CEA, CA 50 zur Verlaufskontrolle (aber auch eine Pankreatitis zeigt erhöhte Werte ⇨ nicht zur Frühdiagnostik geeignet!)
7. Ultima ratio: **explorative Laparotomie** oder Laparoskopie (z.B. Tumoren <1 cm sind mit allen Methoden nur schwer nachzuweisen, hätten bei frühzeitiger Op aber eine gute Prognose ⇨ intraoperative Schnellschnitte)

Ther:
- Konservativ: palliative Maßnahmen: endoskopische transpapilläre Endoprotheseneinlage aus Kunststoff in die Gallenwege oder perkutane transhepatische Cholangiographie mit perkutaner Drainage (PTCD) bei Pankreaskopfkarzinomen, welche die Gallenwege okkludieren und die inoperabel sind. Palliative Chemotherapie mit Gemcitabin mögl.
- Operativ: Ind: kurativ bei lokalem Tumor im Stad. I u. II (N_0) und Papillenkarzinome, palliative Verfahren bei Befall mehrerer Lymphknotenstationen, Fernmetastasen od. Stenose von Magen od. Duodenum
  - **WHIPPLE-Op** (USA, 1943) Radikaloperation: partielle **Duodenopankreatektomie** (n. KAUSCH-WHIPPLE), bestehend aus Rechtsresektion des Pankreas (⇨ Schwanz bleibt erhalten), Entfernung des gesamtes Duodenums, der Gallenblase mit Duct.choledochus + Magenteilresektion (zur Verhinderung eines Ulcus pepticum jejunum) + Entfernung der regionären Lk. Diese „klassische“ Op wird heute aber zunehmend Pyloruserhaltend = ohne Magenteilresektion (n. TRAVERSO-LONGMIRE) od. auch Duodenumerhaltend (n. BEGER) durchgeführt.

    Rekonstruktion: Rest des Pankreas und Duct.hepaticus com. und Jejunum werden als B II od. Y-Roux mit dem Restmagen/Pylorus readaptiert (= Gastro-hepatico-pancreato-jejunostomie, s. Abb.).

Diskutiert wurde auch ein WHIPPLE-Op mit Pankreastotalresektion + Mitentfernung der Milz (wegen der dortigen Lymphknotenstation), die Ergebnisse sind aber nicht besser und sie führt zur kompletten exokrinen u. endokrinen Pankreasinsuffizienz!

- Bei kleinem Pankreasschwanztumor: Pankreaslinksresektion (= Korpus + Schwanz) und Entfernung der Milz + peripankreatische Lk

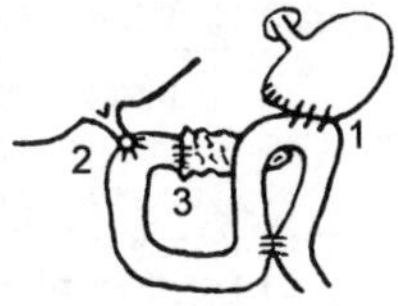

1=Gastroenterostomie
2=Hepaticojejunostomie
3=Pancreatojejunostomie

- Palliative-Op (nicht kurabler Tumor): biliodigestive Anastomose bei Ikterus ⇨ Choledochojejunostomie: Dünndarmschlinge wird an den dilatierten Choledochus genäht)

  Beseitigung einer Magenausgangsstenose (bei Duodenalkompression) ⇨ Gastroenterostomie. Oft müssen auch beide palliativen Operationen gleichzeitig durchgeführt werden.

- Zusätzliche Verfahren: In Erprobung ist eine neoadjuvante Radiochemotherapie (= vor Op zu Tumorverkleinerung, um eine Operabilität zu erreichen = Down-Staging).
  Eine intraoperative Radiotherapie (IORT) soll eine Verbesserung der Überlebensrate und Reduktion der Schmerzen erbringen. Auch mögl. ist eine adjuvante (= postoperative) Chemotherapie mit 5-FU/Folinsäure, evtl. + Cisplatin od. mit Gemcitabin, ggf. auch über eine regionale Perfusion über den Truncus coeliacus/A.gastroduodenalis.
- Nach Totalresektion des Pankreas müssen Pankreasenzyme (per os) u. Insulin (s.c.) lebenslang substituiert werden (der Diabetes ist dabei häufig sehr schwer einstellbar). Eine feste Nachsorge ist nicht etabliert (bringt keinen Überlebensvorteil), ggf. klinische Kontrollen alle 3-6 Mon. u. regelmäßige BZ-Kontrolle bei Pat. mit Teilresektion.
- Selbsthilfegruppen: Arbeitskreis der Pankreatektomierten e.V., Thomas-Mann-Str. 40, 53111 Bonn, Tel.: (02 28) 3 38 89-2 51, Fax: -2 53, Internet: http://www.adp-bonn.de

Prog: Nur 10-30 % d. Pat. sind überhaupt für eine Resektion geeignet, Op-Letalität hoch: 5-10 %
5-JÜR auch nach Radikal-Op noch **sehr schlecht**, dann ca. 5- bis 15%ige 5-JÜR!
Mittlere Überlebenszeit ohne Resektion (palliative Maßnahmen): **6-9 Monate**, 5-JÜR = fast **0 %**. Die schlechteste Prognose haben das azinäre Adeno-Ca und das undifferenzierte Karzinom, beste Lebenserwartung hat ein Papillenkarzinom und ein $T_1N_0M_0$ (aber immer noch relativ schlecht mit einer 5-JÜR von ca. 40 %).

Kompl: * Todesursache: Metastasierung mit Kachexie, seltener Blutung
Op: * Nahtinsuffizienz der Anastomosen
* Restpankreatitis, Restpankreasfisteln, Lymphfisteln (Chylaskos)
* DIC (= Verbrauchskoagulopathie)

DD:
- **Chronische Pankreatitis**, Zysten des Pankreas
- Pankreaslipomatose (Pankreas ist in der Sonographie homogen echoreicher)
- Embryonaler Tumor (Kindesalter): Pankreatoblastom
- Benigne Pankreastumoren (Lipom, Kapselfibrom, extrem selten), meist zystische Adenome (seltener solide), fließende Übergänge zwischen präneoplastischem Zystadenom u. Zystadenokarzinom mögl.
  Ther: eine operative Resektion und Histologie ist letztlich immer erforderlich. Als operatives Verfahren kann bei benignem Tumor eine Pankreassegmentresektion erfolgen. Dabei wird der Kopf abgesetzt und belassen und der Schwanzrest wird mit einer Y-Roux-Jejunumschlinge anastomosiert. Vorteil: durch genügend verbleibendes Pankreasgewebe kommt es nicht zur exokrinen od. endokrinen Insuffizienz.

PANKREASTRANSPLANTATION

Ind: Insulinpflichtiger **Diabetes mellitus** (Typ I) mit sekundären Komplikationen, insb. bei terminaler **Niereninsuffizienz** (⇨ gleichzeitige Pankreas- + Nierentransplantation indiziert) und extrem instabiler Diabetes (sog. "brittle Diabetes")

Path:
- ♦ HLA-Typisierung (Kompatibilität von Spender und Empfänger?), Cross-match (Ausschluss zytotoxischer Antikörper) präoperativ erforderlich (⇨ inguinaler Lk des Spenders in das Typisierungslabor senden)
- ♦ En-bloc-Entnahme beim Spender von Leber, Pankreas, Duodenum und Milz + Nieren
- ♦ Transport des Organs in kalter University-of-Wisconsin-Lösung, HTK-Lösung oder Silika-Gel-filtriertem Plasma (Dauer **max. 16 Std.**)
- ♦ Lok: Meist heterotope Implantation im re. Unterbauch mit Anschluss an die A.iliaca com. und V.iliaca ext., Pankreasgang mittels Duodenozystostomie in die Harnblase od. Darm

Epid:
- ◊ Erste Transplantation 1966, weltweit werden z.Zt. ca. 1.600 Pankreastransplantationen pro Jahr durchgeführt (meist als kombinierte Pankreas-Nieren-Transplantation). Im Jahr 2010 wurden in Deutschland 163 Pankreastransplantationen (90 % sind mit einer Nierentransplantation kombiniert) durchgeführt, ca. 250 Pat. stehen auf der Warteliste.
- ◊ Isolierte Inselzell-Transplantationen bei Diabetes mellitus bisher ohne Erfolg

Ther:
- Operativ:
  - Transplantation als Pankreassegmenttransplantation oder als Pankreasduodenaltransplantation mögl.
  - **Pankreasduodenaltransplantation in Kombination mit Nierentransplantation** (85 % werden heute kombiniert durchgeführt): kontralaterale (zur transplantierten Niere) Implantation des Pankreas in der Fossa iliaca mit Anschluss an die Iliakalgefäße

    Ableitung des Pankreasganges mit dem explantierten (verschlossenen) Dudenalsegment in die **Blase** (Vorteil: Kontrollen über Urin und transurethral mittels Katheter möglich) od. in den Dünndarm (Vorteil: physiologische Ableitung)
  - Peri- und postoperative Antibiotikaprophylaxe (z.B. Cefuroxim, Zinacef® + Flucloxacillin, Staphylex®) für 1 Wo. + Prophylaxe einer Pilz- (Fluconazol, Diflucan®) und Virusinfektion (Ganciclovir, Cymeven®) für 3 Wo.
- Postoperativ: Funktionskontrolle des Glukose-Stoffwechsels, Amylase, Sonographie, Inselzellantikörper
- **Immunsuppression:**

  Initial: Ciclosporin A (Sandimmun®) + Azathioprin (Imurek®) + Prednisolon + Antithymozytenglobulin

  Später: Ciclosporin A + Azathioprin + Prednisolon

  Akute Abstoßungsreaktionen: monoklonale Antikörper OKT3 (5 ml/Tag)

Prog: 85%ige 1-Jahres-Transplantatfunktionsrate des Pankreas bei kombinierter Nieren-Pankreas-Transplantation! (die Niere ist dabei mit 90 % Transplantatüberleben noch etwas besser)

Op-Letalität 5-10 %. Der Diabetes bessert sich bei 80 % d. Pat. innerhalb von einem Jahr auf Normalwerte (benötigen kein Insulin mehr).

Die Transplantation von isolierten Inselzellen des Pankreas wird schon seit Jahren für Diabetiker erforscht. Diese werden als Suspension über die Pfortader in die Leber des Pat. transfundiert. Die Ergebnisse sind aber schlecht (nach 5 J. sind weniger als 10 % d. Pat. insulinunabhängig).

Kompl:
- ∗ Postischämische Transplantatpankreatitis (30 % d.F.), venöse Transplantatthrombose
- ∗ Akute Abstoßungsreaktion (30 % d. Fälle)
- ∗ Virusbefall: CMV-Infektion (bei CMV-seroneg. Pat. postop. Anti-CMV-Hyperimmunglobin + Ganciclovir [Cymeven®] oral für 3 Monate)
- ∗ Postoperative Hypoglykämien
- ∗ Metabolische Azidose, rezidivierende Harnweginfekte und Harnröhrenstenosen (bei Blasendrainage)

Proph:
- ♥ Konsequente Immunsuppression postoperativ (gute Einstellbarkeit bei kombinierter Pankreas- und Nierentransplantation)

MILZ

Anatomie

Lage: Die Milz (Syn: Splen, Lien) liegt **intraperitoneal** unter dem li. Rippenbogen (9.-11. Rippe, Regio hypochondriaca) direkt subdiaphragmal und ist ca. 12 x 8 x 3 cm groß, 150-200 g schwer.
Die Milz grenzt an Zwerchfell, Magen, Pankreasschwanz, Querkolon (Flexura coli sinistra), li. Niere und li. Nebenniere (bei ausgeprägter Splenomegalie kann sie den li. Leberlappen berühren = sog. „kissing phenomenon" in der Sonographie).

Bänder: Lig.gastrolienale (zum Magen), Lig.phrenicosplenicum (zum Zwerchfell)

Gefäßversorgung: A.lienalis (aus Truncus coeliacus = Tripus HALLERI) und Anastomosen zu Aa.gastricae breves u. A.gastroepiploica sin. ⇨ dextra (⇨ A.hepatica com ⇨ Tr.coeliacus)
Venös: V.lienalis (⇨ in V.porta)

Histologie: Retikuläres Netzwerk aus Milztrabekel + Milzpulpa (= Parenchym: aus roter, blutreicher Pulpa und weißer, lymphozytenreicher Pulpa)

Physiologie

Funktion: Sequestration überalterter/defekter Erythrozyten, Granulozyten, Thrombozyten ("Blutmauserung"). Speicherung von Thrombozyten (ca. 30 % d. Gesamtzahl) und Makrophagen u. Lymphozyten. Entfernung von Kernresten aus den Retikulozyten.
Infektabwehr durch das **RES** (= retikuloendotheliales System, ca. 30 % davon ist in der Milz enthalten), Lymphozytenproduktion. Fetal: Erythropoese.

Fehlbildungen

Hypoplasien, Aplasie der Milz

Akzessorische Milzen = **Nebenmilzen** (in ca. 10-30 % d.F. vorhanden)
- Lok: Milzhilus, unterer Milzpol, entlang der A.lienalis, peripankreatisch, Omentum maj., Mesenterium, Ovar
- DD: Peritoneale Splenose (verstreutes, angewachsenes Milzgewebe im Bauchraum nach Milzruptur)

Milzzysten: angeborene (dysontogenetisch) echte Zysten mit Epithel ausgekleidet
- DD: Pseudozysten od. Milzhämatom nach Trauma oder Milzinfarkten, parasitäre Zyste (mit Septierungen), Dermoidzysten, Milzhämangiome, Milzabszesse
- Ther: Beobachtung, ggf. prophylaktische Entfernung unter Schonung des Organs

Wandermilz = Splenoptosis, Lien mobilis durch fehlende ligamentäre Verbindung, erschlaffte Bauchdecke, Enteroptose, Pluripara
- Kompl: Torsion am Hilus ⇨ Verschluss der Gefäße/Milzinfarkt mögl. Ther: evtl. Splenektomie notwendig, falls Retorquierung erfolglos

MILZVERLETZUNG/-RUPTUR

Syn: Milztrauma, engl. splenic rupture, ICD-10: S36.0-

Ät:
- **Stumpfes Bauchtrauma**, linksseitiges Thoraxtrauma mit unterer Rippenserienfraktur
- Penetrierendes Bauchtrauma (Schuss-, Messerstichverletzung)
- **Spontane Ruptur** bei Bagatelltrauma bei vorbestehender Veränderung der Milz (**Splenomegalie** bei Malignomen, hämatologischen Erkrankungen, Mononukleose, usw. DD der Splenomegalie s.u.)
- Iatrogen: **Oberbauchoperationen** (Zug an Nachbarorganen, Operationshaken)

Path:
- ♦ Direkte Verletzung (spitze oder starke stumpfe Gewalt mit Milzzerreißung) od. Abscherung des Milzhilus (**Beschleunigungsverletzung**) ⇨ unterschieden werden: periphere

oder hilusnahe Ruptur, partielle Hilusverletzung und Hilusabriss (Abriss des Gefäßstiels)

- Klinische Formen: **einzeitige Verletzung:** Kapsel- od. Kapsel- + Parenchymverletzung mit akuter Blutung in die Bauchhöhle
  zweizeitige Verletzung: zuerst Parenchymverletzung und zentrales od. subkapsuläres Hämatom, **symptomfreies Intervall** (Stunden bis Wochen), später Kapselruptur mit intraabdomineller Blutung (50 % der zweizeitigen Milzrupturen ereignen sich innerhalb der 1. Woche nach dem Trauma ⇨ engmaschige sonographische Kontrolle in dieser Zeit)

Epid: Beim Polytrauma ist die Milzverletzung die häufigste intraabdominelle Beteiligung.

Klin:
⇒ Einzeitige Milzruptur: hämorrhagischer Schock (Blutdruckabfall, Pulsanstieg)
⇒ Schmerzen im li. Oberbauch, evtl. Schmerzausstrahlung in die li. Schulter (KEHR-Zeichen), Schmerzen am sog. Milzpunkt (SAEGESSER-Zeichen: zwischen dem linken M.sternocleidomastoideus und M.scalenus)
⇒ Schmerzbedingte Schonatmung, lokale Bauchdeckenspannung
⇒ Zweizeitige Milzruptur: plötzlich einsetzende Schocksymptomatik Tage nach dem Trauma

Diag:
1. Anamnese (Kenntnis des Unfallherganges, Thoraxtrauma li., Rippenfrakturen unten li.) und klinische Untersuchung: Palpabler Tumor im li. Oberbauch?, Flankendämpfung linksseitig (BALLANCE-Zeichen), DOUGLAS-Vorwölbung, Prellmarke (Hämatom im Bereich des li. Rippenbogens)
2. **Sonographie** ⇨ subkapsuläres Hämatom (Doppelkonturen an der Milzkapsel, eine ganz frische Blutung ist manchmal noch nicht abgrenzbar), fehlende Abgrenzbarkeit der Milz, **freie Flüssigkeit** im Abdomen (DOUGLAS-Raum, perilienal, perihepatisch, unter dem Zwerchfell)
3. Röntgen-Abdomenübersicht: unscharfer Milzschatten, Zwerchfellhochstand, evtl. Verlagerung der Magenblase n. rechts u. des Kolon nach kaudal
   Knöcherner Thorax: Rippenserienfrakturen?, ggf. Spiral-CT, Angiographie
4. Labor: Blutbild: Hb-Abfall, Leuko- u. Thrombozytose
5. Peritoneallavage (bei unklarem Sonographiebefund) ⇨ Blutnachweis?
6. Diagnostische Laparotomie

Ther:
- Konservativ: subkapsuläre Hämatome können unter engmaschiger Sonographie-/CT-Kontrolle beobachtet werden (stationäre Beobachtung für mind. 10 Tage). Volle Sporttauglichkeit wieder nach 3 Monaten.
- Operativ: Ind: Milzruptur oder Milzgefäßverletzung
  - Mediane Laparotomie und Inspektion aller 4 Quadranten des gesamten Abdomens
  - Periphere Rupturen: immer **Versuch die Milz zu erhalten** (insb. bei Kindern) mit Milznaht/Übernähung, Infrarot-Kontakt-Koagulation, Fibrinklebung/Kollagenvlies, Ligatur einer Segmentarterie, Pol-/Segmentresektion mit Laser (partielle Splenektomie) oder Kompression der Milz mit einem Vicryl-Netz
  - Hilusverletzungen: Splenektomie (s.u.)
  - **Autologe, heterotope Reimplantation** (insb. im Kindesalter) von zerkleinertem Milzgewebe (mind. 1/3 der ursprünglichen Milzmasse) in eine Omentum-majus-Tasche bei nicht vermeidbarer Splenektomie

Prog: Traumatische Milzrupturen 5-15 % Letalität, je nach weiteren Organverletzungen.

Kompl:
* Poly-/Bauchtrauma: **Mitverletzungen anderer innerer Organe** (Pankreas, Darm, Zwerchfell, Leber, Lunge, Gefäßverletzungen) ausschließen!
  Rippenserienfrakturen
* Ausbildung von posttraumatischen Pseudozysten

Op:
* Nahtinsuffizienz ⇨ evtl. Reoperation und Splenektomie
* Splenosis = Versprengung von Milzgewebe in den Bauchraum durch das Trauma (eher positiv zu werten, bei 2/3 d. splenektomierten Pat. szintigraphisch nachweisbar)
* Folgen einer Splenektomie s.u.

DD:
- Echte Milzzysten, parasitäre Zysten
- Milzabszess (bei Sepsis)
- Milzhämangiome, Dermoidzysten

SPLENEKTOMIE

Syn: Milzentfernung, Milzexstirpation, engl. splenectomy

Ind:
- **Radikal tumorchirurgische Op** (Entfernung der Metastasenstation) bei Magenkarzinom, Pankreaskarzinom, in die Milz eingewachsene Karzinome der li. Kolonflexur od. des Ovars
- **Milzkapselverletzungen**, die nicht genäht werden können, **Milzhilusverletzungen**
- Hypersplenie-Syndrom: bei **Splenomegalie** = Milzvergrößerung (z.B. durch Milzvenenthrombose, Lebererkrankungen, Felty-Syndrom, Osteomyelofibrose, Echinokokkose); Path: vermehrte Sequestration aller Zellen (Panzytopenie) und vermehrtes Blutpooling in der Milz
- **Hämolytische Anämien**: hereditäre Sphärozytose, Thalassämie (bei Versagen der konservativen Therapie, Klin: Ikterus, Milztumor, Bürstenschädel, Cholelithiasis, Infantilismus, Path: aut.-dom.), Störung des Immunsystems
- **Morbus WERLHOF** (= idiopathische thrombozytopenische Purpura, Verlaufsformen: akut meist Kinder/Jugendliche, chronisch Erwachsene), Klin: Hämorrhagien der Haut (Petechien), Schleimhäute (Epistaxis, Menorrhagien), GI-Trakt, Ind: Versagen der konservativen Kortikoidtherapie (mind. 6 Monate, ca. 1/3 d.F.)
- HIV-bedingte Purpura (bei Versagen der med. Therapie)
- Primäre Milzneoplasmen: Hämangiom, Lymphangiom, Splenom, Hämangio- od. Lymphangiosarkom
- Sekundäres Milzneoplasma: Staging-Laparotomie bei HODGKIN-Lymphom = Lymphogranulomatose (Ind: zur pathologischen Stadieneinteilung (Splenektomie, oder Teilresektion + Punktionen von Leber u. Lymphknoten), wenn eine alleinige Strahlentherapie wahrscheinlich in Frage kommt = Stadium I u. II ohne Risikofaktoren), nur noch selten angewendet
- Traumatische od. entzündliche Milzvenenthrombose mit Ösophagusvarizen
- Proximale splenorenale Shunt-Op (LINTON-Shunt) bei portaler Hypertonie

Path: Milzentfernung: **Proliferation des übrigen RES**, bei vorhandenen Nebenmilzen Hypertrophie dieser, Verminderung des portalen Blutflusses um 25 %, Knochenmarkaktivierung (gelbes ⇨ rotes Knochenmark)

Diag:
1. Anamnese und klinische Untersuchung: Perkussion und Palpation ⇨ die nicht vergrößerte Milz ist (außer bei sehr mageren Personen) nicht zu tasten:
   Tastbare Milz ⇨ Splenomegalie (aber nicht alle vergrößerten Milzen sind zu tasten)
2. Labor: Blutbild, Gerinnungsstatus
3. **Sonographie:** Splenomegalie? ⇨ Größenbestimmung sehr gut durchführbar (Norm: „4711-Regel“ = 4 x 7 x 11 cm groß), Verplumpung der Organform
4. Milzszintigraphie: bei autoimmunhämolytischer Anämie, Morbus Werlhof, Hypersplenie-Syndrom mit markierten Erythrozyten (^{99m}Tc-markierte Erythrozyten ⇨ Milz Hauptabbauort der Erythrozyten, Nebenmilzen?)
5. Morbus WERLHOF: diagnostische Induktion einer funktionellen Asplenie durch wärmealterierte Erythrozyten (diese verstopfen die Milz) ⇨ steigt die Thrombozytenzahl an, ist eine Splenektomie erfolgversprechend; steigt die Zahl nicht an, ist die Splenektomie nicht indiziert.

Ther:
- Operativ:
  - Laparotomie mit Rippenbogenrandschnitt li. (bei unklarem Bauchtrauma mediane Laparotomie), Mobilisation der Milz und Luxation aus dem Milzbett durch Lösen vom Zwerchfell (Lig.phrenicosplenicum), Unterbindung der A. und V.lienalis am Milzhilus und der Gefäße im Lig.gastrolienale, Entnahme der Milz.
    Bei elektiver Op-Situation und kleiner Milz erfolgt der Zugang heute zunehmend laparoskopisch.
  - Hämolytische Anämie: zusätzlich Mitentfernung aller Nebenmilzen (präoperative Milzszintigraphie wichtig)
  - Morbus WERLHOF: präop. ggf. IgG-Gabe, nach Splenektomie die symptomatische Kortikoidtherapie noch einige Zeit weiterführen
  - Postoperativ: am 1. postop. Tag noch Infusionstherapie, danach Vollkost oder bei Pro-

blemen langsamer Kostaufbau in üblicher Weise (Tee, flüssige Kost, passierte Kost, Schonkost). Wunddrainage am 2.-3. Tag in den Verband ableiten, Fäden ex am 10. Tag

- Prä-/Postoperativ: so früh wie möglich Pneumokokkenvakzination (s.u.)
- Konservativ: bei chronischer Myelose evtl. Radiatio der Milz

Prog: Elektive Splenektomie 1-3 % Letalität, Notfalleingriffe (Trauma, Sepsis) bis 15 %
Gutachterliche Bewertung des Milzverlustes: MdE auf Dauer 10 % (im ersten Jahr 30 %)

Kompl: * **Op: Blutverlust** durch Blutung aus dem Milzbett, Pankreasschwanzverletzung, Verletzung von Magen oder Kolon, Milzbettinfektion, subphrenischer Abszess, Lungenatelektase li. basal, basaler Pleuraerguss

* Magenperforation der großen Kurvatur, Magenatonie
* Übersehen von Nebenmilzen ⇨ Rezidiv der Grunderkrankung

Postop:
* Allgemeine **Adynamie**, schlechtere Regulation auf Hypotonie, Verdauungsstörungen, Alkoholintoleranz, Nervosität, Schwitzen, Schlafstörungen
* **Infektanfälligkeit** und erhöhte Sepsisgefährdung, insb. Pneumokokken (50 % d.F.), gefolgt von Meningokokken und Haemophilus influenzae Typ b im Kindesalter bis zur Pneumokokkensepsis ⇨ Proph: Pneumokokkenvakzination, s.u.
* **OPSI-Syndrom** (overwhelming post splenectomy infection) = schwerste Abwehrschwäche mit foudroyant verlaufender Sepsis (meist Pneumokokken, E.coli od. Haemophilus influenzae Typ b), DIC und Multiorganversagen, hohe Letalität: 50-70 %
  Proph: **möglichst nicht vor dem 6. Lj. splenektomieren!**, Impfung (s.u.)
  Größte Sepsisgefahr in den ersten 3 Jahren nach Splenektomie.
* Passagere Thrombozytose ⇨ **Thromboseneigung!** und vermehrt ischämische Herzerkrankungen. Ther: bei >400.000 Thrombozyten/µl ⇨ Acetylsalicylsäure (z.B. Godamed®100TAH 2-3x tgl. 1 Tabl.)
* Leukozytose, Eosinophilie, Mastzellvermehrung
* Passager vermehrt Erythroblasten (+ HOWELL-JOLLY-Körperchen = Chromatinreste in den Erythrozyten)
* Vermehrte Fe-Speicherung in der Leber und Cu-Speicherung im Gewebe, Erhöhung von Siderozyten u. evtl. Target-Zellen im Blut

Proph:
♥ Möglichst keine Splenektomie vor dem 6. Lj. (Proph. des OPSI-Syndroms), ist diese nicht vermeidbar, dann bei Kindern unter 7 J. **Penizillin - Prophylaxe** für 2 Jahre (oral od. 1,2 Mega-Depot-Penizillin alle 4 Wo.)
♥ Impfung: Kinder u. Erwachsene Durchführung der **Pneumokokkenvakzination** (Pneumovax®23 od. Pneumopur®, 1 x 0,5 ml i.m., bei elektiver (= geplanter) Splenektomie Vakzination 4 Wo. präop., sonst 2 Wo. postop. und Auffrischung bei Kindern (unter 10 J.) alle 3 Jahre, bei Erwachsenen nach 6 J.). Zusätzlich wird für Kinder und hämatologische Pat. eine Haemophilus-B-Impfung empfohlen (HIB-Vaccinol®)
♥ **Thromboseprophylaxe postoperativ!**

DD:
- **Splenomegalie:** Pfortaderhochdruck, Leberzirrhose, toxischer Leberzellschaden, BANTI-Syndrom (Hepato- + Splenomegalie),
  Milzvenenthrombose, Milzzyste, Milzabszess,
  hämolytische Anämien, hereditäre Sphärozytose, Polycythaemia rubra vera, myeloproliferative Erkrankungen, Osteomyelosklerose, Leukosen, maligne Lymphome, HODGKIN-Lymphom, Splenom (benigne), Hyperspleniesyndrom,
  rheumatoide Arthritis (STILL-Krankheit im Kindesalter, FELTY-Syndrom im Erwachsenenalter), REITER-Krankheit, systemischer Lupus erythematodes,
  Speicherkrankheiten (Lipoidosen, Glykogenosen, Morbus WILSON, Amyloidose),
  Infektionserkrankungen (Mononukleose, Röteln, Toxoplasmose, Typhus abdominalis, Brucellose, Leptospirosen, Virushepatitis, Viruspneumonie, Rickettsiosen, Tuberkulose, Schistosomiasis, Kala-Azar, Malaria, Echinokokkosen),
  Tumormetastasen in der Milz
- DD eines Tumors im li. Oberbauch: Splenomegalie, Magentumor, Kolontumor, Pankreastumor (Schwanz), Nierentumor, Nebennierentumor, vergrößerter li. Leberlappen/Tumor

ZWERCHFELL

Anatomie

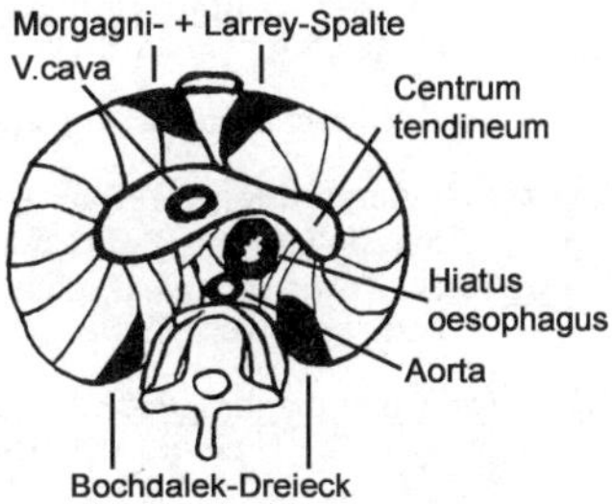

Das **Diaphragma** ist eine Muskelsehnenplatte. Es besteht aus einem quergestreiften muskulären Anteil, innerviert v. **N.phrenicus** (C4), und d. zentralen Sehnenplatte (Centrum tendineum, s. Abb. von abdominal betrachtet).

Ansatz: Sternum, Rippenbogen, LWK 1-3

Durchtrittsstellen: Foramen V.cavae, Hiatus oesophageus (Ösophagus + Truncus vagalis), Hiatus aorticus (Aorta + Duct.thoracicus)

Bindegewebig verschlossene Lücken:
- ventral am sternokostalen Übergang ⇨ MORGAGNI-Spalte rechts und LARREY-Spalte links
- dorsal ⇨ BOCHDALEK-Dreieck (= Trigonum lumbocostale) häufiger links als rechts vorhanden

⇨ **Herniationen** und **Entzündungsübergriffe** aus dem Bauchraum in den Thorax möglich.

Arterien: A.pericardiacophrenica + musculophrenica + phrenicae sup. aus der Aorta von kranial, von kaudal (Bauchseite des Zwerchfells) Aa.phrenicae inf. aus der Aorta od. dem Truncus coeliacus.

Physiologie: Atemmuskel, bei Ausfall ⇨ Zwerchfellhochstand durch abdominellen Überdruck

ZWERCHFELLRUPTUR

Syn: Zwerchfellriss, engl. diaphragmatic rupture, ICD-10: S27.81

Ät:
- Traumatisch: Bauchtrauma (**stumpfes**, 90 % d.F.) od. Thoraxtrauma ⇨ Kompression
- Selten direkt perforierend durch Stich- od. Schussverletzung

Path:
- Scherkräfte an der unteren Thoraxapertur
- **Prolaps von Eingeweiden in den Thoraxraum** (keine Hernie, da ohne peritonealen Bruchsack, da das parietale Peritoneum ebenfalls rupturiert)
- Lok: meist **links** (ca. 90 % d.F., auf der rechten Seite schützt die Leber das Zwerchfell vor großer Gewalteinwirkung), am **Centrum tendineum** mit Mitzerreißung des parietalen Peritoneums

Klin:
⇒ **Häufig verkannte Unfallfolge** bei polytraumatisierten Patienten!, kann klinisch unauffällig bleiben und erst viel später zufällig erkannt werden
⇒ Eingeweideprolaps ⇨ Ventilationsstörungen, Arrhythmie
⇒ **Cave!** Gefahr der **Inkarzeration** von prolabierten intraabdominalen Organen ⇨ Darmparese, Ileus, Blutung
⇒ **Begleitverletzungen** (Darmzerreißung, Leberruptur, Milzruptur, Blutung)

Diag:
1. Anamnese und klinische Untersuchung, Perkussion: Dämpfung, Auskultation: Darmgeräusche über dem Thorax
2. Röntgen: Unscharfe Zwerchfellkontur (meist links), Darmschlingen im Thorax, Mediastinalverlagerung, basale Verschattung, Hämatothorax. Evtl. MDP od. CT durchführen.
Ein unauffälliger Rö-Befund ist kein Beweis für ein intaktes Zwerchfell!
3. Sonographie: Unterbrochene Zwerchfellinie, Ausschluss anderer intraabdominaler oder thorakaler Begleitverletzungen (s. Kap. Bauchtrauma)

4. Bei Verdacht auf Zwerchfellverletzung: **keine blinden Pleurapunktionen od. BÜLAU-Drainage**-Anlage wegen der Gefahr einer mögl. Darmverletzung!

Ther: • Operativ: Ind: bei kardiorespiratorischer Insuffizienz Sofortoperation, sonst Op im Anschluss an die Versorgung anderer lebensbedrohlicher Verletzungen
- Laparotomie (seltener über eine Thorakotomie), Darstellung des Defektes, Zurückverlagerung der vorgefallenen Eingeweide und Naht der Zwerchfellruptur
- Anlage einer BÜLAU-Drainage (muss die BÜLAU-Drainage schon präoperativ angelegt werden ⇨ **hohe Drainage**, z.B. im 2. ICR wegen der Gefahr der Verletzung prolabierter intraabdominaler Organe)

Prog: Bei nicht rechtzeitiger Versorgung Inkarzerationsgefahr des Darmes mit hoher Letalität

Kompl: * **Inkarzeration** von Darmanteilen in die entstandene Zwerchfelllücke
* Intraperikardiale Zwerchfellruptur ⇨ Prolaps von Darmanteilen in d. Herzbeutel (selten)

Op: * Bei "blinder" Anlage einer BÜLAU-Drainage (insb. bei zu tiefer Eintrittsstelle) ⇨ Verletzung prolabierter intraabdominaler Organe (z.B. Magen- oder Darmperforation)

DD: – Relaxatio diaphragmatica: Erschlaffung einer Zwerchfellhälfte mit Hochstand. Meist linksseitig. Ät: N.phrenicus-Parese, degenerative Gefügedilatation, kongenitale Muskelschwäche. Op-Ind: bei Symptomatik (Atembeschwerden, Arrhythmien, rezidivierende Pneumonien) Ther: Zwerchfellraffung unter Schonung des N.phrenicus, bei ausgedünntem Zwerchfell evtl. Muskelplastik aus dem M.latissimus dorsi
– Zwerchfellhernien (s.u.), andere mediastinale Raumforderungen

ZWERCHFELLHERNIEN

Syn: Hernia diaphragmatica, engl. diaphragmatic hernia, ICD-10: K44.-

Ät: – **Nicht traumatische Hernien:**

A) Kongenitale Hernien (Neugeborene): Zwerchfelldefekte u. Aplasien durch kongenitale Hemmung in der Ausbildung der Pleuraperitonealfalte, Löcher im **Centrum tendineum** = Foramen phrenicum congenitale persistens

B) Erworbene Hernien:
· Hernien am **Hiatus oesophageus (= Hiatushernien):** am häufigsten, zwei Formen: axiale Gleithernie, paraösophageale Hernie
· Hernia diaphragmatica sternocostalis/parasternalis = **MORGAGNI-Hernie** rechts, **LARREY-Hernie** links (selten), oder auch beidseitig vorkommend
· Hernia diaphragmatica lumbocostalis = **BOCHDALEK-Hernie**: meist links (rechts liegt die Leber davor)
· Zwerchfellhernie durch das Foramen V.cavae od. den Hiatus aorticus
· Entzündliche Zwerchfellhernie

– **Traumatische "Hernien" (Prolaps): Zwerchfellruptur**, ohne peritonealen Bruchsack, meist links (90-95 %), da die Leber auf der rechten Seite Stöße abfängt und einen Eingeweidevorfall verhindert. Locus minoris resistentiae: Centrum tendineum

Klin: ⇒ Kann je nach Größe zunächst asymptomatisch sein
⇒ Schmerzhaftes Druckgefühl hinter dem Sternum
⇒ Passagestörung durch Torsion oder Abknickung der prolabierten Eingeweide (Erbrechen, Stuhl- u. Windverhalt, Ileus, Blutung)
⇒ Kardiopulmonale Erscheinungen durch die intrathorakale Raumforderung (Tachykardie, Rhythmusstörungen, Dyspnoe u. Tachypnoe)

Diag: Cave: **keine blinde Pleurapunktion bei V.a. Zwerchfellhernie!**
1. Klinische Untersuchung: Darmgeräusche über dem Thorax (insb. bei Zwerchfellruptur)
2. Röntgen: Thorax in 2 Ebenen + Durchleuchtung: Mediastinalverdrängung, Herzverlage-

rung, Luft- u. flüssigkeitsgefüllte Magen- od. **Darmanteile** in der Pleurahöhle
Kontrastdarstellung der Nachbarorgane (Ösophagus, Magen, Kolon, Nieren), ggf. CT

Ther: • Operativ: Ind: Absolute Indikation bei Einklemmung, Ileus, Akutem Abdomen, Perforation und Beeinträchtigung der Atmung.
Relative Indikation bei allen Hernien, die keine oder nur geringfügige Symptome machen. Vor Gravidität sollte zur Op geraten werden, da sich die Hernie durch die "kindliche Raumforderung" vergrößern kann.
- Transabdominelles Vorgehen: bei Neugeborenen und Säuglingen, bei sternokostalen u. lumbokostalen Hernien, bei traumatischen Hernien ⇨ Reposition des Bruchinhaltes in die Bauchhöhle u. Verschluss durch **Naht** (bei Erwachsenen heute auch mit laparoskopischem Zugang)
- Transthorakales Vorgehen bei traumatischen Hernien ohne Anhalt für abdominelle Verletzungen auch mögl.
- Plastischer Zwerchfellersatz: sehr große Defekte werden von einem Rippenbogenrandschnitt mit mobilisiertem M.transversus abdominis od. einem **Kunststoffnetz** (z.B. PTFE = Polytetrafluorethylen-Netz) gedeckt
- Postoperativ: BÜLAU-Saugdrainage der entsprechenden Thoraxseite für 1-2 Tage

Prog: Bei früher Op-Indikation geringe Letalität, keine sichere Rezidivverhütung

Kompl: * Kongenitale Zwerchfellhernie: meist Lungenhypoplasie auf der Seite der Zwerchfellhernie ⇨ postpartal vitale Bedrohung durch respiratorische Insuffizienz

DD: – Raumforderung mediastinal, Lungen- u. Pleuratumoren, Pleuraempyem, Lungenabszesse, Perikarderkrankungen, primäre Zwerchfelltumoren (Lipome, Fibrome, Sarkome)
– Relaxatio diaphragmatica (Erschlaffung des Zwerchfells, z.B. N.phrenicus-Lähmung) meist linksseitig ⇨ Ther: Zwerchfellraffung, evtl. Muskelplastik aus M.latissimus dorsi

HIATUSHERNIEN

Syn: Zwerchfellhernie am Hiatus oesophageus, engl. hiatus hernia, ICD-10: K44.-

Ät: – Bindegewebsschwäche ⇨ Bänder, die die Kardia halten sind zu schlaff
– Intraabdominelle Druckerhöhung (insb. bei Adipositas)
– Spasmus des gesamten Ösophagus zieht den Magen hoch (selten)

Etlg:

Axiale Gleithernie (85 %) = Hernie liegt in Achse des Ösophagus, die Kardia gleitet in den Thorax
Paraösophageale Hernie: Hernie liegt neben d. Ösophagus und besteht aus Magenfundus, Kardia an normaler Stelle, erweiterter Hiatus oesophageus. Extremform: **Thoraxmagen** = upside-down-stomach mit Magenvolvulus
Mischhernien aus Gleit- u. paraösophagealer Hernie zusammengesetzt

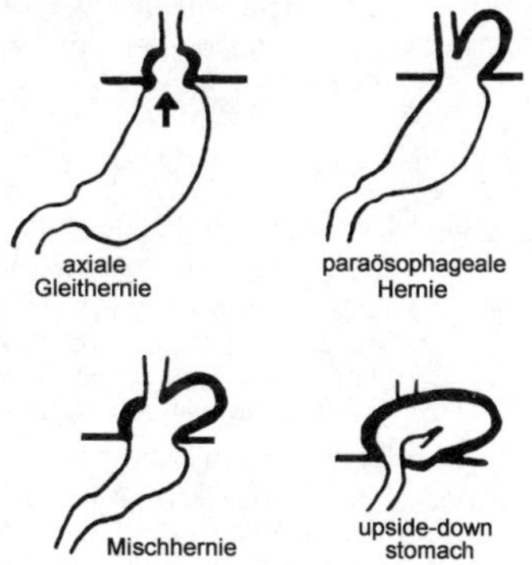

Path: ♦ Axiale Gleithernie: Verlagerung von Kardia und Magenfundus in das hintere Mediastinum, der Peritonealüberzug der Kardia bildet dabei einen inkompletten Bruchsack.
Schließfunktion d. UÖS ist bei Lage im Thorax nicht mehr gewährleistet (durch die verminderte Längsspannung des Ösophagus **erschlafft** die scherengitterartig angeordnete Muskulatur zunehmend ⇨ Sphinkterdurchmesser wird größer) ⇨ **Reflux** mögl. ⇨ Refluxösophagitis, Sodbrennen

- Paraösophageale Hernien: meist links vom Ösophagus gelegene Herniation des Magenfundus, von Peritoneum gebildeter Bruchsack ⇨ keine Refluxzeichen, da die Kardia nicht verlagert ist (Schließfunktion normal)

Epid: Prädisp.alter: >50. Lj., Häufigkeit bei über den 60-jährigen ca. 30-50 %!

Klin: ⇒ Allgemein: Die meisten Patienten haben **keine Beschwerden** (60 %) = Zufallsbefund
⇒ Gleithernie: **Refluxzeichen** (s. Kap. Refluxösophagitis)
⇒ Paraösophageale Hernie: **ROEMHELD-Syndrom** = gastrokardialer Symptomenkomplex: Hernie ⇨ Verdrängung des Mediastinums und des Herzens, v.a. nach Mahlzeiten (⇨ kardiale Symptome, z.B. Tachykardie, Extrasystolen, Angina pectoris)
⇒ **Dysphagie** (Schluckbeschwerden) bedingt durch Stenosierung des Ösophagus durch den interponierten Magen, Oberbauchschmerzen, retrosternaler Schmerz, Völlegefühl, Aufstoßen, Übelkeit
⇒ Ulzerationen, Blutungen im Bereich der Hernie mögl. ⇨ chronische hypochrome Anämie

Diag: 1. Anamnese und klinische Untersuchung
2. Röntgen: Thorax ⇨ epiphrenische Luftsichel (= Magen im Thoraxraum)
Ösophagusbreischluck: Stenose am Ösophagus/Magenübergang durch membranartigen Ring (= SCHATZKI-Ring) oder durch das Diaphragma (axiale Gleithernie), Durchleuchtung mit Provokation in Kopftieflage
3. **Endoskopie** (ÖGD) + Provokation (= Druck auf den Bauch von außen)

Ther:
- Konservativ: axiale Hernie ⇨ medikamentöse od. endoskopische Ther. der Refluxkrankheit (s.o. Kap. Refluxösophagitis)
- Operativ: Ind: Allgemein bei Inkarzeration, Blutung, Kardiainsuffizienz, bei paraösophagealer Hernie **absolute Op-Ind.** wegen Einklemmungs- und Inkarzerationsgefahr
  - Axiale Gleithernie: transabdomineller Zugang, Reposition des Bruchinhaltes, Fundoplicatio n. NISSEN-ROSETTI oder Semifundoplicatio n. TOUPET od. Hiatoplastik mit Fundopexie
  - Paraösophageale Hernie: Verschluss der Zwerchfelllücke + ventrale Gastropexie des Fundus (Fundopexie), evtl. + Fundoplicatio oder Semifundoplicatio
  - Postoperativ: Nahrungskarenz für 2-3 Tage (Infusionstherapie), dann langsamer Kostaufbau
  - Die Eingriffe werden heute oft **laparoskopisch** durchgeführt (Vorteil: sofortiger Kostaufbau mögl.)

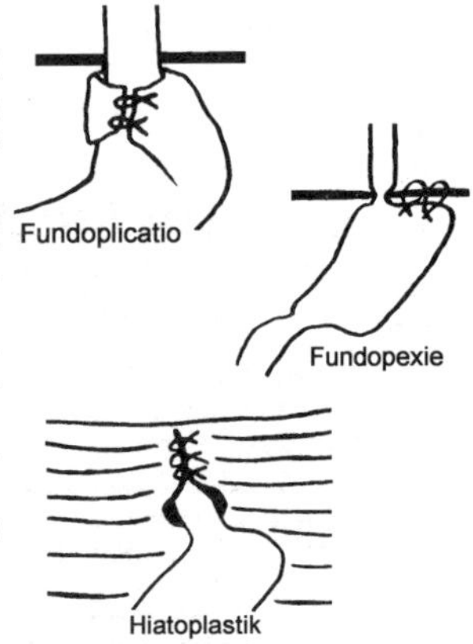

Prog: Rezidive nach Op ca. 10-20 %

Kompl: * Mediastinalverdrängung durch Bruchsack ⇨ **kardiale Komplikationen**
* Axiale Gleithernie: **Refluxösophagitis**
* Paraösophageale Hernien: **Einklemmung, Inkarzeration**, Perforation, Strangulation, Magenvolvulus (Thoraxmagen) im Bruchsack, selten auch Verlagerung der Milz, des Omentum majus, eines Teiles des Colon transversum mögl.
* Ulkus im Bereich des Schnürrings (riding ulcer)
* Syntropie von Hiatushernie und Gallensteinen 30-40 %!

Op: * Postoperativ **vermehrt Blähungen** (Luft geht nicht mehr über den Ösophagus ab und muss sich den Weg durch den Darm suchen), Schluckbeschwerden (wegen der Verengung durch die Fundoplicatio)

DD: – KHK, Herzinfarkt
– Traumatische und innere Hernien des Zwerchfells

- Mediastinaltumoren (insb. Zysten)
- Epiphrenales Ösophagusdivertikel, Brachyösophagus (Längsschrumpfung der Speiseröhre, angeboren oder nach Entzündung), Endobrachyösophagus, Ösophaguskarzinom, Kardiakarzinom

TUMOREN DES ZWERCHFELLS

Ät: - Primäre Tumoren (selten): Lipome, Fibrome, Angiome, Sarkome
- Sekundäre Tumoren: Infiltration von Tumoren aus Nachbarorganen (Magen, Ösophagus, Leber, Kolon, Lunge, Pleura)

Klin: ⇒ Meist **Zufallsbefund**, primäre Zwerchfelltumoren sind meist symptomlos und werden meist als Tumoren der Nachbarorgane fehlgedeutet
⇒ Tumorinfiltration des Zwerchfells ⇨ paradoxe Zwerchfellbewegung mögl., Dyspnoe

Diag: 1. Anamnese und klinische Untersuchung
2. Röntgen: Abdomen und Thorax, CT, ggf. MRT (coronare Schichten)
3. Sonographie: abdominale Raumforderung, Zwerchfellinie
4. Häufig erst intraoperative Abgrenzung zw. primärem u. sek. Zwerchfelltumor mögl.

Ther: Operativ: radikale Exzision im Gesunden und Zwerchfellnaht, evtl. Deckung mit Omentum od. Kunststoffnetz bei großem Defekt

DD: - Zwerchfellhochstand:
Erkrankungen im Thoraxraum: Pneumonie, Lungentumoren, Atelektase, Infarkt, Pleuritis, Pleuratumoren
Neurogene Ursache: N.phrenicus-Parese, hohe Querschnittlähmung (N.phrenicus aus der Nervenwurzel C_4)
Abdominale Ursache: Lebervergrößerung (Zirrhose, Tumor, Metastasen, Abszess), subphrenischer Abszess (Gas- und Spiegelbildung unter dem Zwerchfell), Chilaiditi-Syndrom (Interposition des Kolons zw. Leber u. Zwerchfell), Magen-/Kolonüberblähung, Splenomegalie, Aszites, Meteorismus, Zöliakie, Schwangerschaft
- Zwerchfelltiefstand: Spannungspneumothorax, Asthma bronchiale, obstruktives Emphysem, Bronchialventilstenose (z.B. bei Bronchialkarzinom, Fremdkörperaspiration)
Enteroptose (= Darmsenkung, z.B. nach Abmagerung, Entbindung)
- Tumoren der Nachbarorgane (infiltrierend wachsend oder nicht infiltrierend das Zwerchfell verdrängend)

RETROPERITONEUM

Anatomie

Vom Zwerchfell bis zur Linea terminalis des kleinen Beckens reichend, zwischen Peritoneum parietale und der dorsalen Bauchwand liegend. Verbindung zu intraabdominellen Organen durch das Meso sowie mit den sekundär retroperitonealen Organen Pankreas, Duodenum, Colon ascendens und descendens und Teilen der Leber. Von Binde- und Fettgewebe durchsetzt.

Ganz retroperitoneal liegen: **Niere, Nebenniere, Harnleiter** (Ureter), Aorta abdominalis, V.cava inf., Lymphbahnen/-knoten, Cisterna chyli, sympathischer Plexus u. Ganglien.
Im Bereich des Beckens (Subperitonealraum) liegen Blase, Prostata, Vagina (Uterus) u. Rektum.

RETROPERITONEALE BLUTUNGEN

Syn: Retroperitoneales Hämatom, ICD-10: traumatisch bedingt S36.83

Ät:
- Wirbeltrümmerfraktur, Beckenringfraktur
- Nierenverletzung
- Zerreißung der großen Gefäße, Aneurysmaruptur
- Tumorblutungen
- Antikoagulanzienblutung

Path:
- ♦ Gefäßzerreißungen durch Beschleunigungs-/Dezelerationstrauma od. Frakturfragmente
- ♦ Primäre Blutung aus den Frakturen
- ♦ Kleinere Blutungen im Bereich des Retroperitoneums **tamponieren sich selbst** und bedürfen daher keiner operativen Therapie

Klin:
⇒ Kleinere Blutungen sind symptomarm
⇒ Früher Volumenmangelschock bei Massenblutung (arteriell)
⇒ **Retroperitonealer Schmerz** (mit Ausstrahlung in Schulter, Sacrum, Leiste, Hoden)
⇒ Evtl. paralytischer Ileus

Diag:
1. Anamnese und klinische Untersuchung: Flankenschmerz, Flankendämpfung, Flankenhämatom, Skrotalhämatom
2. Sonographie: Verwaschene Nierenkontur, retroperitoneale Flüssigkeit
3. Röntgen: Abdomenübersichtsaufnahme ⇨ **unscharfer Psoasrandschatten**
   IVP (intravenöse Pyelographie) zur Darstellung der ableitenden Harnwege (Ureter dient als diagnostische Leitstruktur)
   Spiral-CT-Angiographie od. DSA zur Diag. des Gefäßstatus
4. Labor: BB, Urinstatus und Harnsediment

Ther:
- Konservativ: Bei retroperitonealem Hämatom **abwartende Haltung** und Beobachtung, Volumenersatz, Gerinnungskontrollen (Cave: DIC), evtl. Substitution v. Gerinnungsfaktoren, bei Ileus frühe Stimulation des Darmes (z.B. Pyridostigmin, Mestinon® i.v.)
- Operativ: Ind: Nierenverletzung (s. Kap. Niere), Harnleiter-, Blasenruptur, persistierende Blutungen
  - Laparotomie, Umstechungen der blutenden Gefäße, evtl. Tamponade

– Bei unstillbarer Blutung im Bereich des Beckens ist evtl. die Ligatur der A.iliaca int. notwendig

Kompl: * Ruptur des parietalen Peritoneums ⇨ intraperitoneale Blutung
* Massenblutung ⇨ **Volumenmangelschock, DIC**
* Mitverletzung retroperitoneal und intraperitoneal liegender Organe

DD: – Harnleiterverletzung und Extravasion von Harn in das Retroperitoneum
– Retroperitoneale Tumoren

RETROPERITONEALE FIBROSE

Syn: **Morbus ORMOND** (idiopathische retroperitoneale Fibrose), Gerota-Fasziitis, engl. retroperitoneal fibrosis, ICD-10: D48.3

Ät: – Primäre Form (Morbus ORMOND, idiopathisch – vermutlich autoimmunologisch)
– Sekundäre Form (ORMOND-Syndrom) durch Strahlenfibrose, chron. Entzündungen, bei Malignomen, Narbenbildung nach operativen Eingriffen und Traumata (Blasentrauma, Beckenhämatom)
– Medikamentös: Serotonin-Antagonisten, Antibiotika, Antiphlogistika, ASS, Betablocker, Glukokortikoide
– Lokale Injektion sklerosierender Flüssigkeiten
– Häufig assoziiert mit anderen Autoimmunkrankheiten, z.B. Vaskulitiden, rheumatoide Arthritis, Lupus erythematodes, Thyreoiditis
– Risikofaktoren sind familiäre Häufung, Nikotinkonsum, Asbestexposition, Arteriosklerose, Vit.-E-Mangelzustände

Path: ♦ Bindegewebiger Um-/Anbau im retroperitonealen Raum, Neigung zur Hyalinisierung
♦ Führt zur **Ummauerung** der Gefäße, Nerven, Ureteren u. evtl. des Nierenhilus ⇨ Stauungsniere, venöse Abflussstörungen
♦ Lok: Meist symmetrisch der Mittellinie beginnend, **von kaudal nach kranial** ausbreitend

Epid: ◊ M > w (2:1)
◊ Inzidenz: 0,5/100.000/Jahr
◊ Prädisp.alter: 40.-60. Lj.

Klin: ⇒ Im Frühstadium uncharakteristische Symptome, wie Rücken-, Kreuzbein- oder Flankenschmerzen ⇨ meist späte Diagnosestellung
⇒ Spätstadium: Zeichen der **Nierenfunktionseinschränkung**, Oligo-/Anurie, stauungsbedingte Schmerzen
⇒ Beinödeme bei Abflussbehinderung durch Ummauerung der großen Gefäße (venöse Abflussbehinderung + Lymphstauung), Varikozele

Diag: 1. Anamnese und klinische Untersuchung
2. Labor: CRP- u. BSG-Erhöhung, Kreatinin-Anstieg bei Nierenschädigung
3. Röntgen: **IVP** (intravenöse Pyelographie) ⇨ bilaterale supravesikale Stenose der Ureteren mit Verlagerung der Ureteren nach medial, Nierenstauung, unscharfer Psoasrandschatten, evtl. Kavographie (= Kontrastdarstellung der V.cava inf.)
4. Sonographie: Nierenstauung?
5. CT / MRT: zur Abgrenzung gegen Tumoren, ggf. CT-gesteuerte Punktion und Histologie

Ther: • Konservativ: Absetzen mögl. verursachender Medikamente
Medikamentös: Glukokortikoide 4 Wo. Prednison 1 mg/kgKG, dann Reduzierung auf 5-10

mg als Erhaltungsdosis. Bei Nichtansprechen zusätzlich Immunsuppression mit Azathioprin, Methotrexat, Cyclophosphamid od. Ciclosporin A. Versucht werden kann auch der Östrogenrezeptorantagonist Tamoxifen (Wirkweise unklar).

- Operativ: Ind: Harnabflussbehinderung durch Ureterummauerung
  Transperitonealer Zugang, beidseitige **Ureterolyse** und Verlagerung des Harnleiters nach intraperitoneal
- Lebenslange Nachkontrolle mit Labor (CRP, Krea), Sonographie; MRT bei V.a. Reaktivierung

Kompl: * **Niereninsuffizienz**, Nierenstauung
* Ausbildung eines inflammatorischen Bauchaortenaneurysmas

Op: * **Verletzung des Ureters**, postoperative **Ureterstenose**

DD:
- Evtl. Kombination mit Mediastinalfibrose (obere Einflussstauung)
- Evtl. Kombination mit primär sklerosierender Cholangitis
- Retroperitoneale Tumoren
- Renale Abflussbehinderung: Angeborene Fehlbildungen, Ureterstenosen, Urolithiasis, Tumoren, neurogene Ursachen (Querschnitt, diabetische Neuropathie), Entzündung der ableitenden Harnwege, vesikoureteraler Reflux, iatrogen durch Bestrahlung

RETROPERITONEALE TUMOREN

Etlg: # Benigne Tumoren: Lipome, Fibrome, Desmoid, Leiomyome, Angiome, Lymphangiome, Neurinome, Ganglioneurome, Schwannome

Maligne Tumoren: Lipo-, Fibrosarkom, Leiomyo- u. Rhabdomyosarkom, Lymphosarkom, Lymphome
Kindesalter: Neuroblastom (s.u. Kap. Kinderchirurgie)

Sekundäre Tumoren/Metastasen: Lymphome, eingebrochenes Kolonkarzinom, Nierenzellkarzinom, Pankreaskarzinom, Nebennierentumoren, Infiltration gynäkologischer Tumoren

Epid: Häufigkeitsgipfel: 50.-60. Lj.

Klin:
⇒ **Palpabler Tumor**, Flankenschmerz, mäßige Rückenschmerzen
⇒ Bauchschmerz, Appetitlosigkeit, Gewichtsverlust, Obstipation
⇒ Spätzeichen: Neurologische Ausfälle, Nierenversagen, Ileus

Diag:
1. Anamnese (bei unklaren Abdominalbeschwerden daran denken!), klinische Untersuchung
2. Sonographie: Nierenstauung?, Lage zu Nachbarorganen und zur V.cava, Aorta
3. Röntgen: Abdomenübersicht ⇨ Tumorschatten im Mittel-/Unterbauch
   IVP ⇨ **Verlagerung oder Ummauerung des Ureters**, Nierenstauung
   CT/MRT: zur genauen Lokalisation mit bester Sensitivität und Spezifität, evtl. mit KM
4. Labor: Nierenretentionswerte, Tumormarker (AFP, HCG, CEA, CA 19-9)

Ther:
- Konservativ: bei sekundären Tumoren Radiatio und evtl. Chemotherapie
- Operativ: Ind: bei soliden Tumoren im Retroperitoneum stets gegeben
  Transabdominaler Zugang und komplette Exstirpation des Tumors (auch bei benignen Tumoren wegen letztlich unklarer Dignität ohne Nachwis im Op-Präparat notwendig, Gefahr des Rezidives und der malignen Entartung)

Prog: Sarkome: 5-JÜR 40 %, Rezidivneigung bei nicht vollständiger Entfernung, benigne Tumoren können noch nach Jahren maligne entarten.

Kompl: * Nierenversagen durch Kompression der ableitenden Harnwege
* Kompression von Gefäßen und Nerven
* Maligne Entartung benigner Tumoren

Op: * Rezidiv bei nicht vollständiger Entfernung

DD:
- Retroperitoneale Zysten: posttraumatisch, nach Entzündungen (Pankreatitis, paranephritisch)
- Retroperitoneale Blutungen, retroperitoneale Hämatome
- Retroperitoneale Entzündungen durch Pyelonephritis, Morbus CROHN, tuberkulöser Senkungsabszess, perforierte retrozäkale Appendix
- Retroperitoneale Fibrose (Morbus ORMOND)

NIEREN

Anatomie

Nieren (Ren): liegen **vollständig retroperitoneal**, sind je ca. 160 g schwer u. 12 x 6 x 4 cm groß.

Lok: Höhe BWK11/12 - LWK2/3, die re. Niere steht eine ½ Wirbelhöhe tiefer (wegen der Leber). Die 12. Rippe läuft vom kranialen Pol zum mittleren Drittel über die Niere. Die Atemverschieblichkeit beträgt 3 - 6 cm (bei para-/perinephritischen Prozessen eingeschränkt).

Umgeben wird die Niere in der Reihenfolge von innen nach außen: von der Capsula fibrosa (Organkapsel), Capsula adiposa (Nierenfettkörper) und der Fascia prä- und retrorenalis (GEROTA-Faszie). Nach medial und kaudal ist der Fasziensack offen, deshalb besteht bei Anorexie-bedingter Abnahme des Fettkörpers die Gefahr der Absenkung.

Innerhalb der Fettkapsel liegen noch die Nebennieren (auf der Extremitas sup. der beiden Nieren = oberer Nierenpol).

Aufbau: 1.) **Parenchym** (sollte beim Erwachsenen mind. 1,3 cm dick sein) aus:
- **Nierenrinde** mit Glomeruli und gewundenen Harnkanälchen
- **Nierenmark** mit den geraden Nierenkanälchen (Tubuli, HENLE-Schleifen und Sammelrohre)

2.) **Pyelon** (Syn: Pelvis renalis, Nierenbecken) = Sammelbecken für den Harn, an dessen Ende unter konischer Verjüngung der Ureter hervorgeht, Volumen: 3-8 ml,

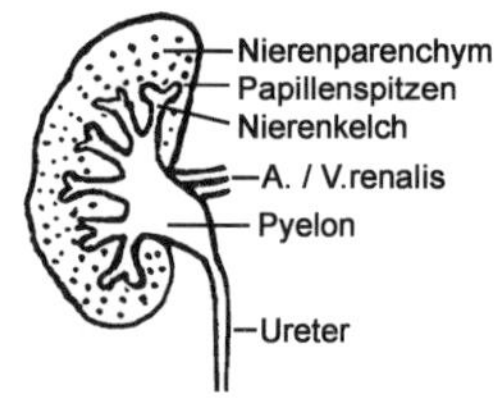

Das Verhältnis von gesamter Parenchymbreite zum Pyelon beträgt je nach Alter: <30. Lj. 1,6:1, 30.-60. Lj. 1,2-1,6:1, >60. Lj. 1,1:1

Nachbarschaftsbeziehungen: Rechte Niere ⇨ Nebenniere, Zwerchfell, Leber, Pars descendens duodeni, Colon und Mesocolon transversum

Linke Niere ⇨ Nebenniere, Pankreasschwanz, Colon und Mesocolon transversum, Milz, Magen

Hilus: A.renalis (aus der Aorta abdominalis in der Höhe des Abgangs der A.mesenterica sup.), **V.renalis** (Abfluss in die V.cava inf., in die **linke** V.renalis münden zusätzlich noch die li. V.testicularis bzw. li. V.ovarica und die li. V.suprarenalis), Pelvis renalis mit dem abgehenden Ureter.

Funktion: 1. Exkretorisch (Produktion von Harn): Primärharn (Ultrafiltrat, ca. 180 l/Tag) ⇨ Reduktion durch Rückresorption auf ca. **1-1,5 l Endharn/Tag**, zur Regulation von **Wasser-** u. **Elektrolythaushalt** (Osmoregulation), Einfluss auf den Säure-Basen-Haushalt (Abgabe von H^+-Ionen) und Ausscheidung von für den Körper nicht mehr verwertbaren, wasserlöslichen Stoffwechselprodukten (= **harnpflichtige Substanzen**)

2. Inkretorisch (Produktion renaler Hormone): **Erythropoetin** (Erythropoese), **Renin** (Natrium- und H_2O-Rückresorption, Vasokonstriktion), Biosynthese von aktivem **Calcitriol** (Regulation des Kalzium- u. Phosphatstoffwechsels), Prostaglandine, Kinine

Ureter: Jeweils ein Ureter pro Niere, beim Erwachsenen ca. 30-35 cm lang, 4 mm im Durchmesser. Die beiden Harnleiter liegen vollständig **retroperitoneal**. Abgang aus dem Nierenbecken in Höhe LWK 2/3, Verlauf paravertebral auf dem M.psoas major, an der seitlichen Beckenwand bis zum Blasenfundus. Sie überkreuzen dabei die Vasa iliaca (re. A.iliaca ext., li. A.iliaca com.) und unterkreuzen den/die Duct.deferens/A.uterina, sie münden jeweils in das **Ostium ureteris** der Harnblase (mit intramuralem Segment zur Verhinderung eines vesikoureteralen Refluxes aus der Blase in Richtung Nieren). Der Harntransport von kranial nach kaudal erfolgt durch **peristaltische Wellen**.

Ruhedruck: 6-14 cm H_2O, bei Kontraktion oben 25 und unten bis 80 cm H_2O.

3 physiologische Engstellen (s. Abb.): am Abgang vom Nierenbecken („Ureterhals") an der Überkreuzungsstelle der Iliakalgefäße und an der Einmündung in die Harnblase (intramuraler Verlauf des Ureters durch die Harnblasenwand) ⇨ Prädilektionsstellen für das Hängenbleiben von Steinen

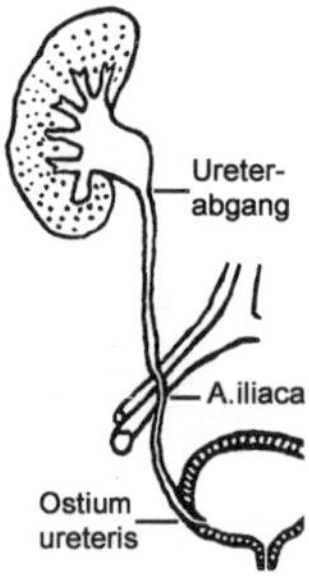

NIERENFEHLBILDUNGEN

<u>**Syn:**</u> Nierenanomalien, Nierenmissbildungen, engl. kidney malformations, renal anomalies, ICD-10: Q63.9

<u>Nierenaplasie:</u> (bei Nierenagenesie fehlt auch die Ureterknospe) Fehlen einer, selten beider Nieren (fehlen beide, dann in 40 % d.F. Totgeburt, 60 % sterben innerhalb von 6 Wochen). Zusätzliche urogenitale Fehlbildungen sind häufig.
Bei einseitiger Aplasie/Agenesie vollständige **Kompensation** durch Hypertrophie der Gegenseite (renal counterbalance), deshalb meist symptomlos (und z.B. Zufallsbefund bei der Sonographie bei älteren Pat.). Der Kompensationsmechanismus durch eine Niere erfolgt auch bei Entfernung der Gegenniere im Erwachsenenalter (z.B. wegen eines Nierentumors). Daher ist auch die Lebend-organspende einer Niere medizinisch vertretbar.

<u>Nierenhypoplasie, Zwergniere:</u> kleine, unterentwickelte, aber strukturell normale Niere mit weniger Nierenkelchen.

<u>Verschmelzungsnieren:</u>

- Kuchenniere: komplette Verwachsung der beiden Nieren
- **Hufeisenniere**: häufigste Fusionsanomalie ⇨ symmetrische, U-förmige, prävertebrale Verwachsung meist der **unteren Pole** der beiden Nieren (s. Abb.), mit Malrotation (Nierenbecken zeigen nach vorne), häufig mit anormaler Gefäßversorgung
- Andere, nicht symmetrische Formen der Verschmelzungsniere sind z.B. S- od. L-förmige Nieren.

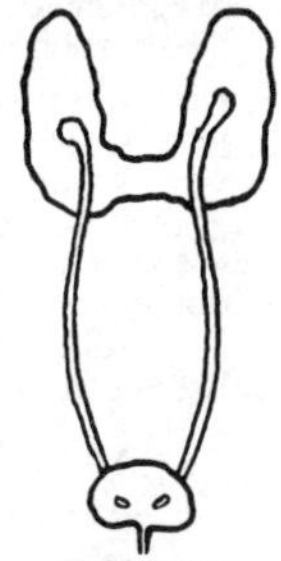

Hufeisenniere

<u>Gekreuzte Nierendystopie:</u> beide Nieren liegen auf einer Seite bei jeweils korrekter Uretermündung re. u. li. in die Blase, in 80 % der Fälle sind die beiden Nierenanlagen dann miteinander asymmetrisch verschmolzen (s. Abb.)

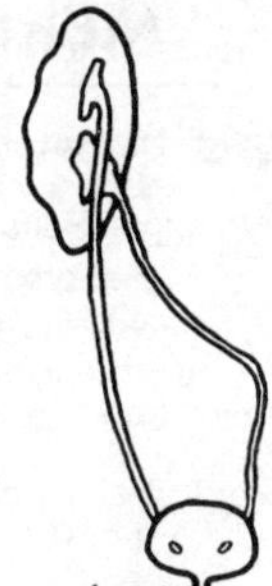

gekreuzte Nierendystopie

<u>Doppelniere:</u> komplette doppelte Nierenanlage mit 2 Nierenbecken und 2 Ureteren (Ureter duplex = getrennte Mündung in die Blase od. fissus = 2 Ureteren mit gemeinsamer Mündung in der Harnblase), die Nierenanlagen können verschmelzen oder getrennt bleiben (= überzählige Niere)

<u>Solitärzyste/Nierenzyste:</u> 50 % der 50-jährigen haben **einzelne** Nierenzysten ***ohne*** Krankheitswert. Kompl: selten Einengung des Nierenbeckenkelchsystems od. Ureters, Zystenruptur mit Hämaturie.
Wichtigste DD im Erwachsenenalter ist die Tumorzyste, die durch ein zystisch zerfallendes Nierenzellkarzinom entstehen kann.

<u>Zystennieren:</u> Entstehen durch fehlenden Anschluss der Sammelrohre an das metanephrogene Gewebe ⇨ blind endende Nierentubuli mit Ausbildung von **multiplen Zysten** (als DD zur solitären Nierenzyste), meist in **beiden** Nieren vorhanden. Ät: aut.-rez. (infantile Form mit schlechter Prog.) oder aut.-dom. (Erwachsenenform) erblich
Kompl: **polyzystische Nierendegeneration** (meist jenseits des 40. Lj.) ⇨ chronische Niereninsuffizienz, arterielle Hypertonie. Zusatzfehlbildungen mit Zysten in Leber, Gallengang, Milz od. Pankreas mögl.

<u>Markschwammniere:</u> angeborene, aber nicht erbliche zystische Fehlbildung mit Dilatation der Nierentubuli und Ausbildung kleiner, oft mit den Sammelrohren kommunizierender Zysten, in 2/3 bds., Kompl: 50 % der Pat. haben rezidivierende **Nephrolithiasis** mit Nierenkoliken und Harnweginfekte

<u>Rotations- und Lageanomalien:</u>
Einen Krankheitswert haben die Fehlbildungen nur dann, wenn sich dadurch eine Harntransportstörung od. Nierensteinbildung ergibt.

- **Nierenektopie:** entwicklungsgeschichtl. unvollständiger Nierenaszensus
  ⇨ *Beckenniere/Kreuzbeinniere* (s. Abb.): Lage der Niere im Becken (während der Entwicklung bis zur 9. SSW wandert die Niere aus dem "Becken" nach oben = Aszension). Bei Beckenniere Gefäßversorgung dann meist aus den Vasa iliaca. Kompl: Nephrolithiasis
  ⇨ *Thorakalniere:* Lage im Thorax (extrem selten)

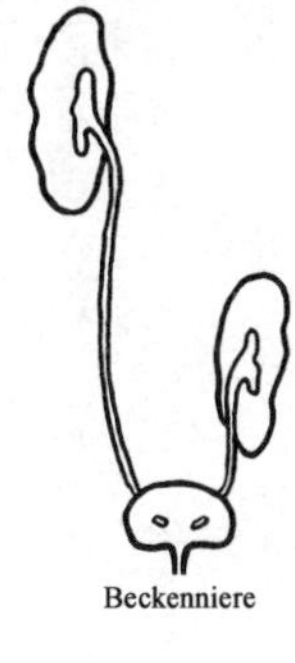

Beckenniere

- **Nephroptose:** abnorme Beweglichkeit der Niere (Syn: Ren mobilis, Wanderniere) in Abhängigkeit von der Körperlage ⇨ pathologisch ≥3 Wirbelhöhen (darunter ist physiologisch). Die Nephroptose bleibt aber *ohne* Krankheitswert, wenn keine Abflussbehinderung besteht

Nierenbuckel/Milzbuckel: kraniale Verdickung der li. Niere (bei 10 % d. Bevölkerung zu finden, *ohne* pathologische Bedeutung)

Hyperplastische BERTIN-Säulen: Parenchymausläufer, die in das Pyelon hineinragen (*ohne* pathologische Bedeutung)

Parenchymbrücke: durch Nierenparenchym geteiltes Pyelon

Nierenbeckenfehlbildungen:

- **Ampulläres Nierenbecken:** vergrößertes, kugelförmiges Pyelon (Normvariante ohne pathologische Bedeutung)
- **Kelchdivertikel / Hydrokalix:** sackartig aufgezweigte Ureterknospe, die mit dem Kelch in Verbindung steht (keine Zyste) / Stenose des Kelchhalses mit Aufweitung des Kelches
- **Megakalikose:** angeborene Aufweitung aller Nierenkelche durch Papillenfehlbildung (keine Obstruktion nachweisbar), mit erhöhter Anzahl von Nierenkelchen, meist bei Jungen
- **Nierenbeckenabgangsstenose** (Syn: subpelvine Harnleiterabgangsstenose, Ureterabgangsstenose, ICD-10: N13.-): Ureterstenose unmittelbar beim Übergang vom Pyelon in den Ureter. Klin: balloniertes Megapyelon, unbehandelt Hydronephrose (durch die Druckschädigung der Nieren). Ther: Nierenbeckenplastik (s. Abb.) mit Verkleinerung des Nierenbeckens und Neueinpflanzung des Ureters in das Nierenbecken (auch laparoskopisch mögl.)

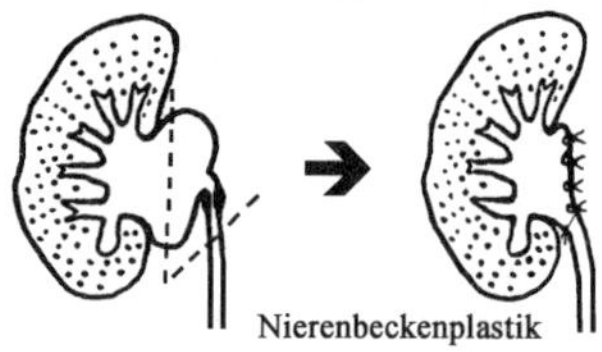

Nierenbeckenplastik

NIERENTRAUMA

Syn: Nierenverletzung, engl. renal trauma, kidney trauma, ICD-10: S37.0-

Ät: Cave: Bei allen abdominellen Traumen ist eine Nierenbeteiligung möglich!
- Stumpfes Bauchtrauma (90 % d.F.) in der Thorax- und/oder Lendenregion (Schlag, Quetschung, Sturz aus großer Höhe ⇨ Dezeleration) ⇨ insb. beim Polytrauma
- Perforierendes Bauchtrauma: Messerstich, Durchspießung von Rippen- oder Querfortsatzfragmenten (häufig in Kombination mit Rippen- od. Wirbelfrakturen), Schussverletzung

Epid: Beim **polytraumatisierten Patienten** kommt eine urologische Mitbeteiligung in 10-30 % d.F. vor, davon entfallen 2/3 auf die Nieren. M > w (3:1)

Etlg: # Nierenverletzungen nach der Amerikanischen Gesellschaft für Traumachirurgie (AAST)

Grad	Eigenschaft
I	Nierenkontusion, perirenales od. subkapsuläres Hämatom
II	Grad-I-Läsion + Parenchymlazeration <1 cm, Kelchsystem intakt
III	Lazeration >1 cm ohne Urinaustritt
IV	Durchgehende Parenchymläsion, Kelche und/oder Hilusgefäße betroffen, Blutung
V	Multifragmentation, Blutung/Sequesterbildung und/oder Nierenstielabriss

Nierendezelerationstrauma (z.B. Sturz aus großer Höhe) ⇨ Thrombose der Arteria od. V.renalis durch Intimaeinriss oder Stielabriss mit perirenalem Hämatom, Ureterabriss

Commotio renalis (stumpfes Trauma auf die Flanke) ⇨ Berstungsruptur mögl.

Perforierendes Nierentrauma (Stich-, Schuss-, Pfählungsverletzungen, Knochendurchspießungen bei Rippenfraktur)

<u>**Klin:**</u> ⇒ **Flankenschmerz** / klopfschmerzhaftes Nierenlager (Spannungsschmerz bei subkapsulärem Hämatom, **tastbarer Tumor in der Flanke**, Prellmarken

⇒ **Makro- /Mikrohämaturie**, Blutkoagelabgänge (in 80 % d.F., Kolik mögl.)

⇒ Bei starker Blutung durch Abriss des Nierenstiels <u>keine</u> Hämaturie ⇨ Schocksymptomatik, Anurie

⇒ Evtl. zwischen Unfallereignis und Klinik auch **symptomfreies Intervall** von mehreren Tagen bis 3 Wochen mögl. = zweizeitiger Verlauf mit primär subkapsulärer Blutung und späterer Kapselruptur und Schocksymptomatik

<u>**Diag:**</u>
1. Anamnese (Unfallart u. -hergang?) und klinische Untersuchung: **Prellmarken**, Flankenklopfschmerzhaftigkeit
2. <u>**Sonographie:**</u> Retro- od. intraperitoneale freie Flüssigkeit (Hämatom oder Urinextravasat), Nierenparenchymdefekt?, ggf. farbkodierte Duplexsonographie
3. <u>**Röntgen:**</u> **Abdomenübersicht** ⇨ Rippenfrakturen, LWS-Querfortsatz-Frakturen, Flüssigkeitsspiegel, freie Luft, Verschattung der Nierengegend, unscharfe Psoas-Grenze, Verdrängung v. Zwerchfell, Leber, Kolon.
   Spiral-CT-Abdomen zur topographischen Hämatomzuordnung, zur Differenzierung Urin-/Blut-Extravasat (mit KM) und zum Ausschluss von Begleitverletzungen
   Ist kein CT vorhanden IVP (Ausscheidungsurographie): bei Ruptur Austritt des Kontrastmittels aus dem Nierenparenchym, bei Gefäßabriss keine Darstellung der betroffenen Niere (= stumme Niere). Stellt sich der Ureter/Harnblase nicht dar ⇨ ggf. auch retrograde Urethrographie.
   Nierenarterienangiographie (DSA), Nierenszintigraphie bei funktionsloser Niere im IVP
4. <u>Labor:</u> Urinstatus (Stix), Urinsediment, Kreatinin, Blutbild, Gerinnung und Elektrolyte
5. **Bilanzierung** der Ein- und Ausfuhrmenge

<u>**Ther:**</u>
- <u>Akut:</u> Schocktherapie mit Infusionsbehandlung
- <u>Konservativ:</u> Grad I - III (meist auch IV, da die GEROTA-Faszie eine Blutung begrenzt) werden primär nur beobachtet (ca. ¾ d.F.) mit wiederholten Hb- u. Sonographiekontrollen
- <u>Operativ:</u> Ind: Notfallindikation bei Schweregrad V (Zertrümmerung, Nierenstielabriss), lebensbedrohliche Blutung, Kombination mit anderen intraabdominellen Verletzungen, perforierendes Trauma mit großem Hämatom
  Anmerkung: immer versuchen eine IVP präoperativ durchzuführen
  - Stets zuerst **Versuch der Organerhaltung**: transperitonealer Zugang, Sicherung des Nierenstiels. Glattflächige Risse werden genäht, ggf. Netzadaptation
  - Nierengefäßverletzungen ⇨ Versuch der Gefäßerhaltung/Reanastomosierung
  - Zertrümmerung eines Nierenpols ⇨ Unterbindung der betreffenden Polarterie und Resektion des betreffenden Poles
  - Vollständig zertrümmerte Niere ⇨ Nephrektomie nach vorheriger Überprüfung der Funktionsfähigkeit der kontralateralen Niere (Isotopennephrographie)

<u>**Prog:**</u> Nephrektomierate ca. 15 % d.F. (Früh-Op bis 30 %), Spätkomplikationen in 5-20 % d.F.
Begutachtung: Entfernung einer Niere 25 % GdB/MdE

<u>**Kompl:**</u>
* **Perakute Blutung**
* **Retroperitoneales Hämatom** durch Einblutung, bei gleichzeitiger Eröffnung des Peritoneums auch intraabdominelle Blutung ⇨ Schockgefahr, paralytischer Ileus, Infektion des Hämatoms
* Nierenschleudertrauma: **Intimaeinriss** der A.renalis ⇨ **Verlegung der Strombahn** (arterielle Thrombose) und Infarzierung der Niere
* **Harnleiter-/Nierenbeckenverletzung** ⇨ Urin-Extravasion (Urinom) in das Retroperitoneum, Urinfistel
* Perinephritischer Abszess, Urinphlegmone, Sepsis
* <u>Polytrauma:</u> intraabdominelle Verletzungen, **Blasentrauma**, Darmperforationen, Blutung, Peritonitis, Beckenringfraktur, Schädel-Hirn-Trauma
* <u>Spätkomplikationen:</u> sekundärer Organ- oder Funktionsverlust durch Gefäßstenosen, Hydronephrose, Zystenbildung, renal bedingter arterieller Hypertonus (sog. Page-Niere), Schrumpfniere, Nephrolithiasis, rezidivierende Infekte

Op: * Ligatur einer Polarterie führt in 10-20 % d.F. zur **arterielle Hypertonie**
* Gewebsnekrose bei unzureichender Gefäßversorgung

Proph: ♥ Posttraumatische Kontrollen in 6-monatigem Abstand für mind. 5 Jahre

DD: – Retroperitoneale Blutungen/Hämatome, andere intraabdominelle Begleitverletzungen
– Intraperitoneale Harnblasenverletzung ⇨ dringliche Op-Indikation wegen der Gefahr einer urinösen Peritonitis
– Harnleiter, Harnröhren- und Harnblasenverletzung ⇨ rasche Sicherung der Abflussverhältnisse und dann Versuch der End-zu-End-Anastomose

NIERENSTEINE

Syn: Nephrolithiasis, Nierensteinkrankheit, **Urolithiasis**, engl. kidney stones, ICD-10: N20.- Harnleiterstein, Ureterolithiasis, ICD-10: N20.1; Blasenstein, ICD-10: N21.0

Ät: – **Hyperkalzämie** ⇨ Kalziumphosphatsteine, **Kalziumoxalatsteine** (häufigste Steinart)
– **Hyperurikämie** (Wohlstandskrankheit, bei Leukosen, Tumorzerfall, massiver Reduktionsdiät, Med: Urikosurika [Probenecid, Benzbromaron], Zytostatika) ⇨ Uratsteine
– **Infekte** des Harntraktes ⇨ Magnesiumammoniumphosphat (sog. Struvitsteine)
– **Abflussbehinderungen:** Ureterabgangsstenose, Megaureter, Ureterozele, Blasendivertikel, neurogene Blasenentleerungsstörung, Prostatahyperplasie, Hemmung der Ureterperistaltik bei Infektionen ⇨ Stase im Harntrakt ⇨ Kristalle haben Zeit für das Größerwerden
– Erblich (hereditär): Cystinurie, Hyperoxalurie (auch bei Kurzdarmsyndrom), renale tubuläre Azidose, Xanthinoxidasemangel, angeborene Markschwammniere
– Iatrogen: "Fremdkörper" (Dauerkatheter, Ureterschiene), Indinavir-Steine bei HIV-Therapie
– Allgemeine Risikofaktoren: familiäre genetische Disposition, Alter, Geschlecht (m), schlechte Stoffwechsellage, zu geringe Flüssigkeitsaufnahme (Urinvolumen <1 l), Schwangerschaft

Path: Kristallbildung durch **Überschreiten des Löslichkeitsproduktes** steinbildender Substanzen ⇨ Kristallwachstum/-aggregation führen zum Stein, die Steinwanderung zur Kolik

Epid: ◊ Prävalenz: in Deutschland 5 % d. Bevölkerung, Inzidenz: 1.500/100.000/Jahr
◊ Prädisp.alter: 35.-65. Lj., **m** > w (2:1), aber auch zunehmend Kinder (Übergewicht!)

Etlg: # Lok: **Nierenstein** = Konkremente in den Nierentubuli/-kelchen (Parenchymsteine, Papillensteine, Kelchsteine) od. Nierenbecken (Extremform: Ausgussstein od. Korallenstein = kann das gesamte Nierenbecken ausfüllen)
in den ableitenden Harnwegen = **Ureterstein** (Syn: Harnleiterstein)
selten **Blasensteine** oder Urethrasteine (<3 %)
Steinzusammensetzung: häufig auch **Kombinationssteine**
Oxalate - Kalziumsalze (70 % d.F.), Uratsteine (15 %, **Harnsäure**), Magnesiumammoniumphosphat (10 %, sog. **Infekt-** oder **Struvitsteine**)

Klin: ⇒ Akute Nierensteinkolik: starke, **anfallsartig** auftretende (= Kolik), wehen- od. **krampfartige, stechende Schmerzen** (selten auch dumpfe Schmerzen) von Minuten bis zu Stunden dauernd (durch die Tonuserhöhung im Ureter mit **Dehnungsschmerzen** und konsekutiven, krampfartigen **Harnleiterkontraktionen**)
Die Patienten sind extrem unruhig. Typischerweise „wandert" der Schmerz (***"der Stein wandert, der Schmerz wandert und der Patient wandert auch"***) bei der Passage des Steines durch den Ureter. Ausstrahlung der Schmerzen entsprechend der Verschlussetage:
- bei hoher Steinlokalisation: Schmerz in der Flanke und Schmerzausstrahlung in den Rücken (kostovertebral) und in die Lendenregion
- bei tiefsitzendem (od. im intramuralen Blasenanteil) Ureterstein: Schmerzausstrahlung in Blase, Hoden, Penis, Schamlippen, Symphyse, Leiste od. Oberschenkelinnenseite

⇒ Imperativer **Harndrang** bei verminderter Harnmenge, Pollakisurie (häufiges Entleeren kleiner Harnmengen) bis zur reflektorische Anurie

⇒ Hämaturie: als **Mikrohämaturie** od. Makrohämaturie (Makro- nur in 25 % d.F.) durch Ureterläsion (nicht bei komplettem Ureterverschluss)
DD: bei Makrohämaturie gilt bis zum Ausschluss immer Tumorverdacht. Koagel von blutenden Nierentumoren können ebenfalls Koliken hervorrufen.

⇒ Vegetative Begleitsymptomatik: Übelkeit und Erbrechen, abdominelle Abwehrspannung, Meteorismus, Obstipation bis zum Sistieren der Darmperistaltik = Darmatonie durch viszeroviszeralen Reflex (reflektorischer paralytischer Ileus), Tachykardie und arterielle Hypotension bis zum Kreislaufkollaps, Schüttelfrost ohne wesentliche Fieberentwicklung (Fieber erst bei Begleitinfektion)

⇒ Bakterielle Infektion: obstruktive Pyelonephritis ⇨ Gefahr der Urosepsis (ohne Druckentlastung hohe Letalität)

⇒ Chronisches Nierensteinleiden (große Steine, (bis zum Nierenbeckenausgussstein), die nicht mehr wandern können): eher geringe, dauerhafte dumpfe Schmerzen in der Nierenregion od. im Verlauf des Ureters

⇒ Blasensteine: Pollakisurie, intermittierender Harnfluss (Harnstottern, „**Stakkatomiktion**" bei Blasenhalsstein), Hämaturie, Schmerzen nach Blasenentleerung, Fremdkörpergefühl

⇒ Kinder: oft nur uncharakteristische Bauchschmerzen, „Nabelkoliken", Erbrechen, Fieber

Diag:
1. Anamnese (typische Klinik, familiäre Disposition?) und urologische Untersuchung
2. Urin-Labor: Urinsediment (Hämaturie, Leukozyturie, Bakteriurie), Bestimmung von Urin-pH (bei Uratsteinen saurer Urin, bei Infektsteinen alkalischer Urin), Urinkultur, **24-Std.-Sammelurin** und 2-Std.-Nüchternurin (Bestimmung von Kalzium, Oxalsäure, Harnsäure, Phosphat, Cystin), ggf. Sammelurin unter bestimmten Diätbedingungen
   Harnsäure (Norm: 3-6 mg/dl) u. Kalzium (Norm: 2,25-2,75 mmol/l) im Serum bestimmen, Parathormon bei V.a. Hyperparathyreoidismus
   Nach Steinabgang (während des Harnabgangs Sieben des Harns!): Analyse der **Steinzusammensetzung** durch Röntgendiffraktometrie, Polarisationsmikroskopie od. Infrarotspektroskopie ⇨ Wichtig: die Art u. Möglichkeit der Rezidivprophylaxe hängt von der Steinzusammensetzung ab
3. **Sonographie**: echoreicher Bezirk (Steindurchmesser >2-3 mm) mit typischem **dorsalem Schallschatten** = hinter dem Stein (im Ureter sind Steine schlecht nachweisbar)
   Harnstauungsniere ⇨ aufgeweitetes Nierenbeckenkelchsystem mit **Schallverstärkung** hinter dem Nierenbecken
   Blasensteine sind typisch lagevariabel (als DD zu einem wandständigen Blasentumor)
4. Röntgen: **Abdomenleeraufnahme** (Kalzium-haltige Steine sind sichtbar = **schattengebend**, röntgennegative Steine, z.B. Harnsäuresteine sind nicht sichtbar), als Nephrokalzinose werden multiple Verkalkungen in den Nierentubuli u. -papillen bezeichnet (typisch für Hyperparathyreoidismus od. renale tubuläre Azidose)
   Ausscheidungsurographie: Nachweis der nicht-sichtbaren Steine als Kontrastmittelaussparung od. Abbruch der KM-Säule im Ureter (Ausscheidungsurographie immer erst im schmerzfreien Intervall, K-Ind: eingeschränkte Nierenfunktion, Kreatinin >3 mg/dl)
5. Zystoskopie bei Blasensteinen

Ther:
- **Akute Kolik: Infusionstherapie** mit spasmolytischer und analgetischer Medikation (**Spasmoanalgesie**) mit Butylscopolamin [Buscopan®] + Tramadol [Tramal®] od. Metamizol [Novalgin®] od. potente Opioide (z.B. Pethidin [Dolantin®] od. Piritramid [Dipidolor®])
  Schmerzlindernd kann auch eine intrakutane Quaddelung mit einem Lokalanästhetikum (Lidocain, Xyloneural®) im Gebiet der Schmerzausstrahlung (Head-Zone) sein.
  Bei Steinen mit einem **Durchmesser <6 mm** (im Durchschnitt 3-4 mm groß) kommt es im Verlauf meist zum **spontanen Steinabgang**. (je weiter der Stein bei der ersten Kolik schon tiefergetreten ist, um so wahrscheinlicher ist ein spontaner Abgang)

Die weitere Ther. erfolgt i.d.R. durch den Urologen:

- Konservativ:
  - Urolitholyse = Steinauflösung innerhalb von 2-3 Mon. bei reinen Harnsäure- u. Cystinsteinen (dürfen kein Kalzium enthalten) durch Harnalkalisierung (pH Zielwert 6,2-6,8) mit Kalium-Natrium-Hydrogenzitrat (Uralyt-U®Granulat) mögl., bei Hyperurikämie zusätzlich Urikostatika (Allopurinol, Zyloric®)

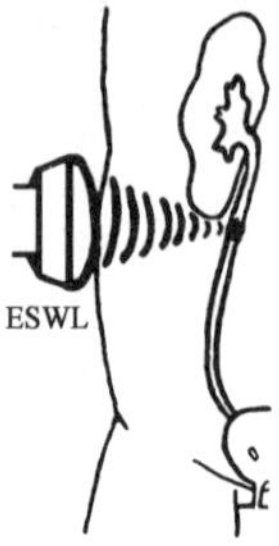

- Bei infizierter Harnstauungsniere droht Urosepsis!, daher noch vor der Antibiose eine sofortige Druckentlastung durch perkutane Nephrostomie durchführen.
- Stoßwellentherapie (**ESWL** = extrakorporale Stoßwellenlithotripsie od. PNL = perkutane Nephrolithotripsie genannt, s. Abb.): 90 % der nicht spontan abgehenden Steine sind damit behandelbar, Domäne der Urologie
- Endourologische Therapie (in Verbindung mit Ureterorenoskopie bei Steinen >1 cm) durch den Urologen: **Schlingenextraktion** = Entfernung eines Uretersteins mittels einer Schlinge (z.B. ZEISS-Schlinge, DORMIA-Schlinge) über einen Katheter von der Blase aus od. auch über eine Nephrostomie (= Entfernung von der Niere/Pyelon aus)

• Operative Therapie: offene Steinchirurgie (heute selten, <1 % d.F.)

Ind: erfolglose minimal-invasive Verfahren (z.B. wegen dystoper Nierenlage), Nierenbecken- oder Kelchausgussstein bei stenosiertem Zugang (Nierenbeckenabgangsstenose) ⇨ gleichzeitig operative Korrektur der Stenose erforderlich (wegen der Rezidivgefahr)

- Ureterolithotomie, Pyelolithotomie, Nephrolithotomie je nach Lokalisation = operative Eröffnung der Struktur und Steinextraktion (bei der Harnblase wird der Eingriff Sectio alta od. Zystotomie genannt)
- Bei irreversibler Zerstörung einer Niere durch Steinerkrankung ⇨ Nephrektomie

Prog: ¾ der Harnsteine gehen spontan (mit konservativer Ther.) ab. Die Rezidivwahrscheinlichkeit ist aber sehr hoch (50-100%!)

Kompl: * Bakterielle Infektion ⇨ Nierenbeckenentzündung mit nachfolgender, obstruktiver Pyelonephritis bis zur **Urosepsis**

* Chronisches Nierensteinleiden: Hydronephrose (Harnstauungsniere mit Parenchymschwund durch Druckatrophie, insb. bei Nierenbecken- oder Kelchausgusssteinen) ⇨ Schrumpfniere, Niereninsuffizienz bis zum Funktionsverlust der betroffenen Niere

Proph: ♥ Allgemeine Maßnahmen zur Rezidivprophylaxe (Metaphylaxe): **ausreichende Trinkmenge** (Harnfluss >2 l/Tag, spezifisches Gewicht <1,010 g/ml), Protein- u. Salzrestriktion, Gewichtsreduktion, körperliche Aktivität (Cave! - starkes Schwitzen durch Zufuhr von Flüssigkeit ausgleichen), ballaststoffreiche Kost, weniger Milchprodukte

♥ Spezifische Maßnahmen je nach Steintyp (s. Urologiebuch)

DD:
- Andere Nierenerkrankungen, Nierenfehlbildungen, Tumoren, Nierenarterienverschluss/ -thrombose (Niereninfarkt)
- Radiologische Differentialdiagnosen eines Kalkschattens bzw. einer Kontrastmittelaussparung im Ausscheidungsurogramm (z.B. Harnleitertumor)
- Iatrogen: versehentliche Ureterligatur bei abdominellen Eingriffen, vergessener Fremdkörper (z.B. Klemme, Tupfer, Bauchtuch, sog. Gossypibom)
- DD der Hämaturie s.u. Kap. Nierentumoren
- Kolik: **Akutes Abdomen**, z.B. Ulkusperforation, Gallensteinkolik, Myokardinfarkt, Pankreatitis, Appendizitis usw. - jede Kolik kann wie ein akutes Abdomen imponieren und jedes akute Abdomen kann kolikartige Schmerzen aufweisen (s. Übersicht Kap. Gallensteine)

UROSEPSIS

Syn: Harnsepsis, septisches Harnfieber, ICD-10: N39.0

Ät:
- Harnabflussbehinderung (jeglicher Genese: insb. **Nephrolithiasis**, Urethralklappe, Megaureter) und sekundäre Harnweginfektion
- Iatrogen: Harnwegverletzung bei **instrumentellen Eingriffen** (z.B. retrograde Schlingenextraktion), wiederholten Katheterisierungen od. Dauerkatheter ("Katheterfieber")
- Prädisp: Immunsuppression, Diabetes mellitus

<u>**Path:**</u> ♦ Urogene (meist aszendierende) od. selten hämatogene, **bakterielle Infektion** des **Nierenparenchyms** (abszedierende Pyelonephritis, Pyonephrose) führt zur septischen Streuung der Infektion aus dem Urogenitaltrakt in den Organismus (= Bakteriämie). Begünstigt wird die Entwicklung durch **Harnwegobstruktion** und verminderte Immunabwehr (konsumierende Prozesse, HIV-Infektion, Chemotherapie, Immunsuppression).

♦ <u>Erreger:</u> meist gramnegative, endotoxinbildende Stäbchenbakterien (**E. coli** in bis zu 90% d.F., Proteus)

<u>**Klin:**</u> <u>Frühsymptomatik:</u>

⇒ Fieber mit **septischen Temperaturen**, Schüttelfrost, Unruhe des Patienten

⇒ Oligo- od. **Anurie**, Blutdruckabfall, Tachykardie, respiratorische Alkalose

⇒ Leukozytose, Thrombozytenabfall

<u>Spätsymptomatik:</u> **septischer Schock**

⇒ Bewusstseinseintrübung, Ateminsuffizienz, fahle, graue Haut, metabolische Azidose

⇒ Endotoxinschock mit **Verbrauchskoagulopathie** (DIC), gastrointestinale Blutungen bis zum **Multiorganversagen**

<u>**Diag:**</u>
1. Anamnese und urologische Untersuchung: Klopfschmerz der Flanken
2. <u>Labor:</u> Leukozytose, später Leukopenie, Thrombozytenabfall (<50.000/µl), Laktatanstieg, Abnahme von Blutkulturen zur Erreger- und Resistenzbestimmung
3. Sonographie: Harnstauung, Abszessbildung?
4. Röntgen: in der Abdomenübersicht vergrößerte Niere und unscharfe Randkonturen
   Rö-Thorax: verbreiterte Gefäßschatten, milchglasähnliche Trübung
5. CT mit KM: bei V.a. auf Parenchymeinschmelzung

<u>**Ther:**</u>
- **Intensivmedizinische Behandlung** der Komplikationen, Überwachung der Gerinnung, Kreislauf- und Ausscheidungsfunktion (Bilanzierung). Bei Oligo-/Anurie mit Anstieg der harnpflichtigen Substanzen Dialyse.
- Schnellstmöglicher Beginn einer **i.v.-Antibiose** noch <u>vor</u> dem Ergebnis des Antibiogramms mit einem Breitspektrum-Cephalosporin (z.B. Ceftazidim, Fortum®) **+** Aminoglykosid-Antibiotikum (z.B. Tobramycin, Gernebcin®) od. Piperacillin + Tazobactam (Tazobac®), nach Erreger- und Resistenzbestimmung dann gezielte Antibiose i.v.
- Entlastung der gestauten Niere (**perkutane Nephrostomie**)
- <u>Operativ:</u>
  - Inzision und Drainage von Einschmelzungen und Abszessen
  - Nephrektomie bei nicht beherrschbarem septischen Krankheitsbild

<u>**Prog:**</u> Bei adäquater intensivmedizinischer Therapie Letalität heute <20 %

<u>**Kompl:**</u>
* Konfluieren von Nierenabszessen mit Durchbruch der Nierenkapsel ⇨ perirenaler (Syn: perinephritischer) Abszess, Senkungsabszess entlang des M.psoas
* Eitrige Infektion der gesamten gestauten Niere = Pyonephrose, Letalität: bei Pyonephrose mit perirenaler Abszessbildung bis zu 50 % (meist zu späte Diagnose!)
* Harnphlegmone: entsteht durch Harninfiltration in periureterales, perivesikales, periurethrales od. perirenales Gewebe infolge Trauma, Stein, Striktur, Fremdkörper od. Entzündung ⇨ bei infiziertem Urin schwere phlegmonöse Entzündung des Bindegewebes

<u>**DD:**</u> – Pilzsepsis mit hämatogener Infizierung der Niere durch Candida albicans bei immungeschwächten Pat.

NIERENTUMOREN

<u>**Etlg:**</u> # <u>Benigne</u> (selten, ICD-10: D30.0): Adenome (maligne Entartung mögl.), Hamartome, Fibrome, Myom, Lipom, Angiomyolipom (benigner Mischtumor), Hämangiom, Lymphangiom, Onkozytom

Maligne: **Nierenzellkarzinom** (Syn: Hypernephrom, Nephrom, hypernephroides Nierenkarzinom, GRAWITZ-Tumor, engl. RCC = renal cell carcinoma, ICD-10: C64) = epitheliales (sog. klarzelliges) Karzinom, das vom Nierenparenchym (proximale Tubuluszellen) ausgeht (85 % d.F.)
papilläres Karzinom des Nierenbeckens (12 % d.F., ICD-10: C65) ⇨ vom Übergangsepithel des Ureters ausgehend, zählt daher funktionell schon zu den Harnleitertumoren
Nephroblastom der Kinder = WILMS-Tumor (Mischtumor, s.u. Kap. Kinderchirurgie)
Leiomyosarkom (2 % d.F.)

Metastasen: insb. Bronchial- u. Kolonkarzinome, Non-HODGKIN-Lymphome

Ät: Nierenzellkarzinom: am häufigsten sporadisch auftretend
- gesichertes Risiko besteht bei chronischer Niereninsuffizienz
- ca. 5 % d.F. sind hereditär (positive Familienanamnese), dann häufig multifokal auftretend: v.HIPPEL-LINDAU-Syndrom (aut.-dom. erbliche Phakomatose, Chrom. 3p25-26 ⇨ klarzelliges Nierenzellkarzinom), hereditäres papilläres Nierenzellkarzinom (sehr selten, HPRCC Typ 1 – Chrom. 7 und Typ 2 – Chrom. 1), chromophobes Nierenzellkarzinom (BIRT-HOGG-DUBÉ-Syndrom), tuberöse Sklerose (u.a. Hamartome der Niere)
- Berufliche Exposition: Trichloroethylen (Lösungsmittel in der Industrie, Missbrauch als Suchtmittel – „Schnüffelstoff")
- als Risikofaktoren werden diskutiert: Nikotin, Kadmiumexposition, arterielle Hypertonie, fettreiche Kost, Übergewicht und hormonelle Einflüsse (bei Männern)

Path:
- Lok: Nierenzellkarzinom meist in einem Nierenpol, 2 % der Nierenzellkarzinome sind bilateral (dann V.a. genetische Genese)
- Metastasierung: Nierenzellkarzinom ⇨ **per continuitatem** in das Nierenbecken, **V.renalis**, **V.cava inf.** u. in die perirenale Fettkapsel (auch Leber, Kolon, Pankreas, Milz mögl.)
  ⇨ **lymphogen** in die hilären, abdominal paraaortalen und parakavalen Lk (**N**1-2)
  ⇨ **hämatogen** in die **Lunge!**, **Skelett**, Leber u. Gehirn (Fernmetastasen = **M**1)
- TNM-Klassifikation des Nierenzellkarzinoms

T1	Tumor <7 cm in größter Ausdehnung, begrenzt auf die Niere **T**1a: Tumor <4 cm **T**1b: Tumor 4-7 cm
T2	Tumor >7 cm, begrenzt auf die Niere **T**2a: Tumor 7-10 cm **T**2b: Tumor >10 cm
T3	Tumor breitet sich in größeren Venen aus od. infiltriert perirenales Gewebe, aber nicht jenseits der GEROTA-Faszie (= Fascia renalis) und nicht in die Nebenniere **T**3a Tumor infiltriert perirenales Gewebe (peripelvines Fettgewebe) oder mit makroskopischer Ausbreitung in die Nierenvene od. ihre segmentalen Äste **T**3b Tumor mit makroskopischer Ausbreitung in die V.cava unterhalb des Zwerchfells **T**3c Tumor mit makroskopischer Ausbreitung in der V.cava oberhalb des Zwerchfells od. Infiltration der Wand der V.cava
T4	Tumor infiltriert über die GEROTA-Faszie hinaus, Befall der ipsilateralen Nebenniere
N1	Metastase in einem regionären Lymphknoten (= hiläre sowie abdominale paraaortale od. parakavale Lk)
N2	Metastasen in mehr als einem regionären Lk
M1	Fernmetastasen

Stadiengruppierung: I: **T**1**N**0**M**0 II: **T**2**N**0**M**0
III: **T**3**N**0**M**0 bis **T**1-3**N**1**M**0 IV: alle **T**4, alle **N**2, alle **M**1

Epid:
◊ Nierenzellkarzinom: 45.-75. Lj., **m** > w = 2:1, macht 85 % aller Nierentumoren beim Erwachsenen aus, Inzidenz: 15/100.000/Jahr, ca. 12.000 Neuerkrankungen/Jahr in Dtl.
◊ WILMS-Tumor: bevorzugt Kinder zw. 2.-5. Lj., macht 6-8 % aller Tumoren im Kindesalter aus, häufigster Nierentumor im Kindesalter

Klin:
⇒ Über die Hälfte der Nierenzellkarzinome sind **Zufallsbefunde** = klinisch asymptomatisch
⇒ **schmerzlose Hämaturie** als Leitsymptom (bei Einbruch des Tumors in das Nierenbeckensystem = kein Frühsymptom mehr)

⇒ **tastbare Resistenz** in der Flankengegend

⇒ **Flankenschmerz**, evtl. auch Druckschmerzhaftigkeit der Nierengegend, auch kolikartige Schmerzen bei Verlegung der ableitenden Harnwege durch Blutkoagel möglich

⇒ bei Befall der li. V.renalis ⇨ (sekundäre) Varikozele mögl. (durch Verlegung der V.testicularis; die Varikozele ist dann auch im Liegen noch im Skrotum sichtbar/tastbar)

⇒ Gewichtsabnahme, subfebrile Temperaturen (Tumornekrose), Bluthochdruck

⇒ Paraneoplastische Symptome mögl. (selten, entstehen durch Hormonbildung im Tumor): Polyglobulie (Erythropoetin), arterielle Hypertonie (Renin), Hyperkalzämie (Parathormon od. Knochenmetastasierung)

Diag: 1. Anamnese (familiäre Disposition, bekannte Phakomatose?) und klinische Untersuchung: Palpation der Nierengegend, schmerzlose Rotfärbung des Urins (Makrohämaturie)
2. Sonographie: gute Abgrenzung zwischen soliden Tumoren und Zysten mögl. ⇨ Tumoren sind inhomogen, echoreicher, Vorwölbung der Organoberfläche mögl. (DD: der sog. Milzbuckel am oberen Pol der li. Niere kommt bei 10 % d.F. Bevölkerung vor und ist ohne pathologische Bedeutung), bei Infiltration des M.psoas fehlende Atemverschieblichkeit
3. Labor: Erythrozyturie, Anämie od. auch Polyglobulie, Renin-Spiegel (↑), Hyperkalzämie
4. Röntgen: Abdomenleeraufnahme und IVP (intravenöse Pyelographie)
   CT und Angiographie/DSA zum Ausschluss von Metastasen, Gefäßabbrüchen
5. Staging: Rö-Thorax, Skelett-Szintigraphie zur Fernmetastasensuche

Ther:
- Operativ: Ind: Nierenzellkarzinom $T_{1\text{-}3}$ ohne Fernmetastasierung (= M_0)
  - Transabdomineller Zugang, perioperative Antibiotikaprophylaxe mit einem Cephalosporin (z.B. 1 g Ceftriaxon i.v., Rocephin®)
  - **Radikale Tumornephrektomie** (Niere + perirenale Fettkapsel mit der Fascia renalis + Nebenniere), bei V.a. Lk-Metastasen auch regionäre Lymphadenektomie
  - Tumorthromben in der V.cava werden versucht zu extrahieren, evtl. auch Kavamanschettenresektion und anschließende Protheseninterposition
  - Organerhaltende Tumorresektion (als Segmentresektion und Erhalt der Nebenniere) bei sehr kleinen und peripher gelegenen Tumoren (T_1 bis max. 4 cm) und gesunder Gegenniere elektiv mögl. (mit gleich guter Prognose wie die radikale Tumornephrektomie, auch schon laparoskopisch mögl.), teils aber auch zwingend erforderlich, z.B. bei bilateralen Tumoren (einseitig erfolgt eine Nephrektomie), bei Vorliegen einer (angeborenen oder funktionellen) Einzelniere oder Niereninsuffizienz (erspart die Hämodialyse)
- Adjuvante (postoperative) Therapieverfahren bei Metastasierung: diese sind alle noch Gegenstand vieler Studien und bei ca. 1/3 d. Pat. wirksam (die Überlebenszeit lässt sich damit etwa verdoppeln = ca. 20 Mon.)
  - Immuntherapie: „Impfung" mit nicht mehr teilungsfähigen autologen Tumorzellen (= werden aus dem eigenen Op-Präparat aufbereitet)
  - Immunmodulation: α_{2a}-Interferon + Interleukin-2 (bei Lungenmetastasen auch inhalativ)
  - Chemotherapie: nur geringe Ansprechrate (max. 20 %, am besten bei Vinblastin + 5-Fluorouracil), ggf. auch Kombination von α_{2a}-Interferon + Vinblastin od. α_{2a}-Interferon + Interleukin-2 + 5-FU. Bei Therapieversagen kann auch ein oraler Tyrosinkinase-Inhibitor (Sorafenib 2 x 400 mg/Tag, Nexavar® od. Sunitinib 50 mg/Tag, Sutent®) eingesetzt werden, in Erprobung auch ein Antikörper gegen VEGF (Bevacizumab, Avastin®) bei Progress unter systemischer Ther.
  - Hormontherapie: nur sehr geringe Ansprechrate, versucht werden u.a. Antiöstrogene
  - Stereotaktische Bestrahlung (Radiochirurgie, sog. Gamma Knife) bei Hirnmetastasen
- Palliativ: Bei T_4-Tumor statt radikaler Tumornephrektomie ggf. auch Embolisation des Tumors über einen Katheter mit einem Gewebekleber (z.B. Histoacryl) in die A.renalis (Ind. bei inoperablem Tumor mit rezidivierenden Blutungen in das Hohlraumsystem)

Prog: Nierenzellkarzinom ohne Metastasen bis T_{3a} 5-JÜR 65 %, bei Infiltration in die V.cava 35 %, bei T_4 15 %, bei M_1 extrem schlecht mit einer mittleren Überlebenszeit von 10-12 Mon.

Kompl: * Einbruch des Tumors in die V.cava inf. und Gefahr einer V.cava-Thrombose
* STAUFFER-Syndrom: Nierentumor + Leberfunktionsstörung (Hepatomegalie, AP ↑, GGT ↑, α_2-Globuline ↑, Albumin, Quick und Prothrombin ↓)

- ∗ **Spätmetastasierung** noch nach 10 u. mehr Jahren mögl. ⇨ Nachsorgeuntersuchungen
- ∗ 8faches Risiko für ein Nierenzellkarzinom der kontralateralen (gesunden) Niere

<u>Op:</u> ∗ Postinfarkt-Syndrom nach Embolisation (durch Nierennekrose ⇨ Schmerz, Fieber, Bluthochdruck, Übelkeit, Erbrechen), daher heute eher operative Ther. auch bei T4

∗ Nierenteilresektion: Urinom (Urinfistel in das perirenale und retroperitoneale Gewebe), Nachblutung

<u>DD:</u> – **Nierenzysten**, Hydronephrose, xanthogranulomatöse Pyelonephritis, Nierenkarbunkel, Nierenbuckel (kraniale Verdickung der li. Niere, in 10 % d.F., ohne patholog. Bedeutung)

– Nebennierentumor, Pankreaskarzinom, retroperitoneale Tumoren od. Harnleitertumoren mit Infiltration oder Verdrängung (Dystopie) der Nieren

– <u>DD der Hämaturie</u> (s. Übersicht):

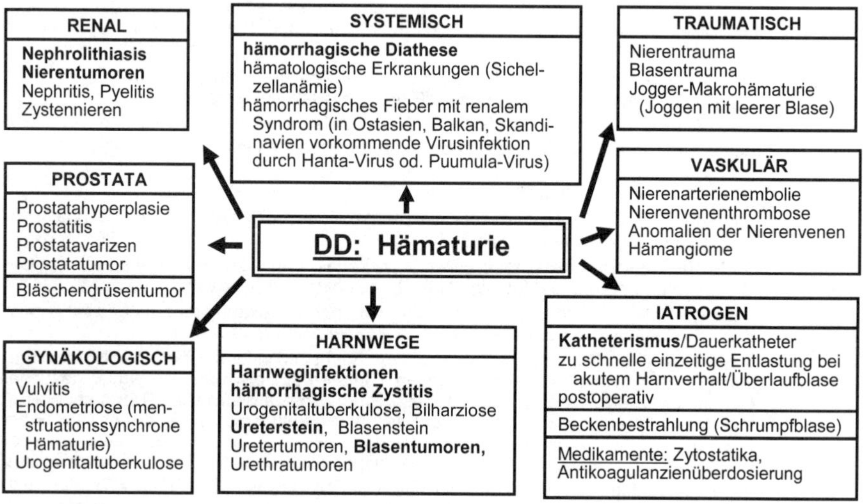

NIERENTRANSPLANTATION

<u>Ind:</u> – **Terminale Niereninsuffizienz** bei chronischem Nierenversagen/Dialysepatienten (vaskuläre od. diabetische Nephropathie, Glomerulonephritis, polyzystische Nierendegeneration)

– Patienten mit Niereninsuffizienz und Dialyseproblemen: Shunt-Komplikationen, Anämie, Hypertonie, Hyperparathyreoidismus (sekundärer), Polyneuropathie oder Demenz

– Kinder: angeborene Nierenhypoplasie/-dysplasie, obstruktive/refluxsive Nephropathie, Glomerulosklerose, Glomerulonephritis, Nephronophthise (aut.-rez. vererbte Zystennieren)

<u>K-Ind:</u> ⏀ Akute Nierenerkrankung (z.B. floride immunologische Erkrankungen, z.B. GOODPASTURE-Syndrom, Vaskulitiden)

⏀ Chronische, nicht sanierbare Infekte (K-Ind. ergibt sich durch die notwendige immunsuppressive Ther.), akute gastrointestinale Erkrankung, wie z.B. Ulzera ⇨ Op nach Behandlung mögl.

⏀ Fortgeschrittene Zweiterkrankungen, wie nicht kurable Malignome od. Systemerkrankungen (z.B. Oxalose)

⏀ Non-compliance des Pat., fehlende Narkosefähigkeit (schlechter Allgemeinzustand)

Epid: ◊ 1. Nierentransplantation (Syn: NTX) 1950 in Chicago, weltweit bisher ½ Mio. durchgeführt. 2010 wurden in Deutschland 2.272 Nieren transplantiert (und zusätzlich 665 **Lebendspenden** von Familienangehörigen), jährlicher Bedarf ca. 4.500 Nieren
Warteliste: in Dtl. derzeit **8.000 Pat.!**, durchschnittliche Wartezeit rechnerisch 3-4 Jahre (die statistische Transplantat-Überlebensrate sinkt auch mit der Dauer der Wartezeit)

◊ Die rechnerische Lebenserwartung eines terminal Nierenkranken ist trotz Dialyse nur halb so hoch wie nach einer Nierentransplantation (bei Kindern sogar nur ¼).

◊ In Deutschland gibt es z.Zt. 40 Nieren-Transplantationszentren. Die Vergabe der Organe erfolgt nach einem Punktesystem (bewertet wird HLA-Übereinstimmung, Wartezeit, Notfall usw.) über Eurotransplant in Leiden/Niederlande.

◊ Altersgrenze: keine generelle Altersbegrenzung für den Eingriff mehr. Für Pat. >65. J. werden wegen des allgemeinen Organmangels jetzt auch Spenderorgane von >65 J. alten Spendern genommen (Eurotransplant-Senior-Programm, „old for old").

◊ Kosten einer Transplantation: Op ca. 65.000,-- € + ca. 12.000,-- € pro Jahr für die Nachbehandlung (zum Vergleich: die Dialyse kostet ca. 35.000,-- € pro Jahr, damit ist die Transplantation bereits nach wenigen Jahren auch kosteneffektiver)

Diag:
1. Indikation zur Explantation beim Spender (s.o., Kap. Organtransplantationen) und Implantation beim Empfänger (keine Kontraindikationen) muss sicher gegeben sein.
2. Labor: **Blutgruppenkompatibilität**, **HLA-Typisierung** (Kompatibilität von Spender und Empfänger insb. bei HLA-A, -B, -DR), Cross-match (Ausschluss zytotoxischer Antikörper)
3. Umfangreiche Op-Vorbereitungen mit urologischer Diagnostik, Röntgen, Labor, Kolon-KE

Ther:
- **Explantation:**
  - Sterile Entnahme der Spendernieren unter möglichst guten Kreislaufbedingungen als Blockpräparat mit Aorta, V.cava und Ureteren
    bei der Lebendspende (ggf. laparoskopische) Entnahme einer Niere, hier werden die A.renalis, V.renalis und der Ureter mit Clips abgesetzt
  - Konservierung in kalter COLLINS-Lösung, Transport gekühlt bis 40 Stunden mögl.
- **Implantation:**
  - **Heterotope Implantation** = extraperitoneal in die **Fossa iliaca**
    A.renalis wird auf A.iliaca ext., V.renalis auf V.iliaca ext., Ureter mit Antireflux-Op (submuköse Tunnelung) am Blasendach anastomosiert
  - Evtl. kombinierte Transplantation von Niere + Leber, Pankreas oder Herz
  - Perioperative Antibiotikaprophylaxe mit einem Cephalosporin
- Nachbehandlung:
  Immunsuppression initial mit einer Kombinationstherapie von Ciclosporin A (Pilzderivat, Sandimmun®, 4-10 mg/kgKG/Tag) + Glukokortikoide (Prednisolon) + Mycophenolatmofetil (CellCept®, Myfortic®), ggf. wird zusätzlich (bei Lebendspenden mit >6 Missmatches) zu Beginn auch der Interleukin-2-Rezeptor-Antikörper Daclizumab (1 mg/kgKG, Zenapax®) unmittelbar präop. und 4 x im Abstand von je 2 Wo. nach Transplantation gegeben.
  Bei Ciclosporin-Unverträglichkeit Tacrolimus (Pilzprodukt aus Streptomyces tsubaenses, Prograf®) oder auch manchmal vorsorglich nach 3-12 Mon. Ggf. auch Umstellung der Ciclosporin-Gabe auf Sirolimus (Rapamune®), dies hat weniger nephrotoxische NW und zeigt bessere Langzeittransplantatfunktion. Neu zugelassen auch Everolimus (Certican®) u. Belatacept (Nulojix™).
  Bei akuter Abstoßungsreaktion: hochdosiert Glukokortikoide u. Antithymozytenglobulin (ATG = Immunglobuline gegen T-Lymphozyten).
  Mit speziellen Immunsuppressiva-Behandlungsprotokollen ist heute sogar eine AB0-inkompatible Nierenlebendspende mögl.
- Nachkontrollen: Ciclosporin-/Tacrolimusspiegel im Blut, Nierenfunktion (Retentionswerte), Urinvolumen (Bilanzierung) und Urinstatus, Körpergewicht, Sonographie, evtl. Transplantatbiopsie, Blutdruck (Ziel: 120/80 mmHg)
- Selbsthilfegruppe: Bundesverband Niere e.V., Weberstr. 2, 55130 Mainz, Tel.: (0 61 31) 8 51 52, Internet: http://www.bundesverband-niere.de

Prog: 1-Jahres-Transplantat-Überlebensrate heute sehr gut: **95 %!**, nach 5 J. noch ca. 70 %
Die besten Langzeitergebnisse haben **Lebendspenden** von Verwandten (nach 5 J. noch

85%ige Transplantat-Überlebensrate). Ohne Abstoßung durchschnittlich 20-jährige Transplantatfunktion.

Das Op-Risiko nimmt mit dem Alter zu (höher >45. Lj.). Zweit- u. Mehrfachnierentransplantation (nach Abstoßungsreaktionen) haben eine schlechtere Transplantat-Überlebensrate.

Begutachtung: GdB/MdE beträgt für 2 J. 100 %, danach auf Dauer (wenn es zu keinen Kompl. kommt) wegen der notwendigen Immunsuppression noch 50 %.

Kompl:
* **Hyperakute Abstoßungsreaktion** (Rejektion): innerhalb v. 48 Std. mit Endothelläsionen und toxischem Krankheitsbild bei humoraler Abstoßungsreaktion (zytotoxische Antikörper), Ther: Plasmapherese zur Elimination der zytotoxischen Antikörper
* **Akzelerierte Abstoßungsreaktion** (Rejektion): zwischen 2. und 5. postop. Tag mit zellulärer Abstoßungsreaktion
* **Akute Abstoßungsreaktion** (Rejektion): insb. innerhalb der ersten 3-4 Monate durch zelluläre Abstoßungsreaktion (Sonographie: Größenzunahme des Transplantats)
* post-op. Lymphozele (zwischen kaudalem Nierenpol u. der Harnblase), Harnaufstau
* Urinleckage, chronische Transplantat-Nephropathie, Rekurrenz der Grunderkrankung
* Immunsuppression: allgemeine **Infektanfälligkeit** (und speziell CMV-, EBV-, Polyomavirusinfektionen), **Knochenmarkdepression, Magen-Darm-Ulzera, Nephro-/Hepatotoxizität**, Zunahme der Inzidenz **maligner Tumoren** (30faches Risiko für Lymphome)
  - ⇨ Ciclosporin A: Hypertonie, Hypertrichose, Gingivahyperplasie, Tremor
  - ⇨ Kortikoide: Osteoporose, Diabetes mellitus, aseptische Knochennekrosen, prox. Muskelatrophie, psychotische Veränderungen, atrophische Haut, Akne, Striae distensae
  - ⇨ Antilymphozyten-Globulin: anaphylaktische Reaktion
* Lebendspende: Risiko für den Organspender bei der Organentnahme, z.B. Blutung, Verletzung von Nachbarstrukturen usw. (etwas höher bei laparoskopischer Technik). Ein Risiko für die Funktion der Restniere und das Gesamtüberleben besteht nicht.

HERNIEN

<u>Syn:</u> lat. hernia = Bruch, engl. hernia, ICD-10: K40.- bis K46.-

<u>Def:</u> **Vorfall von Eingeweideanteilen** (= ***Bruchinhalt***) in eine **Vorbuchtung des parietalen Peritoneums** (= ***Bruchsack***) durch eine **Bauchwandlücke** (= ***Bruchpforte***).
<u>DD:</u> Prolaps = Vorfall von Eingeweiden durch eine Lücke des Peritoneums, also nicht von Peritoneum bedeckt (Syn: Hernia spuria = falsche Hernie)

<u>Ät:</u>
- Bindegewebsschwäche, inkompletter fetaler Bauchwandschluss (insb. bei Frühgeborenen)
- Erhöhter intraabdomineller Druck durch Pressen (chron. Obstipation), Husten (COLD), bei Dysurie (Prostataadenom), körperliche Belastung, Schwangerschaft, Trauma
- Aszites (Lebererkrankungen, portale Hypertension, Peritonealkarzinose), intraabdominelle Tumoren
- Adipositas
- Z.n. Op ⇨ Narbenhernie, parastomale Hernie neben einem Anus praeternaturalis

<u>Epid:</u>
◊ Eines der häufigsten chirurgischen Krankheitsbilder
◊ <u>Inzidenz:</u> ca. 0,5-1 % der Gesamtbevölkerung (Männer 2 %, Frauen 0,3%), davon entfallen etwa ¾ aller Hernien auf die **Leistenhernien**

<u>Etlg:</u>
<u>Äußere Hernien:</u>
- Leistenhernien .... 75 % d.F.
- Nabelhernie (umbilikal u. paraumbilikal) .... 9 %
- Epigastrische Hernie .... 3 %
- Schenkelhernie .... 3 %
- Becken- u. Lumbalhernien .... 5 %

<u>Innere Hernien:</u> v.a. Zwerchfellhernien .... 5 %
LITTRÉ-Hernie: Einklemmung eines MECKEL-Divertikels
<u>Gleithernie:</u> Vorgefallenes Organ ist Teil des Bruchsackes (Zäkum, Sigma, Harnblase = Organe sind nur teilweise mit Peritoneum überzogen, peritonealer Bruchsack fehlt daher teilweise)
<u>RICHTER-Hernie (Darmwandhernie):</u> Herniation eines Darmwandanteiles in die Bruchpforte ohne Auftreten einer Passagestörung (s. Abb.)

<u>Eventerationshernie:</u> Hernia permagna = großer Teil der Bauchorgane im Bruchsack, die sich hier organisiert haben und schwierig zu reponieren sind
<u>Symptomatische Hernie:</u> Hernie bei pathologischer Druckerhöhung im Abdomen (z.B. Tumor, Aszites)
<u>Narbenhernie:</u> Hernie als Folge einer Dehiszenz der Faszien einer Laparotomienarbe

<u>Klin:</u>
⇒ Oft nur geringe Beschwerden
⇒ Schmerzen beim Anspannen der Bauchmuskulatur (z.B. Heben schwerer Lasten, Pressen beim Stuhlgang)
⇒ Verminderte körperliche Leistungsfähigkeit
⇒ Peritoneale Reizung
⇒ **Bruchgeschwulst** ist das Hauptsymptom
⇒ Stuhlunregelmäßigkeiten, evtl. Blutabgang

<u>Diag:</u> 1. Inspektion, immer beidseits durchführen, da in 20-30 % d.F. doppelseitige Befunde zu erheben sind
Palpation der Bruchpforten unter Bauchpresse am stehenden Patienten
Hustenanprall gegen den tastenden Finger
Auskultation des Bruchinhaltes (Darmgeräusche?)

2. **Sonographie**, früher auch Diaphanoskopie (Durchleuchtung mit einer hellen Lampe)
3. Röntgen: Abdomen-Übersicht (Spiegel bei Ileus?), evtl. MDP, Kolon-KE
4. Bei jeder Hernie des Erwachsenen ist die **rektal-digitale Untersuchung** zum Ausschluss eines Rektumkarzinoms obligat (in manchen Kliniken wird routinemäßig auch eine Rektoskopie/Koloskopie durchgeführt)

Ther:
- Konservativ:
  - **Manuelle Reposition (= Taxis):** Ind: Bei kurzer Anamnese einer Einklemmung (<6 Std.) Technik: Pat. liegt auf harter Unterlage, Beine anziehen lassen, evtl. Analgesie: Ausmassieren des Darminhaltes mit beiden Händen u. behutsame Reposition ⇨ Cave! Reposition en bloc als Komplikation (s.u.)
  - **Bruchbänder:** nur in Ausnahmen indiziert (strikte Ablehnung der Op, unvertretbar hohes Op-Risiko), da keine sichere Prophylaxe der Inkarzeration und die Bauchmuskulatur durch die Entlastung weiter atrophiert!
- Operativ: Prinzip ist die **Herniotomie + Hernioplastik**
  - Darstellung der Bruchhüllen, des Bruchsackes und der Bruchpforte
  - Versorgung des Bruchinhaltes (evtl. Darmresektion bei Inkarzeration)
  - Beseitigung des Bruchsackes (alleinige Reposition des Bruchsackes bei Gleithernien)
  - Verschluss der Bruchlücke, evtl. mit Verstärkung des Abschlusses (Fasziendoppelung, implantierbare Kunststoffnetze) und schichtweiser Wundverschluss
  - Postop.: leichte körperliche Arbeiten nach 3-4 Wo., schwerere Tätigkeiten erst nach 3-6 Monaten

  (!) Relative Op-Kontraindikationen: übergroße Narben- u. Bauchwandhernien, Hernia permagna, alte Brüche mit großer Bruchpforte

Prog: Operationsletalität liegt unter 1 %, bei Inkarzeration steigt sie auf 10 %
Rezidivrate: in 5 % d.F.

Kompl:
* **Inkarzeration:** Schwellung, Rötung, Spontan- u. Druckschmerz; anfangs Ileussymptome, später toxische Folgen der **Darmgangrän** mit Peritonitis u. vitaler Bedrohung
  Sonderform: **Elastische Einklemmung:** Mit der Bauchpresse erweitert sich zunächst der Bruchring ⇨ Peristaltik treibt Darmschlinge in den Bruchsack, mit nachlassender Bauchpresse schnürt der Bruchring die Darmschlingen ab.
* **Darmwandbruch (= RICHTER-Hernie):** Einklemmung eines Teiles der Darmwand bei erhaltener Darmpassage ⇨ lokale Darmwandnekrose/Darmgangrän (am häufigsten bei Femoralhernien)
* **Netzeinklemmung:** Inkarzeration des Omentum majus in einen Bruchring, Ther: Manuelle Reposition (= Taxis) bei kurzer Anamnese, danach Elektiv-Op zur Revision. Bei längerer Anamnese (>6 Std.) oder bei misslungener Taxis ⇨ sofort Op (Revision des Bruches, bei Inkarzeration Resektion des nekrotischen Netzabschnittes)
* Koteinklemmung: Die zuführende Darmschlinge wird zunehmend mit Kot gefüllt ⇨ Abklemmung der abführenden Schlinge am Bruchhals durch den Druck der Kotmassen
* Reposition en bloc: Bruchsack wird ohne Beseitigung der Einklemmung **mit der Bruchpforte verlagert** (Bruchgeschwulst selbst ist von außen nicht mehr zu sehen, der Bruchhals mit Einklemmung bleibt aber bestehen!)
* Bruchentzündung (Inflammatio herniae)
* Irreponibilität (Hernia accreta) durch Verwachsungen der Darmschlingen oder bei gekammerten Hernien
* Bei Leistenhernien-Op: Hodenschwellung, Hodennekrose oder Hodenatrophie bei intraoperativer Verletzung des Samenstranges

DD:
- Abszesse, Zysten
- Lymphome, Weichteiltumoren
- In der Leistenregion: ektoper Hoden, Hydrozele, Varikozele, Adduktorensehnentendopathie (Fußballspieler)
- Angeborener Bauchwanddefekt

LEISTENHERNIE

Syn: Inguinalhernie, **Hernia inguinalis**, "Leistenbruch", ICD-10: K40.-

Anatomie: Verlauf des Leistenkanals:
Von dorsal lateral kranial nach ventral kaudal medial in einem Winkel von 15°, 4-6 cm lang.
Anfang: innerer Leistenring (Anulus inguinalis internus/profundus), ca. 1 cm oberhalb der Mitte des Leistenbandes
Ende: äußerer Leistenring (Anulus inguinalis externus/superficialis) oberhalb d. Tuberculum pubicum

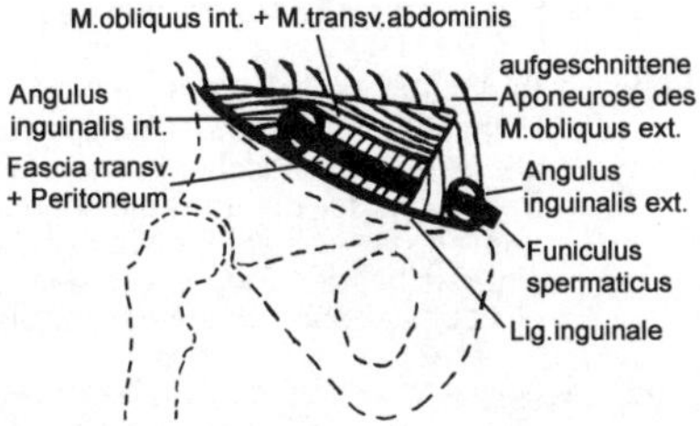

Wände des Leistenkanals:
Ventral: Aponeurose des M.obliquus externus
Dorsal: Fascia transversalis, Peritoneum parietale
Kranial: Unterrand des M.obliquus internus u. des M.transversus abdominis
Kaudal: Lig.inguinale (= POUPARTI-Band)

Inhalt: Beim Mann:
- Ductus deferens
- A.testicularis, A.ductus deferentis, A.musculi cremasteris
- Plexus pampiniformis (venöses Abflussgeflecht)
- Fascia spermatica interna (= Ausstülpung der Fascia transversalis)
- M.cremaster (kaudale Internusfasern)
- Fascia spermatica externa (= Ausstülpung der Externusaponeurose)
- R.genitalis des N.genitofemoralis
- Plexus testicularis (sympathisch)

Bei der Frau: Lig.rotundum (Lig.teres uteri), IMLACH-Fettpfropf

Epid:
◊ **Häufigste Hernienform** (75 %) des Menschen. 65 % sind indirekte, 20 % direkte Hernien und in ca. 15 % d.F. liegt eine kombinierte Hernie vor. Beidseitige Hernien in 15 % d.F.
◊ Prävalenz beim Mann: 2 %, **m** >> w (8:1, Kinder 9:1)
◊ Life-time-risk: für eine Leistenhernie beträgt 27 % beim Mann und 3 % für die Frau
◊ Prädisp.alter: 55.–75. Lj. und 1. Lj. (insb. bei **Frühgeborenen**)
◊ In Deutschland 200.000 Operationen/Jahr, 10 % der Eingriffe davon entfallen auf Kinder (<14. Lj.)

Etlg:

Direkte (mediale) Leistenhernie: Die Durchtrittsstelle liegt medial der Vasa epigastrica (Fossa inguinalis medialis, HESSELBACH-Dreieck), der Bruchsack durchsetzt **die Bauchdecke** (Fascia transversalis) **senkrecht auf direktem Weg** u. verläuft zum äußeren Leistenring (keine Beziehung zum Inneren des Samenstrangs), **erworben**, meist (ältere) Männer.

Indirekte (laterale) Leistenhernie: Verläuft aus dem **inneren Leistenring** (Anulus inguinalis profundus, liegt lateral der Vasa epigastrica) durch den Leistenkanal zum äußeren Leistenring (Anulus inguinalis superficialis). Der Bruchsack ist von Kremasterfasern umgeben und kann bis zum Skrotum reichen. Entsteht durch ausbleibende Obliteration (Verklebung) des Processus vaginalis peritonei nach dem Descensus testis (= kongenital, **angeboren**) oder durch Erweiterung des inneren Leistenringes u. Vorstülpung von Peritoneum in den Leistenkanal (= **erworben**), eher Kinder und Frauen.

direkter Leistenbruch

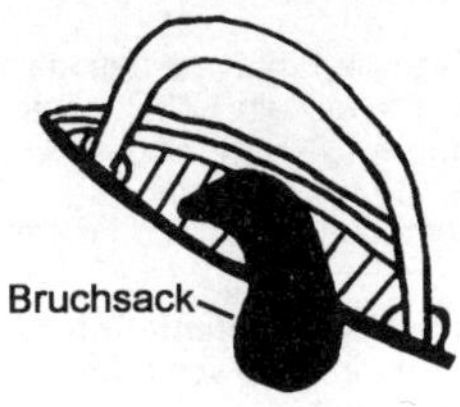

indirekter Leistenbruch

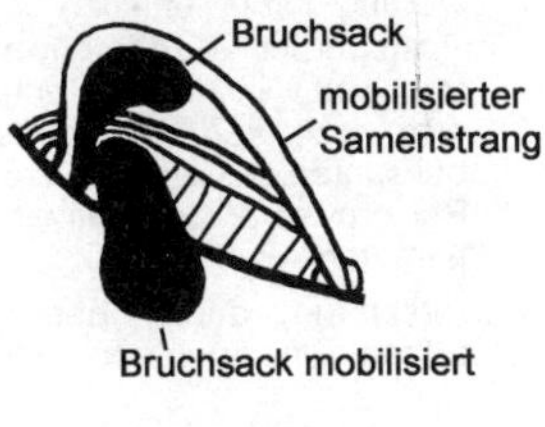

Klin: ⇒ **Schmerzen in der Leiste**

⇒ Ausmaß der Beschwerden korreliert nicht mit der Größe der Hernie

⇒ Hernia incipiens: Vorwölbung des Bruchsackes in den Leistenkanal. Klinisch Beschwerden in der Leiste, meist noch keine Vorwölbung ⇨ abwartende Ther.

⇒ Hernia completa: Austritt des Bruchsackes am äußeren Leistenring

⇒ Hernia scrotalis: Vordringen des Bruchsackes bis ins Skrotum

Diag: 1. Anamnese und klinische Untersuchung: Inspektion: Vorwölbung in der Leiste

Palpation: beim Mann einstülpen der Skrotalhaut von unten um den untersuchenden Finger (wie ein Handschuh) und vorschieben bis vor den äußeren Leistenring am stehenden Patienten (der äußere Leistenring ist für die Fingerkuppe knapp passierbar) ⇨ **Hustenanprall** = bei einem manifesten Leistenbruch wölbt sich die Bruchgeschwulst gegen den untersuchenden Finger aus dem Leistenring hervor (bei Frauen kann die Diagnose bei nicht bestehender Bruchgeschwulst schwierig sein)

Ther: • Operativ: Ind: ist mit der Diagnosestellung wegen Gefahr der Inkarzeration gegeben (eine Studie aus 2006 relativiert dies für Leistenhernien bei Männern mit nur minimalen Beschwerden, da das Inkarzerationsrisiko nur 0,2%/Jahr bei alleiniger Beobachtung ist)

1.) Anästhesie: Eingriff ist in **Regionalanästhesie** (90 % d.F. mögl.), in Spinalanästhesie od. Vollnarkose (bei Kindern und bei den laparoskopischen Verfahren) mögl.
Regionalanästhesie: 20 ml Mepivacain 1%ig (mit Adrenalin 1:200.000) od. Ropivacain 0,75%ig (Naropin®) fächerförmig in die Bauchwandschichten entlang des Leistenkanals und Leitungsanästhesie des N.ilioinguinalis u. N.iliohypogastricus (10-20 ml), während der Op. ggf. Nachinjektionen an der Basis des Bruchsacks od. am Os pubis

2.) Leistenschnitt, Durchtrennung der Externusaponeurose, Freilegung und Mobilisation des Samenstranges, Aufsuchen des Bruchsacks, Eröffnen und Reposition des Bruchinhaltes, Abtragen u. Nahtverschluss des Bruchsackes

3.) Verschluss der Bruchpforte: Prinzip: **Verstärkung** der Hinterwand des Leistenkanals (= zum Abdomen hin), schichtweiser Wundverschluss, nach der Op Zug am Testis zur Reposition des mobilisierten Samenstranges (sog. "EKG" = Eier-Kontroll-Griff)

Verstärkungsmethoden:

Es werden 2 grundsätzliche Methoden unterschieden:

1. Verstärkung durch **raffende Naht** und Doppelung von Faszien
   - **Nach BASSINI:** Naht des M.obliquus internus und des M.transversus abdominis unter dem Samenstrang durch an die Innenfläche des Leistenbandes und als erster od. letzter Stich am Tuberculum pubicum. Dabei muss beachtet werden, dass die Samenstranggebilde an ihrer Austrittsstelle nicht zu stark eingeengt werden. Der Samenstrang wird mit der Externusaponeurose gedeckt oder nach subkutan (vor die Externusaponeurose) verlagert (Methode nach KIRSCHNER).
   - **Nach SHOULDICE** ("Canadian repair"): Spaltung u. **Doppelung der Fascia transversalis** mit fortlaufender Naht + Naht des M.obliquus int. und des M.transversus an das Leistenband (wie BASSINI)
   - **Nach LOTHEISEN / MCVAY:** Naht des M.obliquus int. u. der Transversusfaszie an das COOPER-Band (Lig.pubicum superius)
   - **Nach HALSTED-FERGUSON:** Naht des M.obliquus int. **über** dem Samenstrang an das Leistenband (Samenstrang liegt jetzt unter dem M.obliquus int.)
   - Bei Frauen: hier kann der Leistenkanal fest um das Lig.rotundum verschlossen werden oder das Lig.rotundum kann durchtrennt werden
   - Bei Kindern: keine Verlagerung des Samenstranges, da Gefahr der Hodenatrophie. Bruchsackabtragung, evtl. Methode nach HALSTED-FERGUSON und Vernähung der Externusaponeurose
   - Bei Männern im hohen Alter: Ultima ratio nach mehreren Rezidiven ⇨ endgültige Sanierung durch Funikulo- und Orchiektomie
   - Postoperativ: **Mobilisation noch am Op-Tag**, die Einlage eines kleinen Katheters intraoperativ in die Leistenregion, über den 3 x tgl. ein Lokalanästhetikum appliziert wird, erleichtert die Mobilisation (Entfernung am 3.Tag). Fäden ex am 10. Tag. Arbeitsunfähigkeit für ca. 2-3 Wochen, keine schweren Lasten für 10 Wochen tragen. Bei großer postoperativer Flüssigkeitsansammlung (Serom) im Leistenbereich ggf. perkutane Punktion.

2. Verstärkung durch **spannungsfreie** (tension-free) **Implantation** eines **Kunststoffnetzes**. Dies kann offen oder endoskopisch / laparoskopisch erfolgen:

- Op nach LICHTENSTEIN od. STOPPA: spannungsfreie Implantation eines **präperitonealen Netzes** aus Polypropylen (ca. 10 x 15 cm groß, Marlex®) od. Polyester (Mersilene®), das die Bauchwand verstärkt. Das Netz liegt auf den Muskelfaszien [Op. n. LICHTENSTEIN] bzw. zwischen Muskelfaszien und Peritoneum [Op. n. STOPPA]. Zugang konventionell od. auch präperitoneal endoskopisch (TEP = totale extraperitoneale Plastik, der notwendige Präparationsraum wird mit einem Ballon geschaffen) mögl. + intraop. Antibiotikaprophylaxe (Cephalosporin)
- Op nach RUTKOW (plug and patch): zusätzlich zum präperitonealen Netz (wie bei LICHTENSTEIN) wird zuvor noch ein Netzplug (sieht aus wie eine Blüte) in den Bruchkanal gedrückt und mit 1-3 Nähten dort fixiert (nach Einwachsen des Netzplugs verstärkt dies die ehemalige Bruchpforte erheblich)
- Op nach GILBERT: Impantation eines doppelten verbundenen Netzes (sieht aus wie ein **H**). Die beiden Netzanteile liegen wie bei LICHTENSTEIN + STOPPA und sind durch die Bruchpforte miteinander verbunden
- Laparoskopischer Hernienverschluss (**TAPP** = transabdominelle präperitoneale Plastik): Inzision des Peritoneums und Verschluss der Hernie durch Naht oder Clips **von innen** + Implantation eines 12 x 15 cm großen PTFE-Netzes (Gore-Tex®) über der Bruchpforte, danach Wiederverschluss des Peritoneums über dem Netz mit Clips + intraop. Antibiotikaprophylaxe (Methode und Nutzen ist umstritten, da diese Op ein intraperitonealer Eingriff mit zusätzlichen Risiken ist), Ind: insb. bei Rerezidiv

Prog: Letalität: 0,02-0,5 %; Rezidivrate 2-10 % (bei Op mit implantierten Netzen geringste Rate)

Kompl: * **Inkarzeration**, Koteinklemmung, Bruchentzündung (Inflammatio herniae)

Op: * Postoperativer **Harnverhalt**
* **Hämatom, Serom, Wundinfektion**
* Verletzung oder **Einengung** der Vasa spermatica (meist zu stark verengter innerer Leistenring) ⇨ Hodenschwellung durch Abflussbehinderung, im Extremfall ischämische Orchitis mit Hodennekrose oder -atrophie ⇨ Ther: frühzeitige Revision
* **Durchtrennung des Ductus deferens** ⇨ Ther: Adaptation über Catgut-Schiene
* Darm-, Blasenläsion od. weibliche Adnexverletzung (insb. bei Gleithernie des Ovars bei Mädchen) mit Peritonitis
* Verletzung inguinaler Nerven ⇨ Sensibilitätsstörungen, inguinale Schmerzen
* Verletzung/Einengung der A./V.femoralis, V.iliaca ext. mit Thrombose oder Embolie
* **Rezidiv** und Rerezidiv nach einer Rezidiv-Op
* Netzimplantation: Nervenläsion beim Befestigen des Netzes, Serom, chronische Entzündungsreaktion, Fisteln, Netzschrumpfung, Netzlockerung, Netzunverträglichkeit
  Zusätzlich beim laparoskopischem Vorgehen (TAPP): Trokarhernie, Darmverletzung, Verklebungen des Darmes (wenn das Netz nach Wiederverschluss des Peritoneum nicht völlig bedeckt ist) ⇨ Darmarrosion

DD:
- **Adduktorensehnen-Zerrung**: Druckschmerz am Ursprung der Adduktorensehnen am Os pubis, insb. bei Sportlern (z.B. Grätschbewegung beim Fußball)
- **Leistenlymphome**: neoplastisch, entzündlich ⇨ Suche nach Fokus, z.B. Fußmykose
- Weichteiltumoren: Lipome, Malignome (Sarkom), Metastasen
- Senkungsabszess (Urogenitale Infektionen, Morbus CROHN)
- Varikosis der V.saphena magna, Aneurysma v. Becken-/Beinarterien
- Schenkelhernie
- Hernia scrotalis ⇨ DD: Hydrocele funiculi spermatici et testis, Varikozele, Lipome, Hodentumoren

SCHENKELHERNIE

Syn: Femoralhernie, **Hernia femoralis**, Hernia cruralis, Merozele, ICD-10: K41.-

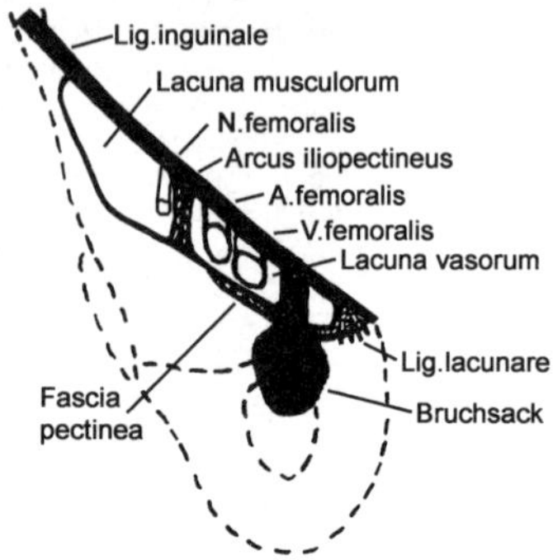

Anatomie: Die laterale Lacuna musculorum (mit Durchtritt des M.iliopsoas) wird durch den Arcus iliopectineus von der Lacuna vasorum getrennt. Medial ist die Lacuna vasorum durch das **Lig.lacunare** (GIMBERNATI) am Pecten ossis pubis (= Schambeinkamm) begrenzt. Die Bruchpforte liegt meist zwischen dem Leistenband (Lig.inguinale, kranial) und kaudal dem horizontalen Schambeinast (mit Lig./Fascia pectinea) in der medial gelegenen **Lacuna vasorum** medial d. Femoralgefäße.

Epid: Überwiegend bei adipösen **Frauen** (**w** > m = 4:1), >50. Lj.

Klin:
⇒ Oft klinisch latent bis zum Zeitpunkt einer Einklemmung mit Ileussymptomatik (Dünndarminkarzeration, bis zu 40 % d.Pat.)
⇒ Tastbare Geschwulst unterhalb des Leistenbandes medial der A.femoralis
⇒ Dysurie u. Hämaturie (wenn Gleitbruch mit Blasenbeteiligung)

Diag:
1. Schwellung unterhalb des Lig.inguinale, mäßige Druckschmerzhaftigkeit
2. Sonographie

Ther:
- Operativ: Ind: baldmöglichste Op wegen der Inkarzerationsgefahr
  - Zugang von crural (= femoral): Bruch wird unterhalb des Leistenbandes freigelegt, der Bruchsack eröffnet, der Bruchinhalt reponiert, der Bruchsack abgetragen und nach intraperitoneal verlagert. Hierbei kann der Darm inspiziert werden, deshalb bei V.a. Inkarzeration diesen Zugang wählen. Anschließend Verschluss der Bruchpforte durch Naht des Leistenbandes an das Lig.lacunare am Pecten ossis pubis und der Fascia pectinea (COOPER) des horizontalen Schambeinastes. Alternativ kann ein kleiner Plug (sieht aus wie eine Blüte) aus einem Kunstoffnetz in den Femoralkanal geschoben und fixiert werden.
  - Zugang von inguinal: Nach Eröffnung des Leistenkanals wird der Bruch nach oben gezogen, abgetragen und übernäht.
  - Laparoskopischer Hernienverschluss: Verschluss der Hernie durch Naht oder Clips von innen (abdominal) + Implantation eines PTFE-Netzes (Gore-Tex®) über der Bruchpforte (wie bei Leistenhernie, s.o.)

Prog: Letalität unter 1 %, Rezidive 2-10 %

Kompl:
- Kombination mit Leistenhernie häufig (insb. bei Männern)
- **Inkarzeration** gefürchtet (v.a. Darmwandbruch, RICHTER-Hernie) mit Projektion der Schmerzen in die Leiste, Abdomen oder Oberschenkelinnenseite.
- **Ileussymptomatik!** Bei älteren Frauen mit einem Ileus immer an eine Schenkelhernie denken!

Op: * Infektion, Blutung, Verletzung der Femoralgefäße u. Nerven

DD:
- Leistenhernie
- Varixknoten oder Ektasie der V.saphena magna, Aneurysma der A.femoralis
- Lipome u. andere Weichteilgeschwülste
- Lymphknotenschwellung, Senkungsabszesse

NABELHERNIE

Syn: Nabelbruch, engl. umbilical hernia, ICD-10: K42.-

Anatomie: Bruchpforte bildet der **Anulus umbilicalis** (= zirkuläre Faserzüge der Bauchwandaponeurose). Die nach der Geburt durch Obliteration der Nabelschnurgefäße entstehende kleine Bauchwandlücke schließt sich in 98 % d.F. bis zum 2. Lj.

Def: Vorwölbung von Baucheingeweiden durch die Faszienlücke des Nabels

Ät:
- Angeboren: Persistenz der physiologischen Nabelhernie (eine Rückbildung bis zum 2. Lj. kann abgewartet werden, da nur eine geringe Inkarzerationsgefahr in dieser Zeit besteht)
- Erworben:
  Beim Erwachsenen, v.a. Frauen (40.-50. Lj.), Prädisposition: Gravidität, Adipositas, erhebliche Gewichtsabnahme, körperliche Belastung, rezidivierender Aszites (Leberzirrhose, portale Hypertension ⇨ Alkoholanamnese?), gleichzeitige Rektusdiastase
  Beim Neugeborenen: Neuentwicklung einer Nabelhernie vor Ausbildung einer festen Nabelnarbe: Frühgeburtlichkeit, pulmonale Infekte, Passagestörungen des Darmes, starke Bauchpresse (vermehrtes Schreien, Husten)

Klin: Winziger bis kopfgroßer tastbarer Bruchsack (kann das große Netz, Dünn- oder Dickdarm enthalten) im Bereich des Bauchnabels

Ther:
- Operativ: Ind: im 1. Lj. nur bei relativ großen Bruchsäcken oder Größenzunahme
  Erwachsene: stets gegeben, da keine spontane Heilung, bei Einklemmung Notfall-Op!
  - Op n. SPITZY: infraumbilikale Inzision, Ablösung des Bruchsackes vom Hautnabel, Reposition des Bruchinhalts, Abtragung des Bruchsacks ⇨ Verschluss der Bruchpforte durch quere Naht
  - **Bei größeren Hernien:** longitudinale od. transversale Fasziendoppelung n. DICK-MAYO ⇨ größere Bauchwandfestigkeit. Anschließende Fixierung des Hautnabels an der Faszie. Ist ein spannungsfreier Verschluss nicht mögl. (Bruchlücke >3 cm) ⇨ Einnähen eines Polypropylen-Netzes in Sublay-Technik (Erklärung s.u. bei Narbenhernien)
  - Bei extrem adipösen Patienten: Omphalektomie (= Entfernung des Nabels), wenn gleichzeitig eine Fettreduktion angestrebt wird

Prog: Letalität 1 %, bei Inkarzeration bis zu 20 %!, Rezidiv in 3-30 %

Kompl:
- ∗ **Inkarzeration** von eingeklemmten Darmabschnitten (insb. bei den Erwachsenen)
- ∗ Irreponibilität (Hernia accreta) durch Verwachsungen der Darmschlingen oder bei mehreren Kammern

Op:
- ∗ Wundinfektion, Wundhämatome
- ∗ Rezidivgefahr, insb. bei Adipositas

DD:
- Paraumbilikalhernie: Faszienlücke außerhalb des Nabelringes
- Neugeborene: Omphalozele = Nabelschnurbruch ⇨ kongenitale Hemmungsmissbildung, bei der die Baucheingeweide extraperitoneal liegen (s.u. Kap. Kinderchirurgie)
  Gastroschisis = Lücke der Bauchwand neben dem Nabel mit Prolaps von Darmteilen

EPIGASTRISCHE HERNIE

Syn: Hernia epigastrica, Hernia lineae albae (über dem Bauchnabel), Hernia ventralis, ICD-10: K43.-

Def: Durch Lücken in der Faszie der **Linea alba** zwischen Xiphoid und Nabel können präperitoneale Fettbürzel prolabieren. Wird hierbei das Peritoneum trichterförmig nachgezogen, dann entsteht eine echte Hernie. Nicht selten kommen diese Hernien multipel vor.

Klin:
- ⇒ Zum Teil erhebliche, aber uncharakteristische Oberbauchbeschwerden
- ⇒ Evtl. bewegungsabhängiger Schmerz

Diag: 1. Anamnese und klinische Untersuchung: bei fettreichen Bauchdecken kann der Nachweis erschwert sein
2. Vor Op Ausschluss von Erkrankungen der Gallenblase, Pankreas u. Magens

Ther:
- Operativ:
  - Verschluss der Faszienlücke nach Reposition des Bruchsackes, der nicht eröffnet werden muss
  - Fasziendoppelung nach MAYO

Prog: Gut, Rezidive können vorkommen

DD:
- Rektusdiastase
- Ulkus duodeni od. ventriculi
- Cholelithiasis, Pankreatitis

REKTUSDIASTASE

Anatomie: Die **Linea alba** ist die Durchflechtung der Aponeurosen der Mm.recti abdomines von rechter und linker Seite. Sie erstreckt sich vom Xiphoid bis zur Symphyse.

Def: Auseinanderweichen der Mm.recti abdominis ⇨ Verbreiterung der Linea alba, die sich bei Anspannung der Bauchdecken vorwölbt. Da kein Bruchring vorhanden ist (⇨ per definitionem also keine Hernie), besteht kaum Einklemmungsgefahr. ICD-10: M62.08

Klin: Bei Anspannung der Bauchmuskulatur ⇨ mehr oder weniger großer sicht- und tastbarer Wulst im Bereich der Linea alba

Ther:
- Konservativ: Kräftigung der Bauchmuskulatur
- Operativ: Ind: nur sehr selten gegeben
  - Adaptation der Mm.recti in der Medianlinie und Fasziendoppelung zur Verhinderung eines Rezidivs

Prog: Op: Rezidiv bis 50 %, Letalität bei alten Pat. bis 10 %

SPIEGHEL-HERNIE

Syn: Hernia linea semilunaris, **Hernia ventralis lateralis**, engl. spigelian hernia, ICD-10: K43.9

Anatomie: Die Hernie durchbricht die Aponeurose des M.transversus abdominis u. des M.obliquus int. medial begrenzt von dem Außenrand der Rektusscheide und lateral von der Linea semilunaris Spiegheli im unteren Mittelbauch (s. Abb.) u. breitet sich unter der Externusaponeurose als interstitielle Hernie im präperitonealen Gewebe aus.

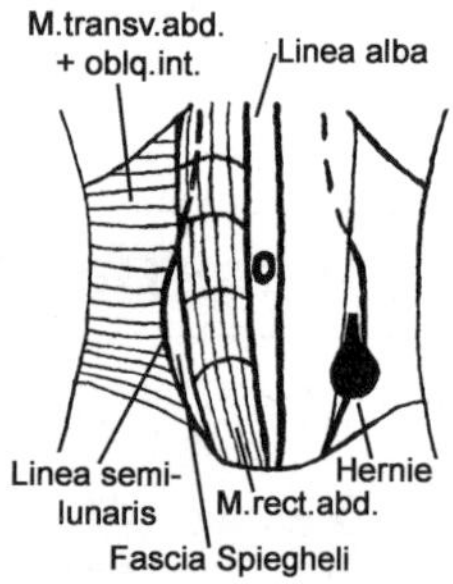

Epid: Sehr selten, aber Inkarzerationen häufig!

Klin: Ziehende Schmerzen auf der betroffenen Unterbauchseite

Diag: 1. Kann schwierig sein (kleine Hernie, Adipositas), an die Diagnose denken!
2. Evtl. Sonographie und CT

Ther: Operativ: Abtragung des Bruchsacks und Rekonstruktion der Bauchwand, ggf. auch laparoskopisch mit Endo-Hernia-Klammern

DD: – Andere intraabdominelle Schmerzursachen

- Bauchwandhämatom
- Tumoren der Bauchdecken

NARBENHERNIEN

Def: Entstehen meist als Folge einer **Laparotomie** durch Dehiszenz der Faszien und entwickeln sich meist innerhalb des ersten postoperativen Jahres in bis zu 10 % d.F., ICD-10: K43.-

Ät:
- Z.n. Laparotomie, parastomale Hernien (neben einem Anus praeternaturalis, 1/3 d.F.)
- Prädisponierend: postoperative Blutung od. **Wundinfektion,** Serom, **Adipositas,** Hypoproteinämie / Kachexie, **Aszites**, Faktor-XIII-Mangel, **Anämie** (Hb <10 g/dl), Diabetes mellitus, Nervenverletzungen, Schnittführung (**mediane Laparotomie**, knochennahe Durchtrennung an Xiphoid, Rippen od. Symphyse), schlechte Nahttechnik, abdominelle Drucksteigerung v.a. postop. (Husten, Obstipation/Pressen, Ileus, lange maschinelle Beatmung), Glukokortikoidmedikation, Alter >45 J., Nikotinabusus (4faches Risiko für Raucher)

Epid:
◊ Die Inzidenz einer Narbenhernie nach Laparatomie beträgt ca. 10-15 %, besonders hohes Risiko nach offenem Abdomen (z.B. bei abdominellem Kompartmentsyndrom, 30-40 %)
◊ Für Deutschland werden ca. 80.000 Narbenhernien/Jahr geschätzt, davon werden etwa 1/3 operiert

Diag:
1. Anamnese (Voroperation) u. klinische Untersuchung: Pressversuch, tastbare Vorwölbung
2. Evtl. Sonographie zur Bestätigung oder bei unklaren Befunden

Ther:
- Operativ: Ind: mind. 3 Mon. - 1 Jahr nach der Vor-Op zuwarten (stabile Wundränder)
  Auch kleine Hernien sollten wegen der Gefahr der Einklemmung operiert werden
  Große Hernien benötigen intensive Vorbehandlung: Gewichtsreduktion, Atemgymnastik
  - Op: Bruchpfortenverschluss durch Naht und Fasziendoppelung nach MAYO-DICK
  - Bei größeren Defekten in der Bauchdecke oder bei erneutem Rezidiv wird durch Einnähen eines **Kunstoffnetzes** (Polypropylen) in Underlay-/**Sublay-Technik** die Bruchpforte verstärkt und verschlossen (das Netz ist allseitig 5 cm größer als die Bruchpforte und wird zwischen Peritoneum und Muskel/Faszie eingebracht [= liegt **präperitoneal**] und wird mit Einzelknopfnähten am Rand befestigt, s. Abb.)

- Postoperativ: keine starke Belastungen der Bauchwand für 6 Monate

Prog: Op-Letalität 2 %; **Rezidive** n. MAYO-DICK-Op 25-50 %!, bei Netzverschluss 10 %

Kompl:
* Inkarzeration (= eingeklemmte Darmanteile ⇨ sofortige Op, „die Sonne darf weder auf- noch untergehen")

Op:
* Wundinfektion (ist das Fremdmaterial = Polypropylen-Netz infiziert, kann es meist bei offener Wundbehandlung belassen werden), Serom, Hämatom, Fistelbildung
* Netzlockerung, Netzwanderung
* Darmarrosion bei Kontakt des Netzes mit dem Darm
* Rezidiv

LUMBALHERNIE

Syn: Hernia lumbalis, Lendenhernie, PETIT-Hernie, ICD-10: K45.-

Def: Austrittspforte ist das Lumbaldreieck (Trigonum lumbale PETITI) zwischen 12. Rippe/M.obliquus ext. abdominis, dem Lateralrand des M.latissimus dorsi und der Crista iliaca

Epid: Sehr selten (erworben oder angeboren mögl.)

Klin: Bewegungsabhängige, lumbale Schmerzen

Diag: Anamnese und klinische Untersuchung: Palpation

Ther: Operativ: Ind: nachgewiesene Lumbalhernien sollten operiert werden
Verschluss mit der Fascia lumbalis sive glutealis

Kompl: Inkarzeration

DD:
- Senkungsabszesse
- Tumoren (Lipome, Fibrome)
- Andere Schmerzzustände (Myogelosen bei Lumbago, Bandscheibenvorfall)

HERNIA OBTURATORIA

Def: Austrittspforte ist zusammen mit den Vasa obturatoria und N.obturatorius das **Foramen obturatum** zwischen dem horizontalen Ast des Schambeines und dem Sitzbein. Der Bruch liegt dabei unterhalb des M.pectineus, ICD-10: K45.-

Epid: Vorwiegend **alte Frauen** (>60. Lj., Erschlaffung d. Beckenbodens, Untergewicht, Kachexie, "the little old lady's hernia"), häufig verkannt, sehr selten (ca. 0,1 % aller Hernien)

Klin:
⇒ Schmerzen oder Parästhesien an der **Innenseite des Oberschenkels** durch Irritation des N.obturatorius mit Verstärkung der Schmerzen durch Streckung, Adduktion u. Innenrotation der Hüfte (HOWSHIP-ROMBERG-Zeichen) oder beim Husten/Pressen
⇒ Evtl. tastbare Vorwölbung an der Innenseite des Oberschenkels
⇒ Ileussymptomatik bei Inkarzeration

Diag: Schwierige Diagnose: oft nur kleiner Bruch, da straffe Faszie, Ileus unklarer Genese

Ther: Operativ: Laparotomie: Die Bruchpforte ist von ventral unter dem Schambein zu suchen. Direkter Nahtverschluss oder Verschluss mit lyophilisierter Dura od. mit einem Polypropylen-Netz (Marlex®)

Prog: Bei Inkarzeration 10-25 % Letalität!, selten Rezidive

HERNIA ISCHIADICA

Def: Bruchpforte durch das **Foramen ischiadicum majus** oberhalb oder unterhalb des M.piriformis (Hernia suprapiriformis, Hernia infrapiriformis) oder vor dem Lig.sacrotuberale (Hernia spinotuberosa). Der Bruchsack kann neben Darm u. Omentum majus auch Ovar u. relativ häufig auch einen Ureter enthalten, ICD-10: K45.-

Klin:
⇒ Selten tastbare Bruchgeschwulst unterhalb des M.gluteus maximus
⇒ Ischialgie, evtl. Zeichen der Harnstauung, Ileus

Ther: Operativ:
- Transperitonealer Zugang ist übersichtlicher u. weniger gefährlich als der gluteale Zugang (Gefährdung des N.ischiadicus!)
- Bruchpfortenverschluss mit Faszienplastik oder ggf. mit Kunststoffnetz

HERNIA PERINEALIS

Syn: Beckenbodenhernien, Beckenbodenbrüche, ICD-10: K45.-

Def: Durch die Excavatio rectouterina (= DOUGLAS-Raum) od. Excavatio rectovesicalis des Beckenbodens hindurchtretende Hernie.

Ät:
- Erschlaffung der Beckenbodenmuskulatur (Schwangerschaften, Aszites, Infektionen)
- Iatrogen: nach abdomino-perinealer Rektumexstirpation

Epid: Frauen häufiger betroffen (5:1), insg. sehr selten

Etlg:
Hernia perinealis anterior: Bruchpforte vor M.transversus perinei profundus
Hernia vaginalis, Hernia labialis, Hernia pudentalis, Hernia praevesicalis

Hernia perinealis posterior: Bruchpforte hinter dem M.transversus perinei profundus:
Hernia retrovesicalis
Hernia ischiorectalis: Durch den M.levator ani in die Fossa ischiorectalis

Klin: Evtl. tastbare Bruchgeschwulst am Beckenboden, meist wenig Beschwerden

Ther: Operativ: Reposition des Bruchinhalts (meist Dünndarm) und Verschluss der Bruchpforte über transperitonealem oder perinealem Zugang

Kompl: Selten Inkarzeration

DD:
- Lipom
- Zysten, Abszesse, Entzündung der Bartholin-Drüsen

INNERE HERNIEN

Anatomie: Prädilektionsorte:
- Am **Zwerchfell** (s. Kap. Zwerchfellhernien, Hiatushernien)
- Bursa omentalis (Foramen WINSLOWI = Foramen epiploicum)
- An der Flexura duodenojejunalis (TREITZ-Hernie) in d. Recessus duodenalis inf.
- Am Zäkum (ileozäkal)
- Am Mesokolon (insb. postoperative verbliebene Mesenterialschlitze)
- Am Sigma

Def: Bruchsack wird von Peritonealduplikaturen (durch embryonale Rotation oder Fixation entstanden) und -taschen innerhalb des Abdomens gebildet.

Klin: **Ileus**symptomatik ⇨ Diagnose ist sicher nur durch Laparotomie zu stellen

Ther: Operativ: Ind: alle symptomatischen Hernien (Ileus), Zufallsbefund bei Laparotomie
- Rückverlagerung der Eingeweide
- Verschluss der Bruchpforte oder Erweiterung der Bruchpforte, sodass keine Einklemmung mehr möglich ist

Kompl: Darm- u. Gefäßverletzungen intraoperativ

APUD-ZELLSYSTEM

Anatomie

APUD = engl. amine precursor uptake and decarboxylation. APUD-Zellen sind Zellen gemeinsamer neuroektodermaler Herkunft, die Peptidhormone durch die Aufnahme und Dekarboxylierung von Aminvorstufen bilden können (früher auch als Helle-Zellen-System bezeichnet). Heute insg. 40 verschiedene Zellen bekannt. Sie bilden den peripheren **endokrinen Anteil des Nervensystems**. Die Speicherung der Hormone erfolgt in Granula. Die Sekretion kann neurokrin (in Ganglienzellen), neuroendokrin (über Axone in das Blut), endokrin (direkt in das Blut) und parakrin (in die Umgebung) erfolgen.

Die wichtigsten Zellen sind:

1. **G-Zellen** des Magens ⇨ Gastrin (fördert HCl-Produktion des Magens)
2. **Inselzellen** des Pankreas: **A-Zellen** ⇨ Glukagon, **B-Zellen** ⇨ Insulin, **D-Zellen** ⇨ Somatostatin, **PP-Zellen** ⇨ pankreatisches Polypeptid (Antagonist des Gastrins)
3. Parafollikuläre **C-Zellen** der Schilddrüse ⇨ Calcitonin
   Hauptzellen der Nebenschilddrüsen ⇨ Parathormon
4. **Enterochromaffine Zellen** des Gastrointestinaltraktes ⇨ Serotonin, Kallikrein, VIP = vasoaktives intestinales Polypeptid
5. Zellen der **Adenohypophyse** ⇨ ACTH, STH, TSH, MSH, Gonadotropine (FSH, LH, Prolaktin) und Zellen supraoptischer u. paraventrikulärer Kerne des Hypothalamus mit Sekretion aus der **Neurohypophyse** ⇨ ADH (= antidiuretisches Hormon, Adiuretin, Vasopressin), Oxytocin
6. **Zirbeldrüse** ⇨ Melatonin, Serotonin
7. **Nebennierenmark**, Sympathikus: Adrenalin, Noradrenalin
8. **Nieren** ⇨ Renin, Erythropoetin
9. **Plazenta** ⇨ HCG (= humanes Choriongonadotropin)

Tumoren: die einer dieser Zellinie abstammen, werden neuroendokrine Tumoren (NET) genannt und können Hormone bilden. Sie können ***entop*** (gehen von Zellen aus, die an dieser Stelle physiologisch vorkommen, z.B. ein Insulinom im Pankreas) oder ***ektop*** auftreten (z.B. Gastrinom im Pankreas, statt im Magen). In Deutschland gibt es zu Studienzwecken ein Register für diese **sehr seltenen** Erkrankungen an der Universitätsklinik Marburg, Abt. Gastroenterologie, Tel.: (0 64 21) 58-6 59 68, Fax: (0 64 21) 58-68922, Internet: http://www.ukgm.de. Weitere Informationen auch beim GEP-NET der Uniklinik Düsseldorf/Lukaskrankenhaus Neuss, Internet: http://www.gep-net.com

APUDOME

Syn: Neuroendokrine Tumoren, engl. Apudoma

Def: Tumoren, die sich aus dem APUD-Zellsystem (= amine precursor uptake and decarboxylation) herleiten und Peptidhormone sezernieren können.

Etlg:
Pankreas: **Insulinom** (am häufigsten), **Glukagonom** (sehr selten)
Gastrinom (ZOLLINGER-ELLISON-Syndrom)
VIPom (VERNER-MORRISON-Syndrom)
C-Zellen der Schilddrüse: Kalzitoninom, **C-Zell-Karzinom**
Karzinoid des Verdauungstraktes und des Bronchialsystems (u. kleinzelliges Bronchialkarzinom)
Nebennierenmark, sympathischer Grenzstrang: **Phäochromozytom**
Hypophyse: Kortikotropinom (ACTH)
ADH (SCHWARTZ-BARTTER-Syndrom)
Haut: MERKEL-Zellkarzinom (malignes neuroendokrines, trabekuläres Hautkarzinom)
Kombinationen ⇨ siehe **MEN**

KARZINOIDE

<u>**Path:**</u>
- **Neuroendokrine Tumoren** ausgehend von den enterochromaffinen Zellen des APUD-Zellsystems im Gastrointestinaltrakt oder Bronchialtrakt
- **APUD-Zellsystem** ⇨ Hormonproduktion möglich: Serotonin, Calcitonin, Parathormon, Kallikrein, Prostaglandine, ACTH, ADH, FSH, HCG, MSH, Histamin, Insulin, usw.

  Embryonal stammen die APUD-Zellen aus der Neuralleiste und wachsen in den Darm ein, Trachea und Lunge sind Ausknospungen des Darmes ⇨ APUD-Zellen sind auch in der Lunge zu finden.
- <u>Lok:</u> **Appendix** (40 %), Jejunum und unterer Dünndarm: terminales **Ileum** (30 %), Rektum und Kolon (20 %), Extraintestinal (10 %) ⇨ v.a. **Bronchialsystem**, selten in Teratomen, Ovarien od. Hoden. 30 % der Karzinoide treten multifokal auf.
- <u>Metastasierung:</u> Gastrointestinales Karzinoid ⇨ **Leber!**, Wahrscheinlichkeit stark abhängig von Lok. und Primärtumorgröße (Tumor <1 cm in der Appendix hat fast nie Metastasen, >2 cm im Dünndarm 50%ige Metastasierungswahrscheinlichkeit)
- <u>**Karzinoid-Syndrom**</u> (Syn: Carcinoid-Syndrom, Hyperserotonismus, Angiomatosis miliaris, STEINER-VOERNER-Syndrom, ICD-10: E34.0) mit **Flush-Syndrom** ⇨ tritt bei Lok. im Magen-Darm-Trakt meist erst nach Lebermetastasierung auf, da das Serotonin dann nicht mehr durch die Monoaminooxidase der Leber bei der Leberpassage abgebaut wird
- <u>Malignität:</u> Gastrointestinaltrakt: maligne, wie ein Karzinom (Metastasierung!), Ausnahme: solitäres Karzinoid der Appendix: benigne (oft Zufallsbefund)

  Lunge: KULCHITZKY-Zell-Karzinom Typ 1: typisches Bronchial-Karzinoid ⇨ eher gutartig, lange Zeit begrenzt (= gut differenzierter neuroendokriner Tumor)

  KULCHITZKY-Zell-Karzinom Typ 2: atypisches Bronchial-Karzinoid ⇨ frühe Lymphknoten- und Fernmetastasierung (= gut differenziertes neuroendokrines Karzinom)

  KULCHITZKY-Zell-Karzinom Typ 3: **kleinzelliges Bronchialkarzinom** mit **paraneoplastischer Hormonbildung** (= neuroendokrines Karzinom, ca. 10 % aller Kleinzeller)

<u>**Epid:**</u>
- ◊ **Seltene** Krankheit, Inzidenz geschätzt 1,25/100.000/Jahr
- ◊ Solitäres Karzinoid ⇨ häufig **Zufallsbefund bei der Appendektomie** von jungen Menschen (in 0,3 % der Appendektomien), sonst Prädisp.alter: 40.-70. Lj.
- ◊ Malignes Karzinoid der Lunge (= neuroendokrines Karzinom ⇨ ca. 1 % der Lungentumoren, die sonstigen kleinzelligen Bronchialkarzinome machen ca. 20 % der Lungentumoren aus)

<u>**Klin:**</u>
- ⇒ **Diarrhoen** (vermehrte Flüssigkeitssekretion in den Darm, Motilitätssteigerung)
- ⇒ **Flush-Syndrom** (Serotonin u. Kallikreinwirkung) mit rot-blauer Verfärbung von Rumpf u. Extremitäten, Hitzewallungen, Migräne-, Asthmaanfälle (Bronchospasmus), Tachykardie, Tachypnoe, Bauchkoliken ("Appendizitis"), Heißhungeranfälle (Spontanhypoglykämien)
- ⇒ Später rechtsseitige Kardiopathie (Trikuspidalklappenfibrose = HEDINGER-Syndrom, Pulmonalstenose), pulmonale Hypertonie, retroperitoneale Fibrose, Teleangiektasien
- ⇒ Lunge: rezidivierende Atelektasen mit Pneumonie, leicht blutender Tumor ⇨ Hämoptysen, Flush-Symptomatik mögl. (Sekretion in den Systemkreislauf)
- ⇒ LAMBERT-EATON-Syndrom (myasthenieähnliches Krankheitsbild, stammbetonte Muskelschwäche durch paraneoplastische Ak gegen Ca^{++}-Kanäle an der motorischen Endplatte)

<u>**Diag:**</u>
1. Anamnese und klinische Untersuchung
2. <u>Labor:</u> **Serotoninspiegel** im Serum (RIA), **5-Hydroxyindolessigsäure** (Abbauprodukt des Serotonins) im 24h-Urin (unter Karenz serotoninreicher Nahrung: Insb. Nüsse, Bananen, Ananas)

   Tumormarker: Chromogranin A, NSE, HCG
3. <u>Staging:</u> Sonographie-Abdomen, Bronchoskopie mit Biopsie

   Röntgen: Thorax, Abdomen, evtl. MDP (= Magen-Darm-Passage mit KM), CT-Abdomen, Becken und Thorax
4. <u>Lokalisationsdiagnostik:</u> **Somatostatin-Rezeptor-Szintigraphie** mit ^{111}Indium-Pentatreotid od. ^{68}Gallium-PET-CT-Darstellung
5. <u>Immunhistochemische Untersuchung:</u> an Biopsie/Op-Präparat Klassifizierung des Tumor-

typs, Bestimmung der Mitosenzahl u./od. des Ki-67/MIB-1-Proliferationsindex (danach bestimmt sich auch das Grading des Tumors in G1 <2 %, G2 3-20 %, G3 >20 %)

Ther:
- Konservativ: palliativ werden bei Inoperabilität Somatostatinanaloga (Octreotid s.c., Sandostatin® od. Lanreotid i.m., Somatuline-Autogel®), ggf. + Interferon-α zur Reduktion der endokrinen Symptomatik eingesetzt. Bei Versagen der med. Ther. auch Peptidrezeptorradionuklidtherapie (DOTATOC/DOTATATE).
  Bei schlecht differenzierten Tumoren Chemotherapie mit Cisplatin + Etoposid.
- Operativ:
  - Entfernung des Primärtumors im Gesunden (Appendektomie, Darmresektion) + regionäre Lymphonodektomie (Metastasenstraße sanieren)
  - Solitäre Lebermetastasen können ebenfalls operativ entfernt werden, evtl. Chemoembolisation od. lokale intraarterielle Chemotherapie bei nicht-operablen Metastasen
  - Palliativ: bei multizentrischen Tumoren u. ausgedehnter Metastasierung ⇨ tumorverkleinernde Operation (Debulking) zur Abschwächung der Hormonwirkungen
- Selbsthilfegruppen: Bundesorganisation NeuroEndokrine Tumoren e.V., Oranienburger Str. 285 / Haus 6, 13437 Berlin, Tel./Fax: (0 30) 41 99 48-04, Fax: -06, Internet: http://www.net-shg.de
  NETZWERK Neuroendokrine Tumoren e.V., Wörnitzstr. 115a, 90449 Nürnberg, Tel.: (09 11) 2 52 89 99, Fax: (09 11) 2 55 22 54, Internet: http://www.glandula-net-online.de

Prog: Karzinoide haben insg. eine 5-JÜR von 70-80 %, das gutartige Karzinoid der Appendix nahezu 100%ige 5-JÜR (ist auch meist nur ein Zufallsbefund bei Appendektomie), bösartige Karzinoide mit Lebermetastasierung 20- bis 30%ige 5-JÜR.

Kompl:
* Fibrosierungen im Herz ("Karzinoidherz") und Retroperitoneum
* Rezidivierende Atelektasen und Pneumonien
* Entwicklung eines zweiten malignen Tumors (meist im GI-Trakt)

DD: Flush: Mastozytose (durch die Wirkung von Histamin und Serotonin aus Mastzellen)

GASTRINOM

Syn: **ZOLLINGER-ELLISON-Syndrom**, ICD-10: E16.4

Path:
- Gastrin-produzierender Tumor (= gehört zu den APUDomen)
  Im Pankreas finden sich physiologisch nur beim Kind Gastrinzellen, beim Erwachsenen ist dies eine ektope Lokalisation (= pathologisch, physiologische Lokalisationen beim Erwachsenen sind die **G-Zellen** des Magens im Magenantrum und Duodenum)
- Lok: **Pankreas** in 70-80 % d.F., Duodenum (= entop), oberes Jejunum, Magen (im Antrum = entop), 50 % der Gastrinome sind multipel und metastasieren früh
- Malignität: 2/3 der Gastrinome sind **maligne**!, außerhalb des Pankreas gelegen ⇨ sogar 90 % maligne

Epid: **M** > w = 2:1

Klin:
⇒ Vermehrte Säureproduktion ⇨ **Ulkus**, insb. multipel auftretend und an **untypischen Stellen** lokalisiert, z.B im Duodenum (nicht Bulbusbereich), im oberen Jejunum, große Kurvatur im Magen oder rasches Rezidiv nach einer Ulkusoperation.

⇒ **Diarrhoen** bei der Hälfte aller Patienten (durch Schädigung des Dünndarmes durch die gastrale HCl-Überproduktion und damit Unwirksamkeit der Pankreas- und Gallenenzyme (pH zu niedrig) ⇨ Entzündung des Dünndarmes) mit Steatorrhoe (Lipaseinaktivierung), Hypokaliämie und Dehydratation

⇒ Ulkuskomplikationen ⇨ Perforation, Strikturen, Ulkusblutung, Ösophagitis

<u>**Diag:**</u> 1. Anamnese und klinische Untersuchung

2. <u>Magensekretionsbestimmung:</u> Basalsekretion stark erhöht (BAO normal: 2-5 mmol Säure/Std. ⇨ pathologisch erhöht auf >15 mmol/Std., beim Magenoperierten >5 mmol/Std.)
   MAO und BAO (s. Kap. Magen) zeigen bei Pentagastrinstimulation keinen wesentlichen Anstieg (durch die ständig bestehende Stimulation ist die Sekretion von Magensäure nicht stärker anregbar)
3. <u>Gastrinanalyse im Serum:</u> Basal erhöht (Hypergastrinämie, >1.000 pg/ml) und nach Provokation mit Sekretin (normalerweise die Sekretion hemmendes Enzym) ⇨ Anstieg von Gastrin um 100 % ist beweisend.
   Evtl. selektive Blutentnahme im Pfortadersystem (zur Metastasensuche)
4. <u>Endoskopie:</u> Lokalisation der Ulzera? - Bei **multiplen peptischen Läsionen** und atypischer Lokalisation stets an ein ZOLLINGER-ELLISON-Syndrom denken!
   Biopsie: glanduläre Hyperplasie der Magenschleimhaut (durch die Dauerstimulation)
   DD: bei atypisch lokalisierten Ulzera immer auch an ein Karzinom denken!
   ➲ Biopsien obligat! ➲
5. <u>Lokalisationsdiagnostik:</u> Sonographie, CT-Abdomen, Angiographie (nicht immer aussagekräftig, da wenig vaskularisiert), ERCP (wenig aussagekräftig, da meist sehr kleine Tumoren), Somatostatin-Rezeptor-Szintigraphie (mit ^{111}In-Pentetreotide) od. FDG-PET

<u>**Ther:**</u>
- <u>Konservativ:</u> <u>P</u>rotonen<u>p</u>umpen<u>i</u>nhibitoren (PPI, Omeprazol, Antra®Mups), evtl. + H_2-Blocker, beides in Höchstdosierung, Chemotherapie (selten) mit 5-Fluorouracil
- <u>Operativ:</u> Ind: lokalisierbarer Tumor
  - Tumorentfernung, Problem: <u>häufig multiple Gastrinome</u>, extrapankreatische Lokalisationen, häufig Metastasen, kleiner Tumor (<2 cm ⇨ schwer zu lokalisieren)
  - Bei Lok. im Magen endoskopische Resektion bei kleinem Tumor, sonst Magenteilresektion, bei ausgedehntem Befund auch Gastrektomie u. Lymphadenektomie

<u>**Prog:**</u> Bei Solitärtumoren (operabel) gute Prognose, maligne Gastrinome haben nur 40 % 5-JÜR

<u>**DD:**</u>
- MEN I (s.u.) in ca. 20 % d.F.
- G-Zell-Hyperplasie der entopen G-Zellen im Magenantrum (⇨ hier fällt der Sekretin-Stimulationstest aber negativ aus)
- Ulkuskrankheit anderer Genese: Hyperparathyreoidismus (erhöhtes Kalzium stimuliert die Säureproduktion), Pylorusstenose, belassener Antrumrest nach B-II-Operation

INSULINOM

<u>**Syn:**</u> Inselzelladenom, B-Zelladenom, Beta-Zell-Tumor, ICD-10: D13.7

<u>**Path:**</u>
- ♦ Nur in 50 % d.F. wird Insulin produziert, sonst andere gastrointestinale Hormone (z.B. Somatostatin, pankreatisches Polypeptid)
- ♦ <u>Lok:</u> in **90 % solitär** im Pankreas, am häufigsten im Pankreas-Korpus
  in 10 % multiple Tumoren des Pankreas od. im übrigen Gastrointestinaltrakt (MEN I, s.u.)
- ♦ <u>Dignität:</u> 90 % benigne (Adenom), 10 % maligne (Nesidioblastom)
- ♦ <u>Metastasierung:</u> Leber und lokoregionäre Lymphknoten

<u>**Epid:**</u>
- ◊ Prädisp.alter: 30.-50. Lj.
- ◊ Inzidenz: 0,3/100.000/Jahr
- ◊ Häufigster endokriner Pankreastumor (ausgehend von den B-Zellen)

<u>**Klin:**</u> ⇒ <u>**WHIPPLE-Trias:**</u> 1) **Spontanhypoglykämie** (v.a. am Morgen, evtl. mit Bewusstseinstrübung, nach körperlicher Belastung oder nach Nahrungskarenz, Glukose <45 mg/dl)

2) Typische Klinik der Hypoglykämie (vegetative Symptomatik durch Katecholaminausschüttung: Schwitzen, Tachykardie, Palpitationen, Blässe, Zittern, Schwäche, Heißhunger)
3) Prompte Besserung nach i.v.-Gabe von Glukose

⇒ Im <u>Intervall</u> evtl. **ZNS- und neurovegetative Störungen** (Krampfanfälle, Kopfschmerzen, Seh- und Sprachstörungen, Doppelbilder, Depression und Verwirrtheitszustände)

<u>Diag:</u> 1. Anamnese und klinische Untersuchung

2. **Fastentest** (stationär, 48-72 Std.): kontinuierliches Ansteigen des Insulin/Glukose-Quotienten (BZ <45 mg/dl, Insulin >6 µl/ml) ⇨ durch kontinuierliche, nicht bedarfsorientierte Insulinproduktion (bei Normalproband fällt der Insulinspiegel in der Zeit des Hungerversuches ab)
Insulinsuppressionstest: keine Senkung des C-Peptidspiegels (abgespaltener Teil des Proinsulins) nach Gabe von 0,15 IE Altinsulin/kgKG beim Insulinompatienten (= keine Suppression der körpereigenen Insulinproduktion bei exogener Zufuhr)
Evtl. selektive Insulinbestimmung im Pfortaderkreislauf

3. <u>Lokalisationsdiagnostik:</u>
Sonographie: in 70 % lokalisierbar, jedoch Pankreasschwanz meist nicht gut darstellbar
CT-Abdomen mit KM-Bolus, da Insulinome gut durchblutet sind ⇨ 80 % Trefferquote
Selektive Angiographie/DSA (höchste Aussagekraft) ⇨ 80-90 % Trefferquote
Insg. schwierig, da Tumordurchmesser meist nur 1-2 cm beträgt. Die Kombination von Angiographie und **intraoperativer Sonographie** ergibt eine 95%ige Treffsicherheit.

<u>Ther:</u>
- <u>Konservativ:</u> Präoperativ, bei Inoperabilität oder wenn das Insulinom intraoperativ nicht gefunden werden kann (ca. 5 % d.F.): **Diazoxid** (hemmt die Insulinsekretion, Proglicem® 150-600 mg/Tag), Ind. auch bei maligner Entartung.
  Somatostatinanaloga (Octreotid, Sandostatin® s.c., bei Kindern/Neugeborenen)
  Chemotherapie: Streptozotozin evtl. in Komb. mit 5-Fluoruracil
- <u>Operativ:</u> Ind: immer bei lokalisierbarem Tumor gegeben, evtl. Probelaparotomie mit **intraoperativer Sonographie** bei unklarer Lage
  - Enukleation des Adenoms bei Solitärtumor
  - Linksresektion bis subtotale Pankreasresektion (Pankreaskopf bleibt erhalten) bei multiplen Adenomen
  - Bei malignem Tumor: als Ultima ratio palliative Duodenopankreatektomie und evtl. Entfernung solitärer Lebermetastasen (zur Tumor-/Hormonreduktion)

<u>Prog:</u> Bei Tumorentfernung gut, auch palliative Resektionen zeigen gute Ergebnisse, unbehandelt führen die rezidivierenden Hypoglykämien zu ZNS-Schäden

<u>Kompl:</u>
* Cave: jede Hypoglykämie kann irreversible neurologische Schäden verursachen
* Maligne Entartung, Lebermetastasen

<u>Op:</u>
* Pankreasfisteln, Pankreasabszess, Pankreaspseudozyste
* Subtotale Resektion des Pankreas kann Substitution mit Pankreasenzymen (Pankreon®, oral) u. evtl. Insulingabe erforderlich machen

<u>DD:</u>
- Funktionelle Hypoglykämien, Spätdumping-Syndrom nach Magen-Op, Tumor-Hypoglykämien (Paraneoplasie, insulin like growth factor), konsumierende Prozesse, Hypophysenvorderlappen- u. Nebennierenrindeninsuffizienz
- **Bei unklaren neurologischen Symptomen immer auch an Hypoglykämien denken!**
- Gendefekte (früher „Nesidioblastose" genannt): kongenitaler Hyperinsulinismus (Hypoglykämien bereits in den ersten Lebensjahren) durch Sulfonylharnstoff-Rezeptor- (aut.-rez., Chrom. 11), Kir6.2-Gen- (aut.-rez.), Glucokinase-Gen- od. Glutamatdehydrogenase-Gen-Mutation (aut.-dom.)
- Autoimmunbedingte Insulinresistenz
- Hypoglycaemia factitia = durch zu große exogene Insulinzufuhr bedingt (⇨ erniedrigter C-Peptid-Spiegel)
- Kachexie, schwere Malnutrition, Anorexia nervosa, Alkoholabusus
- MEN I (s.u.), sonstige paraneoplastische Symptomatik (Sekretion von IGF-II-Peptiden)

GLUKAGONOM

Path: Glukagon synthetisierender Pankreastumor der endokrinen A-Zellen, ICD-10: D13.7

Epid: Sehr seltener Tumor

Klin: ⇒ Leichter Diabetes mellitus (zu hoher Glukosespiegel im Blut)
⇒ Hautekzeme, nekrotisierend und wandernd

Diag: 1. Anamnese und klinische Untersuchung
2. Labor: Glukagonnachweis (RIA)
3. Lokalisationsdiagnostik: Sonographie und CT-Abdomen/Becken

Ther:
- Konservativ: Bei Inoperabilität Chemotherapie mit Streptozotozin
- Operativ: Tumorexstirpation

VIPOM

Syn: **VERNER-MORRISON-Syndrom**, D_1-Tumor, WDHH- od. WDHA-Syndrom (watery diarrhea hypokalemia hypochlorhydria bzw. achlorhydria), ICD-10: D13.7

Path:
- **VIP** (= vasoaktives intestinales Polypeptid) aktiviert die intestinale u. pankreatische Adenylatzyklase ⇨ Sekretion von Dünndarm- u. Pankreassekret (ähnliche Wirkung, wie das Choleratoxin, das zu profusen wässrigen Durchfällen führt, deswegen manchmal auch als "Pseudocholera" oder "pankreatische Cholera" bezeichnet)
- Lok: meist im Pankreas, ca. 15 % der Adenome oder Karzinome (selten) befinden sich extrapankreatisch (Verdauungstrakt, Lunge, Grenzstrang), in 80 % d.F. maligne

Klin: ⇒ **WDHH-Syndrom: wässrige Durchfälle, Hypokaliämie und Hypochlorhydrie** bis Achlorhydrie (= Fehlen von Magensekretion), die Durchfälle sistieren auch beim Fasten nicht!
⇒ Gewichtsverlust durch die starken Durchfälle ⇨ Cave: Elektrolytverlust, Exsikkose und Nephropathie bis hin zum Volumenmangelschock
⇒ Hypotonie, Tachykardie, Adynamie, Muskelschwäche, Magen-Darm-Atonie durch die Hypokaliämie

Diag: 1. Anamnese und klinische Untersuchung
2. Labor: VIP (patholog. >200 pg/ml), PP, GIP im Blut (RIA)
3. Magensekretionsanalyse zeigt eine Hypochlorhydrie
4. Staging: Sonographie-Abdomen, Röntgen-Abdomen, CT-Abdomen/Becken, evtl. selektive Angiographie des Pankreas (Tr.coeliacus u. A.mesenterica sup. ⇨ Aa.pancreaticoduodenales sup. u. inf. zeigen intrapankreatische Gefäßmalformationen)

Ther:
- Konservativ: Bei Inoperabilität ⇨ Somatostatinanaloga (Octreotid, Sandostatin®), kaliumhaltige Infusionen, evtl. auch Prednison
- Operativ: Entfernung des Adenoms durch Tumorexstirpation (falls genau lokalisierbar), sonst 2/3-subtotale Pankreasresektion

Prog: Unbehandelt schlechte Prognose, behandelt gute Prognose (bei Stopp der Durchfallerkrankung)

Kompl: Hypokaliämie und Exsikkose durch die starken Durchfälle bis hin zum **Schock**

DD:
- Pseudo-VERNER-MORRISON-Syndrom: Durchfälle und Hypokaliämie bei chronischem Laxanzien-Abusus ("MÜNCHHAUSEN"-Syndrom)
- MEN I (s.u.), Karzinoid-Syndrom, PPom (pankreatisches Polypeptid)
- Andere Durchfallserkrankungen: Cholera, Salmonellosen etc.

MEN

Syn: MEN = **multiple endokrine Neoplasien**, MEN-Syndrom, MEA (= multiple endokrine Adenomatose), Polyadenomatose-Syndrome, ICD-10: D44.8

Def: Kombination mehrerer endokriner Tumoren des APUD-Zellsystems

Ät: Allgemein: familiär aut.-dom. vererbt, auch sporadische Fälle mögl. (Neumutationen)
- MEN I : aut.-dom. (Mutation im Menin-Gen auf dem Chrom. 11_{q13})
- MEN II: aut.-dom. (Mutation im RET-Protoonkogen auf dem Chromosom $10_{q11.2}$) ⇨ **Familienangehörige** regelmäßig auf C-Zell-Karzinom und Phäochromozytom **kontrollieren** (Calzitonin i.S. und Katecholamine i.U., Pentagastrintest) bzw. Screening auf RET-Protoonkogen durchführen

Epid: ◊ Häufigkeit: 1:30.000
◊ Manifestationsalter: 20.-60. Lj.

Etlg: # **MEN I** (WERMER-Syndrom): Nebenschilddrüsenadenome (Hyperparathyreoidismus) + Pankreas-/Duodenaltumoren (Insulinom, Gastrinom, Glukagonom, VIPom) + Hypophysentumoren (Adenom im Vorderlappen) + Karzinoide (neuroendokrine Tumoren, s.o.), selten auch NNR-Hyperplasie

MEN II a (SIPPLE-Syndrom): medulläres Schilddrüsenkarzinom (C-Zell-Karzinom) oder C-Zell-Hyperplasie + Phäochromozytom (NNM) + Nebenschilddrüsenadenome (Hyperparathyreoidismus), evtl. juckende Amyloidose zwischen den Schulterblättern

MEN II b (MMN-Syndrom: multiple Mukosafibrome od. Neurofibrome, GORLIN-Syndrom): Tumoren wie bei MEN II a + zusätzlich Schleimhautfibrome und intestinale Ganglioneuromatose (Lippe, Zunge, Wange, Augenlider od. Enddarmbereich betroffen, Megakolon), marfanoider Habitus

Klin: ⇒ MEN I und II: zeigen die Symptome der Einzelerkrankungen (siehe dort)
⇒ MEN II b: schwulstige Lippen u. Neurofibrome am hinteren Zungenbereich, kutan tastbare Tumoren (Neurofibrome), sonstige Symptome wie bei den anderen Einzelerkrankungen

Diag:
1. Anamnese und klinische Untersuchung. Bei allen Tumoren/Adenomen der vom APUD-Zellsystem abstammenden Organe sollte auch an das Vorliegen eines **MEN** gedacht und dieses ausgeschlossen werden.
2. Tumormarker: Es kann häufig ein erhöhter **NSE-**Titer (neuronspezifische Enolase) u./od. Chromogranin-A-Titer festgestellt werden ⇨ geeignet zur Verlaufskontrolle.
   Die Tumormarker der Einzelerkrankungen können ebenfalls herangezogen werden, z.B. Kalzitonin für die C-Zellen.
3. Ganzkörper-Somatostatin-Rezeptor-Szintigraphie zur Lokalisationsdiagnostik
4. Humangenetische Untersuchung: Kinder/Geschwister von Erkrankten sollten auf Gendefekte untersucht werden ⇨ bei pos. Gendefekt regelmäßige Vorsorgeuntersuchungen ab dem 16. Lj. alle 2 J. durchführen. Eine prophylaktische Schilddrüsenentfernung wird ebenfalls empfohlen (bei Typ MEN II b bereits im Kindesalter).

Ther:
- Operativ:
  - Die operative Therapie besteht aus der Entfernung der einzelnen Tumoren (wie bei den Einzelerkrankungen). Allgemein gilt dabei, dass die Behandlung des Phäochromozytoms an erster Stelle steht.
  - Bei MEN I wird zur Parathyreoidektomie zusätzlich eine zervikale Thymektomie durchgeführt (häufig dort zusätzliche Nebenschilddrüsen).
- Weitere Informationen beim Deutschen MEN1-Register, Internet: http://www.men1.de

Kompl:
- Je nach endokriner Aktivität: Nephrokalzinose, Nierensteine, Niereninsuffizienz, Magen-Darm-Ulzera und -Blutungen, Hypoglykämien, sekundärer Hypogonadismus
- Maligne Entartung der Adenome mögl.

SCHILDDRÜSE

Anatomie

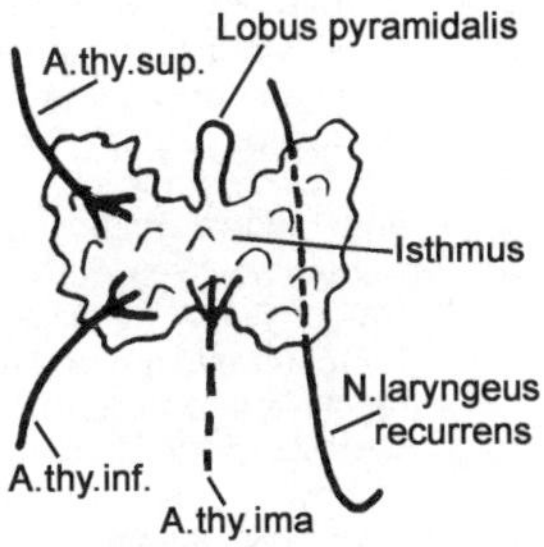

Die Schilddrüse (Glandula thyreoidea) liegt unmittelbar ventral der Trachea an. Sie besteht aus zwei Lappen, die über den Isthmus verbunden sind. Der Isthmus kann sich oralwärts in einen Lobus pyramidalis fortsetzen (ca. 50 % d.F., als Rest des Duct.thyroglossalis). Umgeben wird die Schilddrüse inklusive der Epithelkörperchen (= Nebenschilddrüsen, Glandulae parathyreoideae) von einer bindegewebigen Kapsel. An ihrer Dorsalfläche zieht beiderseits der **N.laryngeus recurrens** (aus dem N.vagus) von unten zum Larynx.

Gesamtvolumen: Männer max. 25 ml, Frauen max. 18 ml

Arterien: **A.thyreoidea sup.** (1. Ast der A.carotis ext.), **A.thyreoidea inf.** (aus Tr.thyrocervicalis), evtl. eine unpaarige A.thyreoidea ima (direkt aus der Aorta)

Venen: V.thyreoidea sup. (in V.jugularis int.), V.thyreoidea med. (in V.jugularis int.), V.thyreoidea inf. (in V.brachiocephalica)

Lymphabfluss: In paratracheale, zervikale und auch mediastinale Lk-Gruppen

Physiologie

Produktion, Speicherung und Sekretion v. $\mathbf{T_3}$ (Triiodthyronin) u. $\mathbf{T_4}$ (Tetraiodthyronin = **Thyroxin**) durch Iodierung von Tyrosin. Biologisch stark aktiv ist das T_3; T_4 (3fach weniger aktiv) wird in Leber und Niere auch in T_3 überführt. Der Transport erfolgt überwiegend durch Bindung an TBG (= thyroxinbindendes Globulin). Störungen des TBG kann eine Hypo- o. Hyperthyreose vortäuschen (z.B. TBG zu hoch bei: Hepatitis, hormonale Kontrazeptiva, Steroide, ASS; TBG zu niedrig: Eiweißverlustsyndrom) ⇨ zur Vermeidung von Fehlern besser freies (nicht mehr an TBG gebundenes) fT_3, fT_4 bestimmen.

Hormonwirkung: Gesteigerter Gesamtstoffwechsel, Übererregbarkeit, im Kindesalter wichtig für Wachstum und Entwicklung, im Erwachsenenalter katabol (hemmend auf Glykogen- und Proteinsynthese).

Regelkreis: **TSH** (thyreoideastimulierendes Hormon) aus den basophilen Betazellen des Hypophysenvorderlappen (= Adenohypophyse) stimuliert die Schilddrüse. TSH selbst wird reguliert durch TRH (thyrotropin releasing hormone) aus dem Hypothalamus und TRH wiederum durch den Hormonspiegel im Blut. Daneben besitzt die Schilddrüse eine Basisautonomie, die stets einen Grundspiegel an Schilddrüsenhormonen produziert.

Parafollikuläre Zellen: **C-Zellen** der Schilddrüse gehören zum APUD-Zellsystem und sezernieren Calcitonin (⇨ senkt Serum-Kalzium-Spiegel)

STRUMA

Syn: Umgangssprachlich: Kropf, engl. goiter, ICD-10: E01.-

Def: Struma = Vergrößerung der Schilddrüse über die normale Größe hinaus, sie kann dabei euthyreot, hypothyreot oder hyperthyreot sein

Ät:
- Exogener, alimentärer **Iodmangel**, strumigene Ernährung (z.B. Kohl, enthält Thiamazol-ähnliche Stoffe)
- Angeborener Defekt von Iodverwertung und Hormonsynthese ("kropfgefährdete Familien")
- Vermehrter Schilddrüsenhormonbedarf (Gravidität, Pubertät, Iodverlust)
- **Autonomien** und **Adenome**

- Morbus BASEDOW (TSH-Rezeptor-Autoantikörper) mit Hyperthyreose
- Entzündung der Schilddrüse mit Schwellung = Thyreoiditis
- Schilddrüsenmalignome = Struma maligna

Path: ♦ **Endemische Struma**: Meist euthyreote, "blande" Struma = hormonneutrale Schilddrüsenveränderung (durch die Vergrößerung der Schilddrüse versucht der Körper den Iodmangel auszugleichen ⇨ intakter Regelkreis), der Iodmangel aktiviert dabei intrathyreoidale Wachstumsfaktoren

♦ Struma diffusa = homogene parenchymatöse Vergrößerung
Struma nodosa (**Knotenstruma**) = meist multinoduläre (Struma multinodosa), selten solitär knotige (Struma uninodosa) Vergrößerung der Schilddrüse
Zusätzlich möglich: Kolloidzysten, Blutungszysten, Verkalkungen, regressive Veränderungen, Epithelhyperplasien/-metaplasien

♦ Autonome Schilddrüsenerkrankungen = **autonomes Adenom** ⇨ hypothalamisch-hypophysärer Regelkreis ist ausgeschaltet ⇨ Hyperthyreose mögl. (toxisches Adenom)

♦ Retrosternale/mediastinale Strumen: als Struma endothoracica falsa (mit Parenchymbrücke zur Schilddrüse, häufig) oder als Struma endothoracica isolata/alliata vera (echtes dystopes Schilddrüsengewebe)

Epid: ◊ Prävalenz: endemische Struma bei 20-23 % in Deutschland mit einem Nord-Süd-Gefälle (in Bayern 30-50 % d. Bevölkerung betroffen)

◊ 50 % der Iodmangelstrumen entwickeln sich bereits bis zum 20. Lj., w > m

◊ In Deutschland ca. 110.000 Schilddrüsenoperationen/Jahr

Etlg: # Endemische Struma (80-90 % d.F.)

Hyperthyreose (10-20 %), z.B. Adenom, Morbus BASEDOW

Bösartige Tumoren (Struma maligna) (0,1-5 %, die Angaben schwanken stark: 0,1 % aller Knoten, bis 5 % bei den resezierten/histologisch untersuchten Strumen)

Thyreoiditis (selten)

Einteilung nach der Klinik: Struma-Grad

0:	Schilddrüse **nicht sichtbar, nicht tastbar**, szintigraphisch Vergrößerung nachweisbar (weniger als 4fach vergrößert)
I:	Schilddrüse **tastbar** vergrößert, aber normal nicht sichtbar (sichtbar bei rekliniertem Kopf), mehr als 4fach vergrößert
II:	Schilddrüse **sichtbar vergrößert**
III:	Sehr große Schilddrüse, mit **regionalen mechanischen Komplikationen: Verdrängung** od. **Einengung** der Trachea (Stridor), der Halsgefäße (obere Einflussstauung) od. des Oesophagus (Schluckbeschwerden), retrosternale Anteile ⇨ absolute Op-Indikation

In bayerischen Einteilungen gibt es noch d. Struma-Grad **IV**: von hinten sichtbare Struma

Klin: ⇒ Eine Struma Grad 0-II macht meist keine Beschwerden

⇒ Stridor u. Dyspnoe durch Verdrängung od. Einengung der Trachea, evtl. Heiserkeit bei Affektion des N.laryngeus recurrens

⇒ Schluckbeschwerden durch Verdrängung od. Einengung des Oesophagus

⇒ Obere Einflussstauung: Sichtbare V.jugularis ext., kutane Venen des Halses und des Thorax

Diag: 1. Anamnese und klinische Untersuchung: Palpation, Schluckverschieblichkeit, Strömungsgeräusche (Schwirren) über der Schilddrüse

2. Labor: **Freies** T_3 und T_4 (⇨ TBG-Veränderungen sind ohne Einfluss), **TSH** basal, evtl. TRH-Test (Überprüft die Intaktheit des Regelkreis, wird nur noch selten durchgeführt)

3. **Sonographie:** Lage, Form, Größenbestimmung (Norm: Gesamtvolumen w: <18 ml, m: <25 ml), Echostruktur (homogen oder inhomogen mit Knoten - solide [echoreiche] oder

zystische [echoarme] Anteile), echoarmer Randsaum (Halo), Beziehung zu den Nachbarorganen

4. **Szintigraphie** mit ^{99m}Technetium-Pertechnetat (früher auch ^{123}Iod): Nachweis unterschiedlicher Nuklidanreicherungen, ektopem Schilddrüsengewebe (evtl. auch speichernder Metastasen bei differenziertem Karzinom); K-Ind: Gravidität
   - Warmer Knoten (= vermehrte Speicherung, bei euthyreoter Stoffwechsellage)
   - Heißer Knoten (= starke Speicherung) ⇨ meist Autonomie, aber auch Malignität mögl. (insb. paranodulär)
     ⇨ Kompensierte Autonomie: Auch Rest des Gewebes speichert ^{99m}Tc
     ⇨ Dekompensierte Autonomie: Nur heiße Knoten stellen sich dar, die restliche Schilddrüse ist supprimiert (⇨ übersteuerte Aufnahme notwendig, um im übrigen Schilddrüsengewebe zusätzliche kalte Knoten auszuschließen)
   - Kalter Knoten ⇨ **ein Schilddrüsenmalignom muss immer ausgeschlossen werden!** ⇨ Sono: Zyste oder solides Gewebe?, solide ⇨ Tumorverdacht verstärkt ⇨ Zytologie erforderlich!
5. Zytologie durch Feinnadelaspiration (je nach Krankenhaus auch sofortige Op)
6. Röntgen: **Tracheazielaufnahme** u. Ösophagusbreischluck (Verdrängung, Einengung?), Thorax (intrathorakale Struma?)
7. Präoperativ: **HNO-Untersuchung** insb. bei vorbestehender Heiserkeit (Rekurrensparese?, wichtig aus forensischen Gründen), wichtig: **Aufklärung** über die Möglichkeit der Rekurrensparese beim operativen Eingriff!

Ther:
- Konservativ: Medikamentös: T_4-Substitution (L-Thyroxin, Euthyrox®) bis zur Struma Grad II (nicht bei knotigen Veränderungen oder fokalen Autonomien)
  Radio-Iod-Behandlung: radioaktives ^{131}Iod wird in Thyreoidea eingelagert und zerstört dort Tumorgewebe. Ind: disseminierte Autonomien (insb. bei hohem Uptake, da gute Einlagerung), bei Op-Angst der Patienten, palliativ u. bei älteren, nicht operablen Patienten. (Anmerkung: das Strahlenrisiko ist insg. als gering zu beurteilen)
- Operativ: Ind: Druck u. Verdrängung v. Nachbarorganen (Stadium III), Strumen mit Autonomie, kalte Knoten / Malignitätsverdacht
  K-Ind: jugendliche Struma vor 25. Lj. (immer erst Therapie mit Thyroxin/Iodsubstitution versuchen)
  - Präoperativ muss eine **euthyreote Stoffwechsellage** eingestellt werden (bei Hyperthyreose Vorbehandlung mit Carbimazol od. Thiamazol)
  - **Struma: subtotale Schilddrüsenresektion** = ein dorsaler Rest wird belassen: kleiner KOCHER-Kragenschnitt (tiefer kollarer Querschnitt durch Haut und Platysma), Halsvenen werden koaguliert od. ligiert und durchtrennt, Längsinzision und Auseinanderdrängen der geraden Halsmuskulatur, Darstellung der oberen und unteren Polgefäße so lateral wie möglich (Cave: N.recurrens) und Koagulation/Unterbindung der Gefäße, Resektion der Struma von oben nach unten (Kapsel bleibt stehen), Wiederverschluss der Schilddrüsenkapsel, schichtweiser Wundverschluss.
    Wegen der hohen Rezidivrate wird teilweise heute auch eine **totale Schilddrüsenentfernung** durchgeführt. Immer histologische Untersuchung zum Malignomausschluss.
  - Retrosternale Strumen können meist über den normalen Zugang mitentfernt werden, nur bei tiefer intrathorakaler Lage kann eine mediane obere Sternotomie notwendig werden (extrem selten)
  - Adenome können bei jugendlichen Patienten durch Enukleation entfernt werden
  - Insb. bei Frauen werden derzeit neue Zugangswege versucht: minimalinvasives Vorgehen über einen kleinen Hautschnitt hinter dem Ohr und Entlangführen der Kamera u. Spezialinstrumente zwischen den Halsmuskeln (Vorteil: keine Narbe am Hals).
    Experimentell in Erprobung ist auch ein transoraler Zugang (sublingualer u. zwei vestibuläre [= zwischen Unterlippe u. Unterkiefer in Höhe des ersten Molaren] Zugänge, sog. NOTES-Verfahren = natural orifice transluminal endoscopic surgery)
- Nachbehandlung! ab 2. postoperativen Tag mit L-Thyroxin (= T_4, Euthyrox®) 50-100 µg/Tag ⇨ sonst Rezidive in bis zu 20-30 % d.F. (Medikation muss auch während einer Gravidität eingenommen werden)

Prog: Op-Letalität: 0,2 %; Rezidiv, bei guter medikamentöser postop. Prophylaxe in 2-20 % d.F.

Kompl: ∗ Tracheomalazie (Säbelscheidentrachea) durch längerfristige Kompression

Op: ∗ Blutung, kollares Hämatom, Verletzung der Trachea, Trachealkollaps

∗ **Läsion des N.laryngeus recurrens** (Inzidenz: ca. 1 %, bei Rezidiv-Op kann das Risiko bis auf 15 % ansteigen!, einige Operateure stellen den Nerven daher bei jeder Schilddrüsen-Op dar oder führen ein intraoperatives Neuromonitoring durch. Dabei wird ein EMG an der Kehlkopfbinnenmuskulatur über Elektroden am Beatmungstubus abgeleitet). Bei Verletzung Stimmbandparese ⇨ Heiserkeit (Rückbildung bei 1/3-1/2 der Patienten bis innerhalb eines Jahres), bei beidseitiger Läsion wird die Atmung stark behindert und kann im Extremfall eine Tracheotomie notwendig machen.

∗ **Hypoparathyreoidismus** ⇨ hypokalzämische Tetanie durch Entfernung, Läsion oder Unterbindung aller Epithelkörperchen (Inzidenz: ca. 0,4 %, vermehrt bei Rezidiv-Op und kompletter Schilddrüsenentfernung bei maligner Indikation)

Proph: ♥ Zur **Strumaprophylaxe** ausreichende Aufnahme von Iodid (Tagesbedarf: 200 µg), z.B. durch iodiertes Speisesalz, See-Fisch, Milchprodukte. Während der Schwangerschaft sollte der erhöhte Bedarf durch Iodid-Tabletten substituiert werden.

♥ Cave: bei bekannter Autonomie/Hyperthyreose und Untersuchung mit jodhaltigen Röntgenkontrastmitteln (z.B. Angiographien) ⇨ Schilddrüsenblockade erforderlich: am Vortag Perchlorat (Irenat®), am Untersuchungstag und mind. 3 weitere Tage Carbimazol

♥ Postoperativ: i.d.R. lebenslange T_4-Einnahme zur Hormonsubstitution (Euthyrox®), bei Schilddrüsenrest in Kombination mit Iod (Thyronajod®, Jodthyrox®) zur Rezidivprophylaxe, Kontrolle des T_4 u. TSH-Spiegels 2-4 Wo. nach Therapiebeginn, Dosierung dann je nach Befund, Kontrollen in jährlichem Abstand

DD: – Schilddrüsenmalignome (kalter Knoten)

– Kolloidzysten (enthalten bräunliche Flüssigkeit, sog. "Schokoladenzysten"): HASHIMOTO-Thyreoiditis, Thyreoiditis DE QUERVAIN, RIEDEL-Struma

– PENDRED-Syndrom: aut.-rez. erbliche (SLC26A4-Mutation auf Chrom. 7) Kombination von Hypothyreose (Iodisationsstörung) mit Struma und Innenohrschwerhörigkeit

HYPERTHYREOSE

Syn: Schilddrüsenüberfunktion, engl. hyperthyroidism, ICD-10: E05.-

Ät: – **Thyreoidale Autonomie** (Ursache liegt innerhalb der Schilddrüse) oder diffuse Autonomie

– **Morbus BASEDOW** (Ursache liegt außerhalb der Schilddrüse) = immunogene Hyperthyreose (genet. Disposition, HLA-B8, DR3, Cw7, DQA1 + auslösendes Agens/Immunantwort auf bakterielle oder virale Infekte?)

– **Hyperthyreosis factitia** = exogene Zufuhr von Schilddrüsenhormonen

– **Subakute Thyreoiditis** DE QUERVAIN (passagere Hyperthyreose)

– Schwangerschaftshyperthyreose, postpartum Thyreoiditis, Chorionkarzinom, Hodentumoren

– Vermehrte hypophysäre TSH-Sekretion od. TSH-ähnliche Substanzen (paraneoplastisch)

– Iatrogen: Nebenwirkungen (bis zur thyreotoxischen Krise) durch Iod-haltige KM, Amiodaron (Antiarrhythmikum, Cordarex®)

Path: ♦ Autonomien und Morbus BASEDOW am häufigsten

♦ Autonomes Adenom ⇨ hypothalamisch-hypophysärer Regelkreis ist ausgeschaltet ⇨ Hyperthyreose (toxisches Adenom), TSH vermindert

♦ Morbus BASEDOW: **Auto-AK gegen TSH-Rezeptoren** mit stimulierender (intrinsischer) Wirkung ⇨ T_3, T_4 werden vermehrt gebildet (bei latentem Stadium nur T_3-Hyperthyreose), ohne oder mit diffuser Struma oder mit Knotenstruma

Klin: ⇒ Allgemeine Zeichen des Hypermetabolismus: **psychomotorische Unruhe, Tachykardie** und Palpitationen, Temperaturempfindlichkeit (insb. **Wärmeintoleranz**), warme u. feuchte Haut, Schweißausbrüche (erhöhte Katecholaminempfindlichkeit), **feinschlägiger Tremor, Gewichtsabnahme** trotz guten Appetits/Heißhunger (DD: Tumorleiden), Diarrhoen (gesteigerte Stuhlfrequenz), evtl. Myopathie (Muskelschwäche), verstärkter Haarausfall

⇒ **Morbus Basedow:** klassisch ist die **Merseburger-Trias** aus **Struma** (70-90 %), **Tachykardie** und **Exophthalmus** (40-60 %). **W** >> m (5:1), Prädisp.alter: >35. Lj.

- Exophthalmus (sog. "Glanzauge") = endokrine Orbito-/Ophthalmopathie in 40-60 % d.F. zu beobachten (Symptom: vorstehende Augen = Protrusio bulbi). Path: Lymphozytäre Infiltration und Einlagerung von Glukosaminoglykanen in das periorbitale Gewebe ⇨ Ursache letztlich unbekannt.
  Zeichen: 1.) Stellwag-Zeichen: seltener Lidschlag
  2.) Dalrymple-Zeichen: Retraktion des Oberlids, evtl. + Lagophthalmus = fehlender Lidschluss beim Schlafen ⇨ Ther: Augensalben, evtl. Uhrglasverband zur Nacht, evtl. Kortikoide oral
  3.) Graefe-Zeichen: Zurückbleiben des Oberlids bei Blicksenkung
  4.) Moebius-Zeichen: Konvergenzschwäche bei Nahsicht
  5.) Jellinek-Zeichen Pigmentation der Augenlider
- Prätibiales Myxödem bei 40 % (eigenständiges Krankheitsbild bei der immunogenen Hyperthyreose)

Diag:
1. Anamnese und klinische Untersuchung (s.o.), symmetrische Hyperreflexie
2. Labor: **TSH basal erniedrigt,** T_3, T_4 erhöht, TRH-Test fällt negativ aus (TSH bleibt auch bei TRH-Stimulation supprimiert)
   Morbus Basedow: TSH-Rezeptor-AK (TRAK) = Thyreoid Stimulating Immunglobulins (TSI), früher auch LATS (long-acting thyreoidea stimulator) genannt.
   TSI >10 %: Immunogene Hyperthyreose = Morbus Basedow
   TSI <10 %: Nicht immunogene Hyperthyreose ⇨ thyreoidale Autonomie?
3. Diagnostik mit Szintigraphie auf thyreogene Autonomie (s. Struma)
4. Präoperative Diagnostik (s. Struma)

Ther:
- Konservativ: **Thyreostatika**: Perchlorat (Irenat®) hemmt Aufnahme von Iodid; schwefelhaltige Thyreostatika (Carbimazol Carbimazol®, Thiamazol Favistan®, Propylthiouracil Propycil®) hemmen die Synthese von mono- und diiod-Thyronin, nicht aber die Inkretion der bereits fertigen Hormone. Zusätzlich Gabe von T_4, um die Schilddrüse ruhigzustellen. Ggf. zusätzlich ß-Rezeptorenblocker (Propranolol, Dociton®).
- Radio-Iod-Therapie mit ^{131}I: Ind: Rezidiv nach Strumaresektion, alte Patienten, progrediente endokrine Orbitopathie. 150-200 Gy Herddosis. Anschließend T_4-Substitution.
- Operativ: Ind: große Struma, multinodulär (Karzinom nicht ausschließbar), Versagen der konservativen Behandlung, progressiver/ therapieresistenter Exophthalmus
  - **Thyreostatische Vorbehandlung vor Op** unbedingt erforderlich: Propylthiouracil (Propycil®) über 6 Wo., evtl. + ß-Blocker (die sog. Plummerung mit Lugolscher Lösung = hohe Ioddosis ist heute nicht mehr erforderlich)
  - Subtotale Strumaresektion (s.o.)
  - Nachbehandlung: Ausschleichen der präoperativen Medikation und T_4-Substitution lebenslang (Euthyrox®, Dosis: 1,5 µg/kgKG, Kontrolle nach 6 u. 12 Wochen und Anpassung der Dosierung je nach Stoffwechsellage, jährliche Kontrollen)
- Thyreotoxische Krise: Thyreostatika (Thiamazol Favistan®), Iodid (sofern die Krise nicht durch Iodkontamination, z.B. Iod-haltige KM verursacht ⇨ dann Plasmapherese), Glukokortikoide, ß-Blocker, Sedativa, intensivmedizinische Therapie (Flüssigkeit- und Elektrolytsubstitution), physikalische Fiebersenkung (keine Antipyretika, wegen T_4-Freisetzung aus der Plasmaeiweißbindung), ggf. frühzeitige near-total-Resektion der Schilddrüse.

Prog: Trotz Operation bleibt bei ca. 2-5 % d.F. eine Hyperthyreose.
Op-Letalität <1 %, die thyreotoxische Krise hat unbehandelt eine Letalität von 20-50 %!

Kompl:
* Osteoporose durch neg. Ca^{++}-Bilanz, evtl. Entwicklung einer Fettleber
* Dekompensation einer Herzinsuffizienz, bei langer Dauer Herzmuskelschädigung
* Erhöhter Insulinbedarf bei Diabetes mellitus
* Eine schlechte Prog. haben Pat. mit einer Iodkontamination ⇨ thyreotoxische Krise ⇨ bei bekannter Autonomie/Hyperthyreose und geplanter Untersuchung mit jodhaltigen Röntgenkontrastmitteln (z.B. Angiographien) Schilddrüsenblockade durchführen: am Vortag Perchlorat (Irenat®), am Untersuchungstag und mind. 3 weitere Tage Carbimazol
* **Thyreotoxische Krise** ("Basedow-Koma"), Einteilung nach Herrmann (1978)

Stadium 1:	**Tachykardie** (>150/min), **Herzrhythmusstörungen,** verstärkter **Tremor,** Adynamie, profuse Diarrhoen, **Hyperthermie** (Fieber bis 41 °C), Dehydratation, Unruhe, Agitiertheit, Hyperkinesen
Stadium 2:	Zusätzlich zum Stadium 1 kommen **Bewusstseinsstörungen**, Somnolenz, Stupor, zeitliche und örtliche Desorientiertheit, psychotische Störungen
Stadium 3:	Zusätzlich zu den Symptomen des Stadium 1: **Koma** **3 a** Patient <50. Lj. **3 b** Patient >50. Lj. (mit besonders schlechter Prognose)

Op: * Postoperative thyreotoxische Krise in ca. 1 % d.F.
* Rekurrensparese in 0,5-2 % d.F. (teilweise auch reversibel)
* Hypoparathyreoidismus, heute sehr selten

Proph: ♥ Postoperative Funktionskontrolle mit T_3, T_4
♥ Postoperative Substitution: wenn nach 8 Wo. keine Hinweise auf Resthyperthyreose ⇨ L-Thyroxin 50 bis 75 µg zur Hormonsubstitution und Rezidivprophylaxe

THYREOIDITIS

Def: Entzündung der Schilddrüse, engl. thyroiditis, ICD-10: E06.-

Ät: - **Autoimmunthyreoiditis** (HASHIMOTO-Thyreoiditis, Syn: Struma lymphomatosa HASHIMOTO = chronisch lymphozytäre Thyreoiditis, häufigste Form der Thyreoiditis, familiäre Disposition und häufig in Kombination mit anderen Autoimmunkrankheiten, wie Myasthenie, perniziöse Anämie, atrophische Gastritis)
- **Infektiös**: Bakteriell durch hämatogene oder lymphogene Streuung (z.B. Tonsillitis, Pharyngitis) oder selten direkte lokale Infektion (z.B. nach Trauma, Op), viral (DE QUERVAIN?)
- Spezifisch entzündliche Thyreoiditis (Sarkoidose, Tuberkulose, Lues), meist mit Befall weiterer Organe
- Traumatische oder strahlenbedingte Thyreoiditis, Thyreoiditis nach Zytokintherapie
- Postpartum-Thyreoiditis: Frauen im ersten Jahr nach der Schwangerschaft

Path: ♦ DE QUERVAIN-Thyreoiditis: Histo: granulomatöse Entzündung mit Epitheloid- und Riesenzellen
♦ HASHIMOTO-Thyreoiditis: Histo: lymphozytäre Thyreoiditis mit Lymphfollikeln und Keimzentren, im fortgeschrittenen Stadium Fibrosierung

Epid: HASHIMOTO-Thyreoiditis: **w** >> m, Prädisp.alter: 40.-50. Lj.

Etlg: # Akut (relativ selten): meist bakteriell bedingt (Staph. aureus, Pneumokokken) oder viral (Coxsackie, Influenza, HIV), traumatisch, strahlenbedingt
Subakut: **DE QUERVAIN,** Ät: unbekannt, Virusinfektion, HLA-B35 gehäuft
Chronisch: **HASHIMOTO-Thyreoiditis** (Autoimmunerkrankung, HLA-DR4, DR5)

Klin: ⇒ Akut: Fieber, lokaler Schmerz, regionäre Lk geschwollen, Heiserkeit evtl. mit Dyspnoe (pharyngealer Infekt), BSG-Erhöhung, Leukozytose, i.d.R. euthyreot
⇒ DE QUERVAIN-Thyreoiditis: schmerzhafte Schwellung (häufig einseitig), passagere Hyperthyreose, **BSG extrem erhöht**, schweres Krankheitsgefühl
⇒ HASHIMOTO-Thyreoiditis: anfangs oft unbemerkt, erst durch Hypothyreose und Struma, ggf. mit Verdrängung wird sie symptomatisch

Diag: 1. Anamnese (vorangegangener Virusinfekt, Infekt der oberen Luftwege) und klinische Untersuchung: druckschmerzhafte Schilddrüse

2. **Sonographie:** akut: Einschmelzungen, Abszesse
   bei chronischer Thyreoiditis: diffus echoarmes, inhomogenes Gewebe, im Farbdoppler Gefäßvermehrung u. Hyperperfusion mit erhöhtem diastolischem Flussniveau
3. Labor: bei HASHIMOTO-Thyreoiditis Thyreoglobulin-AK (**TAK** od. TGAK) in 70 % d.F. pos., Mikrosomale-AK (**MAK**) in 95 % d.F. pos. (insb. TPO-AK = AK gegen thyroid Peroxidase)
   Die Schilddrüsenhormone können akut erhöht oder erniedrigt sein, chronisch sind sie meist erniedrigt (⇨ durch fibrosiertes Schilddrüsengewebe, das keine Hormone mehr produziert)
4. Szintigraphie: DE QUERVAIN-Thyreoiditis: stark verminderte Radionuklidanreicherung
5. **Feinnadelbiopsie** + Zytologie (Histo s.o.)

Ther:
- Konservativ:
  - Allgemein: Eiskrawatte, Bettruhe, Antiphlogistika, Ruhigstellung der Schilddrüse durch T_4-Gabe
  - Bakt. Infekt: Antibiotika, bei Abszess Punktion und Drainage (Kultur, Zytologie)
  - DE QUERVAIN-Thyreoiditis: Glukokortikoide, Antiphlogistika (ASS), keine Thyreostatika, da nur passagere Hyperthyreose, Operation kontraindiziert!
  - HASHIMOTO-Thyreoiditis: dauerhafte Schilddrüsenhormon-Substitution (100-200 µg L-Thyroxin), ggf. Glukokortikoide
- Operativ: Ind: mechanische Behinderung (Struma Grad III), V.a. Malignität bei HASHIMOTO-Thyreoiditis
  - Thyreoidektomie und postoperative Hormonsubstitution

Prog: DE QUERVAIN-Thyreoiditis in >60 % Spontanheilung, HASHIMOTO-Thyreoiditis ebenfalls Spontanheilungen mögl., aber selten

Kompl:
* Bei akuter starker Einengung der Trachea kann eine Tracheotomie erforderlich werden
* Verdrängungssymptome (Struma Grad III): Resektion zur mechanischen Entlastung
* HASHIMOTO-Thyreoiditis ⇨ Sonderform: **RIEDEL-Struma** = Thyreoiditis fibrosa, eisenharte Struma, bedingt durch invasiv-sklerosierende Umwandlung des Gewebes durch die Entzündung (bindegewebige Durchsetzung des Schilddrüsenparenchyms)

DD: Insb. bei den chronischen Formen Schilddrüsenkarzinom ausschließen

SCHILDDRÜSENMALIGNOME

Syn: Schilddrüsenkarzinome, Struma maligna, engl. thyroid carcinoma, ICD-10: C73

Etlg:
Differenzierte Karzinome (60-70 % d.F.), gute Therapierbarkeit mit ^{131}I, insg. gute Prog.
  - **Papilläres Schilddrüsen-Ca** (40 %): Pat. <40 Jahre, v.a. lymphogene Metastasen
  - **Follikuläres Schilddrüsen-Ca** (30 %): v.a. hämatogene Metastasierung (Lunge, Knochen)
Undifferenzierte Karzinome = **anaplastisch** (15-25 %, spindelzellig, polymorph- oder kleinzellig): nehmen am Iodumsatz nicht teil (daher keine Radioiodbehandlung möglich) ⇨ insg. eher schlechte Prognose
C-Zell-Karzinom = **medulläres Karzinom** (5-10 %, weiteres s.u.)
Plattenepithelkarzinom
Sehr selten: Sarkome, Hämangiosarkome oder Metastasen anderer Tumoren (z.B. Nierenzellkarzinom, Non-HODGKIN-Lymphom, Pharynxkarzinom, Bronchialkarzinom)

Epid:
◊ Inzidenz: 3/100.000/Jahr, ca. 2.500 Neuerkrankungsfälle pro Jahr in Deutschland
◊ Prädisp.alter: Altersgipfel um 50. Lj. bei den differenzierten Karzinomen (beim papillären ein Gipfel auch um 25. Lj.), bei den entdifferenzierten Karzinomen um 60. Lj.
◊ **W** > m (2,5 : 1)

Path: ♦ Jeder **kalte Knoten** in der Szintigraphie ist **malignitätsverdächtig**! und muss abgeklärt werden.

♦ Lok. u. Metastasierung: Einteilung nach SMEDAL (1967), in Klammern entsprechende TNM

Stadium I:	Karzinom auf die Schilddrüse beschränkt (= $T_{1\text{-}3}$, N_0, M_0)
Stadium II:	Karzinom auf die Schilddrüse beschränkt (= $T_{1\text{-}3}$) +
A:	unilaterale Lk-Metastasen (= N_{1a})
B:	bilaterale oder mediastinale Lk-Metastasen (= N_{1b})
Stadium III:	Infiltration von Nachbarorganen (= T_4)
Stadium IV:	Fernmetastasen (M_1)

♦ TNM-Klassifikation:

Primärtumor: T_{1a} Tumor <1 cm, T_{1b} Tumor 1-2 cm,

T_2 Tumor 2-4 cm, begrenzt auf die Schilddrüse,

T_3 Tumor >4 cm aber noch begrenzt auf die Schilddrüse,

T_{4a} Tumor jeder Größe jenseits der Schilddrüse (mit Infiltration der Subkutis, Larynx, Trachea, Ösophagus od. N.recurrens) od. undifferenziertes Karzinom (unabhängig von der Größe) auf die Schilddrüse beschränkt,

T_{4b} Tumor jeder Größe jenseits der Schilddrüse (mit Infiltration der prävertebralen Faszie, mediastinaler Gefäße od. A.carotis) od. undifferenziertes Karzinom (unabhängig von der Größe) jenseits der Schilddrüsenkapsel

Regionäre Lk: N_{1a} prä- u. paratracheale od. paralaryngeäre Lk, N_{1b} uni-, bi- od. kontralaterale zervikale od. obere mediastinale Lk

Stadiengruppierung: I: $T_1N_0M_0$ II: $T_2N_0M_0$
III: $T_3N_0M_0$ bis $T_{1\text{-}3}N_{1a}M_0$ IV: $T_{1\text{-}3}N_{1b}M_0$, alle T_4, alle M_1, alle undiff.

Klin: ⇒ Struma**knoten** von harter Konsistenz tastbar, **nicht schmerzhaft**

⇒ Evtl. schnelles Wachstum bei den anaplastischen Karzinomen od. langsameres Wachstum bei den differenzierten Karzinomen über Wochen oder Monate

⇒ Vergrößerung **zervikaler Lymphknoten** (können klinisch noch vor dem Primärtumor sichtbar werden!)

⇒ Lokale Spätsymptome/Komplikationen: derbe, fixierte (schlechte Verschieblichkeit) Struma, Lk-Schwellung, Heiserkeit (Rekurrensparese), HORNER-Syndrom, Atemnot u. Stridor, Schluckbeschwerden, obere Einflussstauung

Diag:
1. Anamnese (Radiatio im Halsbereich vor 10-20 Jahren?, MEN in der Familie) und klinische Untersuchung: derb palpabler Knoten, Verwachsungen mit der Haut, zervikale Lk-Schwellungen
2. **Sonographie:** Echostruktur (solide - zystisch?) ⇨ verdächtig sind solide echoarme Knoten, Mikrokalzifizierungen, Kapseldurchbruch, zentraler Fluss in der Farbdoppler-Sonographie
3. **Schilddrüsenszintigraphie:** ein **kalter Knoten** ist in 1-5 % d.F. ein Karzinom (Angabe gilt für Deutschland = Endemiegebiet für eine Struma; in Gebieten mit niedriger Strumarate, z.B. bei Trinkwasseriodierung ist die Karzinomwahrscheinlichkeit eines kalten Knotens viel höher, bis zu 30 %).

   DD des kalten Knotens: ausgebrannte Adenome, verkalkte Bezirke, große Kolloid- od. Blutungszysten, Thyreoiditis) ⇨ Feinnadelbiopsie!
4. **Feinnadelbiopsie** ⇨ Zytologie (in 60-90 % d.F. valide Diagnose mögl.)
5. Röntgen: CT-Hals (keine iodhaltigen Kontrastmittel verwenden), Lunge
6. Ganzkörperszintigraphie des Skeletts (Metastasen?), radioaktiv markierte Thyreoglobulin-Ak können szintigraphisch zur Metastasensuche eingesetzt werden
7. Labor: **Thyreoglobulin** und CEA als Tumormarker für follikuläres und papilläres Ca. (Tumormarker ist nur für die Verlaufskontrolle in der Nachsorge geeignet)

Ther:
- Konservativ: palliative Polychemotherapie bei Inoperabilität
- Operativ: Ind: jedes nachgewiesene Karzinom und jeder suspekte Bezirk (⇨ histo-

logische Untersuchung des Op-Präparates)
Palliativ: zur Tumormassenreduktion bei anaplastischen Tumoren

- **Totale Thyreoidektomie** (inkl. Kapsel) + zervikozentrale Lymphonodektomie, eine Resektion weiterer Hals-Lk erfolgt Stadienabhängig (neck dissection = auch laterale Lk im Halsbereich bei gesichertem Karzinom T3/T4),
  bei papillärem Karzinom <1 cm (T1) u. N0 reicht eine subtotale Thyreoidektomie aus.
- Adjuvante Therapie: 10-14 Tage postoperativ ^{131}I-Ganzkörperscan zur Metastasensuche, danach **Radio-Iod-Therapie** bei follikulären und papillären (differenzierten) Schilddrüsenkarzinomen (die postoperative TSH-Steigerung, aufgrund des Fehlens der Schilddrüsenhormone, ist dabei vorteilhaft): hochdosiertes ^{131}I in mehreren Fraktionen, bis kein Iod-speicherndes Gewebe mehr szintigraphisch nachgewiesen werden kann.
- Externe Radiatio v.a. bei C-Zell-Karzinom u. bei anaplastischem Karzinom (nehmen nicht am Iod-Umsatz teil und sind daher für die ^{131}I-Therapie nicht zugänglich)
- Hochdosierte T_4-Substitution (Euthyrox®, 150-200 µg) **lebenslang** nach Abschluss der Radioiodtherapie, um die TSH-Produktion so niedrig wie möglich zu halten (Ziel: TSH = 0 ⇨ verminderter Reiz auf evtl. noch vorhandene Metastasen = Rezidivprophylaxe)
- Minimal-invasive videoassistierte Chirurgie ist bei suspektem Knoten (bis max. 30 mm Größe) mögl., bessere Kosmetik aber aufwändiger und teurer (und bei Malignitätsnachweis im Schnellschnitt muss umgestiegen werden)

- Selbsthilfegruppen: Interessengemeinschaft Schilddrüsenkrebs, Dahnstr. 3, 45144 Essen, Tel./Fax: (02 01) 75 77 20, Internet: http://www.schilddruesenkrebs.de
  Schilddrüsen-Liga-Deutschland e.V., Waldstr. 73, 53177 Bonn, Tel.: (02 28) 3 86 90 60, Fax: (02 28) 3 77 92 87, Internet: http://www.schilddruesenliga.de
  Ohne Schilddrüse leben e.V., Tempelherrenstr. 4, 10961 Berlin, Tel.: (0 30) 69 40 17 23, Internet: http://www.sd-krebs.de

Prog: Differenzierte Karzinome: **sehr gut**; beste Prognose hat das papilläre Karzinom (Stad. T1-T3) mit einer 10-JÜR von fast 100 %, insb. bei Pat. <40. Lj. Auch bei Metastasen noch relativ gute Prognose.
Anaplastische Karzinome: **sehr schlecht**, 6 Monate mittlere Überlebenszeit, 5-JÜR nur 1-10 % (bei Diagnose meist bereits inoperabel wegen Übergriff auf Nachbarstrukturen ⇨ evtl. palliative Op zur Beseitigung der Symptome, Todesursache v.a. Einbruch in die Trachea).

Kompl:
* Verdrängung und Infiltration von Nachbarorganen
* Hypothyreose (bei Zerstörung von viel Schilddrüsengewebe)
* In ca. 5 % d.F. liegt eine syndromatische vererbte Form vor: COWDEN-Syndrom (Hamartome der Haut, Darmpolypen), CARNEY-Komplex (Weichgewebsmyxome, Schwannome, endokrine Überfunktion) od. familiäre adenomatöse Polypose (multiple Polypen im Dickdarm)

Op:
* **Rekurrensparese** und **Hypoparathyreoidismus** häufiger (ca. 2-4 %) als bei normaler Struma-Op, da die Kapsel der Schilddrüse bei maligner Ind. mitentfernt wird! (der N.laryngeus recurrens sollte daher immer intraoperativ dargestellt werden)
* **Beidseitige Rekurrensparese** (⇨ Stimmbänder stehen in Paramedianstellung) ⇨ postoperativer, inspiratorischer Stridor ⇨ Notfall!, da akute Erstickungsgefahr (Ther: Kortikoide, Antiphlogistika, evtl. Intubation od. Tracheotomie)
* Blutung, kollares Hämatom, Tracheomalazie, Infektion
* Radioiodtherapie: Kontraindikation ist eine Gravidität! (sicher ausschließen), Sialadenitis, Sicca-Syndrom, Gastritis, Thrombo- u. Leukopenie

Proph:
♥ Nachsorge: alle 6 Monate Szintigraphie-Kontrolle mit ^{201}Thallium (Vorteil: T_4-Medikation muss nicht abgesetzt werden), bei V.a. auf Rezidiv oder Metastase Kontrolle mit ^{131}I-Ganzkörperscan
♥ Bestimmung der Tumormarker als Verlaufs- und Kontrollparameter

DD:
– RIEDEL-Struma (harte fibrosierte Struma)
– Schwellung der Halslymphknoten (Entzündungen, Mononukleose, HIV-Lymphadenopathie, Pharynx-/Larynxkarzinom-Metastasen, maligne Lymphome)

C-ZELL-KARZINOM

Syn: Medulläres Schilddrüsenkarzinom, ICD-10: C73

Ät:
- Sporadisch (meist unizentrisch)
- **Familiäres C-Zell-Karzinom** (25 % d.F.) = hereditär (meist multizentrisch in beiden Schilddrüsenlappen) oder in Kombination bei **MEN II** a oder b (II a: C-Zell-Karzinom + Phäochromozytom + Hyperparathyreoidismus, Path: autosomal dominant vererbte Mutation im RET-Protoonkogen auf dem Chromosom 10; II b: wie II a und zusätzlich Neurofibrome) ⇨ Familienangehörige kontrollieren (RET-Protoonkogen)

Path:
- ♦ Tumor ausgehend von den **parafollikulären kalzitoninbildenden Zellen** der Schilddrüse
- ♦ Produktion von Calcitonin (differenziertes Karzinom), keine Teilnahme am Iodstoffwechsel
- ♦ Relativ frühe Metastasierung in die lokoregionären Hals-Lk (zum Diagnosezeitpunkt haben bereits **50 % d. Pat. Lk-Metastasen**)
  weitere (hämatogene) Metastasierung: Leber, Knochen, Lunge, Nebenniere

Epid:
- ◊ Macht ca. 5-10 % der Schilddrüsenmalignome aus
- ◊ Altersgipfel zw. 40. u. 50. Lj.

Klin:
- ⇒ Schilddrüsenvergrößerung, solitärer Knoten
- ⇒ Indolente Halslymphknotenschwellung
- ⇒ Diarrhoen (bei Sekretion vasoaktiver Substanzen des APUD-Zellsystems)

Diag:
1. Anamnese und klinische Untersuchung
2. Sonographie: solider echoarmer Knoten
3. Szintigraphie: mit ^{99m}Tc-Pertechnetat ⇨ kalter Knoten
   Spezialuntersuchung: ^{99m}Tc-Pertechnetat-markierte Dimercapto-Bernsteinsäure (DMSA) zeigt Traceranreicherung in Tumorgebiet und Metastasen
4. Labor: **Kalzitonin** erhöht (>20 pg/ml), pathologischer Pentagastrintest (patholog. Kalzitoninanstieg, >100 pg/ml nach Stimulation)
   Tumormarker (zur Verlaufskontrolle): **Kalzitonin**, Katakalzin, CEA und evtl. auch ACTH, Serotonin, Somatostatin, NSE und Prostaglandine (da Abstammung des Tumors vom APUD-Zellsystem)
   Familienuntersuchung: Kalzium- und Pentagastrintest ergeben pathologisch erhöhte Werte bei belasteten Familienangehörigen bei noch okkulten Tumoren. Nachweis einer Mutation im RET-Protoonkogen (10q11.2) ⇨ Genträger haben eine fast **100%ige** Wahrscheinlichkeit in ihrem Leben ein C-Zell-Karzinom zu entwickeln ⇨ proph. Op.-Ind.
5. Punktionszytologie (gelingt häufig nicht)
6. Staging: CT von Hals und Mediastinum, Rö-Thorax, Oberbauchsonographie und Skelettszintigraphie
7. Histologie: Immunhistochemischer Nachweis von Kalzitonin

Ther:
- Operativ: Ind: steht an erster Stelle der Behandlungsmöglichkeiten
  - **Totale Thyreoidektomie** (mit Kapsel)
    + beidseitige **Hals-Lk-Entfernung** (prä-, paratracheale und laryngeale Lk sollten entfernt werden, bei Befall auch Lk im oberen vorderen Mediastinum)
- Postoperative Kalzitoninkontrolle zur Frage der Metastasierung durchführen
  - Bei Metastasen: möglichst Nachoperation und ausgedehnte Lymphknotendissektion
  - Externe Radiatio von Lk-Metastasen bei älteren Patienten
  - Chemotherapie nur bei gesicherten nicht operablen Metastasen
- Selbsthilfegruppen: Selbsthilfegruppe C-Zell-Karzinom e.V., Karlsruher Str. 53, 69126 Heidelberg, Tel.: (0 62 21) 37 52 82, Internet: http://www.c-zell-karzinom-online.de

Prog: 5-JÜR zwischen 50 und 85 % je nach Tumorausbreitung und Lymphknotenmetastasierung zum Zeitpunkt der Diagnose.

Kompl: Op s.o. Kap. Schilddrüsenmalignome

Proph:
- ♥ Bei jedem entdecktem C-Zell-Karzinom sollte eine **Familienuntersuchung** (Gennachweis, Kalzitoninbestimmung) durchgeführt werden! ⇨ bei Nachweis einer RET-Mutation wird eine prophylaktische Thyreoidektomie empfohlen, da das Lebenszeitrisiko für ein medulläres Karzinom bei fast 100 % liegt (Op-Zeitpunkt: je nach Art der Mutation zw. 1/2. – 10. Lj., bzw. Abhängig vom Anstieg des Kalzitoninspiegels).
- ♥ Kalzitoninbestimmung als Nachuntersuchung

NEBENSCHILDDRÜSEN

Anatomie

Die Nebenschilddrüsen (Syn: Glandulae parathyroideae, **Epithelkörperchen**, Beischilddrüsen engl. parathyroid glands), Zahl variabel (meist 4, aber auch bis zu 8 Stück) liegen dorsal der Schilddrüse an, haben eine gelbliche Farbe und liegen **innerhalb der Schilddrüsenkapsel**! Größe ca. 8 mm, Gewicht 20-50 mg. Sie werden von den kranial und kaudal eintretenden Gefäßen der Schilddrüse mit Blut versorgt.

Histo: helle und dunkle Hauptzellen für die Parathormonproduktion sowie oxyphile Zellen.

Kalziumregelkreis:

Parathormon: **erhöht Serum-Kalzium** durch Mobilisation von Kalzium aus Knochen (in Anwesenheit von Vit. D), Resorption aus MDT und verminderter renaler Ausscheidung. Gleichzeitig wird renal vermehrt Phosphat ausgeschieden (bei intakter Niere) ⇨ ein niedriger Phosphatspiegel stimuliert die Niere zur Bildung von Calcitriol (= aktives Vit. D).

Vitamin D: wirkt mit Parathormon am Knochen und ist essentiell für die Parathormonwirkung. Es steigert außerdem die Ca^{++}-Mobilisation aus dem GI-Trakt.

Die Aktivierung des Vit. D ist abhängig von der Funktionsfähigkeit der Niere, dort erfolgt die Umwandlung in ein aktives Vit. D (1.25 Dihydroxycolecalciferol) = Calcitriol.

Calcitonin: Gegenspieler des Parathormons aus den C-Zellen der Schilddrüse. Es baut Ca^{++} in den Knochen ein und senkt den Blut-Ca^{++} Spiegel.

HYPERPARATHYREOIDISMUS

Syn: **HPT**, Nebenschilddrüsenüberfunktion, ICD-10: E21.-

Ät:

Primärer HPT:	Erkrankung der Nebenschilddrüse ⇨ **Epithelkörperchenadenom** (meist solitär), unabhängig vom Kalziumregelkreis
Sekundärer HPT:	Reaktion auf eine **Hypokalzämie**, Ursache: chronische Niereninsuffizienz (⇨ Vit. D wird nicht mehr entsprechend umgebildet) oder intestinale Malabsorption ⇨ Hyperplasie aller Epithelkörperchen
Tertiärer HPT:	Sekundäre Form wird autonom (autonome Hyperplasie), unabhängig vom Kalziumregelkreis

Pseudohyperparathyreoidismus = **paraneoplastisches Syndrom**: Hyperkalzämie durch Parathormon-ähnliche Peptide (PTHrP), z.B. bei Malignomen der Lunge, Pankreas, Mamma

Path:
- Primärer HPT: Epithelkörperchenadenom (75 %) solitär / multipel (ca. 4 %)
  Hyperplasie aller vier Epithelkörperchen (15 %)
  MEN I, II a (multiple endokrine Neoplasie, s.o.) 2-8 %
  Nebenschilddrüsenkarzinom (1 % d.F., 90 % davon sind hormonaktiv)
- Lok: untere Epithelkörperchen häufiger von Adenom befallen, selten sind Epithelkörperchen auch im vorderen Mediastinum lokalisiert

Epid: W etwas > m (bedingt durch Stillperiode?)

Klin:
⇒ Heute häufig Zufallsbefund (durch weitere Diagnostik bei zufällig entdeckten erhöhten Serumkalziumwerten)
⇒ Die klinischen Symptome entstehen als Komplikationen einer Hyperkalzämie
⇒ Die nächsten drei Symptome lassen sich zusammenfassen als:
Trias des HPT ⇨ Merksatz: **"Stein-, Bein- und Magenpein"**

- **Nierensteine** stehen im Vordergrund der Symptome (in 70 % Erstsymptom, allgemein bei Patienten mit Ca-Ox-Stein ⇨ in 5 % d.F. Hyperparathyreoidismus als Ursache!)
- Knochen ⇨ diffuse **Osteoporose** mit Kortikalisschwund, Akroosteolysen (Aufhellungen im Röntgen), Gelenk- und **Knochenschmerzen**, Spontanfrakturen (4faches Risiko)
- **GI-Symptome** (Ulzera am Magen und Duodenum, Ursache evtl. erhöhtes Gastrin durch die Hyperkalzämie?), Übelkeit, Erbrechen

⇒ Pankreatitis (Ursache?)

⇒ Weitere Hyperkalzämie-Symptome:

- Polyurie, Polydipsie (osmotische Wirkung des Ca^{++})
- Herzrhythmusstörungen (neuromuskuläre Übertragung gestört)
- Obstipation ⇨ paralytischer Ileus
- Neurologisch/psychische Störungen (⇨ Adynamie, Myopathie, Apathie, depressive Verstimmung, amnestische Störungen), Liquorveränderungen
- Unspezifische Beschwerden durch Ca^{++}-Ablagerungen, z.B. Gelenke ⇨ Chondrokalzinose (Pseudogicht), Haut ⇨ Pruritus, Gefäße ⇨ Durchblutungsstörungen

Diag:
1. Anamnese und klinische Untersuchung
2. Labor: Primärer Hyperparathyreoidismus: **Serum-Ca^{++} erhöht**, im Urin Hyperkalzurie, Parathormon (RIA) erhöht (Norm: 10-65 pg/ml), Serum-Phosphat normal bis Hypophosphatämie
   Sek. Hyperparathyreoidismus: Normo-, Hyper- oder Hypokalzämie mögl., Parathormon erhöht, Phosphatkonzentration bei renaler Genese stark erhöht! (Phosphatstau vor der insuffizienten Niere), bei intestinaler Genese normal
3. Röntgen: generalisierte **Skelett-Demineralisation**,
   Hand-Röntgen ⇨ subperiostale Knochenresorptionen,
   lange Röhrenknochen und Becken ⇨ zystische "braune Tumoren"
4. Lokalisationsdiagnostik: **Sonographie**, ^{99m}Tc-MIBI-**Szintigraphie** mit Früh- und Spätaufnahmen, **CT-**, evtl. MRT-Hals, Halsvenenkatheterisierung und Parathormonbestimmung
   ⇨ **die letztlich zuverlässigste Lokalisationsdiagnose erfolgt intraoperativ!**
5. DXA-Knochendichtemessung od. histologischer Nachweis der Osteoporose in der Beckenkammbiopsie (Biopsie heute nur noch selten ⇨ es findet sich ein vermehrter Abbau = Osteoklasie und Ersatz mit Bindegewebe)
6. Die Kombination eines HPT im Rahmen einer MEN (s.o., MEN I, MEN II a) sollte ausgeschlossen werden: Serumhormonwerte/-enzymwerte der Schilddrüse, Hypophyse, Nebenniere (Katecholamine), Pankreas bestimmen

Ther:
- Konservativ: Sekundärer HPT: Versuch der Therapie der Ursache (Niereninsuffizienz, intestinale Malabsorption)
  Renal: kalziumhaltige Phosphatbinder (Kalziumkarbonat 2-6 g/Tag), Substitution von Vit. D oral (der Phosphatspiegel muss aber dann zuvor in den Normbereich gesenkt sein, da es sonst zum Ausfall von Ca-Phosphat in den Geweben kommt!)
  Intestinal: Vit.-D-Substitution parenteral
  Bei primärem HPT ohne Symptome kann unter klinischer Kontrolle (alle 6 Mon.) zunächst abgewartet werden, bei Progression muss jedoch dann operiert werden
- Operativ: Ind: primärer HPT durch Adenome mit Komplikationen (= Symptome) immer, da es keine wirksame medikamentöse Therapie gibt,
  asymptomatische Adenome werden oft auch operiert, da 50 % der Patienten innerhalb von 5 Jahren Symptome entwickeln,
  ein sekundärer HPT wird operiert, wenn er konservativ nicht zu beherrschen ist.
  - Es werden immer **alle vier Epithelkörperchen freigelegt**, da es viele anatomische Variationen der Lokalisation gibt. (DD: Adenom ⇨ ein Epithelkörperchen vergrößert, die anderen Epithelkörperchen sind normal bis atrophiert, sek. Hyperplasie ⇨ Vergrößerung aller Epithelkörperchen)
    Bei solitärem Adenom: es wird nur das betroffene Epithelkörperchen entfernt (bei präop. sicher identifiziertem, solitärem Adenom videoassistierter minimal-invasiver Zugang nur zu dem einen Epithelkörperchen, in Erprobung ist auch ein äußerlich narbenloser

Zugang über den Mundboden, sog. NOTES = natural orifice transluminal endoscopic surgery). Der Op-Erfolg wird intraoperativ durch Parathormonmessung kontrolliert (Schnelltest, Quick-PTH-Test) ⇨ die Parathormonkonzentration muss nach Entfernung stark abfallen (dann müssen die restlichen Epithelkörperchen nicht mehr freigelegt werden).

Bei Hyperplasie: es werden alle Epithelkörperchen entfernt und ein 1/2 Epithelkörperchen davon wird subkutan in den Unterarm (od. Bauchdecke) verpflanzt, um einen Hypoparathyreoidismus (⇨ Hypokalzämie) zu vermeiden und um einen leichteren Zugang bei einem möglichen Rezidiv zu haben.

- Die entfernten Epithelkörperchen sollen immer **kryokonserviert** werden, um bei einer mögl. Unterfunktion retransplantiert werden zu können.
- Nebenschilddrüsenkarzinom: radikale Entfernung + ipsilaterale Lk-Entfernung, solange noch keine Metastasierung aufgetreten ist (1/3 d.F. hat schon lymphogene Metastasen ⇨ palliative Resektion und intermittierende Therapie mit medikamentöser Kalziumsenkung)

Prog: Bei Adenomen nach Op gut, alle Störungen bilden sich i.d.R. zurück. Bei sek. HPT Prognose fraglich ohne Behandlung der eigentlichen Ursache.

Kompl: * Komplikationen der Hyperkalzämie (s.o. bei Klin.)

Op: * Schädigung des N.laryngeus recurrens (verläuft unmittelbar dorsal an den Epithelkörperchen)

* Übersehen eines Epithelkörperchens ⇨ Hyperkalzämie persistiert ⇨ Reoperation erforderlich
* Blutung, Infektion
* Hypokalzämie ⇨ Tetanie (bessert sich meist nach einiger Zeit)
* Nebenschilddrüsenkarzinom neigt häufig zu Lokalrezidiven

Proph: ♥ Bei chron. Niereninsuffizienz mit Dialysepflicht: Zur Vermeidung der Hypokalzämie ⇨ Dialysat mit hohem Kalziumgehalt

♥ Postop.: Kontrolle des Kalzium- und Phosphatspiegels, evtl. Substitution von Ca^{++} bei postop. passagerem Ca^{++}-Mangel (durch die Rekalzifizierung des Knochens)

DD: – **Hyperkalzämie-Syndrom:** nicht spezifisch für den Hyperparathyreoidismus, Ursachen für eine Erhöhung des Ca^{++} können außerdem sein: Knochenabbau durch **osteoklastische Metastasen** (z.B. Mammakarzinom), Knochentumoren, paraneoplastisches Syndrom, selten Vit.-D-Intoxikation, Sarkoidose

– Karzinom der Epithelkörperchen (sehr selten) ⇨ radikale Entfernung
Hyperparathyreoidismus-Jaw-Tumor-Syndrom: Keimbahnmutation im $HRPT_2$-Gen (Chrom. 1) ⇨ Risiko für ein Nebenschilddrüsenkarzinom 15-40 %, Osteofibrome, Nierenzysten

– MEN muss ausgeschlossen werden (Pankreas, Schilddrüse, Nebennierenmark)

NEBENNIEREN

Anatomie

Lage: Die **Glandulae suprarenales** (engl. adrenal gland) liegen vollständig retroperitoneal auf der Extremitas sup. der beiden Nieren (innerhalb der perirenalen Fettkapsel).
Form: rechte Nebenniere dreieckig und reicht bis hinter die V.cava, linke Nebenniere halbmondförmig bis rechteckig und liegt anteromedial des kranialen Nierenpols. Gewicht: ca. 8-10 g.

Makroskopisch: es kann eine gelblich-braune Rinde u. das rotbraune Mark unterschieden werden:

- **Nebennierenrinde** (NNR, Cortex, mesodermaler Ursprung) mit 3 Zonen (von außen nach innen)
  1. Zona glomerulosa ⇨ Produktion von Aldosteron (Mineralokortikoid)
  2. Zona fasciculata ⇨ Cortison u. Cortisol (Glukokortikoide), geringe Menge Sexualsteroide
  3. Zona reticularis ⇨ Sexualsteroide: Androgene, Progesteron, Östrogene
- **Nebennierenmark** (NNM, Medulla, ektodermaler Ursprung aus der Sympathikusanlage, chromaffine Zellen): Produktion v.a. von Adrenalin (80 %), Noradrenalin (20 %) und Dopamin

Gefäßversorgung: A.suprarenalis sup. (aus A.phrenica inf.), A.suprarenalis med. (aus Aorta abd.), A.suprarenalis inf. (aus A.renalis); V.suprarenalis (links in d. V.renalis, rechts in d. V.cava inf.)

Nervale Versorgung: aus dem Plex.coeliacus

Physiologie

RAA-System (Renin-Angiotensin-Aldosteron): Regelkreis aus Niere (Rezeptor und Erfolgsorgan) und Nebennierenrinde (produziert das Aldosteron) zur Regulation des Na-, K- u. H_2O-Haushaltes.
Der Kortisolspiegel zeigt einen zirkadianen Rhythmus mit einem Maximum in den frühen Morgenstunden und einem Minimum in den Abendstunden.

Funktionsstörungen

Nebennierenrindenüberfunktion: Primär = adrenale Genese, sekundär = übergeordnete Zentren defekt (z.B. Hypophyse)

Nebennierenrindenunterfunktion:
ADDISON-Krankheit, z.B. nach beidseitiger Adrenalektomie, Karzinommetastasen, **primär** z.B. autoimmunologisch (50 % d.F.), Arteriitis, Ausfall bei Entzündungen/Sepsis (Tuberkulose, WATERHOUSE-FRIDERICHSEN-Syndrom, AIDS), Adrenoleukodystrophie
oder **sekundär** als SHEEHAN-Syndrom (**zentrale** Insuffizienz durch geburtsbedingte ischämische Nekrose des Hypophysenvorderlappens der Mutter), Panhypopituitarismus (Hypophyseninsuffizienz, "weißer Addison", da keine Braunfärbung der Haut)

Klin: Ausfall v. Gluko-, Mineralokortikoiden und Androgenen, Dunkelpigmentierung der Haut (bei primärer Form Bronzehaut durch Stimulation der Hypophyse mit vermehrter ACTH-, MSH-Ausschüttung), Hypotonie, Hypovolämie, Herzrhythmusstörungen, allgemeine Körperschwäche, Hypothermie, Bauchschmerzen (bis hin zum Bild eines Akuten Abdomens!)

Diag: ACTH im Plasma ↑, Kortisol im Plasma und Urin ↓

Ther: Substitution von Gluko- und Mineralokortikoiden, z.B. Fludrocortison 0,1 mg/Tag
Addison-Krise: Rehydrierung, Azidoseausgleich, Kortikoide (Cortisol am 1. Tag 3 x 100 mg)

Nebennierenmarkunterfunktion: Klinisch meist völlig stumm, da der Ausfall von den sympathischen Paraganglien ausgeglichen wird.

Nebennierenunterfunktion: kompletter Ausfall der Nebennieren, z.B. bei beidseitiger Nebennierenblutung

PHÄOCHROMOZYTOM

Syn: Nebennierenmarküberfunktion, NNM-Überfunktion, ICD-10: E27.5

Ät: – sporadisch auftretender (90 % d.F.), endokrin aktiver Tumor des NNM oder der sympathischen Ganglien

– MEN (multiple endokrine Neoplasie) II a (SIPPLE-Syndrom: Phäochromozytom + C-Zell-Karzinom + Nebenschilddrüsenadenome) oder II b (MMN-Syndrom: multiple Mukosafibrome od. –neurofibrome, Syn: GORLIN-Syndrom mit Tumoren, wie bei MEN II a + zusätzlich Schleimhautfibrome u. intestinale Ganglioneuromatose) mit **familiärer Häufung** und auch bei anderen Tumoren des APUD-Zellsystemes (z.B. ZOLLINGER-ELLISON-Syndrom, Insulinom, Glukagonom, VERNER-MORRISON-Syndrom, Hypophysenadenome, Somatostatinom)

– In Kombination mit anderen Organerkrankungen: bei Neurofibromatosis generalisata RECKLINGHAUSEN, HIPPEL-LINDAU-Syndrom, STURGE-WEBER-Syndrom auftretend

Path: ♦ Gesteigerte, nicht regulierte Adrenalin- und Noradrenalinausschüttung durch Tumor der chromaffinen Zellen. Prädisp.alter: 40.-50. Lj.

- Adrenal: Adrenalin ⇨ Tachykardie, erhöhter Basalumsatz + Noradrenalin ⇨ Hypertonus
- Extraadrenal: nur Noradrenalin

♦ Dignität: meist **benigne**, nur in 5-15 % d.F. maligne (Phächromoblastom)

♦ Lok: 80-85 % in **Nebennierenmark** = adrenal (nicht nur einseitig!)
5 % bilateral (wenn bilateral, dann an MEN-Syndrom denken!)
5 % multipel
10-15 % im **sympathischen Nervensystem** = extraadrenal im thorakalen/lumbalen sympathischen Grenzstrang (sog. Paragangliome), im APUD-Zellsystem (v.a. bei Erwachsenen; bei Kinder z.B. malignes Neuroblastom)

Epid: ◊ Inzidenz: 1-2/100.000/Jahr
◊ Prädisp.alter: 20.-50. Lj.

Klin: ⇒ Konstante oder paroxysmale Symptomatik (Anfälle von ca. 20 Minuten Dauer) mögl.

⇒ in 90 % d.F. **arterielle Hypertonie** (Kompl: ⇨ Arteriosklerose, Kardiomyopathie, Apoplexie), macht aber nur ca. 0,1 % d.F. bei Pat. mit einer art. Hypertonien aus

⇒ **Kopfschmerzen, Tachykardien, Palpitationen, Herzrhythmusstörungen, Schweißausbrüche**

⇒ Innere Unruhe, Tremor, Sehstörungen, Übelkeit, Erbrechen, Dyspnoe

⇒ Evtl. Abdominal- oder Flankenschmerzen

⇒ Kohlenhydrat-Stoffwechselstörung ⇨ Hypermetabolismus, Hyperglykämie, Glukosurie (= sekundärer Diabetes mellitus)

⇒ Fettabbau (katabole Stoffwechsellage) ⇨ Gewichtsabnahme

⇒ **'H'-Trias:** Hypertonie + Hyperglykämie + Hypermetabolismus (bez. Fett)

Diag: 1. Anamnese und klinische Untersuchung
Cave: Allein durch Druck auf den Bauch kann man einen 'Anfall' auslösen

2. Hormonbestimmung: Noradrenalin + Adrenalin, Dopamin, **Metanephrin und Vanillinmandelsäure im 24 Std.-Urin** (Provokationstests mit Kältesuppression, Glukagon oder Regitin sind heute obsolet, da Schockgefahr)
Tumormarker: Chromogranin A, Kalzitonin zum Ausschluss eines MEN II (C-Zell-Beteiligung), ein stark erhöhter Dopamin-Spiegel (>6fach) weist auf einen malignen Tumor hin

3. Lokalisationsdiagnostik: Dünnschicht-**CT** od. Kernspin-Tomographie (Thorax bis Becken) u. Sonographie ⇨ Raumforderung im Nebennierenbereich, beide Seiten genau beachten!
Evtl. Angiographie zur Darstellung der Gefäßversorgung der Nebennieren und selektive Blutentnahme aus d. V.cava / seitengetrennt aus den beiden Vv.suprarenales

Szintigraphie: **MIBG-Szintigraphie** (Methyl-^{123}Iod-Benzyl-Guanidin) ⇨ Spezifität fast 100 % für Adrenalin u. Noradrenalin, auch als SPECT mögl. (= Single-photon-emission-Computertomographie)

Ther: • Operativ: Ind: bei Diagnose stets gegeben

- Bei der operativen Entfernung Cave: bei Manipulation am Tumor ⇨ Gefahr von Kreislaufkrisen!, daher ist eine Vorbehandlung erforderlich: Alpha- (Phenoxybenzamin, Dibenzyran®, einschleichend dosieren) und Betablocker (Propranolol, Dociton®) über 10-14 Tage präoperativ
- Zugang: von dorsal (heute meist endoskopischer retroperitonealer Zugang; offene Op mit lumbalem Flankenschnitt bei Tumoren >5 cm), wenn sicher ist, dass nur 1 Nebenniere betroffen ist, sonst transabdominell (Oberbauchquerschnitt, bzw. heute meist laparoskopisch), um zu beiden Nebennieren u. den Lymphbahnen Zugang zu haben und die symp. Paraganglien erreichen zu können.
  Transabdominell ⇨ rechte Nebenniere: KOCHER-Mobilisation des Duodenums nach med.; ⇨ linke Nebenniere: Mobilisation v. Milz, Pankreasschwanz u. li. Kolonflexur nach med.
- Unterbindung der Nebennierenvenen ⇨ Kreislaufgefahr wird eingedämmt (hypertone Krise), gleichzeitig kann aber Kreislaufdepression eintreten, dann Unterbindung der Nebennierenarterien, unilaterale Adrenalektomie
  bzw. Entfernung des symp. Paraganglioms über transabdominellen Zugang
- Bei MEN: beidseitige subtotale Adrenalektomie, dann weitere Behandlung der anderen Tumoren

• Bessert sich der art. Hypertonus nach Op nicht, muss nach weiteren Adenomen gesucht werden (SPECT) u. ggf. nachoperiert werden

• Bei Nachweis von Malignität/metastasierendem Phäochromozytom: Radioiodtherapie mit ^{131}Iod-Metaiodbenzylguanidin, Polychemotherapie (Cyclophosphamid, Vincristin u. Dacarbazin), gezielte Bestrahlung von Metastasen, Somatostatin-Gabe

Prog: Normalisierung der art. Hypertonie nach Op in 90 % d.F., Op-Letalität ca. 2 %, 5-JÜR bei der benignen Form nahe 100 %, bei der malignen Form 50 %

Kompl: * Hypertone Krisen, Ther: α-Blocker (Phentolamin, Regitin®)
* Weitere Tumoren des APUD-Zellsystems (insb. C-Zell-Tumor) ⇨ stets ausschließen

Op: * Blutdruckabfall postoperativ

DD:
- DD der arteriellen Hypertonie: s.o. Kap. AVK der Nierenarterien
- Adrenomedulläre Hyperplasie (z.B. im Rahmen eines MEN-Syndroms)
- Hyperthyreose
- Kopfschmerzen anderer Genese, Tabes dorsalis (Lues), Karzinoid, MEN

CUSHING-SYNDROM

Syn: CUSHING-Syndrom I, Hyperkortisolismus, Morbus CUSHING, ICD-10: E24.-

Ät:
- ACTH-bedingt (sekundäre Form): vermehrte Produktion bei **Hypophysenadenom** (= Morbus CUSHING) oder paraneoplastisch (kleinzelliges Bronchial-Karzinom, Schilddrüsen-, Leber-, Mamma-, Inselzellkarzinom ⇨ ektope Produktion)
- ACTH-unabhängig (primäre Form): **Nebennieren-Adenom**, -Karzinom, idiopathische Hyperplasie (selten)
- DD: ***Cushingoid*** = **medikamentös** bedingt (exogene Zufuhr) = **iatrogenes** CUSHING-Syndrom bei längerem Überschreiten der sog. Cushing-Schwellen-Dosis durch Steroide (s.u.)

<u>Path:</u> ♦ Primäre Form: Überproduktion von Glukokortikoiden in der **NNR**
♦ Störung des hypophysären/hypothalamischen Regelkreises = sekundärer Hyperkortisolismus mit Hyperplasie der Zona fasciculata in der NNR

<u>Epid:</u> ACTH-bedingt:: Prädisp.alter 30.-40. Lj., **w** > m (= 4:1)

<u>Klin:</u> ⇒ Anamnese sehr lange (4 Jahre Dauer im Durchschnitt), initial uncharakteristische Beschwerden

⇒ **Gewichtszunahme,** vermehrtes Blut- u. Wasservolumen (Plethora), **Stammfettsucht** (Vollmondgesicht, Stier-/Büffelnacken, Striae rubrae distensae = rote Hautstreifen an Bauch, Brüsten und Oberschenkeln) in 95 %

⇒ **arterielle Hypertonie** (90 % d.F.), Hyperglykämie (verminderte Glukosetoleranz, Steroiddiabetes), Hypercholesterinämie, Akne, Hypertrichose, Infektanfälligkeit, Hypokaliämie, Adynamie, Muskelschwäche, psychische Störungen

⇒ **Osteoporose** in 60 % d.F. (Fischwirbel im Röntgen der Wirbelsäule)

⇒ Männer: sexuelle Dysfunktion in 75 % d.F. (Libido-, Potenzverlust, Gynäkomastie)

⇒ Frauen: Zeichen eines AGS, wie Hirsutismus, Zyklusstörungen, Amenorrhoe u. Virilisierung (ACTH stimuliert auch die Zona reticularis), Sterilität

⇒ Kinder: Wachstumsverzögerung

<u>Diag:</u> 1. Anamnese und klinische Untersuchung
2. <u>Labor:</u> **Kortisolspiegel** (Plasma oder Urin) erhöht und im Tagesprofil fehlt der abendliche Abfall
ACTH im Blut (erhöht oder nicht?) + Dexamethason-Hemmtest bei erhöhtem ACTH (autonome Produktion oder nicht?)
oft auch Leukozytose, Polyzythämie
3. <u>Lokalisationsdiagnostik:</u> CT oder MRT der NNR und der Hypophyse (auch Rö-Sella), evtl. auch DSA der Nebennieren, Iodocholesterol-Szintigraphie
4. Nierenvenenkatheterisierung ⇨ DD: Hyperplasie oder solitäres NNR-Adenom (Seitenlokalisation durch getrennte Kortisolspiegelbestimmung aus den Vv.suprarenales)
5. Tumormarker für paraneoplastischen Cushing: Lipotropin (LPH), NSE

<u>Ther:</u>
- <u>Palliativ:</u> bei inoperablen NNR-Karzinomen und paraneoplastischem CUSHING-Syndrom Radiatio, ggf. auch Chemotherapie in Einzelfällen mit Erfolg möglich
  Bei inoperablem Hypophysen-Tumor: Medikamentöse Blockade der Kortisolsynthese (Ketoconazol, Nizoral®) unter gleichzeitiger Dexamethason-Substitution
- <u>Operativ:</u> Ind: bei Operabilität grundsätzlich gegeben
  - Nebennieren-Tumor ⇨ einseitige Adrenalektomie (heute auch über retroperitonealen endoskopischen Zugang)
  - Hypophysen-Tumor (Morbus CUSHING) ⇨ neurochirurgische Entfernung des Adenoms im Hypophysenvorderlappen, evtl. auch Radiatio der Hypophyse
  - Zentraler CUSHING ohne Hypophysenadenomnachweis ⇨ bds. Adrenalektomie
  - NNR-Hyperplasie: Op indiziert, da Folgen schwerwiegender! (im Gegensatz zum Aldosteronismus)
  - Nach beidseitiger Adrenalektomie müssen lebenslang Kortikosteroide substituiert werden

<u>Prog:</u> Unbehandelt schlechte Prog.

<u>Kompl:</u> In 10 % d.F. entsteht nach Adrenalektomie ein **NELSON-Syndrom** (ACTH + MSH-produzierender, hyperplasiogener Tumor der Adenohypophyse) durch CRH (= corticotropin releasing hormone)-Überstimulation durch den Hypothalamus ⇨ Röntgen: Sellavergrößerung, Gesichtsfeldausfälle, Hyperpigmentierung

<u>Proph:</u> ♥ Vermeidung eines **medikamenteninduzierten CUSHINGS** durch Beachtung der sog. **<u>CUSHING-Schwellen-Dosis</u>** (= ca. 7,5 mg Prednisolon<u>äquivalent</u>/Tag) bei längerer systemischer Applikation von Glukokortikoiden.

Äquivalenzdosen: Cortison 40 mg/Tag,
Cortisol (Hydrocortison) 30 mg/Tag,
Prednison (Decortin®, Rectodelt® Supp.) u. Prednisolon (Solu-Decortin H®) 7,5 mg/Tag,
Triamcinolon (Volon®) u. Methylprednisolon (Urbason®) 6 mg/Tag,
Dexamethason (Fortecortin®) und Betamethason (Betnesol®) 1 mg/Tag

HYPERALDOSTERONISMUS

Syn: CONN-Syndrom, ICD-10: E26.-

Physiologie: RAA-System (**R**enin-**A**ngiotensin-**A**ldosteron-Kaskade):
Regelkreis mit Messung in den juxtaglomerulären Zellen der Niere ⇨ Blutdruckabfall (Natriummangel, Hypovolämie, verminderte Nierenperfusion) bewirkt Ausschüttung von **Renin** ⇨ Angiotensinogen (aus der Leber) ⇨ **Angiotensin** I ⇨ durch ACE (= Angiotensin converting enzyme) ⇨ Angiotensin-II ⇨ Nebennierenrinde (Zona glomerulosa) produziert **Aldosteron** ⇨ Aldosteron wirkt auf die Niere mit Na- und H_2O-Retention und K-Sekretion ⇨ Blutdruckanstieg (Regelkreis geschlossen)

Ät:
- Primärer Hyperaldosteronismus: primäre NNR-Erkrankung = **CONN-Syndrom**
- Sekundärer Hyperaldosteronismus: übergeordnete Stimulation
  - Organisch: reninproduzierender Nierentumor, Nierenarterienstenose, maligne arterielle Hypertonie
  - Funktionell: Hypovolämie, Hyponatriämie, BARTTER-Syndrom (angeborene renale Tubulusstörung), verminderter Aldosteronabbau (Leberzirrhose), hepatisches Ödem
- Hormonaktive Tumoren (aldosteronproduzierendes Karzinom der NNR, sehr selten) oder als paraneoplastisches Syndrom

Path:
- ♦ CONN-Syndrom: in 1/3 % d.F. **NNR-Adenom** (Aldosteronom), bei 2/3 findet sich eine differenzierte **bilaterale Hyperplasie**, ein NNR-Karzinom im Bereich der Zona glomerulosa ist sehr selten (ca. 0,5 % d.F.)
- ♦ Lok: Adenome sind meist einseitig (li. > re.)

Epid: CONN-Syndrom: Vorkommen v.a. 30.-50. Lj., w > m (2:1)

Klin:
- ⇒ **arterielle Hypertonie** in 85 % d.F. zu finden (macht aber nur ca. 0,1-5 % aller arteriellen Hypertonien aus)
- ⇒ **Hypokaliämie** ⇨ Muskelschwäche bis zur Lähmung, Muskelkrämpfe, Parästhesien, EKG-Veränderungen und Rhythmusstörungen, Obstipation, Kopfschmerzen, Müdigkeit die Hypokaliämie kann aber auch fehlen
- ⇒ Polyurie und Polydipsie mögl. durch hypokaliämisch bedingte Tubulopathie
- ⇒ Hypervolämie durch die H_2O-Retention, Alkalose
- ⇒ Hypernatriämie kann fehlen durch Anpassung der Niere

Diag:
1. Anamnese und klinische Untersuchung
2. Labor:
   Aldosteron-Nachweis im Blut, vermehrte Aldosteron-Ausscheidung im 24-Std.-Urin
   Renin: primärer Aldosteronismus = normal/erniedrigt (= low-Renin-Aldosteronism)
   sekundär Aldosteronismus = Renin erhöht
   Elektrolyte: **Natrium erhöht**, **Kalium erniedrigt**
   Kochsalzbelastungstest, Fludrocortison-Suppressionstest
3. Lokalisationsdiagnostik: einseitig, beidseitig?
   CT und Szintigraphie bringen nicht immer gute Beurteilbarkeit, da die Adenome häufig sehr klein sind ⇨ Methode der Wahl: **MRT**

Selektive Nierenvenen-Untersuchung (V.cava-Katheter) gibt beste Auskunft, ob die Aldosteronproduktion einseitig (= Adenom) oder beidseitig (= Hyperplasie) erhöht ist.

Ther:
- Konservativ: bei beidseitiger Hyperplasie **Aldosteron-Antagonisten** (Spironolacton, Aldactone®) lebenslang und meist auch Antihypertensiva. Med. auch präoperativ zur Vorbereitung des Pat.
- Operativ: Ind: Adenom, Karzinom
  - Adenom-Entfernung durch einseitige Adrenalektomie (heute oft als endoskopische Op über retroperitonealen Zugang)
  - Karzinom der NNR ⇨ Adrenalektomie + Chemotherapie
- Weiter Informationen (zu Studienzwecken wurde in Deutschland ein Register eingerichtet): http://www.conn-register.de

Prog: Die Hypertonie lässt sich in 70 % d.F. durch die Op beseitigen, der Rest muss weiter mit Antihypertensiva therapiert werden.

Kompl: * Koronare Herzerkrankung, Arteriosklerose, Apoplexie durch die Hypertonie, es wird hierbei auch ein direkt auf das Gefäßsystem schädigender Effekt des Aldosterons angenommen

DD: Hypertonie: essentielle arterielle Hypertonie (90 % d.F.), renale Form der Hypertonie (Nierenarterienstenose, maligne Nephroangiosklerose), Phäochromozytom, CUSHING-Syndrom I

ADRENOGENITALES SYNDROM

Syn: **AGS**, engl. adrenogenital syndrome, ICD-10: E25.-

Ät:
- Angeborene Enzymdefekte, aut.-rez. erblich od. auch Spontanmutation
- Endokrin aktives Neoplasma in der NNR (Adenom, Karzinom in der Zona reticularis) oder den Gonaden
- Nebennierenrindenhyperplasie

Path:
- Angeborene NNR-Enzymopathien mit Störung der adrenalen Steroidsynthese (meist **21-Monooxygenasedefekt**, seltener 17α- od. 11ß-Monooxygenasedefekt oder 3-Steroiddehydrogenasedefekt) ⇨ **verminderte Cortisolbildung** ⇨ durch den Regelkreis vermehrte ACTH-Ausschüttung ⇨ NNR-Hyperplasie mit vermehrter Bildung von Kortisolvorstufen und **Androgenen**

  Durch den hohen Androgenspiegel erfolgt durch negative Rückkoppelung eine verminderte Gonadotropinbildung (FSH ↓, LH ↓) ⇨ Hemmung der Entwicklung der Keimdrüsen = **hypogonadotroper Hypogonadismus**
- Adrenogenitales **Salzverlustsyndrom** = angeborenes AGS mit gleichzeitiger Störung der Mineralokortikoidbiosynthese ⇨ Addison-artige Krisen mögl. mit Na^+-Verlust u. K^+-Retention (Gefahr von Herzrhythmusstörungen)

Epid: Angeborenes AGS: Häufigkeit 10/100.000

Klin:
⇒ Säuglingsalter: Pseudohermaphroditismus bei Mädchen (intersexuelle Störung), verfrühte isosexuelle Entwicklung beim Jungen

⇒ Kindesalter starkes Wachstum (anabole Wirkung der Androgene) ⇨ dann aber vorzeitiger Epiphysenfugenschluss (um 10. Lj.) ⇨ Minderwuchs

⇒ Mädchen: **Virilisierung** mit maskulinem Habitus (Pseudohermaphroditismus femininus), Hirsutismus, Klitorishypertrophie, tiefe Stimme, wenig ausgebildete Mammae, Amenorrhoe, Sterilität

⇒ Jungen: vorzeitige Ausbildung männl. Geschlechtsmerkmale, **Pubertas praecox** (häufig klinisch unbemerkt) bei gleichzeitigem Hypogonadismus, Sterilität (Azoospermie)

Diag: 1. Anamnese und klinische Untersuchung
2. Labor: Nachweis von **17-Ketosteroiden** (Androgenmetabolite) im 24-Std.-Urin Dexamethason-Hemmtest (kein Abfall der 17-Ketosteroide bei Dexamethason-Gabe bei endokrin aktivem Neoplasma)
3. Röntgen: frühzeitiger Epiphysenfugenschluss

Ther:
- Konservativ: bei angeborenem Enzymdefekt Dauermedikation mit Kortisol oder Fludrocortison (hat zusätzlich Mineralokortikoidwirkung bei gleichzeitigem Salzverlustsyndrom) bei Frauen evtl. zus. Antiandrogene zur Therapie der Virilisierung
- Operativ: Ind: Tumornachweis
  - bei Tumornachweis unilaterale Adrenalektomie
  - Frauen: evtl. plastische Korrektur der Klitorishypertrophie und Erweiterung der Vagina
- Selbsthilfegruppen: AGS-Eltern- und Patienteninitiative, Baumschulenstr. 1, 89359 Kötz, Tel.: (0 82 21) 96 35-37, Fax: -38, Internet: http://www.ags-initiative.de

DD:
- Ovarialtumoren (androgenbildend)
- Polyzystische Ovarien (STEIN-LEVENTHAL-Syndrom)
- Pubertas praecox: Pinealom (Tumor der Epiphyse = Zirbeldrüse)

HORMON-INAKTIVE NEBENNIERENTUMOREN

Syn: Inzidentome, Inzidentalome, engl. incidental tumour, ICD-10: benigne D35.0, maligne C74.9

Epid:
◊ Altersgipfel: 40.-60. Lj., extrem seltene Tumoren (insb. der NNR)
◊ Inzidenz des Nebennierenkarzinoms: 0,1-0,2/100.000/Jahr
◊ Prävalenz: ca. 3 % geschätzt
◊ Familiäre Häufung mögl.

Etlg:
NNM im Kindesalter: Neuroblastome
NNM im Erwachsenenalter: Ganglioneurom (benigne, aber infiltrierendes Wachstum mögl.), v.a. bei Frauen zw. 20.-30. Lj., häufiger in den paravertebralen Ganglien
NNR-Tumoren: benignes Adenom u. malignes Karzinom mögl.

TNM-Klassifikation und Stadieneinteilung des Nebennierenrindenkarzinoms

I:	**T**1**N**0**M**0 – Tumor <5 cm ohne extraadrenale Invasion
II:	**T**2**N**0**M**0 – Tumor >5 cm ohne extraadrenale Invasion
III:	**T**3**N**0**M**0 – Tumor mit lokaler extraadrenaler Invasion, **T**1-2**N**1**M**0 (Lk-Metastasen in hilären, abdominalen paraaortalen od. parakavalen Lk)
IV:	**T**3**N**1**M**0, alle **T**4 – Tumor mit Invasion von Niere, Zwerchfell, Leber, Pankreas od. große Gefäße, alle **M**1 (Fernmetastasen)

Klin:
⇒ Oft **Zufallsbefund** in der Sonographie (Begriff: Inzidentom = zufällig entdeckter Tumor)
⇒ Retroperitoneale Raumforderung ⇨ Verdrängung benachbarter Organe, Druckgefühl, Oberbauchschmerzen
⇒ Nebennierenkarzinome können auch (subklinisch) Hormon-produzierend sein ⇨ CUSHING-Symptome, Hyperandrogenämie od. Östrogen-produzierend

Diag: 1. Anamnese und klinische Untersuchung
2. Labor: Ausschluss der Hormonaktivität
3. Röntgen: CT bzw. besser **MRT** mit KM-Gabe (Gd-DTPA = Gadopentetat-Dimeglumin)

<u>Ther:</u>
- Konservativ: bis 3 cm ⇨ Beobachtung, Kontrolle alle 6 Monate
- Operativ: Ind: >5 cm ⇨ Karzinom-verdächtig (in 20-30 % d.F.) ⇨ Op
  - Zugang: heute insb. endoskopisch retroperitoneal bei Befund bis 6 cm, bei größerem Tumor auch laparoskopisch (= transperitoneal) oder konventionell transabdominell
  - Radikale Entfernung der Nebenniere (Adrenalektomie)
  - Bei Nachweis eines Nebennierenkarzinoms zusätzlich paraaortale/-kavale Lk-Dissektion und postoperative Chemotherapie: Gabe von Mitotan (vom DDT abgeleitete adrenotoxische Substanz, Lysodren®) + Etoposid + Doxorubicin + Cisplatin od. Mitotan + Streptozotocin und Bestrahlung des Tumorbettes
- In Deutschland gibt es zu Studienzwecken ein Register für diese seltene Erkrankung: Dt. Nebennieren-Karzinom-Register, Schwerpunkt für Endokrinologie, Universitätsklinik Würzburg, Tel.: (09 31) 2 01-3 97 17, Internet: http://www.nebennierenkarzinom.de

Prog: Beim Nebennierenkarzinom abhängig vom Tumorstadium: Turmor auf die Nebenniere begrenzt 60-80%ige 5-JÜR, bei $\mathbf{T}_3$ 40 %, bei Metastasen <1 J. Überlebenszeit schlecht

Kompl: Nebennierenkarzinom: frühzeitige Metastasierung in lokale Lymphknoten, Lunge, Leber od. Knochen

DD:
- Nebennierenzyste (selten): können bei Nebennierenmalignomen od. Nebennierenmetastasen vorkommen ⇨ bei Zysten >5 cm Entfernung und Histologie indiziert
- Die Nebenniere ist ein "Metastasenorgan" (gute Vaskularisation der Nebennieren) für andere Primärtumoren: insb. beim malignen Melanom, Nierenzell-, Bronchial-, Mamma- u. Magenkarzinom vorkommend

ALLGEMEINE TRAUMATOLOGIE

Def: Zur allgemeinen Traumatologie/Unfallchirurgie zählen Prellung = Kontusion, Zerrung, Dehnung oder Verdrehung = Distorsion, Verrenkung = Luxation, Bänderriss = Ligamentruptur und Frakturen als direkte oder indirekte Folge äußerer Gewalteinwirkung auf den Körper.

Diag:
1. Anamnese (Unfallmechanismus) und klinische Untersuchung (Inspektion, Palpation und Funktionsprüfung)
2. Bei bewusstlosen Patienten: immer Röntgen von Schädel, Thorax, Wirbelsäule und Becken! (in traumatologischen Zentren heute bereits oft als Übersichts-Spiral-CT)

Ther: 1. Hilfe: Nach der "**PECH**"-Regel
- **P** = Pause, Schonung der verletzten Region
- **E** = Eis, bzw. kühlen mit Leitungswasser (16° Celsius) od. Silikatmasse (Kryopack) (kein „Kältespray" verwenden, da keine Tiefenwirkung und Schädigung der Haut mögl.)
- **C** = Compression (elastischer Verband) zur Verminderung von Einblutung und Ödem in der verletzten Region
- **H** = Hochlagern der betroffenen Extremität zur Verminderung einer Schwellung

FRAKTURENLEHRE

Ät:
- Trauma: Stoß, Schlag, Geschoss, Aufprall
- Überbelastung (Ermüdungsfraktur)
- Tumor/Metastasen, hochgradige Osteoporose (pathologische Fraktur)

Etlg: # **Ätiologische Fraktureinteilung:**
- Traumatische Frakturen
- Ermüdungsfrakturen: schleichende Fraktur durch Überbelastung = sog. Stressfraktur, Marschfraktur. Meist ohne Fragmentdislokation. Gutes Ansprechen auf kons. Therapie, vorwiegend durch Entlastung.
- Pathologische Frakturen (= Fraktur ohne adäquates Trauma): bei primären Knochentumoren, (meist osteolytischen) Metastasen anderer Primärtumoren (z.B. Mamma-, Nieren, Bronchialkarzinom) im Knochen, hochgradiger Osteoporose

Formen von Frakturen:
- **Geschlossene Frakturen**: ohne offenen Weichteildefekt bis zur Fraktur
  Einteilung des Weichteilschadens n. TSCHERNE u. OESTERN (1982):

G 0	Unbedeutende Weichteilverletzung
G 1	Oberflächliche Schürfung oder Kontusion durch Fragmentdruck von innen
G 2	Tiefe kontaminierte Schürfung, Muskelkontusion, drohendes Kompartmentsyndrom
G 3	Ausgedehnte Hautkontusion, Zerstörung der Muskulatur, subkutanes Décollement, Hauptgefäßverletzung oder dekompensiertes Kompartmentsyndrom

- **Offene Frakturen** n. TSCHERNE u. OESTERN (1982), im engl. Sprachraum wird eine ähnliche Etlg. nach GUSTILO u. ANDERSON (1976, 1984, Stad. I-IIIA-C) verwendet:

O 1	Durchspießung eines spitzen Knochenfragments durch die Haut **von innen** (⇨ punktförmige Verletzung)
O 2	Ausgedehnte Weichteilverletzung u. Gewebekontusion über dem Frakturgebiet
O 3	Ausgedehnte Weichteilzerstörung (tiefere Strukturen, wie Muskel, Gefäß, Nerven) mit **freiliegender** Fraktur
O 4	**Subtotale Amputation** (Extremität hängt nur noch an einer Weichteilbrücke)

- Inkomplette Frakturen (= ohne komplette Kontinuitätsdurchtrennung): Fissuren (Haarriss), subperiostale Infraktion
  Grünholz- (Kortikalis einseitig gebrochen) od. Bowingfraktur (fixierte Biegung mit plastischer Verformung, Kortikalis ist aber rundum intakt) bei *Kindern* mit intaktem Periost
- Komplette Frakturen: Vollständige Durchtrennung des Knochens
- Nicht dislozierte und dislozierte Frakturen

Bruchformen:

Querfraktur

Schrägfraktur
Bruchwinkel >30°

Biegungsfraktur
mit Biegungskeil

Spiralfraktur,
Torsionsfraktur mit od. ohne Drehkeil

Stückfraktur
(Zweietagenfraktur)

Abrissfraktur

Kompressionsfraktur

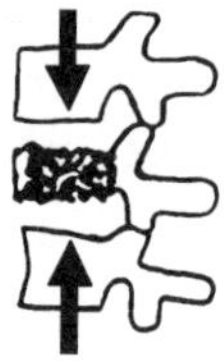

Mehrfragmentfraktur (4-6 Fragm.)

Trümmerfraktur (>6 Fragmente)

Defektfraktur

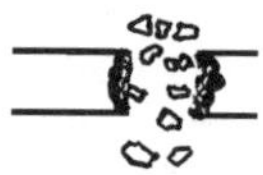

Einteilung der Frakturen nach der Lokalisation:

- Schaftfraktur

- Gelenkfraktur (mit Beteiligung der Gelenkfläche)

- Etagenfraktur (mehrere Frakturen eines Knochens)

Mehrfachverletzungen:

- Serienfraktur: mehrere Frakturen an einer Extremität oder Rippen (mehrere Knochen, z.B. O-Arm + U-Arm einer Seite)
- Etagenfraktur: mehrere Frakturen an einem Knochen (in verschiedener Höhe)
- Polyfraktur: Frakturen mehrerer Extremitäten
- Polytrauma: gleichzeitige Verletzung mehrerer Körperregionen oder Organsysteme, wobei wenigstens eine Verletzung oder die Kombination mehrerer lebensbedrohlich ist.

Etlg. der Arbeitsgemeinschaft für Osteosynthese (AO Foundation, Schweiz):

Jede Fraktur des Körpers kann mit der **AO-Klassifikation** beschrieben werden.
Es werden immer 4 Kategorien benannt:

I. Körperregion: 1 = Oberarm, 2 = Unterarm, 3 = Oberschenkel, 4 = Unterschenkel, 5 = Wirbelsäule, 6 = Becken, 7 = Hand, 8 = Fuß, 9 = Sonstige (Schädel, Schulter, Patella)
II. Position innerhalb der Region: 1 = proximal, 2 = diaphysär (Knochenschaft), 3 = distal
III. Kompliziertheit der Fraktur: A = einfache Fraktur, B = Keilfraktur od. partielle Gelenkfraktur, C = komplexe Fraktur, vollständige Gelenkfraktur
IV. Komplexität der Fraktur: 1 = leicht, 2 = mittel, 3 = schwer

Beispiel: Trümmerfraktur in der Mitte des Oberarms = 12C3

Path: **Dislocatio:**

- ad axim: Achsenknick 
- ad latus: Seitliche Fragmentverschiebung 
- ad peripheriam: Drehfehler durch Rotation der Fragmente 
- ad longitudinem: cum contractione = Verkürzung 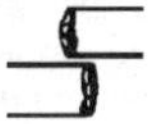

  cum distractione = Verlängerung 

Klin: **SICHERE FRAKTURZEICHEN**

⇒ Abnorme Beweglichkeit
⇒ Groteske Fehlstellung
⇒ Krepitation (Knochenknirschen bei Bewegung, meist schmerzhaft), **Prüfung obsolet!**
⇒ Sichtbare freie Knochenenden (offene Fraktur)
⇒ Röntgenologischer Nachweis

UNSICHERE FRAKTURZEICHEN

- Schmerz, Kompressionsschmerz, Schwellung, Hämatom
- Functio laesa (gestörte Funktionsfähigkeit der betroffenen Extremität durch Schonhaltung)

Diag:

1. Anamnese (Unfallhergang: Anprall, Sturz aus großer Höhe, Hochgeschwindigkeitsverletzungen) und körperliche Untersuchung (Begleitverletzungen, Weichteilschäden), immer **DMS**-Kontrolle (**Durchblutung, Motorik, Sensibilität**) der entsprechenden Region
2. Röntgen: immer in mind. **2 Ebenen** (im Kindesalter im Zweifelsfall auch Rö. der Gegenseite, z.B. zum Vergleich bei noch offenen Epiphysenfugen), ggf. auch CT

Ther:

- Prinzip: **Anatomische Reposition + Fixation + Ruhigstellung**
  + funktionelle Übungsbehandlung zur Wiederherstellung der Funktion.
  Keine Rotationsfehlstellungen belassen (bei Kindern sind geringe Achsenabknickungen od. Seitverschiebungen tolerierbar, da das weitere Wachstum geringe Fehlstellungen ausgleichen kann)
- **Funktionell** (ohne Fixation, z.B. subkapitale Humerusfraktur od. eingestauchte Schenkelhalsfraktur)
- **Konservativ** (Gips-Ruhigstellung, Schienung, Schlinge, Extension, stützende Verbände)
  - Gips/Kunststoff: Fixation der Fraktur in Funktionsstellung der benachbarten Gelenke.
    Bei frischem Trauma immer gespaltener Gips! oder Gipsschiene ⇨ wegen mögl. Schwellungen. Polsterung vorstehender Knochenteile. Hochlagerung.
    Bei Beschwerden im Gips ⇨ **immer sofortige Kontrolle**! Regelmäßige **DMS**-Kontrolle (Durchblutung, Motorik, Sensibilität).
    Cave! Druck-, Kompressionsschäden, Stauung, Ödembildung
  - Extension: Einbringen eines Kirschner-Drahtes distal der Fraktur (z.B. Calcaneus, Tibiakopf od. suprakondylär am Femur) ⇨ Zug am distalen Fragment und Lagerung der Extremität auf einer Lagerungsschiene (BRAUN-Schiene) oder mit Gips = Extensionsgips. Heute meist nur vorübergehende Maßnahme bis zur Op.
    Kompl: Kapselbandapparatlockerung, Bohrdrahtosteomyelitis, Schienendruckschäden (N.peroneus), Immobilisation ⇨ Thrombembolien, Dekubitalgeschwüre
  - Ligamentotaxis: Intakte Bänder reponieren und fixieren den Bruch, z.B. bei Handgelenkfrakturen
- **Operatives Osteosyntheseprinzip:**
  Reposition + Adaptation (ggf. mit Kompression des Frakturspaltes) **+ Fixation**.
  Innerhalb von 6-8 Std. nach dem Trauma Op. noch sofort möglich, sonst erst nach Abschwellung und Rückgang der akuten inflammatorischen Reaktion (mittels Hochlagerung, intermittierender Impulskompression und Kühlung) um die Fraktur nach 2-10 Tagen.

Erreichbare Stabilität: **lagerungsstabil < übungsstabil < belastungsstabil**
Angestrebt wird heute immer zumindest die Übungsstabilität.

Heute gefordert: sog. "**biologische Osteosynthese**" = nur minimale zusätzliche Traumatisierung durch die Operation (Schonung der periostalen Blutversorgung und des Weichteilmantels) u. durch das Osteosynthesematerial (kleinstmöglicher Eingriff).

Fixationsmöglichkeiten: **Intra-** (Marknägel) oder **extramedulläre Kraftträger** (Platten, Fixateure externe, Spickdrähte) aus Chrom-Nickel-Molybdän-Stahl oder aus Titan (Vorteil: keine allergische Potenz).

In Erprobung: Schrauben und Platten aus **bioresorbierbarem** Material (Poly-L-Lactid od. bovine Knochenkompakta). Vorteil: keine operative ME mehr nötig! Nachteil: Fremdkörperreaktion mögl., verkleinerte Platten u. Schrauben neuester Generation sind hier bereits besser verträglich.

- Spickdraht: **= Bohrdraht** (wird direkt in den Knochen eingebohrt zur Fixation der Fragmente gegeneinander), Ind: insb. Epiphysenfugenverletzungen, abgekippte Radius-, Mittelhandfrakturen, Durchführung der Spickung: Darstellung der Fraktur, Reposition u. Spickung als:
  - Offene Spickung (offene Op., offene Darstellung der Frakturzone)
  - Perkutane Spickung (geschlossenes Verfahren, Einbringen der Bohrdrähte unter Bildwandlerkontrolle)

  ⇨ erreichbare Stabilität: bis Übungsstabilität
- Schrauben: als Kortikalis- oder Spongiosaschraube (je nach Lokalisation und Knochenbeschaffenheit):
  - Schrauben zur Plattenfixation
  - Zugschraube (solitär): zur Fixation und **Kompression** zweier Fragmente aneinander (mit Gewindebohrung nur im dist. Fragment)
  - Stellschraube: zur **temporären Fixation** zweier Knochen in einer Stellung (z.B. Tibia und Fibula bei Sprengung der Syndesmose)
- Platten:
  - **Spann-Gleitlochplatten = DC-Platten** (= dynamic compression) mit exzentrischer Bohrung ⇨ die Schrauben gleiten auf einer schiefen Ebene, dadurch wird eine dynamische Kompression auf den Frakturspalt erzeugt
  - **LC-Platten** (= limited contact), liegen nicht mehr komplett auf dem Knochen auf (nur zu ca. 50 %) ⇨ bessere Heilung, weniger Mikrozirkulationsstörungen am Periost. Heute in Kombination als LC-DC-Platten verwendet.
  - Anatomisch vorgeformte, **winkelstabile Platten** (z.B. LISS®-Platten = less invasive stabilisation system): werden von einer Stichinzision aus entlang des Knochens eingeschoben (sog. MIPPO = minimierte invasive perkutane Plattenosteosynthese). Die Schrauben werden dann perkutan und nur auf einer Kortikalisseite eingedreht (⇨ weniger Traumatisierung) und sind durch ein zusätzliches Gewinde am Schraubenkopf und im Plattenloch winkelstabil (Ind: gelenknahe Frakturen, z.B. dist. Femur, prox. Tibia, prox. Humerus, dist. Radius, Klavikula)
  - Rohrplatten (sind im Profil gebogen) in 1/2-, 1/3- und 1/4-Rohr
  - Bei uns nur noch selten od. nicht mehr verwendet: gerade Rundlochplatten, Platten mit Plattenspanner (bei Rundlochplatten), T-, L-Platten, einfach und doppelt abgewinkelt, Löffel-, Kreuz- od. Kleeblattplatten, Winkelplatten (z.B. 130° für Schenkelhalsfrakturen od. Kondylenplatte 95°)
- Zuggurtung: an Spickdrähten und/oder Schrauben unter Spannung angebrachte Drahtschlinge = Zerklage (zur Kompensation von Zugkräften durch Muskelsehnenansätze an dem Fragment, wandelt Zug- in Druckkräfte)
- Nägel: **Marknagel = intramedullärer Kraftträger** (Vorteil: meist **belastungsstabile** Osteosynthese) vorgebohrt oder nur eingeschlagen, meist mit Verriegelung (= quere frakturferne Schraube durch Knochen und Nagel ⇨ Stabilität gegen Verdrehung = Torsionsbewegungen).

  Formen: Bündelnägel, Rush-pin, Prevot-pins, UHN = unaufgebohrter Humerusnagel (O-Arm), Gamma-Nagel (proximale Femurfrakturen), Verriegelungsnagel gebohrt und als UFN/UTN (Femur, Tibia) und neue Nagelsysteme mit der Möglichkeit der interfragmentären Kompression (T2-System)

  Vorteil: kein zusätzliches (Op-)Trauma an der Frakturstelle durch die Osteosynthese, da die Marknägel frakturfern eingebracht und vorgeschoben werden

  K-Ind: offene Frakturen (>I°, wegen Infektionsgefahr), heute werden bei offenen US-Frakturen der unaufgebohrte Tibianagel und bei offenen OS-Frakturen der unaufgebohrte Femurnagel dennoch verwendet (mit gutem Erfolg, Vorteil der unaufgebohrten Nägel: kein zusätzliches Trauma durch das Bohren)

- Fixateur externe: insb. bei **offenen Frakturen** mit Weichteildefekten, septischer Patient
  Formen: Unilateraler Klammerfixateur, dynamischer Monofixateur (Orthofix®, Unifix®), V-förmiger Fixateur, zeltförmiger/triangulärer und Rahmenfixateur (starr, bilateral), Hoffmann-II-Fixateur (Pins sind beliebig zu befestigen), Zangenfixateur (= Pinless Fixateur, die Pins stützen sich nur am Knochen ab und werden nicht eingebohrt ⇨ kann für eine vorübergehende Fixation, z.B. auf der Intensivstation eingesetzt werden), Bewegungsfixateur (bei Handgelenk- od. Ellenbogenfrakturen), Hybridfixateur (Fixateur wird auf der einen Seite der Fraktur normal mit gebohrten eingedrehten Pins, auf der anderen bei weicher Spongiosa mit mehreren Spickdrähten befestigt, Ind: Tibiakopf-, Pilon-tibiale-Fraktur)

  Vorteil: keine zusätzliche Traumatisierung an der Frakturstelle durch Fixierung fernab proximal und distal der Frakturstelle, jederzeit Möglichkeit der Frakturkorrektur

  Nachteil: Einschränkung der Muskelbeweglichkeit an den Schrauben/Pins (insb. bei den bilateralen Fixateuren), Kompl: Bohrlochosteitis (pin-tract infektion)

  Fixateur interne: Prinzip wie beim Fixateur ext., Fixateur liegt aber **im** Körper, Ind: Wirbelsäulenfrakturen
- Verbundosteosynthese: Kombination aus metallischen Osteosynthese-Implantaten und Knochenzement (Ind. ggf. bei pathologischen Frakturen oder Defektfrakturen)

• **Endoprothesen** = alloplastischer Gelenkersatz, als **Hemiendoprothesen** (HEP): nur ein Teil des Gelenkes wird ersetzt, z.B. Femurkopf und als

  Totalendoprothesen (TEP): beide korrespondierenden Gelenkanteile (= Kopf + Pfanne) eines Gelenkes werden ersetzt, heute Routine beim Hüft-, Knie- und Schultergelenk

• **Knochentransplantation** autolog (aus dem Beckenkamm) oder homolog möglich im Bereich der Fraktur ("Auffütterung“, Spongiosaplastik)

  Ind: Defektfrakturen, hypovitale Fragmente, Defekt-Pseudarthrosen, Fusionsoperationen (Wirbelsäule)

  Zunehmend auch Einsatz von Knochenersatzmaterialien zur Defektauffüllung (Kalziumsulfat od. Kalziumphosphat) oder BMP (bone morphogenetic proteins, Osigraft®), die eine Knochenneubildung induzieren.

  Nach ausgedehnter Resektion (z.B. bei Knochentumoren) ist ggf. eine Transplantation ganzer autologer Knochen (z.B. Fibula od. Klavikula) als Ersatz erforderlich.

• **Knochensegmenttransport** = **Kallusdistraktion** n. ILIZAROV, Ind: große Defektfrakturen od. Beinlängendifferenz an OS od. US (>3 cm); ein vitales (abgetrenntes) Knochensegment wird über einen Verriegelungsnagel mit einem Transport-Fixateur-externe um 1 mm/Tag weitertransportiert, dahinter bildet sich Kallus, der sich im weiteren Verlauf in einen neuen tragfähigen Ersatzknochen umwandelt. Es können so bis zu 15 cm überbrückt werden. Eine neue Methode benutzt einen Verriegelungsnagel mit integriertem Induktionsmotor (hierüber expandiert sich der Nagel selbst täglich um einen Millimeter, Vorteil: kein Fixateur externe notwendig).

• Bei jeder Immobilisation (Gips, Schienen etc.) grundsätzlich **Thromboseprophylaxe** (heute meist mit fertigen niedermolekularen Heparinspritzen, 1 x tgl. s.c. Applikation insb. auch zu Hause durch den Pat. selbst)

• Perioperative Antibiotikaprophylaxe: bei offenen Frakturen, ausgedehntem Weichteilschaden, endoprothetischem Gelenkersatz (z.B. Cefuroxim, Zinacef® od. Oxacillin, Stapenor®)

Prog: **Frakturheilung:** ***Primär*** angiogen = Heilung durch Osteonüberbrückung ohne sichtbaren Kallus (Kontaktheilung) = **organtypische Regeneration**

Sekundäre Frakturheilung: Frakturhämatom ⇨ Organisation ⇨ Fibroblasteneinsprossung ⇨ **Kallusbildung** ⇨ Knochenlling

Heilungszeiten:

Finger, Rippen ⇨ 3 Wochen	Unterarm ⇨ 8-10 Wochen
Mittelhand, Radius ⇨ 4-6 Wo.	Femur, Schenkelhals, Tibia ⇨ 10-12 Wo.
Humerus ⇨ 6-8 Wochen	Wirbelkörper ⇨ 12-14 Wochen

Kompl: * **Weichteilschaden** bei offenen und geschlossenen Frakturen

AO-Klassifikation (Arbeitsgemeinschaft für Osteosynthese) zum gleichzeitigen Weichteilschaden bei Frakturen:

I. Geschlossene Hautverletzung: **IC1 - IC5** (Integument closed, Stadium 1-5 = keine Hautverletzung bis Nekrose durch Kontusion)
II. Offene Hautverletzung: **IO1 – IO5** (Integument open, Stadium 1-5 = Hautdurchspießung von innen bis ausgedehntes Décollement)
III. Muskel- und Sehnenverletzung: **MT1 - MT5** (muscle + tendon, Stadium 1-5 = keine Verletzung bis Logen- oder Crush-Syndrom)
IV. Neurovaskuläre Verletzung: **NV1 - NV5** (nerves + vessels, Stadium 1-5 = keine Verletzung bis subtotale Amputation mit neurovaskulärer Durchtrennung)

* Zusätzliche Verletzung innerer Organe
* **Wundinfektion** (geschlossene Frakturen 1-3 %, offene 5-10 %), **Osteomyelitis**
* Fettembolie (traumatisch oder intraoperativ bedingt durch Fettaustritt aus der Röhrenknochen und/oder Fettstoffwechselveränderung durch das Trauma)
* Crush-Syndrom (bei großen Weichteilverletzungen Rhabdomyolyse ⇨ Crush-Niere)
* Frakturkrankheit: durch Ruhigstellung und Gefäß-/Band-/Muskelschäden bedingte Schwellungsneigung, Gelenkversteifung, Schmerzen, Muskelatrophien und Kontrakturen ⇨ Ther. u. Proph. mit Krankengymnastik!
* **Kompartmentsyndrom** (s.u.), **SUDECK-Syndrom** (s.u.)
* Immobilisation: erhöhte Gefahr für Thrombosen und Thromboembolie, Lungenembolie, Drucknekrosen, Dekubitus, Harnweginfekte, Pneumonien, Entzugsdelir bei Alkohol-/Drogenpatienten, Verwirrtheitszustände
* **Überschießende Kallusbildung**
* **Verzögerte Bruchheilung** (engl. delayed union, wenn >4. Monat der Bruch noch nicht verheilt ist, Ursachen s. Abb.)
  Ther: Versuch von Magnetfeld- od. Ultraschallstoßwellenbehandlung (piezoelektrischer Effekt) zur Stimulation der Kallusbildung/Knochenheilung, ggf. Belastungssteigerung

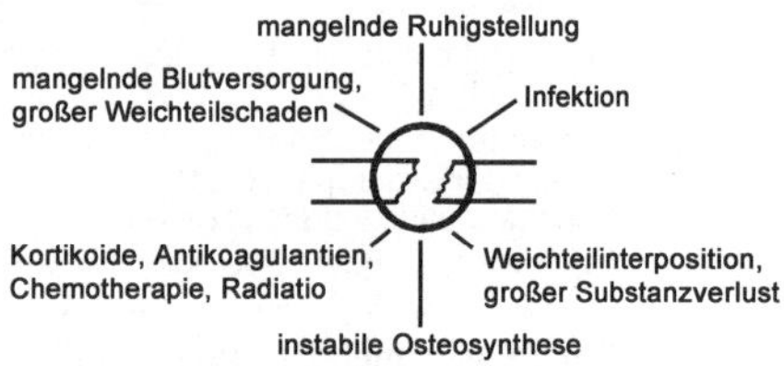

* Refraktur (Fraktur im vorherigen Bruchbereich) bei nicht vollständiger Konsolidierung
* **Pseudarthrosenbildung** (Syn: Falschgelenk, Scheingelenk, Fractura non sanata, Nearthrose, engl. non union), Definition: wenn >6 Monate der Bruch noch nicht verheilt ist, Lok: bevorzugt untere Extremität, insb. Tibia- u. Os-scaphoideum-Frakturen. Formen:
  · Atrophe Form bei Fragmentavitalität oder großem Weichteilschaden
  · Hypertrophe Form bei mangelnder Ruhigstellung (relativ gute Heilungstendenz)
  · Defekt-Infekt-Form bei ausgedehnten Defekten od. Nekrosen mit oder ohne Infektion
  Ther: operative Revision, Knochentransplantation (autologe Spongiosa) od. Kallusdistraktion (s.o.), versucht werden auch knochenwachstumsfördernde Proteine (Osigraft®)
* **Sekundäre posttraumatische Arthrose** (insb. bei Frakturen mit Gelenkbeteiligung (z.B. Stufe im Gelenk) oder starker Fehlstellung)
* **Metallimplantatbruch** durch Ermüdung, Frühbelastung und/oder Fehlbelastung (z.B. Nichtbeachtung biomechanischer Prinzipien)
* *Kinder:* Wachstumsstörungen nach Frakturen, bis zum 10. Lj. vermehrt Verlängerungen, >10. Lj. eher Verkürzungen

Metallentfernung: (= ME) Entfernung bei allen jungen Patienten oder sehr großen od. störenden Implantaten indiziert. Bei alten Pat. oder Pat. mit eingeschränkter Lebenserwartung kann das Implantat meist belassen werden.

Zeitpunkt: Platten je nach Frakturart nach ca. 6-24 Monaten,
Marknägel nach ca. 12-24 Mon.,
Spickdrähte nach Konsolidierung der Fraktur, Stellschrauben nach 6 Wo.
Bei Kindern möglichst rasche ME.

KOMPARTMENTSYNDROM

Syn: Muskellogensyndrom, engl. compartmental syndrome, VOLKMANN- **(ischämische) Muskelkontraktur** am Arm (Erstbeschreibung aus dem Jahr 1881), Tibialis-Logen-Syndrom am Bein, ICD-10: T79.6

Anatomie: 4 Kompartimente am Unterschenkel, oft sind mehrere gleichzeitig betroffen:
- Tibialis-anterior-Loge (ventrale Loge, N.peroneus profundus)
- Tibialis-posterior-Loge = tiefes hinteres Logensyndrom (N.tibialis)
- Laterale Loge (Mm.peronaei, N.peroneus superficialis)
- Oberflächliche-dorsale-Loge (M.triceps surae)

Obere Extremität:
- Ellenbeuge (tiefe Unterarmbeuger) = VOLKMANN-Muskelkontraktur
- Handbinnenmuskeln (Mm.interossei)

Ät:
- **Frakturhämatom**, Quetschverletzung, posttraumatisches Muskelödem
- Zu enger (nicht gespaltener) **Gips**, zirkuläre Verbände
- Logenraumforderung durch innere Blutung (Gerinnungsstörung) und Ödem bei Gefäßverletzungen oder arteriellem Verschluss, zirkuläre Verbrennungen III. Grades mit Verbrennungsödem
- Nach Umstellungsosteotomien, zu starke Extension von Frakturen, Marknagelungen
- Nach arterieller Strombahnunterbrechung einer Extremität und Revaskularisierung (z.B. A.subclavia, A.poplitea) = Tourniquet-Syndrom (Reperfusionssyndrom)
- Funktionelles Kompartmentsyndrom (Marschsyndrom, Überbeanspruchung, zu enge Schuhe)
- Nephrotisches Syndrom mit sekundärer Kompartmentschwellung

Path:
- ♦ Hämatom, Ischämieödem ⇨ Raumforderung ⇨ Druckerhöhung ⇨ **Muskellogenkompression**, verminderter arterieller und venöser Blutfluss (Durchblutungsstörung) ⇨ **erhöhte Kapillarpermeabilität** ⇨ Verstärkung des Ödems **(Circulus vitiosus)**, neuromuskuläre Funktionsstörung ⇨ ischämische Muskelnekrose ⇨ narbige Muskelkontraktur
- ♦ Lok: insb. am **Unterschenkel** (Tibialis anterior-Loge) und am Unterarm

Etlg:

Drohendes Kompartmentsyndrom:	dezente neurologische Symptome, intakte periphere Durchblutung, tiefer dumpfer Spannungsschmerz
Manifestes Kompartmentsyndrom:	Schmerz, Schwellung, **neurologisches Defizit, periphere Minderperfusion**

Klin:
- ⇒ Leitsymptom: bretttharte gespannte Muskulatur, Schmerzen
- ⇒ Fuß: prätibiale Schmerzen, **Weichteilschwellung**, Spannungsgefühl, **Sensibilitätsstörungen** zwischen der ersten und zweiten Zehe beginnend, Zehen- und Fußheberschwäche (N.peroneus/N.tibialis-Läsion ⇨ Fallfuß, Steppergang)
- ⇒ Arm: Schmerz, Schwellung, Spannungsgefühl, Sensibilitätsstörungen, Muskelschwäche
- ⇒ Arterieller Puls meist noch vorhanden (fehlend ⇨ extremes Kompartmentsyndrom)

Diag:
1. Anamnese (Verletzungsmuster) und **klinische Symptomatik** entscheidend: Schwellung, **Muskeldehnungsschmerz**, später auch Sensibilitätsstörungen
   Überprüfung der 4 "K": **Kontraktilität, Konsistenz, Kolorit, Kapillardurchblutung**
2. Subfasziale Druckmessung: bei unklaren Fällen direkt mit Mikrotip-Drucksensor (früher über Flüssigkeitsdruckmessung); Normalwert: <10 mmHg, eingeschränkte Perfusion ab 20-40 mmHg, Nekrosen ab >40 mmHg (der Unterschied zwischen diastolischem RR und Kompartmentdruck sollte nicht <50 mmHg sein, sonst Mikrozirkulationsstörung)
3. Phlebographie: wird oft durchgeführt um die DD Phlebothrombose auszuschließen. Zeichen für ein Kompartmentsyndrom ist ein verengtes tiefes Venensystem.

Ther:
- • Konservativ: Bei drohendem Kompartmentsyndrom kühlen, Hochlagern der Extremität,

Antiphlogistika, Kontrollen! ⇨ im Zweifel Op!

- Operativ: Wichtig ist **frühzeitiges Eingreifen!**
  - Entlastung der betroffenen Muskelloge durch Faszienspaltung (= **Fasziotomie**) innerhalb der **ersten 6 Std.** u. **offene** Wundbehandlung
  - Zugang am Unterschenkel s. Abb., es werden meist alle 4 Logen über laterale u. mediane Längsinzision eröffnet (bilaterale Dermatofasziotomie), ggf. nur lat. Eröffnung
  - Später im weiteren Verlauf Sekundärnaht oder Deckung des Defekts mit Spalthaut, bzw. Gittertransplant (mesh graft) bei größerer Fläche

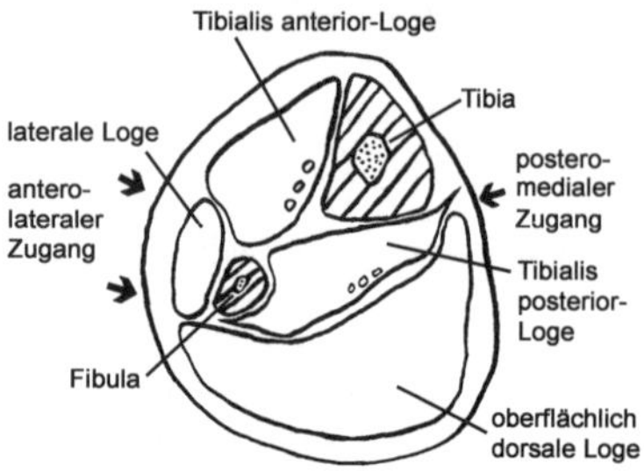

Prog: Nervenläsionen sind nach dem 1. Tag bereits irreversibel! ⇨ **frühzeitige Therapie!** (möglichst innerhalb von 4 Std.), auch die Infektionsrate steigt mit zunehmender Zeit stark an (bis zu 50 % nach dem 1. Tag).

Kompl:
* Cave! **Rebound-Kompartmentsyndrom:** 6-12 Std. postop. erneute Muskelschwellung durch die operative Verbesserung der Durchblutung und somit der Kapillarpermeabilität
* **Muskel-** und **Weichteilnekrosen** ⇨ Ther: Exzision des nekrotischen Gewebes
* **Muskelkontrakturen** (z.B. Krallen-Zehen-Stellung) ⇨ Ther: Sehnenverlängerungen, Sehnenverlagerungen
* **Rhabdomyolyse** ⇨ Crush-Niere (Myoglobinverstopfung, Nierenversagen), Hyperkaliämie, Schock ⇨ intensivmedizin-pflichtige Erkrankung!
* **Nervenläsion** als Druckschaden (insb. gefährdet N.tibialis, N.peroneus)

Proph:
- ♥ So atraumatische Operationstechnik wie möglich
- ♥ Bei Osteosynthesen am Arm und Unterschenkel keine Fasziennähte
- ♥ Bei starken Schwellungen keinen Hautverschluss erzwingen, ggf. ohne Hautnähte oder sogar Hautentlastungsschnitte
- ♥ Gipse spalten! und regelmäßige Gipskontrollen!
  Pat. mit Beschwerden unter dem Gips immer ernst nehmen und kontrollieren!
  Merke: "More is missed by not looking, than not knowing"

DD:
- **Phlebothrombose** ⇨ Diag: Phlebographie
- Phlegmasia coerulea dolens
- Thrombophlebitis
- Marsch-"Gangrän" (Muskelüberlastung)

SUDECK-SYNDROM

Syn: Morbus SUDECK, SUDECK-Dystrophie, Algodystrophie, **sympathische Reflexdystrophie**, komplexes regionales Schmerzsyndrom (engl. reflex sympathetic dystrophy, complex regional pain syndrome = **CRPS**), Kausalgie, maximale Ausprägung der Frakturkrankheit, ICD-10: M89.0-

Ät:
- Brüske oder wiederholte **Repositionsmanöver** (insb. bei **Radiusfrakturen**), einschnürende Verbände, langdauernder Frakturschmerz, langdauernde Operationen
- Lokale Entzündungen, Herpes zoster
- Langzeitmedikation mit Tuberkulostatika, Barbituraten
- In 20 % d.F. keine Ursache zu finden = idiopathisch

Path: ♦ Hypothese: **Neurovaskuläre Fehlregulation** mit inadäquater sympathischer, vasomotorischer Reflexantwort ⇨ lokale Perfusions- und Stoffwechselstörung, überschießende Entzündungsreaktion aller Weichteilschichten und des Knochens der betroffenen Extremität ⇨ erneute Reizung nozizeptiver Axone (Circulus vitiosus)

♦ Lok: vor allem Hand und Unterarm (insb. distale Radiusfraktur), Fuß, Unterschenkel

Epid: ◊ Bevorzugtes Alter: 40.-60. Lj., Inzidenz ca. 15.000 Fälle/Jahr in Deutschland

◊ Beginn: ein Tag bis zwei Monate nach schädigendem Ereignis, die Schwere des Traumas korreliert dabei nicht mit den möglichen Verlauf eines Morbus SUDECK

◊ Dauer: Stadium I: bis 3 Mon., II: 3 Mon. - 1 J. (bis Stad. II ist eine Rückbildung möglich), Stadium III ist irreversibel

Etlg:

Stadium I:	**Entzündungsstadium** (schmerzhafte Funktionseinschränkung)
Stadium II:	**Dystrophie** ⇨ beginnende morphologisch bedingte Funktionseinschränkung
Stadium III:	**Atrophie** ⇨ bleibende starke Funktionseinschränkung bis zur völligen Unbrauchbarkeit, irreversibel

Klin: ⇒ Trias: motorische, sensorische und autonome Störung

⇒ Stadium I: Ruhe**schmerzen** (insb. nachts stärker) und **brennender**, tiefer Bewegungs-/Belastungsschmerz (nicht lokalisierbar), Schmerz auf Kältereiz, eingeschränkte Gelenkbeweglichkeit, übersteigerte Berührungsempfindlichkeit, teigig geschwollene (verstrichene Hautfalten), ödematöse, überwärmte und glänzende Haut ("rotes Stadium"), Hyperhidrose, Hypertrichosis und vermehrtes Nagelwachstum

⇒ Stadium II: Beginnende **Versteifung** der Gelenke und Kontrakturen, beginnende Fibrosierung und Weichteilschrumpfung, beginnende Muskelatrophie, blasse, kühle, glänzende Haut ("blaues Stadium")

⇒ Stadium III: Keine oder kaum Schmerzen, weitgehende **Gebrauchsunfähigkeit** der Extremität durch Gelenkeinsteifung, Weichteil- und Kapselschrumpfung und Muskelatrophie, Sehnenverkürzung, Muskelkraft stark reduziert, blasse, dünne, atrophische, gespannte Haut ("weißes Stadium")

⇒ Typisch ist die Abhängigkeit vom Wetter (= 'Wetterfühligkeit')

Diag: 1. Anamnese und klinische Symptomatik / Untersuchung: Seitenvergleichende Hauttemperaturmessung, ggf. Thermographie, Schweißtest (Ninhydrintest)

2. Röntgen: Knöcherne Atrophie ⇨ **Demineralisation** (immer im Seitenvergleich röntgen)

Stadium I:	In den erste zwei Wochen keine Veränderungen, dann diskrete kleinfleckige Demineralisation der gelenknahen Spongiosa
Stadium II:	Rarefizierung der Kortikalis und zunehmende Demineralisation
Stadium III:	Ausgeprägte Osteopenie (Glasknochen), bleistiftartig-dünne Kortikalis

CT-Densitometrie zur Verlaufsbeobachtung

3. Knochenszintigraphie in Drei-Phasen-Technik (insb. in der Früh- u. Poolphase gute Beurteilbarkeit), bes. geeignet zur frühen Beurteilung des Stadium I

Ther:
- **Erkennen und frühzeitig therapieren!** (Unterbrechen des Circulus vitiosus)
- Stad. I: kurzfristige Ruhigstellung in Funktionsstellung (⇨ Schmerzausschaltung), konsequentes **Hochlagern**, **physikalische Therapie** mit Lymphdrainage, aktiven Übungen (nur innerhalb der Schmerzgrenze), ggf. Sympathikolyse durch Stellatum- od. Grenzstrangblockade
- Stad. II u. III: vorsichtige **aktive** Bewegungsübungen der benachbarten Gelenke unter ausreichender Analgesie
- Med: versucht werden **Nicht-Steroidale-Antiphlogistika**, **Calcitonin** (100 I.E./Tag s.c. für 2-6 Wo., Calsynar® od. als Nasenspray, Karil®), Osmotherapeutika (Mannitol), Vasodilatatoren (Verapamil od. Pentoxifyllin, Trental®), Glukokortikoide, Lokalanästhetika, Analgetika (bis zu retardierten Opiaten), Sedativa (Diazepam), Neuroleptika, trizyklische Antidepressiva, Antikonvulsiva (Gabapentin), ß-Blocker
- Selbsthilfegruppen: Morbus SUDECK Selbsthilfegruppe, Postfach 73 01 62, 22121 Hamburg, Tel.: (0 40) 6 72 55 86

Prog: Stad. I u. II mit Therapie oder auch spontan rückbildungsfähig, Stad. III ist irreversibel

Kompl: * Ausweitung der Dystrophie ⇨ gesamte Extremität kann gefährdet werden
* Chronifizierung

Proph: ♥ Insb. bei Radiusfrakturen **schonende Reposition!** und Vorsicht bei Re-Repositionen
♥ **Hochlagerung** der verletzten Extremität!, keine abschnürende Verbände/Gips
♥ Gabe von 500 mg Vit. C/Tag soll protektiv wirken (Radikalfänger)

DD: – Posttraumatische Schmerzen in Verbindung mit Inaktivitätsosteopenie
– Gelenk-, Weichteilentzündungen, Kristallarthropathien, aktivierte Arthrosen
– Ermüdungsfrakturen, aseptische Knochennekrosen, Morbus Paget
– Knochen- od. Weichteiltumoren, Knochenmetastasen

EPIPHYSENFUGENVERLETZUNG

Syn: Epiphysenfugenlösung, Epiphysenfraktur, ICD-10: M93.9

Ät: Direkte oder indirekte Gewalteinwirkung

Anatomie: Die Wachstumsfuge ist zwischen Epiphyse und Metaphyse lokalisiert. In ihr findet das Längenwachstum durch proliferierenden Knorpel und schließlich die Verknöcherung statt. Sie ist eine Schwachstelle gegenüber Scherkräften. Die Apophyse ist die Ansatzstelle für die Muskelsehnen.

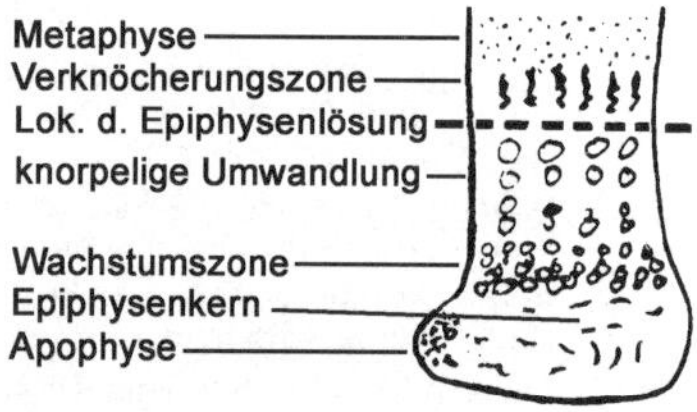

Etlg: # Verlauf der die Epiphysenfugenlösung begleitenden Fraktur in Bezug auf die Epi- und Metaphyse (AITKEN, 1935; SALTER und HARRIS, 1963)

AITKEN 0 = SALTER I:	Epiphyseolyse ohne Begleitfraktur
AITKEN I = SALTER II:	Partielle Epiphyseolyse mit Begleitfraktur gegen d. Metaphyse = Aussprengung eines metaphysären Fragments
AITKEN II = SALTER III:	Partielle Epiphyseolyse mit Begleitfraktur gegen die Epiphyse = Epiphysenfugenfraktur
AITKEN III = SALTER IV:	Fraktur durch Epi- und Metaphyse
AITKEN IV = SALTER V:	Axiale Stauchung der Epiphysenfuge = Crush-Verletzung

Apophysenverletzungen: meist als Ausrissfraktur (z.B. Epikondylenausriss, Abriss der Tuberositas tibiae, Trochanter major od. minor)

Sonderform: Übergangsfraktur beim Heranwachsenden (meist dist. Tibia), wenn die Epiphysenfuge bereits teilweise verknöchert ist ⇨ Fraktur in Richtung auf die Gelenkfläche

Path: ♦ Epiphysenfugenlösung durch Schermechanismus (Aitken 0) ⇨ keine Zerstörung der Wachstumszone (Stratum germinativum), Prog: gut

- ♦ AITKEN I durch Schermechanismus und zusätzliche Biegung/Torsion, Prog: gut
- ♦ AITKEN II u. III durch Scher- und Stauchungsmechanismus ⇨ abgesprengtes Fragment: Wachstumszone mitbetroffen + Gelenkbeteiligung ⇨ operative Revision unumgänglich
- ♦ AITKEN IV durch Stauchungsmechanismus ⇨ Quetschung der Wachstumszone mit irreversibler Zerstörung ⇨ Prog: Wachstumsstörungen, Fehlstellungen
- ♦ Apophysenausriss durch Zugtrauma ⇨ meist knöcherner Muskelsehnenausriss, die Apophyse ist nicht am Längenwachstum beteiligt ⇨ Prog: gut

Klin: ⇒ Oft wenig klinische Symptome ⇨ Gefahr einer falschen Diagnosestellung!
⇒ Evtl. Ruhe- und Bewegungsschmerz, Schwellung, Hämatom

Diag:
1. Anamnese und klinische Untersuchung
2. Röntgen: wegen der noch unvollständigen Ossifikation ist die Beurteilung schwierig Epiphysenstauchungen (AITKEN IV) sind kaum zu erkennen
   ➲ **bei unklarem Befund ggf. die gesunde Seite zum Vergleich röntgen!** ➲
3. ggf. **MRT** nach 2 Wochen bei unklarem V.a. Crush-Verletzung

Ther:
- Konservativ: AITKEN 0 und I ohne wesentliche Dislokation: Gipsruhigstellung
- Operativ: Ind: AITKEN 0 und I bei starker Dislokation oder Weichteilinterposition, AITKEN-II- und AITKEN-III-Frakturen und Apophysenausriss
  - Reposition und Spickdrahtosteosynthese und Ruhigstellung im Gips
  - bei Apophysenausriss ggf. auch Zugschraube
- AITKEN IV keine kausale Therapie möglich, Ruhigstellung und Entlastung für 6 Wochen ⇨ insg. schlechte Prognose, häufig später Wachstumsverzögerung

Kompl:
- * **Wachstumsstörung** (insb. AITKEN II, III) ⇨ Fehlwachstum durch halbseitig intakte Epiphysenfuge und halbseitig defekte Wachstumsfuge, Früh-Arthrosen durch die Fehlstellungen
- * Wachstumshemmung (insb. AITKEN IV), aber auch überschießendes Wachstum mögl.
- * Epiphyseolyse: Bei starker Dislokation (Gefährdet insb. Femurkopf und Radiusköpfchen) ⇨ Zerstörung der Gefäßversorgung ⇨ Knochennekrose (z.B. Epiphysiolysis capitis femoris, Gefährdung des Hüftkopfes, bei Kindern 10-15. Lj., Ther: Fixierung des Kopfes mit Kirschner-Drähten)

GELENKVERLETZUNGEN

Etlg:
- # Gelenkprellung = Gelenkkontusion
- # Zerrung und Drehung = Distorsion
- # Verrenkung = Luxation
- # Bandriss = Ligamentruptur, Kapselzerreißungen
- # Gelenkknorpelverletzungen
- # Gelenkerguss
- # Gelenkfraktur = intraartikuläre Fraktur

Path:
- ♦ Gelenkprellung: Durch stumpfe Gewalteinwirkung ⇨ evtl. blutiger Gelenkerguss = Hämarthros bei Einriss der inneren Gelenkhaut (Synovialis) oder Verletzung von Gelenkstrukturen
- ♦ Gelenkdistorsion: Indirekte Gewalt ⇨ evtl. Teileinrisse des Bandapparates
- ♦ Luxation: Direkte oder indirekte Gewalt ⇨ Diskontinuität der Gelenkpartner
  Häufigkeit: 45 % **Schultergelenk**, 20 % Ellenbogen, 10 % Hand, Hüfte, Sprunggelenk u. AC-Gelenk je 5 %
- ♦ Ligamentruptur: Direkte oder indirekte Gewalt ⇨ führt zur Instabilität des Gelenkes ⇨ vermehrte Aufklappbarkeit

- Gelenkfraktur = Fraktur läuft durch die Gelenkfläche, Knorpelabscherverletzung (Flake fracture) ⇨ Stufenbildung ⇨ Cave! ohne Korrektur posttraumatische Arthrosegefahr
- Gelenkknorpelverletzung: Anpralltrauma
- Gelenkknorpelverschleiß: durch Degeneration (Alter), chronische Überlastung oder Fehlbelastung bei unphysiologischer Fehlstellung, Stufenbildung in der Gelenkfläche bei Gelenkfrakturen (⇨ sekundäre, posttraumatische Arthrose)
- Gelenkerguss: Reaktion auf einen Reiz im Gelenkinnenraum ⇨ Diagnostische und therapeutische Gelenkpunktion durchführen (unter sterilen Kautelen!)

Diag:
1. Anamnese und klinische Untersuchung
2. Röntgen: Gelenk in mindestens 2 Ebenen (und benachbarte Gelenke mit abbilden), bei Verdacht auf Bandruptur ⇨ evtl. gehaltene Aufnahmen durchführen
3. Gelenkpunktion: blutig (⇨ Trauma), serös (⇨ Entzündung), abakteriell (z.B. rheumatisch), eitrig (⇨ Infektion), Fettaugen (⇨ Fraktur der Gelenkfläche)
4. Arthroskopie: Knorpelschaden?, Meniskusschaden?, Bandrupturen?

GELENKINFEKTIONEN

Syn: **Gelenkempyem** (Infektion des Gelenkinnenraums), eitrige Synovitis / Synovialitis, Arthritis purulenta, ICD-10: M00.- bis M01.-*

Ät:
- **Trauma** mit Eröffnung des Gelenkes
- Iatrogen: **Punktionen, Injektionen, Arthroskopien, Operationen**
- Übergriff von periartikulären Infektionen, z.B. bei Osteomyelitis (s.u.), Panaritium, Phlegmone, Weichteilabszessen
- Hämatogene Streuung septischer Herde (selten, Gonokokken, Tuberkulose, Sepsis)

Path:
- Entzündungsreaktion der Synovialis durch bakt. Besiedlung d. Gelenkinnenraums ⇨ vermehrte Synovialflüssigkeitsproduktion ⇨ Gelenkerguss ⇨ Ausweitung auf paraartikuläres Gewebe (Sehnen, Bänder, Kapselapparat, Bursae, Weichteilgewebe) mögl. = Panarthritis
- Akute und chronische (wenig virulente Keime, gute Abwehrlage) Verlaufsform mögl.
- Keime: meist **Staphylococcus aureus** od. epidermidis, E.coli, Streptokokken
- Lok: **Kniegelenk** am häufigsten, Schulter-, Ellenbogen-, Hand-, Hüft-, Sprunggelenk

Klin:
⇒ **Gelenkschwellung, Erguss, Überwärmung**, Rötung, starke Schmerzen
⇒ Fieber und schwere Allgemeinbeeinträchtigung mögl.
⇒ Bei chronischer Form: rezidivierende Ergüsse, kaum Allgemeinsymptome

Diag:
1. Anamnese und klinische Untersuchung: palpabler Erguss (tanzende Patella), große Schmerzhaftigkeit, Überwärmung und Rötung der Gelenkumgebung
2. Labor: Erhöhung von BSG, CRP, PNM-Elastase, Leukozytose
3. Röntgen: akut evtl. erweiterter Gelenkspalt sichtbar, bei der chronischen Form evtl. Unregelmäßigkeiten der Gelenkfläche, subchondrale Sklerosierungen, Verschmälerung des Gelenkspaltes (schwierige Abgrenzung zur Arthrose)
4. Gelenkpunktion: **trübes, putrides Sekret** ⇨ Leukozyten >100.000/ml im Ergusspunktat (Norm: <180/ml), bakteriologische Untersuchung auf Erreger und Resistenz
5. Arthrosonographie (insb. bei schwer zugänglichem Gelenk: Hüftgelenk, Schulter)

Ther:
- Operativ: Ind: heute wird bei Gelenkinfektion eine Arthroskopie und Spülung empfohlen
  - Methode der Wahl: diagnostische (Entnahme von Sekret) u. therapeutische **Arthroskopie mit Jet-Lavage** (Druckspülung mit großlumigem Ausgang), Einlage von Drainagen, ggf. auch Saug-Spül-Drainage. Postop. kontinuierliche passive Bewegung des Gelenkes u. systemische Antibiotikagabe für 1 Wo. i.v. (z.B. 3 x 2 g/Tag Flucloxacillin, Staphylex®), dann noch für 2-6 Wochen per os.
  - Evtl. Synovektomie bei Rezidiven oder chronischem Empyem (auch operatives Mittel bei der konservativ therapieresistenten, chronischen Polyarthritis)

- Ultima ratio bei nicht ausheilbarer Infektion: Resektion der Gelenkflächen und Arthrodese (= Gelenkversteifung in Funktionsstellung)

Prog: Bei frühzeitiger Therapie gut.

Kompl: * Übergriff der Gelenkentzündung auf das umgebende Gewebe = **Panarthritis** mit schlechter Prognose bez. der Gelenkfunktionserhaltung
* Zerstörung des Gelenkes mit Funktionsverlust, Ankylose (Gelenkversteifung)

DD: – Gelenkerkrankungen im Rahmen **rheumatischer Erkrankungen** (chronische Polyarthritis, Arthritis psoriatica, Vaskulitiden, Kollagenosen) ⇨ steriles Punktat!
– Arthrose und insb. **aktivierte Arthrose** (entzündlicher Reizerguss bei vorbestehender Arthrose, Chondropathia patellae oder freiem Gelenkkörper)
– **Arthritis urica** (Hyperurikämie = Gicht) ⇨ steriles Punktat mit Harnsäurekristallen
– **Para-/ postinfektiöse Arthritis** als reaktive Arthritis bei Infektionen mit Yersinien, Borrelien (LYME-Krankheit), Gonokokken, Streptokokken (rheumatisches Fieber), Hepatitis-B-Virus, Röteln, Mumps, Mononukleose, Coxsackie-Viren, Adeno-Viren, Filarien ⇨ im Gegensatz zur eitrigen Arthritis kein Nachweis der Erreger im Gelenkpunktat
– Arthritis tuberculosa (hämatogen gestreuter Tuberkulose-Herd, befällt große Gelenke), Diag: steriles Punktat! Ther: Antituberkulotika, Ruhigstellung des Gelenkes, operative Entfernung von befallenen Gelenkanteilen
– Arthritis gonorrhoica (hämatogen gestreute Gonokokken) Ther: Antibiose
– Selten neoplastisch bedingter Gelenkerguss (z.B. Synovialom, Synovialsarkom, Leukosen, maligne Lymphome, paraneoplastisch, Metastasen)

BURSITIS

Syn: **Schleimbeutelentzündung**, entzündliche Form der Bursopathie, ICD-10: M71.9-

Def: Entzündliche Reaktion der ausgestülpten Reserveräume/Verschiebeschichten der Gelenke

Ät: – **Traumatisch** bedingt oder mechanische Überbeanspruchung des Gelenkes (z.B. chronische Reizung der Bursa praepatellaris beim knienden Plattenleger)
– Entzündlich: Gelenkinfektion, lokale Entzündung (Furunkel)
– Hämatogene Streuung, z.B. Gonorrhoe, Tuberkulose
– Systemisch: bei Arthritiden, z.B. chronische Polyarthritis
– Metabolisch: Hyperurikämie, Hyperparathyreoidismus

Path: Reiz ⇨ seröser Erguss in den Bursae ⇨ chronisch: Wandverdickung, Reiskornphänomen durch Fibrinniederschlag, knorpelartige Leisten

Etlg: # Bursitis **olecrani**
Bursitis **praepatellaris** und **infrapatellaris**
Bursitis trochanterica und iliopectinea
Bursitis subdeltoidea und subacromialis
Bursitis subachillea

Klin: ⇒ Schwellung, Rötung, Überwärmung
⇒ Evtl. tastbare Fluktuation, Lymphangitis
⇒ Reflektorische, schmerzbedingte Bewegungseinschränkung des Gelenkes

Diag: 1. Anamnese und klinische Untersuchung: Lokale Überwärmung, Druckschmerz
2. Röntgen: Ausschluss knöcherner Verletzungen

Ther: • Konservativ: akute Bursitis ⇨ Ruhigstellung (Gipsschiene, Druckverband), kühlende Umschläge für 7-10 Tagen. Vermeidung der chronischen Reizung. Evtl. Punktion und Korti-

koidinstillation bei nicht bakteriell bedingter Entzündung.
Med: NSAR, z.B. Diclofenac (Voltaren®) od. Piroxicam (Felden®)

- Operativ: Ind: chronisch rezidivierende Bursitiden, fluktuierende bakterielle Bursitis
  - Akute eitrige Bursitis nur Entlastungsinzision (dann Bursektomie im Intervall)
  - Exstirpation der Bursa, ggf. Einlage einer Antibiotikakette
  - Postoperativ: Ruhigstellung des Gelenkes (Gipsschiene) für 10 Tage

Kompl: Op: Gelenkinfektion

DD: – Gelenkempyem, Gelenkerguss, z.B. aktivierte Arthrose
– Insertionstendopathie, Tendovaginitis
– Xanthome der Bursa bei Hyperlipoproteinämien
– BAKER-Zyste am Kniegelenk dorsal
– Neoplasma (sehr selten)

MUSKEL-/SEHNENVERLETZUNGEN

Etlg: # Muskelprellung, Muskelquetschungen, Muskelkontusion
Muskelzerrung (Muskelfaserschädigung nur histologisch erkennbar)
Muskelriss (Muskelfaserriss, Muskelbündelriss, kompletter Muskelriss)
Faszienriss
Sehnenverletzungen, offen oder geschlossen

Path:
- **Muskelquetschungen/-kontusion**: durch direktes Trauma (z.B. Überrollen) ⇨ Hämatom, Ödem, Cave: Kompartmentsyndrom!
  Ther: Konservativ: PECH-Regel (s.o., allgem. Traumatologie), Schonung, NSAR
  Bei großen Hämatomen: Débridement, Faszienspaltung und Drainage der Muskelloge, Antibiose wegen Infektionsgefahr, Diurese wegen Crush-Nieren-Gefahr
- **Muskelzerrung** und **–riss** (oft am Muskel-Sehnenübergang): durch direktes (Fußtritt) oder indirektes Trauma (Überbelastung, "over-use-Syndrom") ⇨ plötzlicher Schmerz, Funktionsverlust
  Ther: Konservativ ⇨ PECH-Regel, Schonung
  Operativ: Muskelnaht bei ausgedehnten Muskelrupturen (selten indiziert)
- **Faszienriss**: Fraktur- oder Muskelquetschungsbegleitverletzung ⇨ Muskelhernie kann entstehen
  Ther: bei ausgedehnten Defekten Naht oder plastische Deckung
- **Sehnenverletzungen**: offen ⇨ meist an der Hand (Schnitt-/Stichwunden), Ther. s.u.
  geschlossen ⇨ starkes Trauma (z.B. Adduktorensehnen-Zerrung) oder indirektes Bagatelltrauma bei degenerativ veränderter Sehne (z.B. bei Achillessehnenruptur, Quadrizepssehnenruptur, Bizepssehnenruptur)

Diag:
1. Anamnese (Unfallhergang) und klinische Untersuchung
2. Sonographie: Hämatome od. größere Defekte können dargestellt werden
3. Röntgen: in Weichteiltechnik od. Xeroradiographie, **MRT** (beste Beurteilbarkeit der Weichteile), CT

DD: – **Insertionstendopathie** durch Überlastung od. chronische Belastung:
am Arm meist mit Epicondylitis humeri radialis od. ulnaris ("Tennisellenbogen, Golfspielerellenbogen"), Patellaspitzensyndrom, Schmerzen der Adduktorengruppe; Ther: konservativ mit Wärme, Ruhigstellung (z.B. elastischer Verband od. Epitrain®-Bandage), NSAR, evtl. lokale Lokalanästhetika- od. Kortikoidinfiltration
– Tibiakantensyndrom ("Schienbeinschoner"-Syndrom) durch Überlastung
– Entzündliche Fascio- oder Tendopathien, Tendovaginitis
– Stressfrakturen

OSTEOMYELITIS

Syn: Knochenmarkentzündung, ICD-10: M86.-

Ät: – Endogene Osteomyelitis (primäre): **hämatogene septische Streuung** bakt. Herde (Staphylokokken, Pseudomonas, Proteus und andere Hospitalkeime), z.B. bei Furunkeln, Phlegmonen, Abszessen, Tonsillitiden, Otitis, Panaritien, Pyodermien, Akne fulminans
bei Säuglingen durch Nabelschnurinfektion, Impetigo, Pneumonie

– Exogene Osteomyelitis: **posttraumatische** Osteomyelitis (offene Frakturen, direkte Penetration, per continuitatem), **iatrogen** (post operationem bei osteosynthetischer Versorgung, Endoprothesen/Gelenkersatz)

Path:
- ♦ Verlauf: Akute Entzündung und/oder chronische Form (>6 Wochen) mögl.
- ♦ Risikofaktoren für eine Osteomyelitis: Direkte Verletzung (offene Fraktur oder operativer Eingriff), avitale Fragmente, schlechte Durchblutung, ausgedehnte Weichteilkontusion, Fremdkörper, schlechte Abwehrlage (Neoplasma, Zytostase, Immunsuppression), Systemerkrankungen (Diabetes mellitus, Arteriosklerose), Nikotin, Alkohol
- ♦ Keimspektrum: Staphylococcus aureus und epidermidis in 90 % d.F.
- ♦ Knochennekrosen im Bereich der Kortikalis durch die Entzündung und Verlegung der Aa.nutriciae können zur Absprengung von Knochenteilen führen = Sequester ⇨ dieser wird vom Organismus mit neugebildetem Knochen umgeben = 'Totenlade'
- ♦ Lok: Endogene Osteomyelitis: überwiegend Diaphyse der langen Röhrenknochen, bei Säuglingen Prädilektion der Epiphyse mit häufiger Gelenkbeteiligung, bei Kindern Prädilektion der Metaphyse. Meist mehrere Herde sichtbar, vom Markraum ausgehend.

Epid: Prädisp.alter: endogene Osteomyelitis häufig bei Kinder und Jugendlichen (1.-16. Lj.), im Erwachsenenalter sehr selten

Klin:
- ⇒ Akute Osteomyelitis: hohes Fieber, Schüttelfrost, Leukozytose und Linksverschiebung
- ⇒ Lokale Druckschmerzhaftigkeit, begleitende teigige Weichteilschwellung
- ⇒ Lokale Fistelung und relativ wenig Allgemeinbeschwerden bei der chronischen Osteomyelitis

Diag:
1. Anamnese und klinische Untersuchung
2. Labor: BSG und CRP erhöht, Leukozytose und Linksverschiebung
   Blutkulturen im Fieberschub abnehmen (aerob und anaerob)
3. Röntgen: Im akuten Stadium unauffällig oder Aufhellung im Bereich der Spongiosa, später Destruktionen, auch der Kortikalis und periostale Reaktion (Verdickung, periostale Auflagerungen), Sequesterbildung (⇨ evtl. konventionelle Tomographie, CT)
   Bei Fisteln Fisteldarstellung
4. Sonographie, MRT, **Skelettszintigraphie** in Drei-Phasen-Technik (= Radionukleidangiographie sofort, Frühaufnahme und Spätaufnahmen), **Leukozytenszintigraphie**
5. Intraoperativer Abstrich zur Keim- und Resistenzbestimmung

Ther:
- Konservativ: Endogene Osteomyelitis: Ruhigstellung der Extremität, Bettruhe, hochdosierte Breitbandantibiose + Sanierung des septischen Streuherdes
- Operativ: Ind: Abszess, Sequester
  - Abszess: Inzision der Abszesshöhle, **Ausräumung**, Abstrich (⇨ Antibiogramm + Histologie), Einlage einer Drainage und Spülung, **systemische Antibiose**
  - Sequester oder Fisteln: Sequesterektomie, Markraumdrainage, Einlage von **Antibiotika** (Gentamicin-haltige PMMA-Knochenzementkugeln als Antibiotikakette, Septopal®, Palacos-Ketten oder Kollagenschwämme, Sulmycin®-Implant E)
    Defektauffüllung mit Spongiosaplastik (Spongiosa aus dem Beckenkamm) in einer späteren zweiten Sitzung (nach Sanierung des Infektes)
  - Osteomyelitis bei offenen Frakturen: Débridement der Weichteilwunde, Stabilisierung der Fraktur (frakturferner Fixateur), Drainage, ggf. Saug-Spüldrainage, Antibiotikaket-

ten, systemische Antibiose. Nach Ausheilung Knochenkontinuitätswiederherstellung mit Spongiosaplastik und/oder Knochenspanverpflanzung.

- Chronische Osteomyelitis: Ausschneidung der Fistel und des gesamten nekrotischen Gewebes und evtl. vorhandener Sequester, je nach Befund Saug-Spüldrainage, Einlage von Antibiotikaketten, systemische Antibiose. Spongiosaplastik in späterer zweiter Sitzung.
- Osteomyelitis bei liegendem Osteosynthesematerial: Fest sitzendes Osteosynthesematerial kann versucht werden zu belassen, Nekrosektomie, Spülung, Einlage von PMMA-Ketten, systemische Antibiose und mehrfache Revisionen bis ein steriler Lokalbefund vorliegt.

  Bei Instabilität der Fraktur oder Persistenz der Infektion: Entfernung des Osteosynthesematerials, radikale Nekrosektomie u. Fixation mittels einem anderen Osteosyntheseverfahrens (meist mit einem Fixateur externe). Später dann Spongiosaplastik in einer weiteren Op.

Kompl:
* Markphlegmone, Sequesterbildung, osteolytische Destruktionen, Spontanfrakturen, Weichteilabszess
* Übergang der akuten Form in eine **chronische Osteomyelitis** (definitionsgemäß >6 Wo.) mit chronischer Eiterung und Fistelung in 10-30 % d.F., evtl. Ausbildung einer Amyloidose
* Bei Säuglingen und Kleinkinder Gefahr des Übergriffs der metaphysären Entzündung auf die Epiphyse und auf benachbarte Gelenke ⇨ Gelenkempyem, Gelenkdestruktion, Fehlwachstum
* Bei Frakturen ⇨ **Defektheilungen** und Infektpseudarthrosenbildung mögl.

DD: Die Differentialdiagnose ist insb. schwierig bei V.a. eine chronische endogene Osteomyelitis

- **Knochenzysten** (z.B. juvenile Knochenzyste = Osteodystrophia fibrosa localisata)
- **Knochentumoren** (Osteoidosteom, eosinophiles Granulom, Osteosarkom, EWING-Sarkom, Metastasen, usw. s.u. Kap. Knochentumoren)
- **Aseptische Knochennekrosen** (z.B. PERTHES-Krankheit des Hüftkopfes, OSGOOD-SCHLATTER-Krankheit der Tibiakopfapophyse, traumatische Osteochondrosis dissecans)
- Stressfrakturen
- BRODIE-Abszess: Bei wenig virulenten Keimen und guter Abwehrlage des Organismus Abkapselung des septischen Herdes, Kinder bevorzugt, Ther: operative Sanierung
- **Osteomyelitis sicca** (GARRÉ-Krankheit): Sklerosierender, entzündlicher Prozess meist im Kieferbereich od. den langen Röhrenknochen durch wenig virulente Keime bedingt. Vermehrte reaktive Knochenneubildung (aufgetriebener, radiologisch sehr dichter Knochen).
- Chronisch rezidivierende multifokale Osteomyelitis/Plasmazellenosteomyelitis: Kinder und Jugendliche, w > m (2:1) betroffen, ohne Erregernachweis (familiäres Auftreten mögl.), Ther: NSAR, ggf. + Glukokortikoide, Prog: gut (80 % heilen bis zum Ende der Pubertät spontan aus)
- Osteomyelitis tuberculosa (insb. Wirbelkörper, Femur), Spina ventosa (Syn: Winddorn = Auftreibung der Finger oder Zehendiaphyse) Ther: Tuberkulostatika, bei drohender pathologischer Fraktur Ausräumung des Prozesses und Spongiosaplastik
- Osteomyelitis luetica/syphilitica (bei Neugeborenenlues, insb. an der Medialseite der Tibia) Ther: Behandlung der Lues mit Penizillin
- PAGET-Krankheit (Osteodystrophia deformans, Ostitis deformans) Pat. >50. Lj., Knochenverformung (insb. Kopf mit Facies leontina, Tibia als Säbelscheidentibia) durch Knochenapposition bei insg. gesteigertem Abbau, Spontanfrakturen, Schwerhörigkeit, rheumatoide Schmerzen, Herzinsuffizienz

  Rö: aufgelockerte Verbreiterung der Kortikalis, evtl. sklerotischer Umbau des gesamten Knochens. Ther: keine kausale Behandlung mögl., Med: Bisphosphonate
- Osteodystrophia fibrosa cystica generalisata bei Hyperparathyreoidismus mit Ausbildung multipler Knochenzysten in den langen Röhrenknochen
- Fibröse Dysplasie (JAFFÉ-LICHTENSTEIN-Syndrom) Ersatz des Knochenmarks durch Bindegewebe zw. 5.-15. Lj. in Schüben mit Kompakta-Atrophie und Pseudozysten

AMPUTATIONEN VON GLIEDMAẞEN

Def: Amputation = vollständige Absetzung eines endständigen Körperteiles ohne Möglichkeit der Kontinuitätswiederherstellung.

Ind:
- Arterielle Durchblutungsstörungen: Stadium IV der **chronischen AVK** (arterielle Verschlusskrankheit), gangränöse Extremität (z.B. bei Diabetes mellitus, Ergotismus)
- Gefäßverletzung, akuter Gefäßverschluss
- Traumatisch: partielle, subtotale (Grad 4 einer offenen Fraktur) od. totale Amputation = Abtrennungswunde einer Gliedmaße ⇨ ggf. Versuch der Replantation (s.u.)
- Tumoren: ausgedehnte Knochen- od. Weichteiltumoren (Sarkome) ⇨ Amputationen sind heute seltener geworden durch die präoperative (neoadjuvante) Chemotherapie (sog. Down-Staging)
- Infektiös: konservativ nicht beherrschbare Gasbrandinfektion (Clostridium perfringens) mit Gangrän einer Extremität, lebensbedrohliche nekrotisierende Fasziitis einer Extremität bei toxic shock-like syndrome durch Streptococcus pyogenes (Grp. A) od. Mischinfektion mit Anaerobiern
- Angeborene extreme Fehlbildungen

Epid:
◊ Notwendige Extremitätenamputationen sind in Deutschland/Industriestaaten in **90 % d.F. vaskulär** (durch AVK) und vaskulär/neuropathisch (durch Diabetes mellitus) bedingt.
◊ Amputationen der **unteren Extremität** sind 20fach häufiger als die der oberen
◊ Für Deutschland ca. 35.000 Amputationen/Jahr geschätzt

Etlg:
Oberschenkelamputation, Unterschenkelamputation, Fußamputation (Amputationslinien am Fuß = CHOPART und LISFRANC, siehe Kap. Fußwurzelfrakturen), Zehenamputation Exartikulation im Kniegelenk, Exartikulation eines Beines im Hüftgelenk, Hemipelvektomie
Oberarmamputation, Unterarmamputation, Handamputation, Fingeramputation Exartikulation eines Armes im Schultergelenk, interthorakoskapuläre Amputation
(Der Begriff Amputation ist noch gebräuchlich für die Penisamputation und Mammaamputation = Ablatio mammae)

Klin:
⇒ Je nach Grunderkrankung
⇒ Beim Diabetes mellitus maskiert die Neuropathie die ischämische Schmerzsymptomatik ⇨ Malum perforans, Nekrosen, Fußdeformitäten ohne wesentliche Schmerzen

Diag:
1. Anamnese und klinische Untersuchung, Gefäß-Doppleruntersuchung
2. Röntgen: DSA zur Klärung des Gefäßstatus
3. Labor: je nach Schwere des Eingriffes ausreichend Blutkonserven anfordern

Ther:
- Operativ: Ind: ergibt sich durch die jeweilige Grunderkrankung
  - Allgemein: Knochenränder abrunden und glätten, Gefäße gründlich versorgen (nicht zu weit proximal absetzen ⇨ sonst Nekrosen), **genügend Weichteilgewebe** zur Knochendeckung, **spannungsfreier Hautverschluss**, mehrfache großzügige Drainagen.
  - **Zehenamputation:** Exartikulation im Grundgelenk + Entknorpelung des Metatarsalköpfchens (der Knorpel sezerniert sonst Flüssigkeit!)
  - **Fußwurzelamputation:** Amputationen in d. LISFRANC- od. CHOPART-Linie (s. Kap. Fuß)
  - **Fußamputation:** Nach PIROGOW-SPITZY, Amputation in der CHOPART-Linie, Entfernung des Talus, anschließend Arthrodese zwischen Calcaneus, Tibia und Fibula
  - Nach SYME: Exartikulation im oberen Sprunggelenk u. Resektion der beiden Malleolen
  - **Unterschenkel-/Oberschenkelamputation** (s. Abb.): Herstellen eines ausreichend großen und gut durchbluteten myokutanen Lappens, der über dem Knochenstumpf vernäht wird (dabei sollte ausreichend Muskulatur auf dem Knochenstumpfende liegen, um dieses abzupolstern ⇨ wichtig für den späteren Sitz einer Prothese). Knochenstumpfenden anschrägen ⇨ zum Entschärfen der Absetzungskante

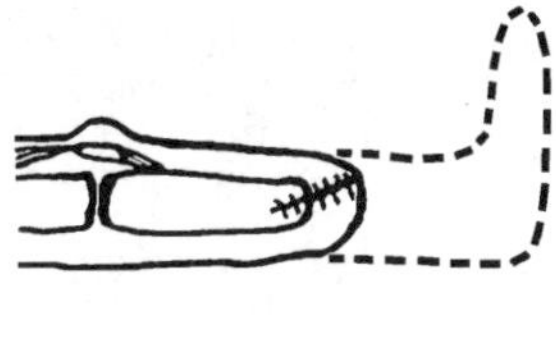

- **Kniegelenkexartikulation:** Einfacher als die Oberschenkelamputation mit weniger Komplikationen, volle Endbelastbarkeit
- **Hüftgelenkexartikulation/Hemipelvektomie:** Ind. insb. bei malignen Tumoren
- Finger-, Teilhand- und Teilhand-Daumen-Amputation
- Handgelenkexartikulation
- Unterarm-/Oberarmamputation
- Schultergelenkexartikulation, interthorakoskapuläre Amputation

• Postoperativ: ausreichende Ruhigstellung, konische Wickelung des Stumpfes ⇨ gutes Weichteilpolster

• Konsequente Therapie der Grunderkrankung, z.B. Blutzuckereinstellung, Nikotinverbot, Antibiose bei infektiöser Erkrankung (Cephalosporin der III. Generation)

• **Prothetische Versorgung** sollte in Absprache mit dem Orthopädietechniker möglichst früh erfolgen, ggf. Interimsprothese anfertigen zur frühestmöglichen Mobilisation und später dann definitive Versorgung.

• Selbsthilfegruppen: Amputierten-Initiative e.V., Spanische Allee 140, 14129 Berlin, Tel.: (0 30) 8 03 26 75, Internet: http://www.amputierten-initiative.de
Amputierten-Selbsthilfe e.V., Stuttgerhofweg 12, 50858 Köln, Tel.: (02 21) 48 14 55, Internet: http://www.as-ev.de

Kompl: * **Wundheilungsstörungen** (bei AVK häufig durch die Grunderkrankung bedingt), Stumpfödem
* Hautinfektionen (Mykosen), Hyperkeratosen, Ekzeme
* **Phantomschmerz** (Neurombildung, Minderperfusion), Ther: versucht werden Carbamazepin (Tegretal®), Calcitonin i.v., TENS (transkutane elektrische Nervenstimulation)
Nach Amputation einer Extremität kommt es zur Atrophie des gleichseitigen Rückenmarkanteils.
* Durchblutungsstörung des Stumpfes ⇨ evtl. höhere Amputation notwendig
* Nicht genügend abgerundete Kanten des Knochenstumpfendes ⇨ Druckläsionen

REPLANTATIONEN VON GLIEDMAßEN

Def: Wiederanbringen einer traumatisch amputierten Extremität/Anteile

Ät: Traumatische Amputation (Prognose nimmt von oben nach unten ab)
- Glatte Amputation (Schnittverletzung)
- Zerfetzende Amputation (häufigste Form, z.B. Kreissägenverletzung)
Zerquetschende Amputation (z.B. Überrolltrauma durch einen Zug, hydraulische Pressen) = offene Frakturen IV. Grades
- Ausriss-Amputation (z.B. Motorradfahrer, Walzen etc.)

Path: ♦ Direkte Replantation ohne Gefäßnaht möglich bei: Nasenspitze, Ohrläppchen, Lippen, Zungenspitze, Fingerkuppen
♦ Lok: am häufigsten obere Extremität (Finger, Hand) betroffen

Klin: ⇒ Schmerzen, Blutverlust bis hin zum Volumenmangelschock
⇒ Evtl. spritzende arterielle Blutung

Diag:
1. Anamnese (Unfallmechanismus, Verunreinigung) und klinische Untersuchung
2. Röntgen: Ausschluss weiterer knöcherner Verletzungen im Bereich proximal der Amputation. Ebenfalls Amputat röntgen zum Ausschluss von Amputattraumatisierung)
3. Labor: Ausreichend Konserven anfordern und kreuzen

Ther: • **Akut am Unfallort:** Sicherung der Vitalfunktionen, Ausschluss von schwerwiegenden Begleitverletzungen, Kontaktaufnahme mit einer geeigneten Klinik zur Replantation

Amputationsstumpf am Patienten: steriler Kompressionsverband, keine Reinigung, keine Unterbindungen, keine Gefäßklemmen!

Amputat: Aufbewahren der Gliedmaße bei trockener Kälte (4 °C), z.B. in doppelwandigem Replantationsbeutel, keine Reinigung, kein Einlegen in Lösungsmittel!

Schneller Transport in die Klinik ⇨ wegen drohender Muskelnekrosen sollte die Ischämiezeit so gering wie mögl. sein (max. 4-6 Std.).

- Operativ: Ind: Absolut: **Daumen, mehrere Langfinger** (bei Mehrfachamputation und Zerstörung von Fingern ggf. heterotope Replantation, sodass zumindest Ersatz-"Daumen u. Mittelfinger" erhalten bleiben),
  Mittelhand u. Hand bei Kleinkindern
  Relativ: isolierter Langfinger, einzelne Endglieder
  K-Ind: Ausgeprägte Destruktion des Amputates, Amputation distal der Nagelwurzel, vitale bedrohliche Begleitverletzungen („life before limb"), unsachgemäße Behandlung des Amputates (z.B. tiefgefroren, in Formalin eingelegt)

  Reihenfolge der Versorgung:
  - Stabilisierung des Skelettsystems ⇨ Osteosynthese
  - Sehnennaht
  - Venen-, Arterien- und Nervennaht
  - Weichteil- und Hautversorgung (evtl. Hautplastik, Kunsthaut od. offene Wundversorgung)
- Postoperativ: Ruhigstellung im Gips, Heparinisierung, rheologische Maßnahmen (Infusion mit HAES), Rehabilitationsbehandlung
- In Erprobung: es werden gezüchtete Organteile (sog. Tissue Engineering) transplantiert, z.B. ein Fingergelenk nach einer traumatischen Amputation.
- Transplantation: im Versuchsstadium ist die Transplantation von Händen (erstmals 1998, seither wurden fast 50 Hände weltweit transplantiert) und Armen (erstmals 2005) ⇨ intensive Immunsuppression nötig (Prednison + Tacrolimus + Mycophenolatmofetil), Internet: http://www.handregistry.com

Prog: Stark abhängig von sorgfältiger Op-Technik und korrekter präoperativer Behandlung. Eine lange Rehabilitationszeit ist notwendig.

Kompl:
* Thrombosen im Replantat (arteriell/venös) ⇨ Revision, Vollheparinisierung
* Bildung von AV-Fisteln
* Nachblutungen
* Nekrose des Replantates
* Infektion
* Verwachsungen der Sehnen ⇨ Ther: Tendolyse
* Ausbleiben der Reinnervation ⇨ evtl. Nerventransplantation
* Pseudarthrosenbildung, Ankylosen, instabile Gelenke ⇨ Revision, evtl. Arthrodese

VERBRENNUNGEN / VERBRENNUNGSKRANKHEIT

Syn: **Combustio**, Brandverletzungen, ICD-10: allgemein T30.0 (je nach betroffener Region: T20.- Kopf/Hals, T21.- Rumpf, T22.- Schulter/Arm, T23.- Hand, T24.- Hüfte/Bein, T25.- Fuß, T26.- Auge, T27.- Kehlkopf/Trachea/Lunge, T28.- Mund/Ösophagus/innere Organe, T29.- mehrere Körperregionen), zusätzlich Fläche kodieren T31.0-! bis T31.9-! (Angabe von .0 = <10 % bis .9 = >90 % Körperoberfläche)
Inhalationstrauma, Rauchvergiftung, Rauchintoxikation, ICD-10: T59.9

Ät:
- **Heiße**, feste Körper, **Flüssigkeiten**, Dämpfe od. Gase
- **Brände**: Flammeneinwirkung, brennende Kleidung, Explosionen (suizidale Handlungen)
- Strahlen (Sonne, Solarium, Röntgenstrahlen etc.)

- Mechanische Reibung ⇨ Hitzeentwicklung
- Stromeinwirkung, Hochspannungstrauma (Starkstromverletzung, innere Hitzeeinwirkung)

Anatomie: Die **Haut** besteht aus der **Cutis** und der **Subcutis**. Die Cutis wird unterteilt in die Epidermis (oberste Schicht mit ständiger Zellerneuerung aus dem Stratum basale) und das Corium (Syn: Dermis od. Lederhaut, bindegewebige Verschiebeschicht mit Nerven, Gefäßen und Hautmuskeln). Die Subcutis (Unterhaut) ist ein mit Gefäßen durchsetztes Fettgewebe.
Dicke: 0,5-5 mm, variiert je nach Körperstelle
Gesamtfläche: beim Erwachsenen 1,5-1,8 m²

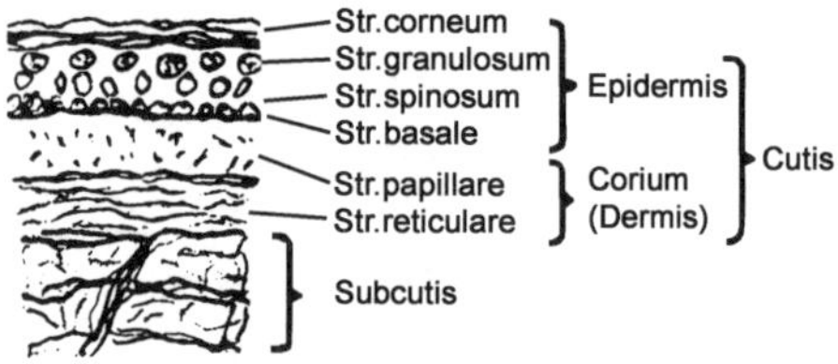

Path: ♦ Die Verbrennungen werden in 4 Schädigungsgrade eingeteilt:

Schädigungsgrad	Symptomatik	Intensität der Schädigung
1. Grades (= Combustio erythematosa)	Rötung, Schmerz Schwellung	Oberste Epidermis, z.B. Sonnenbrand, Restitutio ad integrum
2. Grades (= Combustio bullosa)	Rötung, Schmerz Blasen (subepidermal)	Epidermis und Teile des Corium (s.u.)
3. Grades: (= Combustio escharotica)	Nekrosen graue, weiße oder schwarze lederartige Haut, Analgesie	Epidermis, Corium u. Subcutis vollkommen zerstört, keine Spontanheilung
4. Grades:	Verkohlung	Weitere tiefere Schichten betroffen (Muskulatur, Knochen)

Die Verbrennungen **2. Grades** werden noch unterschieden in:

2 a = oberflächlich 2. Grades (Epidermis und obere Anteile des Corium betroffen), typische Brandblase, Schmerz vorhanden ⇨ konservative Ther., Restitutio ad integrum

2 b = tief 2. Grades (hier sind die tiefen Schichten des Corium mitbetroffen), Hypalgesie im Nadelstichtest ⇨ operative Abtragung erforderlich, Abheilung mit Narbenbildung.

♦ Einschätzung des Ausmaßes der Verbrennung:

NEUNERREGEL (für Erwachsene nach WALLACE), die %-Angaben für die Körperoberfläche der Abb. gelten jeweils für Vorder- und Rückseite zusammen:

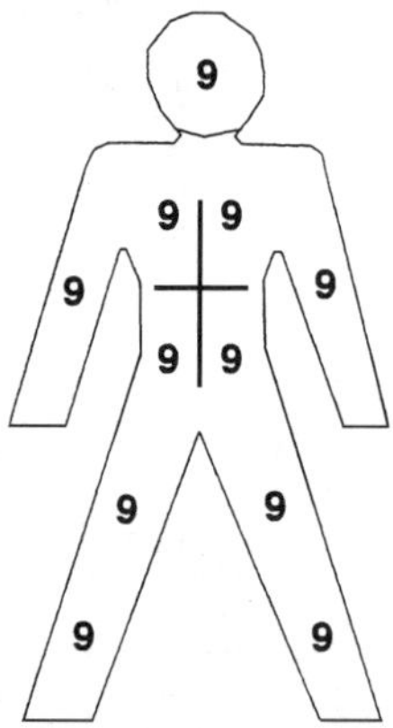

Körperteil	0 - 1 Jahr	Kind	Erwachsene
Kopf	20 %	16 %	9 %
Rumpf	30 %	32 %	36 %
Arme	18 %	18 %	18 % (2x9)
Hand	1 %	1 %	(2 x 1 %)
Genitalregion	1 %	1 %	1 %
OS	15 %	16 %	18 % (2x9)
US + Fuß	15 %	16 %	18 % (2x9)

Zusammengefasst werden die Verbrennungsflächen 3./4. Grades, Verbrennungen 2. Grades zählen zur Berechnung der Gesamtverbrennungsfläche nur zur Hälfte.

Als Anhalt zur Abschätzung einer Verbrennungsfläche kann auch die Handfläche des Pat. dienen, pro Handfläche ist 1 % **KOF** (Körperoberfläche) zu berechnen.

♦ Neben dem Primärdefekt sind die **Sekundärläsionen** wichtig (sog. Nachbrand): In der Umgebung des irreversiblen Schadens kommt es zu reversiblen Störungen der Mikrozirkulation. Die Ausbreitung eines irreversiblen Schadens in diesem Bereich hängt von der frühzeitigen Flüssigkeitstherapie ab.

- Die kritische / letale Verbrennungsfläche liegt heute bei ca. 50-70 % bei Erwachsenen, bei über 65-jährigen bei 30-40 %, bei Kindern bei ca. 60-80 % der Körperoberfläche.
- **Verbrennungskrankheit** = verschiedene Regulationsstörungen von Organen und Organsystemen neben der lokalen Schädigung durch die Wärmeeinwirkung.

  Schockgefahr und Gefahr der Entwicklung einer Verbrennungskrankheit besteht bei einer verbrannten Körperoberfläche von: **>8 % beim Kleinkind, >10 % beim Kind** und **>15 % beim Erwachsen**

  Primäre Phase: **Schock** (1.-3. Tag) durch **direkte Schädigung der Kapillaren** (Verbrennung im Bereich des Interstitiums) ⇨ **erhöhte Permeabilität** (kapilläres Leck) ⇨ **Volumenverlust** und Entstehung eines Ödems ⇨ Mikrozirkulationsstörungen, Erniedrigung des HMV, metabolische Azidose, Eiweißverlust mit zusätzlichem Effekt auf die Ödementstehung (Senkung des kolloidosmotischen Drucks (KOD), generalisiertes Ödem) ⇨ Circulus vitiosus ⇨ Volumenmangelschock. Das Kapillarleck bildet sich dann innerhalb von 24 Std. spontan zurück. Daraus ergibt sich die Wichtigkeit der primären Therapie: Wasser- und Eiweißersatz!

  Zusätzlich: Beeinträchtigung der Abwehrlage (Gefahr der Sepsis), Toxinanfall infolge der Hitzekoagulation des Gewebes und Belastung innerer Organe sowie katabole Stoffwechsellage.

  Sekundäre Phase: Rückresorption des Ödems (2-3 Wochen)

Epid: ◊ Inzidenz: In Deutschland ca. 12.000 schwere Brandverletzungen/Jahr, davon ca. 10 % intensivpflichtige Verbrennungen. An Verbrennungen sterben ca. 500/Jahr.

◊ In Deutschland gibt es z.Zt. 174 Verbrennungsbetten an 36 Kliniken, davon 46 Verbrennungsbetten speziell für Kinder.

◊ Unfallursache: 60 % der Verbrennungen erfolgen im häuslichen Bereich, 25 % d.F. sind Arbeitsunfälle (mit abnehmender Tendenz), 15 % sind Suizidversuche. **M** >> w.

Klin: Abhängig vom Stadium der Verbrennung:

⇒ 1. Grades: **Erythem**, schmerzhaft

⇒ 2. Grades, oberflächlich: Erythem + **Blasenbildung**, stark schmerzhaft, starke Blutungsneigung auf Berührung, Hautanhangsgebilde intakt

⇒ 2. Grades, tief: Erythem + Blasenbildung, teilweise zerrissen, die **Schmerzempfindung nimmt ab!**

⇒ 3. Grades: Verkohlte Haut, **Schmerzlosigkeit**

⇒ 4. Grades: Verkohlte Muskulatur, Faszien, Fettgewebe, Knochen

Diag:
1. Anamnese (Unfallhergang) und klinische Untersuchung (Pat. immer komplett entkleiden und untersuchen)
   Nadelstichprobe: ab Verbrennungen Grad 2 b besteht Analgesie. Die Überprüfung sollte regelmäßig wiederholt werden, da die Klinik der Verbrennung zu Beginn täuschen kann.
2. Röntgen: bei V.a. Frakturen
3. Labor: Hb, Hkt, Gesamteiweiß, KOD
4. Probeentnahme aus der verbrannten Haut zur exakten Bestimmung der Verbrennungstiefe (wichtig auch für die Op-Planung)
5. Laryngobronchoskopie und Trachealsekretgewinnung (Bakteriologie) zur Sicherung der Diagnose eines Inhalationstraumas
6. Regelmäßige Wundabstriche und bakteriologische Untersuchung in der Intensivphase

Ther:
- **Akut:** Retten aus der Gefahrenzone (Abschalten des Stroms bei Hochspannungstrauma!), Entfernung der heißen Kleidung, Sicherung der vitalen Funktionen, Abschätzung der Schädigungsausdehnung (Transport in eine Spezialklinik notwendig?, s.u.), möglichst zwei großvolumige, peripher-venöse Zugänge
  - **Lokaltherapie: Kühlung mit kaltem Wasser** (15-20 °C) zur Schmerzbekämpfung und Prophylaxe/Reduktion des Ödems so schnell wie möglich (nach einem Intervall von 1 Std. kann nicht mehr mit einem positiven Effekt gerechnet werden, eine Schmerzlinderung tritt allgemein nach ca. 10 Min. ein). Cave: bei großflächigen Verbrennungen (> 30 % KOF) und bei Kindern nicht kühlen, da die Gefahr einer Auskühlung zu groß ist!. Zum Transport sterile **Abdeckung der Brandwunden** mit Metalline-Folien. Cave: akut keine Anwendung von Salben!

- **Volumensubstitution**: obligat bei Verbrennungen >15 % der Körperoberfläche bei Erwachsenen (>8 % bei Kindern), initial 1.000 ml Ringer-Laktat i.v., weitere Gaben dann in der Klinik gem. u.g. Formel
- **Schmerzbehandlung**: Morphin 2,5-5,0 mg i.v. oder Ketanest 0,25-0,5 mg/kg KG i.v. + evtl. Sedierung mit Diazepam (Valium®).
- Bei V.a. **Inhalationstrauma** (Verbrennungen im Gesicht, Rauchspuren im Mund- oder Rachenraum, Schwelbrand von Kunststoffen, Reiz- od. Giftgasintoxikation): Sauerstoffgabe, bei respiratorischer Insuffizienz **frühzeitige Intubation** (nasal) und Beatmung.

• <u>Transport</u> in eine auf Verbrennungen spezialisierte Klinik sollte erfolgen bei:
1. >20 % dermale (= 2. Grades) oder >10 % subdermale (= 3. Grades) Verbrennung
2. Verbrennungen mit Beteiligung von Gesicht/Hals, Hand, Fuß, Gelenken od. Ano-/Genitalregion
3. Patienten mit einem Inhalationstrauma in jedem Fall! (in 30 % d.F. vorhanden)
4. Säuglinge, Kinder <10. Lj. u. Erwachsene > 50 J. mit dermaler Verbrennungen >10 % od. 3. Grades >5 %
5. Verletzungen durch Strom

<u>Zentrale Vermittlungsstelle von Betten für Schwerbrandverletzte in Deutschland:</u>
20097 Hamburg, Beim Strohhause 31, Tel.: **(0 40) 4 28 51-39 98**, Fax: -42 69

• **<u>Erstversorgung in der Klinik:</u>**
Anlage eines großen venösen Zuganges / **ZVK**, Urinkatheter, Analgesie (Morphin i.v.) od. Analgosedierung (Fentanyl, Fentanyl® + Midazolam, Dormicum®), evtl. Intubation und Beatmung, falls nicht schon primär erfolgt (insb. beim Inhalationstrauma, evtl. nasale Umintubation), Bronchiallavage bei inhaliertem Fremdkörper, Reinigung des Pat. im Duschbad, Enthaarung der Verbrennungsareale.
Tetanusprophylaxe! (aktiv und passiv) nicht vergessen.
Steriles Bett, aseptische personelle Betreuung, semi-sterile isolierte Intensivbox, Raumtemperatur 30-32 °C und 60-95 % Luftfeuchtigkeit.
Flüssigkeitsersatz entsprechend dem Ausmaß der verbrannten Körperoberfläche (s.o.) über ZVK: <u>Parkland-Formel nach Baxter:</u>

4 ml Ringer-Laktat-Lösung x % verbrannte Körperoberfl. x kgKG

Die berechnete Menge gilt für <u>24 Std.</u>, die Hälfte der Menge sollte in den ersten 8 Stunden infundiert werden.
Bei Kindern, Inhalationstrauma od. Verbrennung >50 % KOF ist ein Flüssigkeitsersatz bis zur doppelten Menge notwendig (Anpassung über hämodynamisches Monitoring mittels Swan-Ganz- u. Femoralarterienkatheter).
<u>Urinausscheidung</u> sollte **30-50 ml/Std.** betragen (Ausfuhrkontrolle! über suprapubischen od. transurethralen Katheter).
Evtl. zickzackförmige Entlastungsschnitte der Haut = **Escharotomie** (evtl. auch der Oberflächenfaszie) bei zirkulären Verbrennungen (dies ist wegen der Gefahr der Zirkulationsstörung, Nervenschädigung u. Kompartmentsyndrom im Haut-/Faszienkompartment od. der Atembehinderung am Thorax erforderlich).

<u>Im weiteren Verlauf:</u> Substitution nach Bedarf von Humanalbumin (bei Gesamteiweiß <2,5 g/dl (bei großen Verbrennungsflächen), Humanalbumin 5%ig), Elektrolyten, Flüssigkeit, Kalorien u. Blutkonserven, ZVD-Monitoring. Ausgleich des Säure-Basen-Haushaltes nach dem individuellen Bedarf erforderlich. Thromboseprophylaxe.
Möglichst frühzeitig mit der enteralen Ernährung beginnen (ggf. per Duodenalsonde), Prophylaxe von Stressulzera im Magen/Duodenum durch H_2-Blocker + Anticholinergika (z.B. 3 Amp. Pepdul® + 2 Amp. Gastrozepin®/Tag).
Bei passagere Niereninsuffizienz: Hämodialyse
Ist eine Langzeitbeatmung erforderlich, sollte ein Tracheostoma angelegt werden.

• **<u>Oberflächenbehandlung der Brandwunde:</u>**
- Verbrennungen 1. Grades und oberflächlich 2. Grades heilen meist ohne Probleme aus und bedürfen keiner besonders aufwändigen Therapie. Frühzeitig werden die **Blasen eröffnet**. Zur Lokalbehandlung gibt es dann 2 Methoden:

- Offene Behandlung (z.B. bei kleiner Brandblase): **trockene Wundverhältnisse** werden angestrebt und/oder zusätzliche Verschorfung durch die **Gerbungsmethode** (Aufbringen von 5%iger Tannin-Lösung) od. Tupfungen mit Povidon-Iod [Betaisodona®, Mercuchrom®]
- Geschlossene Behandlung (bei größerer Fläche od. an den Gelenken): Applikation v. antimikrobieller Salbe (Sulfadiazin-Silber-Creme, Flammazine®) auf die Wundfläche und Gazeverband (täglicher Verbandswechsel erforderlich) od. Silber-Folie auflegen (kann für 3-7 Tage verbleiben, Acticoat®)

- Operativ: Ind: ab 2.gradig tiefen Brandwunden nach Stabilisierung des Verletzten
  - Grundsätzlich ist eine möglichst **frühzeitige** (1.-2. Tag) **Nekrosektomie** und **Eigenhauttransplantation** anzustreben ⇨
    tiefe 2.-gradige Verbrennungen: tangentiale Abtragung
    3.-gradige Verbrennungen: komplette **Abtragungen aller Nekrosen** (ggf. bis zur Muskelfaszie = epifaszial und ggf. auch tiefer)
  - Transplantation: Ideal ist die Deckung mit Eigenhaut als **Spalthauttransplantat** (sog. THIERSCH-Transplantat, insb. im Gesicht, Händen und an den Gelenken zur Prophylaxe späterer Kontrakturen). Die Spalthaut wird an nicht verbrannten Körperstellen mit dem Reese-Dermatom entnommen, die dem Hautmuster der verbrannten Region in etwa entsprechen soll.

    Bei unklaren oder sehr großen Wundverhältnissen temporäre Deckung mit synthetischen, Xeno- oder Allo-Hautersatzprodukten (z.B. Transcyte®, Integra®, Schweinehaut od. Spenderhaut von Verstorbenen) bis sich eindeutig die Tiefe der Verbrennungen abgrenzen lässt (ca. 7-10 Tage) und sich ggf. ein gesunder Wundgrund für die endgültige Transplantation gebildet hat.

    Große Flächen (Rumpf, Extremitäten) werden mit Spalthaut gedeckt, die zu einem **Gittertransplantat** (= **Mesh graft**, ca. 3- bis 9fach größere Flächendeckung mögl.) verarbeitet wird (nicht im Gesicht und an den Händen, dort nur Vollhauttransplantat).

    Zuchthaut: wird bei extrem großen Verbrennungen benötigt (da dann nicht mehr genügend gesunde Haut für die Gewinnung von Spalthaut vorhanden ist). In mehreren Zuchtschritten (über insg. 3 Wo.) wird aus zuvor entnommenen (ca. 10 cm² Haut erforderlich) **körpereigenen** Keratinozyten in vitro ein Zellrasen (bis 7.500 cm² können so gewonnen werden) auf Trägergaze (sog. Sheets) angezüchtet, der dann als Epidermisersatz transplantiert werden kann. Nachteil: die Zuchthaut ist wenig belastbar, sehr teuer. Zur Verbesserung der Stabilität kann zuvor noch ein künstlicher Dermisersatz bei ausgedehnten drittgradigen Verbrennungen transplantiert werden (Matriderm®, AlloDerm®).

    Bei tiefer Verkohlung od. Stromverletzung (wegen der tiefen Gewebeschädigung periossärer Muskeln) ggf. gestielte od. freie Lappenplastik erforderlich.
- Frühzeitige Krankengymnastik zur Verhinderung von Narben-/Gelenkkontrakturen, insb. an den Händen, ggf. mit ausreichender Analgesie
- **Psychologische Betreuung** schwer Brandverletzter (Verarbeitung des Unfallschocks, des Schmerzerlebnisses, der entstellenden Narben, Selbstwertkrisen, Schwierigkeiten in der Partnerschaft, Sorge um Erhalt des Arbeitsplatzes)
- Selbsthilfegruppen: Bundesinitiative für Brandverletzte e.V., Dorfstr. 16b, 31020 Salzhemmendorf, Tel.: (0 51 53) 96 44 29, Internet: http://www.brandverletzte-leben.de

  Phoenix Deutschland - Hilfe für Brandverletzte e.V., Dorfstr. 12, 19273 Amt Neuhaus-Sückau, Tel.: (03 88 41) 6 11-80, Fax: -81, Internet: http://www.phoenix-deutschland.de

  Elterninitiative brandverletzter Kinder - Paulinchen e.V., Segeberger Chaussee 35, 22850 Norderstedt, Tel.: (08 00) 0 11 21 23, Internet: http://www.paulinchen.de

Prog: Verbrennungen 1. Grades heilen narbenfrei ab, Verbrennungen 2. Grades (oberflächliche) heilen meist ebenfalls ohne Narbe in ca. 14 Tagen ab, evtl. bleiben Pigmentstörungen.

Ab Verbrennungen tiefen 2. Grades/3. Grades ist bei größerer Fläche eine operative Intervention immer notwendig.

Inhalationstraumen sind mit einer hohen Letalität belegt (bis 60 %).

Die kritische Verbrennungsfläche liegt bei ca. 50-70 % der Körperoberfläche bei Erwachsenen (je älter der Pat. umso schlechter die Prog., insb. >60 J.), bei Kindern bei ca. 60-80 % (bei Kindern heilen die Verbrennungen besser, sie sind in der Phase der Verbrennungskrankheit durch die Flüssigkeitsverschiebungen aber mehr gefährdet).

Kompl: * **Verbrennungskrankheit:** Schock, akutes Nierenversagen/passagere Niereninsuffizienz, Verbrennungslunge (ARDS), DIC, Multiorganversagen, Pneumonie, Stressblutungen aus Magen-/Duodenalulzera während der Intensivphase, reflektorischer Ileus, Cholezystitis, Perikarditis, Pankreatitis, immunologische Störungen

* **Inhalationstrauma:** alveoläres Lungenödem, nekrotisierende Bronchitis, Atelektasen, Blutungen, CO-Intoxikation, steigender Lungenarteriendruck
* **Hochspannungstrauma:** Herzrhythmusstörungen (VES, Kammerflimmern), Nierenversagen (Crush-Niere wg. Myoglobinurie durch die verborgenen tiefen Muskelnekrosen ⇨ nicht von einer kleinen Stromeintrittsmarke täuschen lassen! ⇨ frühzeitige Escharotomie u. Nekrosektomien durchführen) ⇨ hohe Diurese (ca. 100 ml/Std. am ersten Tag) anstreben, osmotische Diuretika, Dopamin
* **Wundinfektion:** 75 % der Todesfälle resultieren aus Infektionen durch protrahierte **Sepsis**. Nach Ablauf von 3 Tagen sind Verbrennungswunden als infiziert anzusehen, daher wiederholt Abstriche machen. Keime: Staph. aureus, Streptokokken, Enterokokken D, Pseudomonas aeruginosa, Candida albicans, Clostridien. Eine Sepsis entwickelt sich typischerweise 5-7 Tage nach dem Verbrennungstrauma. Ther: bei Entzündungszeichen Antibiose nach Antibiogramm
* Katabolie durch Reparationsvorgänge, Einschwemmung der Pyrotoxine aus der Haut bei Wiedereinsetzen der Zirkulation im Verbrennungsgebiet (ab ca. 3. Tag)
* Nach Verbrennungen 1. u. 2. Grades verbleiben evtl. Hypo- od. Hyperpigmentationen (i.d.R. aber keine Narben)
* Kinder und Verbrühungen: Neigung zur **Keloid-Bildung** bei entsprechender genetischer Disposition, Ther: Kompressionsbehandlung
* Spätkomplikation (Intervall von ca. 30 J.): Entwicklung eines Narbenkarzinoms

Op: * Hypertrophe Narben, Wulstnarben mit Spannungsgefühl, Bewegungseinbußen, Licht- und Hitzeempfindlichkeit, Juckreiz

Ther: Druckbehandlung nach JOBST durch spez. Trikotagen od. Silikonauflagen, die einen Druck auf die vernarbende Region ausüben (für ca. 1 Jahr), Einreibung 2 x tgl. mit fettenden Salben, keine Lichtexposition, keine mechanische Beanspruchung

Korrekturoperationen: Ind. sehr zurückhaltend stellen, da neue Narben entstehen können und frühestens 1 J. nach dem Trauma ⇨ Dermabrasion (z.B. bei Mesh-Gitter-Narben), Laserung bei Pigmentstörungen, Verschiebeplastiken bei Kontrakturen

DD: Verbrennungsähnliche Symptome an der Haut durch: Säuren, Laugen, chemische Kampfstoffe und toxischer Genese (LYELL-Syndrom, Streptokokkentoxine)

UNTERKÜHLUNG / ERFRIERUNG

Syn: Unterkühlung: Hypothermie, ICD-10: T68
Erfrierung: Congelatio, ICD-10: T33.- bis T35.-

Def: Unterkühlung ist ein Absinken der Körperkerntemperatur unter 35 °C.
Erfrierung ist ein lokaler Kälteschaden ohne Abkühlung des Körperkernes.

Ät:
- Untertemperatur bei Kollaps, Hypothyreose, Kachexie, Medikamenten (z.B. Barbiturate)
- Hypothermie durch Trauma: **Kälteexposition** (Ertrinken, Bergsteiger, Alkoholiker, Drogenabhängige)
- Neu-/Frühgeborene mit noch unreifer Temperaturregulation, schweres Schädel-Hirn-Trauma mit Zerstörung des Temperaturregelzentrums
- Künstliche (iatrogene) Hypothermie: Bei Herzoperationen, Transplantationen
- Erfrierung: Nasserfrierung (Einwirkung v. Kälte u. Feuchtigkeit), Wind
  Momenterfrierung (z.B. durch flüssige Luft od. Kohlensäureschnee)
  Lok: insb. Akren (Zehen, Finger, Ohren, Nase)

Etlg: Erfrierungen nach der Tiefe der Schädigung

Grad I (Congelatio erythematosa): nur oberflächliche Epidermis betroffen
Grad II (Congelatio bullosa): gesamte Epidermis betroffen
Grad III (Congelatio escharotica/gangraenosa): bis unter die Dermis ⇨ Defektheilung

Klin: ⇒ Hypothermie: (angegeben ist die Körperkerntemperatur)

<36 °C Leichte Hypothermie: Kältegefühl, Kältezittern
<35 °C Psychische Alteration mit Verwirrtheit, Desorientierung (Erregungsstadium)
<33 °C Beginnender Rigor, Apathie (Erschöpfungsstadium)
<30 °C Bewusstseinsverlust, Pupillenerweiterung, beginnende Lebensgefahr (fortschreitende Lähmungsstadien)
<28 °C Kreislaufversagen durch Kammerflimmern od. Asystolie
<27 °C Muskelerschlaffung
<18 °C Isoelektrisches EEG

⇒ Erfrierungen:

I. Grades: Blässe der Haut, Sensibilitätsstörungen, später Erythem (Hyperämie) nach Wiedererwärmung, leichte Schmerzen, Juckreiz

II. Grades: Blasenbildung mit blutig-serösem Inhalt, Haut schmerzhaft

III. Grades: Hautnekrosen, Mumifikation von Akren (z.B. Zehen) od. Blutblasen mit darunterliegenden nassen Nekrosen

Diag:
1. Anamnese (Schädigungshergang, Alkohol, Drogen) und klinische Untersuchung, rektale Temperaturmessung
2. EKG: Hypothermie: J-Welle im EKG (zusätzlich Ausschlag im absteigenden Teil der R-Zacke), Verlängerung der Überleitungszeit, Herzrhythmusstörungen, terminal Kammerflimmern od. Asystolie
3. Labor bei Hypothermie: Azidose, verminderte O_2-Sättigung, Hyperglykämie, CK-Erhöhung

Ther:
- Leichte Unterkühlung: passive Wiedererwärmung (warmer Raum, Entfernung nasser Kleidung, Wolldecken, heiße Getränke)
  Starke Unterkühlung: aktive Wiedererwärmung mit Applikation warmer Infusionslösungen (z.B. Glukose 5%ig mit 40 °C = aktive Erwärmung des Körperkernes) und warmem Bad (= aktive Erwärmung der Körperoberfläche, Cave: Gefahr von Azidose und Blutdruckabfalls durch den Einstrom des Blutes in die Peripherie ⇨ Intensivüberwachung und Therapie je nach Symptomatik).
  Muss ein unterkühlter Pat. reanimiert werden, so ist die Reanimation fortzusetzen, bis der Pat. eine normale Körperkerntemperatur erreicht hat (erst dann darf bei Misserfolg abgebrochen werden).
- Erfrierungen I. und II. Grades: Heilen spontan ab ⇨ I. Grades ohne Residuen, II. Grades evtl. mit Narbenbildung nach Ausbildung eines Schorfes am Boden der Blase.
  Erfrierungen III. Grades: Alleinige Demarkation oder operative Nekrosektomie (bei Mumifikationen von Zehen, Fingern ⇨ Amputation) und evtl. Defektheilung/Spalthauttransplantate wie in der Verbrennungschirurgie (s.o.).
  Tetanusprophylaxe (aktiv und passiv) nicht vergessen (sonst schwere Tetanusinfektion häufig)!

Kompl:
* Hypothermie: Herzrhythmusstörungen, Kreislaufversagen
* Erfrierungen: Wundinfektion

DD: Frostbeulen (Perniones): **chronische** Frostschädigung mit teigig, lividen, rundlichen Schwellungen, insb. an Finger und Zehen, ICD-10: T69.1

POLYTRAUMA

Syn: Mehrfachverletzung, ICD-10: T06.8

Def: **Gleichzeitige Verletzung von mindestens 2 Körperregionen oder Organsystemen, wobei wenigstens eine Verletzung oder die Kombination mehrerer lebensbedrohlich ist.**

Ät: – Insb. **Verkehrsunfälle** (70 % d.F.) als Fußgänger, Fahrrad- / Motorradunfälle, PKW-Kollision
- Arbeitsunfälle, Unfälle im häuslichen Bereich, Sturz aus großer Höhe, Unfälle bei Extremsportarten

Path:
- Schwere der Verletzung wird bestimmt durch: **Schädel-Hirn-Verletzung** (60-70 % haben ein SHT), **Thoraxtrauma, stumpfes Bauchtrauma, innere Blutungen**
- **Blutverlust** bei geschlossenen Frakturen: Becken bis 4 Liter, Oberschenkel bis 2 Liter, Unterschenkel bis 1 Liter, Arm 0,5 Liter, einseitige Pleura-/Lungenverletzung bis 2 Liter, intraabdominelle Blutung bis 5 Liter!
- Verletzungskrankheit: systemische Reaktion auf das Polytrauma (ähnlich dem Postaggressionssyndrom), Oxygenierungsstörung, hämodynamische Störungen (insb. der Mikrozirkulation und Gerinnung), endokrinologische Reaktionen (insb. Katecholamin-Anstieg) ⇨ Schock, Multiorganversagen

Epid:
◊ Inzidenz: in Deutschland ca. 8.000 Fälle/Jahr
◊ **M** > w (3:1)
◊ Prädisp.alter: 20.-35. Lj.

Etlg: # Schweregrade der Mehrfachverletzung nach SCHWEIBERER

Schweregrad I: Kein Schock, normaler pO_2, Letalität gering Leichtes gedecktes SHT, kombiniert mit Extremitätenfrakturen, stabile Frakturen von Wirbel, Beckenrand oder -ring, Wunden und Weichteilverletzungen
Schweregrad II: Leichte Schocksymptomatik, pO_2 wenig erniedrigt, Letalität 5-10% SHT II. Grades, Trümmerfrakturen, offene Frakturen II. u. III. Grades, komplexe Beckenfrakturen, ausgedehnte Weichteilverletzungen
Schweregrad III: Schwerer Schock, pO_2 <60 mmHg, Letalität ca. 30 % SHT III. Grades, Thorax- und/oder Bauchverletzungen, multiple offene oder geschlossene Extremitätenfrakturen, Wunden mit gefährlichen Blutungen

Es gibt noch eine Vielzahl weiterer Scores für das Polytrauma, die für die einzelnen Organsystemverletzungen Punkte vergeben, die Patienten in Kategorien einteilen und daraus eine Prognoseabschätzung geben. Die gebräuchlichsten sind:
ISS (Injury Severity Score n. BAKER), **PTS** (Polytraumaschlüssel n. OESTERN der Med. Hochschule Hannover), MOF (Multiple Organ Failure n. GORIS et al.) u. APACHE-II-Score (Acute physiology and chronic health evaluation n. KNAUS et al.)

Diag:
1. Anamnese (Unfallhergang) und klinische Untersuchung ⇨ schnelle Beurteilung welche Notfalleingriffe durchgeführt werden müssen. Weitere Diagnostik erst nach Stabilisierung (Kreislaufsituation, Gerinnung) des Patienten.
2. Sono-Abdomen: Intraabdominelle Blutungen (freie Flüssigkeit?), Organrupturen ⇨ ggf. CT-Abdomen bei schlechter Beurteilbarkeit oder Peritoneallavage
3. Röntgen: immer **gesamtes Achsenskelett röntgen** = HWS + BWS + LWS in 2 Ebenen, Becken, **Schädel** in 2 Ebenen und **Thorax**. Abdomenübersicht, Extremitäten od. retrograde Urethrographie je nach klinischem Befund. CT-Schädel zum Ausschluss von intrakraniellen Blutungen. CT-Thorax ⇨ orientierende Schichten zum Ausschluss von Kontusionen. Alternativ heute zunehmend **Spiral-CT** durchgehend v. Schädel bis Becken.
4. Labor: **Blutgruppe und Kreuzprobe!** (Blutkonserven anfordern), Blutbild (Hb, Hkt), Blutgasanalyse, Elektrolyte, Gerinnungsstatus, Nierenretentionswerte

Ther:
- Akut (Unfallort): **Sicherstellung der Vitalfunktionen**, **Schockbehandlung** (2 große venöse Zugänge [13G], Ringer-Laktat- und Hydroxyethylstärke-Infusion HAES-steril® od.

Small-volume-resuscitation mit HyperHaes®), ggf. Reanimation, evtl. Anlage einer Anti-Schock-Hose (MAST)

Frühintubation und kontrollierte Beatmung, Entlastung eines Spannungspneumothorax, Kompression starker äußerer Blutungen, Ruhigstellung von Frakturen, Schmerzbehandlung, Ankündigung und schneller Transport in die Klinik

- Intensivtherapie (in der Klinik): Anlage eines ZVK (ZVD-Messung), rechtzeitige Substitution von Blut (ausreichend viele Konserven von der Blutbank anfordern und kreuzen lassen!, bei vital-bedrohlicher Blutung ggf. auch ungekreuzte, blutgruppengleiche Konserven od. "0-negativ" infundieren), Flüssigkeitssubstitution, Azidoseausgleich mit Natriumbicarbonat (BE x 1/3 x kgKG, davon die Hälfte), Bilanzierung der Ein- und Ausfuhr, Überwachung der Gerinnung (ggf. Substitution von AT III u. FFP = fresh-frozen-plasma), später Antikoagulation (Heparin i.v., dann niedermolekulares Heparin s.c., wenn keine K-Ind. durch die Verletzungen gegeben sind), Tetanusimpfung durchführen
- Operativ: Stufenplan modifiziert nach SCHWEIBERER et al. (1987)

  1.Phase: unaufschiebliche **Notoperationen** (vitale Indikation = Sofort-Op), z.B.:
  - Anlage einer Thoraxdrainage im 2. ICR in der Medioklavikularlinie (Thoraxtrauma mit V.a. intrathorakale Blutung, Rippenserienfraktur oder Pneumothorax)
  - Entlastungspunktion bei Herzbeuteltamponade
  - Laparotomie bei Milz- / Leberruptur, intraabdomineller Massenblutung
  - Versorgung bei unstillbarer Blutung aus großen Gefäßen oder im Nasen-Rachenraum
  - Kraniotomie bei epiduraler (arterieller) Blutung, bei subduraler Blutungen (ist venös) meist keine akute Trepanation notwendig
  - Rückenmarkentlastung bei drohendem Querschnitt
  - Beckenzwinge od. Fixateur ext. bei instabiler Beckenringfraktur (Gefahr großen Blutverlustes), ggf. angiographische Embolisation bei großer Blutung
  - Fixateur externe bei vital gefährdete Extremitäten (III.- bis IV.-gradig offene Frakturen)

  2. Phase: primär **definitive chirurgische Versorgung schwerer Verletzungen** (möglichst noch am 1.Tag = Früh-Op), z.B. bei:
  - Schädelimpressionsfrakturen, offene Schädel-Hirn-Verletzungen, Epiduralhämatom
  - Anhaltende thorakale Blutung (>0,5 l/Std. oder 2 l/Tag)
  - Verletzungen der ableitenden Harnwege
  - Magen- oder Darmverletzung, Augenverletzungen
  - Offene Extremitätenfrakturen (II.- bis III.-gradig offene Frakturen)

  3. Phase: primär definitive chirurgische Versorgung leichterer Verletzungen (innerhalb ca. 1 Woche nach abgeschlossener, intensivmedizinischer Stabilisierung des Patienten = Spät-Op), z.B.:
  - Osteosynthese von Gesichtsschädelfrakturen, plastische Operationen
  - Osteosynthese von einfachen Becken- und Extremitätenfrakturen
- Bei absehbarer Langzeitbeatmung frühzeitige Tracheotomie (s.u.)
- Frühzeitige intensive krankengymnastische Betreuung

Prog: Letalität zwischen 15 und 40 % (prognostisch negativ sind insb. das Vorliegen einer intraabdominellen Massenblutung, schweres SHT, notwendige langdauernde Beatmung)

Kompl:
* Schocklunge (ARDS), Ateminsuffizienz, Schockniere, Herz-Kreislauf-Versagen, **Multiorganversagen**
* Verletzungskrankheit, Postaggressionssyndrom und posttraumatisches Immundefektsyndrom, Verbrauchskoagulopathie, Blutungen, Kompartment-, Crush-Syndrom
* Infektionen (Pneumonie, Pleuritis, Peritonitis), Sepsis mit hoher Letalität
* Thrombosen, Lungenembolie durch die meist längere Immobilisation und wegen der häufigen Kontraindikationen für eine prophylaktische Antikoagulation, z.B. SHT, große Wundflächen, Verletzung parenchymatöser Organe usw. ⇨ bei hohem Risiko Einlage eines V.cava-Schirmchens (s.o. Kap. Lungenembolie)
* Zerebrale und/oder spinale Funktionsstörungen
* Massentransfusion: Infektionsrisiko (HIV, Hepatitis, bakterielle Kontamination), hämolytische Reaktionen, posttransfusionelle Purpura, transfusionsassoziiertes Lungenversagen, Graft-versus-host-Reaktion

TRACHEOTOMIE

Syn: Luftröhrenschnitt, engl. tracheotomy

Ind:
- **Längerfristige Beatmung** bei respiratorischer Insuffizienz (Polytrauma, Schädel-Hirn-Trauma, große Verbrennungen, Koma), Anhalt: wenn die Beatmung voraussichtlich über 14 Tage hinausgehen wird ⇨ Vermeidung der Komplikationen durch Langzeitintubation
- Sicherung der Atemwege (bei neurologischer Störung, Schlaganfall, Atemlähmung, Poliomyelitis)
- Operationen des Larynx, Laryngektomie (im Rahmen der Tumorchirurgie durch HNO-Arzt ⇨ Anlage eines endgültigen plastischen Tracheostomas)
- Notfalltracheotomie: **Verlegung der Atemwege** im Bereich des Mundes/Larynx, z.B. durch Wespenstich, Glottis-Ödem, Quincke-Ödem, verschluckten Fremdkörper, Trauma

Etlg:
Koniotomie (Notfalltracheotomie, Interkrikothyreotomie, Inzision zwischen Schild- und Ringknorpel)
Obere/hohe Tracheotomie (2.-3. Trachealspange)
Untere/tiefe Tracheotomie (4.-5. Trachealspange)

Ther:
- Operativ:
  - Lagerung: Kopf maximal rekliniert
  - Konventionelle, operative **Tracheotomie:** Hautinzision und Darstellung der Trachealvorderwand in der Mittellinie (ggf. Spaltung des Schilddrüsenisthmus), Eröffnung der Trachea durch Querinzision und Anlage eines **plastischen Tracheostomas** (der ventrale Anteil der 2. od. 3. Trachealspange wird nach 2 Längsinzisionen nach kaudal umgeschlagen [sog. BJÖRK-Lappen] u. mit der Haut vernäht)
  - Perkutane dilatierende Tracheostomie (Punktionstracheostomie) nach CIAGLIA: Punktion der Trachea (unter bronchoskopischer Kontrolle) und Dilatation des Einganges über einen Führungsdraht bis auf Kanülengröße, erster Kanülenwechsel frühestens nach 7-10 Tagen. Vorteil: kann auf der Intensivstation durchgeführt werden

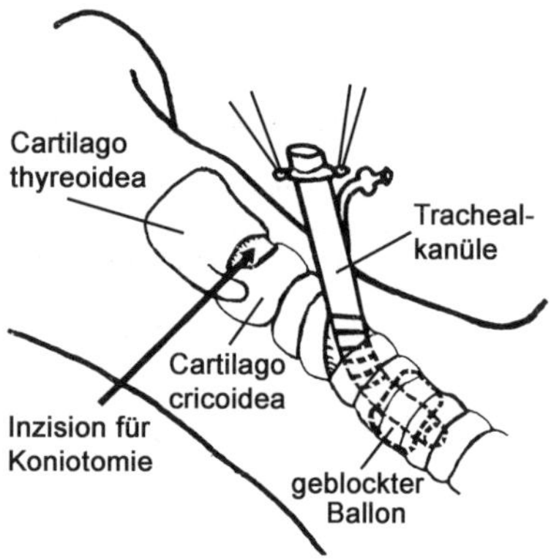

  - Koniotomie (**Notfalltracheotomie**): Durchtrennung des Lig.cricothyroideum (= Lig.conicum) zwischen Schild- und Ringknorpel
- Trachealtubus mit Ballon (= Cuff, muss mit Luft geblockt werden, zur Kontrolle ist an dem Anschluss ein kleiner Ballon), Fixierung mittels Band um den Hals
- Bei endgültigem Tracheostoma: Wechsel auf eine Silberkanüle nach abgeschlossener Wundheilung, ggf. auch als Sprechkanüle (hat eine Klappe, die sich beim Ausatmen verschließt und dadurch kann die Luft durch kleine Öffnungen in Richtung Larynx entweichen ⇨ Phonation möglich)
- Verschluss eines Tracheostomas: unkompliziert von alleine od. mittels Naht

Kompl:
* Verletzung der Schilddrüse, Blutung (Tr.brachiocephalicus, A./V.thyreoidea), Infektion
* Verletzung der Trachealhinterwand und Ösophagus, tracheo-oesophageale Fistel
* Dislokation des Tubus
* Spätkomplikation: Tracheomalazie (zu stark geblockter Ballon), Trachealstenose

SCHULTERGÜRTEL

Anatomie

Knöcherne Bestandteile: Clavicula u. Scapula

Ligamentäre Bestandteile:
am **Sternoklavikulargelenk** das Lig. sternoclaviculare, Lig.costoclaviculare und das Lig.interclaviculare,
am **Akromioklavikulargelenk** (= ACG) das Lig.acromioclaviculare und das Lig.coracoclaviculare (bestehend aus Lig.trapezoideum u. Lig.conoideum).

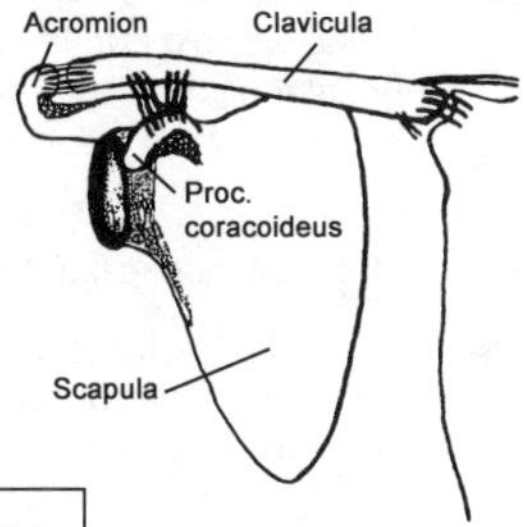

STERNOKLAVIKULARGELENKLUXATION

Ät: Direkte oder indirekte (seitliche) Gewalteinwirkung auf die Klavikula, ICD-10: S43.2 (insg. sehr seltene Verletzung)

Etlg: # Luxatio praesternalis (häufigste Form): nach vorne oben
Luxatio suprasternalis: nach oben
Luxatio retrosternalis: nach hinten unten
Einteilung nach ALLMANN (1967) bez. Klinik und Röntgenbefund

Grad I	Kontusion oder Distorsion des Gelenkes ohne wesentliche Dislokation
Grad II	Subluxation des Gelenkes durch **Teilzerreißung** der sternoklavikulären Bänder
Grad III	Komplette **Zerreißung aller Bandstrukturen**, deutliche Stufenbildung, radiologisch leere Gelenkpfanne

Klin: ⇒ Bewegungsschmerz, Druckschmerz über dem Sternoklavikulargelenk
⇒ Luxatio praesternalis: tastbarer Vorsprung am Sternalrand
⇒ Luxatio retrosternalis: tastbare Eindellung am Sternalrand

Diag: 1. Anamnese und klinische Untersuchung
2. Röntgen: Normale p.a. Thoraxübersicht und Seitenbild bringen oft keinen sicheren Nachweis ⇨ Tomographie durchführen
Rö. nach ROCKWOOD: Bei liegendem Patienten, Aufnahme in 40°-Winkel auf das Sternum (s. Abb.):
⇨ Luxatio praesternalis projiziert sich nach oben,
⇨ Luxatio retrosternalis projiziert sich nach unten.

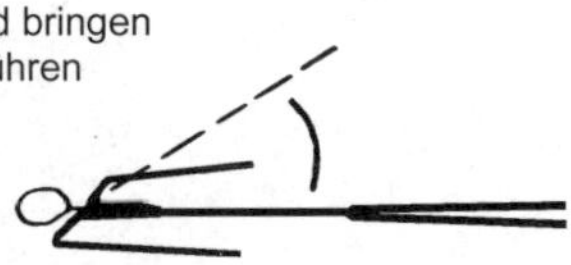

Ther: • Konservativ: 1.) Reponieren in Lokalanästhesie (gelingt meist gut)
2.) **Rucksackverband** für 4-5 Wochen (dieser übt Zug nach hinten aus), frühfunktionelle Behandlung (gute Mitarbeit des Pat. erforderlich)

• Operativ: Ind: Versagen der konservativen Therapie, funktionelle Beeinträchtigung, retrosternale Luxation
- Op nach BUNELL: Fixation von Sternum und Klavikula, heute modifiziert mit **PDS-Banding** (Kordel, die sich nach ca. 3-5 Monaten selbst auflöst), früher durchgeführt mit Draht und Faszienstreifen, entsprechend des Verlaufes des Lig.sternoclaviculare
- Resektion und Arthrodese als Ultima ratio bei sehr alten Patienten

Kompl: * Verletzung von Trachea, Ösophagus, Duct.thoracicus, Aorta, V.cava, Lunge, Contusio cordis, Myokardverletzung insb. bei der Luxatio retrosternalis
* Mitverletzung des Akromioklavikulargelenks
* Reluxation ⇨ ggf. Operation notwendig

KLAVIKULAFRAKTUREN

Syn: Schlüsselbeinbruch, ICD-10: S42.0-

Ät: – Meist indirekte Gewalteinwirkung: Sturz auf Schulter/Arm ⇨ eher Klavikulaschaftfraktur
– Direkte Gewalteinwirkung: Stoß, Schlag, Schuss ⇨ eher laterale Frakturen
– Perinatal (schwierige Geburt bei Schulterdystokie = nach Geburt des Kopfes bleibt die vordere Schulter an der Symphyse hängen) bei ca. 5/1.000 Geburten vorkommend

Epid: ◊ Inzidenz: 64/100.000/Jahr
◊ Eine der häufigsten Frakturen im Kindes- und Erwachsenenalter (3-5 % aller Frakturen)

Etlg: # Mediale Fraktur (selten)
Fraktur in **Schaftmitte** (am häufigsten, ca. 80 % d.F.)
Laterale Fraktur (lateral des Lig.coracoclaviculare, ca. 15-20 % d.F.)
Offene Fraktur (sehr selten)

Klin: ⇒ Weichteilschwellung, Schmerz
⇒ Functio laesa des Schultergürtels (Schonhaltung), Krepitation
⇒ **Fehlstellung**: mediales Fragment steht nach oben durch den Zug des M.sternocleidomastoideus ab (laterales Fragment ist fixiert durch das Lig.coracoclaviculare)

Diag: 1. Anamnese und klinischer Befund: DMS prüfen!, Auskultation der Lungen
2. Röntgen: Klavikula a.p. und tangential (wie Rö. nach ROCKWOOD, s.o.)

Ther:
- Konservativ:
  Frakturen in Schaftmitte u. mediale: redressierender **Rucksackverband** für ca. 3-4 Wo.
  Laterale Frakturen: DESAULT-Verband für ca. 3-4 Wochen
  Evtl. geschlossene Reposition bei starker Dislokation in Bruchspaltanästhesie
  Perinatale Fraktur: meist Grünholzfraktur mit nur geringer Dislokation ⇨ keine Ther. notwendig
- Operativ: Ind: selten gegeben (früher nur bei 1-2 % der Klavikulafrakt., heute häufiger)
  1. Begleitverletzung des Plexus brachialis oder A.,V.subclavia
  2. offene Fraktur od. drohende Durchspießung der Haut
  3. Hämato-, Pneumothorax
  4. sehr weit laterale Fraktur mit AC-Gelenkinstabilität (Fraktur im Bereich des Ansatzes des Lig.coracoclaviculare) od. gleichzeitige Skapulahalsfraktur ("floating shoulder")
  5. typische Fraktur bei Kindern od. Jugendlichen mit Herauslösung des lat. 1/3 der Klavikula aus dem Periostschlauch
  6. fehlende Heilung unter konservativer Ther nach 6 Wo.
  7. bei dislozierter Fraktur sollte eine Op individuell erwogen werden

- Fraktur in Schaftmitte u. med. Frakturen:
  Plattenosteosynthese mit kleiner winkelstabiler Platte (s. Abb., auch als MIPPO-System)

  zunehmend häufiger wird auch ein minimalinvasives Verfahren angewendet: ESIN (= elastic stable intramedullary nailing), hierbei wird in den Markraum ein elastischer 2,5-3 mm dicker Titannagel, über eine kleine Bohrung von medial, eingebracht
- Laterale Fraktur ⇨ Spickdrähte und Zuggurtung (s. Abb.)

- Metallentfernung nach 18 Mon.

Prog: sehr gute Heilungstendenz

Kompl: * Pseudarthrosenbildung ⇨ operative Revision
* Plexus- und Gefäßirritationen durch zu starke Kallusbildung od. hypertrophe Pseudarthrose

DD: – Perinatal: kongenitale Pseudarthrose (intrauterine Entwicklungsstörung)
– Kleidokraniale Dysostose: durch erbliche membranöse Knochenbildungsstörung Lücken in der Klavikula (selten fehlt diese auch ganz)
– Pathologische Fraktur (Bagatelltrauma): Tumormetastase in der Klavikula
– ACG-Luxation als DD zur lat., Sternoklavikulargelenkluxation als DD zur med. Fraktur
– Epiphysenfugenfraktur bei Kinder u. Jugendlichen als DD zur med. Fraktur (die Epiphysenfuge der Klavikula schließt sich erst ca. im 20. Lj.)

AKROMIOKLAVIKULARGELENKLUXATION

Syn: Luxatio acromioclavicularis, Schultereckgelenkluxation, ACG-Luxation, ICD-10: S43.1

Anatomie: Lig.coracoclaviculare übernimmt 80 % der Kraft im Schultereckgelenk, das Lig.acromioclaviculare nur 20 %. Bei Ruptur des Lig.coracoclaviculare ist meist auch das Lig. acromioclaviculare rupturiert (= TOSSY III) und es resultiert eine größere Instabilität.

Ät: Sturz auf die Schulter bei abduziertem Arm, starke Hebelwirkung am Schultergürtel

Etlg:

TOSSY I:	**Überdehnung** oder Zerrung der Ligg.acromioclaviculare u. coracoclaviculare
TOSSY II:	**Ruptur** des Lig.acromioclaviculare u. Überdehnung des Lig.coracoclaviculare ⇨ **Subluxation** im Schultereckgelenk
TOSSY III:	**Ruptur** der Ligg.acromioclaviculare **und** coracoclaviculare ⇨ **Luxation** im Schultereckgelenk

TOSSY I — TOSSY II — TOSSY III mit Klaviertastenphänomen

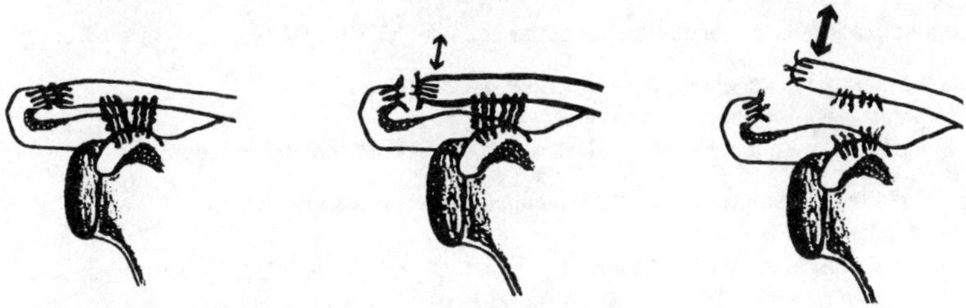

Nach ROCKWOOD werden noch 3 weitere Formen unterschieden:

Typ I-III wie bei TOSSY

Typ IV: wie bei TOSSY III, die Clavicula ist zusätzlich nach dorsal disloziert

Typ V: wie bei TOSSY III, Abriss des M.deltoideus u. trapezius vom distalen Klavikulaende, AC-Gelenkspalt 2-3 x so weit wie auf der Gegenseite, radiologisch ist der Arm und die Scapula nach inferior disloziert

Typ VI: wie bei Typ V, die Clavicula ist unter das Coracoid od. Acromion disloziert

Luxationsmöglichkeiten:
- Luxatio supraacromialis (häufigste) ⇨ nach oben
- Luxatio infraacromialis (selten) ⇨ nach unten
- Luxatio retrospinata (selten) ⇨ nach hinten

Klin: ⇒ Schmerz im Schultereckgelenk bei Bewegung, evtl. Schwellung
⇒ "Klaviertastenphänomen" (TOSSY III): federnder Widerstand der nach oben abstehenden Klavikula mit sichtbarer Stufenbildung (gering auch bei TOSSY II mögl.)

Diag: 1. Anamnese (Traumamechanismus) und klinischer Befund, Prellmarke über dem ACG
2. Röntgen: Schultergürtel a.p. zum Frakturausschluss, dann Aufnahme mit Belastung (sog.

Panorama-Stressaufnahme) = mit einem Gewicht von je 5 kg an den Armen ⇨ Subluxation und Luxation werden im Seitenvergleich sichtbar

Ther:
- Konservativ: Ruhigstellung bei TOSSY I, II ggf. auch bei III, z.B. mit DESAULT-/GILCHRIST-oder Tapeverband für 3 Wochen sowie Krankengymnastik
- Operativ: Ind: ab TOSSY III (ROCKWOOD IV + V), junge (<35. Lj.) Pat. mit Überkopfarbeit
  - Op nach BUNELL ⇨ heute modifiziert mit **PDS-Banding** (= Zuggurtung mit resorbierbarer 1 mm starker Polydioxanon-Kordel) zwischen Akromion und Klavikula u. Korakoid und Klavikula und **Naht der Bänder**
  - Neu auch als arthroskop. Op mit speziellen Anker/Fadenkombinationen (TightRope®)
  - Alternativ Bandnaht und temporäre Arthrodese des ACG mit Spickdraht für 6 Wochen oder Hakenplatte nach BALSER od. WOLTER-Platte (dann ist aber später eine 2. Op. zur Metallentfernung nötig)
  - Postoperativ: GILCHRIST-Verband (Abb. s.u.) für eine Woche, danach krankengymnastische funktionelle Mobilisation bis 90° für 6 Wochen (kein Gips)

Prog: I.d.R. gleich gutes funktionelles Ergebnis nach konservativer od. operativer Therapie, daher wird die Op mit Zurückhaltung empfohlen.

Kompl:
* Nach Ther. bleibender Hochstand der lateralen Klavikula
* Persistierende Schmerzen, Arthrose des AC-Gelenkes
* Bewegungseinschränkung oder Instabilität im Schultereckgelenk
* Osteolyse der lateralen Clavicula

SKAPULAFRAKTUREN

Syn: Schulterblattfrakturen, engl. fracture of the scapula, ICD-10: S42.1-

Ät:
- Starke direkte Gewalteinwirkung: Sturz auf die Schulter
- Indirektes Trauma: Sturz auf den Arm
- Luxationen des Schultergelenkes, insb. nach unten ⇨ Pfannenrandausbruch

Etlg:
Stück- oder Trümmerfraktur der Skapula (Skapula-Körperfrakturen)
Abrissfraktur des Akromions
Abrissfraktur des Proc.coracoideus
Frakturen durch die Pfanne = Gelenkfrakturen
Stauchungsfraktur der Pfanne
Pfannenrandausbrüche (kommen bei Schultergelenkluxation vor)
Skapulahalsfraktur mit dislozierter (nach vorne unten abgekippter) Pfanne ⇨ >45° abgekippt = Op-Ind.
Skapulahalsfraktur mit gleichzeitiger Klavikulafraktur ("floating shoulder") ⇨ Op-Ind.

Klin:
⇒ Schmerzen bei Bewegung im Schultergelenk, lokaler Druckschmerz
⇒ Bewegungseinschränkung
⇒ Evtl. Absinken der Schulter ⇨ sichtbare Veränderung der Schulterkontur

Diag:
1. Anamnese und klinischer Befund
2. Röntgen: Schultergelenk in 2 Ebenen, evtl. Schrägaufnahmen

Ther:
- In der Regel konservativ: Ruhigstellung für 14 Tage im DESAULT-Verband od. GILCHRIST-Verband, danach Mobilisation
- Operativ: Ind: Pfannenbeteiligung, z.B. dislozierte Pfanne, Pfannenrandausbruch, starke Akromiondislokation
  - Reposition und Plattenosteosynthese

Kompl: * Skapulahalsfraktur + ACG-Luxation od. Klavikulafraktur ⇨ instabile Schulter (floating shoulder) ⇨ immer Op
* Verletzung des N.axillaris, Plexus brachialis, N.suprascapularis
* Thoraxverletzung

SCHULTERGELENKLUXATION

Syn: oft nur Schulterluxation genannt, engl. shoulder dislocation, ICD-10: S43.0-

Anatomie: Auf Grund des **großen Oberarmkopfes** und der dazu relativ zu **kleinen Pfanne** (Größenverhältnis 3:1) kommt es in diesem Gelenk leicht zu **Luxationen**, da die Fixierung des Oberarmkopfes nur durch eine Muskelsehnenhaube (= **Rotatorenmanschette**: M.supraspinatus, M.infraspinatus, M.teres minor und M.subscapularis) und den stabilisierenden Bandapparat (Labrum-Ligament-Komplex) erfolgt. Eine geringe Pfannenvergrößerung erfolgt durch das knorpelige Labrum glenoidale (Limbus).
Es fehlt eine knöcherne Führung. Es ist daher das beweglichste aber auch gleichzeitig anfälligste Gelenk des Körpers für Luxationen.

Bewegungsmaße des Schultergelenkes:
Ante-/Retroflexion: 170 - 0 - 40°, Ab-/Adduktion: 160 - 0 - 45° bei gleichzeitiger Außenrotation: 190 - 0 - 45° die Abduktion erfolgt dabei bis 70° nur aus dem Schultergelenk, ab 70° wird die Abduktion durch Rotation des gesamten Schultergürtels bewirkt, Rotation: 70 - 0 - 70°. Die Bewegung des Armes über die Horizontale hinaus (= ab 90°) wird Elevation genannt.

Ät:
- Traumatische Luxation: indirekt bei hebelnder Bewegung des Humerus (Außenrotation + Abduktion), z.B. **Sturz** auf den (nach hinten) ausgestreckten Arm, Handballer, Judo-Kämpfer
- Habituelle Luxation (ohne Gewalteinwirkung, gewohnheitsmäßige Lux.): Erstluxation **ohne adäquates Trauma**. Ursachen: angeborene Dysplasie oder Fehlstellung der Gelenkpfanne, Muskel-Kapsel-Band-Schwäche, Torsionsfehler des Humerus
- Rezidivierende Luxation = nach adäquatem Ersttrauma durch dann prädisponierende Faktoren: Verletzung des Pfannenrandes (BANKART-Läsion), Erweiterung d. Gelenkkapsel, Schädigung des Kapsel-Bandapparates, Impression am Humeruskopf. Besonders gefährdet für eine rezidivierende Luxation sind sportlich aktive, junge Patienten (<30. Lj. 50 % d.F., m>w).

Epid: ◊ **Häufigste Luxationen** des Menschen! (50 % aller Luxationen)
◊ Inzidenz: ca. 400/100.000/Jahr

Etlg: # **Luxatio anterior/subcoracoidea** ⇨ nach **vorne**, Kopf steht ventral unter dem Proc.coracoideus (80 % d.F.)
Luxatio inferior/axillaris ⇨ nach unten (15 %)
Luxatio posterior/infraspinata ⇨ nach hinten (5 %)

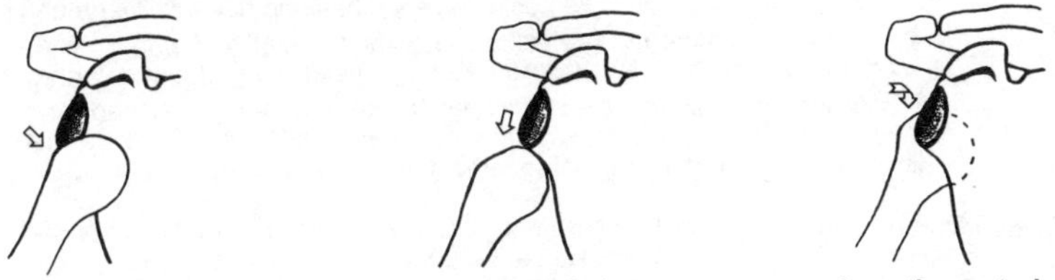

Luxatio anterior **Luxatio inferior** **Luxatio posterior**

Luxatio superior ⇨ nach oben, bei Abbruch des Akromions
Luxatio erecta ⇨ Kopf steht kaudal der Pfanne mit fixiertem eleviertem Arm
Luxatio intrathoracica (bei extremem Trauma mit Fraktur mehrerer Rippen) ⇨ in den Thoraxraum

Klin: ⇒ Federnde Fixation im Schultergelenk, Spontan- und Bewegungsschmerz
⇒ Leere Gelenkpfanne, tastbarer Oberarmkopf außerhalb der Pfanne
⇒ Abgeflachte Kontur des M.deltoideus, hervorstehendes Akromion

Diag: 1. Anamnese (Unfallmechanismus) und klinischer Befund (**DMS** dokumentieren!), Gegenseite auf eine vorliegende Hyperlaxität untersuchen
2. Röntgen: immer in mind. zwei Ebenen:
- **Schultergürtel a.p.** (Frakturausschluss)
- **Transskapuläre Aufnahme** (Kopf projiziert sich normalerweise genau auf die Pfanne ⇨ ideal zur Beurteilung einer Luxation)
- 45° verdreht (glenoidal-tangential): Gelenkspalt genau einsehbar
- Transthorakal (Luxationsbeurteilung nur eingeschränkt möglich, wird heute nur noch durchgeführt wenn die transskapuläre Aufnahme nicht mögl. ist)
- Axial-axillär: Rö. bei abduziertem Arm ⇨ nur bei intaktem Schultergelenk durchführen!
- Bei rezidivierenden Luxationen: Arthro-CT im Doppelkontrastverfahren zum Ausschluss von Dysplasien oder direkte Arthro-MRT (Beurteilung des Labrum glenoidale)

Ther:
- Konservativ: Wichtig! **VOR REPOSITION IMMER RÖNTGENKONTROLLE!** um Frakturen oder Fissuren auszuschließen. Vor und nach der Reposition DMS (wegen Gefäß- od. Nervenschäden) kontrollieren und dokumentieren!
  Die sofortige Reposition sollte unter **Sedierung** und **Analgesie**, evtl. auch unter Narkose durchgeführt werden (die relaxierte Muskulatur erleichtert das Reponieren). Die eigentliche Reposition muss langsam und schonend durchgeführt werden.
  Methoden:
  - Reposition nach ARLT: Dauerzug am Arm über eine gepolsterte Stuhllehne als Hypomochlion (= Umlenkpunkt)
  - Reposition nach HIPPOKRATES: Zug und Rotation am Arm, gegenstemmen mit der Ferse auf dem Brustkorb des Pat. oder Festhalten des Pat. durch einen Zweithelfer
  - Reposition nach KOCHER (nur Lux. anterior): reponieren durch Außenrotation ⇨ Gefäß-/Nervenläsionen mögl., daher kaum noch angewendet
  - Selbsteinrichtung n. ISELIN (dies wenden die Pat. insb. bei häufiger habitueller Luxatio anterior selbst an): durch Zug u. Rotation an einem fixierten Gegenstand

- Nach der Reposition für 2 Wochen (junge Pat. <40. Lj.) Ruhigstellung mit **GILCHRIST-** (s. Abb.) oder DESAULT-Verband. Mit speziellen Schienen auch Ruhigstellung in Außenrotation mögl.
  Merke: **je älter** der Pat. **um so kürzer** die Ruhigstellung (>40. Lj. nur 1 Wo. wegen Gefahr der Schultergelenk-Einsteifung), anschließend frühfunktionelle Behandlung.
- Allgemeine Nachbehandlung: Krankengymnastik zur Stärkung der schulterstabilisierenden Muskulatur, Meidung von extremen Bewegungen.
- Operativ: Ind: offene Reposition bei Gefäß-Nerven-Verletzungen, bei nicht Gelingen des konservativen Repositionsversuches und bei rezidivierenden Luxationen
  - Pat. <30. Lj. mit hoher sportlicher Aktivität (= relative Op-Ind. schon bei der Erstluxation): primär Op n. BANKART od. EDEN-HYBBINETTE (s.u.), auch arthroskopisch mögl.
  - Rezidivierende Luxation: verschiedene (meist offene) Operationen mögl., je nach dem zugrundeliegenden luxationsfördernden Faktor ⇨ Sehnen- und Faszienplastiken, Gelenkkapselraffung od. Drehosteotomie des prox. Humerus

Prog: Hohe Rezidivneigung, insb. beim Sport. 2/3 d. Pat. mit einer Erstluxation <30 J. erleiden ein Rezidiv. Nach Op. Reluxationsrate ca. 5-10 %.

Kompl: * **BANKART-Läsion:** Abriss des Labrum glenoidale inferior (Limbus) ⇨ Hauptrisikofaktor für die **rezidivierende Schultergelenkluxation**
Ther: Op nach BANKART: bei kleinem Defekt Refixation des Limbus
Op nach EDEN-HYBBINETTE: Anlagerung eines Knochenspans (vom Beckenkamm) am vorderen unteren Pfannenrand und Raffung des M.subscapularis bei größerem Defekt

Zunehmend heute als arthroskopische Op.: Refixation des Labrum glenoidale inferior am Pfannenrand (arthroskopische Naht mit Fäden an bioresorbierbaren Knochenankern, die in den Pfannenrand eingebracht werden), postop. GILCHRIST-Verband für 2 Wo.

* S.L.A.P.-Läsion (superiorer Labrum Schaden von anterior bis posterior), Ther: arthroskopische Op. mit Refixation des Labrum superior
* Abrissfraktur des Sehnenansatzes am Tuberculum major (NEER VI s.u. Kap. Humeruskopffraktur) od. **Rotatorenmanschettenruptur** bei der Lux. anterior od. des Sehnenansatzes des M.subscapularis am Tuberculum minor (NEER VI s.u.) bei der Luxatio post.
* **HILL-SACHS-Läsion:** dorso-kraniale keilförmige Knochen-Knorpel-Impression am Humeruskopf, bei der Luxatio anterior

  Ther: subkapitale Derotationsosteotomie nach WEBER: 25-30° Außenrotation des Schaftes (zum Kopf) verhindert das Einrasten der Kerbe am Pfannenrand
* Reverse HILL-SACHS-Läsion (Syn: MALGAIGNE-Impression): ventro-kraniale keilförmige Knochen-Knorpel-Impression am Humeruskopf, bei der Luxatio posterior
* Komplette Oberarmkopfluxationsfraktur ⇨ kann zur Kopfnekrose führen (NEER VI s.u.)
* Verletzung des N.axillaris (⇨ Parese des M.deltoideus), Ther: neurochirurgische Wiederherstellung nach 4-6 Monaten
* Plexus-brachialis- od. A./V.axillaris-Verletzung, insb. bei Lux. inferior und erecta
* Einsteifung oder Bewegungseinschränkung der Schulter bei zu langer Ruhigstellung!
* Entwicklung einer späteren Schultergelenkarthrose (Syn: Omarthrose)

ROTATORENMANSCHETTENRUPTUR

Syn: Periarthropathia humeroscapularis pseudoparetica, engl. rotator cuff rupture, ICD-10: S46.0

Anatomie: Die Rotatorenmanschette (Muskelsehnenhaube) aus **M.supraspinatus, M.infraspinatus, M.teres minor** und **M.subscapularis** fixiert den Oberarmkopf in der Pfanne.

Def: Zerreißung der Supraspinatussehne oder Abrissfraktur des Tuberculum majus (Ansatz der Muskeln der Rotatorenmanschette [außer M.subscapularis ⇨ Tuberculum minus])

Ät:
- **Degenerativ** (>50. Lj.) bei Bagatelltraumen („Gelegenheitsursache")
- Traumatisch: gewaltsame passive Bewegung des Armes, Schultergelenkluxation

Klin:
⇒ "Pseudoparese" des Armes: Abduktion nicht möglich, bzw. kraftloses Herabfallen des passiv gehaltenen Armes bei 90° Abduktion (drop arm syndrome), evtl. Schultersteife
⇒ Druckschmerz über dem Tuberculum majus und im Bereich der Supraspinatussehne
⇒ Falls Abduktion möglich (Teilruptur): Abduktionsschmerz

Diag:
1. Anamnese und klinischer Befund
2. **Sonographie** (erfahrener Untersucher): Verschmälerung der Rotatorenmanschette, Hämatom, Dehiszenz
3. Bildgebung: Schulter in zwei Ebenen zum Ausschluss einer knöchernen Abrissfraktur. Bei älterer Ruptur evtl. Hochstand des Humeruskopfes sichtbar (da die rupturierte Rotatorenmanschette den Kopf nicht mehr in der Pfanne hält und der M.deltoideus den Oberarm nach oben zieht, verringert sich der Akromion-Humerus-Abstand ⇨ pathologisch ist ein AHA <7 mm)

   Arthro-CT oder **MRT** (insb. T2-gewichtet und mit Kontrast)

   Die konventionelle Arthrographie des Schultergelenkes ist weitgehend durch die MRT abgelöst.
4. auch Arthroskopie mögl.

Ther: • Konservativ: Bei Teileinrissen oder alten Patienten frühfunktionelle Behandlung (Krafttraining und Koordinationsschulung), Antiphlogistika, Infiltrationen mit Lokalanästhetika, Kryotherapie, Elektrotherapie

• Operativ:

- Bei Sehnenruptur: Befestigung der Sehne mittels Durchflechtungsnaht und transossäre Fixierung an einer Knochenkerbe am Tub.majus durch zwei Bohrkanäle (s. Abb.).
  oder Fixierung der Sehne an bioresorbierbaren **Knochenankern** und daran angehefteten Fäden, an denen die Sehne angeschlungen wird (mini open repair od. auch arthroskopisch mögl.)

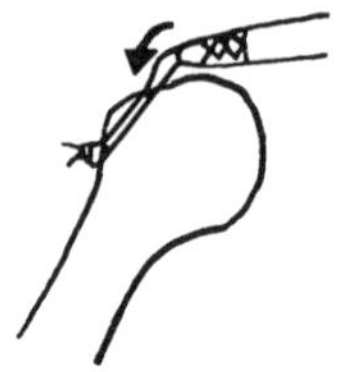

- Ausrissfraktur des Tuberculum majus: ohne Dislokation Ruhigstellung mit GILCHRIST-Bandage, sonst Osteosynthese mittels Zugschraube/Zuggurtung
- Postop.: kurzfristige Ruhigstellung mit Schulterkissen in Abduktionsstellung, dann frühfunktionelle krankengymnastische Behandlung (unter Beachtung von Einschränkungen, z.B. keine forcierte Außenrotation od. Elevation)

DD: – Periarthropathia humeroscapularis (degenerative Veränderungen der Sehnen, Bursae und Bänder, ggf. mit Verkalkungen bis zur fibröse Schultersteife = frozen shoulder)

– Einengung des **Recessus subacromialis** (häufiges Krankheitsbild) infolge Quellungszustände oder Verkalkung der Supraspinatussehne (sog. **Impingement-Syndrom**) od. Bursitis subacromialis

Ther: konservativer Therapieversuch über 6-8 Wo. mit Physiotherapie u. Krankengymnastik, Schonung bzw. Vermeidung schmerzauslösender Tätigkeiten, Injektion von Lokalanästhetika und Kortikoiden subacromial ⇨ wenn kein Erfolg, dann Op

Arthroskopische oder offene Op mit subakromialer Dekompression durch Abschleifen des Akromions von unten und Durchtrennung des Lig.coracoclaviculare (= Akromioplastik n. NEER), postop. KG!

Verkalkungen können mittels hochenergetischer extrakorporaler Stoßwellentherapie (ESWT) aufgelöst werden.

OBERE EXTREMITÄT

HUMERUSKOPFFRAKTUR

Syn: Oberarmkopffraktur, subkapitale Humerusfraktur (unpräzise Bezeichnung), ICD-10: S42.2-

Anatomie: Früher wurde zwischen anatomischem und chirurgischem Hals unterschieden. Heute wird der Oberarmkopf n. NEER in 4 Segmente eingeteilt (s. Abb.).
Wichtig ist die Kenntnis der **Blutversorgung:** Sie erfolgt über die Sehnenansätze am Tub.majus und minus und über die A.arcuata (die bei den Frakturen häufig zerrissen ist).
Die Richtung der möglichen Segmentdislokationen sind mit Pfeilen eingezeichnet.

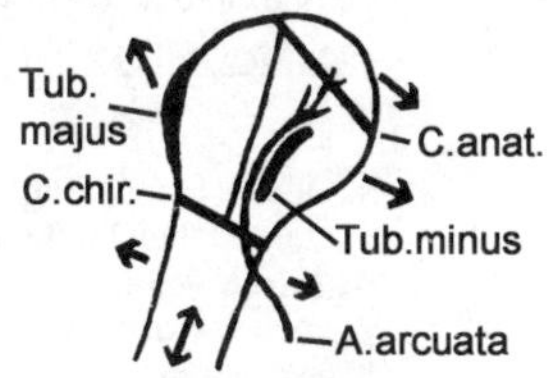

Def: Typische Fraktur des **alten Menschen** (>70 J., w > m = 2:1). Meist liegt eine **subkapitale Humerusfraktur** in Höhe des Collum chirurgicum vor.

Ät:
- Meist indirektes Trauma: Sturz auf die ausgestreckte Hand oder Ellenbogen
- Tumormetastasen, primäre Knochentumoren oder maligne Lymphome im Kopfbereich ⇨ pathologische Frakturen

Epid:
◊ Inzidenz: 70/100.000/Jahr, mit dem Alter ansteigend (Frauen >70 J.: 400/100.000/Jahr)
◊ Macht 5 % aller Frakturen aus

Etlg: # Nach NEER (1970): Teilt die Frakturen in 6 Klassen und differenziert innerhalb der Gruppen nach der Anzahl der betroffenen Segmente:
- Gruppe I: **Minimale Verschiebung** (Kopf <45° abgekippt bzw. Fragmente <1 cm verschoben)
- Gruppe II: Disloziertes Fragment 1 (>1 cm disloziert) = Fraktur am **Collum anatomicum** ⇨ Kopfkalotte wegen fehlender Durchblutung stark gefährdet! ⇨ bei jungen Menschen und unverzüglicher Op ⇨ Prog. gut
- Gruppe III: Fraktur am **Collum chirurgicum** mit Dislokation >45° abgekippt bzw. Fragmente >1 cm verschoben
  a) Aufgestaucht und >45° abgekippt ⇨ konservative Therapie, junge Pat. Op
  b) dislozierter Kopf ⇨ instabil ⇨ Reposition und Spickdrahtfixierung
  c) Trümmerzone im Oberarmhalsbereich (Zone 4) ⇨ Bündelnagelung
- Gruppe IV: **Tuberculum-majus-Abrissfraktur** (= 2 Segmente), zusätzlich können noch weitere Frakturen vorliegen (⇨ 3-4 Segmente)
- Gruppe V: **Tuberculum-minus-Abrissfraktur** (und 2-4 Segmente)
- Gruppe VI: **Luxationsfrakturen**
  Lux.anterior: Tub.majus Abriss
  Lux.posterior: Tub.minus Abriss (und 2-4 Segmente)

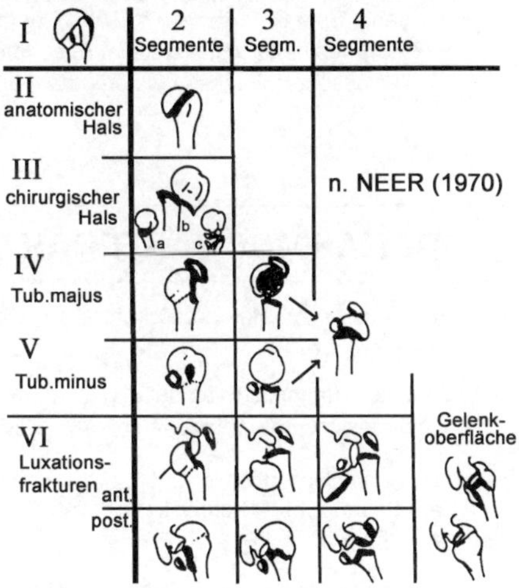

Epiphysenfugenbeteiligung (bei Kinder und Jugendlichen): nur als Aitken I vorkommend (Epiphysenfugenlösung mit metaphysärem Keil)

<u>Klin:</u> ⇒ Schmerzhafte Bewegungseinschränkung
⇒ Druckschmerz über dem Oberarmkopf
⇒ Evtl. Bluterguss in der Axilla, an der lateralen Thoraxwand oder medial am Oberarm

<u>Diag:</u> 1. Anamnese und klinischer Befund (DMS prüfen und dokumentieren)
2. <u>Bildgebung:</u> Röntgen in 2 Ebenen a.p. und transskapuläre Aufnahme sowie CT

<u>Ther:</u>
- <u>Konservativ (80 %):</u>
Ind: bei eingestauchter, wenig dislozierter Fraktur (<45° Abkippung, <1 cm Dehiszenz) im Collum chirurgicum = **subkapitale Humerusfraktur ⇨ keine Reposition!**
GILCHRIST- oder DESAULT-Verband für 8 Tage, bzw. bis zur Schmerzfreiheit und regelmäßige Röntgenkontrolle, danach funktionelle Behandlung mit Pendelbewegungen und zunehmend aktiven Bewegungsübungen für insg. 6 Wo.
- <u>Operativ (20 %):</u> Ind: irreponible dislozierte Fraktur, Luxationsfraktur, Abrissfrakturen des Tuberculum majus mit subakromialer Interposition, offene Frakturen, Paresen des N.radialis
  - Offene Reposition und Fixation je nach Befund mit winkelstabiler Platte (z.B. PHILOS®) oder winkelstabilem Nagel (z.B. PHN od. Targon®)
  - Bei irreversibler Zerstörung des Kopfes (nicht rekonstruierbare Trümmerfraktur, Knochennekrose, Tumormetastasen) ⇨ Oberarmkopfprothese, die modernen Prothesen sind dabei durch Drehung und Neigung genau anpassbar
- Epiphysenfugenbeteiligung: in der Regel konservativ, bei Interposition der Bizepssehne Op: offene Reposition und Spickdrahtosteosynthese

<u>Prog:</u> Eingestauchte Fraktur ⇨ konservative Therapie mit guter Prognose
Mehrsegmentfrakturen, Trümmerfrakturen und Luxationsfrakturen ⇨ Prognose hängt von der Güte der Operation ab und **verschlechtert sich mit der Anzahl der Segmente** (4-Segment-Frakturen haben eine zweifelhafte Prognose, wegen der möglichen Störung der Blutversorgung des Kopfes ⇨ Kopfnekrose, dann Kopfprothese erforderlich)
Epiphysenfugenfrakturen/-lösungen ⇨ Wachstumsstörungen möglich

<u>Kompl:</u>
* Begleitverletzung des Plexus brachialis, N.axillaris oder A.axillaris
* Kopfnekrose bei zerstörter Blutversorgung od. posttraumatische Arthrose im Schultergelenk (Syn: Omarthrose) ⇨ Ther: Oberarmkopfprothese
* Schmerzhafte Schultersteife, Pseudarthrose
* *Kindesalter:* Wachstumsstörung bei Schädigung der Wachstumsfuge (selten)

OBERARMSCHAFTFRAKTUR

<u>Syn:</u> Humerusfraktur, Humerusschaftfraktur, Oberarmbruch, engl. fracture of the humerus, ICD-10: S42.3

<u>Ät:</u>
- Direktes Trauma: Schlag auf den Oberarm
- Indirektes Trauma: Sturz auf den Arm, Ellenbogen od. Hand ⇨ Spiralfrakturen

<u>Etlg:</u>
Proximales Drittel
Mittleres Drittel: häufigste Lok., hier Gefährdung des kreuzenden N.radialis
Distales Drittel

<u>Klin:</u> ⇒ Druckschmerz und Bewegungsschmerz
⇒ Schonhaltung (Pat. hält u. unterstützt den Arm am Ellenbogen mit der anderen Hand)
⇒ Evtl. neurologische Ausfallzeichen einer N.radialis-Läsion (Fallhand, Sensibilitätsstörung im zugehörigen Dermatom am dorsalen Unterarm und Handrücken Dig. I-III)

<u>Diag:</u> 1. Anamnese und klinischer Befund: DMS, insb. **N.radialis-Funktion**
2. <u>Röntgen:</u> Oberarm in 2 Ebenen mit den angrenzenden Gelenken

<u>Ther:</u>
- <u>Funktionell:</u> nach SPECHT = lediglich manuelle Schienung der Fraktur (durch KG) bei funktioneller Beübung des Armes (Patienten-Compliance wichtig), nach PÖLCHEN = milde Extension und KG
- <u>Konservativ:</u> DESAULT-/GILCHRIST-Verband oder breite Baycast-Manschette (SARMIENTO-Brace) ⇨ konservativ insg. gute Heilungstendenz der Oberarmschaftbrüche (insb. auch bei Kindern)
- <u>Operativ:</u> Ind: 1.) II.- u. III.-gradig offene Frakturen
  2.) N.radialis- oder Gefäßbeteiligung
  3.) beidseitige Oberarmschaftfraktur, Rippenserienfraktur, Polytrauma
  4.) Pseudarthrosenbildung
  5.) Muskelinterponat im Frakturspalt
  6.) relative Ind: Fraktur im distalen 1/3
  - Marknagelung mit UHN = <u>u</u>naufgebohrter <u>H</u>umerus<u>n</u>agel (auf- od. absteigend eingebracht) od. T2-Nagelsystem (Möglichkeit der interfragmentären Kompression)
  - Plattenosteosynthese mit dorsaler Verplattung, mind. 6-Loch breite LC-DC-Platte (bei N.radialis-, Gefäßbeteiligung od. offener Fraktur)
  - Fixateur externe unilateral (z.B. bei Polytrauma)
  - *Kinder:* intramedulläre Schienung mit Prevot-Pins

<u>Prog:</u> Im allgemeinen sehr gute Heilungstendenz der Oberarmschaftbrüche. Starke Bildung von Fixationskallus schon nach kurzer Zeit, der sich dann teilweise wieder zurückbildet = Knochenremodelling.

<u>Kompl:</u>
* **N.radialis-Verletzung** ⇨ Fallhand (der M.triceps brachii ist meist nicht betroffen, da der innervierende Ast schon zuvor in der Axillaregion abgezweigt ist)
  Ther: bei Nervendurchtrennung primäre Naht (u. operative Osteosynthese), bei Nervenschädigung durch Kompression (z.B. minimal versetzte Fraktur) erholen sich 80-90 % d.F. spontan
* Verletzung der A.axillaris oder A.brachialis
* Pseudarthrose

DISTALE OBERARMFRAKTUR

<u>Syn:</u> ICD-10: S42.4-

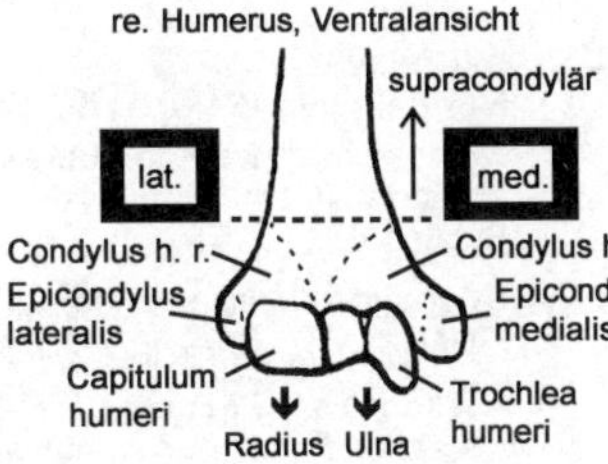

<u>Anatomie:</u> Die Gelenkfläche am Humerus für die Ulna wird gebildet durch die **Trochlea** (Teil des Condylus humeri ulnaris [medial]), für den Radius durch das **Capitulum humeri** (Teil des Condylus humeri radialis [lateral]).
Die Epikondylen dienen als Muskelsehnenansätze und liegen außerhalb der Gelenkfläche (s. Abb.).

<u>Ät:</u>
– Indirektes Trauma: Sturz auf den gestreckten Arm ⇨ **Extensionsfraktur**
– Direktes Trauma: Sturz oder Schlag auf den Ellenbogen ⇨ Flexionsfraktur (selten)

<u>Etlg:</u> Nach MÜLLER
Gruppe A: <u>Extraartikulär</u> ⇨ **Supra- oder perkondyläre Fraktur** ohne Gelenkbeteiligung ⇨ **Abrissfrakturen der Epikondylen**
Gruppe B: <u>Intraartikulär unikondylär</u> ⇨ **Condylus** humeri radialis (lateralis)- oder ulnaris (medialis)-Fraktur

Gruppe C: Intraartikulär bikondylär ⇨ **"Y"-förmiger Gelenkbruch**, Gelenktrümmerfraktur

Trochlea- oder Capitulum humeri-Absprengung (bei Überstreckungstrauma, alle sehr selten): Fraktur nach HAHN-STEINTHAL, Fraktur nach KOCHER-LORENZ, Fraktur nach KRÖSL (s. Abb.) ⇨ = tangentiale Abscherfraktur

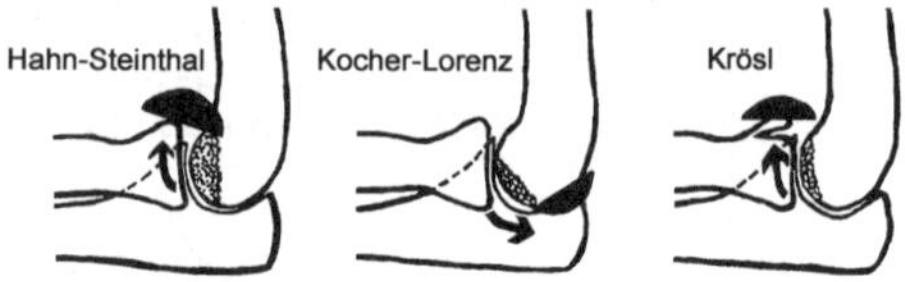

Kind: - Suprakondyläre Extensionsfraktur (häufigste) oder Flexionsfraktur (Häufigkeitsgipfel zw. 5. u. 10. Lj.)
- Abrissfraktur des Epicondylus humeri ulnaris (⇨ N.ulnaris Läsion mögl.) mit und ohne Dislokation nach unten oder in den Gelenkspalt oder in Verbindung bei einer Ellenbogengelenkluxation
- Abrissfraktur des Knochenkerns des Capitulum humeri (KOCHER-Fraktur) = Aitken III (Fraktur meta-epiphysär)

Klin: ⇒ Schmerzhafte Bewegungseinschränkung des Ellenbogengelenkes
⇒ Rasche Schwellung
⇒ Starkes Blutungshämatom bei Verletzung der A.radialis möglich
⇒ Nervenbeteiligung von N.ulnaris, N.medianus (insb. bei Dislocatio ad peripheriam) und N.radialis möglich

Diag: 1. Anamnese und klinischer Befund
2. Bildgebung: Röntgen a.p. und 2 zusätzliche Ebenen (je 45° versetzt) um mögliche Trochlea- oder Capitulum humeri-Absprengungen nicht zu übersehen, ggf. CT
Im Kindesalter bei Unklarheit seitenvergleichende Aufnahme
Röntgenzeichen: **positives Fettkörperzeichen** (fat pat sign) = sichtbare Vorwölbung der ventralen oder dorsalen Fettlamelle/Gelenkkapsel durch intraartikuläre Flüssigkeit bei suprakondylären/intraartikulären Frakturen als indirektes Zeichen für eine Fraktur (auch bei Radiusköpfchenfraktur sichtbar), **suprakondyläre Nase:** bei Rotationsfehlern Überstehen des prox. Fragments
Schweregrad suprakondylärer Frakturen nach BAUMANN (bez. radiologischer Kriterien):
I.° Fissur, minimale Verschiebung ⇨ konservative Therapie
II.° Verschiebungen mit gegenseitigem Kontakt der Bruchstücke ⇨ Reposition und perkutane Spickdrahtosteosynthese
III.° Fragmente ohne Kontakt ⇨ Reposition und perkutane Spickdrahtosteosynthese, falls dies nicht gelingt, offene Reposition und Spickdrahtosteosynthese
3. Bei Frakturen mit Gelenkbeteiligung Arthroskopie zur Beurteilung der Gelenkstufe

Ther: • Konservativ:
Nur bei nicht dislozierten Frakturen indiziert ⇨ Oberarmgips für 4-6 Wo.
Kind: nicht dislozierte suprakondyläre Frakturen ⇨ Fixierung des Armes mit einer Halsschlinge in maximaler Flexionsstellung im Ellenbogengelenk (=BLOUNT-CHARNLEY-Schlinge)

• Operativ: Ind: dislozierte Frakturen
- Unikondyläre Frakturen ⇨ Schraubenosteosynthese
- Bikondyläre Frakturen ("Y"-Fraktur) ⇨ Osteosynthese mit speziell vorgeformter, winkelstabiler Platte der Kondylen + Zugschraube zur Trochlea ⇨ OA-Gips für 4 Wochen (falls Fraktur nicht übungsstabil, sonst kürzer), Metallentfernung nach ca. 2 Jahren
- Trochlea- oder Capitulum-humeri-Absprengungen: Reposition und Fixation der Fragmente mittels Spickdraht von der Gelenkfläche aus (der überstehende Spickdraht wird genau auf dem Gelenkniveau abgeknipst) ⇨ OA-Gips für 4 Wochen und Spickdrahtentfernung
- *Kind:* bei allen dislozierten Frakturen od. Epiphysenfugenbeteiligung: Reposition und Fixation der Fragmente mit Spickdrähten von den Epikondylen aus, evtl. + Vicryl-Zuggurtung ⇨ OA-Gips für 4 Wochen und Spickdrahtentfernung

Kompl:
* Starke Verkalkungstendenz und Kallusbildung in diesem Gelenk ⇨ Bewegungseinschränkung, Irritation von Nerven
* VOLKMANN-Muskelkontraktur (ischämische Kontraktur)
* Begleitverletzungen:
  A.brachialis bei supra- oder perkondylären Frakturen, insb. des Kindes
  N.ulnaris bei Frakturen im Bereich des Condylus oder Epicondylus humeri ulnaris
  N.medianus bei supra- oder perkondylären Frakturen
  N.radialis bei supra- oder perkondylären Frakturen
* Cubitus valgus (X-Stellung) bei Capitulum humeri Abrissfraktur, PANNER-Erkrankung = aseptische Knochennekrose des Capitulum humeri
* *Kind:* Fehlwachstum bei Epiphysenfugenbeteiligung, Rotationsfehler

BIZEPSSEHNENRUPTUR

Anatomie: Proximal:
- M.biceps brachii caput longum (lange Bizepssehne, ICD-10: S46.1) Ursprung am Tuberculum supraglenoidale scapulae, zieht durch das Schultergelenk durch den Sulcus intertubercularis humeri am Oberarm
- M.biceps caput breve (kurze Bizepssehne, ICD-10: S46.2) Ursprung am Proc.coracoideus scapulae

Distal: gemeinsamer Ansatz beider Bizepsköpfe an der Tuberositas radii und Fascia antebrachii, ICD-10: S46.2

Ät:
- Lange Bizepssehne (proximale Ruptur): **degenerative Veränderungen** ⇨ Ruptur bei Bagatelltrauma
- Distale Bizepssehne: traumatische Ruptur (sehr starkes Trauma erforderlich, z.B. Auffangen einer schweren Last mit gebeugtem und angespanntem Unterarm) od. degenerativ

Etlg:
Ruptur der **langen Bizepssehne** (proximal), selten der kurzen Bizepssehne
Ruptur der Bizepssehne am distalen Ansatz

Klin:
⇒ Ruptur der langen (proximale) Bizepssehne: **sichtbarer Muskelbauch**/-wulst kurz oberhalb der Ellenbeuge (= distaler Oberarm) zu sehen
⇒ Ruptur der distalen Bizepssehne: sichtbarer Muskelbauch am proximalen Oberarm
⇒ Verminderte Kraft bei Flexion im Ellenbogengelenk, bei dist. Bizepssehnenruptur zusätzlich eingeschränkte Kraft für die Supination

Diag:
1. Anamnese und klinischer Befund
2. Sonographie: gute Darstellbarkeit des Muskelbauches
3. Röntgen: Ausschluss knöcherner Verletzungen

Ther:
- **Konservativ:** bei proximaler Ruptur der langen Bizepssehnen ist die grobe Kraft auf Dauer nur gering vermindert
- Operativ: Ind: distale Ruptur meist, Ruptur der langen Bizepssehne nur bei Beschwerden od. sehr starker Minderung der groben Kraft
  - Proximale Ruptur: "Schlüsselloch"-Op nach FROIMSON: Bizepssehne wird in einem Bohrloch im Sulcus intertubercularis fixiert oder
    Versetzung der langen Bizepssehne auf den Proc.coracoideus oder
    Adaptation der langen Bizepssehne an die kurze Bizepssehne
  - Distale Ruptur: transossäre Fixation der dist. Bizepssehne an der Tuberositas radii mit Durchzug durch ein Bohrloch od. mit Knochenankern
  - Postoperativ: Schonung für 5-8 Wo., volle Belastbarkeit nach ca. 3 Monaten

ELLENBOGENLUXATION

<u>Anatomie:</u> Das Ellenbogengelenk setzt sich aus zwei Gelenkkomplexen zusammen:

1. Humero-ulnar-Gelenk = Scharniergelenk ⇨ Flexion und Extension (150 - 0 - 5°) Stabilisation durch med. u. lat. Seitenband und Muskelsehnenmantel
2. Radio-ulnar- u. humero-radial-Gelenk = Kugelgelenk für Flexion u. Extension und Pro- und Supination (⇨ Rotation 90 - 0 - 90°). Stabilisation des radio-ulnar-Gelenk durch das Lig.anulare radii um das Radiusköpfchen herum (s. Abb.)

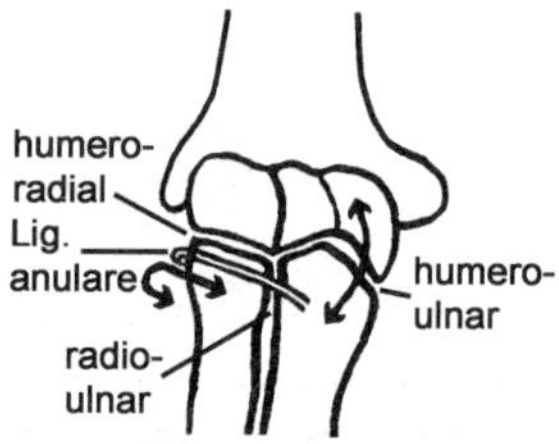

<u>Def:</u> Luxation im humero-ulnar- (häufigste) oder im radio-ulnar-humeral-Gelenk, ICD-10: S53.1-

<u>Ät:</u>
- Indirektes Trauma: **Sturz** auf den abstützenden **ausgestreckten** (oder leicht gebeugten) **Arm**
- Sportverletzung: Handballer, Speerwerfer
- Kleinkind: Zug und Pronation am Arm des Kindes ⇨ Subluxation des Radiusköpfchens

<u>Epid:</u>
◊ Zweithäufigste Luxation des Menschen (nach der Schultergelenkluxation)
◊ Subluxation des Radiusköpfchens meist 2.-6. Lj.

<u>Etlg:</u>
<u>Humero-ulnare Luxation:</u>
- dorsale = hintere Luxation (häufigste Form)
- dorso-laterale (radiale) = seitliche Luxation ⇨ nach radial
- ulnare (dorso-mediale) Luxation ⇨ nach ulnar
- ventrale = vordere Luxation
- divergierende Luxation ⇨ Ruptur der Membrana interossea

<u>Radio-ulnare Luxation:</u> isolierte Luxation des Radiusköpfchens ⇨ meist mit proximaler Ulnaschaftfraktur kombiniert (MONTEGGIA-Fraktur)

<u>Subluxation des Radiusköpfchens</u> (bei Kindern) = Pronatio dolorosa, CHASSAIGNAC-Lähmung ⇨ teilweises Herausluxieren des Radiusköpfchens aus dem Lig.anulare radii ⇨ Einklemmung des Bandes zwischen Radius und Capitulum humeri, Pseudoparese

<u>Klin:</u>
⇒ Tastbares Hervorstehen des Olekranons, federnde Fixation im Gelenk
⇒ Schmerzhafte Bewegungseinschränkung oder -blockade (Streck- oder/und Beuge-/Rotationshemmung)
⇒ MONTEGGIA-Fraktur: tastbares Radiusköpfchen in der Ellenbeuge, Achsenknickung der Ulna

<u>Diag:</u>
1. Anamnese und klinischer Befund, DMS prä- und postoperativ, neurologischer Status!
2. <u>Röntgen:</u> Ellenbogengelenk in mind. 2 Ebenen zum Ausschluss knöcherner Verletzungen (besser a.p., seitl. und in 45°), posterior fat-pat-Zeichen als Hinweis auf eine Läsion
3. CT in dünnen Schichten bei fraglicher Gelenksstellung, Instabilität, V.a. Interponat, Ausschluss Proc.coronoideus-Fraktur

<u>Ther:</u>
- <u>Konservativ:</u> geschlossene Reposition in Plexusanästhesie durch Zug am U-Arm bei fixiertem O-Arm ⇨ Rö-Kontrolle der Stellung und zum Ausschluss knöcherner Begleitverletzungen. Wenn das Ellenbogengelenk dann zwischen 30° u. 90° stabil und ohne Luxationstendenz ist ⇨ Bewegungsorthese für 3 Wo. mit Beweglichkeitsgrad 0-30-90°, dann 3 Wo. 0-0-frei

  Kind: Subluxation d. Radiusköpfchens: Reposition durch Zug am U-Arm, Rotation und gleichzeitigem Druck auf das Radiusköpfchen
- <u>Operativ:</u> Ind: offene Luxation, Luxationsfrakturen, Repositionshindernis od. Reluxationsneigung
  - Reposition in Narkose, Bandrekonstruktion, erforderliche Osteosynthese bei Frakturen
  - Postoperativ: Ruhigstellung im O-Armgips od. ggf. Anlage eines Bewegungsfixateurs (= Fixateur, der Extension u. Flexion erlaubt)

Kompl:
* **Luxation + Fraktur:** z.B. Epicondylus-ulnaris- od. -radialis-Abrissfraktur, insb. bei Kinder u. Jugendlichen; Proc.coronoideus-Abrissfraktur; MONTEGGIA-Fraktur; Olekranonfraktur; Radiusköpfchenfraktur ⇨ immer in mind. 2 Ebenen zum Frakturausschluss röntgen!
* Verletzung des N.radialis od. N.ulnaris, A.brachialis-Läsion
* Evtl. bleibende Bewegungseinschränkung, Reluxation
* Radiusköpfchennekrose
* Periartikuläre Verkalkung und Verknöcherung, Proph: NSAR, z.B. 2 x 50 mg Indometacin (Amuno®) für 14 Tage

OLEKRANONFRAKTUR

Syn: Ellenhakenbruch, ICD-10: S52.01

Ät:
- Direktes Trauma: Schlag oder **Sturz** auf das gebeugte Ellenbogengelenk
- Indirektes Trauma: Schermechanismen (selten)

Path: Olekranon bricht von der Ulna ab und wird durch den Zug des M.triceps brachii nach kranial **disloziert** (⇨ 99 % der Frakturen sind disloziert, s. Abb.)

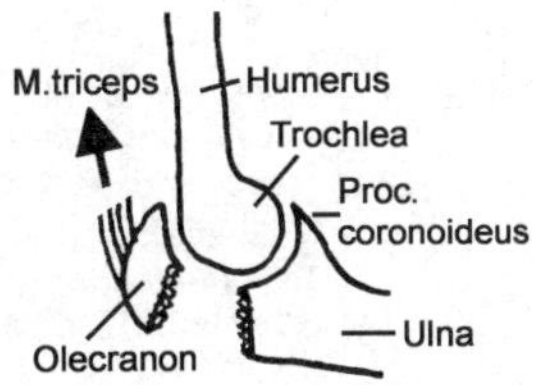

Klin:
⇒ Tastbarer Spalt durch Zug des M.triceps brachii
⇒ Fehlende Kraft bei Streckung des Armes (Prüfung gegen Widerstand)
⇒ Schmerzhafte Bewegungseinschränkung

Diag:
1. Anamnese und klinischer Befund
2. Röntgen: Ellenbogengelenk in 2 Ebenen

Ther:
- Konservativ: nur bei nicht dislozierter Fraktur (Kindesalter)
- Operativ: Ind: Operation (fast) obligat durch die Dislokation
  - Zugang von radial aus, um den N.ulnaris zu schonen
  - Abrissfraktur ⇨ **Zuggurtungsosteosynthese** oder Schraube
  - Trümmerfraktur ⇨ spezielle vorgeformte, winkelstabile Platte, evtl. in Kombination mit Zuggurtung

Kompl: persistierendes Bewegungsdefizit, Pseudarthrosen, Arthrose im Ellenbogengelenk

PROC.CORONOIDEUS-FRAKTUR

Syn: ICD-10: S52.02

Ät: Meist als Begleitverletzung bei der **Ellenbogenluxation** vorkommend

Klin:
⇒ **Instabilität** des Gelenkes
⇒ Evtl. Blockierung des Gelenkes bei Interposition des Fragmentes in den Gelenkspalt

Diag:
1. Anamnese und klinischer Befund
2. Röntgen: Ellenbogengelenk in 3 Ebenen (a.p., seitl. und in 45°), ggf. CT

Ther:
- Konservativ: Ind: bei nicht dislozierter Fraktur
- Operativ: Reposition und Kirschner-Draht-/Mini-Zugschraubenosteosynthese
  Wichtig: **Gelenkfläche muss wiederhergestellt werden!**

Kompl:
* Ohne Proc.coronoideus (übersehene Fraktur) ⇨ Instabilität des Ellenbogengelenkes
* Arthrose

RADIUSKÖPFCHENFRAKTUR

Syn: ICD-10: S52.1-

Ät: – Sturz auf die ausgestreckte Hand
– Stressfraktur bei Wurfsportarten (pitcher´s elbow)

Meißelfraktur

Etlg: # Meißelfraktur = Spaltbruch
Stauchungsfraktur
Trümmerfraktur
Kind: epiphysäre Fraktur (Aitken I) = Radiushalsfraktur

Klin: ⇒ Druckschmerzen unterhalb des Epicondylus lateralis
⇒ Schmerz bei Rotation des Unterarms
⇒ Schwellung, Hämatom
⇒ Evtl. Instabilität im Ellenbogengelenk

Diag: 1. Anamnese und klinischer Befund
2. Röntgen: Ellenbogengelenk in 2 Ebenen, evtl. Fettkörperzeichen (s. Kap. distale OA-Fraktur)

Ther:
- Konservativ: nicht dislozierte und gut reponible Frakturen (keine Fraktur in der Gelenkfläche) ⇨ OA-Gipsschiene für 3-5 Tage, dann KG / funktionelle Behandlung
- Operativ: Ind: >1/3 der Gelenkfläche abgebrochen od. Dislokation >2 mm
  - Meißelfraktur ⇨ kleine Zugschraube von lateral
  - Trümmerfraktur ⇨ ggf. Versuch der Rekonstruktion (auch ex situ und Replantation der Fragmente), sonst Resektion des Radiusköpfchens (bei Instabilität durch zusätzliche Zerstörung der Seitenbänder ggf. Implantation einer Radiusköpfchenprothese)
  - *Kind:* Radiusköpfchen >30-40° gekippt oder um mehr als ½ disloziert ⇨ offene Reposition und Spickdrahtosteosynthese oder transartikuläre temporäre Arthrodese

Kompl: * Bewegungseinschränkung (Pro- und Supination)
* Instabilität im Ellenbogengelenk bei Köpfchenresektion od. übersehener Proc.coronoideus-Fraktur
* Arthrose
* *Kind:* Wachstumsstörungen

UNTERARMFRAKTUREN

Ät: – Direkte oder indirekte Gewalteinwirkung
– *Kind:* Unterarmprellung

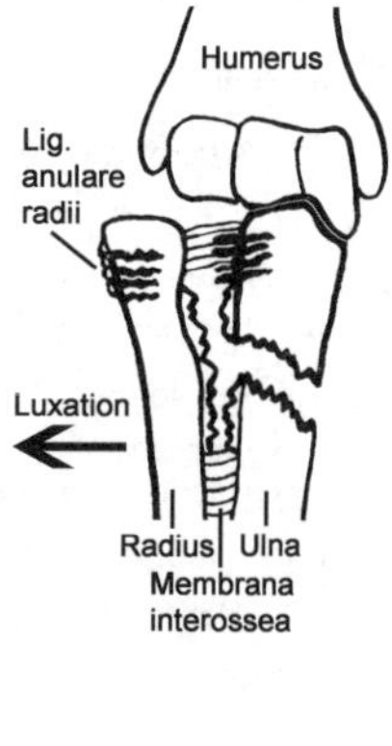

Etlg: # Nach der Lokalisation: Fraktur im proximalen, mittleren und distalen Drittel
Fraktur von **Radius**, ICD-10: S52.3- od. Ulna, ICD-10: S52.2- = Parierfraktur isoliert od. Fraktur von beiden = (komplette) **Unterarmschaftfraktur**, ICD-10: S52.4
Luxationsfrakturen:
1. MONTEGGIA-Fraktur (prox. Ulnafraktur + Radiusköpfchenluxation, s. Abb.)
2. GALEAZZI-Fraktur (dist. Radiusfraktur + Ulnaluxation, s.u.)
Offene Frakturen gerne an der **Ulna**, da an der Streckseite des UA kaum ein Weichteilmantel vorhanden ist (die Fraktur entsteht z.B. bei Parier-/Abwehrbewegungen)

Kind: häufig Grünholzfrakturen (= inkomplette Fraktur, Kortikalis ist einseitig gebrochen, die Kortikalis-Gegenseite ist verbogen), Bowingfraktur (Knochen ist nur verbogen)

Klin: ⇒ Ist nur ein Knochen frakturiert, können klinische Zeichen völlig fehlen
⇒ Schmerzhafte Bewegungs-/Rotationseinschränkung
⇒ Druckschmerz, Schwellung, Hämatom

Diag: 1. Anamnese und klinische Untersuchung
2. Röntgen: Unterarm in 2 Ebenen inkl. Abbildung von Hand- u. Ellenbogengelenk zum Ausschluss von Begleitverletzungen

Ther:
- Konservativ:
  Erwachsene: nicht dislozierte Fraktur der Ulna: Orthese (Sarmiento-Brace) für 4 Wochen und funktionelle Behandlung ⇨ Arm beüben
  Kind: Bowing- u. Grünholzfrakturen ⇨ OA/UA-Gips (90 % der kindlichen Frakturen können konservativ behandelt werden), leichte Achsenfehlstellungen werden durch das Wachstum ausgeglichen (nicht allerdings Rotationsfehlstellungen)
  Häufige Röntgenkontrollen, da die Gefahr einer späteren Dislokation erheblich ist.
- Operativ: Ind: dislozierte Frakturen, Trümmerfrakturen
  - Radius-Fraktur: DC-Platte (dorso-radial angebracht, damit die Rotation nicht eingeschränkt wird)
  - Ulna-Fraktur: DC-Platte (dorso-ulnar angebracht)
  - Trümmer-/Defektfraktur: evtl. Fixateur externe, Spongiosaplastik
  - Komplette Unterarmfraktur: Plattenosteosynthese an Ulna und Radius
  - MONTEGGIA-Fraktur: an der Ulna eine DC-Platte + Naht des Lig.anulare radii ⇨ Gips in Supinationsstellung
  - *Kind:* Op bei erheblicher Achsenfehlstellung oder Dislokation ⇨ offene Reposition und Fixation mit Kirschner-Drähten oder elastische Markraumschienung mit Titanstift für 3 Monate. Bei Grünholzfrakturen mit starker Achsenfehlstellung ist das Brechen der nicht-fraktuirierten Gegenkortikalis ggf. für eine achsengerechte Reposition erforderlich
  - **Cave!** immer Rö-Kontrolle nach Reposition: Das Spatium interosseum muss frei bleiben ⇨ sonst später Hemmung der Rotationsbewegung mögl.

Kompl: * Einschränkung der Rotation (Pro- u. Supination) bei Alteration (z.B. durch Schrumpfung, Kallus) der Membrana interossea
* MONTEGGIA-Fraktur: radio-ulnare Synostose mit Einschränkung der Rotation
* Pseudarthrose
* Kompartmentsyndrom, ischämische Muskelnekrosen

DISTALE RADIUSFRAKTUR

Syn: Speichenbruch, Fractura radii loco typico sive classico, engl. radial fracture at typical location, ICD-10: S52.5-

Anatomie: Bei der Reposition muss die Anatomie beachtet werden. Die **BÖHLER-Winkel** des dist. Radius (s. Abb.) sollen nach Reposition in beiden Ebenen wieder in physiologischer Stellung stehen (Rö-Kontrolle intraoperativ).

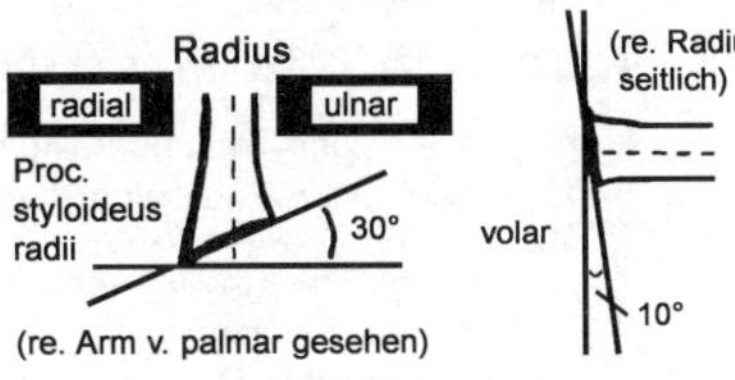

Ät: – Sturz auf die 40-90° dorsalflektierte (= extendierte) Hand ⇨ **Extensionsfraktur** (COLLES, s. Abb.) mit Dislokation des distalen Fragments nach radial und dorsal

– Sturz auf die flektierte Hand ⇨ Flexionsfraktur (SMITH, s. Abb.) mit Dislokation des distalen Fragments nach radial und volar

– Luxationsfraktur (GALEAZZI-Fraktur, s. Abb.) ⇨ Fraktur des distalen Radiusschaftes + Luxation des distalen Ulnaköpfchens ⇨ völlige Instabilität des distalen Unterarmes

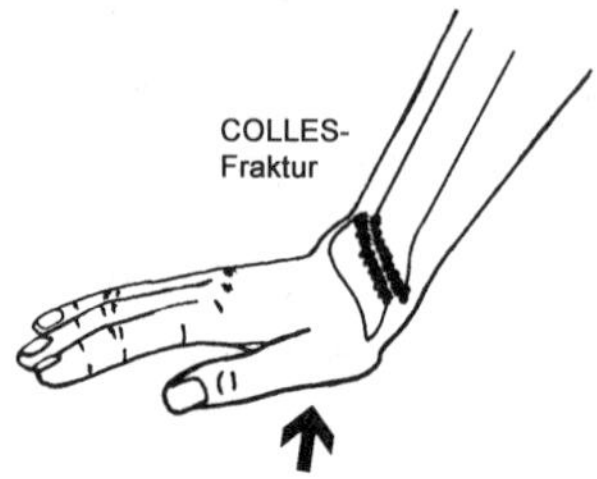

Epid: ◊ **COLLES-Fraktur = häufigste Fraktur des Menschen** (macht insg. 25 % aller Frakturen aus)

◊ Inzidenz: 200-300/100.000/Jahr

◊ Altersgipfel: 6.-10. Lj. und 60.-70. Lj.

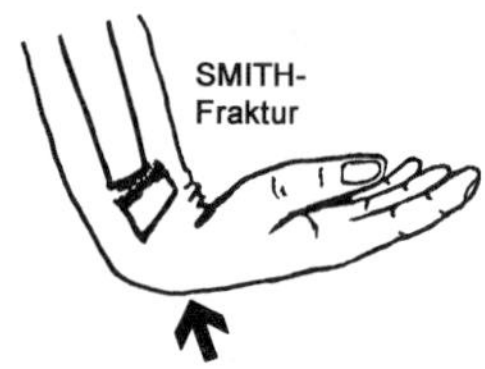

Etlg: # **COLLES**-Fraktur = Extensionsfraktur, Fraktur loco typico

SMITH-GAYRAND-Fraktur = Flexionsfraktur

Distale Radiustrümmerfraktur

GALEAZZI-Fraktur = Luxationsfraktur

AO-Klassifikation: A1-3 = extraartikuläre Frakturen, B1-3 = partiell-artikuläre Frakturen, C1-3 = artikuläre Mehrfragment-/Trümmerfrakturen

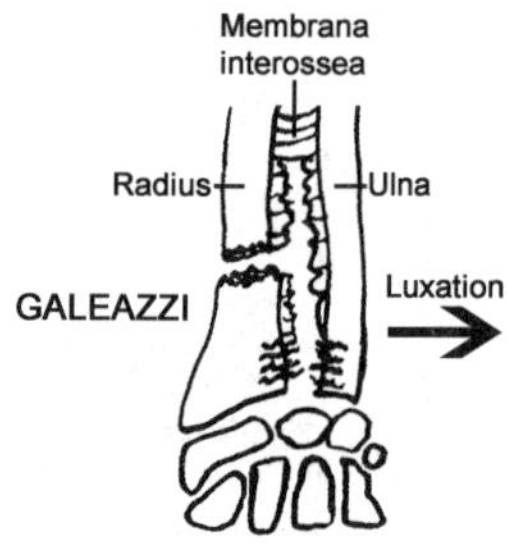

Klin: ⇒ Weichteilschwellung, Druckschmerz

⇒ Eingeschränkte Beweglichkeit im Handgelenk

⇒ Fehlstellungen (ggf. nur im Röntgenbild sichtbar):

- COLLES-Fraktur: Bajonett-Stellung infolge der radialen Abknickung, Fourchette-Stellung = Gabel-Stellung infolge der dorsalen Abknickung
- SMITH: vermehrte Abknickung nach volar

Diag: 1. Anamnese (Unfallhergang?) und klinische Untersuchung

2. Röntgen: Unterarm (mit Ellenbogen) in 2 Ebenen + Handgelenk mit Handwurzelknochen
⇨ Stellung des distalen Radius beurteilen:
Abkippung nach dorsal ⇨ COLLES-Fraktur
nach volar ⇨ SMITH-Fraktur
⇨ Mögl. Zusatzverletzungen: Os scaphoideum-Fraktur, Luxationen der Handwurzelknochen od. Abriss des Proc.styloideus ulnae ausschließen
⇨ Luxation von Radius oder Ulna?

Ther: • Konservativ:

– COLLES-Fraktur: Geschlossene Reposition in Lokalanästhesie durch axialen Zug an der Hand und volare Flexion, ggf. dorsaler Druck auf das distale Fragment ⇨ Stellungskontrolle unter dem Bildwandler, dorsale Unterarmgipsschiene für 4-6 Wochen
Wichtig: regelmäßige Rö-Kontrolle zur Erkennung erneuter Dislokation! am 1. Tag, 3. Tag, 1. Woche, 2. Woche, 4. Woche und nach 6 Wochen

– *Kind:* meist Aitken-I-Fraktur oder Epiphysenfugenlösung (Aitken 0) ⇨ konservativ

• Operativ: Ind: 2./3.-gradig offene Frakturen, konservativ nicht zu stabilisierende Reposition (ausgeprägte Trümmerzone, starke Dislokation), SMITH-, GALEAZZI- und Trümmerfrakturen müssen operativ versorgt werden

– COLLES-Fraktur: Reposition + volare winkelstabile Platte
Die Spickdrahtosteosynthese vom Proc.styloideus radii aus in Regionalanästhesie, mit Gips und Entfernung der Spickdrähte nach 6 Wochen wird wegen Gefahr der Infektion nur noch selten durchgeführt.

– SMITH-Fraktur: volare winkelstabile Platte

– GALEAZZI-Fraktur: DC-Platte + Radio-ulnar-Gelenk-Bandnaht ⇨ Gips in Pronationsstellung

- Trümmerfrakturen: **Fixateur externe** prox. und dist. der Fragmente (sehr weit distal gelegen: dann gelenküberbrückend vom Radius auf Os metacarpale II) für 6-8 Wo., mit früh beginnender Krankengymnastik, evtl. auch mit Bewegungsfixateur
- *Kind:* Spickdrahtosteosynthese bei kons. nicht stabilisierbarer Reposition

Prog: Der Trend geht heute eher zu den operativen Verfahren, um Fehlstellungen zu vermeiden. In 90 % d.F. wird damit ein gutes Ergebnis erzielt.

Kompl:
* Bewegungseinschränkung
* Infektion von großen Hämatomen oder bei offenen Frakturen
* Sekundäre **Dislokation** (bis 2 Wochen nach der Reposition trotz Gips möglich, daher Rö-Kontrollen durchführen)
* SUDECK-Syndrom: insb. nach brüsker Reposition od. häufigen Nachrepositionen
* Posttraumatisches Karpaltunnelsyndrom
* Daumenstrecksehnenruptur
* Posttraumatische Arthrose ⇨ Ther: konservativ, nur bei Pat. mit schwerer körperlicher Arbeit ist eine Arthrodese zu empfehlen

Op:
* Verletzung des N.radialis (sensibel)
* Spickdrahtosteosynthese: hohe Infektions- und Dislokationsgefahr
* Karpaltunnelsyndrom bei volarer Platte

HAND UND HANDWURZEL

Anatomie

Die Handwurzel (= **Carpus**) besteht aus 8 Knochen, die die Beweglichkeit im Handgelenk sicherstellen (Bezeichnung der Handwurzelknochen s. Abb., Os scaphoideum = wird in der Klinik oft auch Os naviculare genannt).

Bewegungsmaß der Handwurzel:
Dorsalextension/ Palmarflexion 60 - 0 - 60°
Radial-/Ulnarabduktion: 25 - 0 - 40°

Der **Karpaltunnel** (Canalis carpi) ist ein Kanal, der sich durch das über die Handwurzelknochen gespannte Lig.carpi transversum (= Retinaculum flexorum) bildet. In ihm verlaufen die langen Beugesehnen und der N.medianus.

Gelenke der Phalangen:
Bewegungsmaße s. Anhang

1.) MCP = Metacarpo-Phalangealgelenk
2.) PIP = proximales Interphalangealgelenk
3.) DIP = distales Interphalangealgelenk

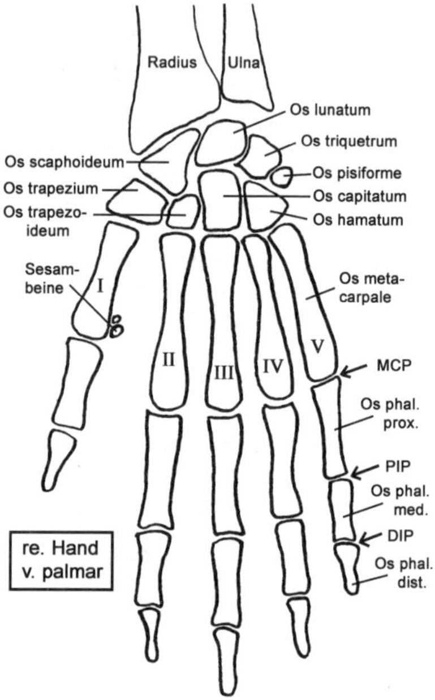

OS-LUNATUM-LUXATION

Syn: Mondbeinluxation, **perilunäre Luxation**, ICD-10: S63.0-

Def: Luxation des Os lunatum selbst oder Verrenkungen der übrigen Handwurzelknochen in Beziehung zum Mondbein = perilunäre Luxation

Ät: Indirektes Trauma: Sturz auf die Hand

Epid: Seltene Verletzung, mit schwerer funktioneller Beeinträchtigung, wenn sie übersehen wird.

Etlg:
Perilunäre Luxation nach dorsal
Perilunäre Luxation nach volar
Transstylo-perilunäre Luxation (mit Abriss des Proc.styloideus radii)
Transnaviculo-transcapitato-perilunäre Luxation
Perilunäre Luxation + Os-scaphoideum-Fraktur = DE QUERVAIN-Fraktur
Os lunatum-Fraktur + Kahnbeinluxation

Klin:
⇒ Schmerzhafte Bewegungseinschränkung im Handgelenk
⇒ Parästhesien N.medianus (Dig. I-III) mögl.
⇒ Evtl. Bajonettstellung der Hand (nach dorsal abgekippt)

Diag:
1. Anamnese (Unfallhergang) und klinischer Befund
2. Röntgen: Handgelenk in zwei Ebenen ⇨ Vorspringen des Os lunatum nach dorsal oder volar (im Seitenbild), Ausschluss knöcherner Verletzungen

Ther: • Konservativ: Reposition in Leitungsanästhesie (vertikaler Dauerzug der Hand gegen den Oberarm für 15 Min., dann Druck v. palmar bei volarer Luxation) ⇨ Gipsschiene für 6 Wo.
- Operativ: Ind: N.medianus-Beteiligung oder nicht Gelingen der Reposition
  - Offene Reposition und temporäre Spickdrahtfixation

Kompl: * Schädigung des N.medianus, posttraumatisches Karpaltunnelsyndrom
* Os-lunatum-Nekrose (KIENBÖCK-Krankheit, aseptische Knochennekrose, meist junge Männern betroffen)

OS-SCAPHOIDEUM-FRAKTUR

Syn: Kahnbeinfraktur, Os-naviculare-Fraktur (Os naviculare ist eigentlich nicht korrekt, das Kahnbein wird in der Klinik aber oft so wie der Fußwurzelknochen bezeichnet), ICD-10: S62.0

Ät: Indirektes Trauma: **Sturz** auf die **ausgestreckte** (extendierte) **Hand**

Epid: Häufigste Fraktur der Handwurzel (ca. 50-80 %)

Etlg: # Nach BÖHLER:
- horizontaler Schrägbruch (schräg zur Navicularelängsachse, orthogonal/senkrecht zur Radiuslängsachse)
- Querbruch (quer zur Navicularelängsachse)
- vertikaler Schrägbruch (schräg zur Navicularelängsachse, parallel zur Radiuslängsachse, ist selten)

Lok: proximales Drittel (20-30 % d.F.), mittleres Drittel (60-80 %), distales Drittel (selten, diese heilen jedoch am besten, da die Blutversorgung von distal aus erfolgt)

DE QUERVAIN-Fraktur: mit zusätzlicher Luxation des Os lunatum

Klin: ⇒ Druckschmerz in der Tabatière (Syn: Fovea radialis) und Tabatièrenkontur verstrichen
⇒ Bewegungsschmerz im Handgelenk

Diag: 1. Anamnese und klinische Untersuchung: Stauchungsschmerz entlang des Daumenstrahls
2. Röntgen: Handgelenk in 2 Ebenen, Skaphoidquartett (2 Ebenen + 2 Schrägaufnahmen) u. evtl. konventionelle Tomographie des Kahnbeins.
   Oft ist der Nachweis schwierig ⇨ Hand ruhigstellen und Kontrolle nach 8-10 Tagen, evtl. mit Szintigraphie, CT od. hochauflösendem Extremitäten-MRT (E-MRI)

Ther: • Konservativ: Ind: nicht dislozierten Frakturen ⇨ Böhler-Gips: OA-Gips mit Einschluss von Daumen- u. Zeigefingergrundgelenk für 4-6 Wochen, dann für 4-6 Wo. UA-Gips. Wegen der Gefahr der Pseudarthrose wird heute aber zunehmend operativ vorgegangen.
- Operativ: Ind: dislozierte Frakturen
  - Zugang von der Tabatière aus (zwischen der Sehne des M.abductor pollicis longus u. M.extensor pollicis brev. et long.)
  - Dislozierte Frakturen: Reposition und Schraubenosteosynthese (ggf. + Spongiosaplastik, insb. bei verzögerter Bruchheilung oder Op einer Pseudarthrose)
  - DE QUERVAIN-Fraktur: Reposition des Os lunatum und Zugschraubenosteosynthese (Spezialschraube nach HERBERT) des Os scaphoideum
  - Postoperativ: OA-/UA-Gips für 4-8 Wo., evtl. Magnetfeld- od. Ultraschallstoßwellenbehandlung zur Beschleunigung der Knochenheilung

Prog: Die Os-scaphoideum-Frakturen heilen nur **sehr langsam** u. neigen gerne zur Pseudarthrosenbildung. Häufig sind Zweitoperationen notwendig.

Kompl: * **Pseudarthrose!**, besonders gefährdet sind prox. Frakturen, da die Blutversorgung des Os scaphoideum retrograd von distal erfolgt
Ther: immer Op erforderlich, MATTI-RUSSE-I-Plastik ⇨ Resektion avitaler Fragmente, Einfalzen eines kortikospongiösen Spanes und Schraubenosteosynthese, postoperative

Ruhigstellung für 1-3 Monate
* Kahnbeinnekrose (bzw. Nekrose eines Fragmentes)
* Instabilität des karpalen Gelenkes, weitere Handwurzelfrakturen

MITTELHANDFRAKTUREN

Syn: ICD-10: Dig. I: S62.2-, Dig. II-V: S62.3-, multiple Dig.: S62.4

Winterstein

Bennett

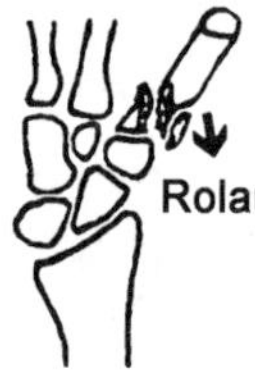

Rolando

Ät: – Direkte Gewalteinwirkung
– Indirekte Gewalteinwirkung: z.B. Sturz auf die Hand, Faustschlag (MCP V)

Etlg: # Frakturtyp: Stauchungsfraktur, Biegungsfraktur, Gelenkfraktur
Lok: Basis-, Schaft- und Köpfchenfraktur mit od. ohne Beteiligung von Gelenkflächen
Os-metacarpale-I-Basisfrakturen (am Daumensattelgelenk = am Os MCP I mit oder ohne Beteiligung der Gelenkfläche des Os MCP I zum Os trapezium):
- ***WINTERSTEIN-Fraktur:*** extraartikuläre (= ohne Gelenkbeteiligung), basisnahe Schrägfraktur
- ***BENNETT-Luxationsfraktur:*** intraartikuläre (= mit Gelenkbeteiligung), basisnahe Schrägfraktur mit **Subluxation im Daumensattelgelenk** (Dislokation nach radial und proximal durch Muskelzug)
- ***ROLANDO-Fraktur:*** intraartikuläre, basisnahe "Y"- oder "T"-Fraktur (= 3 Fragmente) mit Subluxation im Daumensattelgelenk (Dislokation s.o.)

Klin: ⇒ Druckschmerzhaft, Bewegungsschmerz, Schwellung
⇒ Tast- oder sichtbare Deformität

Diag: 1. Anamnese und klinische Untersuchung: Faustschluss prüfen (alle Langfinger müssen beim Faustschluss auf das Scaphoid zeigen ohne zu überkreuzen ⇨ bei Verkürzung od. Drehfehlern Op-Ind.)
2. Röntgen: Hand in zwei Ebenen

Ther: • Konservativ:
- Extraartikuläre basisnahe Frakturen: Unterarm-Daumengipsschiene für 4 Wo.
- Nicht dislozierte Schaftfrakturen: volare Unterarm-Gipsschiene für 3-4 Wo.

• Operativ:
- Dislozierte Schaft- od. WINTERSTEIN-Frakturen: Miniplatte oder perkutane Kirschnerdrahtosteosynthese
- Subkapitale Frakturen bei starker Abkippung und intraartikulären Köpfchenfrakturen: Mini-T-Platte
- BENNETT- und ROLANDO-Fraktur: Op obligat, kleine Zugschraube, Kirschner-Draht od. Miniplatte (bei BENNETT-Fraktur auch Op n. ISELIN ⇨ Fixation des MCP I mit 2 Spickdrähten am MCP II)

Kompl: * **Rotationsfehler** (Test: Bei Beugung der Finger müssen diese in Richtung auf das Os scaphoideum stehen), Achsenknick, Verkürzung
* Gelenkkontrakturen
* Pseudarthrose

SEITENBANDRUPTUR-HAND

Def: Wichtigste: Ruptur des ulnaren Seitenbands in Höhe des Daumengrundgelenks, daneben noch Ruptur der radialen Seitenbänder am Zeigefinger, ICD-10: S63.4

Ät: Indirektes Trauma: **Abscherung des Daumens** nach radial (z.B. Skistock-Verletzung = Ski-Daumen)

Etlg: # Ulnares Seitenband am Daumengrundgelenk
Seitenbänder der Langfinger am Grundgelenk, PIP- od. DIP-Gelenk

Klin: ⇒ Druckschmerz, Weichteilschwellung, Hämatom
⇒ Gelenkinstabilität

Diag:
1. Anamnese und klinische Untersuchung: kein Schlüsselgriff zw. Daumen und Zeigefinger mögl.
2. Röntgen: Hand in 2 Ebenen, betroffenen Gelenkabschnitt in 2 Ebenen, zusätzlich gehaltene Aufnahme od. Funktionsaufnahme ⇨ vermehrte Aufklappbarkeit

Ther:
- Funktionell: Schienung durch Pflasterverband mit dem benachbarten Finger
- Konservativ: Langfinger-Sehnenbandruptur ⇨ Gipsverband für 4 Wo. in Funktionsstellung
- Operativ: Ind: knöcherne Bandausrisse, Seitenbandausriss am Dig. I und II
  - Durchflechtungsnaht der Sehne und transossäre Fixation

Kompl: Ohne Therapie: Wackeldaumen mit Instabilität

PHALANGENFRAKTUR

Syn: ICD-10: Dig. I: S62.5-, Dig. II-V: S62.6-, multiple: S62.7

Ät:
- Direktes Trauma: Schlag, Stoß, Quetschung
- Pathologische Fraktur: Enchondrom (benigner Knochentumor, macht 2/3 der Knochentumoren an der Hand aus)

Etlg: # Basis-, Schaft- und Köpfchenfraktur mit und ohne Gelenkbeteiligung
Nagelkranzfraktur (insb. bei Quetschung)

Klin: ⇒ Schwellung, Druckschmerz
⇒ Bewegungseinschränkung

Diag:
1. Anamnese und klinische Untersuchung
2. Röntgen: Finger in 2 Ebenen

Ther:
- Konservativ: dorsale 2-Finger-Gipsschiene in Beugestellung für 2-3 Wochen oder BÖHLER-Schiene in Funktionsstellung
  Nagelkranzfraktur: bei Hämatom Nageltrepanation zur Hämatomentlastung (Nagel nicht entfernen, da dieser als Schiene dient)
- Operativ: Ind: instabilen Frakturen
  - Reposition und Fixation mit Miniaturplatte oder Spickdrahtosteosynthese

Kompl: Rotationsfehlstellung

PHALANGENLUXATION

Syn: Fingerluxation, ICD-10: S63.1-

Ät: Direktes Trauma: Schlag oder Stoß auf den gestreckten Finger

Klin: ⇒ Federnde Fixation, Bajonett-Stellung
⇒ Knopflochdeformität (bei Strecksehnenruptur)

Diag: 1. Anamnese und klinische Untersuchung
2. Röntgen: Betreffendes Gelenk in zwei Ebenen

Ther:
- Konservativ: Reposition des Fingers in OBERST-Leitungsanästhesie, Prüfung der Seitenbandführung ⇨ Ruhigstellen für 2-3 Wochen in Funktionsstellung, z.B. mit Faustverband od. Böhler-Schiene
- Operativ: Ind: Interposition von Beugesehne oder Kapselanteilen insb. am Fingergrundgelenk
  - Operative Revision und Reposition

HAND-SEHNENVERLETZUNGEN

Syn: ICD-10: S63.4

Anatomie: **MCP** = Metacarpophalangealgelenk
PIP = proxim. Interphalangealgelenk
DIP = distales Interphalangealgelenk
Die Strecksehnen haben eine gegenseitige kreuzende Verbindung (Connexus intertendineus). Die Beugesehnen kreuzen untereinander und werden durch Ringbänder am Knochen fixiert.

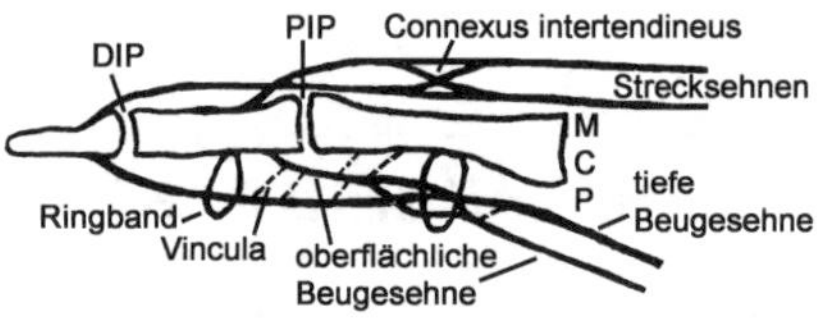

Ät:
- **Trauma:** Trauma (z.B. typisch beim Volleyball) ⇨ Strecksehnenabriss am Fingerendgelenk
  Überstreckung der Finger ⇨ Beugesehnenriss
  Luxationstraumen, Begleitverletzung bei Frakturen
- Scharfes Trauma mit direkter Durchtrennung (z.B. Messerverletzung, Glasscherben)
- Degenerativ: Rheuma, Ischämie bei Durchblutungsstörungen

Etlg: # **Beugesehnenverletzung** ⇨ schwierig zu behandeln, wegen der Sehnengleitkanäle, Ringbänder, bindegewebigen Bänder mit Blutversorgung (Vincula tendinum) und der schlecht verschieblichen Haut (⇨ Hilfsschnitte notwendig)
Strecksehnenverletzung (oft mit knöchernem Ausriss = BUSCH-Fraktur)

Klin: ⇒ Durchtrennung der oberflächlichen Beugesehnen: fehlende Beugung im Fingermittelgelenk (PIP)
⇒ Durchtrennung der tiefen Beugesehnen: Fehlende Beugung im Fingerendgelenk (DIP)
⇒ Strecksehnenausfälle zeigen nicht immer eine deutliche Klinik wegen der Kreuzung im Connexus intertendineus (Kompensationsmöglichkeit)
⇒ Strecksehnendurchtrennung am Endglied: fehlende Endgliedstreckung
⇒ Strecksehnendurchtrennung am Mittelgelenk: Knopflochdeformität (s. Abb.) wegen fehlendem Zug am PIP und Zug am DIP ⇨ Überstreckung im DIP und Beugung im PIP (s. Abb.)

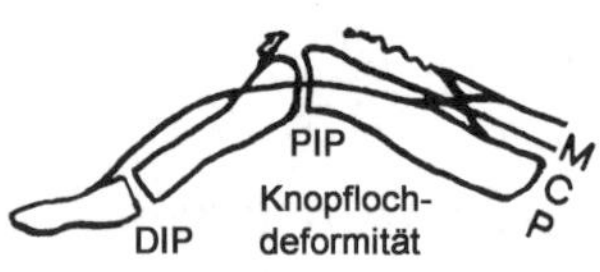

⇒ Strecksehnendurchtrennung am Grundgelenk: Streckung aufgehoben

Diag: 1. Anamnese und **Wichtig!** klinische Untersuchung mit Funktionsprüfungen (**DMS** dokumentieren!)
2. Röntgen: Hand, Finger in zwei Ebenen zum Ausschluss knöcherner Verletzungen, knöcherner Sehnenausrisse
3. Bei jedem scharfen Trauma (Schnittverletzung) darstellen des Wundgrundes ⇨ Sehnenverletzungen, Nervenverletzung?

Ther: • Konservativ: bei knöchernem Strecksehnenausriss ⇨ STACK-Schiene für 6 Wochen; gelingt die Adaptation nicht, dann operative Fixation des Kleinfragments mit einem KIRSCHNER-Draht.
• Operativ: **Sehnennähte** erfordern eine sehr **gute Operationstechnik!**
- KIRCHMEYER-KESSLER-Naht: End zu End-Adaptation der Sehnenstümpfe
- Transossäre Ausziehnaht: Durchflechtungsnaht an der Sehne und Fixation durch einen transossären Bohrkanal, der Faden wird dabei weiter durch die Haut gezogen und dort fixiert
- PULVERTAFT-Naht: Durchflechtung einer Sehne durch eine andere Sehne (z.B. bei Sehnentransplantation)
- Z-Sehnenverlängerung (bei großen Sehnendefekten)
- LENGEMANN-Naht: das proximalen Ende der Sehne wird durch die Haut fixiert mit einer Drahtnaht mit kleinen Widerhaken (⇨ verhindert Belastung der Sehne)
- Sehnentransplantation: autologe Transplantation von Sehnen (z.B. Sehne des M.palmaris long., M.plantaris) bei alten Rupturen
- Sehnentransposition: Verlagerung einer weniger wichtigen Sehne an eine wichtigere Stelle (z.B. Dig.IV-Sehne als Ersatz für fehlende Daumensehne)
- Postoperativ: bei Beugesehnen-Op ⇨ **Frühmobilisation** (ab 1. postop.-Tag), um die Gleitfähigkeit der Sehne im Sehnenlager zu sichern ⇨ dynamische Schiene nach KLEINERT mit Fixierung der Finger in Beugestellung an Gummizügeln (Streckung aktiv mögl., Beugung erfolgt passiv durch die Zügel) für 3-6 Wo., Belastung beginnend ab der 6. Wo.
- Strecksehnen-Op ⇨ evtl. temporäre Arthrodese (verhindert Flexion = Zug auf die Sehne) für ca. 6 Wochen und Ruhigstellung mit STACK-Schiene oder Gipsverband

Kompl: * Verwachsungen zwischen Sehne und Sehnengleitlager ⇨ Bewegungseinschränkung, Beugekontraktur ⇨ Ther: Tendolyse nach ca. 6 Mon.
* Sehnennekrose bei Beschädigung der sehr feinen Blutversorgung
* Ruptur im Anastomosenbereich

TENDOVAGINITIS STENOSANS

Syn: QUERVAIN-Krankheit (Daumen, ICD-10: M65.4), **schnellender Finger**, engl. trigger finger, ICD-10: M65.3

Ät: – Chronisch degenerativ
– Rheumatisch
– Entzündlich durch lokale Noxen (Tierpfleger)
– Angeborene Fehlbildung der Hand, auch bei Pätau-Syndrom (multiple Fehlbildungen, Trisomie 13)

Path: ♦ **Chronisch entzündliche Veränderungen** im Bereich der Sehnenscheiden, Ringbänder (Lig.anulare) oder Retinacula ⇨ Vernarbungen mit Verengung des Sehnenhüllgewebes ⇨ Hemmung der Sehnengleitfähigkeit
oder selten Verdickung der Sehnen selbst

- Schnellender Finger: bei Beugung tritt die Sehne aus dem Gleitlager der Flexorensehnenscheide aus, bei der Zurückbewegung des Fingers (Extension) kann die Sehne nur noch erschwert in den Sehnengleitkanal zurückkehren oder bleibt an den Ringbändern hängen, es kommt zu einem Stocken der Bewegung, die bei forcierter Kraftanstrengung (oder passiv mit Hilfe der anderen Hand) zu einem Ruck (Schnellen des Fingers) bei der Streckung führt.
- Lok: Tendovaginitis stenosans: meist Daumen-Strecksehnen des M.extensor pollicis brevis u. abductor pollicis longus und evtl. Begleithypertrophie des Retinaculum extensorum
  Schnellender Finger: Ringbänder/Beugesehnenscheiden, insb. auch am Daumen od. Mittel-/Ringfinger ⇨ meist im Bereich der Hohlhand tastbare Verdickung

Epid: ◊ **W** > m
◊ Prädisp.alter: im Durchschnitt 40.-50. Lj.

Klin: ⇒ Tendovaginitis stenosans: Schmerzen bei Extension/Abduktion des Daumens mit Ausstrahlung in Handgelenk u. Unterarm, Druckschmerzhaftigkeit im Sehnenverlauf u. im Bereich d. Retinaculum extensorum
⇒ Schnellender Finger: Schnapp-Phänomen des Daumens/Fingers bei Extension, sichtbare/tastbare Verdickung im Beugesehnenverlauf, druckschmerzhaftig

Diag: Anamnese und klinische Untersuchung: FINKELSTEIN-Test (Ulnarabduktion bei gebeugtem Daumen und Faustschluß der übrigen Finger ⇨ Schmerz über erstem Strecksehnenfach) pos. bei Tendovaginitis stenosans des Daumens

Ther:
- Konservativ: Kortikoideinspritzungen
- Operativ: Durchführung der Op in intravenöser Regionalanästhesie u. Blutsperre
  - Tendovaginitis stenosans: Längsspaltung des Retinaculum extensorum und/oder der Strecksehnenscheide
  - Schnellender Finger: Spaltung des prox. Ringbandes/Beugesehnenscheide und/oder Abtragung der Sehnenverdickung

Prog: Op führt bei 80 % d. Pat. zur völligen Beschwerdefreiheit

Kompl: * Op: Verletzung von Gefäßen, Nerven und Sehnen, Sensibilitätsstörung im Versorgungsgebiet des N.radialis superficialis
* Postop.: nach Abtragung einer Sehnenverdickung Gefahr von spontanen Sehnenrupturen oder Luxation der Sehne aus dem eröffneten Sehnenfach

DD:
- Tendinitis, Tendovaginitis hypertrophicans (bei Radialislähmung an den Strecksehnen des UA), Tendovaginitis purulenta (Panaritium)
- Styloiditis radii (DD zur Entzündung u. Hypertrophie im Bereich d. Retinaculum extensorum)
- Ganglion, Sehnenscheidenhygrom, Dupuytren-Kontraktur

DUPUYTREN-KONTRAKTUR

Syn: Beugekontraktur der Finger durch Palmarfibromatose, ICD-10: M72.0

Ät:
- **Ungeklärt**, konstitutionelle Bindegewebeveränderung (erbliche Disposition)
- Prädisp: Diabetes, Alkoholismus, Leberzirrhose, Myokardschäden, Epilepsie, Trauma mit Verletzung d. N.ulnaris, Induratio penis plastica, rheumatische Erkrankungen

Path: ♦ **Fibromatose** der Palmaraponeurose (= DUPUYTREN-Kontraktur), des neurovaskulären Bündels und der Fettgewebsanhanggebilde ⇨ Verhärtung, Schrumpfung
Die gleiche Entität gibt es an der Plantaraponeurose am Fuß (= LEDDERHOSE-Syndrom I)

- <u>Lok:</u> meist an der Hand (Palmaraponeurose), ulnarseitig (Dig. IV, V)
- In der 1/2-2/3 d.F. beidseits

<u>Epid:</u> ◊ **M** >> w (5:1), Prädisp.alter: 50.-70. Lj., bei genet. Disposition auch früher
◊ ca. 1-2 % d. Bevölkerung, praktisch nur weiße Bevölkerung betroffen

<u>Etlg:</u> Bezüglich der Klinik nach ISELIN (1965)

Stadium 0:	Kleine Indurationen/Knoten <u>ohne</u> Funktionsbeeinträchtigung der Hand
Stadium I:	Knoten/Stränge mit beginnender Streckhemmung der Fingergrundgelenke
Stadium II:	Kontraktur im Fingergrundgelenk bis 30°, beginnende Streckhemmung im Fingermittelgelenk
Stadium III:	Kontraktur einzelner Fingergelenke, in einem Gelenk >30°
Stadium IV:	Extreme Beugekontraktur, Krallenstellung, Gefühls- und Durchblutungsstörungen

<u>Klin:</u> ⇒ Derb tastbare Knoten-/Stranggebilde in der Hohlhand
⇒ Beugekontraktur im Grund- und Mittelgelenk, Krallenfinger, Hyperextension des Fingerendgliedes, Beugestellung der gesamten Mittelhand (Endzustand)
⇒ Trophische Störungen, Ödeme an den Händen

<u>Diag:</u> Anamnese und typischer klinischer Befund

<u>Ther:</u>
- <u>Konservativ:</u> Stadium 0 u. I manuelle Dehnungen durch Krankengymnastik, Nachtschienen, Kortikoideinspritzungen ⇨ können den Prozess aber meist nicht stoppen
  Im Frühstadium ist auch eine Radiatio mit gutem Langzeiterfolg mögl.
  Seit 2011 zugelassen ist die Injektion einer Kollagenase (von Clostridium histolyticum, Xiapex®) in den palpablen bindegewebigen Strang, der sich dadurch zersetzt und rupturiert (ggf. + Extension am nächsten Tag). Die ersten Ergebnisse (bis Stadium II) sind gut.
- <u>Operativ:</u> Ind: ab Stadium II
  - Darstellung der Palmaraponeurose, Entfernung des gesamten Fasziengewebes, auch noch gesunder Anteile zur Rezidivprophylaxe (= Entfernung der gesamten Palmaraponeurose = Palmarektomie)
  - Bei Befall d. Beugesehnen: Zusätzlich Sehnenverlängerung
  - Ultima ratio: Amputation des Fingers (bei Stad. IV evtl. notwendig)

<u>Prog:</u> Bei kompletter Palmarektomie gut, sonst Rezidivgefahr

<u>Kompl:</u>
* <u>Op:</u> Hämatom, Wundrandnekrose, Sensibilitätsstörungen
* Verletzung von Sehnen, Nerven und Gefäßen
* SUDECK-Syndrom
* Narbenkontrakturen
* Rezidiv!

<u>DD:</u>
- SUDECK-Dystrophie der Hand nach Trauma oder Repositionsmanövern
- Narbenkontrakturen

BECKEN

Anatomie

Os ilium = Darmbein = kranialer Pfeiler
Os ischii = Sitzbein = dorsaler Pfeiler
Os pubis = Schambein = ventraler Pfeiler

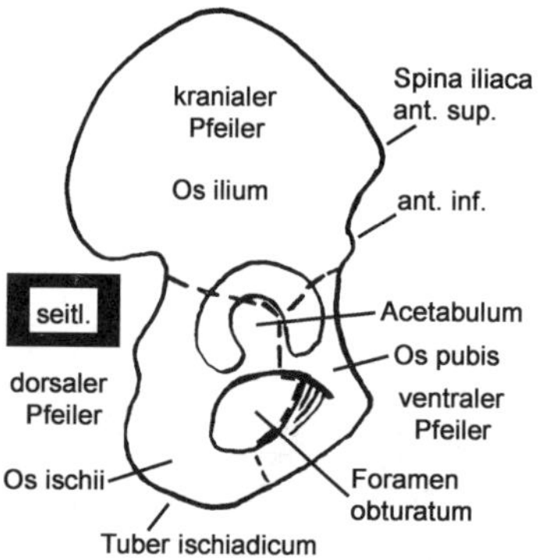

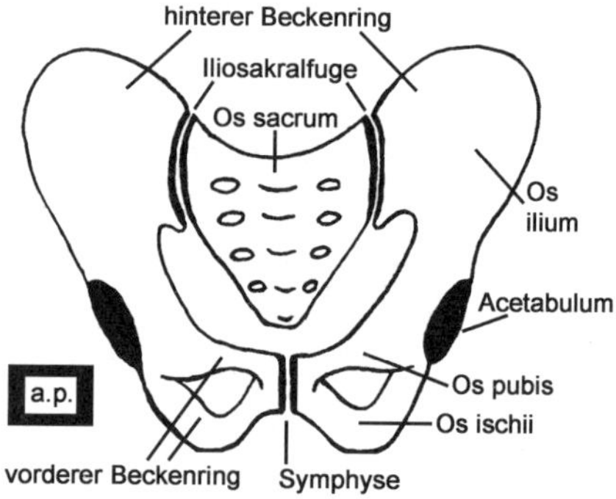

Symphyse: Discus interpubicus + Ligg.pubica
Iliosakralfuge: Lig.sacroiliacum ventrale et dorsale
Vorderer Beckenring: Os pubis + Os ischii
Hinterer Beckenring: Os ilium

BECKENVERLETZUNGEN

Syn: Engl. pelvic fractures, ICD-10: S32.83

Ät: Sehr **heftiges Trauma**, Gewalteinwirkung: Verkehrsunfälle, Überrolltrauma, Sturz aus großer Höhe (Suizidversuch), Verschüttung unter schweren Lasten (Hauseinsturz)

Etlg: # Beckenrandfrakturen: Beckenschaufelfraktur, Steißbeinfraktur, Sitzbeinfraktur, Abrissfrakturen an den Sehnenmuskelansätzen: Tuber ischiadicum (Adduktoren), Spina iliaca anterior superior (M.sartorius), Spina iliaca anterior inferior (M.rectus femoris)

Beckenringverletzungen (s. Abb.):

- Einseitige Beckenfraktur am vorderen Beckenring (Schambein + Sitzbein) oder hinteren Beckenring (Os ileum)
- Beidseitige vordere Beckenringfraktur = Schmetterlingsfraktur
- Komplette Beckenringfraktur (MALGAIGNE-Fraktur) = vorderer und hinterer Beckenring auf einer Seite vertikal frakturiert
- Symphysenruptur (meist in Verbindung mit Verletzung des hinteren Beckenringes)
- Iliosakralgelenkruptur
- Sakrumfraktur

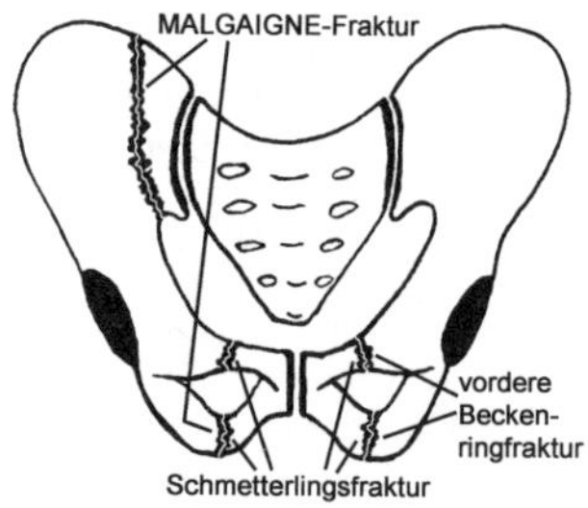

Beckenfrakturen, Einteilung nach MÜLLER (1978), Kriterium: Stabilität im Becken

Typ I	**Stabile Beckenringverletzung:** Einseitige vordere Beckenringfraktur oder nicht dislozierte Schmetterlingsfraktur oder Symphysenlockerung
Typ II	**Instabile inkomplette Beckenringverletzung:** Doppelseitige dislozierte Beckenringfraktur mit oder ohne Symphysensprengung oder Symphysensprengung + einseitige vordere Beckenringfraktur
Typ III	**Instabile komplette Beckenringverletzung:** MALGAIGNE-Fraktur oder hintere Beckenringfraktur + Symphysensprengung oder vordere Beckenringfraktur + Iliosakralgelenkruptur oder Symphysen- + Iliosakralsprengung (= "totale Beckenluxation")

AO-Klassifikation (Arbeitsgemeinschaft für Osteosynthese) der Beckenfrakturen, Kriterium: Beckenstabilität und vertikaler Kraftfluss von der LWS auf die Hüfgelenke:

Typ A: Stabilität im hinteren Beckenring intakt, vertikaler Kraftfluss stabil (z.B. Randfrakturen, vordere Beckenringfrakturen)

Typ B: Beeinträchtigte Stabilität im hinteren Beckenring, Rotationsinstabilität einer Beckenseite ⇨ Asymmetrie d. Beckenringes, aber vertikaler Kraftfluss stabil (z.B. einseitige Os-sacrum-Fraktur/Iliosakralgelenkruptur + vordere Beckenringfraktur)

Typ C: Komplette Instabilität des hinteren Beckenringes, Rotationsinstabilität einer Beckenseite ⇨ Asymmetrie des Beckenringes und vertikaler Kraftfluss unterbrochen (z.B. beidseitige Iliosakralverletzung + vordere Beckenringfrakturen)

Epid: Prädisp.alter: 20.-30. Lj. (**Polytrauma**-Pat. haben in 20 % d.F. Beckenverletzungen) und >70. Lj. bei Frauen (Bagatelltrauma bei vorbestehender Osteoporose)

Klin:
- ⇒ Isolierte einseitige vordere Beckenringfraktur häufig asymptomatisch
- ⇒ Stauchungs-, Kompressions-, Bewegungsschmerz
- ⇒ Eingeschränkte Hüft- und Hüftgelenkbeweglichkeit
- ⇒ Asymmetrische Beckenkontur, Beckenschiefstand, Beinlängendifferenz
- ⇒ Hämatom: Perineal, inguinal
- ⇒ **Cave** bei **Miktionsstörungen** ⇨ kein Blasenkatheterismus bei V.a. Verletzung der ableitenden Harnwege

Diag:
1. Anamnese und klinische Untersuchung: periphere Pulse, Sensibilität und Motorik von Becken/Beine, rektal-digitale Untersuchung, RR- und **Hb-Kontrolle** bei V.a. Blutung (mehrere Liter Blutverlust mögl.)
2. Röntgen: Beckenübersicht a.p., Inlet- u. Outletaufnahme (karniokaudal/kaudokranial gekippte Aufnahmen), ggf. Obturator- und Ala-Aufnahme (bei V.a. Azetabulum-Beteiligung, s.u.),
3. **CT** zum Ausschluss weiterer Verletzungen, z.B. Iliosakralgelenksprengung
4. Bei V.a. Verletzung der ableitenden Harnwege ⇨ **Ausscheidungsurographie** od. retrograde Urethrographie durchführen! Kein transurethraler Katheterismus (Gefahr zusätzlicher Verletzung), wenn Katheter erforderlich ⇨ suprapubischer Katheter

Ther:
- Konservativ: einseitige vordere Beckenringfraktur ⇨ 1 Wo. Bettruhe, KG, Analgesie
  Schmetterlingsfraktur ⇨ 2 Wo. Bettruhe
  Symphysenruptur: frühfunktionelle Behandlung
  Abrissfrakturen: frühfunktionelle Behandlung
  (früher bei Diastase ⇨ RAUCHFUß-Beckenschwebe = Hüfte schwebt in der Luft an überkreuzenden Aufhängern ⇨ Druck auf die Fragmente)
- Operativ: Ind: offene Frakturen, urologische Komplikationen, starke Blutung
  - Notfall-Op: Blutstillung am Becken, Fixateur externe/Beckenzwinge
  - Malgaigne-Fraktur: bei nicht ausreichender Reposition = Diastase der Fragmente ⇨ Plattenosteosynthese
  - Symphysenruptur: bei konservativ nicht reponierbarer Diastase oder Begleitverletzungen ⇨ Plattenosteosynthese, evtl. auch Fixateur externe
  - Abrissfrakturen: evtl .Zugschraube zur Fragmentfixation

Prog: Abhängig von der schwere der Begleitverletzungen, Letalität bei offenen Frakturen bis 50 %

Kompl: * Schwere intra- und retroperitoneale **Blutungen** (A. und V.iliaca com. und ihre Äste, präsakraler Venenplexus, A. und V.femoralis sowie aus dem spongiösen Knochen) ⇨ **hämorrhagischer Schock**, Kompartmentsyndrom des Beckens (im Bereich der Faszienräume des M.psoas und der Glutealmuskulatur)
* Da meist heftiges Trauma ⇨ häufig Zusatzverletzungen: **Polytrauma**, SHT und insb. intrapelvine Verletzungen: **Blasen-** (meist extraperitoneal) und/oder **Harnröhrenverletzung** (Urethra meist im Bereich der 1-2 cm langen Pars membranacea rupturiert), Darmperforationen, septische Komplikationen
* hohe Thrombosegefahr ⇨ immer **Thromboseprophylaxe** durchführen
* Pseudarthrosenbildung (selten)

AZETABULUMFRAKTUR

Syn: Hüftpfannenfraktur, engl. acetabular fracture, ICD-10: S32.4

Ät: – Schweres direktes Trauma
– Indirektes Trauma: Knieanprall (z.B. Anprall am Armaturenbrett bei einem Auffahrunfall = dashboard-injury)
– Häufig in Verbindung mit/durch eine **Hüftgelenkluxation** = Luxationsfraktur mit Verletzung entsprechender Struktur (z.B. dorsale Lux. ⇨ dorsale Pfannenrandfraktur)

Etlg: # Nach JUDET u. LETOURNEL (1964)

Typ 1:	Dorsaler Pfannenrand frakturiert (häufigste Form)
Typ 2:	Dorsaler Pfeiler frakturiert
Typ 3:	Pfannenbodenquerfraktur (= Fraktur beider Pfeiler)
Typ 4:	Ventraler Pfeiler frakturiert

(nach WEISE u. WELLER (1987) gibt es noch Typ 5-8 = kombinierte Frakturen)
Fraktur des Pfannendaches/kranialer Pfeiler

Klin: ⇒ Stauchungs-, Zug-, Druckschmerz, Bewegungseinschränkung
⇒ Hämatom
⇒ Bei Luxationsfrakturen: fixierte Rotationsfehlstellung, Beinverkürzung, mögl. Begleitverletzungen: N.ischiadicus - N.peroneus-Läsion durch Überdehnung

Diag: 1. Anamnese und klinische Untersuchung
2. Röntgen: Beckenübersicht a.p. und Hüftgelenk a.p. und zusätzlich immer **CT**
Obturator-Aufnahme (45° angehobenes Becken auf der kranken Seite) ⇨ Beurteilung des dorsalen Pfannenrandes + vorderer Pfeiler
Ala-Aufnahme (45° angehobenes Becken auf der gesunden Seite) ⇨ Beurteilung des vorderen Pfannenrandes + hinterer Pfeiler

Ther: • Konservativ: nicht dislozierte, stabile Frakturen ⇨ frühfunktionelle Behandlung für 6-8 Wo.
• Operativ: Ind: junge Patienten, dislozierte Frakturen mit Stufenbildung in der Gelenkfläche, Fragment im Gelenk
– Zugang: meist ilio-inguinaler Zugang nach JUDET (je nach Fraktur)
– Hinterer Pfeiler: Reposition und Plattenosteosynthese
– Luxationsfrakturen: Reposition der Luxation und Rekonstruktion der Pfanne/Pfannenrand
– Insg. 3-4 Monate postop. Entlastung des Hüftgelenkes

Prog: Sehr schwerwiegende Fraktur, die in einer Spezialklinik versorgt werden sollte.

Kompl: * Unbehandelt **posttraumatische Arthrose!** (insb. bei Stufenbildung in der Gelenkfläche), Knorpelkontusionsschäden

* Läsion des N.ischiadicus/N.peroneus
* Hüftkopfnekrose (bei Zerstörung der A.lig.capitis femoris), insb. bei Luxationsfrakturen, z.B. Typ 3 durch zentrale Luxation des Hüftkopfs, da das Azetabulum aufgesprengt ist
* Periartikuläre Verkalkungen ⇨ Bewegungsbehinderung

HÜFTGELENKLUXATION

__Syn:__ Luxatio coxae, engl. hip joint dislocation, ICD-10: S73.0-

__Anatomie:__ Das Hüftgelenk wird gebildet aus Acetabulum und dem Femurkopf. Stabilisiert wird das Gelenk durch die Ligg.iliofemorale, ischiofemorale und pubofemorale, die am Pfannenrand ansetzen. Durch die tiefe Gelenkpfanne besteht eine gute Knochenführung.

Gefäßversorgung des Hüftkopfes: A.circumflexa femoris lat. et med. und A.lig.capitis femoris.

Bewegungsmaße: Flex-/Extension 130 - 0 - 20°, Ab-/Adduktion 40 - 0 - 30°, Außen-/Innenrotation 40 - 0 - 50°

__Ät:__ Heftiges Trauma: Stauchung oder hebelnde Bewegung am Femur

__Etlg:__ # **Hintere Luxation:** (75 % d.F.) Klin: Bein innenrotiert
Luxatio iliaca ⇨ oben
Luxatio ischiadica ⇨ hinten

Vordere Luxation: Klin: Bein außenrotiert
Luxatio suprapubica ⇨ vorne oben
Luxatio obturatoria ⇨ vorne unten

Zentrale Luxation ⇨ innen (nur möglich bei Fraktur des vorderen + hinteren Pfeilers)

Luxation + Fraktur an der Gelenkpfanne (Acetabulum) oder am Femur (Femurkopfimpressionsfraktur, PIPKIN-Fraktur, Oberschenkelhalsfraktur)

__Klin:__ ⇒ Federnde Fixation des Gelenkes, Beinfehlstellung
⇒ Bewegungsschmerz

__Diag:__ 1. Typische Anamnese (Auffahrunfall, Sturz aus großer Höhe) und klinische Untersuchung
2. Röntgen: Hüftgelenk in mindestens 2 Ebenen!
Ala- und Obturator-Aufnahme, insb. auch nach der Reposition zum Ausschluss einer knöchernen Verletzung am Acetabulum
CT zum Ausschluss einer Femurkopffraktur

__Ther:__ Die **Reposition** einer Hüftgelenkluxation ist wegen der Durchblutung des Kopfes **dringlich!**

* Konservativ: Reposition in Vollnarkose und mit Muskelrelaxanzien ⇨ frühfunktionelle Behandlung mit KG, Belastung ab 6. Wo, Vollbelastung ab 3. Monat
* Operativ: Ind: Interponat im Gelenk, dislozierte Azetabulumfrakturen, zentrale Luxation
  - Bei Interponat im Gelenk ⇨ offene Mobilisation des Interponates
  - Zentrale Luxation: Extension suprakondylär nach außen unten zur Entlastung des Gelenkes

__Prog:__ In 5-10 % d.F. Hüftkopfnekrose, **frühe Reposition** bessert die Prognose!

__Kompl:__
* Luxationsfrakturen mit Beteiligung des **Pfannenrandes** oder des Femurkopfes (= PIPKIN-Fraktur, s.u. Kap. Hüftkopffrakturen)
* Hüftkopfnekrose bei Gefäßzerreißung (Diag: MRT im Verlauf)
* Dehnungsschäden N.ischiadicus, N.femoralis
* Hüftkopfknorpelschäden ⇨ Gefahr posttraumatischer Arthrose

UNTERE EXTREMITÄT - FEMUR

Anatomie

Das Femur setzt sich aus 4 Abschnitten zusammen (s. Abb.):

1. Hüftkopf und Schenkelhals
2. Trochanterer Abschnitt
3. Femurdiaphyse = Oberschenkelschaft
4. Supra- und diakondylärer Abschnitt

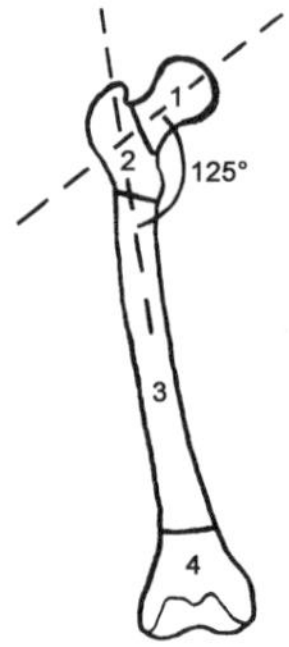

Winkel: **Collum-Caput-Diaphysen-Winkel** (CCD): Erwachsene: 125-130°, Neugeborene u. Säuglinge bis 143°

Antetorsionswinkel: 10-15° (Kopf ist nach vorne gedreht), Neugeborene 30° bis 50°

HÜFTKOPFFRAKTUREN

Syn: Femurkopffraktur, Caput-femoris-Fraktur, ICD-10: S72.08

Ät: – Begleitverletzung bei einer Hüftgelenkluxation
– Indirekte Gewalteinwirkung (Stauchung)

Etlg: # Nach PIPKIN (1957): Frakturverlauf in Bezug auf das Lig.capitis femoris

Typ I:	Horizontale Fraktur distal des Lig.cap.femoris
Typ II:	Vertikale Fraktur, Lig.capitis femoris im abgesprengten Knochenfragment enthalten
Typ III:	Typ I od. II + Schenkelhalsfraktur
Typ IV:	Typ I od. II + dorsokraniale Pfannenrandfraktur

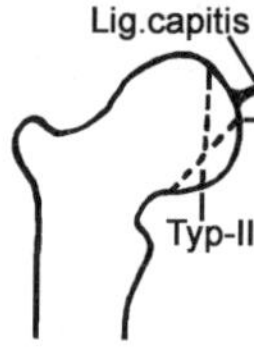

Impressionsfrakturen am Kopf

Klin: ⇒ Beinfehlstellung, federnde Fixation im Gelenk wie bei Hüftgelenkluxation
⇒ Bewegungsschmerz, evtl. Hämatom

Diag: 1. Anamnese und klinische Untersuchung
2. Röntgen: Beckenübersicht und Hüftgelenk a.p., Ala- und Obturator-Aufnahme

Ther:
- Konservativ: Bei kaudalen Kopffrakturen ⇨ Entlastung für 6 Wo.
- Operativ:
  - Sehr schwierig, wegen Kopfdurchblutung
  - Sekundär: **prothetischer Gelenkersatz** als HEP [Hemiendoprothese = nur Femurkopfprothese] oder Kopf- + Pfannenprothese = TEP [Totalendoprothese])
- Thromboseprophylaxe: mit Heparin (z.B. Nadroparin, Fraxiparin®) od. mit dem vollsynthetischen Xa-Hemmstoff Fondaparinux (1 x tgl. 2,5 mg s.c., Arixtra®) für 5 Wo. od. neu mit einem oralen Antithrombotikum (1 x 10 mg/Tag Rivaroxaban per os, Xarelto® od. 2 x 2,5 mg/Tag Apixaban, Eliquis®)

Prog: Problematisch wegen Kopfdurchblutung durch das Lig.capitis femoris

Kompl: * Posttraumatische Arthrose (Koxarthrose)
* Knorpelschäden, Hüftkopfnekrose

HÜFTKOPFNEKROSE

Ät: – Septische Knochennekrose: direkte oder indirekte (hämatogene) Infektion
– Aseptische Knochennekrose: posttraumatisch, Durchblutungsstörung oder Mikrotraumen (PERTHES-Krankheit des Kindes), toxisch: Alkohol, Kortikoide, Dialyse oder idiopathisch

Path: Trauma, Infektion, Dysregulation ⇨ Gefäßverschlüsse ⇨ ischämische Nekrose

Epid: PERTHES-Krankheit: **m** > w (= 4:1), Prädisp.alter: 4.-8. Lj., häufigste aseptische Knochennekrose (weitere aseptische Knochennekrosen siehe Orthopädie-Bücher) mit einer Häufigkeit von 11/100.000 Kindern

Etlg: # Septische Hüftkopfnekrose = **Koxitis** (bakteriell)
Aseptische Hüftkopfnekrose

Klin: ⇒ **Belastungsschmerz**
⇒ Schmerzausstrahlung in die Leiste, Oberschenkel und auch Knie mögl.
⇒ Hinken bei körperlicher Aktivität

Diag: 1. Anamnese und klinische Untersuchung: eingeschränkte Beweglichkeit im Hüftgelenk
2. Röntgen: Hüfte in 2 Ebenen ⇨ Röntgen-Zeichen sind Kopfentrundung und -abflachung, Zystenbildung, Osteopenie, subchondrale Sklerose, Verbreiterung des Gelenkspaltes, Kopffragmentation und -arthrose, ggf. auch MRT bei unklarem Befund.

Ther:
- Konservativ: PERTHES-Krankheit: funktionelle physiotherapeutische Therapie (krankengymnastische Mobilisation), gelenkschonender Sport (Schwimmen, Fahrradfahren). Entlastungsorthesen (früher für Jahre verordnet, z.B. THOMAS-Schiene) werden nur noch selten eingesetzt, da die Entlastung des Hüftgelenks letztlich nur gering ist und zu muskulären Atrophien führt). In der Akutphase Schmerzmedikation mit Ibuprofen.
- Operativ:
  - Knochenspanbolzung, Bohrung ⇨ um Durchblutung vom Schenkelhals aus zu verbessern. Bei Pat. >50. Lj. totalendoprothetischer Hüftgelenkersatz (TEP)
  - PERTHES-Krankheit: bei Versagen der kons. Ther. (Hüftkopf >50 % befallen) intertrochantäre Varisations-Umstellungsosteotomie (n. SALTER) ⇨ Verringerung des CCD-Winkels führt zur Zentrierung des Hüftkopfes in der Pfanne ⇨ Entlastung des Hüftkopfes, dies fördert die Revaskularisierung des Kopfes

Prog: Konservative Therapie ⇨ 50 % d.F. präarthrotische Deformitäten!

Kompl: Deformität ⇨ später **Arthrose** im Hüftgelenk. Über einen Zeitraum von 50 J. benötigen ca. 50 % der Pat. einen Hüftgelenkersatz

DD: – Tumoren (z.B. EWING-Sarkom, Metastasen)
– Koxarthrose ⇨ Gelenkspalt verkleinert!

KOXARTHROSE

Syn: Hüftgelenkarthrose, Arthrosis deformans coxae, engl. coxarthrosis, ICD-10: M16.-

Ät: – **Degenerativ** (z.B. bei Adipositas, Überlastung, hohem Alter)
– Traumatisch/posttraumatisch (Hüftkopffraktur, Schenkelhalsfraktur)
– Mechanische Fehlbelastung (z.B. angeborene **Hüftgelenkdysplasie** und -luxation, Coxa vara, Coxa valga, Coxa plana), Durchblutungsstörung des Hüftkopfes
– Entzündlich: rheumatische Gelenkerkrankung (am Hüftgelenk selten)

Epid: ◊ Prädisp.alter: alte und sehr **alte Menschen** (>70. Lj., „Malum coxae senile")
◊ In Deutschland werden jährlich ca. 160.000 Hüftgelenkprothesen implantiert

Etlg: # Primäre Koxarthrose (ca. 25 % d.F.): Ätiologie unbekannt, Beginn im 50.-60. Lj.
Sekundäre Koxarthrose (ca. 75 % d.F.): Fehlstellungen (Coxa vara, valga, plana), posttraumatisch (Hüftkopffrakturen), Durchblutungs- od. Stoffwechselstörung (PERTHES-Krankheit, Diabetes, Gicht, Alkoholabusus), entzündlich

Klin: ⇒ Bewegungsschmerz, Belastungsschmerz, **morgendlicher Einlaufschmerz**
⇒ Gangbild: Schmerz-/Schonhinken
⇒ Aktivierte Arthrose mit Entzündungszeichen (s.u.)

Diag: 1. Anamnese und klinische Untersuchung: Kapseldruckschmerz, Trochanterklopfschmerz, Einschränkung der Abduktion und Innenrotation
2. Röntgen: **Beckenübersicht** (beidseits?), Hüfte a.p. und axial, ggf. CT
- Verschmälerung des Gelenkspaltes, Randausziehungen an den Gelenkflächenrändern (Osteophyten)
- Entrundung des Kopfes, Geröllzysten, Gelenkverformung, Fehlstellungen
- Vergrößerung der Pfannendachsklerosierungszone (Sourcil), DD: bei Hüftkopfnekrose nicht vorkommend

Ther: • Konservativ:
- Allgemein: Entlastung des Gelenkes, bei Adipositas ⇨ **Gewichtsabnahme**!
- Physikalische Therapie: Wärme-/Kälteanwendungen, Massagen, Ultraschall, Bäder, krankengymnastische Bewegungsübungen, Gehschulung, Schwimmen, Radfahren
- Medikamente: Antiphlogistika (**NSAR** aus der Gruppe der COX-2-Inhibitoren, z.B. Etoricoxib, Arcoxia®), Kortikosteroide als Salben, intraartikuläre Injektionen (Kompl: infektiöse Koxitis mögl.) u. auch systemisch
- Orthopädische Hilfen: Einlagen od. Schuherhöhung bei Fehlstatik, Gehstock

• Operativ: Ind: fortgeschrittene therapieresistente Koxarthrose
Mittel der Wahl ist heute der **endoprothetische Ersatz** (auch gleichzeitig beidseits mögl.)
- **Totalendoprothese (TEP**, schematisches Planungsbild s. Abb.):

Zementierte Prothese = mittels Knochenzement (PMMA, Palacos, SimplexP) befestigter Schaft und Pfanne; Ind: alte Menschen; Vorteil: sofortige Belastbarkeit ⇨ frühe Mobilisierung möglich (Mobilisierung am Gehwagen sofort, später Gehen mit Unterarmgehstützen), Nachteil: Gefahr der (aseptischen) Prothesenlockerung, Toxizität und Allergie gegen den Knochenzement

Zementfreie Prothese: Schaft und Pfanne halten durch Verklemmung (pressfit) + schwammartige Metalloberfläche ("Spongiosametall" aus Titan), das in den Knochen einwächst; Ind: Pat. <60. Lj.; Vorteil: lange Haltbarkeit, gut zu entfernen bei Lockerung; Nachteil: Entlastung (20 kg) für 2-4 Wo., danach Teilbelastung (Gehen mit 2 Unterarmgehstützen) für weitere 2-8 Wo. erforderlich, damit der Knochen einwachsen kann. Neue Behandlungskonzepte belasten heute sofort mit ebenfalls guten Ergebnissen.

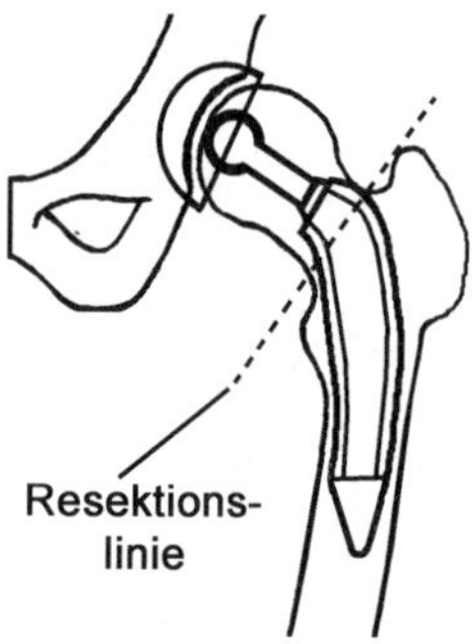

Häufig auch Verwendung eines **Hybridsystems = Kombination** eines zementierten Schaftes und einer unzementierten Pfanne (Schraubpfanne od. pressfit)

Zugang heute über Mini-Inzision mögl. (Vorteil: insb. Schonung der Sehnenansätze), perioperative Antibiotikaprophylaxe, hochsterile Op-Bedingungen

Postop.: Indometacin (Amuno®) oder Ibuprofen (Imbun®) zur Prophylaxe periartikulärer Verkalkungen für 14 Tg., **Thromboseprophylaxe** mit Heparin (z.B. Nadroparin, Fraxiparin®) od. mit dem vollsynthetischen Xa-Hemmstoff Fondaparinux (1 x tgl. 2,5 mg s.c., Arixtra®) od. mit neuem oralen Antithrombotikum (1 x 10 mg/Tag Rivaroxaban, Xarelto® od. 2 x 2,5 mg/Tag Apixaban, Eliquis®) für **5 Wo.**, sofort mobilisierende KG mit Bewegungsübungen u. Muskelaufbautraining beginnen, nachfolgend Rehabilitation u. Gangschulung

- Bei Fehlstellungen evtl. Femurkorrekturosteotomie (Umstellungsosteotomie)
- Arthrodese (bis auf Ausnahmen heute obsolet)

Prog: Die endoprothetische Versorgung hat heute eine sehr gute Langzeitprognose (die mittlere Standzeit einer Prothese liegt heute bei ca. 15 J.).

Kompl: * **Aktivierte Arthrose** = Arthrose mit Zeichen einer abakteriellen Entzündung = Reizzustand: Überwärmung, Druck- und Bewegungsschmerz, Erguss, Weichteilschwellung
* Muskuläre und kapsuläre Kontrakturen, Einsteifung des Gelenkes
* Varus- oder Valgus-Fehlstellungen
* Einbruch der Gelenkflächen

Op: * **hoher Blutverlust** bei der Op, wenn mögl. präop. Eigenblutspende durchführen
* Prothesen: periprothetische Fraktur des Femur (beim Einschlagen der Prothese), Beinlängendifferenz, Implantatbruch, **aseptische Prothesenlockerung** ⇨ Ther: Prothesenwechsel erforderlich (ggf. mit speziellen Revisionsimplantaten, z.B. ovaläre Pfanne mit Lasche, Langstielprothese mit distaler Verriegelung)
* Periartikuläre Verkalkungen (häufig, bei bis 50 % d. Pat., meist aber nicht funktionsbeeinträchtigend), ggf. operative Revision bei Beschwerden nach 6-12 Mon., dann Proph: niedrigdosierte Radiotherapie (5-10 Gy innerhalb v. 4 Tagen nach Op) + NSAR (Indometacin, Amuno® od. Ibuprofen, Ibuprofen® für 14 Tage)
* Gefäß- /Nervenschädigung (N.femoralis, N.ischiadicus)
* **Protheseninfektion**, Ther: bei Frühinfektion (bis 4 Wochen) Débridement, Gelenkspülung u. Saug-Spül-Drainage für einige Tage sowie gezielte Antibiose nach Antibiogramm. Bei Spätinfektion ist ein Prothesenwechsel erforderlich.
* Luxationsneigung des Hüftgelenkes (insb. nach dorsalem Op-Zugang)
* Eingriff mit postoperativ **sehr hoher Thrombosegefahr** (besonderes Risiko bei Adipositas, Frauen)
* Emboliegefahr beim Einbringen des Knochenzements und Einschlagen des Prothesenschaftes in den Femurknochen ⇨ Proph: Verwendung von Markraumsperrern und distale Bohrung zur Markraumdruckentlastung

Proph: ♥ Klinische Untersuchung und **Hüftsonographie** n. GRAF (bei der Kinder-Früherkennungsuntersuchung **U3** in der 4.-6. Lebenswoche) bei **allen Säuglingen** zum Ausschluss einer angeborene Hüftgelenkdysplasie od. -luxation (⇨ liegt der α-Winkel [Winkel zwischen Verlängerung des Os ilium und dem knöchernen Pfannendach] <50° ist dies eine Indikation für eine Spreizbehandlung)
♥ Nach endoprothetischem Ersatz Röntgenkontrolle auf Prothesenlockerung n. 1, 2 u. dann alle 5 J. (Röntgen-Zeichen: Sinterung der Prothese, Saumbildung, Osteolysen)

DD:
- Hüftkopfnekrose (keine Pfannenbeteiligung)
- Rheumatologische Erkrankungen
- Koxitis (DD insb. zur aktivierten Arthrose)
- Femoro-acetabuläres Impingement ⇨ Diag/Ther: Arthroskopie des Hüftgelenkes

SCHENKELHALSFRAKTUREN

Syn: Femurhalsfraktur, Oberschenkelhalsbruch, engl. fracture of the femur neck, ICD-10: S72.00

Ät:
- Direktes Trauma durch Sturz auf den Oberschenkel od. Hüfte
- Höheres Alter ⇨ **Osteoporose**

Path: ♦ Adduktionsfrakturen ⇨ Varusstellung (O) der Fragmente ⇨ fehlende Verkeilung der Bruchfragmente ⇨ **Op.-Indikation**

- Abduktionsfrakturen ⇨ Valgusstellung (X) der Fragmente ⇨ **Einstauchung** der Bruchfragmente ⇨ **konservative** frühfunktionelle Therapie mögl.

Epid: ◊ Prädisp.alter: Fraktur des alten, **osteoporotischen** Menschen (**>70. Lj.**)

◊ **W** >> m (= 4 : 1), bei **Frauen** nach der **Menopause** verdoppelt sich das Risiko für eine Oberschenkelhalsfraktur durch die zunehmende Osteoporose alle 5-10 J. (bei 90-jährigen hat jede 5. Frau bereits eine Schenkelhalsfraktur erlitten)

◊ Inzidenz: 90/100.000/Jahr in Deutschland, >70. Lj. **sehr häufig**: 500/100.000/Jahr, in Deutschland ca. 60.000 Pat./Jahr

Etlg: # **Mediale Oberschenkelhalsfrakturen** (liegen **innerhalb** der Gelenkkapsel):
- **Adduktionsfrakturen** (80-90 % d.F.)
- **Abduktionsfrakturen** (selten, meist stabil mit Einstauchung des Kopfs)

Einteilung nach PAUWELS (1935): nach dem Winkel zwischen der Horizontalen und der Frakturlinie im a.p.-Röntgenbild (s. Abb.)

PAUWELS Grad I: PAUWELS-Winkel <30° keine Scherkräfte, gute konservative Heilungstendenz
PAUWELS Grad II: PAUWELS-Winkel 30-50°
PAUWELS Grad III: PAUWELS-Winkel >50° erhebliche Scherkräfte, instabile Fraktur

Teilweise wird in Einteilungen statt 50° auch 70° angegeben.

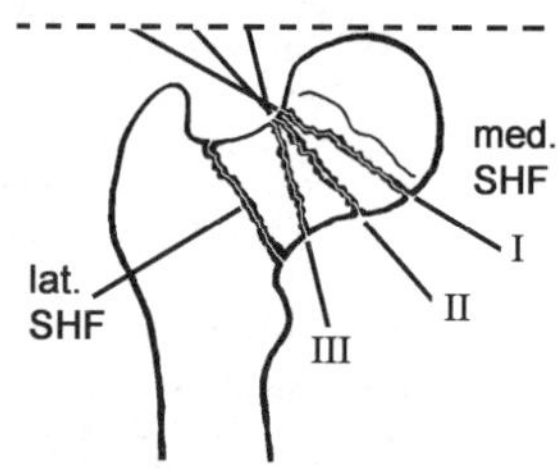

Laterale Oberschenkelhalsfraktur (selten, liegt außerhalb der Gelenkkapsel)

Klin: ⇒ Adduktionsfrakturen ⇨ keine Einstauchung ⇨ schmerzhafte Bewegungseinschränkung, Beinverkürzung (je nach Dislokation der Fragmente), Außenrotationsfehlstellung

⇒ Abduktionsfraktur ⇨ Einstauchung ⇨ wenig klinische Symptome, evtl. Stauchungs- und Klopfschmerz der Hüfte

Diag: 1. Anamnese und klinische Untersuchung

2. Röntgen: Beckenübersicht a.p. und Hüftgelenk in 2 Ebenen (seitl. u. axial = LAUENSTEIN-Aufnahme), evtl. Tomographie oder Szintigraphie bei fraglichem Befund

Einteilung nach GARDEN (1964, Dislokationszustand der Fraktur im Röntgenbild)

Stadium I: unvollständige oder eingestauchte Fraktur (Valgusstellung)
Stadium II: vollständige Fraktur aber nicht dislozierte Fragmente
Stadium III: teilweise Dislokation der Fragmente, dorsale Kortikalis nicht zertrümmert
Stadium IV: vollständige Dislokation, Kortikalis vollständig unterbrochen

3. Sonographie: insb. bei jüngeren Pat. u. Kindern zum Ausschluss eines Hämarthros

Ther:
- Konservativ: Abduktionsfrakturen (eingestaucht) für 7 Tage Bettruhe, KG und dann zunehmende Belastung, Thromboseprophylaxe solange immobilisiert
- Operativ: Ind: Adduktionsfraktur, Dislokation, instabile Frakturen (PAUWELS II-III)
  - Junge Pat. mit med. SHF: **kopferhaltende** Osteosynthese mit 2-3 **Zugschrauben** möglichst innerhalb von 6 Std. nach dem Trauma (frühe Op wichtig für den Erhalt der Kopfdurchblutung!) + Eröffnung der Gelenkkapsel zur Entlastung eines intrakapsulären Hämatoms
  - Alte Patienten (>65. Lj.) mit med. SHF: **Femurkopfprothese** (HEP = Hemiendoprothese, heute als sog. Duokopfprothese = die 2 enthaltenen Kopfschalen können gegeneinander laufen) od. **TEP** (bei zusätzlich arthrotisch veränderter Pfanne)
  - Bei lat. Schenkelhalsfraktur DHS = Dynamische Hüftschraube (POHL-Laschenschraube, s. Abb.): durch das Gleiten der Schraube in der Führung der Platte erfolgt Kompression auf den Frakturspalt ⇨ Vorteil: sofort belastungsstabil

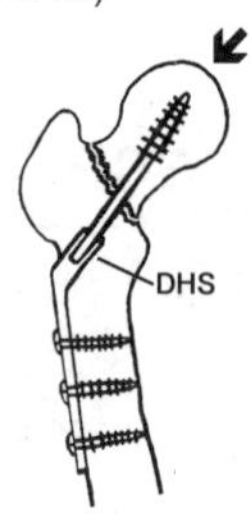

Prog: Die Prognose hängt davon ab, ob der Bruch eingestaucht (⇨ konservative Therapie) oder disloziert ist. Bei den med. Schenkelhalsfrakturen ist die Frakturheilung um so schlechter, je größer der Pauwels-Winkel ist (fehlende Kompression der Fragmente).
Für das Ergebnis (Stabilität) ist letztlich nicht so sehr das Osteosyntheseverfahren sondern die Knochenqualiät (Osteoporose) entscheidend. 20 % der Pat. mit osteoporotischer Fraktur erleiden innerhalb eines Jahres eine erneute Fraktur.
Perioperative Letalität 6 % (bedingt durch das meist sehr hohe Alter).

Kompl: * **Osteoporose:**

Path: die größte Knochenmasse (peak bone mass) liegt zwischen dem 20.-30. Lj. vor. Die trabekuläre Knochenmasse nimmt bei Frauen innerhalb von 20 J. nach der Menopause um 50 % ab (physiologischer Mineralsalzverlust von 1-2 % /Jahr).
Risikofaktoren: familiäre Disposition (Schenkelhalsfraktur eines Elternteils), Menopause <45. Lj., Östrogen-, Bewegungsmangel, enterale Malabsorption, Anorexie, Morbus CROHN, chronische Niereninsuffizienz, Hyperparathyreoidismus, CUSHING-Syndrom, Hyperthyreose, Hypogonadismus, Alkohol-, Nikotinabusus, Med: Glukokortikoide, überdosierte Schilddrüsenhormone, Antiepileptika

Epid: Frauen sind wesentlich häufiger als Männer betroffen, **w** >> m [= 4 : 1], statistisch erkrankt **jede 3. postmenopausale Frau** an einer Osteoporose. Für Deutschland werden 5 Mio. Betroffene geschätzt.

Klin: allgem. Symptome im fortgeschrittenen Stadium sind schmerzbedingte Immobilität, Deformierung der Wirbelkörper (Keilwirbelbildung, sog. Fischwirbel, zunehmende Kyphosierung ⇨ Rundrücken sog. „Witwenbuckel", Rumpfverkürzung ⇨ quere Hautfalten am Rücken, sog. Tannenbaumphänomen), **höhere Frakturgefährdung** (z.B. typischer Oberschenkelhalsbruch, Sinterungsfrakturen der Wirbelsäule od. auch distale Radiusfraktur, Rippenfrakturen) und pathologische Frakturen (= ohne adäquates Trauma), parodontaler Zahnverlust

Diag: Eine Risikobewertung ist mittels **DXA-Knochendichtemessung** (dual X ray absorptiometry) am Schenkelhals und der LWS oder mit Ultraschalldensitometrie (Syn: Ultrasonometrie) am Kalkaneus (Vorteil: keine Strahlenbelastung) od. mit quantitativer CT-Messung (QCT) an der oberen LWS (sehr genau, Nachteil: höhere Strahlenbelastung, sehr teuer) mögl. Anmerkung: Die Knochendichtemessung (DXA-Verfahren) wird in Deutschland aber nur nach Eintreten einer Fraktur von den Krankenkassen bezahlt, zur Vorsorge bisher noch nicht.

Ther./Prophylaxe: s.u.

Selbsthilfegruppen: Bundesselbsthilfeverband Osteoporose e.V., Kirchfeldstr. 149, 40215 Düsseldorf, Tel.: (02 11) 30 13 14-0, Fax: -10, Internet: http://www.osteoporose-deutschland.de und Kuratorium Knochengesundheit e.V., Leipziger Str. 6, 74889 Sinsheim, Tel.: (0 72 61) 92 17-0, Internet: http://www.osteoporose.org

DD: Knochenmetastasen, Plasmozytom, Osteomalazie (Knochenverbiegungen)

* **Hüftkopfnekrose** (insb. bei der medialen Schenkelhalsfraktur wegen gestörter Blutversorgung, GARDEN III-IV mit einem Risiko beim alten Patienten von 50-80 %)
* Schenkelhalspseudarthrose (insb. PAUWELS III)
* Luxationsneigung des Hüftgelenkes
* Prothesen (s.o. Kap. Koxarthrose), Pfannenprotrusion bei HEP

Proph: ♥ Osteoporoseprophylaxe durch regelmäßige **körperliche Aktivität**, ausreichende **Kalzium-** (1.200 mg/Tag, z.B. 1 l Milch, kalziumreiches Mineralwasser) u. **Vit.-D-Zufuhr** (Colecalciferol 800-1.000 I.E./Tag, Vigantoletten®), Alkohol-, Koffein- u. **Nikotinkarenz**, Vermeidung von Untergewicht.

Die Einnahme von Östrogenen (möglichst direkt nach der Menopause beginnend) wirkt protektiv (relatives Risiko für Schenkelhalsfrakturen 0,66, allerdings nur bei Langzeitanwendung). Die postmenopausale Hormontherapie wird wegen potentieller NW (erhöhtes kardiovaskuläres und Karzinomrisiko!) zur alleinigen Prophylaxe aber nicht mehr empfohlen, sondern nur noch kurzfristig bei klimakterischen Beschwerden eingesetzt.

♥ Bei bereits manifester Osteoporose werden als Therapie zusätzlich **Bisphosphonate** (z.B. Alendronat, Fosamax® od. Risedronat, Actonel®, Wichtig: regelmäßige Einnahme, bei schlechter Compliance auch Ibandronat [Bonviva®] 3 mg i.v. alle 3 Mon. od. Zoledronat [Aclasta®] 5 mg i.v. alle 12 Mon.) für eine Dauer von **5 J.** gegeben (durch die

Bindung im Knochengewebe wirken diese dann noch lange nach). Zugelassen zur Prophylaxe und Therapie der Osteoporose sind auch der selektive Östrogenrezeptor-Modulator (SERM) Raloxifen [Evista®, Optruma®], auch mögl. Parathormon s.c. (Preotact®, Nachteil: sehr teuer) od. Strontiumranelat (Protelos®).

♥ Bei alten sturzgefährdeten Pat. Tragen eines Protektors (gepolsterte Kunststoffschalen um die Hüftgelenke integriert in einer Baumwollunterhose, Safehip®), Verbesserung von Balance und Koordination (z.B. bei speziellen Osteoporose-Sportgruppen).

FEMURFRAKTUREN

Syn: Oberschenkelfraktur, engl. fracture of the femur, ICD-10: S72.3

Ät:
- Direktes Trauma: Sturz auf die Hüfte
- Abrissverletzungen: z.B. Sportverletzung (Stoß, Überbelastung)

Epid: **Pertrochantäre** und **subtrochantäre Oberschenkelfraktur** sind die typischen Frakturen des alten Menschen (Osteoporose)

Etlg:
\# Pertrochantäre Oberschenkelfraktur: stabil oder instabil (medialer Tragpfeiler zerstört ⇨ keine Kraftableitung)
\# Abrissfrakturen des Trochanter major oder minor ⇨ dislozieren durch die Muskel-Sehnen-Ansätze
\# Subtrochantäre Oberschenkelfraktur
\# Diaphysäre Oberschenkelfraktur = **Oberschenkelschaftfraktur**

Klin:
⇒ **Beinverkürzung, Außenrotation**
⇒ Schmerzhafte Bewegungseinschränkung, lokaler Druckschmerz
⇒ Oberschenkelschaft: Schwellung, Hämatom, Bewegungsschmerz, evtl. abnorme Beweglichkeit, Crepitatio, Functio laesa ⇨ Cave: **Blutverlust!** (2-3 l möglich ⇨ Schockgefahr)

Diag:
1. Anamnese und klinische Untersuchung
2. Röntgen: Beckenübersicht a.p., Hüftgelenk, Oberschenkel u. Kniegelenk in 2 Ebenen

Ther:
- Operativ: Ind: in der Regel wird heute eine operative Osteosynthese durchgeführt
  - Per-/subtrochantäre Frakturen:
    - **Gamma-Verriegelungsnagel** (Syn: prox. Femurnagel, s. Abb.): durch das Gleiten der Schraube in der Führung des intramedullären Kraftträgers im Femur (ggf. auch mit einem langen Schaft bei weit nach distal verlaufender subtrochantärer Fraktur), der zusätzlich verriegelt wird, erfolgt die Kompression auf den Frakturspalt ⇨ Vorteil: sofort belastungsstabil
    - DHS = dynamische Hüftschraube (POHL-Laschenschraube, Abb. s.o.) = extramedullärer Kraftträger, die Kompression auf den Frakturspalt erfolgt durch das Gleiten der Schraube in der Führung der Platte ⇨ Vorteil: sofort belastungsstabil

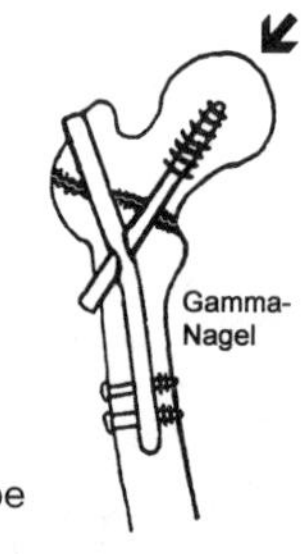

  - Dislozierte Abrissfrakturen ⇨ Zuggurtungsosteosynthese, Zugschraube
  - Oberschenkelschaftfrakturen:
    - **Marknagel** (insb. bei Frakturen im mittleren 1/3) vorgebohrt od. als **UFN** = unreamed femur nail = unaufgebohrter Femurnagel ⇨ dynamische intramedulläre Verklemmung **Verriegelungsnagel** (für Frakturen im proximalen oder distalen 1/3) ⇨ beidseitige Verriegelung ⇨ statische intramedulläre Verklemmung + Sicherung gegen Rotationsfehler, kann nach 6 Wo. durch Entfernen der (meist) prox. Verriegelung dynamisiert werden
    - Plattenosteosynthese (selten, bei Kindern mit offener Epiphysenfuge, da sich die Marknagelung hier verbietet): breite laterale Platte

- Trümmerfraktur: Fixateur externe (insb. bei offenen Frakturen) oder Verriegelungsnagelung mit beidseitiger Verriegelung ⇨ statische Verklemmung, oder **UFN** (dieser kann auch ggf. bei offenen Frakturen eingesetzt werden)

• Konservativ: nur bei nicht dislozierte Abrissfraktur ⇨ Bettruhe für 1 Woche

• *Kinder:* bis 4. Lj. Overhead-Extension für 4 Wo. (schnelle Bruchheilung), bis 6. Lj. Extensionsbehandlung u. Lagerung auf BRAUN-Schiene od. WEBER-Tisch für 4 Wo.
Op: bei II.- od. III.-gradig offenen Frakturen, Gefäß- od. Nervenschäden, Muskelinterponat, älteren Kindern ⇨ Reposition und Plattenosteosynthese od. Fixateur externe (intramedulläre Kraftträger werden wegen offener Epiphysenfugen und des noch weichen Knochens selten verwendet, evtl. dünne PREVOT-Pins)

Prog: i.d.R. gut

Kompl: * Blutverlust in den Oberschenkel durch ausgedehnte Hämatome aus dem Frakturspalt und Muskelzerreißung bis zu 3 Liter mögl. ⇨ **Schockgefahr!** (⇨ immer Infusion anlegen und Kontrolle von RR und Hb)
* Rotationsfehler
* Kompartmentsyndrom

SUPRA-/DIAKONDYLÄRE OBERSCHENKELFRAKTUREN

Syn: ICD-10: S72.41

Ät: Direktes Trauma: Knieanprall (z.B. Armaturenbrett = dashboard-injury)

Etlg: # Suprakondylär = ohne Gelenkbeteiligung
Diakondylär ohne Gelenkbeteiligung
Diakondylär mit Gelenkbeteiligung:
- Monokondylär
- Bikondylär ⇨ "Y"- (s. Abb.), "T"-Fraktur
- HOFFA-Fraktur = dorsale tagentiale Kondylenfraktur (sehr selten)

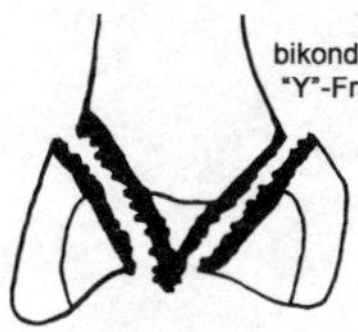

Klin: ⇒ Bewegungsschmerz, Druckschmerz
⇒ Evtl. Hämatom in der Kniekehle, häufig blutiger Kniegelenkerguss
⇒ Fehlstellung: proximales Fragment luxiert nach medial durch Zug der Adduktoren, das distales Fragment nach dorsal durch Zug des M.gastrocnemius (s. Abb.) ⇨ Durchspießung der Fragmente durch den Weichteilmantel mögl.

Diag: 1. Anamnese und klinische Untersuchung
2. Röntgen: Oberschenkel + Kniegelenk in 2 Ebenen + Beckenübersicht

Ther: • Operativ: Ind: bei Gelenkbeteiligung obligat!
- spezielle anatomisch vorgeformte Platte (z.B. LISS®-Platte), die über eine kleine Stichinzision eingeschoben werden, die Schrauben werden perkutan eingedreht (MIPPO-System) und sind winkelstabil ⇨ geringere Traumatisierung, bessere Durchblutung
od. 90° Winkelplatte (Kondylenabstützplatte)
- Retronail (distaler Femurspezialnagel, der retrograd eingebracht wird und als intramedullärer Kraftträger wirkt), suprakondylär auch normaler Marknagel möglich
- "Y"-Fraktur: 2 Zugschrauben zur Adaptation des Kondylenmassives + 90° Kondylenplatte zur Fixierung am Femurschaft
- HOFFA-Fraktur: ventrodorsale Verschraubung

- *Kind:* Spickdraht- u. Zugschraubenosteosynthese ⇨ Metallentfernung nach ca. 4-6 Wo.

Kompl:
- ∗ Knieanpralltrauma ⇨ häufig kombiniert mit Hüftgelenkverletzungen!
- ∗ Verletzung der A.poplitea und des N.tibialis durch Zug des M.gastrocnemius am distalen Fragment (⇨ Fragment kippt nach dorsal ab) möglich
- ∗ Posttraumatische Arthrose bei Gelenkbeteiligung
- ∗ Bewegungseinschränkung im Kniegelenk durch Kapselschrumpfung und Muskelverwachsungen

DD: Fabella (= Sesambein oberhalb des lateralen Oberschenkelkondylus)

UNTERE EXTREMITÄT - KNIEGELENK

Anatomie

Das **Kniegelenk** ist ein "Scharniergelenk" mit zusätzlicher Gleitachse und in Beugestellung auch ein Drehgelenk (Dreh-Scharnier-Gelenk = Trochoginglymus).

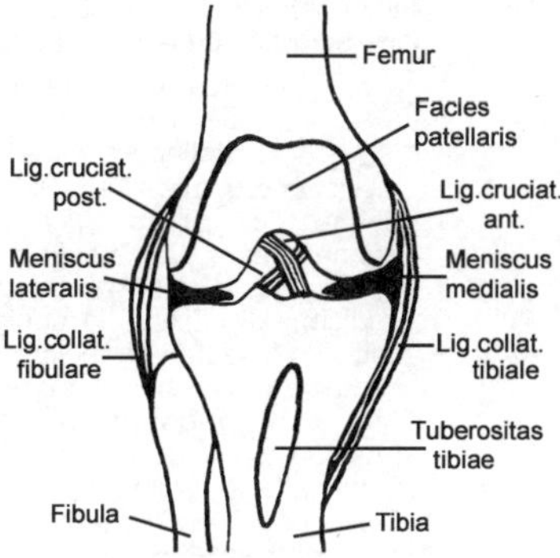

re. Knie von vorne, Patella entfernt

Bewegungsmaße: Extension/Flexion: 5 - 0 - 140° aktiv, passiv bis 160°, Außen-/Innenrotation (in Beugestellung): 40 - 0 - 10°

Menisken: Gleichen die Inkongruenz der Gelenkflächen aus, lat. Meniskus (kreisförmig), med. Meniskus (halbmondförmig) fixiert am medialen Seitenband

Bandapparat: Kreuzbänder: Lig.cruciatum anterius (LCA, v. hinten lateral oben nach vorne medial unten) und Lig.cruciatum posterius (LCP, v. vorne medial oben nach mitte/hinten lateral unten)

Seitenbänder: Lig.collaterale fibulare (lateral), Lig.collaterale tibiale (medial)

Muskuläre Stabilisierung: Streckseitig M.quadriceps femoris mit der Patella, lateral Tractus iliotibialis (des M.glutaeus max. u. tensor fasciae latae) + M.biceps femoris, medial M.semimembranosus + Pes anserinus (Mm. sartorius-, gracilis-, semitendinosus-Sehnen)

KNIE-BANDVERLETZUNGEN

Syn: ICD-10: S83.4-, Zerrung und Überdehnung = Distorsion; Zerreißung = Ruptur

Ät: Trauma: Abduktions-, Adduktions-, Rotationstrauma, Kniegelenkluxation (z.B. Ski, Fußball)

Epid: Inzidenz der Kreuzbandrupturen ca. 32/100.000/Jahr in Deutschland

Klin: ⇒ Schmerzhafte Bewegungseinschränkung, evtl. Instabilität des Kniegelenkes
⇒ Druckdolenz an den Kollateralbändern, evtl. Erguss und Weichteilschwellung
⇒ Evtl. Hämarthros
⇒ Instabilitätsgefühl („Giving-way-Symptomatik")

Diag: 1. Anamnese und klinische Untersuchung (Wichtig: immer im Seitenvergleich!)
- ***Seitenbänder:*** seitliche **Aufklappbarkeit** bei Ab- (⇨ med. Seitenband) und Adduktionsprüfung (⇨ lat. Seitenband) in Streckstellung (0°) und 30° Beugung
- ***Vorderes Kreuzband (LCA):*** **vordere Schublade**
  Hinteres Kreuzband (LCP): **hintere Schublade** (ausgeprägt zeigt sich das Schubladenphänomen jedoch erst bei Mitverletzung des Seitenbandapparates)
  Durchführung der Tests: in 60-90° Beugestellung durch Zug am US nach vorne bzw. hinten (auch als sog. LACHMAN-Test in 20-30° Beugestellung)
- Pivot-shift-Test positiv (in Streckstellung luxiert bei LCA-Insuffizienz die Tibia nach ventral, bei Beugung bei ca. 30° dann ruckartige Rückverlagerung nach dorsal)
- ***Rotationsinstabilität:*** Schublade in Außen- oder Innenrotationstellung (Formen: anterolat., anteromed., posterolat., posteromediale Instabilität)

2. Röntgen: Kniegelenk in mind. 2 Ebenen zum Ausschluss knöcherner Begleitverletzungen, Abrissfragmente in der Interkondylargrube (bei Kreuzbandausriss) od. laterale Kantenabrisse am Tibiaplateau (bei Seitenbandausriss, HUGHSTON-Kapselzeichen).
3. MRT: sehr gute Beurteilbarkeit der Kreuzbänder, Zusatzverletzungen?

4. Kniegelenkpunktion: Hämarthros, Fettaugen im Punktat ⇨ V.a. Knorpel-Knochenläsion
5. **Arthroskopie:** Beurteilung von Kreuzbändern, Menisken, Knorpelflächen, Seitenbändern und Kapselapparat (auch arthroskopische Op der Kreuzbänder dann mögl.)

Ther:
- Konservativ: Bei Distorsionen: kurzfristige Entlastung und intensives muskuläres Aufbautraining (M.quadriceps femoris und Ischiokruralmuskulatur)

  Bei Ruptur eines Seitenbandes ohne Begleitverletzungen und ohne Instabilität: Seitenband-stabilisierende Knieorthese (z.B. DONJOY-Schiene) für ca. 6 Wochen.
- Operativ: Ind: komplexe Bandrupturen (Kreuz- + Seitenbänder), Instabilität des Kniegelenkes (Giving-way-Symptomatik), Kreuzbandruptur bei sportlich aktiven Patienten
  - Kreuzbandrupturen: **Kreuzbandersatzplastik** mit autologer Sehne. Der Ersatz kann mit mehrfachen Pes-anserinus-Sehnen (engl. hamstrings) des M.semitendinosus und/oder des M.gracilis oder mit dem mittleren Drittel des Lig.patellae erfolgen. Die Fixierung erfolgt (auch als arthroskopische Op mit dem Einsatz von Zielgeräten für die Bohrung in Tibia und Femur) mit Spezialschrauben, sog. Interferenzschrauben (s. Abb.) oder speziellen Implantaten (z.B. Rigidfix od. Transfix).
  - Postoperativ: bei Semitendinosus-/Gracilis-Plastik Orthese-Schiene für 6 Wo. (0-0-120°), bei Partellarsehnenersatz ohne Schienung, ab 1. postop. Tag: Auftrainieren des M.quadriceps und volle Belastung in Abhängigkeit von Schwellung und Schmerzen, kein rotations-belastender Sport für 6 Mon.

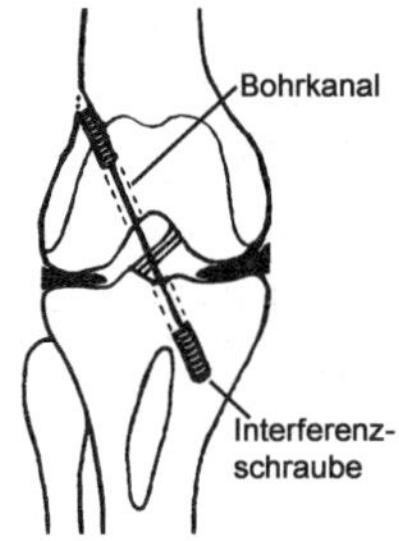

Prog: 1/3 der Patienten mit Kreuzbandverletzung kompensieren durch Muskeltraining sehr gut, 1/3 d.F. müssen Aktivitäten einschränken, 1/3 d.F. entwickeln Komplikationen.

Kompl:
- ∗ Unhappy-Triad-Verletzung: mediale Seitenband-Zerreißung + vordere Kreuzbandruptur + mediale Meniskusläsion (⇨ antero-mediale Instabilität), Op-Indikation!
- ∗ **Meniskusläsion**
- ∗ **Knorpel**-, Knorpel-Knochen-Schäden ⇨ posttraumatische Arthrose mögl.
- ∗ Nekrose des Kreuzbandapparates bei ausgedehnter Zerreißung
- ∗ MAISONNEUVE-Fraktur: knöcherner Ausriss des Lig.collaterale fibulare am Knie od. subkapitale Fibulafraktur + Längsriss der Membrana interossea + Innenknöchelfraktur (= Sonderform einer hohen WEBER-C-Sprunggelenkfraktur, s.u.)

Op:
- ∗ Arthrofibrose, Zyklopsentwicklung (Pseudotumor)
- ∗ Ruptur der Restpatellarsehne nach Entnahme des mittleren Teils der Patellarsehne (7-12 mm werden entnommen) als Transplantat für den Kreuzbandersatz, Patellafraktur

KNIEGELENKLUXATION

Syn: Engl. luxation of the knee, ICD-10: S83.1-

Ät:
- Starke direkte entgegenwirkende Gewalteinwirkung auf OS und US
- Angeborene laterale Subluxation (Missbildungen, Lageanomalie in utero), sehr selten

Path: Verrenkung zwischen Oberschenkelrolle und Tibiakopf nach ventro- od. posterolateral ⇨ meist Ruptur der Kreuzbänder u. des medialen Seitenbandes, häufig auch Begleitverletzung von A.poplitea und N.peroneus od. N.tibialis

Epid: Die Kniegelenkluxationen sind sehr selten (2 % aller Luxationen)

Etlg: Unterschieden wird eine vordere und eine hintere Luxation

Klin:
⇒ Selten federnde Fixation, meist **totale Instabilität**
⇒ Fehlstellung, Deformität

Diag: 1. Anamnese und klinische Untersuchung: auf Durchblutungsstörungen und neurologische Ausfälle achten (DMS)
2. Röntgen: Kniegelenk in 2 Ebenen
3. Doppleruntersuchung der Gefäße, ggf. DSA

Ther: • Operativ: Ind: immer gegeben, da Begleitverletzungen von Nerven, Gefäßen und **Bandläsionen** (Komplexinstabilität) fast obligat vorhanden sind
- Sofortige offene Reposition, Versorgung der Begleitverletzungen, je nach erreichter Stabilität bewegungslimitierte Schiene od. OS-Gips, Krankengymnastik

Kompl: * Begleitverletzungen: **Bandläsionen** sind fast obligat zu erwarten!, Kapselzerreißung, Knorpel-Knochenläsionen, Meniskusläsionen od. Tibiakopffraktur mögl.
* **Gefäß-** (A.poplitea) und **Nervenschäden** (N.tibialis) beachten!
* Bei ausgedehnten Begleitverletzungen können eine Instabilität oder neurologische Ausfälle (N.peroneus-Lähmung) bestehen bleiben
* Bei Knorpelläsionen ⇨ posttraumatische Arthrose möglich

MENISKUSLÄSION

Syn: Meniskusverletzung, Meniskusriss, engl. meniscus tear, ICD-10: S83.2

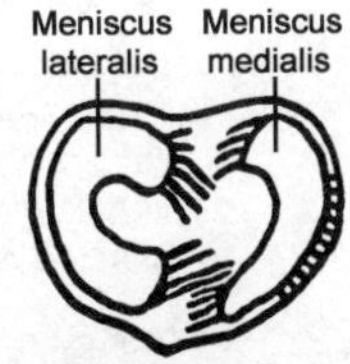

re. Tibiafläche von oben

Anatomie: Die Menisken sind Zwischenknorpel im Kniegelenk, bestehend aus Faserknorpel.
Funktion: Gleichen die Inkongruenz der Gelenkflächen aus. Meniscus lateralis (kreisförmig, frei), Meniscus medialis (halbmondförmig, fixiert am medialen Seitenband, s. Abb.)

Ät: – **Degenerativ** (häufigste Ursache, Pat. >50. Lj.) ⇨ ein Bagatelltrauma kann zur Läsion führen, Prädisp: kniende Tätigkeit (z.B. Fliesenleger, Bergbau), Leistungssportler
– Traumatisch: **Torsionstrauma**, insb. beim Sport (z.B. typisches Verdrehen des gebeugten Kniegelenkes beim Fußball) ⇨ Dreh- und Scherkräfte an den Menisken
– Als Begleitverletzung bei "unhappy-triad" (s.o.) od. Tibiakopffraktur
– Angeboren: Scheibenmeniskus (insb. lat. Meniskus) ⇨ Beschwerden im Kindesalter

Path: ♦ Kreiselbewegungen (insb. Außenrotation) im Kniegelenk bei fixiertem Unterschenkel führen im Kniegelenk zu Dreh- und Scherkräften an den Menisken. Durch die Fixierung des **medialen Meniskus** am tibialen Seitenband ist dieser besonders gefährdet für Einrisse (95 % der Meniskusverletzungen) oder kann komplett abreißen.
♦ Häufig sind Längsrisse im Meniskus = sog. **Korbhenkelrisse** (s. Abb.), seltener Querrisse

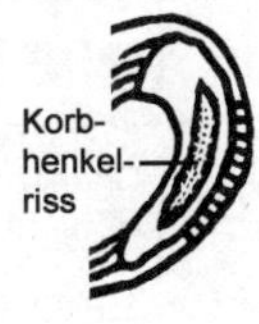

Klin: ⇒ **Schonhaltung** des Knies in Beugestellung, Streckungsschmerz
⇒ Kniegelenkschwellung, evtl. rezidivierende Kniegelenkergüsse ⇨ "tanzende Patella"
⇒ Federnde **Streckhemmung** bei 20-30° bei eingeklemmten Meniskusanteilen mögl.
⇒ Evtl. Hämarthros

Diag: 1. Anamnese (Unfallhergang?) und klinische Untersuchung:
- Druckschmerz über dem betreffenden Gelenkspalt
- **STEINMANN-Zeichen I:** Rotation des US in Beugestellung führt zu Schmerzen im Gebiet des geschädigten Meniskus: Außenrotationsschmerz ⇨ Innenmeniskus, Innenrotationsschmerz ⇨ Außenmeniskus
- **STEINMANN-Zeichen II:** Wanderung des Schmerzes und der Druckempfindlichkeit im Kniegelenkspalt von ventral nach dorsal bei Beugung im Kniegelenk
- BÖHLER-Zeichen: Ab- (Außenmeniskus) oder Adduktionsschmerz (Innenmeniskus) im betroffenen Meniskusgebiet

- APLEY-Zeichen: Pat. in Bauchlage, Knie 90° angewinkelt ⇨ Kompressions- und Rotationsschmerz (wie Steinmann I) im Kniegelenk
- PAYR-Zeichen: Yoga-Sitz ⇨ Schmerz im Kniegelenk (Innenmeniskus)

2. Sonographie
3. Röntgen: Kniegelenk in 2 Ebenen zum Ausschluss knöcherner Verletzungen
4. MRT: gute Darstellbarkeit der Menisken mögl.
5. **Arthroskopie** ⇨ sichere Diagnosestellung und gleichzeitig Ther. möglich

Ther:
- Konservativ: erstmalige Einklemmung: Versuch der Reposition durch "Ausschütteln" bei aufgeklapptem Gelenkspalt der betroffenen Seite
- Operativ:
  - **Arthroskopische Op**: je nach Situs Entfernung von veränderten Meniskusanteilen, Entfernen eines kleinen Korbhenkels (partielle Meniskektomie), Naht bei Abriss des med. Meniskus vom med. Kapselbandapparat
  - Bei frischem Korbhenkelriss (und jungem Pat.) arthroskopische Refixation des Korbhenkels durch Meniskusnaht (U-Nähte mit resorbierbarem PDS-Faden in Inside-out oder Outside-in-Technik) od. mit Meniscus-Arrows (kleine resorbierbare Pins mit Widerhaken) mögl., post.op. Bewegungsorthese (0-0-30°) für 3 Wo.
  - Im Versuchsstadium: bei jungen Pat. mit völliger Meniskuszerstörung Implantation eines kollagenen Meniskusimplantates
  - Postoperativ: schmerz- und schwellungsadaptierte Entlastung für einige Tage, isometrische Übungen für M.quadriceps für 2 Wo., danach zunehmende Belastung und Beugung im Kniegelenk

Kompl:
- Nach Meniskektomie: spätere konsekutive Arthrose, Knorpelschäden
- Rezidivierende Kniegelenkergüsse bei verbliebenem Restmeniskus (insb. Hinterhorn nach arthroskopischer Meniskektomie)
- Verletzung v. A.poplitea, N.peroneus, Kniegelenkinfektion, tiefe Beinvenenthrombose
- BAKER-Zyste: dorsale Synovialis-Ausstülpung infolge einer (meist med.) Meniskusläsion

DD:
- Meniskuszyste (Syn: Meniskusganglion): zystisch-degenerative Veränderung meist am lateralen Meniskus mit Prolabieren des zystischen Gewebes aus dem Gelenkspalt
- Hypertropher HOFFA-Fettkörper (Hyperplasie des subpatellaren Fettkörpers)
- Plica mediopatellaris, Chondropathie, Gonarthrose
- Knorpel-Knochenverletzungen

KNIE-KNORPELSCHÄDEN

Syn: Chondropathie, Chondromalazie, (retropatellare) Arthrose, **Gonarthrose**, Kniegelenkarthrose, engl. osteoarthritis of the knee, ICD-10: M24.16, M17.9

Ät:
- Traumatisch: Kontusion, Quetschung (**Anpralltrauma**), Patellaluxation, Kniedistorsion, Abschertrauma (= flake fracture) ⇨ Knorpelfissuren, Knorpelfragmentation, **Knorpelimpression** (⇨ Stufe in der Gelenkfläche, z.B. durch Tibiakopffraktur)
- Degenerativ: Überbelastung (unverhältnismäßige sportliche Aktivität) oder **chronische Belastung** (z.B. kniende Tätigkeit bei Fliesenlegern), Übergewicht ⇨ Knorpelverschleiß
  Achsenfehlstellung (Genu varum, valgum, recurvatum) od. **Inkongruenz** der Gelenkflächen od. **Meniskusschaden** ⇨ lokale Fehlbelastung des Knorpels
  genetische Disposition (multigenetisch in Kombination mit den o.g. Risikofaktoren)

Path: Lok: bevorzugt an der **Retropatellarfläche** und an den **Femurkondylen** vorkommend

Epid:
- ◊ Prädisp.alter: retropatellare Knorpelschäden oft schon bei **jungen Patienten** (20.-30. Lj.), **typische Gonarthrose** an den Femurkondylen bei **älteren Menschen** (>60. Lj.)
- ◊ Inzidenz: Gonarthrose bei >70-jährigen 1 %/Jahr, die Prävalenz beträgt ca. 10 % (bei >70-jährigen mit klinischen Beschwerden, radiologische Zeichen haben fast 40 %), in Deutschland werden jährlich ca. 145.000 Knieendoprothesen implantiert.

Klin: ⇒ **Bewegungsschmerz**, z.B. beim Knie beugen (z.B. insb. Treppensteigen)
⇒ **Reizerguss**, evtl. Hämarthros, Schonhaltung (⇨ Atrophie des M.quadriceps), Bewegungseinschränkung
⇒ Abgelöste Knorpelstücke ⇨ freie Gelenkkörper ⇨ Einklemmung mögl.

Diag:
1. Anamnese (Einlaufschmerz, Schmerz bei Belastung, Steifigkeit) und klinische Untersuchung: Krepitation, Prüfung der Bandstabilität, Gelenkerguss?, Bewegungseinschränkung, Gangbild, ZOHLEN-Zeichen (Schmerz bei aktivem Heben des Beines bei mit der Hand des Untersuchers kranial fixierten Patella ⇨ pos. bei retropatellarer Arthrose)
2. Röntgen: Knie in 2 Ebenen (**Gelenkspaltverschmälerung**, Osteophyten an den Rändern, Achsfehlstellung?), Patella-Tangentialaufnahme, Patellagleitlager (subchondrale Veränderungen, Gelenkstufen, freier Gelenkkörper?), evtl. Arthrographie, Ganzbeinstandaufnahme
3. MRT: Nachweis eines Knorpelschadens mögl.
4. Diagnostische Kniegelenkpunktion: evtl. Hämarthros mit Fettaugen im Punktat
5. **Arthroskopie** (Mittel der Wahl): direkte Betrachtung und „fühlen" der Knorpelfläche mit dem Tasthäkchen mögl.

Ther:
- Konservativ: lokale Eisanwendung, isometrische Kräftigung d. M.quadriceps, Antiphlogistika (**NSAR** aus der Gruppe der COX-2-Inhibitoren, z.B. Celecoxib, Celebrex® od. Etoricoxib, Arcoxia®), bei Adipositas Gewichtsreduktion
  Entlastung für 4-8 Wochen bei traumatischer Knorpelkontusion
  Intraartikuläre Glukokortikoidinjektion (Triamcinolonacetonid 10-40 mg, steriles Arbeiten!)
- Operativ: Ind: frischer Knorpelschaden/knöcherne Beteiligung, fortgeschritt. Gonarthrose
  - Bei Fehlstellungen Korrekturosteotomie mögl.
  - Trauma: sorgfältige Reposition von ausgesprengten Knorpel-, Knorpel-Knochenstücken (zuvor lokal mehrfaches Anbohren des Knochens [Bohrung nach PRIDIE] od. kleine Perforationen mit dem Spitzmeisel [sog. Mikrofrakturierung] ⇨ fördert Kapillar- und Bindegewebeeinsprossung), Fixation mit Fibrinkleber u. Spickdrähten oder resorbierbaren Stiften (Polylactid), die auf Knorpelniveau abgeknipst werden.
    Impressionsfrakturen mit Stufenbildung werden angehoben (s.u. Tibiakopffraktur).
    Gleichzeitig Op begleitender Schäden, wie Bandläsionen od. Meniskusverletzung.
  - Gonarthrose: ist der Knorpel lokal völlig zerstört, kann an anderer Stelle im Kniegelenk ein Knorpelknochenzylinder mit einer Diamanthohlschleife entnommen und transplantiert werden (osteochondrale autologe Transplantation).
    Alternativ: Implantation künstlichen Knorpels aus Hydrogel (SaluCartilage™) in vorgebohrte kleine Vertiefungen. Versucht wird auch eine PRIDIE-Bohrung + Implantation einer speziellen Membran (Chondro-Guide®), die das Wachstum autologer Stammzellen zu Chondrozyten induziert.
    Autologe Chondrozytentransplantation: Entnahme von Knorpelzellen an unbelasteter Stelle, dann Anzüchtung von Chondrozyten im Labor (als Suspension od. auf einer resorbierbaren Matrix) und später Implantation dieser an der Stelle des Defektes
  - Retropatellare Arthrose: Medialisierung und Vorverlagerung des Lig.patellae oder laterale Retinakulumspaltung (laterales Release, Ansatz des M.vastus lat.) ⇨ Patella wird von ihrem Gleitlager abgehoben bzw. verschoben (auch als arthroskopische Op)
  - Fortgeschrittene, destruierende Gonarthrose: **endoprothetischer Ersatz** mit einem künstlichen Kniegelenk. Die Prothesen haben heute eine sehr gute Haltbarkeit (mittlere Standzeit 12-15 J.). Zu Op-Prinzipien und Kompl. s.o. Kap. Koxarthrose.
  - Postoperativ: Ruhigstellung für einige Tage, danach frühfunktionelle Bewegungsübungen unter **Entlastung** für ca. 8-12 Wochen

Kompl:
* **Posttraumatische Arthrose**, Destruktion der Gelenkfläche ⇨ künstliches Kniegelenk
* Intraartikuläre Injektionen ⇨ Cave: steriles Arbeiten wegen Gefahr d. septischen Arthritis

DD:
- Meniskusläsionen
- Plica mediopatellaris (medial-shelf syndrome): Synovialfalte medial der Patella ⇨ bei Hypertrophie Einklemmung + Schmerzen im Kniegelenk; Ther: arthroskopische Resektion
- Arthritis, rheumatische Gelenkerkrankungen, Arthrose
- Osteochondrosis dissecans (KÖNIG-Syndrom, subchondrales nekrotisches Knochenfragment, meist medial ⇨ Mausbett und freier Gelenkkörper [Gelenkmaus] mögl.)

BAKER-ZYSTE

__Syn:__ Poplitealzyste, Kniegelenkhygrom, Arthrozele, engl. Baker's cyst, ICD-10: M71.2

__Def:__ Ausstülpung der dorsalen Gelenkkapsel am Kniegelenk = Synovialzyste/Synovialhernie

__Ät:__
- Primäre Zyste = angeboren, idiopathisch
- __Sekundäre Zysten:__ **Kniebinnenschaden** (z.B. Läsion des medialen Meniskus), degenerativ (Gonarthrose, Chondropathie), systemische Erkrankungen (z.B. rheumatoide Arthritis) ⇨ Stimulation der Produktion von Synovialflüssigkeit

__Etlg:__
Distensionszyste = Zyste mit Verbindung zum Kniebinnenraum
Dissektionszyste = Ruptur einer Zyste u. Austritt von Synovialflüssigkeit in die Kniekehle

__Klin:__
⇒ Dorsale Schwellung, Fluktuation, rezidivierende posteriore Schmerzen im Kniegelenk, insb. bei Streckung
⇒ Evtl. begleitender Kniegelenkerguss

__Diag:__
1. Anamnese (Knietrauma?) und klinische Untersuchung (tastbare Schwellung)
2. Sonographie (Darstellung der Zyste), Duplexsonographie zum Ausschluss eines Gefäßprozesses
3. __Röntgen:__ Kniegelenk in 2 Ebenen zum Ausschluss knöcherner Verletzungen
4. **Arthroskopie** bei allen sekundären Zysten zur Diagnostik der Grunderkrankung

__Ther:__
- __Operativ:__ Ind: nur bei Verdrängungsbeschwerden von Nerven od. Gefäßen gegeben
  - Querinzision dorsal in der Kniekehle, Präparation und Resektion der Zyste und Verschluss des Zystenstumpfes am Kniegelenk
  - Arthroskopie in gleicher Sitzung durchführen und ggf. Ther. der Grunderkrankung (z.B. Teilresektion des Meniskus, Knorpelshaving)

__Prog:__ Nach operativer Exstirpation primärer Zysten sehr gut, bei sekundären Zysten sind Rezidive häufig (insb. wenn die Grunderkrankung am Kniegelenk nicht mitbehandelt wurde)

__Kompl:__ __Op:__ Erguss, Hämatom, Hypästhesie am Unterschenkel, **Rezidiv**

__DD:__
- Zyste der Bursa des M.semimembranosus od. M.biceps femoris, Ruptur des M.gastrocnemius
- Phlebothrombose, arterielles Aneurysma, Hämangiom
- Lipome, Liposarkom

PATELLALUXATION

__Syn:__ Engl. dislocation of the patella, ICD-10: S83.0

__Ät:__
- __Habituell:__ konstitutionelle Bindegewebsschwäche, Formveränderung der Patella (Abflachung), Patellahochstand, Genu valgum, abgeflachter lateraler Femurkondylus ⇨ Luxation durch Bagatelltrauma
- Angeboren (meist beidseitig, Hypoplasie der Patella u. Genu valgum ⇨ Luxation nach lat.)
- Erworben: Wachstumsstörungen durch Trauma, Osteomyelitis, Tumor
- Traumatisch (grobe Gewalt) ⇨ kombiniert meist mit Knochen-, Knorpel-, Muskel- und/oder Bandverletzungen, rezidivierend traumatisch

__Klin:__
⇒ Knieschmerz mit Ergussbildung
⇒ Deformität des Gelenkes: tastbare, nach **lateral** luxierte Kniescheibe

Diag: 1. Anamnese und klinische Untersuchung
2. Röntgen: Knie in 2 Ebenen zum Ausschluss knöcherner Begleitverletzungen nach Reposition: Patella axial zum Ausschluss von Knorpel-/Knochenschäden
3. Evtl. Arthroskopie: zur Feststellung, ob Knorpelschäden an der Retropatellarfläche durch das Trauma od. die Reposition entstanden sind

Ther:
- Konservativ: Reposition in Überstreckung des Kniegelenkes ⇨ funktionelle Behandlung mit Patellaluxationsbandage, KG: Muskelaufbautraining des M.quadrizeps (insb. des M.vastus med.)
- Operativ: Ind: rezidivierende Luxationen, viele verschiedene Op-Methoden mögl.
  - Laterales Release: Spaltung des lateralen Retinakulums (heute meist arthroskopisch), Raffnähte des medialen Retinakulums und proximale Rekonstruktion
  - Op nach ALI KROGIUS: Annähen eines gestielten Streifens des Lig.patellae von med. nach lateral ⇨ der laterale Wulst verhindert die Luxation
  - Op nach LANZ: Verpflanzung der Sehnenansatzes des M.gracilis an die mediale Seite der Patella ⇨ Zug nach medial
  - Op nach GOLDTHWAIT: Verlagerung und Fixation der lat. Patellasehnenhälfte nach med.
  - Op nach MAYO-VIERNSTEIN: med. Raffung und Umsetzung der med. Muskelansätze
  - Nach Wachstumsabschluss (Erwachsene): Op n. ELMSLIE-TRILLAT: Verlagerung der Tuberositas tibiae n. med., ggf. zusätzlich Korrekturosteotomie bei starkem Genu valgum

Kompl:
* Bei heftiger Luxation: Ruptur des fixierenden seitlichen Bandes (= Retinaculum patellae) der Patella an den Femurkondylen, meist Zerreißung medial (s. Abb.)
* Knorpelschäden und später Arthrose im femoropatellaren Gleitlager bei rezidivierenden Luxationen

DD: Hypermobile Patella, Ther: KG Muskelaufbautraining

PATELLAFRAKTUR

Syn: Fraktur der Kniescheibe, engl. fracture of the patella, ICD-10: S82.0

Ät:
– Direktes Trauma: Anpralltrauma (z.B. PKW-Unfall) oder Sturz auf das Knie
– Indirekte Gewalteinwirkung durch extreme Kontraktion des M.quadriceps femoris

Path:
♦ Durch den Zug des M.quadriceps dislozieren die frakturierten Patellaanteile (Querfraktur, Abrissfraktur) = Traktionsfraktur ⇨ klassische Indikation für Zuggurtungsosteosynthese
♦ Durch die Retinacula patellae (beidseits seitlich der Kniescheibe von M.vastus lat./Tractus iliotibialis und M.vastus med. zu den Tibiakondylen ziehend) und den Pes anserinus ist noch eine geringe Unterschenkelstreckung mögl. (sog. Reservestreckapparat)

Etlg:
Obere und untere Polabrissfrakturen = knöcherner Ausriss
Fissuren oder osteochondrale Absprengungen (auch bei Luxation)
Querfraktur (häufigste, 80 % d.F.), Längsfraktur, Schrägfraktur
Mehrfragmentbruch, Sternfraktur, Trümmerfraktur

Klin:
⇒ Weichteilschwellung, tastbarer Frakturspalt
⇒ Schmerzhaft eingeschränkte Kniestreckung (Zerreißung des Streckapparates)
⇒ Hämarthros

Diag: 1. Anamnese und klinische Untersuchung
2. Röntgen: Knie in 2 Ebenen + Patella axial (tangential) mit Gleitlager

Ther:
- Konservativ: bei nicht dislozierte Frakturen (Fissuren, Längsfraktur, subaponeurotische Frakturen) bewegungslimitierte Orthese für ca. 4 Wo.

- <u>Operativ:</u> Ind: jede dislozierte Fraktur muss operiert werden, da durch den Zug des M.quadriceps sonst keine Knochenadaptation möglich ist.
  - Querfraktur: stufenfreie Reposition, **Zuggurtungsosteosynthese** = Einbringen von 2 Spickdrähten, über deren Enden eine 8er-förmige Zerklage gelegt wird (s. Abb.)
  - Längsfraktur und Schrägfraktur: Zugschraubenosteosynthese
  - Trümmerfrakturen: Spickdrähte und umlaufende Zerklage + 8er-förmige Zerklage oder Adaptation der Fragmente mit resorbierbarem Nahtmaterial über Bohrkanäle
    bei völliger Zertrümmerung evtl. auch Patellektomie erforderlich
  - postoperativ: Frühmobilisation

Zuggurtungs-osteosynthese

<u>Kompl:</u> * Knorpelverletzungen der Femurkondylen, Verletzung der Bursa
* Posttraumatische Chondropathie d. Retropatellarfläche (⇨ Arthrose)

<u>Op:</u> * Pseudarthrose, Lockerung der Zerklage

<u>DD:</u> – **Patella bipartita** und tripartita meist im oberen äußeren Quadranten (DD zur Längsfraktur)
– Ruptur der Quadrizepssehne, Zerreißung des Lig.patellae, Abrissfraktur der Tuberositas tibiae (= Streckapparatverletzung)

STRECKAPPARATVERLETZUNG

<u>Syn:</u> ICD-10: S76.1

<u>Anatomie:</u> Der Streckapparat besteht aus dem **M.quadriceps femoris**, seiner Sehne, die zur Patella zieht, aus der Patella selbst und dem Lig.patellae, das von der Patella bis zum Ansatz an der Tuberositas tibiae zieht.
Die Retinacula patellae beidseits seitlich der Kniescheibe (von M.vastus lat./Tractus iliotibialis und M.vastus med. zu den Tibiakondylen ziehend) sind an der Streckung im Kniegelenk ebenfalls beteiligt (sog. Reservestreckapparat)

<u>Ät:</u> – Quadrizepssehnenruptur: meist degenerativ bedingt + starke Anspannung des M.quadriceps
– Extrem starke Anspannung des M.quadriceps ⇨ Lig.patellae-Ruptur, Patellafraktur oder Abrissfraktur der Tuberositas tibiae möglich

<u>Path:</u> Durch den Zug des M.quadriceps führt eine Zerreißung des Streckapparats an einer Stelle zu starker **Dehiszenz** ⇨ Op-Indikation stets gegeben

<u>Etlg:</u> # Quadrizepssehnenruptur
Patellafraktur (s.o.)
Zerreißung des Lig.patellae
Abrissfraktur der Tuberositas tibiae

<u>Klin:</u> ⇒ Streckausfall = aktive Streckung im Kniegelenk eingeschränkt od. nicht möglich
⇒ Tastbare Dehiszenz im Bereich der Quadrizepssehne oder Lig.patellae
⇒ Quadrizepssehnenruptur ⇨ Patellatiefstand
Lig.patellae-ruptur + Abrissfraktur. d. Tuberositas tibiae ⇨ Patellahochstand
⇒ Weichteilschwellung und Bluterguss

<u>Diag:</u> 1. Anamnese und klinische Untersuchung
2. <u>Röntgen:</u> Kniegelenk a.p. und seitlich
3. <u>Sonographie:</u> Darstellung muskulärer oder ligamentärer Dehiszenzen

<u>Ther:</u>
- <u>Operativ:</u> Ind: durch die Dehiszenz obligat gegeben
  - Frische Quadrizepssehnenruptur: End-zu-End-Naht + Augmentation mit PDS-Kordel
  - Bei ausgeprägter Degeneration: plastische Rekonstruktion
  - Lig.patellae-Zerreißung: End-zu-End-Naht bei interligamentärer Ruptur, transossäre Reinsertion bei Riss nahe an der Tuberositas tibiae + Augmentation mit PDS-Kordel

- Abrissfraktur der Tuberositas tibiae: Zuggurtungsosteosynthese über Spickdrähte, Trümmerfragment ⇨ transossäre Reinsertion des Lig.patellae
- Postoperativ: Orthese mit Bewegungslimitierung, krankengymnastische Mobilisation, volle Belastbarkeit nach 3-4 Mon.

DD: OSGOOD-SCHLATTER-Krankheit = aseptische Knochennekrose der Tuberositas tibiae (= Schienbeinkopfapophyse) im Kindesalter (kann zur Abrissfraktur führen) ⇨ konservative Therapie mit Entlastung oder BECK-Bohrung

UNTERE EXTREMITÄT - UNTERSCHENKEL

Anatomie Tibia und Fibula sind durch die Membrana interossea verbunden. Ventro-medial ist die Tibia nur von Haut bedeckt ⇨ hier leicht **offene Frakturen** und Heilungsstörungen mögl. Die Muskelgruppen des US sind von straffen Faszien umgeben ⇨ **Muskellogensyndrome** als Komplikation möglich. Im Bereich des Sprunggelenkes sind Tibia und Fibula zusätzlich über Bänder verbunden = vordere und hintere Syndesmose.

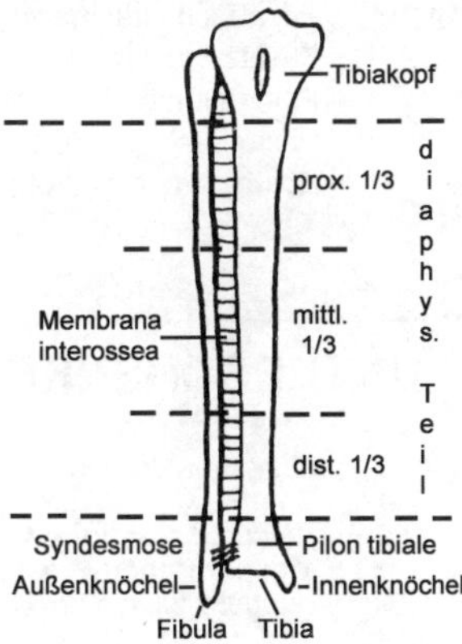

TIBIAKOPFFRAKTUR

Syn: Proximale Tibiagelenkfraktur, ICD-10: S82.18

Ät:
- indirektes Trauma durch Sturz auf das Bein (z.B. von der Leiter ⇨ führt zur Plateaufraktur)
- direktes Trauma auf das Kniegelenk (⇨ führt zu Trümmer- und Luxationsfrakturen)

Path: Meist Stauchungskräfte entlang der Längsachse des Beines durch Sturz auf das Bein ⇨ **Impression** und Frakturierung der Kondylen, die nach seitlich abgesprengt werden können (das laterale Plateau ist häufiger betroffen, da geringere Knochendichte als das mediale)

Etlg: nach TSCHERNE (berücksichtigt den Unfallmechanismus)

Plateaufrakturen (durch Kräfte entlang der Beinlängsachse)
- Spaltbruch (Meißelfraktur) ohne Dislokation
- Spaltbruch mit Dislokation = Depressionsfraktur: mono- / bikondylär ("V"- / "Y"-Fraktur)
- Impressionsfraktur
- Kombiniert: Impressionsfraktur + Depressionsspaltbruch (s. Abb.)

Trümmerfrakturen (durch Rasanztrauma)

Luxationsfrakturen (durch Rotations- und Scherkräfte)

Klin: ⇒ Weichteilschwellung und Hämatom, fast immer **Hämarthros** ⇨ Abpunktieren! (evtl. sichtbare Fettaugen im Punktat)
⇒ Schmerzhafte Bewegungseinschränkung, Druckschmerz

Diag: 1. Anamnese und klinische Untersuchung
2. Röntgen: Kniegelenk in 2 Ebenen, zur sicheren Diagnose u. Op-Vorbereitung bei Impressionsfrakturen ist eine **Tomographie** od. CT des Tibiakopfes notwendig

Ther:
- Konservativ: nicht dislozierte Spaltbrüche ⇨ Tutor für 3-4 Wo., danach KG, volle Belastung nach ca. 2-3 Mon.
  Ein Hämarthros sollte auf jeden Fall abpunktiert werden.
- Operativ: Ind: alle dislozierten Frakturen
  Wichtig ist, dass nach der Reposition die Gelenkfläche exakt steht! (einige Kliniken kombinieren daher die Op. mit einer Arthroskopie zur Kontrolle der Gelenkfläche)
  - Impressionsfrakturen >3 mm: Anhebung und Unterfütterung d. Impression mit Spongiosa von einem Knochenfenster aus + Einbringen zweier Abstützschrauben, evtl. unter gleichzeitiger arthroskopischer Kontrolle (bessere Beurteilung der Gelenkfläche)
  - Kondylenfrakturen: Plattenosteosynthese mit T-Abstützplatte
  - Impressions-Depressionsbruch: Anhebung u. Unterfütterung der Impression + Plattenosteosynthese mit T-Platte als Fixations- und Abstützplatte
  - Trümmerfrakturen: Fixateur externe, evtl. auch Hybridfixateur
  - Postoperativ: frühfunktionelle Mobilisation unter Entlastung des Kniegelenkes für 6-8 Wo. mit KG, Bewegungsschiene

Kompl:
* Zusätzliche traumatische Kapsel-Band-Rupturen, Knorpelläsionen, Meniskusquetschung
* Zusätzliche Fibulaköpfchenfraktur, Läsion des N.peroneus
* Posttraumatische Arthrose bei bestehendem Gelenkflächendefekt
* Postoperativer Infekt mit Osteomyelitis und Gelenkempyem
* Kompartmentsyndrom

UNTERSCHENKELFRAKTUREN

Syn: Schaftfrakturen des Unterschenkels, ICD-10: S82.-

Anatomie: Durch die **geringe Weichteildeckung** (insb. am med. Anteil der Tibia) kommt es häufig zu **offenen Frakturen** und postoperativen Komplikationen. Der Unterschenkel wird eingeteilt in ein proximales, mittleres und unteres Drittel.

Ät: Trauma: Anprall (Stoßstangenverletzung) ⇨ Biegungsbruch, Stauchung, Torsion (Skiunfall)

Etlg:
Isolierte Fibulafraktur
Isolierte Tibiafraktur
Fraktur von Tibia und Fibula = (komplette) Unterschenkelschaftfraktur

Klin: ⇒ Häufig Weichteilschäden ⇨ offene Fraktur mit Hautwunde, Hämatom, Weichteilschwellung, sichtbare Knochenenden, Knochensplitter
⇒ Gut tast- und sichtbare Fehlstellung, Krepitation, Schmerz bei Bewegung

Diag: 1. Anamnese und klinische Untersuchung
2. Röntgen: US in 2 Ebenen inkl. Kniegelenk und Sprunggelenk

Ther:
- Funktionell: isolierte Fibulafraktur evtl. mit Unterschenkelzinkleimverband oder Unterschenkelgehgips für 4 Wo. od. ohne Verband und Entlastung bis Pat. beschwerdefrei
- Konservativ: isolierte nicht dislozierte Tibiafraktur u. nicht dislozierte Unterschenkelschaftfrakturen: Fixation im gespaltenen Oberschenkelliegegips od. OS-Gipsschiene für

10 Tg., dann zirkulärer Gips für 2-4 Wo., danach Gehgips für 4 Wo. oder besser mit SARMIENTO-Brace (Beweglichkeit im Kniegelenk mögl.), Thromboseprophylaxe.

- Operativ: Ind: 2.- + 3.-gradig offene Frakturen, dislozierte Frakturen, Trümmerfrakturen, fehlende Knochenbruchheilung (>4 Mon.), Polytrauma (zur Pflegeerleichterung)

In der Regel wird nur die Tibia operativ versorgt, ggf. muss manchmal auch die Fibula mit einer Platte versorgt werden (bei distaler Fraktur mit OSG-Beteiligung, zur korrekten Einstellung der US-Länge u. Rotation).

- Schaftfrakturen im proximalen Drittel: Marknagelung und ggf. Verriegelung; auch mögl. laterale + mediale winkelstabile Platte für Tibia od. Fixateur externe
- Schaftfrakturen im mittleren Drittel: besonders gut geeignet für die (gebohrte) **Marknagelung** der Tibia, postoperativ: Belastung schon nach wenigen Tagen mögl.
- Schaftfrakturen im distalen Drittel: Marknagelung und ggf. Verriegelung; auch mögl. mediale winkelstabile Platte für die Tibia
- Etagenfraktur: Verriegelungsnagel (= Marknagel und Verriegelung mittels Schrauben proximal **+** distal ⇨ statische Verriegelung) für Tibia od. Fixateur externe
- Trümmerfraktur und 2.-/3.-gradig offene Frakturen: Fixateur externe als unilateraler Klammerfixateur, Monofixateur od. V-förmigen Fixateur oder zeltförmiger Fixateur (Nachteil: muss durch die lateralen Weichteile geführt werden), evtl. zusätzliche Versorgung der Fibula mit Plattenosteosynthese.
  Ggf. auch unaufgebohrter Tibianagel (**UTN** = unreamed tibial nail) mit Verriegelung.
  Sekundär ist bei verzögerter Heilung eine Reosteosynthese (Nagel, Platten, offene Spongiosaplastik) erforderlich. Bei großen Defekten ggf. Kallusdistraktion.
- Plattenosteosynthese postoperativ: 4 Wo. Entlastung, danach Teilbelastung, Vollbelastung nach ca. 10-12 Wochen.

Kompl:
* Cave! **Kompartmentsyndrom** durch Raumforderung in den straffen Muskellogen des Unterschenkels (s. allg. Traumatologie), tiefe Beinvenenthrombose
* Verletzung des N.peroneus
* Verzögerte Knochenbruchheilung und Pseudarthrosenbildung, insb. bei devitalen Fragmenten
* Implantatbruch (bei UTN und anderen Marknägeln)
* Achsenfehler ⇨ Arthrose durch Fehlbelastung

PILON-TIBIALE-FRAKTUR

Syn: Pilonfraktur (französisch: pilonner = stauchen), distale Tibiagelenkfraktur, engl. intra-articular fracture of distal tibia, ICD-10: S82.38

Ät: Heftiges Trauma: Sturz aus großer Höhe = hochenergetische Stauchungsfraktur

Path:
- **Axiale Gewalteinwirkung** auf das distale Tibiaplateau ⇨ Kompressions- / **Stauchungsfraktur** im Bereich des Pilon tibiale mit Beteiligung der Gelenkfläche (Knorpelkontusion, Spongiosadefekt od. Trümmerfraktur)
- *Kind:* Häufig Frakturen mit Beteiligung der Epiphysenfuge (Aitken 0-III)

Etlg: Nach WEBER

Typ **A**:	Vordere + hintere Absprengung der distalen Tibia, zentrale Kompression der Spongiosa
Typ **B**:	Vordere Absprengung der distalen Tibia
Typ **C**:	Hintere Absprengung der distalen Tibia

Klin:
⇒ Bewegungs-, Druck- und Stauchungsschmerz, schmerzhafte Bewegungseinschränkung
⇒ Weichteilschwellung, Hämatom

Diag: 1. Anamnese (typischer Unfallhergang) und klinische Untersuchung
2. Röntgen: Unterschenkel und Sprunggelenk in 2 Ebenen
CT der Gelenkfläche

Ther:
- Konservativ: geschlossene, nicht dislozierte, stabile Frakturen **ohne** Gelenkflächenbeteiligung ⇨ Gips für ca. 8 Wochen mit Entlastung des Gelenkes, dann KG und steigende Belastung oder alternativ frühfunktionelle Behandlung mit Sprunggelenkschiene und Vollbelastung ab dem 3. Tag
- Operativ: Ind: dislozierte Frakturen, Beteiligung der Gelenkfläche, offene Frakturen
  - Offene Reposition, **anatomische Wiederherstellung der Gelenkfläche**, evtl. Spongiosaunterfütterung (mit Beckenkammspongiosa), Stabilisierung mit Zugschrauben und Hybridfixateur. Je nach Befund auch Plattenosteosynthese (sog. Pilon-Platten od. DC-Platte). Bei gleichzeitiger Fibulafraktur wird diese mit Plattenosteosynthese versorgt.
    Bei ausgedehnten Weichteilschäden kann es erforderlich sein, erst eine Reposition u. Ruhigstellung mit Fixateur durchzuführen und dann in einer 2. Op nach 7-10 Tagen die definitive Wiederherstellung des Gelenkes durchzuführen.
  - Postoperativ: Ruhigstellung durch den Fixateur od. im Gips für 4-6 Wochen, frühfunktionelle Beübung ohne Belastung, nach 8 Wochen Beginn mit Teilbelastung, Vollbelastung nach 10-14 Wo. mögl.
  - Bei völlig irreponiblen Frakturen (Trümmerfrakturen) oder posttraumatischer Arthrose kann eine sekundäre Arthrodese (= Versteifung des Gelenkes) notwendig werden
  - *Kind:* Aitken 0 und I geschlossene Reposition und Gips für 4 Wochen
    Aitken II und III offene Reposition und Spickdrahtosteosynthese, Entfernung der Drähte nach ca. 4 Wochen, Gips für insg. 6 Wochen

Kompl:
* Durch das ursächliche starke Unfalltrauma häufig Mitverletzung von Fibula, Tibiakopf, Becken u. Wirbelsäule
* Probleme macht die oft erhebliche **Weichteilschädigung**
* Gefäßverletzung, Kompartmentsyndrom
* Vordere u. hintere Syndesmose sind oft mitverletzt (knöcherner Ausriss), die Außenbänder bleiben meist intakt
* Infektion bei offenen Frakturen (Weichteilinfekton, Pin-Infekt des Fixateurs, Knocheninfektion)
* *Kind:* Bei nicht exakter Reposition der Epiphysenfuge ⇨Wachstumsstörungen

Op: * **Posttraumatische Arthrose** durch verbliebene Gelenkflächeninkongruenz, Knorpelverletzung (Flake fracture = osteochondrale Fraktur)

SPRUNGGELENKFRAKTUREN

Syn: Knöchelfrakturen, Malleolarfrakturen, malleoläre Frakturen, ICD-10 Innenknöchel: S82.5, Außenknöchel: S82.6

Anatomie: Außenknöchel = distale Fibula, Innenknöchel = dist. Tibia. Der Außenknöchel hat die Leitfunktion für das obere Sprunggelenk und muss die erheblichen Scherkräfte über den Bandapparat auffangen.

Bewegungsmaße: Dorsal-/Plantarflexion: 30 - 0 - 50°
Pro-/Supination: 20 - 0 - 35°

Bandapparat: vordere u. hintere Syndesmose (Lig. fibulotibiale) und die Membrana interossea verbinden die Tibia mit Fibula.
- Lig.deltoideum: Verbindet Tibia mit Talus
- Lig.fibulotalare ant. u. post. verb. Fibula m. Talus
- Lig.fibulocalcaneare verbindet Fibula mit Calcaneus

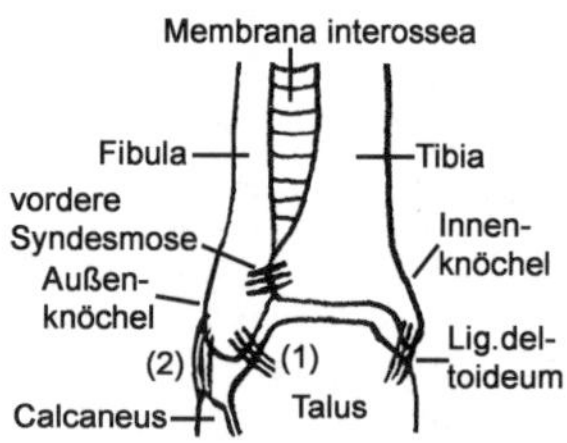

(1) Lig.fibulotalare ant.
(2) Lig. fibulocalcaneare

Ät: Trauma und Luxation durch "Fußumknicken"
- Supinations-/Adduktionstrauma ⇨ Innenknöchelfrakturen und eher WEBER A, B
- Pronations-/Abduktionstrauma ⇨ eher WEBER C
- Distorsionstrauma ⇨ MAISONNEUVE-Fraktur

Epid: Häufigste Fraktur an der unteren Extremität

Klin: ⇒ Hämatom und Druckschmerz über dem Außen- und evtl. Innenknöchel
⇒ Schmerzhafte Bewegungseinschränkung
⇒ Sprengung der Sprunggelenkgabel ⇨ Fuß ist seitlich versetzt zum US

Etlg: # Nach WEBER bzw. DANIS (1949): Außenknöchelfraktur im Verhältnis zur Syndesmose

WEBER A:	Fraktur **unterhalb der Syndesmose** / des Gelenkspaltes, Syndesmose intakt
WEBER B:	Fraktur **in Höhe der Syndesmose**, meist Teilruptur der Syndesmose
WEBER C:	Fraktur **oberhalb** der Syndesmose, **Syndesmose immer zerrissen**, Membrana interossea bis zur Fraktur rupturiert

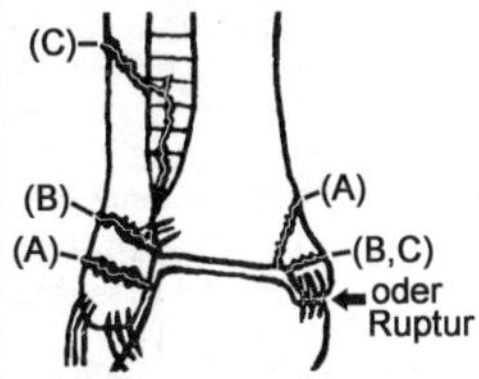

Die Frakturen sind häufig kombiniert mit Abscher- (A) oder Abrissfraktur (B, C) des unteren Teils des Innenknöchels oder Zerreißung des Lig.deltoideum

und/oder einer Abscher-/Abrissfraktur (B, C) an der dorsalen Tibiakante (hinterer Teil des Innenknöchels) durch den Zug der hinteren Syndesmose = hinteres **VOLKMANN-Dreieck** (s. Abb.)

MAISONNEUVE-Fraktur: Sonderform der WEBER-C-Fraktur = hohe WEBER-C-Sprunggelenkfraktur als subkapitale Fibulafraktur (oder knöcherner Ausriss des Lig.collaterale fibulare am Knie) + Längsriss der Membrana interossea und Ruptur der Syndesmosen + Innenknöchelfraktur oder Riss des Lig.deltoideum

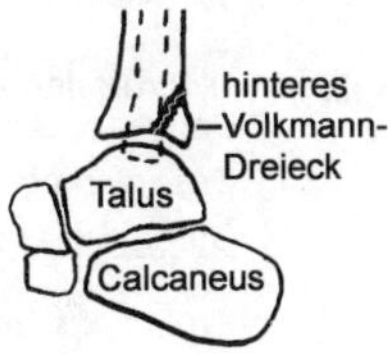

Sprunggelenkluxationsfraktur = bimalleoläre Fraktur ⇨ Sprengung der Sprunggelenkgabel, völlige Instabilität

Diag: 1. Anamnese und klinische Untersuchung
2. Röntgen: Sprunggelenk in 2 Ebenen, evtl. gehaltene Aufnahmen zum Ausschluss von Bandverletzungen (nicht bei Frakturen!), im Zweifel zum Ausschluss von proximalen Frakturen ganzer Unterschenkel in 2 Ebenen röntgen

Ther:
- Konservativ: WEBER A (= ohne Syndesmosenruptur) u. ohne Dislokation ⇨ Unterschenkelgips für ca. 6 Wochen
- Operativ: Ind: WEBER B + C (dislozierte WEBER A-Frakturen)
  - Außenknöchel: Osteosynthese mit Zugschraube u. dorsolateral angebrachter 1/3 Rohr-Platte od. spezieller winkelstabiler Platte oder nur mit Schrauben. Naht der Syndesmose und mögl. anderer Bandrupturen, evtl. Fixation der Stellung der Syndesmose durch temporäre Stellschraube für 6 Wo. (nach 6 Wo. wird dann nur die Stellschraube entfernt)
  - Innenknöchel: Abscherfraktur od. VOLKMANN-Dreieck mit Zugschraube, Abrissfraktur mit Zuggurtungsosteosynthese
  - Sprunggelenkgabelsprengung: Osteosynthese der Frakturen wie oben und temporäre Stellschraube (fixiert Fibula an die Tibia) für ca. 6 Wochen
  - Postoperativ: Ruhigstellung für ca. 6 Wochen (wegen der Bandrupturen), Bewegungsübungen ohne Belastung (Dorsalflexion im Gips), dann Teilbelastung ab 6. Woche, Vollbelastung ab 8. Woche

Kompl: * Knorpelabscherungen am Talus = Flake fracture, Abrissfraktur des VOLKMANN-Dreieckes ⇨ posttraumatische Arthrose
* Gelenkinstabilität bei nicht versorgten Bandrupturen
* Gefäß- und/oder Nervenläsionen

SPRUNGGELENKDISTORSION/AUßENBANDRUPTUR

Ät: Typisches **Umknicktrauma** (Fußball, Volleyball, Basketball, Ski oder Stolpern)

Path:
- ♦ Trauma i.d.R. in Supination und Adduktion ⇨ Überdehnung bis Ruptur des Außenbandapparates (lateral) am OSG
  Als erstes rupturiert das Lig.fibulotalare anterius (90 % d.F.), als nächstes dann meist das Lig.fibulocalcaneare (60 % d.F.)
- ♦ Trauma in Pronation ⇨ WEBER-Frakturen, evtl. mit Riss des Lig.deltoideum

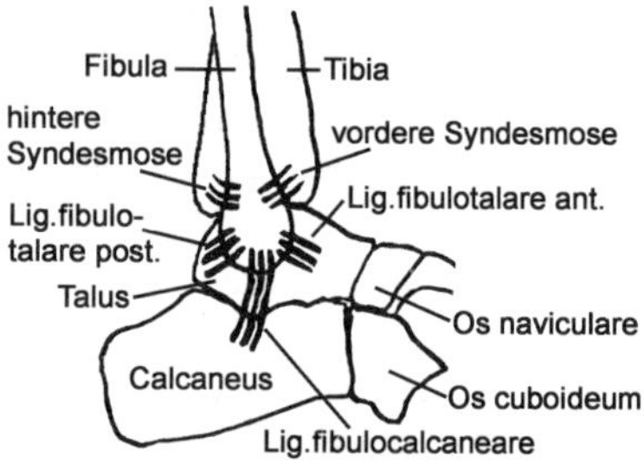

Epid: Häufigste Bandverletzung des Menschen

Etlg:
Akute **OSG-Distorsion** = Überdehnung und Zerrung, ICD-10: S93.40
Chronisch rezidivierende Distorsion = Außenbandapparatinsuffizienz
Ligamentruptur = Bandriss (als Einband-, Zweibandverletzung od. komplette Außenbandverletzung), ICD-10: S93.2

Klin:
⇒ **Weichteilschwellung**, **Bewegungseinschränkung** und **Hämatom** (bei Verletzung der Bänder und/oder Gelenkkapsel)
⇒ Druckschmerz über dem Außenknöchel und Überdehnungsschmerz (Supination)
⇒ Chronische Instabilität: Rezidivierendes Umknicken, Instabilität, Belastungsschmerzen

Diag:
1. Anamnese und klinische Untersuchung: Prüfung des Talusvorschubes und der seitlichen Aufklappbarkeit (immer im Vergleich zur Gegenseite), Druckschmerz über dem Verlauf der Bandstrukturen, Hämatom
2. Röntgen: **Sprunggelenk in 2 Ebenen nativ** zum Ausschluss knöcherner Verletzungen
   Ggf. **gehaltene Aufnahmen**: entweder nach Abschwellung des Gelenkes (einige Tage nach dem Trauma, wenn zur Diagnose noch notwendig) od. direkt nach dem Trauma in Lokalanästhesie und möglichst im **Seitenvergleich** mit der gesunden Seite durchführen: das Gelenk wird hierzu in ein Haltegerät eingespannt ⇨ pathologisch: a.p. >8° laterale Aufklappbarkeit [Taluskippung], im Seitenbild >8 mm Talusvorschub
   Ggf. Arthrographie bei unklarem Befund
3. OSG-Sonographie: indirekter Nachweis von Bandläsionen durch Darstellung von Hämatomen mit/ohne Gelenkraumverbindung, evtl. inhomogene Bandstruktur sichtbar

Ther:
- Akut: Kühlung, Kompression, Hochlagerung und Entlastung der Extremität
- Konservativ/Funktionell: Distorsionen ohne Instabilität ⇨ elastischer Stützverband
  Bei geringer Instabilität: Ruhigstellung mit Unterschenkelsteigbügelgips für 10 Tage + Heparinisierung, dann für ca. 20 Tage Gehgips oder besser **Orthese** (Aircastschiene, MHH-Schiene n. ZWIPP), Tape-Verband od. Adimed®-Schuh zur Verkürzung der Gipsruhigstellung. Danach für 1 Monat pronierende Stützverbände (z.B. Malleotrain®, Elodur®), Schuhaußenranderhöhung, Krankengymnastik (Muskelaufbautraining, Schulung der Koordination und Eigenreflexe = Propriozeptorentraining).
  Nachteil der kons. Ther.: hohe Pat.-Compliance nötig, evtl. verbleibende Restinstabilität ⇨ dann ggf. Op.

- Kinder: Verletzung typischerweise meist mit knöchernem Ausriss ⇨ Ruhigstellung im Gips/US-Schiene für 3 Wo. meist ausreichend
- Operativ: Ind: gravierende Instabilität des Sprunggelenkes (chronische Instabilität, Reruptur), osteochondraler Bandausriss, knöcherne Begleitverletzungen, erhebliches Hämatom mit drohender Perfusionsstörung
  - Zeitpunkt: Op sofort (bis 6-8 Stunden) oder nach ca. 4-6 Tagen (Abschwellung des Op-Gebietes durch Hochlagerung und Ruhigstellung)
  - Op: Adaptation der Bänder: interligamentäre Ruptur ⇨ **End-zu-End-Naht**, knochennaher Riss ⇨ Naht an Bandstumpf/Periost, mit kleinem knöchernem Ausriss (insb. Jugendliche) ⇨ Minischraube od. **transossäre Refixation**
  - Chronische Bandinstabilität: Bandplastik als Periostzügelplastik nach KUNER (mit einem Periostreifen von der Fibula, der umgeschlagen und als Bandersatz verwendet wird) oder mittels autologer Sehne (Peroneus brevis) nach WATSON-JONES oder Plantarissehnentransplantation nach WEBER
  - Postoperativ: Ruhigstellung im Unterschenkelliegegips (Steigbügel) für ca. 1-2 Wo. in Dorsalflexion- und leichter Pronationsstellung (⇨ Bänder entlastet), dann Unterschenkelgehgips für weitere 3-4 Wochen, danach für 1 Monat pronierende Stützverbände (s.o.), volle Belastung (Sport) erst nach insg. 3 Monaten mögl.

Kompl:
* Supinationstrauma ⇨ Abscherfraktur am Innenknöchel ausschließen
* Ausriss der Sehne des M.peroneus brevis am Ansatz des 5. Mittelfußknochen oder Peroneus-Sehnen-Luxation am Außenknöchel nach ventral
* Schlottergelenk / **chronische Instabilität**
* Weichteil-Impingement-Syndrom (⇨ Engensymptomatik)
* Second-stage-Ruptur (= erneute Ruptur bei schlechter Ausheilung einer früheren Ruptur)
* Posttraumatische Arthrose bei Knorpelschäden oder Fehlbelastung

Op: * Reruptur = Ruptur eines früher operativ versorgten und gut ausgeheilten Bandes

DD:
- Sprunggelenkfraktur, MAISONNEUVE-Fraktur
- Syndesmosenruptur, Peronealsehnenluxation

ACHILLESSEHNENRUPTUR

Syn: Achillessehnenriss, engl. Achilles' tendon rupture, ICD-10: S86.0

Anatomie: Die Achillessehne (= Tendo calcaneus) verbindet den M.triceps surae (M.gastrocnemius, M.soleus) mit dem Tuber calcanei. Sie ist die stärkste Sehne des Menschen. Länge: 10-12 cm, Durchmesser: 0,5-1 cm

Ät:
- **Indirektes Trauma**: extreme Muskelanspannung, z.B. Sportverletzung beim Fußball, Tennis od. Federball (es ist aber keine typische Verletzung des Hochleistungssportlers), Abrutschen von einer Treppe
- **Degenerative Veränderungen + indirektes Trauma**, Prädisp.: Hyperurikämie, chronische Polyarthritis, längere Glukokortikoidmedikation, Immunsuppressiva ⇨ Bagatelltrauma reicht für eine Ruptur aus (Spontanruptur)
- Selten direktes Trauma: Schnittverletzung, Stoß, Schlag
- Iatrogen: seltene Med.-NW bei Ciprofloxacin-Gabe (Gyrasehemmer, Ciprobay®)

Epid:
◊ **M** >> w (5 : 1)
◊ Prädisp.alter: sportlich aktive Männer 30-50. Lj. und degenerativ >50. Lj.
◊ Inzidenz: 20/100.000/Jahr, für Deutschland 16.000/Jahr geschätzt

Etlg: # **Komplette Ruptur** (meist 2-6 cm über dem Kalkaneusansatz) oder Teilruptur der Sehne (selten)

Abrissfraktur der Achillessehne am Kalkaneus = Entenschnabelfraktur (selten)

Klin: ⇒ **Peitschenartiger reißender Schmerz** im Augenblick der Ruptur, ggf. hörbares Rupturgeräusch
⇒ **Tastbare Dehiszenz** im Verlauf der Sehne (Delle), Druckschmerzhaftigkeit
⇒ Schwellung, Hämatom

Diag: 1. Anamnese (Hergang der Verletzung) und klinische Untersuchung: Zehenspitzenstand kann nicht durchgeführt werden, tastbare Lücke im Verlauf der Achillessehne
THOMPSON-Test: Zusammenkneifen der Wade in Bauchlage führt zur (mechanischen) Plantarflexion bei intakter Sehne, Plantarflexion fehlt bei rupturierter Sehne
2. Röntgen: Fersenbein in 2 Ebenen zum Ausschluss eines knöchernen Ausrisses oder anderer Begleitverletzungen
3. **Sonographie:** Darstellung der Achillessehne (die Ruptur imponiert als Lücke)

Ther:
- Konservativ: die funktionelle Ther. wird immer häufiger durchgeführt ⇨ Gips in **Spitzfußstellung** für 1 Woche (sonographische Kontrolle, ob in der 20° Spitzfußstellung die Sehnenenden aneinanderliegen), dann (oder gleich von Anfang an) **Spezialschuh** (mit ventraler Verstärkung und Absatzerhöhung um 3 cm ⇨ verhindert die Dorsalflexion, Adipromed®Vario-Stabil) für 6 Wochen Tag + Nacht und dann noch 2 Wochen nur tagsüber (wöchentliche Sono-Kontrolle), ab 4. Woche KG mit isometrischem Krafttraining, Sportfähigkeit nach 3-4 Mon.
- Operativ: Ind: wenn in der Sono in Spitzfußstellung keine Annäherung der Sehnenenden erfolgt ⇨ unverzügliche Versorgung!
  - Sehnenruptur: perkutane Naht über 6 kleine Stichinzisionen an den Rändern der Achillessehne (Vorteil: geringes Op-Trauma)
    Ebenfalls möglich ist eine zusätzliche (oder auch alleinige) Fibrinklebung
    Sind die minimalinvasiven Mehtoden nicht erfolgreich, dann offene Op: medialer Zugang, feinadaptierende Naht oder **Durchflechtungsnaht** (8er-förmige Gänge durch die beiden Sehnenenden mit PDS = resorbierbare Polydioxanon-Kordel) evtl. + Umkippplastik bei alten Pat. (ein Teil der proximalen Sehne wird gestielt, umgekippt und auf das distale Ende aufgenäht)
  - Entenschnabelfraktur: Reposition und Verschraubung oder Zuggurtung
  - Postoperativ: Unterschenkelgips für 3-4 Wochen in 30° Spitzfußstellung (⇨ Entlastung der Sehne), dann Unterschenkelgehgips in Neutralstellung für 2-4 Wochen. Volle Belastbarkeit frühestens nach 3 Monaten, evtl. Erhöhung der Absätze zur Entlastung der Sehne. Alternativ heute oft frühfunktionelle Nachbehandlung ohne Gips mit Spezialschuh, KG und Teilentlastung für 3 Wochen.
  - Alte Sehnenrupturen: Sehnenplastik und längerfristige Ruhigstellung

Prog: Die konservative (ambulante) **frühfunktionelle Therapie** hat eine fast gleich gute Prognose wie die operative Therapie und wird daher überwiegend angewendet. Bei Leistungssportlern wird noch die operative Ther. bevorzugt (in perkutaner Technik).
Nach Ausheilung bleibt die Sehne an der Rupturstelle ungefähr doppelt so dick im Vergleich zur Gegenseite.

Kompl: * Reruptur (2 %, meist in den ersten 3 Monaten, etwas höheres Risiko bei der konservativen Ther.)
* Tiefe Beinvenenthrombose
* Tendinosis calcanei mit Verkalkungen

Op: * Nervenläsion
* Wundheilungsstörung (sehr wenig umgebendes Gewebe) ⇨ kann zur Achillessehneninfektion u. Reruptur mit schlechter Heilungstendenz führen

DD: – **Achillodynie**: Schmerzen im Bereich der Achillessehne od. am Achillessehnenansatz (Tuber calcanei) bei chronischer Belastung/Überlastung
– Sprunggelenkfraktur

UNTERE EXTREMITÄT - FUß

TALUSLUXATION

Syn: ICD-10: S93.3-

Def: Luxation im **OSG** (zwischen Talus und Tibia/Fibula = eingelenkig), subtalare Luxation im **USG** (zwischen Talus und Calcaneus/Os naviculare = zweigelenkig) oder Kombination von OSG- + USG-Luxation = dreigelenkige totale Talusluxation

Path:
- ♦ Trauma mit extremer Plantarflexion ⇨ hintere Luxation im OSG
- ♦ Sturz aus großer Höhe: Luxation nach innen hinten im USG

Etlg:
- # Vordere und hintere Luxation
- # Seitliche Luxationen sind wegen der straffen Führung des Talus in der Malleolengabel nur als Luxationsfrakturen (mit Knöchelfraktur) möglich
- # Subtalare Luxation: Talus verbleibt in der Malleolengabel, es luxieren alle subtalaren Anteile des Fußes (Calcaneus, Os naviculare)

Klin:
- ⇒ Federnde Fixation, Deformität
- ⇒ Schwellung, schmerzhafte Bewegungseinschränkung

Diag:
1. Anamnese und klinische Untersuchung
2. Röntgen: Sprunggelenk und Fußwurzel in 2 Ebenen zum Ausschluss knöcherner Verletzungen

Ther:
- Konservativ: Reposition in Analgesie und Muskelrelaxation, evtl. Narkose ⇨ Entlastung des Sprunggelenkes für 4-6 Monate!
- Operativ: Ind: Begleitverletzungen von Knochen oder Bändern

Kompl:
- ∗ Durch Gefäßschaden ⇨ Talusnekrose (insb. bei dreigelenkiger Luxation)
- ∗ Posttraumatische Arthrose bei Knorpelläsionen

TALUSFRAKTUR

Syn: Sprungbeinfraktur, ICD-10: 92.1

Anatomie: Gefäßversorgung des Sprungbeins: A.sinus tarsi aus der A.dorsalis pedis und A.canalis tarsi aus der A.tibialis posterior ⇨ die posttraumatische Durchblutung ist wichtig für die Beurteilung der Entstehung einer Talusnekrose

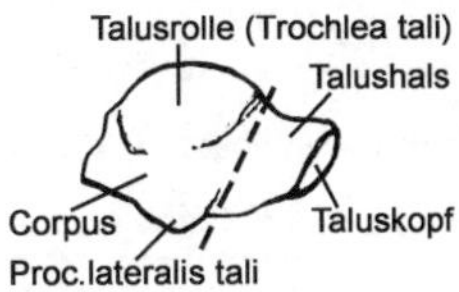

Ät: Heftiges Trauma: axiale Gewalteinwirkung (z.B. Sturz von Leiter, Auffahrunfall), Abschertrauma evtl. mit Luxation des OSG und/oder USG

Klin: Schwellung und Hämatombildung, schmerzhafte Bewegungseinschränkung

Diag:
1. Anamnese und klinische Untersuchung
2. Röntgen: Sprunggelenk in 2 Ebenen, CT (evtl. mit 3-D-Rekonstruktion)
3. Evtl. Arthroskopie nach Konsolidierung der Fraktur zur Beurteilung der Gelenk-/Knorpelfläche

Etlg: Nach HAWKINS, 1970 (bezüglich der Nekrosegefahr)

Gruppe I:	vertikale Fraktur im Halsbereich, nicht disloziert, keine Luxation
Gruppe II:	vertikale Fraktur im Halsbereich, disloziert, Luxation des Corpus (mit OSG) nach dorsal, Subluxation od. Luxation im subtalaren Gelenk (USG)
Gruppe III:	vertikale Fraktur des Talus mit Luxation im OSG und USG ⇨ am meisten gefährdet für eine Talusnekrose

Ther:
- Konservativ: Fraktur ohne Dislokation und Gelenkflächenbeteiligung ⇨ Ruhigstellung im Liegegips und Entlastung für 3 Monate
- Operativ: Ind: dislozierte Frakturen mit Stufenbildung der Gelenkfläche
  - Schwieriger Zugang: Osteotomie des Innenknöchels als Zugang zum Talus, dann Reposition und Schraubenosteosynthese des Talus, anschließend Wiederherstellen des Innenknöchels mittels Zuggurtung
  - Schwere Trümmerfrakturen ⇨ Entfernung des Talus und Arthrodese zwischen Tibia und Calcaneus
  - Postoperativ: Entlastung für 6 Wo., ggf. länger bei Nekrosegefahr

Kompl:
- Aufgrund des Pathomechanismus Sturz ist eine zusätzliche Kompressionsfraktur der **Wirbelsäule** möglich und muss ausgeschlossen werden!
- Knorpelfrakturen/-impressionen (Flake fracture) am Talus ⇨ posttraumatische Arthrose
- Gefäß (A.tibialis posterior) und Nervenverletzung
- Aufgrund der relativ schlechten Blutversorgung und Revaskularisation des Talus ist dieser für eine **posttraumatische Knochennekrose** stark gefährdet! Pseudarthrose, Infekte

KALKANEUSFRAKTUR

Syn: Fersenbeinfraktur, ICD-10: S92.0

Ät: Trauma: Sturz aus **großer Höhe** auf das Bein (z.B. Leitersturz)

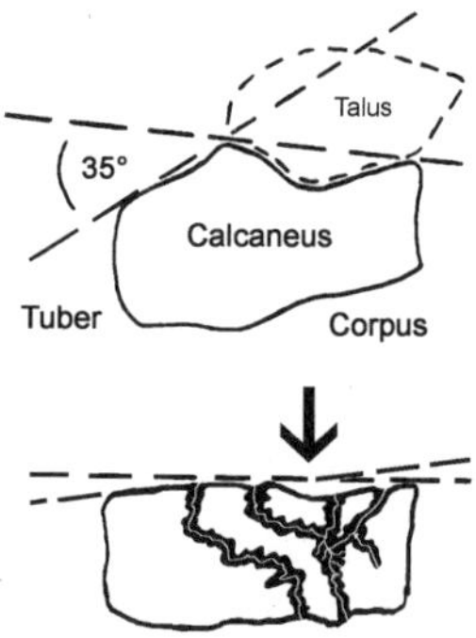

Path:
- Absturztrauma ⇨ axiale Stauchung ⇨ **Kompressionsfraktur** des relativ weichen Calcaneus durch den härteren Talus.
  Ausmaß der Kompression kann an dem Tubergelenkwinkel (nach BÖHLER, s. Abb.) abgelesen werden: physiologisch sind 35° ⇨ bei Kompression Abflachung bis 0° (s. Abb.) oder sogar negativer Tubergelenkwinkel möglich.
- Aufgrund des Pathomechanismus ist eine zusätzliche Kompressionsfraktur der **Wirbelsäule** mögl.!

Epid: Häufigste Fraktur der Fußknochen

Etlg: Nach ESSEX-LOPRESTI (1952)

Frakturen **ohne** Beteiligung des subtalaren Gelenks (USG, in Richtung Talus)
- Frakturen des Tuber calcanei
- Frakturen mit Beteiligung des Kalkaneokuboidgelenks

Frakturen **mit** Beteiligung des subtalaren Gelenks (USG, in Richtung Talus)
- Tongue Type Fracture (vertikale Fraktur unterhalb des Proc.lateralis tali + horizontale Fraktur in Richtung Tuber calcanei ⇨ großes zungenförmiges Tuberfragment)
- Joint Depression Type Fracture (vertikale Fraktur unterhalb des Proc.lateralis tali + konzentrische Frakturen hinter der dorsalen kalkaneotalischen Gelenkfläche, wie in der Abb. oben)
- Frakturen mit massiver Dislokation

Klin: ⇒ Schwellung, Hämatom, Deformität, schmerzhafte Bewegungseinschränkung
⇒ Druckschmerz, Kompressionsschmerz, Fersenbeinklopfschmerz

Diag: 1. Anamnese und klinische Untersuchung
2. Röntgen: Sprunggelenk in 2 Ebenen, Fersenbein tangential, CT (evtl. mit 3-D-Rekonstruktion)

Ther:
- Konservativ: Wenn eine Wiederherstellung der Gelenkfläche nicht möglich ist (alte Pat., schlechte Weichteilverhältnisse) ⇨ Entlastung des Gelenkes unter Hochlagerung zur Abschwellung, dann frühfunktionelle Behandlung, Entlastung des Beines für ca. 6 Wo. (z.B. mit ALLGÖWER-Gehapparat: Gewicht wird am Tibiakopf abgefangen)
- Operativ:
  - Lateraler Zugang, Anhebung und Unterfütterung der Gelenkfläche mit Spongiosa, Stabilisierung des Repositionsergebnisses mit Spickdrähten, H-, T- od. speziellen Kalkaneus-Platten od. Schrauben, Gips für 4 Wochen und Entlastung für 3-4 Monate je nach Stabilität
  - Bei rezidivierenden therapieresistenten posttraumatischen Beschwerden evtl. subtalare Arthrodese (Versteifung des USG u. ggf. Kalkaneokuboidgelenk)

Kompl:
* Begleitverletzungen der Wirbelsäule ausschließen!
* Durch Abflachung des Tubergelenkwinkels ⇨ posttraumatischer Plattfuß, posttraumatische Arthrose, die Schmerzen verursachen kann ⇨ Anpassen von Einlagen und orthopädischem Schuhwerk notwendig
* Trophische Störung bis hin zur SUDECK-Dystrophie
* Selten posttraumatische Knochennekrose des Kalkaneus

DD:
- Aseptische Knochennekrose des Kalkaneus (Apophysitis calcanei des Achillessehnenansatzes im Jugendalter)
- HAGLUND-Ferse: schmerzhafte Exostose der oberen hinteren Ecke des Tuber calcanei

FUßWURZELFRAKTUREN/-LUXATIONEN

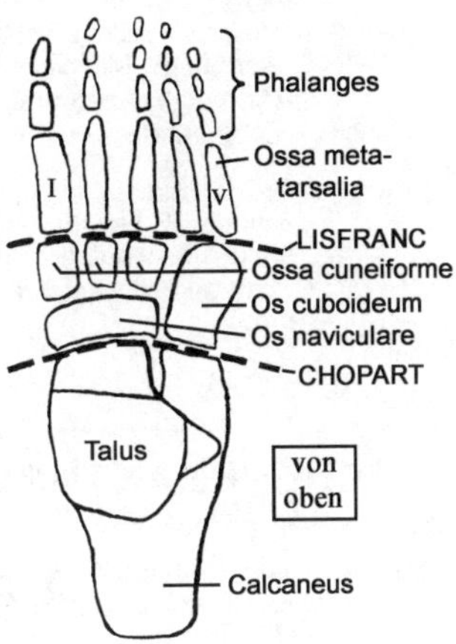

Anatomie: Os naviculare, Os cuboideum, Os cuneiforme mediale, intermediale u. laterale
Gelenklinien (gleichzeitig **Amputationslinien**):
CHOPART-Linie: Zwischen Talus u. Calcaneus und dem Os naviculare u. cuboideum
LISFRANC-Linie: Zwischen Os cuboideum u. Ossa cuneiformia und den Ossa metatarsalia

Ät:
- Luxationen: Sturz auf die Fußspitze, ICD-10: S93.31
- Frakturen: direktes Trauma (schwerer Gegenstand, Quetschung) oder indirektes Trauma (Sturz) als Quer-, Schräg- und Trümmerfrakturen, ICD-10: S92.28

Klin: ⇒ Luxation: tastbare Deformität, federnde Fixation
⇒ Frakturen: Hämatom, Schwellung, schmerzhafte Bewegungseinschränkung ⇨ Fersengang noch möglich

Diag: 1. Anamnese und klinische Untersuchung
2. Röntgen: Fußwurzelknochen in 2 Ebenen u. 45° Schrägaufnahme, ggf. auch CT

Ther:
- Konservativ: Versuch der Reposition einer Luxation in Vollnarkose (sehr schwierig ⇨ meist offene operative Reposition erforderlich), anschließend Ruhigstellung für 6 Wo. im US-Gips
- Operativ: Ind: dislozierte Frakturen und Luxationsfrakturen
  - Anatomisch korrekte Reposition, passagere Gelenkfixation mit K-Drahtosteosynthese oder Schrauben ⇨ postoperativ US-Gips für 6 Wochen

Kompl: * Fußkompartmentsyndrom
* Posttraumatische Arthrose, Knochennekrose, Plattfuß

DD: Aseptische Knochennekrosen (KÖHLER-I-Krankheit des Os naviculare v. a. bei Jungen und KÖHLER-II-FREIBERG-Krankheit des Metatarsalköpfchens II [–IV] v. a. bei Mädchen, ISELIN-Krankheit des Os metatarsale V)

MITTELFUßFRAKTUREN

Syn: Metatarsalfrakturen, ICD-10: S92.3

Ät:
- Direktes Trauma (schwerer Gegenstand, Quetschung z.B. Überrollen eines Autos)
- Indirektes Trauma: Forcierte Supination (z.B. Abrutschen vom Gehsteig) ⇨ Os metatarsale V knöcherner Ausriss an der lat. Basis durch den plötzlichen Zug der M.peroneus-brevis-Sehne und Plantaraponeurose
- Ermüdungsbruch: Marschfraktur (meist Os metatarsale II.-III.)

Etlg: # Quer-, Schräg- und Trümmerfrakturen
Serienfrakturen (= mehrere Mittelfußknochen frakturiert)

Klin: Schwellung, Hämatom, Bewegungsschmerz, Belastungsschmerz

Diag:
1. Anamnese und klinische Untersuchung
2. Röntgen: Fuß in 2 Ebenen, ggf. Schrägaufnahmen. Bei V.a. auf Marschfraktur ohne Frakturnachweis im Rö. ggf. Szintigraphie durchführen.

Ther:
- Konservativ: Nicht dislozierte Frakturen, Marschfrakturen: Unterschenkelgehgips für 6 Wochen
- Operativ: Ind: dislozierte und offene Frakturen, Luxations-, Serienfrakturen
  - Dislozierte Einzel- oder Serienfrakturen: Nur die Randstrahlen (Os metatarsale I und V) werden mit Miniplatten versorgt, II-IV erhalten axiale Spickdrähte
  - Os met. V-Fraktur mit Gelenkbeteiligung ⇨ Zuggurtungsosteosynthese
  - Postoperativ: Gipsruhigstellung für 4-6 Wochen

Kompl: * Ausgeprägte Weichteilschwellung od. Infektion, insb. bei Verletzungen durch Quetschung ⇨ Gefahr eines Kompartmentsyndroms oder einer SUDECK-Dystrophie, dies kann zur Amputation führen
* Posttraumatische Arthrose, Pseudoarthrose und Senkfuß mit Belastungsschmerzen mögl.

ZEHENFRAKTUREN/-LUXATIONEN

Ät:
- Luxation: Hängenbleiben, Aufsprung auf die Zehenspitze, ICD-10: S93.10
- Fraktur: direktes Trauma (schwerer Gegenstand ⇨ Quetschung, Überfahren), ICD-10: Dig. I: S92.4, Dig. II-V: S92.5

Klin: ⇒ Luxation: Deformität (Bajonettstellung), federnde Fixation
⇒ Fraktur: Schwellung, Bewegungsschmerz, Hämatom, Krepitation

Diag:
1. Anamnese und klinische Untersuchung: sichtbare Zehenverletzung, Hämatom?
2. Röntgen: Vorfuß in 2 Ebenen

Ther:
- Konservativ: Luxation ⇨ Reposition, anschließend Dachziegelverband für 2-3 Wochen (ebenfalls bei nicht dislozierten Frakturen)

- Operativ: Ind: dislozierte oder offene Frakturen, Gelenkbeteiligung
  - Spickdrahtosteosynthese oder Kleinstfragmentplatte (T-Platte)
  - Ausgedehnte Trümmerbrüche: Entfernung der Trümmer kommt einer Amputation gleich
  - Postoperativ: Ruhigstellung im US-Gehgips für 4 Wo.

Kompl: * Subunguales Hämatom (bei Quetschung häufig) sollte frühzeitig entlastet werden (Anbohren des Nagels oder Punktion mit glühender Nadel)
* Nekrosen, Infektion bei fehlender Durchblutung ⇨ können zur Amputation führen

HALLUX VALGUS

Syn: Metatarsus primus varus, ICD-10: M20.1

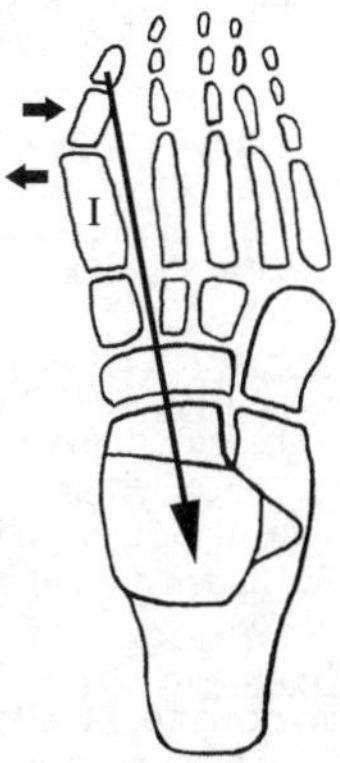

Def: Abspreizung des Os metatarsale I nach med. (sieht aus wie eine Exostose, ist aber keine) und Abknickung der Großzehe im Großzehengrundgelenk zur Kleinzehenseite hin (nach lat., s. Abb.)

Ät: – **Belastungsdeformität**, häufig mit Spreizfuß (Pes transversus) kombiniert
– Enges, spitzes Schuhwerk mit hohen Absätzen

Epid: **W** >> m, Prädisp.-Alter: 40.-60. Lj.

Klin: ⇒ Verhornte und oft entzündete Haut über dem dist. Metatarsalende der Großzehe
⇒ Schmerzen, Schwellung, **Pseudoexostose**
⇒ Evtl. Kombination mit Hallux rigidus (Teilversteifung durch arthrotische Veränderungen am Grundgelenk ⇨ gelenkresezierende Op)

Diag: 1. Anamnese und typischer klinischer Befund
2. Röntgen: Belastungsaufnahme des Vorfußes in 2 Ebenen

Ther:
- Konservativ: Nachtschiene (ist starr und spreizt die Großzehe nach med. ab), kombinierte Tag-/Nachtschiene (Hallufix, ist am Grundgelenk beweglich), Schuhpolsterung, bei Hallux rigidus Abrollballen am Schuh über dem Fußballen (erleichtert das Gehen)
- Operativ: Ind: chronische Beschwerden, es gibt über 150 verschiedene Op-Techniken
  - Op n. McBRIDE (gelenkerhaltend): Verlagerung der M.adductor-hallucis-Sehne nach med. an das Metatarsalköpfchen, evtl. + Keilosteotomie an der Basis des Metatarsus
  - Op n. HOHMANN (gelenkerhaltend): Osteotomie des Metatarsale-I-Köpfchens + med. Kapselraffung + Verlagern der M.abductor-hallucis-Sehne an die Grundphalanx
  - CHEVRON-OP (gelenkerhaltend): gelenknahe Osteotomie des Metatarsale I, Überbeinentfernung und Schraubenfixation
  - SCARF-Op (gelenkerhaltend): gelenkferne Osteotomie des Metatarsale I, Schraubenfixation, Überbeinentfernung
  - Op n. KELLER-BRANDES (gelenkresezierend): Resektion der prox. Hälfte der Grundphalanx und Interposition eines Kapselperiostlappens (zw. Metatarsus und dem Rest der Grundphalanx)
  - Op n. HUETER-MAYO (gelenkresezierend): Resektion des Metatarsalköpfchens und Interposition eines Kapselperiostlappens (wie bei KELLER-BRANDES Op)
  - Auf dem Markt sind auch Großzehengrundgelenkprothesen erhältlich, die nach Resektion implantiert werden können, z.T. mit guten Ergebnissen
  - Postoperativ: Verbandschuh mit versteifter Sohle und sofortige Vollbelastung

Prog: Die operativen Verfahren haben eine gute Prognose, ein Rezidiv ist selten.

Kompl: * Op: Pseudarthrosen bei den Osteotomie-Verfahren (daher Kombination der Osteotomie mit Osteosynthese, z.B. Miniplatte)
* Rezidiv

RUMPFSKELETT

Anatomie

Wirbelsäule (Columna vertebralis): besteht aus **7 HWK** (Abkürzung: C), **12 BWK** (Th), **5 LWK** (L), **Os sacrum** (S, Syn: Kreuzbein, bestehend aus 5 fusionierten WK) und **Os coccygis** (Syn: Steißbein, Kuckucksbein, 3-5 Wirbelkörperrudimente, nach ventral gekrümmt).

C_1 = **Atlas** mit Lig.transversum atlantis um den Dens axis, C_2 = **Axis** mit dem ventral gelegenem Dens axis, C_7 = **Vertebra prominens** (gut tastbar).

Form: HWS Lordose, BWS Kyphose, LWS Lordose, Os sacrum Kyphose. Wirbelsäule als federndes System mit den **Disci intervertebrales** (Bandscheiben) zur Kompensation von Stauchungen.

Beweglichkeit: am größten in der HWS in allen Ebenen, gering in der BWS (schräg gestellte Dornfortsätze und Ansatz der Rippen), in der LWS gut für Beugung und Streckung, sonst ebenfalls gering (insb. fast keine Rotation).

Bänder von ventral nach dorsal: Lig.longitudinale ant. (an den Wirbelkörpern ventral) und post. (an den Wirbelkörpern dorsal und an den Bandscheiben fest verbunden), Lig.flavum (am Wirbelbogen ventral), Lig.interspinale u. supraspinale (zw./über den Dornfortsätzen) und Ligg.intertransversaria (zw. den Querfortsätzen).

Rippen (Costae): insg. 12 Rippenpaare, die 7 oberen Rippen = **Costae verae** gehen mit den Rippenknorpeln (Cartilagines costales) direkt bis zum Sternum und sind dort gelenkig verbunden (Articulatio sternocostalis),
die Rippen 8 bis 10 = **Costae spuriae** sind knorpelig an der nächst oberen Rippe befestigt und bilden den Rippenbogen (Arcus costalis),
die Rippen 11 und 12 = **Costae fluctuantes** sind rudimentär und enden frei in der Bauchmuskulatur.

Costa: aus Caput (am Wirbelkörper ansetzend mit Articulatio capitis costae), Collum (reicht bis in die Höhe des Querfortsatzes mit Querfortsatzgelenk = Articulatio costotransversaria) und Corpus.
An der Innenseite/Unterkante der Rippen verlaufen die Interkostalnerven und -gefäße.

Sternum (Brustbein): kranial am **Manubrium sterni** Ansatzstelle für die Clavicula u. Costa I, darunter am **Corpus** sterni für die Costae verae II-VII, das freie Ende bildet der **Proc.xiphoideus**.

HWS-TRAUMA

Syn: HWS-Beschleunigungsverletzung, HWS-Distorsion, engl. whiplash injury = Peitschenschlagverletzung, posttraumatisches Zervikalsyndrom, ICD-10: S13.4

Def: Verbiegung/**Überbiegung** der Wirbelsäule durch Zug- und Scherkräfte mit od. ohne Kopf-Kontakt-Wirkung (z.B. Verkehrsunfälle, per definitionem: Beschleunigungsverletzung, umgangssprachlich "Schleudertrauma" genannt = **Auffahrunfall von hinten**, sonst **HWS-Distorsion** genannt)

Ät:
- **Beschleunigungsverletzung**: Auffahrunfall von hinten (non-contact injury)
- **Distorsion** der HWS durch direkte Gewalteinwirkung = mit Kopf-Kontakt (z.B. Lenkradanprall, Schlägerei, Sturz, Sprung in flaches Wasser)

Path: **Überbiegung** (= Distorsion): Nach ventral = **Hyperflexion** und/oder nach dorsal = **Hyperextension** führt zur Distorsion und Subluxation der kleinen Wirbelgelenke ⇨ Schmerz in den Gelenken und daraus resultierende reflektorische Myogelosen (Muskelverspannungen im betroffenen Segment), Lok: insb. C_4 – C_6

Epid: Inzidenz: mit 70-190 Fällen/100.000/Jahr häufiges Krankheitsbild, meist Grad I u. II

Etlg: Schweregrade nach ERDMANN

Grad I:	**HWS-Distorsion ohne neurologische Ausfälle,** Röntgen: unauffällig, beschwerdefreies Intervall >1 Std.
Grad II:	Gelenkkapselrisse, Muskelzerrungen, retropharyngeales Hämatom ohne neurologische Ausfälle, Röntgen: **HWS-Steilstellung**, beschwerdefreies Intervall <1 Std.
Grad III:	Frakturen, Luxationen, isolierter Bandscheibenriss, Bandrupturen, mit **neurologischen Defiziten!**, Röntgen: abnorme Aufklappbarkeit, Fehlstellung kein beschwerdefreies Intervall

Klin: ⇒ Allgemein: Die Beschwerden haben häufig ihr Maximum erst nach 1-3 Tagen (typischer **Crescendo-Verlauf**) und ein beschwerdefreies Intervall im Durchschnitt von 5 Std. bis zu den ersten Symptomen

⇒ **Nacken-** und **Kopfschmerzen** von dumpf-drückendem/ziehendem Charakter (Spannungskopfschmerz) und Bewegungsschmerz, evtl. in den Hinterkopf, Schulter od. Arme ausstrahlend

⇒ Bewegungseinschränkung (schmerzbedingte Zwangshaltung) und tastbare Myogelosen (Muskelhartspann) in der Schulter-Nacken-Region

⇒ Parästhesien in Armen/Händen

⇒ Schwindel, Übelkeit, Erbrechen, Müdigkeit, Schlafstörungen, Tinnitus, Konzentrationsstörungen

Diag:
1. Anamnese (typischer Unfallhergang)
2. Neurologische Untersuchung: Druck- und Klopfschmerzhaftigkeit über der HWS, tastbare Myogelosen, eingeschränkte segmentale Beweglichkeit, neurologische Ausfälle und Status dokumentieren!
3. Bildgebung: **HWS** (a.p. und seitlich), evtl. zusätzlich Schrägaufnahmen (Beurteilung der Foramina intervertebralia), Zielaufnahmen und konventionelle Tomographie des betroffenen Segments zum **Frakturausschluss**, ggf. Funktionsaufnahme in In- und Reklination

   Pathologisch: **Steilstellung**, Gefügestörung, verbreiterter prävertebraler Weichteilschatten (Einblutung!)

   CT-HWS zur Beurteilung des Wirbelkanals bei neurologischem Defizit (Ausschluss von Kalibereinengungen durch Fragmente, Protrusionen oder intraspinalem Hämatom),

   ggf. MRT bei V. a. auf Hämatom, Ödem des Myelons od. discoligamentärer Verletzung

   Doppler-Sonographie bei V.a. Verletzung der Halsgefäße

Ther:
- Konservativ: Grad I und II: **krankengymnastische Behandlung** mit detonisierenden Übungen und Kräftigungsübungen (wird in den meisten Studien vorteilhafter als die früher durchgeführte Ruhigstellung mit einem SCHANZ-Verband (= Halskrawatte) angesehen, wenn Ruhigstellung dann max. 7-10 Tage), trockene Wärmeanwendung (Rotlicht, Heißluft), Massage

  Med: NSAR (z.B. Diclofenac, Voltaren®) od. Acetylsalicylsäure (Aspirin®), Muskelrelaxanzien (z.B. Tetrazepam, Musaril®), Neuraltherapie mit Hautinfiltration („quaddeln" z.B. mit Lidocain, Xyloneural®) im Bereich der Myogelosen bei Bedarf

  Bei chronifiziertem Kopfschmerz: Amitriptylin (Saroten®, 25-100 mg/Tag abends)
- Operativ: Ind: Grad III (Wirbelfrakturen, Bandscheibenriss) ⇨ Ther. s. jeweiliges Kapitel
- Selbsthilfegruppen: Unfallopfer-Netz e.V., Im Kleinfeldele 33, 79336 Herbolzheim, Tel.: (0 76 43) 9 33 99 94, Internet: http://www.unfallopfer-netz.de

Prog: Grad I gut, Ausheilung im Durchschnitt nach 3 Wo. Grad II u. III oft **lange Ausheilungszeit** von Monaten bis Jahre möglich, 20 % d.F. haben noch nach Jahren Kopfschmerzen.

Kompl:
* Hyperflexion (Überbiegung nach ventral) ⇨ **Wirbelkörperfrakturen**, Ruptur des Lig.longitudinale posterius
* Hyperextension (Überbiegung nach dorsal) ⇨ Wirbelbogen- oder Wirbelgelenkfortsatzfrakturen, Ruptur des Lig.longitudinale anterius
* **Bandscheibenverletzung**, Bandscheibenzerreißung

* Wirbelluxation, Dens-axis-Fraktur, atlantookzipitale Dislokation
* Commotio spinalis, Contusio spinalis, Quetschungen des Rückenmarks (Compressio spinalis) bis hin zum spinalen Schock mit Querschnittlähmung
* Posttraumatische zervikale Myelopathie
* Spinalnerv-Verletzung mit neurologischen Ausfällen und meist brennenden Schmerzen
* Retropharyngeales Hämatom ⇨ **Schluckbeschwerden** möglich
* A.vertebralis-Abscher-Syndrom (Dissektion der A.vertebralis) bis hin zum Territorialinfarkt im Versorgungsgebiet ⇨ Klin: Sehstörungen
* A.carotis-int.-Dissektion bis hin zum Territorialinfarkt im Versorgungsgebiet ⇨ Halbseitensymptomatik
* Gleichzeitiges Schädel-Hirn-Trauma
* Cave: **psychogene Fixierung** der Beschwerden, ggf. Ausbildung einer Entschädigungs-/Rentenneurose durch erhoffte Schadenersatzansprüche (der Begriff „Schleudertrauma“ sollte daher vermieden werden, da er bei Pat. häufig gleich Erwartungen auf eine Entschädigung weckt)

RÜCKENMARKTRAUMA

Syn: Engl. spinal cord damage, ICD-10: T09.3

Ät:
- Stumpfes Trauma, **Sturz** aus großer Höhe oder Schlag, Stoß
- **Luxation** (insb. der HWS)
- **Wirbelfrakturen** mit Fragmentdislokation
- direkte Verletzung durch Schussverletzung od. Stich
- Elektrotrauma (Starkstromverletzung mit irreversibler Vorderhornnekrose und schlaffer Lähmung)
- Ionisierende Strahlung (z.B. Radiatio bei Tumoren, Grenze: 40 Gy, neurologische Ausfälle und brennende Schmerzen mit einer Latenz von ½-1 Jahr)
- Iatrogen: Chirotherapie (z.B. Densfraktur bei “Mobilisationsversuch“ der HWS)

Path:
♦ Primär mechanische Läsion oder sekundär gefäßbedingte/ischämische Schädigung, die durch ein Ödem verstärkt werden kann
♦ Hämatomyelie: Einblutung meist in das Rückenmarkgrau
♦ Untergang von Rückenmarkgewebe führt zu Glianarben oder Höhlen

Etlg:
Commotio spinalis (Rückenmarkerschütterung, engl. spinal cord concussion)
Spinaler Schock (Diaschisis, engl. spinal shock) = akute Querschnittläsion
Contusio spinalis (Substanzschädigung, engl. spinal cord contusion)

Klin:
⇒ Commotio spinalis: flüchtige Gefühlsstörungen der Extremitäten, Reflexdifferenzen, die innerhalb von Stunden **komplett reversibel** sind
⇒ Spinaler Schock: kompletter Ausfall aller Rückenmarksfunktionen, schlaffe Parese, keine Pyramidenbahnzeichen, Blasen- und Mastdarmlähmung, meist für einige Tage bis Wo. bestehend, dann Übergang auf Symptome einer Contusio spinalis
⇒ Contusio spinalis: Symptome abhängig vom Ausmaß der Substanzschädigung und der Lokalisation ⇨ bleibende Querschnittlähmung (s.u.), Sensibilitätsstörungen, Blasen- und Mastdarmstörungen

Diag:
1. Anamnese: Unfallhergang
2. Neurologisches Konsil, SEP (sensibel evozierte Potentiale)
3. Röntgen: Wirbelsäule in 2 Ebenen nativ zum Ausschluss von Frakturen, CT od. MRT zur Beurteilung des Rückenmarkes (Ödem, Nekrosen, Höhlenbildung)

Ther:
- Akut: es gelten die gleichen Aussagen wie beim SHT (s.u. Kap. Neurotraumatologie)
- Konservativ: Spezialbett zu Lagerung, Bettruhe, Krankengymnastik, Rehabilitation, Thromboseprophylaxe (Heparin, später Markumarisierung)
- Bei Blasenstörung akut Katheter oder suprapubische Ableitung
- Operativ: Ind: bei Wirbelsäulenfrakturen / Kompression des spinalen Raumes s.u.

Kompl: * Bleibende neurologische Defizite mit Paresen, Sensibilitätsstörungen und Blasen-, Darmentleerungsstörungen, Potenzstörungen

* **Querschnittlähmung** = vollständige (und bleibende) Querschnittläsion mit spastischer Para-/Tetraparese (je nach Höhe der Läsion), spinale Automatismen (unwillkürliche Streck und/od. Beugesynergismen), Hyperreflexie, Pyramidenbahnzeichen, Darm-/Blasenlähmung (atone Überlaufblase, später Übergang zu automatisierter Blasenentleerung = sog. Reflexblase, Gefahr der aszendierenden Harnweginfektionen), Gefahr der Dekubitusentwicklung, periartikuläre Verkalkungen, Kontrakturen, Inaktivitätspneumonie

  Epid: Inzidenz in Deutschland ca. 1.100 traumatische Querschnittlähmungen pro Jahr, Prävalenz (Gesamtzahl) für Deutschland beträgt ca. 50.000 Querschnittgelähmte, m > w (3:1)

  Ther: bis heute keine kausale Ther. mögl., an der Regeneration neuronaler Strukturen od. der Implantation elektronisch-neuronaler Stimulatoren wird intensiv geforscht. Symptomatisch: gute Pflege, Rehabilitation, Versorgung mit orthopädischen Hilfsmitteln (Rollstuhl, behindertengerechte Wohnung usw.), Blasentraining, auf Harnweginfektionen achten, bei Spastik Baclofen (Lioresal®) ggf. auch intrathekal

  Selbsthilfegruppen: Bundesverband Selbsthilfe Körperbehinderter e.V., Postfach 20, 74236 Krautheim/Jagst, Tel.: (0 62 94) 42 81-0, Internet: http://www.bsk-ev.org und Fördergemeinschaft der Querschnittgelähmten in Deutschland e.V., Silcherstr. 15, 67591 Mölsheim, Tel.: (0 62 43) 52 56, Internet: http://www.fgq.de

* A.spinalis-anterior-Syndrom durch das Trauma, Klin: spastische Parese (unterhalb der Läsion) der Beine und des Rumpfes und positive Pyramidenbahnzeichen, schlaffe Parese auf Höhe der Läsion, dissoziierte Sensibilitätsstörung (Ausfall von Schmerz- und Temperaturempfinden bei erhaltener Tiefensensibilität und Berührungsempfinden), Blasenlähmung, Incontinentia alvi (Mastdarmlähmung), Priapismus

WIRBELSÄULENFRAKTUREN

Syn: ICD-10: T08.-, möglich sind Wirbelkörperfrakturen, Wirbelkörperkompressionsfrakturen (= crush fracture), Wirbelbogenfrakturen, Wirbelgelenkfortsatzfrakturen, Quer- und Dornfortsatzbrüche, Luxationsfrakturen sowie zusätzlich Wirbelluxationen, Bänder- und Bandscheibenverletzungen

Ät:
- Indirektes Trauma: Sturz auf die ausgestreckten Beine, Gesäß (**Sturz aus großer Höhe**) oder den Kopf (**Badeunfall** mit Kopfsprung in zu flaches Wasser oder herabfallende Lasten) ⇨ Stauchung der Wirbelsäule
- Extreme Verbiegung/Überbiegung der Wirbelsäule, z.B. **Verkehrsunfall** mit Lenkradanprall
- Direktes Trauma: Schlag, Stich-, Schussverletzung
- **Pathologische Frakturen** (= Fraktur ohne adäquates Trauma): bei hochgradiger **Osteoporose**, **Knochenmetastasen**, Plasmozytom, Myelosen, Leukämien

Path:
- **Stauchungsfrakturen:** betreffen die Wirbelkörper ⇨ **Wirbelkörperkompressionsfraktur** (s. Abb.)
  Lok: **L1** und Th12, seltener L2, C5-7 und untere LWS
- **Überbiegungen:** nach ventral (Hyperflexion) können zu Wirbelkörperfrakturen, Ruptur des Lig.longitudinale posterius mit und ohne Wirbelluxationen führen.

Nach dorsal (Hyperextension) können zu Wirbelbogen- oder Wirbelgelenkfortsatzfrakturen, Ruptur des Lig.longitudinale anterius mit und ohne Wirbelluxationen führen.
Tear-drop-Fraktur: Absprengung eines Knochenfragments bei extremer Überbiegung aus der Wirbelkörpervorder- oder -hinterkante
Lok: C4-6 (aber meist nur HWS-Distorsion ohne Frakturen, s.o.)

- Spezielle Frakturen der HWS:
  JEFFERSON-Fraktur: Atlasberstungsfraktur (C1)
  Hang-man-Fraktur (bei Erhängen oder Hochgeschwindigkeitsunfällen): Abriss der Axisbogenwurzel (C2) u. Luxation des Axiskörpers nach ventral
  Densfraktur (C2, Etlg. n. ANDERSON u. D´ALONZO)
  Typ I: kleines Fragment an der Densspitze (keine Op erforderlich, DD: Os odontoideum, s.u.)
  Typ II: Fraktur der Densbasis (hohe Pseudarthroserate, absolute Op.-Ind.)
  Typ III: Fraktur des Dens im Wirbelkörper C2 (guter Spongiosakontakt, eher keine Op)
- Pathologische Frakturen: entstehen durch Bagatelltrauma bei vorgeschädigtem Knochen (z.B. Knochentumor, Metastase, extreme Osteoporose)

Etlg: # **Wirbelfrakturen** als Wirbelkörperfrakturen, Wirbelbogenfrakturen od. Wirbelfortsatzfrakturen mögl. ⇨ stabil (90 %) oder instabil (10 %)
Frakturen mit Beteiligung von Bandscheiben und **Ligamentzerreißungen** und Luxationen
Os sacrum-Frakturen
Wirbelsäulenverletzung nach WOLTER (ABCD0123-Schema), 1985

Verletzungsort der Wirbelsäule:
A Ventrale Säule (Etlg. nach DENIS, s. Abb.): Wirbelkörper
B Mittlere Säule (nach DENIS): Wirbelkörperhinterwand u. Bogenwurzel
C Hintere Säule (nach DENIS): Wirbelbögen und Fortsätze
D Diskoligamentäre Strukturen

Einengung des Spinalkanales:
0 Keine Einengung des Spinalkanales
1 Einengung um bis zu 1/3
2 Einengung um bis zu 2/3
3 Einengung um mehr als 2/3

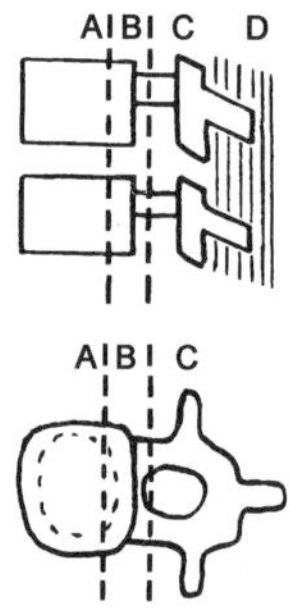

Epid: ◊ Verteilung: **osteoporotisch** bedingt (80 % d.F.), gefolgt von Tumormetastasen u. traumatisch, w>m

Klin: ⇒ Cave: bei **polytraumatisierten Patienten** od. Schädel-Hirn-Trauma werden Wirbelsäulenfrakturen häufig übersehen!
⇒ Stabile Verletzungen können gelegentlich völlig symptomlos sein!
⇒ Druck-, Klopf- und **Stauchungsschmerz** im betroffenen Abschnitt
⇒ Evtl. sichtbarer Gibbus (= Buckelbildung), tastbare Lücke in der Dornfortsatzreihe, paravertebrales Hämatom
⇒ Neurologisches Defizit: unterhalb der Läsion pathologische Reflexe, motorische und sensible Ausfälle bis hin zum kompletten Querschnittsyndrom, schmerzbedingte Bewegungseinschränkung, Schonhaltung, Myogelosen (Muskelhartspann)
⇒ Weitere Klinik wird von den möglichen Komplikationen (s.u.) und von den Begleitverletzungen bestimmt

Diag: 1. Anamnese (Unfallhergang, Richtung des Traumas) und orientierende neurologische Untersuchung, wichtig: neurologischer Status (Motorik, Sensibilität, Reflexe) dokumentieren!
2. Bildgebung: **Gesamte Wirbelsäule** (a.p. und seitlich) und **Becken**, evtl. Schrägaufnahmen der HWS (= 3. u. 4.-Ebene ⇨ zeigen Foramina intervertebralia), Zielaufnahmen (z.B. transorale Aufnahme bei V. a. Densfraktur) und ggf. konventionelle Tomographie des betroffenen Segments
CT (od. Myelographie, falls kein CT vorhanden) zur Beurteilung von Frakturlinien und des ***Wirbelkanals*** (Kalibereinengung durch Fragmente, Protrusionen, intraspinale Blutung?)
MRT: Gute Beurteilung des Myelons und begleitender Weichteilschädigung mögl.

<u>**Ther:**</u>
- <u>Akut</u> am Unfallort: vitale Funktionen sichern, **HWS-Schutz** mit Stiff-neck-Orthese (z.B. Tricodur®Vertebrace), Lagerung auf der Vakuummatratze, schonender Transport (Rettungshubschrauber) Die Gabe von Glukokortikoiden, Methylprednisolon 30 mg/kgKG (zum Schutz des Myelons vor sekundärem Schaden) noch am Unfallort ist umstritten und wird nicht mehr allgemein empfohlen.
- <u>Konservativ:</u> Wirbelsäulenvorderkantenabbruch, frühbelastbare Frakturen in guter Stellung ohne Dislokation, Densfraktur an der Spitze oder tief im Wirbelkörper ohne Dislokation ⇨ funktionelle Therapie, Stützkorsett, Rucksackorthese, 3-Punkt-Mieder, im HWS-Bereich evtl. Extensionsbehandlung (Halo-Fixateur/Weste) und regelmäßige radiologische Stabilitätskontrolle
- <u>Interventionell:</u> bei Wirbelkörperfraktur durch Osteoporose od. Metastase minimalinvasive **Vertebroplastie** = Auffüllen des Wirbelkörpers mit Knochenzement (PMMA od. CaP) über eine transkutan-transpediculär eingeführte Nadel. Dies kann zuvor mit einer Aufrichtung des komprimierten Wirbelkörpers durch einen aufblasbaren Ballon (sog. Kyphoplastie) kombiniert werden. Periinterventionelle Antibiotikaprophylaxe.
- <u>Operativ:</u> Ind: Wirbelsäulenverletzung mit **neurologischem Defizit** (zunehmende Lähmungen), Verlegung des Spinalkanales um mehr als 1/3 (meist bei Frakturen der Wirbelsäulenhinterkante), grobe Dislokationen (Luxationen und Luxationsfrakturen, Kyphose >20°, Kompression >50 % der Wirbelhöhe) oder Instabilität, basale Densfraktur (Typ II), offene Rückenmarkverletzung
  - Allgemeines Ziel: **Stellungskorrektur** und **Stabilisierung der Wirbelsäule**, Revision, Dekompression und **Rekalibrierung des Wirbelkanals**. Bei HWS-Verletzungen möglichst endoskopische Intubation, um eine zusätzliches Trauma zu vermeiden.
  - Methoden: vordere (ventrale) oder/und hintere (dorsale) Fusion (= **Spondylodese**, je größer die Instabilität, um so eher muss ventral und dorsal fusioniert werden) durch **Spanverblockung** (Knochen vom Beckenkamm, nach Entfernen der zerstörten Bandscheibe bei ventraler Fusion) + Plattenosteosynthese (an den Wirbelkörpern), Spongiosaanlagerung, Drahtcerclage (an den Fortsätzen) oder Wirbelsäulenfixateur (als Fixateur interne mit transpedikuklär eingebrachten Schrauben).
    Bei völliger Zerstörung eines Wirbelkörpers auch minimal-invasive thorakoskopische Implantation aufspreizbarer Titanimplantate od. expandierbarer Cages als Wirbelkörperersatz (von BWK_3 bis LWK_3 mögl.).
  - Densfrakturen: Verschraubung von ventralem (anterolateralem) Zugang aus, ist dies nicht möglich werden die HWK C_1 + C_2 miteinander von dorsal verschraubt (= atlanto-axiale Fusion durch transartikuläre Verschraubung + Anlagerung autologer Knochenspäne zwischen den beiden Dornfortsätzen), ggf. kann auch Fusion von C_0 bis $C_{3/4}$ mit dorsalem Stabilisationssystem (Cervicis) erforderlich sein.
  - Mobilisierung so früh wie mögl., isometrischer Krankengymnastik, Bewegungsbad, bei HWS-Frakturen weiche Halskrawatte für 2-3 Wo.
- Nachbehandlung durch frühzeitige und umfassende Rehabilitation, z.B. in einem Querschnittgelähmten-Zentrum
- Selbsthilfegruppen: Bundesverband Selbsthilfe Körperbehinderter e.V., Postfach 20, 74236 Krautheim/Jagst, Tel.: (0 62 94) 42 81-0, Fax: -79, Internet: http://www.bsk-ev.org

<u>**Prog:**</u> Rückbildung eines primär kompletten Querschnitts in ca. 20 % d.F. unabhängig von der Therapie (operativ oder konservativ).

<u>**Kompl:**</u>
- C_1/C_2: Fraktur des Dens axis, Ruptur des Lig.transversum atlantis, Verrenkung des Atlas/Axis ⇨ **Kompression des Myelons**
  Pseudarthrosenbildung nach Dens-axis-Fraktur (insb. bei basalen Frakturen ⇨ Op bei basaler Fraktur auch ohne Dislokation indiziert)
- <u>Commotio, Contusio spinalis, spinaler Schock:</u> **neurologische Ausfälle** (ca. 1/3 d.F.) bis komplette Querschnittlähmung, Vasodilatation distal der Querschnittläsion, Priapismus, schlaffe Blasen-/Mastdarmlähmung (akuter Harnverhalt, sog. „Schockblase")
- **Retropharyngeales Hämatom** bei Wirbelkörperfrakturen im Bereich der HWS oder bei HWS-Distorsion ⇨ Schluckbeschwerden möglich
- **Retroperitoneales Hämatom** bei Wirbelkörperfrakturen im Bereich der BWS/LWS (thorakolumbaler Übergang) ⇨ Irritation des Sympathikus bis hin zum paralytischen Ileus
- Wirbelkörperhinterkantenverletzung ⇨ **Rückenmarkverletzung** mögl.
- Hohe Rückenmarkschädigung ⇨ Atemdepression

* Plötzliche Sehstörung (A.vertebralis-Dissektion)
* Intraspinale Blutungen durch Verletzung von Meningeal- und Spinalgefäßen
* Lumbale Querschnittlähmung bei Verletzung der A.radicularis magna (ADAMKIEWICZ-Arterie, kommt direkt aus der Aorta abdominalis in Höhe Th9)
* Bei Stauchungsfrakturen (Sturz aus großer Höhe): auf zusätzliche Fraktur des Kalkaneus, im Beckenbereich und der Schädelbasis achten!
* Bei Kompressionsfrakturen Ausheilung mit posttraumatischer Höhenminderung od. keilförmiger Deformierung od. Skoliose- und Gibbusbildung (vermehrte Kyphose) mögl., chronische Rückenschmerzen
* Osteoporose: insb. postmenopausale Frauen betroffen, das Risiko für eine weitere Wirbelkörperfraktur innerhalb eines Jahres beträgt dann 20 %

Op:
* Schädigung des Myelons (neurologische Verschlechterung), z.B. beim Einbringen der dorsalen Pedikelschrauben ⇨ gute Op.-Planung u. guter Operateur wichtig!, in manchen Kliniken werden zur Schraubenplatzierung auch 3-D-Navigationssysteme benutzt
* Dorsale Fusionen: Weichteiltrauma, Denervierung der autochthonen Rückenmuskulatur
* Pseudarthrose der Spanverblockung, insb. bei Schraubenlockerung (bei ventraler Fusion mit Gefahr der Ösophagusperforation) oder Implantatbruch
* Vertebroplastie/Kyphoplastie: intraspinaler Knochenzementaustritt, intravasaler Zementübertritt (Gefahr der Lungenembolie)

DD:
- Fehlender angeborener Schluss eines Wirbelbogens, Spina bifida, anlagebedingte Wirbeldeformitäten, Wirbelgleiten = Spondylolisthesis
- Atlanto-axiale Luxation bei rheumatoider Arthritis
- Os odontoideum = freies Knochenstück an der Stelle der Dens-axis-Spitze (durch früheres Trauma in der Kindheit od. Anlagestörung), bindegewebig mit C2 verbunden
- Querschnittlähmung: atraumatisch ⇨ Infektion, Tumoren, Gefäßmissbildung, intraspinale Blutung, iatrogene Schäden

RIPPEN-/RIPPENSERIENFRAKTUR

Def: Einfache **Rippenfraktur**, ICD-10: S22.3-
Rippenstückfraktur = eine Rippe 2x frakturiert ⇨ frakturiertes Segment frei beweglich
Rippenserienfraktur, ICD-10: S22.4- = Fraktur von mind. **3** Rippen in derselben Ebene

Ät:
- Stumpfes Trauma (z.B. Lenkradanprall, Gurtprellung bei Verkehrsunfall)
- Perforierende offene Thoraxverletzung (z.B. Pfählungsverletzung, Schussverletzung)
- Iatrogen bei Lungeneingriffen (Fraktur durch Rippensperrer)

Path:
♦ Einspießung der Bruchenden bei Rippenfrakturen ⇨ Gefahr der Gefäß- und Lungenverletzung
♦ Lok: meist mittlerer Bereich des Thorax (**Costa 5-9**)

Klin:
⇒ **Schmerzen** bei Atmung und Husten, Thoraxkompressionsschmerz, lokaler Druckschmerz
⇒ **Schmerzbedingte Schonatmung**, Dyspnoe und evtl. sichtbare Zyanose
⇒ Evtl. palpable Stufe, Hautemphysem

Diag:
1. Anamnese (Unfallhergang?) und klinische Untersuchung: seitendifferente Atemexkursionen, paradoxe Atmung?, Prellmarken
   Auskultation: seitendifferente Atemgeräusche?
2. Röntgen: Thorax-Übersicht (p.a. und seitlich) zum Ausschluss intrathorakaler Begleitverletzungen (Pneumothorax, Blutungen, Lungenverletzung, Schocklunge, Sternumfraktur), zusätzlich knöcherner Thorax und ggf. Zielaufnahmen einzelner Rippen

Cave: **ein zunächst negativer Röntgenbefund schließt eine Rippenfraktur nicht aus!** ⇨ ggf. später Knochenszintigraphie

3. Pulsoxymetrie bereits präklinisch durch den Notarzt (zur Erkennung einer Hypoxie)
4. Sonographie: Ausschluss abdomineller Begleitverletzungen (Milz-, Leberruptur bei Frakturen der unteren Rippen)

Ther:
- Konservativ:
  - bei Rippenfrakturen ohne Komplikationen: ausreichende **Analgesie**
- Operativ: Ind: Begleitverletzungen, z.B. Lungenverletzung, Milzruptur
  - Entfernung von perforierenden Fragmenten

Prog: Einfache Frakturen heilen in ca. 3-6 Wochen aus.

Kompl:
* Rippenserienfraktur, Rippenstückfraktur: **Thoraxinstabilität** und paradoxe Atmung (inspiratorische Einziehung und exspiratorische Auswärtsbewegung des verletzten Thoraxanteiles, insb. bei beidseitigen Frakturen) ⇨ "Pendelluft" (Totraumatmung), respiratorische Insuffizienz
  Ther: BÜLAU-Drainage und Intubation, maschinelle Beatmung mit PEEP (ist eine „interne" Schienung), Op bei ausgeprägter Instabilität des Thorax mit Begleitverletzungen
* **Pleuraverletzung** ⇨ Hämato-, Pneumo-, Spannungspneumo-, Hämatopneumothorax
* Frakturen der unteren Rippen: **Milzruptur, Leberruptur**
* Ausbildung einer Pleuraverschwartung (⇨ respiratorische Insuffizienz mögl.) ⇨ Ther: Frühdekortikation der Verschwartung
* Lungenkontusion ⇨ respiratorische Insuffizienz, hämorrhagischer Lungeninfarkt, ARDS
* Contusio cordis ⇨ zum Ausschluss EKG, Echokardiographie, Labor (CK)
* Pneumoniegefahr durch die Schonatmung

DD:
- **Rippenprellung** (ist genauso schmerzhaft wie eine Fraktur ⇨ ausreichende Analgesie)
- Sternumfrakturen (als Impressions- oder Stückfraktur), Ther: i.d.R. konservativ, EKG- u. Enzym-Kontrolle (Ausschluss einer Contusio cordis), Rö. Thorax u. BWS zum Ausschluss von Begleitverletzungen
- Rippenusuren: bei PANCOAST-Tumor (druckbedingt) oder Aortenisthmusstenose (druckbedingt durch Umgehungskreislauf über die Interkostalarterien, die dabei dilatieren)

GESICHT

GESICHTSSCHÄDELFRAKTUREN

Syn: ICD-10: S02.9

Ät: – **Direktes Trauma** (z.B. Verkehrsunfall, Lenkradanprall, Polytrauma, Tätlichkeitsdelikt, Sportunfall)
– Pathologische Frakturen (bei Tumoren, z.B. Basaliom, Spinaliom, Zungenbodenkarzinom, Mundbodenkarzinom, Parotistumor oder Entzündungen)

Path: ♦ Je nach Unfallmechanismus werden Biegungs-, Stauchungs-, Abscher- oder Abrissfrakturen unterschieden ⇨ Quer-, Längs-, Schräg-, Trümmer- oder Defektfrakturen
♦ Lok: häufig **Nasenbein, Unterkiefer**, Kiefergelenk, Oberkiefer, Jochbogen/-bein, Orbitaboden, Siebbein

Etlg: # **Nasenbeinfraktur**
Mandibulafrakturen (insb. Collum- u. Kieferwinkelfrakturen)
Kiefergelenk-, Kiefergelenkfortsatzfrakturen, Kiefergelenkluxation
Jochbein-/-bogenfrakturen (häufig zusätzlich bei Mittelgesichtsfrakturen)
Frakturen des Processus alveolaris maxillae (eine komplette Absprengung des Alveolarkamms = LeFort-I-Fraktur)
Orbitawandfrakturen (insb. Orbitaboden = blow-out-Fraktur, oder bei Jochbeinfrakturen)
Mittelgesichtsfrakturen (Oberkieferfrakturlinien) nach LEFORT

LeFort I:	Fraktur verläuft quer durch die Maxilla u. durch beide Sinus maxillares, Absprengung des Alveolarkamms (auch als GUÉRIN-Fraktur bezeichnet)
LeFort II:	Fraktur verläuft durch den Processus zygomaticus maxillae in die Orbita, von dort durch den Proc.frontalis maxillae auf die Gegenseite, sog. **Pyramidenfraktur**. Die Sinus maxillares sind nicht eröffnet.
LeFort III:	Fraktur verläuft durch die lat. Orbitawand in die Orbita, dann durch den Proc.frontalis maxillae auf die Gegenseite. Jochbogen meist mitfrakturiert, Ethmoidalzellen eröffnet = Abriss des Gesichtsschädels von der Schädelbasis. Evtl. zusätzlich Schädelbasisfrakturen.

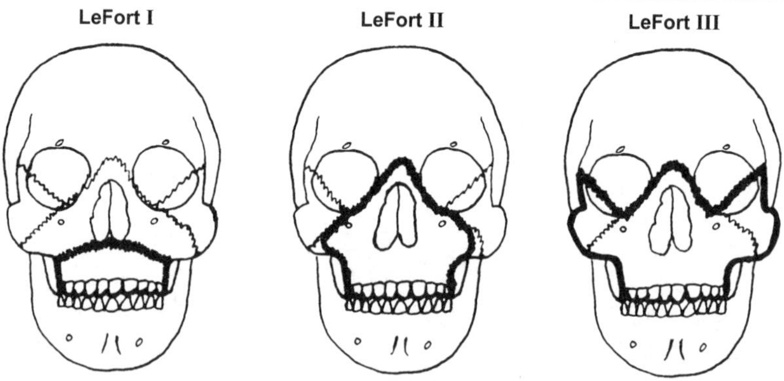

Klin: ⇒ Allgemein: Hämatom, Blutung, Schwellung, Sensibilitätsstörungen

⇒ Nasenbeinfraktur: Schief-, Sattel- oder Plattnasendeformität, abnorme Beweglichkeit, Nasenbluten, behinderte Nasenatmung, Einschränkung des Riechvermögens

⇒ Kieferfrakturen: Frakturzeichen, Stufenbildung, Okklusionsstörung

⇒ Kiefergelenkfrakturen: Funktionsbeeinträchtigung der Kieferöffnung/Schluss ⇨ Kieferklemme, evtl. Blutung aus dem äußeren Gehörgang

⇒ Mittelgesichtsfrakturen: Okklusionsstörungen, Stufenbildung, Abflachung des Mittelgesichts, abnorme Beweglichkeit, Krepitation, evtl. Rhinoliquorrhoe

LeFort I: Basale Absprengung der Maxilla

LeFort II: Pyramidale Absprengung der Maxilla + knöcherne Nase

LeFort III: Absprengung des gesamten Mittelgesichtskeletts von der Schädelbasis

⇒ Jochbeinfrakturen: Stufenbildung am Infraorbitalrand, Abflachung der Jochbeinkontur

⇒ Orbitawandfrakturen: Stufenbildung im Bereich der Orbitaränder, Verlagerung des Bulbus ⇨ Doppelbilder

Diag: 1. Anamnese (Unfallhergang) und klinische Untersuchung ⇨ insb. bei polytraumatisierten Patienten an nicht so offensichtliche Begleitverletzungen denken: SHT, stumpfes Thorax- oder Abdominaltrauma, Extremitätenfrakturen

2. Röntgen: **Schädelübersicht** in 2 Ebenen, Spezialaufnahmen z.B. für Kiefergelenk, Orthopantomogramm (OPG), Orbita, NNH aufgeblendet, Nasenbein isoliert seitlich
CT bei Augenbeteiligung oder Schädelhirntrauma

Ther:

- Akut: Fremdkörper präklinisch belassen, sterile Abdeckung, bei Augenverletzungen beide Augen steril abdecken
  Indikation zur Intubation und Beatmung großzügig stellen, wegen Gefahr der Aspiration
- Konservativ:
  - Kiefergelenkluxation: Reposition in Allgemeinnarkose
  - Nasenbeinfraktur: Reposition und Fixierung mit Nasengips u. Nasentamponade
- Operativ:
  - Unterkieferfrakturen: Drahtbogenkunststoffschiene, die an den Zähnen befestigt wird, Miniplatten-Osteosynthese und Drahtbogenkunststoffschiene bei Mehrfachfrakturen
    Unterkieferfraktur = offene Fraktur ⇨ immer Antibiotikaprophylaxe!
  - Mittelgesichtsfrakturen: Miniplatten-Osteosynthese, Drahtbogenkunststoffschiene mit intermaxillarer Verdrahtung (Immobilisation zur Sicherung der Okklusion), kraniofaziale Aufhängung
  - Jochbeinfrakturen: Miniplatten-Osteosynthese
  - Orbitawandfrakturen: indirekte Reposition bei Korrektur einer gleichzeitigen Jochbeinfraktur
    Blow-out-Fraktur: Stabilisierung mit lyophilisierter (gefriergetrockneter) Dura oder Abstützung durch transantrale Tamponade
- Selbsthilfegruppen: TULPE e.V., Amselweg 4, 68766 Hockenheim, Tel.: (0 62 05) 20 89-21, Fax: -20, Internet: http://www.gesichtsversehrte.de

Kompl:

* Schädelkalotten-, **Schädelbasisfrakturen**, **intrakranielle Blutungen**, SHT, Commotio oder Contusio cerebri, Ausbildung einer Liquorfistel (s. Kap. Neurotraumatologie)
* Begleitende Weichteilzerstörung
* Arterielle Blutungen aus dem Mittelgesicht (Verletzung der A.maxillaris)
* **Verlegung der oberen Atemwege, Aspiration**
* Okklusionsstörung zwischen Ober- und Unterkiefer
* Doppelbilder bei Orbitawandfrakturen, Augenverletzung/-perforation
* Bruchspaltosteomyelitis (insb. Unterkiefer)
* Polytraumatisierte Patienten ⇨ nicht durch die ggf. entstellenden Gesichtsschädelverletzungen von vital bedrohlichen Verletzungen ablenken lassen!

Op:

* Bei nicht exakter Rekonstruktion ⇨ Okklusionsstörungen, persistierende Doppelbilder, Ausbildung einer Pseudarthrose, Deviationen des Unterkiefers bei Mundöffnung, ästhetische Entstellung

TUMOREN DES SKELETTS UND DER WEICHTEILE

KNOCHENTUMOREN

Path: ♦ Primäre Knochentumoren (Skeletttumoren): Ausgangsgewebe kann der Knorpel, Knochen, Knochenmark, Periost oder Bindegewebe sein.

♦ Etlg. der Knochentumoren/Knochenveränderungen nach ihrer bevorzugten Lokalisation (Epiphyse = gelenknah, Metaphyse = Übergang, Diaphyse = langer Knochenschaft)

Epiphyse	Chondroblastom, Riesenzelltumor (nach Schluss der Epiphysenfuge)
Metaphyse	Osteosarkom, Chondrosarkom, Fibrosarkom, nichtossifizierendes Fibrom, Riesenzelltumor (vor Schluss der Epiphysenfuge), Knochenzysten
Diaphyse	Plasmozytom, EWING-Sarkom, Retikulosarkom

♦ TNM-Klassifikation: T_1 Tumor <8 cm
T_2 Tumor >8 cm
T_3 diskontinuierliche Ausbreitung im primär befallenen Knochen
N_1 regionäre Lk-Metastasen (entsprechend der Lage des Primärtumors)
M_1 Fernmetastasen (M_{1a} Lunge, M_{1b} andere)

Stadiengruppierung: I: $T_{1\text{-}2}N_0M_0$ niedriggradig (G_1-G_2) II: $T_{1\text{-}2}N_0M_0$ hochgradig (G_3-G_4)
III: $T_3N_0M_0$ IV: alle N_1, alle M_1

♦ Metastasierung von malignen Knochentumoren:
Osteosarkome metastasieren früh, insb. in die Lunge
EWING-Sarkom: Lunge, Lk, übriges Skelett

♦ Knochenmetastasen anderer Primärtumoren: meist erstes Zeichen einer diffusen Organmetastasierung
Lok: insb. **Wirbelkörper** (2/3 d.F., insb. BWS + LWS, pathologische Frakturen jedoch selten), Os sacrum, Beckenknochen, Rippen, Sternum, Femur, Humerus, Tibia, Schädel. Häufig auch multipel vorkommend.

Epid: ◊ Inzidenz: maligne primäre Knochentumoren sind **sehr selten**, 1/100.000/Jahr

◊ Prädisp.alter: benigne Knochentumoren u. tumorähnliche Knochenveränderungen sowie das Osteosarkom und das EWING-Sarkom kommen insb. zw. 10. u. 30. Lj. vor, sonstige maligne Knochentumoren und Metastasen meist in höherem Alter (>30. Lj. bis 60. Lj.)

Etlg: # **Benigne Knochentumoren** (in Klammern bevorzugte Lok., nach Häufigkeit geordnet)
- **Osteochondrom** (Syn: kartilaginäre Exostose, Lok: Metaphyse v. Femur u. Humerus), auch multipel vorkommend (aut.-dom. erblich)
- **Enchondrom** (durch versprengte Knorpelzellen, Lok: Phalangen)
- **Osteoidosteom** (Femur, Tibia, relativ klein, in der Kortikalis gelegen)
- Chondroblastom (Syn: CODMAN-Tumor, Lok: Epiphyse von Femur u. Humerus)
- Osteom (insb. Nasennebenhöhlen), Chordom (Schädelbasis od. Wirbelsäule)
- Hämangiom (Schädel, Wirbelkörper)
- Benignes Osteoblastom (untere Extremität)
- Chondromyxoidfibrom (Tibia u. Femur)

Tumorähnliche Knochenveränderungen (sind meist benigne)
- **Nicht-ossifizierendes Knochenfibrom** (Metaphyse der unteren Extremität, exzentrisch, weintraubenartige Formation) ⇨ nach Abschluss des Wachstums meist Spontanheilung
- **Solitäre/juvenile Knochenzyste** (proximaler Humerus, Femur u. proximale Tibia) ⇨

pathologische Fraktur mögl., spontane Ausheilung meist bis zum 20. Lj.
- Aneurysmatische Knochenzyste (lange Röhrenknochen, Wirbelkörper)
- Eosinophiles Granulom (Schädelkalotte, gehört zur Histiocytosis X)
- Fibröse Dysplasie (Femur, Tibia)
- Hyperparathyreoidismus (sog. "Brauner Tumor", Wirbelkörper, Rippen u. Becken)

\# **Maligne Knochentumoren**, ICD-10: C40.- [Extremitäten] - C41.- [sonstige Knochen]
- **Plasmozytom** (Wirbelkörper, Rippen, Schädel u. Becken)
- **Osteosarkom** (Metaphyse langer Röhrenknochen, häufigster maligner Knochentumor im Kindesalter)
- **Chondrosarkom** (proximaler Humerus, Femur, Tibia u. Rippen, Becken u. Scapula, Altersgipfel 50.-60. Lj.)
- **EWING-Sarkom** (untere Extremität, Becken, insb. bei Kindern und Jugendlichen, wird histologisch immer G4 klassifiziert = hochmaligne, chromosomale Translokation 11/22 od. 21/22)
- Fibrosarkom (Femur u. Tibia)
- Riesenzelltumor (Syn: Osteoklastom, semimaligne, Epiphyse langer Röhrenknochen, semimaligne Lungenmetastasen mögl.)
- Malignes fibröses Histiozytom des Knochens
- Malignes Non-HODGKIN-Lymphom, Retikulumzellsarkom (alle Knochen mögl.)

\# **Knochenmetastasen anderer Primärtumoren** (= sekundäre maligne Knochentumoren)
- Mammakarzinom (osteolytisch/osteoplastisch = mit Knochenabbau und -neubildung)
- Prostatakarzinom (***osteoplastisch*** = mit Knochenneubildung, selten pathologische Frakturen)
- Bronchialkarzinom (osteolytisch = mit Knochenabbau)
- Nierenzellkarzinom (osteolytisch = mit Knochenabbau)
- Schilddrüsenkarzinom (osteolytisch = mit Knochenabbau)
- In 3-10 % d.F. findet sich kein Primärtumor

Klin: ⇒ Benigne Knochentumoren sind meist asymptomatisch (Zufallsbefund im Röntgen)
⇒ Leitsymptom maligner Knochentumoren: **Knochenschmerzen**
⇒ **tastbarer Tumor**, Schwellung
⇒ evtl. **pathologische Fraktur** (= Fraktur nach Bagatelltrauma, in 10-25 % d.F. der malignen Knochentumoren, meist Femur od. Humerus)
⇒ bei Lok. im Schädel od. Wirbeln ⇨ evtl. neurologische Ausfälle
⇒ bei gelenknaher Lok. Gelenkerguss mögl.
⇒ evtl. schubartiges Fieber (EWING-Sarkom)
⇒ Osteom: rhinologische oder ophthalmologische Beschwerden

Diag:
1. Anamnese (anderer Primärtumor bekannt = Knochenmetastase?) und klinische Untersuchung (Lokalbefund, Schwellung, Bewegungseinschränkung, DMS)
2. Bildgebung: **konventionelle Röntgenaufnahme** der betroffene Region in mindestens 2 Ebenen, evtl. zusätzlich konventionelle Tomographie ⇨ bei malignen Tumoren umschriebene Transparenzerhöhung (Osteolyse), Sklerosierungssaum, Spiculae (feine Knochenzacken), Kortikalisunterbrechung, zwiebelschalenartige Struktur mit CODMAN-Dreieck (dreieckiger Periostsporn am Rand) mögl., bei Plasmozytom: Mottenfraßbild in der Schädelübersicht
   Bei V.a. malignen Tumor dann **CT** (Knochendestruktion?) u. **MRT** (Weichteilinfiltration, intramedulläre Ausbreitung im Knochenmark, Tumorbefall des Spinalkanales?), ggf. auch Angiographie (pathologische Gefäße, Möglichkeit der präoperativen Embolisation bei stark vaskularisierten Tumoren)
3. Szintigraphie: vermehrte oder verminderte Anreicherung ⇨ immer mit dem entsprechenden Röntgenbefund vergleichen. Zur Knochenmetastasensuche ist heute alternativ auch Ganzkörper-MRT mit KM mögl. (guter Einblick in das Knochenmark) od. PET-CT
4. Labor: evtl. Erhöhung der alkalischen Phosphatase und der BSG, evtl. Anämie
   BENCE-JONES-Protein im Urin beim Plasmozytom
5. **Biopsie** (als offene Inzisionsbiopsie, direkter Zugang im Bereich der mögl. späteren Op,

da die Biopsie zu einer potentiellen Verschleppung von Krebszellen führt!) und **histologische Untersuchung** (für die malignen Knochentumoren wird das Grading nur noch zweistufig in niedrig- [low-grade, G1-G2] oder hochmaligne [high-grade, G3-G4] angegeben).

Ther:
- Diagnostik (insb. die Biopsie) u. Behandlung bei malignen Knochentumoren sollte in einem **spezialisierten Zentrum** erfolgen.
- Radiatio: EWING-Sarkom, Plasmozytom gut strahlensensibel, palliativ bei Osteosarkom, palliativ schmerzlindernd und rekalzifizierend bei Knochenmetastasen (insg. 20-40 Gy, 2 Gy/Tag), Radiofrequenzablation über eine im Tumor platzierte Sonde bei Osteoidosteom, Ossifikationsförderung bei aneurysmatischer Knochenzyste
- Chemotherapie: präoperativ (**neoadjuvant**) zur Tumorverkleinerung (Down-Staging) beim high-grade Osteosarkom und EWING-Sarkom. Verschiedene Kombinationen mögl., z.B. Methotrexat, Bleomycin, Cyclophosphamid, Dactinomycin, Citrovorum Faktur, Vincristin u. Adriamycin (sog. T7-Schema). Eine Chemotherapie ist auch beim Plasmozytom gut einsetzbar
- Med: bei Knochenmetastasen Bisphosphonate (hemmen die Knochenresorption, Zoledronat, Zometa® od. Clodronat, Ostac®), wirken auch schmerzlindernd
- Operativ: Ind: jeder unklare Befund sollte abgeklärt werden ⇨ operative Biopsie
  - Benigne Knochentumoren ⇨ lokale Ausräumung (Kürettage)
  - Maligne Knochentumoren ⇨ Resektion im Gesunden (prox. u. distal 5 cm Sicherheitsabstand) und Osteosynthese/Einlage einer Spongiosaplastik oder Rekonstruktion z.B. durch eine entnommene Fibula oder Klavikula oder Tumorprothesenimplantation
  - Pathologische Frakturen bei singulärer Knochenmetastase ⇨ Metastasenresektion (wenn möglich) + stabilisierende langstreckige Osteosyntheseverfahren oder Tumorprothesenimplantation und postoperative Radiatio. Bei multiplen Metastasen ist eine Lokaltherapie meist nicht mehr mögl., Radiatio zur Schmerzreduktion und ggf. Chemotherapie je nach zugrundeliegendem Primärtumor.
  - Ultima ratio: Extremitätenamputation od. Exartikulation (durch das Down-Staging muss dies heute insg. seltener durchgeführt werden)

Prog: Benigne Knochentumoren und tumorähnliche Knochenveränderungen haben eine sehr gute Prognose (100%ige 5-JÜR).
Maligne Knochentumoren: haben heute mit Chemotherapie und Operation insb. bei Kindern eine 50- bis 70%ige Heilungsrate. 5-JÜR aller malignen Knochentumoren ca. **60 %**.
Knochenmetastasen: **sehr schlecht**, im Durchschnitt nur 3- bis 20-monatige Überlebenszeit (am schlechtesten beim Bronchialkarzinom, am besten beim Mammakarzinom).

Kompl:
* **Pathologische Fraktur** (in 10-25 % d.F. der malignen Knochentumoren)
* Sehr selten maligne Entartung benigner Knochentumoren mögl.
* Eosinophiles Granulom ⇨ Übergang in HAND-SCHÜLLER-CHRISTIAN-Krankheit (Zellhistiozytose)
* Osteosarkom: Metastasierung in die Lunge ⇨ Nachsorge mit regelmäßiger Rö-Thorax-Kontrolle
* Plasmozytom: Paraproteinämie, Nierenfunktionsstörung, Amyloidose

DD:
- Osteomyelitis, Osteitis, Knochenabszess, Knochentuberkulose, Myositis ossificans
- Osteochondrosis dissecans (mechanische Ursache mit subchondralen Knochendefekten)

WEICHTEILTUMOREN

Syn: Weichgewebetumoren

Etlg: # Benigne Weichteiltumoren (ca. 97 % aller Weichteiltumoren): **Lipom, Fibrom**, Leiomyom, Rhabdomyom, Hämangiom, Lymphangiom, Neurofibrom, Schwannom, Mesenchymom

Maligne Weichteiltumoren (**Weichteilsarkome**, ICD-10: C49.-):
- **pleomorphes Sarkom** (Syn: malignes fibröses Histiozytom, Tumor ohne Zellliniendifferenzierung)
- **Liposarkom** (atypisch lipomatöser Tumor), Spindelzell-Liposarkom, Lipoblastom
- **Rhabdomyosarkom** (alveolär od. embryonal), Leiomyosarkom
- **Fibrosarkom**, fibromyxoides Sarkom
- malignes Synovialom (Synovialsarkom)
- malignes Hämangioperizytom, Angiosarkom
- Neuroblastom, primitiver neuroektodermaler Tumor (PNET, immer G4), malignes Schwannom (= maligner peripherer Nervenscheidentumor), malignes Paragangliom (z.B. Glomus-caroticum-Tumor)
- malignes Mesenchymom
- Mesotheliom
- extraossäres EWING-Sarkom (immer G4)

Histologisches Grading: maligne Weichteiltumoren werden nur noch in niedrig- (low-grade = **G**1-2) u. hochmaligne (high-grade = **G**3-4) Tumoren eingeteilt.

Ät: – Benigne Weichteiltumoren: teilweise familiäre Disposition (z.B. bei Lipomen)
– Maligne Weichteiltumoren: i.d.R. keine Ursache feststellbar, mögl. Ursachen können ionisierende Strahlung, chemische Noxen (Dioxin), chronische Entzündungen, Mutationen von Tumorsuppressorgenen (p53, RB, INK4A/B, Cyclin D1) od. Chromosomentranslokation sein

Path: ♦ Lok: unterschieden werden periphere Weichteiltumoren (**Extremitäten** u. Hüfte, Rumpf, Hals und Kopf) und zentrale Weichteiltumoren (**Retroperitoneum**, Mediastinum, Abdomen). Häufigste Lok. sind die Extremitäten und hier insb. der **Oberschenkel** (Adduktorenloge).

♦ TNM-Klassifikation: T_1 = Tumor <5 cm (T_{1a} = oberflächlich, T_{1b} = tief = unterhalb der oberflächlichen Faszie od. im Becken, retroperitoneal od. mediastinal gelegen)
T_2 = Tumor **>5 cm** in größter Ausdehnung (T_{2a} = oberflächlich, T_{2b} = tief)
N_1 = regionäre Lk-Metastasen, M_1 = Fernmetastasen

Stadiengruppierung: I: $T_{1\text{-}2b}N_0M_0$ niedriggradig (G_1-G_2) II: $T_{1\text{-}2a}N_0M_0$ hochgradig (G_3-G_4)
III: $T_{2b}N_0M_0$ hochgradig, alle N_1M_0 IV: alle M_1

♦ Metastasierung: lokal in Haut, Knochen und (eher selten) in regionäre Lymphknoten
Fernmetastasen insb. in die **Lungen**, seltener in Leber, Skelett, Gehirn

Epid: ◊ Inzidenz: maligne Weichteiltumoren sind **sehr selten** 1-3/100.000/Jahr, sie machen insg. nur 1 % aller malignen Tumoren beim Menschen aus. In Deutschland ca. 2.500 Fälle/Jahr ⇨ immer Vorstellung zur weiteren Diagnostik und Behandlung in **spezialisierten Zentren**

◊ Häufigkeitsgipfel: Kinder um das **10. Lj.** (insb. Rhabdomyosarkome), Erwachsene um das **70. Lj.** (malignes fibröses Histiozytom), m= w

Klin: ⇒ Sicht- od. tastbare **Schwellung** (3/4 der Tumoren sind bei Diagnose bereits >5 cm)
⇒ evtl. lokale Schmerzen (ca. 1/3 d.F.), schmerzhafte Bewegungseinschränkung
⇒ Maligne Tumoren: Müdigkeit, subfebrile Temperaturen, Leistungsverlust, Gewichtsabnahme

Diag:
1. Anamnese und klinische Untersuchung führend
2. Röntgen: ossäre Destruktionen, Knochentumor?, evtl. lokale Weichteilaufnahme in Mammographietechnik zum Nachweis von Verkalkungen
3. **Sonographie** (solider Tumor, DD: zystische Veränderungen)
4. **MRT mit KM** (genaue Beurteilung der Tumorausdehnung/Infiltration, maligne Tumoren zeigen meist eine Kontrastmittelaufnahme), ggf. Angio-MRT, ggf. auch CT bei knöchernem Prozess/Verkalkungen
5. Spiral-CT des Thorax zum Staging (Metastasierung?), ggf. PET-CT zur Metastasensuche
6. **Inzisionsbiopsie** (meist offen) und **histologische Untersuchung** (mit immunhistologischen u. molekular-genetischen Methoden zur genauen Differenzierung des Tumortyps ⇨ Zuordnung des Tumors zu einer Zelllinie u. Malignitätsgraduierung)

Oberflächliche (subkutane, epifasziale) Tumoren <5 cm Größe werden primär direkt entfernt als sog. Exzisionsbiopsie (mit einem knappen Sicherheitsabstand) und histologische Untersuchung ⇨ bei malignem Befund muss dann ausgedehnt nachreseziert werden.

Ther:
- Operativ: Ind: stets gegeben (K-Ind: Fernmetastasen ⇨ dann Chemotherapie)
  - Benigne Tumoren: Exstirpation mit der Kapsel (s.o. Kap. Atherom-/Lipomentfernung)
  - Maligne Tumoren: **radikale Tumorentfernung** (weit im Gesunden = 2-3 cm Sicherheitsabstand rundum, sog. „**no touch**"-Exzision [= „der Operateur soll den Tumor bei der Op nicht sehen"]),
    bei ausgedehntem Befund **Kompartimentresektion** (= en bloc Entnahme von Muskelgruppe + Faszie der betroffenen Region) mit anschließender plastischer Weichteilrekonstruktion (z.B. Verschiebeplastiken, Muskelhautverpflanzungen [myokutane Lappenplastiken], funktionelle Sehnenverpflanzungen, Spalthauttransplantation usw.),
    wurde zuvor eine Biopsie durchgeführt, muss der Bereich um den Biopsiekanal komplett mitentfernt werden,
    eine Lymphknotendissektion ist nur bei gesicherter Lk-Metastasierung indiziert,
    eine Amputation ist heute nur noch Ultima ratio (Amputation können durch Down-Staging der Tumoren mittels neoadjuvanter [= präoperative] Chemotherapie und/oder Radiatio meist vermieden werden)
- Chemotherapie: bei Histiozytom, Lipo-, Leio-, Rhabdomyosarkom, EWING-Sarkom und undifferenzierten Weichteilsarkomen präop. (neoadjuvant, zur Verkleinerung des Tumorvolumens = **Down-Staging**) u. adjuvant (= postop.) einsetzbar (z.B. Adriamycin [Syn: Doxorubicin], Ifosfamid, Dacarbazin), auch als isolierte hypertherme Extremitätenperfusion (mit Tumor-Nekrose-Faktor TNF-α + Melphalan bei 40-42 °C über die vorübergehend ausgeschaltete A.+V.femoralis bzw. A.+V.axillaris mit einer Herz-Lungen-Maschine als Pumpe).

  Aufgrund der geringen Fallzahlen ist der Einsatz der Chemo-/Radiotherapie aber immer eine Einzelfallentscheidung in einer interdisziplinären Tumorkonferenz und meist wird sie im Rahmen von Studien durchgeführt.
- Strahlentherapie: palliativ bei Inoperabilität (75 Gy) oder als präop. (neoadjuvant zur Tumorverkleinerung) od. postop. Radiatio (50-60 Gy), wenn keine R_0-Kompartimentresektion mögl. war

Prog: Maligne Weichteiltumoren: in 95 % d.F. ist heute ein Extremitätenerhalt möglich.
5-JÜR: 85 % bei Low-grade-, 60 % bei High-grade-Tumoren,
hohe Rezidivrate (lokale Exzision 20-30 %, Kompartimentresektion 5-20 %),
Weichteilsarkome am Stamm haben insg. eine schlechtere Prog.

Kompl: * Maligne Entartung gutartiger Weichteiltumoren extrem selten mögl.
Op: * Wundheilungsstörungen, Hämatom, Serom
* Lappennekrose nach Rekonstruktion
* **Tumorrezidiv** bei den malignen Weichteiltumoren häufig ⇨ Nachsorge wichtig (in den ersten 2 Jahren alle 3 Mon., dann 5 J. alle 6 Mon. Kontrolluntersuchungen durchführen)

DD: Cave: "Schwellungen" die länger als 4 Wo. bestehen, sollten immer einer Diagnostik zugeführt werden (auch wenn z.B. ein vorhergehendes Trauma angegeben wird).
- "Tumorartige" nicht-neoplastische Läsionen: **Atherome**, Lipomatosen, Fibromatosen, noduläre Fasciitis, proliferative Myositis, ossifizierende Pseudotumoren, Myositis ossificans, tumoröse Kalzinose (TEUTSCHLÄNDER-Krankheit), Ganglion, Sehnenscheidenhygrom
- Abszess, Fremdkörpergranulom, Bartonella-Granulom (Katzenkratzkrankheit)
- Keloid, Xanthom, Desmoid, Hamartom
- Serom, Hämatom, Zysten
- Neurofibromatose v.RECKLINGHAUSEN (multiple Neurofibrome mit typischem klinischem Bild, aut.-dom. erblich, Chrom. $17_{q11.2}$, 22_{q12} od. Neumutation)

NEUROCHIRURGIE

Anatomie und Physiologie

Liquorsystem: I. u. II. Ventrikel = **Seitenventrikel** sind jeweils über ein Foramen interventriculare (MONROI) mit dem unpaaren **III. Ventrikel** verbunden. Dieser ist über den Aquaeductus cerebri (SYLVII) mit dem **IV. Ventrikel** verbunden.

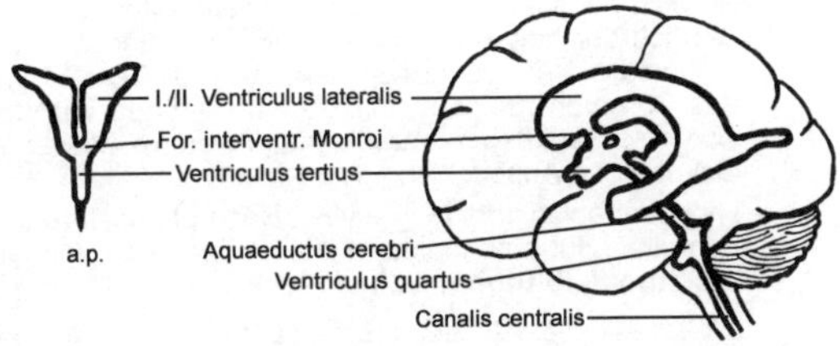

Inhalt des gesamten Liquorsystemes ca. **150 ml**, davon ca. ¼ in den Ventrikeln, der Rest umgibt das Gehirn und das Rückenmark.

Liquorproduktion: pro Tag ca. 500 ml im **Plexus choroideus**, insb. in den Seitenventrikeln

Liquorabfluss: Vom IV. Ventrikel über die unpaarige Apertura medialis (MAGENDII) nach hinten und die (paarige) Aperturae laterales (LUSCHKAE) nach vorne in die basalen Zisternen (Cisterna cerebellomedullaris und pontis) und von dort um das Gehirn und das Rückenmark in das **Cavum subarachnoidale**. Resorption über die **Granulationes arachnoidales** (PACCHIONI-Granulationen, Foveolae granulares) in das Venen- und Lymphsystem, insb. im Bereich des Sinus sagittalis sup.

Liquordruck: Syn: intrakranieller Druck, 15-25 cm H_2O [Wassersäule] im Sitzen gemessen (6-20 cm H_2O im Liegen = ca. 10 mmHg od. 0,5-2,0 kPa)

Funktion: Der Liquor schützt das Gehirn mechanisch gegen Stöße von außen, Ausgleich von hydrostatischen Druckänderungen in den Gefäßen, Ausgleich von Temperaturschwankungen, Lymphsystem des Nervensystems, Transportmedium für wasserlösliche Substanzen vom Blut in den Extrazellular-Raum der Gehirnzellen.

Liquorpunktionsbefunde: Spez.Gewicht 1,005-1,015 g/cm³, Protein <42 mg/dl, Glukose ca. 50 % der Blutglukose, **Zellzahl** 0/3-**12/3** Zellen (= 0-4 Zellen pro mm^3 = µl), Na^+, K^+, Cl^- wie im Blut.

HYDROZEPHALUS

Syn: Volksmund: "Wasserkopf", engl. hydrocephalus, ICD-10 erworben/angeboren: G91.-/Q03.-

Def: Progressive **Erweiterung der liquorhaltigen Räume** des Gehirns

Etlg: **Nach der Genese**

- # **Hydrocephalus occlusus** ⇨ Abflussstörung aus dem Ventrikelsystem
- # **Hydrocephalus malresorptivus** / aresorptivus ⇨ Resorptionsstörung des Liquors
- # **Hydrocephalus hypersecretorius** ⇨ vermehrte Liquorproduktion
- # **Hydrocephalus e vacuo** ⇨ Vergrößerung d. Liquorräume durch primär hirnatrophischen Prozess
- # **Idiopathischer Normaldruckhydrozephalus** ⇨ vergrößertes Ventrikelsystem unklarer Genese bei normalem (intermittierend nächtlich erhöhtem) Liquordruck (engl. idiopathic normal pressure hydrocephalus of the elderly, 60.-70. Lj.)

Nach der Lokalisation

- # Hydrocephalus internus: Vergrößerung der Ventrikelräume (z.B. bei Hydroceph. occlusus)

<u>Hydrocephalus externus:</u> Vergrößerung der äußeren Liquorräume (Zisternen und Subarachnoidalraum)

<u>Hydrocephalus communicans:</u> Vergrößerung der inneren u. äußeren Liquorräume bei erhaltener Verbindung (bei Hydrocephalus malresorptivus und e vacuo)

<u>Ät:</u> – <u>Hydrocephalus occlusus (= Verschlusshydrozephalus):</u> Blockade des Foramen MONROI = Foramen interventriculare (Zysten oder Tumoren im Bereich des III. Ventrikels), Aneurysma der V.magna cerebri GALENI, Stenose des Aquaeductus cerebri (Entzündungen, Tumoren im Bereich der Vierhügelregion), Okklusion der Apertura LUSCHKAE od. MAGENDII (Tumoren im Bereich der hinteren Schädelgrube, entzündliche Verklebungen, Ventrikelblutung unter der Geburt od. bei Frühgeborenen, ARNOLD-CHIARI-Syndrom = Herniation von Gehirnteilen in das Foramen magnum infolge eines Zuges von kaudal durch Meningomyelozele, DANDY-WALKER-Krankheit = Atresie der Apertura MAGENDII und LUSCHKAE durch zystische Verdickung und Ausbuchtung von Kleinhirnanteilen)

– <u>Hydrocephalus malresorptivus:</u> Resorptionsstörung durch Verklebung der basalen Zisternen, des Subarachnoidalraumes oder insb. der Granulationes arachnoidales, nach **Subarachnoidalblutung**, eitriger Meningitis, SHT

– <u>Hydrocephalus hypersecretorius:</u> entzündliche Prozesse, toxische Reize, (angeborenes) Plexuspapillom

– <u>Hydrocephalus e vacuo:</u> hirnatrophischer Prozess durch Untergang von Hirnsubstanz, frühkindliche Enzephalitis, Abszesse

<u>Path:</u>
- ♦ Hydrocephalus occlusus ⇨ Hirndruck proximal der Abflussstenose erhöht
- ♦ Hydrocephalus malresorptivus et hypersecretorius ⇨ Hirndruck oft über lange Zeit noch normal, dann erhöht
- ♦ Hydrocephalus e vacuo ⇨ Hirndruck normal

<u>Epid:</u>
- ◊ Inzidenz: kongenitaler Hydrozephalus bei 1-4/1.000 Geburten
- ◊ Prädisp.alter: die Hälfte der Pat. sind Säuglinge/Kleinkinder, die andere Hälfte Erwachsene, meist >60. Lj.

<u>Klin:</u>
- ⇒ <u>Allgemein:</u> Kopfschmerzen, Übelkeit und Erbrechen, psychische Veränderungen (Merkfähigkeits- und Konzentrationsstörungen)
- ⇒ <u>Spätere Trias:</u> **Gangstörungen** (kleinschrittiger Gang und Starthemmung, aber normale Motilität der oberen Körperhälfte = „Parkinsonismus der unteren Körperhälfte"), **Blasenentleerungsstörung** mit Harninkontinenz, psychoorganische Veränderungen mit **dementieller Entwicklung** (Verlangsamung, Gedächtnisschwäche, Störung des Antriebs, Erschöpfbarkeit, Anosognosie = Pat. nimmt seine eigenen Störungen nicht wahr)
- ⇒ Endstadium: Bewusstseinstrübung, akinetischer Mutismus bis hin zum Koma
- ⇒ Hydrocephalus e vacuo: psychische Veränderungen u. dementieller Verfall im Vordergrund da hirnatrophischer Prozess
- ⇒ <u>Säuglinge und Kleinkinder (bis 4. Lj.):</u> Schädelnähte sind noch nicht synostosiert ⇨ "der Kopf gibt nach" ⇨ gespannte Fontanellen, erweiterte **klaffende Schädelnähte** (s. Abb.), **Zunahme des Kopfumfangs** bis zum ballonförmigen Schädel („Wasserkopf"), Sonnenuntergangszeichen (= Pupillen sind nach unten gerichtet und verschwinden unter dem Unterlid), ohne Ther. Entwicklung von Spastik, Nystagmus, motorische und geistige Retardierung

klaffende Schädelnähte

<u>Diag:</u>
1. Anamnese: vorangegangenes Trauma, Meningitis, Blutungen?, Fremdanamnese: Psychische Veränderungen?
2. Neurologische Untersuchung: Spiegelung des Augenfundus: Stauungspapille? (dann auch vergrößerter blinder Fleck in der Perimetrie), Kopfumfang bei Säuglingen im Verlauf messen
3. <u>Röntgen:</u> **CCT** ⇨ Größe der Ventrikel, der Zisternen und der äußeren Liquorräume, periventrikuläre Ödemzonen
   Ventrikulographie bei V. a. Stenose des Aquaeductus cerebri
4. MRT: Veränderungen im Marklager, periventrikuläre saumartige Hyperintensität durch Übertritt von Liquor in das Hirnparenchym

5. Sonographie: bei noch nicht verknöcherten Fontanellen (die große Stirnfontanelle verknöchert physiologisch bis zum 1½ Lj.) und pränatal mögl. ⇨ Ventrikelweite messbar Norm: beim Neugeborenen Seitenventrikelweite (SVW) <13 mm, III.-Ventrikel-Weite <10 mm, äußerer Liquorraum (CCW = craniocorticale Weite) <4 mm, Interhemisphärenspaltweite (IHW) <6 mm
6. Neurologisches Konsil mit EEG: Allgemeinveränderungen, verlangsamte Grundaktivität
7. Liquordruckmessung über einen lumbalen Katheter
8. Liquorszintigraphie: anhaltende Aktivität in den Ventrikeln bei Resorptionsstörung des Liquors (24 Std. nach Injektion der radioaktiven Isotope ist normalerweise keine Aktivität mehr im Ventrikelsystem nachweisbar)

Ther:
- Konservativ: Hydrocephalus e vacuo ⇨ keine Therapie möglich und erforderlich
- Operativ: Ind: Hydrocephalus occlusus et malresorptivus = Druckhydrozephalus, idiopathischer Normaldruckhydrozephalus mit intermittierenden Druckanstiegen
  - Behandlung einer mögl. Grunderkrankung, z.B. Tumorentfernung
  - **Liquorableitendes System: Katheter + Ventil** (verhindert Rückfluss mit Ballonpumpe zur Funktionskontrolle) vom **Ventrikel** (über eine Bohrlochtrepanation wird ein Katheter in das Vorderhorn eines Seitenventrikels eingeführt, das Ventil wird unter der Kopfhaut platziert) in den **rechten Herzvorhof** (ventrikulo-atrialer **Shunt** über die V.jugularis ext., auch ventrikulo-aurikuläre Drainage / Ventrikuloaurikulostomie genannt, nach SPITZ-HOLTER, s. Abb.) oder in das **Peritoneum** (ventrikulo-peritonealer Shunt)

  - Ventrikeldrainage nach TORKILDSEN: Ventrikulozisternostomie = Ableitung aus einem Seitenventrikel in die Cisterna magna
- Postoperativ: antikonvulsive Prophylaxe (Phenytoin, Zentropil®), neurologische Kontrollen und regelmäßige Kontrolle des ableitenden Liquordrainagesystems (Pumpmechanismus, Ventil)
- Selbsthilfegruppen: Arbeitsgemeinschaft Spina bifida u. Hydrocephalus e.V., Münsterstr. 13, 44145 Dortmund, Tel.: (02 31) 86 10 50-0, Fax: -50, Internet: http://www.asbh.de

Prog: Bei rechtzeitiger Ventrikeldrainage gute Langzeitprognose, die klinischen Symptome bilden sich rasch zurück, wenn noch kein Hirnschaden entstanden ist. Eine Revisionsoperation ist nach 5 J. in 25 % d.F. erforderlich.

Kompl:
* Shunts: Ventilinsuffizienz, Verlegung od. Thrombose des Shuntlumens, Infektion des Liquorraumes (Meningitis/Enzephalitis), Nierenstörungen, epileptische Anfälle, Hirnblutung od. Hygrome bei Unterdruck (Überdrainage durch fehlerhafte Ventilfunktion oder zu häufige Ballonbetätigung ⇨ neuere sog. hydrostatische gravitationsgesteuerte Ventile verhindern dies)
* Intrazerebrale Blutung oder ischämischer Hirninfarkt, subdurale Hämatome

DD:
- Säuglinge und Kleinkinder: Makrozephalie (idiopathisch, familiär, Marmorknochenkrankheit, Neurofibromatosis generalisata) und Megalenzephalie (frühkindlicher Hirnschaden mit Gehirnvergrößerung bei Thesaurismosen [Stoffwechselerkrankungen mit Ablagerungen], z.B. Mukopolysaccharidosen, ZELLWEGER-Syndrom = aut.-rez. zerebro-hepato-renales Syndrom)
- Otitischer Hydrozephalus: nach Otitis media oder Mastoiditis durch Sinusvenenthrombose, Ther: Mastoidektomie u. Antibiose, Ventrikeldrainage nur selten notwendig
- Infantile Zerebralparese durch frühkindlichen Hirnschaden mit spastischen Lähmungen, Athetose, Epilepsie, psychomotorischer Entwicklungsverzögerung, evtl. Mikrozephalie
- Ventrikelblutung = hypertone Massenblutung mit Einbruch in das Ventrikelsystem
- Cavum septi pellucidi (Syn: Septum-pellucidum-Zyste, sog. „V. Ventrikel"): Erweiterung des Septum pellucidum zwischen den Vorderhörnern, evtl. mit Fortsetzung nach okzipital als Cavum vergae, hat keine pathologische Bedeutung
- Atrophische Hirnerkrankung, senile Demenz, vaskuläre Enzephalopathie (BINSWANGER-Krankheit)

KRANIOSYNOSTOSEN

Syn: Stenozephalie, Kraniostenose, Schädeldysostose, Dyszephalie, engl. stenocephaly, dyscephaly, craniosynostosis, ICD-10: Q75.0

Anatomie: Knöcherner Schädel: Insg. 21 Knochen + Mandibula, für Kraniosynostosen wichtig sind die Schädelnähte (s. Abb.): (Zwei) **Os frontale** getrennt durch Sutura frontalis, die aber bereits im 2. Lj. verknöchert = ein Os frontale. Zwischen Os frontale u. Os parietale die Sutura coronalis.
Zwei **Os parietale** getrennt durch Sutura sagittalis
Os occipitale abgegrenzt durch d. Sutura lambdoidea

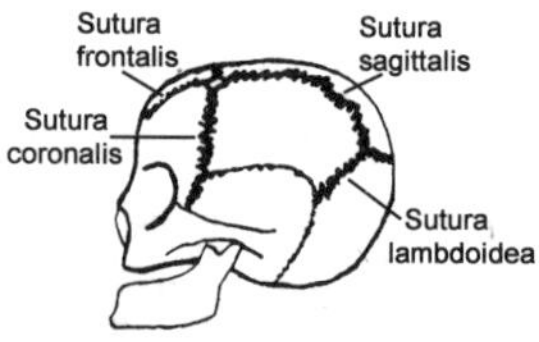

Fontanellen: Große anteriore (Fonticulus ant., Stirnfontanelle, verknöchert im 10.-18. Lebensmonat) und eine kleine posteriore (Fonticulus post., Hinterhauptsfontanelle, verknöchert in den ersten 3. Monaten nach der Geburt)

Path:
- **Vorzeitige pathologische Verknöcherung** von Schädelnähten ⇨ **kompensatorisches Wachstum** noch offener Nähte ⇨ **Deformität** des Schädels (**Dyskranie**)
- Physiologisch ist der Schluss der Schädelnähte vom 2. bis zum 40. Lj.

Epid:
◊ Häufigkeit: 0,6 Fälle / 1.000 Lebendgeburten
◊ Lok: am häufigsten die Sutura sagittalis betroffen, meist schon bei Geburt vorhanden

Etlg: Bei **vorzeitiger** Verknöcherung können unterschieden werden:
Synostosierung der Sutura sagittalis (Pfeilnaht) ⇨ **Kahnschädel/Langschädel** (Skaphozephalus), häufigste Form
Beidseitige Synostosierung der Sutura coronalis (Kranznaht) ⇨ **Breitschädel** (Brachyzephalus) od. der Sutura lambdoidea ⇨ Breitschädel (Pachyzephalus)
Einseitige Synostosierung der Sutura coronalis ⇨ **Schiefschädel** (Plagiozephalus)
Synostosierung der Sutura frontalis (Stirnnaht) ⇨ **Kiel-/Dreiecksschädel** (Sphenozephalus, Trigonozephalus, Oozephalie)
Synostosierung der Sutura sagittalis, coronalis u. lambdoidea ⇨ **Turmschädel**, Spitzschädel (Akrokranium, Turrizephalus, Oxyzephalus, s. Abb.)
Synostosierung aller Nähte (Pansynostosis) ⇨ Kleeblattschädel, abnorm kleiner Schädel, erhöhter intrakranieller Druck
Synostosierung der drei Schädelbasisknochen ⇨ Tribasilarsynostose, mangelnde Gehirnentwicklung

Turmschädel

Klin:
⇒ Schädeldeformität entsprechend des kompensatorischen Wachstums
⇒ Gefahr der geistigen Minderentwicklung durch intrakranielle Drucksteigerung

Diag:
1. Anamnese und klinische Untersuchung: Schädelform als Hinweis auf die betroffene Naht
2. Röntgen: Schädelübersicht

Ther: **Operative Wiedereröffnung** der vorzeitig verknöcherten Schädelnähte im 2. Lebenshalbjahr, heute meist als Volumen-vermehrender Eingriff durch zusätzliche Osteotomie, sog. **fronto-orbitales Advancement**. Die entstehende Lücke verschließt sich von alleine durch Reossifikation von der Dura mater aus.

Prog: Bei rechtzeitiger operativer Ther. gut.

Kompl:
* Epileptische Anfälle, Hirndruckentwicklung, Liquorzirkulationsstörung, Verminderung der zerebralen Durchblutung, Schädigung des N.opticus
* Zusätzlich fehlende oder veränderte Mandibula od. Maxilla mögl.
* Evtl. auch vergesellschaftet mit vererbten Polydaktylien oder Syndaktylien

= zusätzliche Verwachsungen von Fingern od. Zehen (APERT-Syndrom, CHOTZEN-, NOACK-, PFEIFFER- und CARPENTER-Syndrom = Akrozephalopolysyndaktylie-Syndrome)

DD: – Dysostosis craniofacialis (CROUZON-Syndrom): Kleeblatt-/Turmschädel durch Synostosierung von Sutura sagittalis u. coronalis sowie Gesichtsdeformierungen, aut.-dom. vererbt
– Dolichozephalus (hoher und schmaler Langschädel, hoher Gaumen) bei kongenitaler Myopathie

BASILÄRE IMPRESSION

Syn: Basale Impression, engl. basal impression, basiläre Invagination, Konvexobasie, Platybasie, ICD-10: Q75.8

Ät: – Anlagebedingte Entwicklungsstörung
– Sekundär durch Knochenerweichung: Osteomalazie (z.B. Rachitis), Osteoporose, Osteodystrophia deformans (PAGET-Krankheit), Osteolysen (z.B. durch Knochentumoren), Chondrodystrophie, rheumatische Erkrankungen, Hyperparathyreoidismus

Path: Impression (der Kondylen und des Dens axis) in der **hinteren Schädelgrube** im Bereich des Foramen magnum ⇨ Einengung des Gehirns im Hinterhauptbereich und Einengung des Foramen magnum

Epid: Symptomentwicklung häufig erst im 30.-40. Lj.

Klin: ⇒ Äußerlich: **kurzer Hals**, eingeschränkte Beweglichkeit des Kopfes/HWS
⇒ Bei geringer Impression keine Symptome (50 % d.F.)
⇒ Anfallsartige **okzipitale Kopfschmerzen**, Schwindel, Übelkeit und Erbrechen mögl.
⇒ Symptomatisch: **Ausfall kaudaler Hirnnerven** (Kaumuskel-, Gaumensegelparese, Schluckstörungen, Zungenlähmung), Nystagmus bei Hirnstammaffektion, spastische Paraparese und Pyramidenbahnzeichen, Sensibilitätsstörungen, sensible Ataxie (Hinterstrangbahnen), HORNER-Syndrom
⇒ Provokation/Verstärkung der Symptome evtl. durch Drehbewegung des Kopfes

Diag: 1. Anamnese und neurologische Untersuchung: Gesteigerte Muskeleigenreflexe, pathologische Reflexe, Sensibilitätsstörungen, Stauungspapille (= Hydrozephalus)?
2. Röntgen: Schädelübersicht in 2 Ebenen, HWS-Aufnahme mit Dens-axis-Darstellung, konventionelle Tomographie des zerviko-okzipitalen Übergangs
CT des zerviko-kranialen Übergangs und CCT (insb. Beurteilung des Hirnstamms)

Ther: • Operativ: Resektion eines Teils des okzipitalen Knochens hinter dem Foramen magnum ⇨ Erweiterung des Foramen magnum
• Bei Hydrozephalus Shunt-Anlage

Prog: Langsam progredienter Verlauf, akute Verschlechterung bei HWS-Trauma mögl.

Kompl: * **Hydrozephalus occlusus** durch Behinderung der Liquorpassage
* Adhäsion der Meningen, Durchblutungsstörung der A.vertebralis/A.basilaris
* Zusätzliche Fehlbildungen: Atlasassimilation, Atlasdysplasie, KLIPPEL-FEIL-Syndrom, ARNOLD-CHIARI-Syndrom, Syringomyelie mögl.

DD: – Hirntumoren im Bereich der hinteren Schädelgrube oder des zervikalen Rückenmarks
– Multiple Sklerose, amyotrophische Lateralsklerose, funikuläre Myelose
– Atlasassimilation: Verschmelzung des Atlas mit dem Os occipitale, meist verbunden mit einer Verkleinerung des Foramen magnum, Ther: bei Symptomatik, wie bei basilärer Impression

DYSRHAPHISCHE STÖRUNGEN

Syn: Dysrhaphiesyndrome, Myelodysplasie, engl. dysrhaphic syndromes, spinal dysrhaphism, ICD-10: Q05.-

Def: Angeborene Entwicklungsstörung (**Hemmungsmissbildung**) der Neuralanlage ⇨ unvollständiger Verschluss des Neuralrohres (**Neuralrohrdefekt**)

Ät: Meist sporadisch od. selten auch familiäres Auftreten

Etlg: # **Spina bifida (dorsalis) occulta** (knöcherner **Spalt des Wirbelbogens**, lumbo-sakral oder zerviko-thorakal, ohne Öffnung = Rückenmarkhäute sind über dem Spalt geschlossen)

Spina bifida (dorsalis) aperta (= Rückenmarkhäute eröffnet)
- **Dermalfistel**
- **Meningozele**
- **Myelozele, Meningomyelozele**, Meningomyelozystozele, Hydromyelozele

Fisteln od. Zysten, z.B. Syringomyelie (Höhlenbildung im Myelon, s.u.)

Tethered-spinal-cord-Syndrom (tethered = angeheftet, Syn: Filum-terminale-Syndrom, Cord-traction-Syndrom)

Schädeldachdefekte, Gesichtsspalten, Kranioschisis

KLIPPEL-FEIL-Syndrom (Blockwirbelbildung der HWS + Spina bifida cervicalis, w > m)

DANDY-WALKER-Krankheit (Zyste bei Aplasie des Kleinhirnunterwurms)

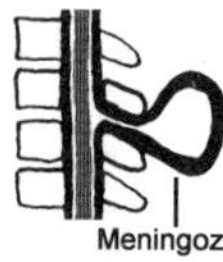
Meningozele

Myelozele

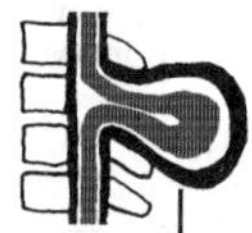
Meningomyelozele

Epid: ◊ Inzidenz/Prävalenz: 0,1 % haben eine klinisch manifeste Spina bifida (aperta) bei Geburt, eine occulta kommt bei bis zu 15 % der Bevölkerung vor (und ist meist klinisch stumm)

◊ Lok: häufigste **L5/S1**, aber auch okzipital/zervikal od. zervikal/thorakal mögl.

Klin: ⇒ Spina bifida occulta: häufig **Zufallsbefund** im Röntgen **ohne entsprechende Klinik**, wenn symptomatisch: Rückenschmerzen, Sphinkterschwäche, Enuresis nocturna, Wadenmuskelatrophie, Pes equinovarus (Klumpfuß) mögl., lokal: Hautveränderungen mit Hypertrichose, Teleangiektasien, Lipome mögl.

⇒ Dermalfistel: Verbindung zwischen Dura/intraduralem Raum und Cutis mit kleiner knöcherner Spaltbildung. Häufig zusätzliche Missbildungstumoren (Dermoid, Teratome) Kompl: Infektion, Ther: frühzeitige Fistelentfernung (noch im Säuglingsalter)

⇒ Meningozele: Vorwölbung der Dura aus dem Spinalkanal, das Rückenmark und die Spinalnerven sind aber an Ort und Stelle. Intakte äußere Haut, keine neurologischen Ausfälle. Ther: Abtragung des Duralsacks und schichtweiser Wundverschluss

⇒ Myelozele (Rückenmark ohne Meningen liegt offen) und Meningomyelozele (Spaltbildung und Vorwölbung der Dura + Rückenmark mit äußerem Hautdefekt) ⇨ das **Rückenmark liegt offen** außerhalb des Wirbelkanals, **neurologische Ausfälle** obligat: Blasen- und Mastdarmstörungen, reithosenförmige sensible Ausfälle der Beine, schlaffe Parese der Beine, Beugekontrakturen im Hüftgelenk, X-Beine, Klumpfuß, trophische Störungen an den Füßen

⇒ Thetered-spinal-cord-Syndrom: mit der Wirbelsäule verwachsener od. fixierter (z.B. durch intraspinales Lipom) Conus medullaris/Filum terminale ⇨ Beweglichkeit des Rückenmarks eingeschränkt. Neurologische Ausfälle mit distalen Beinparesen und Sensibilitätsstörungen, Lumbalgie/Ischialgie, Miktionsstörungen, trophischen Ulzera an den Füßen, Fußdeformitäten, Skoliose, Naevi in der Lumbosakralregion

⇒ KLIPPEL-FEIL-Syndrom: Verschmelzung von 2-3 HWK zu einem **Blockwirbel** ⇨ abnorm **kurzer Hals** mit tiefer Haargrenze, häufig kombiniert mit Spina bifida cervicalis, evtl. auch mit Atlasassimilation und basilärer Impression. Neurologische Ausfälle mit Hirnstammsymptomatik, inkompletter Querschnittlähmung, Hydrozephalus meist erst im mittleren Lebensalter

⇒ DANDY-WALKER-Krankheit: Atresie/Verlegung der Apertura medialis (MAGENDII) u. Aperturae laterales (LUSCHKAE) des IV. Ventrikels durch zystische Ausbuchtung im Bereich des Kleinhirnwurms ⇨ **Hydrocephalus** occlusus mit Hirndruckzeichen, meist um das 20. Lj. beginnend

Diag: 1. Anamnese (familiäres Auftreten?) und neurologische Untersuchung: **Lokalbefund** bei Hautdefekt, manchmal lokal **Hypertrichose** od. Hauteinziehung über dem Defekt, neurologische Ausfälle
2. Sonographie: bei Neugeborenen sind die Wirbelbögen noch nicht voll verknöchert, sodass der Spinalkanal gut eingesehen werden kann, pathologisch ist ein Tiefstand des Conus medullaris (tiefer als L2/L3), fehlende atem- od. pulsabhängige Beweglichkeit des Myelons, Fixierung des Myelons. Heute erfolgt oft schon eine pränatale Diagnose.
3. Röntgen: lumbosakraler Übergang, ggf. CT bzw. MRT

Ther:
- Spina bifida occulta: i.d.R. keine Ther. erforderlich, Op nur bei neurologischen Ausfällen
- Offene Myelozele und Meningomyelozele: **sofortige Op** nach der Geburt (mit geplanter Sectio caesarea, wenn der Defekt schon pränatal diagnostiziert wurde) wegen der **Infektionsgefahr** und der Ausbildung eines ARNOLD-CHIARI-Syndroms. Schonende Zurückverlagerung des Rückenmarks in den Spinalkanal und schichtweiser Wundverschluss bzw. plastische Deckung
- Thetered-spinal-cord-Syndrom: Durchtrennung der bindegewebigen Verwachsungen bzw. Neurolyse zwischen Conus medullaris/Filum terminale und der Wirbelsäule
- KLIPPEL-FEIL-Syndrom: Laminektomie im Bereich des Blockwirbels, ggf. partielle Resektion der oberen Rippen zur Verbesserung der Beweglichkeit der HWS
- Bei Hydrozephalus Shunt-Op
- Hilfsmittel: z.B. Orthesen für Gangentwicklung, Harnableitung bei neuropathischer Blase, Krankengymnastik nach BOBATH und VOJTA zur Bewegungsschulung, psychosoziale Begleitung von Kind und Eltern
- Schwangerschaft: hat ein Kind einen Neuralrohrdefekt wird bei erneuter Schwangerschaft für die Mutter die Einnahme von **Folsäure** (5 mg/Tag, Folsan®) empfohlen (bei Kinderwunsch schon vor der geplanten Schwangerschaft mit der Einnahme beginnen)
- Selbsthilfegruppen: Arbeitsgemeinschaft Spina bifida u. Hydrocephalus e.V. (s.o.)

Prog: Leichte Formen einer Spina bifida haben eine gute Prog., bzw. sind klinisch stumm. Bei schweren Formen ist der Verlauf davon abhängig wie viel Myelon geschädigt ist.

Kompl:
* Zusätzliche Komplikationen und Missbildungen häufig: Hydrozephalus, urogenitale Missbildungen (z.B. einseitige Nierenagenesie), Fußdeformitäten (Pes equinovarus = Klumpfuß), Hüftdysplasien, Ventrikelseptumdefekt, Lippen-Kiefer-Gaumenspalten, Gesichtsdysmorphien, Zwerchfelldefekte, Ösophagusatresien
* **ARNOLD-CHIARI-Syndrom** = Herniation von Gehirnteilen, insb. der Medulla oblongata u. den seitlichen Kleinhirntonsillen (Typ I) in das Foramen magnum durch Zug der kaudal verwachsenen Myelozele/Meningomyelozele beim Wachstum der Wirbelsäule mit daraus folgender Liquorwegeverlegung (IV. Ventrikel) ⇨ **Hydrocephalus occlusus**, ggf. zusätzlich auch der mediale Kleinhirnwurm herniert (Typ II), evtl. zusätzlich zervikale Meningomyelozele (Typ III) od. Missbildung/Hypoplasie des Kleinhirnes (Typ IV), Kompl: Einklemmungssymptome bis hin zum Tod, Ther: Op. der Meningomyelozele, Liquorableitung bei Hydrozephalus, ggf. okzipitale Dekompression
* Sekundäres Tethered-spinal-cord-Syndrom (= angeheftetes Band): Verwachsungen des Conus medullaris/Filum terminale nach Op. von Meningomyelozelen mit neurologischen Ausfällen an der unteren Extremität (s.o.)

Proph: ♥ Während der Schwangerschaft wird die Einnahme von Folsäure (gehört zum Vit.-B-Komplex, 0,4 mg/Tag, Lafol®) empfohlen.

DD:
- Assimilation = lumbosakrale Übergangswirbel, meist symptomlos, evtl. Lumbalgien
  Lumbalisation: 1. Sakralwirbel ist frei = überzähliger Lendenwirbel
  Sakralisation: 5. Lendenwirbel ist mit dem Kreuzbein teilweise oder ganz verschmolzen
- Spondylolisthesis = Abgleiten eines Wirbels (mit der Wirbelsäule darüber) nach ventral durch dysplastische Spaltbildung an den Wirbelgelenken (Spondylolyse), in 80 % zwischen LWK5 und S1 und häufig ohne Symptome (= Zufallsbefund im Röntgen), Epid: 2-4 % der Bevölkerung haben eine Spondylolisthesis

SYRINGOMYELIE

<u>Syn:</u> Syrinx = die Flöte, engl. syringomyelia, ICD-10: G95.0

<u>Ät:</u> – Anlagebedingte Fehlbildung (gehört zu den dysrhaphischen Syndromen, fehlender Schluss des Neuralrohres) durch gestörte Embryogenese
– Selten durch Meningitis, Blutungen im Rückenmark, posttraumatisch nach Rückenmarkkontusion/SHT (= symptomatische Syringomyelie/Syringobulbie)

<u>Path:</u> ♦ Fehlbildung des Rückenmarks mit **Höhlenbildung** in der **grauen Substanz** ⇨ Zerstörung von Rückenmarkgewebe (zentrale Rückenmarkschädigung), die Nervenbahnen (weiße Substanz) sind nicht betroffen, werden jedoch sekundär durch den Druck geschädigt
♦ Evtl. Wucherung von Gliazellen (Gliosis spinalis) und Ausbildung von Septen in der Syrinx
♦ <u>Lok:</u> Meist im **HWS-** und **oberen BWS**-Bereich, sehr selten in der LWS

<u>Epid:</u> ◊ **M** > w (2 : 1)
◊ Manifestationsalter: Beginn der Symptome meist im 20.-40. Lj.

<u>Etlg:</u> # Syringomyelie = Höhlenbildung im Rückenmark
Syringobulbie = Höhlenbildung im Bereich der Hirnnervenkerne (Medulla oblongata, Pons)

<u>Klin:</u> ⇒ <u>Motorisch:</u> auf der Höhe der Syringomyelie **schlaffe**, atrophische (periphere) **Lähmung** (= Untergang der Vorderhornzellen) meist der **Hände**/Arme,
darunter **spastische** (zentrale) **Paraparese der Beine** (= Schädigung der Pyramidenbahnen) ⇨ im Endstadium inkomplette Querschnittlähmung
⇒ <u>Dissoziierte Sensibilitätsstörung:</u> **aufgehobener Schmerz-** und **Temperatursinn** (Schädigung im Bereich der Commissura alba) insb. an den Armen (in den betroffenen Segmenten), bei erhaltener Tiefensensibilität u. Berührungsempfinden
⇒ **Diffuse Dauerschmerzen** in den Armen, Schultern und Thorax (= Untergang der Hinterhornzellen)
⇒ <u>Vegetativ</u> (Untergang der sympathischen Seitenhornzellen): **trophische Störungen** vorwiegend im Bereich der oberen Extremität mit brüchigen Fingernägeln, teigig geschwollener Haut (sog. Tatzenhand, main succulente), Knochenentkalkung, Arthropathien, Kyphoskoliose, Störung der Schweißsekretion, **HORNER-Syndrom** (Ptosis, Miosis, Enophthalmus)
⇒ Syringobulbie: horizontaler rotierender Nystagmus ohne subjektiven Schwindel, Paresen der Kau-, Gaumen- und Zungenmuskulatur, Dysarthrophonie, Sensibilitätsstörung im Gesicht

<u>Diag:</u> 1. Anamnese (Schmerzen im Arm, häufige Verbrennungen, schlecht heilende Wunden an den Händen?) und neurologische Untersuchung: BSR, TSR, RPR abgeschwächt od. völlig erloschen, Muskelatrophien an Händen/Armen, ASR, PSR gesteigert, pathologische Reflexe an den Beinen. Syringobulbie: Abgeschwächter/aufgehobener Kornealreflex.
2. Neurologisches Konsil: EMG: faszikuläre Zuckungen der paretischen Muskulatur an der oberen Extremität; Liquorpunktion: Normalbefund, allenfalls leichte Eiweißvermehrung
3. <u>**MRT:**</u> deutliche Darstellung der Höhlenbildung im Rückenmark mögl.

<u>Ther:</u> • **Keine kausale Ther.** mögl., Krankengymnastik gegen Spastik der Beine
• <u>Med:</u> Gegen Spastik Baclofen (Lioresal®), gegen Schmerzen Analgetika
• <u>Operativ:</u> Ind: progrediente Symptomatik
– dorsaler Zugang
– **Syringostomie** = Einlage eines Katheters von der Höhle zum spinalen Subarachnoidalraum (= syringosubarachnoidaler Shunt)

<u>Prog:</u> Chronischer Verlauf über Jahre.

<u>Kompl:</u> ∗ **Verbrennungen** an den Armen/Händen bis hin zu **Verstümmelungen** durch den auf-

gehobenen Temperatursinn und die schlechte Heilungstendenz durch die trophischen Störungen (schmerzlose Fingereiterungen = MORVAN-Syndrom)

* **Spontanfrakturen** an entkalkten Knochen
* Blasenlähmung bei lumbaler Syringomyelie
* Gleichzeitig dysrhaphische Störungen, ARNOLD-CHIARI-Syndrom, DANDY-WALKER-Krankheit, NOONAN-Syndrom, fixierter Torticollis mögl.

DD:
- Hydromyelie = vergrößerter Zentralkanal, mit Ependym ausgekleidet
- Diplomyelie = angeborene Rückenmarkverdoppelung, meist thorakal und klinisch stumm
- Rückenmarktumoren, A.spinalis-anterior-Syndrom, zervikale Myelopathie, amyotrophische Lateralsklerose (ohne Senibilitätsstörungen)
- Polyneuropathie, "Schulter-Arm-Syndrom", z.B. Periarthropathia humeroscapularis

HIRNDRUCK / HIRNÖDEM

Syn: Gutartige intrakranielle Drucksteigerung ICD-10: G93.2, Hirnödem ICD-10: G93.6

Phys: Intrakranieller Druck: 15-25 cm H_2O [Wassersäule] im Sitzen gemessen (6-20 cm H_2O im Liegen = ca. 10 mmHg od. 0,5-2,0 kPa)

Ät:
- **Raumfordernde Prozesse** (Hirntumor, intrazerebrale Massenblutung, Hämatom, Abszess) + **Hirnödem perifokal** (= in der Umgebung) um Hirntumoren, Blutungen (sog. Penumbra)
- Hirnödem **postischämisch** (nach Apoplexie, zytotoxisch bedingt), bei Intoxikationen, nach Starkstromunfall, als Komplikation einer Meningoenzephalitis
- Sinusvenenthrombose
- Verlegung der ableitenden Liquorwege ⇨ **Hydrocephalus** occlusus/communicans
- Benigne intrakranielle Hypertension ("Pseudotumor cerebri") unklarer Genese (Ausschlussdiagnose)
- Kinder: REYE-Syndrom (4.-9. Lj., akute Enzephalopathie mit Hirnödem und fettiger Leberdegeneration unklarer Genese [virale Infektion, Intoxikation, Medikamente, z.B. Acetylsalicylsäure, genetische Disposition], Letalität bis 70 %)

Path:
- ♦ Hirnödeme um Raumforderungen entstehen durch mechanische Schädigung der Blut-Hirn-Schranke im Bereich der Kapillaren u. Störung des Sauerstofftransportes (vasogenes Ödem). Maligne Tumoren und Metastasen haben ausgeprägtere Ödeme als benigne Raumforderungen.
- ♦ Lok: Hirnödeme vorwiegend im Marklager (weiße Hirnsubstanz)
- ♦ Anfängliche Kompensation des gestiegenen Hirndruckes durch Abnahme des intrakraniellen Blut- und Liquorvolumens (funktionelle Reserve) ⇨ danach steiler Anstieg
- ♦ Intrakranieller Druckanstieg ⇨ Kompression und **Verlagerung** des Ventrikelsystems (= Mittellinienverlagerung, Falxherniation, s. Abb.), tentorielle **Herniation** des medialen Temporallappens nach kaudal in den Tentoriumschlitz und die Cisterna ambiens, bei weiterer Druckzunahme lebensbedrohliche Herniation der Kleinhirntonsillen u. der Medulla oblongata in das Foramen magnum

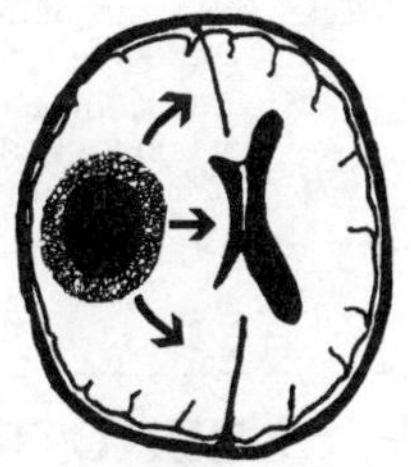

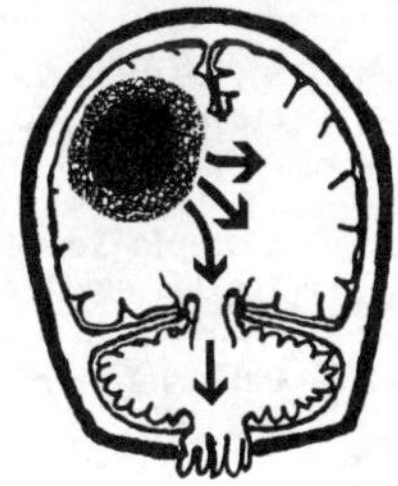

Etlg:
Vasogenes Hirnödem (um Raumforderungen)
Zytotoxisches Hirnödem (nach Apoplexie durch Gewebezerfall)

Klin: ⇒ **Kopfschmerzen**, Übelkeit, **Erbrechen**, Schwindel, Zwangshaltung des Kopfes

⇒ Neurologische Defizite, Sehstörungen (Abduzensparese)
⇒ Singultus (Syn: Schluckauf, Zeichen der Hirnstammschädigung, Ther: Triflupromazin [Psyquil®], Clonazepam [Rivotril® i.v.] od. Nefopam [Ajan® i.v.])
⇒ Bewusstseinsstörung, Somnolenz bis Koma (bei Einklemmung des Hirnstammes)
⇒ Atemstörungen (BIOT-Atmung intermittierend mit Atempausen)
⇒ Psychopathologische Symptome: Verlangsamung, Affektverflachung
⇒ Druckpuls (durch Blutdruckanstieg als Erfordernishochdruck, sog. CUSHING-Reflex)

Diag:
1. Anamnese, Fremdanamnese und neurologische Untersuchung: Augenhintergrund zeigt eine Vorwölbung der Papille (= **Stauungspapille**), Gesichtsfeldausfälle (vergrößerter blinder Fleck), auslösbare Greifreflexe (Hand und Mund), Druckschmerzhaftigkeit der oberen Trigeminus-Austrittspunkte
2. Röntgen: **CCT** zur Diagnose des Grundleidens, perifokale Ödeme meist gut sichtbar
3. Neurologisches Konsil mit EEG: Herdbefund und Allgemeinveränderungen mögl.
   KEINE Lumbalpunktion! wegen der Gefahr der Einklemmung bei Druckabfall durch die Punktion (daher vor Lumbalpunktion immer Augenhintergrund zum Ausschluss einer Stauungspapille spiegeln!)
4. Hirndruckmessung mittels Ventrikelkatheter od. epiduraler Drucksonde

Ther:
- Konservativ: 30° **Oberkörperhochlagerung**, milde **Hyperventilation** (Ziel: pCO_2 30 mmHg), **Osmotherapie** mit Mannitol (4 x 125 ml 20%ig/Tag) über zentralen Zugang, alternativ auch NaCl 10%ig 125 ml mögl.
- Med: **Glukokortikoide** (Dexamethason, Fortecortin® 4 x 4 mg/Tag) präoperativ und einige Tage postoperativ bei vasogenem Ödem (Hirntumoren). Bei inoperablen Gehirntumoren auch als Glukokortikoid-Dauermedikation mit ¼ der Dosis.
  Barbiturate (Pentobarbital) als kurzfristige Medikation zum Abfangen von Druckspitzen mögl.
- Operativ:
  - operable Raumforderungen werden immer neurochirurgisch entfernt
  - palliativ: Liquorableitung durch Shunt-Anlage bei inoperablem Tumor im Bereich von Hirnstamm od. Kleinhirn
    Trepanation (osteoklastisch), ca. 12 cm groß im Durchmesser bei Versagen der kons. Therapie

Prog: Abhängig von der Grunderkrankung

Kompl:
* Bei Steigerung des Hirndruckes auf die Höhe des arteriellen Blutdruckes kommt es zum zerebralen Kreislaufstillstand und damit zum Hirntod
* Massenverschiebung (Herniation von Gehirnteilen) führt zu Einklemmungserscheinungen: In den Tentoriumschlitz (Klin: Strecksynergismen) oder das Foramen magnum (Klin: Apnoe bei Affektion des Atemzentrums in der Medulla oblongata)

NEUROTRAUMATOLOGIE

Syn: **SHT** = Schädel-Hirn-Trauma, SHV = Schädel-Hirn-Verletzung, engl. head injury, traumatic brain injury, Commotio cerebri, Contusio cerebri, Compressio cerebri, *intrakranielle Verletzung* ICD-10: S06.-

Ät:
- **Stumpfe Gewalt** (Sturz, Schlag, Anprall) ⇨ geschlossenes SHT
  1/3 d.F. sind **Verkehrsunfälle**, am häufigsten sind es **Stürze** (häuslicher Unfall, Sturz aus größerer Höhe bei der Arbeit) u. Sportunfälle (z.B. Ski- od. Fahrradunfall ohne Helm)
- **Perforierende Verletzung** (Pfählungs-, Schussverletzung, extrem starker Aufprall) ⇨ offenes SHT

<u>**Etlg:**</u> # <u>Allgemein:</u> **Geschlossenes SHT** (keine Eröffnung des Schädels, Dura intakt)
Offenes SHT ⇨ Mitverletzung der **Dura** mater (= Verbindung zw. Gehirn u. Außenwelt) - **Jede offene Gehirnverletzung ist a priori als infiziert anzusehen!**
indirekt offenes SHT ⇨ bei Schädelbasisfraktur mit Verbindng z.B. über die Nebenhöhlen

<u>Hirntrauma:</u>
- **Commotio** cerebri: Gehirnerschütterung (ohne bzw. mit nur minimalen pathoanatomischen Veränderungen ⇨ evtl. geringgradige Gliaproliferationen), ICD-10: S06.0
- **Contusio** cerebri: Hirnprellung (immer mit pathoanatomisch fassbaren Gewebeschädigungen = sog. *Rindenprellungsherden*), ICD-10: S06.3-
- **Compressio** cerebri: Hirnquetschung, Hirnkompression durch Hämatome oder umschriebene Ödeme, ICD-10: S06.2-

<u>Frakturen des Schädels:</u> **Schädelkalottenfraktur, Schädelbasisfraktur** (insb. der Frontobasis), Frakturformen: Lineare- (Berstfraktur), sternförmige- und **Impressionsfrakturen**

<u>**Path:**</u>
- <u>Contusio cerebri:</u> Beschleunigungs-, Rotations- od. Verzögerungstrauma führt zu **Coup** = Stoßherd durch den Anprall und **Contrecoup** = Gegenstoßherd durch Sog ⇨ **Rindenprellungsherde** (meist frontal, temporal und occipital) ⇨ Parenchymnekrosen, diese werden durch Gliaproliferationen ersetzt ⇨ **Glianarbe**. Daneben entstehen traumatische Ödeme ⇨ Zirkulationsstörungen, Hypoxie mit **sekundären**, reaktiven Gewebsschäden.
- <u>Frakturen:</u> Berstfrakturen (Gewalteinwirkung flächig von der Seite)
  Impressionsfrakturen (lokale, spitze Gewalteinwirkung, Schussverletzung)
- <u>Schädelbasisfrakturen (engl. basal skull fracture):</u> ICD-10: S02.1
  - Frontobasale Frakturen ⇨ Eröffnung v. Sinus frontalis, ethmoidalis od. sphenoidalis mögl.
  - Laterobasale Frakturen ⇨ Fraktur im Bereich des Felsenbeins (quer, schräg od. längs)

<u>**Epid:**</u>
◊ Inzidenz: 200-350/100.000/Jahr ⇨ 250.000 SHT in Deutschland pro Jahr, davon 5 % mittelschwere u. 5 % schwere SHT mit ca. 8.000 Toten und ca. 4.500 dauerhaften Pflegefällen
◊ **M** > w, bis zum Alter von 45 J. häufigste Todesursache in Deutschland
◊ 25-30 % der Pat. mit einem SHT haben ein **Polytrauma** (z.B. mit Pneumothorax, intraabdominellen Blutungen und Organverletzungen, Frakturen)

<u>**Klin:**</u>
⇒ <u>Schädelprellung:</u> Kopfschmerzen, evtl. Schwindel od. Übelkeit, keine Bewusstseinsstörung, keine neurologischen Symptome
⇒ <u>Commotio cerebri:</u> **Bewusstlosigkeit** (für Sekunden bis max. 1 Std.) und posttraumatische = **anterograde Amnesie** (Zeit während und nach dem Unfall, die Erinnerungslücke kann mehrere Stunden umfassen, evtl. auch eine Zeit kurz vor dem Unfall = kurze retrograde Amnesie), Übelkeit, **Erbrechen**, Kopfschmerzen, Schwindel, Nystagmus
⇒ <u>Contusio cerebri:</u> **Bewusstlosigkeit** >1 Std. (bis zu Tagen), amnestischer Dämmerzustand (>24 Std.), **neurologische Ausfälle** je nach Lokalisation der Anprallherde (epileptische Anfälle, Atem- und Kreislaufstörungen, traumatische Anosmie, Paresen, Augenmotilitätsstörungen) bis hin zum Koma
⇒ <u>Schädelkalottenfrakturen:</u> Evtl. tastbarer Frakturspalt, Impression
⇒ <u>Schädelbasisfrakturen:</u> Brillen- od. Monokelhämatom, retroaurikuläre Blutungen, **Liquorrhoe** aus Nase (frontobasale Frakturen) od. Ohr (laterobasale Frakturen), Hämatotympanon, Ausfall v. Hirnnerven (z.B. Anosmie, Augenmotilitätsstörungen)
⇒ <u>Tentorielle Einklemmung:</u> Bewusstseinstrübung bis Koma, Pupillenerweiterung, fehlende Lichtreaktion, Pyramidenbahnzeichen, Strecksynergismen, CHEYNE-STOKES-Atmung

<u>**Diag:**</u>
1. Anamnese (Unfallereignis, Eigenanamnese soweit möglich, Dauer der Amnesie und Fremdanamnese) und klinische Untersuchung: sichtbare äußere Verletzungen, Bewusstseinslage, Neurostatus mit Pupillenreaktion, Untersuchung häufig erschwert bei SHT mit Alkoholeinwirkung
2. <u>Röntgen:</u> **Schädelübersicht** in 2 Ebenen, ggf. Aufnahme der Hinterhauptsschuppe und bei Bewusstlosigkeit zusätzlich **Halswirbelsäule** in 2 Ebenen + Dens axis durchführen

CCT: bei **Bewusstlosigkeit** od. V.a. intrakranielle Raumforderung immer **CCT** (nativ) durchführen ⇨ Nachweis von Kontusionsherden (hypodense Läsionen), intrakraniellen Blutungen, Hämatomen, Hirnödem, Schädelbasisfrakturen (⇨ koronares CCT / Knochenfenster fahren), intrakranieller Luft (⇨ Duraverletzung = offenes SHT!)

Zur Verlaufsbeobachtung bei Bewusstlosigkeit ggf. MRT (je mehr Kontusionsherde umso schlechter die Prog., insb. bei Hirnstamm-, Basalganglien- od. Pons-Läsion).

3. **Neurologisches Konsil** mit genauer Befunddokumentation, ggf. Liquorpunktion (Cave: bei Hirndruck ⇨ Gefahr der Einklemmung): bei Kontusion evtl. blutiger od. xanthochromer Liquor, ggf. Liquornachweis durch ß-Transferrin-Bestimmung (z.B. bei Sekretion aus der Nase), MRT od. Liquorszintigraphie zur Lokalisation einer Liquorfistel

   EEG: Allgemeinveränderung, ggf. Herdbefund, insg. aber sehr unspezifisch und diagnostisch wenig Aussagekraft

   Hirndruckmessung mittels Ventrikelkatheter od. epiduraler Drucksonde bei radiologischen Hirndruckzeichen

⇒ Zur schnellen Einschätzung des Schweregrades eines SHT: **GLASGOW Coma Scale**

Augenöffnen:	Spontan	4 Punkte
	Auf Ansprechen	3 Punkte
	Auf Schmerzreiz	2 Punkte
	Kein Augenöffnen	1 Punkt
Körpermotorik:	Bewegung auf Aufforderung	6 Punkte
	Gezielte Abwehr auf Schmerzreize	5 Punkte
	Flexionsbewegungen auf Schmerzreize	4 Punkte
	Abnormale Flexionsbewegungen auf Schmerzreize und spontan (Dekortikationshaltung = Beugesynergismen)	3 Punkte
	Extension auf Schmerzreize und spontan (Dezerebrationshaltung = Strecksynergismen)	2 Punkte
	Keine (auch nicht auf Schmerzreize)	1 Punkt
Verbale Reaktion:	Pat. orientiert und beantwortet Fragen	5 Punkte
	Pat. desorientiert, beantwortet aber Fragen	4 Punkte
	Inadäquate verbale Antwort auf Ansprechen	3 Punkte
	Unverständliche Laute	2 Punkte
	Keine	1 Punkt

Gesamtpunktzahl der 3 Gruppen = höchster Score ("normal") sind 15, tiefster Score 3 Punkte

- **Leichtes SHT (I. Grades, als Anhalt: Bewusstlosigkeit bis 15 Min.): 15 - 13 Punkte**
- **Mittelschweres SHT (II. Grades, Bewusstlosigkeit bis 1 Std.): 12 - 9 Punkte**
- **Schweres SHT (III. Grades, Bewusstlosigkeit >1 Std.): 8 - 3 Punkte**

Ther:
- Akut: Sicherung der vitalen Funktionen an der Unfallstelle, **frühzeitige Intubation**, kontrollierte Beatmung und Schockbehandlung (großer Zugang, Infusion)

  Minimierung zerebraler Sekundärschäden durch:
  - **Oberkörperhochlagerung** (bis 30°), nicht bei protrahiertem Schock
  - Anlage einer **Halskrawatte** (Stiff-neck-Orthese)
  - Blutdruck sollte 120 mmHg systolisch nicht unterschreiten
  - Analgosedierung (z.B. mit Benzodiazepin, Midazolam [Dormicum®] + Fentanyl)
  - Fremdkörper präklinisch in situ in der Wunde belassen
  - Anlage eines sterilen Verbandes bei offenen, blutenden Schädel-Hirn-Verletzungen

  Primärtransport in die nächste geeignete Klinik mit Intensivstation, CCT u. ggf. Neurochirurgie (bei polytraumatisierten Pat. ist es evtl. erforderlich, diese erst in das nächstgelegene Akutkrankenhaus zu bringen zur Stabilisierung der Vitalfunktionen und die Patienten dann sekundär bei Bedarf in ein **neurochirurgisches Zentrum** zu verlegen).
- **Konservativ:**
  - Commotio cerebri: **stationäre Überwachung für 24 Std.**, Bettruhe für einige Tage, symptomatische Therapie bei Kopfschmerzen (Paracetamol, Benuron® od. Metamizol-Natrium, Novalgin®, kein ASS in den ersten Tagen wegen der Möglichkeit einer übersehenen Blutung) und bei Übelkeit od. Erbrechen (Metoclopramid, Paspertin®)

- Bewusstlose Pat.: kontrollierte Beatmung (ggf. milde Hyperventilation zur Hirndruckprophylaxe, Zielwert: 30-35 mmHg pCO_2), bei Hirndruck Osmotherapie mit 4x tgl. Mannitol (125 ml 20%iges Mannitol über 20 Min. infundieren), parenterale Ernährung, Elektrolyt- und Flüssigkeitssubstitution, gute Blutdruckverhältnisse, Krankengymnastik zur Verhinderung von Gelenkkontrakturen
- Frakturen: lineare Frakturen und Schädelbasisfrakturen ohne Dislokation bedürfen meist keiner Therapie (lediglich stationäre Beobachtung wegen mögl. meningealer Hämatombildung). Otogene Liquorrhoe bei Felsenbeinlängsfraktur konservativ (Antibiotikaschutz).

• **Operativ:** Ind: **nach Stabilisierung der vitalen Funktionen** ist eine offene Fraktur immer eine Notfall-Op-Ind., intrakranielle Blutung/Hämatom mit Verdrängung

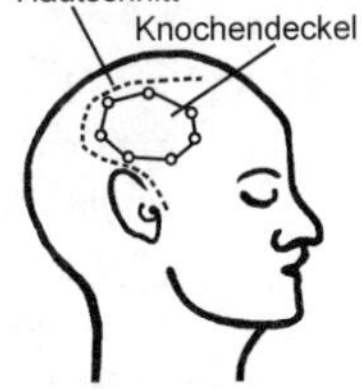

Notfalltrepanation

- Großes intrakranielles Hämatom: Notfallkraniotomie zur Entlastung über eine temporoparietale, möglichst große Trepanation innerhalb von 2 Std. (hierzu werden mehrerer Löcher gebohrt und dazwischen der Knochen durchgefräßt, der Knochendeckel wird entnommen und der knöcherne Defekt offen belassen = osteoklastische Trepanation, s. Abb.)
- Offene Impressionsfrakturen ⇨ Entfernung stark verschmutzter Fragmente, Deckung des Defektes (= Verschluss der Dura mit lyophilisierter [= gefriergetrockneter] Dura), systemische Antibiose
- Impressionsfrakturen (geschlossen) ⇨ Hebung der Impression
- Schädelbasisfrakturen: Op-Ind. bei Mitbeteiligung v. Hirnnerven od. frontobasaler Liquorfistel ⇨ Duraverschluss der Liquorfistel, ggf. Débridement der Nasennebenhöhlen und systemischer Antibiotikaschutz
- Kopfschwartenverletzung: primärer Wundverschluss
- Blutungen, Hydrozephalus, Hirndruck ⇨ zur Ther. siehe jeweiliges Kapitel

• **Rehabilitationsbehandlung** über Wochen bis Monate, möglichst **früh** beginnen mit mobilisierender Krankengymnastik, physikalischer Therapie, Ergotherapie (Wiedererlangung von Fähigkeiten und Fertigkeiten, die posttraumatisch gestört sind), logopädischer Behandlung (Sprachtherapie)

• Selbsthilfegruppen: Schädel-Hirn-Patienten in Not e.V., Bayreuther Str. 33, 92224 Amberg, Tel.: (0 96 21) 6 36 66, Internet: http://www.schaedel-hirnpatienten.de
ZNS – Hannelore Kohl Stiftung, Rochusstr. 24, 53123 Bonn, Tel.: (02 28) 9 78 45-0, Fax: -55, Internet: http://www.hannelore-kohl-stiftung.de

Prog: Je länger die Bewusstlosigkeit und je älter der Pat. um so schlechter die Überlebensprognose (grober Anhalt, schlechte Prog. bei: 60. Lj. - 1 Wo., 15. Lj. - 3 Wo. Bewusstlosigkeit). Nach schwerem SHT versterben 40-50 % d. Pat., 2/3 der Überlebenden werden berufs*un*fähig. Jugendliche haben eine bessere Prognose, hier bleiben nur ca. 1/5 der Pat. arbeitsunfähig.

Kompl:
* Postkommotionelle Beschwerden: oft noch über Wochen (bis Jahre) Kopfschmerzen, Schwindel, Konzentrationsstörungen, Gedächtnisstörungen, Reizbarkeit, Ermüdbarkeit (neurasthenisch-depressives Syndrom), Lichtempfindlichkeit, Alkoholintoleranz
* Contusio cerebri: durch das Shifting des Gehirns beim SHT ⇨ **Kontusion/Ruptur kleiner Gefäße** ⇨ kleine Einblutungen in das Parenchym (charakteristischerweise im Bereich der Windungskuppen), sog. Rhexisblutungen, evtl. auch intraparenchymatöse Hämatome
* Postkontusionelle Beschwerden: wie bei den postkommotionellen Beschwerden, jedoch intensiver und länger anhaltend, zusätzlich oft neurologische Defizite (z.B. aphasische Störungen, Paresen, Seh-, insb. Fusionsstörungen, Riechstörungen, epileptische Anfälle, Dystonien), posttraumatische Enzephalopathie (z.B. "Boxer-Enzephalopathie" Dementia pugilistica) mit hirnorganischem Psychosyndrom (HOPS, traumatische Psychose), KORSAKOW-Syndrom, Delir mögl.
* Sekundäre Entwicklung eines **Hirnödems** (nach ca. 12 Std. bis zum 3. Tag)
* Bei Verletzung meningealer Gefäße (Kalottenfraktur) ⇨ **epidurales Hämatom**

* Hirnkontusion oder abgerissene Hirnvenen ⇨ **Subduralhämatom**, als Spätkomplikation auch das **chronische subdurale Hämatom** (nach einem längeren symptomfreien Intervall), Sinusvenenthrombose
* Posttraumatischer Hydrozephalus, Hygrome
* **Dissektion** der A.carotis int. oder A.vertebralis durch das Trauma mit der Gefahr einer späteren Thrombusembolisation und ischämischen Insult
* Impressionsfraktur, Rindenprellungsherde ⇨ epileptogener Fokus (traumatische Frühanfälle mit erhöhtem Risiko für eine traumatische Spätepilepsie)
* Okzipitale Impressionsfrakturen ⇨ Verletzung des Sinus sagittalis sup.
* Blow out-Fraktur: Sprengung des Orbitabodens ⇨ Einklemmung von Augenmuskeln
* Schädelbasisfrakturen: Karotis-Kavernosus-Fistel (⇨ arteriovenöse Verbindung zwischen A.carotis int. und Sinus cavernosus) mit pulssynchronem Ohrgeräusch, Chemosis (= Ödem) der Konjunktiven, Exophthalmus, Affektion der HN III-VI
* Liquorfistel: **frontobasale** (Verbindung zum Nasen-Rachen-Raum) oder **laterobasale** (Verbindung zum Mittelohr) Liquorfistel ⇨ Gefahr der **aufsteigenden Infektion** mit **Meningitis, Meningoenzephalitis, Hirnabszess**
* Offenes SHT:
  - **Pneumenzephalon** = Eintritt von Luft + Infektionskeimen bei offenem SHT
  - Eitrige **Meningitis**, subdurales Empyem, Pyozephalus internus (Eiter im Ventrikelsystem ⇨ Okklusivhydrozephalus), Enzephalitis, Hirnabszess (Frühabszess in unmittelbarer Folge des SHT), Mark-/Hirnphlegmone (diffuse Eiterung in der Hirnsubstanz)
  - Spätabszesse und Meningitis (noch nach mehr als 10 Jahren) durch Eitererreger in der Nähe von z.B. Knochensplittern, Geschossfragmenten etc.
  - Duranarbe ⇨ **posttraumatische Epilepsie** (Manifestation in den ersten 2 Jahren nach Trauma), lokaler Hydrocephalus e vacuo und Durchblutungsstörungen
* Koma: Einteilung der World Federation of Neurosurgical Societies
  BRÜSSELER-Klassifizierung

Koma I	**Bewusstloser Patient, normale Reaktion auf Schmerz**, Pupillenmotorik o.B., Augenmotorik erhalten, evtl. Anisokorie, Atmung intakt
Koma II	Bewusstloser Patient mit Paresen od. verlangsamter unkoordinierter Reaktion auf Schmerz, Pupillenmotorik intakt od. Anisokorie, Augenmotorik erhalten, Atmung intakt
Koma III	**Bewusstloser Patient mit Streckkrämpfen**, Pupillenmotorik intakt od. Anisokorie, evtl. mit Störungen der Augenmotorik, Atmung intakt
Koma IV	Bewusstloser Patient mit **initial beidseitig weiten Pupillen**, noch erhaltene Spontanatmung, Hypotonie u. **Reaktionslosigkeit auf Schmerzreize** aller Extremitäten, keine Augenmotorik
Hirntod	Keine Hirnstammreflexe (keine Spontanatmung, etc.), weite / lichtstarre Pupillen bds., keine Augenmotorik, spinale Reflexe können erhalten sein

* Dezerebrationssyndrom (Syn: **apallisches Syndrom**, Enthirnungsstarre, engl. persistent vegetative state) = neurofunktionelle Entkoppelung des geschädigten Großhirn vom intakten Hirnstamm, geht meist aus einem Koma hervor. Ät: **SHT**, **akute Hypoxie** bei kardiopulmonaler Insuffizienz, Reanimation, ausgedehnte Hirnblutung, Hirnkompression bei Hirndruck, Verschlusshydrozephalus od. tentorieller Herniation (Kontrolle im CCT: Weite der Cisterna ambiens?, AEP, VEP)

  Klin: Apallisches Syndrom = **Koma** mit **„offenen Augen“** aber ohne Blickkontakt, keine Fixierung von Objekten (Coma vigile, Wachkoma), Beuge- oder Streckhaltung der Arme, Streckstellung der Beine, evtl. orale Automatismen, pathologische/frühkindliche (primitive) Reflexe, Störung von Atmung, Temperatur- und Kreislaufregulation, Infektanfälligkeit. Dieser Zustand kann jahrelang andauern.

  Ther: Intensivtherapie, dann spezialisierte Langzeitpflegeeinrichtungen

Prog: insg. schlecht (Rückbildung innerhalb von 12 Mon. mit meist erheblichen Defekten mögl., danach eher unwahrscheinlich), durchschnittliche Überlebenszeit 2 - 5 J., Tod durch Komplikationen wie Thrombosen od. pulmonale Infekte

* Locked-in-Syndrom (durch Hirnstammkontusion, Ponsblutung): Tetraparese, Hirnnervenlähmung, nur noch **vertikale Augenbewegung** und Blinzeln/Lidschluss bei voll erhaltenem! Bewusstsein mögl. (Großhirn ist intakt), sehr schlechte Prog.
* Dissoziierter Hirntod: **zerebraler Tod** mit Stillstand der Atmung, Koma, weite starre Pupillen, Ausfall des Kornealreflexes, fehlende Reaktion auf Schmerzreize, Diag: Null-Linien-EEG od. intrazerebraler Perfusionsstillstand in der Angiographie

DD: Für einen komatösen Patienten, der ohne sicheren Anhalt für ein SHT gefunden wird:
- Vigilanzstörungen durch internistische Erkrankungen: Herz-Kreislauf-Insuffizienz, Coma diabeticum, Intoxikationen; spontane intrakranielle Blutung
- Neurologisch: Grand-mal-Epilepsie, akinetischer Mutismus (Frontalhirnschädigung)
- Kinder: Schütteltrauma (engl. shaken baby syndrome, Kindesmisshandlung bei Säuglingen)

HIRNABSZESS

Ät:
- **Offenes Schädel-Hirn-Trauma** (direkte Keimverschleppung)
- Fortgeleitete Infektion: Eitrige Sinusitis frontalis, Schädelknochenosteomyelitis, otogene Infektion, eitrige Mastoiditis
- **Hämatogene Streuung** (z.B. bronchopneumonische Infekte, Endokarditis), oft multiple Herde (Mikroabszesse in der grauen Substanz)
- Iatrogen: nach neurochirurgischen Eingriffen, Trepanation bei Blutung od. Hydrozephalus

Path:
- ♦ Keimspektrum: Staphylokokken, Streptokokken, Pneumokokken
- ♦ Prädisp: **schlechte Abwehrlage** des Organismus, z.B. Diabetes mellitus, Sarkoidose, konsumierende Prozesse, Tumoren, HIV-Infektion, Tuberkulose, Immunsuppression, Chemotherapie

Etlg:
Epiduraler Abszess
Subdurales Empyem
Hirnabszess (abgekapselter Prozess)
Phlegmonöse Enzephalitis (Hirnphlegmone)

Klin:
⇒ Meningitische Reizung, **Kopfschmerzen**, Lichtscheu, Übelkeit ⇨ **rasche Entwicklung** als DD zu Hirntumoren
⇒ Fieber, **Bewusstseinstrübung**, psychische Verlangsamung
⇒ Epileptische Anfälle, Hemiparesen, Hirndruckzeichen bei chronischem Prozess

Diag:
1. Anamnese (vorangegangenes Trauma od. Infektion) und klinische Untersuchung: Meningismus?
2. Neurologisches Konsil: Liquorpunktion: trüber Liquor, Pleozytose, Eiweiß vermehrt, Glukose erniedrigt, Laktat erhöht (nur wenn der Abszess in den Liquorraum eingebrochen ist, sonst Normalbefund), EEG: Herd mit Deltawellen, Allgemeinveränderungen
3. Röntgen: **CCT** ⇨ unscharfer, hypodenser Herdbefund, nach Kontrastmittelgabe typisches **ringförmiges Enhancement** (Kontrastmittelanreicherung in der Abszesskapsel)
4. Bei unklarem Befund stereotaktische Biopsie über Bohrlochkraniotomie

Ther:
- Konservativ: Akute Abszesse noch ohne Kapsel werden breit, systemisch **antibiotisch** abgedeckt ⇨ 3er-Kombination mit Cephalosporin (z.B. Cefotaxim, Claforan®) + Penicillin + Aminoglykosid (z.B. Tobramycin, Gernebcin®) i.v.
- Operativ: Ind: sichere, bakterielle abgekapselte Abszesse, Empyem
  - Bei Abszessen und Empyem Kraniotomie und Ausräumung des Abszessgebietes, möglichst mit der Abszesskapsel, evtl. Einlage einer Spüldrainage + systemische Breitspektrumantibiose

- Operative Sanierung des Keimherdes (z.B. Mastoiditis, offenes SHT)

Prog: Letalität 10 %

Kompl: * Septische Ausbreitung, Einbruch in das Ventrikelsystem (Pyozephalus internus) bis zur phlegmonösen Enzephalitis (Hirnphlegmone) mit einer sehr schlechten Prognose (Hirnschwellung, Einklemmungszeichen)
* Septische Thrombophlebitis der intrakraniellen Venen
* Spätabszesse noch nach Jahren mögl. (z.B. bei Geschosssplittern)

DD: – **Eitrige Meningitis**, tuberkulöse Meningitis, Enzephalitis durch Viren
– Phlegmone der Kopfschwarte, Osteomyelitis des Schädelknochens
– Hirntumoren

INTRAKRANIELLE BLUTUNGEN

Etlg: Von außen (Schädelknochen) nach innen (Gehirn) geordnet:
Epiduralblutung, Epiduralhämatom, ICD-10: I62.1
Subduralblutung, Subduralhämatom, ICD-10: I62.0-
Subarachnoidalblutung, ICD-10: I60.-
Intrazerebrale Blutung, ICD-10: I61.- = intraparenchymatöse Massenblutung (machen ca. 15 % d. apoplektischen Insulte aus) und intraventrikuläre Blutung

Ät: – Traumatisch: als Früh- oder Spätmanifestation nach **SHT** als subdurale Blutung (50 % d.F.), epidurale Blutung (30 % d.F.), Subarachnoidalblutung (10 % d.F.) oder intraparenchymatöse Blutung (10 % d.F.)
– Spontan: **Arteriosklerose, arterielle Hypertonie**, Angiome, Aneurysmen (insb. Subarachnoidalblutung), Gerinnungsstörungen (Hämophilie, Antikoagulanzientherapie, HELLP-Syndrom), **Tumorblutungen**, Vaskulitiden

Diag: 1. Anamnese, Fremdanamnese bei bewusstlosem Patienten, Beginn und Entwicklung der Bewusstlosigkeit? und klinische Untersuchung
2. Röntgen: Schädelübersicht in 2 Ebenen ⇨ Frakturausschluss
CCT (Methode der Wahl) zunächst nativ ⇨ zeigt Blutung und evtl. Einbruch in das Ventrikelsystem, evtl. zerebrale Angiographie (arterielle DSA)
3. Neurologisches Konsil mit Liquorpunktion: Gefahr der Hirnstammeinklemmung bei der Punktion durch erhöhten Hirndruck bedenken! ⇨ blutiger Liquor bei Einbruch einer Blutung in das Liquorsystem

Ther: • Konservativ: kleine intrazerebrale Blutungen werden lediglich beobachtet und kontrolliert
• Operativ: Ind: progrediente Eintrübung oder primär bewusstlose Patienten und nachgewiesene Blutung ⇨ Notfall-Op; intrazerebrale Hämatome >4-9 cm
– Kraniotomie und Entlastung
– Bei Hydrocephalus occlusus ⇨ Ventrikeldrainage

Kompl: * Einbruch einer Blutung in das Ventrikelsystem ⇨ Hydrocephalus occlusus, bzw. Hydrocephalus malresorptivus bei Verklebung der PACCHIONI-Granulationen
* Cave: 2-3 Tg. nach Trauma/Aneurysmablutung ⇨ zerebraler Vasospasmus, Proph: Kalziumantagonist Nimodipin (Nimotop®) für 14 Tg.
Op: * Insb. bei Ausräumung großer intrazerebraler Blutungen ⇨ neurologische Ausfälle

DD: – Zerebrovaskuläre Insuffizienz und Apoplex (**ischämisch** bedingt durch arterielle Embolie oder Thrombose)

- **Arteriovenöse Gefäßmissbildungen (Angiome)**: mit oder ohne intrazerebrale Blutung od. Hämatom (rindennah)
  Als: arteriovenöse Rankenangiome, Kavernome (venöse Gefäßräume mit Bindegewebesepten, in bis zu 50 % d.F. aut.-dom. erblich, Chrom. 7q21-22, 7p13-15, 3q25-27), venöse Angiome, Teleangiektasien, kraniozerebrale Hämangiome, Mikroangiome, erbliche Phakomatosen (STURGE-WEBER-KRABBE-Syndrom mit Naevus flammeus im Trigeminusbereich und meningealen Angiomen)
  Epid: m > w (= 2:1), <30. Lj.
  Klin: Epilepsie, neurologische Ausfälle, Steal-Syndrom bei arteriovenösem Shuntvolumen
  Diag: Angiographie und MRT (2-3 Wochen nach einer Blutung gute Sensitivität, akut schlecht = Angiom ist von einem Hämatom noch nicht abgrenzbar)
  Ther-Ind.: immer gegeben, da keine spontane Rückbildung
  Ther: operative Entfernung (bei akuter Blutung nach ca. 6 Wo.), ggf. bei Inoperabilität Embolisation oder stereotaktische Radiatio
- **Karotis-Kavernosus-Fistel:** Kurzschluss zwischen A.carotis int. und Sinus cavernosus durch Verletzung bei einer Schädelbasisfraktur oder spontan
  Klin: pulsierender Exophthalmus, Chemosis (Schwellung der Konjunktiven), konjunktivale Injektion, Stauungsblutungen in die Netzhaut und Glaskörper, pulssynchrones Ohrgeräusch, pulssynchrones Auskultationsgeräusch über dem Augenbulbus der betroffenen Seite, Affektion der HN III-VI; Diag: Angiographie
  Ther: interventioneller Verschluss mittels Ballonkatheter (ggf. mehrere Ballons)
- **Sinusvenenthrombose**
- Hypertensive Enzephalopathie (Status lacunaris)
- Hirntumoren (insb. Meningeome, intrazerebrale Metastasen und Glioblastome)

EPIDURALBLUTUNG

Syn: Epiduralhämatom, ICD-10: I62.1

Ät:
- **Schädel-Hirn-Trauma** (SHT) mit Schädelfraktur, insb. temporal (80 % d.F.)
- Selten bei Knochentumoren mit Gefäßarrosion

Path:
- Lok: Riss einer **A.meningea** (meist media, temporoparietal) durch Trauma, selten auch epidurales Hämatom durch Blutung aus einem Frakturspalt, einem verletzten Venensinus oder verletzten PACCHIONI-Granulationen mögl.
- Die Blutung liegt zwischen Schädelknochen und der Dura mater (die Dura wird dabei abgehoben)

Epid:
- ◊ Meist jüngere Patienten (20.-45. Lj.)
- ◊ **M** > w (= 5:1)

Klin:
- ⇒ **Kurzes freies Intervall:** Commotio cerebri mit Bewusstlosigkeit – dann wach (kurzes freies Intervall für Minuten bis Stunden) – danach zunehmende Bewusstlosigkeit = sekundäre Verschlechterung der Bewusstseinslage durch Compressio cerebri
- ⇒ Kontralaterale Paresen, **homolaterale Pupillenerweiterung** (Hirnnerv-III-Lähmung), Hirnnerv-VI-Parese, Streckkrämpfe

Diag:
1. Anamnese (Trauma) und klinische Untersuchung: Bewusstseinslage, Anisokorie
2. Röntgen: Schädelübersicht ⇨ temporale Fraktur oder Schädelbasisfraktur
   CCT (nativ): hyperdense, scharf abgegrenzte, linsenförmige konvexe Raumforderung unter der parietalen Schädelkalotte
   ggf. Angiographie
3. Neurologisches Konsil mit EEG: Abflachung d. betroffenen Halbseite

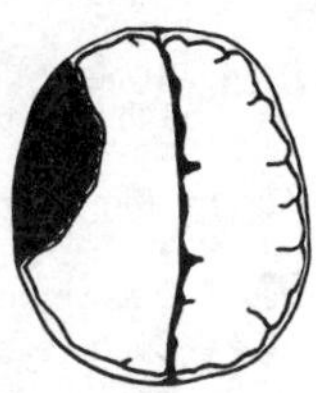

<u>Ther:</u> • <u>Operativ:</u> Ind: **sofortige Op** indiziert
- Notfallmäßige Trepanation und Entlastung des Hämatoms
- Bei notfallmäßiger Op in einem peripheren Krankenhaus ⇨ KÖHNLEIN-Bohrung = Entlastungslöcher vor und hinter dem Ohr auf der betroffenen Seite in der Höhe der Augenbrauen bohren

<u>Prog:</u> Bei rechtzeitiger Entlastung des Epiduralhämatomes günstig. Letalität 30 %, 20 % d. Pat. bleiben behindert.

<u>Kompl:</u> Hirndruck, Einklemmung des Hirnstammes in den Tentoriumschlitz ⇨ Dezerebrationssyndrom mit Streckhaltung

<u>DD:</u> Subduralblutung, intrazerebrale Blutung

SUBDURALBLUTUNG

<u>Syn:</u> Subduralhämatom, ICD-10: I62.0-

<u>Ät:</u> – Starkes Schädel-Hirn-Trauma (SHT)
– Antikoagulanzien- oder Lyse-Therapie

<u>Path:</u> ♦ Zerreißung von **Brückenvenen** (spannen sich zwischen Gehirnoberfläche und den Venensinus aus)
♦ Hämatom liegt zwischen Dura mater u. der Gehirnoberfläche/Arachnoidea (Leptomeninx)

<u>Etlg:</u> # **Akutes Subduralhämatom** ⇨ starkes SHT mit ausgeprägten Kontusionen
Chronisches Subduralhämatom ⇨ nach Bagatelltrauma, meist alte Pat. (60.-80. Lj.), auch bei Antikoagulation (Phenprocoumon, Marcumar®) od. Streptokinasetherapie (dann auch beidseitig mögl.)

<u>Klin:</u> ⇒ Akut: starkes SHT ⇨ Pat. oft initial schon bewusstlos, kontralaterale Hemiplegie, Streckkrämpfe, ipsilaterale Ophthalmoplegie, Mydriasis
⇒ Chronisches Subduralhämatom (Symptome erreichen ihr Maximum erst nach 2-3 Monaten nach einem Bagatelltrauma) ⇨ Kopfschmerzen, Druckgefühl, Merkschwäche, Konzentrationsstörungen, Desorientiertheit, "Alterspsychose"

<u>Diag:</u> 1. Anamnese (Trauma vor längerer Zeit bei chron. Form) und klinische Untersuchung, Bewusstseinslage
2. **CCT** (nativ): Konkave, sichelförmige, nicht scharf begrenzte Form subduraler Hämatome entlang der Schädelkalotte, Mittellinienverlagerung, je nach Alter des Hämatoms (von frisch – alt) hyper-, iso- oder hypodens, oft auch verschiedene Dichte bei kleinen frischen Blutungen in das Hämatom

<u>Ther:</u> • Akutes Subduralhämatom ⇨ notfallmäßige Kraniotomie, Duraeröffnung und Entlastung
• Chronisches Subduralhämatom ⇨ Bohrlochkraniotomie, Eröffnung der Hämatomkapsel und Ausräumung, Spülung u. subdurale Drainage für 2-4 Tage

<u>Prog:</u> Akutes Subduralhämatom meist schlechte Prognose (Mortalität bis zu 90 %), chronisches Subduralhämatom sehr gute Prognose (meist keine neurologischen Ausfälle)

<u>Kompl:</u> Ein chronisches Subduralhämatom bildet nach einiger Zeit eine Kapsel aus.

<u>DD:</u> – Pachymeningeosis haemorrhagica interna = subdurales Hämatom bei Alkoholikern
– Subdurales Hygrom (Flüssigkeitsansammlung nach traumatischer Verletzung der Arachnoidea)

SUBARACHNOIDALBLUTUNG

Syn: **SAB** = Subarachnoidalblutung, engl. subarachnoid haemorrhage or bleeding, ICD-10: I60.-

Ät:
- **Angeborene Aneurysmen** (Manifestationsalter früh, in Japan erbliche Disposition): Fehlbildung der Tunica media der Gefäßwand ⇨ umschriebene Ausstülpung der Gefäßwand
- **Arteriovenöse Angiome** (insb. im A.cerebri med.-Gebiet über d. Konvexität einer Hemisphäre) = angeborene Gefäßmissbildung mit Kurzschluss zwischen erweiterten Arterien und Venen ohne zwischengeschaltete Kapillaren
- Arteriosklerotische Aneurysmen (Manifestationsalter: Senium)
- Selten entzündliche Gefäßerkrankung, bakterielle Embolie der Vasa vasorum („mykotische" Aneurysmen), Arrosion durch Hirntumoren oder Metastasen, hämorrhagische Diathese

Path:
- Lok: **Hirnbasisarterien** (Circulus arteriosus cerebri WILLISII, s. Abb.), frontobasal die A.communicans ant., A.carotis int., A.cerebri media u. anterior, seltener vertebrobasilär
- In 85 % im vorderen Anteil des Circulus arteriosus cerebri, meist an den **Gabelungsstellen**
- Ausbreitung der Blutung im Subarachnoidalraum
- In 10-15 % d.F. findet sich ein Zweitaneurysma, auch multiple Aneurysmen mögl.

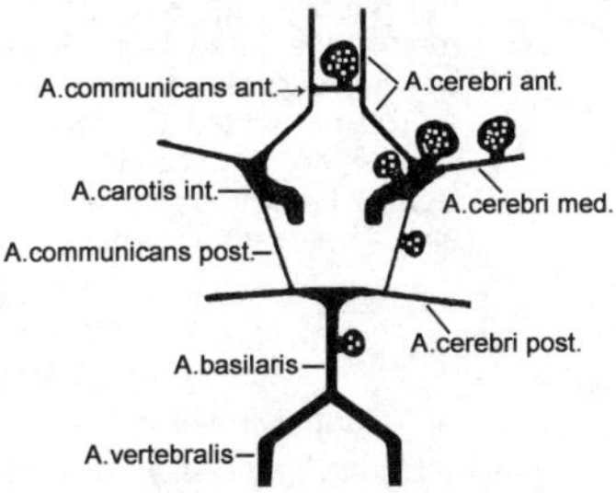

Epid:
◊ Prädisp.alter: 30.-60. Lj., w > m
◊ Inzidenz: 10-15/100.000/Jahr

Klin:
⇒ Kleine, nicht rupturierte Aneurysmen oder Angiome können klinisch stumm sein
⇒ Rezidivierende Kopfschmerzen mit flüchtigen neurologischen Hirnnervenausfällen bei nicht rupturierten Aneurysmen oder Angiomen
⇒ Aneurysmaruptur: schlagartiger **Vernichtungskopfschmerz** ("wie noch nie") okzipital/nuchal od. diffus (2/3 d.F. ohne besonderes Ereignis, 1/3 d.F. nach besonderer Anstrengung, z.B. Pressakt, Heben schwerer Lasten, Koitus)
⇒ 1/3 d. Pat. initial bewusstlos, 1/3 benommen
⇒ Übelkeit, Erbrechen, Schweißausbruch, **Meningismus**, LASÈGUE-Zeichen pos., BABINSKI pos. (50 % d.F.), neurologische Ausfälle je nach Lok. (Hemiparesen, Aphasie, fokale Anfälle, Blasenstörung, Gangataxie, einseitige Ophthalmoplegie, Hirnnervenstörungen, insb. II., **III.** (N.oculomotorius häufig betroffen wegen der Nähe zur A.carotis int., A.com. ant. u. A.cerebri post.), IX., X. u. XI., Sehstörungen, psychoorganische Symptome)

Etlg: Nach HUNT u. HESS (1968) bez. der Klinik des Patienten

Grad I	Patient wach, **minimale Kopfschmerzen**, evtl. leichter Meningismus
Grad II	Patient wach, starke Kopfschmerzen, **Meningismus**
Grad III	Patient **somnolent** und desorientiert
Grad IV	Patient **soporös** bis komatös, ausgeprägte **fokale neurologische Ausfälle** (Halbseitensymptome, Dysphasie) oder beginnende Dezerebrationserscheinungen, Pupillenreaktion und Schmerzreaktion noch vorhanden, vegetative Dysregulation
Grad V	Patient tief **komatös, Dezerebration**, evtl. Einklemmungserscheinungen, keine Pupillenreaktion

Diag:
1. Anamnese, bzw. Fremdanamnese bei Bewusstlosigkeit und klinische Untersuchung: Augenhintergrund: papillennahe, lachenförmige Blutungen
2. Röntgen: **CCT:** nativ ⇨ Nachweis von Blut in den basalen Zisternen, ggf. auch MRT
   Angiographie zur genauen Aneurysmalokalisation (in gleicher Sitzung kann dann ggf.

der interventionelle Eingriff erfolgen), bei 10 % d. Pat. lässt sich auch damit keine Blutungsquelle finden ⇨ diese Pat. haben aber i.d.R. eine gute Prog. (Letalität <5 %)

3. Neurologische Untersuchung mit Liquorpunktion: **blutiger Liquor**, bei älterer SAB (>8 Std.) xanthochromer (gelblicher) Liquor mit Nachweis von freiem Hämoglobin, Siderophagen (hämosiderinspeichernde Erythrophagen)
4. EKG-Veränderungen (ST-Strecke, U-Welle, Ursache dafür nicht bekannt)
5. Transkranieller Doppler: Diagnostik u. Verlaufskontrolle der blutungsbedingten Spasmen
6. Evtl. Anlage einer epiduralen Drucksonde zur Kontrolle des Hirndrucks

Ther:
- Akut: Sicherung der Vitalfunktionen, Analgetika (Buprenorphin, Temgesic®) und Tranquilizer (Diazepam, Valium®), Bettruhe, ggf. maschinelle Beatmung
- Bei sicherer SAB ⇨ Verlegung d. Pat. in eine **neurochirurgische Klinik**
- Konservativ/interventionell: inoperable Aneurysmen können transvaskulär Ballon-embolisiert werden

  Bei Aneurysmen <10 mm können über einen speziellen Katheter mehrere kleine, ablösbare **Platinspiralen** in das Aneurysma eingebracht werden und dieses wird damit verschlossen (sog. Aneurysma-Coiling, s. Abb.). Nachteil: Rezidiv mögl. ⇨ angiographische Nachkontrolle nach 6 u. 24 Mon. erforderlich.

  Vorteil: keine Op notwendig, mit dem Verfahren können heute etwa 2/3 aller Aneurysmen behandelt werden.

- Operativ: Ind: wenn eine interventionelle Ther. nicht mögl. ist, bei Grad I-III Früh-Op. in den ersten 48-72 Std., Grad IV und V nach 2-3 Wochen (keine Gefäßspasmen mehr)
  - Zugang: Kraniotomie
  - Darstellung des Aneurysmas und Anbringen eines **Aneurysma-Clips**
- Prophylaxe zerebraler Vasospasmen nach Subarachnoidalblutung mit Kalziumantagonist Nimodipin (Nimotop®) für 14 Tage (initial 1 mg/Std. für 2 Stunden, dann 2 mg/Std.)
- Selbsthilfegruppen: Verein für Hirn-Aneurysma-Erkrankte e.V., Egerländer Straße 40c, 86368 Gersthofen, Tel.: (08 21) 47 30 23, Internet: http://www.hirn-aneurysma.de

Prog: Frühmortalität 15 % d.F., bei Nachblutung sehr schlechte Prognose (Mortalität bei Rezidiv ca. 60-70 %!), Gesamtmortalität ca. 30-45 %, Grad I-III Mortalität 6-8 %.
Die Überlebenschance wird durch Op etwa verdoppelt!

Kompl:
* **Nachblutung** (in den ersten 14 Tagen) mit hoher Mortalität (60 %)
* **Gefäßspasmen** (Beginn am 2.-3. Tag, Maximum zw. 7. u. 10. Tag, Dauer bis 3 Wo., Kontrolle durch transkranielle Dopplersonographie) mit der Gefahr der Ischämie
* Hirntamponade durch die Blutung in das Ventrikelsystem u./od. Liquorraum ⇨ hohe Letalität
* **Hydrocephalus** communicans occlusus + aresorptivus durch Verklebungen im Bereich der PACCHIONI-Granulationen ⇨ Ther: Ventrikeldrainage
* Hirnorganisches Psychosyndrom
* Gleichzeitiges Vorliegen von Zystennieren (4-6 % d. Pat.)
* Chronische Subarachnoidalblutung (die Blutungsquelle lässt sich in 50 % d.F. nicht finden): superfizielle Siderose (Eisenablagerung auf Gehirn, Hirnnerven und Rückenmark) ⇨ progredienter Hörverlust, Demenz, zerebelläre Ataxie, Myelopathie mögl.

DD:
- **Arteriovenöse Angiome** (arteriovenöse Gefäßmissbildungen) ohne Blutung, Epid: M > w (= 2:1), Symptome meist in der Pubertät beginnend, insb. mit fokalen Anfällen, Diag: MRT u. Angiographie, Ther: Interventionelle (präoperative) Embolisation + operative Entfernung, fokale stereotaktische Radiatio (bei inoperablen Angiomen)
- starker Migräneanfall, Donnerschlagkopfschmerz (schlagartiger extremer Kopfschmerz, wie bei einer SAB; Ät: Vasospasmus intrakranieller Gefäße)
- TOLOSA-HUNT-Syndrom (retroorbitale Entzündung mit HN III-, IV-, VI-Parese und einseitige Kopfschmerzen, Ther: Glukokortikoide)

INTRAZEREBRALE BLUTUNG

Syn: Hirnmassenblutung, hämorrhagischer Insult, engl. intracerebral bleeding, ICD-10: I61.-

Ät:
- 80 % haben eine **arterielle Hypertonie**, **Arteriosklerose** ⇨ hypertensive Krise als Auslöser
- Traumatisch: meist in Verbindung mit epiduralen-/subduralen Hämatomen bei starkem Schädel-Hirn-Trauma
- Selten: **Antikoagulanzientherapie** (7- bis 10faches Risiko), hämorrhagische Diathese, Alkoholismus, sekundäre Einblutung in einen ischämischen Hirninfarkt oder Hirntumor / Metastase (Melanom, Nierenzellkarzinom), blutendes Angiom, Eklampsie, perinatale Blutung, Drogen (Ecstasy, Kokain, Crack, Amphetamine)

Path: Lok: 65 % d. Hämatome liegen medial od. lateral der **Capsula interna** im Bereich der **Stammganglien** (Thalamus), temporoparietales oder temporofrontales Marklager, parieto-okzipital, seltener Kleinhirn/Hirnstamm (10 % d.F.)

Epid:
◊ Prädisp.alter: 50.-70. Lj., **m** > w
◊ Intrazerebrale Blutungen machen ca. 15 % der apoplektischen Insulte aus (Rest sind ischämische Insulte, s.o.)

Klin:
⇒ **Kopfschmerzen**, Erbrechen
⇒ Ca. 50 % d. Pat. **bewusstlos** und Streckkrämpfe ⇨ schlechte Prognose
⇒ Je nach Lok. neurologische Ausfallerscheinungen (**Halbseitensymptomatik**, Hirnstammsymptomatik s.u. Kapitel Hirnstammsyndrome, epileptische Anfälle)
⇒ Thalamusnahe Herde: brennende halbseitige Schmerzen, Temperaturempfinden gestört, ipsilaterales HORNER-Syndrom (Ptosis, Miosis, Enophthalmus)
⇒ Subthalamische Herde: Störung der thermoregulatorischen Schweißsekretion (Läsion der ungekreuzten, absteigenden zentralen Sympathikusbahnen), Lichtüberempfindlichkeit
⇒ Pseudobulbärparalyse = Schädigung der supranukleären Bahnen zu den Hirnnervenkernen mit Zwangslachen, Zwangsweinen, Dysarthrie, pathognomonisch ist die Steigerung des Masseterreflexes (Läsion ist im 1. Motoneuron oder im Trac.corticonuclearis [vor dem 2. Motoneuron = Hirnnervenkerne] lokalisiert)
⇒ Operkulum-Syndrom (pathologischer Prozess im Bereich des Operculum über der Insula) mit Gesichtslähmung, Schluckstörung, Gaumensegelparese, Zungenparese bei normalen unwillkürlichen Bewegungen wie Gähnen, Lachen, Husten, Lidschlag

Diag:
1. Anamnese und klinische Untersuchung: Pyramidenbahnzeichen, Pupillenstörung (miotische, aber noch auf Licht reagierende Pupillen)
2. Röntgen: **CCT** nativ immer durchführen ⇨ Raumforderung (oft auch erst nach Tagen sichtbar) + perifokales Ödem, im Verlauf später Zystenbildung. Wichtig ist die Abgrenzung zum ischämischen Insult!
   Ggf. Angiographie zur Blutungslokalisation
3. Neurologisches Konsil mit Liquorpunktion: Bei ventrikelnaher oder oberflächlicher Blutung xanthochromer, bei Ventrikeleinbruch blutiger Liquor

Ther:
- Konservativ: Kleine Hämatome werden nur **beobachtet** und kontrolliert, bei größerem perifokalem Ödem Glycerosteril i.v.
- **Mobilisierende Krankengymnastik** und optimale Lagerung zur Vermeidung von Kontrakturen und Lungenfunktionsstörungen, ggf. logopädische Behandlung
- Psychosomatische Begleitung, Gesprächstherapie, da die Pat. häufig depressiv werden
- Operativ: Ind: große Hämatome
  - Neurochirurgische Ausräumung (insb. bei Kleinhirnhämatomen)
  - Externe Ventrikeldrainage bei Ventrikeleinbruchsblutung mit Liquorstau

Prog: Kleine Hämatome resorbieren sich von selbst in ca. 2 Monaten.
Intrazerebrale Blutungen mit initial bewusstlosem Pat. haben eine schlechte Prognose. Ein Jahr nach einem Blutungsereignis sind 40-50 % d. Pat. verstorben.

DD: – **Ischämischer Insult**
– Hämangiome, angeborene Gefäßmissbildungen, Hirntumoren, Tumormetastasen
– Hypertensive Krise mit neurologischen Symptomen, Ther. akut Nifedipin (Adalat®)

HIRNTUMOREN

Syn: Intrakranielle Tumoren, ZNS-Tumoren, engl. brain tumours, *bösartige Neubildung der Meningen und des Gehirns*
ICD-10-Einteilung je nach Lok.: alle Hirntumoren C71.0 - C71.9, Meningeome C70.-

Ät: Genaue Ätiologie letztlich unklar, diskutiert werden u.a.
– Spontane Neubildung, onkogene Viren, Karzinogene, ionisierende Strahlung
– Entwicklungsgeschichtliche Fehlbildungen
– Familiäre, genetische (hereditär) und hormonale Faktoren

Epid: ◊ Inzidenz: 10/100.000/Jahr, ca. 7.600 Neuerkrankungen/Jahr in Deutschland
◊ Altersgipfel: bei der Mehrzahl der Gehirntumoren zwischen **40.-70. Lj.** und im **Kindesalter** (ca. jeder 12. Hirntumor kommt bei einem Kind unter 15 Jahren vor)
◊ Kinder: zweithäufigste Tumorentität (nach den Leukämien)

Path: Histologisches Grading (Einteilung bezüglich der Malignität nach KERNOHAN):
G1 - gut differenziert (I) G3 - schlecht differenziert (III)
G2 - mäßig differenziert (II) G4 - undifferenziert (IV)

Etlg: **Nach der entwicklungsgeschichtlichen Herkunft**
Neuroepitheliale Tumoren (ca. 50 % d.F., auch als **Gliome** zusammengefasst): Astrozytome, Glioblastome, Oligodendrogliome, Medulloblastome, Neurinome, Gangliozytome und -blastome, Spongioblastome, Ependymome, Plexustumoren, Pinealome
Mesodermale Tumoren (ca. 20 %): **Meningeome**, Sarkome, Angioblastome
Ektodermale Tumoren (ca. 10 %): **Hypophysenadenome**, Kraniopharyngeome
Keimzelltumoren (ca. 2-3 %): Germinome, Epidermoide, Dermoide, Teratome, Hamartome
Intrazerebrale Metastasen (ca. 6-20 %): Bronchialkarzinom, Mammakarzinom, Nierenzellkarzinom, malignes Melanom, Lymphome, Prostatakarzinom, Karzinome des Magen-Darm-Traktes

Klinische Etlg. in Beziehung zur Lage zum Tentorium cerebelli (= bildet eine Trennlinie zwischen Großhirn und Hirnstamm mit Kleinhirn):
⅄ Supratentoriell ⇨ Klin: häufig Herdsymptome
Y Infratentoriell ⇨ Klin: häufig Störung der Liquorpassage, Kleinhirnfunktionsstörungen

Häufigkeitsverteilung der bevorzugten Tumoren bei Kindern und Erwachsenen in Bezug zur Lage zum Tentorium cerebelli:

Erwachsene

Bevorzugt:
Meningeome
Gliome
Metastasen

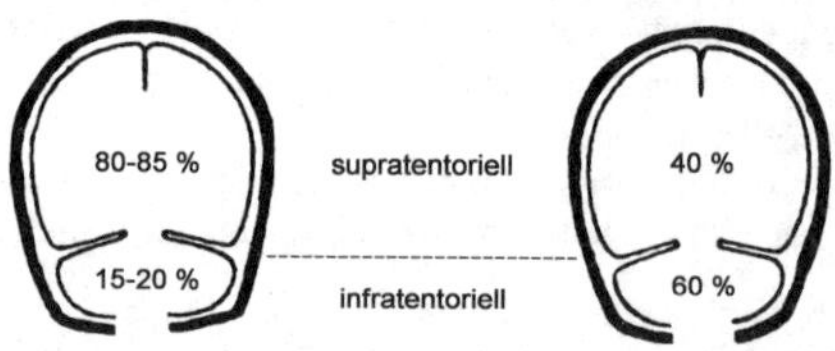

Kinder

Bevorzugt:
Medulloblastome
Kleinhirnastrozytome
Ependymome

TNM-Klassifikation: diese wurde für Hirntumoren 1998 von der UICC (Union Internationale Contre le Cancer) gestrichen, da sie kaum angewandt wurde und sich nicht bewährt hatte.

Klin: **<u>Frühsymptome einer intrakraniellen Raumforderung</u>** ⇨ immer Diagnostik durchführen!

⇒ Neu aufgetretene, ungewohnte **Kopfschmerzen**

⇒ Neu aufgetretene **epileptische Anfälle** (besonders jenseits des Kindesalters)

⇒ **Wesensänderung, Verhaltensänderung**, Ermüdbarkeit, Konzentrationsstörungen, Antriebslosigkeit, Dysphorie

⇒ Neurologische Herdsymptome: Hemiparesen, Sensibilitätsstörungen, Sehstörungen, Sprachstörungen, Geruchsstörungen, Apraxie

<u>Alarmsymptome von Hirntumoren</u>

- Störungen des Bewusstseins
- Doppelbilder (Hirnstamm-Affektion)
- Atem- und Kreislaufregulationsstörungen (Medulla oblongata)
- Stauungspapille
- Positives BABINSKI-Zeichen

<u>Allgemeine klinische Symptome der Hirntumoren in Abhängigkeit von der Lokalisation</u>

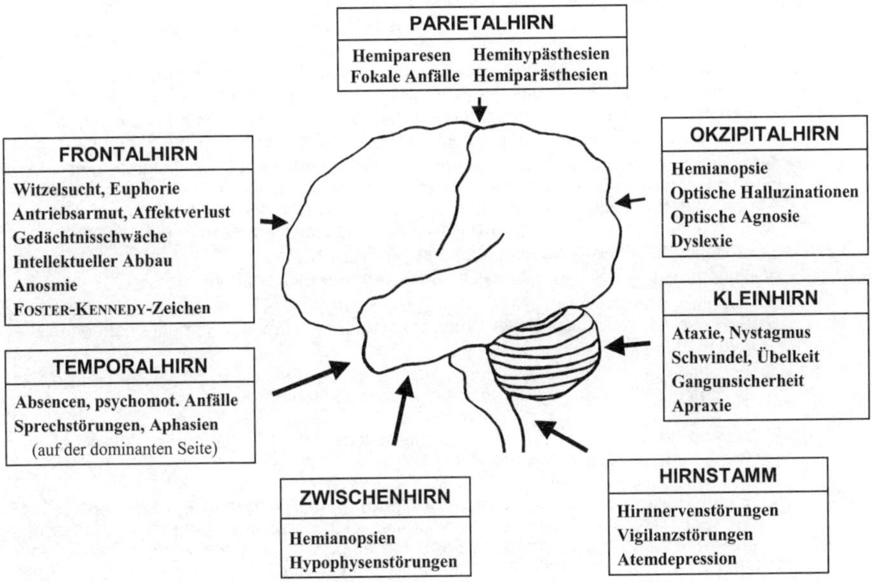

<u>"Klinische Malignität"</u> (= intrakranielle Komplikationen unabhängig von d. Dignität) von Hirntumoren wird bestimmt durch folgende Auswirkungen:

- Primäre Raumforderung + **weitere Raumforderung** (insb. durch das perifokale Ödem)
- **Massenverschiebungen** und Herniationen (s. Abb.) ⇨ **Einklemmungssymptome** bis hin zur Dezerebration

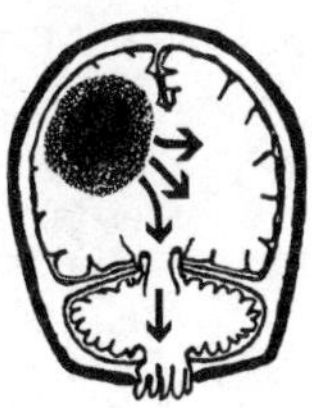

- Direkte oder indirekte Beeinträchtigung der **Durchblutung** ⇨ Apoplexie mögl., Hirnmassenblutung durch Gefäßarrosion im Tumorgebiet („apoplektisches Gliom")
- Beeinträchtigung der **Liquorzirkulation** (Hydrozephalusbildung)
- Direkte oder indirekte Beeinträchtigung der **vitalen Zentren** im Hypothalamus und Hirnstamm (insb. bei den infratentoriellen Tumoren)
- Vorschädigungen (z.B. TIA, Infarkte)

Diag: 1. Anamnese (auch Fremdanamnese, z.B. Anfälle, Wesensänderung), Alter des Pat.

2. Neurologische Untersuchung: Reflexstatus, neurologische Defizite, Augenhintergrund spiegeln (Stauungspapille als Hirndruck-Zeichen?)
   EEG, evtl. mit Brain-mapping ⇨ fokale Herde, Allgemeinveränderungen
3. Bildgebung: bei Rö-Schädel in 2 Ebenen: Wolkenschädel, Sellaerweiterung, Entkalkung des Dorsum sellae, Mittellinienverlagerung einer verkalkten Glandula pinealis?
   MRT od. **CCT** ⇨ Raumforderung, perifokales Ödem, Verkalkungen
   Angiographie ⇨ Vaskularisierung des Tumors
4. Stereotaktische Biopsie (nach vorheriger exakter Ausmessung im CT) mit Zielgerät über ein kleines Bohrloch (in Lokalanästhesie mögl.) ⇨ Histologie (bei sehr großen, primär inoperablen Tumoren indiziert, um die Diagnose zu sichern)
5. Intraoperatives Monitoring: Durchgeführt werden z.B. NLG, VEP, SEP zur Kontrolle möglicher Ausfälle, evtl. auch intraoperative Reizungen des Kortex zur Bestimmung wichtiger Zentren (um diese dann zu umgehen)

Ther:
- Konservativ: Radiatio (50 Gy) bei inoperablen Tumoren, bei nur subtotal resezierten Tumoren Grading III od. IV Chemotherapie durch Einlage von BCNU (1,3-bis(chlorethyl)-1-nitrosourea, Carmustine) in das Tumorbett
  - Med: Glukokortikoide zur Behandlung des Hirnödems 4 x 4 mg Dexamethason/Tag (Fortecortin®)
  - Wurden präoperativ Antiepileptika wegen zerebralen Anfällen gegeben, sollten diese postoperativ noch ein ½ Jahr weiter gegeben und dann ausgeschlichen werden
  - Schmerztherapie bei Tumorschmerzen mit normalen Analgetika + Opiate (z.B. Morphinsulfat, MST®) nach einem festen Stufen- und Zeitplan (s.o., Kap. Schmerztherapie)
- Operativ: Subtotale oder möglichst **totale Tumorexstirpation**: Kraniotomie und makro- oder **mikrochirurgische Op**, neuerdings auch endoskopisch (mit speziellen Miniendoskopen und Spezialinstrumenten/Laser, z.B. für Op am Ventrikelsystem bei Okklusivhydrozephalus) mögl. Perioperative Antibiotikaprophylaxe mit einem Cephalosporin.
  - Postoperativ: Intensivtherapie für meist 1-2 Tage
  - Liquordrainage bei Hydrozephalus und Gefahr der Einklemmung
- Allgemeine Verhaltensregeln nach Hirntumoren-Op: Längere Ruhephasen, ausreichend Schlaf, kein Alkohol, Nikotin oder Drogen, zentral wirksame Medikamente haben meist einen verstärkten Effekt
- Selbsthilfegruppen: Deutsche Hirntumorhilfe e.V., Karl-Heine-Str. 27, 04229 Leipzig, Tel.: (0 34 37) 70 27-00, Fax: -27, Internet: http://www.hirntumorhilfe.de

Kompl: Einblutung in das Tumorgebiet ("apoplektisches Gliom") mit akuter klinischer Verschlechterung des Zustandes des Pat.

DD:
- **Keimzelltumoren** (Missbildungstumoren): **Germinome, Teratome, Epidermoide** (25.-45. Lj., Lok: Schädelbasis), **Dermoide** (Kindesalter, Lok: parapontin, parapituitär, Oberkiefer-Augen-Schlusslinie), **Hamartome** (fehlerhaftes embryonales Gewebe ohne Proliferationstendenz), Ther: Totalexstirpation ⇨ Prog. im Allgemeinen gut
- Chordome und Chondrosarkome der Schädelbasis
- **Arachnoidalzysten,** enthalten Liquor-ähnliche Flüssigkeit. Lok: Zisternen, SYLVII-Furche (= Sulcus lat.), Großhirnkonvexität, CCT: Raumforderung niedriger Dichte (oft Zufallsbefund), Ther: Nur bei Symptomatik erforderlich ⇨ Marsupialisation (Zysteneinnähung) oder Ableitung über einen Shunt in das Peritoneum
- **Kolloidzysten** (meist im III. Ventrikel ⇨ können das Foramen interventriculare MONROI verschließen ⇨ Verschlusshydrozephalus mit Dilatation der Seitenventrikel, Ther: bei Größe >2 cm Zugang auf der nicht-dominanten Hirnseite und Exstirpation)
- Septum-pellucidum-Zyste (Syn: Cavum septi pellucidi, sog. „V. Ventrikel"): Erweiterung des Septum pellucidum zwischen den Vorderhörnern, evtl. mit Fortsetzung nach okzipital als Cavum vergae, hat keine pathologische Bedeutung
- Entzündlich: Enzephalitis, Hirnabszesse, Tuberkulome, Granulome, Gummata, parasitäre Zysten (z.B. Hydatidenzysten, Zystizerkose)
- Vaskulär: zerebrovaskuläre Insuffizienz, intrakranielle Blutungen, intrazerebrale Hämatome,

chron. subdurales Hämatom, angeborene Gefäßmissbildungen, Angiome, Kavernome, Sinusvenenthrombose
- LI-FRAUMENI-Syndrom: familiäres Krebssyndrom mit TP53-Gendefekt (Tumorsuppressorgen, aut.-dom. erblich, Chromosom $17_{p13.1}$) ⇨ Risiko für Hirntumoren, Mammakarzinom, Sarkome, Leukämien
- Granulome bei Sarkoidose
- Umschriebene hirnatrophische Prozesse

ASTROZYTOME

Anatomie: Tumoren aus der Reihe der Neurogliazellen = **Gliome**. Astrozyten sind die größten Gliazellen mit zahlreichen zytoplasmatischen Zellfortsätzen. Sie bilden das Stützwerk des Nervengewebes.

Path:
- Dignität: je nach Entdifferenzierung G I-III, G IV = Glioblastom (Einteilung bezüglich der Malignität nach KERNOHAN)
  G I u. II ⇨ langsames Wachstum, in der Randzone gelegentlich infiltrierend wachsend, geringer Masseneffekt
  G III ⇨ schnelles Wachstum, starkes perifokales Ödem
- Histo: Gliazellen mit bläschenförmigen Kernen, je nach Malignität buntes Bild aber mit weniger Zellen und Mitosen/Atypien als das Glioblastom
  Fibrilläre Astrozytome: Bipolare, faserreiche Astrozyten
  Protoplasmatische Astrozytome: Große Zellen mit homogen-eosinophilem Zytoplasma
- Lok: Marklager von **Frontalhirn** und Temporallappen bevorzugt, seltener Parietal- od. Okzipitallappen

Epid:
- ◊ Prädisp.alter: insg. Gipfel um 40. Lj., Astrozytome G I u. II mittleres Lebensalter, G III höheres Lebensalter
- ◊ **M** > w (= 2:1)
- ◊ 25 % der primären Hirntumoren sind Astrozytome (häufigster primärer Hirntumor), bei Kindern 50 % der Hirntumoren

Etlg:
- # Nach der Dignität: G I bis IV nach KERNOHAN
  Das Astrozytom G IV entspricht dabei histologisch dem Glioblastoma multiforme (s.u.)
- # Nach dem pathoanatomischen Aspekt: fibrilläre Astrozytome ⇨ feste Konsistenz
  protoplasmatische Astrozytome ⇨ weiche Konsistenz
- # Sonderformen: pilozytisches Astrozytom und Spongioblastom (s.u. bei DD)

Klin:
- ⇒ Bei den niedrig malignen Astrozytomen Beschwerdeentwicklung über einen langen Zeitraum möglich, z.B. Kopfschmerzen, psychische Alterationen
- ⇒ **Krampfanfälle**, insb. fokale Epilepsie, z.B. JACKSON-Anfälle
- ⇒ Später: Neurologische Herdsymptome, z.B. Hemiparesen, Hemianopsie, Sprachstörungen (Aphasie), Ataxie

Diag:
1. Anamnese und klinische, neurologische Untersuchung (s.o.)
2. Bildgebung: Im **MRT/CCT** oft Zone verminderter Dichte, mit dem Grad der Entdifferenzierung nimmt die Kontrastmittelanreicherung zu, zystische Strukturen möglich, Kalzifizierungen kommen gelegentlich vor. Im frühen Stadium niedrig maligner Astrozytome kann der radiologische Nachweis noch negativ sein!
   In der ^{1}H-MR-Spektroskopie ist eine Differenzierung der Dignität mögl.
3. Bei sehr kleinen hypodensen Raumforderungen im CCT ohne Kontrastmittel-Enhancement, ggf. Biopsie und CT-Verlaufskontrollen

Ther:
- Operativ: Ind: grundsätzlich indiziert, oft aber wegen der intrazerebralen Lokalisation an wichtigen Stellen nicht durchführbar

- Resektion im Gesunden, wenn dies neuroanatomisch ohne großen Funktionsverlust möglich ist.
- Radiatio postoperativ (54 Gy in 1,8 Gy-Fraktionen) bei G III / IV
- Chemotherapie (PCV-Schema) nur bei Rezidiv od. Progression nach Strahlentherapie

<u>Prog:</u> 5-JÜR bei G I 50-95 %, bei G II 30 %, bei G III 10 %, G IV s. Glioblastome
Bei niedrig-malignen Astrozytomen auch Dauerheilung mögl.
Auch radikal entfernte Astrozytome können rezidivieren (noch nach bis zu 20 Jahren).

<u>Kompl:</u> * Übergang (maligne Entartung) in ein Glioblastom mögl.
* Gliomatosis cerebri: diffuses anaplastisches Astrozytom/Gliom im gesamten Gehirn ausgebreitet = plurifokale Herde unterschiedlicher Malignität
* Rezidiv noch nach Jahrzehnten mögl. und Phänomen der **malignen Progression** = Rezidive haben häufig eine höhere Malignität als der Primärtumor

<u>Op:</u> * Bleibende neurologische Defizite, je nach Resektion wichtiger Strukturen

<u>DD:</u>
- Spongioblastome (auch Mittelliniengliome genannt): benignes Astrozytom G I-II mit Lok. im Fasciculus **opticus** od. Chiasma (Optikusgliom) oder **Hypothalamus** bei jungen Pat. (5.-15. Lj.), Ther: eine Resektion ist wegen der Lage in der Mittellinie (neurofunktionell wichtige Verbindungen) manchmal nicht möglich, ist eine Op. durchführbar, dann sehr gute 5-JÜR mit 95 %
- Pilozytisches Astrozytom: bei jugendlichen Pat. (macht 25 % der Hirntumoren im Kindes- und Jugendalter aus), Lok: **Kleinhirn** (auch als Kleinhirnspongioblastom bezeichnet), Mittelhirn oder Hypothalamus. Ther: Totalexstirpation, Prog: sehr gut, 5-JÜR 85-100 %
- Oligodendrogliome stellen sich im Röntgenbild gleich dar
- Glioblastoma multiforme (s.u.)
- Hirnmetastasen anderer Tumoren, Lymphom, Abszess

GLIOBLASTOME

<u>Syn:</u> **Glioblastoma multiforme**, Astrozytom G IV, entdifferenziertes Glioblastom, Gliosarkom, Schmetterlingsgliom (beidseitig im Marklager)

<u>Ät:</u>
- Meist spontane Neubildung mit letztlich unklarer Ätiologie
- in 1-5 % d.F. familiäre, genetische (hereditäre) Faktoren
- Ionisierende Strahlung (dann ca. 20-fach höheres Risiko)

<u>Path:</u>
- Glioblastoma multiforme entspricht histologisch dem **Astrozytom G IV**
- <u>Dignität:</u> **hoch maligne**, rasches Wachstum, Bildung von neuen Gefäßen und arterio-venösen Anastomosen, starke Neigung zu **perifokalem Hirnödem** ⇨ schnelle Entwicklung von Hirndruck und Massenverschiebungen
- <u>Histo:</u> **vielgestaltiges Bild** mit Zellpolymorphie, mehrkernigen Riesenzellen, Nekrosen, Blutungen und zystischen Tumorzerfallshöhlen (**Leopardfellstruktur** d. Schnitte)
- <u>Lok:</u> **Marklager** (auch beidseits vom Corpus callosum ausgehend = Schmetterlingsgliom) der frontalen und parietalen Großhirnhemisphären, Stammganglien, Hirnstamm, (Hirnstammgliome, s.u.) od. auch diffus

<u>Epid:</u>
◊ Inzidenz: 5-10/100.000/Jahr, in Deutschland ca. 3.000-5.000 Fälle pro Jahr
◊ Prädisp.alter: 40.-60. Lj., **m** > w (= 2:1)
◊ ca. 15 % aller primären Hirntumoren sind Glioblastome

<u>Klin:</u>
⇒ Beschwerdenentwicklung kurzfristig innerhalb von Wochen - Monaten, rasche Entwicklung einer Hirndrucksymptomatik mögl.
⇒ Kopfschmerzen, Hemiparesen, zerebrale Herdsymptome und Krampfanfälle, Bewusstseinsstörungen

Diag: 1. Anamnese und klinische, neurologische Untersuchung: **Stauungspapille**, neurologische Ausfälle
2. Neurologisches Konsil mit EEG: Herdbefund und mittelschwere Allgemeinveränderungen
3. Bildgebung: **MRT/CCT** zeigt Raumforderung mit **ausgeprägtem Randödem**, zentralen Nekrosen (erniedrigte Dichte, evtl. zystische Strukturen), unregelmäßigen (ringförmigen) Anreicherungen bei Kontrastmittelgabe, Verlagerungen der Ventrikel / Mittellinie
4. Angiographie: Arteriovenöse Kurzschlüsse (pathologische Gefäße), Blutungen

Ther:
- Konservativ/palliativ: Radiatio mit Hochvoltbestrahlung, Chemotherapie, Glukokortikoide
- Operativ: Ind: grundsätzlich indiziert, oft aber wegen der intrazerebralen Lokalisation an wichtigen Stellen **nicht durchführbar**.
  - Versuch der operativen Tumorenukleation
  - Ggf. intraoperativ Einlage von BCNU (1,3-bis(chloro-ethyl)-1-nitrosourea, Carmustine) in das Tumorbett als adjuvante Chemotherapie
- Postoperative Radiatio (54-60 Gy in 1,8-2 Gy-Fraktionen) + Chemotherapie mit Temozolomid (Temodal®)

Prog: **Extrem schlechte** Prognose, **5-JÜR 0-3 %**, mittlere Überlebenszeit nur 5-15 Monate

Kompl:
* Frühe Hirndruckentwicklung, rasche Progredienz
* Einblutung in das Gliom ("Apoplektisches Gliom") mit zusätzlicher akuter Verschlechterung der Symptomatik

Op:
* Durch die intraparenchymatöse Lage sind neurologische Defizite durch die Op meist nicht zu umgehen
* Selbst bei radikal entfernten Glioblastomen kommt es fast ausnahmslos zum **Rezidiv**

HIRNSTAMMGLIOME

Path: Dignität: hoch **maligne** (G IV) mit Infiltration der Dura mater und extrakranieller Metastasierung mit Lok: Hirnstamm

Epid: Prädisp.alter: 10.-20. Lj., sind selten

Klin: Hirnstammsymptome (Hirnnervenausfälle, Extremitätenparesen und Pyramidenbahnzeichen, Verschlusshydrozephalus durch Verlegung der Liquorwege)

Diag: 1. Anamnese (schnelle Entwicklung der Symptome) und klinische Untersuchung: Hirnnervenstatus (Fazialisparese, Schluckstörungen, Augenmotilitätsstörungen)
2. Bildgebung: **MRT/CCT**

Ther: Versuch der Exstirpation (meist nicht mögl.) und Radiatio

Prog: Sehr schlecht

OLIGODENDROGLIOME

Anatomie: Die Oligodendrozyten bilden die Myelinlamellen im Bereich der weißen Substanz des ZNS (analog den SCHWANN-Zellen der peripheren Nervenfasern)

Path:
- Dignität: meist ausgereift, gefäßarm, gut abgegrenzt, langsames Wachstum (G I-II)
  ⇨ **Verkalkungen** sprechen für langsames Wachstum, nur geringes Hirnödem
  Höher maligne Oligodendrogliome sind den Astrozytomen / Glioblastom ähnlich
- Histo: Zellen hell, mit großem Zytoplasmasaum, häufig verkalkt, **Honigwabenstruktur**
- Lok: **Frontalhirn**, Temporal- und Parietalhirn, im Jugendalter häufig auch im Thalamus

Epid: ◊ Prädisp.alter: 35.-45. Lj., m > w
◊ ca. 10 % der primären Hirntumoren sind Oligodendrogliome

Klin: ⇒ Bei den wenig malignen Oligodendrogliomen Beschwerdenentwicklung über lange Zeit (Jahre) möglich, z.B. Kopfschmerzen, psychische Alterationen, oft ist ein **fokaler Anfall** dann das Erstsymptom (50 % d.F.)
⇒ Später: Neurologische Herdsymptome (z.B. Hemiparesen, Ataxie, Sprachstörungen je nach Lokalisation)

Diag: 1. Anamnese und neurologische Untersuchung
2. Bildgebung: **MRT/CCT** ⇨ Raumforderung häufig mit **Verkalkungen** (40 % d.F.)

Ther: • Operativ: Ind: grundsätzlich indiziert, wegen der intrazerebralen Lokalisation an wichtigen Stellen aber oft nicht möglich
- **Tumorexstirpation** in toto oder zumindest partielle Exzision
- postoperative Chemotherapie nach dem PCV-Schema
• Radiatio nur bei hoch malignen Oligodendrogliomen mögl.

Prog: 5-JÜR niedrig maligner Oligodendrogliome bei 60 %, anaplastische haben eine 5-JÜR von 35 %. Langfristige Remission möglich, aber Rezidivrate insgesamt hoch.

Kompl: * Einblutung in das Gliom ("Apoplektisches Gliom"), dann mit akuter Verschlechterung der Symptomatik
Op: * Da radikale Op meist nicht mögl. ⇨ hohe **Rezidiv**rate

DD: Astrozytome (sind im Röntgen schwer von den Oligodendrogliomen zu differenzieren)

MEDULLOBLASTOME

Path: ♦ Dignität: hoch maligne (G IV), infiltrierend wachsend
♦ Frühe Metastasierung über den Liquor cerebrospinalis
♦ Histo: kleine runde u. ovale Zellen mit sehr schmalem Zytoplasmasaum, zell- und **mitosenreich**, embryonale Geschwulst (entdifferenziertes Gliom), Pseudorosetten ohne Blutgefäß in der Mitte
♦ Lok: hintere Schädelgrube vom unteren Teil des Vermis cerebelli = **Kleinhirnwurm** ausgehend (90 % d.F.) ⇨ früh Okklusivhydrocephalus

Epid: ◊ Prädisp.alter: **Kindesalter** 3.-10. Lj., **m** > w (= 2:1)
◊ ca. 5 % aller primären Hirntumoren sind Medulloblastome, bei Kindern und Jugendlichen 20 % der Hirntumoren

Klin: ⇒ Kurze Anamnese mit **schneller Symptomentwicklung** aufgrund früher Liquorstauung ⇨ Übelkeit, **Erbrechen**, Kopfschmerz
⇒ **Ataxie** durch zerebellare Funktionseinschränkung
⇒ Nackensteifigkeit als Zeichen einer beginnenden Einklemmung
⇒ Vergrößerter kindlicher Schädel
⇒ Selten: Hirnnervenausfälle

Diag: 1. Anamnese (kurz: Woche - Monate) und klinische Untersuchung: **Stauungspapille**?
2. Bildgebung: Schädelübersicht zeigt Vergrößerung mit klaffenden Nähten
CCT/MRT ⇨ in der Mittellinie des Kleinhirnes gelegene, leicht hyperdense Raumforderung, deutliches Kontrastmittelenhancement hinter dem IV. Ventrikel, Hydrocephalus internus, evtl. Tumorabsiedlungen in den Liquorräumen
Ggf. präop. Angiographie über die A.vertebralis
3. Neurologisches Konsil mit Liquorpunktion: ggf. Nachweis von Tumorzellen

Ther: • Operativ: Ind: grundsätzlich gegeben, insb. bei akutem Verschlusshydrozephalus
- Versuch der radikalen Tumorexstirpation
- Hydrozephalus ⇨ Entlastung durch Liquorableitung

• Zusätzlich: Radiatio (55 Gy) und evtl. systemische Polychemotherapie (Cisplatin, CCNU u. Vincristin) oder intrathekale Zytostase

Prog: Mit maximaler Therapie 50%ige 5-JÜR, im Kindesalter ca. 60%ige 5-JÜR

Kompl: * Vom Kleinhirnwurm ausgehend in Kleinhirnhemisphären, Hirnstamm und Medulla oblongata infiltrierend wachsend
* Hydrocephalus internus occlusus ⇨ Einklemmungsgefahr der Medulla oblongata
* Metastasierung über den Liquor cerebrospinalis (Abtropfmetastasen) ⇨ Seitenventrikel oder Spinalkanal (⇨ Rückenmarks-/Kaudasymptome mögl.)

DD: – Kleinhirnastrozytome (Spongioblastom des Kleinhirnes, pilozytisches Astrozytom)
– Allgemeine DD des Hydrozephalus occlusus, hier z.B. DANDY-WALKER-Syndrom

PINEALOME

Syn: Epiphysen-Tumoren, engl. pinealoma, ICD-10: D44.5

Anatomie: Corpus pineale (Syn: Glandula pinealis, Zirbeldrüse, Epiphysis cerebri) liegt auf der Lamina tecti (Vierhügelplatte des Mesencephalon)

Path: ♦ Dignität: gutartig, hochdifferenziert, abgekapselt (G II) = Pinealozytom
zytäre und blastäre Anteile beim Pinealismischtumor
bösartig, anaplastisch, infiltrierend (G IV) = Pinealoblastom
♦ Histo: häufig verkalkend
♦ Lok: vom Corpus pineale ausgehend, kann das Mittelhirn und den Aquädukt komprimieren (s. Abb.)

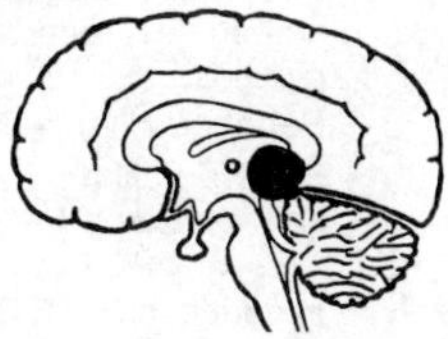

Epid: ◊ Prädisp.alter: 10.-30. Lj.
◊ **M** >> w (12:1)
◊ Sehr seltener Hirntumor

Klin: ⇒ Häufig Störung des Kerngebiets des III. Hirnnerven (N.oculomotorius) im Mittelhirn ⇨ PARINAUD-Syndrom (**vertikale Blickparese** = Blicklähmung nach unten und Konvergenzlähmung), Nystagmus, evtl. auch Ptose und Mydriasis
⇒ **Pubertas praecox** mögl.
⇒ Kopfschmerzen, psychoorganische Symptome (Verlangsamung, Affektverflachung) bei Behinderung des Liquorabflusses und resultierender Hirndruckanstieg

Diag: 1. Anamnese
2. Neurologische Untersuchung, Stauungspapille bei Hirndruck, ggf. Liquorpunktion
3. Röntgen: **CCT** ⇨ hyperdense, scharf begrenzte Raumforderung am Hinterrand des III. Ventrikels mit Verkalkungen, evtl. Angiographie
4. Labor: in Blut und Liquor AFP, ß-HCG bestimmen zum Ausschluss eines sezernierenden Keimzelltumors (s.u. DD)

Ther: • Bei Hydrozephalus Ventrikeldrainage
• Operativ: mikrochirurgische Exstirpation
• Postoperativ: Radiatio (54 Gy)

Prog: Mittlere Überlebenszeit 4 Jahre, langfristige Remission bei kompletter Entfernung mögl.

Kompl: * Verlegung des Aquaeductus SYLVII ⇨ Liquorzirkulationsstörung mit **Hirndrucksymptomatik** (Hydrocephalus occlusus internus)
* Ektope Pinealome durch Abrissmetastasierung in den III. Ventrikel

DD: – Keimzelltumoren: Germinom, Germinoblastom, embryonales Karzinom, Chorionkarzinom (sezerniert AFP, ß-HCG), Teratom, Dermoid, Epidermoid od. Hamartom ebenfalls in dieser Region häufig, Ther. wie bei den Pinealomen
– Gliom, Lipom, Arachnoidalzysten

NEURINOME

Syn: Neurilemmom, Schwannom, häufigstes: ***Akustikusneurinom,*** ICD-10: D33.3

Anatomie: Die SCHWANN-Zellen (= Neurolemm) bilden die Myelinscheiden um periphere Nervenfasern und Hirnnerven.

Path: ♦ Ausgehend von den SCHWANN-Zellen eines Hirnnerven oder peripheren Nerven, neuroepithelialer Tumor
♦ Dignität: G I-II (= relativ **benigne**), **expansiv verdrängend, sehr langsam wachsend**, selten kommen auch hoch maligne Schwannome vor

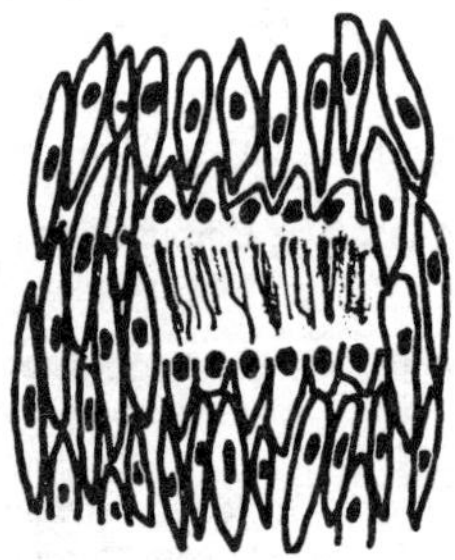

♦ Histo: spindelkernige Zellen, **palisadenförmige** od. fischzugförmige Anordnung der Zellen (s. Abb.), derb weißliche Schnittfläche
♦ Lok: am häufigsten **VIII. Hirnnerv** (N.vestibulocochlearis = N.statoacusticus, vom Vestibularisanteil ausgehend, 50 % aller Neurinome) betroffen, vom Meatus acusticus int. bis zum **Kleinhirnbrückenwinkel** wachsend
selten V. Hirnnerv (N.trigeminus) od. XII. Hirnnerv (N.hypoglossus)
Peripher: Hinterwurzel des Rückenmarkes, Plexus brachialis, einzelne periphere Nerven
♦ Bei Neurofibromatosis generalisata (v.RECKLINGHAUSEN, multiple Neurofibrome am gesamten Körper) ⇨ doppelseitiges Akustikusneurinom mögl.

Epid: ◊ Inzidenz: ca. 1/100.000/Jahr
◊ Prädisp.alter: 35.-60. Lj., **w** > m (= 2:1)

Etlg: Nach dem Ort der Entstehung und dem Wachstum der Akustikusneurinome
Laterale Akustikusneurinome: nur im inneren Gehörgang = intrameatales Wachstum
Mediolaterale Akustikusneurinome: innerer Gehörgang/Porus + Kleinhirnbrückenwinkel = intrameatales + extrameatales Wachstum
Mediale Akustikusneurinome: direkt im Kleinhirnbrückenwinkel entstehend = extrameatales Wachstum

Nach der Größe des Akustikusneurinoms:
- Intrameatale Tumoren <8 mm ⇨ diagnostische Schwierigkeiten (⇨ MRT)
- Intrameatal-intrakranielle Tumoren <2,5 cm
- Intrakraniell-intrameatale Tumoren >2,5 cm

Klin: Allgemein: Symptome entwickeln sich langsam über Jahre
Akustikusneurinome:
⇒ Progrediente **einseitige Hypakusis** (= Hörminderung), **Tinnitus** (Ohrgeräusche)
⇒ **Schwindel**, Gleichgewichtsstörungen, evtl. Fallneigung zur betroffenen Seite
⇒ **Ataktische Störungen**, insb. **Gangunsicherheit**, Nystagmus und kontralaterale Pyramidenbahnzeichen bei Druck auf Pons oder Kleinhirn, okzipitale Kopfschmerzen

⇒ Evtl. diskrete einseitige (periphere) Fazialisparese, Gesichtszuckungen

⇒ Hyp- und Parästhesien im Versorgungsgebiet des V. Hirnnerven (N.trigeminus), Paresen der kaudalen Hirnnerven (IX.-XI.) bei großen Tumoren

⇒ Bei sehr großen Tumoren ⇨ Kopfschmerzen, Zwangshaltung des Kopfes zur erkrankten Seite, Hirndruckzeichen durch Liquorstopp

⇒ Kleinhirnbrückenwinkel-Syndrom (= CUSHING-Syndrom II): ipsilaterale Hirnnervenausfälle, zerebellare Symptome, Hirndruckzeichen

Periphere Neurinome:

⇒ Schmerzen, sensible/sensorische Ausfälle, Parästhesien

Diag:
1. Anamnese (**meist sehr lange** schon geringe Veränderungen, z.B. des Hörvermögens)
2. Neurologische Untersuchung: **einseitiger Hörverlust**, Ausfall des Kornealreflexes, Spontannystagmus und evtl. Fehlen des kalorischen Nystagmus (= einseitiger Vestibularisausfall), negatives Recruitment (= Fowler-Test ⇨ Lautstärkeangleichung für beide Ohren bei sehr lauten Tönen gelingt bei Akustikusneurinom nicht), Stauungspapille (bei Hirndruck)?

   Liquorpunktion: **typische Eiweißvermehrung** (>100 mg/dl) bei größeren Akustikusneurinomen (Störung der Blut-Liquor-Schranke)
3. Bildgebung: nach STENVERS und SCHÜLLER (HNO-Spezialaufnahmen, zeigen ggf. eine Erweiterung des inneren Gehörganges = Porus acusticus int.) und CCT (aber nur 50 % der Tumoren sichtbar, leicht hyperdens) mögl. ⇨ Diagnostikum der Wahl ist das **MRT**

   MRT zeigt homogenen, leicht hyperintensen Tumor (in 95 % d.F. Nachweis erfolgreich)
4. **AEP** (Akustisch evozierte Potentiale, auch BERA = brainstem evoked response audiometry genannt): verlängerte Latenz bei der Überleitung von akustischen Erregungen zum Gehirn
5. EMG: Denervierungszeichen der mimischen Muskulatur (N.facialis-Alteration)
6. HNO-Konsil: Audiogramm zeigt Hörverlust, Gleichgewichtsprüfung zeigt vestibuläre Untererregbarkeit der betroffenen Seite

Ther:
- Operativ: Ind: grundsätzlich gegeben
  - Akustikusneurinom: Zugang translabyrinthär oder transtemporal bei kleinen, auf den inneren Gehörgang beschränkten Akustikusneurinomen, bei großen Akustikusneurinomen transkranieller (subokzipitaler) Zugang ⇨ Tumorexstirpation mit der Tumorkapsel
  - Periphere Schwannome: in mikrochirurgischer Technik Separation des betroffenen Nervenfaszikels aus dem Gesamtnerv und Tumorexstirpation mit dem betroffenen Faszikel
- Selbsthilfegruppe: Vereinigung Akustikus-Neurinom e.V., Leinenweberstr. 13, 31655 Stadthagen, Tel.: (0 57 21) 7 63 66, Internet: http://www.akustikus.de

Prog: Insgesamt sehr gut. Beim Akustikusneurinom Gehörerhaltung in ca. 20-60 %, Fazialiserhaltung in 40-80 % d.F., Mortalität 0-2 %

Kompl:
* Op: Akustikusneurinom: bei translabyrinthärem Zugang Hörverlust, Verletzung des N.facialis mögl. (Senkung der Rate durch intraoperatives Fazialismonitoring), Liquorfistel
* Ein Kleinhirnbrückenbefall macht ggf. einen größeren Eingriff erforderlich ⇨ neurologische Ausfälle mögl.

DD:
- Hörverlust/Gleichgewichtsstörungen: Hörsturz, kongenitales oder erworbenes Cholesteatom (kann intrakraniell v.a. im Kleinhirnbrückenwinkel od. im Bereich des Corpus pineale sowie im Mittelohr vorkommen), MENIÈRE-Krankheit

  ⇨ **bei jedem einseitigen Hörverlust sollte an ein Akustikusneurinom gedacht werden!**
- Meningeome, Epidermoidzyste, Arachnoidalzyste in der Region des Kleinhirnbrückenwinkels
- Neurofibrome, plexiforme Neurofibrome, Neurofibromatose v.RECKLINGHAUSEN (maligne Entartung mögl., Risiko beträgt 15 %)
- Pseudozysten peripherer Nerven (muzingefüllte Zysten meist in Gelenknähe)

EPENDYMOME

Syn: ICD-10: D43.2 (benigne) und C71.9 (maligne)

Anatomie: Ependym = Einschichtige Zellauskleidung des Ventrikelraumes und Spinalkanales

Path:
- Dignität: von G I-IV mögl., **Abtropfmetastasen** über den Liquorweg häufig
- ¼ d. Pat. haben Chromosomenaberrationen (Chrom. 22, 1, 11q, 6q)
- Histo: girlandenförmige Tumorzellanordnung mit typischen tumorzellfreien Bezirken, blumenkohlartige Oberfläche
- Lok: vom Ependym der Ventrikel ausgehend, im Ventrikelsystem wachsend ⇨ bevorzugt im **IV. Ventrikel** (Erwachsene), Seiten- od. III. Ventrikel (Kinder) und **Spinalkanal** (Filum terminale)

Epid: Prädisp.alter: Kinder 8.-15. Lj., seltener Erwachsene

Klin:
⇒ Liquorzirkulationsstörung früh ⇨ **Hirndrucksymptomatik**, Übelkeit und Erbrechen
⇒ Zwangshaltung des Kopfes, Ataxie

Diag:
1. Anamnese
2. Neurologische Untersuchung
3. **MRT** zeigt leicht hyperintensen Tumor von der Ventrikelwand ausgehend mit Zysten und (im CCT) Verkalkungen

Ther:
- Operativ: radikale Exstirpation und für G II-IV postoperative Radiatio (mit 54 Gy)
- Bei Hydrozephalus Anlage eines Shunts

Prog: Frühe Metastasierung über den Liquorweg ⇨ häufig Rezidive, 5-JÜR 20-50 %

Kompl: Hydrozephalus occlusus

DD:
- Ependymkolloidzysten (embryonale Fehlbildung im Bereich des III. Ventrikels, insb. in der Nähe des Foramen interventriculare MONROI, daher auch MONRO-Zyste genannt)
- Subependymale Blutung (insb. intrauterin) ohne od. mit Ventrikeleinbruch
- Plexuspapillome

PLEXUSPAPILLOME

Syn: Chorioidepitheliom, ICD-10: D33.0 (I.-III.), D33.1 (IV. Ventrikel)

Anatomie: Liquorproduktion pro Tag 500 ml durch den **Plexus choroideus** in den Ventrikeln. Inhalt des Ventrikelsystems 150 ml.
Abfluss über den IV. Ventrikel in die Apertura med. (MAGENDII) u. lat. (LUSCHKAE) u. die Zisternen (Cisterna cerebellomedullaris u. pontis).

Path:
- Dignität: gutartig, langsam wachsend
- Histo: Blumenkohlartig geformt
- Lok: Papillom ausgehend vom Plexus choroideus im IV., Seiten- od. III. Ventrikel
- Liquorzirkulationsstörung (**intermittierender Hydrocephalus occlusus** durch Verlegung der Liquorwege bei bestimmten Kopfhaltungen) od. Überproduktion (Hypersekretion) von Liquor cerebrospinalis ⇨ Hirndrucksymptomatik

Epid: Prädisp.alter: fast ausschließlich im Kindesalter, sehr seltener Tumor

Klin: ⇒ Anfallsweise Kopfschmerzen mir Übelkeit und Erbrechen
⇒ Atem- und Kreislaufstörungen, Urinabgang, Ataxie, Myoklonien, Paresen der kaudalen Hirnnerven

Diag: 1. Anamnese und neurologische Untersuchung
2. Röntgen: **CCT** ⇨ hyperdense Raumforderung im Ventrikelsystem, Verkalkungen mögl., Erweiterung des Ventrikelsystems
3. Liquorpunktion: Starke Eiweißvermehrung

Ther: Operativ: Exstirpation über einen okzipitalen Zugang

Prog: Gute Prognose bei kompletter Entfernung

DD: – Ependymkolloidzysten (embryonale Fehlbildung im Bereich des III. Ventrikels, insb. in der Nähe des Foramen interventriculare MONROI, daher auch MONRO-Zyste genannt)
– Ependymome

MENINGEOME

Syn: ICD-10 je nach Lok.: C70.0 (Hirnhäute), C70.1 (Rückenmarkhäute)

Anatomie: **Mesodermaler** Tumor mit Ursprung von den Hirnhäuten (insb. von den **Granulationes arachnoidales** ausgehend).

Ät: – Spontanes Auftreten
– Deletion des Chromosoms 20 häufig

Path:
- Dignität: 95 % sind **benigne** (G I-II, selten III-IV)
- In der Regel **sehr langsam wachsend** über Jahre (manchmal Zufallsbefund bei Obduktion)
- **Vom Gehirn gut abgegrenzt** (mesodermaler Tumor), von der Arachnoidea ausgehend, mit der Dura verhaftet, das Gehirn verdrängend wachsend, gut vaskularisiert (über erweiterte Duragefäße), evtl. mit reaktiven Hyperostosen (sog. Spiculae) / Infiltration des Schädelknochens
- Histo: konzentrische Anordnung von Tumorzellen (Zwiebelschalenformationen) mit Verkalkungen, sog. Psammomkörper, im Zentrum
- Lok (s. Abb.): **Parasagittalregion** (Dura – Falx cerebri - Winkel, neben Sinus sag. sup.), medialer oder lateraler **Keilbeinflügel**, Großhirnkonvexität, Tuberculum sellae, Olfaktoriusrinne, hintere Schädelgrube, selten im Spinalkanal oder Foramen magnum
- Meningeome ***en plaque*** wachsen epidural ⇨ intraossäre Ausbreitung und führen zu lockerer Knochenauftreibung (häufig im Keilbeinflügel)

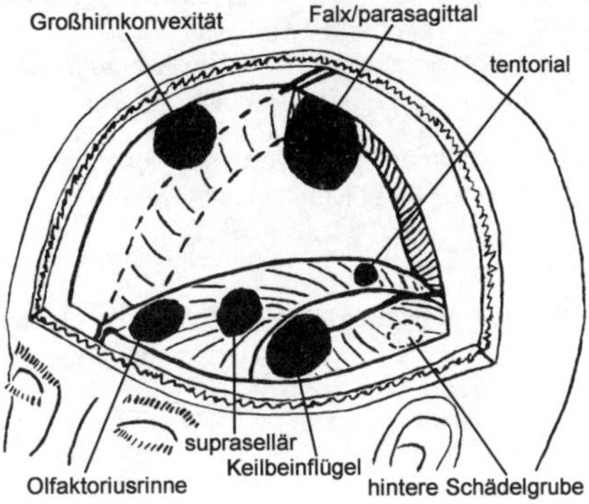

Epid: ◊ Das Meningeom ist der **häufigste intrakranielle Hirntumor** (ca. 20 %)
◊ Häufigkeitsgipfel: 40.-60. Lj.
◊ **w** > m (= 2:1)

Etlg: Nach der Histologie:
Endotheliomatöses (= meningeotheliomatöses) Meningeom: solide, bindegewebig, runde Zellkerne, häufigste Form

Fibromatöses Meningeom: Zwiebelschalenformation, spindelkernig, faserreich
Psammomatöses Meningeom: kalkhaltige Psammomkörper
Angiomatöses Meningeom: mit angiomatösen Formationen, viele Kapillaren
Gemischtzelliges Meningeom: Kombination der o.g. Merkmale
Anaplastisches Meningeom: maligne Form (G III od. IV, selten, ca. 2-6 % d.F.), häufig frontal lokalisiert, in jedem Alter möglich., rasch progredient mit schlechter Prognose

Klin:
⇒ **Langsam progrediente Kopfschmerzsymptomatik**
⇒ **Anfälle** (symptomatische Epilepsie, fokal bei Großhirnkonvexitätsmeningeomen oder auch generalisiert möglich, insb. bei basaler Lok.)
⇒ **Psychische Veränderungen** fremdanamnestisch erhebbar (Verwandte, Arbeitskollegen etc.), z.B. Dysphorie, zunehmende Aggressivität, inadäquate Reaktionen, Wesensänderung, später Antriebsverlust, Apathie
⇒ Einseitige- oder Paraparese der Beine (Mantelkantensyndrom), ggf. Blasenstörungen bei Falxmeningeom
⇒ Geruchsstörungen bis Anosmie und Amaurosis mit Pupillenstarre bei Olfaktoriusrinnenmeningeomen
⇒ FOSTER-KENNEDY-Syndrom (ipsilaterale Optikusatrophie, kontralaterale Stauungspapille) bei Keilbeinflügelmeningeomen
⇒ Sehstörungen (Visusverschlechterung, Gesichtsfeldeinschränkung) bei medialen Keilbeinflügelmeningeomen, Tuberculum sellae-Meningeomen
⇒ Exophthalmus durch Verkleinerung der Orbita bei Hyperostose des Keilbeinflügels
⇒ Hörminderung bei Einbruch in das Innenohr bei Kleinhirnbrückenwinkelmeningeomen
⇒ Kleinhirnbrückenwinkel-Syndrom (= CUSHING-Syndrom II): ipsilaterale Hirnnervenausfälle, zerebellare Symptome, Hirndruckzeichen
⇒ Querschnittlähmung bei Lokalisation im Rückenmark

Diag:
1. Anamnese (Dauer, neurologische od. psychische Veränderungen) und Fremdanamnese
2. Neurologische Untersuchung: Tastbare Hyperostosen?
3. EEG: zeigt bei Lokalisation auf der Großhirnkonvexität einen Fokus
4. Bildgebung: **CCT/MRT** ⇨ nativ homogene, leicht hyperdense Raumforderung, mit KM starke Hyperdensität, zum Gehirn scharf abgegrenzt, mit Beziehung zu den Meningen oder zum Schädelknochen (ossäre osteoplastische Auftreibungen), ggf. Verkalkungen im Tumor, perifokales Ödem
5. Angiographie: Typisches Gefäßbild mit deutlichen umgebenden und eindringenden Gefäßen (Gefäßnabel) ausgehend von Aa.meningeae / **A.carotis externa** mit insg. sehr guter Vaskularisation, homogene Tumoranfärbung (in der kapillären Phase)

Ther:
- Operativ: Ind: grundsätzlich gegeben
  - Präoperativ Embolisation der zuführenden Gefäße
  - Totalexstirpation des Tumors mitsamt seiner Matrix
- Postoperative Radiatio bei Teilresektion (insb. bei anaplastischen Formen, 60 Gy). Ist eine Resektion nicht mögl. (schwierige Lage an der Schädelbasis) kann ggf. auch eine primäre intensive Bestrahlung (als sog. Radiochirurgie) durchgeführt werden.
- Bei Rezidivtumor Radiatio

Prog: Prognose nach operativer Therapie **sehr gut**. Rezidiv nach Totalexstirpation in ca. 15% d.F.

Kompl: * Maligne Entartung, Aussaat als Meningeomatose mögl.
Op: * Verletzung von Gehirnstrukturen bei ungünstiger Lage (Keilbeinflügel, Tuberculum sellae, hintere Schädelgrube)
* Rezidiv durch verbliebene Zellnester (z.B. im Knochen oder an großen venösen Blutleitern, die nicht im Gesunden reseziert werden können)

DD:
– Meningeales Sarkom (Fibrosarcoma durae matris): Lok. meist supratentoriell, sehr selten vorkommend, maligne, rasch progredient mit schlechter Prognose
– Meningeales Melanom
– Meningeom en plaque ⇨ DD: Osteodystrophia fibrosa JAFFÉ-LICHTENSTEIN

HÄMANGIOBLASTOME

Syn: Angioblastom, LINDAU-Tumor, ICD-10: D18.0-

Ät: Familiäre Disposition oder spontanes Auftreten

Path:
- ♦ Gehören zu den mesodermalen Tumoren
- ♦ Histo: Netz kapillärer Gefäße + Zysten (mit eiweißreicher Flüssigkeit)
- ♦ Lok: **Kleinhirnhemisphäre**, Großhirn, Pons, Rückenmark

Epid:
- ◊ Prädisp.alter: 35.-45. Lj.
- ◊ **M** > w

Klin:
- ⇒ Zerebellare Ataxie (beinbetont), intermittierende Liquorzirkulationsstörungen mit Einklemmungszeichen, Kopfschmerzen, Nystagmus
- ⇒ Bei Frauen evtl. Auftreten der Symptome während einer Schwangerschaft
- ⇒ Paraneoplastisches Syndrom: Erythropoetin-Sekretion ⇨ Polyglobulie

Diag:
1. Anamnese und neurologische Untersuchung: Stauungspapille?
2. Liquorpunktion: Eiweißvermehrung
3. Röntgen: **CCT/MRT** nativ ⇨ hypodense Zysten, mit KM oder in der Vertebralisangiographie ⇨ kräftiges Enhancement im Wandbereich (Gefäßanteil)

Ther:
- Operativ: Tumorentfernung in toto
- Ggf. präoperative Embolisation der zuführenden Gefäße

Prog: Gut, Rezidivrate bei ca. 20 %

Kompl: Subarachnoidale Blutung

DD: HIPPEL-LINDAU-Syndrom (gehört zu den Phakomatosen, aut.-dom. erblich, Chrom. 3p26) = Hämangioblastome in Kombination mit Angiomatosis retinae cystica, Nieren-, Leber- (Leberkavernome) und Pankreaszysten

HYPOPHYSENTUMOREN

Syn: Hypophysenkarzinome (ICD-10: maligne C75.1), benigne: Hypophysenadenome (D35.2), dazu gehören: Prolaktinom, Morbus CUSHING = Kortikotropinom (CUSHING-Syndrom I), NELSON-Syndrom, Akromegalie und hormoninaktive Hypophysenadenome

Anatomie: Die Hypophyse setzt sich zusammen aus der **Adenohypophyse** (Lobus anterior und **Pars intermedia** = Hypophysenzwischenlappen) und der **Neurohypophyse** (Lobus posterior). Die Neurohypophyse ist über das Infundibulum (= Hypophysenstiel) mit dem Hypothalamus (gehören zum Diencephalon) verbunden.

Physiologie:

Adenohypophyse produziert folgende Hormone (Syn. in Klammer):
- **ACTH** (Adrenocorticotropes Hormon, Kortikotropin): wirkt auf die Nebennierenrinde
- **TSH** (Thyreoideastimulierendes Hormon, Thyreotropin): wirkt auf die Schilddrüse
- **FSH** (Follikelstimulierendes Hormon, Follitropin): Gonadotropin
- **LH** (Luteinisierendes Hormon, ICSH = interstitial cell stimulating hormone): Gonadotropin
- **Prolaktin**: wirkt direkt auf Brustdrüsenwachstum und Laktation
- **STH** (Somatotropes Hormon, Somatotropin, GH = growth hormone): direkt wirkendes Wachstumshormon (DNA-Synthese ↑, Proteinbiosynthese ↑, Blutzucker ↑, Glukoneogenese ↑)

- **MSH** (Melanozytenstimulierendes Hormon, Melanotropin, Melanophorenhormon aus der Pars intermedia): wirkt auf Melanin-Synthese und Pigmentdispersion

Neurohypophyse: Erhält die Hormone aus den Nuclei supraoptici und paraventriculares des Hypothalamus über neurosekretorischen Transport. Diese werden in der Neurohypophyse gespeichert (HERRING-Körper) und bei Bedarf abgegeben:

- **ADH** (Antidiuretisches Hormon, Adiuretin, Vasopressin): wirkt antidiuretisch durch Wasserrückresorption in den Sammelrohren der Niere und wirkt außerdem direkt vasokonstriktorisch
- **Oxytocin**: wirkt auf die Muskulatur des Uterus und der Brustdrüse (Milchejektion)

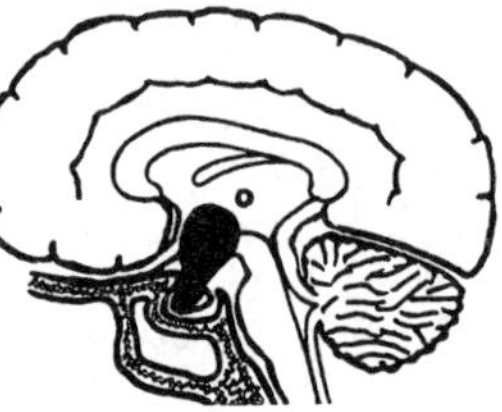

Path:
- ♦ Dignität: G I, Tumoren der Hypophyse sind meist benigne = **Adenome**
- ♦ Lok: Hypophysentumoren gehören zu den ektodermalen Hirntumoren, sie entstehen in der Regel in der **Adenohypophyse**
  Lokale Ausbreitung (s. Abb.) ⇨ Anheben des Diaphragma sellae (⇨ Kopfschmerzen), Druck auf das Chiasma opticum (⇨ Gesichtsfeldausfall: bitemporale Hemianopsie oder einseitig temporal), Druck auf den III. Ventrikel
- ♦ NELSON-Syndrom (ACTH + MSH-produzierender Tumor) entsteht in 10 % d.F. nach Adrenalektomie. Der Hypophysentumor hat bei diesen Pat. wahrscheinlich schon vor der Adrenalektomie bestanden und wächst dann durch CRH-(= corticotropin releasing hormone)-Überstimulation durch d. Hypothalamus. MSH führt dann zur Hyperpigmentierung d. Haut.

Epid:
- ◊ Inzidenz: 3-4/100.000/Jahr
- ◊ Prädisp.alter: Adenome 30.-50. Lj., w = m
- ◊ Hypophysenadenome machen ca. 5 % der Hirntumoren aus

Etlg:
- # Dignität: Hypophysenadenom (benigne)
  Adenokarzinom der Hypophyse, selten ⇨ invasiv wachsend, frühe Metastasierung
- # Größe: Adenome des Hypophysenvorderlappens
  <10 mm = **Mikroadenome** (sind nicht raumfordernd)
  >10 mm = **Makroadenome**
- # Hormonverhalten: Adenome des Hypophysenvorderlappens
  - **Hormonaktiv: Prolaktinom** (häufigstes, ca. 45-50 % d.F.), **Akromegalie** (STH, 20 %), **Morbus CUSHING** (Kortikotropinom, ACTH, 5-10 %), NELSON-Syndrom (ACTH- + MSH-produzierender Tumor, selten)
  - **Hormoninaktiv** (gleichzeitig hypophysäre Insuffizienz, ca. 25-30 % d.F.)
- # Färbeverhalten in der Histologie: Adenome des Hypophysenvorderlappens
  - Basophile Adenome: **ACTH**, FSH, LH, TSH-produzierende Adenome
  - Eosinophile Adenome: **Prolaktin, STH**-produzierende Adenome
  - Chromophobe Adenome: **hormoninaktive** Adenome

Klin:
- ⇒ **Kopfschmerzen**
- ⇒ **Gesichtsfeldstörungen:** einseitige oder **bitemporale Hemianopsie**, Visusabnahme bis zur Optikusatrophie bei Druck des Tumors auf das Chiasma opticum, bei weiterer Ausbreitung Kompression des Sinus cavernosus ⇨ Doppelbilder durch Augenmuskelparesen bei Alteration des N.oculomotorius
- ⇒ Prolaktinom: Frauen ⇨ Oligo-/Amenorrhoe, Galaktorrhoe, Libidoverlust, Sterilität
  Männer: Libido- u. Potenzverlust
- ⇒ Akromegalie: Wachstum der Extremitäten (Hände, Füße) und des Gesichtsschädels (Nase, Kinn), Arthrose der Gelenke, Karpaltunnelsyndrom, Hirsutismus, Hyperhidrose, Hautfibrome, Struma diffusa, Herzhypertrophie, Diabetes mellitus, sekundärer Hypogonadismus; Kinder: Gigantismus
- ⇒ Cushing-Syndrom I: Stammfettsucht, Striae medullaris, Mondgesicht, Büffelnacken, arterielle Hypertonie, kleinflächige Hautblutungen (Ekchymosen), Glukoseintoleranz, Osteoporose, Myopathie
  Zusätzlich: Frauen: Zyklusstörungen, Amenorrhoe, Hirsutismus

Männer: Libidoverlust, Impotenz
Kinder: verzögertes Wachstum, verspätete Pubertät

⇒ MSH-produzierende Tumoren: Hyperpigmentation der Haut

⇒ TSH-produzierende Tumoren: thyreotoxische Krise

⇒ **Hypophysäre Insuffizienz** (Panhypopituitarismus = komplette Hypophysenvorderlappeninsuffizienz = SIMMONDS-Krankheit oder partieller Hypopituitarismus):
- **sekundärer Hypogonadismus** (Libido- u. Potenzverlust, Oligo-/Amenorrhoe)
- sekundäre Hypothyreose (Kälteempfindlichkeit, Obstipation, raue Haut)
- sekundäre Nebennierenrindeninsuffizienz (Adynamie, Hypotonie)

Weitere Zeichen: Fehlen der sekundären Geschlechtsbehaarung, Falten um Mund und Auge, verminderte Leistungsfähigkeit, Antriebsarmut, blasse Hautfarbe (durch Anämie)

⇒ Ausfall der Neurohypophyse ⇨ Diabetes insipidus

Diag:
1. Anamnese, endokrine Symptome und klinische Untersuchung
2. Bildgebung: **MRT** heute Methode der Wahl ⇨ Nachweis auch von intrasellären Mikroadenomen mögl.
3. Rö-Schädelübersicht, Sella-Zielaufnahme u. konventionelle Tomographie od. CCT mit koronaren Schichten (sind heute alle bei Vorliegen eines MRT nicht mehr erforderlich): ⇨ **erweiterte Sella turcica** ("Ballonsella"), Auflockerung der Schädelbasis bei großem Adenom (Knochenerosion), im CT mit KM Enhancement des nativ hypodensen Tumors
   ggf. Angiographie präoperativ
4. Labor: STH, LH, FSH, ACTH, Cortisol, TSH, Prolaktin
   - Morbus CUSHING ⇨ ACTH und Cortisol erhöht
   - Prolaktinom ⇨ Prolaktin erhöht (>200 ng/ml)
   - Akromegalie ⇨ STH (>0,5 ng/ml) u. folgend IGF-1 (insulin-like growth factor) erhöht
5. VEP (visuell evozierte Potentiale) und Perimetrie (= Gesichtsfeldbestimmung) zur Verlaufskontrolle der Gesichtsfelddefekte

Ther:
- Konservativ: Prolaktin-produzierende Mikroadenome werden mit Dopaminagonisten (Prolaktinhemmer Bromocriptin, Pravidel® od. Lisurid, Dopergin®) lebenslang behandelt ⇨ Tumorverkleinerung (bei Progression Op), Zyklusnormalisierung, Schwangerschaft mögl.
  Kommt es unter der konservativen Bromocriptin-Therapie bei Prolaktin-produzierendem Mikroadenom zur Schwangerschaft ⇨ regelmäßige Prolaktin-Serumspiegel-Kontrollen und Visus- sowie CCT-Kontrolle zw. 20. und 30. Schwangerschaftswoche
  Primäre Radiatio nur bei sehr alten Patienten mit zu hohem Op-Risiko indiziert
- Operativ: Ind: Makroadenome (>10 mm)
  - Zugang: **transsphenoidal** (über den Nasen- oder Mundvorhof zur Keilbeinhöhle, deren Vorder- und Hinterwand (= Sellaboden) eröffnet wird)
    transkraniell ⇨ bei großen Adenomen, die para- oder retrosellär oder nach frontal ausgedehnt sind
  - Mikrochirurgische bzw. heute meist endoskopieassistierte Entfernung: bei Mikroadenomen Entfernung des Adenoms unter Schonung der restlichen Hypophyse
  - Prolaktin-produzierende Makroadenome: Vorbehandlung und Nachbehandlung mit Bromocriptin, operative Entfernung
  - Makroadenome mit invasivem Wachstum ⇨ operative Entfernung u. Nachbestrahlung
- Selbsthilfegruppen: Netzwerk Hypophysen- & Nebennierenerkrankungen e.V., Waldstr. 53, 90763 Fürth, Tel.: (09 11) 9 79 20 09-0, Fax: -79, Internet: http://www.glandula-online.de

Prog: Auch nach Op sind Rezidive mögl., Op-Risiko bei transsphenoidalem mikrochirurgischem Eingriff am geringsten (Letalität 0,5 %), Heilungsrate ca. 80 %.

Kompl:
* **Hypophyseninsuffizienz** bei sehr großen Adenomen, Diabetes insipidus
* **Verschlusshydrozephalus** bei Kompression des Foramen interventriculare MONROI
* Hämorrhagische Infarzierung, Tumorblutung ("Hypophysenapoplexie")
* Med: die Dopaminagonisten können zu Op-pflichtigen Herzklappenfibrosen führen!

Op: * **Hypophyseninsuffizienz** bei der Op von Makroadenomen (bei Mikroadenomen kann die Hypophysenfunktion meist erhalten werden)

* Nachbestrahlung ⇨ Entwicklung einer Hypophyseninsuffizienz mit einer Latenz von 3-5 Jahren

Proph: ♥ Bei Patienten mit Hypophyseninsuffizienz müssen folgende Hormone substituiert werden (eine Kontrolle des Hormonstatus erfolgt 4-8 Wo. und ½ Jahr postoperativ): Kortison, L-Thyroxin, Testosteron bei Männern, Östrogen bei Frauen, bei Kindern STH

♥ Bei Diabetes insipidus: Desmopressin-Nasenspray (Minirin®)

DD: – **Kraniopharyngeome** (ERDHEIM-Tumor, insb. im Kindes- u. Jugendalter), **Meningeome**

– Metastasen (insb. Mamma-, Bronchial-, Nieren-, Prostatakarzinom), Lymphome

– CUSHING-Syndrom: Nebennieren-Adenom, -Karzinom, -Hyperplasie, paraneoplastisch (kleinzelliges Bronchial-Karzinom, Schilddrüsen-, Leber-, Mamma-, Inselzellen-Karzinom), medikamentös bedingt (Cushingoid durch Überschreiten der sog. CUSHING-Schwellen-Dosis bei Steroiden), Störung des hypothalamisch-hypophysären Regelkreises

– Hormonproduzierende Tumoren: Karzinoide, Paraneoplasie

– SHEEHAN-Syndrom: postpartale Störung der Hypophysenvorderlappenfunktion durch ischämische Nekrose ⇨ akute Hypophysenvorderlappen-Insuffizienz

– CHIARI-FROMMEL-Syndrom nach Gravidität: postpartal persistierende Laktation über Monate bis Jahre ⇨ Uterusatrophie u. sekundäre Amenorrhoe durch unterdrückte Ovarialfunktion (Regulationsstörung im Hypothalamus-Hypophysen-System, Prolaktin ↑, FSH ↓)

KRANIOPHARYNGEOME

Syn: ERDHEIM-Tumor, SCHMINKE-Tumor, RATHKE-Taschen-Tumor, ICD-10: D44.4

Ät: – Missbildungstumor

– Virusgenese mit EPSTEIN-BARR-Virus-Infektion

Path: ♦ Dignität: G I (benigne), Kalkeinlagerungen und Zysten (cholesterinreiche Flüssigkeit) häufig, haben eine feste Kapsel, langsames Wachstum, gehören zu den Missbildungstumoren (**embryonales Gewebe** = dysontogenetischer Tumor von Resten des **Duct.craniopharyngeus** = RATHKE-Tasche mit epithelartigen Zellen)

♦ Histo: zystische Schnittfläche mit Mikroverkalkungen

♦ Lok: gehen vom **Rachendach** aus und liegen intra- oder suprasellär (s. Abb., oder selten in beiden Gebieten = sanduhrförmig)

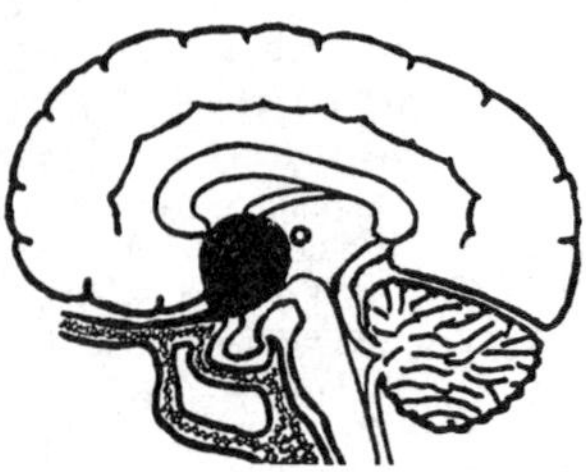

Epid: ◊ Prädisp.alter: 5.-25. Lj. und 60.-70. Lj.

◊ Etwas mehr Männer betroffen (= 3:2)

Klin: ⇒ **Kopfschmerzen**, insb. in der Stirnregion, Übelkeit

⇒ **Gesichtsfeldausfälle:** Skotome, Quadrantenanopsie, Chiasmasyndrom ⇨ bitemporale Hemianopsie bis zur beidseitigen Optikusatrophie

⇒ **Hypophysenvorderlappeninsuffizienz**, **Diabetes insipidus**, Frauen: Amenorrhoe

⇒ Hypothalamuskompression (BABINSKI-FRÖHLICH-Syndrom ⇨ Adipositas, Hypogenitalismus, Minderwuchs, Sehstörungen)

⇒ Verschlusshydrozephalus (internus) bei Kompression des Foramen MONROI (Übelkeit, Stauungspapille)

⇒ *Kinder:* verzögertes Wachstum (STH-Mangel durch Hypophysenvorderlappeninsuffizienz), vergrößerter Schädel mit klaffenden Schädelnähten

Diag: 1. Anamnese und klinische Untersuchung: Stauungspapille, Gesichtsfeldausfälle?
2. Bildgebung: Rö-Schädel zeigt **aufgeweitete Sella** mit fleckigen intra-/suprasellären Kalkeinlagerungen
CCT/MRT: solider/zystischer Tumor mit **Verkalkungen** (im CT) und KM-Enhancement
3. Augen-Konsil: Perimetrie

Ther:
- Operativ: transkranieller frontotemporaler Zugang, Totalexstirpation
- Evtl. Nachbestrahlung bei nicht vollständiger Entfernung (Gesamtdosis 53 Gy)
- Selbsthilfegruppen: Selbsthilfegruppe Kraniopharyngeom, Postfach 12 05 28, 69067 Heidelberg, Internet: http://www.kraniopharyngeom.de

Prog: Gut bei Totalexstirpation, 5-JÜR 60-85 %, bei Kindern 90 %

Kompl: Op: hypothalamische Essstörung ⇨ Adipositas, je nach Resektionsausmaß weitere ophthalmologische, neuropsychiatrische od. endokrine Störungen mögl.

DD: Hypophysentumoren, Meningeome

RETIKULUMZELLSARKOME

Syn: **Primäre ZNS-Lymphome**, primär malignes Lymphom des ZNS (gehören nach der KIEL-Klassifikation zu den sonstigen Non-HODGKIN-Lymphomen), ICD-10: C83.3

Path:
- ♦ Dignität: **hoch maligne** (G IV), diffus infiltrierend wachsend, gehäuft bei **HIV-Infektion** oder Immunsuppression (z.B. nach Transplantationsmedikation) vorkommend
- ♦ Fast 100%iger Nachweis von EPSTEIN-BARR-Virus-DNA, in 50 % d.F. auch Herpes-Virus-8
- ♦ Histo: meist **B-Zell-Lymphome** mit **undifferenzierten Blasten**
- ♦ Lok: insg. keine bevorzugte Lokalisation, am häufigsten im Frontal- oder Parietallappen, **diffuse Absiedlungen** im Marklager und in den Liquorräumen

Epid:
◊ Prädisp.alter: HIV-assoziiert um 30. Lj. (m > w), sonst >50. Lj. (m = w)
◊ M = w, sehr selten (in den letzten Jahren jedoch zunehmend), ca. 2 % aller Hirntumoren

Klin:
⇒ Abhängig von der Lokalisation, häufig **psychopathologische Veränderungen** und zerebelläre Symptome
⇒ Die neurologischen Defizite sind rasch progredient, fortgeschritten Hirndruckzeichen

Diag: 1. Anamnese (HIV-Infektion, Immunsuppression) und klinische Untersuchung
2. Bildgebung: **CCT** multiple KM-anreichernde iso- bis hyperdense Raumforderungen, geringes Begleitödem, im MRT häufig weitere Absiedlungen zu erkennen
3. Liquorpunktion (Pleozytose und Eiweißerhöhung) und immunzytologische Untersuchung
4. Hirnbiopsie: Versuch der Gewinnung einer Histologie
5. Augen-Konsil: Spaltlampenuntersuchung zum Ausschluss eines intraokulären Befalls

Ther: Konservativ: kombiniert systemische und ggf. auch intrathekale (über einen Ventrikelzugang) **Chemotherapie** mit Cytosin-Arabinosid + Methotrexat und Strahlentherapie (40 Gy)
Unter Gabe von **Glukokortikoiden** (Dexamethason, Fortecortin®) kann sich der Tumor zeitweise zurückbilden.
Keine Op. indiziert, da diffuse Lok. und keine Überlebenszeitverlängerung

Prog: Insg. **schlecht**, auch unter Kombinationstherapie nur kurze Remissionszeiten (15-18 Monate), 5-JÜR ca. 30 %, bei HIV-assoziiertem Lymphom extrem schlecht (3 Monate)

<u>Kompl:</u> * Liquoraussaat maligner Zellen und intraokuläre Lokalisation
* Kombinationstherapie: Leukenzephalopathie

<u>DD:</u> Lymphome als intrakranielle Metastasen, Plexuspapillom, lymphozytäre Meningitis

INTRAZEREBRALE METASTASEN

<u>Syn:</u> *Sekundäre bösartige Neubildung des Gehirns und der Gehirnhäute*, ICD-10: C79.3

<u>Ät:</u> <u>Fernmetastasen im ZNS in der Reihenfolge ihrer Häufigkeit</u>
- **Bronchialkarzinom** (Männer, insb. kleinzelliges Bronchialkarzinom)
- **Mammakarzinom** (Frauen)
- Leukosen, Lymphome
- Nierenzellkarzinom
- **Malignes Melanom** (höchste relative Metastasierungsrate in das ZNS)
- Karzinome des Urogenitaltraktes (insb. Prostatakarzinom, Hodentumoren, Chorionkarzinom, haben ebenfalls relative hohe Metastasierungsrate in das ZNS)
- Schilddrüsenkarzinome
- Karzinome des Magen-Darm-Traktes (selten, metastasieren meist zuerst in die Leber)
- Kindesalter: Neuroblastom, WILMS-Tumor (Nephroblastom)

<u>Path:</u>
♦ Dignität: **maligne**, meist sind die zerebralen Metastasen entdifferenzierter als der Primärtumor mit vielen Gefäßen und Nekrosen
♦ In 50-75 % d.F. sind die Metastasen bei klinischer Manifestation bereits **multipel** (und damit inoperabel)
♦ Die Metastasierung erfolgt meist **hämatogen**, selten per continuitatem im Bereich des Rückenmarks bei Bronchial- oder Mammakarzinomen oder cerebral bei Tumoren des Gesichts oder des Halses
♦ <u>Lok:</u> **Marklager** des Groß- (¾ d.F.) und Kleinhirnes (¼), an den **Hirnhäuten** (Meningeosis carcinomatosa od. leucaemica, insb. bei fortgeschrittenem Stadium mit Bevorzugung der Hirnbasis)

<u>Epid:</u>
◊ Die Metastasen machen je nach Alter **5-20 %** aller Hirntumoren aus
◊ Prädisp.alter: 40.-60. Lj., m > w

<u>Klin:</u>
⇒ Keine spezifischen Symptome, sie sind abhängig von der Lokalisation, entwickeln sich im Allgemeinen **schnell** mit Bewusstseinstrübung, Verwirrtheit, organischen Psychosen
⇒ Supratentoriell ⇨ Kopfschmerzen, epileptischer Fokus, neurologische Ausfälle (Hemiparesen, Hemihypästhesie, Aphasie)
⇒ Infratentoriell (Kleinhirn) ⇨ Ataxie, Nystagmus, Dysarthrophonie, Störung der Feinmotorik, Verlegung der Liquorwege durch Okklusion ⇨ Hydrozephalus mögl.
⇒ Meningeosis leucaemica od. carcinomatosa ⇨ Hirnnervenausfälle, Meningismus, Kopfschmerzen, Liquorstauung

<u>Diag:</u>
1. Anamnese: bekannter Primärtumor, auch schon länger zurückliegend?
2. Neurologische Untersuchung: Ausfälle?
3. **Diagnostik entsprechend des Primärtumors** und Staging bez. anderer Metastasierungsstationen: Rö-Thorax, Sono-Abdomen, Skelett-Szintigraphie, Gastroskopie, Koloskopie, gynäkologische Untersuchung
4. EEG: Herdbefund und Allgemeinveränderungen mögl.
5. <u>Röntgen:</u> **CCT** mit KM starkes Enhancement und ausgeprägtes **perifokales Ödem**, die Metastasen können solide sein, aber auch zystische Formationen (Nekrosen, hämorrhagische Infarzierungen, ringförmige Kontrastmittelanreicherung) enthalten
6. Liquorpunktion: Zum Ausschluss eine Meningeosis carcinomatosa ⇨ Tumorzellen im Liquor?, hoher Eiweißgehalt
7. Histo (Entnahme von Gewebe durch stereotaktische Biopsie): kann bei der Suche eines

unbekannten Primärtumors (Syn: Primarius) und dem Nachweis einer Meningealkarzinose hilfreich sein, ebenso die Bestimmung von Tumormarkern (CEA, NSE, CYFRA 21-1, ß-HCG, $ß_2$-Mikroglobulin)

Ther:
- Konservativ: bei radiosensitiven Primärtumoren (z.B. Lymphomen) ⇨ **Radiatio** (30-40 Gy) des gesamten Hirngewebes und/oder gezielt nur auf die Metastase als fraktionierte = mehrfache stereotaktische Bestrahlung mit einem Linearbeschleuniger od. als sog. „Radiochirurgie" = mit nur einer einzigen Bestrahlung (15-24 Gy) bei Tumoren bis 3 cm Größe
  Polychemotherapie wenn der Primärtumor chemosensibel ist, intrathekale Chemotherapie bei Meningeosis carcinomatosa mit Methotrexat + Cytosin-Arabinosid
  Med: symptomatisch **Glukokortikoide** (Dexamethason, Fortecortin® 4 x 4 mg/Tag p.o.) zur Verminderung des Hirnödems
- Operativ: Ind: **solitäre** Gehirnmetastase ohne weitere disseminierte systemische Metastasierung und wenn die Prognose des Primärtumor nicht infaust ist
  - Solitäre Großhirnmetastase ⇨ transkranieller Zugang und Resektion
  - Solitäre Kleinhirnmetastase ⇨ subokzipitaler Zugang und Resektion
  - Postoperativ Ganzhirnnachbestrahlung (40 Gy)
  - Bei Hydrozephalus/Hirndruck ⇨ Anlage eines Ventrikulo-atrialen/peritonealen Shunts

Prog: Abhängig vom Primärtumor, insgesamt aber **sehr schlecht**, nur ca. 5%ige 5-JÜR. Mittlere Überlebenszeit ohne Op. 2-3 Mon., mit Op. u./od. Radiotherapie 5-11 Mon.
Eine extrem schlechte Prognose liegt bei einer Meningealkarzinose vor (mittlere Überlebenszeit 1 Monat, mit intrathekaler Chemotherapie um 6 Monate).

Kompl:
- ∗ **Meningeosis** blastomatosa / carcinomatosa / sarcomatosa / leucaemia (= Meningealkarzinose), Befall der Liquorräume (insb. bei Lymphomen, Leukämie, Bronchial-, Mammakarzinomen und Melanomen), Ther: intrathekale Chemotherapie und Radiatio
- ∗ Hirnmassenblutung durch Arrosion von Gefäßen

Op: ∗ Neurologische Defizite durch die Resektion

DD:
- Primäre Hirntumoren
- Hirnabszess, Granulome, parasitäre Raumforderungen
- Multiple Sklerose
- Metastasen im Bereich des knöchernen Schädels (osteoklastisch = osteolytisch oder osteoplastisch)

SPINALE TUMOREN

Syn: Rückenmarktumoren, engl. spinal cord tumours, ICD-10: Gutartig D33.4, bösartig C72.0

Etlg: **Primäre Tumoren** (nach der Häufigkeit):

Neurinome (im Hals- u. Brustmark, meist von der Radix dorsalis ausgehend, als „Sanduhrgeschwulst", wenn intradural und aus dem Foramen intervertebrale herauswachsend), Neurofibrome (multipel)

Meningeome (im Hals- u. Brustmark, meist dorsolateral über mehrere Segmente erstreckend)

Ependymome (intramedullär)

Gliome: Astrozytome, Oligodendrogliom, Glioblastom (alle intramedullär)

Metastasen:

Metastasen in den Wirbelkörpern sind häufig aufgrund des hohen Knochenmarkanteils in den Wirbelkörpern (= alle liegen extramedullär, extradural), ausgehend von Mamma-, Prostata-, Bronchial-, Uterus-, Magen-, Nieren- oder Schilddrüsenkarzinom, Plasmozytom, Sarkome, PANCOAST-Tumor

Metastasen anderer Primärtumoren im Rückenmark (intramedullär) oder einer Meningeosis carcinomatosa (extramedullär, intradural) sind sehr selten

Anatomie: Je nach Lokalisation im Rückenmark können unterschiedliche Bahnen (efferente Bahnen = absteigend/motorisch od. afferenten Bahnen = aufsteigend/sensibel, s. Abb.) mit verschiedener Klinik betroffen sein. Segmental kann auch die graue Substanz geschädigt werden ⇨ neurologische Ausfällen des betroffenen Segmentes (schlaffe Lähmung).

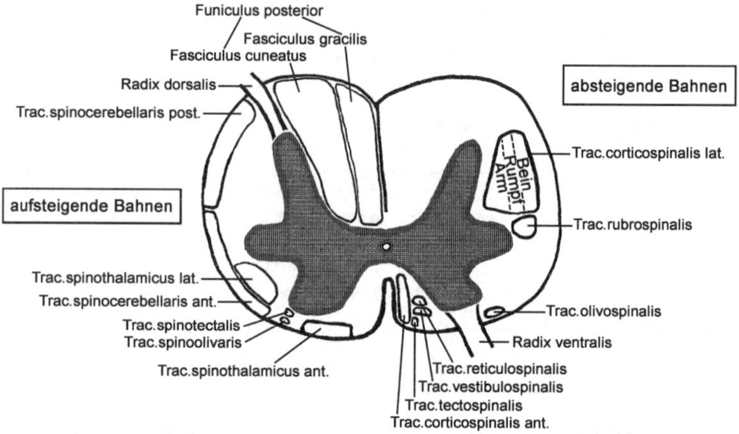

Path:
- Allgemein: spinale Tumoren sind seltener als intrakranielle (Verteilung 1:6) und häufiger in der Dignität gutartig
- Kompression ⇨ direkte, primäre **Markerweichung** und durch Minderdurchblutung (= sekundäre) bei Kompression der spinalen Arterien
- Lok: 50 % im **Thorakalmark**, 25 % lumbal, 25 % zervikal
  Intramedullär (10 %), meist Gliome und Ependymome
  Extramedullär - intradural (60 %), meist Neurinome und Meningeome
  Extramedullär - extradural (30 %), meist maligne Wirbelkörperprozesse

Epid:
◊ Prädisp.alter: 30.-60. Lj.
◊ Primäre Rückenmarktumoren sind mit einer Inzidenz von 1/100.000/Jahr sehr selten.

Klin:
⇒ Metastasen: radikuläre (segmentale, gürtelförmige) **Schmerzen** einer Körperseite bei Tumor in der Nähe einer sensiblen Rückenmarkwurzel (Radix dorsalis), evtl. Provokation durch Husten od. Pressen, bei Progredienz schlaffe Lähmung (Wurzelkompressionssyndrom, Radix ventralis) der dem Segment zugeordneten Muskulatur (typisch für extramedulläre, extradurale Prozesse = Wirbelprozesse durch maligne Knochenmetastasen) sowie spastische Lähmung, Sensibilitätsstörung unterhalb der Läsion und Blasenentleerungsstörung (absteigende Bahnen)
⇒ **Querschnittlähmung** langsam progredient entwickelnd, spinale Automatismen bei Tumoren zentral im Rückenmark ⇨ spastische Parese, Hyperreflexie, Pyramidenbahnzeichen, Blasenlähmung
⇒ A.spinalis-anterior-Syndrom mit Blasenstörung bei Tumor ventral im Spinalkanal = segmental schlaffe Parese und kaudal spastische Paresen und bilaterale dissoziierte Sensibilitätsstörung (= Störung des Schmerz- und Temperaturempfindens durch Schädigung des Trac.spinothalamicus, intaktes Druck- und Berührungsempfinden sowie Tiefensensibilität, da intakte Hinterstränge)
⇒ BROWN-SÉQUARD-Syndrom bei lateralen Tumoren im Spinalkanal (s. Abb.) ⇨ unterhalb der Läsion ipsilaterale spastische Parese und dissoziierte Sensibilitätsstörung (ipsilaterale Störung der Tiefensensibilität und kontralaterale Störung von Schmerz- und Temperatursinn), im Segment Aufhebung aller sensiblen Qualitäten u. schlaffe Lähmung

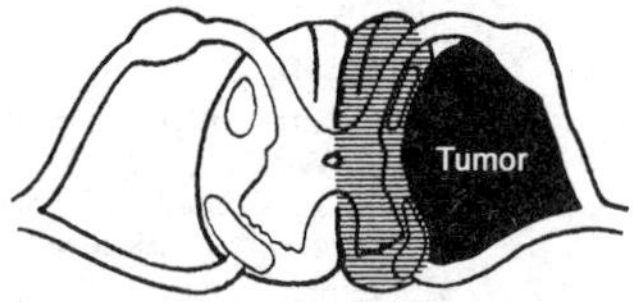

⇒ Störung der Tiefensensibilität bei dorsalen Tumoren im Spinalkanal

⇒ Halsmarktumoren: Nacken- u. Hinterkopfschmerzen, Schmerzen in den Armen/Händen, positives Nackenbeugezeichen, hohe Querschnittlähmung (oberhalb HWK 6) mit Tetraparese (Arme und Beine), ggf. Hirndruckentwicklung u. Lähmung kaudaler Hirnnerven

⇒ PANCOAST-Tumor: von der Lungenspitze ausgehend auf den Armplexus und später auf die untere Halswirbelsäule übergreifend ⇨ Armschmerzen, Plexuslähmung, HORNER-Syndrom (Ptosis, Miosis, Enophthalmus), später Querschnittsymptomatik

⇒ Brustmarktumoren: Paraparese der Beine, gürtelartige Schmerzen im betroffenen Segment, strumpfhosenförmige Sensibilitätsstörung

⇒ Lumbalmarktumoren: periphere Lähmung der Beine

⇒ Konussyndrom (Syn: Conus-medullaris-Syndrom): Tumoren im Bereich des Conus medullaris (in Höhe LWK 1-2) mit schlaffem Sphincter ani, Urin- und Stuhlinkontinenz, Ausfall des Analreflexes, perianalen Sensibilitätsstörungen und Reithosenanästhesie (keine Paresen der Beine, Lähmung der Mm.glutaei)

⇒ Kaudasyndrom (Syn: Cauda-equina-Syndrom): Tumoren im Bereich der Cauda equina (in Höhe LWK 3 bis S5) mit peripherer schlaffer Lähmung der Beine (je nach Höhe der Raumforderung), doppelseitigem Ischiasschmerz, reithosenartiger Hypästhesie, Blasen- und Mastdarmentleerungsstörung, Impotentia coeundi (erektile Impotenz u. Ejakulationsunfähigkeit).

Diag:
1. Anamnese (langandauernde Beschwerden?) und klinische Untersuchung: Paresen, Sensibilitätsstörungen, Pyramidenbahnzeichen
2. Bildgebung: Wirbelsäulenabschnitt in 2 Ebenen, HWS in 4 Ebenen (mit Foramina intervertebralia, sog. Schrägaufnahmen) und **CT** (Wirbelkörpermetastasen osteolytisch oder auch osteoplastisch bei Mamma- u. Prostatakarzinomen), spinale Angiographie bei Gefäßprozessen
   MRT zur genauen Höhenlokalisation insb. von intramedullären Tumoren, ggf. Myelographie (⇨ Füllungsdefekte, Ind: heute seltener, z.B. wenn eine MRT wegen Implantaten eingeschränkt beurteilbar ist)
3. Skelettszintigraphie: Bei V. a. Wirbelsäulenmetastasen, ggf. auch PET-CT
4. Neurologisches Konsil mit SEP des N.tibialis und N.medianus und Liquorpunktion: Eiweißvermehrung bei Neurinomen und bei Liquorstop, maligne Zellen im Punktat

Ther:
- Med: Glukokortikoide (Dexamethason, Fortecortin® 4 x 4 mg/Tag p.os) zur Minderung eines Ödems
- Operativ:
  - Ependymome und Gliome: Versuch der operativen Entfernung und postoperative Radiatio
  - Neurinome und Meningeome: Operative Entfernung
  - Wirbelsäulenmetastasen: Radiatio (lokal 20-40 Gy), Chemotherapie je nach Primärtumor, ggf. partielle osteosynthetische Wirbelsäulenverblockung (Resektion, Ersatz mit autologem Knochenspan, Fixateur interne) zur Stabilisierung und Schmerzlinderung, auch mögl. ist die sog. „Radiochirurgie", CyberKnife = Ausschaltung des Tumors mit einer hochdosierten Bestrahlung, Med: Glukokortikoide, Bisphosphonate
  - PANCOAST-Tumor: Präoperative Radiatio, Operation, postoperative Radiatio bei meist nicht vollständiger Tumorentfernung
  - Postoperativ: Krankengymnastik, Reha-Maßnahmen, Hilfsmittel

Prog: Neurinome haben eine sehr gute, Wirbelsäulenmetastasen eine schlechte Prognose.

Kompl:
* Kompression der spinalen Arterien (insb. d. A.spinalis ant.), insb. bei extramedullären Tumoren ⇨ akute Querschnittsymptomatik durch **sekundäre Markerweichung** mögl.
* Destruktion der Wirbelkörper bei Wirbelsäulenmetastasen ⇨ pathologische Frakturen, Knickkyphose, Subluxation mit akuter Querschnittsymptomatik mögl.
* Querschnittlähmung: Kontrakturen der spastischen Muskulatur, Inaktivitätspneumonie, paralytischer Ileus, Harnweginfekte, Dekubitus

Op: * Meningeale Narben mit neurologischen Ausfällen

DD:
- „Einfacher" Rückenschmerz (Myogelosen), Bandscheibenprotrusion, Bandscheibenprolaps
- Granulome der Wirbel, Spondylitis tuberculosa mit Gibbus
- Dermoide, Epidermoide (meist extradural), Lipome intradural

- Epidurale Abszesse (hämatogene Streuung, Staphylococcus aureus): Rückenschmerzen, Schonhaltung der Wirbelsäule, paravertebrale Myogelosen, Querschnittlähmung bei intraspinaler Ausbreitung, Ther: Operative Ausräumung und systemische Antibiose
- Entzündliche Myelitis (Querschnittmyelitis, Myelitis transversa, meist thorakal)
- Spinale Gefäßprozesse: spinale Angiome, arteriovenöse Fehlbildungen, Varicosis spinalis (spinale arteriovenöse Durafistel), Hämangioblastom, vaskuläre Myelopathie
- Zervikale Myelopathie, Syringomyelie, Arachnopathie (Verwachsungen der Arachnoidea)
- Spastische Spinalparalyse (Erb-Charcot-Krankheit) durch Degeneration des 1. motorischen Neurons im Cortex mit Paraspastik, Hyperreflexie, Pyramidenbahnzeichen
- Funikuläre Myelose, Amyotrophische Lateralsklerose
- Spinale Form einer Multiplen Sklerose
- Chronische Polyneuropathie der Cauda equina (Elsberg-Syndrom)

WURZELKOMPRESSIONSSYNDROME

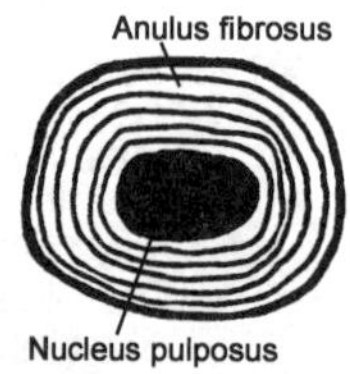

Syn: Spinale radikuläre Syndrome, Bandscheibenvorfall, Bandscheibenprotrusion, Bandscheibenprolaps, Nucleus-pulposus-Prolaps (NPP), Diskusprolaps, Diskushernie, Hernia nuclei pulposi, engl. slipped disk, disc prolaps, *Bandscheibenschäden*
ICD-10: zervikal M50.2, thorakal + lumbal M51.2

Anatomie: Die Bandscheiben (Disci intervertebrales) bestehen aus einem faserverstärkten bindegewebigen **Ring** (Anulus fibrosus) und einem zentralen **Gallertkern** (Nucleus pulposus) mit hoher Mukopolysaccharidkonzentration, die viel Wasser bindet (⇨ Elastizität).

Ät:
- **Degenerative Prozesse** (Degeneration der Bandscheiben, spondylotische Veränderungen), Bewegungsmangel und ständiges Sitzen, Heben schwerer Lasten, plötzliche Drehbewegungen (Golfspieler)
- Traumatisch (z.B. HWS-Distorsion, Wirbelfrakturen)
- Knochenmetastasen, Rückenmarktumoren

Path:
- **Protrusio** ⇨ Vorwölbung einer Bandscheibe, z.B. mechanisch durch Verbiegung der Wirbelsäule nach ventral (s. Abb.)
- **Diskusprolaps** ⇨ Vorfall einer Bandscheibe, bzw. des gallertigen Nucleus pulposus (dieser durchbricht dabei den Anulus fibrosus). Dadurch **Einengung** des **Foramen intervertebrale mit dem Spinalnerven** (lateraler Prolaps) oder Einengung und Kompression des Spinalkanales (medialer Prolaps)

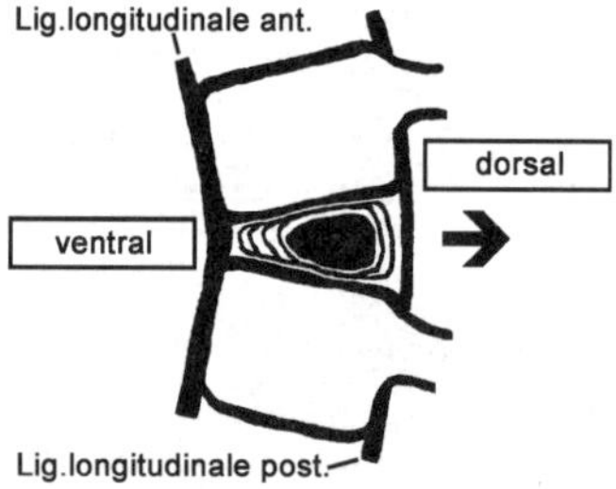

- **Arthrotische Veränderungen** an den Grund- und Deckplatten der Wirbelkörper (Spondylose, Osteochondrose) oder Zwischenwirbelgelenken (Spondylarthrose) oder den Unkovertebralgelenken der HWS (Unkarthrose) ⇨ **Osteophyten** (Randwülste) ⇨ Einengung der Foramina intervertebralia oder des Spinalkanales (= Wirbelkanalstenose)
- Lok: NPP ⇨ 90 % **lumbal**, 10 % **zervikal**, 0,2 % thorakal
  - Lumbal: **L5**- häufigstes und **S1**- häufig, L4-Syndrom seltener ⇨ alle meist Bandscheibenvorfälle
    L4-Syndrom ⇨ Bandscheibe zwischen LWK 3 und 4 betroffen (die Nervenwurzel selbst tritt zwischen LWK 4 u. 5 seitlich aus, wird aber im Verlauf ein Segment höher geschädigt)
    L5-Syndrom ⇨ Bandscheibe zwischen LWK 4 und 5 betroffen
    S1-Syndrom ⇨ Bandscheibe zwischen LWK 5 und Os sacrum (S1) betroffen

- Zervikal: **C6** und **C7** je ca. 35 %, C8-Syndrom 25 % ⇨ alle eher spondylotische Veränderungen als Bandscheibenvorfälle
  C6-Syndrom ⇨ Spondylose/Bandscheibe zwischen HWK 5 und 6 betroffen
  C7-Syndrom ⇨ Spondylose/Bandscheibe zwischen HWK 6 und 7 betroffen
  C8-Syndrom ⇨ Spondylose/Bandscheibe zwischen HWK 7 und BWK 1 betroffen

Epid: Bandscheibenprozesse: schon junge Erwachsene betroffen, mit dem Alter zunehmend (bei 30-jährigen finden sich im CT/MRT bei 1/3 der Bev. Bandscheibenvorfälle, meist jedoch völlig ohne Beschwerden)

Etlg: # Nach der Lokalisation der Schädigung (s. Abb.):
- Medialer Prolaps: Kompression des Rückenmarks ⇨ Myelopathie, Kaudasyndrom
- Mediolateraler Prolaps: Kompression des Rückenmarks und Spinalnerv
- Lateraler Prolaps: Kompression des Spinalnervs ⇨ Radikulopathie

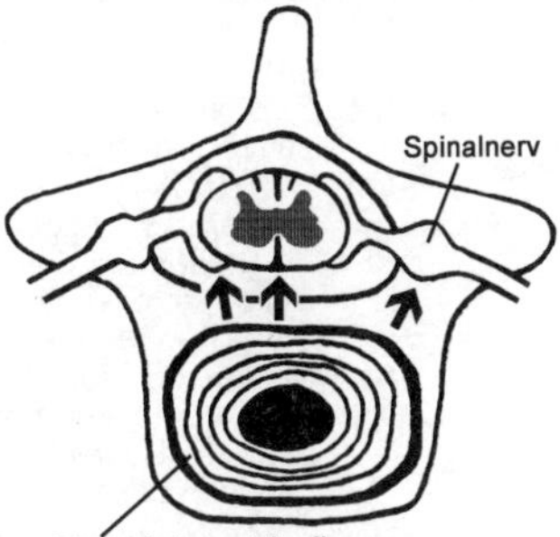

Nach der Art der Schädigung:
Soft disc = Nucleus-pulposus-Prolaps
Hard disc = Kompression von Spinalnerven od. Spinalkanal durch knöchernen Prozess, z.B. Spondylarthrose mit Osteophyten der Wirbelplatten od. kleinen Wirbegelenke

Klin: ⇒ Allgemein: **Schmerzen** (LWS: Lumbalgie, Ischialgie, HWS: Nackenschmerzen), Parästhesien ("Ameisenlaufen"), sensible (im betreffenden Dermatom Hypästhesie u. Hypalgesie) und motorische **Ausfälle** (Paresen der Kennmuskeln, Abschwächung anderer Muskeln), Reflexabschwächung/-verlust.

⇒ Provokation radikulärer Syndrome, z.B. durch Kopfverkippung, Husten mögl.

⇒ **Cave:** Alarmzeichen sind beginnende **Lähmungen**, plötzliches Verschwinden des Schmerzes mit zunehmender Hypästhesie (⇨ ***Wurzeltod***) oder **Blasen-** (Retention)/ **Mastdarmstörungen** (Sphinkterlähmung)!

ZERVIKALE RADIKULÄRE SYNDROME

Wurzel	Sensibilitätsstörung	Kennmuskeln	Kennreflex
C6	Radialseite Ober- und Unterarm, Dig. I	M.biceps M.brachioradialis	Bizepssehnen-reflex
C7	Unterarm Vorderseite Dig. II bis IV	M.triceps	Trizepssehnenreflex
C8	Ulnarseite Unterarm Dig. IV u. V	Mm.interossei	(TSR)

LUMBOSAKRALE RADIKULÄRE SYNDROME

Wurzel	Sensibilitätsstörung	Kennmuskeln	Kennreflex
L4	Außenseite Oberschenkel Innenseite Unterschenkel	M.quadriceps M.tibialis ant.	Patellarsehnen-Reflex
L5	Außenseite Unterschenkel Fußrücken, Großzehe	M.extensor hallucis long., M.ext.digitorum M.gluteus medius	Tibialis-posterior-Reflex
S1	Unterschenkel laterodorsal laterale Fußkante	M.triceps surae M.gluteus max.	Achillessehnen-Reflex

Diag: 1. Anamnese (Trauma, Rotationsbewegung, schweres Heben, Sprung aus großer Höhe, frühere Lumbago od. Ischialgien, chiropraktische Behandlung, Lähmungen, Störung der Blasen- und Mastdarmfunktion?) und klinische Untersuchung: tastbare Myogelosen

(Muskelverspannungen mit Circulus vitiosus: Verspannung führt zu Schmerz, der wiederum zu mehr Verspannungen), Klopfschmerzhaftigkeit, schmerzhafte Bewegungseinschränkung u. Schiefhaltung (Skoliose) od. Steilhaltung (HWS) der Wirbelsäule.
Kennmuskelschwäche, **Sensibilitätsstörung** im betroffenen Segment (s. Abb.) und **Muskeleigenreflexabschwächung**

LASÈGUE-Zeichen (= Flexion im Hüftgelenk bei L5- u. S1-Syndrom) od. umgekehrtes LASÈGUE-Zeichen (= Hyperextension im Hüftgelenk bei L4-Syndrom) pos. (= schmerzhaft)
SCHOBER- (LWS) od. OTT-Zeichen (HWS) vermindert

L4: Bein anheben, z.B. um auf einen Stuhl zu steigen, nicht mögl.
L5: Steppergang (Fallfuß) ⇨ Hackengang nicht mögl., M.gluteus med.-Schwäche ⇨ Stehen auf dem Bein der betroffenen Seite nicht möglich (bei beidseitigem Ausfall ⇨ TRENDELENBURG-Hinken)
S1: Stehen auf den Zehenspitzen (Plantarflexion) auf der betroffenen Seite nicht möglich, Bügeleisengang (Abrollen und anheben des Fußes erschwert)

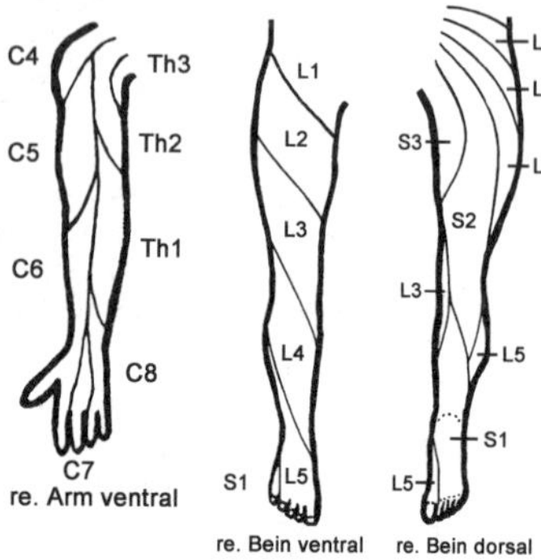

2. Röntgen: Betroffener Wirbelsäulenabschnitt nativ in 2 Ebenen (a.p. u. seitlich), bzw. bei HWS in 4 Ebenen (zusätzlich 2 Aufnahmen, sog. Schrägaufnahmen von den re. u. li. Foramina intervertebralia ⇨ spondylotische Randzacken, Einengung der Foramina?)
   CT (bessere knöcherne Beurteilung) od. MRT (bessere Weichteil-/Myelonbeurteilung) im betroffenen Segment
   Myelographie od. Myelo-CT zur Beurteilung der Nervenwurzeln
3. Neurologische Untersuchung mit **EMG** und **NLG**: Bestimmung der Erregungsleitung der betroffenen Nervenwurzel, SEP: verzögerte Überleitung und Schweißsekretionstest: bei radikulären Syndromen normal, da sich die sympathische Innervation der Schweißsekretion außerhalb der Nervenwurzel dem peripheren Nerv anlegt (bei peripheren Nervenläsionen pathologisch = vermindert).

Ther:
- Konservativ: Med: **Analgetika**/Antiphlogistika (z.B. Paracetamol, Diclofenac od. Ibuprofen), Neuraltherapie mit Xylocain- od. Lidocain-Injektionen (Xyloneural®) intracutan paravertebral, epidurale od. periradikuläre Injektionen (lumbale Spinalnervenanalgesie), Myotonolytika (z.B. Tetrazepam, Musaril®),
  Physiotherapie: lokale **Wärme**applikation, Massage, elektrische Nervenstimulation (TENS), intensive **Krankengymnastik** und Bewegungstherapie (**aktives Rückentraining**), Haltungsschule ⇨ Stärkung der Rücken- und Bauchmuskulatur, Vermeiden von Fehlhaltungen und –belastungen (z.B. beim Tragen von Lasten).
  Bettruhe hat einen negativen Effekt u. wird nicht mehr empfohlen.
  LWS: **Stufenbett** (= Würfel unter den Unterschenkeln, sodass diese rechtwinklig zu den Oberschenkeln liegen ⇨ Entlastet die Wirbelsäule) stundenweise/Tag
  HWS: Halskrawatte (SCHANZ-Verband) nur vorübergehend zur Entlastung der Wirbelsäule

Stufenbett

- Chemonukleolyse des Nukleus pulposus mit Chymopapain oder Laserlyse mögl., NW: Anaphylaxie, hohe Rezidivrate, daher bei gegebener Op-Ind. nicht indiziert.
- Operativ: Ind: nachgewiesener NPP mit eindeutigen **motorischen Ausfällen, Blasen- od. Mastdarmstörungen** ⇨ Notfall-Op. innerhalb von 24 Std.!
  relative Op-Ind: therapieresistenter Schmerz >6 Wo. od. rez. Beschwerden
  - LWS: mikrochirurgische offene Op. (**Mikrodiskektomie**), dorsaler Zugang mit 3 cm langer Längsinzision der Haut, Verwendung eines Op-Mikroskopes mit Vergrößerung, Darstellung des Wirbelkanals (Entfernung des Lig.flavum) und Entfernung des prolabierten Bandscheibensequesters. Neuerdings auch als endoskopischer Eingriff (endoskopische perkutane Nukleotomie) mögl.
    Im Versuchsstadium ist die Implantation einer Bandscheibenprothese (mit einem beweglichen Polyäthylen-Kern) an der Stelle der entfernten Bandscheibe (allerdings ven-

traler Zugang hierzu erforderlich), der Langzeitverlauf kann jedoc noch nicht beurteilt werden.

- HWS-Hard disc: Erweiterung der Foramina intervertebralia (Foraminotomie)
- HWS-Soft disc: Zugang v. ventral, Entfernung des Bandscheibensequesters, ggf. Verblockung mit kortikospongiösem Span
- Spinalkanalstenose: Laminektomie (Entfernung eines Teils des Wirbelbogens mit Dornfortsatz, Ligamentum flavum und einem Teil der Facettengelenke). Im Versuchsstadium ist lumbal die minimalinvasive Implantation eines Spacers zwischen den Dornfortsätzen zweier Wirbel, der segmental entlordosierend wirkt und somit indirekt den Spinalkanal erweitert (der Langzeiterfolg ist aber eher fraglich).

Prog: Op mit guter Prognose (80 % d. Pat. werden beschwerdefrei), Rezidiv in 5 % d.F., die konservative Therapie führt häufiger zu Rezidiven.

Kompl:
* Zervikale radikuläre Syndrome: Parese der Zwerchfellmuskulatur (C4) mögl.
* Konussyndrom (Syn: Conus-medullaris-Syndrom, betrifft unteren Teil des Myelons): Lähmung der Mm.glutaei, Reithosenanästhesie, Blasen- und Mastdarmlähmung
* Kaudasyndrom (Syn: Cauda-equina-Syndrom, betrifft die Nervenfaserbündel gebildet von L2-S5): Schlaffe Parese und Sensibilitätsstörung der Beine (Kontrakturen, Dekubitus), Blasen- und Mastdarmlähmung (Harnweginfekte, Restharnbestimmung)
* **Wurzeltod** ⇨ dem Pat. geht es plötzlich "besser", da die Schmerzen weg sind

Op:
* Duraverletzung, Liquorfistel, Verletzung im Bereich des Myelons oder der Spinalnerven, Blutung, Diszitis
* Rezidiv
* Postdiskotomiesyndrom (engl. failed back surgery syndrome): meist diffuse und bilaterale radikuläre/pseudoradikuläre oder vertebragene Beschwerden (Ursachen: Arthrose der Wirbelgelenke, die durch die fehlende Bandscheibe und die damit verbundene Höhenminderung vermehrt belastet werden oder wegen Op. des falschen Segmentes, wegen Reprolaps od. Prolaps in einem anderen Segment oder epidurale Fibrosen), therapeutisch meist schlecht zu behandeln

DD:
- Zervikale radikuläre Syndrome:
  Plexusläsion (obere = ERB-DUCHENNE-Lähmung ist DD zu C5 u. C6, untere = KLUMPKE-DÉJERINE-Lähmung DD zu C7 u. C8)
  Periphere Nervenläsion (N.radialis ist DD zu C6, N.medianus - DD zu C7, N.ulnaris - DD zu C8)
  Zervikale Myelopathie = chronische Schädigung des Myelons im HWS-Bereich (s.u.)
  Syringomyelie
- Lumbosakrale radikuläre Syndrome:
  Plexusläsion (Plexus lumbosacralis)
  Periphere Nervenläsion (N.femoralis ist DD zu L4, N.peroneus - DD zu L5, N.tibialis - DD zu S1)
  Spondylolisthesis (Wirbelgleiten, meist LWK 5)
  Syndrom des **engen Spinalkanals** (mit Kaudasyndrom) bei <10 mm im CT (normal sind lumbal 16-18 mm), Ther: Teillaminektomie zur Dekompression
- Spinale Tumoren
- Amyotrophische Lateralsklerose, funikuläre Myelose
- Blutungen/Hämatome/Angiome im Spinalkanal
- Herniation des Rückenmarks durch einen Duradefekt
- Entzündlich: Discitis intervertebralis, TBC, Abszesse, Neuroborreliose
- Facettensyndrom: Schmerz ausgehend von den kleinen Wirbelgelenken ohne neurologische Ausfälle
- Juxta-Facett-Zysten: Synovialzysten der Intervertebralgelenke od. Lig.flavum-Zysten
- Polymyalgia rheumatica
- Psychogener Rückenschmerz

PERIPHERE NERVENLÄSIONEN

Syn: Verletzungen sind im ICD-10 je nach Lokalisation von S04 - S94 kodiert, Mononeuropathien, z.B. Engpasssyndrome an der oberen Extremität ICD-10: G56, an d. unteren Extremität G57

Anatomie: Ein Nerv besteht aus einem od. mehreren Bündeln von parallelverlaufenden Nervenfasern = **Axone** (diese sind bei markhaltigen Nerven von einer Myelinscheide umgeben). Die einzelne Nervenfaser wird von einem bindegewebigen **Endoneurium** umgeben. Die Nervenfasern sind zu Faszikeln zusammengefasst von dem bindegewebigen **Perineurium** und ggf. von einem **Epineurium** bei mehreren Nervenfaserbündeln umgeben.

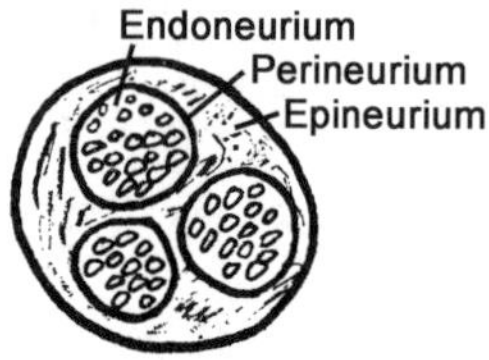

Ät:
- Äußere **Druckeinwirkung**, z.B. „Parkbanklähmung", in Narkose oder Koma, **Engpasssyndrome** (Thoracic outlet syndrome, Suprascapularis-, Karpaltunnel-, Supinator-, Sulcus-ulnaris-, GUYON-Logen-, Tarsaltunnel-Syndrom, s.u.), bestimmte Tätigkeiten (Berufs-/Beschäftigungslähmungen), Kallusbildung an Frakturen, Kompartmentsyndrom (= ischämische Muskelkontraktur), Hämatome
- Zug in axialer Richtung = Zerrung des Nerven, z.B. bei Gelenkluxationen, Frakturen mit starker Fehlstellung
- Heftige **Quetschung**, scharfe **Durchtrennung** (Stich- od. Schnittverletzung), vollständige Zerreißung/Zerstörung (Defekt**frakturen**, Schuss- od. Splitterverletzungen, Amputation)
- Lokale Infektion, Abszess
- Ischämische Schädigung (Ischämie der Vasa nervorum)
- Iatrogene Läsion: **Injektionen** („Spritzenlähmung", insb. N.ischiadicus), **operativ** (z.B. durch radikale Tumorchirurgie, Lymphknotenbiopsie am Hals), schlecht sitzender und zu eng anliegender **Gips**, Strahlenfibrose

Epid: Häufigste periphere Nervenläsion in Friedenszeiten ist die Ulnarislähmung.

Path: Einteilung nach SEDDON (1943), Kombinationen und Teilstörungen sind mögl.

Neurapraxie	= Funktionsstörung d. Nerven ohne Kontinuitätsverlust (z.B. durch Druckschädigung), gute Regeneration, Erholung im Regelfall in 1-4 Monaten
Axonotmesis	= Axone unterbrochen, Perineurium erhalten ⇨ WALLER-Axondegeneration Regeneration möglich (Erholungszeit: 4-18 Monate)
Neurotmesis	= Axone und Nervenhüllgewebe durchtrennt, häufig Neurombildung, ohne Op. keine Regeneration

Etlg: Nervenverletzung nach SUNDERLAND (1951)

Grad I:	Leitfähigkeitsverlust bei erhaltenem Axon, vollständig reversibel
Grad II:	Axon durchtrennt, distaler Anteil degeneriert, erhaltenes Endoneurium, vollständig reversibel
Grad III:	Axon unterbrochen und degeneriert + Endoneurium durchtrennt, nur langsame und unvollständige Erholung (typische Läsion bei Zug)
Grad IV:	Vollständige Zerstörung der internen Struktur des Nervs, nur Peri-/Epineurium ist erhalten. Indikation für chirurgische Versorgung (Nervennaht)
Grad V:	Kontinuitätsverlust des Nervs, Besserung nur mit chirurgischem Vorgehen (Nervennaht, autologe Nerventransplantation)

Klin:
⇒ **Schlaffe motorische Paresen** und/oder **sensible Ausfälle** (**scharf begrenzt** im Versorgungsgebiet des betroffenen Nerven)
⇒ Schmerzen, Parästhesien, Dysästhesien
⇒ Vegetative Störungen, z.B. aufgehobene Schweißsekretion, livide Hautfarbe

Diag: 1. Anamnese: Verletzungshergang, Lokalisation, Vorschäden (Diabetes mellitus, Alkoholabusus, Drogen, toxische Substanzen, Medikamente) und klinische Untersuchung: sensible Ausfälle, Haltungsbesonderheiten, motorische Paresen, muskuläre Atrophien, Muskeleigenreflex-Ausfall, vegetative Störungen ⇨ Schweißsekretionstest (Ninhydrin)
Beweglichkeit aktiv u. passiv prüfen ⇨ aktive **Kraftgrade**: 5 = normale Kraft, 4 = Bewegung gegen leichten Widerstand, 3 = Anheben gegen Schwerkraft, 2 = Bewegung unter Aufhebung d. Schwerkraft, 1 = Kontraktionen ohne Bewegung, 0 = keine Muskelaktivität
2. Neurologisches Konsil mit EMG: Akut keine Potentiale, **Denervierungspotentiale** (Fibrillationspotentiale = **pathologische Spontanaktivität** bei Kontinuitätsunterbrechung nach 1-2 Wo. durch Überempfindlichkeit der denervierten Muskelfasern auf Acetylcholin), Reinnervationspotentiale (sog. Riesenpotentiale bei Regeneration nach einigen Monaten). NLG: Vermindert (Druckschädigung) bis aufgehoben (Kontinuitätsunterbrechung)
3. Röntgen bei V. a. knöcherner Verletzung und ggf. lokal CT/MRT zur Lokalisationsdiagnostik bei unklarem Befund

Ther: • Konservativ: Korrekte Lagerung, ggf. Schienen zur Ruhigstellung, Elektrostimulation (Reizstrom bei völlig denerviertem Muskel), **krankengymnastische Bewegungsübungen** sowie physikalische Therapie zur Vermeidung von Kontrakturen und Gelenkversteifungen. Hilfsmittel: z.B. spezielles Besteck, Greifwerkzeuge, Orthesen
Med: Kausale Ther. nicht mögl., bei Parästhesien kann α-Liponsäure (Thioctacid®) oder Carbamazepin (Tegretal®) versucht werden. Vit.-B-Präparate sind nur bei tatsächlichem Vitaminmangel indiziert (werden jedoch häufig gegeben).

• Operativ: Ind: Grad IV + V, primäre Naht nur bei frischer sauberer Schnittverletzung sonst als sekundäre Naht/Transplantation nach ca. 4-8 Wochen (max. 8 Mon.) nach dem Trauma
- Frische Schnittverletzung: Mikrochirurgische Nervenadaptation (Koaptation) durch **spannungsfreie** End-zu-End-Anastomose von einzelnen Perineurium-Faszikelgruppen
- Bei Defekten (oder nicht möglicher spannungsfreier End-zu-End-Adaptation): Überbrückung durch autologes Nerventransplantat (z.B. N.suralis), bei kurzen Defekten (<2 cm) kann auch ein resorbierbares Nervenröhrchen (als Leitschiene) implantiert werden
- Kann eine nervale Funktion nicht mehr hergestellt werden, ist eine Ersatzplastik-Op mögl. ⇨ Umlagerung mehrerer Sehnen od. gestielter/freier Muskeltransfer
- Engpasssyndrome (s.u.): Dekompression des Nerven, Neurolyse bei fibrotischem Gewebe um den Nerven
- Überprüfung von NLG u. EMG zur Beurteilung d. Koaptationsergebnisses nach 6 Mon.

Prog: Axonale Regeneration nach mikrochirurgischer Rekonstruktion **1-3 mm/Tag** (⇨ Regeneration dauert Monate): HOFFMANN-TINEL-Zeichen = von distal nach proximales Beklopfen der Haut über dem Nervenverlauf ⇨ "Elektrisieren" über den frisch ausgesprossten marklosen Axonen zeigt Erfolg und Stand der Regeneration an.

Kompl: * Ausbildung von Kontrakturen
* **Neurombildung**: ungeordnete Aussprossung der Nervenenden ⇨ Schmerzen, Ther: Neuromresektion, Pseudoneurom durch Vermehrung von endoneuralem Bindegewebe
* Phantomschmerz: nach Amputationen häufig (zentrales Engramm der Gliedmaße?), bei elektiver Amputation werden Lokalanästhetika zur Prophylaxe eingesetzt
* Kausalgie: entsteht durch Kurzschlüsse zwischen vegetativen und sensiblen Fasern bei unvollständiger Nervenläsion; Klin: intensiver Schmerz, durch äußere Reize provozierbar, Parästhesien, **vegetativ trophische Störungen**; Ther: Haloperidol (Haldol), Akupunktur, Sympathikusblockade od. –resektion

Op: * Nach axonaler Regeneration können falsche Muskelgruppen vom Nerv angesprochen werden (**Synkinesen** = pathologische Mitbewegungen) ⇨ Bewegungen müssen neu gelernt und geübt werden (z.B. Fazialistraining)

DD: – Spinale Muskelatrophie, amyotrophische Lateralsklerose (ohne sensible Störungen), intraspinale Raumforderungen, Syringomyelie
– Radikuläre Beschwerden, Plexus-Verletzungen
– Polyneuropathie (mehrere Nerven betroffen)
– SUDECK-Syndrom (insb. am UA) = sympathische Reflexdystrophie
– Kompartmentsyndrom (insb. UA und US)
– Psychogene Lähmungen (konversionsneurotisch, dissoziative Bewegungsstörung)

KARPALTUNNELSYNDROM

Syn: **CTS** (engl. carpal-tunnel syndrome), Medianuskompressionssyndrom, Karpalkanalsyndrom, genuine Daumenballenatrophie, ICD-10: G56.0

Anatomie: Der Karpaltunnel (**Canalis carpi**) wird gebildet aus den Handwurzelknochen und dem darüber gespannten **Lig.carpi transversum** = Retinaculum flexorum (vom Os hamatum + Os pisiforme [= Eminentia carpi ulnaris] zum Os trapezium + Os scaphoideum [= Eminentia carpi radialis] ziehend) = osteofibröser Kanal. Er enthält alle Sehnen der langen Fingerbeuger (außer die des M.palmaris longus) und den **N.medianus**.

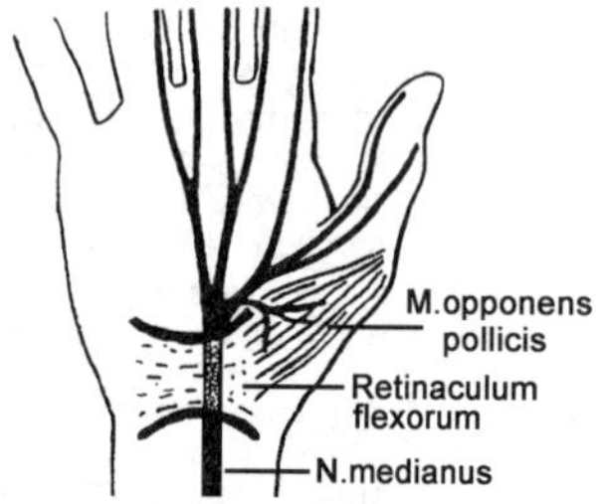

re. Hand von palmar

Ät:
- **Familiäre Disposition**
- Entzündlich: Tendosynovitis, Polyarthritis, Dermatomyositis, Sklerodermie
- Traumatisch: Hämatome, Schnitt-, Quetschverletzungen an der Beugeseite des Handgelenkes, Frakturen/Luxationen der Handwurzelknochen od. des distalen Radius, Hyperextensionstrauma im Handgelenk
- **Überbeanspruchung:** z.B. Forstarbeiter, Bauarbeiter, Schneider, Tischler, Fließbandarbeit ⇨ Anerkennung als Berufskrankheit mögl., Gehen mit Armstützen
- Tumoren im Karpaltunnel, abnorme Muskel- od. Sehnenverläufe
- Arthrose der Handwurzelknochen
- Endokrin-metabolisch: **Schwangerschaft** (Ödemneigung), hormonelle Umstellung (Klimakterium), hormonale Kontrazeptiva, Urämie, Hyperurikämie, Diabetes mellitus, Myxödem (Hypothyreose), Akromegalie, Amyloidosen, Paraproteinämie bei Myelom, Mukopolysaccharidosen, Alkohol ⇨ ödematöse Quellung des Karpaltunnelbinnenraumes
- Iatrogen: arteriovenöse Fistel (Shunt) zur Hämodialyse (dilatierte Venen)

Path:
- ♦ **Kompression des N.medianus** im Karpaltunnel (Druckläsion, Engpasssyndrom), evtl. + Fibrose des Epineurium (umhüllendes Bindegewebe des Nerven ⇨ Einschnürung des N.medianus)
- ♦ Funktion des N.medianus-Endastes: motorisch an der Hand: M.abductor pollicis brevis, M.opponens pollicis ⇨ bei Läsion Daumenballenmuskelatrophie (Thenaratrophie), sensibel: ventral Dig. I-III und radiale Seite des Dig. IV, dorsal Endglied Dig. II, III (s. Abb.)

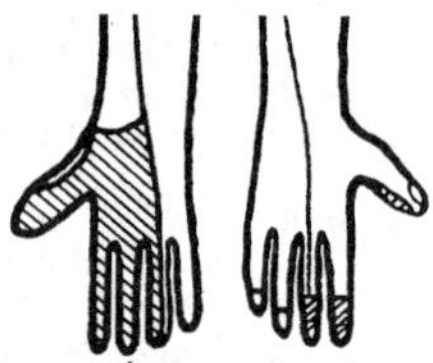

Epid:
- ◊ **Häufigstes Engpasssyndrom** der oberen Extremität
- ◊ **W** > m (2:1), Prädisp.alter: 40.-50. Lj. u. während der Schwangerschaft (7-25 % der Schwangeren, insb. im 3. Trimenon)
- ◊ Lok: **re.** > li. und auch beidseitig mögl.
- ◊ Inzidenz: ca. 200/100.000/Jahr, für Deutschland werden 1,5-7 Mio. Betroffene geschätzt

Etlg: Klinische Einteilung nach GERL u. FUCHS (1980)

Stadium I:	Schmerzen u. Parästhesien
Stadium II:	Taubheitsgefühl
Stadium III:	Taubheitsgefühl + partielle Thenarmuskelatrophie
Stadium IV:	Komplette Plegie und Atrophie des M.abductor pollicis brevis

Klin:
- ⇒ **Schmerzen, Parästhesien** der Finger I-III, insb. **nachts** (mit Ausbreitung auf den Arm mögl., sog. *Brachialgia paraesthetica nocturna*), die Pat. versuchen häufig Linderung durch Ausschütteln der Hand zu erreichen
- ⇒ **Hypästhesie** (Taubheitsgefühl) im sensiblen N.medianus-Versorgungsgebiet der Hand

⇒ Morgendliche Steifigkeit der Finger, evtl. Schwellung der Hand/Finger, trophische Störungen (z.B. Hypohidrosis)

⇒ **Thenarmuskelatrophie** im fortgeschrittenen Stadium (keine Schwurhand!, da das Karpaltunnelsyndrom eine distale Medianusläsion ist, die Schwurhand tritt nur bei prox. Schädigung auf)

Diag: 1. Anamnese (nächtliche Schmerzen, Vorerkrankungen, Trauma, Stoffwechselstörungen), und klinische Untersuchung: **HOFFMANN-TINEL-Zeichen:** Beklopfen des Karpaltunnels führt zu Dysästhesien (elektrisierende Missempfindungen), PHALEN-Test: starke Extension od. Flexion im Handgelenk für ca. 1 Min. kann ebenfalls Parästhesien auslösen
N.medianus-motorische Prüfung: **Flaschenzeichen** (M.abductor pollicis brevis-Parese ⇨ Flasche kann nicht richtig umfasst werden, s. Abb.), **opponieren** des Daumens mögl.? (s. Abb.), Thenaratrophie?

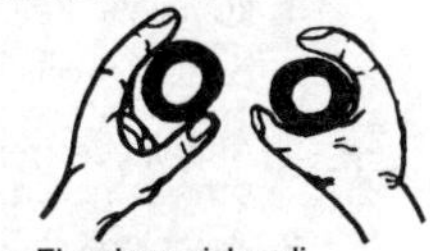

Flaschenzeichen li.

2. Röntgen: Ausschluss knöcherner Verletzung des Handgelenks
3. Labor: Ausschluss internistischer Erkrankungen (s.o. Ät.)
4. Neurologisches Konsil: EMG, NLG (Verlängerung der sensiblen und motorischen Nervenleitgeschwindigkeit sowie Denervierungszeichen in der Thenarmuskulatur)
5. Sonographie und CT: Vermessung des Karpaltunnels mögl.
6. Schweißsekretionstest (Ninhydrintest): im Innervationsgebiet an der Hand vermindert

Opponieren des Daumens

Ther: • Konservativ: Nächtliche Ruhigstellung mit einer dorsalen Unterarmschiene, Glukokortikoid-/Lokalanästhetikaeinspritzungen (Lok: radial der Palmarissehne, die oberflächlich liegt und gut sichtbar ist, da sie außerhalb des Retinaculum flexorum liegt, im Bereich der Handwurzel eingehen), Antiphlogistika (z.B. Diclofenac, Voltaren®)

• Operativ: Ind: möglichst frühzeitig (ab Stad. II), um bleibende Schäden (Muskelatrophien) zu verhindern
- Op in i.v.-Regionalanästhesie od. Lokalanästhesie und Blutsperre, Zugang über eine 2 cm lange Längsinzision distal der Handgelenksquerfalte
- **Spaltung** des Lig.carpi transversum (wird heute auch als endoskopische Op durchgeführt, bringt jedoch keine eindeutigen Vorteile und ist teurer)
- Evtl. zusätzlich Neurolyse (Entfernung komprimierenden Gewebes zur Entlastung des N.medianus, z.B. bei Fibrose des Epineuriums)

Prog: Gut bei frühzeitiger Therapie

Kompl: * Muskelatrophie der Thenarmuskulatur

Op: * Verletzung des N.medianus (höhere Rate bei endoskopischer Op.) od. von Beugesehnen, SUDECK-Syndrom, Rezidiv

DD: – Durchblutungsstörungen (AVK, Ergotismus, RAYNAUD-Phänomen)
– Vertebragene Schmerzen (**C7-Syndrom**)
– Läsion des N.medianus an anderer Stelle: Pronator-teres-Syndrom (proximale Ulna), N.interosseus-ant.-Syndrom, kongenitale Thenaratrophie
– GUYON-Logensyndrom (Läsion des ***N.ulnaris*** im Handgelenksbereich, s.u.)

SUPINATORSYNDROM

Syn: Radialiskompressionssyndrom, engl. supinator tunnel syndrome, ICD-10: G56.3

Ät: – Mechanische Dauerbeanspruchung (Pro- + Supination, z.B. Tennisspielen) ⇨ Hypertrophie des M.supinator
– Fibröse Bänder, verengter sehniger Rand am Eingang zum Supinatorkanal (Hiatus superior canalis supinatorii, FROHSE-Arkade)

- Entzündliche Prozesse, rheumatoide Arthritis
- Traumatisch: Frakturen, Radiusköpfchenluxation, Hämatom
- Tumoren: Neurinom, Lipom, Fibrom

Path: **Druckschädigung** (Engpasssyndrom) des **Ramus profundus** des **N.radialis** beim Durchtritt durch den M.supinator am Unterarm

Klin: ⇒ Zunehmend progrediente Kraftminderung bis **Lähmung der Extensoren** am Unterarm (meist an den ulnaren Fingern beginnend) ⇨ partielle Fallhand, bzw. Fallfinger (keine komplette Fallhand, da der M.extensor carpi radialis longus noch innerviert ist)
⇒ Keine Sensibilitätsstörungen (rein motorische Parese des Ramus profundus)

Diag: 1. Anamnese (repetitive Bewegungen?) und klinische Untersuchung: Fallhand/Extensorenschwäche, Druckschmerz prox. über dem M.supinator
2. Neurologisches Konsil: EMG, NLG (Verlängerung der Nervenleitgeschwindigkeit)
3. Röntgen: Ausschluss eines knöchernen Prozesses im Bereich der Kubitalregion

Ther: • Konservativ: Ruhigstellung (OA-Gipsschiene), NSAR
• Operativ: Ind: Versagen der konservativen Therapie
- Darstellung des N.radialis beim Durchtritt durch den M.supinator
- Spaltung der Frohse-Arkade ⇨ **Dekompression** des R.prof.n.radialis, ggf. Neurolyse
- Postoperativ: OA-Gips für 3 Tage

Prog: Gut

DD: – **Radialislähmung** anderer Genese (s.o.): Plexus-brachialis-Läsion, Krückenlähmung, Humerusschaftfraktur, Parkbanklähmung ("paralysie des ivrognes"), Blei-Intoxikation
– **C6**-Syndrom
– Epikondylitis, Muskel- und/oder Sehnenverletzungen (insb. M.extensor pollicis long. = "Trommlerlähmung")

N.ULNARIS-ENGPASSSYNDROME

Syn: Ulnarislähmung, engl. paralysis of the ulnar nerve, ICD-10: G56.2

Anatomie: N.ulnaris (C8-Th1, Fasciculus medialis)
Motorisch: M.flexor carpi ulnaris, M.flexor prof. dig. IV u. V, Mm.interossei u. lumbricales (Streckung der Mittel- u. Endglieder der Finger), M.adductor pollicis, M.abductor u. M.opponens dig. V
Sensibel: Palmar: ulnare Hälfte Dig. IV und Dig. V, dorsal: Dig. IV u. V (s. Abb.)

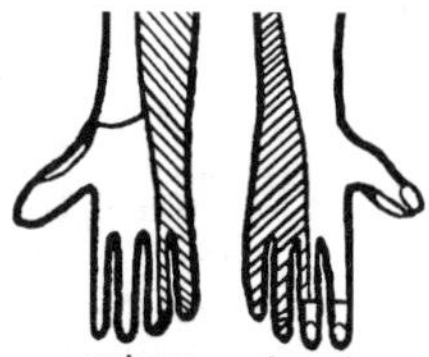

Ät: – **Sulcus-ulnaris-Syndrom** (Syn: Ulnarisrinnensyndrom, Kubitaltunnelsyndrom): **Drucklähmung**, z.B. durch häufiges Aufstützen auf den Ellenbogen, Schlafen auf dem angewinkelten Ellenbogen, bettlägerige od. bewusstlose Pat., ellenbogengelenknahe Frakturen, distale Humerusfraktur, Ellenbogenluxation, Arthrose im Ellenbogengelenk, Cubitus valgus od. Anomalien des Sulcus ulnaris (⇨ Luxation d. N.ulnaris aus dem Sulcus ulnaris)
– **GUYON-Logensyndrom** (die Loge de GUYON liegt zwischen Os pisiforme und dem Hamulus ossis hamati): Kompression im Canalis n.ulnaris am Handgelenk bei Hyperextension, z.B. **Radfahrerlähmung**
– Kompression des Nerven durch Tumoren (Lipom, Ganglien, Knochen- od. Weichteiltumor)
– Schnitt od. Stichverletzungen am ulnaren Teil des Handgelenkes od. im Nervenverlauf

Epid: Häufigste periphere Nervenläsion an der oberen Extremität

Krallenhand
Krallenhand

Klin: ⇒ **Krallenhand** (überstreckte Grundphalangen. leichte Beugung der Mittel- und Endphalangen, insb. an Dig. IV u. V mit Abduktionsstellung) und sichtbare Muskelatrophien an den Spatia interossea u. Hypothenar (Dig. V)

⇒ Parästhesien Dig. IV ulnar u. V sowie an der Handkante, nächtliche Schmerzen im Handgelenk

Diag: 1. Anamnese: Ellenbogenbeschwerden, Handgelenksbelastung?

2. Neurologische Untersuchung: HOFFMANN-TINEL-Zeichen pos. über der jeweiligen Läsionsstelle (elektrisierende Missempfindungen beim Beklopfen). Fingerspreizen (bei aktiv od. passiv gestreckten Fingern) nicht mögl. FROMENT-Zeichen (Festhalten eines Papierblattes ist erschwert)
NLG: Verzögerte Nervenleitgeschwindigkeit

3. Röntgen: Ellenbogen u. Handgelenk in 2 Ebenen, Tangentialaufnahme des Sulcus ulnaris

Ther:
- Konservativ: Physiotherapie, Polsterung des Sulcus ulnaris zur Nacht, lokale Injektion von Glukokortikoiden
- Operativ: Neurolyse (Dekompression), bei Sulcus-ulnaris-Syndrom evtl. auch endoskopische Op. und ggf. Verlagerung des Nerven aus dem Sulcus ulnaris nach ventral in die Ellenbeuge (hat aber höhere Kompl.-Rate)

Prog: Druckläsionen haben eine gute Rückbildungstendenz.

DD:
- **C8-Syndrom** (zusätzlich M.triceps-brachii-Parese), Plexus-brachialis-Verletzung
- Anatomische Anomalie am Oberarm: Processus supracondyloideus (Knochensporn oberhalb des med. Epicondylus, STRUTHER-Ligament), der ebenfalls zu Nervenreizung führen kann.

TARSALTUNNELSYNDROM

Syn: Hinteres Tarsaltunnelsyndrom, engl. tarsal tunnel syndrome, ICD-10: G57.5

Anatomie: N.tibialis (aus N.ischiadicus) zieht mit seinem Endast hinter/unter dem Malleolus med. unter dem **Retinaculum musculorum flexorum** (Lig.laciniatum) im Tarsaltunnel zum Fuß

Ät:
- Meist **posttraumatisch** (Sprunggelenkfraktur, OSG-Distorsion mit Innenbandverletzung, Talus-Luxationsfraktur)
- Raumforderungen: abnormer Gefäßverlauf (A.tibialis post.), Gefäßkonvolute, rheumatische Ödeme, Schwannom des N.ribialis, Ganglien, hypertrophierte Muskkeln od. Sehnen
- Als Überlastungsfolge bei Marathonläufern
- Idiopathisch: ohne spezielle Ursache

Path: **Druckschädigung** (Engpasssyndrom) des **N.tibialis** unter d. Retinaculum musculorum flexorum (Lig.laciniatum)

Klin: ⇒ Schmerzen und Sensibilitätsstörung am med. Fußrand und Fußsohle, Verstärkung meist beim Gehen

⇒ Diskrete Kraftminderung bis Parese der Fußsohlenmuskulatur (beginnend mit der Zehenspreizung, dann die kurzen Zehenbeuger), Senkung des Fußgewölbes, Krallenstellung der Zehen

⇒ Spätsymptom sind verminderte Schweißsekretion und trophische Störungen

<u>**Diag:**</u> 1. Anamnese (Trauma?) und klinische Untersuchung: Druckschmerz hinter dem Malleolus med. und im Verlauf des N.tibialis, pos. HOFFMANN-TINEL-Zeichen (elektrisierende Missempfindungen beim Beklopfen des Nervs)
2. Neurologisches Konsil: EMG, NLG (N.tibialis am med. Malleolus, M.abductor dig.min.: Reduzierung der Nervenleitgeschwindigkeit)
3. Schweißsekretionstest (Ninhydrin): verminderte od. fehlende plantare Schweißsekretion

<u>**Ther:**</u>
- <u>Konservativ:</u> Entlastung des med. Fußgewölbes durch Einlagen, therapeutische Leitungsblockade mit Lokalanästhesie (Bupivacain, Carbostesin®) im Bereich des Malleolus med.
- <u>Operativ:</u> Ind: Versagen der konservativen Therapie
  - **Spaltung des Retinaculum musculorum flexorum**, ggf. Neurolyse
  - Postoperativ: einige Tage elastischer Kompressionsverband, Hochlagerung des Fußes

<u>**DD:**</u>
- Tibialislähmung anderer Genese: **S1**-Syndrom, proximale N.ischiadicus-Läsion, Tibiafraktur, Kompartmentsyndrom
- Posttraumatische arthrotische Beschwerden, Muskel- oder Sehnenverletzungen, Schmerzen bei Fußdeformitäten (z.B. Senkfuß), Fersensporn, Fersenschmerz (Tarsalgie)
- Vorderes Tarsaltunnelsyndrom: Kompression (z.B. durch zu enges Schuhwerk) des N.peroneus prof. am Fußrücken unter dem Lig. retinaculum extensorum ⇨ Sensibilitätsstörung am Spatium interosseum Dig. I dorsal, Parese der Mm.ext.dig.brev.
- <u>MORTON-Neuralgie:</u> Verdickung (Neurom) im Bereich der Nn.digitales plantares communes ⇨ elektrisierende Schmerzen zw. Metatarsus (meist) III u. IV an der Fußsohle, Ther: entlastende Polsterung, Lokalanästhetika oder chirurgische Resektion des Neuroms.
- <u>Parästhesien der Vorfüße</u> (sind ein häufiges Symptom): Polyneuropathie, Durchblutungsstörungen, lumbosakrale radikuläre Syndrome (insb. S1), Plexusläsionen, Syndrom des engen Spinalkanals

KINDERCHIRURGIE

ÖSOPHAGUSATRESIE

Def: Fehlen der Speiseröhre oder bindegewebiger Strang, in 90 % kombiniert mit einer ösophagotrachealen Fistel, ICD-10: Q39.-

Ät: Kongenitale Fehlbildung

Path:
- ♦ Differenzierungsstörung in der 4.-6. Gestationswoche
- ♦ Häufig **kombiniert** (in über 40 % d.F.) mit kardiovaskulären, gastrointestinalen (Duodenal- od. Analatresie) od. urologischen **Fehlbildungen** oder Wirbel- od. Extremitätenmissbildungen und Frühgeburtlichkeit (in ca. 30 % d.F.)
- ♦ Lok: meist **Ösophagusatresie Typ III B** (90 % d.F.) mit Fistel zw. Trachea und Magen, der Ösophagus endet blind

Epid: ca. 1:3.000 Geburten

Etlg: Formen der Ösophagusatresie nach VOGT, 1922 (s. Abb.)
Typ I (selten) u. II (ca. 8 %): komplette Atresie des Ösophagus ohne Fistel
Typ III (90 % d.F.): **komplette Atresie des Ösophagus mit** verschiedenen **Fistel**möglichkeiten
H-Fistel (ca. 4 %): Fistel zwischen Ösophagus u. Trachea bei durchgängigem Ösophagus

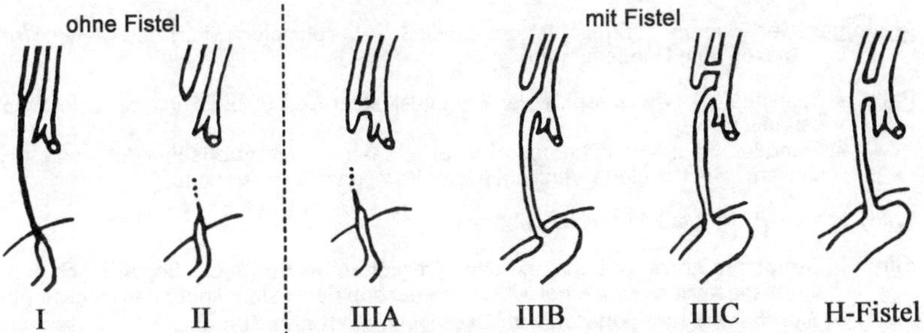

Klin:
⇒ Neugeborenes: **schaumig-blasiger Schleim vor dem Mund**, Hustenanfälle, Dyspnoe, vorgewölbtes Abdomen (durch Luftübertritt in den Magen bei gastro-trachealen Fisteln)
⇒ Mutter: Polyhydramnion (= vermehrtes Fruchtwasser [>2.000 ml], da der Fetus dieses nicht verschlucken kann) als Hinweis auf eine Ösophagusatresie

Diag:
1. Anamnese und klinische Untersuchung: **Sondierung des Ösophagus**
2. Röntgen: Thorax in 2 Ebenen, Ösophago-/Bronchographie mit wasserlöslichem! Kontrastmittel
3. Endoskopie: insb. zur Erkennung einer H-Fistel

Ther:
- Präoperativ: Bis zur Op halbsitzende Position des Kindes, kontinuierliches Absaugen von Speichel, evtl. Frühintubation
- Operativ: Ind: grundsätzlich gegeben
  - Zugang: 4. ICR rechts
  - Typ III: End-zu-End-Anastomose der beiden Ösophagussegmente und Verschluss der trachealen Fistel
  - Bei weit klaffenden Ösophagussegmenten (Typ I u. II): Anlage einer Magenfistel zur

Ernährung. Interposition eines Kolontransplantates oder Bougierungstherapie des oberen Blindsackes zur Ausdehnung und späteren End-zu-End-Anastomose.
- H-Fistel: Durchtrennung der Fistel und Verschluss von Ösophagus und Trachea
- Postoperativ: Nahrungsaufbau ab dem 10. postop. Tag

• Selbsthilfegruppen: KEKS e.V., Sommerrainstr. 61, 70374 Stuttgart, Tel.: (07 11) 9 53 78-17, Fax: -18, Internet: http://www.keks.org

<u>Prog:</u> Bei reifen Neugeborenen fast 100%ige Heilungschance, bei zusätzlichen Fehlbildungen, Lungenkomplikationen und Frühgeborenen liegt die Überlebensrate bei 40 %

<u>Kompl:</u> * **Aspirationspneumonie, Atelektasen**
* Peptische Läsionen im Respirationstrakt durch Magensekret bei gastro-trachealer Fistel

<u>Op:</u> * Anastomoseninsuffizienz (Nahtinsuffizienz)
* **Anastomosenstenose** ⇨ Bougierung
* Gastro-ösophagealer Reflux (bei nicht spannungsfreien Anastomosen)
* Ösophago-tracheale Rezidivfistel

<u>DD:</u> – Kongenitale Ösophagusstenose, Megaösophagus, Mekoniumileus
– Kardiaanomalien (insb. Kardiainsuffizienz ⇨ gastroösophagealer Reflux)
– Doppelter Aortenbogen mit Kompression des Ösophagus

PYLORUSSTENOSE

<u>Syn:</u> Spastisch-hypertrophe Pylorusstenose, Magenpförtnerkrampf, ICD-10: Q40.0

<u>Anatomie:</u> Der Pylorus (Pförtner) ist der Schließer (M.sphincter pylori) des Magens und trennt diesen vom Duodenum ab.

<u>Path:</u> ♦ Spasmus und Hypertrophie der Ringmuskulatur des Pylorus und der pylorusnahen Magenanteile
♦ Enteraler Säureverlust durch das Erbrechen ⇨ **metabolische Alkalose** (hypochlorämisch) ⇨ verminderte Ventilation zum Kompensationsversuch

<u>Epid:</u> **M** >> w (5:1), 3 auf 1.000 Neugeborene

<u>Klin:</u> ⇒ Symptome ab ca. 3. Lebenswoche: **Erbrechen im Strahl** od. Bogen (nach den Mahlzeiten = spastisches Erbrechen). Das Erbrochene riecht stark sauer und ist <u>nicht</u> gallig.
⇒ **Sichtbare Magenperistaltik** im Oberbauch, **tastbarer Tumor**
⇒ Greisenhaftes Aussehen und Stirnrunzeln der Säuglinge
⇒ Geringe Stuhlfrequenz (Hungerstuhl, Pseudoobstipation), verminderte Urinproduktion
⇒ Zunehmende Dehydratation, Gewichtsverlust, Dystrophie, Exsikkose
⇒ Verminderte Atmung zur Kompensation der metabolischen Alkalose
⇒ Atemstörungen, Bewusstseinseintrübung, Muskelhypotonie (= Coma pyloricum)

<u>Diag:</u>
1. Anamnese und klinische Untersuchung
2. Sonographie: pathologisch ist eine Schichtdicke der (echoarmen) Tunica muscularis >4 mm oder eine Gesamtlänge des Pylorus >16 mm
3. Labor: **metabolische hypochlorämische Alkalose** (pH >7,45, HCO_3 >28 mmol/l u. kompensatorischer CO_2-Anstieg), erhöhter Hkt, Hypokaliämie
4. <u>Röntgen:</u> Abdomenübersicht im Hängen ⇨ großer Magenschatten mit Luftblase, KM-Gabe: verzögerter Übertritt in das Duodenum, feiner Pyloruskanal, Eindellung im Antrumbereich durch die Pylorushypertrophie

<u>Ther:</u>
• <u>Akut:</u> Flüssigkeits- und Elektrolytsubstitution, Korrektur des Säure-Basen-Haushaltes
• <u>Konservativ:</u> Bei leichten Fällen indiziert: häufige kleine Mahlzeiten, sitzende Lagerung, Spasmolytikum (Methylscopolamin) vor jeder Mahlzeit, evtl. Sedierung

- <u>Operativ:</u> Ind: schwere Fälle nach Stabilisierung des Säuglinges
  - Pyloromyotomie nach WEBER u. RAMSTEDT: extramuköse Durchtrennung der Pylorusmuskulatur, heute auch als laparoskopische Op
  - Postoperativ: Langsamer Nahrungsaufbau beginnend ab 6 Std. postop.

<u>Prog:</u> Leichte Fälle einer Pylorusstenose heilen in einem Zeitraum von 3 Monaten oft spontan aus. Nach operativer Therapie ebenfalls sehr gute Prognose, Letalität: <1 ‰

<u>Kompl:</u> **Coma pyloricum** durch metabolische Alkalose, Verlust von Chlor- und Kaliumionen, Exsikkose ⇨ Atemstörung, Bewusstseinseintrübung, Muskelhypotonie

<u>DD:</u>
- Hiatushernie, Kardiainsuffizienz, ROVIRALTA-Syndrom (= Kombination von Pylorushypertrophie und Hiatushernie/Kardiainsuffizienz), gastroösophagealer Reflux
- Duodenalatresie
- AGS (adrenogenitales Syndrom): Auch Erbrechen, zus. Genitalveränderungen, Elektrolytverschiebungen (Hyperkaliämie)
- Malrotation, Invagination
- Habituelles Erbrechen (Fütterungsfehler), Infektionen des MDT, intestinale Allergien, Stoffwechselstörungen, zerebrales oder reflektorisches Erbrechen

DARMATRESIEN

<u>Ät:</u>
- Duodenalstenose: Atresie (= vollständiger angeborener Verschluss), Membran, Pankreas anulare
- Lokale Schädigungen (z.B. nekrotisierende Enterokolitis) ⇨ Vernarbungen
- Invagination (s.u.), Volvulus (= Verdrehung, meist des Dünndarmes), Thrombosen ⇨ durch Ischämie und Nekrose kann eine Dünndarmatresie entstehen

<u>Epid:</u>
◊ Duodenalatresie: 1:5.000 Geburten (gehäuft bei Trisomie 21)
◊ Dünndarmatresie: 1:7.000 Geburten
◊ Rektum-/Analatresie: 1:3.000 Geburten, m = w
◊ Häufig Kombination mit urogenitalen Missbildungen (bis 70 % d.F.)

<u>Etlg:</u>
Duodenalatresie, ICD-10: Q41.0
Jejunoileale Atresie (= Dünndarmatresie), ICD-10: Q41.1
Kolonatresie, ICD-10: Q42.9
Rektum- und Analatresie ohne und **mit** Fisteln (Vulva/Vestibulum vaginae, Perineum, Vagina, Harntrakt), ICD-10: Q42.0 - Q42.3
Hoher anorektaler Verschluss: oberhalb der Puborektalschlinge (40 %) ⇨ Fisteln zu Blase oder Scheide (meist keine äußere Fistel sichtbar)
Tiefer anorektaler Verschluss: unterhalb der Puborektalschlinge (60 %) ⇨ Fisteln zum Damm oder Vestibulum

<u>Klin:</u>
⇒ <u>Duodenalatresie:</u> Polyhydramnion der Mutter
Erbrechen: **gallig** ⇨ Stenose distal der Papilla duodeni maj. VATERI, nicht gallig ⇨ proximal der Papille
geblähter Oberbauch bei gleichzeitig eingezogenem Unterbauch,
bei Pankreas anulare zusätzlich Ikterus, Pankreatitis mögl.
⇒ <u>Dünndarmatresie:</u> galliges Erbrechen, geblähtes Abdomen
⇒ <u>Kolonatresie:</u> galliges/mekoniumhaltiges Erbrechen, geblähtes Abdomen, kein Mekoniumabgang
⇒ <u>Rektum-/Analatresie:</u> kein Mekoniumabgang, Verschluss des Anus sichtbar od. Anus fehlt, bei Fisteln Stuhlabgang aus Harnröhre oder Vagina

<u>Diag:</u> 1. Anamnese und klinische Untersuchung: anale Inspektion, Fistelsuche, Sondierung des Ösophagus

2. **Röntgen:** Abdomen und Thorax **in Kopfhängelage**
   Duodenalatresie: **double bubble** (Doppelspiegel durch Darstellung v. Magen u. Duodenum, übriger Darm ist luftleer)
   Ab Dünndarmatresie: Spiegel
   Rektum-/Analatresie: Abdomen seitlich n. WANGENSTEEN in Kopftieflage, Kontrastdarstellung durch Punktion des Rektums (⇨ wie weit liegt das Rektum im Verhältnis zum M.puborectalis entfernt?), Fisteldarstellung (falls Fistel vorhanden)
3. Sonographie

Ther:
- Akut: Bei jedem Verschluss Legen einer Magensonde und kontinuierliche Absaugung zur Aspirationsprophylaxe, Ausgleich von Wasser- und Elektrolythaushalt
- Operativ: Ind: jede Atresie muss operativ beseitigt werden
  - Duodenalatresie: Duodeno-Duodenostomie (Seit-zu-Seit), bei Duodenalmembranen Duodenotomie und Exzision der Membran
  - Dünndarmatresie: Resektion des betroffenen Abschnittes und End-zu-End-Anastomose
  - Rektum-/Analatresie:
    - Bei Unreife oder zusätzlicher Fehlbildungen ⇨ zunächst Anus praeternaturalis, dann endgültige Op im Alter von 6-12 Monaten
    - Abdomino-perineale-Durchzugs-Op n. REHBEIN, abdomino-sacro-perinealer Durchzug bei den hohen Formen
    - Anoplastik bei den tiefen Formen und postoperative Langzeit-Bougierung

Prog: Anorektale Verschlüsse: Bei tiefer Form fast immer Kontinenzerhalt mögl., bei hoher Form in 50 % d.F., alle Atresieformen haben heute eine ca. 95%ige Überlebensrate

Kompl: * Aspiration von Erbrochenem ⇨ Aspirationspneumonie
* Rektum-/Analatresie ⇨ tiefer Ileus (wenn keine Fistel vorhanden ist)

Op: * Rektum-/Analatresie: Kontinenzverlust ⇨ Ther: evtl. Grazilisplastik

DD:
- Ileus (bei Appendizitis, Adhäsionen, Briden, Mesenterialzyste, Meckel-Divertikel)
- Eingeklemmte Leistenhernie
- Spastisch hypertrophe Pylorusstenose
- Malrotation (Ther: Umwandlung der Malrotation in eine Nonrotation = Op nach LADD mit Durchtrennung des LADD-Bandes, welches das Duodenum einengt)
- Volvulus (Darmverschlingung) ⇨ kann zur Nekrose des gesamten Dünndarmes führen
- Invagination, Darmduplikatur
- Mekoniumileus od. Mekoniumpfropfsyndrom (s.u.)
- Megakolon = Morbus HIRSCHSPRUNG, Mikrokolon (s.u.)
- Analstenose ⇨ Ther: Bougierung

INVAGINATION

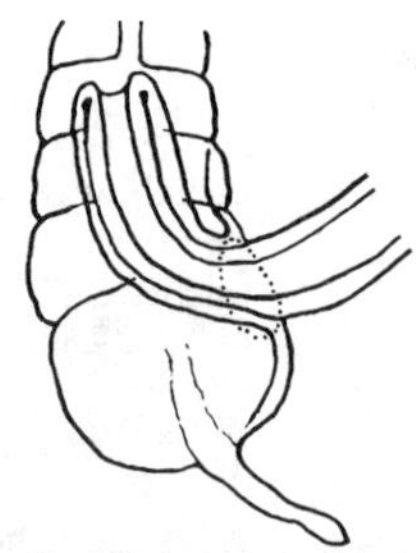
ileozäkale Invagination

Ät:
- 90 % d.F. idiopathisch (funktionelle Störung?)
- Mögliche auslösende Ursachen: MECKEL-Divertikel, Darmpolypen, Darmduplikatur, Hämatome (Purpura SCHOENLEIN-HENOCH), vergrößerte mesenteriale Lk (Virusinfektion?), Adhäsionen, Tumoren

Path:
- **Einstülpung** eines Darmteiles in den folgenden kaudalen Darmteil ⇨ Abschnürung der Mesenterialgefäße mit Ödem, Stauungsblutung, Darmnekrose durch Ischämie
- Lok: am häufigsten ileozäkale Invagination (das terminale Ileum stülpt sich dabei in das Zäkum, s. Abb.), auch multiple Invaginationen mögl.

<u>**Epid:**</u> Prädisp.alter: 1.-2. Lj., 80 % zwischen **6. und 12. Lebensmonat**, m > w (3:2)

<u>**Klin:**</u> ⇒ 1.) Peritonealer Schock: **akute kolikartige Schmerzen und Erbrechen aus voller Gesundheit**, verfallener Gesichtsausdruck, schweißbedeckte Haut, angezogene Beine (Schonhaltung)
2.) Symptomfreies Intervall
3.) Mechanischer Ileus und rektaler Blutabgang, aufgetriebener Bauch, galliges Erbrechen
⇒ Tastbarer Invaginatstumor

<u>**Diag:**</u> 1. Anamnese und klinische Untersuchung:
Palpation ⇨ tastbarer **walzenförmiger Tumor**
Rektale digitale Untersuchung ⇨ **blutiger Schleim** am tastenden Finger
2. <u>Sonographie:</u> **Kokarden**-Phänomen (Schießscheiben-Phänomen, target sign) = kleiner Ring in einem größeren Ring
3. Röntgen-Abdomen: Kolon-KE (mit Gastrografin) ⇨ Abbruch des Kontrastmittels

<u>**Ther:**</u>
- <u>Konservativ:</u> Einlauf mit NaCl-Lösung unter Ultraschallkontrolle oder Kolon-KE als therapeutische (und diagnostische) Maßnahme
- <u>Operativ:</u> Ind: bei Versagen der konservativen Therapie unverzügliche Op!
  - Operative Desinvagination (Reposition des prox. Darmabschnittes, HUTCHINSON-Handgriff)
  - Resektion und End-zu-End-Anastomose bei nicht reponierbarer Invagination oder Infarzierung/Darmnekrose
  - bei rezidivierender Invagination Ileopexie (auch als laparoskopische Op)
  - Postoperativ: Flüssigkeits- und Elektrolytsubstitution

<u>**Prog:**</u> Gut

<u>**Kompl:**</u>
* Abschnürung der Mesenterialgefäße ⇨ Ischämie des betroffenen Darmabschnittes ⇨ Darmnekrose
* Mechanischer Ileus
* Peritonitis

<u>**DD:**</u>
- MECKEL-Divertikel
- Akute Gastroenteritis, Toxikose, Enterokolitis
- Purpura SCHOENLEIN-HENOCH
- Tumoren, andere Ileusursachen

MEGAKOLON / MORBUS HIRSCHSPRUNG

<u>**Syn:**</u> Megacolon congenitum, HIRSCHSPRUNG-Krankheit, engl. HSCR, ICD-10: Q43.1

<u>**Path:**</u>
- <u>Morbus HIRSCHSPRUNG:</u> kurze oder langstreckige **Aganglionose** ⇨ funktionelle Stenose (**enges Segment**) durch Ruhehypertonus u. ungeordnete Peristaltik ⇨ proximale Dilatation durch Kotaufstau
- <u>Lok:</u> Morbus HIRSCHSPRUNG: 85 % Rektum und Sigma, 15 % anorektal
  Idiopathisches Megakolon: Stenose kurz vor dem Anus

<u>**Epid:**</u>
◊ Morbus HIRSCHSPRUNG: 1:2.000-1:5.000 Geburten, **m** >> w (= ca. 4:1), familiäres Vorkommen bekannt (aut.-dom., Chrom. 10q11.2 [Mutation im RET-Protoonkogen] u. aut.-rez. Chrom. 13q22 [Mutation im EDNRB-Gen] erblich) od. sporadisches auftreten
Manifestation meist bereits im Neugeborenenalter
◊ Idiopathisches Megakolon: Kleinkindesalter

Etlg: # **Fehlen von Ganglienzellen**
- **Morbus HIRSCHSPRUNG** (angeborene Aganglionose)
- Neuronale Kolondysplasie

Megakolon mit Ganglienzellveränderungen
- CHAGAS-Krankheit (Trypanosomiasis): Ganglienzellverlust durch die Parasiten
- Degenerative Veränderungen

Megakolon ohne Ganglienzellveränderungen
- Sekundäres/**symptomatisches Megakolon** bei Rektumatresie, Stenosen, Analstrikturen, anorektalem Verschluss, angeborener Rotationsanomalie, Tumoren, zerebralen Schäden, neuromuskulären Schäden, Hypothyreose
- **Idiopathisches Megakolon** (Kollagenmangel der Darmmuskulatur), Kollagendysplasie (EHLERS-DANLOS-Syndrom), segmentale Kolondilatation

Klin: ⇒ Morbus HIRSCHSPRUNG: chronische Obstipation, chronischer tiefer Ileus, Blähungen
Neugeborene: Mekoniumverhalt, Erbrechen, Auftreibung des Leibes, sichtbare Peristaltik
Paradoxe Diarrhoe (explosionsartige Durchfälle) durch bakterielle Zersetzung und Verflüssigung des Stuhles

⇒ Idiopathisches Megakolon: Kleinkinder haben meist nur wenig Beschwerden, Obstipation mit unwillentlichem Stuhlabgang (Überlaufinkontinenz)

Diag:
1. Anamnese und klinische Untersuchung:
   Rektal-digital ⇨ Morbus HIRSCHSPRUNG: enger Analkanal, kein Stuhl enthalten
   Idiopathisches Megakolon: Mit Stuhl prall gefüllte Ampulla recti
2. Sonographie: Dilatation des prox. Segmentes durch den aufgestauten Stuhl (echoreich, ohne Schallschatten) und trichterförmiger Übergang in das distale enge Segment
3. Röntgen: Abdomen, **Kolon-KE** ⇨ **enges Segment** und trichterförmiger Übergang in den dilatierten Megakolonanteil
4. Koloskopie und Biopsie ⇨ Histologie ist beweisend (Ganglienzelldefekt, **gesteigerte Acetylcholinesteraseaktivität** in der Enzymhistochemie)
5. **Elektromanometrie** ⇨ fehlende propulsive Wellen im verengten Darmabschnitt und fehlende Internusrelaxation

Ther:
- Konservativ: Therapieversuch mit Einläufen (Cave! Perforationsgefahr)
  Bougierung akut (Ileus) u. evtl. auch Langzeitbougierung
- Operativ: Ind: Heilung bei Morbus HIRSCHSPRUNG nur durch Op mögl., endgültige Op im Alter von 2-3 Monaten
  - Morbus HIRSCHSPRUNG: Resektion des aganglionären Darmabschnittes und tiefe kolorektale End-zu-End-Anastomose (REHBEIN-Op) oder Durchzugsoperation (auch als laparoskopsiche Op mögl.)
  - Ileus: akut Kolostomie zur Entlastung und später Resektion (= zweizeitige Op)
  - Partielle Sphinktermyektomie
  - Postoperativ: Regelmäßige Nachkontrollen

Prog: Bei frühzeitiger Diagnose und Therapie im Allgemeinen gut. Op-Letalität: ca. 2 %

Kompl:
* Hämorrhagische, nekrotisierende **Enterokolitis, Darmperforation** durch Kotsteine
* Bakterielle Zersetzung des aufgestauten Stuhles ⇨ **profuse Durchfälle**
* Begleitmissbildungen der Harnorgane in 10-15 % d.F.

Op:
* Darmperforation bei Bougierung
* Anastomoseninsuffizienz, rezidivierender Subileus, Enterokolitiden, Inkontinenz

DD:
- ZUELZER-WILSON-Syndrom: totale Aganglionose des Kolons oder des gesamten Darmes
- Mekoniumileus, Mekoniumpropfsyndrom bei Mukoviszidose
- Frühgeborene: nekrotisierende Enterokolitis ⇨ sekundäre Aganglionose

- Toxisches Megakolon bei chron. entzündlicher Darmerkrankung (Morbus CROHN, Colitis ulcerosa)
- MEN **II** b Syndrom (ebenfalls Mutation im RET-Protoonkogen)

MEKONIUMILEUS

Syn: engl. meconium ileus, ICD-10: P75* (E84.1+)

Anatomie: Das Mekonium (sog. Kindspech) ist der **erste Stuhlgang des Neugeborenen**. Er setzt sich aus intrauterin gebildetem Stuhl zusammen und ist aufgrund des hohen Biliverdingehalts schwärzlich-grün gefärbt.

Ät:
- Früheste Manifestation einer **Mukoviszidose** (Syn: zystische Fibrose, aut.-rez. vererbt, Defekt auf Chrom. 7), häufigste Ursache für einen Mekoniumileus
- Darmatresien, Volvulus, nekrotisierende Enterokolitis

Path:
- ♦ Mukoviszidose: erhöhte Viskosität des mukösen Drüsensekrets und verminderte Resorption intestinaler Sekrete durch das Fehlen der Pankreasenzyme ⇨ zähklebriges Mekonium
- ♦ Lok: Verschluss im **terminalen Ileum**, Dilatation der proximalen Dünndarmabschnitte

Epid: Mukoviszidose: 1:2.000 Kinder betroffen, 10-15 % davon entwickeln einen Mekoniumileus als Neugeborene

Klin:
- ⇒ Pränatale Sonographie: aufgetriebener Bauch
- ⇒ Neugeborenenileus: **fehlender Mekoniumabgang**, aufgetriebenes Abdomen in den ersten Lebenstagen, galliges-, evtl. fäkulentes Erbrechen

Diag:
1. Anamnese und klinische Untersuchung: tastbare Mekoniummassen im Abdomen
   Rektal-digital: normaler Anus, aber fehlender Stuhl im Enddarm
2. Röntgen: Abdomenübersicht im Hängen ⇨ geblähtes Jejunum, fleckige Verschattungen mit Luftbläschen (meist keine Spiegel), evtl. Kolon-KE zur Diag. u. Ther., das Kolon ist insg. eher klein = Mikrokolon
3. Bei V.a. Mukoviszidose: Schweißtest ⇨ erhöhter NaCl-Gehalt im Schweiß ist beweisend
   Bei der **U2** (3.-10. Tag, Neugeborenenbasisuntersuchung) IRT-Test mögl. (immunreaktives Trypsin im Blut) ⇨ Ausschluss bzw. frühere Diagnose einer Mukoviszidose mögl. (bei erhöhter Konzentration weitere Diagnostik). In Deutschland bisher keine Kassenleistung (kostet ca. 20 EUR).

Ther:
- Konservativ: nur beim unkomplizierten Mekoniumileus od. Mekoniumpfropfsyndrom indiziert: (Gastrografin- od.) N-Acetylcystein-Einlauf zur (Diagnostik und) Therapie, Pankreasenzyme
- Operativ: Ind: Versagen des konservativen Therapieversuches
  - Laparotomie, Resektion des veränderten Ileumabschnitts und Anlage einer Ileostomie n. BISHOP-KOOP (Ausleiten des aboralen Schenkels und End-zu-Seit-Anastomose des oralen Schenkels)
  - evtl. postoperativ Spülung des aboralen Schenkels
  - ggf. auch Anlage einer doppelläufigen Enterostomie bei Komplikationen (damit ist der aborale Schenkel ausgeschaltet)
- Behandlung der Grundkrankheit Mukoviszidose: Prophylaxe pulmonaler Komplikationen (Bronchiektasen), Substitution von Pankreasenzymen

Prog: Heute besser, 80-90 % der Kinder überleben das erste postoperative Jahr.

Kompl:
- ∗ Wandnekrose ⇨ Überdehnungs**perforation** ⇨ **Peritonitis**
- ∗ Mekoniumvolvulus

* Sekundäre Atresien durch Nekrose der Darmwand
* Einlauf: Gefahr der Perforation, Kreislaufzentralisation

<u>DD:</u> – **Mekoniumpfropfsyndrom** (verzögerte Passage u. Mekoniumverhärtung unklarer Genese) ⇨ Ther: N-Acetylcystein-Einlauf
– Andere intestinale Ileusursachen (z.B. Dünndarmatresie s.o., kongenitales Megakolon s.o., Darmlageanomalien)

OMPHALOZELE

<u>Syn:</u> Nabelschnurbruch, Exomphalos, Hernia funiculi umbilicalis, engl. omphalocele, congenital umbilical hernia, ICD-10: Q79.2

<u>Def:</u> Kongenitale Hemmungsmissbildung der Bauchdecke, bei der die Baucheingeweide eine extraperitoneale Lage beibehalten (meist Dünn- u. Dickdarm, Teile der Leber). Sie liegen im Nabelschnuransatz in einem von Amnion überzogenen Bruchsack, der innen mit Peritoneum ausgekleidet ist.
Zusätzliche Missbildungen sind häufig (Rotationsstörung des Darmes, Darmatresien, Pylorusstenose, MECKEL-Divertikel)

<u>Epid:</u> Häufigkeit 1:6.000

<u>Diag:</u> Der Bauchwanddefekt wird heute meist bereits **pränatal** (bei den Schwangerschaftsvorsorgeuntersuchungen) in der Sonographie entdeckt ⇨ Verlegung der Schwangeren zur Geburt in ein Zentrum mit kinderchirurgischer Abteilung.

<u>Ther:</u>
- Bei pränatal bekanntem Defekt Entbindung mittels **Sektio** in der 36.-38. SSW
- Bauch des Neugeborenen nach der Geburt sofort steril abdecken, dann sofortige Übergabe an den Kinderchirurgen
- <u>Konservativ:</u> sehr kleine Omphalozelen ⇨ Povidon-Pinselungen (Mercuchrom®)
- <u>Operativ:</u> Ind: alle größeren Omphalozelen, Op zum **frühest** möglichen Zeitpunkt
  - Eröffnung und Resektion des Omphalozelensacks, Erweiterung des Defektes und Mobilisierung der Bauchdecken
  - Primärverschluss der Bruchpforten durch Naht der muskuloaponeurotischen Bauchdecken
  - Bei sehr großen Omphalozelen kann ein Primärverschluss unmöglich sein, da dann der erhöhte Bauchinnendruck die abdominelle Perfusion und die Atmung beeinträchtigen würde ⇨ in der erster Op Deckung mit einem Kunststoffnetz (Gore-Tex®) (früher auch mit Amnion oder lyophilisierter Dura), nach 2-3 Mon. mit zunehmendem Wachstum des Säuglings dann Verschluss der Bauchdecke bzw. Bauchhöhlenerweiterungsplastik

<u>Prog:</u> Letalität 3-7 % (erhöht bei zusätzlichen Fehlbildungen)

<u>Kompl:</u>
* Ligatur von vorliegendem Darm beim Abnabeln
* Ruptur der Omphalozele ⇨ Infektion
* Peritonitisgefahr bei der Mumifikation des Nabelschnurrests
* zusätzliche Darmfehlbildungen

<u>Op:</u>
* Ileus, Volvulus, Darmperforation, Darmnekrose, Darmfistel
* Wundrandinfektion, Peritonitis, Sepsis
* Längere intestinale Dysfunktion (für einige Wochen ist daher meist eine parenterale Ernährung erforderlich)
* Narbenhernie

DD: – **Gastroschisis** (Syn: Laparoschisis, Bauchspalte): Prolaps von Darmanteilen durch eine Lücke (meist rechtsseitig) neben dem Nabel, Häufigkeit: 1:9.000, häufig bei Frühgeborenen, Ther: wie bei der Omphalozele
– Urachusfistel (Syn: Vesikoumbilikalfistel, persistierender Urachus): Involutionsfehlbildung des Urachus, der als embryonaler Allantoisgang von dem Blasenscheitel zum Nabel zieht, Klin: nässender Nabel, Granulombildung am Nabelgrund; Ther: Exzision des Ganges
– Nabelfisteln: Involutionsfehlbildung des Duct.omphaloentericus (s. Kap. Dünndarm)
– Nabelhernie (Nabelbruch, bei Geburt physiologisch und bis zum 2. Lj. ohne Krankheitswert)

LIPPEN-KIEFER-GAUMENSPALTEN

Ät: – Erbliche Disposition (Wiederholungsrisiko bei betroffenen Verwandten 1. Grades: 4 %), Gendefekt auf Chrom. 8
– Embryopathie, Virusinfektion, Intoxikationen, Hypoxie, Medikamente (Zytostatika, Phenytoin, Glukokortikoide), Nikotin, Vitaminmangel, Überdosen von Vit. A u. E, ionisierende Strahlung
– Amniotische Membranen/Stränge (entstehen durch Ruptur des Amnions, selten: 1:10.000 Schwangerschaften), die mit dem Fetus verwachsen und durch Traktion zu Lippen-Kiefer-Gaumenspalten oder Enzephalozelen führen
– Risikozunahme beim ungeborenen Kind bei höherem Lebensalter von Mutter od./und Vater

Path: ♦ **Ein- oder beidseitige Hemmungsfehlbildung** seitlich der Mittellinie bei der Verschmelzung der Gesichtsfortsätze in der 5.-8. Embryonalwoche. Die linke Seite ist dabei doppelt so häufig befallen wie die rechte Seite.
♦ Häufig in **Kombination mit anderen Fehlbildungssyndromen**: Robin-Syndrom/Sequenz (Mikrogenie, Glossoptose und Gaumenspalte), Zungenbändchen, Retroposition der Mandibula, Mittelohrzysten
♦ Kiefer- und Gaumenspalten haben Verbindung zum Nasenraum ⇨ Phonationsstörungen

Epid: ◊ Häufigkeit: 0,8 % (Gaumenspalten) bis 3 % (Lippenspalten), m > w (3:2)
◊ Häufigste angeborene Fehlbildung des Kopfes und des Halses, zweithäufigste angeborene Anomalie des Körpers (nach den Gliedmaßenfehlbildungen)

Etlg: # **Lippenspalte** (Syn: Cheiloschisis, Labium fissum, Labium leporinum, "Hasenscharte"): Nichtverwachsensein der O-Lippe, meist seitl. der Mittellinie, ICD-10: Q36.-
Kieferspalte (Syn: Gnathoschisis)
Lippen-Kieferspalte (Syn: Cheilognathoschisis, ICD-10: Q37.-)
Gaumenspalte (Syn: Palatoschisis, Uranoschisis, Uranokoloboma, Palatum fissum, ICD-10: Q35.-): Spalte des hinteren embryonalen Gaumens
– Nur weicher Gaumen betroffen (Velumspalte)
– Weicher und harter Gaumen betroffen (typische Gaumenspalte)
Lippen-Kiefer-Gaumenspalte (Syn: LKG-Spalte, Cheilognathopalatoschisis, "Wolfsrachen", ICD-10: Q37.4): Spalte des vorderen und hinteren embryonalen Gaumens
Zur klinischen Klassifizierung wird auch der LAHS-Kode benutzt: L = Lippenspalte, A = Kieferspalte (Alveolus), H = Hartgaumenspalte, S = Segelspalte. Nicht betroffene Teile haben ein Minuszeichen, der li. Teil des Kodes bezeichnet die re. Gesichtshälfte u. umgekehrt. Beispiele: isolierte Lippenspalte rechts L - - - - - -, Spalte des harten u. weichen Gaumens mit beidseitiger Lippenspalte L A H S H A L
Gesichtsspalten (selten, 5:100.000 Geburten):
– Schräge Gesichtsspalte (Syn: Meloschisis): Wangenspalte (zw. O-Lippe und Auge)
– Quere Gesichtsspalte (Syn: Makrostoma): Vergrößerung (meist einseitig) der Mundspalte zwischen Ober- und Unterkieferfortsatz

Diag: 1. Typisches klinisches Bild
2. Vorgeburtliche Diagnostik heute mit Ultraschallfeindiagnostik (3D-Ultraschall) mögl.
3. Präoperative Mindestforderung: Körpergewicht >4,5 kg, Alter >10. Wo., Hb >10,0 g/dl

Ther:
- Operativ:
  - Lippenplastik (Op ab 3. Lebensmonat): Z-, W- oder O-förmige Schnittführung um den Defekt herum, exakte Ausrichtung, Zusammenführung und Naht des Lippenrotes
  - Op bei Gaumenspalte nur am weichen Gaumen mit Veloplastik im ersten Lebensjahr
  - LKG-Spalten: beim Neugeborenen Einlage eines Obturators (Kunststoff-Gaumenplatte, damit Trinken mögl. ist), dann Lippenplastik + Verschluss des weichen Gaumens mit 3-4 Monaten, dann je nach Befund Urano-/Pharyngoplastik (Op am harten Gaumen/Kiefer im 2.-4. Lj. oder auch im 8. Lj. vor Durchbruch der Eckzähne) mit **Osteoplastik** (= Verschluss der Spalte unter Verwendung eines Knochentransplantates aus autologer Beckenkammspongiosa).
- **Logopädische Übungsbehandlung** zur Sprachförderung
- **Kieferorthopädische Korrekturen**/Operationen im Jugendalter (nach Abschluss der Dentition der bleibenden Zähne, ca. 11. Lj.) der meistens vorhandene Kieferanomalien
- Kosmetische Operationen, prothetischer Zahnersatz im Jugend- und Erwachsenenalter je nach Befund notwendig
- Informationen: Dt. Gesellschaft für plastische und Wiederherstellungschirurgie, Kösliner Str. 12, 38642 Goslar und Selbsthilfevereinigung für Lippen-Gaumen-Fehlbildungen e.V., Hauptstr. 184, 35625 Hüttenberg, Tel.: (06403) 5575, Internet: http://www.lkg-selbsthilfe.de

Prog: Abhängig von der Güte und dem richtigen Zeitpunkt der Operationen

Kompl:
* Erhebliche **Ernährungsschwierigkeiten** des Neugeborenen, insb. bei nicht intaktem Gaumen (kein Saugen mögl.)
* **Infektanfälligkeit** des Respirations- und Verdauungstraktes
* Bei Gaumenspalten häufig Mittelohrerkrankungen wegen der **gestörten Tubenfunktion** ⇨ **Hörminderung**, Sero-/Mukotympanon, Otitis media, Adhäsionen, Retraktionen, Cholesteatom ⇨ Ther: Paukenröhrchen zur Belüftung
* **Sprechstörungen** (Rhinophonia aperta, Palatolalie)
* Defekte in der Zahnreihe/Zahnbogen und Zahnentwicklung, Dysgnathie

Op: * Deformitäten, Wachstumsstörungen

Proph: ♥ Eine prophylaktische Gabe von Vit. B_1 in den ersten 2 Schwangerschaftsmonaten soll die Inzidenz von Spaltenbildungen senken. Außerdem Vermeidung von Alkohol, Nikotin, Drogen und Medikamenten während der Schwangerschaft.

DD:
- Lippen- / Kieferkerbe (Mikro-Form, keine Spaltbildung)
- Mediane (falsche) Oberlippenspalte
- Gesichtsspalte ohne topographische Zuordnung zu einer Hemmungsfehlbildung der Fortsatzverschmelzung, z.B. mittlere Unterlippen- oder Nasenspalte
- PIERRE-ROBIN-Syndrom: embryonales Fehlbildungssyndrom mit Mikrogenie, großer nach hinten fallender Zunge u. Gaumenspalte

TUMOREN IM KINDESALTER

Ät:
- Endogene Faktoren: chromosomale Erkrankungen, Immundefekte, Fehlbildungen
- Exogene Faktoren: chemische Kanzerogene, Medikamente, Strahlung, onkogene Viren

Path:
♦ 1/3 der Tumoren im Neugeborenen- und Kindesalter sind embryonalen Ursprungs
♦ Karzinome sind im Gegensatz zu Erwachsenen eine Rarität

Epid: ◊ Inzidenz: **selten**, alle malignen Erkrankungen im Kindesalter (bis zum 15. Lj.) zusammen 14/100.000 Kinder/Jahr (⇨ 1.800 Neuerkrankungen/Jahr in Deutschland), die kummulative Inzidenz (von 0-15 J. zusammengefasst) beträgt 0,2 %. Trotzdem auch heute noch zweithäufigste Todesursache bei Kindern nach der Neugeborenenperiode.

◊ Insg. etwas mehr Jungen als Mädchen betroffen (1,2:1)

◊ Statistische Zentrale für Deutschland: Deutsches Kinderkrebsregister am IMBEI, Klinikum der Johannes-Gutenberg-Universität, 55101 Mainz, Tel.: (0 61 31) 17-31 11, Internet: http://www.kinderkrebsregister.de

Etlg: Verteilung der Tumoren: (Daten des Deutschen Kinderkrebsregisters, 2009)

34 % **Leukämien** (insb. **akute** Formen = **ALL**, AML)

21 % **ZNS-Tumoren**, häufige Hirntumoren beim Kind: Medulloblastom (embryonal), Astrozytom, Ependymom, Kraniopharyngeom

12 % **maligne Lymphome** (HODGKIN-Lymphome und Non-HODGKIN-Lymphome)

8 % **Neuroblastom** (Tumoren des sympathischen Nervensystems, s.u.)

6 % **Weichteiltumoren** (z.B. Rhabdomyosarkom, Synovialsarkom, malignes fibröses Histiozytom)

6 % **Nephroblastom** = WILMS-Tumor (s.u.)

5 % **Knochentumoren** (z.B. Osteosarkom, EWING-Sarkom)

3 % Keimzelltumoren

2 % Retinoblastome (embryonal, spontan od. aut.-rez. erblich)

Rest (2 %): Histiozytosen, epitheliale Tumoren (= Karzinome, 1 % ⇨ beim Erwachsenen ist dies die häufigste Tumorentität!), Hepato-, Pankreatoblastome u.a.

Prog: Heilungschancen maligner Erkrankungen im Kindesalter heute **sehr gut** (je nach Tumor 30- bis 80%ige Heilungswahrscheinlichkeit!). In Deutschland und der westlichen Welt gibt es durch Therapieoptimierung mittlerweile **75 %** Langzeitüberlebende (= mind. 15 J. nach Erkrankung). Über 80 % aller Kinder mit einer Krebserkrankung sind heute in Therapiestudien eingeschlossen.

Das Risiko für spätere Sekundärneoplasien durch die Chemo- und/oder Radiotherapie und bei genetischer Disposition zu Mehrfachmalignomen liegt insg. bei ca. 2-3 %. Nach der Behandlung einer ALL, liegt das Krebsrisiko nach 15 J. bei 4 % und nach 30 J. bei 10 % und ist damit 13,5-fach höher als bei der Allgemeinbevölkerung.

Bei einer späteren Schwangerschaft gibt es kein erhöhtes Risiko für Fehlbildungen bei den Nachkommen.

Selbsthilfegruppen: Deutsche Kinderkrebsstiftung e.V., Adenauerallee 134, 53113 Bonn, Tel.: (02 28) 6 88 46-0, Fax: -44, Internet: http://www.kinderkrebsstiftung.de

WILMS-TUMOR

Syn: **Nephroblastom**, ICD-10: C64

Path:
- Embryonales Adenosarkom (bösartiger **Mischtumor**) mit rhabdomyoblastischen und heteroblastischen und auch verschieden differenzierten Anteilen von **Nierengewebe**
- Lok: meist **einseitig**, beidseitiger Befall in 5-10 % d.F.
- Hämatogene Metastasen: **Lunge**, Leber, Gehirn, Knochen
- Spontane od. familiär erbliche Mutation (WT1-Genmutation, aut.-dom., Chrom. 11_{p13} od. $11_{p15.5}$) auch **Kombination mit angeborenen Missbildungen** mögl. (**Aniridie**, Hemihypertrophie, Viszeromegalie, EMG-Syndrom [= Exomphalos-Makroglossie-Gigantismus-Syndrom = WIEDEMANN-BECKWITH-Syndrom], Neurofibromatose, große Naevi, Anomalien der Geschlechtsorgane und Harnwege (WAGR-Syndrom: Wilms-Tumor, Aniridie, Gonadoblastom, urogenitale Fehlbildung, psychomotorische Retardierung)

Epid: ◊ Inzidenz: insg. **selten**, 1/10.000 Kinder, ca. 100 Erkrankungsfälle/Jahr in Deutschland

◊ Häufigster Nierentumor im Kindesalter, 6 % der Tumoren im Kindesalter

◊ Häufigkeitsgipfel: **2.-5. Lj.** (nach dem 10. Lj. sehr selten), m = w

Etlg: SIOP-Klassifikation (Société Internationale D'Oncologie Pédiatrique, 2001) in Anlehnung an die NWTS-Studie (National Wilms Tumor Study der USA)

Stad. I	Tumor auf eine Niere beschränkt, intakte Kapsel
Stad. II	Tumor überschreitet die Nierenkapsel, infiltriert in Fettgewebe oder Blutgefäße, Tumor ist aber chirurgisch vollständig entfernbar (Pseudokapsel)
Stad. III	Peritoneale Metastasierung, Tumor ist wegen Befall lebenswichtiger Organe nicht mehr komplett resektabel
Stad. IV	Hämatogene Fernmetastasen (Lunge, Leber, Knochen, Gehirn u.a.)
Stad. V	Beidseitiger Nierenbefall (simultan od. metachron)

Klin: ⇒ **Sichtbare abdominelle Schwellung** (ohne Beschwerden)
⇒ Evtl. abdominale Schmerzen, Hämaturie (**Makrohämaturie**), Obstipation, Durchfall, Erbrechen, Hypertonie, Harnweginfekte, Gewichtsabnahme, Fieber, Blässe, Paraplegie

Diag: 1. Anamnese und klinische Untersuchung: halbseitig lokalisierter Bauchtumor, sehr schnelles Wachstum (innerhalb von Wochen), die Mittellinie wird meist nicht überschritten
Cave: vorsichtige Palpation wegen **Rupturgefahr!**
2. Labor: Mikrohämaturie (20 % d.F.)
3. Sonographie: solider Tumor oder Zysten?, Abgrenzung von den Nachbarorganen, Kontrolle der Gegenseite inkl. farbkodierte Duplexsonographie der Nierengefäße
4. Röntgen: i.v.-Ausscheidungsurographie (deformiertes und verlagertes Nierenkelchsystem mit aufgespreizten Kelchen, evtl. auch stumme Niere) und **MRT**-Abdomen (Tumorausdehnung), evtl. auch Kavographie
Rö/CT-Thorax ⇨ Ausschluss pulmonaler Metastasierung
Ggf. Skelettszintigraphie bei V.a. Skelettmetastasen

Ther: • Heute kombinierte konservativ-operative Ther.:
- Stad. I: präoperative (neoadjuvante) tumorreduzierende Chemotherapie + Nephrektomie + postoperative (adjuvante) Chemotherapie
- Stad. II: präoperative tumorreduzierende Chemotherapie + Nephrektomie + Radiatio + Chemotherapie
- Stad. III-V: präoperative tumorreduzierende Chemotherapie + Radiatio (zur Erreichung der Operabilität, sog. Down-Staging), dann Nephrektomie + postoperative Radiatio + Chemotherapie

– Chemotherapie: mit Vincristin + Adriamycin (+ Actinomycin D + Ifosfamid/Cyclophosphamid) präoperativ und über einen Zeitraum von 1-10 Monaten postop.
– Op: transabdomineller Zugang (Mittelschnitt), **Nephrektomie**, intraabdominelle Metastasenentfernung, Entfernung paraaortaler und parakavaler Lymphknoten
Bei bilateralem Nephroblastom wird der größere Nierentumor durch Nephrektomie entfernt, die andere Niere wird organerhaltend operiert und der Tumor dort enukleiert

Prog: Over-all-Prognose **gut**, **75 % Heilungsrate** (Stad. I 100 %!, Stad. II 80-90 %, 50-60 % bei Stad. III-IV), 5-JÜR aller Nephroblastome **85 %**.

Kompl: * V.cava-Tumorthrombus (über die Nierenvene in 5 % d.F.)
* Chemotherapie: Übelkeit, Erbrechen, Enteritiden, Haarausfall, Schleimhautulzera, Infektanfälligkeit durch Knochenmarkdepression
* Radiatio: Beckendeformitäten, WS-Skoliose, Lungenfibrose, Myokardschäden

DD: – Gutartige Nierentumoren: Fibrome, Angiomyolipom, mesoblastisches Nephrom
– Maligne Raumforderungen: hellzelliges Nierenkarzinom, **Neuroblastom**, Lymphome, **embryonales Rhabdomyosarkom**, Hepatoblastom, Pankreatoblastom, Gonadentumor, Metastasen anderer Tumoren
– Andere Nierenerkrankungen: **Hydronephrose**, polyzystische Nierendysplasie, Nierenvenenthrombose, Nebennierenblutung, Nierenabszess

NEUROBLASTOM

Syn: Sympathoblastom, Sympathikoblastom, engl. neuroblastoma, ICD-10: C47.9

Path:
- ♦ Ausgehend von Sympathikusganglienzellen (**Grenzstrang**) oder sympathischen Neuroblasten des **Nebennierenmarkes**. Tumor embryonalen Ursprungs.
  Oft Sekretion von Katecholaminen.
- ♦ Lok: **Nebennieren**, Halsbereich, Brustkorb, **abdominal-paravertebral** (60 % d.F.) vom **Retroperitonealraum** ausgehend, Becken
- ♦ Metastasierung: **frühzeitig** in Leber (Typ PEPPER), Knochenmark u. Knochen (Typ HUTCHINSON), Lymphknoten, Haut
  Bei Diagnosestellung haben bereits 50% d.F. Metastasen (= Stadium IV)!

Etlg: # Internationale Stadieneinteilung des Neuroblastoms (INSS, 1993, modifiziert nach der ursprünglichen Einteilung von EVANS, 1971): Ausbreitung des Tumorbefalles

Stad. I:	Tumor auf Struktur des Ursprungs beschränkt, komplette Entfernung
Stad. IIa:	Unilateraler Tumor, keine Lk-Metastasen, inkomplette Entfernung
Stad. IIb:	Unilateraler Tumor, ipsilaterale Lk-Metastasen, inkomplette Entfernung
Stad. III:	Tumor überschreitet Mittellinie mit oder ohne kontra- od. bilateralen Lk-Metastasen, nicht resektabel
Stad. IV:	Fernmetastasen (weit entfernte Lk, Knochen, Knochenmark, Leber usw.)
Stad. IV-S:	Tumor Stad. I od. II im 1. Lj., aber Metastasen in Haut, Leber und/oder Knochenmark, aber nicht im Knochen (S = sine Knochen)

Histologische Klassifizierung (des International Neuroblastoma Pathology Committee, 1999, basierend auf der SHIMADA-Klassifikation, 1984)
- Neuroblastome: wenig SCHWANN-Zellen, differenzierte (⇨ gute Prog. wenn Kind <5 J.) od. undifferenzierte (⇨ schlechte Prog.) Ganglienzellen
- Ganglioneuroblastome: viele SCHWANN-Zellen (>50 %) ⇨ gute Prog.
- Ganglioneurome: überwiegend SCHWANN-Zellen, gut differenziert ⇨ gute Prog.
- noduläres Ganglioneuroblastom (selten) ⇨ eher schlechte Prog.

Epid:
◊ Dritthäufigster Tumor im Kindesalter, Altersgipfel: 1.-4. Lj., m = w
◊ Inzidenz (kumuliert bis zum 15. Lj.): 1,6/100.000 Kinder/Jahr, 130-180 Fälle pro Jahr in Deutschland

Klin:
⇒ Tastbarer, höckeriger, derber **Bauchtumor**
⇒ Schwächegefühl, Inappetenz, Gewichtsverlust, Erbrechen, Durchfall oder Obstipation
⇒ Fieber, Anämie, Knochenschmerzen ⇨ Zeichen einer Metastasierung
⇒ Evtl. Blutdruckkrisen (Hormonproduktion), periorbitale Ekchymosen (Hautblutungen)
⇒ Evtl. HORNER-Syndrom (Ptosis, Miosis, Enophthalmus) od. Rekurrensparese
⇒ Evtl. Tracheal- oder Bronchuskompression ⇨ respiratorische Symptome oder obere Einflussstauung
⇒ Selten Querschnittsymptomatik (bei Einwachsen in den Wirbelkanal über die Foramina intervertebralia = sog. Sanduhrtumor), opsomyoklonisches Syndrom (kurze, schnelle und unregelmäßige Augenbewegungen [dancing eye syndrome], Ataxie)

Diag:
1. Anamnese und klinische Untersuchung
2. Röntgen: Abdomenübersicht ⇨ charakteristische feine **schollige Verkalkungen** in Höhe der 10./11. Rippe
   IVP ⇨ bei Nebennierenlokalisation Kaudalverlagerung der Niere, verdrängtes Nierenbeckenkelchsystem (DD: beim WILMS-Tumor aufgespreizte Kelche)
   Sonographie, MRT-Abdomen zur Lokalisationsdiagnostik

3. Labor: evtl. Anämie, Ferritinerhöhung, evtl. erhöhte Katecholamine ⇨ 24-Std.-Urin auf Katecholamine (Vanillinmandel- und Homovanillinsäure) untersuchen
   Tumormarker: NSE (neuronspezifische Enolase), Ferritin- und LDH-Erhöhung im Serum
4. Evtl. Tc-Skelettszintigraphie, MIBG-Szintigraphie zur Metastasensuche und Knochenmarkpunktion (Metastasen, Tumorzellnester?)
5. Histologie (Differenzierungsgrad des Tumorgewebes, Mitosis-Karyorrhexis-Index) u. Molekulargenetik (eine **N-myc**-Protoonkogen-Amplifikation zeigt schlechte Prog. an)

Ther: • Operativ: Ind: Versuch der Resektion des Haupttumors ist in allen Stadien indiziert
- Stad. I: Tumorexstirpation
- Stad. II: Tumorexstirpation bzw. -biopsie + Chemotherapie
- Stad. III und IV: präoperative Chemotherapie + Radiatio, dann Tumorexstirpation/-biopsie + Chemotherapie über 1½ Jahre
- Stad. IV (jenseits des 1. Lj.) evtl. auch supraletale Radiochemotherapie und anschließende Knochenmarktransplantation
  In Studien wird auch eine Differenzierungstherapie bei Hochrisiko-Pat. nach Abschluss der konventionellen Ther. eingesetzt: die Gabe von Retinolsäure führt zur Ausdifferenzierung verbliebener Tumorzellen (und somit zum Verlust der Malignität)

Prog: Insg. **schlecht**, da Diagnosestellung meist erst spät (50 % sind bereits im Stad. IV bei Diagnosestellung), im Säuglingsalter (Stad. IV-S) insg. günstiger als im Kleinkindesalter. Im Stadium IV-S werden darüber hinaus **spontane Remissionen** beobachtet (daher ist in diesem Stadium zuwarten möglich)
5-JÜR aller Neuroblastome **65 %**, Stad. I-II u. IV-S ca. 90%ige Heilungsrate, Stad. IV nur 10-20%ige Heilungsrate (5-JÜR 30 %)

Kompl:
* Mediastinale Tumoren ⇨ respiratorische Insuffizienz
* Querschnittlähmung bei Einwachsen in den Wirbelkanal
* Nierenarterienverletzung bei Op

Proph: Das in Studien getestete Neuroblastom-Screening mit einem Filterpapierteststreifen für Harn auf Katecholamine (wurde mit der U6 im 10.-14. Lebensmonat ausgegeben und dann auf Vanillinmandel- und Homovanillinsäure ausgewertet) hat keinen bzw. sogar einen negativen Früherkennungserfolg gebracht (zu häufig "Überdiagnosen" und Todesfälle durch die dann begonnene (unnötige) Therapie) und wird daher seit 2002 nicht mehr durchgeführt.

DD:
- WILMS-Tumor (Nephroblastom), benignes Ganglioneurom
- Nebennierenadenom, Nebennierenblutung
- Rhabdomyosarkom, Leiomyom, Schwannom, malignes Schwannom

BEGUTACHTUNG

Gliederung eines Gutachtens:

- **Vorgeschichte**: Frühere Erkrankungen, Krankheits-/Unfallgeschehen, bisheriger Heilungsverlauf
- **Klagen**: Unterscheiden nach spontan geäußerten Symptomen und auf Nachfragen
- **Befund**: Klinische Untersuchung, Angabe der Bewegungsmaße nach der Neutral-Null-Methode + erforderliche Diagnostik, z.B. Röntgen
  Ggf. Zusatzgutachten (z.B. neurologische Begutachtung)
- **Beurteilung**: Diagnose, ursächlicher Zusammenhang zw. Unfallereignis u. Körperschaden, MdE und voraussichtliche Dauer, ggf. Erforderlichkeit weiterer ärztlicher Maßnahmen

Gesetzliche Unfallversicherung: (Sozialversicherungsrecht, besteht seit dem Jahr 1884): wird von den Arbeitgebern durch Beiträge an die **Berufsgenossenschaften** finanziert (jeder Beschäftigte in Deutschland ist durch den Arbeitgeber pflichtversichert). Sie umfasst Arbeitsunfälle, Wegeunfälle zur Arbeit und Berufskrankheiten.

BG(=Berufsgenossenschaft)-Verfahren: Ein **Arbeitsunfall** liegt vor, wenn die versicherte Person bei der versicherten Tätigkeit einen Unfall (zeitlich begrenztes, plötzlich von außen einwirkendes Ereignis) mit einem Körperschaden erleidet. ⇨ Vorstellung beim D-(= Durchgangs)-Arzt, der einen D-Arzt-Bericht erstellt und über die Weiterbehandlung entscheidet (durch Hausarzt oder besondere Heilbehandlung durch D-Arzt oder bei bestimmten Verletzungen durch für das Verletzungsartenverfahren zugelassene Kliniken [sog. §6-Verfahren]).

Es gilt die Lehre von der **wesentlichen Bedingung** (Kausalität) des Unfallereignis für den Gesundheitsschaden (eine sog. Gelegenheitsursache bei relevanter Vorerkrankung reicht nicht aus). Verschlimmerung: vorübergehend, dauernd od. richtunggebend ⇨ neues Gutachten erforderlich.

Die **Minderung der Erwerbsfähigkeit (MdE)** bezieht sich auf den **allgemeinen Arbeitsmarkt** (nicht auf den speziellen Beruf des Patienten, dies ist die "Berufsunfähigkeit") = abstrakte Schadensberechnung. Liegen mehrere Gesundheitsschäden vor, werden die MdE-Werte nicht addiert, sondern in der Gesamtheit mit der Bildung einer **Gesamt-MdE** bewertet.

Eine MdE <10 % gilt als nicht relevant. Die MdE muss noch mind. 20 % für eine Teil-/Rentenleistung betragen (13 Wochen nach dem Arbeitsunfall). Eine Dauerrente bei Erwerbsunfähigkeit (= **volle Erwerbsminderung**) beginnt frühestens ab dem 2. J., bis dahin erfolgt zuerst das Krankengeld bei **Arbeitsunfähigkeit** durch die **gesetzliche Krankenversicherung** und dann eine Übergangsrente. Volle Erwerbsminderung liegt vor, wenn d. Pat. nur noch <3 Std./Tag erwerbsfähig sein kann. Dies gilt auch in der **gesetzlichen Rentenversicherung** für Erwerbsminderungsrenten („Frührentner") wegen einer Erkrankung (z.B. bei Krebs).

Schwerbehindertenrecht: es wird ein kausaler Grad der Schädigungsfolge (**GdS**) und kumulativ ein Grad der Behinderung (**GdB**) unter Berücksichtigung d. gesamten Lebensumstände durch das Landrats-/Versorgungsamt ermittelt, eine Schwerbehinderung liegt ab 50 % GdS/GdB vor.

Private Unfall- / Haftpflicht- / Berufsunfähigkeitsversicherung:

Umfasst Arbeitsunfälle und Freizeitunfälle im privaten Bereich.

Es reicht die **hinreichende Wahrscheinlichkeit** des Unfalles für den Gesundheitsschaden.

Der **Invaliditätsgrad** (= Beeinträchtigung der **Arbeitsfähigkeit**) richtet sich nach dem Grad der Behinderung in dem speziellen Beruf des Patienten. Die Entschädigungssätze für Verlust oder Minderung der Gebrauchsunfähigkeit von Gliedmaßen und Sinnesorganen werden als sog. **Gliedertaxe** bezeichnet (mit besonderen Steigerungssätzen für bestimmte Berufsgruppen, z.B. Ärzte).

Zivilrechtlich wird meist auch ein Schmerzensgeld/Schadensersatz ausgehandelt, die Höhe einer Entschädigung wird vom ärztlichen Gutachter aber nicht vorgeschlagen.

Literaturverzeichnis:

Bundesanstalt für Straßenwesen (BASt): Begutachtungs-Leitlinie zur Kraftfahrereignung. 7. Auflage. Bergisch Gladbach, 2010. Bezug über NW-Verlag, Internet: http://www.nw-verlag.de

Bundesministerium für Gesundheit und Soziales (Hrsg.): Anhaltspunkte für die ärztliche Gutachtertätigkeit im sozialen Entschädigungsrecht und nach dem Schwerbehindertengesetz (Teil 2 SGB IX), seit 1.1.2009 ersetzt durch die Versorgungsmedizin-Verordnung, mit fortlaufenden Aktualisierungen (Download: http://www.bmas.de)

Deutsche Rentenversicherung Bund (Hrsg.): Sozialmedizinische Begutachtung für die gesetzliche Rentenversicherung. 7. Auflage. Springer, Berlin, 2011

Brettel H., Vogt H.: Ärztliche Begutachtung im Sozialrecht, Ecomed, Landsberg, 2009

Fritze J., Mehrhoff F (Hrsg.): Die ärztliche Begutachtung. 8. Auflage. Steinkopff, Darmstadt, 2011

Mehrhoff F., Meindl R., Muhr G.: Unfallbegutachtung. 12. Auflage. de Gruyter, Berlin, 2010

Mehrtens G., Valentin H., Schönberger A.: Arbeitsunfall und Berufskrankheit. 8. Auflage. Schmidt, Berlin, 2009

BLUT- UND LABORPARAMETER

Präoperatives Routinelabor

Blutbild (Hb, Hkt, Leukozytenzahl, Thrombozytenzahl), BSG, Elektrolyte (Na, K, Ca), Blutgerinnung (Quick [Norm: 70 – 130 %] bzw. INR [= international normalized ratio: 1,15-0,9], PTT), Leber-/Pankreaswerte (GOT/AST, GPT/ALT, GGT, AP, Lipase, Amylase, Bilirubin), Nierenretentionswerte (Kreatinin, Harnstoff, Harnsäure), Gesamteiweiß, Blutzucker, Urin-Status, HIV-Test, Blutgruppe (Kreuzproben für Blutkonserven bei größeren Eingriffen, siehe Kap. Operationsvorbereitungen). Aufklären über HIV-Test und Möglichkeit der Eigenblutspende! Bei V.a. malignen Tumor präoperativ die entsprechenden Tumormarker.

Postoperative Diagnostik: Blutbild und je nach Eingriff zusätzlich:

Schilddrüse: Kalzium
Leber/Pankreas: Leber- und Pankreasenzyme
Tumoren: Tumormarker (s.u.)
Lunge: Blutgasanalyse
Infusionstherapie: Elektrolyte

CHECKLISTE NACH INDIKATIONEN

Akutes Abdomen

Blutbild, Elektrolyte, Leber-/Pankreaswerte, Nierenretentionswerte, Gesamteiweiß, Blutzucker, Urin-Status, Blutgruppe und Konserven kreuzen

Leber

GOT/AST, GPT/ALT, GLDH, Gamma-GT, AP, Cholinesterase, Gesamteiweiß, Quick (od. INR), Hepatoquick, übrige Gerinnung und AT-III, Bilirubin (direkt + indirekt)

Pankreas

Lipase, Amylase i. S, Amylase i. U., Bilirubin, Leberenzyme, LDH, Blutzucker, Blutgase
Prognoseparameter für den Verlauf einer Pankreatitis: Ca, CRP, LDH, α_2-Makroglobulin u. α_1-Antitrypsin

Niere

Kreatinin, Harnsäure, Harnstoff, Kalium
Urinstatus: Bakterien, Leukozyten, Blut/Erythrozyten, Nitrit, Eiweiß, pH, Glukose, Ketonkörper

Lunge

Blutgasanalyse (pO_2, pCO_2, pH, Standardbikarbonat, Base excess, O_2-Sättigung)
V.a. Lungenembolie/Thrombose: D-Dimere

Myokardinfarkt

CK, CK_{MB}, Troponin T, GOT/AST, LDH (bei älterem Infarkt) und HBDH, Myoglobin (quantitativ)

Endokrinologie

Schilddrüse: fT_3, fT_4, TSH

Nebenschilddrüse: Kalzium, Phosphat, Parathormon (u. Kalzitonin)

Nebenniere: Kalium, Cortisol, Adrenalin, Vanillinmandelsäure im Urin

Infektionen

Septischer Schock: Blutbild (insb. auf Leukozyten- u. Thrombozytenabfall achten), Blutgasanalyse, Na, K, Gerinnungsstatus (mit AT-III, Fibrinogen, Fibrinmonomere, Fibrinsplits), Blutkulturen auf Erreger und Resistenz

Meningitis (Liquorpunktion)

	ASPEKT	ZELLART	GLUKOSE	LAKTAT
bakteriell	trüb	v.a. Granulozyten (> 1.000/3)	erniedrigt	> 3.5
abakteriell	klar	v.a. Lymphozyten	normal	< 3.5

Alkoholintoxikation

Alkoholspiegel: ab 5 Promille muss mit einem Atemstillstand gerechnet werden. Blutbild, Leber- und Pankreaswerte, Gerinnung, als Langzeitparameter CDT (= carbohydrate deficient transferrin)

Tumormarker

Bronchialkarzinom: SCA, CEA, CYFRA 21-1, TPA, NSE (beim Kleinzeller)
Karzinoid, neuroendokrine Tumoren: NSE, HCG, Chromogranin A, Serotonin
Magenkarzinom: CA 19-9, CA 72-4, CEA
Kolorektale-Karzinome: CEA, CA 19-9, CA 50
Lebermalignome: AFP, CEA, CA 19-9
Pankreaskarzinom: CA 19-9, CEA, CA 50
Keimzell-Tumoren: AFP, HCG, LDH, PLAP
Ovarialkarzinom: CA 125, CA 72-4, CASA
Prostatakarzinom: PAP, PSA, fPSA
Mammakarzinom: CEA, MCA, CA 15-3, CA 19-9, CA 549, Prolaktin, Rezeptorstatus d.Tumors
Schilddrüsenmalignome: Thyreoglobulin, CEA
C-Zell-Karzinom (medul. SD-Ca): Kalzitonin, CEA

Erklärung (Normwerte in Klammern):
AFP = α-1-Fetoprotein (< 6 ng/ml od. <9 U/ml)
CA = Kohlenhydrat-Antigen (CA 125 <35 U/ml, CA 15-3 <30 U/ml, CA 19-9 <37 U/ml, CA 50 <25 U/ml, CA 72-4 <6 U/ml, CA 549 <12,6 U/ml)
CASA = Cancer Associated Serum Antigen (<6 U/ml)
CEA = Karzinoembryonales Antigen (<5 ng/ml)
CYFRA 21-1 = Cytokeratin filament 21-1 (<3,5 ng/ml)
HCG = humanes Choriongonadotropin (<5 mU/ml)
LDH = Laktatdehydrogenase (<250 U/l)
MCA = Mucin like Carcinoma Antigen (<11 U/ml)
NSE = neuronspezifische Enolase (<12,5 µg/l)
PAP = Saure Prostata-Phosphatase (<3 ng/ml)
PLAP = plazentare alkal. Phosphatase (<100 U/l)
PSA = Prostata-spezifisches Antigen (<4 ng/ml)
SCA = Plattenepithel-Ca.-assoziiertes Ag. (<2 ng/ml)
TPA = Tissue Polypeptide Antigen (<110 U/l)

Anmerkung: Die Tumormarker werden als **Verlaufs-, Kontroll-** und **Rezidivparameter** in der Tumordiagnostik benutzt (Kontrolle präoperativ erhöhter Werte). Mit den Tumormarkern ist allgemein **kein Routinescreening möglich** (Sensitivität und Spezifität ist zu gering) und sie sind damit zur Frühdiagnose maligner Tumoren nicht geeignet. Die Normwerte variieren stark abhängig von der Methode, daher immer die laborspezifische Normwerte vergleichen.

ZVD (zentraler Venendruck): 8-12 cm H_2O, am liegenden Pat. in 3/5 sagittaler Thoraxhöhe gemessen.

BLUT- UND SPEZIALKONSERVEN

Erythrozytenkonzentrat (EK): Transfusion eines **EK** führt zur Erhöhung des Hb um ca. 1 g/dl.
Ind: Die Indikation zur Bluttransfusion wird heute sehr **restriktiv** gesehen. Sie ist erst ab einem **Hb <7 g/dl** indiziert (bei kardialen Vorerkrankungen bei <10 g/dl), Zielwert ist ein Hb von 7-9 g/dl. Ein Vorteil ergibt sich aus der Verwendung von leukozytenarmen Erythrozytenkonzentraten.

Vollblut: Frischblut, das max. 72 Std. alt ist. Ind: Massivtransfusion, Austauschtransfusion

Gewaschene Erythrozyten: sehr wenig Plasmabestandteile, wird für Pat. mit bekannten allergischen Transfusionsreaktionen verwendet.

Thrombozytenkonzentrate (TK) und Thrombozytenhochkonzentrate (Thrombozytapherese-TK):
Zu Petechien u. Mukosablutung kommt es ab einer Thrombozytenzahl von <10.000/µl od. einer Blutungszeit von >15 Min. Bei Pat. mit multiplen Infektionen, Sepsis, intrakraniellen Tumoren, Tumorzerfall, Urämie oder zusätzlichen Gerinnungsstörungen u. anhaltendem Erbrechen können diese Symptome bereits bei einer Zahl von <30.000/µl einsetzen.
Ind: Op-Fähigkeit ist ab 50.000/µl (Neurochirurgie ab 100.000/µl) gegeben, bei klinischer Blutung Substitution bei <20.000/µl. Ein TK führt zur Erhöhung der Thrombozytenzahl um ca. 5.000/µl.

Fresh-frozen-Plasma (Syn: **FFP**, gefrorenes Frischplasma):
Ind: Massentransfusion von EK (>10 EK/24 Std.), DIC, bei längerer Verweildauer am Cellsaver (intraoperative Autotransfusion), notfallmäßiges Anheben des Quick bei Marcumar-Pat. präop.

Eigenblutspende
Max. 2 Liter mögl., Vorgehen: 4 Wo., 3 Wo., 2 Wo. und 1 Wo. vor dem geplanten Eingriff jeweils 500 ml Blutspende (Konserven sind max. 7 Wo. lagerungsfähig, <5 Tage vor dem Eingriff keine Spende mehr, damit dem Körper Zeit zur Regeneration bleibt), ab 1. Spende Substitution von Eisen (z.B. Eryfer®100). Über die Möglichkeit der Eigenblutspende **muss** aufgeklärt werden.

ICD-10

Der **ICD-10-GM** (German Modification, Version 2011, herausgegeben vom DIMDI = deutsches Institut für Medizinische Dokumentation und Information), gilt für den ambulanten u. stationären Bereich. Die Verschlüsselung hat mindestens vierstellig zu erfolgen. Gesamtverzeichnis kostenlos bei www.dimdi.de

Zusätzlich kann zu jeder Ziffer kodiert werden: R = rechts; L = links; B = beidseitig
im ambulanten Bereich auch: V = Verdacht auf; Z = Zustand nach; A = Ausschluss; G = Gesichert

".-" od. "-" bedeutet, dass an dieser (4. od. 5.) Stelle eine Zahl eingefügt werden muss, die meist die Lokalisation od. Komplikationen kodiert. "+*" = Kreuz-Stern-System bedeutet, dass hier immer zwei ICD-Codes erforderlich sind (weiteres s. ICD-Handbücher).

Angeborene Fehlbildungen ... Q00 - Q99
Bösartige Tumoren ... C00 - C97
Gefäßerkrankungen ... I00 - I99
Gutartige Tumoren ... D00 - D48
Infektiöse Erkrankungen ... A00 - B99
Neurologische Erkrankungen G00-G99
Psychiatrische Erkrankungen F00-F99
Verletzungen ... S00 - S99

A

Abdominalschmerz ... R10.4
Abszess ... L02.9
Achalasie ... K22.0
Achillessehnenruptur ... S86.0
Adduktorenverletzung Hüfte ... S76.2
Adipositas ... E66.9-
Adrenogenitales Syndrom ... E25.-
Afferent-loop-Syndrom ... K91.1
AIDS ... B20 - B24
Akromioklavikulargelenklux. ... S43.1
Akute Pankreatitis ... K85
Akutes Abdomen ... R10.0
Allgemeinuntersuchung ... Z00.0
Analabszesse und Analfisteln ... K61
Analfissur ... K60
Analkarzinom ... C21
Analprolaps ... K62.2
Aneurysmen, arterielle ... I71-I72
Aortenklappeninsuffizienz ... I06.1/I35.2
Aortenklappenstenose ... I06.0/I35.0
Aortenstenose, angeb. ... Q23.0
Appendizitis ... K35
ARDS ... J80
Arterioven. Fistel/angeb ... I77.0/Q27.3
Asthma bronchiale ... J45
Astrozytom ... C71
Atherom ... D23
Außenbandruptur ... S93.2
Außenknöchelfraktur ... S82.6
AVK der Nierenarterien ... I70.1
AVK der unteren Extremität ... I70.2
Azetabulumfraktur ... S32.4

B

Baker-Zyste ... M71.2
Bandscheibenvorfall ... M50 - M51
Bauchtrauma ... S36
Beckenverletzung ... S32
Bisswunde ... T14.1
Bizepssehnenruptur ... S46.1/S46.2
Blind-loop-Syndrom ... K91.1
Bridenileus ... K56.5
Bronchialkarzinom ... C34
Bronchiektasen ... J47
Bronchitis, akute ... J20.9
Bursitis ... M71.9

C

Cholangitis ... K83.0
Choledocholithiasis ... K80.5
Cholelithiasis ... K80.2
Cholezystitis ... K81
Chronische Pankreatitis ... K86
Chylothorax ... J94.0
Colitis ulcerosa ... K51
Colles-Fraktur ... S52.5
Commotio cerebri ... S06.0
Compressio cerebri ... S06.2
Contusio cerebri ... S06.3
Cushing-Syndrom I ... E24
C-Zell-Karzinom ... C73

D

Darmatresien ... Q41.- bis Q42.-
Dekubitus ... L89.9-
Diabetes mellitus Typ I ... E10.-
Diabetes mellitus Typ II ... E11.-
Diakondyl. Oberschenkelfraktur... S72.41
Diarrhoe ... A09
DIC ... D65.-
Dickdarmatresie ... Q42.8
Distale Oberarmfraktur ... S42.4-
Distale Radiusfraktur ... S52.5
Divertikulose / Divertikulitis ... K57.-
Ductus arteriosus Botalli ... Q25.0
Dünndarmatresie ... Q41.8
Dünndarmverletzung ... S36.4-
Dupuytren-Kontraktur ... M72.0

E

Ebstein-Anomalie ... Q22.5
Ellenbogenluxation ... S53.1-
Endokarditis ... I38
Ependymom, ben../malg. ... D43.2/C71.9
Epicondylitis ... M77.-
Epiduralblutung ... I62.1
Epigastrische Hernie ... K43.-
Erbrechen ... R11
Erfrierung ... T35.7

F

Fallotsche Tetralogie ... Q21.3
Femurschaftfraktur ... S72.3
Fibroadenom der Mamma ... D24
Fieber, allg. ... R50.9
Fraktur, nicht näher bezeichnet ... T14.2
Frostbeulen ... T69.1
Frühdumping-Syndrom ... K91.1
Fußwurzelfraktur ... S92.28
Fußwurzelluxation ... S93.31

G

Gallengangkarzinom ... C22.1
Gallensteine ... K80.-
Ganglion ... M67.4-
Gasbrand ... A48.0
Gastritis ... K29.7
Gastroenteritis ... A09
Gelenkinfektion ... M00.- bis M01.-*
Gesichtsschädelfrakturen ... S02.9
GI-Blutung, obere ... K92.2
GI-Blutung, untere ... K62.5
Glioblastom ... C71.-
Glukagonom ... D13.7
Gonarthrose ... M17.9
Grippaler Infekt ... J06.9
Gynäkomastie ... N62

H

Hallux valgus ... M20.1
Hämatom ... T14.0
Hämatothorax ... S27.1
Hämorrhoiden ... I84.-
Hand-Sehnenverletzung ... S63.4
Harnweginfektion ... N39.0
Hepatitis-B-Infektion ... B16.9
Hepatitis-C-Infektion ... B17.1
Hernia inguinalis ... K40.-
Hernia ischiadica ... K45.-
Hernia obturatoria ... K45.-
Hernia perinealis ... K45.-
Herzbeuteltamponade ... I31.9
Herzinfarkt ... I21.-
Herzinsuffizienz ... I50.9
Herz-Kreislaufversagen ... I46.-
Hiatushernie ... K44.-
Hirndruck, Hirnödem ... G93.6
Hirninfarkt ... I63.-
Hirntumoren ... C71.-
HIV-Infektion, asymptomatisch ... Z21
Hüftgelenkluxation ... S73.0-
Hüftkopffraktur ... S72.08
Humeruskopffraktur ... S42.2-
HWS-Distorsion ... S13.4
Hydrozephalus/angeboren ... G91.-/Q03.-
Hyperaldosteronismus ... E26.-
Hypercholesterinämie ... E78.0
Hyperparathyreoidismus ... E21.-
Hyperthyreose ... E05.-
Hypertonie, arterielle ... I10.9
Hypertriglyzeridämie ... E78.1
Hypotonie, arterielle ... I95.9

I, J

Ileus ... K56.-
Inguinalhernie ... K40.-
Innenknöchelfraktur ... S82.5
Insulinom ... D13.7
Intrazerebrale Blutung ... I61.-
Ischialgie ... M54.3

K

Kalkaneusfraktur ... S92.0
Kardiomyopathie ... I42.9
Karpaltunnelsyndrom ... G56.0
KHK ... I25.9
Klavikulafraktur ... S42.0-
Knie-Bandverletzung ... S83.4-
Kniegelenkluxation ... S83.1-
Knie-Knorpelschaden ... M24.16
Knochentumoren ... C40 - C41
Kollaps ... R55
Kolon-Karzinom ... C18.-
Kolonpolypen ... D12.6

Kompartmentsyndrom T79.6
Kopfschmerzen R51
Koronare Herzkrankheit I25.9
Koxarthrose M16.-
Kraniopharyngeom D44.4
Kraniosynostosen Q75.0
Krankheit, allg. R69
Kreuzbandläsion Knie S83.5
Kreuzschmerzen M54.5
Kropf E04.9

L
Leberabszesse K75.0
Leberverletzung S36.1-
Leberzelladenom D13.4
Leberzellkarzinom C22.0
Leistenhernie K40.-
Lendenwirbelfraktur S32.0
Lipom D17.-
Lippen-Kiefer-Gaumenspalte .. Q35-Q37
Lumbago M54.5
Lumbalhernie K45.-
Lungenabszess J85.-
Lungenembolie I26.-
Lungenemphysem J43.-
Lymphadenopathie I88.-/R59.9
Lymphangitis I89.1
Lymphödem I89.0

M
Magen,operiert-Krankheiten K91.1
Magenkarzinom C16.-
Mamma-Karzinom C50.-
Mamma-Tumoren, gutartig N60.9
Marisken I84.6
Mastitis N61
Mastopathie N60.-
Mechanischer Ileus K56.6
Meckel-Divertikel Q43.0
Mediastinalemphysem J98.2
Mediastinitis J98.5
Medulloblastom C71.-
Megakolon/Morbus Hirschsprung .. Q43.1
Mekoniumileus P75*
MEN D44.8
Ménétrier-Faltenhyperplasie K29.6
Meningeom C70.-
Meniskusläsion S83.2
Milzverletzung S36.0-
Mitralinsuffizienz I05.1/I34.0
Mitralklappenprolaps I34.1
Mitralstenose I05.0/I34.2
Mittelfußfraktur S92.3
Mittelhandfraktur .... S62.2- bis S62.4
Morbus Crohn K50.-
Muskelfaserriss OS/US S76/S86
Myokardinfarkt I21.-
Myokarditis I51.4
Myositis ossificans M61.-

N
Nabelhernie K42.-
Nahtmaterialentfernung Z48.0
Nekrotisierende Fasziitis M72.6
Neuroblastom C47.9
Nierenanomalien Q63.9
Nierensteine N20.-
Nierentumoren, benigne D30.0
Nierentumoren, maligne C64-C65
Nierenverletzung S37.0-
Nikotinabusus F17.1
Nucleus-pulposus-Prolaps .... M50 - M51

O
Oberarmschaftfraktur S42.3
Obere GI-Blutung K92.2
Obstipation K590
Ohne Befund (o.B.) Z03.9
Olekranonfraktur S52.01
Oligodendrogliom C71.-
Omphalozele Q79.2
Orthostatische Dysregulation I95.1
Os-lunatum-Luxation S63.0-
Os-scaphoideum-Fraktur S62.0
OSG-Distorsion S93.40
Ösophagusatresie Q39.-
Ösophagusdivertikel K22.5/Q39.6
Ösophaguskarzinom C15.-
Ösophagusperforation K22.3
Ösophagusvarizenblutung I85.0
Ösophagusverätzung T28.6
Osteomyelitis M86.-

P
Panaritium L03.0-
Pankreaskarzinom C25.-
Pankreasverletzung S36.2-
Pankreatitis, akute K85.-
Pankreatitis, chronische K86.-
Paralytischer Ileus K56.0
Paratenonitis crepitans M70.-
Patellafraktur S82.0
Patellaluxation S83.0
Perianale Thrombose I84.3
Perikarditis akut/chronisch I30.-/I31.-
Peritonitis K65.-
Phalangenfraktur .... S62.5- bis S62.7
Phalangenluxation S63.1-
Phäochromozytom E27.5/D35.0
Phlebothrombose I80.2
Pilonidalsinus L05.-
Pilon-tibiale-Fraktur S82.38
Platzwunde T14.0
Pleuraempyem J86.-
Pleura-Erguss J90
Pleuramesotheliom C45.0
Plexuspapillom D33.-
Pneumonie J18.9
Pneumothorax J93.-
Polypen des Kolons D12.6
Polytrauma T06.8
Portale Hypertonie K76.6
Postcholezystektomiesyndrom K91.5
Postoperative Krankheit .... R65.-!
Prellung, oberfl. T14.0
Proc.coronoideus-Fraktur S52.02
Proktalgie K59.4
Proktitis K62.8
Pulmonalstenose, angeb. Q22.1
Pylorusstenose Q40.0

Q
Quetschwunde T14.0

R
Radiusfraktur, distale S52.5-
Radiusköpfchenfraktur S52.1-
Refluxösophagitis K21.0
Rektumkarzinom C19
Rektumprolaps K62.3
Rektusdiastase M62.08
Retropatellare Chondropathie M22.4
Retroperitoneale Blutung S36.83
Retroperitoneale Fibrose D48.3
Rippenfraktur S22.3-
Rippenserienfraktur S22.4-
Rotatorenmanschettenruptur S46.0
Rückenschmerzen M54.-

S
Schädelbasisfraktur S02.1
Schädel-Hirn-Trauma S06.-
Schenkelhalsfraktur S72.00
Schenkelhernie K41.-
Schilddrüsenmalignom C73
Schmerz, allg. R52.9
Schnittwunde T14.1
Schock R57.9
Schultergelenkluxation S43.0-
Schürfwunde T14.0
Seitenbandruptur-Hand S63.4
Skapulafraktur S42.1-
Smith-Fraktur S52.5
Spätdumping-Syndrom K91.1
Sprunggelenkdistorsion S93.40
Sprunggelenkfraktur S82.5-S82.6
Status asthmaticus J46
Sternoklavikulargelenkluxation S43.2
Stichwunde T14.1
Stomaversorgung Z43.-
Streckapparatverletzung S76.1
Struma E01.-
Stuhlinkontinenz R15
Subarachnoidalblutung I60.-
Subclavian-steal-Syndrom G45.8-
Subduralblutung I62.0-
Sudeck-Syndrom M89.0-
Supinatortunnelsyndrom G56.3
Suprakond. Oberschenkelfrakt. S72.41
Synkope R55

T
Talusfraktur S92.1
Talusluxation S93.3-
Tarsaltunnel-Syndrom G57.5
Tendopathie M65.-
Tendovaginitis stenosans M65.4
Tetanus A35
TIA G45.9
Thoraxtrauma .... S20 - S29
Thrombophlebitis I80.-
Thrombose, tiefe I82.9
Thyreoiditis E06.-
Thyreotoxische Krise E05.5
Tibiakopffraktur S82.18
Tod, allg. R99
Tollwut A82.-
Transposition großer Arterien Q20.3
Trikuspidalatresie Q22.4
Tuberkulose A16.9
Tumornachsorge Z08.-

U
Übelkeit R11
Ulcus cruris I83.0/L97
Ulcus duodeni K26.-
Ulcus ventriculi K25.-
Unguis incarnatus L60.0
Unterarmfraktur S52.9
Untere GI-Blutung K62.5
Unterkühlung T68
Unterschenkelfraktur S82
Untersuchung, allg. Z00.0
Urosepsis N39.0

V
V.a., ohne Befund Z03.9
Varikosis I83.9
Ventrikelseptumdefekt Q21.0
Verbandswechsel Z48.0
Verbrauchskoagulopathie D65.-
Verbrennung T30.0
Verdacht auf, o.B. Z03.9
Verner-Morrison-Syndrom D13.7
Verzögerte Frakturheilung M84.2
Viszeralgefäßverschluss K55.0
Vorhofseptumdefekt Q21.1
Vorsorgeuntersuchung Z00.0

W
Weichteiltumoren D21.-/C49.-
Wilms-Tumor C64
Wirbelsäulenfraktur T08.-
Wunde T14.1
Wundkontrolle Z48.0
Wurzelkompressionssyndrom . M50 - 51

X, Y, Z
Zehenfraktur I/II-V S92.4/S92.5
Zehenluxation S93.10
Zerebrovaskuläre Insuffizienz I63-I67
Zwerchfellhernien K44.-
Zwerchfellruptur S27.81

GEGENSTANDSKATALOG 2

ÄAppO 2002 IMPP-Gk 2 (neu): Zweiter Abschnitt der Ärztlichen Prüfung

Die Prüfungsaufgaben sollen unter Aspekten der allgemeinen ärztlichen Tätigkeit auf die wichtigsten Krankheitsbilder und Gesundheitsstörungen abgestellt sein. Dies sind insbesondere solche, die sich durch ihre Verbreitung, ihre Folgen für den Einzelnen oder die Gesellschaft auszeichnen. Hierzu zählen:

- Krankheiten des Blutes, der blutbildenden Organe, des Kreislaufsystems, der Atmungsorgane, der Verdauungsorgane, der Drüsen mit innerer Sekretion, des Stoffwechsels und der Nieren. Immunologische und allergische Krankheiten, Krankheiten des rheumatischen Formenkreises, Infektionskrankheiten, Geschwulstkrankheiten.
- Krankheiten des zentralen Nervensystems, der peripheren Nerven und der Muskulatur. Hirnorganische, endogene, psychotische und persönlichkeitsbedingte reaktive Störungen. Neurosen. Süchte. Suizidalität. Sexuelle Verhaltens- und Erlebnisstörungen. Psychosomatische Krankheiten und funktionelle Störungen. Störungen der Kommunikation.
- Krankheiten der perinatalen Periode, des Kindes- und Jugendalters, Verhaltens- und Entwicklungsstörungen sowie Behinderungen bei Kindern und Jugendlichen.
- Krankheiten der Haut, ihrer Anhangsgebilde und der Schleimhäute der äußeren Körperhöhlen. Geschlechtskrankheiten.
- Wundbehandlung. Asepsis, Antisepsis, Fehlbildungen, Krankheiten und Verletzungen von Kopf, Hals, Wirbelsäule, Thorax, Abdomen, Extremitäten, Herz, Gefäßen, Nieren, ableitenden Harnwegen, äußeren und inneren Genitalorganen, des zentralen und peripheren Nervensystems sowie der Sinnesorgane. Unfälle und Vergiftungen.
- Störungen der Geschlechtsentwicklung und der Fertilität. Familienplanung. Schwangerschaft, Beratung und Beurteilung in Konfliktsituationen, insbesondere medizinische, rechtliche und ethische Aspekte des Schwangerschaftsabbruchs, Risikoschwangerschaft, Beratung und Vorsorge in der Schwangerschaft. Geburt und Risikogeburt. Krankheiten des Wochenbetts. Entzündungen und Geschwülste der weiblichen Genitalorgane.

Die Prüfungsaufgaben sollen einen oder mehrere der folgenden Aspekte berücksichtigen:

- Körperliche, geistige und psychische Entwicklung und ihre Varianten. Altersspezifische Aspekte von Gesundheitsstörungen, ihrer Diagnostik und Behandlung. Klinische Genetik einschließlich humangenetischer Beratung.
- Ätiologie, Pathogenese, spezielle Pathologie, Pathophysiologie.
- Symptomatologie, Diagnostik, Differentialdiagnose, Durchführung und Bewertung körperlicher, labormedizinischer und technischer Untersuchungen, Indikationen, Kontraindikationen.
- Anwendung konservativer, operativer und physikalischer Behandlungsverfahren einschließlich Strahlenbehandlung, Grundprinzipien operativer Techniken, Grundprinzipien der Vor- und Nachbehandlung, klinische Pharmakologie und Pharmakotherapie, spezielle therapeutische Verfahren, Indikationen, Kontraindikationen, Prognose, Rehabilitation, Gesundheitsberatung, Behandlung von Langzeitkranken, unheilbar Kranken und Sterbenden, Schmerzbehandlung und Palliativmedizin.
- Erkennung und Behandlung akut lebensbedrohender Zustände, Notfall- und Katastrophenmedizin.
- Grundzüge der Allgemein-, Krankenhaus- und Seuchenhygiene.
- Individuelle, epidemiologische und sozialmedizinische Aspekte der Krankheitsentstehung und -verhütung, Öffentliche Gesundheitspflege/Public Health.
- Arbeitsmedizinische Untersuchungen. Analyse von Arbeitsplatz- und Berufsbelastung. Berufskrankheiten.
- Medizinische Begutachtung. Rechtsfragen der ärztlichen Berufsausübung.

Teil 1 - Gesundheitsstörungen (mit chirurgischer Relevanz)

1.0 Allgemeine Symptome und Befunde
1.1 Abnorme Gewichtsabnahme
1.2 Abnorme Gewichtszunahme
1.3 Abnormer Körpergeruch
1.4 Adynamie
1.5 Blutungsneigung bzw. Blutungen
1.6 Bösartige Neubildungen in der Familienanamnese
1.7 Dysmorphiezeichen
1.8 Exsikkose
1.9 Fieber
1.10 Hyperhydratation
1.11 Hypothermie
1.12 Ikterus
1.13 Leistungsminderung
1.14 Nachtschweiß
1.15 Ödeme
1.16 Schüttelfrost
1.17 Schwellung bzw. Verfärbung von Gliedmaßen
1.18 Umschriebene Gewebeschwellung
1.19 Vielzahl bzw. Wechsel von Beschwerden

3.0 Kreislaufsystem
3.1 Angina pectori
3.2 Claudicatio intermittens
3.3 Einflussstauung
3.4 Erhöhter Blutdruck
3.5 Kreislaufstillstand
3.6 Niedriger Blutdruck

3.7	Pulslose Extremität
3.8	Schock
3.9	Störungen des Herzrhythmus
3.10	Sturzanfall
3.11	Synkope bzw. Kollaps
3.12	Zyanose
4.0	**Atmungssystem**
4.1	Abnormes Sputum
4.2	Aspiration
4.3	Atemnot
4.4	Atemrhythmusstörungen
4.5	Atemstillstand
4.6	Behinderte Nasenatmung
4.7	Bradypnoe
4.8	Fassthorax
4.9	Giemen
4.10	Hämoptoe
4.11	Hämoptyse
4.12	Husten
4.13	Hyperventilation
4.14	Inverse Atmung
4.15	Orthopnoe
4.16	Paradoxe Atmung
4.17	Pfeifende Atmung
4.18	Rasselgeräusche
4.21	Singultus
4.22	Stöhnende Atmung ("Knorksen")
4.23	Stridor
4.24	Tachypnoe
4.25	Trichterbrust
4.26	Trommelschlegelfinger
4.27	Uhrglasnägel
5.0	**Verdauungssystem**
5.1	Aufstoßen
5.2	Belegte Zunge
5.3	Blutiger Stuhl
5.4	Defäkationsschmerzen
5.5	Diarrhoe
5.6	Erbrechen
5.7	Foetor ex ore
5.8	Globusgefühl
5.9	Hämatemesis
5.10	Hypersalivation
5.11	Miserere
5.12	Mundtrockenheit
5.13	Obstipation
5.14	Peranale Blutung
5.15	Regurgitation von Speisebrei
5.16	Schluckstörungen
5.17	Sodbrennen
5.18	Stuhlinkontinenz
5.19	Teerstuhl
5.20	Übelkeit
5.21	Veränderungen der Stuhlgewohnheiten bzw. der Stuhlbeschaffenheit
5.22	Vorfall von Mastdarm bzw. After
6.0	**Abdomen**
6.1	Abdominelle Abwehrspannung
6.2	Aszites
6.3	Hepatomegalie
6.4	Leistenschwellung
6.5	Meteorismus bzw. Blähungen
6.6	Resistenz im Abdomen
6.7	Splenomegalie
6.8	Störungen der Peristaltik
9.0	**Skelett, Bewegungssystem**
9.1	Abnorme Beweglichkeit
9.2	Frakturneigung
9.3	Gangstörung
9.4	Gelenkinstabilität
9.5	Gelenkschwellung
9.6	Gelenksteife
9.7	Haltungsfehler
9.8	Kieferklemme bzw. Kiefersperre
9.10	Muskelatrophie
9.12	Muskelkontraktur
9.13	Skelettdeformitäten

Teil 2 - Krankheitsbilder

Dieser Teil bildet im Wesentlichen die Klassifikation der Krankheiten nach dem ICD-10 ab. Den vollständigen Gegenstandskatalog gibt es als kostenlosen Download (gk2neu.pdf) im Internet: http://www.impp.de.

BEWEGUNGSMAßE

Die klinische Bestimmung der Bewegungsmaße erfolgt nach der **NEUTRAL-NULL-METHODE**, engl. neutral position method. 0° entspricht dabei einer normalen Ausgangslage im Gelenk.

Pathologische Veränderungen der Bewegungsmaße:
Ist z.B. wegen Kontrakturen ein physiologisches Bewegungsmaß nicht möglich, so steht 0° am Anfang, bzw. am Ende der Zahlenreihe, Beispiele: Streckhemmung im Ellenbogengelenk bei 20° ⇨ 0-20-150°, unbewegliche Kontraktur im Ellenbogengelenk bei 40° ⇨ 0-40-40°

Bei Kindern und Jugendlichen und hypermobilen Patienten können die Bewegungsmaße ohne pathologische Bedeutung erheblich überschritten werden.

⇨ Wichtig: Bewegungsmaße immer im **Seitenvergleich** bestimmen sowie **Verlaufskontrolle**!

HWS

Inklination/Reklination:	40-0-40°
Rotation (links-rechts):	70-0-70°
Seitwärtsneigung:	45-0-45°

BWS + LWS (im Sitzen)

Ante-/Retroflexion:	50-0-50°
Rotation (links-rechts):	40-0-40°
Seitwärtsneigung:	40-0-40°

Schultergelenk

Ante-/Retroversion:	170-0-40°
Ab-/Adduktion:	160-0-45°
in Außenrotationsstellung	190-0-45°
Innen-/Außenrotation:	70-0-70°

Ellenbogengelenk

Extension/Flexion:	5-0-150°
Unterarm Pro-/Supination	90-0-90°

Handgelenk

Dorsalextension/Palmarflexion:	60-0-60°
Radial-/Ulnarabduktion:	25-0-40°

Daumengelenke

Im Sattelgelenk Ab-/Adduktion:	40-0-30°
Ext./Flexion im Grundgelenk	0-0-50°
Ext./Flexion d. Interphal.Gelenks	20-0-80°

Fingergelenke

Im MCP Ab-/Adduktion je:	30-0-0°
Extension/Flexion von MCP,PIP,DIP jeweils:	0-0-90°

OTT-Zeichen (für BWS)
2 Punkte markieren: C7 (Vertebra prominens) + 30 cm darunter
⇨ bei max. Flexion 33 cm Abstand

SCHOBER-Zeichen (für LWS)
2 Punkte: S1 + 10 cm darüber markieren
⇨ bei max. Flexion 15 cm Abstand

Hüftgelenk

Extension/Flexion:	20-0-130°
Ab-/Adduktion:	40-0-30°
Innen-/Außenrotation:	50-0-40°

Kniegelenk

Extension/Flexion:	5-0-140°
Innen-/Außenrotation:	10-0-40°

Sprunggelenk (OSG + USG)

Dorsalextension/Plantarflexion:	30-0-50°
Pro-/Supination:	20-0-35°

Großzehengelenk

Ab-/Adduktion: (>15° ⇨ Hallux valgus)	0-0-15°
Metatarso-phal.Gelenk-Extension/Flexion:	45-0-70°
Interphalangealgelenk:	0-0-90°

Zehengelenke

Extension/Flexion Gesamt:	20-0-80°

INTERNET-ADRESSEN

Medizinische Selbsthilfegruppen, Informations- und Kontaktstellen

AIDS ..... http://www.aidshilfe.de
Akustikusneurinom ..... http://www.akustikus.de
Amputation (Arm, Beine) ..... http://www.amputierten-initiative.de
Anonyme Alkoholiker ..... http://www.anonyme-alkoholiker.de
Apotheken-Notdienst (tagesaktuelle Information) ..... http://www.aponet.de/notdienst
Arterielle Verschlusskrankheit ..... http://www.deutsche-gefaessliga.de u. http://www.avk-bundesverband.de
Cancer Institute (USA), CancerNet ..... http://www.cancer.gov, http://www.cancer.net
Colitis ulcerosa ..... http://www.dccv.de, http://www.kompetenznetz-ced.de
Dialysepatienten ..... http://www.ddnae.de
Epilepsie ..... http://www.epilepsie.sh, www.izepilepsie.de, www.epilepsie-netz.de
Gefäßerkrankungen ..... http://www.deutsche-gefaessliga.de
Herzfehler ..... http://www.herzstiftung.de u. http://www.herzkind.de
Herzklappen ..... http://www.die-herzklappe.de
Herztransplantation ..... http://www.herztransplantation.de u. http://www.kinderherzliga.de
Hirnaneurysma-Erkrankte ..... http://www.hirn-aneurysma.de
Hirntumoren ..... http://www.hirntumorhilfe.de
Hydrocephalus ..... http://www.asbh.de
Hypophysenerkrankungen ..... http://www.glandula-online.de
Inkontinenz ..... http://www.kontinenz-gesellschaft.de
Körperbehinderte - Bundesverband ..... http://www.bsk-ev.org
Krebs (allgemein) ..... http://www.krebshilfe.de, http://www.krebsgesellschaft.de
Krebs bei Kindern ..... http://www.kinderkrebsstiftung.de
Krebsinformationsdienst (Krebsforschungszentrum Heidelberg) ..... http://www.krebsinformation.de
Krebsschmerz ..... http://www.ksid.de
Lebererkrankungen ..... http://www.leberhilfe.org u. http://www.bag-leber.de
Lebertransplantation ..... http://www.lebertransplantation.de
Lippen-Kiefer-Gaumenspalten ..... http://www.lkg-selbsthilfe.de
Lungenerkrankungen ..... http://www.lungenstiftung.de
Morbus Crohn ..... http://www.dccv.de, http://www.kompetenznetz-ced.de
Multiple Sklerose ..... http://www.dmsg.de
Muskelkranke ..... http://www.dgm.org
Nebennierenerkrankungen ..... http://www.glandula-online.de
Neuroendokrine Tumoren, Karzinoide ..... http://www.glandula-net-online.de
Nierentransplantation ..... http://www.bundesverband-niere.de
Ösophagusatresie ..... http://www.keks.org
Osteoporose ..... http://www.osteoporose-deutschland.de und http://www.osteoporose.org
Pankreaserkrankungen ..... http://www.adp-bonn.de
Schädel-Hirn-Patienten ..... http://www.schaedel-hirnpatienten.de
Schilddrüsenerkrankungen ..... http://www.schilddruesenliga.de
Schilddrüsenkrebs ..... http://www.schilddruesenkrebs.de, http://www.sd-krebs.de
Schlaganfall ..... http://www.schlaganfall-hilfe.de
Schmerzen (Kopf-, Rückenschmerzen, Tumorschmerzen) ..... http://www.schmerzliga.de
Selbsthilfegruppen – Kontaktstellen, Organisationen ..... http://www.nakos.de und http://www.dag-selbsthilfegruppen.de
Spina bifida ..... http://www.asbh.de
Stoma-Selbsthilfegruppen ..... http://www.ilco.de
Suchterkrankungen, Fachverband und Suchttherapie (stationäre) ..... http://www.sucht.de, http://www.suchthilfe.de, http://www.drugcom.de
Transplantationen ..... http://www.transplant.org, www.dso.de, www.bdo-ev.de, www.a-g-o.de
Verbrennungen (Brandverletzte) und brandverletzte Kinder ..... http://www.brandverletzte-leben.de und http://www.paulinchen.de

Sonstige medizinische Adressen und Auskunftsdienste

American Medical Association ..... http://www.ama-assn.org
Ärztezeitung, Deutschland ..... http://www.aerztezeitung.de
Bundesärztekammer ..... http://www.baek.de
Bundesministerium für Gesundheit ..... http://www.bmg.bund.de
Bundeszentrale für gesundheitliche Aufklärung ..... http://www.bzga.de
CNN Health (Nachrichtendienst) ..... http://www.cnn.com/health
Cochrane Zentrum Deutschland ..... http://www.cochrane.de
Deutsche Zentralbibliothek für Medizin ..... http://www.zbmed.de
Die Deutsche Bibliothek ..... https://portal.d-nb.de
DIMDI (medizinische Literaturdatenbank) ..... http://www.dimdi.de
Gefahrstoff-Datenbank ..... http://www.hvbg.de/bia/stoffdatenbank
Kassenärztliche Bundesvereinigung ..... http://www.kbv.de
Kongresse, medizinische ..... http://www.medizinische-kongresse.de
Leitlinien, medizinische (AWMF) ..... http://www.uni-duesseldorf.de/www/awmf od. http://www.awmf.org
Medikamente – Gelbe Liste ..... http://www.gelbe-liste.de/pharmadr.htm
Medizin Forum – allgemeine Gesundheitsaspekte ..... http://www.medizin-forum.de
Medline ..... http://www.medline.de
National Library of Medicine (USA) ..... http://www.nlm.nih.gov
Public Health ..... http://www.deutsche-gesellschaft-public-health.de u. http://www.mh-hannover.de/epi.html
Robert Koch-Institut ..... http://www.rki.de
Verzeichnis lieferbarer Bücher ..... http://www.buchhandel.de
World Health Organisation ..... http://www.who.int
Zeitschriften, medizinische (freier Zugang) ..... http://www.freemedicaljournals.com

STICHWORTVERZEICHNIS

A

B

C

D

E

F

G

H

I

J

K

L

N

O

P

Q

R

S

T

U

V

PÄDIATRIE

FÜR STUDIUM UND PRAXIS

Unter Berücksichtigung des Gegenstandskataloges und der mündlichen Examina in den Ärztlichen Prüfungen

2013/14

Eppinger • Müller

Medizinische Verlags- und Informationsdienste • Breisach

NEUERSCHEINUNG

Aus unserer erfolgreichen Reihe von Kurzlehrbüchern ist jetzt neu ein Buch für die gesamten Gebiete der Pädiatrie erhältlich. Auf 480 Textseiten (512 Seiten insgesamt) wird ein kurzgefasster vollständiger Überblick über das komplette **kinderheilkundliche Stoffgebiet** in einem streng didaktisch, gegliederten Aufbau gegeben. Berücksichtigt wurden **viele wichtige Lehrbücher** und die **aktuellen klinischen Fachzeitschriften**, die internationale Klassifikation der Krankheiten **ICD-10**, der **neue Gegenstandskatalog** sowie die allgemein gebräuchlichen, **klinischen Einteilungen** sowie alle bekannten **Selbsthilfeorganisationen** und **Internet-Adressen**.

Aus dem Vorwort:

Unsere Idee war es, den Studenten/innen auch ein Buch für die Pädiatrie an die Hand zu geben, das es ermöglichen soll, sich den relevanten Stoff des großen Faches der Kinderheilkunde in realistischer Zeit anzueignen. Dabei will und kann dieses Buch kein großes Lehrbuch ersetzen, jedoch soll die **klar strukturierte Gliederung** des Stoffes eine wertvolle Hilfe vor allem in der Zeit der Prüfungen geben. Der konsequente didaktische Aufbau soll die Leser und Lernenden dabei besonders unterstützen.

Ein weiteres Anliegen war es, auf allen Gebieten den heutigen **aktuellen Wissensstand** zusammenzutragen und zusammenzufassen. Es blieb dabei nicht aus, dass einzelne Kapitel weit über das normale Wissen hinaus spezielle Aspekte beinhalten. Das soll dem/r interessierten Leser/in die Möglichkeit zur Vertiefung geben. So kann der/die Student/in zur Zeit der Prüfungen sich die wichtigsten Punkte jeweils erarbeiten und später als junge/r Assistent/in die weiterführenden Hinweise benutzen. So möchte dies nicht nur ein Buch für die Zeit der Prüfungen, sondern auch darüber hinaus sein. Die geplanten Neuauflagen sollen der Aktualität u. dem ständigen Fluss des medizinischen Wissens Rechnung tragen.

- **Gibt einen kurzgefassten vollständigen Überblick über die gesamte Kinderheilkunde und ihre Spezialgebiete**
- **Berücksichtigt viele wichtige Lehrbücher, die Leitlinien, den Gegenstandskatalog sowie pädiatrische Fachzeitschriften**
- **Enthält alle gebräuchlichen, klinischen Einteilungen, die internationale Klassifikation der Krankheiten ICD-10 und alle bekannten Selbsthilfeorganisationen sowie eine Sammlung wichtiger Internetadressen in der Medizin**
- **Die gesamte Pädiatrie auf 480 Textseiten (512 Seiten insg.), über 190 Abbildungen sowie 100 Übersichten u. Tabellen, großes Stichwortverzeichnis mit über 4.100 Stichwörtern**
- **Didaktisch, streng gegliederter Aufbau**
- **Modernste Satz- und Drucktechnik, klares Schriftbild, gute Lesbarkeit**
- **Günstiger Preis, umweltfreundliche Produktion und Versand**

ISBN 978-3-929851-35-9 Mengenpreise, Antiquariat u. Mängelexemplare direkt vom Verlag auf Anfrage (E-Mail: med.verlag-dr.mueller@t-online.de).

Unser Verlagsprogramm:

CHIRURGIE für Studium und Praxis von M.Müller u. Mitarbeitern. Beinhaltet die Allgemeinchirurgie und alle chirurgischen Spezialgebiete in einem klar strukturierten Lehrbuch.

NEUROLOGIE UND PSYCHIATRIE für Studium und Praxis von C.Gleixner, M.Müller u. S.Wirth. Beinhaltet das gesamte nervenheilkundliche Gebiet in einem klar strukturierten Kurzlehrbuch mit herausnehmbarer Taschenkarte.

GYNÄKOLOGIE UND UROLOGIE für Studium und Praxis von P.Haag, N.Hanhart u. M.Müller. Beinhaltet die gesamte Gynäkologie und Urologie inkl. Geburtshilfe, Reproduktionsmedizin und Venerologie in einem klar strukturierten Kurzlehrbuch.

PÄDIATRIE für Studium und Praxis von M.Eppinger u. M.Müller. Beinhaltet die gesamte Kinderheilkunde in einem klar strukturierten Kurzlehrbuch.

Für Anfragen oder Bestellungen trennen Sie bitte die nebenstehende Kurzmitteilung ab und tragen Sie Ihren Namen und Adresse ein.
Bei Bestellungen vermerken Sie bitte auf der Rückseite die Anzahl der Exemplare und kreuzen Sie die gewünschte Zahlungsweise an.

Senden Sie die Kurzmitteilung ausreichend frankiert in einen Umschlag DIN-lang mit Sichtfenster ab.
Alternativ können Sie uns auch eine E-Mail zusenden: med.verlag-dr.mueller@t-online.de

Die Bestellung soll an folgenden Absender gehen:

Name

Straße

PLZ, Wohnort

E-Mail od. Telefon für evtl. Rückfragen

Datum und Unterschrift

Medizinische Verlagsdienste
Neutorplatz 4

D - 79206 Breisach